KRISTALLE UND GESTEINE

EIN LEHRBUCH DER KRISTALLKUNDE UND ALLGEMEINEN MINERALOGIE

VON

DR. P. ESKOLA
PROFESSOR AN DER UNIVERSITÄT HELSINKI

MIT 461 ABBILDUNGEN IM TEXT

SPRINGER-VERLAG WIEN GMBH

ISBN 978-3-7091-3617-1 ISBN 978-3-7091-3616-4 (eBook)
DOI 10.1007/978-3-7091-3616-4

URSPRUNGLICH ERSCHIENEN BEI SPRINGER-VERLAG OHG IN VIENNA 1946
SOFTCOVER REPRINT OF THE HARDCOVER 1ST EDITION 1946

Vorwort.

Das vorliegende Buch ist in erster Linie vorgesehen als Lehrbuch der Kristallkunde und Mineralogie beim Unterricht für die Studierenden der Mineralogie und Petrographie sowie für solche Studierenden der Chemie und Physik, die Mineralogie als Nebenfach lernen oder sich sonst für die Probleme des kristallinen Zustandes interessieren. Zugleich dürfte es nützlich sein für Fachleute sowie Vertreter der Nachbarwissenschaften, denen Einblicke in die moderne Kristallforschung wünschenswert sind.

Mit ihrem Ziel der Erforschung des kristallinen Zustandes gehört die Kristallkunde in die Chemie und Physik, aus praktischen Gründen ist sie jedoch der Mineralogie, der Erforschung der in der Natur vorkommenden und durch die natürlichen Vorgänge entstandenen Kristallarten einverleibt worden, und die Lehrbücher der Chemie und Physik behandeln die Kristalle meistens nur flüchtig. Ein Chemiker oder Physiker ist nicht so sehr interessiert an den Mineralen, den Kristallen als Naturprodukten, als an dem kristallinen Zustand selbst, und es ist für ihn belanglos, ob die Kristallarten Minerale oder Kunstprodukte sind. In diesem Buche werden bei der Behandlung der kristallgeometrischen, -physikalischen und -chemischen Erscheinungen viele nichtmineralische Kristallarten als Beispiele erläutert. Ebenfalls werden auch Kunstprodukte angeführt im fünften Abschnitt, welcher der speziellen Mineralogie der üblichen Lehrbücher entspricht; doch stehen aus praktischen Gründen hier die Minerale im Vordergrunde. Aus diesen Hinweisen dürfte der Sondercharakter des Buches schon einigermaßen hervorgehen.

Sachlich Neues enthält das Buch natürlich sehr wenig. Material und Abbildungen wurden vielen Lehr- und Handbüchern frei entnommen. Unter diesen seien die folgenden erwähnt:

P. von Groth, „Elemente der physikalisch-chemischen Kristallographie“, München und Berlin 1921. (Insbesondere die Nomenklatur der Symmetrieklassen sowie Beispiele für dieselben.) — P. Niggli, „Lehrbuch der Mineralogie“, 2. Auflage. I. Allgemeiner Teil, Berlin 1926. (Insbesondere die Ableitung der Symmetrieklassen und teilweise die Kristallphysik.) — G. Tschermak-F. Becke, „Lehrbuch der Mineralogie“, 8. Auflage. Wien und Leipzig 1921. (Die Kristalloptik teilweise.) — F. Rinne, „Einführung in die kristallographische Formenlehre“. Leipzig 1922. (Stereographische Projektion u. a.) — W. L. Bragg, „The Crystalline State“. London 1933, „Atomic Structure of Minerals“, Oxford 1937. — R. C. Evans, „An Introduction to Crystal Chemistry“, Cambridge 1939. (Kristallchemie. Sonst wurden im kristallchemischen Abschnitt mehr als in den anderen Abschnitten Originaluntersuchungen verwendet, wie Arbeiten von V. M. Goldschmidt, F. Machatschki, W. L. Bragg.) — T. Barth, C. W. Correns u. P. Eskola, „Die Entstehung der Gesteine“. Berlin 1939. (Der Abschnitt über die physikalische Chemie der Kristalle und die Gesteine.) — Paul Ramdohr, „Klockmann's Lehrbuch der Mineralogie“. Stuttgart 1942. — H. Strunz, „Mineralogische Tabellen“. Leipzig 1941. — E. Larsen-H. Berman, „The Microscopic Determination of the Nonopaque Minerals“, 2. Auflage. Washington D. C. 1934. (Angaben im Abschnitt „Beispiele für die Kristallarten“.) — Zahlreiche andere Lehr- und Handbücher wurden angewandt, wie diejenigen von K. Chudoba, E. S. Dana-W. E. Ford, H. A. Miers-H. L. Bowman, F. Rinne, H. Rosenbusch-O. Mügge, A. N. Winchell.

Kristallgeometrie und Kristallphysik sind schon relativ alte Wissenszweige, über die ein neues Lehrbuch heutzutage nicht leicht Tatsachen bringen kann, die nicht schon in vielen Büchern dargestellt wären. Ganz anders verhält sich die Kristallchemie, die sich erst im Werden befindet. Es ist deshalb auch kaum möglich, darüber eine Darstellung geben zu können, die nur gesicherte Angaben und ein endgültiges System der Erscheinungen enthielte. Es ist auch noch zu beachten, daß das Wort Kristallchemie, das heutzutage als fast gleichbedeutend mit der Lehre von den Kristallstrukturen angewendet wird, eigentlich viel mehr umfassen soll und in der Zukunft wahrscheinlich umfassen wird. Schon jetzt kann man neben dieser „statischen Kristallchemie" von einer „kinetischen Kristallchemie" oder der Lehre von den Reaktionen im kristallinen Zustand sprechen. In diesem Buche wird dieser schon ziemlich weit entwickelte Zweig der Kristallchemie im Abschnitt über die physikalische Chemie der Kristalle, und zwar im Zusammenhang mit der Gesteinsmetamorphose, kurz erläutert.

Es mag befremdend erscheinen, daß in einem Buch mit dem Titel „Kristalle und Gesteine" die Gesteine nur im vierten Abschnitt neben der allgemeinen physikalisch-chemischen Lehre von den Kristallen behandelt werden. Die Ursache dafür dürfte sich für den aufmerksamen Leser beim Studium des Buches ergeben: Es wird beabsichtigt, den künftigen Mineralogen und Petrographen die allgemeinen kristallgeometrischen, -physikalischen und -chemischen Kenntnisse zu geben, die zum Verständnis der Entstehung der Gesteine nötig sind, wonach es dem Leser klar wird, daß die Entstehung der Gesteine nur physikalisch-chemische Vorgänge umfaßt. Anderseits wird beabsichtigt, den künftigen Chemikern und Physikern in leichtverständlicher und elementarer Darstellung das Wichtigste über die Lehre von den Kristallarten und deren Assoziationen, den Gesteinen, zu ermitteln.

Das vorliegende Buch wurde zuerst auf finnisch unter dem Titel „Kiteet ja kivet" i. J. 1939 veröffentlicht. Nachdem der Springer-Verlag sich zur Veröffentlichung einer deutschen Ausgabe entschlossen hatte, wurde die Übersetzung ins Deutsche durch Frau Dr. Martha Römer ausgeführt, wofür ich ihr an dieser Stelle bestens danke. Vor der Drucklegung erwies sich aber noch eine Umarbeitung als notwendig wegen der großen Fortschritte, die insbesondere die kristallchemische Forschung seit 1939 gemacht hatte. Im letzten Abschnitt wurden die Hauptgruppen der Kristallarten nach H. Strunz „Mineralogische Tabellen" angeordnet.

Herrn Dr.-Ing. Otto Barth, z. Z. Professor der Metallurgie an der Technischen Hochschule Helsinki, bin ich zu Dank verpflichtet für Angaben über die Produktion der Metalle und Erze. An dieser Stelle seien auch dankend erwähnt Frau Mag. Phil. Toini Mikkola für große Hilfe beim Korrekturlesen und der Zusammenstellung der Register, Frau Lyyli Orasmaa für die Zeichnung der Abbildungen und Frau Suoma Vasakorpi für die Maschinenschrift des Textes.

Zuletzt möchte ich dem Verlag meinen aufrichtigen Dank aussprechen für die große Bereitwilligkeit und das Entgegenkommen bei der Drucklegung unter den schweren Kriegsverhältnissen. Ganz besonders danke ich Herrn Dr.-Ing. Paul Rosbaud für unermüdliche freundliche Hilfe und viele Anregungen.

Helsinki, Ende Dezember 1943.

Pentti Eskola.

Durch die Kriegsereignisse und ihre Folgen, die vor allem auch seit 1944 die Verbindung mit dem Verfasser unterbrachen, wurde die Fertigstellung dieses Buches immer wieder verzögert, so daß es erst jetzt zur Ausgabe gelangen kann.

Wien, Anfang Januar 1946.

Der Verlag.

Inhaltsverzeichnis.

I. Kristallgeometrie.

II. Kristallphysik.

III. Kristallchemie.

IV. Physikalische Chemie der Kristalle. Gesteine.

V. Beispiele für die Kristallarten.

I. Kristallgeometrie.

A. Der Sondercharakter des kristallinen Zustandes.

Das Vorkommen der Zustandsformen. Von den drei Zustandsformen der Stoffe ist die *gasförmige* insbesondere für die Lufthülle oder Atmosphäre und die *flüssig-amorphe* für die Wasserhülle oder Hydrosphäre kennzeichnend, während die der Gesteinskruste der Erde oder Lithosphäre überwiegend *kristallin* ist.

Gewiß kommen auch in der Erdkruste flüssig-amorphe Stoffe vor. Eigentliche Flüssigkeiten, abgesehen vom Wasser, sind selten. Man kann das Petroleum, auch gediegenes Quecksilber nennen. Häufiger auftretend sind die glutflüssigen Laven in den Vulkanen. Sie sind flüssig, solange sie eine genügend hohe Temperatur besitzen. Wenn die Lava bei der Entladung an die Erdoberfläche schnell erstarrt, bleibt sie vielfach unkristallisiert und verändert überhaupt nicht ihren Zustand, sondern erstarrt zu amorphem *vulkanischem Glas*, das in seinen Eigenschaften nach allen Richtungen gleich und also, ebenso wie das Glas im allgemeinen, zu den sehr zähen Flüssigkeiten zu rechnen ist.

Andersartige amorphe Stoffe sind die sogenannten *kolloiden*, die bei der Verwitterung und gewissen sonstigen an der Erdoberfläche vor sich gehenden Prozessen entstehen. Zu ihnen gehören Tonsubstanzen, Kieselsinter, amorphes Eisenhydroxyd und in oberflächlichen Teilen von Sulfiderzen entstehende Metallhydroxyde, sog. Eiserner Hut. Die meisten hierher gehörigen Materien sind in der Natur erdige Substanzen. Ihrem Wesen nach gehören die meisten Kolloide schon zu den kristallinen Stoffen, aber ihre äußerst feine Verteilung verleiht ihnen recht andersartige Eigenschaften.

Sowohl die vulkanische Asche als auch die Kolloide werden in diesem Buch weiter unten im Zusammenhang mit den Gesteinen kurz behandelt, aber gemäß dem Charakter des Stoffes geben hier die eigentlichen kristallinen Stoffe in weitaus höherem Maße Anlaß zur Besprechung.

Die im täglichen Leben auftretenden Stoffe sind zu einem verhältnismäßig weit größeren Teil flüssig-amorph als die Produkte des Mineralreichs. Ganz abgesehen von den künstlich hergestellten Flüssigkeiten tragen viele Erzeugnisse der organischen Welt, die Nährstoffe usw., den Charakter kolloider Substanzen, wie die Stärke, Eiweißstoffe, Gallerte, Karamel (= amorpher Zucker oder „Zuckerglas"). Doch enthalten sie auch kristalline Bestandteile (Zucker). Alle verschiedenen Salze, viele Chemikalien und Arzneien sind kristalline Substanzen. Die Bedeutsamkeit der Kenntnis und Erforschung ihrer kristallographischen Eigenschaften auf manchem auch die Bedürfnisse des täglichen Lebens streifenden Gebiet hat man in letzter Zeit klarer denn je zu erfassen vermocht.

Das vorliegende Buch ist darauf abgesehen, als elementare Einführung in die Erforschung der Eigenschaften kristalliner Mineralien und künstlicher kristalliner Substanzen zu dienen.

Die wesentlichsten Eigenschaften der Kristalle. Die physikalischen Eigenschaften der Stoffe lassen sich in *skalare* und *vektorielle* einteilen. Erstere sind solche, bei denen verschiedene Richtungen überhaupt nicht in Frage kommen, wie z. B. spezifisches Gewicht oder Dichte, spezifische Wärme, Temperatur.

Die vektoriellen Eigenschaften wiederum setzen eine in bestimmter Richtung eintretende Erscheinung voraus. Solche sind z. B. Kohäsion, Elastizität, Leitvermögen (entweder für Wärme oder Elektrizität), Fortpflanzungsgeschwindigkeit für Wellenbewegungen (Lichtwellen, Elektrizitätswellen, Vibrationswellen usw.), Ausdehnung und Zusammenziehung bei wechselnder Wärme und wechselndem Druck usw.

Die oben angeführten vektoriellen Eigenschaften sind alle solche, bei denen zwischen Richtung und Gegenrichtung kein Unterschied besteht. Es ist zu überlegen und auch experimentell nachweisbar, daß z. B. jeder beliebige Metalldraht Elektrizität ganz unabhängig davon, ob sich der Strom in Richtung oder Gegenrichtung bewegt, gleich gut oder gleich schlecht leitet. Desgleichen ist die Lichtgeschwindigkeit in jedem beliebigen Stoff in zwei entgegengesetzten Richtungen gleich. Derartige vektorielle Eigenschaften werden als *bivektoriell* oder *tensoriell* bezeichnet. Dagegen ist es einleuchtend, daß z. B. die Wachstumsgeschwindigkeit eines Kristalls in zwei entgegengesetzten Richtungen nicht unbedingt gleich zu sein braucht. Tatsächlich lassen die Beobachtungen erkennen, daß Richtung und Gegenrichtung in den Kristallen gewisser Stoffe verschieden sind, so daß dann an den verschiedenen Enden des Kristalls verschiedene Flächen entstehen. Solche Eigenschaften werden *univektorielle* oder *polare* genannt. Zu ihnen gehören neben der Ausbildung einer verschiedenen Form vor allem die sogenannte Pyro- oder Wärmeelektrizität der Kristalle, die sich darin äußert, daß der Kristall bei einer Temperaturveränderung, also bei Erwärmung oder Abkühlung, an seinen beiden Enden entgegengesetzt elektrisch aufgeladen wird.

Bei den gasförmigen und den flüssig-amorphen Stoffen sind die vektoriellen Eigenschaften in den verschiedenen Richtungen gleich, sie sind hinsichtlich aller ihrer Eigenschaften *isotrop*, d. h. in allen Richtungen gleich. Bei den Kristallen dagegen kann man durch Messung der obengenannten und auch der übrigen vektoriellen Eigenschaften erkennen, daß diese in verschiedenen Richtungen verschieden sind: die Kristalle sind *anisotrop*. Das ist die wichtigste Eigenschaft der kristallinen Stoffe, die durch deren Feinbau bedingt ist.

Wir kommen zu folgender, auf die unmittelbar wahrzunehmenden Eigenschaften sich gründenden Definition des Begriffes Kristall: *der Kristall ist ein Körper, in dem wenigstens einige vektorielle Eigenschaften in verschiedenen Richtungen verschieden, in derselben Richtung aber durchgehend gleich sind.* Sucht man die Zusammengehörigkeit aller Kristallteile zu betonen, so pflegt man von einem *Einkristall* zu sprechen.

Kristallstruktur. Daß in den Kristallen die vektoriellen Eigenschaften gemäß der Richtung einer Veränderung unterliegen, ist dadurch bedingt, daß die kleinsten Massenteilchen der Kristallsubstanz regelmäßig angeordnet sind, umgekehrt wie in den Flüssigkeiten und Gasen, in denen die winzigsten Teilchen, die sich frei bewegenden Moleküle, ungeordnet sind. Durch die Untersuchungen der letzten drei Jahrzehnte ist die Anordnung der Massenteilchen in zahlreichen kristallinen Substanzen unmittelbar experimentell ermittelt worden. Man weiß, daß die kleinsten Teilchen der Kristalle Atome, Ionen oder Moleküle sind, die sich, ein räumliches Diskontinuum, ein Raumgitter bildend, zu anderen, gleichen oder ungleichen Atomen in bestimmten Lagen und in gewissen Abständen vorfinden. Die gegenseitigen Abstände der Atome in den Gittern sind bekannt; sie gehören zu der Größenordnung 10^{-8} cm, welchen Betrag man den Kristallstrukturuntersuchungen als Einheitsmaß zugrunde gelegt hat und als Ångström-Einheit (Å) bezeichnet. Die Massenzentren der Atome in den Diskontinuen der Kristalle treten als Punkte auf, daher pflegt man die Atomsysteme der Kristalle auch als *Punktsysteme* zu bezeichnen.

Die Grundeigenschaft der Raumgitter der Kristalle ist ihre Homogenität, die folgendes bedeutet: Verbindet man im Diskontinuum zwei identische Atompunkte derselben Art miteinander und setzt man die Verbindungslinie fort, so stößt sie in gleichen Abständen immer wieder auf gleichartige Atome. Diese haben sich zu geradlinigen *Punktreihen* oder *Lineargittern*, die nebeneinander parallel verlaufenden Punktreihen ihrerseits zu *Netzebenen* oder *Flächengittern* und die gleichgerichteten Punktnetze zu dreidimensionalen *Punktsystemen* oder *Raumgittern* angeordnet. Das alles läßt sich möglichst kurz folgendermaßen ausdrücken: *die Kristalle sind homogene Diskontinuen* (Abb. 1), und damit haben wir auch eine erschöpfende Definition des Begriffes Kristall.

Der Unterschied zwischen den flüssig-amorphen und den kristallinen Stoffen beruht also darauf, daß erstere unregelmäßige und ungleichförmige, nur statistisch homogene Molekülvergruppungen darstellen, während die kristallinen

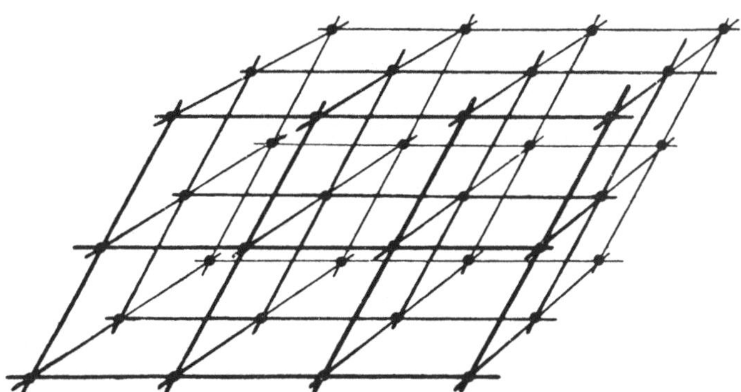

Abb. 1. Homogenes Diskontinuum. Acht einander nächstgelegene Punkte bilden im Raumgitter eine parallelepipedförmige *Elementarzelle.* Das hier abgebildete Gitter ist *einfach* (allein aus in jeglicher Hinsicht gleichwertigen Punkten bestehend) und *allgemeinster Art* (Elementarzelle schiefwinklig und ungleichseitig, d. h. triklin).

Substanzen regelmäßige Atomanordnungen aufweisen. Bei den Mineralien enthalten sie nur in wenigen Fällen Atomgruppen, die man in Flüssigkeiten und Gasen als Moleküle kennt, auch sind sie selbst dann nicht voneinander unabhängig, sondern gehören zu kontinuierlichen Atomsystemen. Jedes Kristallindividuum ist gewissermaßen ein einziges Molekül, und zwar ein solches, in dem die Anzahl der einzigen Teilchen unbestimmt und unendlich ist, denn dem Wachstum der Einkristalle scheint keine Grenze gesetzt zu sein: man kennt über 10 m lange Kristalle, während hingegen der denkbar kleinste Kristallansatz, die *Elementarzelle,* die nur gerade so viele Atome umfaßt, daß sich die Kristallstruktur der Substanz bestimmen läßt, einen Durchmesser von nur einigen zehnmilliontel Millimetern besitzt. — Die Atome bzw. Atomgruppen sind in sehr vielen Kristallarten als elektrisch geladene Ionen vorhanden.

Daß die Kristalle regelmäßige geradlinige Systeme sind, zeigt sich u. a. darin, daß sie freiwachsend ebene Flächen ausbilden und eine *Kristallform* annehmen. Die Kristallflächen verlaufen parallel mit den Flächengittern, d. h. sie sind Ebenen, in denen die Massenpunkte dichter liegen als in den etwas verschieden gerichteten.

Aus dem Wesen des homogenen Diskontinuums folgt, daß in allen Kristallen zu jeder Kristallfläche auf der entgegengesetzten Seite eine mit jener gleichgerichtete Gegenfläche entstehen kann. Fläche und Gegenfläche sind jedoch nicht physikalisch gleichwertig, wenn die Wachstumseigenschaften des Kristalls senkrecht gegen diese Fläche polar sind.

Die Kristallform nebst ihren anscheinend unbegrenzten Variationsmöglichkeiten wie auch die übrigen vektoriellen Eigenschaften der Kristalle lassen sich durch rein geometrische Folgerungen ableiten von der einzigen Annahme, daß sie homogene Diskontinuen sind. Das bedeutet eine der hervorragendsten Leistungen des menschlichen Denkens.

Auch können ausschließlich auf Grund wahrnehmbarer Erscheinungen (phänomenologisch) die Eigenschaften der Kristalle empirisch erforscht und ihre Gesetze erkannt werden. Einzig auf diese Weise hat man wirklich bis in die jüngste Zeit Kristallographie studiert, und von dieser Grundlage geht die am Anfang dieses Abschnittes dargestellte Definition des Begriffes Kristall aus, nämlich diejenige, daß er ein Körper sei, in dem in verschiedenen Richtungen verschiedene Eigenschaften bestehen.

B. Die Symmetrie der Kristalle.

Symmetrieelemente und Deckoperationen. Es gibt Kristalle, in denen gewisse Eigenschaften in einer bestimmten Richtung anders als in jeder anderen sind. In den meisten Kristallen jedoch ist die Struktur derart regelmäßig, daß sie mehrere nach regelmäßigen Winkelabständen wiederkehrende gleichwertige Richtungen einschließen, in denen alle Eigenschaften gleich sind. Dann, sagt man, besitzt der Kristall *Symmetrie.*

Äußerlich erscheint die Symmetrie in erster Linie als regelmäßige Kristallform, die durch die Gleichwertigkeit bestimmter Richtungen in bezug auf die Wachstumseigenschaften des Kristalls bedingt ist. Doch läßt sich auch in allen anderen vektoriellen Eigenschaften Gleichwertigkeit erkennen, und der Symmetrie kommt daher in der Kristallographie eine wesentliche Bedeutung zu.

Es wäre denkbar, daß sich in einem stofflichen Körper gleichwertige Richtungen auf unendlich viele Weise wiederholen. In Wirklichkeit jedoch hat man schon früh empirisch erkannt, daß sich die Verschiedenheit in den Kristallen auf ganz bestimmte Arten beschränkt, und bereits 1848 bewies der Franzose Bravais, daß es sich so auch verhalten muß, wenn man von der einzigen Voraussetzung ausgeht, daß die Kristalle homogene Diskontinuen sind, in denen sich die gleichwertigen Massenpunkte auf geraden Linien in gleichen Identitätsabständen wiederholen. Danach hat man die geometrische Ableitung der Symmetriegrenze der Kristalle von der Diskontinuumvoraussetzung zu weitgehender Einfachheit entwickelt und zugleich erfahren, daß diese Theorie in jeglicher Hinsicht der Wirklichkeit entspricht.

Die Wiederkehr gleichwertiger Richtungen in Diskontinuen ist nur in dem Fall denkbar, daß das Diskontinuum durch eine bestimmte Veränderung seiner Lage zur Deckung mit sich selber gebracht werden kann, so daß jeder Punkt mit einem in ursprünglicher Lage befindlichen gleichwertigen Punkt zusammenfällt. Eine derartige Lageveränderung bezeichnet man als *Deckoperation.*

An einfachen Deckoperationen sind drei Arten vorstellbar: *Drehung, Spiegelung* und *Parallelverschiebung.*

Die Drehung ist eine Deckoperation, wenn das Diskontinuum durch Drehung um eine Punktreihe oder um eine andere durch es verlaufende Gerade während einer vollen Umdrehung (360°) mehr als einmal in Decklage kommt. Diese Drehungsachse wird dann als *Symmetrieachse* bezeichnet.

Die Spiegelung ist eine Deckoperation, wenn im Diskontinuum eine Ebene untergebracht werden kann, die es derart in zwei Teile zerlegt, daß der auf ihrer einen Seite gelegene Teil durch Spiegelung an dieser Ebene auf ihrer anderen Seite in Decklage gerät. Diese Ebene heißt *Symmetrieebene* oder *Spiegelebene.*

Symmetrieachse und Symmetrieebene sind *Symmetrieelemente.*

Die Parallelverschiebung ist eine Deckoperation, wenn jeder Punkt des Diskontinuums um einen ganzen Punktabstand oder mehrere ganze Punktabstände verschoben worden ist. Da der Identitätsabstand des Kristallgitters von der Größenordnung nur eines hundertmilliontel Zentimeters ist, bedeutet praktisch jede Parallelverschiebung phänomenologisch eine Deckoperation. Daher kann die Parallelverschiebung bei Betrachtung der an den Kristallformen und übrigen Eigenschaften äußerlich wahrnehmbaren Symmetrieerscheinungen nicht berücksichtigt werden. Erst bei Untersuchung der Atomstruktur der Kristalle muß auch die Parallelverschiebung als mögliche Deckoperation in Betracht kommen.

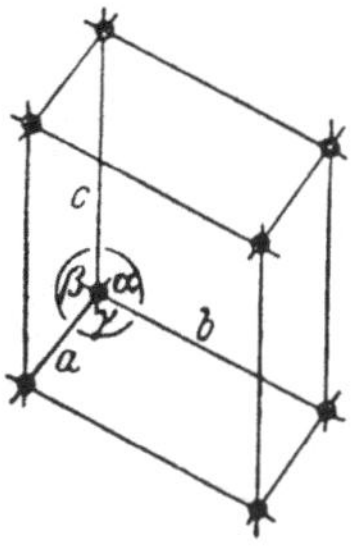

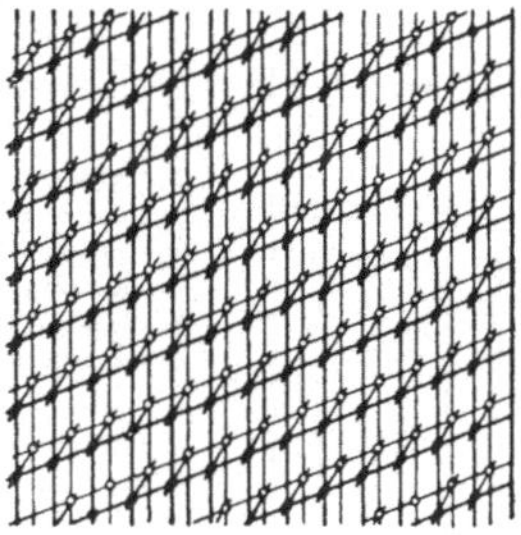

Abb. 2. Abb. 3.

Abb. 2. Einfache trikline Elementarzelle. Die Seiten *a*, *b*, *c* sind verschieden lang und die Winkel α, β, γ schief.

Abb. 3 . Die aus zwei übereinanderliegenden Netzebenen eines einfachen triklinen Diskontinuums bestehende Gitterschicht von oben gesehen.

Die Symmetrieachsen und die einfachen Gittertypen. In einem einfachen Raumgitter allgemeinster Art (Abb. 1) schneiden drei dichtest mögliche Punktreihen einander schiefwinklig, und die drei Punktabstände in diesen drei Richtungen sind verschieden lang. Eine aus acht Punkten bestehende Elementarzelle ist dann ein ungleichseitiges schiefwinkliges oder *triklines* Parallelepiped (Abb. 2). Eine aus zwei übereinanderliegenden Netzebenen bestehende Gitterschicht erscheint in der Aufsicht so, wie in Abb. 3 dargestellt. Eine von irgendeinem Punkte gegen das Flächengitter gezogene Gerade ist keine Symmetrieachse, denn wird um sie der Kristall gedreht, so kehrt er, ebenso wie bei seiner Rotation um jede beliebige Gerade, erst nach einer Umdrehung von 360° in seine Ausgangslage zurück. Auch keine andere Richtung im triklinen Raumgitter oder im triklinen Kristall ist eine Symmetrieachse, aber jede Richtung in ihm wie in jedem beliebigen anderen Körper ist eine *einzählige Drehungsachse* oder *Monogyre*.

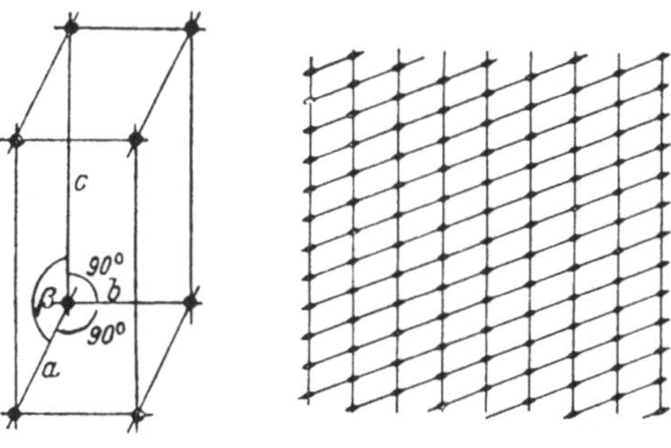

Abb. 4. Abb. 5.

Abb. 4. Einfache monokline Elementarzelle. Die Seiten *a*, *b*, *c* sind verschieden lang, der Winkel β ist schief, die übrigen Winkel zwischen den Seiten sind rechte.

Abb. 5. Einfaches monoklines Gitter in der Richtung der *b*-Seiten betrachtet. Die Punktreihen in Richtung *b* und auch die Mittelpunkte der Parallelogramme der senkrecht gegen die Punktreihen gestellten Netzebenen sind Digyren.

Stärker symmetrisch ist ein einfaches *monoklines* Diskontinuum, in dem von drei dichtestbesetzten Punktreihen zwei einander schräg schneiden und die dritte senkrecht gegen die Ebene der beiden ersteren steht. Die Elementarzelle (Abb. 4) ist dann ein monoklines Parallelepiped. Wird ein derartiger kleinster Körper — oder ein in seinem Symmetriebetrage gleicher monokliner Kristall — 180° um die Seite *b* gedreht, so erscheint er in genau gleichem Aussehen wie in seiner Ausgangslage, d. h. eine Deckoperation ist ausgeführt worden. Dasselbe wiederholt sich bei einer Umdrehung von $2 \cdot 180° = 360°$. Die Symmetrieachse wird daher in diesem Fall als *zweizählige Drehungsachse* oder *Digyre* bezeichnet. Senkrecht gegen eine derartige Digyre hat man sich die Flächengitter so vorzustellen, wie es durch Abb. 5 wiedergegeben ist.

Da das Flächengitter selbst im kleinsten Kristall Millionen von Atomen umfaßt und da es somit dann, wenn man nur einige Punktabstände betrachtet, als unendlich vorgestellt werden kann, so ist im Diskontinuum jede gegen diese Netzebene senkrechte Punktreihe und desgleichen die vom Mittelpunkt jedes Netzflächenparallelogrammes gezogene Senkrechte eine zweizählige Drehungsachse oder Digyre.

In einem einfachen *rhombischen* Diskontinuum (Abb. 6) stehen drei dichtestbesetzte Punktreihen senkrecht zueinander, und die Punktabstände sind in diesen drei Richtungen verschieden groß. In diesem Gitter ist die gegen jedes dichteste Flächengitter von den Punkten oder von den Mittelpunkten der Parallelogramme der Netzfläche gezogene Senkrechte eine Digyre (Abb. 7), und das Gitter umfaßt also 3 zueinander senkrechte Digyrenrichtungen.

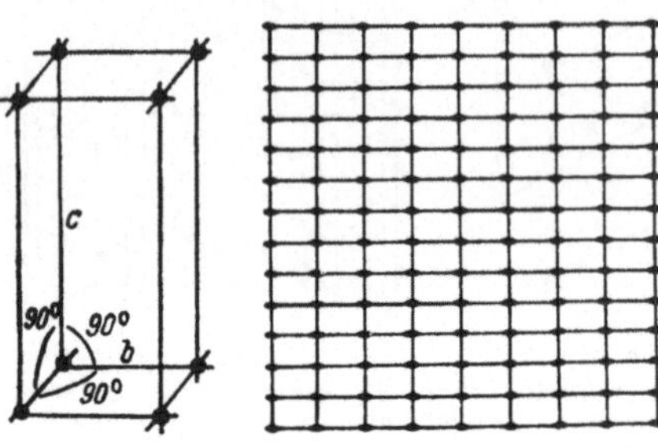

Abb. 6. Abb. 7.

Abb. 6. Einfache rhombische Elementarzelle. Die Seiten *a*, *b*, *c* sind verschieden lang, die Winkel zwischen den Seiten rechte.

Abb. 7. Netzebene eines einfachen rhombischen Gitters.

Unter den *trigonalen* Diskontinuen umfaßt ein Teil solche, in denen drei gleich dichtbesetzte Punktreihen in derselben Ebene auftreten sowie einander im Winkel von 120° schneiden und eine vierte Punktreihe senkrecht zur Ebene der ersteren steht sowie ungleich dicht ist. Die Elementarzelle ist demgemäß ein dreiseitiges Prisma, dessen Endflächen gleichseitige Dreiecke sind und senkrecht zu den Seitenflächen stehen. Zwei solche Prismen bilden ein Parallelepiped, das durch vier Rechtecke und zwei Rhomben begrenzt ist; in letzteren sind die Winkel 120° und 60° groß. Ist das Gitter einfach, so bilden drei derartige Parallelepipede zusammen ein sechsseitiges Prisma, die Elementarzelle eines einfachen *hexagonalen* Diskontinuums (Abb. 8). Die einander in Winkeln von 120° schneidenden Punktreihen bilden eine Netzebene, in der die Figuren gleichseitige Dreiecke darstellen (Abb. 9), und die in deren Mittelpunkten gegen die Ebene gezogenen Senkrechten sind *dreizählige Drehungsachsen* oder *Trigyren*, ebenso wie die Längsrichtung eines trigonalen Kristalls (z. B. des Turmalins). Desgleichen sind auch die Punktreihen selbst Trigyren, aber in dem durch Abb. 9 wiedergegebenen Fall, in dem das Gitter einfach ist und die Massenpunkte insofern, als in ihnen selbst keinerlei Richtung liegt, wirklich als den Charakter mathematischer Punkte tragend gedacht sind, sind die genannten Punktreihen zugleich *sechszählige Drehungsachsen* oder *Hexagyren*. Wird das Gitter um die Punktreihe gedreht, so kehrt es nämlich im Laufe einer vollen Umdrehung 6mal in seine Ausgangslage zurück.

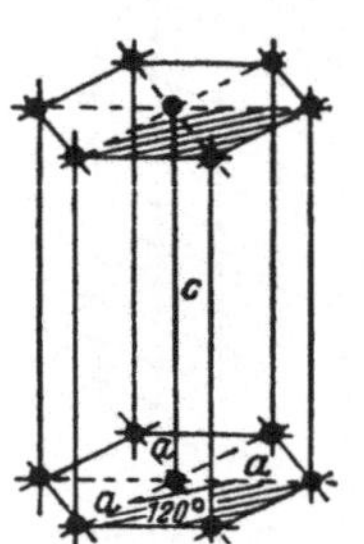

Abb. 8. Abb. 9.

Abb. 8. Einfache hexagonale Elementarzelle, aus sechs in ihren Seiten zusammengewachsenen trigonalen Elementarzellen entstanden. Drei Seiten *a a a* gleich lang, die vierte, *c*, verschieden lang.

Abb. 9. Gegen die *c*-Seiten eines einfachen hexagonalen Gitters senkrechte Netzebene.

Außerdem umfaßt das Gitter 6 zur Richtung *c* senkrechte Digyrenrichtungen, von denen 3 in der Richtung der *a*-Seiten und 3 in derjenigen der zwischen diesen gelegenen Winkelhalbierenden verlaufen.

Aus dem Obigen kann man schließen, daß ein einfaches trigonales Gitter der genannten Art stets auch hexagonal ist. So verhält es sich nicht immer, wenn in den Atomen selbst in verschiedenen Richtungen Ungleichheiten bestehen, ebensowenig in einigen Komplexgittern, die der Lage oder den Eigenschaften nach verschiedenwertige Atome oder Atomgruppen einschließen. In beiden letztgenannten Fällen ist nämlich eine solche Anordnung möglich, daß die Drehungsachse nur dreizählig ist und zu ihr nur drei Digyrenrichtungen eine senkrechte Lage einnehmen. Der gesamte Symmetriebetrag des Gitters ist dann derselbe wie der einer trigonalen Elementarzelle.

Doch es gibt auch einen einfachen Gittertypus, nämlich den *rhomboedrischen*, der dem trigonalen zugezählt werden kann, da er auch gekennzeichnet ist durch *eine* Trigyre, die nicht gleichzeitig Hexagyre ist. Die Elementarzelle ist ein Rhomboeder (Abb. 10), ein durch sechs kongruente Rhomben begrenztes Parallelepiped, bei dem die Seiten $a\,a\,a$ gleich lang und die Winkel $\alpha\,\alpha\,\alpha$ gleich groß sind. Das Rhomboeder besitzt zwei Polecken und 6 Mittelecken, die zu dreien in zwei Ebenen liegen. Abb. 11 zeigt, von oben gesehen, eine aus drei gegen die Trigyrenrichtung senkrechten Netzflächen bestehende Gitterschicht. Außer der Trigyre bestehen im Rhomboeder drei zu ihr senkrechte Digyren.

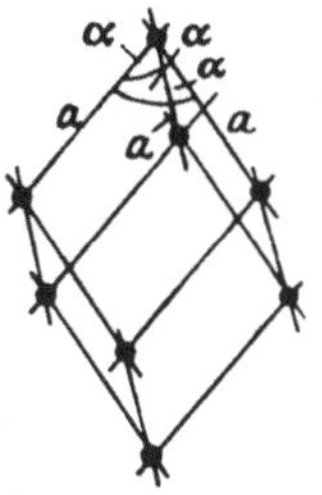

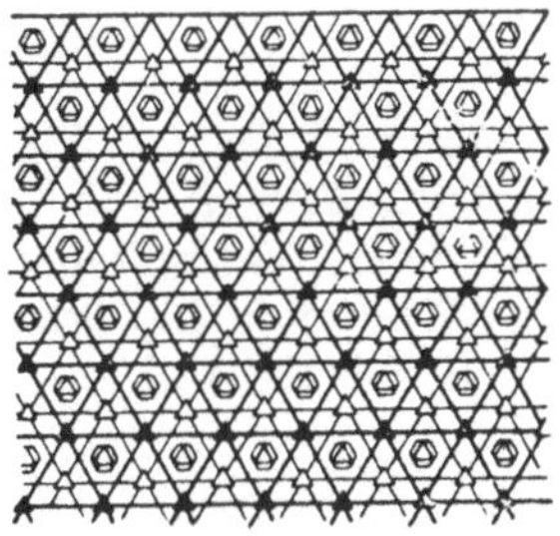

Abb. 10. Abb. 11.

Abb. 10. Einfache rhomboedrische Elementarzelle. Die drei Seiten aaa gleich lang; die zwischen ihnen gelegenen Winkel $\alpha\alpha\alpha$ schief, gleich groß.

Abb. 11. Gitterschicht aus drei aufeinanderliegenden Netzflächen eines einfachen rhomboedrischen Gitters. „Dreieck-Sechseck" bedeutet die Polecken der Elementarrhomboeder, die Dreiecke die in zwei verschiedenen Ebenen gelegenen Mittelecken.

In einem einfachen *tetragonalen* Diskontinuum stehen drei dichtestbesetzte Punktreihen senkrecht zueinander, und die Punktabstände sind in zwei dieser Richtungen gleich und in der dritten verschieden groß. Die Elementarzelle ist ein vierseitiges Parallelepiped, dessen Querschnitt ein Viereck ist (Abb. 12). Jede Senkrechte, gegen eine mit diesem parallele Netzebene von den Punkten oder von den Mittelpunkten der Flächengittervierecke gezogen, ist eine *vierzählige Drehungsachse* oder *Tetragyre* (Abb. 13), ebenso wie die in ihrem Symmetriebetrage entsprechende Längenrichtung des tetragonalen Kristalls.

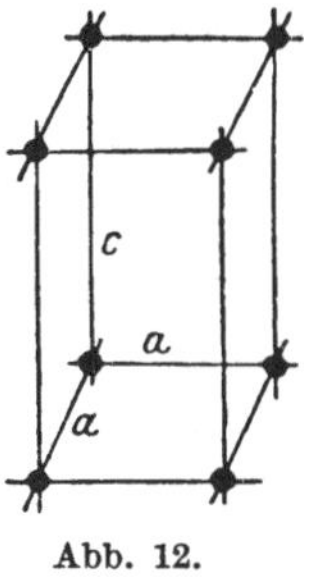

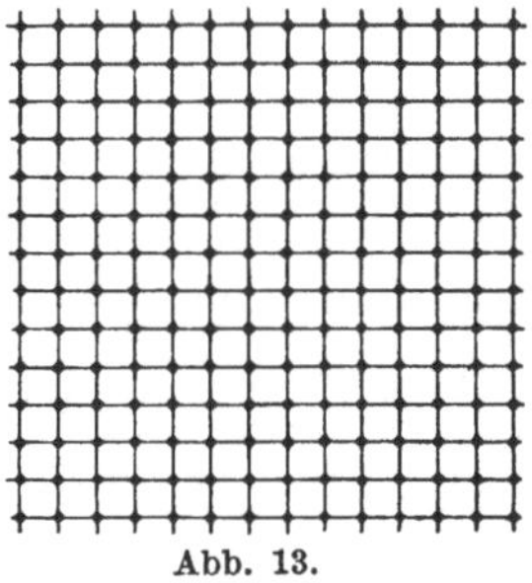

Abb. 12. Abb. 13.

Abb. 12. Einfache tetragonale Elementarzelle. Die Seiten aa gleich lang, Seite c verschieden lang. Die Winkel zwischen den Seiten rechte.

Abb. 13. Gegen die c-Seiten der Elementarzellen eines einfachen tetragonalen Gitters senkrechte Netzfläche. Ihr gleicht die den Seitenflächen der Elementarzellen eines kubischen Gitters parallele Netzebene.

Senkrecht zur Tetragyrenrichtung des Gitters verlaufen im tetragonalen Diskontinuum vier Digyren.

In einem einfachen *kubischen* (regulären) Gitter ist die Elementarzelle ein Würfel (Abb. 14). In der Richtung seiner Kanten verlaufen drei zueinander senkrechte Tetragyren; die senkrecht zu ihnen gelegenen Netzebenen gleichen alle der in *einer* besonderen Richtung, $\perp c$, verlaufenden Netzebene des tetragonalen Gitters (Abb. 13). Außerdem besitzt der Würfel vier in der Richtung der Eckendiagonalen verlaufende Trigyren, wonach dieser Gittertypus auch als *tetrakistrigonal* bezeichnet wird. Der Würfel kann als rechtwinkeliges Rhomboeder betrachtet werden. Endlich gibt es im Würfel noch sechs durch den Mittelpunkt der Würfelkanten gerichtete Digyren.

Oben hat es sich um folgende Symmetrieachsen gehandelt:

	Zeichen
2-zählige Drehungsachse oder Digyre	0
3-zählige Drehungsachse oder Trigyre	△
4-zählige Drehungsachse oder Tetragyre	□
6-zählige Drehungsachse oder Hexagyre	⬡

Satz 1. *In den Kristallen können nur 1-, 2-, 3-, 4- und 6-zählige Drehungsachsen auftreten.*

Dieser Satz läßt sich durch eine auf den Gitterbegriff gestützte Betrachtung auf sehr einfache Art beweisen. Andere Drehungszahlen sind nicht möglich, wenn der Kristall eben eine homogene Punktanordnung ist. Denn nach einer Drehung um einen Winkel von $\frac{360^\circ}{n}$ muß sich in einem Gitter, das eine n-zählige Drehungsachse besitzt, der ursprüngliche Punktabstand wiederholen, d. h. bei einer Umdrehung muß ein n-seitiges regelmäßiges Polyeder entstehen. Wie aber jetzt die durch identische Punkte verlaufenden identischen Achsen, so müssen auch diese regelmäßigen Polyeder lückenlos aneinanderpassen. Anderseits muß die gegen die Symmetrieachse senkrechte Netzebene durch Punktreihen in gleich große und lückenlos sich aneinanderfügende Polyeder geteilt werden können. Jetzt ist leicht einzusehen, daß ausschließlich Parallelogramme, gleichseitige Dreiecke, Vierecke und regelmäßige Sechsecke die Ebene lückenlos ausfüllen, aber beispielsweise weder die regelmäßigen 5-, 7-, 8-Ecke noch mehrseitige Polyeder.

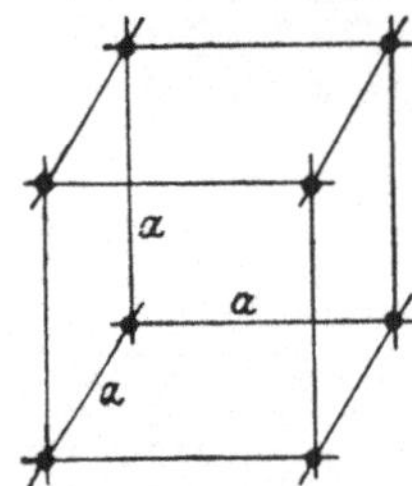

Abb. 14. Einfache kubische Elementarzelle. Die Seiten *aaa* gleich lang, die Winkel zwischen ihnen rechte. Die Zelle ist ein Würfel.

Geometrisch kann bewiesen werden, daß in einem homogenen Diskontinuum nur solche Drehungsachsen möglich sind, bei denen der zur Deckung führende Drehungswinkel $\frac{360^\circ}{n} = \alpha$ die Bedingung $2 \cos \alpha =$ eine ganze Zahl erfüllt. Dieser Forderung entsprechen nur Winkel von 0° (360°), 90°, 180°, 60° und 120°. Darauf beruht es, daß n nur entweder 1, 2, 3, 4 oder 6 sein kann.

Durch Satz 1 wird die Anzahl der Gittertypen schon erheblich eingeschränkt. Eine andere starke Begrenzung hängt zusammen mit der geometrischen Regelmäßigkeit, daß die Vereinigung verschiedener oder gleicher Symmetrieelemente neue Symmetriestücke entstehen läßt und im allgemeinen nur auf bestimmte Weisen möglich ist. So gilt

Satz 2. *Zwei einander im Winkel $\frac{360^\circ}{n}$ schneidende Digyren bewirken eine senkrecht auf ihnen stehende n-zählige Drehungsachse, und die Anzahl der gegen diese senkrechten Digyren beläuft sich auf n.* Die Wahrheit dieser Behauptung ist konstruktiv leicht einzusehen, und wir haben bereits erkannt, daß z. B. in einem einfachen tetragonalen Gitter 4 auf der Tetragyre senkrecht stehende Digyren und im hexagonalen Gitter 6 zur Hexagyre senkrechte Digyren vorkommen. Im allgemeinen bedingen 2 verschieden gerichtete ungleichwertige Symmetrieachsen stets eine dritte.

Eine besonders wichtige Beschränkung hängt mit folgender Gesetzmäßigkeit zusammen:

Satz 3. *Gleichzählige und gleichwertige Drehungsachsen können miteinander nur folgende Winkel bilden:*

Digyren 60°, 90°, 120°, 180°.
Trigyren 70° 31′ 44″ (oder 109° 28′ 16″), 180°
Tetragyren 90°, 180°.
Hexagyren 180°.

Der Beweis dieser Behauptung gründet sich in bezug auf die Digyren unmittelbar auf Satz 1 und hinsichtlich der übrigen Drehungsachsen darauf, daß das homogene Diskontinuum in parallelepipedförmige Elementarzellen zerlegbar sein muß. Daher können die Tetragyren einander nur schneiden, wenn die Elementarzelle ein Würfel ist, da sie dann einen rechten Winkel bilden, und die Trigyren ebenfalls nur in dem Fall, daß die Elementarzelle einen Würfel bildet, da sie dann mit den Eckendiagonalen des Würfels gleichgerichtet ist (Winkel 70° 31′ 44″ und 109° 28′ 16″). Mehrere verschieden gerichtete Hexagyren kann es überhaupt nicht geben.

Die Ausdrucksweise, daß die Symmetrieachsen miteinander einen Winkel von 180° bilden, hat ihre Bedeutung, wenn auch die polaren Achsen in Betracht gezogen werden. Die gewöhnlichen dipolaren oder bivektoriellen Achsen, wie sie durch alle Symmetrieachsen einfacher Diskontinuen dargestellt werden, lassen sich nämlich als Kombination zweier im Winkel von 180° einander zugeordneten polaren Achsen auffassen. Sie können kurz als bipolare Achsen bezeichnet werden.

Auf den oben angeführten Gesetzmäßigkeiten beruht es, daß nur die genannten sieben Typen als einfache Diskontinuen möglich sind. Sie vertreten sieben Kristallsysteme, nämlich folgende: das trikline, monokline, rhombische, trigonale, hexagonale, tetragonale und kubische. Ihr Wesen wird sich weiter unten besser kennzeichnen lassen.

Die *Spiegelung* ist eine grundsätzlich andere Deckoperation als die Drehung. In den Gittern, in denen eine Spiegelung möglich ist, bestehen eine oder mehrere Symmetrieebenen, und die zu ihren beiden Seiten gelegenen Teile sind gegenseitige Spiegelbilder. Die Symmetrieebene ist eine Netzebene oder liegt zwischen zwei Netzebenen in halbem Abstande.

Ein einfaches monoklines Diskontinuum enthält ebenso wie die entsprechenden Kristalle eine Symmetrieebene (senkrecht zur Digyre). In einfachen rhombischen Gittern wiederum bestehen 3, in tetragonalen 5, in rhomboedrischen 3, in hexagonalen 7, und in kubischen 9 Symmetrieebenen. Von diesen sieht man in den Abb. 7, 9, 11 und 13 alle mit der höchstzähligen Drehungsachse parallelen, deren Anzahl der Zähligkeit der Achse gleich ist; außerdem steht in den Gittern eine Symmetrieebene senkrecht auf diesen Achsen (in den Abbildungen in der Ebene des Papiers). Von den 9 Symmetrieebenen eines einfachen Würfelgitters wiederum finden sich 3 in der Ebene je zweier Tetragyren (Hauptsymmetrieebenen) und 6 in der Ebene je zweier Trigyren.

Wie auch schon aus dem Obigen ersichtlich, stehen die Symmetrieebenen in gewissen Verhältnissen zueinander und zu den Drehungsachsen. Diese Beziehungen lassen sich in folgenden leicht beweisbaren Sätzen exakt zum Ausdruck bringen:

Satz 4. *Symmetrieebenen können nur entweder senkrecht gegen die Drehungsachsen oder in deren Richtung oder derart vorkommen, daß sie den durch zwei gleichwertige Drehungsachsen gebildeten Winkel halbieren.*

Satz 5. *Die Schnittgerade zweier einander im Winkel von* $\frac{360^\circ}{2n}$ *schneidenden Symmetrieebenen ist die Richtung der n-zähligen Drehungsachse, wobei auch n Symmetrieebenen vorkommen.*

Die *Drehspiegelung* ist eine Kombination von Drehung und Spiegelung. Wird um die *Drehspiegelachse* oder die Achse kombinierter Symmetrie, in den Gittern eine bestimmte Richtung, das Diskontinuum gedreht, so deckt sein Spiegelbild auf der anderen Seite der zu dieser Achse senkrechten *Drehspiegelebene* in einer vollen Umdrehung mehr als einmal die Ausgangslage des Diskontinuums. Die Drehspiegelachsen nennt man *Gyroiden,* und sie können ebenso wie die Symmetrieachsen 2-, 3-, 4- und 6-zählig sein; der Beweis ist in beiden Fällen derselbe.

In rhomboedrischen Gittern (Abb. 10) ist die Trigyre zugleich *Hexagyroide.* Nach einer Drehung von 60° und einer Spiegelung hinter die senkrecht zur Achse liegende Ebene fällt nämlich jeder Punkt mit dem entsprechenden Punkt der

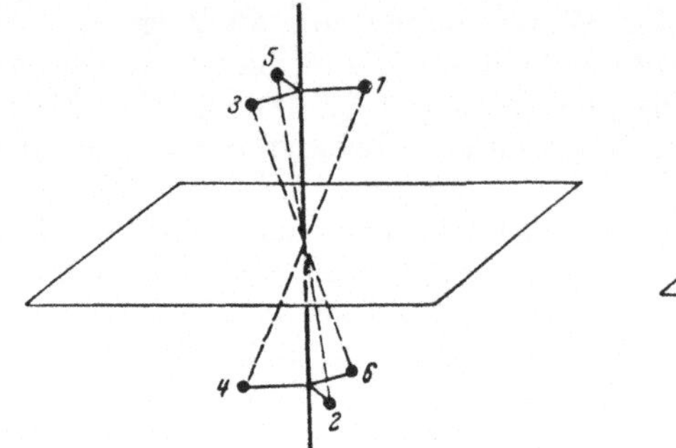

Abb. 15. Hexagyroide = Trigyre + Symmetriezentrum. (△ + Z)

Abb. 16. Tetragyroide.

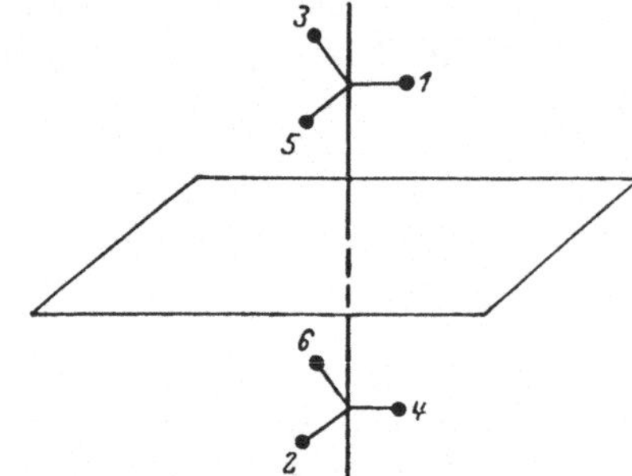

Abb. 17. Trigyroide = Trigyre + Symmetrieebene.

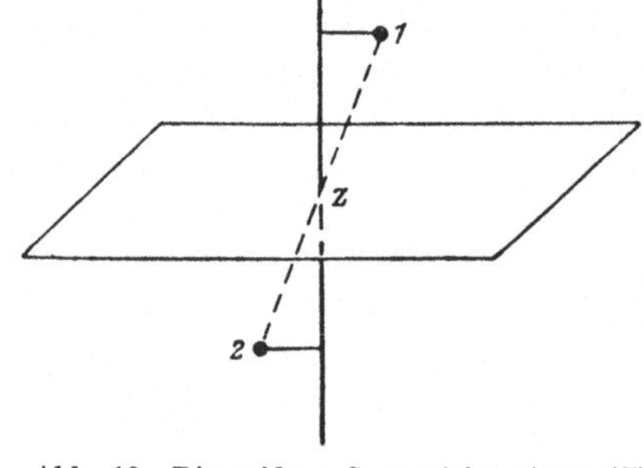

Abb. 18. Digyroide = Symmetriezentrum (*Z*).

Ausgangslage zusammen (Abb. 15), z. B. Punkt *1* in Punkt *2*, Punkt *2* in Punkt *3*, dieser in Punkt *4*, dieser in Punkt *5*, dieser in *6* und Punkt *6* in Punkt *1*. Die Hexagyroide ist stets zugleich Trigyre.

Ebenso wie die Trigyre des Rhomboeders ist jede der vier Trigyren des Kubus zugleich eine Hexagyroide. Das Rhomboeder kann als ein „schiefer Würfel" aufgefaßt werden.

Die *Tetragyroide* ist durch Abb. 16 dargestellt. Nach einer Drehung von 90° und der Spiegelung wird Punkt *1* in die Lage von *2*, dieser in die von *3* usw. übergeführt, bis nach einer Drehung von viermal 90° und einer Spiegelung die Ausgangslage wieder erreicht wird.

Im Gegensatz zu der Hexagyroide kann die Tetragyroide nicht in einem einfachen Gitter, sondern nur in Komplexgittern auftreten. In der Kristallform findet sie sich z. B. im Tetraeder, im tetragonalen Bisphenoid.

Die Drehspiegelungsverhältnisse der *Trigyroide* sind in Abb. 17 wiedergegeben. Punkt *1* gerät nach einer Drehung von 120° und Spiegelung in Lage *2* usw., aber die Ausgangslage ergibt sich erst nach zwei vollen Umdrehungen, nach denen Punkt *6* Lage *1* einnimmt. Es sei bemerkt, daß die Trigyroide nichts anderes ist als die Trigyre nebst der gegen diese senkrecht liegenden Symmetrieebene. Daher gilt die Trigyroide nicht als selbständiges Symmetrieelement.

Die *Digyroide* ist eine Drehspiegelachse, bei der der Drehungswinkel 180° beträgt (Abb. 18). Punkt *1* gelangt nach dieser Drehung und Spiegelung in die Lage von *2* derart, daß die Verbindungslinie beider Punktlagen im Schnittpunkt von Achse und Ebene halbiert wird. Dasselbe geschähe, wenn bei gleichbleibendem Schnittpunkt die Lage der Achse und die der Ebene verändert würden. Die Digyroide ist somit von unbestimmter Richtung. In der Elementarzelle des Gitters bedeutet das Auftreten der Digyroide nur so viel, daß gegenüberliegende Flächen einander gleichgerichtet und gleichwertig sind. Daher nennt man die Digyroide meistens *Symmetriezentrum* und bezeichnet sie als *Z*. Nunmehr ist auch einzusehen, daß die Hexagyroide dasselbe wie Trigyre + Symmetriezentrum ist. In einem einfachen triklinen Diskontinuum ist *Z* das einzige Symmetrieelement, und es ist auch in allen anderen einfachen Gittertypen vorhanden.

Satz 6. *Die zur Drehspiegelachse senkrecht stehende geradzählige Drehungsachse bedingt stets eine Symmetrieebene, die den Winkel zwischen jenen geradzähligen, in bezug auf die Drehspiegelachse gleichwertigen Achsen halbiert. Umgekehrt bedingt die Symmetrieebene, mit der Drehspiegelachse verbunden, eine Drehungsachse.*

Die primitiven Elementarzellen. Den oben behandelten einfachen Gittertypen gemeinsam und für sie kennzeichnend ist es, daß die Atome alle der Lage nach gleichwertig und an den Ecken der Elementarzellen gelegen sind. Wenn man auf diese Forderung verzichtet, aber daran festhält, daß die Gitter denselben Symmetriebetrag wie die einfachen Zellen beibehalten, so lassen sich in bestimmten Lagen weitere Punkte in den Zellen entweder in deren Flächen oder in deren Innerem unterbringen. Schon BRAVAIS bewies 1848, daß es nur 14 derartige primitive Elementarzellentypen, einschließlich der oben dargestellten 7 *einfach primitiven* Typen, geben kann. Die übrigen sind entweder *doppelt primitive*, wenn sie der Lage nach zweierlei Massenpunkte enthalten, oder *vierfach primitive*, wenn der Lage nach vier Arten von Punkten vorkommen. Die möglichen primitiven Zellen sind folgende:

Triklin: einfach primitiv (Abb. 2).
Monokline: einfach primitiv (Abb. 4),
 doppelt primitiv, basisflächenzentriert (Abb. 19).
Rhombische: einfach primitiv (Abb. 6),
 doppelt primitiv, basisflächenzentriert (Abb. 20),
 doppelt primitiv, innenzentriert (Abb. 21),
 vierfach primitiv, allseitig flächenzentriert (Abb. 22).
Hexagonal: einfach primitiv (Abb. 8).
Rhomboedrisch: einfach primitiv (Abb. 10).
Tetragonale: einfach primitiv (Abb. 12),
 doppelt primitiv, innenzentriert (Abb. 23).
Kubische: einfach primitiv (Abb. 14),
 doppelt primitiv, innenzentriert (Abb. 24),
 vierfach primitiv, allseitig flächenzentriert (Abb. 25).

Die primitiven Zellentypen sind in der Kristallstrukturforschung von großer Bedeutung. Die Kristallarten von verschiedenem Typus weichen in gewissen Beziehungen in ihren physikalischen Eigenschaften voneinander ab, aber auf Grund der Kristallform können die primitiven Typen eines und desselben Kristallsystems nicht voneinander unterschieden werden, da sie denselben Symmetriebetrag besitzen.

Daß es keine anderen als die angeführten primitiven Typen geben kann, läßt sich auf einfachem Wege beweisen, indem man, andere mögliche Punktlagen innerhalb der Zelle ausprobierend, erkennt, wie man immer wieder zu irgend-

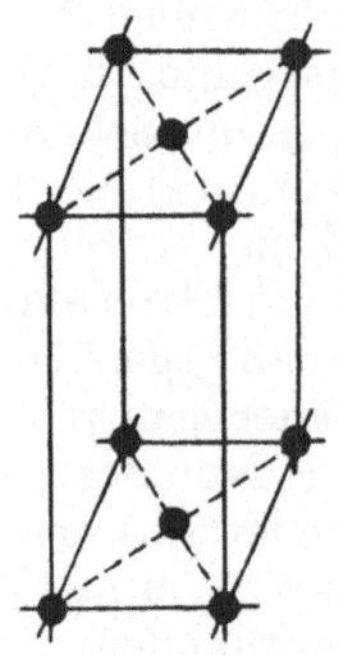

Abb. 19. Monokline doppelt primitive basisflächenzentrierte Elementarzelle.

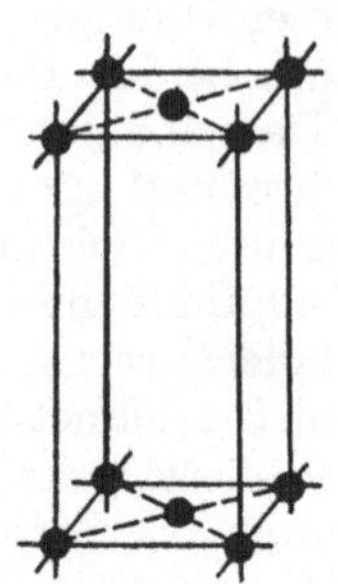

Abb. 20. Rhombische doppelt primitive basisflächenzentrierte Elementarzelle.

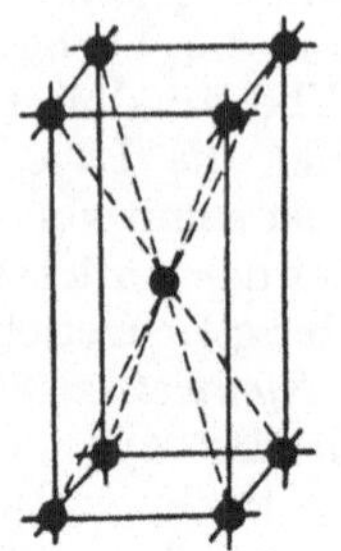

Abb. 21. Rhombische doppelt primitive innenzentrierte Elementarzelle.

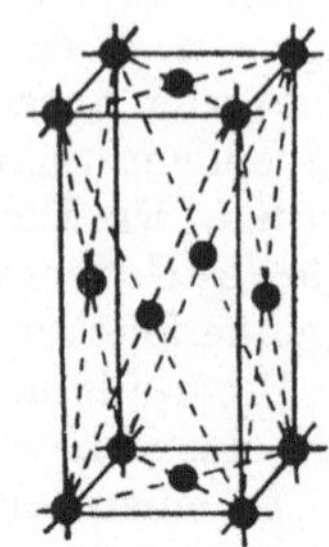

Abb. 22. Rhombische vierfach primitive allseitig flächenzentrierte Elementarzelle.

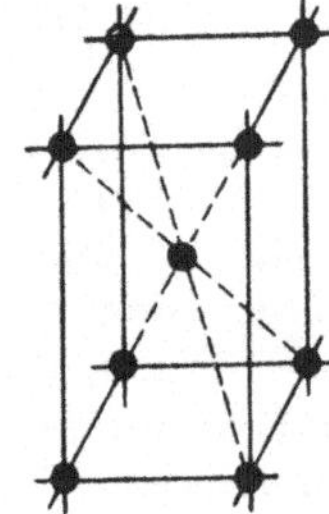

Abb. 23. Tetragonale doppelt primitive innenzentrierte Elementarzelle.

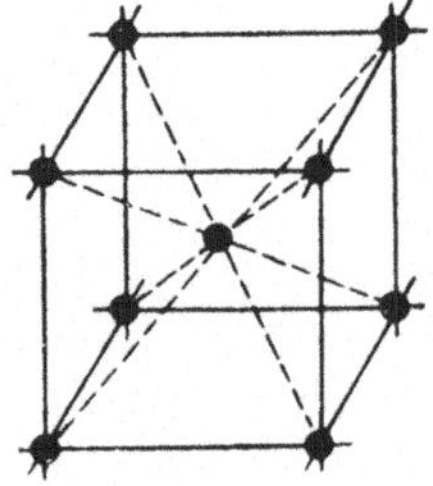

Abb. 24. Kubische doppelt primitive innenzentrierte Elementarzelle.

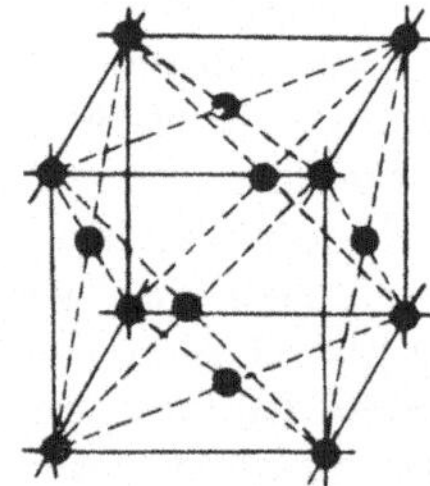

Abb. 25. Kubische vierfach primitive allseitig flächenzentrierte Elementarzelle.

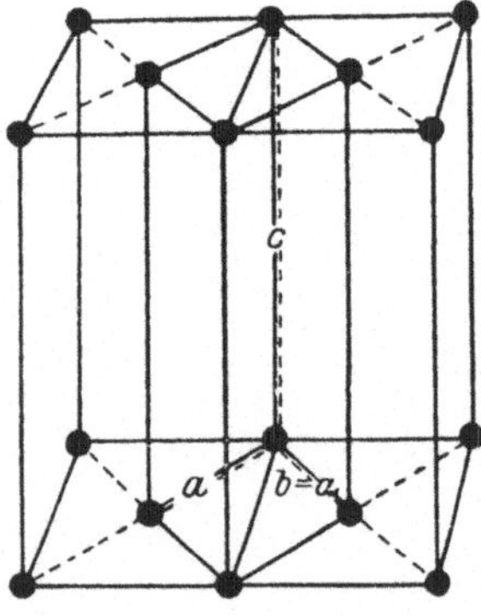

Abb. 26. Die basisflächenzentrierte tetragonale Elementarzelle ist keine besondere primitive Zelle, da zwei solche nebeneinandergeordnete Zellen eine einfache tetragonale bilden, deren Seite a = Hälfte der Basisflächendiagonale der vorhergehenden Zelle ist.

einem der obengenannten Typen kommt. So entstände z. B. aus zwei nebeneinander geordneten basisflächenzentrierten tetragonalen Zellen eine einfach primitive (Abb. 26).

Komplexgitter. Die Kristallstrukturforschung hat nachgewiesen, daß in den meisten Stoffen die Punktsysteme der Kristalle der Lage nach ungleichwertige Massenpunkte umfassen und namentlich alle chemischen Verbindungen Atome verschiedener Elemente einschließen. Dann handelt es sich um ein Komplexgitter oder ,,Gitter im Gitter''. Auch dann können sich die Atome so gruppiert haben, daß in den Gittern dieselbe Symmetriemenge wie in den einfachen Gittern enthalten ist und sie gewissen primitiven Typen zugezählt werden können.

Offenbar kann in keinem primitiven Gitter, das durch eine bestimmte höchstzählige Drehungsachse gekennzeichnet ist, der Symmetriebetrag durch Vermehrung der Punkte noch gesteigert werden. Dagegen läßt er sich gewiß vermindern. In vielen Komplexgittern ist wirklich die Lage der Punkte in den Elementarzellen eine solche, daß der Symmetriebetrag geringer als in den einfachen Zellen ist. Auch ist es denkbar, daß die Atome selbst vektorielle Eigenschaften besäßen in einer Weise, die zu einer Verminderung der Symmetrie der Gitter führte. Auf welcher der beiden Ursachen die Symmetrieverminderung auch beruhen mag, so erscheint sie dann auch äußerlich in der Symmetrie der Kristallformen. Gemäß den geometrischen Kombinationsregeln der oben dargestellten Symmetrieelemente sind auch dabei nur bestimmte Symmetrieklassen möglich.

Symmetrieklassen. Schon früh sah man ein, daß die Anzahl der dem Symmetriebetrage nach verschiedenen Kristallklassen nur beschränkt sein kann, und bald gelang es auch, geometrisch nachzuweisen, daß es 32 der Drehungs- und Spiegelungssymmetrie nach verschiedene Klassen gibt. Zweierlei Beweise sind vorgebracht worden. Einige gehen von empirisch erkannten kristallographischen Grundgesetzen aus, wie z. B. vom Parameter- oder vom Zonengesetz (HESSEL 1830, AXEL GADOLIN 1867), andere wiederum von der Gittertheorie (BRAVAIS 1848, SOHNCKE 1879, SCHÖNFLIES und FEDOROV 1891).

Im folgenden wird zunächst nach NIGGLI die Ableitung der Symmetrieklassen dargestellt, die sich auf die schon erklärten Sätze über die Kombination von Symmetrieelementen gründet. In Abb. 27 sind die auf die verschiedenen Klassen verteilten Symmetriekombinationen angeordnet nach demselben Schema, das später in diesem Buche benutzt werden wird.

Symmetrielos ist (1) die *triklin pediale* Klasse, C_1.

Durch *eine* polare Drehungsachse gekennzeichnete Klassen kann es natürlich in gleichem Betrage wie die Drehungszahlen der Achse geben, also:

Digyre: (2) *monoklin sphenoidisch*, C_2,
Trigyre: (3) *trigonal pyramidal*, C_3,
Hexagyre: (4) *hexagonal pyramidal*, C_6,
Tetragyre: (5) *tetragonal pyramidal*, C_4.

Von den polaren Achsen können nur die Trigyren einander schneiden, nämlich je vier in den Richtungen der Eckendiagonalen des Würfels, aber dann sind ihre Halbierenden oder die Kantendiagonalen des Würfels Digyren. Es ergibt sich dann die (6) *tetraedrisch pentagondodekaedrische* Klasse, T.

Die Drehungsachsen können auch bipolar sein, wobei dann auf ihnen n-Digyren senkrecht stehen (Satz 2). Man erhält vier durch *eine* bipolare Achse charakterisierte Klassen:

Digyre: (7) *rhombisch bisphenoidisch*, V (D_2),
Trigyre: (8) *trigonal trapezoedrisch*, D_3,
Hexagyre: (9) *hexagonal trapezoedrisch*, D_6,
Tetragyre: (10) *tetragonal trapezoedrisch*, D_4.

Vier zweiseitige Trigyren, symmetrisch in den Richtungen der Eckendiagonalen des Würfels angebracht, bedingen, daß zugleich drei Kantenrichtungen des Würfels Tetragyren und 6 seitenhalbierende Diagonalen des Würfels Digyren sind: (11) *pentagonal ikositetraedrische* Klasse, O.

An durch eine Drehspiegelungsachse charakterisierten Klassen sind nur folgende drei möglich:

(12) Digyroide bzw. Symmetriezentrum: *triklin pinakoidal*, C_i,
(13) Tetragyroide: *tetragonal bisphenoidisch*, S_4,
(14) Hexagyroide: *rhomboedrisch*, S_6.

Mit den angeführten auf vierzehn verschiedene Weisen gestellten Drehungsachsen können Symmetrieebenen (S.-E.) verbunden werden, wodurch weitere

Klassen entstehen. Soweit die Drehungszahl der Symmetrieachse gerade ist, kommt auch ein Symmetriezentrum vor.

Nur S.-E.: (15) *monoklin domatisch*, C_s.

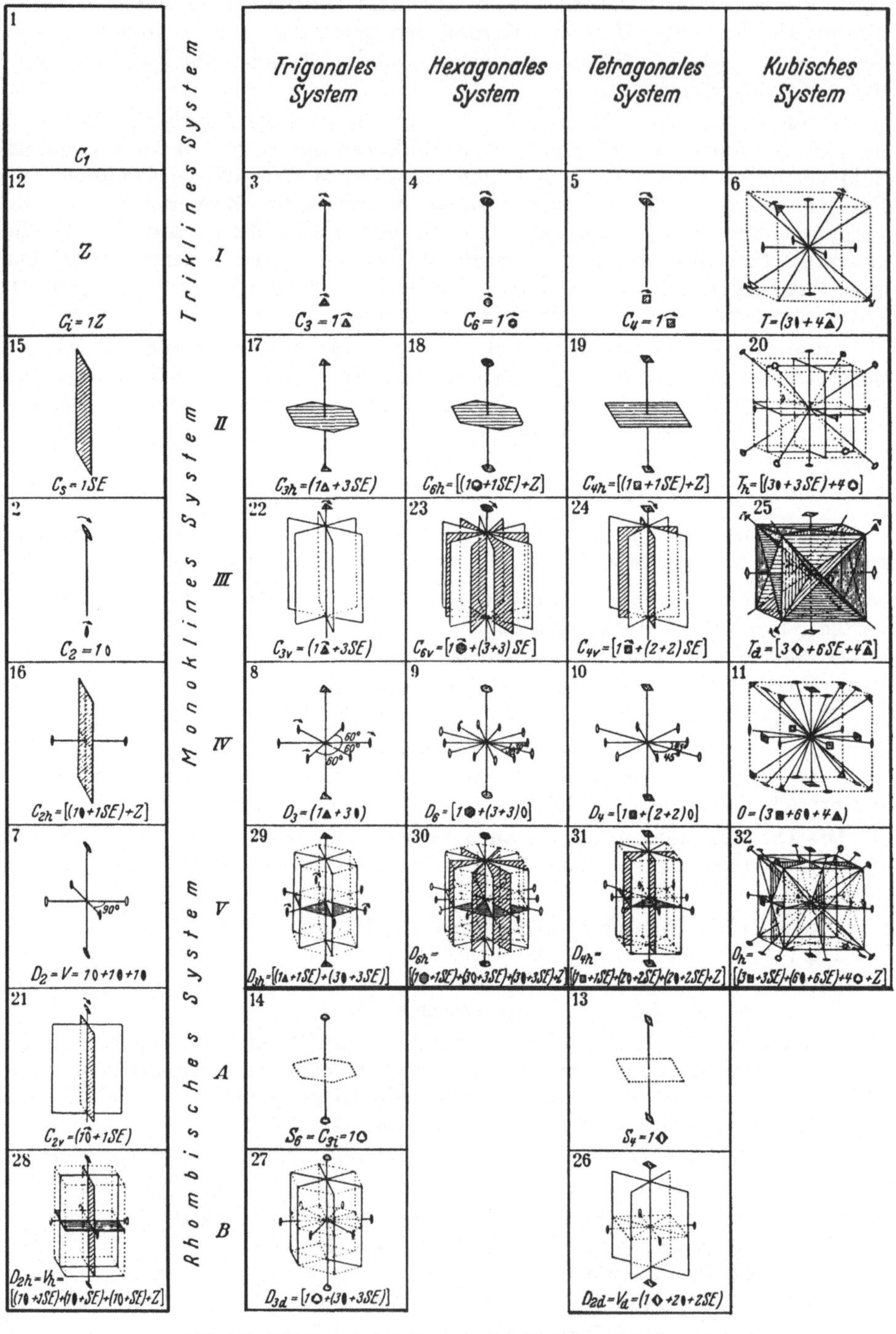

Triklines / Monoklines / Rhombisches System		Trigonales System	Hexagonales System	Tetragonales System	Kubisches System
1 C_1					
12 Z $C_i = 1Z$	I	3 $C_3 = 1\hat{▲}$	4 $C_6 = 1\hat{⬢}$	5 $C_4 = 1\hat{■}$	6 $T = (3⬮ + 4\hat{▲})$
15 $C_s = 1SE$	II	17 $C_{3h} = (1▲ + 3SE)$	18 $C_{6h} = [(1⬢ + 1SE) + Z]$	19 $C_{4h} = [(1■ + 1SE) + Z]$	20 $T_h = [(3⬮ + 3SE) + 4⬡]$
2 $C_2 = 1⬮$	III	22 $C_{3v} = (1\hat{▲} + 3SE)$	23 $C_{6v} = [1\hat{⬢} + (3+3)SE]$	24 $C_{4v} = [1\hat{■} + (2+2)SE]$	25 $T_d = [3◇ + 6SE + 4\hat{▲}]$
16 $C_{2h} = [(1⬮ + 1SE) + Z]$	IV	8 $D_3 = (1▲ + 3⬮)$	9 $D_6 = [1⬢ + (3+3)⬮]$	10 $D_4 = [1■ + (2+2)⬮]$	11 $O = (3■ + 6⬮ + 4▲)$
7 $D_2 = V = 1⬮ + 1⬮ + 1⬮$	V	29 $D_{3h} = [(1▲ + 1SE) + (3⬮ + 3SE)]$	30 $D_{6h} = [(1⬢ + 1SE) + (3⬮ + 3SE) + (3⬮ + 3SE) + Z]$	31 $D_{4h} = [(1■ + 1SE) + (2⬮ + 2SE) + (2⬮ + 2SE) + Z]$	32 $O_h = [(3■ + 3SE) + (6⬮ + 6SE) + 4⬡ + Z]$
21 $C_{2v} = (1\hat{⬮} + 1SE)$	A	14 $S_6 = C_{3i} = 1⬡$		13 $S_4 = 1◇$	
28 $D_{2h} = V_h = [(1⬮ + 1SE) + (1⬮ + SE) + (1⬮ + SE) + Z]$	B	27 $D_{3d} = [1⬡ + (3⬮ + 3SE)]$		26 $D_{2d} = V_d = (1◇ + 2⬮ + 2SE)$	

Abb. 27. Die Symmetrieelemente der 32 Symmetrieklassen.

Stellt man die S.-E. senkrecht gegen die Drehungsachsen, wobei sie bipolar sein müssen, so ergeben sich folgende Klassen:

Digyre + S.-E. + Z: (16) *monoklin prismatisch*, C_{2h},
Trigyre + S.-E.: (17) *trigonal bipyramidal*, C_{3h},
Hexagyre + S.-E. + Z: (18) *hexagonal bipyramidal*, C_{6h},
Tetragyre + S.-E. + Z: (19) *tetragonal bipyramidal*, C_{4h}.

Senkrecht zu den Trigyren des kubischen Systems läßt sich keine S.-E. unterbringen. Dagegen lassen sich gegen die Digyren der 6. Klasse die S.-E. senkrecht stellen, wobei die Trigyren Hexagyroiden werden, da ein Symmetriezentrum vorhanden ist (S. 11):

4 Hexagyroiden + 3 Digyren + 3 S.-E.: (20) *disdodekaedrische* Klasse, T_h.

Fünf neue Klassen ergeben sich durch Unterbringung von Symmetrieebenen in den Klassen 2 bis 6 in den Richtungen der Drehungsachsen, wobei sich die Anzahl der S.-E. jedesmal auf n zu belaufen hat (Satz 5). Nach der Drehungszahl der höchstzähligen Achse kommen folgende Klassen zustande:

1 Digyre + 2 S.-E.: (21) *rhombisch pyramidal*, C_{2v},
1 Trigyre + 3 S.-E.: (22) *ditrigonal pyramidal*, C_{3v},
1 Hexagyre + 6 S.-E.: (23) *dihexagonal pyramidal*, C_{6v},
1 Tetragyre + 4 S.-E.: (24) *ditetragonal pyramidal*, C_{4v},
4 Trigyren + 3 Tetragyroiden + 6 S.-E.: (25) *hexakistetraedrisch*, T_d.

Bei Klasse 25 halbieren die Symmetrieebenen die Winkel zwischen gleichwertigen Digyren. Da diese zugleich den Symmetrieebenen parallel laufen, werden sie Tetragyroiden.

Mit den durch Drehspiegelungsachsen charakterisierten Klassen (12 bis 14) können nur in den Richtungen der Achsen Symmetrieebenen verbunden werden, da eine senkrechte S.-E. die Drehspiegelungsachse in eine Drehungsachse verwandeln müßte. Zum Symmetriezentrum hinzugefügt (Kl. 12), bedingte die S.-E. die Ausbildung einer senkrecht auf ihr stehenden Digyre, so daß man zu der monoklin prismatischen Klasse käme (16). Den Klassen 13 und 14 dagegen lassen sich Symmetrieebenen einordnen, wobei deren Winkelhalbierende Digyren sind. Es ergibt sich:

1 Tetragyroide + 2 Digyren + 2 S.-E.: (26) *tetragonal skalenoedrisch*, D_{2d} (V_d),
1 Hexagyroide + 3 Digyren + 3 S.-E.: (27) *ditrigonal skalenoedrisch* D_{3d}.

Nunmehr folgen die Klassen, die entstehen, wenn den durch bipolare Drehungsachsen gekennzeichneten Klassen (7 bis 11) Symmetrieebenen hinzugefügt werden. Da jede dieser Klassen schon n Digyren senkrecht gegen die höchstzählige Achse umfaßt, so bewirkt nach Satz 5 die senkrecht auf dieser stehende S.-E. auch mit derselben gleichgerichtete und umgekehrt, also stets beiderlei Digyren. Auf beiden Wegen lassen sich dieselben Ergebnisse erreichen und folgende Klassen aufstellen:

3 Digyren + 3 S.-E. + Z: (28) *rhombisch bipyramidal*, V_h (D_{2h}),
1 Trigyre + 3 pol. Digyren + 4 S.-E.: (29) *ditrigonal bipyramidal*, D_{3h},
1 Hexagyre + 6 Digyren + 7 S.-E. + Z: (30) *dihexagonal bipyramidal*, D_{6h},
1 Tetragyre + 4 Digyren + 5 S.-E. + Z: (31) *ditetragonal bipyramidal*, D_{4h},
4 Hexagyroiden + 3 Tetragyren + 6 Digyren + 9 S.-E. + Z: (32) *hexakisoktaedrische* Klasse, O_h.

Damit sind alle Möglichkeiten erschöpft; sonstige Kombinationen von Symmetrieelementen kann es nicht geben, wenn die Kristalle wirklich homogene Diskontinuen sind.

Als die Theorie der 32 Symmetrieklassen zuerst aufgestellt wurde, waren noch nicht Vertreter aller Klassen bekannt. Später hat man sie alle aufgefunden, aber keinen einzigen, der nicht in irgendeiner Klasse hätte untergebracht werden können. Darin liegt bereits ein bündiger Beweis der Diskontinuumstheorie.

Die Symbole der Symmetrieklassen. In Abb. 27 sind unter den anschaulichen Darstellungen der für jede Klasse charakteristischen Symmetrieelemente auch deren Symbole angegeben. Diese zuerst von SCHÖNFLIES vorgeschlagenen Buchstaben, die später allgemeine Anwendung in der Kristallstrukturforschung erhalten haben, sind nicht gerade leichtverständlich in ihrer Herleitung, aber ihre Bedeutung erhellt jedoch in der Praxis schon bei genauer Betrachtung des Systems der Symmetrieklassen, wie in Abb. 27 dargestellt. C bedeutet sog. „cyclische Gruppen" der Symmetrieelemente, also C_1, C_2, C_3, C_4, C_6 die Klassen mit polaren Gyren von Mono- bis zu Hexagyren. Kommen zu den Gyren senkrechte (horizontale) Symmetrieebenen, so wird nach dem Zahlenindex noch h hinzugefügt: C_{2h}, C_{3h}, C_{4h}, C_{6h}; die monoklin domatische Klasse mit nur einer S.-E. erhält das Symbol C_s. Die mit den Gyren parallelen (vertikalen) Symmetrieebenen bezeichnet man mit v; also C_{2v}, C_{3v}, C_{4v}, C_{6v}. D (= „Diedergruppe") bedeutet bipolare Gyren mit dazu senkrechten Digyren, also D_2, D_3, D_4, D_6; statt D_2 (rhombisch bisphenoidische Klasse) wird jedoch V (= „Vierergruppe") angewandt, ebenso V_h für die rhombisch bipyramidale Klasse und V_d statt D_{2d} für tetragonal skalenoedrische Klasse. Die triklin pinakoidale Klasse mit nur Symmetriezentrum („Inversionszentrum") heißt C_i, und von den zwei Klassen mit nur Gyroiden erhält die tetragonal bisphenoidische Klasse das Symbol S_4 und die rhomboedrische $S_6 = C_{3i}$ (Trigyre + Symmetriezentrum). Durch Hinzufügen von Symmetrieebenen entstehen aus diesen beiden Klassen die tetragonal skalenoedrische Klasse V_d und ditrigonal skalenoedrische Klasse D_{3d}. Im kubischen System bedeutet T die „Tetraedergruppe" von vier polaren Trigyren, wie allein in der tetraedrisch pentagondodekaedrischen Klasse und mit Symmetrieebenen in der disdodekaedrischen T_h, sowie der hexakistetraedrischen Klasse T_d. Die pentagonikositetraedrische Klasse hat eine „Oktaedergruppe" von Trigyren und wird O bezeichnet, ebenso die hexakisoktaedrische Klasse neben Symmetrieebenen: O_h.

Betrachten wir noch besonders die Systeme mit 3-, 6- und 4-zähligen Gyren, so finden wir auf jeder horizontalen Reihe dieselben Regelmäßigkeiten bei den Indices der Symbole: C_3, C_6, C_4 sind die pyramidalen, C_{3h}, C_{6h}, C_{4h} die bipyramidalen, C_{3v}, C_{6v}, C_{4v} die ditri-, dihexa-, ditetragonal pyramidalen, D_3, D_6, D_4 die trapezoedrischen und D_{3h}, D_{6h}, D_{4h} die ditri-, dihexa-, ditetragonal bipyramidalen Klassen der tri-, hexa- und tetragonalen Systeme. Die Klassen des kubischen Systems schließen sich ihrer Natur gemäß diesen Reihen an.

Neben den SCHÖNFLIESschen Symbolen wird in der Strukturforschung eine andere einfachere, von MAUGUIN und HERMANN vorgeschlagene Bezeichnungsweise angewandt. Danach werden die Gyren mit den ihre Zähligkeit angebenden Nummern, wie 1 (beim triklinen System), 2, 3, 4, 6 bezeichnet, während die Gyroiden die Symbole 2, 3, 4, 6 erhalten. Die Symmetrieebene heißt m (miroir = Spiegelebene), und z. B. 2/m meint, daß eine Symmetrieebene senkrecht zu einer Digyre steht, die monoklin prismatische Klasse, mm (zwei Symmetrieebenen) ist also die rhombisch pyramidale, 222 (drei Digyren parallel den Achsen) die rhombisch bisphenoidische Klasse. Auf die Anwendung dieser Symbole werden wir im Zusammenhang mit den Raumgruppen zurückkommen.

Parallelverschiebung. Nunmehr wären in Kürze auch die Deckoperationen zu betrachten, die nur im Innern der Gitter auftreten und nicht in den Formen der Kristalle sichtbar werden können. Es handelt sich um die Parallelverschiebung sowie ihre Kombination mit den Symmetrieachsen (Schraubung) und mit den Symmetrieebenen (Gleitspiegelung).

Die einfache Parallelverschiebung muß, um eine Deckoperation zu sein, den Abstand (Identitätsabstand) zweier gleichwertigen Punkte oder ein ganzes Vielfaches dieses Abstandes umfassen, da sie sonst die Punkte in Lagen bringt, in denen sie nicht mit der Ausgangslage gleichwertig sind.

Schraubung. Die mit einer Drehung verbundene Parallelverschiebung ist eine Schraubung. Ist in einem Gitter die Punktanordnung derart, daß das Diskontinuum während einer vollen Umdrehung um die Richtung irgendeiner Punktlinie, unter gleichzeitiger Verschiebung um einen Identitätsabstand in derselben Richtung, mehr als einmal in Decklage gerät, so bezeichnet man eben diese Richtung als Schraubenachse oder *Helikogyre.* Sie kann 2-, 3-, 4- oder 6-zählig bzw. *Dihelikogyre, Trihelikogyre, Tetrahelikogyre* oder *Hexahelikogyre* sein. Phänomenologisch, d. h. in den Kristallformen megaskopisch wahrnehmbar, ist die Schraubenachse eine Drehachse.

Die Helikogyren sind enantiomorph, d. h. jede Art ist als links- oder rechtsdrehend vertreten. Abb. 28 stellt die linke und rechte Tetrahelikogyre dar.

Abb. 28. Linke und rechte Tetrahelikogyre.

Gleitspiegelung. Vereinigte Parallelverschiebung und Spiegelung bilden eine Gleitspiegelung. Die kleinstmögliche Parallelverschiebung, die eine Gleitspiegelung bewirkt oder die Verschiebungskomponente, macht stets einen halben Identitätsabstand in der Verschiebungsrichtung aus (Abb. 29).

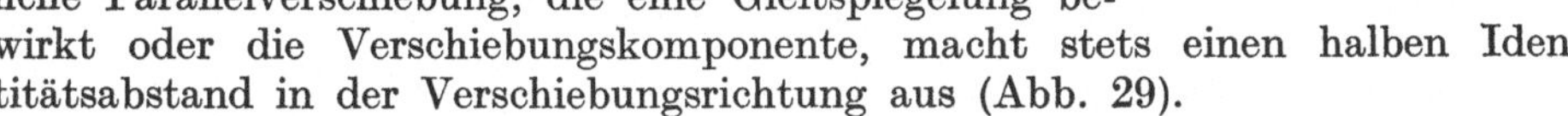

Die Gleitspiegelungsfläche erscheint phänomenologisch als Spiegelungsfläche oder Symmetrieebene. Äußerlich ist sie also nicht zu unterscheiden, tritt aber in den Kristallstrukturen als besondere Symmetrieart auf.

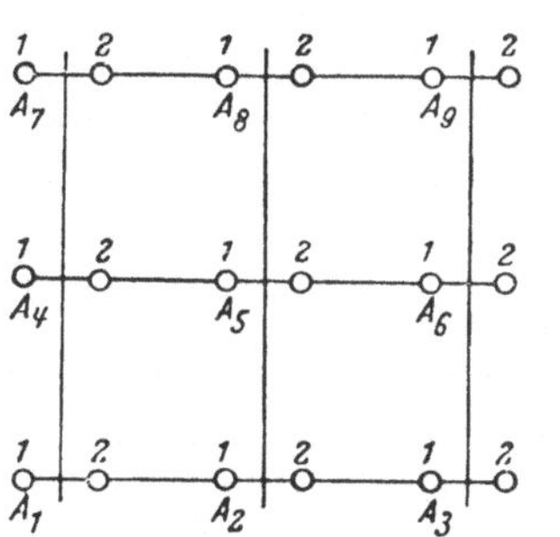

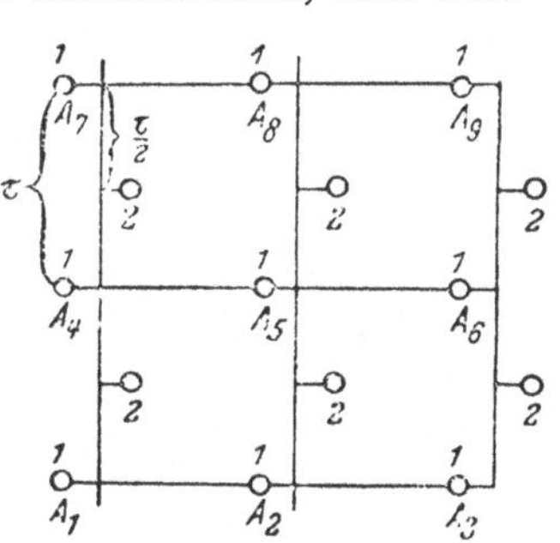

Abb. 29. Spiegelebene (links) und Gleitspiegelebene (rechts).

230 Raumgruppen. Ebenso wie 32 mögliche phänomenologisch erscheinende Symmetrieklassen, bei denen nur Drehung, Spiegelung und Drehspiegelung als Deckoperationen auftreten, geometrisch erklärt worden sind, läßt sich auch geometrisch herausstellen, wie viele dem Symmetriebetrage nach verschiedene sog. Raumgruppen möglich sind, soweit auch die Verschiebungsabstände, die Schraubenachsen und die Gleitspiegelungsflächen als Symmetrieelemente berücksichtigt werden. Diese Aufgabe haben als erste Fedorov, Schönflies und Barlow (um 1891) unabhängig voneinander gelöst und dabei 230 verschiedene Raumgruppen erhalten.

Werden diese Raumgruppen in der Weise klassifiziert, daß zu einer Klasse diejenigen Gruppen zusammengefaßt werden, die sich nur darin voneinander unterscheiden, daß die gleichgerichteten Achsen entweder Drehungs- oder Schraubenachsen und die Symmetrieebenen Spiegelungs- oder Gleitspiegelungsebenen darstellen, so ergeben sich nochmals dieselben 32 Symmetrieklassen, die oben aufgeführt worden sind.

Die ausführlichere Behandlung der Raumgruppen geschieht zweckmäßig an einer späteren Stelle.

C. Über die Kristallformen im allgemeinen.

Kristallsysteme und Achsenkreuze. Wir haben gesehen, daß es nur 7 Arten von einfachsten und zugleich symmetriereichsten Gittertypen geben kann. Da als Formen der Elementarzellen die angeführten 7 Parallelepipedarten, die sich lückenlos aneinanderfügen, anwendbar sind, so müssen sich auch alle weniger symmetrischen Gitterarten in dieselben Typen einordnen lassen. So verteilen sich alle Kristallarten naturgemäß auf sieben *Kristallsysteme.* Unmittelbar von der Gittertheorie ausgehend, wären es folgende: das trikline, monokline, rhombische, hexagonale, rhomboedrische, tetragonale und kubische. Diese Einteilung wird wirklich angewandt, und sie ist vorwiegend für die Betrachtung der Kristallstruktur geeignet.

Ein Nachteil der genannten Einteilung besteht darin, daß es Kristallstrukturen gibt, die in ihr nicht untergebracht werden können. Bei ihnen ist die Elementarzelle am ehesten einer hexagonalen ähnlich, ihrer Symmetrie nach aber trigonal. Da anderseits auch das Rhomboeder gewissermaßen trigonal ist, weil es eben eine Trigyre enthält, so kann man als System das trigonale wählen und ihm sowohl die Kristallarten, deren Elementarzelle ein trigonales Prisma darstellt, als auch diejenigen zuzählen, die ein wirklich rhomboedrisches Gitter besitzen. Die vorliegenden Ausführungen folgen letzterer Einteilung, die den Vorteil bietet, daß die Analogie zwischen den verschiedenen Symmetrieklassen des trigonalen, hexagonalen und tetragonalen Systems deutlich hervortritt und das Gedächtnis unterstützt.

Es ist leicht einzusehen, daß die tetragonal-bisphenoidische und die tetragonal-skalenoedrische Klasse sich zu den mit Tetragyren versehenen tetragonalen ganz gleicherweise wie die rhomboedrische und die ditrigonal-skalenoedrische zu den hexagonalen Klassen verhalten. Die tetragyroiden Klassen sind charakteristisch tetragonal, u. a. darin, daß sich in ihnen ein tetragonales Achsenkreuz unterbringen läßt. Desgleichen könnten die hexagyroiden Klassen zu den hexagonalen gerechnet werden. Da aber auch die trigonalen Kristalle ein gleiches Achsenkreuz aufweisen, lassen sie sich ebenfalls in dieses System einordnen. Der Unterschied beruht offenbar auf dem ungleichen Charakter der Zahlen 4 und 6.

Bei jedem System werden die Richtungen der Netzebenen der Gitter wie auch die der Kristallflächen mittels eines *Achsenkreuzes* bestimmt. Dieses ist ein Koordinatensystem, als dessen Achsen in den Gittern drei einander schneidende Punktreihenrichtungen, in den Kristallen drei Kantenrichtungen angesetzt sind. Eigentlich können dabei beliebige Kantenrichtungen als Achsen gewählt werden, aber völlig sinngemäß verhält sich nur ein solches Achsenkreuz, das selbst einen möglichst hohen Symmetriebetrag einschließt. Als absolutes Achsenkreuz kann dasjenige bezeichnet werden, das die Kantenrichtungen der Elementarzelle bildet. Dieses läßt sich zwar erst durch Bestimmung der Kristallstruktur herausfinden, aber bei den meisten Kristallarten hatte man indes schon zuvor das richtige Achsenkreuz erfaßt, indem man als solches die Kantenrichtungen häufig auftretender Kristallflächen, besonders solcher Flächen, in deren Richtung deutliche Spaltbarkeit besteht, ansetzte.

Zu den verschiedenen Systemen passen nach obigem die in Abb. 30 dargestellten Achsenkreuze.

Triklines System. Drei verschieden lange Achsen, die einander schräg schneiden. Von diesen wird eine willkürlich als vertikale *c*-Achse gewählt. Von den übrigen ist die längste („Makroachse") die *b*-Achse und die kürzere („Brachyachse") die *a*-Achse.

Monoklines System. Drei verschieden lange Achsen, von denen zwei einander schräg schneiden und die dritte senkrecht gegen die Ebene der beiden ersteren steht. Diese dritte ist die Orthoachse („gerade Achse"). Von den einander schräg schneidenden Achsen wird die eine beliebig als c-Achse, die andere als a-Achse (Klinoachse, „schräge Achse") bezeichnet. Es ist zu bemerken, daß im monoklinen System nur die Orthoachse eine einzigartige, ein für allemal bestimmte Richtung ist.

Rhombisches System. Drei zueinander senkrechte verschieden lange Achsen. Von diesen wird eine als vertikale c-Achse bezeichnet. Von den übrigen pflegt man die längere („Makroachse") als b- und die kürzere („Brachyachse") als a-Achse anzuführen.

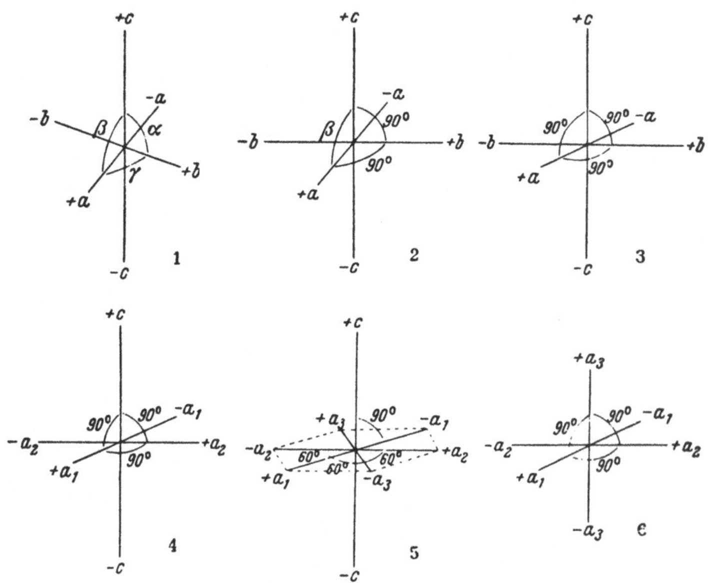

Abb. 30. Die Achsenkreuze der verschiedenen Kristallsysteme.
1 triklin, 2 monoklin, 3 rhombisch, 4 tetragonal, 5 trigonal und hexagonal, 6 kubisch.

Trigonales System. Vier Achsen, von denen drei einander in Winkeln von 120° schneiden sowie in derselben Ebene liegen und untereinander gleich lange, gleichwertige a-Achsen bilden, die vierte aber länger oder kürzer ist, die Hauptachse, c-Achse, darstellt und zu den übrigen senkrecht steht; diese wird vertikal angebracht.

Hexagonales System. Das Achsenkreuz dem vorhergehenden gleich.

Tetragonales System. Drei Achsen, von denen zwei einander senkrecht schneiden und gleich lang sind (a-Achsen = Nebenachsen); die dritte steht senkrecht auf den a-Achsen und unterscheidet sich von ihnen in der Länge (c-Achse = Hauptachse).

Kubisches System. Drei senkrecht zueinander stehende, gleich lange und gleichwertige a-Achsen.

Für die Kristalle des trigonalen Systems benutzt man auch das rhomboedrische Achsenkreuz (MILLER), bei dem die drei Kantenrichtungen des Rhomboeders als Achsen gewählt werden. Die Achsen stehen dann schräg gegeneinander, sind gleich lang und gleichwertig (Abb. 31). Dieses Achsenkreuz betont die Ähnlichkeit des Rhomboeders mit dem Kubus, während die Benutzung des hexagonalen Achsenkreuzes (BRAVAIS) an dessen nahe Beziehung zu den hexagonalen Kristallen erinnert. Früher hat man denn auch die trigonalen und rhomboedrischen Kristalle als minderflächige oder meroedrische hexagonale bezeichnet.

Gesetz der Winkelkonstanz. Da die Kristallflächen mit den Flächengittern gleichlaufend sind und beim Wachsen des Kristalls ihre Richtung beibehalten, sind auch die zwischen ihnen liegenden Winkel unveränderlich. Außerdem *sind bei demselben Stoff die Winkel zwischen entsprechenden Flächen an allen Kristallen gleich groß.*

Dieses Gesetz ist genau zutreffend, wenn auch die Temperatur konstant ist. Wenn die Temperatur stark wechselt, kann sich der Kristallwinkel um höchstens einige Minuten verändern. Dabei verändern sich die verschiedenen Winkel derart, daß der Symmetriebetrag des Kristalls derselbe bleibt.

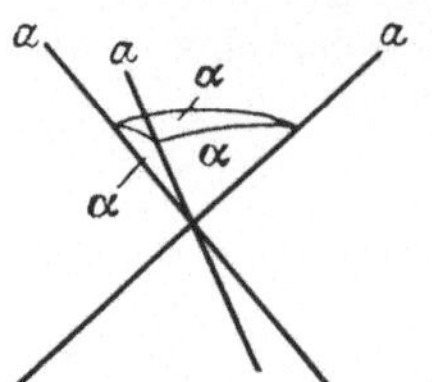

Abb. 31. Rhomboedrisches Achsenkreuz nach MILLER.

Aus dem Gesetz der Winkelkonstanz folgt, daß jede Kristallfläche zu allen übrigen desselben Kristalls eine ganz bestimmte Lage einnimmt. An den Kristallen, die univektorielle Richtungen einschließen, treten sog. Pedionflächen auf, die zu jeder anderen Fläche eine verschiedene Richtung einnehmen; aber im allgemeinen weisen die Kristalle zwei oder mehrere Flächen auf, die sich in derselben Lage zu den übrigen Flächen befinden. Solche Kristallflächen sind einander gleichwertig und bilden zusammen die *einfache Kristallform.*

Oft besitzen die Kristalle gleichzeitig zwei oder mehrere einfache Formen als gegenseitige *Kombinationen.*

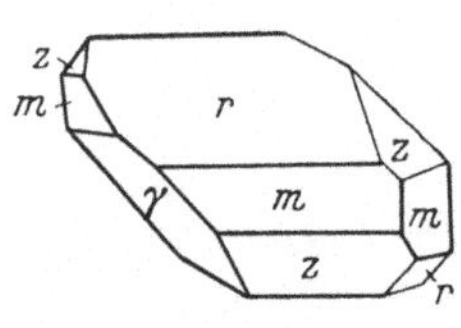

Abb. 32. Verzerrter Quarzkristall.

Zu der einfachen Pedionform gehört also nur *eine* Fläche, während alle anderen einfachen Formen mehrere Flächen umfassen. Einige einfache Formen sind offen und bilden keinen geschlossenen Körper. Derartig beschaffen sind alle solchen Formen, die weniger als 4 Flächen einschließen, und auch viele mehrflächigen, z. B. solche, bei denen die Flächen zu *einer* Zone gehören (sog. Prismaformen). Sie können also nicht als einfache Formen, sondern nur in Kombinationen auftreten.

Es ist zu beachten, daß nur die gegenseitigen Richtungen der Kristallflächen bedeutsam sind, dagegen nicht ihre Lagen zu dem Wachstumszentrum oder ihre Abstände von diesem, die von zufälligen Bedingungen, vorwiegend von der Konzentration des sich kristallisierenden Stoffes, abhängig sind. Folglich kann derselbe Kristall in verschiedenen Richtungen verschieden stark gewachsen sein, so daß die einander gleichwertigen Flächen in verschiedenen Abstand vom Zentrum geraten. Die natürlichen Kristalle sind somit oft anscheinend von sogar sehr unregelmäßiger Form und bisweilen einseitig ausgebildet, so daß einige der untereinander gleichwertigen Flächen ganz weggeblieben sind.

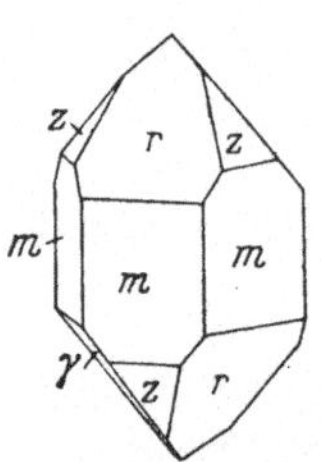

Abb. 33. Idealer Quarzkristall.

Da nun die Lage der Kristallflächen wechseln kann, ohne daß der wirkliche Symmetriebetrag sich verändert, so benutzt man für Studienzwecke sog. *ideale* Bilder und Modelle von Kristallen, d. h. solche, bei denen die untereinander gleichwertigen Flächen gleich weit vom Mittelpunkt entfernt sind (Abb. 32 und 33). Ideal gestalten sich auch die natürlichen Kristalle, wenn während ihres Wachsens die Bedingungen und die Konzentration rings um den Kristall völlig gleich sind.

Zonengesetz und Parametergesetz. Flächen, die einander in parallelen Kanten schneiden, bilden eine *Zone.* Die gemeinsame Richtung der Flächen und ihrer Kanten ist die *Zonenachse.*

Jede Kante eines Kristalls kann eine Zonenachse sein. Eine Fläche kann mehreren verschiedenen Zonen angehören. Beispielsweise läßt sich Fläche 110 zugleich den Zonen $\bar{1}10$, 110, 010 und 001, 110, $11\bar{1}$ zuzählen (Abb. 34).

Das Zonengesetz lautet: *Jede Flächenrichtung, die zwei Zonen gemeinsam gehört, ist eine mögliche Kristallfläche.* Also ist jede mit zwei ungleichgerichteten Kanten parallele Fläche als Kristallfläche möglich.

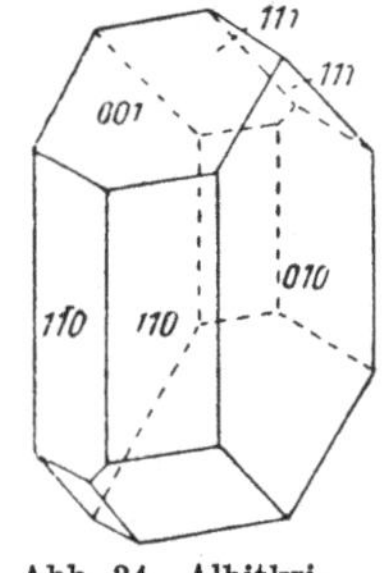

Abb. 34. Albitkristall, triklin-pinakoidal. Jede Kantenrichtung ist eine Zonenachse.

Die Lage einer Kristallfläche wird dadurch bestimmt, daß man ihre *Parameter*, d. h. die Abstände zwischen dem Mittelpunkt und den Schnittpunkten dieser Fläche mit den Achsen, angibt. Da bei den Kristallen nur die Richtungen der Flächen zueinander, aber nicht ihre Abstände vom Mittelpunkt unveränderlich sind, so bestimmt das Parameterverhältnis $a:b:c$ vollständig die Lage der Kristallfläche.

Das Parametergesetz lautet: *Besteht bei einer Fläche an einem Kristall irgendeines Stoffes das Parameterverhältnis $a:b:c$, so läßt sich das Parameterverhältnis jeder anderen an Kristallen desselben Stoffes auftretenden Fläche in der Form $ma : nb : pc$ wiedergeben, bei der die Koeffizienten m, n und p rationale Zahlen bedeuten.*

Meist sind die Parameterkoeffizienten sehr einfache Zahlen, z. B. 1, 2, 3, 1/2, 1/3, 2/3, 3/2 oder ∞ usw.

Die Veränderung der Zahlenwerte der Parameter bedeutet ein Verschieben der Fläche ohne Veränderung der Richtung, wie es z. B. beim Wachsen des Kristalls vor sich geht. Das Parametergesetz kann somit auch folgendermaßen formuliert werden: wird eine beliebige Kristallfläche in ihrer Richtung verschoben, bis sie eine der Achsen in demselben Punkt schneidet wie irgendeine andere als Grundform der Kristalle des Stoffes gewählte Flächenform, deren Parameterverhältnis $a:b:c$ (*Achsenverhältnis* des Stoffes) ist, so schneidet jene Fläche rationale Teile oder rationale Vielfache der Einheitslängen der übrigen Achsen (Abb. 35).

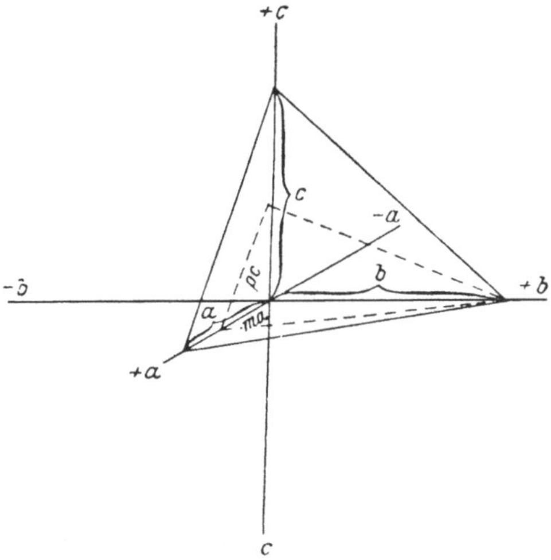

Abb. 35. Die Flächenparameter a, b, c im Achsenkreuz abc. In den Parametern ma, b, pc der anderen Fläche ist $m = \frac{1}{2}$ und $p = \frac{1}{2}$.

Als Grundform wählt man eine allgemein auftretende Flächenform, deren Flächen alle drei Achsen schneiden. Das Achsenverhältnis $a:b:c$ selbst ist im allgemeinsten Fall irrational, z. B. beim Kupfersulfat $a:b:c = 0{,}5656:1:0{,}5499$.

Wenn das Achsenkreuz absolut ist, d. h. wenn die Achsen mit den Kanten der Elementarzelle parallel laufen, so kann man auch von einer absoluten Grundform reden, deren Parameterverhältnis dem Verhältnis der Kanten der Elementarzelle gleich ist und deren Richtung dieselbe ist wie die derjenigen Fläche, die durch die Endpunkte der drei von derselben Ecke ausgehenden Kanten der Elementarzellen verläuft (Abb. 36).

Dabei wird angenommen, daß als Elementarzelle *das* durch die Verbindungslinien der Atompunkte gebildete Parallelepiped gewählt wird, bei dem die Kantenlängen möglichst kurz sind. Doch läßt sich nicht immer die Elementarzelle auf diese Weise eindeutig definieren, folglich kann man nicht immer von einer absoluten Grundform sprechen.

Das Achsenverhältnis ist eine wichtige Konstante für jede Kristallart in allen Fällen, wo es nicht wegen der Symmetrie ein für allemal bestimmt ist, wie im kubischen System $a:a:a = 1$. Im tetragonalen System ist ebenfalls $a:a = 1$, aber $c:a$ ist für jede tetragonale Kristallart verschieden.

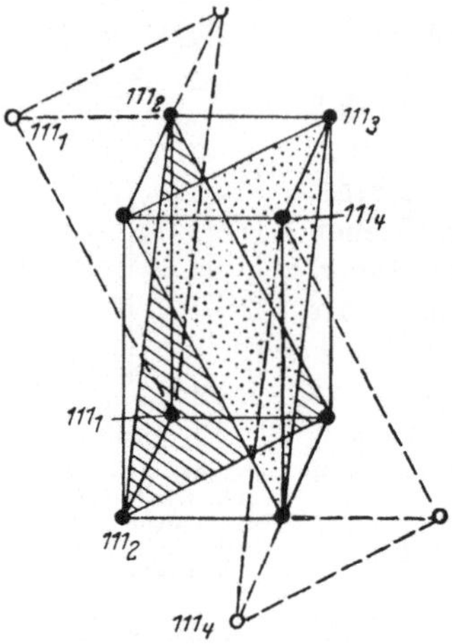

Das Achsenverhältnis $a:b:c$ wird ermittelt durch trigonometrische Berechnungen aus geeigneten Kantenwinkeln, die zuerst an gut ausgebildeten kleinen Kristallen mittels Reflexionsgoniometern gemessen werden. Mittels röntgenographischen Methoden mißt man heutzutage selbst die Achsen in Ångström-Einheiten, d. h. die Kantenlängen a_0, b_0, c_0 der Elementarzelle. Das aus diesen direkt bestimmte Achsenverhältnis wird $a_0:b_0:c_0$ bezeichnet, während $a:b:c$ das goniometrisch bestimmte Achsenverhältnis bedeutet.

Abb. 36. Grundformfläche der Elementarzelle in 4 verschiedenen Lagen in der Elementarzelle untergebracht.

Das Parametergesetz (wie auch das Zonengesetz) läßt sich einfach aus der Gittertheorie ableiten. Denn da die Kristallflächen nun einmal Flächengitter sind, müssen sie auf den mit jedem beliebigen Lineargitter parallel verlaufenden Achsen nur ganze Punktabstände abschneiden. Gemäß der Gitteranschauung kann das Parametergesetz folgendermaßen ausgedrückt werden: die Flächenrichtung ist um so wahrscheinlicher, je dichter in ihrer Richtung im Gitter Punkte auftreten oder je einfachere Zahlen durch ihre Parameter wiedergegeben werden (Abb. 37).

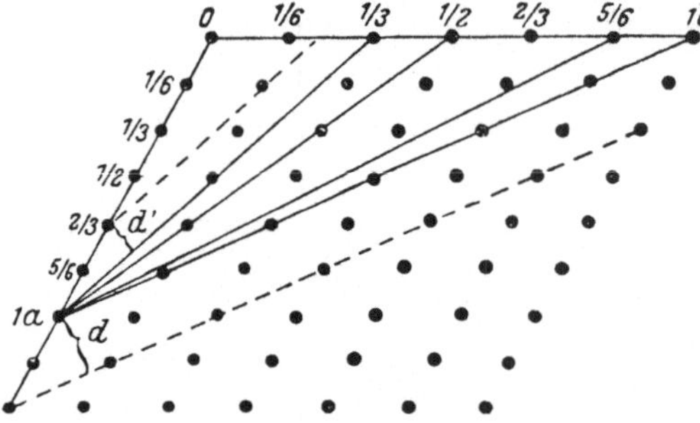

Abb. 37. Netzebene des Gitters. Die Punktreihen bedeuten die Schnittlinien der möglichen Kristallflächen in dieser Ebene. Je dichter in ihnen Punkte auftreten, d. h. je einfacher die Parameterverhältnisse der entsprechenden Flächen sind, desto häufiger sind die Kristallflächen.

Gewissermaßen eine Ausnahme von dem Parametergesetz machen die sog. *Vicinalflächen*. Darunter versteht man streifenartig an den Kanten von wichtigen Kristallflächen auftretende Flächen, die im Reflexionsgoniometer getrennte Signale geben, aber sehr nahe bei den der Hauptflächen, und meistens gibt es gleichzeitig mehrere von solchen Vicinalflächen. Sie haben hohe Indices, so daß innerhalb der Fehlergrenzen der Messungen tatsächlich mehrere Verhältniszahlen in Frage kommen könnten; daher ist es nicht möglich, zu entscheiden, ob das Parameterverhältnis rational ist. Die Vicinalflächen gehören zu den Unvollkommenheiten der Kristalle, aber sie sind darin regelmäßig, daß sie den Symmetrieregeln der jeweiligen Klasse gehorchen.

Die Bezeichnungsweisen der Kristallformen. Eine einfache Kristallform kann durch das gemeinsame Parameterverhältnis ihrer Flächen bezeichnet werden (Weissssche Schreibweise). Die Lage einer Einzelfläche läßt sich dadurch ausdrücken, daß vor die Parameter, die den im Achsenkreuz hinten, links und unten die Achsen schneidenden Flächen entsprechen, das Vorzeichen — gesetzt wird (s. Abb. 30).

Heutzutage benutzt man in der Kristallographie die *Indicesbezeichnung* von Miller. Die Indices sind die reziproken Werte der Parameterkoeffizienten, nämlich die Werte $1/m$, $1/n$, $1/p$, die dann in ganze Zahlen zu verwandeln sind.

Z. B. die Fläche $\infty a:1/2b:c$ gibt $1/\infty$, $1/\frac{1}{2}$, $1/1 = 021$. $a:3/2b:3c$ gibt 1/1, 2/3, 1/3 = 321. Das allgemeine MILLERsche Symbol heißt $h\ k\ l$.

Um die Lage der Fläche auszudrücken, wird das Vorzeichen – über den Index gesetzt. Z. B. $\bar{3}\bar{2}1$ bedeutet die hinten links oben gelegene Fläche.

Werden die Indices ohne weiteres so nacheinander geschrieben, so bedeuten sie Einzelflächen an Kristallen. Soll die gesamte einfache Kristallform, bei der das Symbol für jede Fläche zutrifft, wiedergegeben werden, so wird die Bezeichnung eingeklammert. Die Schreibweise (111) bedeutet also die ganze Grundform[1].

Die Bezeichnung der Zonen und die Beziehungen der Zonensymbole zu den Flächenindexen. Die Richtung der Achse einer Zone wird folgendermaßen durch Indices ausgedrückt: die Zonenachse wird als durch den Mittelpunkt des Kristalls verlaufend gedacht, und durch einen auf ihr liegenden beliebigen Punkt werden drei Ebenen gelegt, jede in der Richtung zweier Achsen. Diese Ebenen schneiden von den Achsen die Koordinaten des Punktes, die sich wie rationale Vielfache der Achsenlängen verhalten, und ihre Indices sind die Zonensymbole $u\ v\ w$. Sie werden eckig eingeklammert $[u\ v\ w]$.

Das Symbol der mit der a-Achse parallelen Zone heißt somit [100], das der mit der b-Achse parallelen [010] und das der mit der c-Achse gleichgerichteten [001].

Aus den Indices zweier Flächen, $h\ k\ l$ und $h'\ k'\ l'$ ergibt sich das Zonensymbol $u\ v\ w$ durch „kreuzweises Multiplizieren“ und Subtrahieren nach folgender Formel:

$$\begin{array}{c|cccc|c} h & k & l & h & k & l \\ & & \times & \times & \times & \\ h' & k' & l' & h' & k' & l' \end{array}$$

$$u = kl' - lk';\ v = lh' - hl';\ w = hk' - kh'.$$

Liegt die Fläche in den zwei Zonen $[u\ v\ w]$ und $[u'\ v'\ w']$, so erhält man ihre Indices folgendermaßen:

$$\begin{array}{c|cccc|c} u & v & w & u & v & w \\ & & \times & \times & \times & \\ u' & v' & w' & u' & v' & w' \end{array}$$

$$h = vw' - wv';\ k = wu' - uw';\ l = uv' - vu'.$$

Wenn die Fläche $h\,k\,l$ in der Zone $[u\,v\,w]$ liegt, so ist

$$hu + kv + lw = 0.$$

Addiert man die Indices der Flächen $h\ k\ l$ und $h'\ k'\ l'$, $h + h' = h''$, $k + k' = k''$, $l + l' = l''$, so erhält man die Fläche $h''\ k''\ l''$, die, zu der Zone jener Flächen gehörend, die Kante zwischen $h\ k\ l$ und $h'\ k'\ l'$ gleichmäßig abschneidet. z. B. 101 und 001 geben 102 (Abb. 38).

Auch kann man die Indices in Teile zerlegen und zu denselben Zonen gehörige Flächen erhalten, die kleinere Indices aufweisen. Z. B. 211 = 100 + 111; 211 = 101 + 110; 321 = 110 + 211.

Durch Addition der Indices zweier gleichwertigen Flächen, wie der Oktaederflächen 111 und $1\bar{1}1$, ergeben sich die Indices einer Fläche, die den Winkel zwi-

[1] In anderen Werken benutzt man umgekehrt Klammern ( ), wenn es sich um Einzelflächen handelt, und geschweifte Klammern { }, wenn man die gesamte einfache Form meint. Jedenfalls wird die Gesamtform durch eine willkürlich gewählte Einzelfläche dargestellt, meistens die rechts oben und am nächsten der Lage 100 gelegene Fläche. Die in diesem Buche benutzte einfachere Bezeichnungsweise ist immer eindeutig.

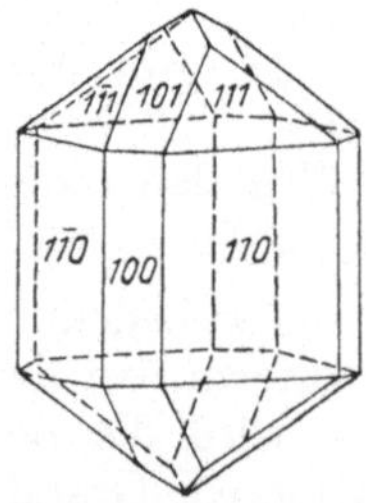

Abb. 38. Die Fläche, welche die Kante zwischen den Flächen 111 und 11̄1 gleichmäßig abschneidet, ist diejenige, deren Indices sich durch Addition der Indices jener Flächen ergeben, also 1+1=2, 1+(—1)=0, 1+1= =2:202=101. Desgleichen wird die Kante zwischen 110 und 11̄0 durch 100 abgeschnitten. Kassiteritkristall.

schen ihnen gleichmäßig abschneidet, d. h. mit beiden einen gleich großen Winkel bildet. Z. B. 11̄1 und 111 geben 202 = 101.

Werden wiederum die Indices zweier gleichwertiger Flächen voneinander subtrahiert, so ergeben sich die Indices der den Winkel zwischen beiden halbierenden Fläche, d. h. die Fläche steht senkrecht gegen die gleichmäßig abschneidende Fläche. Z. B. 11̄1 und 111 geben 010.

Die Bezeichnung der Punktlagen. Die in der Kristallstrukturforschung angewandte Bezeichnungsweise der Punktlagen in der Elementarzelle geht hervor aus Abb. 39. Die Kantenlängen der Zelle, in Å ermittelt, dienen als Längeneinheiten. Alle anderen Punkte innerhalb der Zelle erhalten Indices < 1. So nehmen z. B. die tetraedrisch angeordneten Schwefelatome innerhalb der Zinkblendezelle die Lagen $\frac{1}{4}\frac{1}{4}\frac{3}{4}$, $\frac{3}{4}\frac{3}{4}\frac{3}{4}$, $\frac{3}{4}\frac{1}{4}\frac{1}{4}$, $\frac{1}{4}\frac{3}{4}\frac{1}{4}$ ein (Abb. 40). In Zeichnungen werden sie oft in Hundertel angegeben.

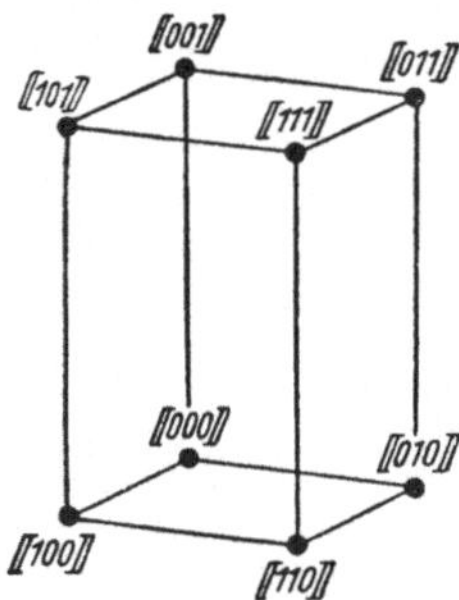

Abb. 39. Indicierung der Punktlagen in der Elementarzelle.

Die vollflächigen und minderflächigen Kristallformen. Die Kristalle, deren Strukturen und Formen denselben Symmetriebetrag wie die einfachen primitiven Gitter einschließen, werden als *vollflächige* oder *holoedrische* bezeichnet, diejenigen wiederum, die einen geringeren Symmetriebetrag umfassen, als *minderflächige* oder *meroedrische.* Die Namen beruhen ursprünglich darauf, daß in die symmetriereichsten Formen zugleich die größte Flächenmenge, die zu der vollen Symmetrie des Achsenkreuzes gehört, eingehen kann, während die minderflächigen weniger Flächen enthalten. Die minderzähligen Kristalle können *halbflächige* oder *hemiedrische* und *viertelflächige* oder *tetartoedrische* sein. Als *halbförmige* oder *hemimorphe* werden die Kristalle benannt, in denen eine oder mehrere polare Achsen auftreten.

Die holoedrischen Symmetrieklassen sind die triklin pinakoidale, die monoklin prismatische, die rhombisch bipyramidale, die ditrigonal skalenoedrische, die dihexagonal bipyramidale, die ditetragonal bipyramidale und die hexakisoktaedrische (s. Abb. 27).

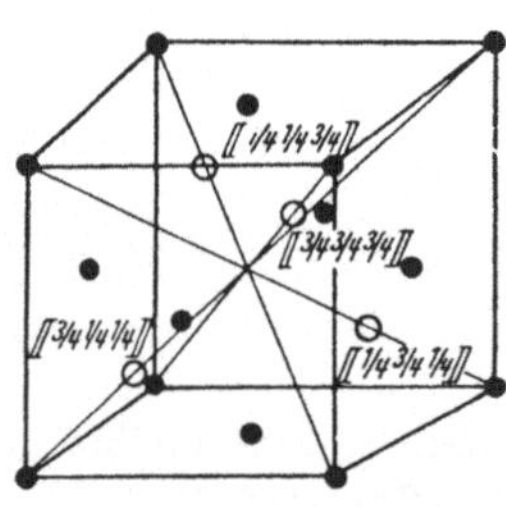

Abb. 40. Elementarzelle von Zinkblende: Allseitig flächenzentrierter Würfel von Zn-Atomen und innerhalb des Würfels 4 S-Atome an den Eckpunkten eines Tetraeders. Die Punktlagen sind jedoch gleichwertig, denn man kann die Elementarzelle im Gitter auch so abgrenzen, daß die Rollen der beiden Atomarten miteinander vertauscht werden (s. Abb. 60).

Die Flächenformtypen und die einfachen Formen allgemeinster Art. Die Flächen der Kristalle können entweder einer oder zwei Kristallachsen (= der Kantenrichtung der Elementarzelle) parallel verlaufen oder sie alle schneiden. Zu letzteren gehören die sog. allgemeinen einfachen Formen (hkl) und (hkil), deren Flächen alle Achsen des Kristalls mit verschiedenen Indices schneiden. Ihre Flächen verlaufen dann weder parallel noch senkrecht zu irgendeinem Symmetrieelement. Offenbar müssen diese einfachen Formen so viele Flächen umfassen, wie die Symmetrie des Kristalls erfordert, d. h. jede Symmetrieklasse enthält eine charakteristische einfache Form allgemeiner Art. Indem man untersucht, wie viele derartige Formen mit den Symmetriegesetzen in Einklang stehen können, lassen sich also wiederum 32 Symmetrieklassen ableiten. Nach GROTH, dem wir hier folgen, sind denn auch den Symmetrieklassen gerade die Namen der einfachen Formen allgemeiner Art beigelegt worden (Abb. 41).

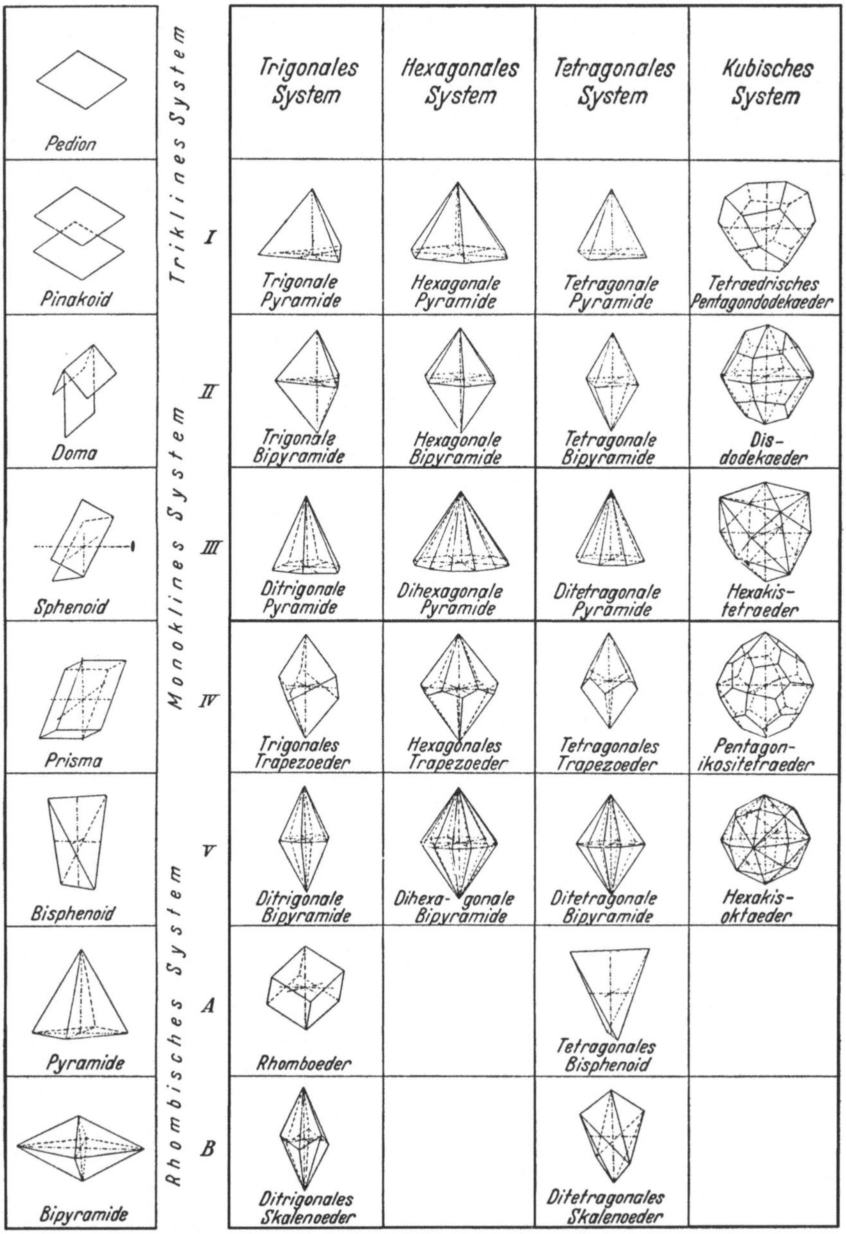

			Trigonales System	Hexagonales System	Tetragonales System	Kubisches System
Pedion	Triklines System					
Pinakoid	Triklines System	I	Trigonale Pyramide	Hexagonale Pyramide	Tetragonale Pyramide	Tetraedrisches Pentagondodekaeder
Doma	Monoklines System	II	Trigonale Bipyramide	Hexagonale Bipyramide	Tetragonale Bipyramide	Dis-dodekaeder
Sphenoid	Monoklines System	III	Ditrigonale Pyramide	Dihexagonale Pyramide	Ditetragonale Pyramide	Hexakis-tetraeder
Prisma	Monoklines System	IV	Trigonales Trapezoeder	Hexagonales Trapezoeder	Tetragonales Trapezoeder	Pentagon-ikositetraeder
Bisphenoid	Rhombisches System	V	Ditrigonale Bipyramide	Dihexa-gonale Bipyramide	Ditetragonale Bipyramide	Hexakis-oktaeder
Pyramide	Rhombisches System	A	Rhomboeder		Tetragonales Bisphenoid	
Bipyramide	Rhombisches System	B	Ditrigonales Skalenoeder		Ditetragonales Skalenoeder	

Abb. 41. Die einfachen Formen allgemeinster Art der 32 Symmetrieklassen.

Zunächst unterscheiden wir fünf einfache, wesentlich voneinander unterschiedene Flächenformtypen:

1. Eine Fläche für sich allein: das *Pedion* (griech. Feld).
2. Zwei einander parallele Flächen auf entgegengesetzten Seiten des Kri-

stalls: das *Pinakoid* (griech. Tafel). — Die Form enthält ein Symmetriezentrum: jede Richtung ist eine Digyroide.

3. Zwei ungleichgerichtete Flächen und ihre Halbierungsfläche eine Symmetrieebene: das *Doma* (griech. Dach, eig. Haus).

4. Zwei nichtparallele Flächen, ihre Kantenwinkelhalbierende eine Digyre: das *Sphenoid* (griech. sphen = Keil).

5. Zwei Flächen, zwischen denen eine Symmetrieebene und zu beiden eine parallele Gegenfläche (Kombination der Formtypen 4 und 2 oder 4 und 3): das *Prisma*.

Zum triklinen System gehören die Formtypen 1 und 2, zum monoklinen die Typen 3, 4, 5. Die allgemeinen einfachen Formen der übrigen Kristallsysteme können als rhythmische Wiederholungen jener fünf Stammformen aufgefaßt werden: im rhombischen System erfolgt die Wiederholung digyrisch, im trigonalen trigyrisch, im hexagonalen hexagyrisch, im tetragonalen tetragyrisch und im kubischen System in den vier Oktantenpaaren trigyrisch.

Zum rhombischen System gehören die Formtypen 3, 4 und 5 in digyrischer Wiederholung. (Das digyrische Wiederholungsprinzip, auf die Typen 1 und 2 angewandt, führt zu den einfachen Typen 3 und 5, die zum monoklinen System gehören.) Aus Typus 4 oder dem Sphenoid erhält man (6) das *rhombische Bisphenoid*, aus Typus 3 oder dem Doma (7) die *rhombische Pyramide* und aus Typus 5 oder dem Prisma (8) die *rhombische Bipyramide.*

Zu dem trigonalen, dem hexagonalen und dem tetragonalen System gehören zunächst alle Typen 1 bis 5 in trigyrischer, hexagyrischer oder tetragyrischer Wiederholung. Aus dem Pedion ergibt sich dadurch (9) die *trigonale*, (10) die *hexagonale* und (11) die *tetragonale Pyramide*; aus dem Pinakoid (12) das *trigonale Rhomboeder*, (13) die *hexagonale Bipyramide* und (14) die *tetragonale Bipyramide*; aus dem Doma (15) die *ditrigonale*, (16) die *dihexagonale* und (17) die *ditetragonale Pyramide*; aus dem Sphenoid (18) das *trigonale*, (19) das *hexagonale* und (20) das *tetragonale Trapezoeder*; aus dem Prisma (21) das *ditrigonale Skalenoeder*, (22) die *dihexagonale Bipyramide* und (23) die *ditetragonale Bipyramide.* Ferner erhält man trigyroidisch durch zweifache Umdrehung aus dem Pedion (24) die *trigonale Bipyramide* und aus dem Doma gleicherweise (25) die *ditrigonale Bipyramide* wie auch ebenso tetragyroidisch wiederholend aus dem Pedion das *tetragonale Bisphenoid* und aus dem Doma (27) das *tetragonale Skalenoeder.* Nach Oktanten um die vier Eckendiagonalen des Würfels trigyrisch wiederholend, ergeben sich endlich aus dem Pedion (28) das *tetraedrische Pentagondodekaeder*, aus dem Pinakoid (29) das *Disdodekaeder*, aus dem Doma (30) das *Hexakistetraeder*, aus dem Sphenoid (31) das *Pentagonikositetraeder* und aus dem Prisma (32) das *Hexakisoktaeder.*

Bei dieser Ableitung ist insbesondere zu bemerken, daß die trigonale Bipyramide und die ditrigonale Bipyramide durch gyroide Wiederholung von den einfachen Flächentypen abgeleitet werden, obgleich in den Formen Gyroiden im Rhomboeder und im ditrigonalen Skalenoeder erscheinen. Auch hier zeigt es sich, ebenso wie bei der Betrachtung der einfachen Gittertypen, daß die ditrigonal skalenoedrische Symmetrieklasse (= Symmetrie der rhomboedrischen Elementarzelle) die wirkliche holoedrische Klasse des trigonalen Systems ist, obgleich als solche der formalen Analogie zufolge die ditrigonal bipyramidale Klasse erscheint

Die stereographische Projektion. Um den Kristall denkt man sich eine Kugelfläche, und von seinem Mittelpunkt werden Gerade senkrecht gegen die verschiedenen Kristallflächen (Flächennormalen) gezogen und fortgesetzt, bis sie die Kugelfläche durchstoßen. Diese Durchstichpunkte werden als *Flächenpole* bezeichnet. Der Pol der Fläche O (Abb. 42) ist z. B. P. Die Flächenpole geben also Richtungen von Kugelradien an. Ebenso wie die Flächennormalen können Kanten, optische Richtungen usw. auf die Kugelfläche projiziert werden. Die *Kugelprojektion* ist daher zu mancherlei Zwecken bei der Darstellung der vektoriellen Eigenschaften der Kristalle verwendbar. Als Anschauungsgegenstand beim Studium der Eigenschaften der Kugelprojektion und der stereographischen Projektion ist eine schwarze Holzkugel, auf die mit Kreide Figuren gezeichnet werden können, geeignet zu verwenden.

Die Kugelprojektion läßt sich folgendermaßen in eine stereographische Projektion überführen:

Die Kugelfläche samt ihren Punkten wird projiziert auf die Fläche eines Großkreises (eines durch den Mittelpunkt der Kugel gehenden Kreises), die als Äquatorebene und zugleich Projektionsebene (P.-E.) eine horizontale Lage erhält. Bei den stereographischen Projektionsbildern liegt sie in der Papierebene. Das betrachtende Auge denkt man sich untergebracht im Pol S der Projektionsebene, auf der entgegengesetzten Seite wie die projektierten Flächen (auf der Unterseite oder im „Südpol"). Der endgültige Projektionspunkt von P, des Pols der Fläche O, wird also p' sein.

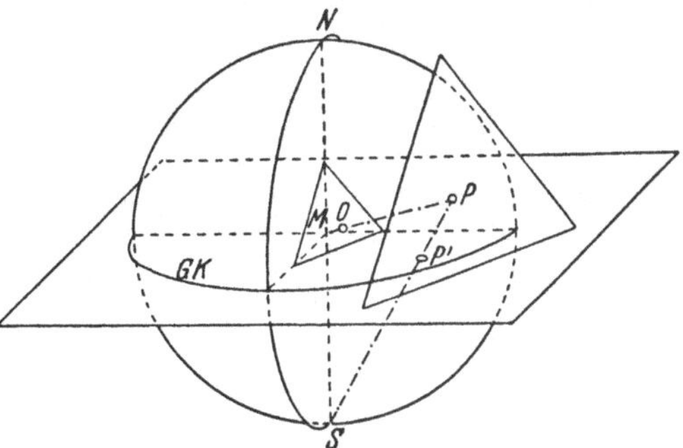

Abb. 42. Konstruktion der stereographischen Projektion.

Offensichtlich liegen dann die Pole aller auf der entgegengesetzten Seite vorkommenden Flächen innerhalb des *Grundkreises* (G.-K.), aber die Pole der mit dem Augenpunkt auf derselben Seite gelegenen Flächen außerhalb des Grundkreises. In der stereographischen Projektion werden nur die in den Grundkreis fallenden Flächenpole angegeben, so daß nur das eine Ende des Kristalls (sein „Oberende") durch Punkte dargestellt wird.

Um auch das „Unterende" des Kristalls gleichzeitig in der Projektion darzustellen, werden auch seine Flächenpole, nach Verlegung des Augenpunktes in den „Nordpol" N der Kugel, innerhalb des Grundkreises vermerkt (GADOLINsche Projektion). Die Pole für die Richtungen der zu der oberen Hälfte des Kristalls gehörenden Flächennormalen usw. werden durch ein Kreuz (+), die Pole der unteren Hälfte durch einen Kreis (○) angegeben.

Ein Kreuz in einem Kreise bezeichnet, daß die Pole der oberen und der unteren Fläche in der Projektion aufeinander fallen; die zwischen ihnen gelegene Kante liegt waagrecht, und die Äquatorialebene halbiert den Winkel zwischen beiden Flächen.

Die Fläche und die ihr parallele Gegenfläche erhalten in der GADOLINschen Projektion die Zeichen + und ○, die im Durchmesser des Grundkreises auf entgegengesetzten Seiten des Mittelpunktes und gleich weit von ihm entfernt liegen.

Die Pole der senkrecht auf dem Grundkreise stehenden Flächen liegen in seiner Peripherie, und der Projektionspunkt des Pols ihrer Zonenachse ist der Mittelpunkt (M) des Grundkreises.

Die Flächenpole jeder Zone ordnen sich auf der Kugelfläche in die Peripherie eines Großkreises (eines durch den Mittelpunkt verlaufenden Schnittkreises), und der Pol der ihr entsprechenden Zonenachse liegt 90° von diesem entfernt.

Die stereographische Projektion besitzt einige bedeutende Eigenschaften, auf denen ihre Vorteile beruhen:

1. Alle in der Kugelfläche gelegenen Kreise erscheinen in der Projektion als Kreise, in Grenzfällen als gerade Linien. Die Großkreise (Zonenkreise) der Kugel projizieren sich als Kreisbögen, deren Schnittpunkte auf dem Bogen des Grundkreises an entgegengesetzten Enden seines Durchmessers liegen.

Alle durch den Augenpunkt verlaufenden Großkreise treten in der Projektion als gerade Linien auf.

2. Projiziert man drei Kristallflächen, die nicht in derselben Zone liegen, auf die Kugelfläche, so bilden die Bögen der durch ihre Pole gezogenen Großkreise ein sphärisches Dreieck (Kugeldreieck a, b, c), dessen Seiten die Normalenwinkel der Flächen darstellen. Z. B. ist in Abb. 43

die Seite ab der Normalwinkel zwischen den Flächen A und B
„ „ bc „ „ „ „ „ B und C
„ „ ca „ „ „ „ „ C und A

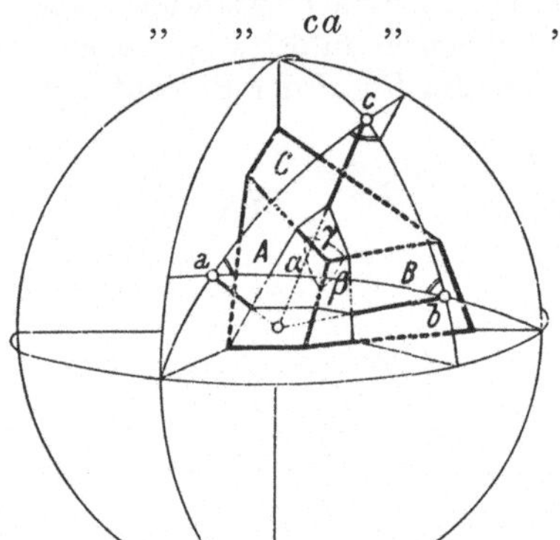

Abb. 43. Durch drei Flächenpole gebildetes Kugeldreieck.

Die Winkel des sphärischen Dreieckes (a, b, c) sind die Supplementwinkel zu den Eckwinkeln der Flächen; a ergänzt den Winkel α, b den Winkel β und c den Winkel γ auf 180°. In der Projektion treten die Seiten des sphärischen Dreieckes *winkeltreu* auf. Auch die Flächenwinkel der Ecken können auf die gleich unten darzustellende Weise aus der Projektion abgelesen werden.

Konstruktion und Benutzung einer stereographischen Projektion gehen mittels des WULFF*schen Netzes* außerordentlich bequem vonstatten. In Übungen benutzt man derartige, vorgedruckte Netze mit einem Durchmesser von 12 cm (Abb. 44). Dieses Netz können wir als eine stereographische Projektion der auf die Kugel gezeichneten Längen- und Breitengrade auffassen. In Abb. 44 ist jeder zweite Grad gezeichnet.

Bei der Benutzung wird auf das WULFFsche Netz durchscheinendes Papier gelegt, auf das der Grundkreis sowie der waagrechte und der senkrechte Durchmesser oder die Querlinien gezeichnet werden. Nun läßt sich das durchscheinende Papier leicht um den Mittelpunkt auf dem Netz drehen sowie jeder beliebige Punkt auf verschiedene Meridiane bringen und auf diesen können die Winkelwerte vermerkt oder abgelesen werden. Auch den Grundkreis und die Äquatorachse kann man zum Winkelmessen benutzen. Die Art der meist in Frage kommenden Aufgaben geht aus folgenden Beispielen hervor:

1. Der Zonenbogen zweier Flächenpole ist zu suchen. Die Pole werden auf dem durchscheinenden Papier vermerkt und so lange um den Mittelpunkt gedreht, bis beide Punkte auf denselben Meridian entfallen. Dieser wird gezeichnet und ist der gesuchte Bogen. Der zwischen den Flächen liegende Normalwinkel kann auf dem Meridian abgelesen werden.

2. Der Pol der Zonenachse eines Zonenbogens ist zu suchen.

Durch Drehen wird der gegebene Zonenbogen auf den Meridian verschoben, und von diesem aus werden längs der Querachse 90° gezählt.

Die Kante zwischen zwei Flächen ist deren Zonenachse. Ihr Projektionspunkt wird durch Vereinigung der Ausführungen 1 und 2 aufgefunden.

3. Zu suchen ist der dem Pol der Zonenachse entsprechende Zonenbogen.

Durch Drehen bringt man den Pol auf die waagerechte Querlinie, und der von dieser um 90° abgelegene Meridian wird abgelesen.

4. Man hat eine Fläche zu suchen, die gemeinsam zu den Zonen zweier Flächenpaare gehört.

Es werden die Zonenbögen beider Flächenpaare gezogen. Ihr Schnittpunkt ist der gesuchte Projektionspunkt.

5. Zu suchen ist der geometrische Ort der Pole aller derjenigen Flächen, die von einer gegebenen Fläche um den bestimmten Winkelwert α entfernt liegen.

Der gesuchte geometrische Ort ist ein Kreis auf der Kugelfläche und also auch in der Projektionsebene im Grundgroßkreis der Kugel ein Kreis. Man findet ihn, wenn man längs einem Meridian auf beiden Seiten den Winkel α abmißt und danach dreht sowie denselben Winkel längs einem anderen Meridian abträgt usw. sowie schließlich durch die erhaltenen Punkte einen Kreis zieht, wobei der Breitengradbogen des WULFFschen Netzes zu Hilfe genommen werden kann.

Wenn der Ausgangspunkt auf dem Grundkreis liegt, wird das durchscheinende Papier gedreht, bis der Punkt an den Endpunkt der Längsachse fällt, und der entsprechende Breitengradbogen direkt gezeichnet.

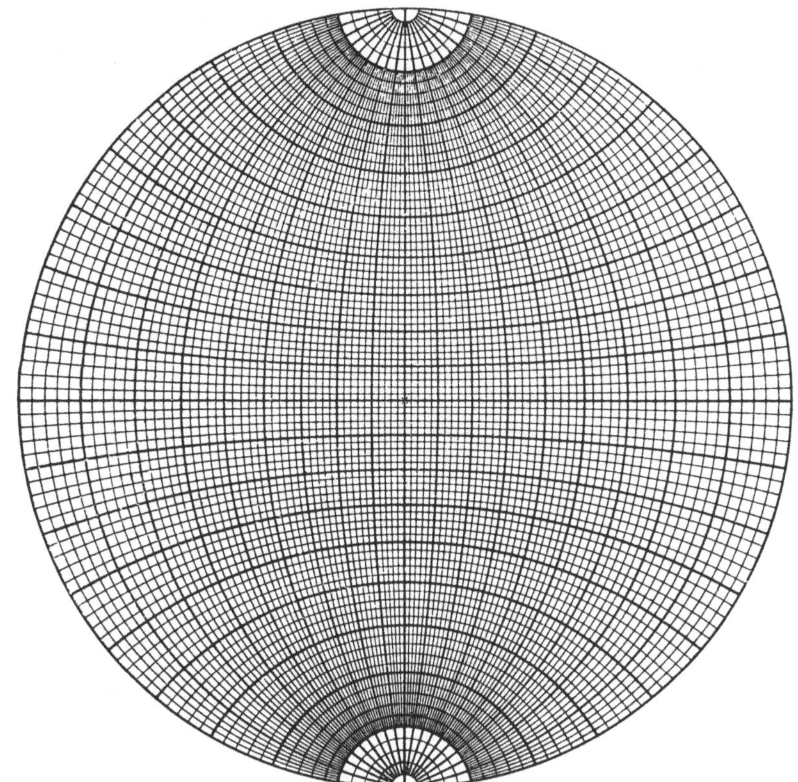

Abb. 44. Das WULFFsche Netz.

6. Es ist eine Fläche zu suchen, die in derselben Zone wie zwei bekannte Flächen liegt und mit der einen von ihnen in bestimmter Richtung den Winkel α bildet.

Man zieht den Zonenbogen und mißt auf ihm von dem einen Flächenpol an den Winkelbetrag α in der bestimmten Richtung.

7. Es ist eine Fläche zu suchen, deren Winkelabstand von einer bekannten Fläche α und von einer anderen bekannten Fläche β beträgt.

Um die beiden Flächenpole werden mit den Winkelradien α und β Kreise beschrieben. Der Schnittpunkt der Peripherie beider Kreise ist der gesuchte Pol.

8. Der Winkelabstand zweier Zonenbögen ist zu bestimmen.

Man sucht die Pole der Zonenbögen und mißt den Winkelabstand zwischen ihnen.

9. Zu suchen ist ein Bogen, der den Winkel zwischen zwei bekannten Zonenbögen halbiert.

Vom Schnittpunkt der Zonenbögen werden längs beiden Zonenbögen 90° gemessen. Die erhaltenen Punkte liegen auf dem entsprechenden Äquator, der gezeichnet und halbiert wird. Der gesuchte Bogen verläuft durch diesen Punkt und den Schnittpunkt der bekannten Bögen.

Selbstverständlich können so auch Bögen gezeichnet werden, die in einem beliebigen Winkelabstand von dem bekannten Zonenbogen liegen.

10. Es sollen die Winkel zwischen den gegenseitigen Kanten dreier miteinander eine Ecke bildenden Flächen gesucht werden.

Die Seiten des durch die Flächen gebildeten sphärischen Dreieckes bedeuten die zu den betreffenden Eckenkanten senkrechten Zonenbögen (s. Abb. 43). Man mißt die zwischen ihnen gelegenen Winkel, welche die Supplementwinkel der Kantenwinkel sind. Oder man kann auch die Pole der durch die Dreieckseiten bezeichneten Zonenbögen konstruieren und die Winkel zwischen diesen Polen messen. Diese sind dieselben wie die von den Kanten miteinander gebildeten Winkel.

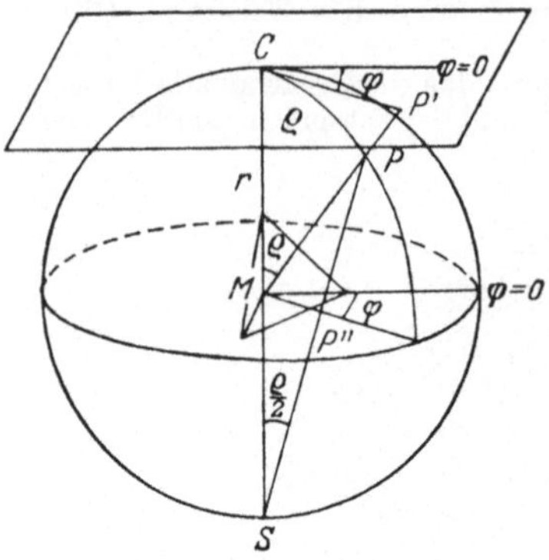

Abb. 45. Konstruktion einer gnomonischen Projektion und ihre Beziehung zu der stereographischen Projektion.

Die gnomonische Projektion und ihre Zuhilfenahme bei der Kristallzeichnung. Durch den Mittelpunkt des Kristalls werden Senkrechte gegen die Flächen gezogen und deren Schnittpunkte bestimmt in einer Fläche, welche die dem Kristall umschriebene Kugel in dem oberen Pol C tangiert. Aus diesen Durchstichpunkten P' entsteht die gnomonische Projektion (Abb. 45). Die Lage der Projektionspunkte ist durch den Längenwinkel φ und den Breitenwinkel (oder den Polabstand) ϱ bestimmt.

$CP' = r \operatorname{tang} \varrho$, wobei r = Kugelradius.

Wenn $\varrho = 0$ ist oder die Fläche waagrecht liegt, befindet P' sich im Mittelpunkt. Nimmt ϱ zu, so entfernt P' sich immer weiter. Ist $r = 5$ cm, so liegt bei 75° Polabstand P' schon in 18,66 cm Entfernung von Punkt C. Ist $\varrho = 90°$ bzw. liegt die Fläche vertikal, so ist der Abstand von P' unendlich weit. Das wird dann durch einen die Richtung angebenden Pfeil am Rande des Papierbogens vermerkt.

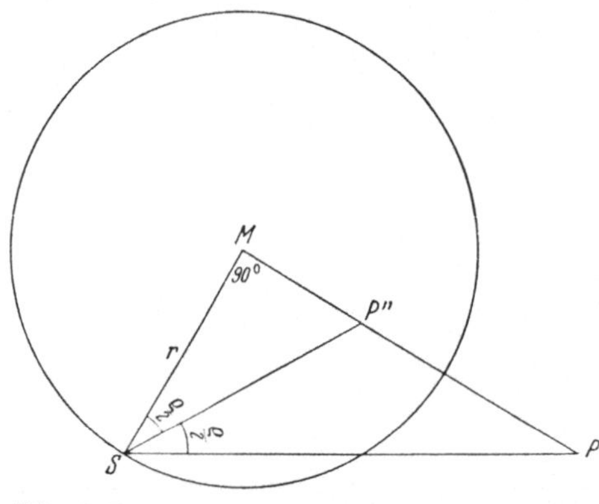

Abb. 46. Der stereographische Projektionspunkt P'' und der gnomonische Punkt P'.

Die Zonen treten in der gnomonischen Projektion als gerade Linien auf und der Schnittpunkt zweier Zonengeraden bedeutet eine beiden Zonen gemeinsame Fläche (Abb. 52).

Wenn die Werte φ und ϱ der Kristallflächen bekannt sind, kann die gnomonische Projektion ausgeführt werden, indem man einfach mit dem Millimeterlineal von dem auf dem Projektionspapier in der Peripherie des Grundkreises vermerkten Nullpunkt von φ die dem Winkel φ entsprechenden Sehnen s, die nach der Formel $s = 2 \sin \frac{\varphi}{2}$ berechnet werden können, und ferner längs dem so gefundenen Radius vom Mittelpunkt an die dem Winkel ϱ entsprechenden Abstände $CP' = r \operatorname{tang} \varrho$ mißt. In der Praxis entnimmt man die genannten Werte fertigen Tabellen, die V. GOLDSCHMIDT für einen Grundkreisradius von 5 cm aufgestellt hat. Derselbe Kristallograph hat auch ein gnomonisches Netz entworfen, das in gleicher Weise wie das WULFFsche Netz bei der stereographischen Projektion benutzt werden kann. In jenem Netz treten die Großkreise (Zonenbögen) der Kugel als gerade Linien und die Breitenbögen als Hyperbeln auf.

Der Abstand MP' des Flächenpols in der stereographischen Projektion (Abb. 45) verhält sich zu dem entsprechenden Abstand CP' in der gnomonischen Projektion folgendermaßen: $MP'' = r \operatorname{tang} \varrho/2$ und $CP' = r \operatorname{tang} \varrho$.

Dreht man das Dreieck $MP''S$ um die Seite MP'' in die Ebene der stereographischen Projektion (Abb. 46) und verdoppelt man den Winkel $MSP'' = \varrho/2$, so findet man den Punkt P' der gnomonischen Projektion auf der Verlängerung der Linie MP'' als Schnittpunkt dieser Verlängerung mit der neuen Dreieckseite. Die Ebene der gnomonischen Projektion (s. Abb. 45) ist als in die der stereographischen gesenkt vorausgesetzt.

Wenn S und R (Abb. 47) die Pole zweier Kristallflächen in gnomonischer Projektion bedeuten, so ist SMR der zwischen ihnen gelegene Winkel. M ist der Mittelpunkt der Kugel. Gegen SR, die Zonengerade der Flächen, wird von Punkt N aus die Senkrechte gezogen und auf dieser von Punkt L an die Strecke LW ebenso lang wie LM abgetragen. Die Länge dieser Strecke ergibt sich aus dem rechtwinkligen Dreieck LNM, in dem $NM = r$ ist. Punkt W ist der *Winkelpunkt* aller in der Zone SR gelegenen Flächen; nach ihm läßt sich nicht allein der Winkel $SWR = \alpha$, sondern auch der Normalenwinkel jeder beliebigen in derselben Zone gelegenen Fläche bestimmen. Wenn die Zonengerade durch den Punkt N verläuft, liegt W auf dem Grundkreis (Radius r). Der Winkelpunkt der vertikalen Flächen ist $W = N$, da ihre Zonengerade unendlich weit liegt.

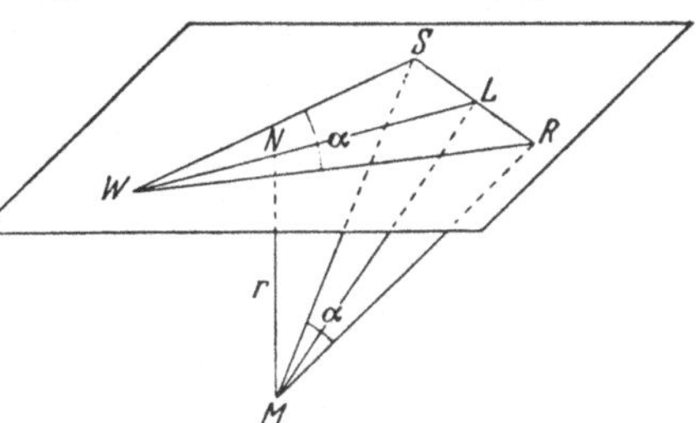

Abb. 47. Konstruktion des Winkelpunktes.

Wenn die Indices der Flächen und das Achsenverhältnis des Stoffes sowie seine zwischen den Achsen gelegenen Winkel bekannt sind, können die Flächen am bequemsten auf folgende von V. Goldschmidt dargestellte Weise in der gnomonischen Projektion wiedergegeben werden:

Die Indices $h\,k\,l$ erhalten durch Teilung mit l die Form h/l, k/l, $1 = pq1$; 1 wird weggelassen. Die Projektionsebene liege senkrecht zur c-Achse, und auf ihr seien die Flächen 001, 100, 010 sowie 111 vermerkt. Die Geraden vom Punkt 001 gegen die Flächen 010 und 100 bestimmen hier das Koordinatensystem in der Projektionsebene, und die Koordinaten der Fläche 111 sind p_0 und q_0. Jetzt kann man den Projektionspunkt jeder beliebigen Fläche finden, soweit man eben die gewöhnlichen Millerschen Indices in die von Goldschmidt verwandelt.

Als Beispiel dienen nebenstehend das gnomonische Projektionsbild vom Anorthit (Abb. 48) sowie das von diesem gezeichnete Kopfbild und das gewöhnliche Kristallbild. Beim *Kopfbild* oder der *geraden Projektion* findet man die Kantenrichtungen einfach als die Normalen der Zonengeraden. Bei der *schrägen Projektion*, wie sie meistens bei der Abbildung der Kristalle angewendet wird, betrachtet man diese etwas von oben rechts. Die *Leitlinie ll* ist die Schnittlinie der neuen Projektionsebene und der gnomonischen Projektionsebene. W ist der Winkelpunkt der Leitlinie. Um die Kantenrichtung zweier Flächen herauszufinden, verbindet man den Winkelpunkt mit dem Schnittpunkt der Leitlinie und der fraglichen Zonengeraden. Die gesuchte Kantenrichtung steht senkrecht auf dieser Verbindungslinie. — Abb. 52 zeigt das gnomonische Projektionsbild vom Topaskristall, Abb. 50 das Kopfbild desselben Kristalls und 51 sein Schrägbild.

Die Kristallzeichnung mittels der stereographischen Projektion. Die gewöhnlichen Kristallbilder sind keine Perspektivbilder, sondern *Parallelprojektionen*; auf ihnen erscheint das Bild des Kristalls so, wie es, aus unendlicher Entfernung betrachtet, aussehen müßte.

Bei ihrer Abbildung kann man vom Achsenkreuz und vom Achsenverhältnis ausgehen, aber am einfachsten und bequemsten gestaltet sich die Konstruktion mittels der stereographischen oder gnomonischen Projektion.

Die *gerade Projektion* oder das Kopfbild nimmt den Grundkreis als Bildfläche. In der stereographischen Projektion verläuft dann die Richtung der zwischen zwei Flächen gelegenen Kante senkrecht gegen den Durchmesser des Zonenbogens dieser Flächen und wird aus dem Projektionsbild unmittelbar mit dem rechtwinkligen Zeichendreieck und dem geraden Lineal herausgezeichnet.

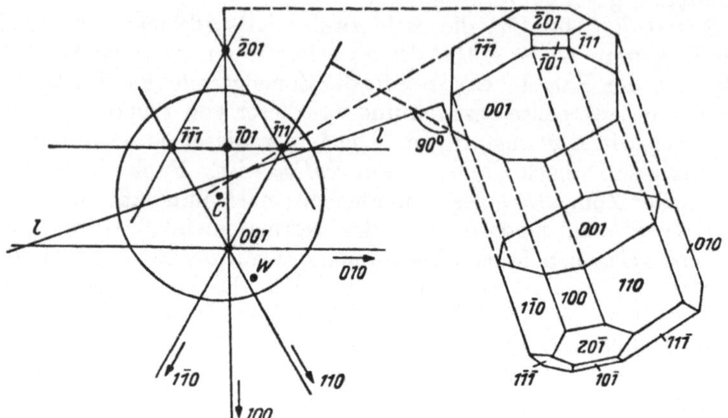

Abb. 48. Die gnomonische Projektion des Anorthitkristalls und die nach ihr ausgeführte Konstruktion der Kristallzeichnungen.

Abb. 50 ist das so aus dem stereographischen Projektionsbild 49 herausgezeichnete Kopfbild des Topaskristalls. Das Verfahren ist also ebenso einfach wie bei der Anwendung der gnomonischen Projektion (Abb. 48).

Die *schräge Projektion* stellt den aus beliebiger Richtung betrachteten Kristall dar. Ist die Projektion in den Grundkreis ausgeführt worden, so sind die Lagen der Projektionspunkte in einer anderen

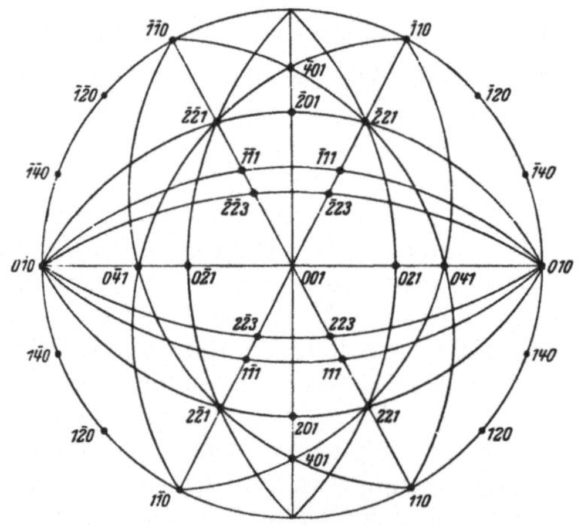

Abb. 49. Die stereographische Projektion des Topaskristalls.

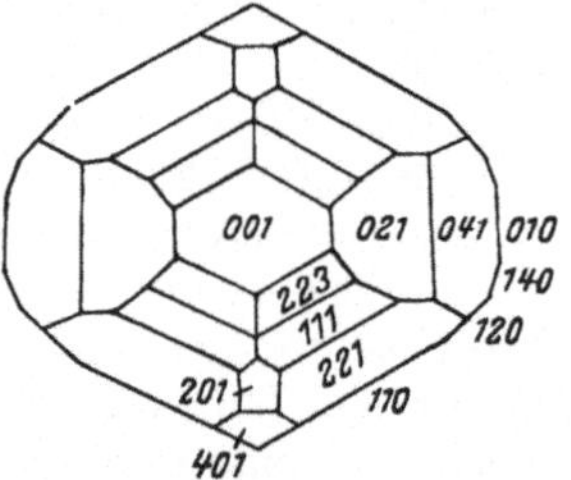

Abb. 50. Kopfbild des Topaskristalls.

Fläche zu suchen, nämlich in derjenigen, die als Bildebene gewählt worden ist.

Auf Abb. 53 sind die Pole gewisser Flächen (a, b, c, d, e, f) durch fettgedruckte Punkte vermerkt worden. Die neue Bildebene sei durch den Mittelpunkt führend; sie schneidet also in der Kugel einen Großkreis, dessen Pol 90° von ihm entfernt liegt. In der Projektion sei die Bildebene $Z\,e\,f\,c\,Z$ und ihr Pol P. Um die Lage der Projektionspunkte in der neuen Bildebene zu finden, sei vorausgesetzt, daß die Bildebene und der Kristall, fest miteinander verbunden, sich um die Achse ZZ drehen. Dreht man so weit, bis Punkt P sich mit M deckt, fällt die

Bildebene in den Grundkreis. Alle Projektionspunkte drehen sich dann um denselben Winkelabstand *PM*. Ihre neuen Lagen findet man mittels des WULFFschen Netzes, dessen Längenachse (mittleren Meridian) in die Lage der genannten Drehungsachse bringend. Die Projektionspunkte wandern längs den Breitengraden des WULFFschen Netzes, z. B. *a* nach Punkt *a'*, *b* nach Punkt *b'* usw. Alle Punkte im Kreisbogen der Bildebene fallen auf die Peripherie des Grundkreises. Die Zeichnung wird dadurch erleichtert, daß diese Punkte, z. B. *e'*, *f'* oder *c'*, in einfacher Weise durch Ausziehen der Verbindungslinien *Pe*, *Pf*, *Pc* bis auf die Peripherie des Grundkreises zu finden sind. Diejenigen Projektionspunkte, die unterhalb der Ebene des Grundkreises zu liegen kämen, werden durch die auf der entgegengesetzten Seite liegenden Punkte ersetzt, z. B. *d* durch *d'*, und zwar derart, daß die Drehung längs dem antipodisch gelegenen Breitengrad fortgesetzt wird, bis insgesamt dieselbe Winkeldrehung *PM* wie bei den übrigen erreicht worden ist. Wenn die neuen Lagen aller Projektionspunkte vermerkt worden sind, wird das Zeichen des Bildes in ganz gleicher Weise wie beim Kopfbild ausgeführt.

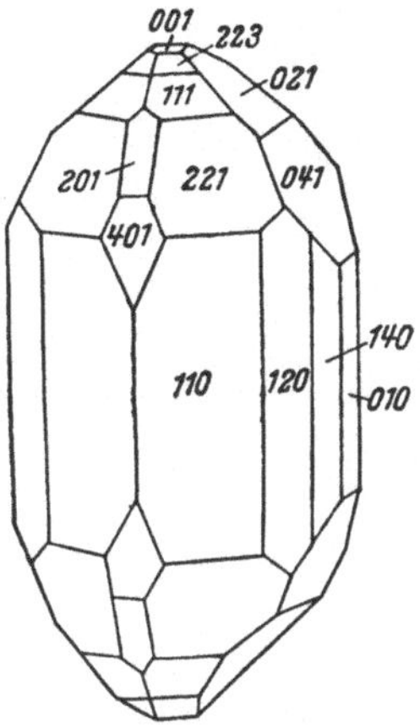

Abb. 51. Gewöhnliches Bild des Topaskristalls (parallelperspektivisches Schrägbild).

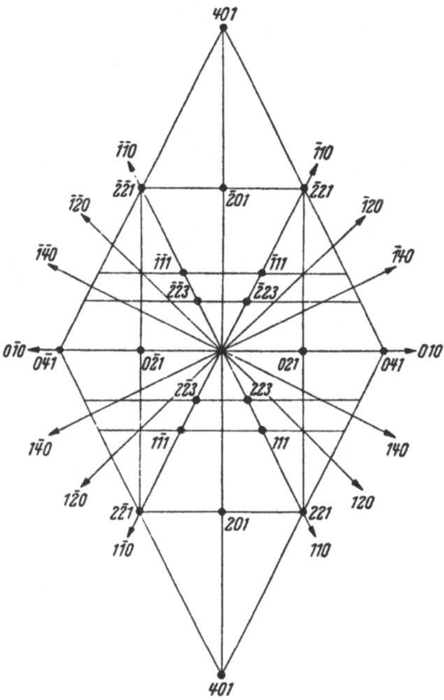

Abb. 52. Die gnomonische Projektion des Topaskristalls (desselben wie in den Abb. 49 bis 51).

Die Richtung der zwischen den Flächen *a* und *b* liegenden Kante läßt sich noch einfacher ermitteln (s. Abb. 53), wenn der Schnittpunkt *c* des Zonenbogens dieser Flächen und der Projektion der Bildebene mit dem Pol *P* der Bildebene verbunden wird sowie desgleichen der Schnittpunkt *c'* der Verlängerung jener Verbindungslinie und der Peripherie des Grundkreises mit dem Mittelpunkt *M*. Die

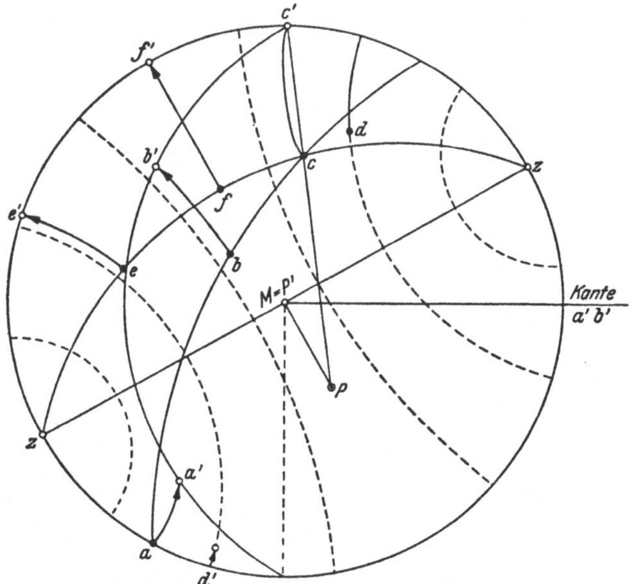

Abb. 53. Wendung der stereographischen Projektion.

gegen letztere Verbindungslinie gezogene Senkrechte ist die gesuchte Kantenrichtung.

Beweis. Der Schnittpunkt der Bildebene ZZ und des Zonenbogens ab verschiebt sich dabei in den Punkt c', der, wie angeführt, auf der Verlängerung von Pc liegt. Die Sehne

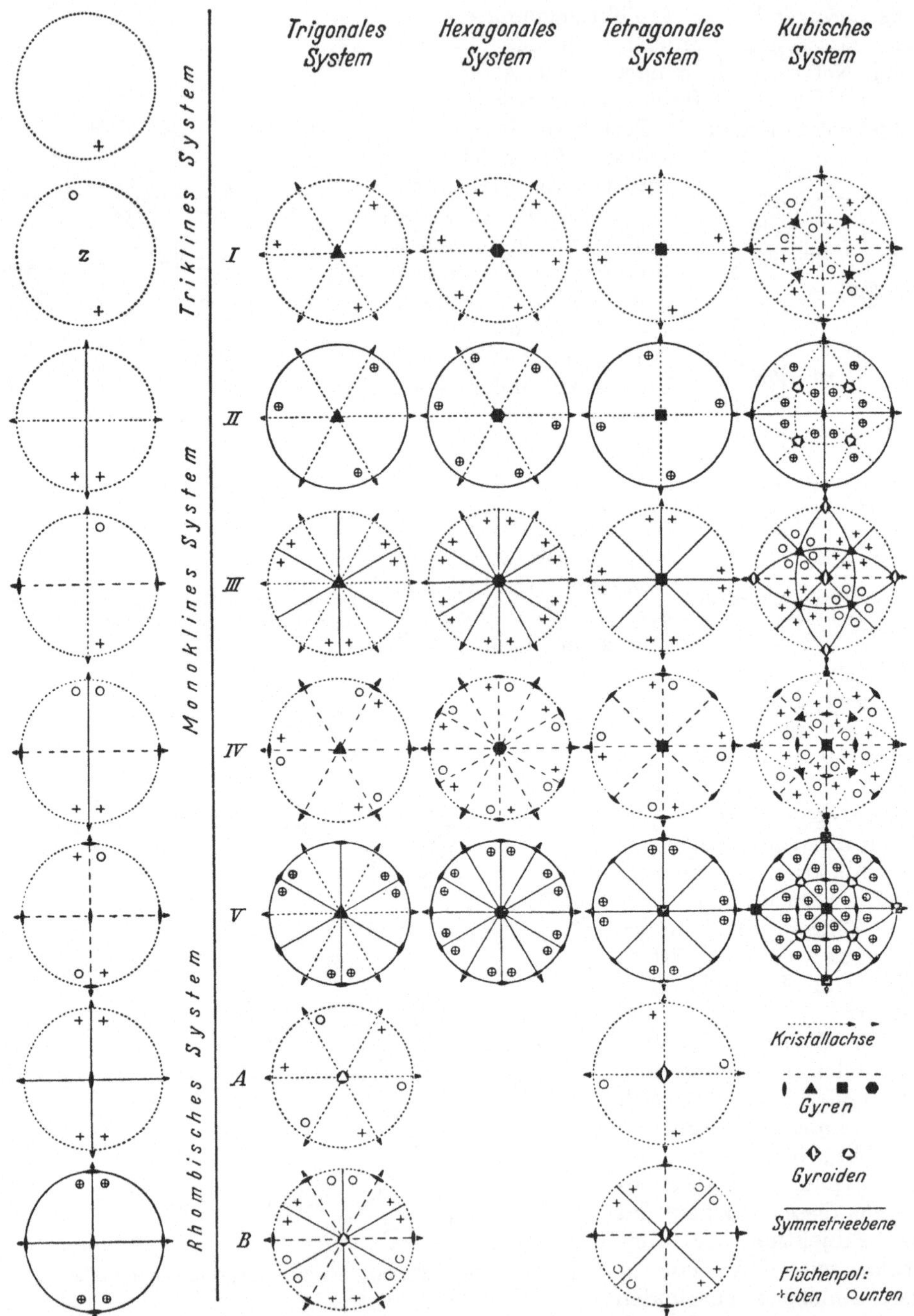

Abb. 54. Die Symmetrieelemente der einfachen Formen allgemeinster Art der Symmetrieklassen als stereographische Projektion. Die Namen auf der folgenden Seite.

des gedachten Zonenbogens verläuft somit durch den Punkt c'. Es braucht also nur c' mit M verbunden zu werden, um jene Sehne zu erhalten. Senkrecht zu ihr verläuft die gemeinsame Richtung aller Flächen der Zone $a'b'$.

Das Zeichnen beginnt man mit der Unterbringung der herrschenden Flächen. Bei dem Zeichnen idealer Formen ist die Symmetrie zu beachten. Wenn der Kristall ein Symmetriezentrum besitzt und also auch jeder Fläche eine ihr gleichwertige Gegenfläche zukommt, so kann man die Ecken der Vorderseite zuerst zeichnen, dann auf durchscheinendes Papier kopieren und dieses Bild um 180° drehen.

In der Regel zeichnet man die Kristallabbildungen so, wie sie, aus unendlicher Entfernung betrachtet, in bezug auf die Ebene der c- und der b-Achse von schräg rechts (gewöhnlich um 18° 26′) und in bezug auf die Richtung der c-Achse (Vertikalachse) von schräg oben (gewöhnlich um 9°) erscheinen müßten.

Die Symmetrieklassen in stereographischer Projektion dargestellt. Auch die Symmetrieelemente können in stereographischer Projektion dargestellt werden. Abb. 54 zeigt die Elemente der 32 Symmetrieklassen und außerdem die Flächenpole der einfachen Formen allgemeinster Art in stereographischer Projektion. Die Anordnung der Bilder ist dieselbe wie auf den übrigen die Symmetrieklassen der verschiedenen Kristallsysteme darstellenden Abbildungen (27 und 41).

Die Namen der Symmetrieklassen. An Bezeichnungen für die Symmetrieklassen gibt es mehrere verschiedene Systeme, von denen in nachstehender Tabelle die drei wichtigsten dargestellt werden. Zuerst angeführt sind die ältesten Benennungen, die sich auf die Begriffe Holoedrie und Meroedrie gründen. An zweiter Stelle stehen die von der französischen Schule sowie von SCHÖNFLIES und NIGGLI benutzten Namen, die teilweise den vorhergehenden ähnlich sind, aber in den letzten vier Systemen insofern abweichen, als die durch die zur Hauptgyre senkrechten Symmetrieachsen gekennzeichneten Klassen paramorph sowie die nur durch Gyren charakterisierten Klassen enantiomorph genannt werden. In diesem Buch werden die von P. v. GROTH vorgeschlagenen Bezeichnungen nach den einfachen Formen allgemeiner Art benutzt. Da jedoch im Schrifttum bald diese, bald jene Benennungen vorkommen, seien sie in der folgenden Tabelle (S. 36) nebeneinander aufgeführt.

Diese Tabelle ist zugleich eine Erklärung zu Abb. 55, in der als Vertreter jeder Symmetrieklasse irgendeine wirkliche Kristallform zu sehen ist. (Für eine Klasse kennt man keinen gut kristallisierten Vertreter.)

Die Raumgruppen. Nachdem wir jetzt die Formenlehre und die megaskopisch wahrnehmbaren Symmetrieverhältnisse der Kristalle zur Genüge dargetan

Erklärung zu Abb. 54.

		Trigonales System	*Hexagonales System*	*Tetragonales System*	*Kubisches System*
Pedial	*Triklines System*				
Pinakoidal . .	*Triklines System*	Pyramidal	Pyramidal	Pyramidal	Tetraedrisch Pent. dod.
Domatisch . .	*Monoklines System*	Bipyramidal	Bipyramidal	Bipyramidal	Disdodekaedrisch
Sphenoidisch .	*Monoklines System*	Ditrigonal pyramidal	Dihexagonal pyramidal	Ditetragonal pyramidal	Hexakistetraedrisch
Prismatisch . .	*Monoklines System*	Trapezoedrisch	Trapezoedrisch	Trapezoedrisch	Pentagonikositetraedrisch
Bisphenoidisch	*Rhombisches System*	Ditrigonal bipyramidal	Dihexagonal bipyramidal	Ditetragonal bipyramidal	Hexakisoktaedrisch
Pyramidal . . .	*Rhombisches System*	Rhomboedrisch	—	Tetragonal bisphenoidisch	—
Bipyramidal . .	*Rhombisches System*	Ditrigonal skalenoedrisch	—	Tetragonal skalenoedrisch	—

haben, können wir zur Betrachtung der unsichtbaren Symmetrien des Gitterfeinbaus in den Raumgruppen (S. 17) zurückkehren.

Die Raumgruppen sind Kombinationen von den in Gittern vorhandenen Symmetrieelementen ganz wie die Symmetrieklassen Kombinationen von den

Die Bezeichnungen der Symmetrieklassen

Alte Namen	Namen nach SCHÖNFLIES-NIGGLI	Namen nach GROTH
	Triklines System	
asymmetrisch	hemiedrisch	pedial
holoedrisch	holoedrisch	pinakoidal
	Monoklines System	
hemiedrisch	hemiedrisch	domatisch
hemimorph	hemimorph	sphenoidisch
holoedrisch	holoedrisch	prismatisch
	Rhombisches System	
hemiedrisch	hemiedrisch	bisphenoidisch
hemimorph	hemimorph	pyramidal
holoedrisch	holoedrisch	bipyramidal
	Trigonales System	
hemimorph tetartoedrisch	rhomboedrisch tetartoedrisch	pyramidal
trigonotypisch tetartoedrisch[1]	hexagonal tetartoedrisch (trig. Achs.)	bipyramidal
hemimorph tetartoedrisch[1]	rhomboedrisch hemimorph	ditrigonal pyramidal
trapezoedrisch tetartoedrisch[1]	rhomboedrisch enantiomorph	trapezoedrisch
trigonotypisch hemiedrisch[1]	hexagonal hemiedrisch (trig. Achs.)	ditrigonal bipyramidal
rhomboedrisch tetartoedrisch[1]	rhomboedrisch paramorph	rhomboedrisch
rhomboedrisch hemiedrisch[1]	rhomboedrisch holoedrisch	ditrigonal skalenoedrisch
	Hexagonales System	
hemimorph hemiedrisch	tetartoedrisch	pyramidal
pyramidal hemiedrisch	paramorph	bipyramidal
hemimorph	hemimorph	dihexagonal pyramidal
trapezoedrisch	enantiomorph	trapezoedrisch
holoedrisch	holoedrisch	dihexagonal bipyramidal
	Tetragonales System	
hemimorph hemiedrisch	tetartoedrisch	pyramidal
pyramidal hemiedrisch	paramorph	bipyramidal
hemimorph	hemimorph	ditetragonal pyramidal
trapezoedrisch	enantiomorph	trapezoedrisch
holoedrisch	holoedrisch	ditetragonal bipyramidal
shenoidisch tetartoedrisch	tetartoedrisch II. Art	bisphenoidisch
sphenoidisch	hemiedrisch II. Art	tetragonal skalenoedrisch
	Kubisches System	
tetartoedrisch	tetartoedrisch	tetraedrisch pentagondodekaedrisch
pentagonal hemiedrisch	paramorph	disdodekaedrisch
tetraedrisch hemiedrisch	hemimorph	hexakistetraedrisch
plagiedrisch bzw. gyroedrisch	enantiomorph	pentagonikositetraedrisch
holoedrisch	holoedrisch	hexakisoktaedrisch

[1] Diese Namen gründen sich auf die Systemeinteilung, nach der die trigonalen Formen als meroedrische Formen des hexagonalen Systems erklärt werden. TSCHERMAK benutzt die Bezeichnungen trigonal tetartoedrisch, trigonotypisch tetartoedrisch (hex. Syst.), trigonal hemimorph, trigonal trapezoedrisch, trigonotypisch hemiedrisch (hex. Syst.), trigonal hemiedrisch und trigonal holoedrisch.

äußerlich hervortretenden Symmetrieelementen. Folglich können wir uns auch die Raumgruppen als selbständig existierend, ohne Beziehung zu Kristallstrukturen denken, und es ist ein rein geometrisches Problem herauszufinden, wie die

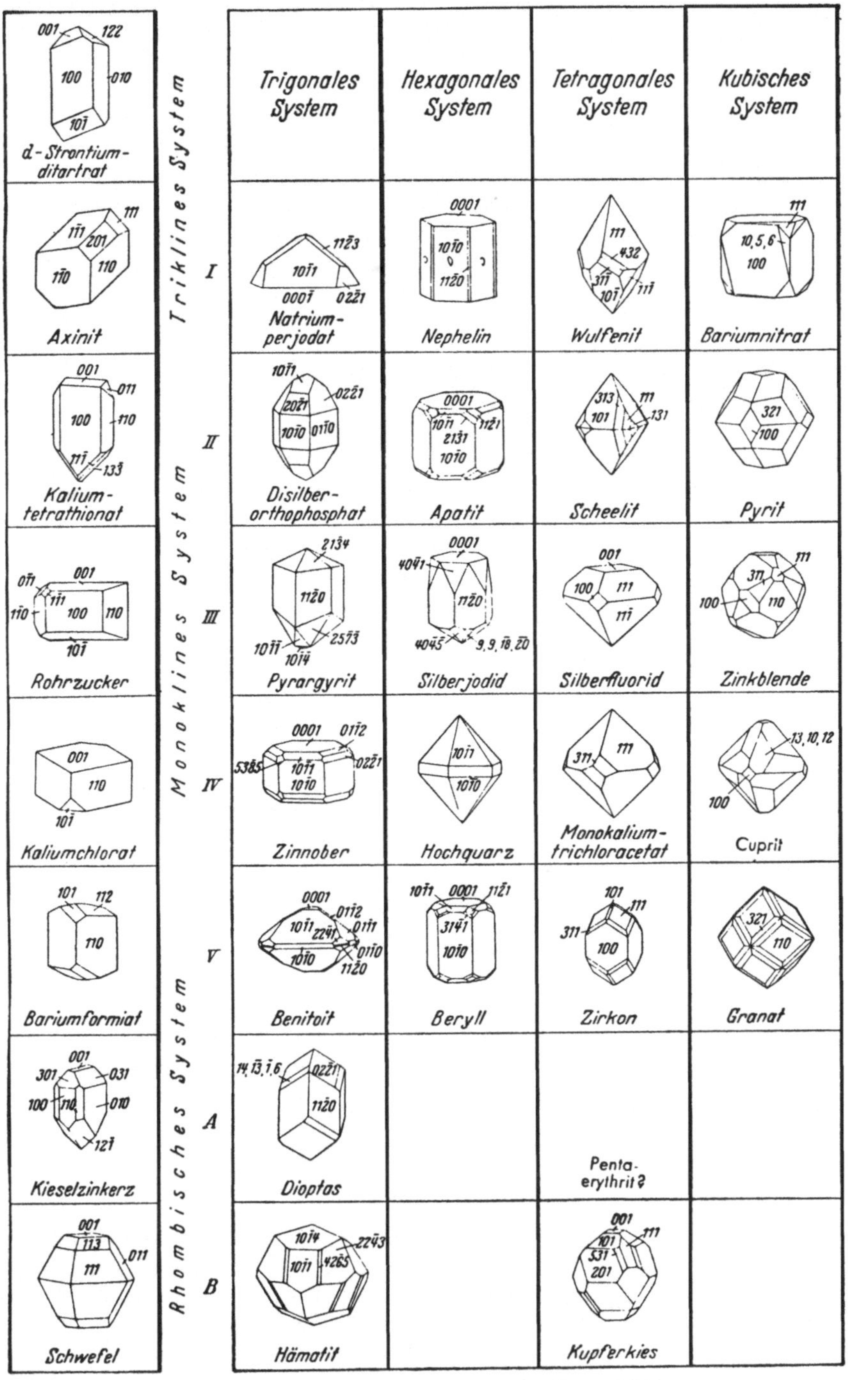

			Trigonales System	Hexagonales System	Tetragonales System	Kubisches System
d-Strontiumditartrat	Triklines System					
Axinit	Triklines System	I	Natriumperjodat	Nephelin	Wulfenit	Bariumnitrat
Kaliumtetrathionat	Monoklines System	II	Disilberorthophosphat	Apatit	Scheelit	Pyrit
Rohrzucker	Monoklines System	III	Pyrargyrit	Silberjodid	Silberfluorid	Zinkblende
Kaliumchlorat	Monoklines System	IV	Zinnober	Hochquarz	Monokaliumtrichloracetat	Cuprit
Bariumformiat	Rhombisches System	V	Benitoit	Beryll	Zirkon	Granat
Kieselzinkerz	Rhombisches System	A	Dioptas		Pentaerythrit?	
Schwefel	Rhombisches System	B	Hämatit		Kupferkies	

Abb. 55. Natürliche Kristalle als Vertreter der Symmetrieklassen.

Symmetrieelemente miteinander kombiniert werden können. Das Problem der 230 Raumgruppen wurde gelöst in einer Zeit, als es noch keine auf Erfahrung gegründete Bestätigung dafür gab, daß sich tatsächlich für jede Kristallart im System der Raumgruppen ein Platz findet, und nach der Entdeckung der röntgenographischen Methoden ist das Herausfinden dieses Platzes für jede Kristallart eine der wichtigsten Aufgaben der Kristallstrukturforschung geworden. Zunächst soll an einigen Beispielen erläutert werden, wie die Raumgruppensymmetrie in der Kristallstruktur erscheint und wie sie sich von der Symmetrie der Kristallklassen unterscheidet in solchen Fällen, wenn Gleitung, Schraubung und Gleitspiegelung zu den megaskopischen Symmetrieelementen hinzukommen.

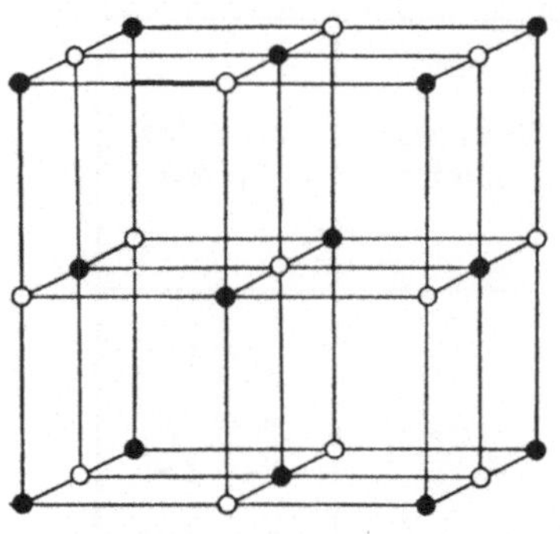

Abb. 56. Elementarzelle des Steinsalzes. Schwarz Na, Kreise Cl. Die Atomlagen sind jedoch gleichwertig und vertauschbar.

Beim Steinsalz finden wir in der Elementarzelle (Abb. 56) dieselben Tetra-, Tri- und Digyren, die Symmetrieebenen sowie ein Symmetriezentrum wie in den Kristallformen, ebenso beim Cäsiumchlorid (Abb. 260) oder Fluorit (Abb. 267). Anders verhält es sich schon mit dem Diamanten (Abb. 57). Die Elementarzelle ist ein allseitig flächenzentrierter Würfel mit einem eingeschlossenen Tetraeder von vier Kohlenstoffatomen, genau wie die Schwefelatome in der Zinkblendezelle (Abb. 40). Auf die Würfelfläche projiziert (Abb. 58), ergibt sich das Bild von Atompunkten auf 4 verschiedenen Ebenen: 5 Atome auf der Würfelfläche (1), 2 Atome um $\frac{1}{4}\,a$ niedriger (2), 4 Atome im Abstand von $\frac{1}{2}\,a$ (3) und schließlich 2 Atome im Abstand von $\frac{3}{4}\,a$. Die 5 Punkte der unteren Würfelfläche fallen in der Projektion zusammen mit den oberen 5 Punkten (1). Während ein Diamantkristall im ganzen die höchste kubische Symmetrie besitzt und z. B. Tetragyren parallel den Hauptachsen hat, sehen wir im Gitter keine Tetragyren, nur Tetrahelikogyren oder vierzählige Schraubenachsen, von denen zwei in der Abbildung angedeutet sind. Eine Hälfte von diesen ist links-, die andere Hälfte rechtsdrehend. Bei Drehung und gleichzeitiger Verschiebung deckt sich Punkt 1 mit 2, Punkt 2 mit 3 und Punkt 3 mit 4. Auch fehlen Symmetrieebenen parallel zu den Würfelflächen, statt ihrer hat das Gitter nur Gleitspiegelebenen; eine solche ist durch eine gestrichelte Linie angedeutet. Megaskopisch erscheinen die Schraubenachsen als Symmetrieachsen und die Gleitspiegelebenen als Spiegelebenen.

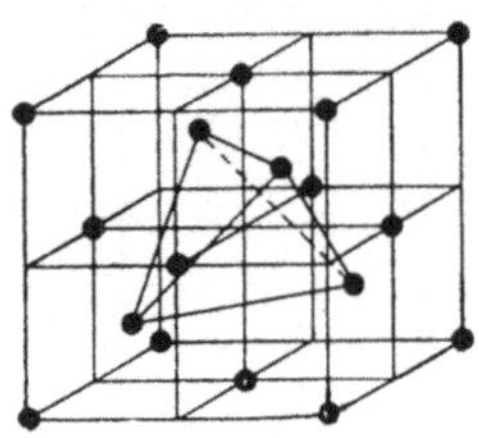

Abb. 57. Elementarzelle des Diamanten.

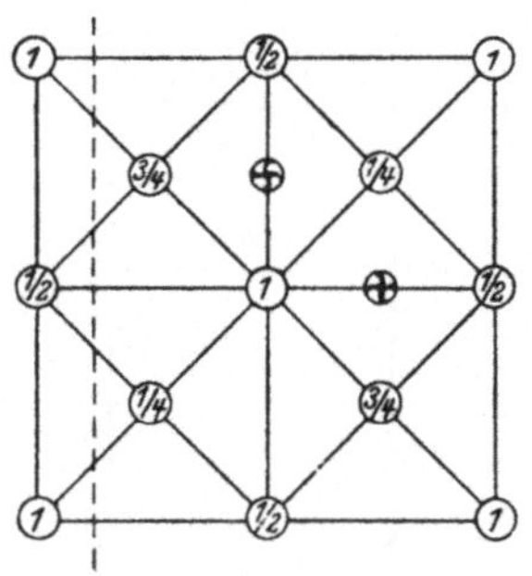

Abb. 58. Elementarzelle des Diamanten, projiziert auf (100).

Die Struktur der Zinkblende ZnS ähnelt der Diamantstruktur und unterscheidet sich von dieser nur, weil die Zinkblende zwei Atomarten enthält. Wenn die Zinkblendestruktur mittels einer Elementarzelle in der Art wie in Abb. 40 oder 59 dargestellt wird, bilden die Schwefelatome ein Tetraeder innerhalb des allseitig flächenzentrierten Würfels von Zinkatomen. Die beiden Atomarten nehmen jedoch gleichwertige Stellungen im Gitter ein, wie man es sehen kann, wenn das Gitter allseitig fortgesetzt wird (Abb. 60): Man kann die Elementarzelle auch so abgrenzen, daß darin die Schwefelatome einen flächenzentrierten Würfel und die Zinkatome ein Tetraeder bilden. Wie aus den Abbildungen hervorgeht, zerstört die Ungleichwertigkeit der Zink- und Schwefelatome die im Diamantgitter vorhandenen Tetragyroiden und Gleitspiegelebenen, die in dem Kristall megaskopisch als Tetragyren und Symmetrieebenen parallel (100) erscheinen. Nur die diagonalen Symmetrieebenen, d. h. diejenigen parallel (110) sowie die Tetragyroiden parallel den Achsen sind übriggeblieben und gehen durch jedes Zink- und Schwefelatom. Diese Elemente verleihen dem Kristall die megaskopische Symmetrie der hexakistetraedrischen Klasse.

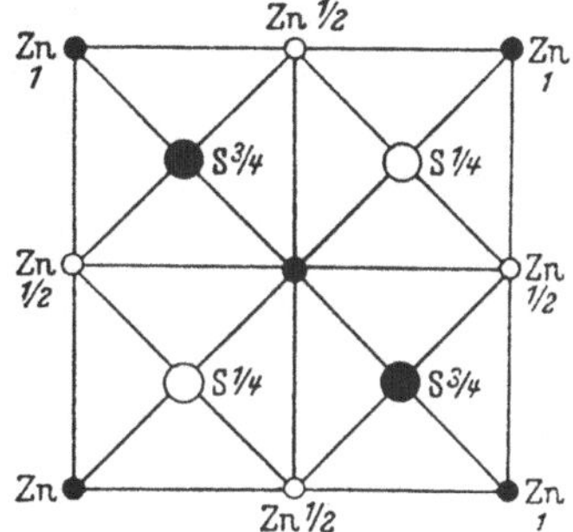

Abb. 59. Elementarzelle der Zinkblende, projiziert auf (100).

Zu dem etwaigen Einwand, daß auch das Diamantgitter eine Tetraedergruppe mitten in der Elementarzelle enthalte, ist zu bemerken, daß darin tatsächlich jedes Kohlenstoffatom von vier anderen gleichwertigen Atomen tetraedrisch umgeben ist, aber die nächst angrenzenden Tetraeder sind umgekehrt gerichtet, und so zeigt der Kristall als Ganzes holoedrische Symmetrie.

Im Tiefquarz sind die Sauerstoffatome längs dreizähligen Schraubenachsen oder Trihelikogyren angeordnet. In diesem Falle sind im Gegensatz zu der Diamantstruktur alle Schraubenachsen in gleichem Sinne (rechts oder links) drehend; darum sind die Quarzkristalle enantiomorph und optisch aktiv.

Oft bietet die mögliche Existenz der Schraubenachsen, Gleit- oder Gleitspiegelebenen Möglichkeiten für sehr viele Raumgruppen in derselben Symmetrieklasse, aber die Zahl der Möglichkeiten ist recht verschieden. Als Beispiel können wir die rhombisch pyramidale Klasse betrachten. Darin kann erstens die Elementarzelle entweder einfach primitiv, einseitig flächenzentriert („basiszentriert"), allseitig flächenzentriert oder innenzentriert sein. Bei der einfachen Zelle kann darin irgendeine unsymmetrische Gruppe so gestellt werden, daß zwei Symmetrieebenen senkrecht zueinander zustande kommen. (Die Zahl der unsymmetrischen Gruppen muß jedenfalls 4 oder ein Vielfaches von 4 sein). Dann ist die Symmetrie der Raumgruppe dieselbe wie die megaskopische Symmetrie der Klasse. Man kann aber neun andere Lagenkombinationen für die unsymmetrischen Gruppen finden, die zwei Symmetrieebenen im Kristallzustande bringen, indem man Gleitebenen einführt und einfache Translationen im Gitter parallel einer horizontalen oder vertikalen Kante oder diagonal von einer Ecke zum Zentrum einer Seite vollzieht. Bei einseitig flächenzentrierten rhombischen Gittern sind 7, bei allseitig flächenzentrierten 2 und bei innenzentrierten Gittern 3 weitere Möglichkeiten vorhanden. In allen ergeben sich 22 mögliche rhombisch pyramidale Raumgruppen.

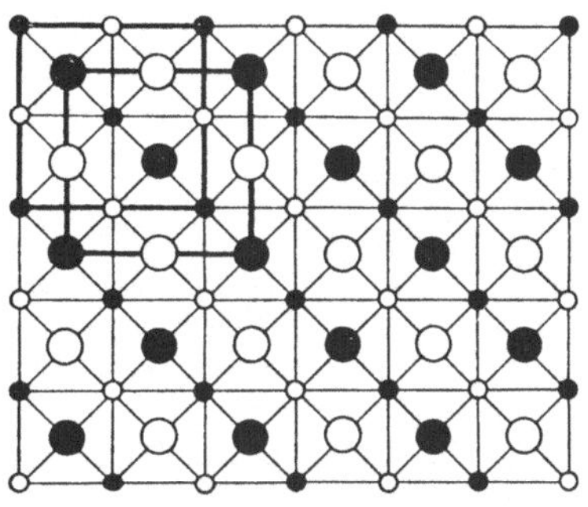
Abb. 60. Zinkblendestruktur projiziert auf (100). Die Rollen der Zn- und S-Atome sind vertauschbar; alle Atomlagen sind Austrittspunkte von Tetragyroiden.

Die Bezeichnung der Raumgruppen. Nach der SCHÖNFLIESSschen Bezeichnungsweise werden die verschiedenen Raumgruppen in jeder Klasse einfach indiziert, z. B. C_{2h}^1, C_{2h}^2, C_{2h}^3, C_{2h}^4, C_{2h}^5, C_{2h}^6. Bei den HERMANN-MAUGUINschen

Tabelle der 230 Raumgruppen.

Triklin

Pedial

C_1—1

C_1^1—P1

Pinakoidal

C_i, (S_2)—$\bar{1}$

C_i^1—P$\bar{1}$

Monoklin

Domatisch

C_s, (C_{1h})—m

C_s^1—Pm
C_s^2—Pc
C_s^3—Cm
C_s^4—Cc

Sphenoidisch

C_2—2

C_2^1—P2
C_2^2—P2_1
C_2^3—C2

Prismatisch

C_{2h}—2/m

C_{2h}^1—P2/m
C_{2h}^2—P2_1/m
C_{2h}^3—C2/m
C_{2h}^4—P2/c
C_{2h}^5—P2_1/c
C_{2h}^6—C2/c

Rhombisch

Pyramidal

C_{2v}—mm

C_{2v}^1—Pmm
C_{2v}^2—Pmc
C_{2v}^3—Pcc
C_{2v}^4—Pma
C_{2v}^5—Pca
C_{2v}^6—Pnc
C_{2v}^7—Pmn
C_{2v}^8—Pba
C_{2v}^9—Pna
C_{2v}^{10}—Pnn
C_{2v}^{11}—Cmm
C_{2v}^{12}—Cmc
C_{2v}^{13}—Ccc
C_{2v}^{14}—Amm
C_{2v}^{15}—Abm
C_{2v}^{16}—Ama
C_{2v}^{17}—Aba
C_{2v}^{18}—Emm
C_{2v}^{19}—Fdd
C_{2v}^{20}—Imm
C_{2v}^{21}—Iba
C_{2v}^{22}—Ima

Bisphenoidisch

D_2, (V)—222

D_2^1—P222
D_2^2—P222_1
D_2^3—P2_12_12
D_2^4—P$2_12_12_1$
D_2^5—C222_1
D_2^6—C222
D_2^7—F222
D_2^8—I222
D_2^9—I$2_12_12_1$

Bipyramidal

D_{2h}, (V_h)—mmm

D_{2h}^1—Pmmm
D_{2h}^2—Pnnn
D_{2h}^3—Pccm
D_{2h}^4—Pban
D_{2h}^5—Pmma
D_{2h}^6—Pnna
D_{2h}^7—Pmna
D_{2h}^8—Pcca
D_{2h}^9—Pbam
D_{2h}^{10}—Pccn
D_{2h}^{11}—Pbcm
D_{2h}^{12}—Pnnm
D_{2h}^{13}—Pmmn
D_{2h}^{14}—Pbcn
D_{2h}^{15}—Pbca
D_{2h}^{16}—Pnma
D_{2h}^{17}—Cmcm
D_{2h}^{18}—Cmca
D_{2h}^{19}—Cmmm
D_{2h}^{20}—Cccm
D_{2h}^{21}—Cmma
D_{2h}^{22}—Ccca
D_{2h}^{23}—Fmmm
D_{2h}^{24}—Fddd
D_{2h}^{25}—Immm
D_{2h}^{26}—Ibam
D_{2h}^{27}—Ibca
D_{2h}^{28}—Imma

Tetragonal

Bisphenoidisch

S_4—$\bar{4}$

S_4^1—P$\bar{4}$
S_4^2—I$\bar{4}$

Pyramidal

C_4—4

C_4^1—P4
C_4^2—P4_1
C_4^3—P4_2
C_4^4—P4_3
C_4^5—I4
C_4^6—I4_1

Bipyramidal

C_{4h}—4/m

C_{4h}^1—P4/m
C_{4h}^2—P4_2/m
C_{4h}^3—P4/n
C_{4h}^4—P4_2/n
C_{4h}^5—I4/m
C_{4h}^6—I4_1/a

Skalenoedrisch

D_{2d}, (V_d)—$\bar{4}$2m

D_{2d}^1—P$\bar{4}$2m
D_{2d}^2—P$\bar{4}$2c
D_{2d}^3—P$\bar{4}2_1$m
D_{2d}^4—P$\bar{4}2_1$c
D_{2d}^5—C$\bar{4}$2m
D_{2d}^6—C$\bar{4}$2c
D_{2d}^7—C$\bar{4}$2b
D_{2d}^8—C$\bar{4}$2n
D_{2d}^9—F$\bar{4}$2m
D_{2d}^{10}—F$\bar{4}$2c
D_{2d}^{11}—I$\bar{4}$2m
D_{2d}^{12}—I$\bar{4}$2d

Ditetragonal pyramidal

C_{4v}—4mm

C_{4v}^1—P4mm
C_{4v}^2—P4bm
C_{4v}^3—P4cm
C_{4v}^4—P4nm
C_{4v}^5—P4cc
C_{4v}^6—P4nc
C_{4v}^7—P4mc
C_{4v}^8—P4bc
C_{4v}^9—I4mm
C_{4v}^{10}—I4cm
C_{4v}^{11}—I4md
C_{4v}^{12}—I4cd

Trapezoedrisch

D_4—42

D_4^1—P42
D_4^2—P42_1
D_4^3—P$4_1$2
D_4^4—P4_12_1
D_4^5—P$4_2$2
D_4^6—P4_22_1
D_4^7—P$4_3$2
D_4^8—P4_32_1
D_4^9—I42
D_4^{10}—I$4_1$2

Ditetragonal bipyramidal

D_{4h}—4/mmm

D_{4h}^1—P4/mmm
D_{4h}^2—P4/mcc
D_{4h}^3—P4/nbm
D_{4h}^4—P4/nnc
D_{4h}^5—P4/mbm
D_{4h}^6—P4/mnc
D_{4h}^7—P4/nmm
D_{4h}^8—P4/ncc
D_{4h}^9—P4/mmc

Tabelle der 230 Raumgruppen (Fortsetzung).

D_{4h}^{10}—P4/mcm
D_{4h}^{11}—P4/nbc
D_{4h}^{12}—P4/nnm
D_{4h}^{13}—P4/mbc
D_{4h}^{14}—P4/mnm
D_{4h}^{15}—P4/nmc
D_{4h}^{16}—P4/ncm
D_{4h}^{17}—I4/mmm
D_{4h}^{18}—I4/mcm
D_{4h}^{19}—I4/amd
D_{4h}^{20}—I4/acd

Hexagonal

Trigonal pyramidal

C_3—3

C_3^1—C3
C_3^2—$C3_1$
C_3^3—$C3_2$
C_3^4—R3

Rhomboedrisch

C_{3i}, (S_6)—$\bar{3}$

C_{3i}^1—$C\bar{3}$
C_{3i}^2—$R\bar{3}$

Ditrigonal pyramidal

C_{3v}—3m

C_{3v}^1—C3m
C_{3v}^2—C31m
C_{3v}^3—C3c
C_{3v}^4—C31c
C_{3v}^5—R3m
C_{3v}^6—R3c

Trigonal trapezoedrisch

D_3—32

D_3^1—C312
D_3^2—C32
D_3^3—$C3_112$
D_3^4—$C3_12$
D_3^5—$C3_212$
D_3^6—$C3_22$
D_3^7—R32

Ditrigonal skalenoedrisch

D_{3d}—$\bar{3}$m

D_{3d}^1—$C\bar{3}1m$
D_{3d}^2—$C\bar{3}1c$
D_{3d}^3—$C\bar{3}m$
D_{3d}^4—$C\bar{3}c$
D_{3d}^5—$R\bar{3}m$
D_{3d}^6—$R\bar{3}c$

Trigonal bipyramidal

C_{3h}—$\bar{6}$

C_{3h}^1—$C\bar{6}$

Hexagonal pyramidal

C_6—6

C_6^1—C6
C_6^2—$C6_1$
C_6^3—$C6_5$
C_6^4—$C6_2$
C_6^5—$C6_4$
C_6^6—$C6_3$

Hexagonal bipyramidal

C_{6h}—6/m

C_{6h}^1—C6/m
C_{6h}^2—$C6_3/m$

Ditrigonal bipyramidal

D_{3h}—$\bar{6}2m$

D_{3h}^1—$C\bar{6}m2$
D_{3h}^2—$C\bar{6}c2$
D_{3h}^3—$C\bar{6}2m$
D_{3h}^4—$C\bar{6}2c$

Dihexagonal pyramidal

C_{6v}—6mm

C_{6v}^1—C6mm
C_{6v}^2—C6cc
C_{6v}^3—C6cm
C_{6v}^4—C6mc

Hexagonal trapezoedrisch

D_6—62

D_6^1—C62
D_6^2—$C6_12$
D_6^3—$C6_52$
D_6^4—$C6_22$
D_6^5—$C6_42$
D_6^6—$C6_32$

Dihexagonal bipyramidal

D_{6h}—6/mm

D_{6h}^1—C6/mmm
D_{6h}^2—C6/mcc
D_{6h}^3—C6/mcm
D_{6h}^4—C6/mmc

Kubisch

Tetraedrisch pentagondodekaedr.

T—23

T^1—P23
T^2—F23
T^3—I23
T^4—$P2_13$
T^5—$I2_13$

Disdodekaedrisch

T_h—m3

T_h^1—Pm3
T_h^2—Pn3
T_h^3—Fm3
T_h^4—Fd3
T_h^5—Im3
T_h^6—Pa3
T_h^7—Ia3

Hexakistetraedrisch

T_d—$\bar{4}3m$

T_d^1—$P\bar{4}3m$
T_d^2—$F\bar{4}3m$
T_d^3—$I\bar{4}3m$
T_d^4—$P\bar{4}3n$
T_d^5—$F\bar{4}3c$
T_d^6—$I\bar{4}3d$

Pentagonikositetraedrisch

O—43

O^1—P43
O^2—$P4_23$
O^3—F43
O^4—$F4_13$
O^5—I43
O^6—$P4_33$
O^7—$P4_13$
O^8—$I4_13$

Hexakisoktaedrisch

O_h—m3m

O_h^1—Pm3m
O_h^2—Pn3n
O_h^3—Pm3n
O_h^4—Pn3m
O_h^5—Fm3m
O_h^6—Fm3c
O_h^7—Fd3m
O_h^8—Fd3c
O_h^9—Im3m
O_h^{10}—Ia3d

Bezeichnungen kommen dagegen alle im Gitterbau erscheinenden Symmetrieelemente zum Ausdruck, also auch die Gleitebenen, Schraubenachsen und Gleitspiegelebenen. Zuerst gibt man durch große Buchstaben die verschiedenen Gittertypen an. *P* ist das einfach primitive Gitter, *A*, *B*, *C* sind die auf (100), (101) oder (001) zentrierten Gitter, *F* das allseitig flächenzentrierte und *I* das innenzentrierte Gitter. *R* bedeutet rhomboedrisches Gitter, betrachtet als ein Spezialfall von *P*, und *C* bedeutet auch das hexagonale Gitter, wobei die nachfolgenden Symbole eindeutig angeben, ob es sich um hexagonale oder andere Gitter handelt. In einigen Fällen wird statt des primitiven hexagonalen Elementarparallelepipedes eine größere Zelle *H* angewandt, worin die *a*-Achse normal zur Seite einer hexagonalen Zelle steht.

Danach folgen die Nummern, welche die höchste Achsenzähligkeit angeben. Bei triklinen Gittern ist dies 1 (keine Symmetrieachse), bei monoklinen und triklinen 2, bei trigonalen 3, bei hexagonalen 6 und bei tetragonalen 4. Bei kubischen Gittern ist es entweder 3 oder 4. Die Gyroiden erhalten die Symbole $\bar{1}$, $\bar{2}$, $\bar{3}$, $\bar{6}$ und $\bar{4}$. $\bar{1}$ ist das Symmetriezentrum, $\bar{2}$ bedeutet eine Symmetrieebene. Statt $\bar{2}$ schreibt man jedoch *m*. Falls eine Symmetrieebene normal zur Hauptachse besteht, wird *m* als Teiler nach dem Achsensymbol geschrieben, z. B. $2/m$, $3/m$, $6/m$ und $4/m$.

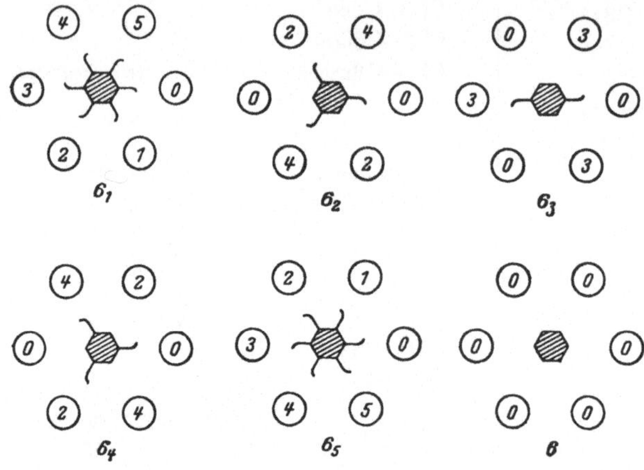

Abb. 61. Die verschiedenen hexagonalen Schraubenachsen.

Sind Nebenachsen als Gyren vorhanden, so werden diese nach dem Symbol der Hauptachse geschrieben. Sie stehen im allgemeinen senkrecht zur Hauptachse; im kubischen System werden jedoch die vier Trigyren als Nebenachsen betrachtet. Dann kommen noch die etwa vorhandenen „Nebensymmetrieebenen" parallel der Hauptachse sowie die „tertiären" Achsen, d. h. Gyren parallel $(11\bar{2}0)$ in den hexagonalen und parallel (110) in den tetragonalen Kristallen.

In den Raumgruppen können noch Schraubenachsen oder Helikogyren sowie Gleit- oder Gleitspiegelebenen vorhanden sein, und auch diese werden mittels besonderer Symbole ausgedrückt. Weil hier einige konventionelle Symbole angewandt werden, deren Bedeutung nicht ohne weiteres klar ist, müssen sie etwas ausführlicher erklärt werden.

Die hexagonale Hauptachse kann entweder Hexa-, Tri- oder Dihelikogyre sein (Abb. 61). 6_1 ist eine rechtsläufige Hexahelikogyre, d. h. ein Punkt 0 kommt bei $60° = \frac{1}{6}$ Rechtsdrehung und gleichzeitiger Gleitung um den Betrag $c/6$ in die Stellung 1, 1 in 2 usw. In 6_2 rotiert jeder Punkt um $^1/_6$ und verschiebt sich gleichzeitig um den Abstand $2c/6$. Punkt 0 kommt gleich in Stellung 2, 2 in 4 und 4 in 6, was gleich 0 ist. Bei 6_3 bringt schon die erste Schraubung den Punkt 0 zu 3 usw. 6_4 ist gleich 6_2, nur linksläufig, ebenso ist 6_5 das linksdrehende Äquivalent zu 6_1. Bei 6_3 ist der Drehungssinn unbestimmt. 6 vertritt den Fall, in dem die Achse auch im Gitter eine sechszählige

Symmetrieachse ist. $\bar{6}$ ist dreizählige Drehungsachse mit dazu senkrechter Spiegelebene.

Die tetragonalen Hauptachsen können entweder wirkliche Tetragyren 4, Tetrahelikogyren, rechte 4_1 oder linke 4_3, Dihelikogyren 4_2 oder Tetragyroiden $\bar{4}$ sein. Die trigonalen Hauptachsen wieder sind entweder Trigyren 3, Trihelikogyren, rechte 3_1, linke 3_2 oder Trigyroiden (= Trigyren + S.-E.) $\bar{3}$. Von den „digonalen" Achsen ist 2 Digyre und 2_1 Dihelikogyre.

Von den Symmetrieebenen *m* unterscheiden sich im Gitter die Gleitebenen. *n* ist eine Gleitspiegelebene mit Gleitung von der Ecke zum Zentrum einer der Gleitrichtung parallelen Seite, *a*, *b*, *c* sind Gleitspiegelebenen mit den Translationen $a/2$, $b/2$, $c/2$. In einigen Fällen, wie beim Diamanten (S. 38), treten Translationen von einem Viertel einer Kante (Achse) auf, sie werden mit *d* bezeichnet. Zu bemerken ist, daß die *a*-, *b*- und *c*-Achsen im triklinen und rhombischen System austauschbar sind, so auch *a* und *c* im monoklinen System. Ferner ist es bei hexagonalen und trigonalen Systemen wählbar, ob die hexagonale Zelle *C* oder *H* angewandt wird. Aus dem Symbol geht jedenfalls hervor, wie die Orientierung gewählt ist, und der Kenner kann daraus immer sowohl die Aufstellung wie die Symmetriemerkmale des Gitters ablesen.

Zum Verständnis der Symbole sei noch bemerkt, daß nur die unabhängigen Symmetrieelemente erwähnt werden. So ist Pmmm die rhombische Raumgruppe mit einfach primitiver Zelle und drei Symmetrieebenen, also die größtmögliche Symmetrie, natürlich mit drei Digyren, die jedoch nicht vermerkt werden, da sie schon durch die Spiegelebenen bedingt sind.

Pnma ist eine andere rhombische Raumgruppe mit drei megaskopischen Spiegelebenen, von denen *n* eine Gleitebene normal zur *a*-Achse mit der Gleitung $b/2 + c/2$ ist. *m* ist Symmetrieebene normal zur *b*-Achse und *a* Gleitebene normal zur *c*-Achse mit der Gleitung $a/2$. Bei anderen Orientierungen kann dieselbe Raumgruppe, Schönflies V_h^{16}, irgendeines der Symbole Pnam, Pbnm, Pcmn, Pmnb, Pmcn erhalten. Bei verschiedenen Kristallarten kommen noch gemäß der jeweils üblichen kristallographischen Achsenaufstellung verschiedene Symbole für dieselbe Raumgruppe vor, wie im speziellen Teil aus manchen Beispielen ersichtlich.

Fm3m ist eine Raumgruppe der kubisch holoedrischen Klasse mit allseitig flächenzentriertem Gitter und Symmetrieebenen normal zu (100) und (110). Das Symbol 3 an der zweiten Stelle bedeutet eine sekundäre Trigyre, die das Gitter eindeutig als kubisch angibt, da solche Trigyren in keinem anderen System existieren.

In der Tabelle S. 40 und 41 sind die Symmetrieklassen sowie die Raumgruppen in der „normalisierten" Mauguinschen Orientierung und mit den Schönfliesschen wie auch Hermann-Mauguinschen Symbolen zusammengestellt[1].

D. Die Formarten der Symmetrieklassen.

Die Kennzeichen der Klassen. Jeder Stoff kristallisiert in einer bestimmten Symmetrieklasse. Eine auffallende und außerordentlich bedeutsame Regelmäßigkeit in der Verteilung der Stoffe auf 32 Symmetrieklassen erscheint darin, daß zu der symmetriereichsten oder holoedrischen Klasse in jedem der 7 Kristall-

[1] Die Tabelle der Raumgruppen wird hier in der Form gegeben, wie sie allgemein von den Kristallstrukturforschern angewendet wird. Zu bemerken ist, daß die Symmetrieklassen in einer etwas anderen Reihenfolge angeordnet sind als sonst in diesem Buche und daß hier das trigonale System unter das hexagonale gebracht ist.

systeme eine unvergleichlich größere Anzahl kristallisierender Stoffe als zu den meroedrischen Klassen insgesamt gehört.

Gar häufig ist es nicht leicht, nach den äußeren Formen die meroedrischen Kristalle von den holoedrischen zu unterscheiden, da an ersteren wie an allen Kristallen meist Flächenformen niedriger Indices auftreten, d. h. Formen, die auch bei den holoedrischen Kristallen dieselben sind. Soweit aus den Formen kein Symmetriemangel spricht, geht er in den meisten Fällen aus irgendwelchen der folgenden physikalischen Erscheinungen hervor:

Ätzfiguren. Werden die Kristalle behandelt mit Stoffen, in denen sie sich auflösen oder zersetzen, so entstehen auf ebenen Kristallflächen sog. Ätzfiguren, an denen die für die Kristallfläche eigenartige Symmetrie hervortritt, z. B. an den zu der c-Achse des holoedrischen tetragonalen Kristalls senkrechten Flächen eine tetragyrische, an den mit der c-Achse parallelen eine digyrische Symmetrie. Wenn die Ätzfiguren weniger symmetrisch sind, kann dies nur darauf beruhen, daß der Stoff zu einer weniger symmetrischen Klasse gehört (Abb. 62 und 63).

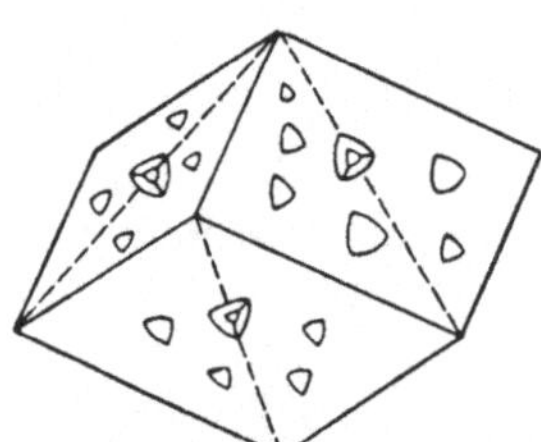

Abb. 62. Disymmetrische Ätzfiguren auf den Rhomboederflächen vom Calcit: Die drei Symmetrieebenen ∥ c treten hervor.

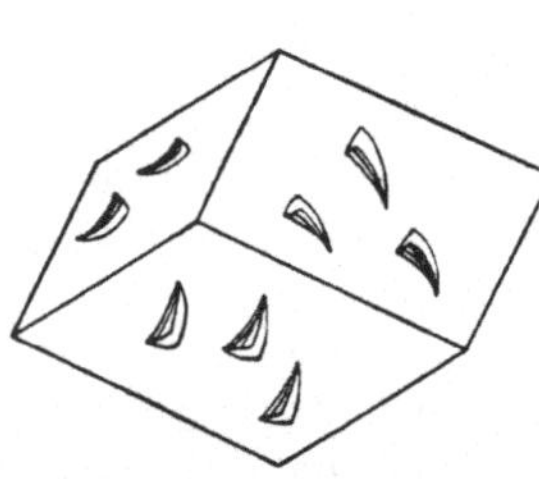

Abb. 63. Asymmetrische Ätzfiguren auf den Rhomboederflächen vom Dolomit: Keine Symmetrieebenen.

Optische Aktivität. Die Kristalle derjenigen Symmetrieklassen, in deren Formen *Enantiomorphie* oder einander nicht deckende spiegelbildliche Rechts- und Linksformen auftreten, können optisch aktiv sein oder die Polarisationsebene des durch sie verlaufenden polarisierten Lichtes drehen. Das Hervortreten dieser Eigenschaft beweist also die Zugehörigkeit zu derartigen Symmetrieklassen, aber umgekehrt beweist das Fehlen der optischen Aktivität noch nicht, daß der Stoff nicht zu der enantiomorphen Klasse gehören kann.

Pyroelektrizität. An allen Kristallen, die eine einzigartige polare Achse einschließen, zeigt sich die Erscheinung der Pyroelektrizität, die also einen sicheren Beweis für die Zugehörigkeit zu irgendeiner derartigen hemimorphen Symmetrieklasse bedeutet. Auch alle übrigen univektoriellen Eigenschaften sind dann in dieser Richtung anders als in der Gegenrichtung.

Kristallstruktur, röntgenographisch ermittelt. Bei einem beträchtlichen Teil der mineralischen sowie nichtmineralischen Kristallarten ist die Kristallstruktur schon so eingehend bestimmt worden, daß die Raumgruppe und somit die Symmetrieklasse sichergestellt sind.

Dabei hat es sich oftmals erwiesen, daß sogar in solchen Fällen, wenn man auf Grund der Formausbildung, Ätzfiguren usw. die Symmetrieklasse schon sicher zu kennen glaubte, die Strukturanalyse zu einer anderen Symmetrieklasse geführt hat. So hat der Cuprit, Cu_2O, häufig unverkennbare Pentagonikositetraederformen (wie auf Abb. 55), aber die Punktverteilung zeigt holoedrische Symmetrie. Ebenso ist beim Salmiak $(NH_4)Cl$ das Pentagonikositetraeder als Fläche häufig, auch werden die Ätzfiguren von entsprechender Symmetrie erzeugt, aber die Strukturanalyse deutet auf den holoedrischen Cäsiumchloridtypus hin. In diesem Falle wäre zwar die Struktur auch nach der Strukturanalyse als pentagonikositetraedrisch deutbar, wenn man annehmen könnte, daß die Wasserstoffionen in der NH_4-Gruppe feste Lagen einnehmen, aber das kann man noch unmöglich röntgenographisch feststellen. Der Diamant zeigt oft Tetraeder und andere Formen der hexakistetraedrischen Klasse als Flächenformen, aber nach der Strukturanalyse ist die Kristallart holoedrisch. Die Schwefelkristalle sind oft rhombisch bisphenoidisch ausgebildet, aber nach der Strukturanalyse rhombisch bipyramidal.

Diese und ähnliche Fälle, in denen also die röntgenographisch ermittelte Symmetrie höher als die Formsymmetrie ist, konnte man noch nicht befriedigend erklären, und man ist geneigt anzunehmen, daß es in der Struktur solcher Kristalle etwas gibt, was die äußere Meroedrie bedingt, obwohl man es noch nicht ausfindig zu machen verstanden hat.

Andererseits haben die röntgenographischen Bestimmungen in vielen Fällen eine niedrigere Symmetrie ergeben, als man diesen früher auf Grund der Kristallformen und ihrer Winkel sowie der optischen Eigenschaften zuschrieb. Wollastonit, früher für monoklin gehalten, hat sich als triklin pinakoidal erwiesen. Arsenkies ist monoklin, nicht rhombisch, wie die scheinbare Form. Sodalith ist hexakistetraedrisch, obwohl Meroedrie in der Form niemals beobachtet wurde. In allen diesen Fällen ist es leicht verständlich, daß die früher zugänglichen Methoden nicht hinreichend waren, um die wirkliche Symmetrie klarzulegen.

Im Zusammenhang mit der folgenden Darstellung wird auf die Abb. 27, 39, 54, welche die Symmetrieelemente der Symmetrieklassen auf verschiedene Weise darstellen, wie auch auf Abb. 55 hingewiesen, die einen natürlichen Kristall für jeden als Vertreter einer Klasse angeführten (soweit Kristallformen für die einzelnen Klassen bekannt sind) Stoff, meist eine vielflächige Formkombination, zeigt.

Bei der **Bezeichnung der Flächenformen** hat man sich verschiedener Gesichtspunkte bedient. Früher pflegte man die Flächen nach ihrem Verhalten zu dem gewählten Achsenkreuz zu bezeichnen. Diese Bezeichnungen schlossen mancherlei Inkonsequenzen ein und wurden ersetzt durch die auf S. 47 und 48 erläuterten eindeutigen Bezeichnungen, welche durch die Zahl der Flächen und ihre Lage zueinander sowie zu den Symmetrieelementen gegeben sind. Jetzt noch pflegt man die Flächenformen außer mit diesen Artbezeichnungen je nach ihrer Lage im Achsenkreuz auch mit Sonderbezeichnungen zu belegen. So spricht man z. B. beim monoklinen und rhombischen System von vorderen, seitlichen und Basispedien und -pinakoiden, entsprechend den Lagen, die am kürzesten durch die Indexsymbole (100), (010) und (001) ausgedrückt werden können. Bei denselben Systemen spricht man von Formen 1. Stellung (0kl), 2. Stellung (h0l), 3. Stellung (hk0), 4. Stellung (hkl); beim tetragonalen System sind die entsprechenden Bezeichnungen: 1. Stellung (hhl) und (110), 2. Stellung (h0l) und (100), 3. Stellung (hkl) und (hk0); bei den trigonalen und hexagonalen Systemen: 1. Stellung $(h0\bar{h}l)$ und $(10\bar{1}0)$, 2. Stellung $(hh\bar{2h}l)$ und $(11\bar{2}0)$, 3. Stellung $(hk\bar{i}l)$ und $(hk\bar{i}0)$. Ferner unterscheidet man bei manchen meroedrischen Symmetrieklassen zwischen positiven und negativen Formen sowie Links- und Rechtsformen.

Diese Sonderbezeichnungen beziehen sich auf Verhältnisse, die schon aus den Indexsymbolen hervorgehen, und sie scheinen die Betrachtungen der Kristallformen meistens eher zu verwirren als zu vereinfachen, zumal sie im kristallographischen Schrifttum nicht immer im gleichen Sinne angewandt worden sind. Bei den nachfolgenden Ausführungen werden wir von diesen Benennungen nur solche anwenden, wie Basis für Flächenformen, die bei den triklinen, monoklinen und rhombischen Systemen parallel der *a*-Achse und *b*-Achse sowie bei den trigonalen, hexagonalen und tetragonalen Systemen senkrecht auf der einzigartigen *c*-Achse stehen und die selbst einzigartig sein können. Ferner sollen angewandt werden die Bezeichnungen Links- und Rechts- für die enantiomorphen Kristallformen, die zugleich physikalisch und strukturell, und nicht nur in bezug

Die möglichen Formen der Symmetrieklassen.

Indices	Triklines System		Monoklines System			Rhombisches System		
	Pedial	Pinakoidal	Domatisch	Sphenoidisch	Prismatisch	Bisphenoidisch	Pyramidal	Bipyramidal
(100)	Pedion	Pinakoid	Pedion	Pinakoid	Pinakoid	Pinakoid	Pinakoid	Pinakoid
(010)	Pedion	Pinakoid	Pinakoid	Pedion	Pinakoid	Pinakoid	Pinakoid	Pinakoid
(001)	Pedion	Pinakoid	Pedion	Pinakoid	Pinakoid	Pinakoid	Pedion	Pinakoid
(0kl) [einschl. (011)]	Pedion	Pinakoid	Doma	Sphenoid	Prisma	Prisma	Doma	Prisma
(h0l) [einschl. (101)]	Pedion	Pinakoid	Pedion	Pinakoid	Pinakoid	Prisma	Doma	Prisma
(hk0) [einschl. (110)]	Pedion	Pinakoid	Doma	Sphenoid	Prisma	Prisma	Prisma	Prisma
(hkl) [einschl. (111), Grundform]	Pedion	Pinakoid	Doma	Sphenoid	Prisma	Bisphenoid	Pyramide	Bipyramide

Indices	Trigonales System						
	Trigonal-pyramidal	Trigonal-bipyramidal	Ditrigonal-pyramidal	Trigonal-trapezoedrisch	Ditrigonal-bipyramidal	Rhomboedrisch	Ditrigonal-skalenoedrisch
(0001) (Basis)	Pedion	Pinakoid	Pedion	Pinakoid	Pinakoid	Pinakoid	Pinakoid
(10$\bar{1}$0)	trigon. Prisma	trigon. Prisma	trigon. Prisma	hexag. Prisma	trigon. Prisma	hexag. Prisma	hexag. Prisma
(11$\bar{2}$0)	trigon. Prisma	trigon. Prisma	hexag. Prisma	trig. Prisma	hexag. Prisma	hexag. Prisma	hexag. Prisma
(hki0)	trigon. Prisma	trigon. Prisma	ditrig. Prisma	ditrig. Prisma	ditrig. Prisma	hexag. Prisma	dihex. Prisma
(h0$\bar{h}$l) [einschl. (10$\bar{1}$1), Grundform]	trig. Pyramide	trig. Bipyramide	trig. Pyramide	Rhomboeder	trig. Bipyramide	Rhomboeder	Rhomboeder
(hh$\bar{2}\bar{h}$l) [einschl. (11$\bar{2}$1)]	trig. Pyramide	trig. Bipyramide	hexag. Pyramide	trig. Bipyramide	hex. Bipyramide	Rhomboeder	hex. Bipyramide
(hkil)	trig. Pyramide	trig. Bipyramide	ditrig. Pyramide	trig. Trapezoeder	ditrig. Bipyr.	Rhomboeder	ditr. Skalenoeder

Indices	Hexagonales System				
	Hexagonal-pyramidal	Hexagonal-bipyramidal	Dihexagonal-pyramidal	Hexagonal-trapezoedrisch	Dihexagonal-bipyramidal
(0001) (Basis)	Pedion	Pinakoid	Pedion	Pinakoid	Pinakoid
(10$\bar{1}$0)	hexag. Prisma	hexag. Prisma	hexag. Prisma	hexag. Prisma	hexag. Prisma
(11$\bar{2}$0)	hexag. Prisma	hexag. Prisma	hexag. Prisma	hexag. Prisma	hexag. Prisma
(hki0	hexag. Prisma	hexag. Prisma	dihex. Prisma	dihex. Prisma	dihex. Prisma
(h0$\bar{h}$l) [einschl. (10$\bar{1}$1), Grundform]	hexag. Pyramide	hexag. Bipyram.	hex. Pyramide	hex. Bipyramide	hex. Bipyramide
(11$\bar{2}$1)	hexag. Pyramide	hexag. Bipyram.	hex. Pyramide	hex. Bipyramide	hex. Bipyramide
(hkil)	hexag. Pyramide	hexag. Bipyram.	dihex. Pyram.	hex. Trapezoeder	dihex. Bipyram.

Die möglichen Formen der Symmetrieklassen (Schluß).

Indices	Tetragonales System						
	Tetragonal-pyramidal	Tetragonal-bipyramidal	Ditetragonal-pyramidal	Tetragonal-trapezoedrisch	Ditetragonal-bipyramidal	Tetragonal-bisphenoidisch	Ditetragonal-skalenoedrisch
(001) (Basis)	Pedion	Pinakoid	Pedion	Pinakoid	Pinakoid	Pinakoid	Pinakoid
(110) (Grundprisma) ..	tetrag. Prisma	tetrag. Prisma	tetrag. Prisma	tetrag. Prisma	tetrag. Prisma	tetrag. Prisma	tetrag. Prisma
(100)	tetrag. Prisma	tetrag. Prisma	tetrag. Prisma	tetrag. Prisma	tetrag. Prisma	tetrag. Prisma	tetrag. Prisma
(hk0)	tetrag. Prisma	tetrag. Prisma	ditetrag. Prisma	ditetr. Prisma	ditetr. Prisma	tetrag. Prisma	ditetr. Prisma
(111) [einschl. (111), Grundform]	tetr. Pyramide	tetr. Bipyram.	tetr. Pyramide	tetr. Bipyramide	tetr. Bipyramide	tetr. Bisphenoid	tetr. Bisphenoid
(101) [einschl. (101)]...	tetr. Pyramide	tetr. Bipyram.	tetr. Pyramide	tetr. Bipyramide	tetr. Bipyramide	tetr. Bisphenoid	tetr. Bisphenoid
(hkl)	tetr. Pyramide	tetr. Bipyram.	ditetr. Pyramide	tetr. Trapezoeder	ditetr. Bipyram.	tetr. Bisphenoid	dit. Skalenoeder

Indices	Kubisches System				
	Tetraedrisch-pentagondodekaedrisch	Disdodekaedrisch	Hexakistetraedrisch	Pentagonikositetra-edrisch	Hexakisoktaedrisch
(100)	Würfel	Würfel	Würfel	Würfel	Würfel
(110)	Rhombendodekaeder	Rhombendodekaeder	Rhombendodekaeder	Rhombendodekaeder	Rhombendodekaeder
(111) (Grundform)	Tetraeder	Oktaeder	Tetraeder	Oktaeder	Oktaeder
(hk0)	Pentagondodekaeder	Pentagondodekaeder	Tetrakishexaeder	Tetrakishexaeder	Tetrakishexaeder
(hkk) (h > k)	Triakistetraeder	Ikositetraeder	Triakistetraeder	Ikositetraeder	Ikositetraeder
(hhl) (h > l)	Deltoiddodekaeder	Triakisoktaeder	Deltoiddodekaeder	Triakisoktaeder	Triakisoktaeder
(hkl)	Tetraedr. Pentagon-dodekaeder	Disdodekaeder	Hexakistetraeder	Pentagonikositetraeder	Hexakisoktaeder

auf das willkürlich gewählte Achsenkreuz sich voneinander unterscheiden. Sonst erfolgt die Angabe der Flächenlagen im Achsenkreuz in der denkbar kürzesten Weise durch die Indexsymbole allein.

Die *möglichen*, positive Indices besitzenden *Flächenformen der Symmetrieklassen* sind in der Tabelle auf S. 46 und 47 dargestellt.

Triklines System. Artkonstanten; Achsenverhältnis $a:1:c$ und die Winkel α, β, γ zwischen den Achsen. Als Achsenrichtungen können nach Belieben drei wichtige Kantenrichtungen gewählt werden. Einfachste Berechnungsweise: die Winkel α, β, γ ergeben sich nach dem durch die Flächenpole (100), (010), (001) bezeichneten sphärischen Dreieck, wobei die Winkel Supplementwinkel sind.

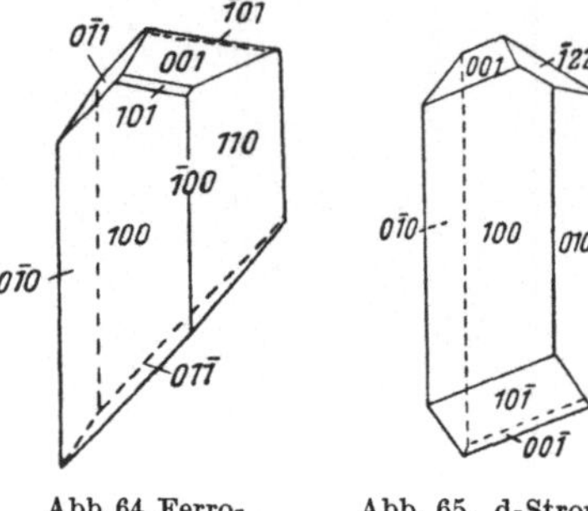

Abb. 64. Ferrocyanrubidium. Abb. 65. d-Strontiumbitartrat.

$$\frac{a}{b} = \frac{\sin [010] \wedge [\bar{1}10]}{\sin ([010] \wedge [1\bar{1}0] + \gamma)} = \operatorname{tg} \varepsilon;$$

$$\frac{c}{b} = \frac{\sin [010] \wedge [01\bar{1}]}{\sin ([010] \wedge [01\bar{1}] + \alpha)} = \operatorname{tg} \eta.$$

Pediale oder asymmetrische Klasse. Symmetrielos. Alle einfachen Flächenformen sind Einzelflächen oder *Pedien.* An allgemeinen Flächenformen (hkl) mit gleichen Indexzahlenwerten gibt es 8 verschiedene, d. h. die Flächen nehmen verschiedene Lagen im Achsenkreuz ein, und die Indices sind durch ihre Vorzeichen voneinander unterschieden. Eine Fläche setzt also keineswegs eine Gegenfläche voraus, aber eine solche ist gewiß möglich, z. B. (111) und $(\bar{1}\bar{1}\bar{1})$. Diese Flächen sind ihren univektoriellen Eigenschaften nach verschieden. So ist z. B. die Löslichkeit der Kristalle in entgegengesetzten Richtungen verschieden. Pyroelektrizitätserscheinung. Optische Aktivität, geometrisch verschiedene Rechts- und Linksformen. In vielen Fällen ist die Unterscheidung der pedialen Kristalle von den pinakoidalen schwer gewesen.

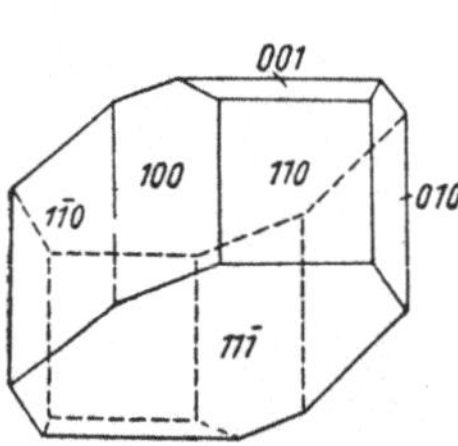

Abb. 66. Kupfersulfat.

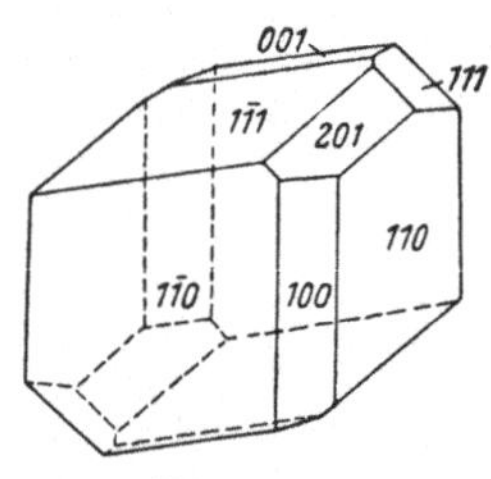

Abb. 67. Axinit.

Beispiele: Inaktiv Kaliumbichromat und Ferrocyanrubidium $Fe(CN)_6Rb_4$ (Abb. 64), aktiv d-Strontiumbitartrat $Sr(C_4H_4O_6H)_2 \cdot 5\,H_2O$ (Abb. 65). Hierher gehört noch das Mineral Parahilgardit $Ca_8Cl_4(B_6O_{11})_3 \cdot 4\,H_2O$.

Pinakoidale Klasse. Die Kristalle besitzen ein Symmetriezentrum, was sich darin äußert, daß jeder Fläche eine ihr parallele Gegenfläche entspricht oder daß alle einfachen Formen Flächenpaare, *Pinakoide,* sind.

Beispiele: Kupfersulfat oder Chalkantit $CuSO_4 \cdot 5\,H_2O$ (Abb. 66), C^1 — $P\bar{1}$; Anorthit, Albit; Axinit $MgCa_2BHAl_2(SiO_4)_4$ (Abb. 67).

Monoklines System. Artkonstanten: Achsenverhältnis $a:1:c$ und Winkel β. Winkel $\alpha = \gamma = 90°$. In allen monoklinen Kristallen finden sich eine Menge vorhandener oder möglicher Kantenrichtungen in derselben Ebene schräg zueinander und senkrecht zu einer dritten Kantenrichtung. Die letztere Kantenrichtung wird stets als b-Achse genommen, und von den in der Ebene (010) gelegenen Kantenrichtungen werden zwei als a- und c-Achse gewählt. Im Achsenkreuz liegen also, wie im monoklinen einfachen Raumgitter, eine (010)-gerichtete Symmetrieebene und eine b-gerichtete Digyre, ebenso wie in den Kristallen der prismatischen oder monoklin holoedrischen Symmetrieklasse. Den Kristallen der domatischen Klasse dagegen fehlt die Digyre und denen der sphenoidischen Klasse die Symmetrieebene.

Einfachste Berechnungsweise: $\beta = 180° - (001) \wedge (100) = (001) \wedge (\bar{1}00)$;

$$\frac{a}{b} = \mathrm{tg}\,[010] \wedge [\bar{1}10] = \mathrm{tg}\,\varepsilon;$$

$$\frac{c}{b} = \mathrm{tg}\,[010] \wedge [01\bar{1}] = \mathrm{tg}\,\eta.$$

Domatische Klasse. In den Kristallen liegt die Symmetrieebene || (010). Die allgemeine einfache Form ist das zweiflächige Doma, das durch die den Winkel zwischen den zwei Flächen halbierende Symmetrieebene gekennzeichnet ist.

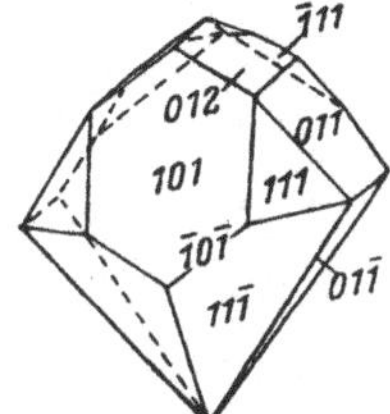

Abb. 68. $Na_2SiO_3 \cdot 5\,H_2O$.

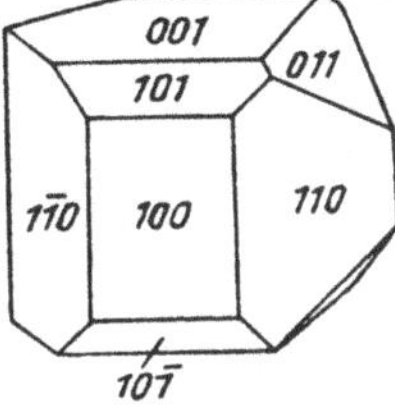

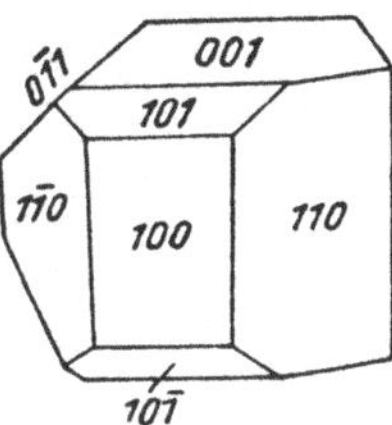

Abb. 69 a und b. Rechts- und Linksweinsäure.

Alle zur Symmetrieebene senkrechten Flächenformen sind Pedien, und nur die Seitenfläche (010) ist ein Pinakoid.

Alle Richtungen, mit Ausnahme von $b = [010]$ sind polar, so daß hier die univektoriellen Eigenschaften im allgemeinen in entgegengesetzten Richtungen verschieden sind: Pyroelektrizitätserscheinung.

Beispiele: Kaliumtetrathionat $K_2S_4O_6$ (auf Abb. 55), $Na_2SiO_3 \cdot 5\,H_2O$ (Abb. 68) und das in Franklin Furnace angetroffene Mineral Klinoedrit $Ca_2Zn_2(OH)_2Si_2O_7 \cdot H_2O$. Monoklin domatisch sind ferner Hilgardit $Ca_8Cl_4B_6O_{11} \cdot 4\,H_2O$, C_s^1—Pm (?), die Zeolithminerale Skolezit und Mesolith, C_s^4—Cc (?), und die wichtigen Produkte der Verwitterung und hydrothermaler Umwandlung Kaolin, Dickit und Nakrit $Al_4(OH)_8(Si_4O_{10})$, C_s^4—Cc, sowie Halloysit $Al_4(OH)_8(Si_4O_{10}) \cdot 4\,H_2O$, C_s^3—Cm.

Sphenoidische Klasse. Das einzige Symmetrieelement der Kristalle ist die Digyre || b. Die Form allgemeiner Art, das zweiflächige *Sphenoid*, ist durch die seinen Winkel halbierende Digyre gekennzeichnet. Die b-Achse ist polar: Pyroelektrizitätserscheinung. Desgleichen ist die Lösungsgeschwindigkeit auf der Fläche (010) im allgemeinen eine andere wie auf der Fläche $(0\bar{1}0)$. Enantiomorphe Links- und Rechtsformen treten an manchem Stoff dieser Klasse auf, und sie können optisch aktiv sein.

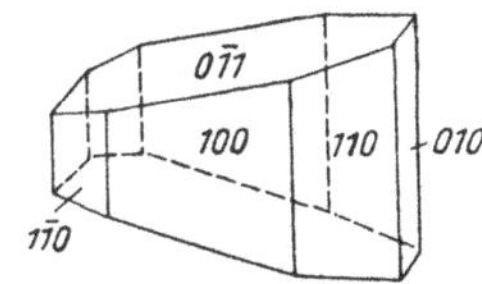

Abb. 70. Milchzucker.

Als Beispiele optisch aktiver Kristallarten nennen wir: Rechts- und Linksweinsäure CH(OH)·COOH·CH(OH)·COOH (Abb. 69), gewöhnlicher Zucker $C_{12}H_{22}O_{11}$ (auf Abb. 55), Milchzucker $C_{11}H_{22}O_{11}$ (Abb. 70). Weitere Beispiele: Brushit $CaH(PO_4) \cdot 2\,H_2O$ und der mit ihm isomorphe Pharmakolith $CaH(AsO_4) \cdot 2\,H_2O$, C_2^3—C2 (?); Afwillit $Ca_3(Si_2O_7) \cdot 3\,H_2O$, C_2^2—P 2_1; Aluminiumchlorid $AlCl_3$, C_2^3—C 2.

Prismatische Klasse. Die hierher gehörigen Kristalle enthalten sowohl eine Symmetrieebene als auch eine senkrecht zu dieser stehende Digyre und dazu noch ein Symmetriezentrum. Die Form allgemeiner Art ist ein vierflächiges Prisma. Außer den Prismen (hk0), (0kl) und (hkl) gibt es nur Pinakoide, (100), (h0k), (010) und (001).

Zu der prismatischen Klasse gehören sehr zahlreiche Kristallarten. Als Beispiele angeführt seien: Hydrargillit $Al(OH)_3$, C_{2h}^5—P 2_1/n; Kaliumchlorat (Abb. 55); Augit, C_{2h}^6—C 2/c; Hornblende und Orthoklas $KAlSi_3O_8$ (Abb. 71), C_{2h}^3—C 2/m; Gips $CaSO_4 \cdot 2\,H_2O$ (Abb. 72), C_{2h}^6—C 2/c. In den Kristallen kann auch die *b*-Achse als Längsrichtung auftreten, wie im Epidot $Ca_2(Al,Fe^{3+})_3OH\cdot(SiO_4)_3$ (Abb. 73) und Aspirin oder Acetylsalicylsäure $(C_6H_4)\langle{}^{O\cdot C_2H_3O}_{COOH}$ (Abb. 74). Der Epidot gehört zur Raumgruppe C_{2h}^2—P 2_1/m. Die Kristallarten dieser Symmetrieklasse verteilen sich ziemlich gleichmäßig auf die 6 Raumgruppen der Klasse.

Rhombisches System. Artkonstanten: Achsenverhältnis $a:1:c$. Die Winkel $\alpha = \beta = \gamma = 90°$. Alle rhombischen Kristalle zeigen drei zueinander senkrechte, vorhandene oder mögliche Kantenrichtungen, die entweder in den Symmetrieebenen senkrecht zu diesen oder parallel zu den Digyren liegen. Diese Richtungen werden als Achsen angesetzt. Nachdem die Grundform gewählt worden ist, nimmt man nach Belieben eine der Achsen als vertikale *c*-Achse, und von den übrigen pflegt man nach der gewählten Grundform die längere Achse als *b*-Achse einzufügen. Die Berechnung des Achsenverhältnisses erfolgt einfach nach den Formeln tg $010 \wedge 0\bar{1}1 = \frac{c}{b}$ und tg $010 \wedge 1\bar{1}0 = \frac{a}{b}$.

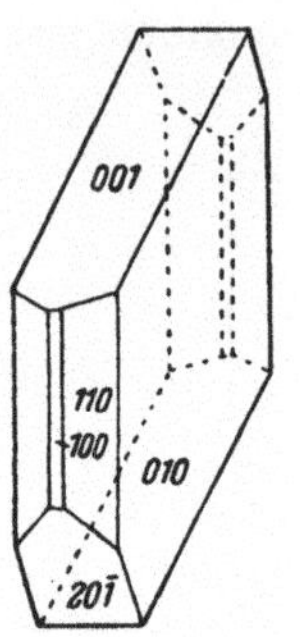

Abb. 71. Orthoklas.

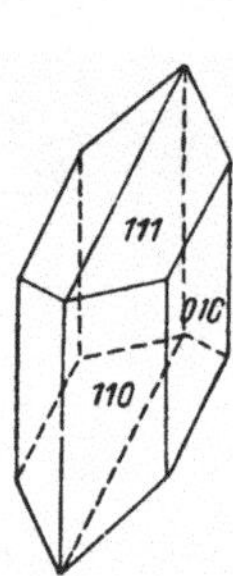

Abb. 72. Gips.

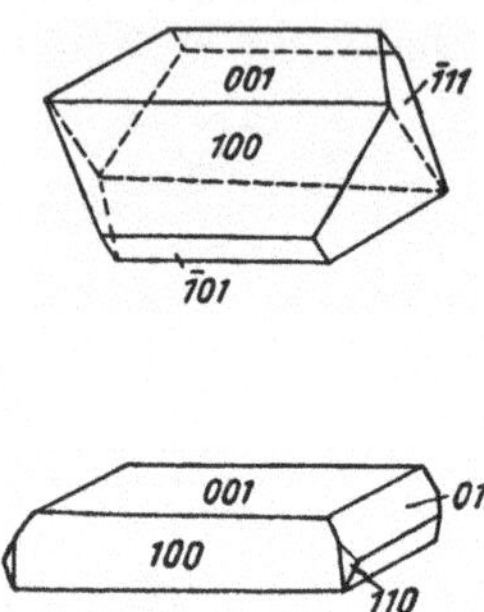

Abb. 74. Aspirin (Acetylsalicylsäure).

Bisphenoidische Klasse. Symmetrieelemente sind drei zueinander senkrechte Digyren. In dieser Klasse begegnen wir zum erstenmal einer solchen einfachen

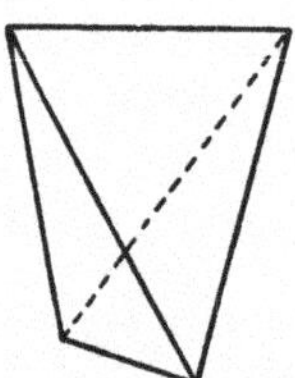
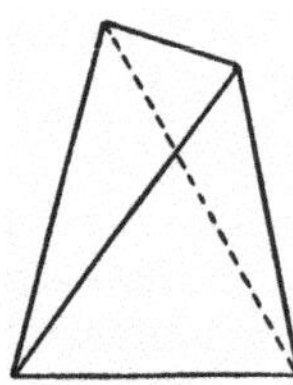
Abb. 75. Rechtes und linkes rhombisches Bisphenoid, (hkl) und h$\bar{k}$l).

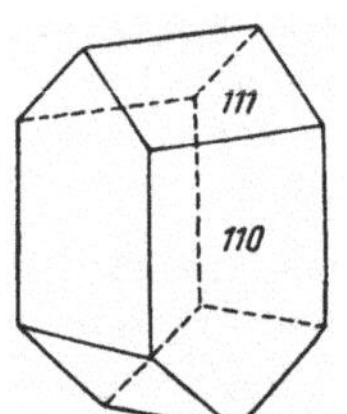

Abb. 76. Epsomit.

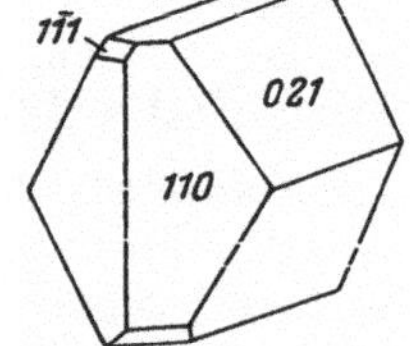

Abb. 77. l-Asparagin(Aminobernsteinsäureamid).

Kristallform, dem *Bisphenoid*, die allein einen geschlossenen Körper zu bilden und also als einfache Form aufzutreten vermag. Das Bisphenoid sieht wie ein Tetraeder aus, aber seine Seitenflächen sind schiefwinklige Dreiecke. Die Form ist enantiomorph (Abb. 75). Vielfach sind die rechts- und linksseitigen Bisphenoidformen so gut wie gleichförmig ausgebildet, so daß die Kristalle wie holoedrische aussehen.

Beispiele sind Hopeit $Zn_3(PO_4)_2\cdot 4\,H_2O$ und Magnesiumsulfatheptahydrat oder Epsomit $MgSO_4\cdot 7\,H_2O$ (Abb. 76), D_2^4—P $2_1 2_1 2_1$. Asparagin (Abb. 77), Bariumformiat (Abb. 55).

Pyramidale Klasse. Die Kristalle besitzen zwei zueinander senkrechte Symmetrieebenen, deren Schnittrichtung eine Digyre ist. Die einfache Form allgemeinster Art ist eine vierflächige, an der Basis offene Pyramide, die Diagonalen ihres Basalrhombus liegen in den Symmetrieebenen.

Die in der Pyramide liegende Digyrenachse, die als *c*-Achse gewählt wird, ist polar: Pyroelektrizitätserscheinung, verschiedene Löslichkeit, polare Ätzfiguren.

Beispiele: Hemimorphit oder Kieselzinkerz $Zn_2SiO_3(OH)_2$ (Abb. 55), C_{2v}^{20}—Imm; Magnesiumammoniumphosphathexahydrat oder Struvit $Mg(NH_4)(PO_4) \cdot 6\ H_2O$ (Abb. 78); Bertrandit $Be_4(OH)_2(SiO_4)(SiO_3)$, C_{2v}^{12}—Cmc, Resorcin $C_6H_4(OH)_2$ (Abb. 79).

Bipyramidale Klasse. Der allergrößte Teil der rhombischen Stoffe gehört zu dieser holoedrischen Klasse, deren drei Pinakoidrichtungen zugleich Symmetrieebenen und deren drei Kristallachsen Digyren sind. Die Form allgemeiner Art

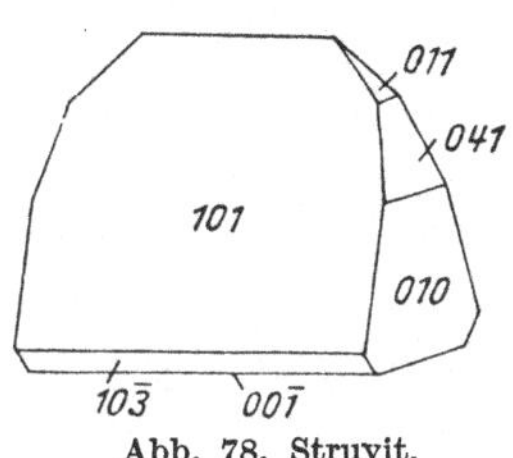

Abb. 78. Struvit.

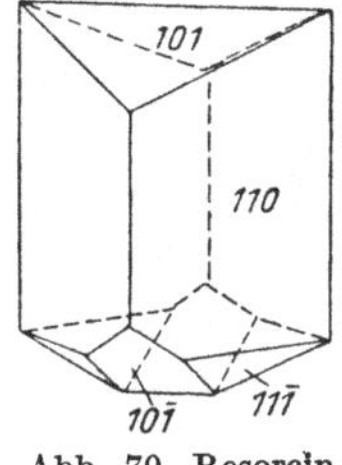

Abb. 79. Resorcin.

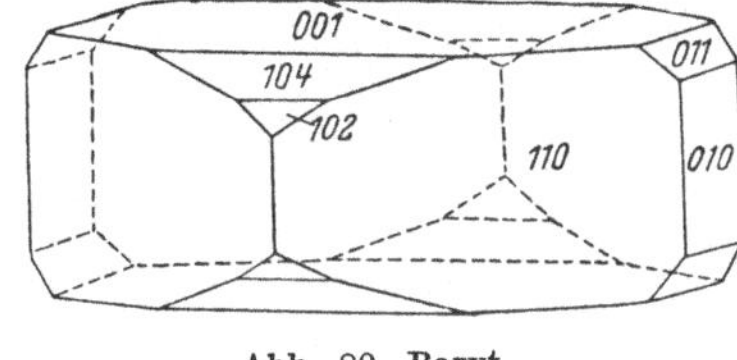

Abb. 80. Baryt.

ist die rhombische Doppelpyramide (hkl), die geschlossene, durch acht ungleichseitige Dreiecke begrenzte Form.

Beispiele: Brookit TiO_2, D_{2h}^{15}—Pbca, ebenso Tellurit TeO_2; Schwefel S (Abb. 55) und Natriumsulfat oder Thenardit Na_2SO_4, D_{2h}^{24}—Fddd; Baryt $BaSO_4$ (Abb. 80) und Kaliumsulfat K_2SO_4, D_{2h}^{16}. Olivin $(Mg, Fe)_2SiO_4$ (Abb. 81), Hypersthen $(Mg, Fe)SiO_3$ (Abb. 82), Anthophyllit, Topas (Abb. 51), Antimonglanz Sb_2S_3, Diaspor AlOOH, Aragonit $CaCO_3$ (Abb. 83) sowie der ihm isotype Kalisalpeter und viele andere wichtige Kristallarten gehören zur selben Raumgruppe D_{2h}^{16}. Keine andere unter den 28 Raumgruppen der Klasse ist so bevorzugt.

Trigonales System. Alle Kristalle des trigonalen Systems umfassen eine Trigyre, die zugleich eine Hexagyroide sein kann. Man bedient sich zweier verschiedenen Achsenkreuze. In Anbetracht dessen, daß bei einigen Kristallen dieses Systems die Elementarzelle ein Rhomboeder darstellt, ist es geeignet, die drei Polkanten des Grundrhomboeders als Achsenrichtungen zu wählen. Dieses sog. Millersche Achsenkreuz besteht aus drei gleich langen, einander schräg schneidenden Achsen ($a:a:a = 1:1:1$). Diese bilden paarweise einen gleich großen Winkel, $\alpha = \beta = \gamma$, der eine Artkonstante des Stoffes darstellt (Abb. 31). Das Grundrhomboeder erhält das Indexsymbol (001). — Das Millersche Achsenkreuz unterstreicht den Sachverhalt, daß das Rhomboeder ein „schiefwinkliger Würfel“ ist, zugleich die Achsenwahl dem Achsenkreuz des Würfels entsprechend gestaltend.

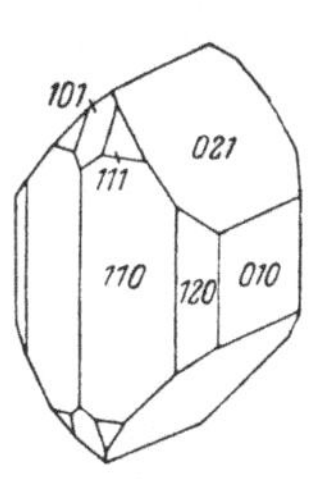

Abb. 81. Olivin.

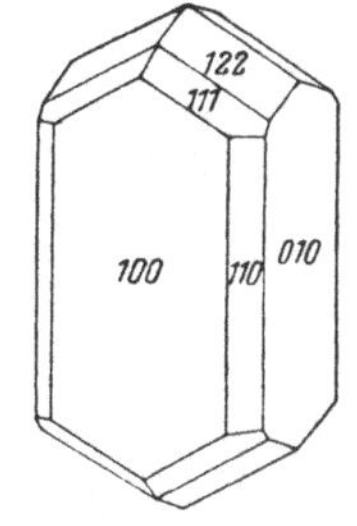

Abb. 82. Hypersthen.

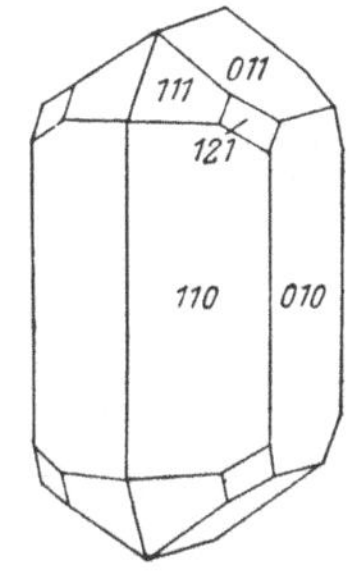

Abb. 83. Aragonit.

Doch läßt sich auch für die Kristalle des trigonalen Systems das hexagonale Bravaissche Achsenkreuz anwenden. Die Trigyre ist hier die Hauptachse, senkrecht zu drei gleich langen weiteren Achsen. Im folgenden werden dieses Achsenkreuz und ihm entsprechende Indices benutzt. Das Millersche Kreuz hat nämlich den Nachteil, daß sogar bei einigen trigonalen Kristallformenn ach ihm selbst gleichwertige Flächen einer und derselben Form verschiedene Indexzahlenwerte erhalten können. Das BRAVAISsche Achsenkreuz gibt besser die Symmetrie wieder, obwohl eine vierte Achse im Koordinatensystem vom Standpunkt der analytischen Geometrie aus gesehen sinnlos ist, „wie ein fünftes Rad am Wagen". Darum stehen die Indexsymbole, die sich auf die drei a-Achsen beziehen, in einem solchen Verhältnis zueinander, daß aus den Zahlenwerten von zwei Indices der dritte zu berechnen ist, wie gleich unten gezeigt wird.

Die MILLERschen Indices (pqr) werden mittels folgender Transformationsformeln in BRAVAISsche verwandelt:

$$h = p - q;\ i = q - r;\ k = r - p;\ l = p + q + r \text{ oder}$$
$$p = h - k + l;\ q = i - h + l;\ r = k - i + l.$$

Die Artkonstante im BRAVAISschen System ist das Achsenverhältnis $a:c$. $a_1 = a_2 = a_3$; der Winkel zwischen ihnen beträgt 120°.

Einfachste Berechnungsweise: c (BRAVAIS) = tg $0001 \wedge 11\bar{2}1$. $\alpha = \beta = \gamma$ (MILLER) aus der Gleichung $90° - \frac{\alpha}{2} = (001) \wedge (01\bar{1})$.

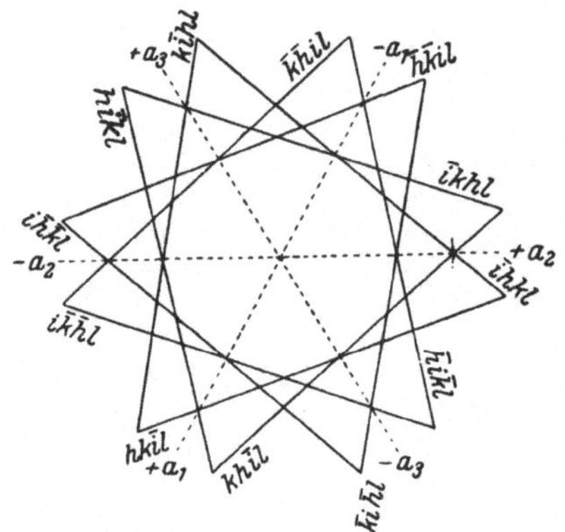

Abb. 84. Die Lagen und Indices der 12 möglichen trigonalen (hkil)-Flächen sowie der vier einfachen Formen allgemeinster Art im hexagonalen Achsenkreuz in bezug auf die Nebenachsen.

Bei der Betrachtung einer trigonalen oder hexagonalen Kristallform muß man von einer bestimmten Stellung des Achsenkreuzes ausgehen (s. Abb. 30). Eine Fläche allgemeiner Art hkil mit denselben Indexzahlenwerten am oberen Ende des Kristalls (l positiv) kann 12 verschiedene Stellungen im Achsenkreuz einnehmen, die durch die Reihenfolge und die Zeichen der Indices definiert werden (Abb. 84). Dabei gilt für alle trigonalen und hexagonalen Kristalle folgendes:

Die den a-Achsen zugehörigen Indices werden so gewählt, daß $i > h > k$ ist. Nun ist immer $h + k + i = 0$ und $h + k = - i$. In der allgemeinen Indexbezeichnung hkil sind folglich immer ein oder zwei Indices negativ. Der Index der a_1-Achse wird immer an erster Stelle, der der a_2-Achse an zweiter Stelle und der Index der a_3-Achse an dritter Stelle geschrieben.

Je nach der Symmetrie der c-Achse gruppieren sich die 12 Flächen zu verschiedenartigen einfachen Formen. Ist die c-Achse bloß eine Trigyre, so ergeben sich 4 verschiedene 3-flächige Formen (Abb. 84). Das Flächensymbol hk$\bar{i}$l, das die Fläche nächst rechts zur a_2-Richtung bedeutet, wird zum Symbol der Form gewählt: (hk$\bar{i}$l); ebenso ergeben sich die drei übrigen Formsymbole (kh$\bar{i}$l), ($\bar{k}$i$\bar{h}$l), (i$\bar{k}\bar{h}$l).

Ist die c-Achse eine Hexagyre oder liegen in ihrer Richtung noch 3 Symmetrieebenen, so können zwei einfache Formen in verschiedenen Stellungen auftreten. Bei der höchstmöglichen Symmetrie, Hexagyre und 6 S.-E., gehören alle 12 Flächen zu einer einzigen einfachen Form.

Zwei Sonderfälle können auftreten, entsprechend den Formsymbolen (h0$\bar{h}$l) oder ($\bar{h}$0hl) (Abb. 85) und (hh$\overline{2h}$l) oder (2h$\bar{h}\bar{h}$l) (Abb. 86). Bei den Prismen vereinfachen sich die Symbole zu (10$\bar{1}$0), ($\bar{1}$010) und (11$\bar{2}$0), (2$\bar{1}\bar{1}$0).

Trigonal pyramidale Klasse. Das einzige Symmetrieelement ist die Trigyre. Die Form allgemeiner Art ist die trigonale (Einzel-)Pyramide in vier verschiedenen möglichen Stellungen (vgl. oben und Abb. 87). Durch Spiegelung am unteren Basis-Pedion erhält man aus diesen vier oberen Einzelpyramiden die entsprechenden vier unteren, deren l-Indexe umgekehrt wie die der vier oberen sind. Pyroelektrizitätserscheinung und optische Aktivität.

Vorläufig sind als zu dieser Klasse gehörig nur drei Stoffe bekannt, nämlich Gratonit 9 PbS·2 As_2S_3 (nach RAMDOHR), β-Silbernitrat $AgNO_3$ und Natriumperjodat $NaJO_4 \cdot 3H_2O$ (Abb. 87).

Trigonal bipyramidale Klasse. Kommt zu der Trigyre eine zu dieser senkrechte Symmetrieebene, so ergibt sich in einem Fall allgemeiner Art eine trigonale Bipyramide. Die Links- und Rechtsformen vereinigen sich miteinander, wenn eine von beiden 180° um die Hauptachse gedreht wird, so daß keine Enantiomorphie besteht.

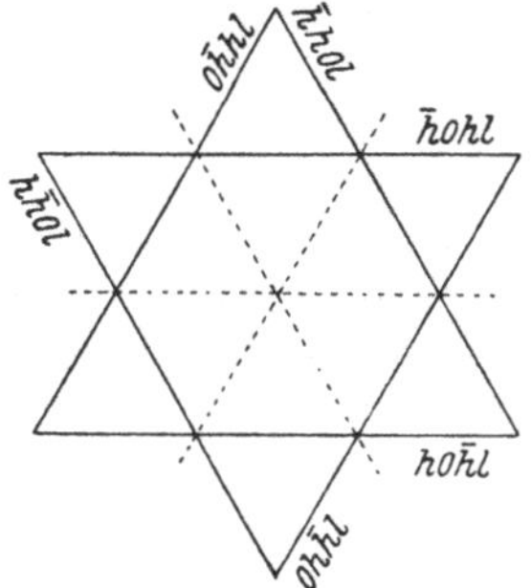

Abb. 85. Die Lagen der trigonalen ($h0\bar{h}l$)-Flächen im hexagonalen Achsenkreuz.

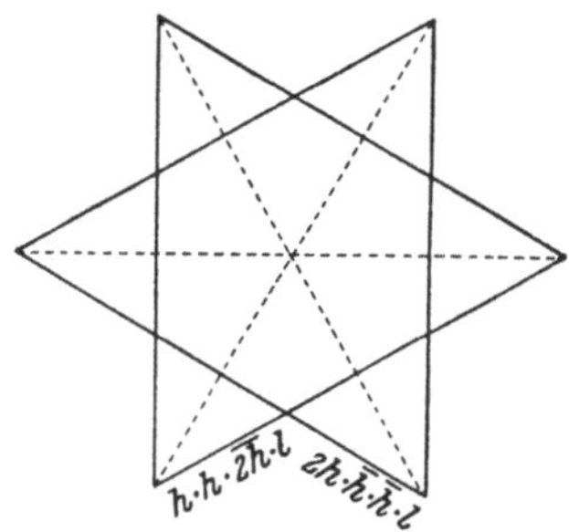

Abb. 86. Die Lagen der trigonalen ($hh\bar{2h}l$)-Flächen im hexagonalen Achsenkreuz.

Von zu dieser Klasse gehörigen Stoffen ist bisher nur einer beschrieben worden, und auch dieser ist nicht ganz sicher, nämlich Disilberorthophosphat HAg_2PO_4 (Abb. 55).

Ditrigonal pyramidale Klasse. Die Symmetrie dieser Klasse ergibt sich, wenn man neben den Elementen der trigonal pyramidalen Klasse in der Richtung der Trigyre drei Symmetrieebenen unterbringt (Abb. 27). Die Form allgemeiner Art ist dann die ditrigonale (Einzel-)Pyramide in vier möglichen Stellungen oben sowie unten. Pyroelektrizität, Ätzfiguren.

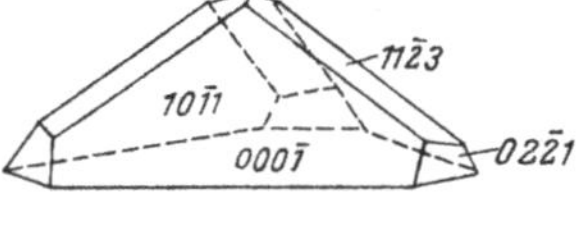

Abb. 87. Natriumperjodat.

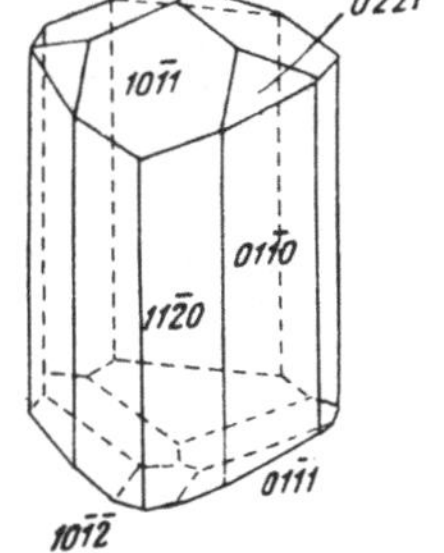

Abb. 88. Turmalin.

Der bekannteste unter den Stoffen dieser Klasse ist das Mineral Turmalin (Abb. 88), C_{3v}^5—R 3m. Auch das Carborundum oder Siliciumcarbid SiC und der Millerit γ-NiS gehören hierher, sowie die einander isomorphen Minerale Pyrargyrit Ag_3SbS_3 (Abb. 55) und Proustit Ag_3AsS_3, C_{3v}^6—R 3c.

Trigonal trapezoedrische Klasse. Wenn mit der Trigyre drei zu ihr senkrechte Digyren verbunden sind, entsteht die für diese Klasse bezeichnende Symmetriemenge. Die Form allgemeiner Art ist ein linkes oder rechtes Trapezoeder (Abb. 89) in je zwei möglichen Stellungen.

Außer an den Trapezoederflächen tritt die Enantiomorphie auch dann hervor, wenn das ($h0\bar{h}l$)-Rhomboeder als Kombination mit einem linken oder rechten trigonalen Prisma oder einer solchen Bipyramide auftritt. Optische Aktivität möglich, Ätzfiguren unsymmetrisch.

Die trigonal trapezoedrische Klasse ist wichtig, weil zu ihr der unter 574° entstehende sog. Tief- oder β-Quarz gehört (Abb. 90), D_3^4—C $3_1$2, D_3^6—C $3_2$2. Isotyp mit dem Tiefquarz ist der Berlinit $AlPO_4$. Ferner umfaßt sie z. B. γ-Selen Se und Tellur Te, Zinnober HgS, Kaliumdithionat $K_2S_2O_6$, Guajacol 1·2-$C_6H_4(OH)(O \cdot CH_3)$ und d-Kampfer $C_{10}H_{16}O$.

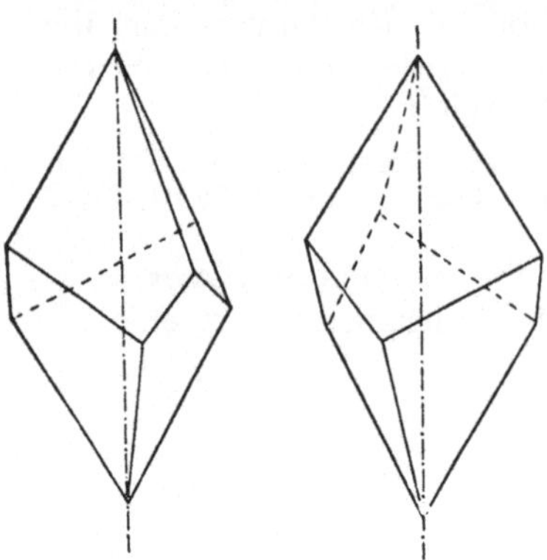

Abb. 89. Linkes und rechtes trigonales Trapezoeder.

Ditrigonal bipyramidale Klasse. Durch Vereinigung der Symmetrieelemente der trigonal bipyramidalen und ditrigonal pyramidalen Klasse ergibt sich die Symmetriemenge dieser Klasse, die allgemein durch die ditrigonale Doppelpyramide in einer von zwei möglichen Stellungen, vertreten ist.

Erst 1908 fand man den ersten dieser Klasse zuzuzählenden Stoff, das Mineral Benitoït $BaTi(Si_3O_9)$ (Abb. 91), D_{3h}^2—C $\bar{6}$c2, das dann auch als Vertreter eines Strukturtypus eigener Art wichtig geworden ist (vgl. S. 193).

Rhomboedrische Klasse. Die zu der Trigyre hinzukommende Hexagyroide bewirkt als Form allgemeiner Art ein (hkil)-Rhomboeder. Es kommt in vier miteinander übereinstimmenden, nur in bezug auf das Achsenkreuz verschiedene Lagen einnehmenden Arten vor, nämlich zwei rechten, (hk$\bar{i}$l) und ($\bar{k}$i$\bar{h}$l), sowie zwei linken, (i$\bar{k}\bar{h}$l) und (kh$\bar{i}$l).

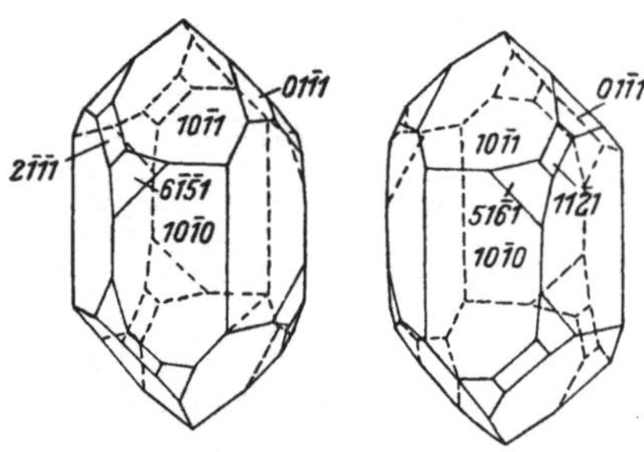

Abb. 90. Links- und Rechtsquarz. (10$\bar{1}$1), (01$\bar{1}$1), (10$\bar{1}$0); bei den Linksquarzen außerdem (6$\bar{1}\bar{5}$1), (2$\bar{1}\bar{1}$1) und bei den Rechtsquarzen (51$\bar{6}$1), (11$\bar{2}$1).

Kommen an den Kristallen als Flächenformen nur Basispinakoide, hexagonale Prismen oder solche Rhomboeder vor, bei denen zwei a-Achsen denselben Index aufweisen, so kann der Stoff auf Grund seiner Formen weder von denen der folgenden skalenoedrischen noch von denen der trapezoedrischen unterschieden werden. Entscheidend ist das Auftreten der (h0$\bar{h}$l)- und (hh$\overline{2h}$l)-Rhomboeder entweder zu gleicher Zeit oder das Auftreten der (hkil)-Rhomboeder zusammen mit einer der beiden vorhergehenden Formen. Auch die Ätzfiguren können hier ausschlaggebend sein.

Zu der rhomboedrischen Klasse gehören recht viele solche Kristallarten, die strukturell nahe verwandt (homöomorph) mit Vertretern der ditrigonal skalenoedrischen Kristallarten sind und sich chemisch von diesen nur darin unterscheiden, daß zwei verschiedene Atomarten die Stellung von zwei gleichartigen Atomen einnehmen. Wir nennen den mit Calcit $CaCO_3$ homöomorphen Dolomit $CaMg(CO_3)_2$ (Abb. 92), mit dem der Nordenskiöldin $CaSn(BO_3)_2$ isotyp ist; ferner den mit Hämatit Fe_2O_3 homöomorphen Ilmenit $FeTiO_3$. Rhomboedrisch sind auch noch Ferrichlorid $FeCl_3$, Tetradymit Bi_2Te_2S und Tellurobismutit Bi_2Te_3, die Silicatminerale Phenakit Be_2SiO_4, Willemit Zn_2SiO_4 und Troostit $(Zn,Mn)_2SiO_4$ sowie Dioptas $Cu_3(Si_3O_9) \cdot 3\,H_2O$. Alle oben erwähnten Kristallarten gehören zur Raumgruppe C_{3i}^2—R $\bar{3}$.

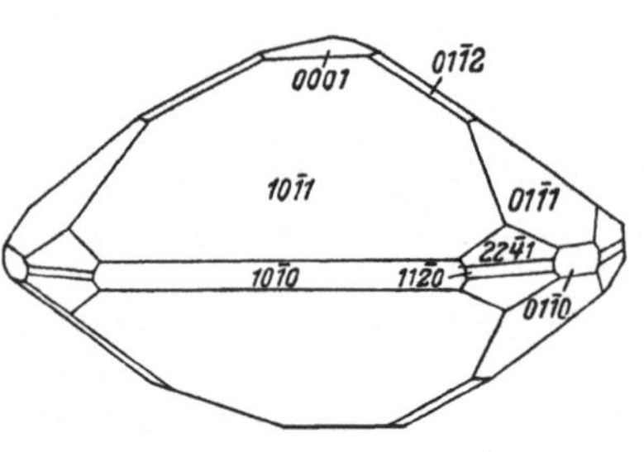

Abb. 91. Benitoit.

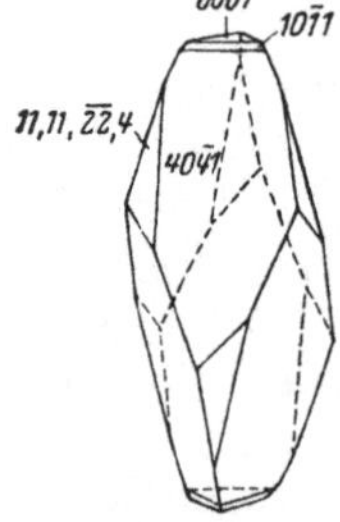

Abb. 92. Dolomit.

Ditrigonal skalenoedrische Klasse. Hexagyroide, wie auch in der rhomboedrischen Klasse, aber dazu kommen drei der Trigyre parallele Symmetrieebenen.

Zu dem Rhomboeder allgemeiner Art kommt dann ein symmetrisches Flächenpaar statt einer Fläche: es ergibt sich das ditrigonale Skalenoeder. Das Skalenoeder ist der größtmögliche Symmetriebetrag der rhomboedrischen Kristallstruktur, und wie in der Regel ist diese holoedrische Klasse bei den Kristallen die häufigste.

Zu der ditrigonal skalenoedrischen Klasse gehören unter anderen Arsen As, Antimon Sb und Wismut Bi, D^5_{3d}—R $\bar{3}$m; Korund Al_2O_3 und Hämatit Fe_2O_3 (Abb. 94), D^6_{3d}—R $\bar{3}$c; Brucit $Mg(OH)_2$, ebenso Pyrochroit $Mn(OH)_2$ sowie $Ca(OH)_2$ und $Fe(OH)_2$, D^3_{3d}—C $\bar{3}$m; Natriumnitrat $NaNO_3$ sowie das mit diesem isotype Scandiumborat $ScBO_3$ und die skalenoedrischen Carbonate Calcit $CaCO_3$ (Abb. 95a, b), Magnesit $MgCO_3$, Rhodochrosit $MnCO_3$, Siderit $FeCO_3$ und Smithsonit $ZnCO_3$, alle D^6_{3d}—R $\bar{3}$c. Zur selben Raumgruppe gehören noch die Minerale der Alunit-Jarositgruppe und ferner Chabasit, Eudialyt, auch Ferrochlorid $FeCl_2$ sowie $MgCl_2$ und $MnCl_2$. An organischen Stoffen gehören hierher Acetamid $CH_3 \cdot CO(NH_2)$, Hydrochinon $C_6H_4(OH)_2$ und Thymol $C_6H_3(OH)(CH_3) \cdot CH(CH_3)_2$.

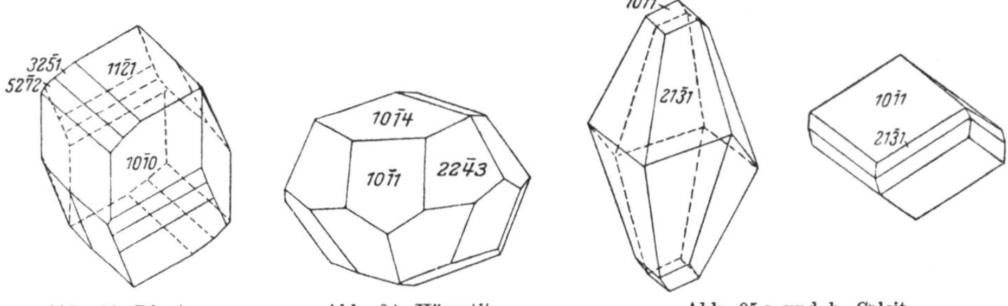

Abb. 93. Dioptas. Abb. 94. Hämatit. Abb. 95 a und b. Calcit.

Hexagonales System. Den fünf erstgenannten trigonalen Symmetrieklassen, in denen der Hauptachse die Eigenschaft der Trigyre zukommt, entsprechen genau fünf Klassen des hexagonalen Systems, in denen allen die Hauptachse eine Hexagyre ist. In diesen läßt sich ein 4-achsiges hexagonales Achsenkreuz, aber kein 3-achsiges rhomboedrisches unterbringen.

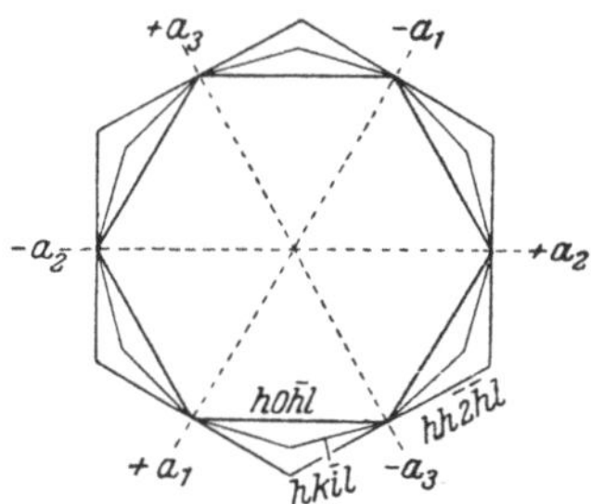

Abb. 96. Die Lagen der hexagonalen Flächenformen im Achsenkreuz in bezug auf die a-Achsen.

Die Flächen, welche die Nebenachsen schneiden, können in drei Arten eingeteilt werden (Abb. 96). Zu der ersten Art gehören diejenigen, die mit einer der Nebenachsen parallel verlaufen und deren obere Flächen von rechts nach links der Reihe nach aufgezählt die Indices $h0\bar{h}l$, $0h\bar{h}l$, $\bar{h}h0l$, $\bar{h}0hl$, $0\bar{h}hl$ und $h\bar{h}0l$ (wo l auch gleich 0 sein kann: Prisma) aufweisen. Die einfache Form wird dann durch das Indexzeichen $(h0\bar{h}l)$ vollständig gekennzeichnet. Zu der zweiten Art gehören die Flächen, deren Schnittlinien mit der Ebene der Nebenachsen ein regelmäßiges Sechseck bilden, wobei die Hilfsachsen gegen eine seiner Seiten senkrecht stehen; die Fläche schneidet dabei von den übrigen zwei Nebenachsen zweimal so lange Abschnitte wie von der ersten, so daß das Symbol allgemeiner Art bei diesen Formen $(hh\overline{2h}l)$ lautet. Der dritten Art sind wiederum die Formen zuzuzählen, durch die alle Nebenachsen schräg geschnitten werden und deren Symbol allgemeiner Art $(hk\bar{i}l)$ heißt. Vgl. S. 52.

Die Artkonstante ist das Achsenverhältnis $a:c$. Winkel $\alpha_1 = \alpha_2 = \alpha_3 = 120°$, $\gamma = 90°$. Einfachste Berechnung des Achsenverhältnisses $a:c = \text{tg}\ 11\bar{2}0 \wedge 11\bar{2}1$.

Hexagonal pyramidale Klasse. Die allgemeine Form $(hk\bar{i}l)$, deren einziges Symmetrieelement die hauptachsenmäßige polare Hexagyre ausmacht, ist die offene hexagonale (Einzel-)Pyramide. Ihre Rechtsform ist $(hk\bar{i}l)$, ihre Linksform $(\overline{ikh}l)$ ist auf Abb. 41 als Kombination mit dem unteren Basispedion $(000\bar{1})$ dargestellt. Mit gleichen Indexzahlenwerten möglich sind auch die nach unten gewendeten Formen $(hk\bar{i}\bar{l})$ und $(\overline{ikhl})$. Pyroelektrizität. Drehvermögen der Polarisationsebene möglich.

Das Mineral Nephelin $NaAlSiO_4$ gehört zu dieser Klasse, wie aus den bei der Behandlung mit Fluorwasserstoffsäure entstehenden asymmetrischen Ätzfiguren geschlossen werden kann, obgleich die Form äußerlich hexagonal bipyramidal aussieht (Abb. 55). Durch Strukturbestimmungen ist für Nephelin sowie auch für Cancrinit die Raumgruppe C_6^6—$C6_3$ ermittelt worden. Auch in der Kristallform zeigt sich die Polarität der c-Achse z. B. bei dem optisch inaktiven Lithiumkaliumsulfat $KLiSO_4$ (Abb. 97) und bei dem aktiven Bleiantimonyltartrat $Pb(SbO_2)(C_4H_4O_6)_2$.

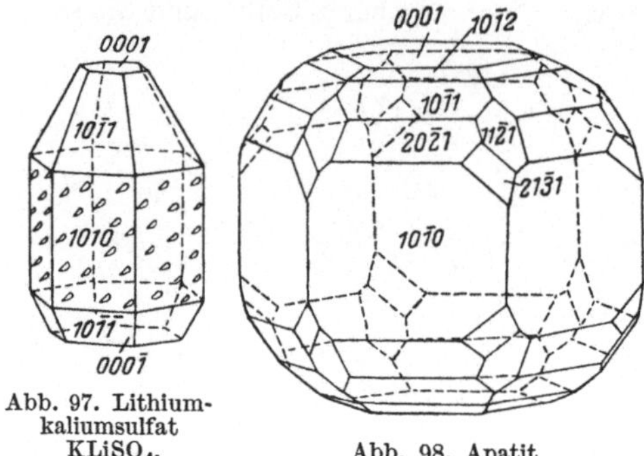

Abb. 97. Lithiumkaliumsulfat $KLiSO_4$.

Abb. 98. Apatit.

Hexagonal bipyramidale Klasse. Kommt zu der Symmetrie der hexagonal pyramidalen Klasse die durch die Basis verlaufende Symmetrieebene hinzu, so ergibt sich die bipyramidale Symmetrie, die durch die hexagonale Bipyramide $(hk\bar{i}l)$ vertreten ist. Das zu dieser Form gehörige Spiegelbild hinter einer der vertikalen Achsenebenen, $(k\overline{ih}l)$, kommt bei einer Drehung von 180° um eine der Nebenachsen mit jener zur Deckung, weswegen die „Links"- und „Rechts"-Formen nicht enantiomorph sind.

Diese Klasse umfaßt die wichtige Mineralreihe, die vertreten ist durch Apatit $Ca_5(PO_4)_3 \cdot (F, Cl)$ (Abb. 98) und die ihm isomorphen Stoffe Pyromorphit $Pb_5(PO_4)_3Cl$, Vanadinit $Pb_5(VO_4)_3Cl$ und Mimetesit $Pb_5(AsO_4)_3Cl$, alle C_{6h}^2—$C\,6_3/m$. Zu dieser Klasse gehört noch Jeremejewit $AlBO_3$, C_{6h}^2—$C\,6_3/m$.

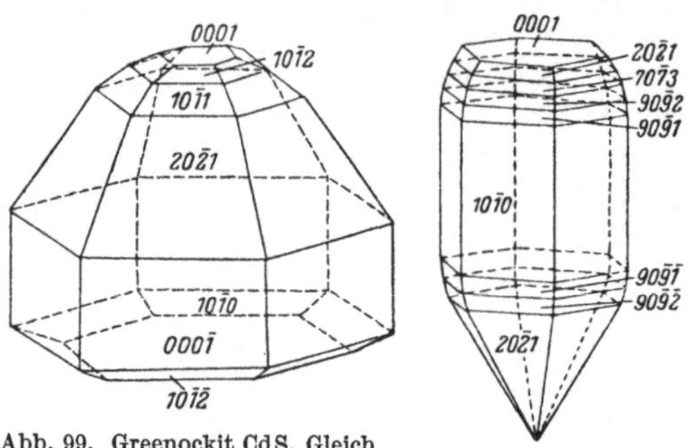

Abb. 99. Greenockit CdS. Gleich geformt sind Wurtzit ZnS und Zinkit ZnO.

Abb. 100. Silberjodid oder Jodargyrit.

Dihexagonal pyramidale Klasse. Zu der hexagonal pyramidalen Klasse kommen 6 Symmetrieebenen in der Richtung der Hauptachse. Als Form allgemeiner Art resultiert die dihexagonale (Einzel-)Pyramide $(hk\bar{i}l)$, bei der die „Links"- und die „Rechts"-Form sich miteinander vereinigt haben. Unabhängig von dieser Oberpyramide kann mit gleichen Indexzahlenwerten die Unterpyramide $(hk\bar{i}\bar{l})$ auftreten.

Bei fehlenden dihexagonalen Flächen ist das Vorhandensein von Symmetrieebenen in der Richtung der Hauptachse zur Unterscheidung von der pyramidalen Klasse durch Ätzfiguren zu ermitteln.

Dieser Klasse zuzuweisen sind unter anderen Eis, C_{6v}^3—$C\,6cm$ (?). Ein wichtiger Typ ist der Wurtzittyp, zu dem Zinkoxyd (Zinkit) ZnO, Berylliumoxyd (Bromellit) BeO, Zinksulfid (Wurtzit) ZnS und Cadmiumsulfid (Greenockit) CdS (Abb. 99) gehören, alle C_{6v}^4—$C\,6mc$. Jodargyrit AgJ (Abb. 100) ist ebenfalls hier zu nennen, ferner der seltene Swedenborgit $NaSbBe_4O_7$. Viele hier unterzubringende Kristallarten organischer Verbindungen sind bekannt, z. B. Triäthylammoniumchlorid $NH(C_2H_5)_3Cl$ sowie das entsprechende Bromid $NH(C_2H_5)_3Br$.

Hexagonal trapezoedrische Klasse. Die Hexagyre und sechs zu ihr senkrechte Digyren in der Richtung der Nebenachsen und ihrer Halbierenden oder Zwischenachsen bewirken als einfache Form allgemeiner Art das Trapezoeder (hkil), das mit gleichen Indexwerten als Links- und Rechtsform auftritt (Abb. 101). Häufigste Formkombinationen sind, wie auch zu erwarten, die Formen $(10\bar{1}1)$ und $(11\bar{2}1)$ nebst Basisflächen, und nur solche Formen hat man bisher angetroffen.

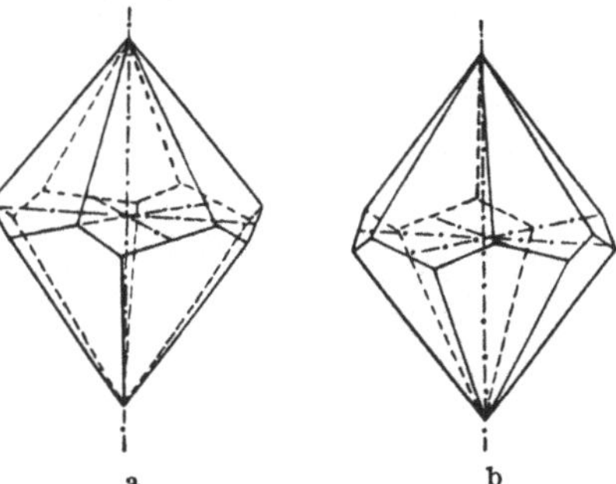

Abb. 101 a und b. Rechtes und linkes hexagonales Trapezoeder.

Die Hochtemperaturmodifikation des Quarzes (Hochquarz) oder α-Quarz, optisch inaktiv, ist nach den Ätzfiguren sowie der Strukturbestimmung zu dieser Symmetrieklasse und den Raumgruppen D_6^4—C $6_2 2$, D_6^5—C $6_4 2$ zu rechnen, während dem Tiefquarz die entsprechende trigonale Symmetrie zukommt. An optisch aktiven hierher gehörigen Stoffen seien Bariumantimonyltartrat-Kaliumnitrat $(C_4H_4O_6)_2(SbO)_2Ba \cdot NO_3K$ und Patschulicampher $(C_{12}H_{25})(OH)$ angeführt.

Dihexagonal bipyramidale Klasse. Die Symmetrie dieser holoedrischen Klasse bestimmen gemeinsam die Elemente der dihexagonal pyramidalen und der hexagonal bipyramidalen Klasse. Die Form allgemeiner Art ist die dihexagonale Bipyramide $(hk\bar{i}l)$.

Soweit dihexagonale $(hk\bar{i}l)$-Formen nicht ausgebildet sind, ist die Zugehörigkeit zu dieser holoedrischen Klasse des hexagonalen Systems durch Ätzfiguren oder röntgenographische Strukturforschung zu entscheiden.

Beispiele: Magnesium Mg und Zink Zn sowie andere metallische Elemente, deren Kristallstruktur der sog. hexagonalen dichtesten Packung (S. 210) nahekommt. Sie gehören zur Raumgruppe D_{6h}^4—C 6/mmc, wie auch der strukturell recht andersartige Graphit C. Zu derselben Raumgruppe gehören: α-Tridymit SiO_2; Magnetkies FeS und Nickelarsenid oder Nickelin NiAs; Covellin CuS und Klockmannit CuSe; Tysonit LaF_3. Beryll $Be_3Al_2(Si_6O_{18})$ (Abb. 55 und Abb. 102a, b) und Milarit $Ca_2K[Be_2Al\,Si_{12}\,O_{30}]$ gehören zu der Gruppe D_{6h}^2—C 6/mcc.

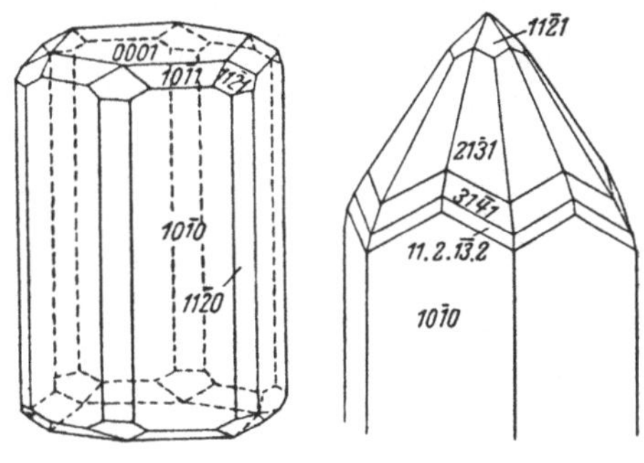

Abb. 102a und b. Beryll.

Tetragonales System. Artkonstante ist das Achsenverhältnis $a:c$. Winkel $\alpha = \beta = \gamma = 90°$. Alle Kristalle des tetragonalen Systems umfassen eine von den übrigen unterschiedene Kantenrichtung, die Hauptachse (c-Achse), die auch die einzige optische Achsenrichtung darstellt. Diese ist eine vierzählige Achse, entweder Tetragyre oder Tetragyroide. Senkrecht zu dieser Achse stehen zwei vorhandene oder mögliche gleichwertige Kantenrichtungen, die ebenfalls senkrecht zueinander verlaufen und als Nebenachsen (a-Achsen) gewählt werden. Am einfachsten läßt sich das Achsenverhältnis nach dem Winkel (100) $\wedge$ (101) oder (101) $\wedge$ (001) berechnen, z. B. $a:c = \text{tg}\,(100) \wedge (101)$.

Die einzelnen Flächen der Formen allgemeinster Art (hkl), wo $h > k$, können die in Abb.103 dargestellten Stellungen an den Nebenachsen einnehmen. Dazu sind noch zwei wichtige Sonderstellungen (hhl) und (h0l) möglich. Sind die Flächen parallel der c-Achse, so ergeben sich die entsprechenden Prismen (hk0), (hh0) = (110) und (h00) = (100).

Pyramidale Klasse. Das einzige Symmetrieelement ist die Tetragyre (= Hauptachse), und die Form allgemeiner Art ist die tetragonale Einzelpyramide. Rechte und linke Oberform sowie desgleichen rechte und linke Unterform mit gleichen Indexwerten sind möglich: (hkl), $(h\bar{k}l)$, $(hk\bar{l})$ und $(h\bar{k}\bar{l})$.

Enantiomorphie weist die Kristallform nur dann auf, wenn (hkl)-Pyramiden vorliegen. Die Polarität der Hauptachse äußert sich pyroelektrisch.

Bleimolybdat oder Wulfenit $PbMoO_4$ (auf Abb. 55) ist ein optisch inaktives, Bariumantimonyltartrat wiederum ein aktives Beispiel für die Stoffe dieser Klasse. Beim Wulfenit zeigt jedoch die Strukturforschung keine Verschiedenheit dem Scheelit gegenüber.

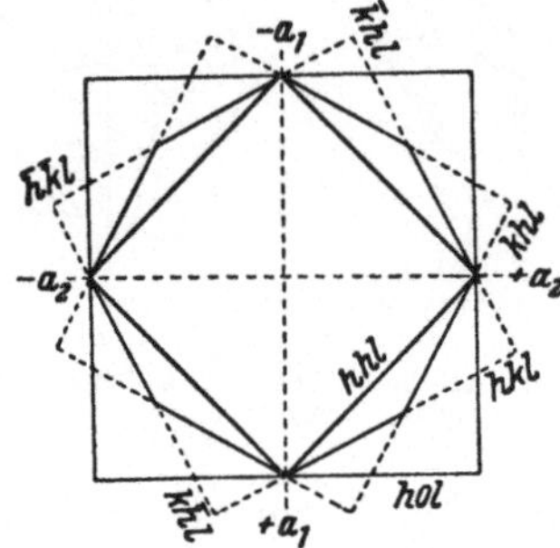

Abb. 103. Die Lagen der tetragonalen Flächenformen in bezug auf die Nebenachsen.

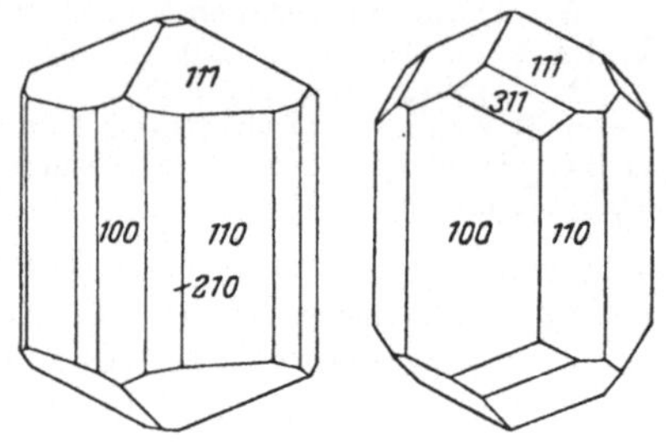

a b

Abb. 104a und b. Skapolith. a scheinbar holoedrisch.

Bipyramidale Klasse. Vermehrt man die Symmetrieelemente der tetragonal pyramidalen Klasse um die Symmetrieebene in der Richtung der Basisflächen, so ergibt sich als Form allgemeiner Art die tetragonale Bipyramide. Ihr Spiegelbild hinter der in der Richtung der Hauptachse und einer Nebenachse liegenden Ebene oder die Form $(hk\bar{l})$ deckt sich mit der ursprünglichen Form, wenn man es 180° um eine der Nebenachsen dreht.

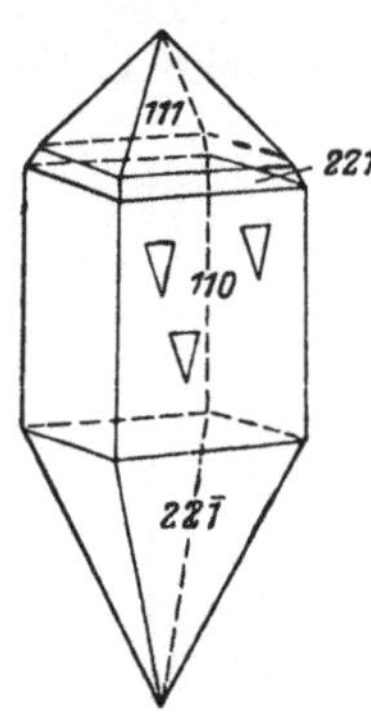

Abb. 105. Succinjodimid. Hemimorphie sowohl an der Form als auch an der Ätzfigur erkennbar.

Auch in dieser Klasse besitzen die (10)- und (11)-Prismen und -Pyramiden anscheinend eine größere Symmetriemenge als der Klasse zukommt, und das Auftreten der (hk)-Formen entscheidet.

Als Beispiele angeführt seien Calciumwolframat oder Scheelit $CaWO_4$ (auf Abb. 55) und Calciummolybdat oder Powellit $CaMoO_4$, C_{4h}^6—$I4_1/a$; die Skapolithmineralien (Abb. 104a, b), C_{4h}^5—$I4/m$; p-Bromphenol $C_6H_4Br(OH)$.

Ditetragonal pyramidale Klasse. Der Symmetriebetrag der tetragonal pyramidalen Klasse wird um vier Symmetrieebenen in der Richtung der Hauptachse vermehrt. Die Form allgemeiner Art ist die achtflächige ditetragonale Einzelpyramide (hkl).

Wenn die (hkl)-Formen des oberen Endes und die $(hk\bar{l})$-Formen des unteren zufällig gleichmäßig ausgebildet sind, scheint dem Kristall auch eine in der Basisfläche liegende Symmetrieebene zuzukommen, und die Zugehörigkeit zur Klasse wird dann durch die Ätzfigur oder einen elektrischen Polaritätsversuch entschieden.

Beispiele: Succinjodimid $C_4H_4O_2NJ$ (Abb. 105), Silberfluorid $AgF \cdot H_2O$ (Abb. 55).

Trapezoedrische Klasse. Die Hauptachse ist eine Tetragyre, und die Nebenachsen sowie deren Halbierende sind vier Digyren. Die Form allgemeinster Art ist das Trapezoeder, das eine linke (hkl)- oder rechte (khl)-Form sein kann (Abb. 106).

Die Summe der Indices des Trapezoeders ist verhältnismäßig groß, und seine Form ist selten, nur bei einem zu dieser Klasse gehörigen Stoff festgestellt, nämlich beim Monokaliumtrichlordiacetat $(CCl_3CO_2)_2KH$ (auf Abb. 55). Meist werden nur (10)- oder (11)-Prismen oder -Pyramiden angetroffen. Die Zugehörigkeit zur Klasse konnte dann durch die Ätzfiguren entschieden werden. Inaktiv sind z. B. der obengenannte Stoff sowie Guanidincarbonat und Nickelsulfat $NiSO_4 \cdot 6\,H_2O$, aktiv wiederum z. B. l-Hyoscyamin und Strychninsulfat. In letzter Zeit hat jedoch die experimentelle Strukturforschung gar manche Kristallarten als trapezoedrisch erwiesen, z. B. die Minerale Maucherit Ni_4As_3, D_4^4—$P\,4_12_1$, D_4^8—$P\,4_32_1$, Phosgenit $Pb_2Cl_2CO_3$, D_4^2—$P\,42_1$, und Mellit $Al_2(C_{12}O_{12}) \cdot 18\,H_2O$, D_4^3—$P\,4_12$, D_4^7—$P\,4_32$.

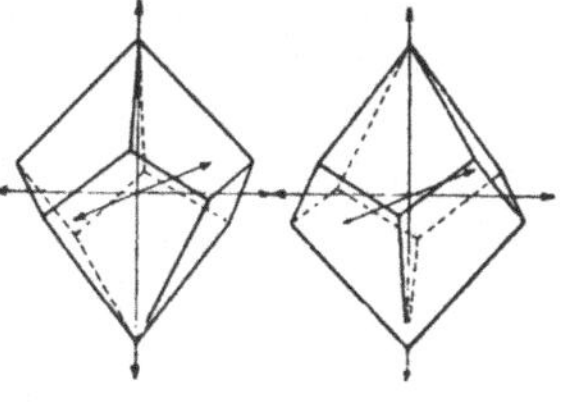

Abb. 106. Tetragonales Rechts- und Linkstrapezoeder.

Ditetragonal bipyramidale Klasse. Wird die Symmetrie der ditetragonal pyramidalen Klasse durch eine in der Basisfläche liegende Symmetrieebene vermehrt, so kommt man zu der holoedrischen Symmetrie des tetragonalen Systems, deren Form allgemeiner Art die ditetragonale Bipyramide ist.

An Beispielen für die holoedrisch tetragonalen Stoffe seien hier angeführt β-Zinn, Anatas, TiO_2, die isomorphen Minerale Zirkon $ZrSiO_4$ (auf Abb. 55; Abb. 107) und Xenotim YPO_4, die beide zur Raumgruppe D_{4h}^{19}—$I\,4/amd$ gehören; ferner Kassiterit SnO_2 und Rutil TiO_2 sowie der mit diesen isotype Tapiolith-Mossit $Fe(Ta,Nb)_2O_6$ und andererseits das Magnesiumfluorid Sellait MgF_2, D_{4h}^{14}—$P\,4/mnm$; die Uranylphosphate Autunit und Torbernit, D_{4h}^{17}—$I\,4/mmm$; Selendioxyd SeO_2, D_{4h}^{13}—$P\,4/mbc$; die Silicatminerale Vesuvian (Abb. 108), D_{4h}^{4}—$P\,4/nnc$, und Apophyllit, D_{4h}^{6}—$P\,4/mnc$.

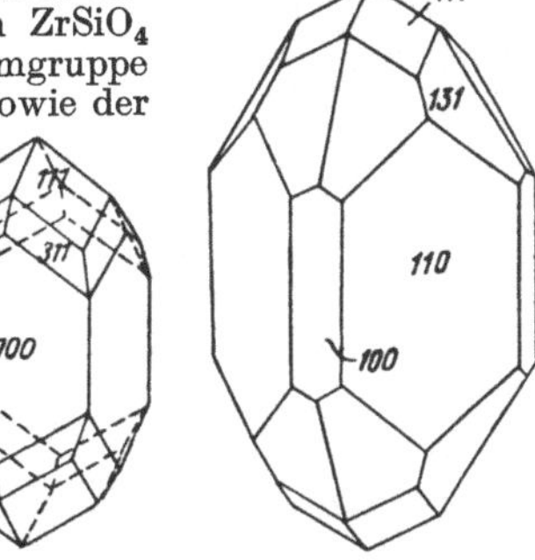

Abb. 107. Zirkon. Abb. 108. Vesuvian.

Bisphenoidische Klasse. Kennzeichnendes Symmetrieelement ist die Tetragyroide (zugleich Digyre). Die Kristallform allgemeinster Art ist das Bisphenoid, eine geschlossene, durch vier gleichschenklige Dreiecke begrenzte Form. In bezug auf die auszuwählenden Nebenachsen kann das Bisphenoid dreierlei Lagen einnehmen: (hhl), (h0l) und (hkl). Positive und negative Formen nach Abb. 109.

An Stoffen, die zu der bisphenoidischen Klasse gehören, war lange nur einer bekannt, nämlich künstliches Calciumalumosilicat $Ca_2Al_2SiO_7$, dessen Symmetrie nach den Ätzfiguren bestimmt ist. Auf zwei einander entgegengesetzten Basisebenen liegen sie lotrecht kreuzweise zueinander, und auf den Prismenflächen sind sie asymmetrisch. Nach SEIFERT gehört hierher die organische Verbindung Pentaerythrit $C(CH_2OH)_4$, früher wegen der Formausbildung (Abb. 109) für ditetragonal pyramidal gehalten. Wahrscheinlich bisphenoidisch ist auch Cahnit $Ca_2(AsO_4)(BO)(OH)_2 \cdot H_2O$.

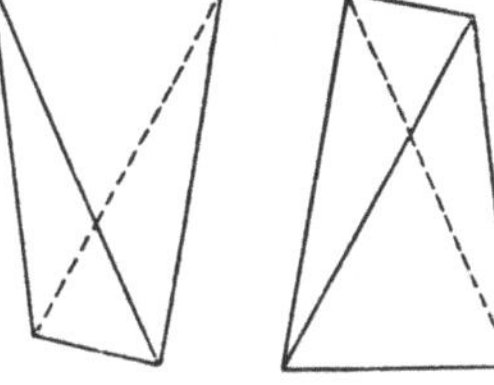

Abb. 109. Positives und negatives tetragonales Bisphenoid.

Ditetragonal skalenoedrische Klasse. Der Symmetriebetrag dieser Klasse ergibt sich, wenn die bisphenoidische Symmetrie durch zwei in der Richtung der Hauptachse gelegene Symmetrieebenen vermehrt wird, wobei in die allgemeine Form (hkl) vier Flächenpaare eingehen und sich statt des Bisphenoides ein ditetragonales Skalenoeder ergibt (Abb. 110a, b). Rechtes und linkes Skalenoeder (hkl) und ($k\bar{h}l$) sind jetzt gleich, da das eine bei einer Drehung von 90° mit dem anderen zur Deckung gelangt, so daß Enantiomorphie ausbleibt.

Das Bisphenoid (hhl) ist allein nicht von der entsprechenden Form der bisphenoidischen Klasse des tetragonalen Systems unterschieden, während die Bipyramide (h0l) dieselbe ist wie die (h0l)-Form der bipyramidalen Klassen. Die verschiedene Ausbildung der (hkl)- und der ($h\bar{k}l$)-Bisphenoidflächen (Abb. 110c) entscheidet die Abweichung von der bipyramidalen Klasse, und die Skalenoederflächen oder bei deren Fehlen die Ätzfiguren ermöglichen die Unterscheidung von der bisphenoidischen.

Kupferkies $CuFeS_2$ (Abb. 110a, b, c, d) D_{2d}^{11}—$I\bar{4}2m$, und Zinnkies Cu_2FeSnS_4, sowie Harnstoff oder Carbamid CH_4N_2O sind die bekanntesten Beispiele. Nach Strukturforschungen sind tetragonal skalenoedrisch auch die Minerale der Melilithgruppe, D_{2d}^{3}—$P\bar{4}2_1m$, und β-Bi_2O_3, D_{2d}^{7}—$C\bar{4}2b$.

Kubisches System. Bei allen Kristallen des kubischen Systems ist die Elementarzelle würfelförmig, daher die Bezeichnung kubisch, die richtiger ist als die alte Benennung regulär. Da die Kanten des Würfels gleichwertig sind und

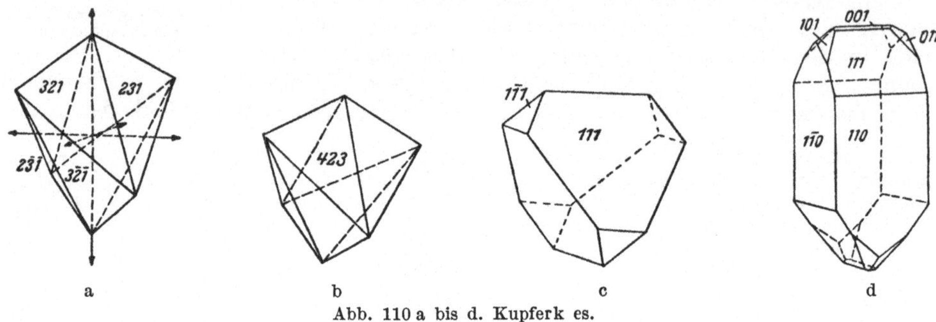

Abb. 110 a bis d. Kupferk es.

senkrecht zueinander liegen, gibt es in diesem System keine für verschiedene Stoffe eigenartigen geometrischen Artkonstanten, sondern bei allen ist $a:a:a = 1:1:1$ und $\alpha = \beta = \gamma = 90°$. Kubische Kristallarten können also nicht durch Winkelmessungen voneinander unterschieden werden.

Das Rhomboeder besitzt nur eine Trigyre, im „rechtwinkligen Rhomboeder", d. h. im Würfel, sind alle vier Eckendiagonalen gleichwertige Trigyren. Daher auch der Name „tetrakistrigonales System". Aus dem Vorhandensein von vier Trigyren folgen außerdem drei Digyren, senkrecht gegen die Seitenflächen des Würfels, denn eine Drehung von 180° um seine Flächennormale bewirkt, daß zwei der gegenüberliegenden Eckendiagonale parallele Trigyren den Platz wechseln.

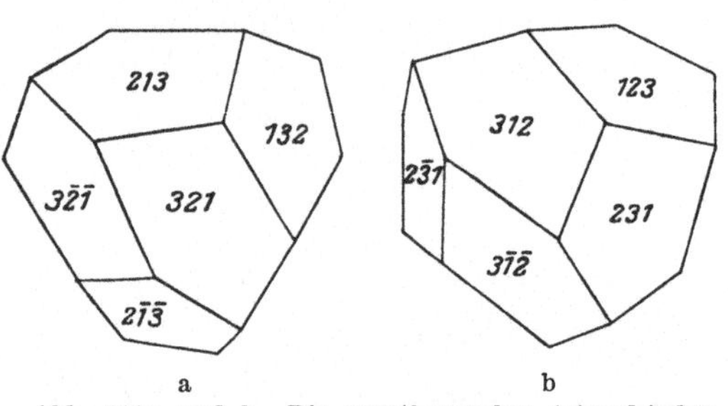

Abb. 111a und b. Die enantiomorphen tetraedrischen Pentagondodekaeder (hkl) (a, links) und (khl) (b, rechts).

Tetraedrisch pentagondodekaedrische Klasse. Vier Trigyren und drei Digyren, welche die zwischen jenen gelegenen Winkel von 109° 28′ paarweise halbieren, machen die kleinstmögliche Menge an Symmetrieelementen aus, die in die kubische Kristallstruktur eingeht. Bei der Form allgemeiner Art liegt auf drei Seiten jeder Trigyre, schräg zu dieser, eine Fläche, die alle Achsen in verschiedenen Entfernungen schneidet (hkl). Es ist eine 12-flächige einfache Form, tetraedrisches Pentagondodekaeder benannt (Abb. 111), aus vier trigonalen Pyramiden entstanden, deren Spitzen jede am Ende einer Trigyre liegen. Die auf Abb. 111 a wiedergegebene Form (hkl) wird als linke bezeichnet, und Abb. 111 b zeigt das zu jener enantiomorphe rechte tetraedrische Pentagondodekaeder (khl). An den entgegengesetzten Enden der Trigyren können das linke und das rechte tetraedrische Pentagondodekaeder $(k\bar{h}l)$ und $(h\bar{k}l)$ ihre Lage erhalten.

Auch diese sind einander enantiomorph, decken sich aber beide mit der entsprechenden obenerwähnten Form nach einer Umdrehung von 180°.

Die tetraedrischen Pentagondodekaeder gehen in äußerlich symmetrischere Formen über, wenn die Indices bei den verschiedenen Achsen gleiche Werte annehmen oder einer oder zwei von ihnen den Wert 0 erhalten. Kommt zwei Indices derselbe kleinere Wert k zu, so ergeben sich die Triakistetraeder (hkk), z. B. (211) (Abb. 112), und $(h\bar{k}k)$, z. B. $(2\bar{1}1)$. Erhalten zwei Indices denselben Wert *h*, größer als der des dritten Index, so entstehen die Deltoiddodekaeder

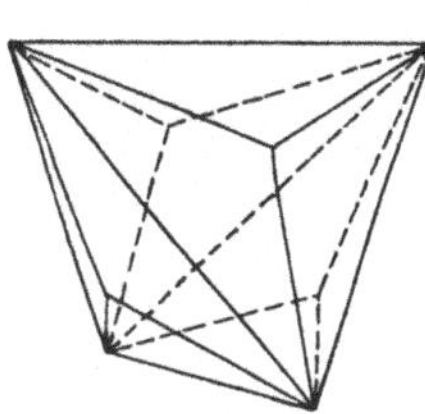

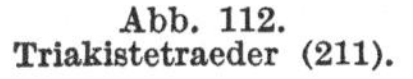

Abb. 112. Triakistetraeder (211).

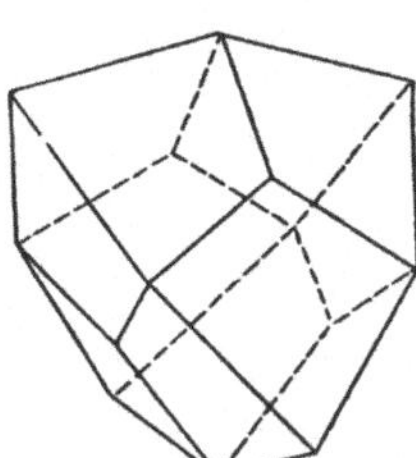

Abb. 113. Deltoiddodekaeder (221).

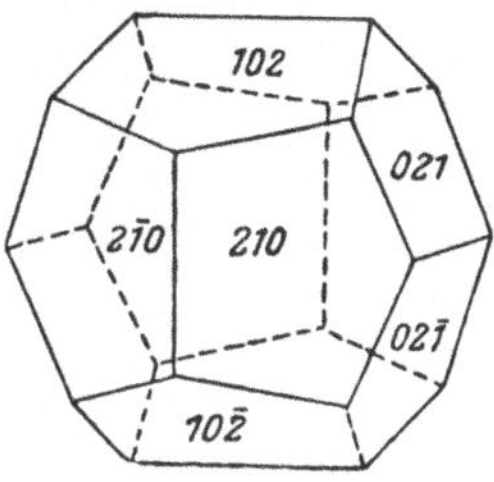

Abb. 114. Pentagondodekaeder (210).

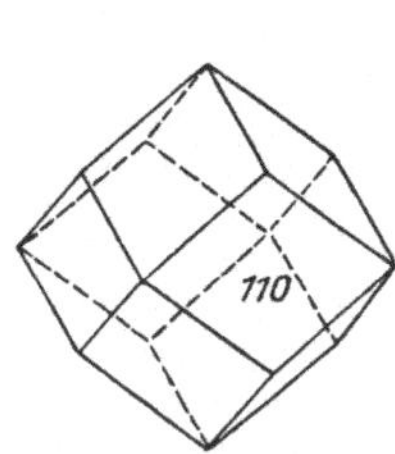

Abb. 115. Rhombendodekaeder (110).

(hhl), z. B. (221) (Abb. 113), und $(h\bar{h}l)$, z. B. $(2\bar{2}1)$. Verlaufen wiederum die Flächen parallel zu einer Kristallachse, so geht das tetraedrische Pentagondodekaeder in das regelmäßige Pentagondodekaeder (hk0) und (h0k) über, z. B. (210) (Abb. 114) und (201). Ferner können die Flächen, während jede von ihnen zu einer Achse parallel verläuft, zugleich zwei andere mit denselben Parametern schneiden, wobei das Ergebnis ein Rhombendodekaeder (110) (Abb. 115) ist, oder bei senkrechter Lage gegen die Trigyren alle drei Achsen mit denselben Parametern schneiden, wodurch die Tetraeder (111) und $(\bar{1}\bar{1}1)$ (Abb. 116a, b) entstehen, oder endlich zugleich mit zwei Achsen parallel und gegen eine Digyre

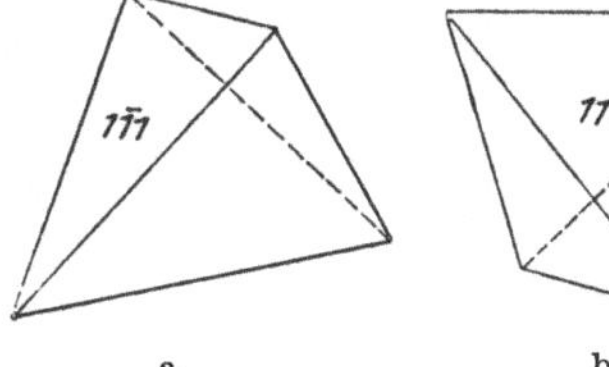

Abb. 116a und b. Tetraeder (111) und $(1\bar{1}1)$.

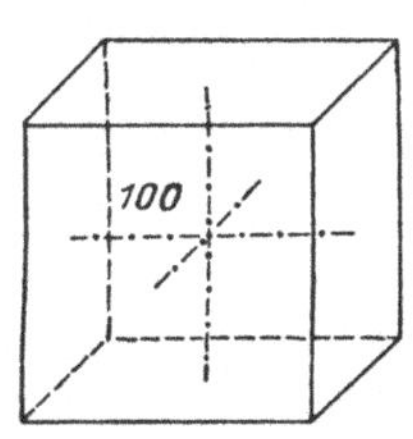

Abb. 117. Würfel (*100*).

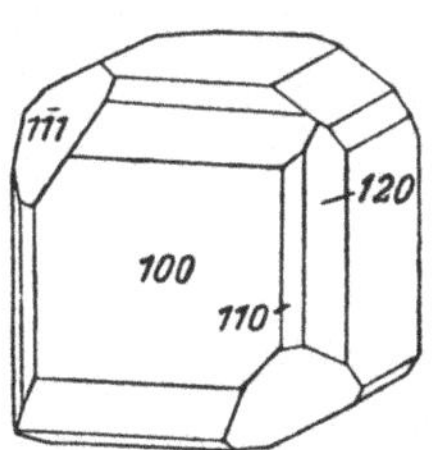

Abb. 118. Natriumchlorat, a rechts- und b links drehender Kristall.

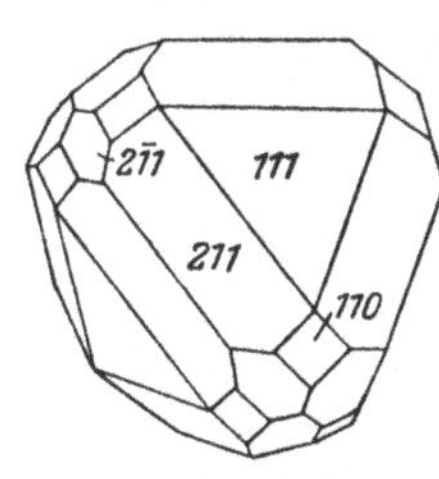

Abb. 119. Ullmannit.

senkrecht gerichtet sein, in welchem Fall die Form ein Hexaeder oder Würfel (100) ist (Abb. 117).

Die Formen, bei denen die Summen der Quadrate der Indices am kleinsten ausfallen, sind hier wie auch in den anderen Symmetrieklassen die häufigsten. Daher können die Kristallformen keineswegs von denen symmetrischerer Klassen unterschieden werden, treten doch oft, wenn z. B. die (111)- und $(1\bar{1}1)$-Tetraederflächen gleichmäßig entwickelt sind, oktaederförmige Kristalle auf, die man für Vertreter der symmetriereichsten oder holoedrischen Klasse halten könnte. Bei den Kristallen dieser Klasse kann jedoch als physikalisches Kennzeichen die Eigenschaft gelten, daß ihre Trigyren zugleich optische Drehungsachsen der Polarisationsebene sind. Die Ätzfiguren zeugen für die Zugehörigkeit zu dieser Klasse, wenn sie das völlige Fehlen von Symmetrieebenen und ferner das Merkmal erkennen lassen, daß die Kristallachsenrichtungen nur Digyren und keine Tetragyren sind. Direkt aus der Form ersichtlich ist die Zugehörigkeit zu dieser Klasse, wenn den Kristallen eine Kombination des Tetraeders mit dem Pentagondodekaeder (210) oder (201) zugrunde liegt (Abb. 118).

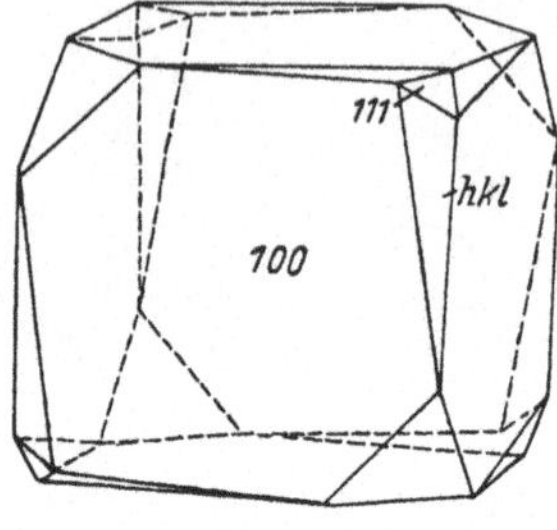

Abb. 120. Bariumnitrat.

Der tetraedrisch pentagondodekaedrischen Klasse zuzuweisende Stoffe sind unter anderen die Minerale Ullmannit (NiSbS) (Abb. 119), Kobaltglanz CoAsS und Gersdorffit NiAsS, T^4—P 2_13; Strontiumnitrat $Sr(NO_3)_2$, Bariumnitrat $Ba(NO_3)_2$ (Abb. 120) und Bleinitrat $Pb(NO_3)_2$; das optisch aktive Natriumchlorat $NaClO_3$ (Abb. 118).

Disdodekaedrische Klasse. Die tetraedrisch pentagondodekaedrische Symmetrie wird vermehrt um drei Symmetrieebenen, von denen jede in eine Achsenebene entfällt, mit anderen Worten, die entsprechenden Flächen der linken positiven und rechten negativen Form treten paarweise zusammengehörend an demselben Kristall auf. Das Ergebnis ist ein einfacher Vierundzwanzigflächner, das Disdodekaeder (hkl) (= Doppeldodekaeder) (Abb. 121). Das Disdodekaeder „zweiter" Stellung (hlk), das sich bei einer Umdrehung von 90° um die Kristallachse mit dem erstgenannten deckt, kommt zustande, wenn die Flächen des rechten $(h\bar{k}l)$ und des linken $(hl\bar{k})$ tetraedrischen Pentagondodekaeders gleichermaßen paarweise miteinander verbunden werden. Vereinigen sich die zwei nebeneinanderliegenden Flächen des Disdodekaeders zu *einer* parallel mit *einer* Achse verlaufenden Fläche, geht die Form in ein Pentagondodekaeder über, während wiederum die übrigen Sonderfälle, wie bei der vorhergehenden Klasse, den holoedrischen Formen Rhombendodekaeder, Oktaeder (Abb. 131) und Würfel ähnlich sind.

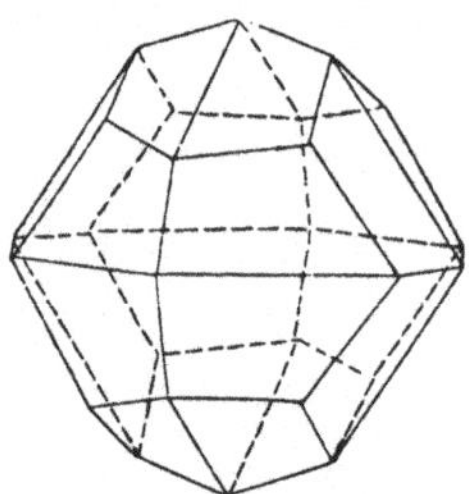
Abb. 121. Disdodekaeder (321).

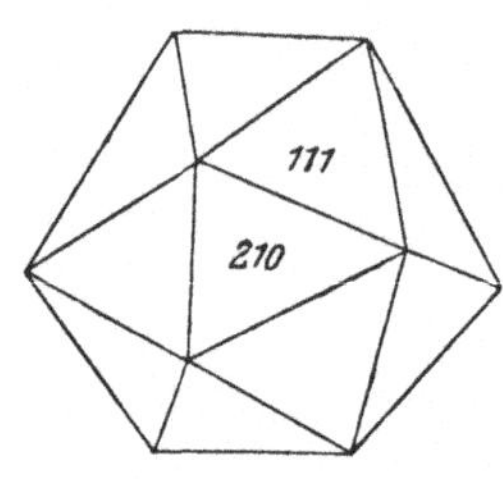

Abb. 122. Oktaeder und Pentagondodekaeder im Gleichgewicht.

Pentagondodekaeder, Oktaeder und Würfel sind in dieser Klasse häufigste Flächenformen. Das Auftreten des erstgenannten zusammen mit dem Oktaeder (Abb. 122) ist ein ausreichendes Zeugnis für die Zugehörigkeit zu dieser Klasse. Liegt als Kristallform ein einfacher Kubus vor, so weisen schon die zweiseitig symmetrischen Ätzfiguren und die oft schon in der Natur auftretenden, einer Kantenrichtung parallelen Streifen auf seinen Flächen die Symmetriemenge auf.

Am bekanntesten unter den disdodekaedrischen Stoffen ist der Pyrit FeS_2 (auf Abb. 55 vertreten, Abb. 123), weswegen diese Klasse oft auch als pyritoedrische Klasse bezeichnet wird. Strukturell ihm ähnlich sind Hauerit MnS_2, Laurit RuS_2, Sperrylith $PtAs_2$, alle T_h^6—Pa3. Eine andere wichtige dieser Raumgruppe angehörige isomorphe Reihe bilden die Alaune, wie der gewöhnliche Kalialaun $KAl(SO_4)_2 \cdot 12\ H_2O$, Cäsiumalaun, Ammoniumalaun, Kaliumchromalaun, Kaliumferrialaun oder Eisenalaun, Ammoniumeisenalaun usw. Unter den kubisch disdodekaedrischen Kristallarten seien noch erwähnt Manganioxyd Mn_2O_3 und das mit ihm isomorphe Mineral Bixbyit $(Mn, Fe)_2O_3$, T_h^7—Ia3; ferner Elpasolith $K_2Na(AlF_6)$.

Hexakistetraedrische Klasse. Die Symmetriemenge der tetraedrisch pentagondodekaedrischen Klasse wird vermehrt um drei zu jeder der Trigyren hinzuzufügende Symmetrieebenen, von denen jede noch eine der übrigen Trigyren einschließt, so daß insgesamt sechs Symmetrieebenen vorkommen; jede von diesen halbiert den zwischen zwei Achsen gelegenen Winkel. Zugleich nimmt jede Kristallachse die Eigenschaft einer Tetragyroide an. Die Form allgemeinster Art ist das Hexakistetraeder (= sechsfacher Vierflach) (Abb. 124). Es ist entweder in der Stellung (hkl) oder $(h\bar{k}l)$. Das Hexakistetraeder könnte man sich aus vier an den Enden der Trigyren gelegenen ditrigonalen Pyramiden entstanden denken. Die Trigyren sind somit hier, wie auch in der tetraedrisch pentagondodekaedri-

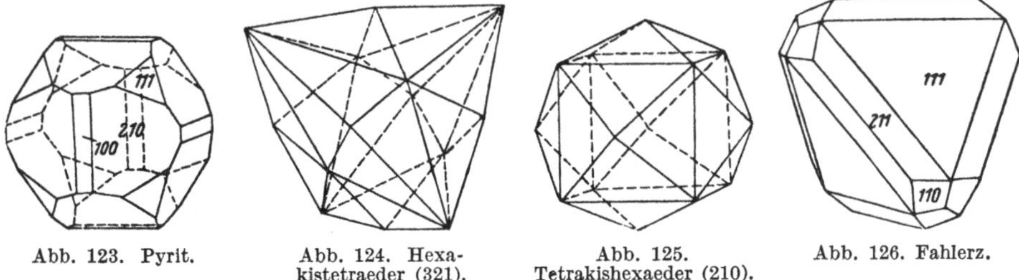

Abb. 123. Pyrit. Abb. 124. Hexakistetraeder (321). Abb. 125. Tetrakishexaeder (210). Abb. 126. Fahlerz.

schen Klasse, geometrisch polar, aber Pyroelektrizitätserscheinungen treten nicht auf, weil die polare Achse nicht einzigartig ist.

In Sonderfällen wandelt sich das Hexakistetraeder in ein Triakistetraeder, Deltoiddodekaeder oder Tetraeder, soweit die Flächen alle drei anderen Achsen

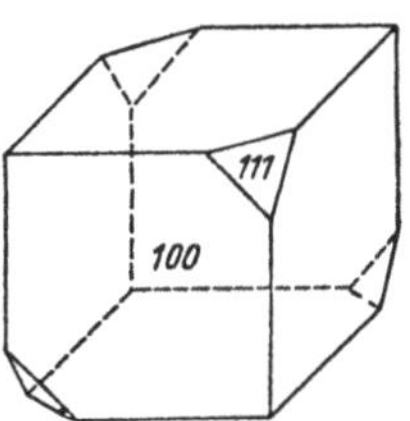

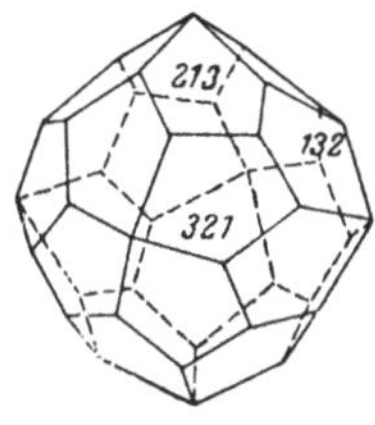

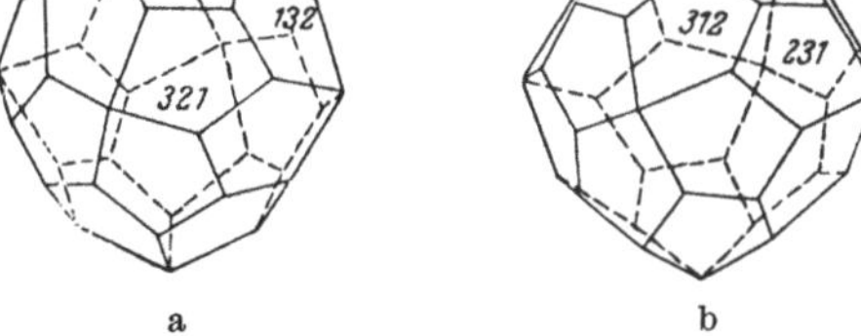

Abb. 127. Boracit.

a b

Abb. 128a und b. Linkes und rechtes Pentagonikositetraeder (hkl) und (hlk).

schneiden, aber in ein Tetrakishexaeder (hk0) (Abb. 125), Rhombendodekaeder oder einen Kubus, wenn sie die Richtung einer oder zweier Achsen annehmen.

Zu den häufigsten Formen gehört der Würfel als Kombination mit dem Rhombendodekaeder, und außerdem kommen zugleich oft die Flächen des einen oder beider Tetraeder vor. Eine derartige Kombination könnte auch zu der tetraedrisch pentagondodekaedrischen Klasse gehören, welchenfalls sie auf den Tetraederflächen unsymmetrische Ätzfiguren oder die Kristalle etwaige optische Aktivität aufwiesen. Nur zu der hexakistetraedrischen Klasse könnte eine solche Kombination gehören, bei der ein Tetraeder, Triakistetraeder oder Deltoiddodekaeder mit einem Tetrakishexaeder verbunden wäre.

Der hexakistetraedrischen Klasse zugehörig sind z. B. Ferrosilicium $FeSi_2$, Zinkblende ZnS (auf Abb. 55), Cuprochlorid oder Nantokit CuCl, T_d^2—F$\bar{4}$3m; Fahlerz $(Cu,Ag)_3(Sb,As)S_4$ (Abb. 126), T_d^3—I$\bar{4}$3m; Domeykit Cu_3As, T_d^6—I$\bar{4}$3d; Boracit $Mg_6Cl_2B_{14}O_{26}$, T_d^5—F$\bar{4}$3m (Abb. 127); das Wismutorthosilicat Eulytin $Bi_4(SiO_4)_3$, T_d^6—I$\bar{4}$3d; Helvin $(Mn,Fe,Zn)_8S_2(BeSiO_4)_6$ und die damit isotypen Stoffe Sodalith $Na_8Cl_2(AlSiO_4)_6$, Nosean, Hauyn, Lasurit, T_d^4—P$\bar{4}$3n. Hexamethylentetramin $(CH_2)_6N_4$, T_d^3—I$\bar{4}$3m.

Pentagonikositetraedrische Klasse. Werden der Symmetrie der vorhergehenden Klasse drei Digyren hinzugefügt, um die Kristallachsen zu halbieren, die jetzt die Eigenschaften einer Tetragyre annehmen, so erhält man als Form allgemeiner Art das linke Pentagonikositetraeder (hkl) und das rechte Pentagonikositetraeder (hlk) (Abb. 128a, b). Das Pentagonikositetraeder kann man sich entstanden denken aus vier trigonalen Bipyramiden, deren Achsen gegen die Flächen des Oktaeders senkrecht liegen und nicht mehr polar sind, wie es bei der vorhergehenden Klasse der Fall war.

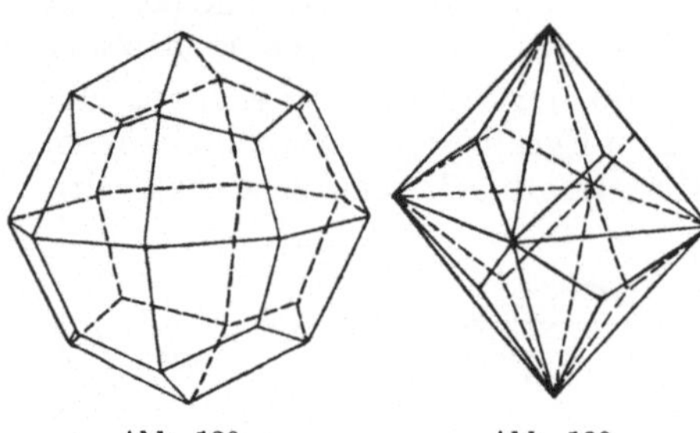
Abb. 129. Ikositetraeder (211). Abb. 130. Triakisoktaeder (331).

Wenn in dieser Klasse die Indices bei den verschiedenen Achsen gleiche Werte oder einer oder zwei von ihnen den Wert 0 annehmen, resultieren Formen, die anscheinend denen der symmetriereichsten Klasse ähnlich sind. Wird $k = l$, so erhält man jetzt Ikositetraeder (hkk) [das einfachste und häufigste unter diesen (211) (Abb. 129)]. (hhl) wiederum ist jetzt ein Triakisoktaeder, z. B. (221) und (331) (Abb. 130). (hk0), z. B. (210), ist ein Tetrakishexaeder. Das Rhombendodekaeder (110) ist dasselbe wie in der vorhergehenden Klasse, desgleichen der Würfel (100), während (111) jetzt ein Oktaeder ist (Abb. 131).

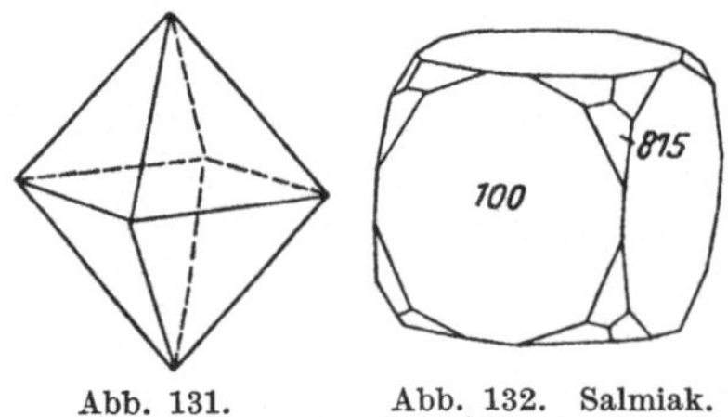

Abb. 131. Oktaeder (111). Abb. 132. Salmiak. Würfel mit Pentagonikositetraeder.

Alle Formen, abgesehen von dem Pentagonikositetraeder, sind zugleich solche der holoedrischen, kubisch hexakisoktaedrischen Symmetrieklasse, und in den meisten Fällen läßt sich somit die Zugehörigkeit zu dieser Klasse nur durch die Ätzfiguren nachweisen, soweit sie nämlich der Symmetrieebenen entbehren. Das Drehvermögen der Polarisationsebene wäre ebenfalls in Betracht zu ziehen, aber bisher ist keine optisch aktive Kristallart dieser Klasse angetroffen worden.

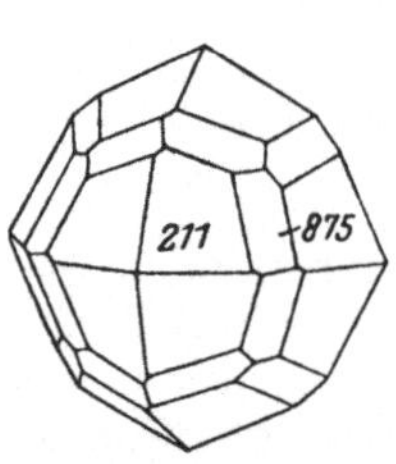

Abb. 133. Salmiak. Ikositetraeder mit Pentagonikositetraeder.

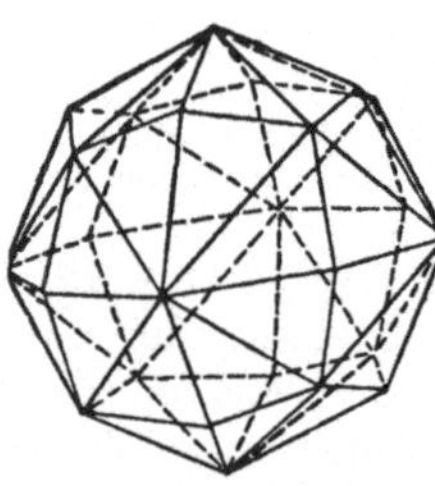
Abb. 134. Hexakisoktaeder (321).

Dieser Klasse zuzuzählen wären das Mineral Cuprit Cu_2O (auf Abb. 55) sowie NH_4Cl oder Salmiak (Abb. 132 und 133), als dessen Kristallform das Pentagonikositetraeder selbst angetroffen worden ist. In beiden Fällen hat jedoch die röntgenographische Strukturbestimmung dieses nicht bestätigen können (vgl. S. 44). Für Cuprit ergibt sich die holoedrische Raumgruppe O_h^4—Pn3m, für Salmiak die Raumgruppe des Cäsiumchloridtypus, O_h^1—Pm3m.

Hexakisoktaedrische Klasse. Dies ist die allersymmetriereichste Kristallklasse. Jeder Flächenrichtung, deren Indices verschieden sind, aber in keinem Fall 0 betragen, entsprechen 47 ihr gleichwertige Richtungen. Die so entstehende Form allgemeiner Art, das Hexakisoktaeder (Abb. 134) (= Sechsmal-Achtflächner) besitzt den vollen Symmetriebetrag des kubischen Raumgitters, nämlich vier einander in Winkeln von 109° 26′ schneidende Trigyren, die zugleich Hexagyroiden sind, drei zueinander senkrechte Tetragyren und sechs Digyren, welche die rechten Winkel zwischen den Tetragyren halbieren, sowie außerdem drei den Kubusflächen parallele und sechs den Rhombendodekaederflächen parallele Symmetrieebenen. Diese neun Symmetrieebenen teilen in der Kugelprojektion die Kugelfläche in 48 rechtwinkelige sphärische Dreiecke; in jedem von diesen liegt der Projektionspunkt einer Hexakisoktaederfläche an der ihren verschiedenen Indexwerten entsprechenden Stelle. Auf Abb. 134 ist das seinen Indexwerten nach einfachste Hexakisoktaeder (321) dargestellt.

Das Hexakisoktaeder kann gleichsam als aus vier ditrigonalen Skalenoedern entstanden aufgefaßt werden.

Wie wir oben gesehen haben, gehören alle Formen, abgesehen vom Hexakisoktaeder, zugleich zu irgendwelchen der oben beschriebenen weniger symmetrischen Klassen. Da anderseits das Hexakisoktaeder eine nur selten vorkommende Form ist, besteht auf Grund der äußeren Form häufig noch keinerlei Gewähr für die holoedrische Symmetrie des Stoffes. Die Frage ist mittels Ätzfiguren zu entscheiden, indem man unter möglichst vielseitigen Verhältnissen Versuche anstellt. Noch nicht für alle dieser Klasse zugezählten Stoffe sind derartige Versuche erschöpfend angestellt worden. In sehr vielen Fällen hat dagegen die röntgenographische Strukturbestimmung die Frage entschieden. So wurden z. B. die Minerale der Sodalithgruppe, die ihrer Formausbildung gemäß früher allgemein als holoedrisch gehalten wurden, als hexakistetraedrisch bestimmt.

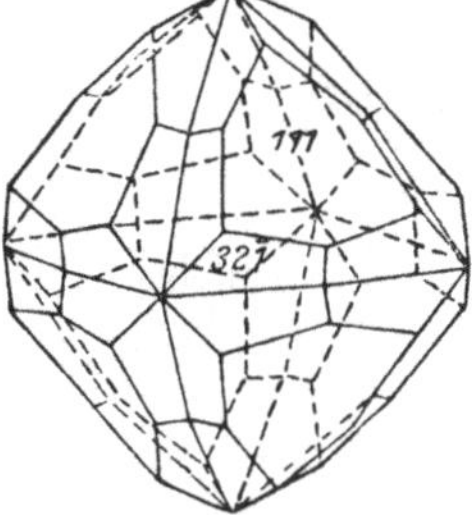

Abb. 135. Diamant. Oktaeder und Hexakisoktaeder (321).

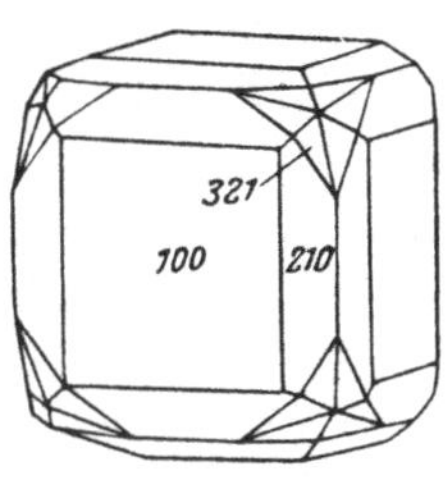

Abb. 136. Fluorit. Würfel, Tetrakishexaeder (210) und Hexakisoktaeder (321).

Zu der hexakisoktaedrischen Klasse gehören mehrere gediegene Metalle, wie Platin, Kupfer, Gold, Silber, γ-Eisen, die alle die dichteste kubische Kugelpackung vertreten und der Raumgruppe O_h^5—Fm3m angehören. α-Eisen und die übrigen Metalle mit innenzentriertem Gitter gehören zu O_h^9—Im3m. Diamant (Abb. 135), O_h^7—Fd3m; Flußspat CaF_2 mit den vielen ihm isotypen Oxyden, wie Uraninit UO_2 u. a., O_h^5—Fm3m (Abb. 136); Magnetit und die ihm isomorphen Spinellmineralien sowie der spinelltypische Linneit Co_3S_4, O_h^7—Fd3m; zu derselben Raumgruppe wie der Spinelltyp gehören auch die Mineralien der Pyrochlorgruppe und α-Christobalit. Unter den Silicaten sind die Granate (auf Abb. 55), O_h^{10}—Ia3d, Beispiele aus der Mineralwelt. Kaliumplatinchlorid K_2PtCl_6 und Kaliumfluorosilicat K_2SiF_6, als Mineral Hieratit genannt, und Ammoniumfluorosilicat oder Kryptohalit $(NH_4)_2(SiF_6)$ gehören zum K_2PtCl_6-Typ und zur Raumgruppe C_h^5—Fm3m.

E. Zwillingskristalle.

Zwillingsebenen und Zwillingsachsen. Als Zwillinge werden solche aus verschiedenen Kristallindividuen bestehenden, regelmäßigen Verwachsungen bezeichnet, bei denen irgendeine kristallographische Richtung (Linie = Zwillingsachse oder Ebene = Zwillingsebene) den verschiedenen Individuen gemeinsam ist, die übrigen Richtungen dagegen ungleichgerichtete Lagen einnehmen. In den Gittern muß somit eine Netzfläche oder eine mehrere Netzflächen umfassende Schicht beiden Individuen gemeinsam sein (Abb. 137). In der Regel sind die Zwillingskristalle schon ursprünglich als Zwillinge entstanden, was also bedeutet, daß die Elementarzellen selbst verzwillingt sind, d. h. an der Zwillingsgrenze die Elementarzellen eine gemeinsame Kante oder Wand besitzen.

Somit stehen die Zwillingsindividuen zueinander in einem solchen Verhältnis, daß das eine, kann man denken, entweder durch Spiegelung an der Zwillingsebene oder durch eine Drehung von 180° um die Zwillingsachse oder auch dadurch, daß beide Operationen gleichzeitig eintreten, mit dem anderen zur Deckung gebracht werden kann. Die Zwillingsebenen und Achsen weisen im allgemeinen einfache rationale Indices auf. In einigen wenigen Fällen sind ihre Indices nicht rational, aber dann stehen sie zu den rationalen Achsen oder Ebenen in einem einfachen Verhältnis. Zwillinge in denen als Zwillingsebene oder -achse eine bestimmte kristallographische Richtung dient, sind, wie man sagt, nach einem bestimmten *Zwillingsgesetz* entstanden.

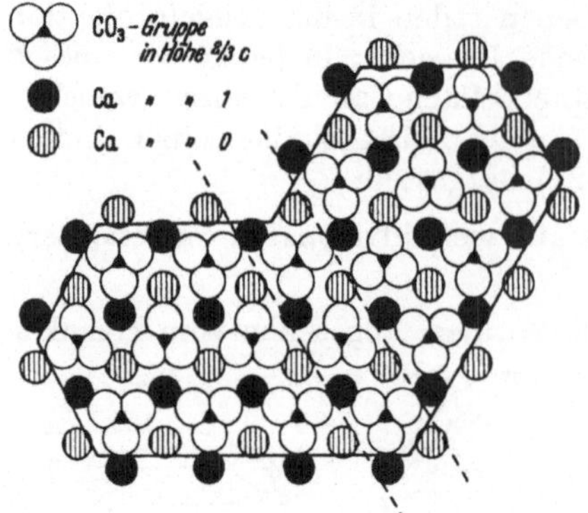

Abb. 137. Das Gitter eines Aragonitzwillings nach (110). Die gestrichelten Linien begrenzen die Grenzschicht, die mit beiden Einkristallen gleich orientiert ist.

Die Zwillingsebene wird bei der Zwillingsbildung Symmetrieebene. Daher kann sie nicht die Symmetrieebene in den Kristallen selbst sein, da dann alle gleichwertigen Gitterrichtungen beiderseits dieser Ebene parallel verliefen oder die Bildung ein einziges Kristallindividuum wäre. Ebensowenig kann die Zwillingsachse keine geradzählige Symmetrieachse (Digyre, Tetragyre, Hexagyre) sein. Dagegen kann allerdings eine Ebene oder Richtung, die in den symmetriereicheren Klassen desselben Systems eine Symmetrieebene oder geradzählige Gyre ist, als Zwillingsebene oder -achse auftreten in symmetrieärmeren Klassen, in denen ihr jene Eigenschaften nicht zukommen. So kann die Basisfläche eines tetragonalen Kristalls zwar keine Zwillingsebene in den bipyramidalen Klassen sein, wohl aber in den pyramidalen, in denen die c-Achse polar ist (Abb. 138). Bei allen trigonalen Kristallen kann das Prisma $10\bar{1}0$ Zwillingsebene sein (Abb. 139), aber nicht in den hexagonalen Klassen, in denen das Prisma in der Richtung der Symmetrieebene liegt.

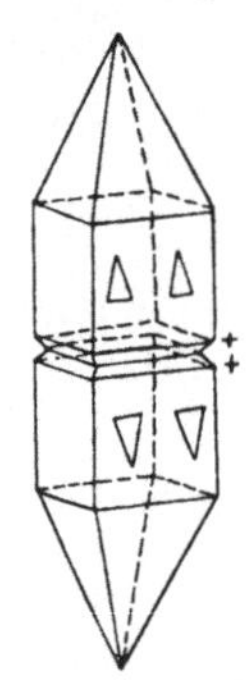
Abb. 138. Succinjodimid (vgl. Abb. 105), ditetragonal pyramidal. Zwillingsebene (001).

Viele Stoffgruppen umfassen Substanzen, die sowohl ihrer chemischen Zusammensetzung als auch ihrer Kristallstruktur nach gleichartig sind, aber doch zu verschiedenen Kristallsystemen gehören (z. B. monokliner Orthoklas und trikliner Albit, rhombischer Enstatit und monokliner Diopsid). In derartigen Fällen tritt ganz allgemein in symmetrieärmeren Stoffen als Zwillingsebene eine solche Fläche auf, die in symmetriereicheren S.-E. ist, z. B. beim Albit das Pinakoid (010) (Albitgesetz), beim Diopsid wiederum das Pinakoid (100) (Augitgesetz). Die Zwillingskristalle erhalten so durch die Zwillingsebene den Symmetriebetrag, der den einfachen Kristallen fehlt, und der Stoff ahmt gleichsam symmetriereichere Stoffe nach. Diese Erscheinung ist in der Kristallwelt sehr allgemein.

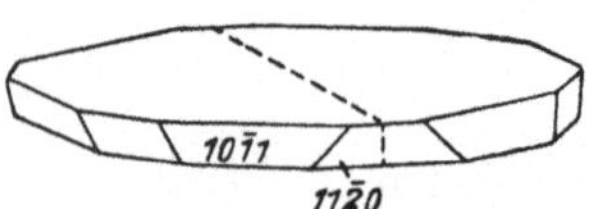

Abb. 139. Hämatit, ditrigonal skalenoedrisch. Zwillingsebene $10\bar{1}0$, die auch als Verwachsungsfläche auftritt.

Abb. 140 zeigt den unter den Kristallen der Stoffe der Spinellgruppe allgemeinen und daher als nach dem Spinellgesetz verzwillingt bezeichneten Oktaederzwillingskristall, bei dem als Zwillingsebene eine Oktaederfläche dient, hier zugleich als Verwachsungsebene und im Zwillingskristall als Symmetrieebene auftretend. Hier aber kann man das eine Zwillingsindividuum von dem anderen auch dadurch abgeleitet denken, daß die eine Hälfte des Oktaeders um 180° um die zur Oktaederfläche senkrechte Zwillingsachse gedreht wird. In diesem Fall sind also gleichzeitig sowohl die Zwillingsebene als auch die zu ihr senkrechte Zwillingsachse vorhanden. Es ist leicht einzusehen, daß es sich stets dann so verhält, wenn der Kristall zu einer Symmetrieklasse gehört, die ein Symmetriezentrum besitzt. So ist bei dem Zwillingskristall des tetragonalen Rutils (Abb. 141) (101) die Zwillingsebene und deren Normale die Zwillingsachse.

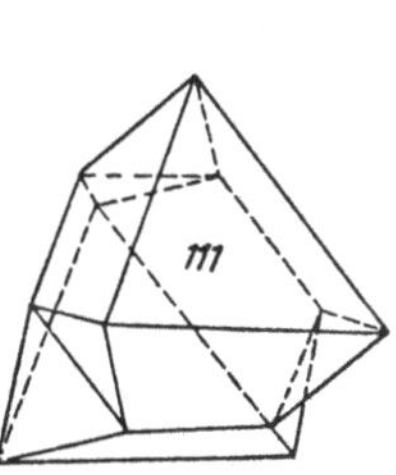
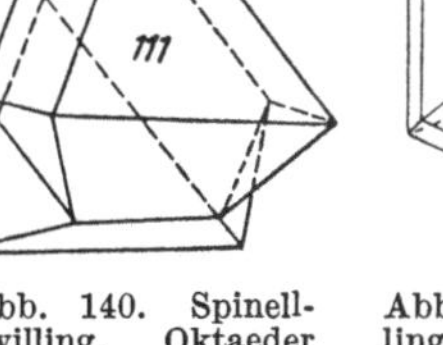

Abb. 140. Spinellzwilling. Oktaeder (111). Zwillingsebene (111).

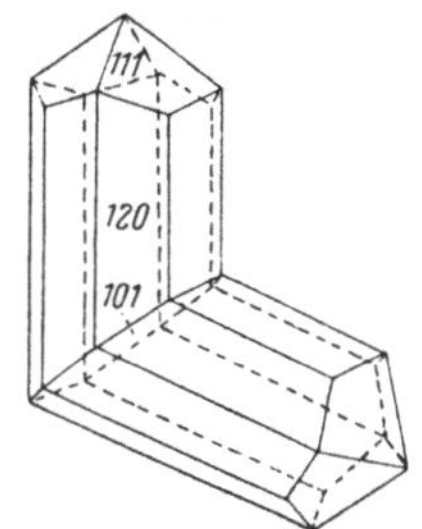

Abb. 141 Rutilzwilling. Zwillingsebene (101), Zwillingsachse deren Normale.

Das Tetraeder umfaßt kein Symmetriezentrum. Abb. 158 stellt das beim Fahlerz und Diamanten angetroffene Zwillingstetraeder dar. Es ist ein sog. Durchdringungszwilling. Das eine Individuum läßt sich von dem anderen dadurch ableiten, daß es aus seiner Ausgangslage um eine Tetraederkante, die also die Zwillingsachse darstellt, um 180° gedreht wird. Als Zwillingsebenen kommen hier jedoch drei Flächenrichtungen des Kubus vor.

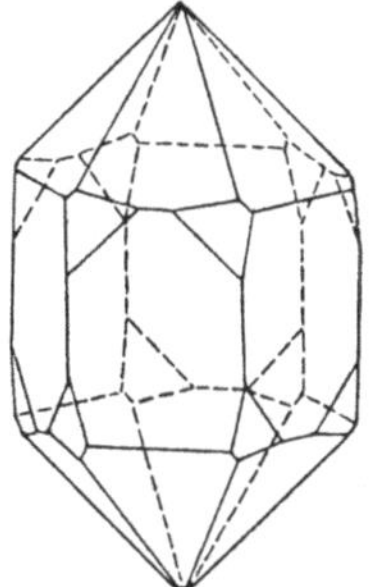

Abb. 142. Quarz, Brasilianer Zwilling. (10$\bar{1}$0)(10$\bar{1}$1) (01$\bar{1}$1) (6151) und (51$\bar{6}$1), Zwillingsebene (11$\bar{2}$0), Links- und Rechtsquarz miteinander verzwillingt.

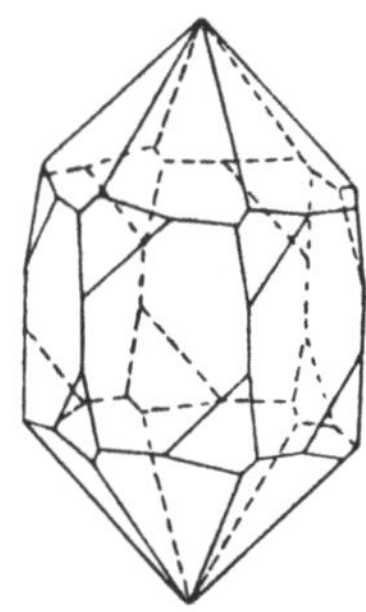

Abb. 143. Quarz, Dauphinéer Zwilling, c-Achse als Zwillingsachse. Zwei Linksquarzkristalle miteinander verzwillingt.

Die Tiefquarzkristalle gehören zu der enantiomorphen trigonal trapezoedrischen Symmetrieklasse, die weder eine Symmetrieebene noch ein Symmetriezentrum umfaßt. Daher ist es unmöglich, den Rechtsquarzkristall durch Drehung um die Zwillingsachse in den Linksquarzkristall überzuführen, und Quarzkristalle, bei denen Rechts- und Linksformen miteinander verzwillingt sind, können nur eine Zwillingsebene enthalten. In den Quarzzwillingen nach diesem sog. Brasilianer Gesetz (Abb. 142) erscheint als Zwillingsebene das Prisma (11$\bar{2}$0), das als Verwachsungs- und gleichzeitig als Symmetrieebene dient. Dagegen können sich zwei Linksquarzkristalle oder zwei Rechtsquarzkristalle miteinander in der Weise verzwillingen, daß die c-Achse die Zwillingsachse bildet: Dauphinéer Gesetz (Abb. 143).

In dem Zwillingskristall des ditetragonal pyramidalen Succinjodimids (Abb. 138) erscheint als Zwillingsebene das Basispedion (001), zugleich als Spiegel- und Verwachsungsebene. Hier tritt die c-Achse nicht als Zwillingsachse auf, denn allein eine Drehung um die c-Achse, die Tetragyre ist, brächte das eine, ursprünglich dem anderen parallele Individuum nicht in Zwillingsstellung, sondern in Deckung. Anders verhält es sich mit den ebenfalls nach der Basisfläche verzwillingten Calcitkristallen (Abb. 144), in denen die c-Achse eine Trigyre (Hexagyroide) ist. Diese Richtung ist hier eine wirkliche Zwillingsachse. — Sind die auf den Abb. 138 oder 144 dargestellten Zwillingskristalle so verwachsen, daß keine

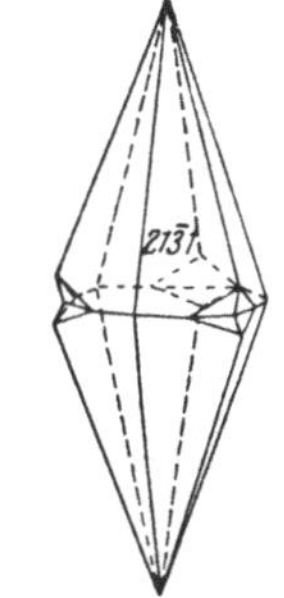

Abb. 144. Calcit (21$\bar{3}$1), Zwillingsebene (0001).

einspringenden Winkel zu sehen sind, so besitzt ersterer anscheinend eine ditetragonal bipyramidale, letzterer eine ditrigonal bipyramidale Symmetrie. Der Benitoitkristall ($BaTiSi_3O_9$), der auf Abb. 55 und 91 die letztgenannte Symmetrieklasse vertritt, könnte als ein derartiger Zwilling erklärt werden — was auch geschehen ist —, bis man durch die Kristallstrukturforschung festgestellt hat, daß er wirklich ditrigonal pyramidal ist. — Im allgemeinen sind die einspringenden Winkel charakteristische Kennzeichen der Zwillingskristalle, aber die *komplementären Zwillinge* der genannten Art bilden eine Ausnahme von dieser Regel, und bei ihnen ist die Symmetrie stets größer als bei den einfachen Kristallen.

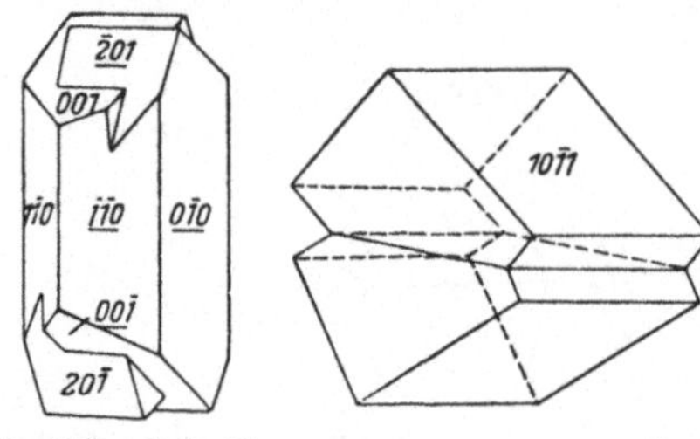

Abb. 145. Orthoklas, Karlsbader Zwilling. Zwillingsebene (100), Zwillingsachse *c*.

Abb. 146. Calcit ($10\bar{1}1$), Zwillingsebene ($01\bar{1}2$).

Verwachsungsebene. Oben sahen wir Kristallzwillinge, in denen die Zwillingsebene zugleich Verwachsungsebene ist. Dies ist die allgemeine Regel bei den sog. *Berührungszwillingen*, doch gibt es Ausnahmen davon. Die sog. Karlsbader Zwillinge des Orthoklases (Abb. 145) gehören meist zu den *Durchdringungszwillingen*, und die Verwachsungsfläche ist unregelmäßig, aber ein derartiger Zwillingskristall kann sich auch zu Berührungszwillingen gestaltet haben, wobei die Verwachsungsebene dargestellt wird durch (010), die stets die gemeinsame Richtung der Individuen der Karlsbader Zwillinge ausmacht. Zwillingsebene ist jedoch (100), denn diese ist die Symmetrieebene des Zwillingskristalls, und gleichzeitig ist die gegen diese Fläche gezogene Senkrechte eine Zwillingsachse. Doch kann in diesem Fall auch die *c*-Achse, gegen die keine Kristallfläche senkrecht steht, als Zwillingsachse gelten.

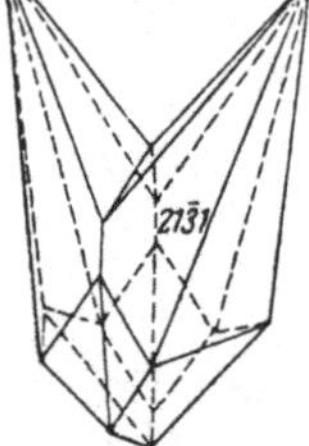

Abb. 147. Calcit ($21\bar{3}1$), Zwillingsebene ($10\bar{1}1$).

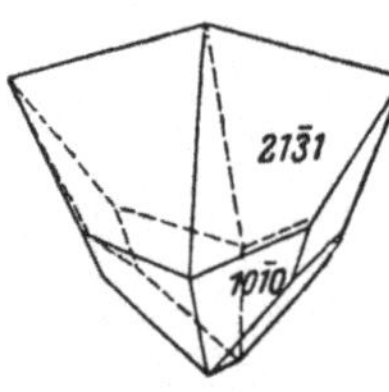

Abb. 148. Calcit ($2\bar{1}31$) ($1\bar{0}10$), Zwillingsebene $10\bar{1}1$).

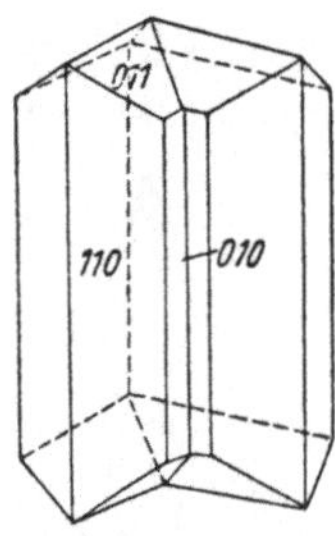

Abb. 149. Aragonit, Zwilling nach dem Aragonitgesetz, Zwillingsebene (110).

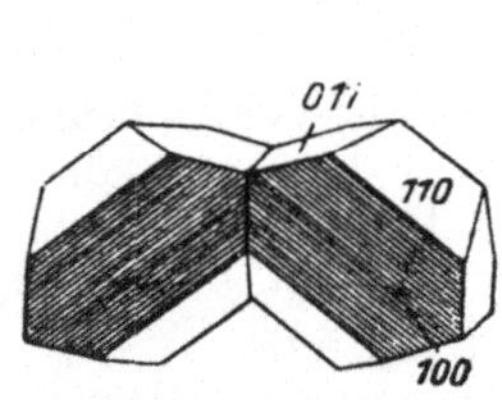

Abb. 150. Markasit, Zwillingsebene ($01\bar{1}$).

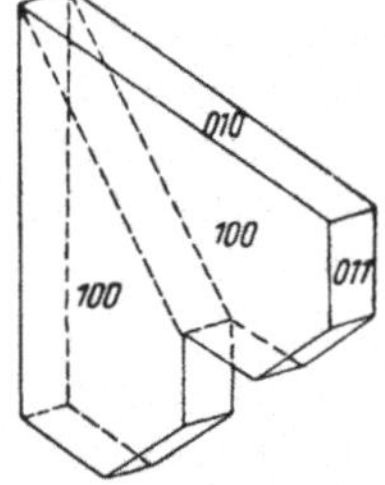

Abb. 151. Chrysoberyll, „Herzzwilling". Zwillingsebene (031).

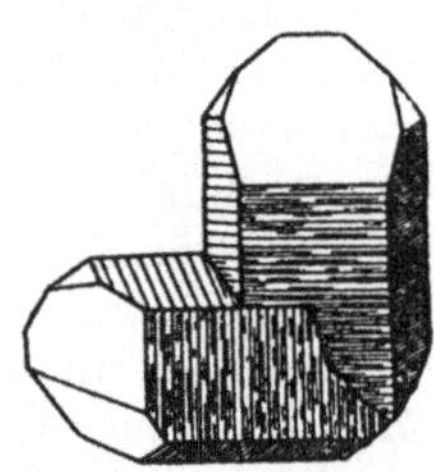

Abb. 152. Quarz, Japaner Zwilling. Zwillingsebene ($11\bar{2}2$). Der Winkel zwischen den Prismenachsen 84° 33′.

Die Abbildungen der Zwillinge von Calcit (146, 147, 148), Aragonit (149), Markasit (150), Chrysoberyll (151) bieten noch Beispiele von Berührungszwillingen, in denen die Zwillings- und die Verwachsungsebene identisch sind. Der nach dem sog. Japaner Gesetz verzwillingte Tiefquarz (Abb. 152) wiederum ist ein Berührungszwilling, in dem die Verwachsungsfläche uneben ist. Die Glimmer bieten häufig Zwillinge dar, in denen die Basis Verwachsungsebene, aber (110) Zwillingsebene ist (Abb. 153). Zwillinge nach diesem Gesetz können auch so ausgebildet sein, daß die Teilindividuen nebeneinander liegen und 110 auch Verwachsungsebene ist. In den Durchdringungszwillingen ist die Verwachsungsfläche im allgemeinen unregelmäßig. Beispiele sind Staurolith (Abb. 154 und 155), Fluorit (Abb. 156), Pyrit (Abb. 157) und Diamant (Abb. 158). Auch dann sind die Zwillingsebene und die Zwillingsachse bestimmbar. Doch besitzen in Viellingen zuweilen die einzelnen Individuen eine gleichmäßige durch Zwillingsebenen begrenzte Form, wie in dem Aragonitdrilling (Abb. 159).

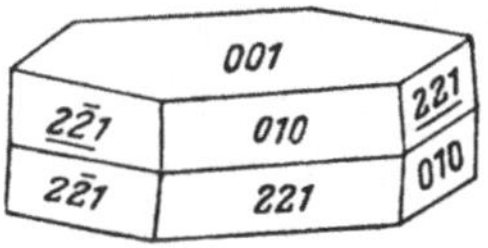

Abb. 153. Glimmer. Verwachsungsebene (001), Zwillingsebene (110).

Viellinge sind Zwillingsgruppen bei denen sich die Zwillingsbildung mehrmals wiederholt hat, wie beim Aragonit (Abb. 160 und 159). Man spricht von Drillingen, Vierlingen, Fünflingen usw.; von polysynthetischen Zwillingen dann, wenn die Anzahl der verzwillingten

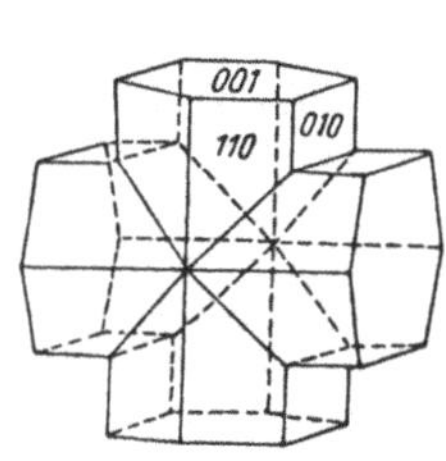

Abb. 154. Staurolith, Zwillingsebene (032). Der Winkel zwischen den Prismenrichtungen 88° 24′.

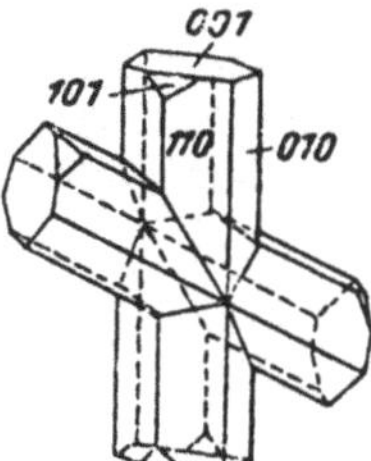

Abb. 155. Staurolith, Zwillingsebene (232).

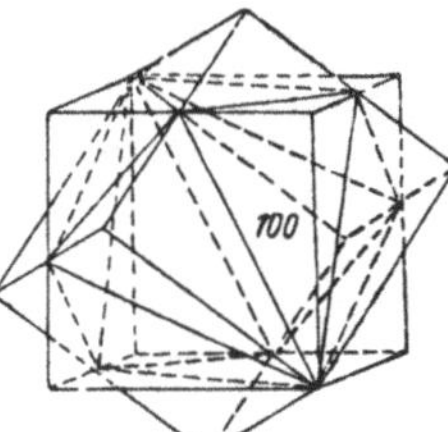

Abb. 156. Fluorit. Zwillingsebene (111).

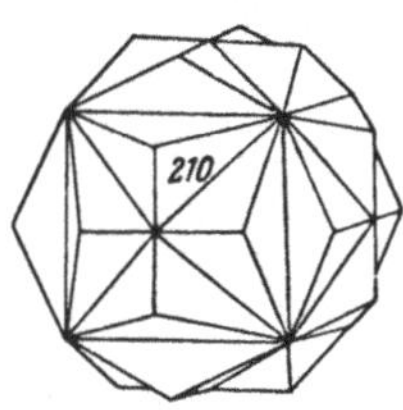

Abb. 157. Pyrit, „eisernes Kreuz". Zwillingsebene (110).

Individuen groß ist und dabei das 3., 5. usw. Individuum die Stellung des 1., das 2., 4. usw. Individuum die Stellung des 2. wiederholt (Wiederholungs- oder Repetitionszwillinge). Dies ist z. B. bei den nach dem Albitgesetz polysynthetisch verzwillingten Plagioklasen der Fall (Abb. 161 b, 452).

Bei anderen Viellingen (Wendeviellinge) gibt es keine parallel gestellten Einzelinduviduen (Abb. 160, 162, 163); die Zwillingsachsen können in derselben Zone auftreten, wie in den Aragonitdrillingen (Abb. 160) und den Cerussitdrillingen (Abb. 162), oder konvergieren, wie beim Staurolith (Abb. 155), wenn als Zwillingsebene eine Pyramidenfläche dient.

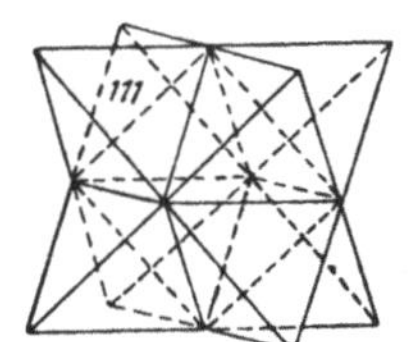

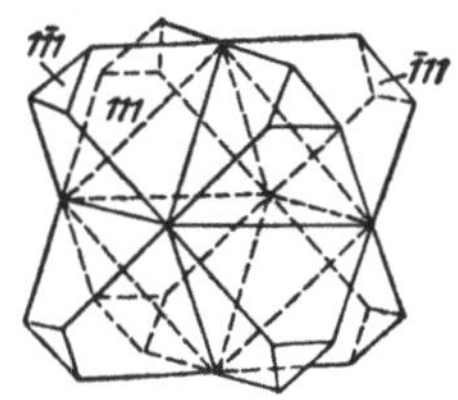

a b

Abb. 158a und b. Diamant, auch Fahlerz, Tetraeder (111). Zwillingsebene (100), Zwillingsachse eine Tetraederkante. b ist eine Kombination von den beiden Tetraedern (111) und $(1\bar{1}1)$. NB. Nach Kristallstrukturforschungen ist der Diamant holoedrisch, aber in den Formen ist Meroedrie häufig anzutreffen.

Die Aragonitzwillinge vertreten einen wichtigen Zwillingstypus, in dem als Zwillingsebene eine Prismenfläche auftritt. Dieser Typus erscheint bei vielen rhombischen und monoklinen Stoffen, bei denen der Prismenwinkel etwa 120° und also der dreifache Prismenwinkel etwa 360° beträgt. Derartige Drillinge sind in ihrem Aussehen den hexagonalen Kristallen gleich oder *mimetisch* hexagonal. Andere Beispiele sind Cerussit, Chrysoberyll (Abb. 163), Cordierit und Carnallit. Bei den zwei letztgenannten ist die Drillingsbildung oft polysynthetisch lamellar, und zwar in der Weise, daß eines der drei Individuen als „Wirt" auftritt, dem die zwei übrigen als den Prismaflächen parallele Lamellen eingewachsen sind (Abb. 164). Eine derartige

Verzwilligung ist vermutlich oft unter dem Einfluß einer erst nachträglich eingetretenen Deformation des Kristalls entstanden, ebenso wie die polysynthetische Verzwilligung beim Calcit, von der später die Rede sein wird (Zwillingsbildung durch einfache Schiebung.)

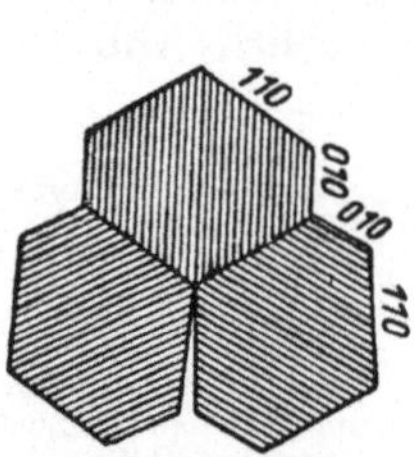

Abb. 159. Querschnitt durch einen Aragonitdrilling. Zwillingsebene m (110).

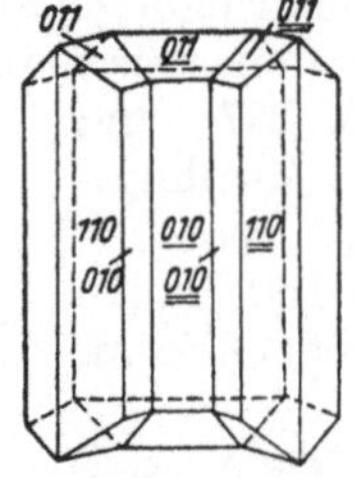

Abb. 160. Aragonitdrilling als Wiederholungszwilling nach dem Aragonitgesetz.

Einige wichtige Zwillingsgesetze. Viele Zwillingsgesetze beruhen auf der eigenartigen meroedrischen Symmetrie bestimmter Symmetrieklassen, wie dasjenige, bei dem die polaren Achsen entgegengesetzt sind und als Zwillings- sowie Spiegelungsebene irgendein Pedion dient (Abb. 138), und gleicherweise die Spiegelungsverzwillingung der Links- und Rechtsformen enantiomorpher Kristalle (Abb. 142), von der bereits die Rede gewesen ist. Die Eigenart der Verzwillingung bei den holoedrischen Kristallen der verschiedenen Systeme ist wiederum von der Symmetrie der Elementarzellen abhängig.

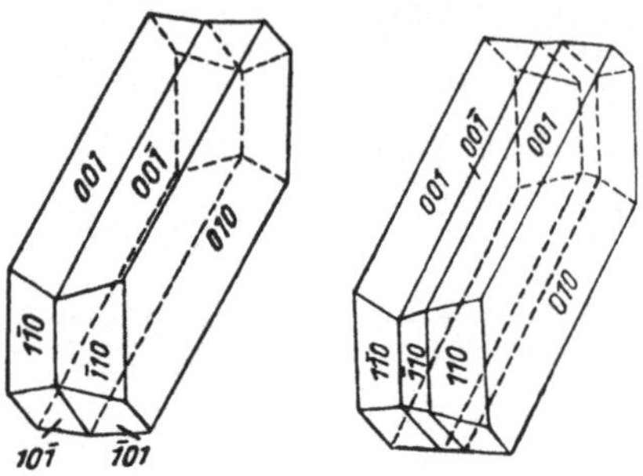

a b

Abb. 161a und b. a Plagioklaszwilling nach dem Albitgesetz. Zwillingsebene (010). b polysynthetischer Zwilling.

Bei den Kristallen des *triklinen Systems* sind die wichtigsten Zwillingsgesetze diejenigen, die bei den Feldspaten auftreten. Von ihnen ist das *Albitgesetz* oben bereits erklärt worden. Ein anderes ist das *Periklingesetz* (Abb. 165): Zwillingsachse ist die b-Achse und Verwachsungsebene der sog. rhombische Schnitt, d. h. die Ebene, die den durch die Flächen (110), $(1\bar{1}0)$ und (010) begrenzten Kristall so schneidet, daß ihre Schnittlinie mit den Flächen (010) $\perp b$ liegt und der Schnitt mit den Flächen (110) und $(1\bar{1}0)$ einen Rhombus bildet, dessen längere Diagonale die b-Achse ist. Die Periklinverzwillingung ist oft, ebenso wie die nach dem Albitgesetz, polysynthetisch; die nach dem einen und dem anderen Gesetz entstandenen Lamellenreihen treten oft zusammen als Zwillingsgitter auf. Derartige Wiederholungszwillinge können ferner paarweise nach dem Karlsbader oder dem Manebacher Gesetz verwachsen sein.

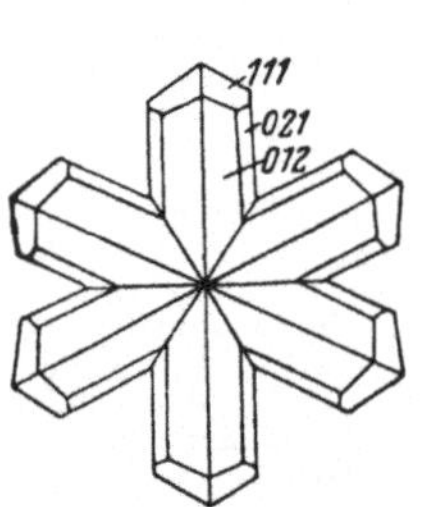

Abb. 162. Cerussitdrilling. Zwillingsebene (110).

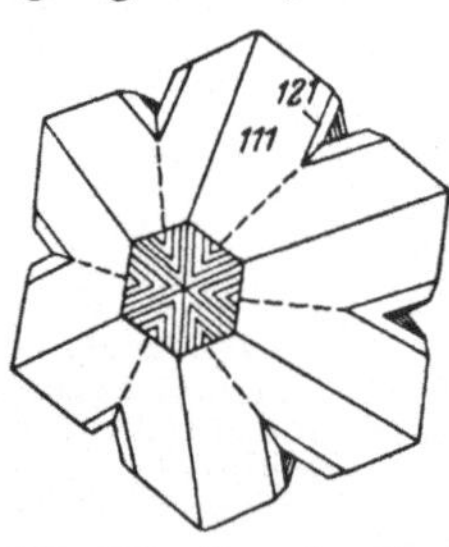

Abb. 163. Chrysoberyllsechsling, mimetisch hexagonal. Zwillingsebene (031).

Im *monoklinen System* erscheint allgemein das Augitgesetz, in dem die c-Achse Zwillingsachse und (100) Zwillingsebene ist, z. B. Augit (Abb. 166), Hornblende, Gips, Monazit usw. Bei den Feldspaten nimmt dieses allgemeine Gesetz die nach der Verwachsungsweise besondere Form des *Karlsbader Gesetzes* an (s. oben und Abb. 145). Abb. 167 dagegen zeigte einen nach dem *Bavenoer Gesetz* entstandenen Orthoklaszwilling, in dem als Zwillings- und Verwachsungsebene (021) auftritt; da der Winkel (001) $\wedge$ (021) $= 44° \, 56\frac{1}{2}'$ ist, so sind diese Zwillinge im Querschnitt fast quadratisch. In den Feldspatzwillingen nach dem *Manebacher Gesetz* ist (001) Zwillingsebene. Unter den Pyroxenen tritt die Zwillingsbildung nach (001) oft als polysynthetische Druckzwillingsbildung auf. Auch gibt es bei Stoffen mit Prismenwinkel von etwa 60° oft Drillingsbildung nach dem Aragonitgesetz.

Bei den holoedrischen Kristallen des *rhombischen Systems* taugt keinerlei Pinakoid als Zwillingsebene; das häufigste Zwillingsgesetz ist dasjenige, nach dem irgendeine Prismenfläche Zwillingsebene ist. Nach dieser entstehen entweder knieförmige Berührungszwillinge, kreuzweise Durchdringungszwillinge oder mimetisch hexagonale Drillinge. Am Staurolith treten drei verschiedene Zwillingsgesetze hervor; 1. Zwillingsebene (032) (Abb. 154) (da der Winkel 001 $\wedge$ 032 = 45° 41′, sind die Kreuzzwillinge fast, wenn auch nicht völlig rechtwinklig); 2. Zwillingsebene Prisma (230); 3. Zwillingsebene Pyramide (232) (Abb. 155), wobei der Winkel der c-Achsen fast 60° umfaßt; es können sternförmige Drillinge entstehen, in denen die Zwillings- und c-Achsen in verschiedenen Ebenen liegen.

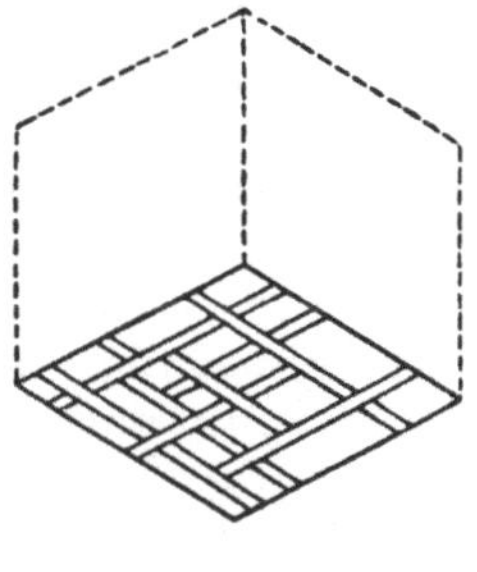

Abb. 164. Carnallitdrilling als Querschnitt in der Richtung (001). Eines der verzwillingten Individuen ist „Wirt“ und zwei bilden hier Lamellen. Mit gestrichelten Linien dasselbe als pseudohexagonaler Berührungsdrilling.

Das *trigonale System* umfaßt sehr viele Zwillingsgesetze. In der holoedrischen Symmetrieklasse, z. B. beim Calcit, ist die Basisfläche eine mögliche Zwillingsfläche (Abb. 121). In einigen Calcitzwillingen dient als Zwillingsebene das Grundrhomboeder (10$\bar{1}$1), in anderen wiederum das bei diesem die Kante abschneidende Rhomboeder (01$\bar{1}$2), nach welchem Gesetz die Zwillingsbildung durch einfache Schiebung eintritt.

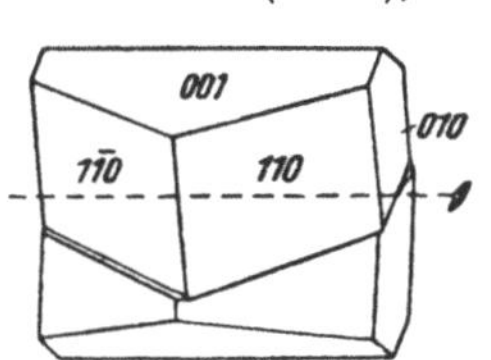

Abb. 165. Plagioklas, nach dem Periklingesetz verzwillingt. Zwillingsachse b.

An den trapezoedrischen Tiefquarzen haben wir bereits das Japaner (Abb. 152, Zwillingsebene 11$\bar{2}$2, $c \wedge c = 84{,}5°$), das Brasilianer [Abb. 142, links und rechts, Zwillingsebene (11$\bar{2}$0)] und das Dauphinéer Gesetz (Abb. 143, zwei Links- oder zwei Rechtskristalle) kennengelernt. Die Dauphinéer Zwillinge sind äußerlich dem einfachen hexagonal trapezoedrischen Kristall ähnlich, aber die Zwillingsgrenze, die meist in der für die Durchdringungszwillinge eigentümlichen Weise unregelmäßig ist, tritt an den Rhomboederflächen hervor, weil sie in dem einen Individuum durch das Grundrhomboeder (10$\bar{1}$1), in dem anderen wiederum durch das Rhomboeder (01$\bar{1}$1), dessen Flächen physikalisch andersartig, matt sind, vertreten werden.

An den holoedrischen Kristallen des *hexagonalen Systems* sind die Zwillinge selten. Als Zwillingsebene tritt irgendeine Pyramidenfläche auf.

In den Kristallen der holoedrischen Klasse des *tetragonalen Systems* ist die Zwillingsebene eine Pyramidenfläche. Am häufigsten tritt hier die Pyramide (101) auf, wie bei den Rutil- und Kassiteritzwillingen (Abb. 141). Denkbar wären an den tetragonalen Kristallen auch das Prisma (hk0) und an den hexagonalen das Prisma (hik0), aber derartige Zwillinge sind nicht bekannt.

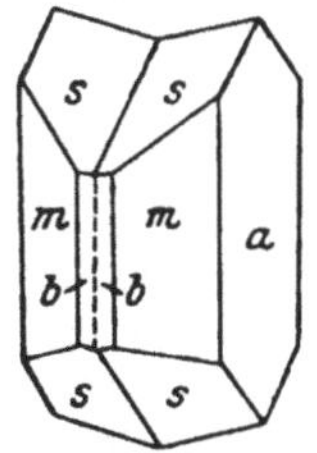

Abb. 166. Augit. s (111), m (110), a (100). Zwillingsebene a (100).

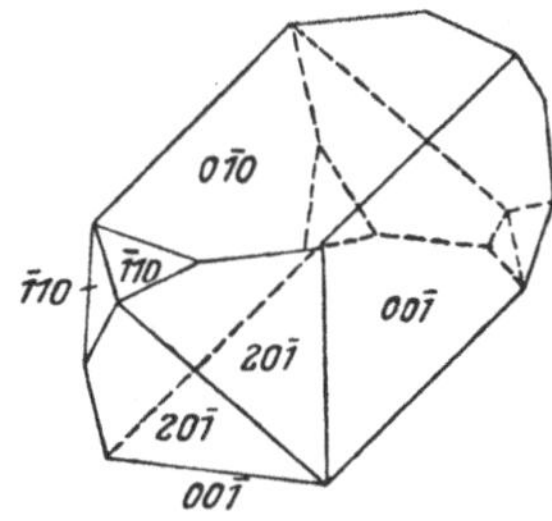

Abb. 167. Orthoklas, Bavenoer Zwilling. Zwillingsebene (021).

Das häufigste Zwillingsgesetz des *kubischen Systems* ist das oben erklärte Spinellgesetz (Abb. 140), in dem die Zwillingsebene (111) ist. In den meroedrischen

Klassen bestehen, wie gewöhnlich, in höherem Maße verschiedene Möglichkeiten. Wir haben auf Abb. 158 den Zwillingskristall der hexakistetraedrischen Klasse kennengelernt, in dem die Zwillingsachse eine Tetraederkante und (100) die Zwillingsebene ist. In den Kristallen der disdodekaedrischen Klasse, z. B. im Pyrit, erscheint ein Zwillingsgesetz, nach dem die Pentagondodekaeder (210) und (201) beider Art gleichzeitig, ein „Eisernes Kreuz" bildend, sichtbar sind. Zwillingsebene ist dabei eine Rhombendodekaederfläche (Abb. 157).

Das Streben nach Symmetrie bei den Kristallen. Wie wir schon an mehreren Beispielen gesehen haben, erhöht sich oft die Symmetrie der Kristalle durch Zwillingsbildung. Anthropomorphisch betrachtend könnte man sagen, die Kristalle seien praktisch angelegt, sie wollen „besser", d. h. symmetrischer erscheinen als sie sind. Dies wäre jedoch gewiß ungerecht, vielmehr können wir jetzt auf Grund der Kristallstrukturforschung einsehen, daß das Streben nach höchstmöglicher Symmetrie in der Welt der Kristalle gerade ein Naturgesetz ist, und zwar eine Äußerung des Prinzips der Energieersparnis: die symmetriereichsten Kristalle enthalten ein Minimum freier Energie und sind am stabilsten. Die Zwillingsbildung stellt nur einen Spezialfall dieses Prinzips dar.

Dasselbe Streben macht sich nämlich ganz allgemein bemerkbar: Sehr viele Kristallarten nähern sich einem höheren Symmetriegrad, den sie nicht vollständig erreichen. Man sagt, sie haben eine *Pseudosymmetrie*. Die triklinen Feldspäte sind *pseudomonoklin*, und alle Feldspäte können *pseudotetragonal* genannt werden, da ihre (001)- und (010)-Flächen, die ausgeprägte Spaltungsrichtungen sind, genau oder fast senkrecht aufeinander stehen und den tetragonalen Prismenflächen entsprechen. In ihrer Kristallstruktur zeigen sie sogar eine Annäherung an kubische Symmetrie, analog der Christobalitstruktur mit einer Anordnung der Sauerstoffatome, die der dichtesten kubischen Kugelpackung nahekommt. Von rhombischen *pseudohexagonalen* Kristallarten war schon oben die Rede. Zu ihnen gehören u. a. Olivin und Chrysoberyll, in denen die Sauerstoffatome sich der dichtesten hexagonalen Kugelpackung nähern.

In der Tat sind die kubischen und die hexagonalen Kristallstrukturen gleichsam Ideale, nach denen alle kristallisierenden Stoffe streben. Wie wir in dem Abschnitt über Kristallchemie sehen werden, sind die wichtigsten Strukturtypen teils kubisch (NaCl-Struktur, CaF_2-Struktur, Diamantstruktur, die kubischen Metallstrukturen), teils hexagonal (Wurtzitstruktur, NiAs-Struktur, die hexagonalen Metallstrukturen). Auch weniger symmetrische Strukturen können sehr oft irgendeinem solcher Grundtypen zugezählt werden; man spricht z. B. von „tetragonal deformierten" Steinsalz- oder Metallstrukturen, von „rhomboedrisch deformierten", sogar von „monoklin" oder „triklin deformierten" kubischen Strukturen, von „rhombisch deformierten" hexagonalen Strukturen usw.

Die Abweichung von der höchstmöglichen Symmetrie ist eine Folge der komplexen Gruppierungen der Atome im Gitter, z. T. auch der Polarisationserscheinungen der Atome selbst. Die Störung äußert sich in zweierlei Weise: 1. als Meroedrie. Zum Beispiel parallel angeordnete polare Atomgruppen machen das ganze Gitter polar, und die Kristalle gelangen zu den hemimorphen Symmetrieklassen; 2. als Pseudosymmetrie, von der gerade oben mehrere Beispiele angeführt wurden.

Diesen beiden Unvollkommenheiten versuchen die Kristalle durch Zwillingsbildung abzuhelfen. Im ersten Falle resultieren *meroedrische Zwillinge*: zwei meroedrische Kristalle sind derart verzwillingt, daß die Punktreihen und Netzebenen jenseits der Zwillingsebenen sich geradlinig fortsetzen und nur die Anordnung der Bausteine an der Grenze spiegelbildlich umklappt. Succinjodimid

(Abb. 138) stellt ein einleuchtendes Beispiel eines meroedrischen Zwillings dar. Hierzu gehören auch die Zwillinge der ditrigonal skalenoedrischen Klasse nach (0001), wie beim Calcit (Abb. 144); hier wird die Drehspiegelebene der Drehspiegelachse zu einer Spiegelebene gemacht. Drei Spiegelebenen, wie bei den trigonal holoedrischen Kristallen, charakterisieren die Quarzzwillinge nach dem Brasilianer Gesetz (Abb. 142). Beim Dauphinéerzwilling des Quarzes wiederum wird die Trigyre als Zwillingsachse zu einer Hexagyre gemacht. Ferner gehört dazu auch die häufigste Verzwillingung der kubisch holoedrischen Kristalle nach dem Spinellgesetz (Abb. 140) mit (111) als Zwillingsebene. — Bei der disdodekaedrischen Klasse ist die Rhombendodekaederfläche keine Symmetrieebene, wird aber beim Pyrit („eisernes Kreuz", Abb. 157) zur Zwillingsebene, ebenso wie (100) bei den Tetraederzwillingen (Abb. 158a, b).

Die andere Hauptgruppe der Zwillinge wird als *pseudomeroedrische Zwillinge* bezeichnet und ist hauptsächlich unter solchen Kristallarten vertreten, die Pseudosymmetrie aufweisen. Entweder wird eine Pseudospiegelebene zu einer wirklichen Spiegelebene gemacht, wie (010) beim triklinen Feldspat (Albitgesetz, Abb. 161a, b), oder auch es wird eine angestrebte, aber nicht erreichte Digyre zu einer zweizähligen Zwillingsachse, wie ebenfalls bei triklinen Feldspatzwillingen nach dem Periklingesetz (Abb. 165).

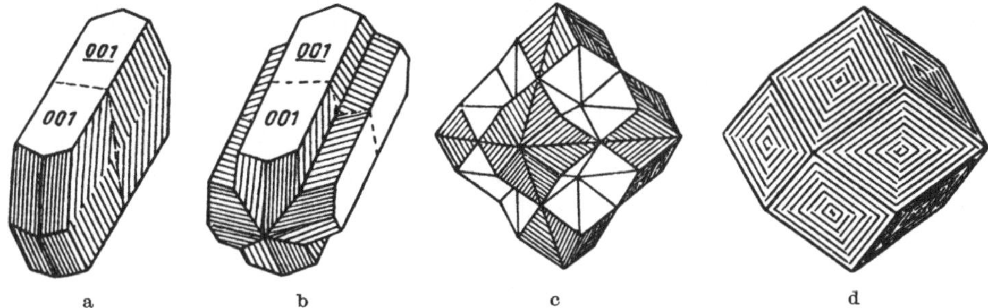

Abb. 168a bis d. Sukzessive Stadien der Viellingstockbildung bei Phillipsit und Harmotom.

Gerade bei pseudosymmetrischen Kristallarten merkt man besonders oft die Tendenz, die Symmetrie mittels Zwillingsbildung zu „verbessern". So bilden die rhombisch pseudohexagonalen Mineralien Aragonit, Cordierit u. a. gern Drillinge oder Sechslinge, die einfachen hexagonalen Kristallen ähneln. Man sagt, sie sind *mimetisch* hexagonal, und die Erscheinung heißt Mimesie.

Polysynthetische Plagioklaszwillingspakete sind mimetisch monoklin; die Neigung zur Zwillingsbildung ist bei dieser Kristallart so ausgeprägt, daß einfache Kristalle eher selten sind. Fast noch häufiger sind Zwillinge und komplizierte *Zwillingsstöcke* bei einigen Zeolithen, wie beim monoklinen Phillipsit und dem mit ihm isomorphen Harmotom (Abb. 168). Vierlinge nach (001) sind mimetisch rhombisch (*a*). Durchkreuzung von zwei solchen Vierlingen mit (011) als Zwillingsebene erzeugt mimetisch tetragonale Achtlinge (*b*). Durchwachsung von drei der letzteren mit (110) als Zwillingsebene gibt schließlich mimetisch kubische Zwillingsstöcke (*c*), die bei zugewachsenen einspringenden Winkeln der äußeren Form nach ein einfaches Rhombendodekaeder vortäuschen können (*d*).

Verwachsungen von verschiedenen Kristallarten. Vom Standpunkt der Gittertheorie der Kristalle wäre schon im voraus zu erwarten, daß auch verschiedene Kristallarten einander zu regelmäßiger Verwachsung induzieren könnten, vorausgesetzt, daß die Gitterdimensionen wenigstens in einer Richtung genügend ähnlich sind. Die Erfahrung hat dies durchaus bestätigt, und solche Verwachsungen haben in neuerer Zeit, nachdem das Verständnis dieser Erscheinungen durch die Kristallstrukturforschung ermöglicht worden war, in vielen Fällen interessantes Licht auf das Wesen der Kristalle geworfen.

Kristallverwachsungen können auf mehreren grundsätzlich verschiedenen Wegen entstehen: 1. Durch im kristallinen Zustand vor sich gehende Entmischung aus ursprünglich homogenen Kristallarten, isomorphen Mischungen oder Verbindungen, die bei Temperaturfall unbeständig werden. Als Beispiele nennen wir Magnetit-Ilmenit: Eingelagerte Ilmenitschuppen mit (0001) parallel (111) des Magnetits; Perthit: Lamellen von Albit im Kalifeldspat, die *c*-Achsen und (010)-Flächen beider parallel. Diese Art von Verwachsung setzt nicht notwendig Gleichheit der Gitterabstände voraus. — 2. Bei Umwandlung einer Kristallart in eine andere feinbaulich verwandte Kristallart, wie des Pyroxens in Amphibol (sog. Uralitisierung); beide besitzen Kettenbau, und die Länge der Elementarzelle ist bei beiden gleich ($c_0 = 5{,}20$ bis $5{,}30$ Å). Bei partieller Umwandlung umgibt der Amphibol homoaxial den Pyroxen derart, daß die *c*-Achse und die (010)-Flächen parallel sind. Die Umwandlung von Biotit in Chlorit und Parallelverwachsung beider ist ein anderes Beispiel. — 3. Bei gleichzeitiger Kristallisation von gewissen Kristallarten, wie Quarz und Feldspat im Schriftgranit nach FERSMANN (siehe S. 260). — 4. Orientiertes Aufwachsen, z. B. von Staurolith auf Disthen (Abb. 169). Beide haben ähnlichen Gitterbau, nur sind bei ersterem $Fe(OH)_2$-Schichten in das Al-Silicatgitter eingelagert. Die Zelldimensionen sind beim Disthen $a_0 = 7{,}09$ Å, $b_0 = 7{,}72$ Å, $c_0 = 5{,}56$ Å, beim Staurolith $a_0 = 7{,}81$ Å, $b_0 = 16{,}59$ Å, $c_0 = 5{,}64$ Å. Noch auffallender und etwas andersartig ist das Aufwachsen von Kaliumpermanganatkristallen auf Barytkristallen. Trotz der großen Verschiedenheit in chemischer Hinsicht sind doch beide strukturell isotyp. Das ist auch der Fall mit Calcit und Natronsalpeter; letzterer kristallisiert ebenfalls in parallel orientierter Verwachsung auf Calcitkristallen. Dieses Beispiel stellt schon einen Übergang zu den isomorphen Mischkristallen dar, die für eng verwandte Kristallarten gleicher Form charakteristisch sind. Sie werden im kristallchemischen Kapitel behandelt.

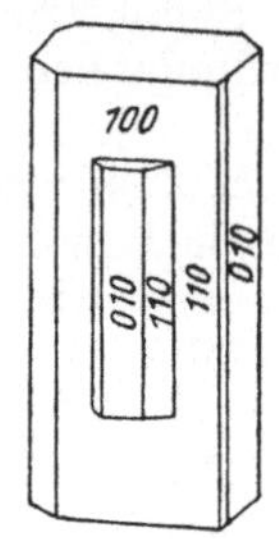

Abb. 169. Orientierte Verwachsung von Staurolith auf Disthen.

Literatur über Kristallgeometrie.

ASTBURY, W. T., u. K. YARDLEY: Tabulated Data for the Examination of the 230 Space-Groups by homogeneous X-rays. Phil. Trans. Roy. Soc. London, Ser. A **224**, 221 (1924). — BARLOW, W.: Über die geometrischen Eigenschaften homogener starrer Strukturen und ihre Anwendung auf Kristalle. Z. Kristallogr., Mineral. Petrogr. **23** (1894). — BECKENKAMP, J.: Leitfaden der Kristallographie. Berlin 1919. — BOEKE, H. E.: Die Anwendung der stereographischen Projektion bei kristallographischen Untersuchungen. Berlin 1911. — Die gnomonische Projektion in ihrer Anwendung auf kristallographische Aufgaben. Berlin **1913**. — BRAVAIS, A.: Abhandlung über die Systeme von regelmäßig auf einer Ebene oder im Raum verteilten Punkten. **1848**. Ostwalds Klassiker der exakten Wissenschaften Nr. 20. — Abhandlungen über symmetrische Polyeder. Ibid. **1849**, Nr. 17. — Études cristallographiques. Paris 1866. — FEDOROW, E. VON: Theorie der Kristallstruktur. Teil I. Mögliche Strukturarten. Z. Kristallogr., Mineral. Petrogr. **25** (1895). — FRIEDEL, GEORGES: Leçons de Cristallographie. Paris 1926. — GADOLIN, AXEL: Abhandlung über die Herleitung aller kristallographischer Systeme mit ihren Unterabteilungen aus einem einzigen Prinzipe. Ostwalds Klassiker der exakten Wissenschaften **1867**, Nr. 75. — GOSSNER, B.: Kristallberechnung und Kristallzeichnung. 1914. — HESSEL, J. FR. CHR.: Kristallometrie oder Kristallonomie und Kristallographie auf eigentümliche Weise und mit Zugrundelegung neuer allgemeiner Lehren der reinen Gestaltenkunde usw. Ostwalds Klassiker der exakten Wissenschaften **1830**, Nr. 88 u. 89. — HERMANN, C.: Zur systematischen Strukturtheorie I bis IV. Z. Kristallogr., Mineral. Petrogr. **68**, 257 (1928); **69**, 226 (1928); **69**, 250 (1928); **69**, 533 (1929). — HIMMEL. H., u. K. MÜLLER: Kursus der Kristallometrie. Berlin 1934. — LIEBISCH, TH.: Grundriß der physikalischen Kristallographie. Leipzig 1896. — NIGGLI, P.: Geometrische Kristallographie des Diskontinuums. Leipzig 1919. — PARKER, L.: Kristallzeichnen. Berlin 1929. — RAAZ, F., u. H. TERTSCH: Geometrische Kristallographie und Kristalloptik. Wien 1939. — RINNE, F.: Zur Nomenklatur der 32 Kristallklassen. Abh. math.-physisch. Kl. sächs. Akad. Wiss. Leipzig 1929. — SCHIEBOLD, E.: Über eine neue Herleitung und Nomenklatur der 230 kristallogr. Raumgruppen. Abh. math.-physisch. Kl. sächs. Akad. Wiss. Leipzig 1929. — SCHOENFLIES, A.: Kristallsysteme und Kristallstruktur. Leipzig 1891. — Theorie der Kristallstruktur. Berlin 1923. — SOHNCKE, LEONH.: Entwicklung einer Theorie der Kristallstruktur. Leipzig 1879. — WÜLFING, E. A.: Die 32 kristallographischen Symmetrieklassen und ihre einfachen Formen. Berlin 1914. — WYCKOFF, R. W. G.: The analytical Expression of the Results of the Theory of Space-Groups. Washington D. C. 1930.

II. Kristallphysik.

A. Über die physikalischen Eigenschaften der Kristalle im allgemeinen.

Klassifizierung der Eigenschaften. Schon in einem Einleitungsabschnitt wurde die Einteilung der physikalischen Eigenschaften in skalare und vektorielle wie auch die Scheidung letzterer in bivektorielle oder tensorielle und in univektorielle oder polare angeführt. Auf Grund dessen, was oben über die Kristallstruktur der Stoffe gesagt worden ist, verstehen wir leicht, daß alle physikalischen Eigenschaften mit der Kristallstruktur in nahem Zusammenhang stehen. Anderseits sind die Eigenschaften der Kristalle sehr verschiedener Natur. Einige, z. B. die Kohäsion, wechseln nach der Richtung offenbar sprungweise und erlangen in ganz bestimmter Richtung Mindestwerte, die von den Beträgen der auch nur etwas von dieser abweichenden Richtungen sich stark unterscheiden. Senkrecht gegen die Minimalrichtungen der Kohäsion liegen im Kristall die Spaltrichtungen. Eine solche Richtung bedeutet im Raumgitter des Kristalls stets die Richtung der dichtesten Netzebenen.

Noch empfindlicher abhängig von der Punktanordnung im Kristall ist der in seiner Wachstumsgeschwindigkeit gemäß der Richtung bestehende Wechsel, der bewirkt, daß die Richtungen der Netzebenen selbst als Kristallflächen in die Erscheinung treten. Wir haben gesehen, daß in den Kristallformen die Symmetrie der Kristallstruktur wirklich so weitgehend hervortritt, daß einzig und allein auf ihrer Grundlage die gegenseitige Unterscheidung von 32 Symmetrieklassen möglich ist. So weit vermöchte man ausschließlich auf Grund der Spaltrichtungen nicht zu kommen, obgleich auch mit ihrer Hilfe im allgemeinen die Kristalle der verschiedenen Systeme voneinander unterschieden und ebenfalls diese in einige strukturell voneinander abweichende Gruppen eingeteilt werden können. In Sonderfällen hilft das Erscheinen univektorieller Eigenschaften, wie der Pyroelektrizität und des Drehvermögens der Polarisationsebene, weiter bei der Bestimmung der Symmetrie der Kristallstruktur.

Es gilt als allgemeine Regel, daß die Symmetrie in bezug auf die übrigen Eigenschaften mindestens gleich, meistens aber größer als die Formsymmetrie ist.

Wie die Optik der Röntgenstrahlen die Kristallstruktur bis auf die kleinsten Einzelheiten zu erklären vermag, werden wir im folgenden erfahren. Auf diesem Wege hat man unmittelbaren Zugang zu den kleinsten Bauteilen.

Andererseits gibt es eine große Menge bivektorieller Eigenschaften, z. B. das Wärmeleitvermögen, die Fortpflanzungsgeschwindigkeit des Lichtes, deren Wechsel gemäß der Richtung stufenweise eintritt. Irgendeine Eigenschaft nimmt in bestimmter Richtung im Kristall den größten Wert und in einer anderen, zu ihr senkrechten den kleinsten sowie in einer dritten, zu beiden senkrechten Richtungen einen dazwischen gelegenen Wert an. Werden die Lagen dieser für die betreffende Eigenschaft bestehenden *Hauptachsen* und ihre Zahlenwerte in

Längenmaßen sowie die gemessenen Zahlenwerte der Eigenschaften auch in allen übrigen Richtungen in das Koordinatensystem eingetragen, so ergeben sich *Ellipsoide* oder solche Raumfiguren, deren Durchschnitte in beliebigen Richtungen ellipsenförmig (in Sonderfällen kreisförmig) sind. In drei zueinander senkrechten ellipsenförmigen Querschnitten treten die obengenannten Hauptachsen als Diagonalen auf. Das Maß der Eigenschaft in bestimmter Richtung ist der Länge des vom Ellipsoidmittelpunkt in dieser Richtung gezogenen Radius proportional.

Wir bezeichnen jene wichtige Gruppe physikalischer Eigenschaften, deren Messungswerte so in den Verhältnissen der Radien von Ellipsoiden schwanken, als **ellipsoidische Eigenschaften.** Die Symmetrieelemente der Eigenschaftsellipsoide befolgen die Symmetrie der Kristallstruktur des Stoffes derart, daß der Symmetriebetrag des Ellipsoids wenigstens ebenso groß ist wie der Symmetriebetrag der entsprechenden Kristallklasse; in den meisten Fällen ist er größer. In allen Ellipsoiden kommt ein Symmetriezentrum vor, ihre Hauptachsen sind Digyren, und in der Richtung zweier Hauptachsen paarweise liegen die Symmetrieebenen, die sog. *Hauptschnitte.*

In der allgemeinen Form und Lage der Ellipsoide treten folgende Regelmäßigkeiten hervor:

In den triklinen Kristallen sind die Lagen der Hauptachsen der Ellipsoide völlig unabhängig von den Kristallachsen. Sie sind also für jede Kristallart besonders zu bestimmen. Außerdem wechseln ihre Stellungen je nach den äußeren Verhältnissen (z. B. nach der Temperatur) und dem Sondercharakter der Erscheinung (z. B. bei der Geschwindigkeit des Lichtes nach seiner Wellenlänge). Das bezeichnet man als die *Lagendispersion* der Ellipsoidachsen.

In den monoklinen Kristallen dient die b-Achse stets als eine der Hauptachsen des Ellipsoids, und in dieser Richtung kommt keine Lagendispersion in Frage. Die anderen zwei Hauptachsen liegen in der den Achsen a und c parallelen Ebene (010), sind aber von den Kristallachsen unabhängig; sie weisen Lagendispersion auf.

In den rhombischen Kristallen fallen die Hauptachsen der Ellipsoide mit den Kristallachsen zusammen, und eine Lagendispersion kommt nicht in Frage.

Bei allen obengenannten Kristallarten sind die drei gegeneinander senkrechten Richtungen ungleichwertig. Die Messungswerte der Eigenschaften in den drei Hauptrichtungen sind somit verschieden groß, das Ellipsoid ist dreiachsig.

Die trigonalen, hexagonalen und tetragonalen Kristalle sind alle insofern gleichartig, als sie eine einzigartige Hauptachse (c-Achse) enthalten, deren Zähligkeit als Drehungs- oder wenigstens Drehspiegelungsachse größer als zwei ist. Senkrecht zu dieser Achse stehen mehr als zwei gleichwertige Richtungen. Eine derartige Struktur wird als *wirtelig* bezeichnet. Die Hauptachse des Kristalls ist die Hauptachse des Ellipsoids. Da gegen diese mehrere gleichwertige Richtungen senkrecht stehen, müssen in bezug auf die ellipsoiden Eigenschaften alle Richtungen gleichwertig sein. Der Ellipsenschnitt ist jetzt ein Kreis, und das Ellipsoid ist ein *Rotationsellipsoid.* Lagendispersion kommt nicht in Frage.

In den kubischen Kristallen endlich sind die drei zueinander senkrechten Kristallachsen gleichwertig, das Ellipsoid ist eine *Kugel.* Das bedeutet, daß alle Richtungen in bezug auf die ellipsoidischen Eigenschaften gleichwertig, d. h. die kubischen Stoffe mit Rücksicht auf diese isotrop, den Gasen oder flüssig-amorphen Stoffen ähnlich sind.

Einige physikalische Erscheinungen, wie Pyroelektrizität, setzen einen Stoff voraus, in dem Richtung und Gegenrichtung ungleichwertig sind. Derartige Richtungen gibt es in folgenden Symmetrieklassen: in der triklin pedialen Klasse ede Richtung; in der monoklin sphenoidischen Klasse die *b*-Achse; in der monoklin domatischen Klasse jede Richtung in der Ebene (010); in der rhombisch pyramidalen, der trigonal pyramidalen, der ditrigonal pyramidalen, der hexagonal pyramidalen, dihexagonal pyramidalen, tetragonal pyramidalen und ditetragonal pyramidalen Klasse die in diesen einzigartige Richtung der *c*-Achse. In allen diesen Klassen treten Einzelflächen oder Pedien auf, und die genannten Richtungen sind gerade Normalenrichtungen der Pedien.

B. Mechanische, thermische und elektrische Eigenschaften.

Dichte. Die Dichte eines Stoffes, *d*, ist die Masse eines Kubikzentimeters in Grammen. Da als Gramm die Masse eines Wasserkubikzentimeters bei einer Temperatur von + 4° definiert worden ist und da das Gramm ferner als Einheit der Schwerkraft dient, trägt die Dichte denselben Zahlenwert wie das spezifische Gewicht, das angibt, wievielmal schwerer (oder leichter) als Wasser der Stoff ist. Bei der Ausführung genauer Bestimmungen ist das Gewicht der beim Wägen verdrängten Luft in Betracht zu ziehen. Die Dichte wird nach einer der folgenden Methoden bestimmt:

1. Durch Wägen des Körpers in Luft und Wasser. Beträgt die Temperatur + 4°, so bedeutet der Unterschied oder das Gewicht der verdrängten Wassermenge das Volumen des untersuchten Körpers in cm^3. Wird das Gewicht des Körpers durch diese Zahl geteilt, so ergibt sich seine Dichte. Wenn die Temperatur des Wassers eine andere ist, so hat man diese zu bestimmen, und mit der Dichte des Wassers, die der Temperatur entspricht und aus physikalischen Tabellen ersehen werden kann, ist der erhaltene Wert zu multiplizieren. Das Wägungsverfahren wird angewandt, wenn der Stoff in großen Bruchstücken vorhanden ist, wie bei Gesteinen. Das Gesteinstück und der Aufhängedraht sind durch Kochen in Wasser sorgfältig zu reinigen.

2. Mit einem Pyknometer oder einer fest verschließbaren Wasserflasche. Zunächst wird der Stoff, der körner- oder pulverförmig zu sein hat, getrennt gewogen, danach wird das Gewicht der nur mit Wasser gefüllten Flasche und zuletzt das der den Stoff enthaltenden und mit Wasser aufgefüllten bestimmt.

3. Mit schweren Flüssigkeiten und mit der WESTPHALschen Waage. Man nimmt zunächst eine Flüssigkeit, auf welcher der zu untersuchende Stoff schwimmt, verdünnt sie vorsichtig, bis der Stoff in der Flüssigkeit an jeder beliebigen Stelle schwebt, wobei also die Dichte beider Stoffe gleich ist, und bestimmt die Dichte der Flüssigkeit mittels der auf das Aerometerprinzip gegründeten WESTPHALschen Waage. Dieses Verfahren ist vorwiegend bei der Untersuchung von Gesteinmineralien viel angewandt worden, da sich mittels schwerer Flüssigkeiten gleichzeitig die verschiedenen Mineralien des Gesteins voneinander trennen lassen. Als schwere Flüssigkeit kann eine der folgenden benutzt werden:

THOULETsche Lösung: Kaliumquecksilberjodidlösung, deren Dichte bei Sättigung 3,196 beträgt. CLERICIsche Lösung: ein äquimolekulares Gemenge von Thalliummalonat und Thalliumformiat, die Dichte der gesättigten Lösung bei Zimmertemperatur 4,1 und bei 100° über 5. Zu noch höheren Dichten gelangt man mit geschmolzenem Thalliumnitrat. Die THOULETsche und die CLERICIsche Lösung werden mit Wasser verdünnt.

Methylenjodid, CH_2J_2. Dichte 3,33.

Acetylentetrabromid, $C_2H_2Br_4$. Dichte 2,91. Dieses wie auch Methylenjodid werden mit Benzol verdünnt. Das Acetylentetrabromid ist unter den schweren Flüssigkeiten am billigsten, die CLERICIsche Lösung ist zwischen den weitesten Dichtegrenzen verwendbar.

Molekularvolumen und topische Parameter. Statt des spezifischen Gewichtes führt man bisweilen das spezifische Volumen an; es besagt in cm^3 das Volumen, das von 1 g des Stoffes eingenommen wird. Sein Betrag beläuft sich also auf den reziproken Wert der Dichte: $v = \frac{1}{d}$. Das Molekularvolumen, *mv*, wiederum ist der von einem Grammol ausgefüllte Raum oder gleich dem Molekulargewicht, geteilt durch die Dichte: $mv = \frac{M}{d}$.

Das Molekularvolumen bedeutet den Rauminhalt eines Körpers, der $6{,}05 \cdot 10^{23}$ Moleküle einschließt. Dies ist die Avogadrosche Zahl, die angibt, wie viele Moleküle in einem Grammol enthalten sind. Nach Muthmann und Becke bezeichnet man als *topische Parameter* χ, ψ und ω die Seiten des Parallelepipeds, dessen Rauminhalt dem Molekularvolumen gleich ist, dessen zwischen den Seiten gelegene Winkel α, β und γ den Winkeln im Kristallachsenkreuz des Stoffes gleichen und bei dem die gegenseitigen Verhältnisse der Kantenlängen dieselben sind wie die Achsenverhältnisse des Stoffes, $b = 1$ gesetzt.

Bei kubischen Stoffen also $\chi = \psi = \omega = \sqrt[3]{mv}$, bei tetragonalen $\chi = \psi = \sqrt[3]{\frac{mv}{c}}$, bei trigonalen und hexagonalen $\chi = \psi = \sqrt[3]{\frac{mv}{c \cdot \sin 120^\circ}}$, bei rhombischen $\chi = a\sqrt[3]{\frac{mv}{ac}}$, bei monoklinen $\chi = a\sqrt[3]{\frac{mv}{ac\sin\beta}}$ und bei triklinen $\chi = a\sqrt[3]{\frac{mv}{ac\sqrt{1+2\cos\alpha\cos\beta\cos\gamma-\cos^2\alpha-\cos^2\beta-\cos^2\gamma}}}$.
ψ und ω erhalten dieselben Wurzelausdrücke wie χ, aber ψ erhält bei den rhombischen, monoklinen und triklinen Kristallen den Koeffizienten 1 und ω den Koeffizienten c statt a.

Das aus den topischen Parametern bestehende Parallelepiped ersetzt gewissermaßen die Elementarzelle, so lange diese unbekannt ist. Anderseits bedarf man gerade des Molekularvolumens, wenn man aus dem experimentell festgelegten Punktabstand in Richtung der kristallographischen Achsen die Elementarzelle selbst zu bestimmen sucht.

Wärmeausdehnung und -zusammenziehung. In den Raumgittern der Kristalle herrscht eine regelmäßige Anordnung, trotzdem aber sind sie nicht unbeweglich. Nach der mechanischen Wärmetheorie ist die Wärme Bewegung der kleinsten Teilchen und die Temperatur ein bestimmter Bewegungszustand. Jede Temperaturveränderung bewirkt in den Raumgittern der Kristalle eine gegenseitige Entfernung oder Annäherung der Punkte, was phänomenologisch als Ausdehnung oder Zusammenziehung merkbar wird, und zwar im allgemeinen in verschiedenen Richtungen in verschieden hohem Maße, so daß an den Kristallen eine Formveränderung oder Deformation auftritt. Solange dabei die Kristallstruktur sich nicht völlig auflöst oder verändert — z. B. im Schmelzpunkt oder im Umwandlungspunkt —, bleiben die geraden Punktreihen gerade, die Gitterebenen eben und die einander parallelen Ebenen gleichgerichtet.

In einem Raumgitter allgemeinster Art oder also in einem triklinen Kristall verändern sich die verschiedenen Seiten der Elementarzelle, eine jede unabhängig von den übrigen in verschiedenem Maße, so daß also auch die Winkel ihre Größe verändern. Alle identischen Abstände dagegen wandeln sich in gleichem Maße, die parallelen Punktlinien bleiben gleichgerichtet.

Auch die verschieden gerichteten, aber gleichwertigen identischen Abstände verändern sich bei wechselnder Temperatur in gleichem Maße. Daraus folgt, daß die Symmetrie bei den durch Temperaturschwankungen verursachten Formwandlungen nicht abnimmt. Die Indices der Kristallflächen bleiben dieselben, desgleichen die Zonenverbände, dagegen wird im allgemeinen das Achsenverhältnis ein anderes, soweit es infolge der Symmetrie des Kristalls eine für den Stoff bezeichnende Artkonstante ist. — Derartige Formveränderungen werden *homogene Deformationen* genannt.

Die durch die Temperatur bewirkte Formveränderung ist in den kristallinen Stoffen eine ellipsoidische Erscheinung. Das ist mittels analytischer Geometrie direkt nachweisbar, ausgehend von der Kristallstrukturtheorie, indem man überlegt, wie eine aus dem Raumgitter herausgeschnittene Kugel sich verändern würde, wenn die auf ihrer Oberfläche gelegenen Punkte sich in der oben angegebenen Weise in den Richtungen der Punktreihen verschieben würden. Es ist nämlich einzusehen, daß die Form der so entstehenden neuen, auch weiterhin geschlossenen und zentralsymmetrischen Fläche durch eine Gleichung zweiten Grades auszudrücken wäre, eine Gleichung, wie sie in Fällen allgemeiner Art nur durch ein dreiachsiges Ellipsoid, in Sonderfällen durch ein Rotationsellipsoid oder eine Kugel wiedergegeben werden kann.

Anschaulich läßt sich das dadurch beweisen, daß, formt man aus dem Kristallindividuum wirklich eine Kugel, durch Messen nachgewiesen werden kann, wie sie sich in ein Ellipsoid verwandelt hat. Dessen längste, kürzeste und mittlere Diagonale, die Hauptachsen des Ellipsoids, geben die Ausdehnung und Zusammenziehung für den in Frage stehenden Temperaturunterschied direkt an.

Wie sich in den Kristallen der verschiedenen Systeme die Lagen der Hauptachsen des aus der Kugel entstandenen Ellipsoids zu den Kristallachsen verhalten, ergibt sich ohne weiteres aus dem, was oben im allgemeinen über die ellipsoidischen Eigenschaften gesagt worden ist. Im triklinen System, in dem die Stellungen der Hauptachsen ganz unabhängig von den Kristallachsen sind, tritt auch Lagendispersion in der Weise hervor, daß bei wechselnder Temperatur die Hauptachsen des Ellipsoids eine andere Lage einnehmen. Dasselbe zeigt sich in den monoklinen Kristallen in der Richtung (010). In den Systemen, die eine wirtelige Hauptachse aufweisen, ist die Fläche ein Rotationsellipsoid, und im kubischen System bleibt die Kugel eine Kugel.

Die thermische Dilatation und Kontraktion ist in den Kristallen im allgemeinen außerordentlich gering. Um sie zu messen, benutzt man Apparate, die sich auf Veränderungen in den Interferenzerscheinungen des Lichtes gründen. Diese werden in einer dünnen Luftschicht zwischen Glas und einer geschliffenen Fläche des durch Wärme sich ausdehnenden Stoffes beobachtet. Solche Apparate werden als Dilatometer oder auch als Interferometer bezeichnet.

Zu messen sind im allgemeinen 1. die Lage des Ellipsoids, d. h. die Winkel, welche die Hauptachsen X, Y, Z des Ellipsoids mit den Kristallachsen bilden, und 2. die Beträge der Längenveränderungen oder die linearen Ausdehnungskoeffizienten λ_1, λ_2 und λ_3 je Wärmegrad, als Einheit die Radiuslänge der Kugel. Die Hauptachsen des Ellipsoids sind also:

$$X = 1 + \lambda_1,$$
$$Y = 1 + \lambda_2,$$
$$Z = 1 + \lambda_3.$$

Werden die Bestimmungen bei verschiedenen Temperaturen angestellt, so ist gewöhnlich zu beobachten, daß die Ausdehnung mit steigender Temperatur zunimmt. Dann wird die Steigerung als *Zuwachskoeffizient* α bei der Temperatur t angegeben. Beträgt z. B. der lineare Ausdehnungskoeffizient bei 0° λ_1, so beläuft er sich bei t° auf $\lambda_1^t = \lambda_1^0 + \alpha_1 t$.

Im folgenden seien die Ausdehnungskoeffizienten einiger Stoffe angeführt:

		λ_1 (‖ a)	λ_2 (‖ b)	λ_3 (‖ c)
Rhombisch	Aragonit	$9{,}90 \cdot 10^{-6}$	$15{,}72 \cdot 10^{-6}$	$33{,}25 \cdot 10^{-6}$
	Topas	$4{,}23 \cdot 10^{-6}$	$3{,}47 \cdot 10^{-6}$	$5{,}19 \cdot 10^{-6}$
Hexagonal	Beryll	$0{,}84 \cdot 10^{-6}$		$-1{,}52 \cdot 10^{-6}$
	Silberjodid	$0{,}10 \cdot 10^{-6}$		$-2{,}26 \cdot 10^{-6}$
Tetragonal	Rutil	$6{,}70 \cdot 10^{-6}$		$8{,}29 \cdot 10^{-6}$
Trigonal	Quarz	$13{,}24 \cdot 10^{-6}$		$6{,}99 \cdot 10^{-6}$
	Calcit	$-5{,}75 \cdot 10^{-6}$		$25{,}57 \cdot 10^{-6}$

Wie an diesen Beispielen zu erkennen, tritt bei Erwärmung in einigen Stoffen in bestimmter Richtung eine Kontraktion ein (Ausdehnungskoeffizient negativ), wie beim Calcit, Beryll und Silberjodid. Bei den zwei erstgenannten nimmt indes das Volumen in seiner Ganzheit zu, aber beim Silberjodid wird das Volumen beim Erwärmen geringer, eine sonderbare Ausnahme von der allgemeinen Regel.

In der linearen Ausdehnung und Zusammenziehung des Calcits in der Richtung der c-Achse und senkrecht zu ihr besteht ein ungemein großer Unterschied. Infolgedessen verändern sich die Winkel, die von allen gegen die c-Achse geneigten Flächen miteinander und mit den Flächen der Prismazone wie auch mit den Basisflächen gebildet werden, verhältnismäßig beträchtlich, der Polkantenwinkel des Grundrhomboeders z. B. bei einer Erhitzung von $-165°$ auf $+596°$ um insgesamt $1° 9' 20''$; das Achsenverhältnis $a:c$ beläuft sich bei $-165°$ auf $1:0{,}8508$, bei $+596°$ wiederum auf $1:0{,}8733$. Beim Dolomit macht die entsprechende Winkeländerung nur $0° 36' 42''$ aus, während das Achsenverhältnis bei $-170°$ $1:0{,}8304$ und bei $+590°$ $1:0{,}8419$ beträgt. Bei den Silicaten ist die Veränderung viel geringer, wie auch die linearen Ausdehnungskoeffizienten erkennen lassen.

Kontraktion der Kristalle bei hydrostatischem Druck. Unter gewöhnlichen Verhältnissen unterstehen die Körper dem Druck der Atmosphäre. Nimmt der allseitig gleicherweise wirkende oder hydrostatische Druck zu, so vermindert sich das Volumen der kristallinen Stoffe wie auch in noch höherem Maße das der Flüssigkeiten. Die durch Druckveränderungen verursachten Wandlungen des Volumens sind ellipsoidisch und sehr ähnlichen Charakters wie die durch Temperaturwechsel verursachten: aus der Kugel ergibt sich ein Deformationsellipsoid. Aber in den Fällen, in denen Lagendispersion möglich ist, verlaufen die Hauptachsen dieses Ellipsoids im allgemeinen nicht parallel den Hauptachsen des Wärmeausdehnungs- oder des Zusammenziehungsellipsoids. Die durch Temperatursteigerung erweiterte und in ein Ellipsoid umgewandelte Kugel kann im allgemeinen nicht durch Druck wieder in eine Kugelform zurückgeführt werden.

Der *Koeffizient* γ der durch Druckveränderung bewirkten *linearen Kompressibilität* (oder auch der Koeffizient der Volumenveränderung oder der kubischen Dilatation) wird ebenso wie die entsprechenden Koeffizienten der thermischen Dilatation oder Kontraktion bestimmt. Je größer γ ist, desto leichter läßt sich der Stoff komprimieren. $\frac{1}{\gamma}$ bedeutet somit den Kontraktionswiderstand und man bezeichnet ihn als *Volumelastizitätsmodul*. Mit zunehmendem Druck wächst im allgemeinen dieser Widerstand.

Als Druckeinheit benutzt man entweder den atmosphärischen Druck oder 1 kg je cm² oder auch das Bar ($= 0{,}987$ Atmosphäre $= 1{,}02$ kg/cm²). Die Volums-Kompressibilitätskoeffizienten einiger Stoffe in Bar je cm² sind nach L. H. Adams und E. D. Williamson in verschiedenen Druckbereichen folgende:

	0 Bar	2000 Bar	10000 Bar
Diamant C	0,18 10^{-6}	0,18 10^{-6}	0,18 10^{-6}
Steinsalz NaCl	4,12	4,01	3,53
Pyrit FeS_2	0,71	0,71	0,71
Quarz SiO_2	2,70	2,63	2,31
Calcit $CaCO_3$	1,39	1,39	1,39
Diopsid $CaMg(SiO_3)_2$	1,09	1,09	1,09
Kalifeldspat $KAlSi_3O_8$	1,92	1,88	1,68

Kontraktion und Dehnung der Kristalle bei einseitigem Druck. Wird der Kristall in einer Richtung zusammengedrückt, so zieht er sich zusammen, wird er gezogen, so dehnt er sich bis zu einer bestimmten Grenze, bevor er zerreißt. Zusammenziehung wie auch Dehnung vollziehen sich elastisch oder derart, daß, sobald der Einfluß aufhört, auch die vorherige Länge des Kristalls in der betreffenden Richtung wiederhergestellt wird. In demselben Sinne ist auch die Ausdehnung (oder überhaupt eine Volumveränderung) bei Erwärmung ebenfalls eine Elastizitätseigenschaft wie auch die Kontraktion unter dem Einfluß des hydrostatischen Druckes; kehrt doch auch dann das Volumen eben wie jedes beliebige Längenmaß in der vorherigen Ausdehnung zurück, wenn die Verhältnisse wiederhergestellt sind. Im übrigen aber sind die Elastizitätseigenschaften der Kristalle gegen einseitigen Einfluß wesentlich andersartig. Das Zusammenziehen oder Dehnen ist zwar auch jetzt innerhalb bestimmter Grenzen homogen in dem Sinne, daß die geraden Linien gerade bleiben, aber die Symmetrie der Kristalle bleibt nicht unverändert, da die Kristalle aller Art unabhängig von ihrer Symmetrie sich gerade in der Wirkungsrichtung der Kraft zusammenziehen oder dehnen.

Die Größe der Zusammenziehung oder Dehnung wird als Längenveränderung je Druckveränderung angegeben. Beträgt die Längenveränderung λ und die Druckveränderung oder der wirkende Druck p, so beläuft sich der *Dehnungskoeffizient* auf $\alpha = \frac{\lambda}{p}$, während wiederum $E = \frac{p}{\lambda} = \frac{1}{\alpha}$ der Widerstand des Stoffes gegen die Dehnung oder der sog. YOUNGsche Modul ist. Der Druck wird angegeben als Gewicht in Kilogramm, aufgehängt an einem aus dem Kristall hergestellten Stäbchen, dessen Länge 1 cm und dessen Querschnitt 1 mm^2 beträgt. α ist dann die Dehnung durch das Gewicht eines Kilogramms. Umgekehrt bedeutet $-\alpha$ die Kompression, die 1 kg Gewicht, auf ein 1 mm^2 dickes und 1 cm langes Stäbchen gestellt, in diesem verursacht.

Der Querschnitt des gedehnten Stäbchens wird zugleich kontrahiert. Beträgt die Zusammenziehung des Querschnittes unseres Stäbchens durch den dehnenden Druck von einem Kilogramm Δd und der ursprüngliche Querschnitt d, so ist $\frac{\Delta d}{d} = \beta$ der *Kontraktionskoeffizient des Querschnittes.* Das Verhältnis der Kontraktion des Querschnittes zur Dehnung $\frac{\beta}{\alpha} = \sigma$ wird als *Elastizitätszahl* oder POISSONscher *Koeffizient* bezeichnet. Eine entsprechende Verdickung folgt dem einseitigen Druck.

Die Koeffizienten der einseitigen Zusammenziehung oder Dehnung sind, wie auch zu erwarten, im allgemeinen in den Kristallen gemäß der Richtung wechselnd. Die Größenbeträge der in verschiedenen Richtungen auftretenden Koeffizienten beruhen auf der Widerstandsfähigkeit der Punktsysteme erstens in den Komplexgittern gegen die elastische Verschiebung der einzelnen Gitter oder untereinander gegen Verzerrung, ohne selbst deformiert zu werden, zweitens gegen Deformation aller Gitter im Zusammenhang der gegenseitigen Verschiebungen und drittens gegen Deformation aller Gitter ohne gegenseitige Verschiebung. Ihre Verhältnisse sind also von zahlreichen Gitterkonstanten der Stoffe abhängig und nur durch verwickelte Berechnungen von der Punktsystemtheorie ableitbar. Aus diesen theoretischen Berechnungen wie auch direkten experimentellen Bestimmungen geht hervor, daß die einseitige Zusammenziehung und Dehnung der Kristalle nicht zu den ellipsoidischen Eigenschaften gehört. Die von den verschieden gerichteten Dehnungskoeffizienten gebildeten Volumfiguren sind in den Kristallen aller Symmetrieklassen zentrosymmetrisch, und

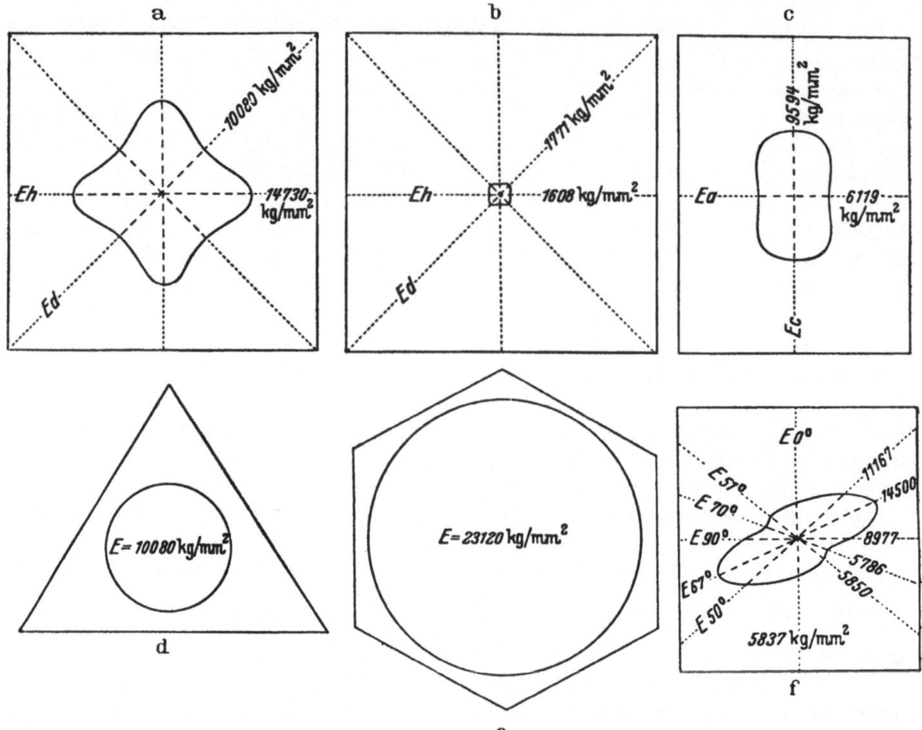

Abb. 170a bis f. Dehnungselastizitätsfiguren auf den verschieden gerichteten Flächen verschiedener Stoffe. a Auf der Würfelfläche im Flußspat. *Eh* = Normale der Würfelfläche, *Ed* = Normale der Rhombendodekaederfläche. b Auf der Würfelfläche an Chromalaun. c Auf der Fläche 010 am Baryt (rhomb.). *Ec* || *c*-Achse. d Auf der Oktaederfläche am Flußspat. e Auf der Fläche 0001 am Beryll. f Auf der Fläche $11\bar{2}0$ am Calcit.

an ihnen erscheint die gleiche oder eine größere Symmetrie als an den Kristallformen. Die zu den drei- und sechszähligen Symmetrieachsen der Dehnungskoeffizientfiguren senkrechten Schnitte sind in den trigonalen und hexagonalen Kristallen Kreise, desgleichen die zu den vier Trigyren der kubischen Kristalle senkrechten Schnitte. Dagegen sind die Normalrichtungen der Tetragyren in den Figuren andersartige viersymmetrische Figuren und die Normalrichtungen aller Digyren zweisymmetrische. Diese Verhältnisse gehen am besten aus Abb. 170 hervor.

Zwillingsbildung durch einfache Verschiebung. Sehr bekannt ist der interessante Baumhauersche Versuch, aus klarem Kalkspat Druckzwillinge zu erzeugen. Wird auf eine Polkante eines Bruchstückes nach dem Grundrhomboeder einige Millimeter von der Polecke entfernt quer eine Messerklinge gelegt und in das Mineral gedrückt, so sinkt sie ziemlich leicht ein, und ein Teil des Kristalls kippt in die entgegengesetzte Richtung über, erst flach, dann von Schicht zu Schicht immer tiefer, bis endlich am anderen Ende des Spaltstückes ein richtiger Zwillingskristall entstanden ist, in dem als Zwillingsebene das die Grundrhomboederkanten abschneidende, stumpfere Rhomboeder $(01\bar{1}2)$ auftritt (Abb. 171). Es ist ganz einerlei, wie groß der Keilwinkel der Messerklinge ist, stets ist beiderseits der Zwillingsebene in symmetrischer Stellung ein Druckzwillingsindividuum entstanden. Jeder Punkt des Zwillings ist in der Ebene $(01\bar{1}2)$ in der Richtung der Grundrhomboederkante verschoben, und der Betrag der einfachen Verschiebung ist dem Abstand des Punktes von der endgültigen Zwillingsebene genau proportional.

Der Versuch kann auch in der Weise ausgeführt werden, daß man ein Spaltstück mit zwei gegenüberliegenden Mittelkanten in eine Presse spannt. Dann entstehen Drillinge; nur der mittlere Teil bleibt in ursprünglicher Lage.

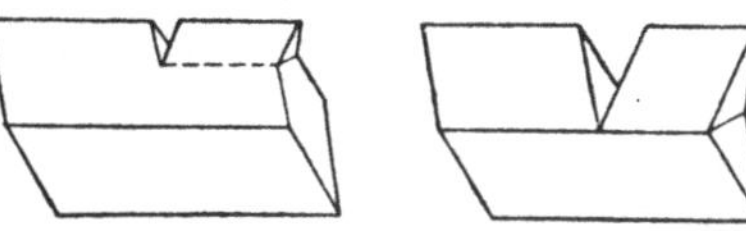

Abb. 171. Das Umkippen in einem Teil eines Spaltstückes von Kalkspat nach der Richtung $(01\bar{1}2)$ in Zwillingstellung.

Im Kalkspat entstehen sehr leicht Druckzwillinge, ja sogar bei der Herstellung von Dünnschliffen für die mikroskopische Untersuchung. Auch aus härteren Stoffen hat man Druckzwillinge zu gewinnen vermocht. So ist es Mügge gelungen, bei einem Druck von einigen Atmosphären Druckzwillinge aus Diopsidkristallen zu erzeugen, die in einem Bleischutz eingeschmolzen waren. Als Zwillingsebene diente dabei (001).

Im allgemeinen kann das Raumgitter des Kristalls immer dann umkippbar sein, wenn die Wege der Schwerpunkte der Massenteilchen geradlinig und ihre Längen proportional der Entfernung von der Schiebungsebene sind. Im Aragonit, Carnallit und Kalisalpeter (alle rhombisch) dient als Schiebungsebene das Prisma (110), im rhomboedrischen Hämatit $(01\bar{1}1)$, im tetragonalen Rutil (011). Das monokline Kaliumchlorat enthält viele Schiebungsebenen, wie (100), (001) und (110).

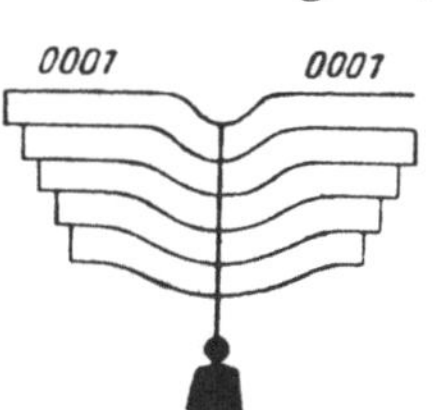

Abb. 172. Eine den Basisflächen (0001) parallele Eisplatte ist biegsam, weil in der Richtung (0001) Verschiebungen eintreten können.

Verschiebung oder Translation längs Gleitflächen. Bei der Zwillingsschiebung hat jede der Schiebungsfläche parallele Ebene einen Weg zurückzulegen, der um so größer ist, je weiter die Ebene entfernt liegt von der endgültigen Schiebungsfläche, die zur Zwillingsebene wird. Als Zwillingsebene kann im Kristall niemals eine Flächenrichtung auftreten, die schon im einfachen Kristall als Symmetrieebene vorkommt (S. 66). In den Kristallen vieler Stoffe kann, ohne daß der Zusammenhang unterbrochen wird, an jeder beliebigen Stelle und in jedem beliebigen Abstand in der Richtung irgendeiner möglichen Kristallfläche, die entweder eine Symmetrieebene oder irgendeine andere Fläche sein kann, Gleiten eintreten. Die Dicke der gleitenden Teilchen kann innerhalb weiter Grenzen wechseln. Der Kristall scheint dann in dieser Richtung möglichen Gleitens plastisch zu sein. Ein anschauliches Bild von den Kohäsionseigenschaften eines derartigen Kristalls erhält man, wenn man ihn vergleicht mit einem Papierblock, in dem also die Papierflächen den Gleitflächen entsprechen. Eine aus einem derartigen Kristall in der Richtung der Gleitfläche hergestellte Platte ist also biegsamer als eine in anderer Richtung gewonnene, ebenso wie ein Haufen loser Papierblätter geschmeidiger ist als ein Papierblock, dessen einzelne Blätter zusammengeleimt sind.

Ein gutes Beispiel für die Gleitverschiebung bietet das Eis (hexagonal). Das die Gewässer bedeckende winterliche Eis ist so gerichtet, daß seine c-Achse vertikal zur Eisfläche steht, die Eisfläche also Basisfläche ist. Diese Richtung ist im Eise eine hervorragende Gleitrichtung; daher biegen sich dünne Eisplatten in weiter Erstreckung, ohne durchzubrechen. Wird aus dem Eise in der Richtung der *c*-Achse ein Prisma geschnitten, so biegt es sich nicht, aber durch Druck können aus ihm Teile verschoben werden (Abb. 173). Wird wiederum senkrecht zur *c*-Achse ein Eisprisma entnommen, so biegt es sich leicht in der Richtung (0001) (Abb. 172), aber in der gegen diese senkrechten Richtung läßt es sich weder biegen noch schieben, sondern zerbricht, wenn genügend stark gedrückt wird.

Bei der Gleitverschiebung besteht eine bestimmte Gleitebene und in dieser außerdem eine bestimmte Gleitrichtung. Meistens ist diese Richtung bivektoriell, aber es gibt auch Beispiele dafür, daß die Gleitrichtung univektoriell ist. In dieser Richtung gewonnene Platten oder Lamellen können nur nach einer Richtung gebogen werden. Als Beispiele für derartige einseitig biegsame Stoffe seien das trikline Bariumbromid $BaBr_2 \cdot 2\,H_2O$ und der ebenfalls trikline Disthen (Al_2SiO_5) genannt (in letzterem ist die Gleitebene 100 und die Gleitrichtung [001] oder die *c*-Achse).

Von dem Vorhandensein der Gleitrichtungen ist u. a. die Schmiedbarkeit der Metalle abhängig. Die Gleitverschiebungen der kubischen Metalle, wie Platin, Kupfer und Aluminium, die eine flächenzentrierte Elementarzelle besitzen, vollziehen sich hauptsächlich in den Zonenrichtungen [111] (Normale der 111), [110] (Normale der 110), seltener in der Richtung [100] (*a*-Achse). Bei gezogenen Metalldrähten ordnen sich diese Richtungen in der Richtung des Drahtes, während in gewalzten Platten die Richtung [112] der Einzelkristalle oft in der Walzrichtung liegt und die Rhombendodekaederfläche der Platte parallel ist. In anderen Metallen ist die Orientierung eine andere, z. B. in aus innenzentriertem Wolframmetall geschmiedeten Platten verlegt sich die Richtung [110] gern in die Walzrichtung und die Kubusfläche in die Ebene der Platte. Bei steigender Temperatur nimmt das Gleitvermögen sowohl in metallischen als auch in nichtmetallischen Kristallen rasch zu.

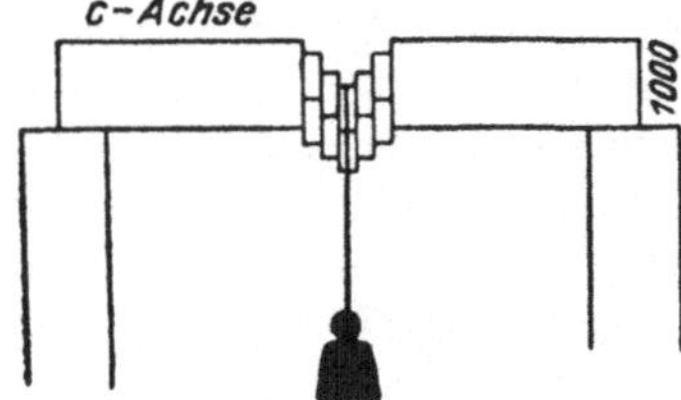

Abb. 173. In dem zu den Basisflächen (0001) senkrechten Eisprisma entstehen Verschiebungen in der Richtung (0001).

Schlag- und Druckfiguren. Setzt man auf eine Kristallfläche einen spitzen Stahlstift und führt man auf diesen einen leichten Schlag aus, so entstehen auf der Fläche ihrer Symmetrie entsprechende Schlagfiguren, die offenbar auf Translationen beruhen. In der Fläche eines Steinsalzkubus entsteht ein Kreuz in der Richtung der Diagonalen des Viereckes und in den Richtungen der Seiten sog. Translationsriefungen; dabei treten Kristallschiebungen in den Richtungen der den Würfelkanten parallelen Flächen (110) ein.

In den der Basisebene parallelen Spaltflächen des Glimmers entstehen als Schlagfiguren sechsstrahlige Sterne, die eine hexagonale (in Wirklichkeit pseudohexagonale) Symmetrie aufweisen. Drückt man mit einer abgestumpften Spitze gegen die Fläche eines Glimmerblättchens, so verursacht man ebenfalls eine sechsstrahlige Rißfigur, aber die Risse dieses Drucksterns verlaufen in den Richtungen der Halbierenden der zwischen den Rissen der Schlagfiguren gelegenen Winkel (Abb. 174).

Festigkeit. Bei den elastischen und plastischen Deformationen, von denen oben die Rede gewesen ist, zerbricht der Kristall nicht. Erst wenn der die Deformation bewirkende äußere Einfluß die *Festigkeit* des Kristalls übertrifft, zerfällt er entweder durch *Spaltung* längs ebenen Spaltflächen oder durch Bruch längs unebenen *Bruchflächen.*

Nach der Beschaffenheit des den Kristall betreffenden Einflusses unterscheidet man mancherlei Festigkeit, wie *Druckfestigkeit, Zugfestigkeit, Schiebungsfestigkeit, Biegefestigkeit, Drehungsfestigkeit, Tragfestigkeit* usw. Die Festigkeitseigenschaften sind in vielen Fällen technisch bedeutsam, besonders bei den als Baustoff benutzten Gesteinen. Die Granite, Marmore und sonstigen Gesteine, deren Struktur ungeordnet ist, sind statistisch isotrope Vergruppungen von Mineralkristallen, in denen somit auch die Festigkeitseigenschaften in verschiedenen Richtungen dieselben sind.

Alle Festigkeitseigenschaften werden gemessen durch Bestimmung des Gewichtes, das erforderlich ist, damit ein aus dem Stoff geschnittener Würfel, dessen Seitenfläche 1 cm² groß ist, zerbricht. Die Versuche haben jedoch gezeigt, daß die Festigkeitsmessungen durch die mit der Festigkeit eigentlich nicht zusammenhängenden Umstände, wie Rissigkeit u. a. versteckte Fehler, stark beeinflußt werden, so daß z. B. die gemessene Festigkeit nicht der Fläche des bei der Bestimmung benutzten Stabes oder Würfels proportional ist, sondern im allgemeinen mit abnehmendem Durchmesser wächst. Bei den Messungen hat man daher gleich große Würfel zu benutzen, und die Versuche sind unter sonst gleichartigen Bedingungen anzustellen, damit man in möglichst hohem Maße vergleichbare Ergebnisse erhalte.

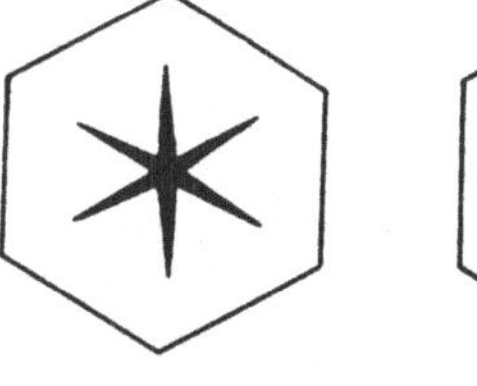

a b
Abb. 174a und b. a Schlagfigur und b Druckfigur in der Fläche 001 des Glimmers.

Im folgenden werden für einige Gesteine die Festigkeitswerte angeführt, hinsichtlich deren zu bemerken ist, daß auf die wahrnehmbare Festigkeit außer den Festigkeitseigenschaften der Gesteinsmineralien insbesondere auch die Art des Zusammenhalts zwischen den Mineralkörnern oder das Gefüge des Gesteins einwirkt.

Granite	ca. 1500 kg/cm²
Diabase	ca. 2000 kg/cm²
Sandsteine	175 bis 1800 kg/cm²
Marmore	400 bis 1200 kg/cm²

Die Zugfestigkeit beträgt gewöhnlich ca. 1/30, die Biegefestigkeit ca. 1/12, die Drehungsfestigkeit 1/14 der Druckfestigkeit. Einige Arten der Festigkeit, wie die Zugfestigkeit, hat man theoretisch berechnen können. Dabei haben sich die gemessenen Werte der Festigkeit als ein geringer Bruchteil, ja sogar als Tausendstel der berechneten erwiesen. Auch das beruht auf den Strukturfehlern der Kristallgitter, auf versteckten Hohlräumen usw., die im allgemeinen in den Richtungen der Netzflächen angeordnet sind. Ideale Kristalle gibt es in Wirklichkeit nicht.

In den Kristallen sind die Festigkeitseigenschaften natürlich vektorielle Eigenschaften. Aus den oben angeführten Gründen haben sie nicht exakt bestimmt werden können. Die an gleich großen Würfeln angestellten Versuche haben jedenfalls deutlich erwiesen, daß die Festigkeit gemäß der Richtung wechselt. An Quarzkristallen haben sich ergeben:

	In der Richtung der c-Achse		⊥ gegen die c-Achse	
	Mittelwert	Höchstwert	Mittelwert	Höchstwert
Druckfestigkeit in kg/cm²	25000	28000	22800	27400
Zugfestigkeit in kg/cm²	1160	1210	850	930
Biegefestigkeit in kg/cm²	1400	1790	920	1180

Spaltbarkeit und Bruch. An den Kristallen der meisten Stoffe entstehen beim Zerbrechen ebene spiegelblanke Spaltflächen in den Richtungen der möglichen Kristallflächen. Bei einigen Stoffen, z. B. beim Kalkspat nach der Richtung des Grundrhomboeders, ist die Spaltbarkeit höchst vollkommen, bei anderen sind die Spaltflächen eben und blank, aber auch Bruchflächen entstehen, z. B. beim Feldspat in den Richtungen (001) und (010). Deutlich ist die Spaltbarkeit, wenn leicht Spaltflächen entstehen, aber ihr Glanz ist schwach, z. B. beim Skapolith in der Richtung (110), und undeutlich, wenn nur selten Spaltflächen entstehen, wie z. B. am Beryll in der Richtung (0001). Auch gibt es solche kristallinen Stoffe, an denen die Spaltrichtungen sehr undeutlich sind, so daß an ihnen meist nur Bruchflächen entstehen, wie am Quarz [undeutliche Spaltrichtung $(10\bar{1}1)$], Schwefel (111), Apatit (0001) und $(10\bar{1}0)$, Rohrzucker.

Die Spaltbarkeit ist natürlich eine bivektorielle, aber keine ellipsoidische Eigenschaft. Die Spaltrichtung geht stets durch den ganzen Körper, d. h. der Kristall kann in seiner Spaltrichtung an jeder beliebigen Stelle sich spalten, so daß also alle Stoffe in bezug auf die Spaltbarkeit ein Symmetriezentrum besitzen. Auf Grund dieser Eigenschaft können somit höchstens die in ihrer Spaltstücksymmetrie verschiedenen Kristallgruppen, deren es 11 gibt, voneinander getrennt werden. In der Praxis lassen sich nicht einmal diese immer auseinanderhalten, weil als Spaltrichtungen im allgemeinen nur solche Kristallflächenrichtungen auftreten, die sehr kleine Indices aufweisen. Die historische Entwicklung der Kristallographie ist die gewesen, daß man schon sehr früh begonnen hat, als Grundformen oder Pinakoidrichtungen solche Flächenformen auszuwählen, die zugleich Spaltrichtungen sind. Ursache dazu war ursprünglich vorwiegend der praktische Umstand, daß man die Spaltflächen auch dann erkennen kann, wenn die Kristallform nicht sichtbar ist. Die experimentelle Kristallstrukturforschung hat nachgewiesen, daß in vielen Fällen, wenn auch nicht immer, die Elementarzelle selbst eine dem Spaltstück parallele Form aufweist.

Im Lichte des Obigen verständlich ist der durch die Erfahrung festgestellte Sachverhalt, daß die Spaltrichtungen nur selten die Flächen hk0 oder hkl verfolgen. Aber nur gerade auf Grund dieser Flächen können die verschiedenen zentrosymmetrischen Formgruppen des tetragonalen, des hexagonalen, des trigonalen und des kubischen Systems voneinander unterschieden werden.

Werden aus kristallinen Stoffen für die mikroskopische Untersuchung Dünnschliffe hergestellt, so entstehen in ihnen, oft sogar erst beim Schleifen oder Sägen, je nach der Vollkommenheit der Spaltrichtungen, nach diesen entweder längere oder kürzere, ganz gerade oder etwas gebogene Spalten. Bei der mikroskopischen Untersuchung erscheinen die Spaltrichtungen, durch diese Risse vertreten, im Querschnitt. Die mit gleichwertigen Kristallflächen gleichgerichteten Spalten sind gleich deutlich, die Verschiedenheit ungleichwertiger Spaltrichtungen tritt in der verschiedenen Deutlichkeit der Spaltrisse hervor. Je nachdem in welcher Richtung der Kristall zu einem Dünnschliff geschnitten worden ist, erscheinen die Spaltensysteme verschieden. Es ist zu bemerken, daß die Winkel zwischen zwei Spaltrichtungen nur dann in richtiger Größe auftreten, wenn der Schliff senkrecht zu beiden liegt.

Schon Bravais nahm im Lichte der frühesten Punktsystemtheorie an, daß die Spaltrichtungen Richtungen der am dichtesten mit Punkten besetzten Netzebenen seien, während senkrecht zu ihnen die längsten Punktabstände vorkämen. Es ist zu bemerken, daß er damals die Massenpunkte der Kristalle als Moleküle und ihre Abstände als viel größer dachte, als die Abstände der von den Atomen vertretenen Massenpunkte der Kristalle nach unseren heutigen

Kenntnissen sind. Wenn die Kristalle wirklich Molekularsysteme und die Gitter einfach wären, so wäre zu erwarten, daß die Spaltrichtungen ausnahmslos Richtungen der dichtesten Flächengitter wären. Die Vielgestaltigkeit der Struktur der aus vielen Atomarten aufgebauten, miteinander verflochtenen Gitter bewirkt, daß die Verhältnisse nicht immer so einfach sind. Außerdem wird auch die Spaltbarkeit durch die in den Kristallstrukturen versteckten Hohlräume und sonstigen Baufehler ganz wesentlich beeinflußt. Sie sind für das Gitter insofern wesentlich, als sie die Richtungen der Netzebenen verfolgen und die einen Richtungen vor anderen bevorzugen.

Härte. Mohs gab eine Härteskala, mit deren Hilfe die Härte starrer Stoffe bestimmt wird. Man sucht oder stellt in dem zu betrachtenden Stoff eine scharfe Kante her und ritzt mit ihr eine ebene Fläche eines in der Härteskala angeführten Minerals. Hinterläßt sie in diesem eine Schramme, nicht aber in der Oberfläche des in der Härteskala folgenden Minerals, so ist die Härte des zu untersuchenden Stoffes zwischen diesen beiden Stufen unterzubringen.

Die Mohssche Härteskala ist folgende: 1. Talk. 2. Gips. 3. Calcit. 4. Fluorit. 5. Apatit. 6. Feldspat. 7. Quarz. 8. Topas. 9. Korund. 10. Diamant.

Diese Härteskala ist ganz willkürlich, und ihre Stufenabstände sind wirklich verschieden groß, wie sich durch angestellte quantitative Versuche herausgestellt hat. Rosiwal und Holmqvist bestimmten die *Schleifhärte*, indem sie maßen, in welchem Betrage die verschiedenen Stoffe abgenutzt werden, wenn man sie mit derselben Menge Carborund- oder Schmirgelpulver gegen eine Glasplatte oder auch gegen eine aus einem anderen Mineral hergestellte Platte verschleift, bis das Schleifpulver unwirksam wird, oder man das Schleifen eine bestimmte Zeit fortsetzt. Nach Rosiwal ist die relative Schleifhärte der Mineralien der Mohsschen Härteskala, wenn die Härte des Korunds = 1000 gesetzt wird, folgende:

Mohssche Skala	1	2	3	4	5	6	7	8	9	10
Relative Härte nach Rosiwal ..	1/33	5/4	9/2	5	13/2	37	120	175	1000	140000

Seebeck hat zur Messung der quantitativen *Ritzhärte* einen Apparat in folgender Weise hergestellt: Auf eine völlig ebenflächige Kristallplatte wird eine Stahl- oder Diamantspitze gesetzt, die durch Gewichte belastet ist. Durch ein Rollrad und ein konstantes Gewicht wird die Spitze auf der Kristallplatte in bestimmter Richtung in Bewegung versetzt. Die Gewichte werden vermehrt, bis die Spitze gerade einen sichtbaren Ritz in die Kristallplatte zeichnet. Das Maß der Gewichte gibt nun unmittelbar das der Ritzhärte an. Wird die Bewegungsrichtung gewechselt, so ergeben sich bei veränderter Richtung verschiedene Werte. Diese Härteschwankung nach der Richtung läßt sich geeignet darstellen, wenn man die beobachteten Gewichtszahlen in Längenmaßen in verschiedenen Richtungen auf der Kristallfläche vermerkt. So ergeben sich die sog. *Härtekurven* (Abb. 175), in denen eine dem Symmetriebetrag des Kristalls entsprechende Flächensymmetrie hervortritt.

In den vektoriellen Unterschieden der Ritzhärte erscheinen folgende Regelmäßigkeiten: auf den Spaltflächen ist die Härte im allgemeinen am geringsten, auf den zu ihnen senkrechten Flächen am größten und auf diesen außerdem am größten in den zu den Spalten senkrechten Richtungen. Liegt die Spaltrichtung schräg gegen die Fläche, so ergeben sich bei den Versuchen, wenn man mit dem Strich zieht, größere Härtewerte, als wenn man gegen den Strich bewegt. An Kristallen, die nur in einer Richtung vollkommen spalten, bestehen auf derartigen Spaltflächen gewöhnlich keine Härteunterschiede in verschiedenen Richtungen, sondern die Härtekurve ist ein Kreis.

Die nach verschiedenen Methoden gemessenen Härten sind weder miteinander vergleichbar, noch hat man die Härte einfach oder eindeutig zu definieren verstanden. Allgemein kann man sagen, daß die Härte der Widerstand gegen das Zerbrechen der Gitter ist.

In der Verteilung der verschiedenen Härtegrade auf die verschiedenen Stoffe lassen sich im großen ganzen Regelmäßigkeiten erkennen, von denen es jedoch viele Ausnahmen gibt. Im allgemeinen sind große Härte und große Dichte Parallelerscheinungen. Insonderheit sind die dichtesten Formen der polymorphen Stoffe auch die härtesten (z. B. der Diamant im Vergleich zum Graphit!). Die leicht verdampfbaren Stoffe sind weicher als die schwer verdampfbaren. Die Elemente sind ziemlich weich, die meisten 2 bis 3, nur wenige über 3 ½ (wie Eisen 5, Wolfram 6 ½. Beachte jedoch Diamant!). Die Haloidsalze, Carbonate und Sulfate sind ebenfalls weich, 1 bis 5. Die Sulfide sind teils verhältnismäßig hart (4 bis 6), stark hell metallglänzend und eigenfarbig (*Kiese*), teils weich (1 bis 3) und dunkel metallglänzend (*Glanze*), teils endlich mittelhart oder weich, glas- oder diamantglänzend (*Blenden*). Unter den Silicaten ist die Härte stark wechselnd, wenngleich sie bei den meisten um 5 bis 6 liegt. Die wasserhaltigen Silicate sind am weichsten (Talk!), doch gibt es auch von dieser Regel Ausnahmen (Beryll, Epidot!). Weiter unten im kristallchemischen Abschnitt wird dargestellt werden, wie die Härte von der Kristallstruktur abhängig ist.

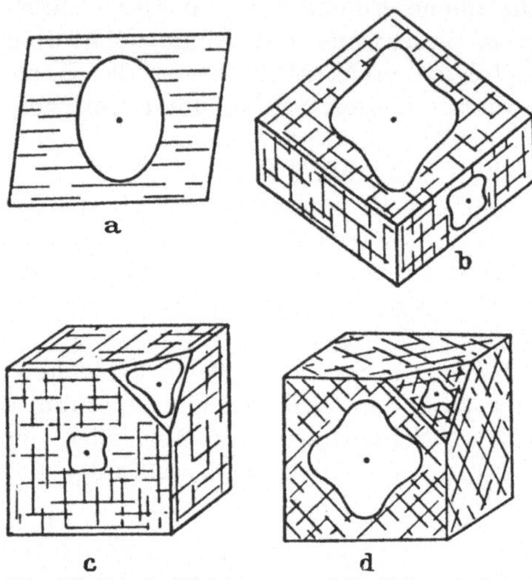

Abb. 175a bis d. Härtekurven und Spaltrisse an einigen Mineralien. a auf 010 des Glimmers (monokl.) ⊥ vollkommene Spaltbarkeit (001). b auf 001 und (110) des Baryts (rhomb.), spaltbar nach (110) und (001). c Auf 111 des Steinsalzes (kubisch), spaltbar nach (100). d Auf 100 und 111 des Fluorits (kubisch), spaltbar nach (111).

Wärmeleitfähigkeit. Die verschiedenen Energieformen, wie Wärme und Elektrizität, vermögen sich in den Stoffen fortzupflanzen oder geleitet zu werden. In den Kristallen ist jegliche Leitfähigkeit eine typisch ellipsoidische Eigenschaft, und so verteilen sich die Kristalle hinsichtlich der Wärmeleitfähigkeit auf die S. 76 angeführten Gruppen, von denen drei, die triklinen, monoklinen und rhombischen, dreiachsig ellipsoidisch sind, während die Gruppe der wirteligen Kristalle (die trigonalen, hexagonalen und tetragonalen) rotationsellipsoidisch und die isotrope Gruppe (die kubischen Kristalle) in bezug auf die Leitfähigkeit kugelsymmetrisch ist.

Als Maßeinheit l der Wärmeleitfähigkeit eines Stoffes dient die Wärmemenge in Grammcalorien, die bei einem Temperaturgefälle von 1° in einer Zeiteinheit durch einen 1 cm langen Körper mit einem Querschnitt von 1 cm² fließt. Der Leitwiderstand $k = 1/l$. Die fließende Wärmemenge Q ist proportional der Wärmeleitfähigkeit und dem Temperaturgradienten ΔT, oder $Q = l \cdot \Delta T$ oder $T = kQ$. Das entspricht dem von der Elektrizitätsleitung her bekannten Ohmschen Gesetz $I = l \cdot E$ oder $E = wJ$.

Der relative Wechsel der Wärmeleitfähigkeit in den Kristallen nach der Richtung läßt sich sehr leicht dadurch nachweisen, daß man aus dem Leitfähigkeitsellipsoid unmittelbar elliptische oder kreisförmige Schnitte nach der Richtung einer Kristallfläche (oder geschliffenen Fläche) erhält. Auf der Kristallfläche wird Paraffin oder Stearin geschmolzen, in die Fläche ein kleines vertikales Loch gebohrt und ein erhitzter Metallstift in das Bohrloch gesteckt. Vom

Stift aus pflanzt sich die Wärme in den Kristall und in diesem vom Loch aus nach allen Richtungen fort; das Paraffin schmilzt. Nach einer Weile wird der Erwärmungsstift aus dem Loch herausgezogen; das Paraffin erstarrt, und am Rande des geschmolzenen Gebietes bleibt ein sichtbarer Wulst. Diese Isothermenkurve ist in einem Fall allgemeiner Art eine Ellipse, deren Halbachsen den zwei in der betreffenden Richtung in Frage stehenden Wärmeleitungskoeffizienten direkt proportional sind. Liegt die Fläche parallel zu dem einen Hauptschnitt des Ellipsoids, so ergeben sich die relativen Werte der zwei Hauptkoeffizienten der Wärmeleitfähigkeit. Im folgenden seien die an einigen Stoffen auf dieser Grundlage bestimmten Werte der Verhältnisse der Wärmeleitkoeffizienten angeführt:

Ellipsoidische:	Cölestin, rhomb.	$l_1:l_2:l_3 = 1{,}075:1:1{,}17$
	Baryt, rhomb.	$l_1:l_2:l_3 = 1{,}10:1:1{,}05$
Wirtelige:	Beryll	$l_1:l_2 = 0{,}81$
	Rutil	$l_1:l_2 = 0{,}64$
	Quarz	$l_1:l_2 = 0{,}580$
	Turmalin	$l_1:l_2 = 1{,}32$

Absolute Werte seien angegeben für einige Stoffe, an denen Messungen vorgenommen worden sind:

Kupfer	$l = 55$
Steinsalz	$l = 0{,}6$
Calcit	$l_1 = 0{,}472$; $l_2 = 0{,}576$, Verhältnis 0,82
Quarz	$l_1 = 0{,}95$; $l_2 = 1{,}576$, Verhältnis 0,61

Die verhältnismäßig sehr große Leitfähigkeit der Metalle im Vergleich zu nichtmetallischen Stoffen ist bekannt. Bemerkenswert ist auch die beträchtliche gegenseitige Abweichung der nichtmetallischen Stoffe in dieser Hinsicht und gleicherweise auch der große Unterschied in den verschiedenen Richtungen in einem und demselben Stoff.

Pyroelektrizität und Piezoelektrizität. Bei der Darstellung der Symmetrieklassen der Kristalle ist die Erscheinung der Pyroelektrizität schon mehrmals angeführt worden, da durch sie die univektorielle Symmetrie am allerbesten hervortritt. Diese Erscheinung wurde schon sehr früh am Turmalin erkannt. Man beobachtete nämlich, daß die Turmalinkristalle bei Erwärmung leichte Gegenstände bald anziehen, bald abstoßen, und AEPINUS erklärte 1756, daß es sich um eine Elektrizitätserscheinung handle.

Solange im Turmalinkristall eine Temperaturveränderung, entweder Erwärmung oder Abkühlung, anhält, sind seine Enden mit verschiedener Elektrizität geladen, das eine mit positiver, das andere mit negativer. Das läßt sich durch den KUNDTschen Versuch in folgender Weise sichtbar machen: Ein feingepulvertes Gemenge von Mennige und Schwefel wird durch ein feines Mousselinesieb auf einen Turmalinkristall geblasen. Durch die Reibung wird die Mennige positiv und der Schwefel negativ elektrisch. An dem mit positiver Elektrizität geladenen Ende des Turmalinkristalls haftet das gelbe Schwefelpulver, an dem mit negativer geladenen das rote Mennigepulver. Das Ende, das bei steigender Temperatur positiv wird, bezeichnet man nach dem Vorschlag von AEPINUS als den *analogen Pol* des Kristalls und das negativ werdende als seinen *antilogen Pol*.

Es ist zu bemerken, daß die Pyroelektrizitätserscheinung eine polare *einzigartige* Achse voraussetzt. Das Phänomen bleibt z. B. bei solchen kubischen Kristallen aus, in denen die Trigyren polar sind, obgleich man bisweilen irrtümlicherweise das Gegenteil angenommen hat, mit diesen Beobachtungen die Piezoelektrizitätserscheinungen verwechselnd.

Bei einseitiger Pressung der Kristalle entstehen in ihnen ebenfalls elektrische Ladungen, wenn ihnen ein Symmetriezentrum fehlt. Diese Erscheinung heißt *Piezoelektrizität*. Sie zeigt sich an denselben Kristallen, z. B. am Quarz, auch infolge der durch ungleichmäßige Erhitzung verursachten Spannungen. Im Gegensatz zu der Pyroelektrizität ist nämlich die Piezoelektrizität auch möglich bei Kristallarten, die mehrere polare Achsen haben, wie die auf der *c*-Achse senkrechten Digyren beim trigonal trapezoedrischen Quarz.

Die Erklärung für Pyroelektrizität wie auch Piezoelektrizität ist darin zu suchen, daß die Abstände von einem Anion zu zwei benachbarten Kationen, oder umgekehrt, sich unter der Beanspruchung ungleichmäßig verändern, wodurch sich das Anionengitter gegen das Kationengitter im Verhältnis verschiebt. Statt elektrischer Neutralität erscheint während der Verschiebung entgegengesetzte Ladung an beiden Enden einer polaren Achse; an bipolaren Achsen kann so etwas nicht geschehen, weil die Verformung homogen ist und die Symmetrie des Kristalls dabei unverändert bleibt.

Die Piezoelektrizität hat mancherlei praktische Bedeutung bekommen. Weil die Ladungsintensität der einseitigen Druckwirkung proportional ist, kann ein Quarzkristall als Meßinstrument für Beanspruchungen angewandt werden. Andererseits kann die Erscheinung umgekehrt werden: beim Aufladen findet in einem parallel einer Nebenachse geschnittenen Quarzprisma Verlängerung oder Verkürzung statt, bei Wechselstrom beide abwechselnd, was auf elektrische Schwingungen gleicher Frequenz verstärkend zurückwirkt. Darauf beruht die Anwendung der Quarzkristalle beim Radio als Steuerquarz.

C. Kristalloptik.

Untersuchung der optischen Eigenschaften der Kristalle. Die optischen Eigenschaften der Kristalle sind besonders geeignet, als Kennzeichen kristallisierter Stoffe benutzt zu werden. Diese Eigenschaften selbst bieten eine außerordentlich vielseitige Reihe von für jeden Stoff kennzeichnenden Erscheinungen. Die Untersuchung dieser Eigenschaften läßt sich verhältnismäßig leicht anstellen. Als hauptsächlicher Untersuchungsapparat dient dabei das Polarisationsmikroskop, von dessen Besonderheiten neben den gewöhnlichen Mikroskopen weiter unten die Rede sein wird.

Zur mikroskopischen Untersuchung der Gesteine werden aus ihnen sogenannte *Dünnschliffe* hergestellt. Ein etwa 2×2 cm großer Splitter wird zunächst mit Schmirgelpulver geschliffen. Dann wird die geschliffene Fläche mit Canadabalsam an dem Objektglas befestigt und entweder durch Sägen und Schleifen oder ausschließlich durch Schleifen dünner gemacht, bis sie etwa 0,03 mm dick ist. Diese Stärke kann beim Schleifen durch das Polarisationsmikroskop nach den Interferenzfarben direkt geschätzt werden. Danach wird zum Schutze des Dünnschliffes mit Canadabalsam ein Deckglas befestigt und sowohl über als auch unter dieses für die Eintragung von Namen und Fundort ein Papierstreifen angeleimt.

Bei der mikroskopischen Untersuchung von losen Kristallen werden diese gewöhnlich auf dem Objektglas mit irgendeiner Flüssigkeit bedeckt, deren Lichtbrechungsvermögen annähernd dasselbe wie das der Kristalle ist. Für besondere Zwecke kann man auch aus lockeren Stoffen, wie Sand, Dünnschliffe herstellen. Deswegen werden sie zunächst mit irgendeinem Zement, z. B. Magnesiazement (Magnesiumoxychlorid), verklebt.

Undurchsichtige Stoffe, wie Metalle und Erze, werden in polierten *Anschliffen* mit einem metallographischen oder chalkographischen Mikroskop untersucht.

Dieses enthält außer den Apparaten des Polarisationsmikroskopes einen sogenannten Opakilluminator, durch den die zu untersuchende Fläche in senkrechter Richtung beleuchtet werden kann.

Über das Licht im allgemeinen. Die Kristalloptik ist im Vergleich zu vielen anderen Naturwissenschaften schon lange weit entwickelt gewesen. Der Grundstein der praktischen Kristalloptik war gelegt, seitdem ARAGO 1807 die Polarisation des Lichtes entdeckt und FRESNEL 1817 den ellipsoidischen Charakter der optischen Eigenschaften der Kristalle aufgeklärt hatte.

Die Auffassungen vom Wesen des Lichtes selber haben im Laufe der Zeit stark gewechselt und sind auch heute noch nicht völlig geklärt. Die von NEWTON vertretene Lichtemissionstheorie hatte vor der Lichtwellentheorie von HUYGENS zu weichen. Die Urheber der letzteren Theorie betrachteten das Licht als Wellenbewegung in einem hypothetischen Stoff, im Lichtäther, der den gesamten Weltraum und die Zwischenräume zwischen den kleinen Teilchen der Stoffe erfüllt, der nicht gewogen werden kann, der den ihn durchdringenden Körpern keinen Widerstand verursacht, der dennoch aber Elastizität besitzt, ja sogar vollkommen elastisch ist. Die MAXWELLsche elektromagnestische Lichttheorie behielt den Ätherbegriff bei, aber diesem Äther schrieb man magnetische und elektrische Eigenschaften zu, und an die Stelle der Wellenschwingungen der

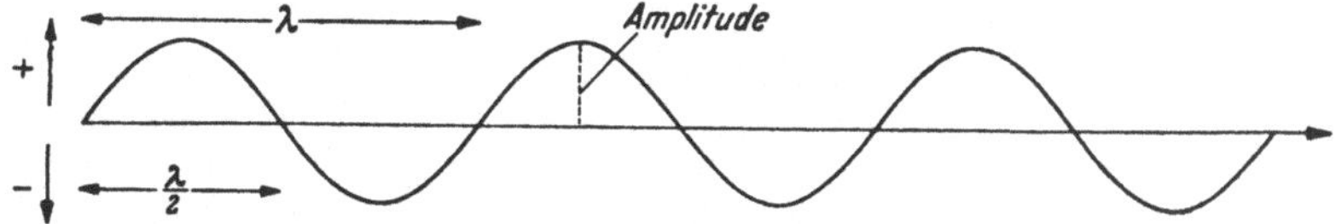

Abb. 176. Der Lichtstrahl als transversale Wellenbewegung.

Ätherteilchen traten hin und her schwingende elektrische und magnetische Kraftfelder. Pflanzt sich das Licht im ponderabilen Medium fort, so kommt die Wirkung der elektrischen Elementarteilchen, der Elektronen usw., hinzu und die optischen Anisotropieerscheinungen der kristallinen Zustandsform gründen sich auf diese in den Raumgittern wirksamen Faktoren. In letzter Zeit hat die Quantentheorie unsere Vorstellungen vom Charakter des Lichtes und der Strahlung überhaupt des weiteren verändert, auch macht man keinen scharfen Unterschied zwischen Stoff und Energie mehr, so daß die modernen Strahlungstheorien in gewissen Beziehungen zu der Emissionstheorie zurückkehren.

Die phänomenologischen Gesetze der Kristalloptik sind jedoch nicht sehr abhängig von den Verschiedenheiten der Lichttheorien. Sie lassen sich auf der Grundlage der klassischen Lichtwellentheorie, nach der das Licht eine transversale Schwingung winzig kleiner Teilchen ist, fast voll und ganz ableiten. Diese Vorstellung vom Licht hat den Vorteil größerer Anschaulichkeit, und auch im folgenden werden wir des öfteren auf sie zurückkommen. Nach modernerer Auffassung hätte man dagegen zu sagen, das Licht sei eine periodische Erscheinung, die sich im Raume mit endlicher Geschwindigkeit, 300000 km/sec, fortpflanzt. Die Periodizität entspricht den Veränderungen einer Vektorgröße, des *Lichtvektors*, senkrecht oder transversal zur Fortpflanzungsrichtung des Lichtes.

Die Entfernung zweier aufeinanderfolgenden, in gleichem Schwingungszustand oder gleicher *Phase* befindlichen Perioden einer in bestimmter Richtung fortschreitenden Lichtstrahlung ist die Lichtwellenlänge λ. Die Höhe oder *Amplitude* der Lichtwelle ist die größte Länge des Lichtvektors, von der Ruhelage an gerechnet. Alle diese Begriffe, nach der mechanischen Lichttheorie dargestellt, gehen aus Abb. 176 hervor.

Mit welcher Theorie das Licht auch veranschaulicht werden mag, jedenfalls ist in ihm eine wellenförmige und transversale Schwingung vorauszusetzen, der außerdem die Eigenschaften einer harmonischen Sinusbewegung zukommen. Unter dieser ist eine Bewegung zu verstehen, deren Entstehung auf folgende Weise denkbar wäre: Man denke sich einen Punkt, der sich auf der Peripherie eines Kreises mit der Sonne bewegt, während sich der Mittelpunkt desselben Kreises zugleich geradlinig verschiebt (Fig. 177). Den auf der Peripherie des Kreises sich bewegenden Punkt denkt man sich auf eine vom Mittelpunkt desselben Kreises gezogene Gerade projiziert. Er trägt dann auf dem senkrechten Radius des Kreises einen Abstand wechselnder Länge ab, der der Länge des Lichtvektors entspricht. Der Kreisradius entspricht der Amplitude der Lichtwelle.

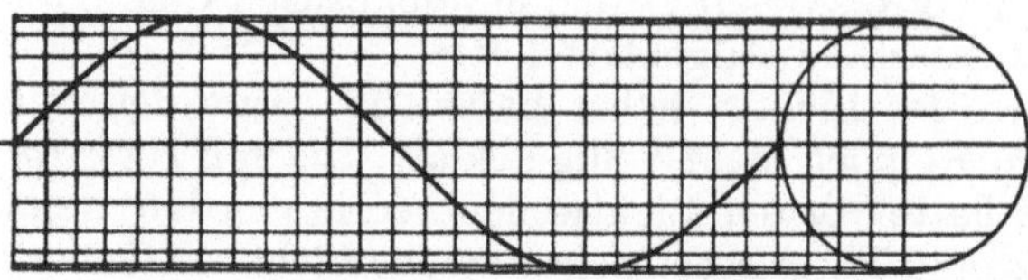

Abb. 177. Harmonische Sinusbewegung.

Die Schwingungsdauer T ist die für *eine* Schwingung erforderliche Zeit. Dabei ist die Lichtgeschwindigkeit $= \frac{\lambda}{T}$. Die Schwingungszahl oder Frequenz beträgt also $\frac{1}{T}$.

Im Vakuum ist die Lichtgeschwindigkeit, unabhängig von der Wellenlänge, stets dieselbe, aber in den ponderabilen Medien ist die Geschwindigkeit geringer als im Vakuum und auch abhängig von der Wellenlänge. Das gewöhnliche weiße Licht besteht aus einem Gemenge von Lichtstrahlen verschiedener Wellenlänge.

Das *homogene Licht*, in dem nur *eine* Wellenlänge auftritt, erscheint dem Auge farbig. Es wird als *einfarbiges* oder *monochromatisches Licht* bezeichnet. Zerstreut man das weiße Licht durch ein Prisma oder ein Diffraktionsgitter, so erhält man ein Spektrum, in dem die Farbe in der Reihenfolge ihrer Wellenlänge vom kürzestwelligen violetten Licht übergeht in blaues, grünes, gelbes, oranges und rotes, unter denen letzteres die größte Wellenlänge aufweist. Die Wellenlänge des kürzestwelligen, violetten Lichtes des dem Auge sichtbaren Spektrums beträgt $4000 \cdot 10^{-8}$ cm und die des längstwelligen sichtbaren, des roten Lichtes $7000 \cdot 10^{-8}$ cm. Außerhalb des sichtbaren Spektrums finden sich ferner die durch ihre chemischen und physikalischen Wirkungen bekannten ultravioletten Strahlen, die eine kürzere Wellenlänge besitzen als die violetten, und desgleichen die vorwiegend als Wärmestrahlung wirkenden infraroten Strahlen, die eine größere Wellenlänge als das sichtbare Rot aufweisen.

Werden die Farben des Spektrums wieder miteinander vereinigt, so entsteht aus ihnen weißes Licht, bleibt aber irgendeine Wellenlänge aus und vereinigen sich die übrigen, so erscheint das Licht farbig, nämlich als sogenannte Komplementfarbe der weggelassenen Wellenlänge.

Bei optischen Untersuchungen ist das monochromatische Licht oft erforderlich. Derartiges Licht gewinnt man am einfachsten mittels einer Gasflamme, indem man diese mit einem Metallsalz in Berührung bringt. Während dieses verdunstet, wenn auch nur in geringem Maße, leuchtet die Flamme mit einem Licht, in dem nur einige wenige Wellenlängen vertreten sind. Von glühendem Natriumdampf breitet sich fast einfarbiges gelbes Licht aus, das die Wellenlängen 5896 und $5890 \cdot 10^{-8}$ cm enthält. Thallium gibt grünes Licht, bei dem $\lambda = 5349 \cdot 10^{-8}$ cm, Lithium rotes, $\lambda = 6706 \cdot 10^{-8}$ cm.

In sogenannten Quecksilberlampen wird elektrisches Licht erzeugt, wenn man einen elektrischen Strom durch das Quecksilbergas leitet. Es glüht dann und strahlt Licht aus, das blauweiß aussieht und wenige Wellenlängen umfaßt, hauptsächlich 4360 (violett), 5460 (gelb) und 5760 (orange). „Filtriert“ man dieses Licht, d. h. läßt man es durch mit farbigen Flüssigkeiten angefüllte Gefäße strahlen, die außer ihrer eigenen Farbe alles andere Licht absorbieren, so erhält man die angeführten homogenen Lichtarten.

Als Monochromatoren werden Apparate bezeichnet, in denen das Licht durch ein Prisma in ein Spektrum zerlegt wird, aus diesem wird nur ein durch einen schmalen Spalt dringender, fast homogener Lichtstreifen entnommen.

Breitet sich das Licht von irgendeinem Punkt in einem isotropen Medium nach allen Richtungen aus, so gelangt es, sich nach allen Richtungen mit gleicher Geschwindigkeit fortpflanzend, nach bestimmter Zeit in jeder Richtung in gleich weite Entfernung von seinem Ausgangspunkt. Durch Verbindung derjenigen Punkte, die das Licht gleichzeitig erreicht hat, ergibt sich also eine Kugel. Ist aber das Medium kristallin und besteht es außerdem aus einem einzigen Einkristall, so ist die Lichtgeschwindigkeit im allgemeinen in verschiedenen Richtungen verschieden, wodurch geschlossene ellipsoidische Flächen zustande kommen. Eine derartige Fläche, mag es sich nun um eine Kugel oder um ein Ellipsoid handeln, wird allgemein als *Wellenfläche* bezeichnet.

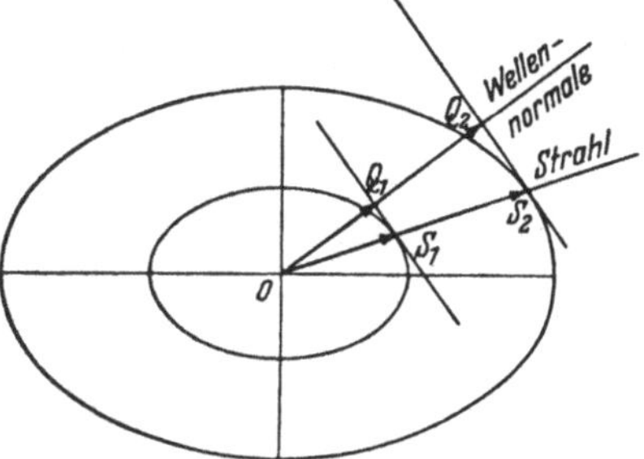

Abb. 178. Strahlengeschwindigkeit und Wellennormalengeschwindigkeit.

Der Lichtstrahl pflanzt sich geradlinig fort und breitet sich an aufeinanderfolgenden Zeitpunkten nach Wellenflächen mit stets größerem Radius in der Richtung OS_1 des vom Ursprungspunkt ausgegangenen Strahles aus (Abb. 178) und gelangt in der Zeit Δt von dem in der Wellenfläche W_1 (innere Ellipse) gelegenen Punkt S_1 nach dem in der Wellenfläche W_2 (äußere Ellipse) gelegenen Punkt S_2. Seine Geschwindigkeit beträgt dann $\frac{S_1 S_2}{\Delta t} = s$. Wir nennen sie *Strahlengeschwindigkeit* und erkennen gleichzeitig, daß neben ihr noch eine andere Geschwindigkeit auftritt, die dem senkrechten Abstand entspricht, um den sich ein kleines Stück der Wellenfläche W_1 in dieser Zeit Δt parallel mit sich selber verschoben hat. Dieser ist offenbar der in den Punkten S_1 und S_2 der Tangentenflächen senkrechte gegenseitige Abstand oder Q_1Q_2. Dann ist $\frac{Q_1 Q_2}{\Delta t} = v =$ *Wellennormalengeschwindigkeit* oder kurz nur *Normalengeschwindigkeit.* Wenn im folgenden von der Lichtgeschwindigkeit die Rede ist, so ist darunter stets die Wellennormalengeschwindigkeit zu verstehen, wenn es nicht ausdrücklich anders angeführt ist.

In den isotropen Stoffen ist die Wellenfläche eine Kugel, es sind die Strahlenrichtung und die Richtung der Wellennormale (= Tangentennormale) somit gleich, und es besteht kein Unterschied in ihren Geschwindigkeiten. In den anisotropen Kristallen dagegen fällt im allgemeinen die Wellennormale nicht mit dem Strahl zusammen, sondern sie bilden miteinander einen Winkel, dessen Größe jeweils bestimmt werden kann, soweit die Wellenfläche bekannt ist.

Das Verhältnis der Lichtgeschwindigkeit im Vakuum zu der Wellennormalengeschwindigkeit in einem kristallinen Stoff ist dessen sogenannter Brechungsindex. Wenn man also sagt, der Brechungsindex irgendeiner Glassorte sei 1,5, so bedeutet es, daß die Lichtgeschwindigkeit in diesem Glas 200000 km in der Sekunde beträgt, da $n = \frac{300000}{200000} = 1{,}5$ ist. Wird die Lichtgeschwindigkeit im

Vakuum mit 1 bezeichnet, so beläuft sich der Brechungsindex eines Stoffes auf den reziproken Wert seiner Lichtgeschwindigkeit.

Die Lichtgeschwindigkeit in der Luft weicht sehr wenig von der im Vakuum ab, sie steht zu dieser im Verhältnis 0,999706:1. Gewöhnlich werden daher die Brechungsindices in bezug auf die Luft bestimmt. Nur bei sehr genauen Messungen ist der im Verhältnis zur Luft erhaltene Wert mit dem Brechungsindex der Luft, d. h. mit 1:0,999706 = 1,000294 zu multiplizieren.

Fortpflanzung des Lichtes in den Kristallen. Polarisation des Lichtes. In einem isotropen Medium sind alle Richtungen optisch gleichwertig. Das Licht pflanzt sich in allen Richtungen mit gleicher Geschwindigkeit fort, ein isotroper Stoff hat nur einen Brechungsindex, der eine für ihn spezifische Konstante ist.

Anders verhält es sich mit den anisotropen Stoffen. In ihnen sind die verschiedenen Richtungen im allgemeinen optisch ungleichwertig. Doch kann die Verschiedenheit in der Geschwindigkeit des Lichtes nicht ohne weiteres nach der Richtung behandelt werden, denn sie beruht nicht auf den vektoriellen Eigenschaften des Mediums in der Fortpflanzungsrichtung des Lichtes, sondern in der zu ihr senkrechten oder derjenigen Richtung, in der seine Schwingungen vor sich gehen. Der Charakter der Transversalschwingung des Lichtes erscheint denn auch in der Kristalloptik in sehr leicht verständlicher Weise, zunächst darin, daß das Licht in den anisotropen Kristallen *polarisiert* wird.

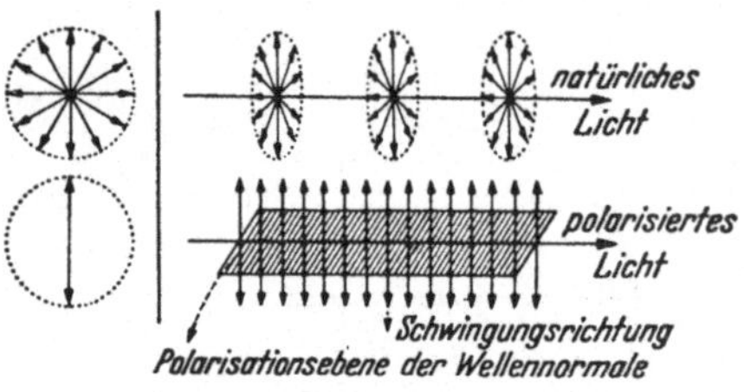

Abb. 179. Natürliches und polarisiertes Licht, links vorn und rechts von der Seite gesehen.

In gewöhnlichem natürlichem Licht gehen in allen zu seiner Fortpflanzungsbewegung senkrechten Richtungen Schwingungen vor sich. Keine Richtung ist vor anderen bevorzugt (Abb. 179). So beschaffen ist das von der Sonne oder von einer elektrischen Lampe ausstrahlende Licht; unverändert bleibt es, wenn es sich durch Gase, Flüssigkeiten, amorphe starre Stoffe und auch durch kubische Kristalle ausbreitet. Alle diese Stoffe sind in bezug auf das Licht isotrop.

Pflanzt sich aber das Licht in einem anisotropen Kristall fort, so sind die gegen dessen Wellennormale senkrechten Richtungen des Lichtvektors oder die Schwingungsrichtungen verschieden. Die optischen Eigenschaften der Kristalle gehören zu den ellipsoidisch nach der Richtung wechselnden (s. S. 73). Somit können in der zu jeder Wellennormalenrichtung senkrechten Richtung die Beträge bestimmter optischer Eigenschaften als Radien eines Ellipsoids dargestellt werden. Zu diesen Eigenschaften gehört auch diejenige, durch welche die Verlangsamung der Lichtgeschwindigkeit im Kristall verursacht wird. Das in bestimmter Querrichtung zur Wellennormale schwingende Licht erhält die größte Geschwindigkeit und das senkrecht dazu schwingende Licht die geringste Geschwindigkeit, und in anderen Richtungen treten überhaupt keine Schwingungen ein. Das Licht zerfällt in zwei Teile, von denen der eine dem anderen vorausläuft, und beide schwingen in zueinander senkrechten Ebenen.

Wir betrachten anfangs nur das eine derart in einer Ebene schwingende oder *polarisierte* Lichtstrahlenbündel. Als *Polarisationsebene* wird die zur Wellennormale des Lichtes und zugleich zu seiner Schwingungsrichtung senkrechte Ebene bezeichnet (Abb. 179).

Reines in *einer* Richtung polarisiertes Licht erhält man, wenn man dieses durch ein sogenanntes Nicolsches Prisma, kurz Nicol, durchgehen läßt. Dieses aus Kalkspat hergestellte Instrument, dessen Konstruktion weiter unten darzustellen sein wird, läßt nur den einen der beiden in senkrechter Richtung zueinander polarisierten Lichtstrahlen durch. Noch einfacher erhält man polarisiertes Licht, wenn man dieses durch eine Platte verlaufen läßt, die aus farbigem Turmalin in der Richtung der Hauptachse hergestellt worden ist. Dabei gelangt der in der Richtung der Hauptachse schwingende Lichtstrahl nur etwas geschwächt durch das Medium; dagegen wird der gegen die Hauptachse senkrecht schwingende Strahl im Kristall in hohem Maße absorbiert.

Doch läßt sich die Polarisation des Lichtes auch auf anderem Wege erreichen als dadurch, daß man es durch Kristalle durchlaufen läßt. Das von einer Glasplatte oder von einer mit Ölfarbe angestrichenen Tischplatte widerstrahlende Licht ist polarisiert. Dies kann durch folgenden einfachen Versuch nachgewiesen werden: Man betrachtet die Glasplatte oder die angestrichene Tischplatte schräg durch eine Turmalinplatte oder ein Nicol und dreht diese hin und her. Das Glas oder der Tisch erscheint dann hell, wenn die c-Achse der Turmalinplatte oder die Schwingungsrichtung des Nicols waagrecht liegen, erscheint aber erheblich dunkler, wenn die Platte oder das Nicol so gewendet werden, daß die Schwingungsebene des durchgehenden Lichtes vertikal steht. Daraus läßt sich schließen, daß das vom Tisch schräg zurückstrahlende Licht hauptsächlich in waagrechter Richtung schwingt, allgemeiner gesagt in *der* Richtung, die senkrecht gegen die gemeinsame Ebene des kommenden und des reflektierten Lichtes steht. Dagegen ist z. B. das in die Glasplatte eingedrungene und gebrochene Licht so polarisiert, daß die Schwingungsrichtung in der gemeinsamen Ebene des einstrahlenden und des reflektierten Lichtes liegt (Abb. 180).

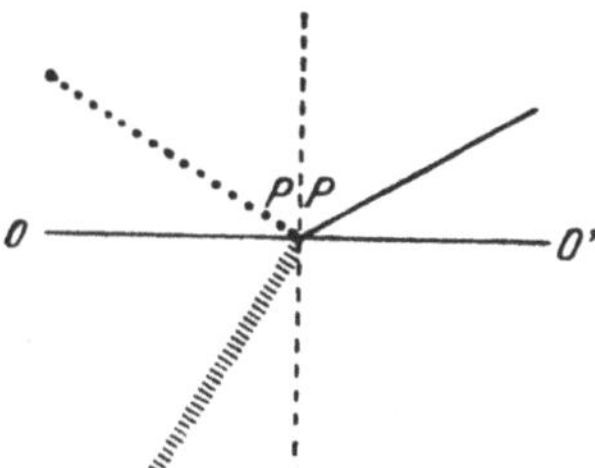

Abb. 180. Polarisation eines reflektierten und gebrochenen Strahls.

Das reflektierte und das gebrochene Licht sind im allgemeinen nur teilweise polarisiert. Eine genaue Untersuchung ergibt, daß in ihm immer noch in allen Richtungen Schwingungen vorgehen, am meisten in *einer* bestimmten Richtung, am wenigsten in der zu ihr senkrechten.

Interferenz des Lichtes. Die Stärke oder *Intensität* des Lichtes, I, ist dem Quadrat der Amplitude (A) des Lichtes direkt proportional. Also $I = A^2$.

Da die Lichtwellenlinie eine Sinuskurve ist (s. oben S. 92), entspricht jedem Punkt der Wellennormale auf der Strecke einer ganzen Wellenlänge ein bestimmter Winkel φ, den der Kreisradius, durch den auf der Peripherie des Kreises fortschreitenden Punkt gezogen, mit der Wellennormale bildet. φ, in Graden ausgedrückt, ist die *Phase* des Lichtes, wobei also *einer* Wellenlänge λ 360° entsprechen.

Beträgt die Phase 90° oder die seit Beginn *einer* Schwingung verstrichene Zeit $\frac{T}{4}$, so beläuft sich die Länge des Lichtvektors oder der senkrechte Abstand des schwingenden Punktes von der Wellennormale $s = A$. Der Phase von 180° wiederum entspricht die Zeit $\frac{T}{2}$ und $s = 0$, der Phase von 270° die Zeit $\frac{3T}{4}$ und $s = -A$, der Phase von 360° die Zeit T und $s = 0$ usw. Im allgemeinen ist die Länge des der Phase φ entsprechenden Vektors $s = A \cdot \sin \varphi$. Zwei einander verfolgende Lichtstrahlen können eine gleiche oder eine verschiedene Phase aufweisen. In letzterem Fall spricht man von einem *Phasenunterschied,* ausgedrückt in Graden, oder auch von einem *Gangunterschied* Γ, unter dem die Strecke oder der Längenabstand zu verstehen ist, um den die eine Welle der anderen voraus ist.

Zwei in gleicher Ebene und in gleicher Richtung sich fortpflanzende Lichtstrahlen wirken aufeinander derart ein, daß ihre Lichtvektoren sich miteinander vereinigen. Es entsteht eine vereinigte Lichtwelle, deren Vektor in jedem Punkt der Vektorensumme der zwei einfachen Wellen gleichkommt. Zwei interferierende Strahlen, deren Wellenlängen einander gleich sind, verstärken oder schwächen einander, je nachdem wie groß ihr Phasenunterschied ausfällt (Abb. 181). Beträgt er 360° oder beläuft sich der Gangunterschied auf ein volles λ, so vereinigen sich die Lichtvektoren an jeder Stelle mit gleichen Vorzeichen. Macht wiederum der Gangunterschied $\frac{1}{2}\lambda$ aus, so vereinigen sich die Vektoren an jeder Stelle mit verschiedenem Vorzeichen und sind außerdem ihre Amplituden gleich groß oder die Strahlen gleich stark, so löschen diese einander völlig aus. Beläuft sich der Gangunterschied auf einen anderen Bruchteil der Wellenlänge als $\frac{1}{2}$, so ist der Einfluß der Interferenz jedenfalls auf dem Konstruktionswege zu ermitteln, indem man die Lichtvektoren nacheinander senkrecht zur Wellennormale aufträgt.

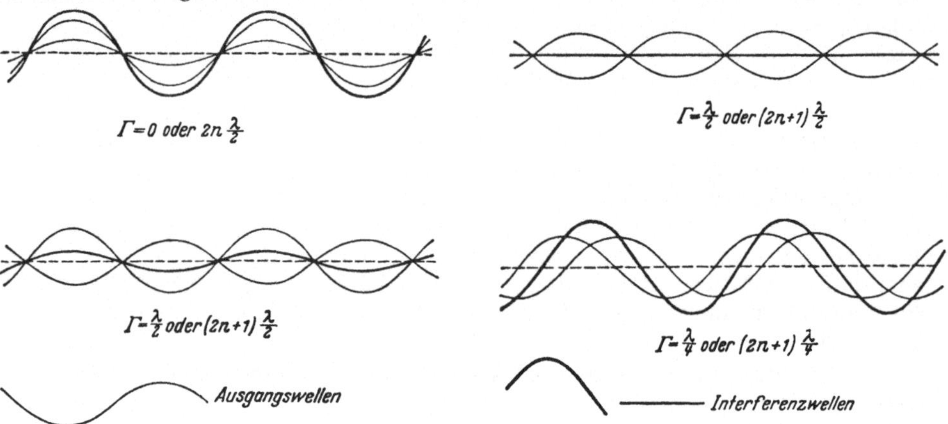

Abb. 181. Interferenz der Lichtwellen.

Dieselbe Konstruktion kann auch dann benutzt werden, wenn verschieden lange Lichtwellen, in derselben Ebene schwingend, miteinander interferieren. Aus Abb. 181 ist zu ersehen, wie verwickelt in derartigen Fällen die Wellenbewegungen werden, so auch, muß man annehmen, stets in gewöhnlichem Tageslicht.

Zwei zueinander senkrecht schwingende Wellenbewegungen interferieren derart, daß das Ende des Lichtvektors der entstehenden Gesamtwelle elliptische Bahnen um die Wellennormale beschreibt. Solches Licht bezeichnet man als *elliptisch polarisiertes*. Doch kann man es sich stets als in zwei senkrecht zueinander schwingende Wellenbewegungen geteilt vorstellen, entsprechend seiner Entstehung aus solchen. Wird z. B. die in der einen oder anderen Richtung schwingende Komponente dieses Lichtes dadurch ausgelöscht, daß man sie in einem Gangunterschied von einer halben Wellenlänge mit irgendeiner anderen in ihrer Ebene schwingenden Wellenbewegung interferieren läßt, so ergibt sich wiederum in *einer* Ebene polarisiertes Licht.

Lichtbrechung an Grenzflächen isotroper Stoffe. Stößt das Licht auf eine Grenzfläche zwischen zwei verschiedenen Stoffen, so wird es teils *reflektiert*, teils dringt es in den anderen Stoff ein, in diesem mit veränderter Geschwindigkeit seine Ausbreitung fortsetzend, während es gerade infolge der Geschwindigkeitsveränderung in Fällen allgemeiner Art seine Richtung wechselt oder *bricht*.

Nehmen wir an, ein paralleles Lichtstrahlenbündel *ab* (Abb. 182) trifft aus der Luft oder dem Vakuum auf die ebene Fläche eines optisch isotropen Stoffes (z. B. von Glas oder irgendeines kubischen Kristalls). Da die Strahlen parallel zueinander verlaufen, so ist die auf die Ebene stoßende Wellenfläche oder *Wellenfront AB* eine Ebene, und da das Licht sich in einem isotropen Stoff fortpflanzt, verlaufen die Wellennormalen und die Lichtstrahlen parallel.

Die auf die Fläche treffende Wellennormale *aA* bildet mit der gegen die Fläche gezogenen Senkrechten den *Einfallswinkel e*, der in der *Einfallsebene aAN* liegt. In derselben Ebene erstreckt sich auch die Wellennormale des reflektierten Strahls, und der *Ausfallswinkel r* ist ebenso groß wie der Einfallswinkel *e*.

Trifft das parallele Strahlenbündel schräg auf die Grenzfläche, so trifft die Wellenfront sie zunächst in einem Punkt *A*, während ihr anderer Rand in Punkt *B* liegt. In dem anderen Medium pflanzt sich das Licht mit geringerer Geschwindigkeit fort als in der Luft oder im Vakuum. Also in der Zeit, während welcher die Wellennormale *b* vom Punkt *B* an die Fläche gelangt oder die Strecke *BB'* zurücklegt, ist die andere Wellennormale eine kürzere Strecke fortgeschritten, einen Punkt in der Fläche derjenigen Kugel erreichend, deren Radius diese letztere Strecke ist. Die zwischen *a* und *b* gelegenen Wellennormalen sind im Verhältnis zu ihrer Entfernung von *b* verlangsamt, so daß innerhalb des anderen Stoffes die Wellenfläche oder die Wellenfront dargestellt wird durch die Ebene *A'B'*, die alle anderen Wellenflächen tangiert, und die Richtung der Wellennormale in dem anderen Medium durch *AA'*, die Senkrechte gegen die Wellenfläche, bezeichnet wird. Diese bildet mit der Flächennormale den Brechungswinkel *i*.

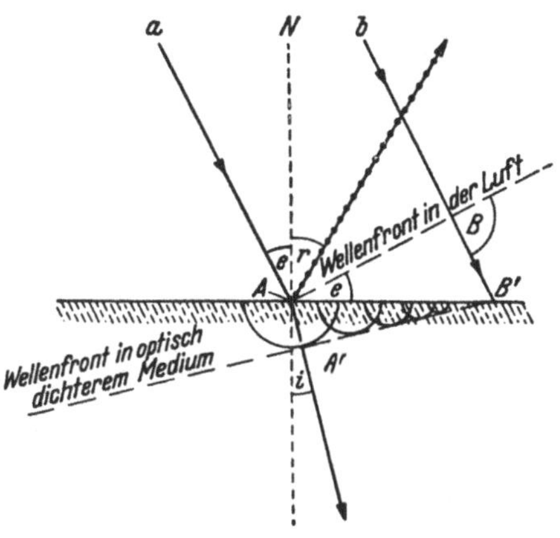

Abb. 182. Brechung und Reflexion des Lichtes.

Die Strecke *BB'* vertritt die Lichtgeschwindigkeit im ersten und *AA'* im zweiten Medium. Jetzt ist der Winkel $BAB' = e$ und der Winkel $AB'A' = i$. Also ist

$$\frac{\sin e}{\sin i} = \frac{BB'}{AA'} = \frac{v_2}{v_1} = n.$$

Das ist das Brechungsgesetz: *Dringt das Licht durch eine Grenzfläche zwischen zwei Medien, so ist das Verhältnis des Sinus des Einfallswinkels zu dem des Brechungswinkels der Wellennormalen konstant und dem Verhältnis der Wellennormalengeschwindigkeiten gleich.* Oben ist bereits angeführt worden, daß dieses Verhältnis als *Brechungsindex* bezeichnet wird.

Das Brechungsgesetz ist von Snellius im Jahre 1672 erkannt worden.

Schon hier sei bemerkt, daß in bezug auf die Wellennormalen das Brechungsgesetz auch bei optisch anisotropen Stoffen allgemeingültig ist.

Ein Medium, in dem das Licht eine geringere Wellennormalengeschwindigkeit hat, wird als optisch dichter bezeichnet als ein anderes, in dem die Geschwindigkeit des Lichtes größer ist. Bei jedem Stoff, der optisch dichter als die Luft ist, beträgt der Brechungsindex mehr als 1,000.294. Hierher gehören alle Flüssigkeiten und Kristalle. Da der Brechungsindex in allen Stoffen, die optisch dichter als das Vakuum sind, mit der Wellenlänge schwankt, ist neben dem Brechungsindex stets anzuführen, zu welcher Wellenlänge er gehört. Meistens werden die Brechungsindices der Stoffe für Natriumlicht ($\lambda = 5890 \cdot 10^{-8}$ cm) bestimmt und angeführt. Im folgenden werden die Brechungsindices gewisser Flüssigkeiten und isotroper Kristalle im Natriumlicht wiedergegeben:

Stoff	n	Stoff	n
Na_2SiF_6	1,29	Nelkenöl	1,544
Wasser	1,3336	Bromoform	1,588
Fluorit	1,4353	α-Monochlornaphthalin	1,639
Petroleum	1,450	α-Monobromnaphthalin	1,658
Alaun	1,4536	Pleonast	1,718
Sodalith	1,483	Grossular	1,734
Sylvin	1,4903	Methylenjodid	1,7381
Benzol	1,501	Almandin	1,830
Leucit	1,508	Flüssiger Schwefel (110°)	1,93
Gewöhnliches Glas	1,515	Zinkblende	2,368
Canadabalsam	1,539	Diamant	2,419
Steinsalz	1,5442		

Bestimmung der Brechungsindices. 1. *Prismenmethode.* Aus dem zu untersuchenden Stoff, den wir vorläufig immer noch als isotrop voraussetzen, wird ein Prisma geschliffen. Der Winkel zwischen zwei geschliffenen Prismenflächen, der sogenannte brechende Winkel, wird auf dem Goniometer bestimmt, wobei es so aufgestellt wird, daß die zwischen den Prismenflächen gelegene Kante senkrecht steht. Danach wird die Ablenkung des Lichtstrahls gemessen (Abb. 183). Beim Eintritt in den Stoff wird die Wellennormale nach dem Einfallslot hin gebrochen, und beim Austritt aus dem Prisma wiederum von diesem weg gebrochen, und zwar derart, daß die gesamte Richtungsänderung oder die Ablenkung des Lichtstrahls, die auf dem Goniometer gemessen werden kann, δ beträgt. Die Größe des Ablenkungswinkels wechselt nach der Lage des Prismas. Durch Drehen wird das Prisma in die Stellung gebracht, in der der Ablenkungswinkel des gebrochenen Strahls am kleinsten ist. So verhält es sich dann, wenn die Richtung des Lichtstrahls innerhalb des Prismas senkrecht zu der Winkelhalbierenden des brechenden Winkels liegt. Dabei bezeichnet $ANQC$ (Abb. 184) den Verlauf des Lichtstrahls. Der Winkel $MNQ = MQN$ und $NQ \perp Mo$ (Halbierende des Prismenwinkels α). Also $QNL' = \frac{\alpha}{2}$. Die Richtungen des ein- und austretenden Strahls werden im Innern des Prismas durch die Geraden No und oQ fortgesetzt, und man zieht $no \parallel NQ$. Dann ist $Non = \frac{\delta}{2}$. Ferner wird QN bis Punkt B fortgeführt. Dann ist der Einfallswinkel $= ANL = ANB + BNL$. Aber $ANB = QNo = Non = \frac{\delta}{2}$. $BNL = QNL' = \frac{\alpha}{2}$, also der gesamte Einfallswinkel $i = \frac{\alpha + \delta}{2}$ und der Brechungswinkel $QNL' = \frac{\alpha}{2}$. Der Brechungsindex ergibt sich also durch die Formel:

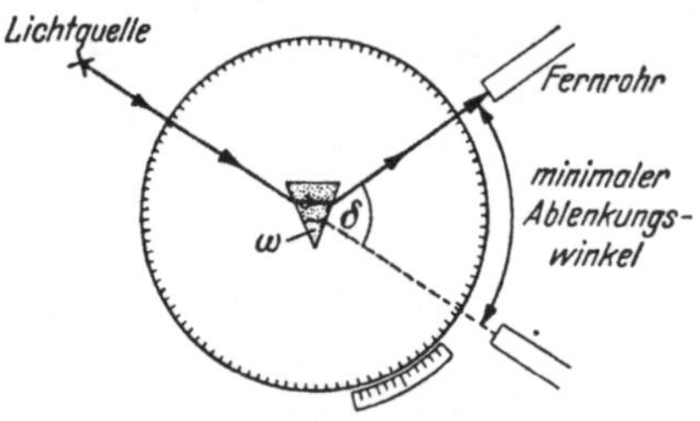

Abb. 183. Bestimmung des Brechungsindexes mit dem Prisma.

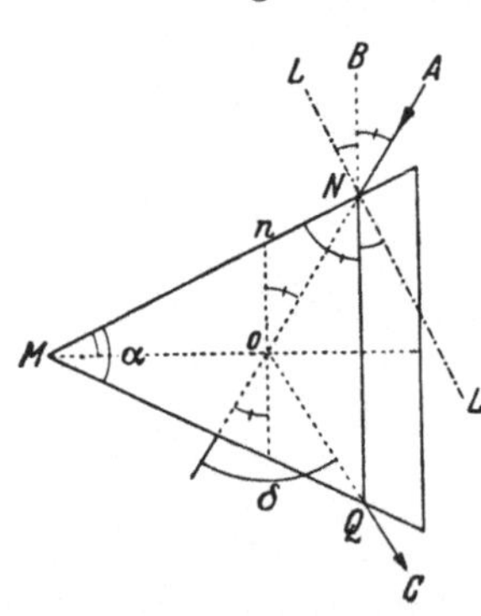

Abb. 184. Verlauf eines Lichtstrahls in einem aus isotropem Stoff hergestellten Prisma.

$$n = \frac{\sin \frac{\alpha + \delta}{2}}{\sin \frac{\alpha}{2}}$$

2. *Totalreflexionsmethode.* Beim Eintritt aus einem optisch dichteren Medium in ein optisch dünneres wird das Licht nach der Formel $\frac{\sin e}{\sin i} = \frac{n}{N} (N > n)$ von dem Einfallslot weg gebrochen; der Brechungswinkel ist größer als der Einfallswinkel. Steigt der Einfallswinkel auf einen bestimmten Wert t, der kleiner ist als 90°, so steigt der entsprechende Brechungswinkel auf 90°, dessen Sinus gleich 1 ist:

$$\frac{\sin t}{\sin 90^\circ} = \sin t = \frac{n}{N}\,; \quad n = N \cdot \sin t.$$

Die Strahlen, deren Einfallswinkel noch größer sind als t, vermögen überhaupt nicht in den anderen Stoff einzudringen. Ihr Brechungswinkel müßte dann größer als 90° und der Sinus dieses Winkels größer als 1 sein, was in zweierlei Hinsicht unmöglich ist. Die so schräg auf die Grenzfläche treffenden Lichtstrahlen werden daher in ihrer ganzen Stärke reflektiert, es tritt eine *Totalreflexion* ein. Somit kann der Brechungsindex irgendeines Stoffes, z. B. eines Kristalls, dadurch ermittelt werden, daß dieser mit einem anderen Stoff, dessen Brechungs-

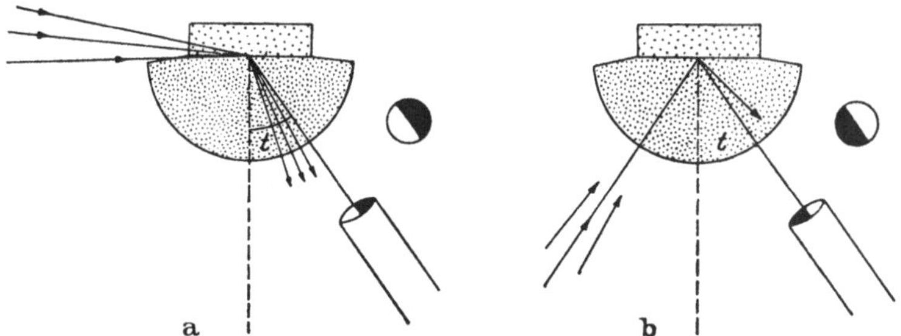

Abb. 185. Bestimmung des Brechungsindexes mit dem von ABBE und PULFRICH konstruierten Kristallrefraktometer.

index bekannt ist, in Flächenberührung gebracht und der Grenzwinkel t der Totalreflexion bestimmt wird.

Es ist zu bemerken, daß diesmal von den Richtungen der Strahlen und nicht der Wellennormalen die Rede ist. Wenn der Stoff isotrop ist, so ist die Bestimmung ohne Einschränkung möglich, da beide Richtungen gleich sind. Aber bei den anisotropen Stoffen ist das im allgemeinen nicht der Fall; die Bestimmung der Lichtbrechungsindices mittels der Totalreflexion setzt dann jene Sonderfälle voraus, in denen die Richtung des Lichtstrahls und die der Wellennormale gleich sind.

Bei den älteren auf die Totalreflexion gegründeten Instrumenten zur Bestimmung des Brechungsindices oder den *Totalrefraktometern* (KOHLRAUSCH, LIEBISCH) benutzte man ein mit stark lichtbrechender Flüssigkeit angefülltes Gefäß, in das eine aus dem zu untersuchenden Stoff hergestellte Platte, befestigt an einer Achse nebst Skala, versenkt wurde.

Neuerdings werden verschiedene Modelle des ABBE-PULFRICHschen Kristallrefraktometers angewandt. Durch sie können auch die Brechungsindices von Flüssigkeiten bestimmt werden. Der Apparat umfaßt eine blank geschliffene gläserne Halbkugel, am Ende einer senkrechten sich drehenden Achse befestigt, die ebene Seite nach oben gerichtet (Abb. 185). Auf diese wird das an einer Seite plan geschliffene Stück des zu untersuchenden Stoffes gelegt. Die Halbkugel muß aus einem so stark lichtbrechenden Glas hergestellt sein, daß ihr Brechungsindex größer als der des Kristalls ist (in sog. Bleiglas kann $n = 1{,}91$

sein). Zwischen Glas und Flächenschliff darf kein schwächer lichtbrechender Stoff bleiben; daher wird als Zwischenschicht eine stark lichtbrechende Flüssigkeit benutzt, die nicht auf die Bestimmung einwirkt. Das einfarbige Licht läßt man auf die Halbkugel entweder 1. parallel der Oberfläche (streifender Lichteinfall) oder 2. von weiter unten her senkrecht gegen die Kugelfläche derart fallen, daß darunter Strahlen sind, die im Totalreflexionswinkel auf die ebene Oberfläche treffen. In beiden Fällen läßt sich durch ein Fernrohr, das im Totalreflexionswinkel auf den Mittelpunkt der Halbkugel gerichtet ist, eine scharfe Grenze zwischen Licht und Schatten erkennen.

Bei streifendem Lichteinfall dringen die von seitlich über der Oberseite der Halbkugel kommenden Strahlen in diese ein, desgleichen noch der in der Richtung der Oberseite verlaufende Strahl, der im Totalreflexionswinkel t gebrochen wird, aber unter größerem Brechungswinkel tritt kein Strahl in das Glas ein, oberhalb der Grenze ist es schwarz (a).

Von den schräg von unten her kommenden Strahlen werden diejenigen, deren Einfallswinkel auf der ebenen Fläche kleiner als t ist, teils reflektiert, teils in den Untersuchungsstoff gebrochen, während *die* Strahlen, deren Einfalls- (und Reflexions-) Winkel größer als t ist, total reflektiert werden, so daß der oberhalb der Grenze gelegene Teil des Gesichtsfeldes heller als der unter ihr gelegene ist (b).

3. *Die Immersionsmethode* ist gegenwärtig das gebräuchlichste aller zur Bestimmung des Brechungsindex angewandten Verfahren. Sie hat den Vorzug, daß sie keine anderen Hilfsmittel als ein Mikroskop und gewisse Flüssigkeiten erfordert und daß der Brechungsindex des Lichtes an ganz geringen Mengen fein zermahlenen Materials bestimmt werden kann.

Wenn alle durchsichtigen Stoffe denselben Brechungsindex hätten, so wären sie überhaupt nicht sichtbar. Ein Stück Glas kann dadurch unsichtbar gemacht werden, daß man es eintaucht in eine Flüssigkeit, die denselben Brechungsindex besitzt[1]. Auch im Mikroskop sind die Stoffe nur darum sichtbar, weil ihnen verschiedene Brechungsindices zukommen. Dadurch werden Lichtbrechungserscheinungen an den Grenzen verursacht, um so auffallendere, je größer die Brechungsindexdifferenz ist. Kristalle, deren Brechungsindex größer ist als der des umgebenden Stoffes, scheinen sich aus dem Medium zu erheben (positives Relief), während hingegen die Stoffe, die schwächer lichtbrechend als das Medium sind, eingesenkt zu sein scheinen (negatives Relief). Diese Erscheinung ist z. B. bei Gesteinsschliffen an der Grenze der Mineralien gegen den Canadabalsam ($n = 1{,}539$) zu erkennen. Die Brechungsindexdifferenz des umgebenden Canadabalsams und der Gesteinsmineralien kommt in der Weise zum Vorschein, daß die Oberfläche des Mineralkristalls grubig, uneben erscheint. Sowohl die stärker lichtbrechenden Mineralien, wie Apatit ($n = 1{,}63$), Granat ($n > 1{,}73$), als auch die schwächer brechenden, wie Fluorit ($n = 1{,}435$), weisen eine unebene Oberfläche auf wie gegerbtes Leder, und zwar um so unebener, je größer der Brechungsindexunterschied ist. Dann sagt man, der Kristall besitze einen starken Chagrin. Dagegen erscheinen die Kristalle, deren Lichtbrechungsfähigkeit annähernd dieselbe wie die des Canadabalsams ist, im Mikroskop mit glatter Oberfläche, z. B. die Feldspäte und der Quarz, obwohl sie in Wirklichkeit gar nicht weniger uneben zu sein brauchen.

[1] Genau stimmt dies nur beim monochromatischen Licht. Die verschiedenen Wellenlängen des weißen Lichtes werden nämlich in Flüssigkeiten und festen Stoffen verschieden stark gebrochen, oder, wie man sagt, sie haben verschiedene Farbendispersion. Ist der Brechungsindex derselbe für eine bestimmte Wellenlänge, so ist er jedoch verschieden für andere Wellenlängen. Darauf beruht es, daß an den Rändern der in gleich brechende Flüssigkeiten eingebetteten Glasscherben Farbenerscheinungen auftreten, wie weiter unten im Zusammenhang mit der Immersionsmethode erklärt werden wird.

Der Lichtbrechungsunterschied an der Grenze zweier Medien läßt sich auf zweierlei Weise um ein Vielfaches verdeutlichen, nämlich mittels der BECKEschen *Linie* und der *schrägen Beleuchtung*.

BECKE-*Linie*. Die Grenze zweier Stoffe im Mikroskop wird bei ziemlich starker Vergrößerung betrachtet, die im Apparat zuunterst angebrachte Beleuchtungslinse niedriger geschraubt und die darüber befindliche Irisblende eingeengt. Wird nun außerdem der Mikroskoptubus nebst Objektiv aus seiner Brennpunktlage etwas gehoben, so ist zu sehen, wie ein heller Streifen aus dem schwächer lichtbrechenden Stoff in den stärker lichtbrechenden wandert. Wird der Tubus des Mikroskops aus der Brennpunktlage gesenkt, so ist die umgekehrte Erscheinung zu erkennen: ein dunkler Streifen wandert aus dem schwächer brechenden Stoff in den stärker brechenden (Abb. 186).

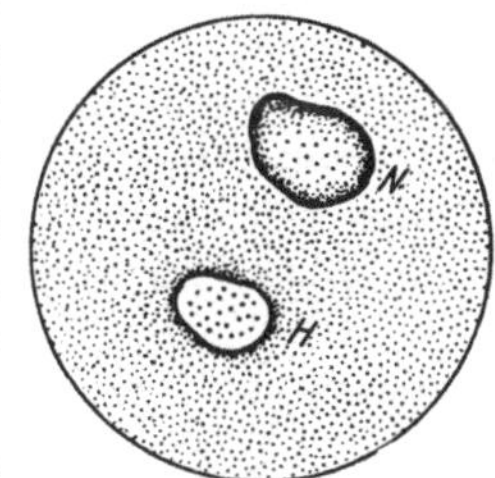

Abb. 186. BECKE-Linien beim Heben des Mikroskoptubus in zwei Kristallkörnern, von denen das eine einen kleineren (*N*), das andere einen größeren (*H*) Brechungsindex besitzt als das umgebende Medium.

Die BECKE-Linie erklärt man am besten auf eine Weise, die aus Abb. 187 zu ersehen ist. Das schmale Strahlenbündel *1* bis *11* trifft von unten auf die vertikale Grenze zwischen dem stärker (*N*) und dem schwächer (*n*) lichtbrechenden Stoff. Die von links kommenden Strahlen *1* bis *6* werden nun nach dem Einfallslot nach rechts, die von rechts kommenden Strahlen *7* bis *9* werden total reflektiert und wenden sich ebenfalls nach rechts, so daß sich an der Oberseite des Schliffes und auch etwas oberhalb desselben auf der rechten Seite viel Licht ansammelt, während die linke schattig bleibt. Wird aber der Tubus des Mikroskops so gesenkt, daß die unterhalb des Schliffes gelegene Gegend Brennpunktstellung einnimmt, so *scheinen* jene nach rechts gewandten Strahlen von der Seite des schwächer lichtbrechenden Stoffes zu kommen.

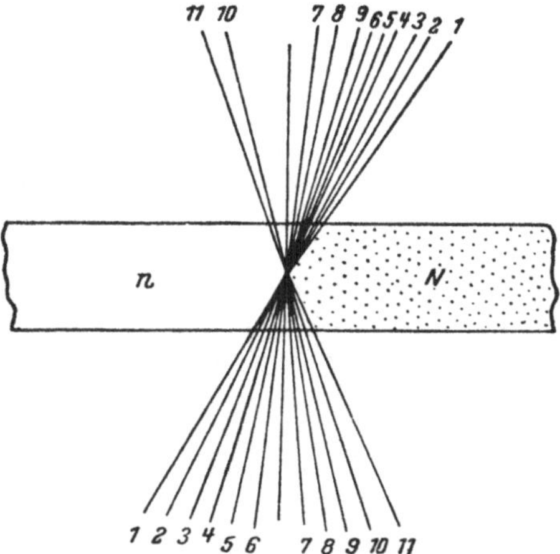

Abb. 187. Erklärung der BECKE-Linie.

Bei der Schrägbeleuchtungsmethode wiederum werden ein schwach vergrößerndes Objektiv und eine Beleuchtungslinse benutzt, der Tubus befindet sich in unveränderter Lage. Jetzt wird von unten her, zwischen dem Spiegel und dem Polarisator des Mikroskops, beschattet, indem man den rechten oder den linken Zeigefinger seitlich unter den Polarisator legt, so daß die Tangentenfläche dieses Fingers direkt nach vorn gerichtet ist. Zugleich wird die Grenzfläche der Stoffe beobachtet. Befindet sich jetzt der stärker brechende Stoff auf derselben Seite, von der aus beschattet wird, so ist an seinem Rande ein Lichtstreifen zu sehen. Im umgekehrten Fall ist dort ein Schatten zu erkennen. Ist ein stärker brechendes Korn allseitig von einem schwächer brechenden Stoff umgeben, so ist auf der dem Finger abgewendeten Seite ein Lichtstreifen und auf der ihm zugewendeten Schatten zu sehen. Der Kristall sieht dann aus wie ein Hügel, dessen der Beschattung abgewendeter Hang durch das von dorther kommende Licht beleuchtet wird, während auf dem nach dem Finger hingelegenen Hang Schatten liegt. Der schwächer als seine Umgebung brechende Kristall dagegen erscheint wie eine Grube, auf dessen Hang an der nach dem Finger zugewendeten Seite Licht und auf der diesem abgewendeten Seite Schatten fällt (Abb. 188).

So läßt sich also ermitteln, welcher der beiden Stoffe das Licht stärker bricht. Die Anwendung der Methode ist folgende: Man stellt in 69 kleinen Flaschen aus Petroleum ($n = 1{,}450$), Monochlornaphthalin ($n = 1{,}639$), Monobromnaphthalin ($n = 1{,}658$) und Methylenjodid ($n = 1{,}740$) eine Gemengereihe her, in der n innerhalb der Grenzen 1,450 und 1,740 derart wechselt, daß der Brechungsindexunterschied zweier nächstgelegener Flüssigkeiten stets 0,005 ausmacht. Einem geeignet erscheinenden Fläschchen dieser Reihe entnimmt man mit dem nach unten lang ausgezogenen Glasstäbchen des Glasstöpsels der Flasche einen Tropfen Flüssigkeit, bettet in diesen etwas von dem zu untersuchenden Kristall, fein zermahlen, ein und bedeckt es mit einem kleinen Deckglassplitter. Man prüft, ob die Flüssigkeit oder der Kristall stärker brechend ist, stellt dann denselben Versuch mit anderen Flüssigkeiten an, deren Lichtbrechung der des Minerals näherkommt, und setzt in dieser Weise fort, bis sich der Lichtbrechungsindex n_x des zu untersuchenden Stoffes zwischen den zwei am nächsten benachbarten Flüssigkeiten unterbringen läßt: $n_{5a} > n_x > n_{5+5a}$. Meistens kann man sich mit diesem Ergebnis schon zufriedengeben, soweit es aber auf eine genauere Bestimmung des Brechungsindexes ankommt, ist die Arbeit fortzusetzen.

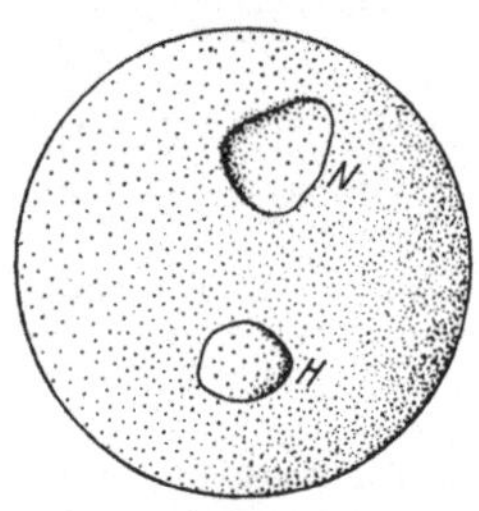

Abb. 188. Lichterscheinungen bei schräger Beleuchtung und rechtsseitiger Beschattung an zwei Kristallkörnern, von denen das eine (N) schwächer als die umgebende Flüssigkeit und das andere (H) stärker als diese bricht.

Von den beiden ermittelten nächstbenachbarten Flüssigkeiten wird je ein guter Tropfen entnommen. Beide werden miteinander vermischt. In diesem Gemenge wird das Kristallmehl geprüft und der Brechungsindex der Gemenge mit dem Totalrefraktometer bestimmt. So fährt man fort, bis man eine Flüssigkeit findet, deren Brechungsindex genau derselbe ist wie der des zu untersuchenden Stoffes. Doch fragt es sich, woran diese Übereinstimmung zu erkennen ist. Der Sachverhalt wird verwickelt durch den oben (S. 100) angeführten Umstand, daß die Farbendispersion der festen Stoffe und Flüssigkeiten verschieden ist.

In der Regel ist die Dispersion der Flüssigkeit größer als die der Kristalle. So findet man bald eine Flüssigkeit, deren Lichtbrechung bei rotem Licht kleiner, aber bei violettem größer ist als die des Kristalls. Dann ist zu sehen, wie beim Heben des Mikroskoptubus eine blaue Becke-Linie nach dem Kristall hin und eine gelbe Linie auf die Flüssigkeit zu wandert und umgekehrt beim Senken des Tubus ein gelber Streifen nach dem Kristall hin und ein blauer auf die Flüssigkeit zu führt. Wenn man eine Flüssigkeit gefunden hat, bei der der blaue und der gelbe Streifen anscheinend gleich stark aussehen, ist alles unternommen, was man bei Tageslicht anzustellen vermag.

Jetzt wird das Mikroskop in ein Dunkelzimmer gebracht und die Betrachtung bei einfarbigem Licht fortgesetzt. Wenn die Brechungsindices in diesem gleich sind, ist der Kristall in der Flüssigkeit unsichtbar, andernfalls ist die Becke-Linie zu sehen.

Auch kann man die Arbeit im Tageslicht unterbrechen, sobald die Farberscheinungen aufzutreten beginnen, wobei niemals nächstbenachbarte Flüssigkeiten miteinander vermischt zu werden brauchen, und man bestimmt mit dem Monochromator die Wellenlängen, bei denen die Lichtbrechung in beiden Flüssigkeiten dieselbe wie im Kristall ist. Wenn die Dispersion der Flüssigkeit bekannt ist, kann jetzt der Brechungsindex des Kristalls für jede beliebige Wellenlänge graphisch bestimmt werden.

Die genannten Flüssigkeiten sind gerade mit Rücksicht darauf, daß ihre Dispersion in der Gemischreihe sich linear verändert, ausgewählt worden, so daß diese Reihe für das letztgenannte Verfahren besonders geeignet ist. Sonst könnte man auch andere, auf S. 98 genannte u. dgl. stark lichtbrechende Flüssigkeiten benutzen.

Die Methode der BECKE-Linie ist etwas genauer als die der Schrägbeleuchtung, aber letztere ist bequemer, da es sich bei dem meist gebrauchten Objektiv ohne weiteres anwenden läßt. Gewöhnlich arbeitet bei der mikroskopischen Kristalluntersuchung daher der Finger während des größten Teils der Zeit unter dem Mikroskop. Erst bei exakter Arbeit geht man zu der BECKE-Linie über. Mit ihrer Hilfe kann ein Lichtbrechungsunterschied von $\pm$ 0,001 festgestellt werden, d. h. der Brechungsindex des Kristalls läßt sich auf drei Dezimalen bestimmen, so daß ein möglicher Fehler sich auf $\pm$ 0,001 festlegen läßt. Das erfordert sorgfältige Arbeit und jedesmaliges gesondertes Bestimmen der Brechungsindices der Flüssigkeiten, da sie sich mit der Zeit verändern. Auch die Temperatur ist bei der Bestimmung festzustellen, da die Lichtbrechungsindices bei den Flüssigkeiten mit erhöhter Temperatur sinken, um ca. 0,001 je drei Grad.

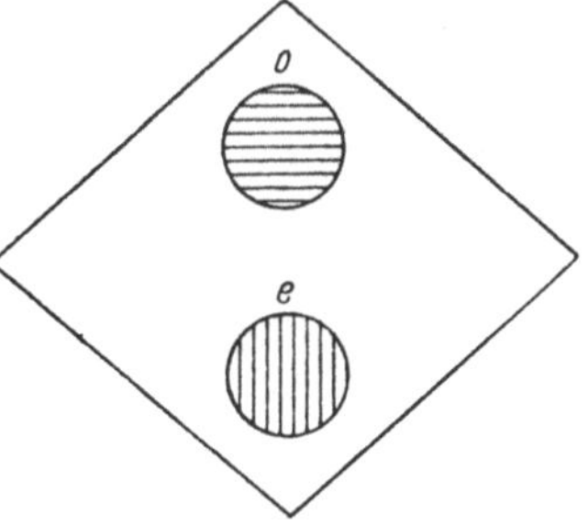

Abb. 189. Doppelbrechung in einem Spaltstück von Kalkspat.

Doppelbrechung im Kalkspat. BARTHOLINUS und HUYGENS erkannten 1669 am isländischen Kalkspat das „wunderbare Phänomen", daß die Gegenstände, durch dieses Mineral betrachtet, doppelt erscheinen, und erklärten, daß dies auf der Doppelbrechung des Stoffes beruhe.

Durch ein Spaltrhomboeder eines durchsichtigen Kalkspates gesehen, erscheint ein schwarzer Punkt auf Papier doppelt. Das Phänomen ist unabhängig davon, ob man den Punkt gerade von oben oder schräge betrachtet, mit anderen Worten, ob das Licht schräge oder senkrecht auf die Spaltfläche trifft. Insbesondere der letztere Fall erscheint merkwürdig, da nach den oben abgeleiteten Brechungsgesetzen der senkrecht gegen die Fläche fallende Strahl seine Richtung nicht ändert. Wird das Kalkspatstück gedreht, wobei der schwarze Punkt fortgesetzt senkrecht von oben verfolgt wird, so ist zu erkennen, daß sein eines Bild *o* (Abb. 189) unbeweglich bleibt und daß also das ihm entsprechende Strahlenbündel sich wirklich ohne Richtungsänderung durch den Kristall fortpflanzt, während das andere Punktbild *e* jenen auf einem Kreisbogen umwandert und ständig nur in der Ebene der kürzeren Diagonale des Rhomboeders oder also auch der Hauptachse (*c*-Achse des Kalkspates) bleibt.

Wenn zwischen den Kalkspat und das Auge ein Nicolprisma (oder eine Turmalinplatte) gebracht wird, sind im allgemeinen beide Bilder zu sehen, aber je nach der Lage des Nicols verschieden deutlich. Ist *die* Richtung des Nicols, in der das von diesem durchgelassene Licht schwingt, der längeren Diagonale der Fläche des Kalkspatrhomboeders oder der *a*-Achse des Rhomboeders parallel, so ist nur das Bild *o* zu sehen, während das Bild *e* schwindet. Liegt wiederum die Schwingungsebene des Nicols parallel zur kürzeren Diagonale der Rhomboederfläche oder zur *c*-Achse des Kalkspates, so ist nur das Bild *e* sichtbar, aber das Bild *o* ist nicht mehr zu sehen. Daraus können wir schließen, daß das Licht sich im Kalkspat in zwei Strahlenbündel, die in zwei zueinander senkrechten Ebenen polarisiert sind, geteilt hat.

Der eine Strahl, *o*, der, senkrecht auf die Fläche des Kalkspates treffend, diesen durchdringt, ohne seine Richtung zu verändern, scheint die oben dargestellten

Lichtbrechungsgesetze zu befolgen. Er wird als der *ordentliche* oder *ordinäre Strahl*, *o*, bezeichnet. Dagegen verhält sich der andere Strahl ganz sonderbar, indem er selbst bei senkrechtem Auffallen gebrochen wird, und zwar von der Flächennormale weg. Er wird daher der *außerordentliche* oder *extraordinäre Strahl*, *e*, genannt. Der Verlauf beider Strahlen im Kalkspat geht aus Abb. 190 hervor.

Wie verhält es sich nun mit der Wellennormale dieses Extraordinärstrahles? Oben ist angeführt worden, daß die Brechungsgesetze in erster Linie die Wellennormalenrichtungen angehen und für die Richtungen des Strahls nur in dem Falle, daß die Richtungen der Wellennormale und des Strahls dieselben sind, zutreffen. Es besteht also keinerlei Anlaß anzunehmen, daß nicht auch in diesem Fall die Wellennormale des senkrecht auf die Fläche treffenden Strahls im Kristall mit unveränderter Richtung fortschritte. Durch Messung der Geschwindigkeiten des Extraordinärstrahls in verschiedenen Richtungen und durch Konstruktion der Wellenfläche ist zu erkennen, daß es sich tatsächlich so verhält (Abb. 191). Die Strahlen *o* und *e* haben dieselbe Wellennormalenrichtung (W_ω parallel W_ε), wenngleich verschiedene Strahlenrichtungen und verschiedene Geschwindigkeiten. Das läßt sich in eine ganz allgemeingültige Regel fassen: *In doppelbrechenden Stoffen pflanzen sich im allgemeinen zwei verschiedene Wellennormalen mit verschiedener Geschwindigkeit und in verschiedenen Strahlenrichtungen fort.*

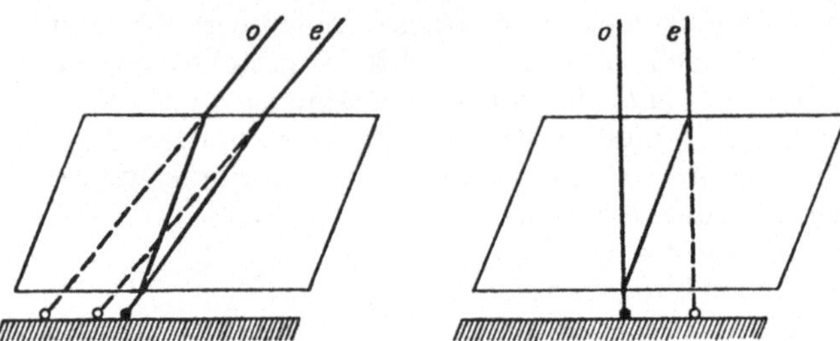

Abb. 190. Doppelbrechung in einem Spaltstück von Kalkspat.

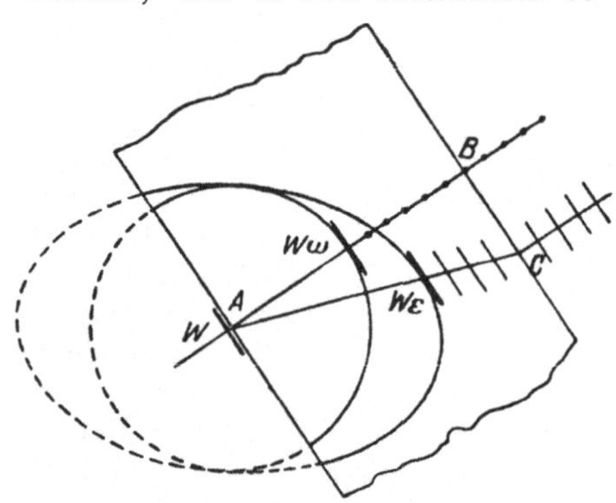

Abb. 191. Die Wellennormalen $W\omega$ des ordinären Strahls AB und $W\varepsilon$ des extraordinären Strahls AC bei einem Licht, das senkrecht auf eine Spaltfläche von Kalkspat fällt; die zueinander senkrechten Schwingungsrichtungen der beiden Strahlen sind angedeutet.

Wird aus Kalkspat eine parallelepipedförmige Platte senkrecht zur *c*-Achse geschliffen und senkrecht durch sie ein Gegenstand betrachtet, so ist er überhaupt nicht doppelt zu sehen, gewiß aber dann, wenn man durch diese Platte so hindurchsieht, daß sie schief liegt. Daraus folgt, daß im Kalkspat die Richtung der *c*-Achse optisch isotrop ist; in ihr tritt also keine Doppelbrechung des Lichtes ein.

Schon Huygens schloß, daß die Wellenfläche des ordentlichen Strahls im Kalkspat eine Kugel, aber die des außerordentlichen Strahls ein um diese Kugel gezeichnetes, abgeplattetes Rotationsellipsoid ist (Abb. 192), dessen Achse mit der *c*-Achse des Kristalls identisch ist. Sie fällt in die Tangentialpunkte der Kugel und des Ellipsoids. Also ist die Geschwindigkeit des Lichtes gleich bei allen senkrecht zur *c*-Achse schwingenden Strahlen, die sich in der Richtung der *c*-Achse fortpflanzen. Auch werden sie nicht polarisiert. Derartige Stoffe werden also optisch *einachsig* bezeichnet. Die Richtung der Hauptachse ist in ihnen zugleich die der *optischen Achse*.

In Abb. 191 sehen wir einen Teil beider Wellenflächen der zur Rhomboederfläche des Kalkspates senkrechten Wellennormalen. Ihre Achse liegt schräg zur Rhomboederfläche, aber parallel zur Hauptachse.

Wellenflächen und Indikatrix der optisch einachsigen Kristalle. Die Wellennormalengeschwindigkeit des außerordentlichen Strahls ist also im Kalkspat in allen Richtungen mit Ausnahme der c-Achsenrichtung größer als die des ordentlichen Strahls (= Strahlengeschwindigkeit). Tritt das Licht schräg gegen die Fläche in derartige Stoffe ein, so wird o stets mehr als e gebrochen. Solche Stoffe, bei denen es sich so verhält, nennt man *optisch negative einachsige Stoffe*. Die doppelte Wellenfläche besteht aus einer Kugel und einem abgeplatteten Rotationsellipsoid und sieht im Querschnitt aus wie Abb. 192.

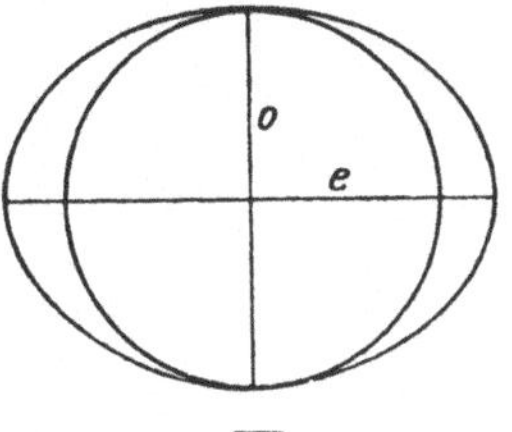

Abb. 192. Die Wellenflächen eines optisch negativen einachsigen Kristalls.

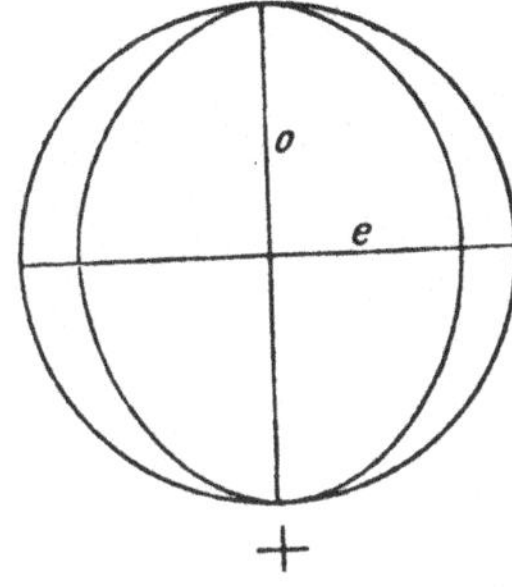

Abb. 193. Die Wellenflächen eines optisch positiven einachsigen Kristalls.

In anderen optisch einachsigen Stoffen ist die Wellennormalengeschwindigkeit des Extraordinärstrahls in allen Richtungen mit Ausnahme der c-Achsenrichtung kleiner als die des Ordinärstrahls. Solche Kristallarten werden als *optisch positive einachsige* bezeichnet. Zu diesen gehören z. B. Quarz und Zirkon. Die Wellenfläche des ordentlichen Strahls der optisch positiven Stoffe ist selbstverständlich wieder eine Kugel und die des außerordentlichen Strahls ein Rotationsellipsoid, aber ein zugespitztes, da die Drehungsachse sein allerlängster Durchmesser ist (Abb. 193).

Wie wir gesehen haben, sind die Wellenflächen aller einachsigen Kristalle doppelt: eine Kugel und ein Ellipsoid. Das beruht auf dem ebenfalls bereits zuvor angeführten Umstand, daß sich in jeder Richtung im Kristall zwei Wellennormalen bewegen können, deren Schwingungsebenen senkrecht zueinander liegen. Noch allgemeiner gesagt, sind die optischen Erscheinungen nicht von den vektoriellen Eigenschaften in der Fortpflanzungsrichtung des Lichtes, sondern von denen in seinen Schwingungsrichtungen abhängig, und deren gibt es zwei.

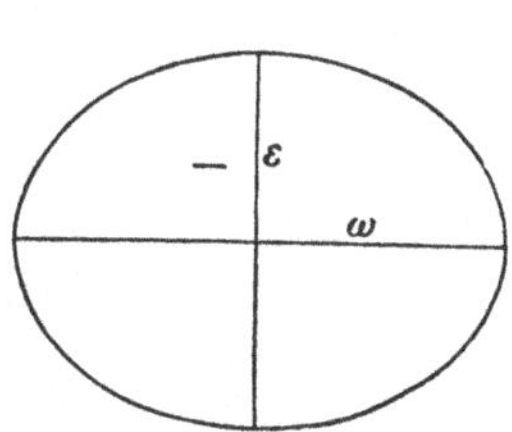

Abb. 194. Die Indikatrix eines optisch negativen einachsigen Kristalls.

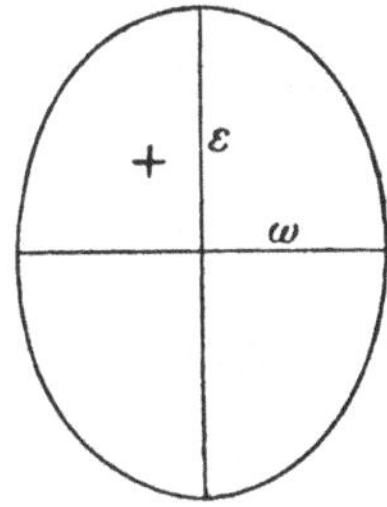

Abb. 195. Die Indikatrix eines optisch positiven einachsigen Kristalls.

Aber der richtungsmäßige Wechsel der optischen Eigenschaften in den Kristallen kann auch durch eine einzige Fläche dargestellt werden, indem man in ein dreidimensionales Koordinatensystem vom Origo an die Brechungsindices oder, was dasselbe ist, die reziproken Werte der Wellennormalengeschwindigkeiten einträgt, die zu dem in der betreffenden Richtung schwingenden Licht gehören. So erhält man ein einziges Rotationsellipsoid, das sog. *Brechungsindexellipsoid* oder die *Indikatrix*, die in ihrer Form mit dem Wellenellipsoid des extraordinären Strahls übereinstimmt, also für die optisch negativen Stoffe ein abgeplattetes Rotationsellipsoid (Abb. 194) und für die optisch positiven ein zugespitztes (Abb. 195).

Die Rotationsachse der Indikatrix entspricht ebenfalls der Richtung der c-Achse des Kristalls, und ihre halbe Länge gleicht in den positiven Kristallen dem größten und in den negativen dem kleinsten im Stoff auftretenden Brechungsindexwert der außerordentlichen Welle. In beiden Fällen wird dieser Brechungsindex mit ε bezeichnet. Die Länge des Radius im kreisförmigen Äquatorialschnitt des Rotationsellipsoids stimmt mit dem gleichbleibenden Brechungsindexwert ω der ordentlichen Welle überein.

In der Indikatrix können wir natürlich auch jede beliebige Wellenrichtung im Kristall unterbringen, z. B. S (Abb. 196). Dieser entsprechen also zwei zu ihr senkrechte Schwingungsrichtungen, von denen die eine stets in der Ebene des Äquatorialschnittes liegt und dem Brechungsindex ω der ordinären Welle entspricht und die andere senkrecht zu dieser steht und den Wert ε' annimmt, der von gleicher Größe ist wie im negativen Kristall der kürzeste (wie Abb. 196) und im positiven Kristall der längste Halbmesser des zur Richtung S senkrechten Ellipsoidschnittes. Aus der Figur ist ohne weiteres zu ersehen, daß, je näher die Wellennormalenrichtung S der Richtung ε der optischen Achse liegt, ε' um so näher an ω heranrückt, bis es in der Richtung der Achse mit diesem zusammenfällt und die Schnittellipse in einen Kreis übergeht, wobei die Doppelbrechung verschwindet. Gelangt jedoch S wiederum in eine zur optischen Achse senkrechte Lage, so bleibt ω auch weiterhin gleich, und ε' nimmt den von ω am meisten abweichenden möglichen Wert ε an.

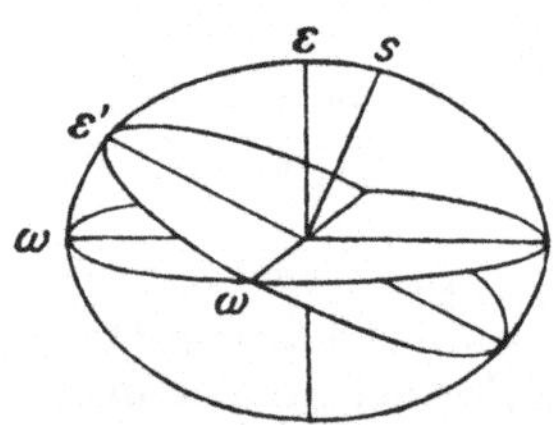

Abb. 196. Der von der Indikatrix eines optisch negativen Kristalls abgeleitete Brechungsindex ε' der außerordentlichen Welle, für einen Strahl, der sich im Kristall in der beliebigen Richtung S fortpflanzt.

Optisch einachsig sind alle tetragonalen, hexagonalen und trigonalen Stoffe, also alle diejenigen Kristallgruppen, in denen eine in bezug auf die ellipsoidischen Eigenschaften wirtelige Hauptachse besteht.

Die Indikatrix der optisch zweiachsigen Kristalle. Wir kommen jetzt zu den zweiachsigen oder den anisotropen Kristallen allgemeinster Art, in denen drei zueinander senkrechte Richtungen im allgemeinen ungleichwertig sind und die in ihnen schwingenden Strahlen verschiedene Geschwindigkeiten annehmen. Der richtungsmäßige Wechsel der optischen Eigenschaften kann auch bei diesen Kristallen am einfachsten mittels der Indikatrixfläche wiedergegeben werden, wie zuerst FRESNEL dargelegt hat. Wir gehen in diesem Falle sogleich auf die Betrachtung der Indikatrix ein.

Von irgendeinem Punkt ausgehend werden in ein Raumkoordinatensystem nach allen Richtungen Strecken eingetragen, von denen jede ihrem Längenmaß nach in einer bestimmten Einheit gemessen dem Brechungsindex des in der betreffenden Richtung schwingenden homogenen Lichtes entspricht. Die Endpunkte der Strecken bilden dann ein dreiachsiges Ellipsoid, dessen kürzester Halbmesser dem kleinsten im Kristall auftretenden Brechungsindex α und dessen senkrecht gegen diesen stehender längster Halbmesser dem größten im Kristall vorkommenden Brechungsindex γ entspricht. Auf der gemeinsamen Ebene dieser beiden senkrechten steht ein dritter Halbmesser, der in seiner Größe den irgendwo zwischen α und γ gelegenen Brechungsindex β vertritt. α, β und γ sind die drei *Hauptbrechungsindices* des optisch zweiachsigen Stoffes; ihre Schwingungsrichtungen wiederum sind die *Hauptschwingungsrichtungen* oder die Elastizitätsachsen. Die den Hauptbrechungsindices entsprechenden Wellennormalengeschwindigkeiten stehen dann zueinander in dem Verhältnis $\frac{1}{\alpha} : \frac{1}{\beta} : \frac{1}{\gamma}$ und $\frac{1}{\alpha} > \frac{1}{\beta} > \frac{1}{\gamma}$.

Die Hauptbrechungsindexrichtungen liegen paarweise in drei ellipsenförmigen Schnittebenen. Diese sind die *optischen Hauptschnitte* $\alpha\beta$, $\beta\gamma$ und $\alpha\gamma$.

Wenn die drei Hauptachsen des Indikatrixellipsoides, d. h. die drei Hauptbrechungsindices, ihrer Lage und Größe nach bekannt sind, ist das ganze Ellipsoid bestimmt. Aus ihr kann der Brechungsindex (n) oder die ihm entsprechende Fortpflanzungsgeschwindigkeit $\left(\frac{1}{n}\right)$ für das in jeder beliebigen Richtung im Kristall schwingende Licht berechnet werden nach der Gleichung

$$\frac{1}{n^2} = \frac{\cos^2 \varphi_1}{\alpha^2} + \frac{\cos^2 \varphi_2}{\beta^2} + \frac{\cos^2 \varphi_3}{\gamma^2},$$

in der φ_1, φ_2 und φ_3 die von der betreffenden Schwingungsrichtung mit den Richtungen der drei Hauptachsen gebildeten Winkel sind.

Die zu jeder Schwingungsrichtung gehörende Wellennormale steht senkrecht auf jener. Und ebenso, wie wir es oben an den einachsigen Kristallen gesehen haben, gibt es auch in den zweiachsigen zwei jeder Wellennormalenrichtung entsprechende Schwingungsrichtungen, die zu zwei in gleicher Richtung, aber mit verschiedener Geschwindigkeit sich fortpflanzenden Wellen gehören. Diese stehen ihrerseits senkrecht zur Normalenrichtung der Welle und zueinander.

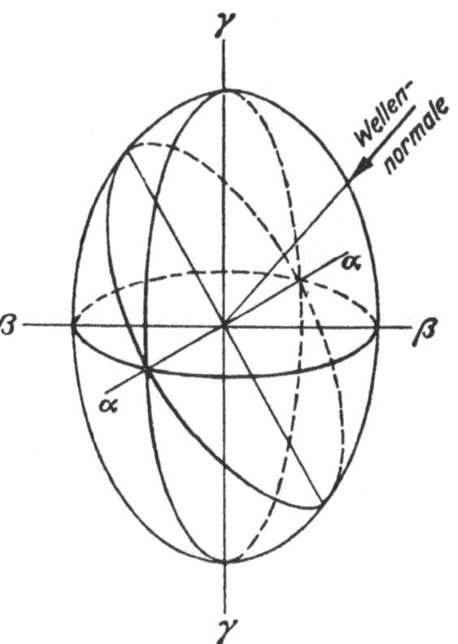

Abb. 197. Die Hauptschnitte der Indikatrix eines zweiachsigen Kristalls und die durch sie ausführbare Ermittelung der Schwingungsrichtungen des in bestimmter Richtung sich fortpflanzenden Lichtes.

Wenn man die Richtung der Wellennormale in der Indikatrix kennt, lassen sich die Schwingungsrichtungen und die ihnen entsprechenden Brechungsindices nach folgendem Prinzip ermitteln: Die gesuchten Richtungen liegen nach Obigem in einer zu der Fortpflanzungsrichtung senkrechten Ebene. Diese wird durch den Mittelpunkt des Ellipsoids gelegt. Alle derartigen wie auch die übrigen Schnittebenen des Ellipsoids sind selbst Ellipsen (abgesehen von einer gleich anzuführenden Ausnahme). Das in der Ebene dieser Ellipse schwingende Licht wird in zwei Teile polarisiert, deren Schwingungsrichtungen dieselben sind wie die Richtungen des längsten und des kürzesten Durchmessers der Ellipse. Ihre Geschwindigkeiten sind gleich den reziproken Werten der Längen der Radien, ihre Brechungsindices gleich den Längen der Radien (Abb. 197).

Die in der Indikatrix nach der Schwingungsrichtung wechselnden Brechungsindexwerte für die Wellennormale, die mit den drei Hauptachsen der Indikatrix die Winkel ψ_1, ψ_2 und ψ_3 bildet, ergeben sich aus einer Gleichung:

$$\frac{\cos^2 \psi_1}{\frac{1}{n^2} - \frac{1}{\alpha^2}} + \frac{\cos^2 \psi_2}{\frac{1}{n^2} - \frac{1}{\beta^2}} + \frac{\cos^2 \psi_3}{\frac{1}{n^2} - \frac{1}{\gamma^2}} = 0.$$

Bestimmt man n der Gleichung, so ergeben sich zwei Wurzeln, welche die gesuchten Brechungsindexwerte α' und γ' sind.

Die drei Hauptschwingungsrichtungen des Indikatrixellipsoids sind in den zweiachsigen Kristallen die einzigen Richtungen, in denen die Richtungen der Wellennormalen und der Strahlen zusammenfallen. An derartigen Kristallen können somit die Bestimmungen des Brechungsindexes mit denselben Mitteln wie an den optisch isotropen Stoffen vorgenommen werden.

In dem Hauptschnitt $\alpha\beta$ ist α der kürzere Durchmesser (Abb. 198). Denkt man sich diese Schnittrichtung um die β-Achse in beiden Richtungen kreisend, so wird der kürzere Durchmesser α' ständig länger. Ebenso wird, wenn sich der Hauptschnitt $\beta\gamma$ in beiden Richtungen um β dreht, der längere Durchmesser γ' stetig kürzer. Beide Male kommt man zu den zwischen den Richtungen α und γ liegenden zwei Grenzfällen, in denen sowohl α' als auch γ' zugleich ebenso groß wie β und gleichzeitig alle Strahlen des Ellipsenschnittes gleich lang sind, d. h. diese Schnitte sind Kreise. Jede Indikatrix umfaßt also zwei *Kreisschnitte*. Die zu diesen senkrechten Richtungen u und u' werden nun als zwei *Achsenrichtungen* bezeichnet, und gerade deswegen werden diese Stoffe als *optisch zweiachsig* bezeichnet.

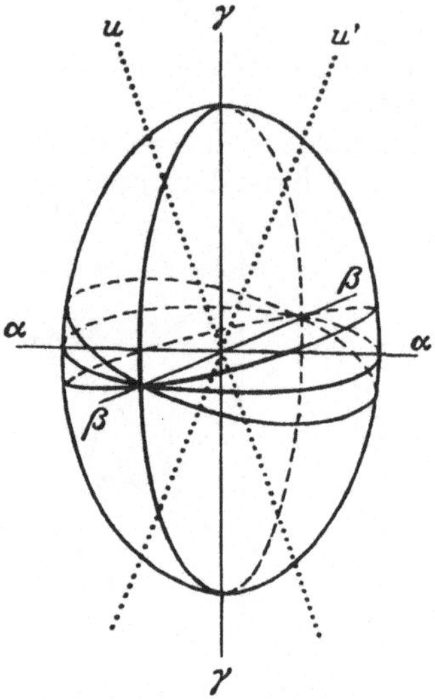

Abb. 198. Die Indikatrix eines zweiachsigen Kristalls und seine Kreisschnitte nebst den auf ihnen senkrecht stehenden optischen Achsen u und u'.

Die in den Richtungen der Achsen fortschreitenden Wellennormalen werden weder in zwei Richtungen gebrochen noch in gewöhnlicher Weise polarisiert. Die optischen Achsen liegen immer in der Ebene $\alpha\gamma$, die daher als *optische Achsenebene* bezeichnet wird. Die von zwei Achsenrichtungen miteinander gebildeten Winkel sind die *Achsenwinkel*. Weil α und γ Halbierende der Achsenwinkel sind, werden sie auch als *Mittellinien* oder *Bisektrices* bezeichnet. Die Halbierende des zwischen den Achsen liegenden spitzen Winkels ist die *erste Mittellinie* oder die *spitze Bisektrix*, die Halbierende des stumpfen Winkels wiederum die *zweite Mittellinie* oder die *stumpfe Bisektrix*. Senkrecht auf diesen steht die *optische Normale* β.

Stellen wir uns Indikatrices vor, in denen die Größe des Achsenwinkels wechselt, so bemerken wir, daß, wenn der Achsenwinkel bis auf den Grenzfall 0° abnimmt, wir zu den optisch einachsigen Kristallen kommen, soweit γ die erste Mittellinie ist und die zu ihren beiden Seiten gelegenen Achsen sich auf *eine* beschränken und schließlich mit γ zusammenfallen. Dann ist $\gamma = \varepsilon$.

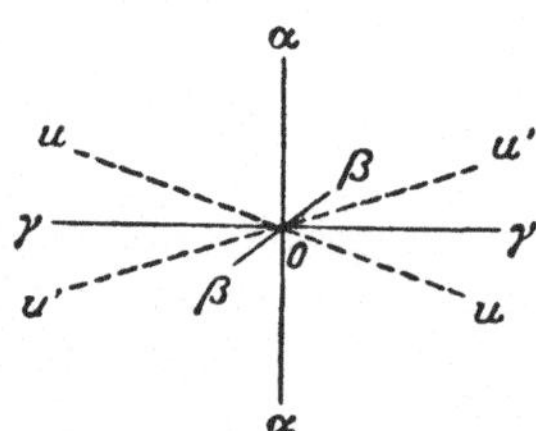

Abb. 199. Die Hauptschwingungs- und die Achsenrichtungen eines zweiachsigen positiven Kristalls.

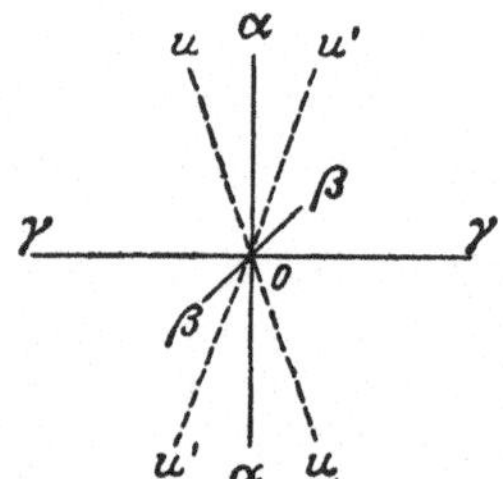

Abb. 200. Die Hauptschwingungs- und die Achsenrichtungen eines zweiachsigen negativen Kristalls.

Zugleich haben sich die zu den Achsen senkrechten Kreisschnitte zu einem Kreise vereinigt, und $\alpha = \beta$. Wir haben die Indikatrix eines einachsigen positiven Stoffes erhalten. In gleicher Weise kann man sich vorstellen, daß sich, wenn der Achsenwinkel auf beiden Seiten von α abnimmt, als Grenzfall die Indikatrix eines optisch negativen einachsigen Stoffes ergibt. Dann ist $\alpha = \varepsilon$ und $\gamma = \beta$.

Auch die zweiachsigen Stoffe werden in optisch positive und negative eingeteilt. Positiv sind diejenigen (Abb. 199), in denen γ die erste Mittellinie ist bzw. β näher nach α als nach γ zu liegt bzw. $(\gamma - \beta) > (\beta - \alpha)$ ist.

Optisch negative zweiachsige Stoffe sind wiederum diejenigen (Abb. 200), in denen α die erste Mittellinie ist bzw. β näher γ als α liegt bzw. $(\gamma - \beta) < (\beta - \alpha)$ ist. Im Grenzfall ist der Achsenwinkel 90° groß oder $(\gamma - \beta) = (\beta - \alpha)$. Das gilt jedoch nur für eine bestimmte Wellenlänge, denn für die verschiedenen Farben ist der Achsenwinkel im allgemeinen verschieden groß.

Ein optisch positiver zweiachsiger Stoff ist beispielsweise der Schwefel und ein negativer der Aragonit. Ihre Brechungsindices sind:

	α	β	γ	$\beta - \alpha$	$\gamma - \beta$
Schwefel (S)	1,958	2,038	2,245	0,080	0,207
Aragonit ($CaCO_3$) ..	1,5301	1,6816	1,6859	0,1515	0,0043

Wie aus dem Obigen ersichtlich, ist die Lage der Kreisschnitte oder der Achsenwinkel in beiden Indikatrices völlig bestimmt. Er kann somit aus den Werten der Brechungsindices α, β und γ berechnet werden. Die Formel ist folgende:

$$\cos V = \frac{\alpha}{\beta}\sqrt{\frac{\gamma^2 - \beta^2}{\gamma^2 - \alpha^2}} \quad \text{oder} \quad \operatorname{tang} V = \sqrt{\frac{\frac{1}{\alpha^2} - \frac{1}{\beta^2}}{\frac{1}{\beta^2} - \frac{1}{\gamma^2}}}.$$

Bei den Berechnungen läßt sich bequemer die BARTALINIsche Formel verwenden:

$$\cos V = \frac{\operatorname{tang}\varphi}{\operatorname{tang}\psi}, \quad \text{wobei} \quad \cos\varphi = \frac{\beta}{\gamma} \quad \text{und} \quad \cos\psi = \frac{\alpha}{\gamma}.$$

Die Wellenflächen der zweiachsigen Kristalle. Von dem dreiachsigen Indikatrixellipsoid kann ebenso wie von der Indikatrix der einachsigen Stoffe die Form der Wellenfläche abgeleitet werden. In den Abb. 201, 202 und 203 sind die

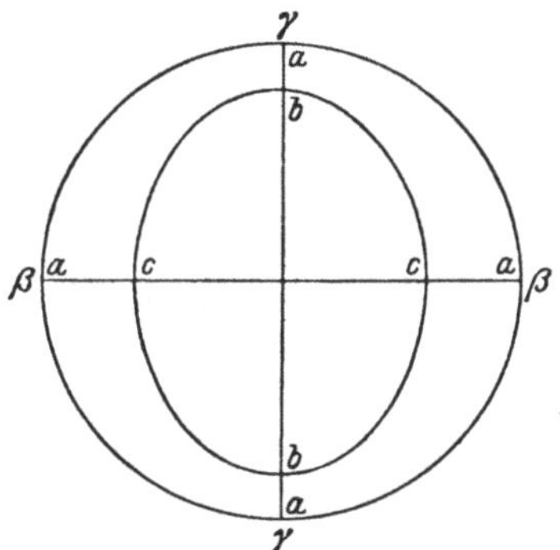

Abb. 201. Die Schnitte der Wellenflächen in der Ebene $\beta\gamma$.

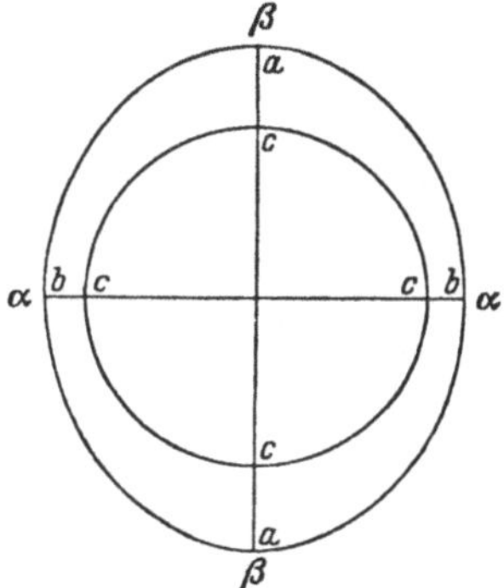

Abb. 202. Die Schnitte der Wellenflächen in der Ebene $\alpha\beta$

Schnitte dieser zweischaligen Fläche in den Ebenen der drei optischen Hauptschnitte dargestellt. In jedem von ihnen kommt der einen ein Kreis- und der anderen ein Ellipsenschnitt zu. In der Achsenebene $\alpha\gamma$ schneiden der Kreis und die Ellipse einander in den Richtungen u, während wiederum in den Ebenen $\alpha\beta$ und $\beta\gamma$ der Kreis und die Ellipse nicht miteinander in Berührung kommen.

Die Ebene $\beta\gamma$. Die in der Richtung γ der Indikatrix sich fortpflanzende Welle (Abb. 201) zerfällt im Kristall in zwei Teile, deren Schwingungsrichtungen α und β und deren Geschwindigkeiten $\frac{1}{\alpha} = a$ (am größten) und $\frac{1}{\beta} = b$ (im Mittel) sind. Die in der Richtung β fortschreitende Welle wird in die in den Richtungen γ und α schwingenden Teile mit den Geschwindigkeiten $\frac{1}{\gamma} = c$ (am kleinsten) und $\frac{1}{\alpha}$ (am größten) zerlegt. Alle Wellen, die in den zwischen den Richtungen

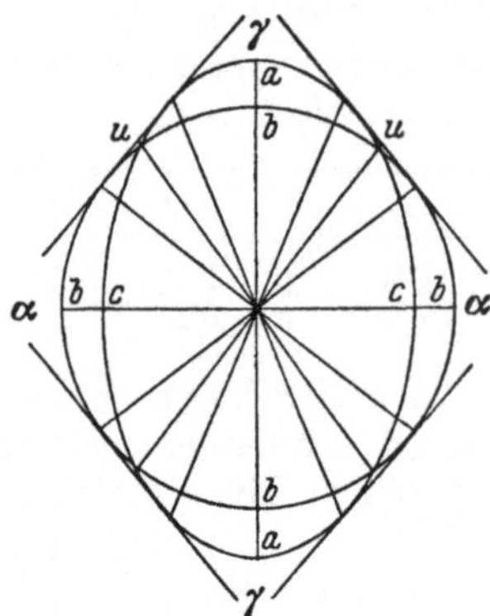

Abb. 203. Die Schnitte der Wellenflächen in der Ebene $\alpha\gamma$ und die sekundären optischen Achsen u und u.

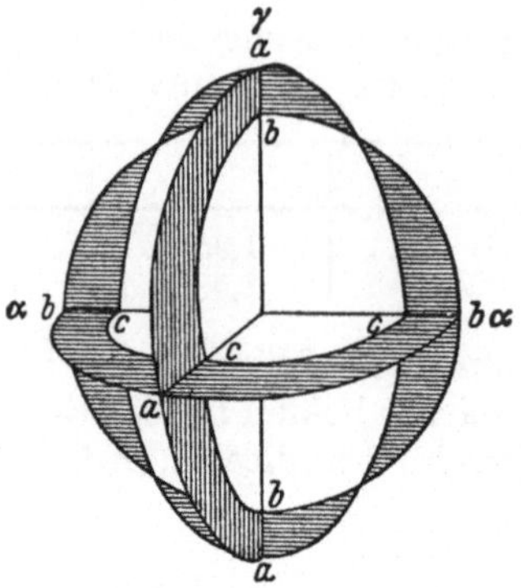

Abb. 204. Die Schnitte der Wellenflächen in den Ebenen $\beta\gamma$, $\alpha\beta$ und $\alpha\gamma$.

γ und β gelegenen Richtungen vordringen, zerfallen gleichermaßen in zwei Teile, von denen der eine stets in der Richtung α schwingt und die konstante Geschwindigkeit $\frac{1}{\alpha} = a$ aufweist, der andere wiederum mit einer nach der Richtung wechselnden Geschwindigkeit fortschreitet, die zwischen $\frac{1}{\beta} = b$ und $\frac{1}{\gamma} = c$ liegt. In dem Wellenflächenschnitt der Richtung $\beta\gamma$ liegt also der Kreis mit dem Radius a und in diesem Schnitt die Ellipse mit den Halbmessern b und c.

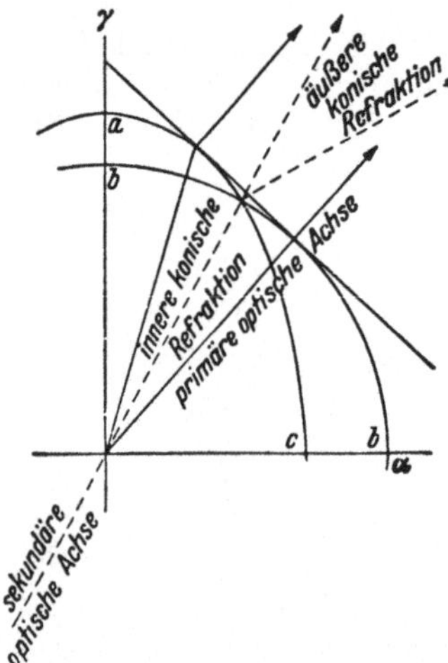

Abb. 205. Der Schnittpunkt der zwei Wellenflächen eines zweiachsigen Kristalls, seine sekundäre und seine wirkliche optische Achse, sowie die Diameterschnitte der Kegel seiner inneren und äußeren konischen Refraktion.

In der Ebene $\alpha\beta$ (Abb. 202) ergeben sich in der Richtung α in gleicher Weise die Geschwindigkeiten c und b, in der Richtung β die Geschwindigkeiten c und a sowie in den Zwischenrichtungen für die eine Welle stets die konstante Geschwindigkeit c und für die andere eine von b nach a wachsende Geschwindigkeit. Der einen der Wellenflächen kommt als Schnitt eine Ellipse mit den Halbmessern a und b und der anderen ein darin gelegener Kreis mit dem Radius c zu.

In der Ebene $\alpha\gamma$ (Abb. 203) gewinnt man gleicherweise in der Richtung γ die Geschwindigkeiten a und b, in der Richtung α wiederum die Geschwindigkeiten c und b. Die Schnitte der Wellenflächen sind eine Ellipse mit den Halbmessern a und c und ein Kreis mit dem Radius b. Die Ellipse und der Kreis schneiden einander in vier Punkten.

In Abb. 204 sind diese drei Wellenflächenschnitte und die jedem von ihnen entsprechenden Hauptbrechungsindexrichtungen zugleich in der Raumfigur zu erkennen.

Die Verbindungslinien $u\,u$ der gegenüberliegenden vier Schnittpunkte der Wellenflächen werden als *sekundäre optische Achsen* bezeichnet (Abb. 203). Wird über die an diesen Punkten gelegenen Vertiefungen der Wellenfläche eine Ebene geführt, so tangiert sie die äußere Wellenfläche in einer kreisförmigen Linie (Abb. 205). Die Schwingungsrichtungen auf diesem Kreise verlaufen derart, wie es in Abb. 206 angegeben ist. Diese Tangentenfläche ist die Wellenfront derjenigen Wellen, die in der Ebene $\alpha\gamma$ in der Richtung β schwingen und sich mit der Geschwindigkeit b fortpflanzen. Die zu ihnen senkrechten Richtungen sind die der *primären optischen Achsen.* Diese Achsenrichtungen, die zugleich also Wellennormalenrichtungen sind, fallen in zweiachsigen Kristallen nicht mit den Strahlenrichtungen zusammen. HAMILTON hat zuerst erklärt, daß sich rings um diese Richtung unzählige Strahlen, jeder in seiner eigenen Schwingungsrichtung, gruppiert haben. Läßt man durch eine senkrecht zur primären optischen Achse geschliffene Platte ein ganz dünnes Bündel gleichgerichteter Strahlen, so vollzieht sich in ihnen innerhalb der Platte eine sog. *innere konische Refraktion,* und das Lichtbündel wird derart ausgeweitet, daß es bei seinem Austritt aus der Platte ein umfangreicheres zylinderförmiges Strahlenbündel bildet.

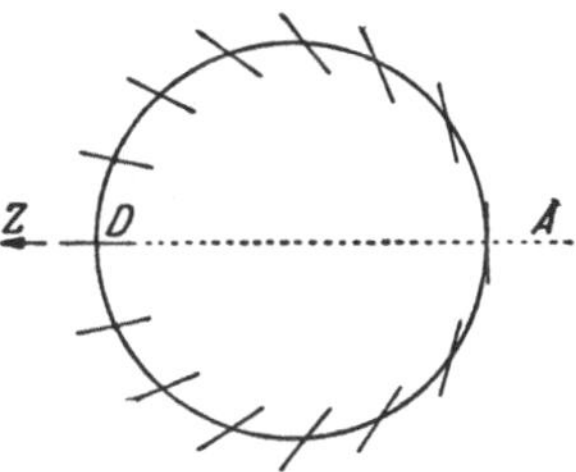

Abb. 206. Tangentenschnitt der äußeren Wellenfläche in einer auf die Fläche gelegten Ebene. Er ist zugleich der Schnitt durch den Strahlenkegel, dessen gemeinsame Wellennormale die primäre optische Achse A ist. Der Pfeil Z weist auf γ hin.

Je kleiner der Achsenwinkel ist, desto spitzer ist der innere Brechungskegel, und wenn der Achsenwinkel so stark abnimmt, daß die Achsen zusammenfallen, wird der Kegel zu einer Geraden.

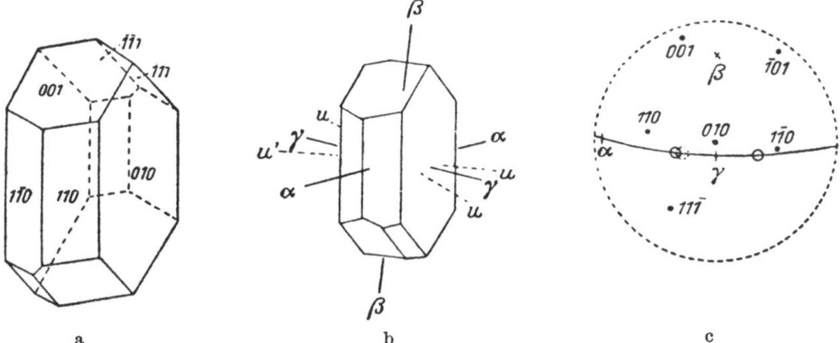

Abb. 207. a Die Form eines verzerrten triklinen Albitkristalls; b Optische Orientierung, u und u' = optische Achsen; c Stereographische Projektion in der Ebene (010). Die Pole der optischen Achsen sind hier durch Kreise wiedergegeben, so daß die punktierten Kreise die Achsen für das rote Licht und die mit ausgezogenen Linien gezeichneten die Achsen für das blaue Licht bedeuten. Asymmetrische Achsendispersion.

Die optische Orientierung und die Lagendispersion der zweiachsigen Kristalle. Zweiachsig sind alle triklinen, monoklinen und rhombischen Kristalle. Die möglichen Lagen dieser optischen Hauptschwingungsrichtungen sowie Achsenebenen zum geometrischen Achsenkreuz gehen aus den Abb. 207 bis 211 hervor, in denen sie sowohl in den Kristallbildern als auch in stereographischen Projektionen dargestellt sind. In allen diesen Systemen entspricht jeder Wellenlänge eine besondere Indikatrix, in der zunächst die Werte der Brechungsindices und infolgedessen der Winkel der optischen Achsen mit der Wellenlänge wechseln und sich außerdem die Lagen der Hauptschwingungsrichtungen sowie der Hauptschnitte mit der Wellenlänge verändern, soweit die Symmetrie des Kristallsystems, wie bereits oben erklärt, eine derartige *Lagendispersion* gestattet. Gerade in den Dispersionsverhältnissen erscheinen verschiedene Fälle derart, daß ausschließlich durch sie bestimmt werden kann, zu welchem System der zweiachsige Kristall gehört (Abb. 212).

Von grundlegender Bedeutung ist vor allem die *Lagendispersion der Hauptschwingungsrichtungen*, wozu die *Dispersion der Bisektrices* oder *der Mittellinien* gehört. Sie ist oftmals wichtig als eine charakteristische Konstante der Kristallarten, aber bei den meisten zu gering, um mit gewöhnlichen mikroskopischen Methoden bestimmt werden zu können oder in Projektionsbildern sichtbar zu werden.

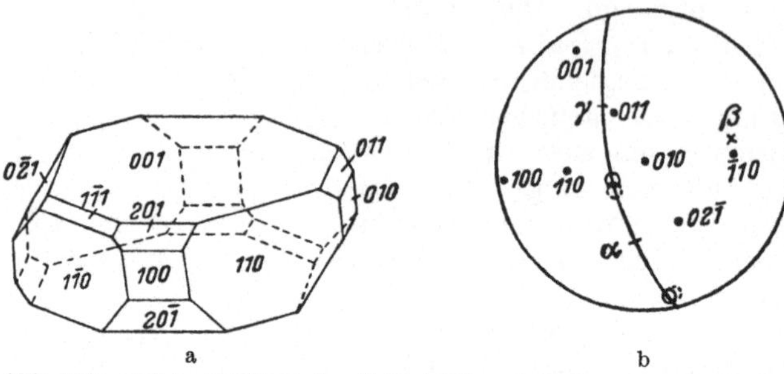

Abb. 208a und b. Trikliner Anorthitkristall und die in seiner stereographischen Projektion dargestellte optische Orientierung, wie in Abb. 207. Asymmetrische Achsendispersion.

Empfindlicher nach der Wellenlänge wechselnd ist die Lage der optischen Achsen. Die *Lagendispersion der optischen Achsen* beruht auf der Dispersion der Lichtbrechung, die keine Lagendispersion ist, weil die Lichtbrechung auch in derselben Schwingungsrichtung je nach der Wellenlänge wechselt und in der Weise in Erscheinung tritt, daß Form und Masse der Indikatrix sich je nach der Wellenlänge verändern. Unabhängig von Lagen im Gitter erscheint auch die *Dispersion der Doppelbrechung*, die in offenbarer Abhängigkeit von der Dispersion der Lichtbrechung und der optischen Achsen steht. Im folgenden wird besonders die Achsendispersion behandelt, weil sie die empfindlichste Form der Dispersion darstellt.

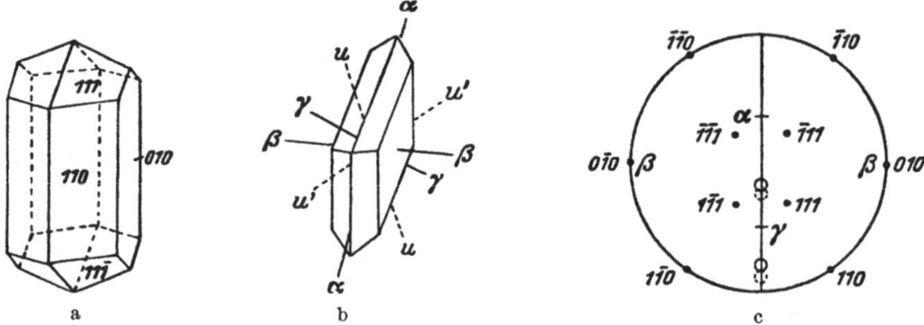

Abb. 209a bis c. Monokliner Gipskristall und seine optische Orientierung. Die Achsenebene in der Symmetrieebene oder αβ || (010) und demgemäß geneigte Achsendispersion. γ ist 1. Mittellinie, also optischer Charakter +.

In den *triklinen Kristallen* ist die Orientierung der Hauptschwingungsrichtungen und mit ihnen die der optischen Achsen zum Achsenkreuz der Kristalle ganz unbestimmt. Sie muß für jede Kristallart gesondert und außerdem für jede Wellenlänge festgelegt werden. Die Lagendispersion aller optischen Richtungen, auch der Achsen, ist völlig asymmetrisch (Abb. 207, 208 und 212e). Ist der Achsenwinkel für rotes Licht größer als für violettes, so schreibt man $\varrho > v$, im entgegengesetzten Fall $v > \varrho$.

Im *monoklinen System* fällt für alle Farben die eine der Hauptachsen des Ellipsoids mit der b-Achse zusammen. Lagendispersion ist also nicht möglich in dieser Richtung, aber die Größe des Hauptbrechungsindices wechselt mit der Wellenlänge. Die zwei anderen Achsen des Ellipsoids liegen in einer zur b-Achse senkrechten Ebene, aber in dieser ist ihre Lage unbestimmt, Lagendispersion möglich. Der Achsenwinkel verändert sich mit der Wellenlänge.

In der Dispersion der Achsen unterscheiden wir drei verschiedene Fälle:

1. Die *b*-Achse des Kristalls ist optische Normale. Die optische Achsenebene liegt dann in der Richtung (010). Die den verschiedenen Wellenlängen entsprechenden ersten und zweiten Mittellinien liegen alle in dieser Ebene, weichen aber für die verschiedenen Wellenlängen voneinander ab, jede um denselben Winkelbetrag, da sie für jede Wellenlänge senkrecht zueinander liegen. Die optischen Achsen dagegen sind unabhängig voneinander, und ihre Dispersion in der Ebene (010) kann verschieden groß, sogar verschieden gerichtet sein. Das ist die *geneigte Dispersion* (Abb. 209 und 212b).

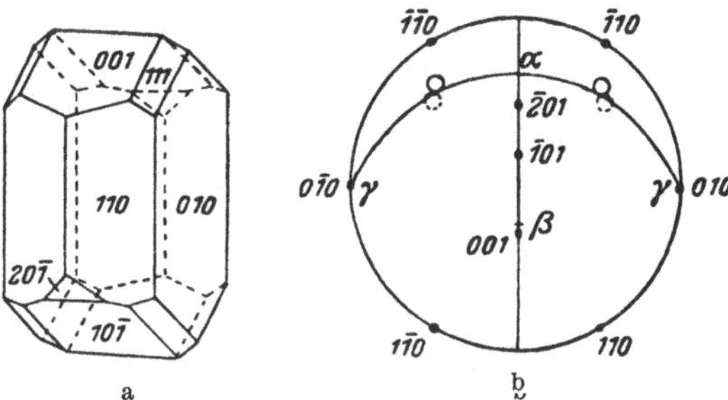

Abb. 210a und b. Monokliner Orthoklaskristall und seine optische Orientierung. Achsenebene ⊥ (010). Achsendispersion horizontal. α = 1. Mittellinie, optischer Charakter —

2. Die *b*-Achse des Kristalls ist die erste Mittellinie oder die spitze Bisektrix (in den positiven Kristallen γ, in den negativen α). Die den verschiedenen Wellenlängen entsprechenden Achsenebenen liegen nicht in derselben Ebene, sondern bilden miteinander Winkel und sind in bezug auf die erste Mittellinie miteinander gekreuzt. Es handelt sich um *gekreuzte Dispersion* (Abb. 212d).

3. Die *b*-Achse des Kristalls ist die zweite Mittellinie oder in den positiven Kristallen α, in den negativen γ. Das Bild ist im übrigen dasselbe wie im vorhergehenden Fall, nur daß jetzt der spitze und nicht der stumpfe Winkel zwischen den Achsen von der Ebene (010) halbiert wird. Vom spitzen Winkel aus gesehen erscheinen die Achsenebenen übereinander. Das ist *horizontale Dispersion* (Abb. 210 und 212c). Vom stumpfen Winkel aus ist jetzt gekreuzte Dispersion zu sehen, während im vorhergehenden Fall (2) vom stumpfen Winkel her horizontale Dispersion zu erkennen ist.

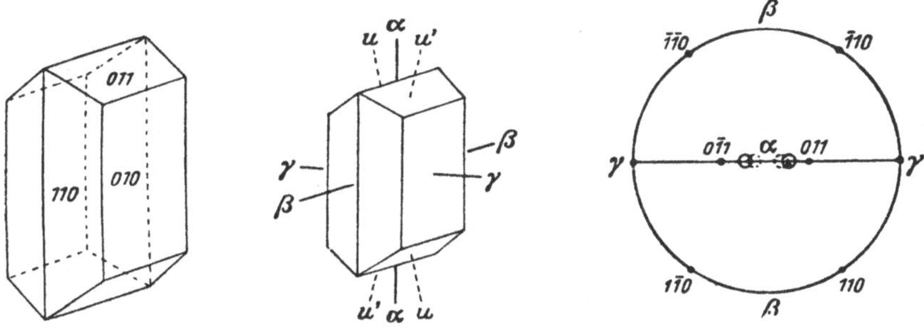

Abb. 211a bis c. Rhombischer Aragonitkristall und seine optische Orientierung. Symmetrische Achsendispersion, optischer Charakter —.

3. Im *rhombischen Kristallsystem* liegen α, β und γ stets in den Richtungen der Kristallachsen. In den Hauptschwingungsrichtungen kommt keine Lagendispersion in Frage. Doch ist bei jeder Kristallart gesondert zu bestimmen, welche der optischen Hauptrichtungen α, β und γ jeweils mit der Kristallachse *a*, *b*, *c* parallel läuft. Der Achsenwinkel verändert sich mit der Wellenlänge. Die Achsenebene bleibt im allgemeinen in derselben Ebene der zwei optischen Hauptachsen,

und ihre Lagendispersion ist *symmetrisch*, d. h. die beiden Achsen dispergieren gleich stark (Abb. 211 und 212a). In einigen Stoffen, in denen die Achsendispersion groß und der Achsenwinkel klein ist, kann es jedoch eintreten, daß sich die Achsenebene beim Übergang von einer Wellenlänge zur andern um 90° wendet. Für eine gewisse Wellenlänge beträgt dann der Achsenwinkel 0°, oder der Stoff ist scheinbar einachsig.

Absorption des Lichtes und Pleochroismus. Die Stärke des in den Kristall eindringenden Lichtes nimmt um so mehr ab, je länger die Strecke ist, den das Licht im Kristall zurücklegt. Ein Teil des Lichtes wird absorbiert. Diese Erscheinung nennt man die *Absorption des Lichtes.*

Kristalle, in denen die Absorption des Lichtes klein ist, werden als *durchsichtig* bezeichnet; je nach der stufenweise größeren Absorption des Lichtes spricht man von *durchscheinenden*, *kantendurchscheinenden* und *undurchsichtigen* Stoffen. Auch in kleinen Splittern völlig undurchsichtig sind die metallisch glänzenden Stoffe, die zugleich eine entsprechend große Lichtreflexionsfähigkeit

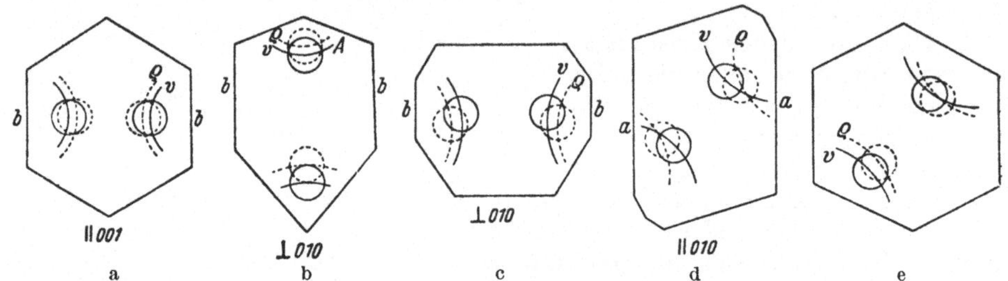

Abb. 212a bis e. Verschiedene Achsendispersion in zu der ersten Mittellinie senkrechten Schnitten. Die auf den Achsenlinien oder „Achsenbalken" gelegenen Punkte bedeuten die „Austrittspunkte" der Achsen. a Aragonit, rhomb., symmetrische Dispersion. b Gips, monokl., geneigte Dispersion [Achsenebene ∥ (010) oder in der Symmetrieebene]. c Adular, monokl., horizontale Dispersion [Achsenebene ⊥ (010) oder zur Symmetrieebene, 1. Mittellinie ∥ (010)], d Borax, monokl., gekreuzte Dispersion [Achsenebene und auch die 1. Mittellinie ⊥ (010)]. e Albit, trikl., asymmetrische Dispersion. ϱ bedeutet rotes, v violettes Licht.

aufweisen (metallische Reflexion). Solche sind die metallischen Elemente, viele Sulfide und einige Oxyde. Die meisten Haloid- und Sauerstoffsalze, wie Sulfate, Carbonate, Phosphate, Nitrate und Silicate, sind verhältnismäßig durchsichtig. Ein ziemlich großes Absorptionsvermögen besitzen ferner die eisenhaltigen Silicate, und zwar besonders diejenigen, die sowohl zwei- als auch dreiwertiges Eisen enthalten. In Platten, so stark wie die bei mikroskopischer Untersuchung benutzten Dünnschliffe, sind die meisten Gesteinsmineralien, mit Ausnahme der Oxyd- und Sulfiderze, schon durchsichtig oder durchscheinend.

Die Lichtabsorption wechselt im allgemeinen nach der Wellenlänge. Darauf beruht es, daß die Stoffe im durchfallenden Licht farbig sind. In den kubischen Kristallen ist die Absorptionsfähigkeit in allen Richtungen gleich. Solche Kristalle sind auch in bezug auf diese Eigenschaft isotrop. Die optische Anisotropie in den Kristallen der übrigen Systeme tritt im allgemeinen, soweit sie in beträchtlichem Maße Licht absorbieren, darin hervor, daß diese Fähigkeit der Richtung nach verschieden ist. Außerdem werden von den in verschiedenen Richtungen schwingenden Lichtstrahlen verschiedene Wellenlängen in verschiedenen Mengen absorbiert. Diese Erscheinung heißt *Vielfarbigkeit* oder *Pleochroismus.*

Ein Beispiel für Pleochroismus ist bereits angeführt, nämlich der Turmalin. Er ist ein zum trigonalen System gehöriges (ditrigonal pyramidales) Silicatmineral. Von dem durch einen gewöhnlichen schwarzen Turmalin fallenden Licht wird schon von einer sehr dünnen Platte der größte Teil des Lichtes absorbiert, das im Kristall senkrecht zur c-Achse schwingt, oder also der ordentlichen Welle; das durchdringende Licht ist dunkelgrün. Von der außerordentlichen Welle wiederum wird dann noch der größte Teil durchgelassen, und der Stoff erscheint in dem in der Längenrichtung des Kristalls schwingenden Licht hellbraun. Das in den Zwischenrichtungen schwingende Licht wechselt in seinem Absorptionsvermögen je nach der Richtung zwischen jenen Extremen.

Da der Turmalin ein einachsiger Stoff ist, kommen in ihm nur zwei verschiedene Achsenfarben vor, die Farbe der c-Achse und die gemeine Farbe der zu ihr senkrechten Richtungen. Die zweiachsigen Kristalle dagegen weisen drei verschiedene Achsenfarben auf.

Der Hypersthen ist megaskopisch (mit bloßem Auge betrachtet) schwarz oder dunkelbraun, aber in Dünnschliffen läßt er in der Richtung γ blaugrünes, in der Richtung α gelbes und in der Richtung β rotes Licht durch. Der Stoff ist rhombisch und $\gamma \parallel c$, $\beta \parallel b$, $\alpha \parallel a$.

In rhombischem Cordierit ist $\gamma \parallel b$ blau $> \beta \parallel a$ graublau $> \alpha \parallel c$ hellgelb.

Das Beispiel des Cordierits zeigt, wie Absorption und Pleochroismus nach Richtung und Art kurz angegeben werden. Die Absorption des Turmalins wird als $\omega > \varepsilon$ bezeichnet, was bedeutet, daß die Absorption für die ordentliche Welle größer als für die außerordentliche ist. Im Biotit ist $\gamma = \beta$ dunkelbraun (Spaltrichtung) $> \alpha$ hellgelb. In der Hornblende ist γ blaugrün $> \beta$ braungrün $> \alpha$ hellgelbgrün.

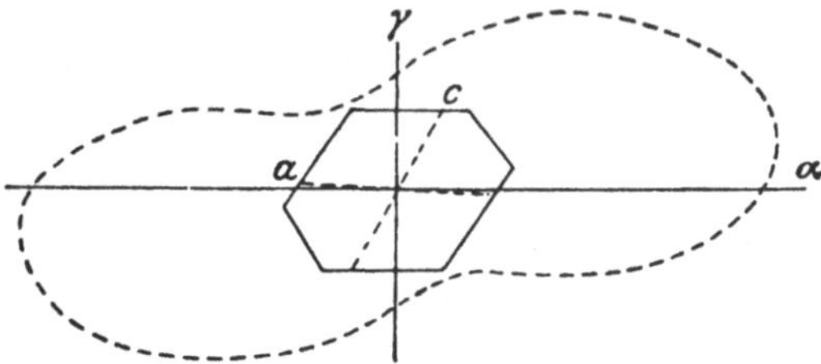

Abb. 213. Die gestrichelte Kurve bezeichnet die Schwankungen der Lichtabsorption im Epidot in der Ebene $\alpha\gamma$, die in diesem Stoff in der Symmetrieebene oder in der Ebene der Kristallachsen a und c liegt.

Die Richtungen der größten Absorption bestimmter Wellenlängen oder Spektralgebiete fallen in den Kristallen, welche optische Symmetrie aufweisen, mit den Hauptschwingungsrichtungen zusammen. Ungefähr so verhält es sich meistens auch in den triklinen Kristallen und in den monoklinen in solchen Richtungen, in denen Lagendispersion möglich ist. Doch gibt es auch Fälle, in denen die Maximalrichtungen der Absorption stark von den Hauptschwingungsrichtungen abweichen und zugleich Lagendispersion aufweisen. So bilden im Epidot nach Ramsay die Richtungen der Hauptabsorptionsachsen des gelben Lichtes in der Symmetrieebene einen Winkel von 18° 15′ und die entsprechenden Richtungen des roten Lichtes einen solchen von 30° 40′ mit den in derselben Ebene gelegenen Richtungen α und γ. Ferner können die Hauptabsorptionsrichtungen schräg zueinander liegen.

Die Absorption des Lichtes ist also keine ellipsoidische Eigenschaft. In den wenigen Fällen, in denen man quantitative Untersuchungen über die Lichtabsorptionsfähigkeit der rhombischen und der monoklinen Stoffe angestellt hat, haben sich stets verwickelte Absorptionsfiguren herausgestellt, die sich nach der optischen Symmetrie des Kristalls richten (Abb. 213).

Nicolsches Prisma. William Nicol erfand 1828 das wichtigste Hilfsmittel der Kristalloptik, das sog. Nicolsche Prisma oder das Nicol, mit dem sich völlig in *einer* Richtung polarisiertes Licht gewinnen läßt. Das Instrument wird aus ganz durchsichtigem Kalkspat (Islandspat) hergestellt. Man nimmt ein unzerbrochenes längliches Rhomboeder, schleift seine kleinsten Flächen HC aufs neue derart, daß sie mit der langen Spaltseite einen Winkel von 68° bilden statt des entsprechenden 71° großen Kantenwinkels des natürlichen Kalkspatrhomboeders. Danach wird das Rhomboeder in einer in der Zone der End- und Seitenflächen gelegenen Richtung durchgesägt, die gesägten Flächen werden glatt geschliffen und mit Canadabalsam wieder verkittet. Der Lichtstrahl L (Abb. 214) spaltet sich bei seinem Eintritt in das Prisma, der ordentliche Strahl o ($\omega = 1{,}658$) wird stärker gebrochen und trifft so schräg auf die Canadabalsamschicht ($n = 1{,}539$), daß sein Einfallswinkel den Totalreflexionswinkel übertrifft. Somit gelangt er überhaupt nicht durch die Canadabalsamschicht, sondern wird seitwärts total reflektiert und von der innen geschwärzten Prismenhülle absorbiert. Der außerordentliche Strahl e dagegen wird weniger stark gebrochen. Seine Richtung ist so gewählt, daß sein Brechungsindex ε' dem des Canadabalsams fast gleichkommt. (Den Wert $\varepsilon = 1{,}486$ nimmt nur ein senkrecht zur c-Achse sich fortpflanzender Strahl an.) Der Strahl verläuft daher ungebrochen und nur etwas durch seitliche Reflexion geschwächt durch das Prisma und tritt, in der Richtung des Hauptschnittes des Kalkspates bzw. in der Richtung der kürzeren Diagonale des als Endfläche des Prismas auftretenden Rhombus schwingend, aus dem Kalkspat heraus.

Heutzutage werden neben dem ursprünglichen Nicolprisma mancherlei verbesserte Prismen benutzt. Vorwiegend bedient man sich solcher, bei denen die Endflächen senkrecht gegen die Längenrichtung geschliffen sind. Das Prinzip ist jedoch bei allen im wesentlichen dasselbe. Auch hat man sog. Polarisationsfilter erfunden. Es handelt sich bei ihnen um dünne Platten, die hauptsächlich nur in einer Ebene polarisiertes Licht durchlassen.

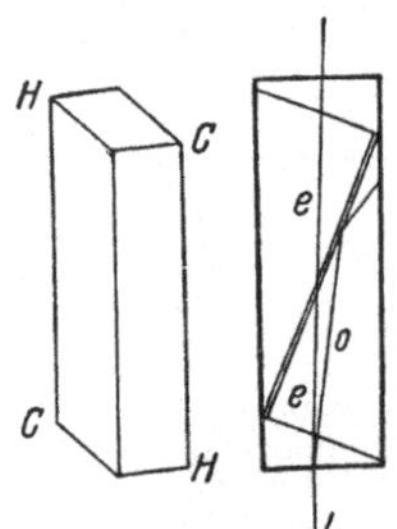

Abb. 214. Bau des Nicolprismas.

Das Polarisationsmikroskop. Das Mikroskop begann im Dienste der Kristallographie und der Mineralogie allgemein benutzt zu werden, nachdem H. C. Sorby 1858 die Herstellung von Dünnschliffen und die Benutzung von Nicols erfunden hatte. Vorwiegend die Deutschen F. Zirkel und H. Rosenbusch entwickelten bis zum Ende des vergangenen Jahrhunderts die Forschungsmethoden der mikroskopischen Petrographie. Die Entwicklung der Technik in den letzten Jahrzehnten hat die Struktur des Polarisationsmikroskops um große Neuerungen bereichert. Das Polarisationsmikroskop umfaßt zuunterst einen Spiegel, durch den das Tageslicht oder das Licht einer besonderen Mikroskoplampe nach oben reflektiert wird durch ein optisches System, dessen wesentlichste Teile von unten nach oben folgende sind: *unteres Nicol* oder *Polarisator*, Beleuchtungslinse und der durchbohrte, um eine vertikale Achse drehbare Tisch, auf den der Schliff oder das Präparat zur Untersuchung gelegt werden kann; über diesem befindet sich der mittels Schrauben auf und ab zu bewegende Tubus, an dessen unterem Ende ein austauschbares *Objektiv* und darüber das *obere Nicol* oder der *Analysator* angebracht ist, der beiseite geschoben werden kann; das obere Ende des Tubus endlich ist mit einem *Okular* versehen. Das Linsensystem unter dem Tisch ist so eingerichtet, daß das Licht, durch die Linsen gelangt, als ungefähr paralleles Strahlenbündel durch den Kristall oder Dünnschliff dringt. Ein in dieser Weise aufgebautes Polarisationsmikroskop heißt auch *Orthoskop*.

Durch eine sog. *Konvergentlinse*, die sich in den heutigen Polarisationsmikroskopen fertig unter dem Tisch neben der Beleuchtungslinse findet und mittels Umkippung dem Licht in den Weg gestellt werden kann, vermag man den Verlauf des Lichtes so zu verändern, daß es durch den Dünnschliff als ein konvergierendes Strahlenbündel sich fortpflanzt, in welchem Fall das Mikroskop als *Konoskop* bezeichnet wird. Seine Benutzung wird weiter unten erklärt werden. Das Mikroskop ist zur Hebung und Senkung seines Tubus mit zwei verschiedenen Schrauben versehen; durch die eine, die grobe, bewegt sich der Tubus rasch, während durch die andere, die Mikrometerschraube, die Verschiebung langsam vonstatten geht und mit der Genauigkeit eines Hundertstelmillimeters gemessen werden kann. Ferner umfaßt das Mikroskop entweder fertig oder rasch einsetzbar gewisse Hilfsgeräte, von denen weiter unten teilweise die Rede sein wird.

Bei gewöhnlicher Untersuchungsarbeit wird das untere Nicol oder der Polarisator so eingestellt, daß seine Schwingungsebene senkrecht zu der des oberen Nicols oder des Analysators liegt oder die Nicols einander kreuzen. In einigen Mikroskopen ist die Schwingungsebene des Polarisators nach vorn und die des Analysators quer gerichtet, in anderen wiederum umgekehrt die des Polarisators quer und die des Analysators nach vorn. Um die Lage des Polarisators herauszustellen, ist es notwendig, nur einen Schliff zu betrachten, der einen bekannten pleochroitischen Stoff, z. B. Turmalin, enthält. Der Analysator wird dann ausgeschaltet. Erscheint das liegende Turmalinprisma dann, wenn seine c-Achse (Längsrichtung) quer verläuft, am dunkelsten, so ist die Schwingungsebene des Polarisators nach vorn gerichtet, und umgekehrt, weil im Turmalin die größte Lichtabsorption in der Querrichtung liegt. Zu demselben Zweck kann ein senkrecht zur Spaltrichtung geschliffener Biotitkristall, in dem die Absorption in der Richtung der Spaltrisse am größten ist, benutzt werden.

Wenn nur der Polarisator sich an seiner Stelle befindet, verläuft durch das Mikroskop in *einer* Richtung schwingendes Licht. Soweit es nicht durch einen anisotropen Stoff zu verlaufen hat, so ist dieses polarisierte Licht nicht sichtbar von natürlichem unterschieden. Liegt aber auf dem Tisch ein optisch anisotroper Kristall, so erscheinen in ihm, wenn der Tisch des Mikroskops gedreht wird, durch Pleochroismus oder Doppelbrechung bewirkte Verschiedenheiten, je nachdem welche Lage die Schwingungsebene des Polarisators jeweils zu der Indicatrix und den Absorptionsrichtungen des Kristalls einnimmt. Um diese Dinge wird es sich im folgenden handeln.

Wenn sowohl Polarisator als auch Analysator ihre Stelle einnehmen, zwischen ihnen aber kein doppelbrechender Stoff eingeschoben ist, gelangt das Licht überhaupt nicht durch das Mikroskop, es erscheint dunkel. Denn wenn das durch den Polarisator gegangene in *einer* Ebene senkrecht zu seiner Fortpflanzungsrichtung schwingende Licht in den Analysator eintritt, dann ist seine Schwingungsebene dieselbe wie die des Ordinärstrahls des letzteren, und es pflanzt sich in seiner Gesamtheit derartig im Kalkspat fort, um danach durch Totalreflexion an der Canadabalsamschicht des Nicols seitlich zu verschwinden.

Fällt natürliches Licht senkrecht auf eine anisotrope Kristallplatte, so teilt es sich stets in zwei mit verschiedener Geschwindigkeit vordringende Teile, deren Schwingungsrichtungen in der Ebene der Platte senkrecht zueinander liegen. Oben haben wir schon gesehen, daß diese Richtungen die des längsten und des kürzesten Halbmessers im Ellipsenschnitt der Indicatrix sind. Jede derartige Kristallplatte enthält also zwei bestimmte Schwingungsrichtungen. Untersucht man einen doppelbrechenden Stoff nur mit dem Polarisator oder *einem Nicol* (Analysator beiseite geschoben), so kann das in *einer* Ebene polarisierte Licht so in die Kristallplatte eintreten, daß die Ebene des Nicols und die eine der Schwingungsebenen des Stoffes gleichgerichtet sind. Dann wird die zu dieser senkrechte Schwingungsrichtung überhaupt nicht benutzt, vielmehr ist das Licht nach seinem Verlauf durch den Stoff nur in *einer* Ebene polarisiert. Wenn dieses Licht in die Augen fällt, wirken die Eigenschaften der Kristallplatte nur in der einen Schwingungsrichtung auf das sichtbare Bild ein. Die Farbe und das von den Brechungsindices abhängige Relief und der Chagrin sehen in den verschiedenen Stellungen verschieden aus. Wenn z. B. eine in der Richtung der optischen Achse geschliffene Kalkspatplatte, in Canadabalsam eingebettet, durch *ein* Nicol betrachtet wird, so scheint sie, wenn die c-Achse parallel der Schwingungsrichtung des Polarisators liegt, eingetieft zu sein (Relief stark negativ), da der dann wirkende Brechungsindex $\varepsilon = 1{,}486$ viel kleiner als $n = 1{,}539$ im Canadabalsam ist. Wird aber der Mikroskoptisch mitsamt dem Schiff so gedreht, daß die Querrichtung der c-Achse im Kalkspat in der Ebene des Polarisators liegt, so scheint die Platte hoch aufgewölbt zu sein (Relief stark positiv), da nun $\omega = 1{,}658$ wirkt.

Wenn jetzt der Analysator eingeschoben wird, vermag dieses Licht ihn nicht zu durchdringen, die Kristallplatte erscheint schwarz. Daher werden die Schwingungsrichtungen doppelbrechender Stoffe auch als ihre *Auslöschungsrichtungen* bezeichnet.

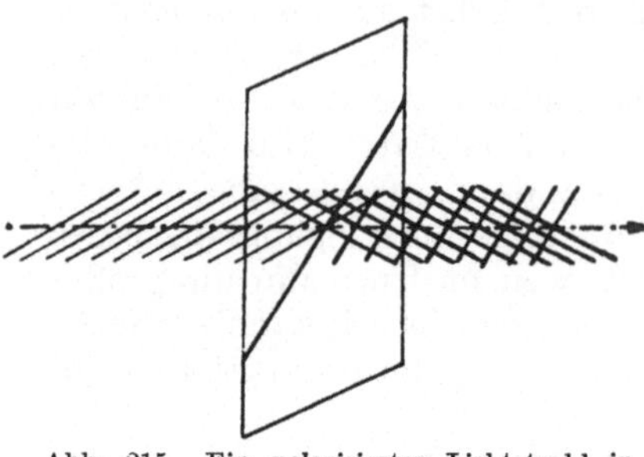

Abb. 215. Ein polarisierter Lichtstrahl in einen doppelbrechenden Stoff derart eintretend, daß seine Schwingungsrichtung einen Winkel mit den Schwingungsrichtungen des Stoffes bildet, teilt sich in zwei Komponenten, deren Schwingungsrichtungen durch den Stoff bestimmt werden und aufeinander senkrecht stehen.

Anders verhält es sich, wenn die Schwingungsrichtungen der Kristallplatte weder mit der Ebene des Polarisators parallel noch zu ihr senkrecht verlaufen. Wenn das aus dem Polarisator kommende Licht jetzt in die Platte eintritt, kann es sich nicht in seiner vorhergehenden Richtung schwingend fortpflanzen. Seine Wellenbewegung teilt sich dann in der Platte in zwei Komponenten (Abb. 215). Die diesen neuen Wellen zukommenden Amplituden, die den Quadratwurzeln der Intensitäten des Lichtes proportional sind (vgl. S 95), lassen sich durch eine einfache Parallelogrammkonstruktion ermitteln (Abb. 216). Wenn PP die Schwingungsebene des Polarisators, OP die Amplitude des aus ihm kommenden Strahls ist und MM sowie NN die Schwingungsrichtungen der Kristallplatte sind, so sind OM und ON die Schwingungsrichtungen und Amplituden des in der Platte sich fortpflanzenden Lichtes.

Wenn das Licht aus der Kristallplatte heraustritt, setzen beide Komponenten ihren Weg selbständig in der Luft fort, ohne miteinander zu interferieren, da sie in verschiedenen Ebenen schwingen. Wenn der Analysator ausgeschaltet ist, fällt dieses Licht als solches in das Auge, und es enthält dann gemischt die Wirkungen beider Schwingungsrichtungen in den von den Strecken OM und ON angegebenen Verhältnissen. Die Längen dieser Strecken sind offenbar bestimmt durch den Winkel $\varphi = MOP$, den die eine Schwingungsrichtung der Kristallplatte mit der Ebene des Polarisators bildet:

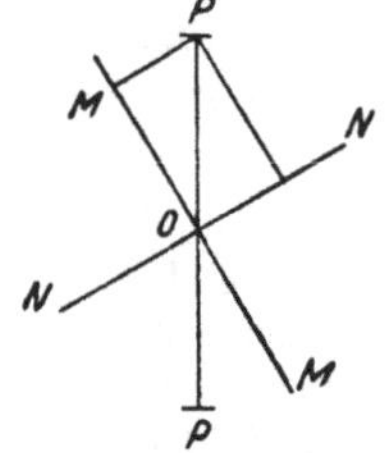

Abb. 216. Die Verteilung des aus dem Polarisator gekommenen Lichtes in der Kristallplatte.

$$OM = \cos\varphi \cdot OP;\; ON = \sin\varphi \cdot OP.$$

Wird jetzt der Analysator eingeschoben, so wird er von demjenigen Teil der beiden Lichtkomponenten durchdrungen, der in der Ebene des Analysators schwingt. Nun hat jedoch in der Kristallplatte die eine Welle einen bestimmten Vorsprung vor den anderen gewonnen, sie haben einen bestimmten Gangunterschied. Da ein Teil beider gezwungen wird, im Analysator wieder in derselben Ebene zu schwingen, treten in ihm optische Erscheinungen auf, denen in der kristalloptischen Forschung größte Bedeutung zukommt. Sie werden daher in verschiedenen Abschnitten besprochen. Hier ist nur auszuführen, daß, wenn also zwischen zwei gekreuzten Nicols eine doppelbrechende Kristallplatte liegt, im allgemeinen Licht durch das Mikroskop kommt, nur dann nicht, wenn die Platte in einer ihrer beiden Auslöschungslagen liegt. Das Licht ist dann am stärksten, wenn die Auslöschungsrichtungen der Platte in einem Winkel von 45° gegen die Richtung des Nicols liegen. Wenn der Tisch mitsamt der Kristallplatte so gedreht wird, daß er sich der

Auslöschungsstellung nähert, verdunkelt sich das Licht allmählich. Daran, daß in irgendeiner Stellung das Licht überhaupt durchdringt, erkennt man den zu untersuchenden Stoff als doppelbrechend, als optisch anisotrop.

Auslöschungsrichtungen. Bei der Untersuchung der optischen Eigenschaften von Kristallen ist es oft notwendig, deren Auslöschungsrichtung gegenüber irgendeiner in der Kristallform oder -struktur hervortretenden Richtung, z. B. von der Richtung irgendeiner Kristallfläche oder von Spaltrissen an gerechnet, zu bestimmen. Zu diesem Zweck ist im Okular des Mikroskops ein Haarkreuz so angebraicht, daß die Haare (Spinnwebfäden) senkrecht zueinander und parallel zu den Richtungen der Nicols liegen. Die Messung geht in der Weise vor sich, daß zunächst durch das Drehen des Tisches jene Vergleichsrichtung einem der Haare parallel eingestellt und in der Skala diejenige Zahl vermerkt wird, auf welche die am Rande des Tisches angegebene Linie entfällt. Danach schiebt man den Analysator an seine Stelle, dreht den Tisch, bis der Kristall „auslöscht", und liest ab, was die Skala jetzt zeigt.

Damit die Bestimmung des Auslöschungswinkels von Bedeutung sei, muß man natürlich wissen, welche Lage die Kristallplatte zu den Kristallachsen einnimmt. Davon hat man bei Schliffen, die in beliebigen Richtungen gegenüber den Begrenzungsflächen hergestellt worden sind, gewöhnlich nicht ohne weiteres Kenntnis. Es läßt sich jedoch auf besondere Weise ermitteln, teilweise aus der Form des Schnittes, aus den Richtungen der Spaltrisse, bei pleochroitischen Stoffen aus der Farbe, ferner bei Zwillingen aus den gegenseitigen Auslöschungsrichtungen und vor allem aus den Achsenbildern, von denen des näheren weiter unten. Oft hat man den in einer erkennbaren Zone auftretenden größten Auslöschungswinkel zu suchen. Enthält ein Schliff zahlreiche Kristalle, so hat sich wahrscheinlich auch wenigstens annähernd derjenige Wert des Auslöschungswinkels mit ergeben, der in dem betreffenden Stoff der allergrößte ist.

Wenn die Auslöschung parallel irgendeiner Fläche oder einem Spaltsystem verläuft, so wird sie als *gerade Auslöschung* bezeichnet. Andernfalls ist sie *schief*.

In den tetragonalen, hexagonalen und trigonalen Kristallen besteht in allen Prismen- und in allen Basisrichtungen gerade Auslöschung. Ebenso verhält es sich bei allen rhombischen Prismen und Pinakoiden.

In allen monoklinen Kristallen ist in bezug auf die der Prismazone parallelen Flächen und die Richtungen der Spaltrisse die Auslöschung gerade, wenn der Schnitt (oder im allgemeinen die Stellung des Kristalls zur Einfallsrichtung des Lichtes) senkrecht zu der Fläche (010) liegt, andernfalls aber schief. Ihren größten Wert nimmt die Gradzahl des Auslöschungswinkels dann an, wenn der Kristall auf dem Tisch auf der Seite liegt, d. h. wenn (010) eine zur Einfallsrichtung des Lichtes senkrechte Lage einnimmt.

Bei den triklinen Kristallen ist die Auslöschung im allgemeinen gegenüber allen Kristallflächenrichtungen schief.

In stereographischer Projektion lassen sich die Auslöschungsrichtungen auf irgendeiner Kristallfläche oder in irgendeinem willkürlich gerichteten Schnitt durch folgende Konstruktion wiedergeben: Durch die Flächennormale und die zwei optischen Achsen werden zwei Ebenen gelegt, und der von ihnen gebildete Winkel wird durch eine dritte Ebene halbiert. Das ist die Schwingungsebene. Wenn also p die Flächennormale darstellt (Abb. 217) und u sowie u' die Achsenpunkte sind, so treten die Flächen $u\,p\,u$ und $u'\,p\,u'$ als Großkreise auf. Die Halbierungsflächen $g\,g$ und $h\,h$ sind Auslöschungsflächen, und ihre Schnitte mit p sind die zwei Auslöschungsrichtungen dieser Fläche.

Bei den optisch einachsigen Kristallen führt das zu der Regel, daß die eine der Auslöschungsrichtungen stets in einer durch die Hauptachse und Flächennormale gehenden Ebene liegt.

Ein Gesamtbild von der Lage der Auslöschungsrichtungen gibt die von BEER vorgeschlagene Konstruktion. In ihm werden die Auslöschungsrichtungen durch zwei auf einer Kugelfläche gezeichnete Kurvensysteme dargestellt, deren Kurven einander in jedem Punkt senkrecht schneiden. Abb. 218 gibt die Auslöschungsrichtungen eines optisch einachsigen Kristalls auf einer Kugelfläche wieder. Jede Kugelradiusrichtung entspricht zwei senkrecht zueinander schwingenden und verschieden geschwinden Wellennormalen, und in der Kugelfläche entspricht jedem Kugelradius ein Punkt. Der Schwingungsrichtung des außerordentlichen Strahls entspricht dann die Tangente des Meridians des Punktes und der Schwingungsrichtung des ordentlichen Strahls die Tangente des Breitengrades des Punktes.

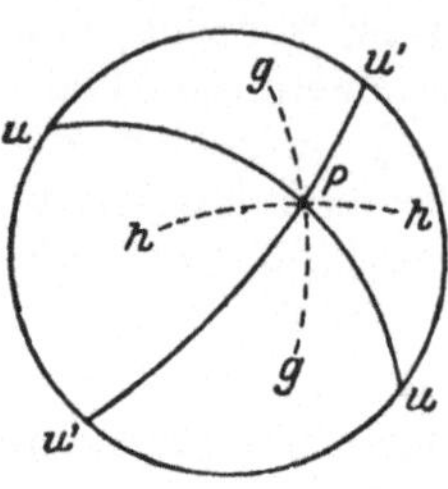

Abb. 217. Die Bestimmung der Auslöschungsrichtungen in der stereographischen Projektion.

Die Schwingungsrichtungen der optisch zweiachsigen Kristalle sind aus Abb. 219 zu ersehen. u und u' sind die Punkte der optischen Achsen in der Kugelfläche. I bedeutet den Projektionspunkt der ersten und II den der zweiten Mittellinie in der Kugelfläche. $N\,N$ ist die optische Normale. Den Breitengraden der einachsigen Kristalle entsprechen hier die Kugelellipsen oder Kurven, die um die Achsenpunkte u und u' nach denselben Regeln konstruiert werden wie die Ellipsen auf die Ebene um die Brennpunkte. Den Längengradkreisen wiederum entsprechen die anderen Kugelellipsen, die gleicherweise um die Enden der optischen Achsen nach dem stumpfen Winkel hin konstruiert werden. Diese Längengradellipsen sind in der Figur in gestrichelten Linien, die Breitengradellipsen

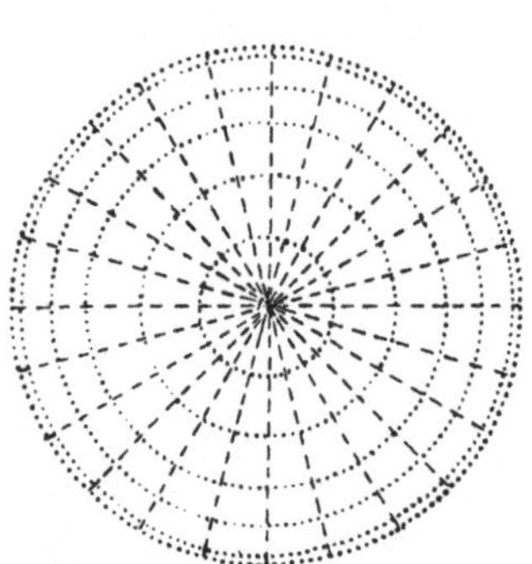
Abb. 218. Die Skiodromenfigur eines einachsigen Kristalls.

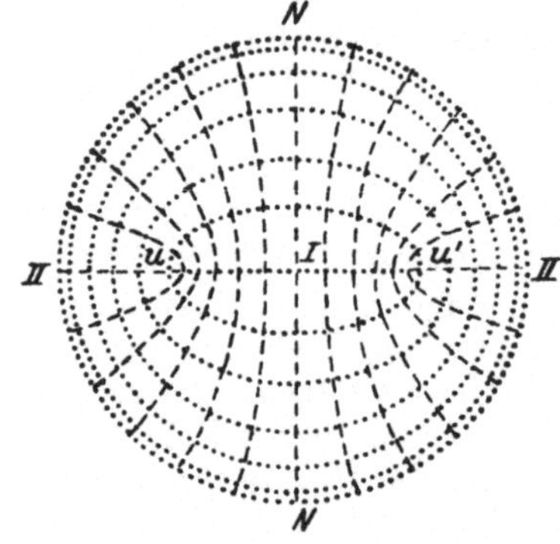

Abb. 219. Die Skiodromenfigur eines zweiachsigen Kristalls.

wiederum in punktierten wiedergegeben. In jedem Punkt der Kugelfläche schneiden die zu jedem der beiden Ellipsensysteme gehörenden Kurven einander rechtwinklig. Die in einem Punkt in der Richtung der Kurven gezogenen Tangenten vertreten die Schwingungsrichtungen.

Bei den optisch positiven Kristallen geben die Längengradlinien die Schwingungsrichtungen der langsameren Welle, bei den negativen Kristallen die der geschwinderen Welle wieder.

Die Richtungen der Lichtschwingung sind zugleich auch die der Auslöschung. Mit Rücksicht auf die Auslöschung werden die eben angeführten Kugelflächenkurven als *Skiodromen* oder *Schattenläufer* bezeichnet.

Das Bestimmen der Hauptbrechungsindices der doppelbrechenden Kristalle. Die drei zuvor bei der Bestimmung der Brechungsindices isotroper Stoffe benutzten Methoden werden alle auch bei den doppelbrechenden Stoffen angewendet, erfordern aber jede für sich gewisse Abänderungen. Bei den Bestimmungen gelangen außerdem Nicols zur Anwendung.

ω und ε einachsiger Kristalle lassen sich ermitteln durch ein Prisma, dessen brechende Kante parallel der Hauptachse des Kristalls verläuft. Im Fernrohr des Goniometers sind nunmehr statt des einen zwei Signale des gebrochenen Strahls zu erkennen. Durch Anbringung eines freien Nicols vor dem Fernrohr kann festgelegt werden, welches Bild durch den senkrecht zur Hauptachse schwingenden Strahl oder also durch den ordentlichen und welches durch den in der Richtung der Hauptachse schwingenden Strahl oder also den außerordentlichen gegeben ist. Zugleich ist sofort zu erkennen, ob das Mineral optisch positiv oder negativ ist.

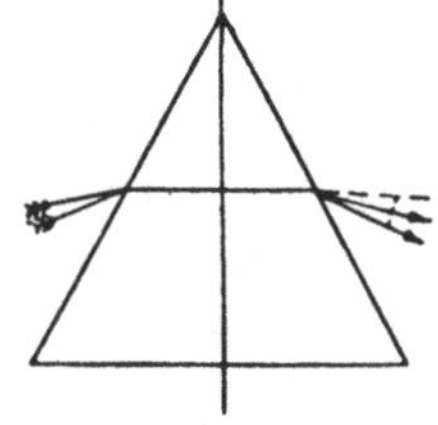

Abb. 220. Das Bestimmen der Brechungsindices mit einem Prisma, dessen Halbierungsebene ‖ zum optischen Hauptschnitt und dessen brechende Kante in der Richtung des Hauptbrechungsindexes liegt.

Aus den zweiachsigen Mineralen werden drei Prismen geschliffen, deren brechende Kanten mit den Hauptschwingungsrichtungen gleichgerichtet sind. Jedes Prisma gibt zwei Signalbilder, und von ihnen wird bei jedem nur dasjenige berücksichtigt, das man mittels des Nicols als auf dem in der Richtung der Prismenkante schwingenden Strahl beruhend erkennt.

Durch zwei Prismen können alle drei Brechungsindices bestimmt werden, wenn deren Orientierung verschieden ist und in beiden die eine Hauptschwingungsrichtung als Prismenkante und die andere als Halbierende des Prismenwinkels dient (Abb. 220). Dann verlaufen im Innern des Prismas die Strahlen senkrecht zu den letztgenannten Schwingungsrichtungen und fällt die Richtung der Wellennormale mit der des Strahls zusammen, so daß sich durch die Bestimmungen wirklich die Hauptbrechungsindices ergeben. Für jedes der beiden Prismen ergeben sich zwei oder zusammen vier Brechungsindices, von denen zwei denselben Wert aufweisen.

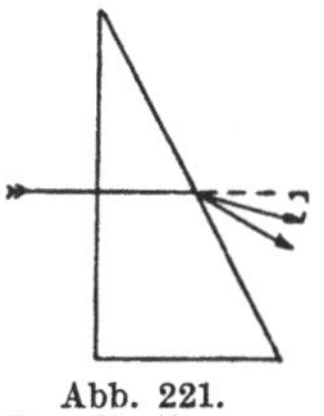

Zwei Prismen können auch so geschliffen werden, daß bei beiden eine Kante in der Richtung des einen Hauptbrechungskoeffizienten und *eine* Seite in der Richtung des optischen Hauptschnittes verläuft. Dann läßt man beim Messen das Licht senkrecht gegen letztere Fläche fallen (Abb. 221), und der Minimalablenkungswinkel wird nicht gemessen. Ein derartiges Prisma wirkt wie eine Hälfte eines Minimalablenkungsprismas, und die Formel lautet, wenn der Prismenwinkel α und der Ablenkungswinkel δ ist:

Abb. 221. Das Bestimmen der Brechungsindices mit einem Halbprisma.

$$n = \frac{\sin(\alpha + \delta)}{\sin \alpha}.$$

Mit dem Totalrefraktometer bestimmt man bei den einachsigen Kristallen in einem und demselben willkürlich orientierten Plättchen beide Brechungsindices. Man erhält nämlich zwei Totalreflexionsgrenzen. Mit Hilfe eines Nicols wird versucht, welche von ihnen welchem Brechungsindex entspricht. Die Grenze, die sichtbar bleibt, wenn die Schwingungsrichtung des Nicols in der Einfallsebene des total reflektierten Strahls liegt, solange die Hauptachse des Kristalls in derselben Ebene verläuft, ist der außerordentliche Strahl.

Alle Brechungsindices zweiachsiger Stoffe lassen sich ebenfalls mit einem Totalrefraktometer an *einer* Platte bestimmen. Wenn diese *einem* optischen Hauptschnitt parallel verläuft und so untergebracht wird, daß die Einfallsebene des total reflektierten Lichtes mit dem zur Platte senkrechten Hauptschnitt gleichgerichtet ist, so lassen sich durch Festlegen der Schattengrenzen zwei Hauptbrechungsindices gewinnen. Danach werden die Glashalbkugel und die auf sie gelegte Platte um 90° gedreht, und es ergeben sich ebenfalls zwei Brechungsindexwerte. Einer der vier Werte tritt doppelt auf, bzw. einer der Brechungsindices hat sich zweimal herausgestellt, und die übrigen haben sich je einmal ergeben.

Ist das Plättchen in der Richtung der optischen Achsenebene geschliffen, so ist zu erkennen, wie beim Drehen in *einer* Stellung die Schattengrenzen einander kreuzen. Das geschieht dann, wenn die optische Achse in der Einfallsebene liegt.

Bei einem beliebig gerichteten Plättchen ergeben sich alle drei Brechungsindices auf folgende Weise: In jeder Stellung sind zwei Schattengrenzen zu sehen, von denen die eine in beliebiger Richtung dem größeren Brechungsindex γ' der Wellennormale, die andere dem kleineren Brechungsindex α', dem der senkrecht zu ersterer schwingenden Welle, entspricht. Die Glaskugel nebst Platte wird in horizontaler Ebene gedreht und die Verschiebung der Schatten während der ganzen Zeit beobachtet. Der größte Wert von γ' ist γ, und der kleinste Wert von α' ist α. β wiederum gleicht entweder dem größten Wert von α' oder dem kleinsten von γ'. Um welchen von beiden es sich handelt, kann nicht ohne weiteres geschlossen werden, aber es ergibt sich aus den Schwingungsrichtungen oder auch dadurch, daß man die Größe des Achsenwinkels nach der auf S. 109 angeführten Formel berechnet und den erhaltenen Wert mit der beobachteten Größe des Achsenwinkels vergleicht.

Die Immersionsmethode ist auch das bequemste Verfahren zur Bestimmung der Brechungsindices doppelbrechender Stoffe. Die Arbeit gestaltet sich je nach der Kristallform und den Spaltrichtungen des Stoffes sowie nach seiner Symmetriemenge verschieden. Da dies eine der wichtigsten in der kristalloptischen Forschung vorkommenden Aufgaben ist, sei sie hier verhältnismäßig eingehend erklärt.

Die Brechungsindices eines einachsigen Stoffes lassen sich sehr leicht bestimmen, wenn dieser aus in der Richtung der c-Achse langen Prismen oder Nadeln besteht oder wenn er deutliche prismenförmige Spaltrichtungen aufweist, so daß er beim Zerkleinern in prismatische Stengel zerfällt, die sich auf dem Objektglas in der Richtung der c-Achse anordnen. In der auf S. 100 angeführten Weise wird der Brechungsindex dann, wenn die c-Achse in der Ebene des Polarisators und auch dann bestimmt, wenn sie senkrecht zu dieser liegt. Ersterer ist ε, letzterer ω.

Wenn der Stoff keine deutlichen Spaltrichtungen oder auch sonst keine sichtbare Bauorientierung aufweist, finden sich im pulverisierten und in Immersionsflüssigkeit eingebetteten Stoff wahrscheinlich die Kristallteilchen, die in allen Stellungen vorhanden sind. Es ist zu bemerken, daß die eine Schwingungsrichtung aller in beliebigen Stellungen befindlichen einachsigen Kristalle stets die Richtung ω ist. In allen Schnitten der rotationsellipsoidförmigen Indicatrix, die in Fällen allgemeiner Art ellipsenförmig sind, ist nämlich in den positiven Kristallen der kürzere Halbmesser und in den negativen der längere stets ebenso groß wie der Radius des Querschnittkreises des Rotationsellipsoids. Bei Prüfung mit verschiedenen Flüssigkeiten ist sogleich zu erkennen, ob jener in allen Körpern als Konstante auftretender Brechungsindex den kleinsten oder den größten des Stoffes darstellt, und auf diesem Wege kann bestimmt werden, ob der Stoff optisch positiv oder negativ ist. Der dem außerordentlichen Strahl zukommende Brechungsindex ε, der in den positiven Kristallen der größte und in den negativen der kleinste aller Brechungsindexwerte ist, wird dadurch erhalten, daß man in der Flüssigkeitsreihe allmählich auf und ab schreitet, und zwar so weit, bis sich in der großen Menge der Körner ein solches findet, dessen Lichtbrechung derjenigen der Flüssigkeit gleicht, d. h. man sucht den Höchst- oder Mindestwert ε der Brechungsindices ε'.

Schwer zu bestimmen ist ε in manchem Stoff, der eine vollkommene Spaltbarkeit in einer anderen als der Richtung der c-Achse besitzt, z. B. im Kalkspat in der Richtung des Rhomboeders, und in den praktisch einachsigen glimmerartigen Mineralen[1]. Unter den organischen Substanzen finden sich zahlreiche schuppige Kristallarten, in denen die optische Achse senkrecht zur „glimmerartigen" Spaltrichtung liegt. Auch an den zertrümmerten Teilchen entstehen bei diesen Stoffen stets Spaltstücke oder -lamellen, die sich schwer in die Richtung der c-Achse bringen lassen. Dabei wird ω direkt bestimmt. Oft erhält man ε mittelbar dadurch, daß man die Größe $\varepsilon - \omega$ der Doppelbrechung aus der Interferenzfarbe bestimmt, wie weiter unten zu erklären sein wird.

Von den zweiachsigen Stoffen seien zunächst solche dargestellt, die keine deutlichen Spaltrichtungen aufweisen. Die Wahrscheinlichkeit des Auftretens jeder Richtung ist dann dieselbe. α und γ können als Mindest- und als Höchstwerte gesucht werden. β wiederum ergibt sich aus den Körnern, die eine zur optischen Achsenebene senkrechte Lage einnehmen und die bei Betrachtung in Konvergentlicht am Achsenbild erkannt werden.

Die Spaltrichtungen können das Auftreten der erforderlichen Stellungen begünstigen. Am leichtesten ist die Aufgabe in denjenigen rhombischen Kristallen, die drei pinakoidale Spaltrichtungen aufweisen, wie z. B. im Anhydrit $CaSO_4$. Dann lassen sich dem optischen Hauptschnitt parallele Körner mühelos auffinden.

In den monoklinen Kristallen erleichtert die Spaltrichtung (010) stets das Auffinden von zwei Hauptbrechungsindices. Die Prismenspaltrichtungen dagegen erschweren das Bestimmen, wenn sie vollkommen sind. So entstehen aus monoklinen Amphibolen bei Zertrümmerung fast nur (110)-gerichtete Lamellen. Dann können an ihnen jedoch die zwei Zwischenbrechungsindices γ' und α' auf den Flächen (110) bestimmt und aus ihren Werten in der von TSUBOI vorgeschlagenen Weise γ und α aus der Indicatrixgleichung berechnet werden. Soweit man eben verschiedene Amphibole miteinander vergleicht, können die unmittelbar erhaltenen Werte γ' und α' auf (110) benutzt werden.

In den triklinen Kristallen verfolgen die Spaltrichtungen im allgemeinen nicht die optischen Hauptschnitte. Somit erschweren sie im allgemeinen das Bestimmen der Brechungsindices. Für die Plagioklasfeldspate hat TSUBOI eine Methode entwickelt, nach der die Zwischenbrechungsindices α' und γ' auf den Spaltflächen (001) und (010) bestimmt werden. Um die Zusammensetzung von Plagioklas zu bestimmen, braucht man im allgemeinen nur den größten und den kleinsten auftretenden Brechungsindex γ' und α' zu ermitteln.

Bei Gesteinsschliffen kann die Lichtbrechung der zu untersuchenden Mineralien mit dem Brechungsindex des als Einbettungsmedium benutzten Canadabalsams oder auch mit den Brechungsindices solcher Mineralien verglichen werden, bei denen diese konstant sind, wie z. B. beim Quarz.

In folgender Zusammenstellung sind die Brechungsindices einiger doppelbrechender Stoffe als Beispiel angeführt:

---

[1] Obgleich die Glimmer eigentlich meistens monoklin sind, beträgt in mancher Glimmerart (Biotit, Phlogopit) der Achsenwinkel fast 0° und liegt die optische Achse senkrecht zur Spaltrichtung (001). Sie sind optisch wie auch kristallographisch pseudohexagonal.

Einachsige Stoffe.

	ε	ω	$\varepsilon - \omega$
Eis	1,3133	1,3090	+ 0,0043
Natronsalpeter	1,3361	1,5874	— 0,2513
Kalkspat	1,4864	1,6583	— 0,1719
Mellit	1,5110	1,5393	— 0,0283
Fluorapatit	1,6417	1,6461	— 0,0044
Calomel (HgCl)	2,6559	1,9733	+ 0,6826
Carborund (SiC)	2,697	2,654	+ 0,043
Rutil	2,9029	2,6158	+ 0,2871
Cinnober	3,201	2,854	+ 0,347
Hämatit	2,94	3,22	— 0,28

Zweiachsige Stoffe.

	α	β	γ	$\gamma - \alpha$
Kalisalpeter	1,3346	1,5056	1,5064	0,1718
Borax	1,4468	1,4686	1,4715	0,0247
Kaliumsulfat	1,4932	1,4946	1,4980	0,0048
Kupfervitriol	1,5156	1,5394	1,5464	0,0308
Aragonit	1,5301	1,6816	1,6859	0,1558
Rohrzucker	1,5397	1,5667	1,5716	0,0319
Topas	1,6116	1,6138	1,6211	0,0095
Cerussit ($PbCO_3$)	1,8037	2,0763	2,0780	0,2743
Schwefel	1,958	2,038	2,245	0,287
Antimonglanz (Sb_2S_3)	3,41	4,37	5,12	1,71

Interferenz des Lichtes zwischen gekreuzten Nicols. Wenn das aus dem Polarisator kommende, in der Ebene *PP* schwingende Licht (Abb. 222) durch eine doppelbrechende Kristallplatte verläuft, in der keine der beiden Schwingungsrichtungen der des Polarisators gleich ist, teilt es sich in zwei Komponenten. Diese pflanzen sich durch die Platte mit verschiedenen Geschwindigkeiten fort und gewinnen einen gewissen Gangunterschied (S. 95). Im Analysator zerfällt jede von beiden nochmals in zwei Komponenten, von denen jedoch nur die in *einer* Richtung, *AA*, schwingenden Wellen durchgelassen werden, wie Abb. 222 zeigt. *ON* vertritt die Amplitude des langsameren Strahls und *OM* die des geschwinderen beim Austritt des Lichtes aus der Kristallplatte. Vom Strahl *ON* gelangt nur die Komponente *OS* und vom Strahl *OM* nur die Komponente *OT* durch den Analysator. Diese Strahlen schwingen in derselben Ebene in entgegengesetzten Richtungen. Wenn zwischen ihnen kein Gangunterschied bestände, würden sie nun, in dieselbe Ebene gebracht, derart interferieren, daß sie einander aufheben müßten, wie es dann geschieht, wenn zwei in gleicher Ebene schwingende Strahlen einen Gangunterschied von einer halben Wellenlänge aufweisen.

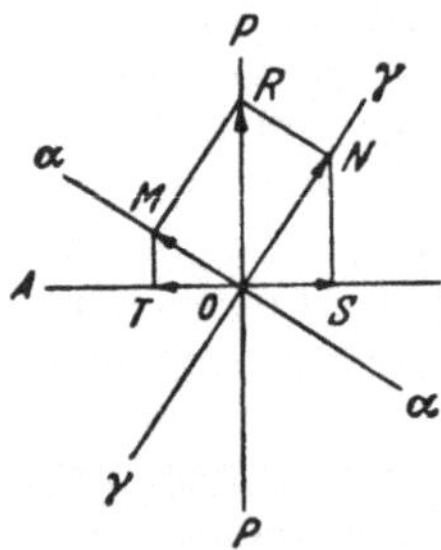

Abb. 222. Teilung des Lichtes in gekreuzten Nicols und einer zwischen ihnen angeordneten Kristallplatte.

Dies ist die charakteristische Wirkung gekreuzter Nicols: sie verursachen, unabhängig von der Wellenlänge, also für alle Farben, einen Gangunterschied von einer halben Wellenlänge. Dazu kommt der Gangunterschied, der in der Mineralplatte entstanden ist. Wir betrachten zunächst den Fall, daß das Licht homogen oder einfarbig ist, und denken, daß der Gangunterschied in der Platte von Null an ständig wächst. Eine derartige Zunahme kann auf sehr einfache Weise durch Benutzung eines aus doppelbrechendem Stoff hergestellten Keils,

z. B. eines Quarzkeils, bewirkt werden. Da der Gangunterschied den Abstand ausmacht, um den der schnellere Strahl dem langsameren voraus ist, so ist er natürlich der Dicke der Platte direkt proportional, ebenso wie beim Wettlauf der Unterschied in der zurückgelegten Strecke der Läufer um so größer wird, je länger die Wettlaufstrecke ausfällt. Im Quarzkeil ist somit Licht zu sehen, dessen Gangunterschied von der dünnen Kante des Keils nach seinem dicken Ende zu wächst. Von $\frac{1}{2}\,\lambda$ an im Anfang des Keils nähert sich der Gangunterschied zunächst einer vollen Wellenlänge, λ. Die Stärke des durchdringenden Lichtes wächst und ist am größten an der Stelle, wo der Gangunterschied genau λ ausmacht, da die Lichtwellen dann unter gegenseitiger Verstärkung interferieren (S. 96). Aber von diesem ein volles λ betragenden Gangunterschied hat der Keil $\frac{1}{2}\,\lambda$ bewirkt. Dort jedoch, wo der Gangunterschied des Keils sich auf $1\,\lambda$ beläuft, macht der wirksame Gangunterschied $1\frac{1}{2}\,\lambda$ aus, das Licht erlischt völlig, im Keil ist eine schwarze Linie zu sehen. Desgleichen erlischt das Licht dort, wo der Gangunterschied des Keils $2\,\lambda$, $3\,\lambda$ ... oder $n\,\lambda$ ausmacht, soweit n eben eine ganze Zahl ist. Im Keil sind dunkle Linien zu sehen, und je kurzwelliger das benutzte Licht ist, um so dichter sind jene Linien, also z. B. bei blauem Licht dichter als bei rotem (Abb. 223).

Es ergibt sich die Regel: *Zwischen gekreuzten Nicols erlischt das durch eine Kristallplatte gedrungene homogene Licht, wenn der durch diese bewirkte Gangunterschied eine oder mehrere volle Wellenlängen ausmacht.*

Abb. 223. Zwischen gekreuzten Nicols sind in homogenem Licht im Quarzkeil Querstreifen zu sehen, und zwar um so dichter, je kurzwelliger das Licht ist.

Wird statt des homogenen Lichtes weißes benutzt, so sind im Quarzkeil Interferenzfarben zu beobachten. Sie lassen sich folgendermaßen erklären: Im dünnen Ende des Keils ist der Gangunterschied anfangs kleiner als die Wellenlänge irgendeines sichtbaren Lichtes, so daß das Licht erstarkt, Schwarz geht in Grau und Hell über. Dann aber nimmt der Gangunterschied zunächst das Maß der violetten Lichtwelle an, danach stufenweise das der blauen, grünen, gelben und roten, während gleichzeitig *die* Farbe stärker wird, bei der $\frac{1}{2}\,\lambda$ den Gangunterschied ausmacht. Die vorerwähnten Farben erlöschen, und dem Auge erscheint die Komplementärfarbe einer jeden; im Quarzkeil ist zu sehen, wie Weiß in Hellgelb, Gelb, Rotgelb, Rot und Violett übergeht. Wenn der Gangunterschied $5750 \cdot 10^{-8}$ cm beträgt, ist die Interferenzfarbe purpurviolett, die sog. empfindliche violette Farbe (franz. *violet sensible*). Dies ist in der Farbenskala insofern eine besondere Stelle, als das Auge dort einen geschwinderen Farbenübergang als an anderen Stellen erkennt. Die erloschene Farbe ist dann vom Violetten zum Gelben aufgestiegen, und zugleich ist das sichtbare Violett am stärksten, da der Gangunterschied $3/2\,\lambda$ der letzteren Farbe ausmacht. Diese Stelle gilt als das Ende der ersten Ordnung in der Reihe der Interferenzfarben, und dort setzen die Farben der zweiten Ordnung ein, zum Blauen, Grünen, Gelben, Roten und Zartvioletten Nr. 2 überführend. Dort nimmt dann wiederum die dritte Ordnung ihren Anfang: Blau, Grün, Gelb, Rot und Violett, aber diese Farben sind matter, unreiner als die der ersten und zweiten Ordnung. Noch trüber sind die Farben der vierten Ordnung, und in der fünften können kaum noch Farben unterschieden werden, an ihrer Stelle tritt jetzt, sagt man, das Weiß der höheren Ordnungen auf. Dieses Weiß gleicht jedoch keineswegs dem reinen Weiß der ersten Ordnung, sondern erscheint unbestimmt braungelblich.

Das „Ausbleichen“ der Interferenzfarben in den höheren Ordnungen ist leicht zu verstehen: In der ersten und am Anfang der zweiten erreicht an jeder Stelle der Gangunterschied zunächst den Wert einer einzigen bestimmten Wellenlänge, der nur eine bestimmte Farbe entspricht. In den höheren Ordnungen dagegen beginnen zugleich immer mehr Farben zu erlöschen, weil der Gangunterschied dann auch verschiedene volle Vielfache mehrerer Wellenlängen und anderseits außerdem ungerade Vielfache der halben Wellenlänge mehrerer Farben erlangt, so daß auch zugleich mehrere einzelne Farben stärker werden. In der dritten Ordnung ist bei einem Γ von $15000 \cdot 10^{-8}$ cm die Interferenzfarbe rotgelb. Erloschen ist dann zunächst Blaugrün ($\lambda = 5000$), für das $\Gamma = 3\,\lambda$, zugleich aber auch das sichtbare Rot ($\lambda = 7500$; $\Gamma = 2\,\lambda$), erstarkt sind die Farben, bei denen $\Gamma\, 5/2\,\lambda$ ($\lambda = 6000$, rotgelb) und $7/2\,\lambda$ ($\lambda = 4289$, blau).

Beträgt der Gangunterschied $57375 \cdot 10^{-8}$ cm, so ist er annähernd $8 \cdot 7170$ (Rot), $9 \cdot 6370$ (Rotgelb), $10 \cdot 5740$ (Gelb), $11 \cdot 5220$ (Grün), $12 \cdot 4780$ (Blau), $13 \cdot 4410$ (Violettblau), $14 \cdot 4100$ (Violett). Längs dem ganzen sichtbaren Spektrum erlöschen und erstarken zugleich Farben. Das Ergebnis ist Weiß.

Bei der oben geschilderten Interferenzfarbenfolge (Abb. 224) wird die Höhe der Farbe also durch den Gangunterschied Γ bestimmt, welcher der Dicke d der Platte und der Größe ihrer Doppelbrechung ($\gamma - \alpha$) proportional ist.

Also:

$$\Gamma = d\,(\gamma' - \alpha').$$

$\gamma' - \alpha'$ wiederum beruht teils auf der Stellung und teils auf der wirklichen Größe der Doppelbrechung des Kristalls $\gamma - \alpha$, d. h. auf dem Unterschied der extremen Brechungsindices. Wenn der Schliff eine große Menge von Kristallplatten irgendeines doppelbrechenden Stoffes in mancherlei Lagen enthält, schwankt somit in ihnen der Gangunterschied zwischen 0 und einem Wert, welcher der Dicke des Schliffes und der Doppelbrechung des Stoffes entspricht, d. h. die Interferenzfarbe wechselt von Schwarz bis zu einer gewissen höchsten Farbe.

Schwarz erscheint ein Korn, das senkrecht zur Richtung der optischen Achse liegt. Hier ist jedoch zu bemerken, daß ganz schwarz auch dann nur die einachsigen Kristalle sind. In den zweiachsigen Stoffen treten nämlich in den der Achse parallelen Schnitten konische Refraktion und in allen Richtungen oszillierende Schwingungen auf (S. 111). Dadurch wird bewirkt, daß das Licht gar nicht ganz erlischt, sondern die zu einer der beiden Achsen senkrechte Platte eine graue Interferenzfarbe annimmt, die sich bei Drehung des Tisches nicht verändert.

Jede Kristallplatte zwischen gekreuzten Nicols erlischt während einer vollen Drehung viermal, nämlich dann, wenn die Schwingungsrichtungen der Platte den Ebenen der Nicols parallel verlaufen. In ihrer Gesamtheit ist die Intensität I des durch das Mikroskop gelangenden Lichtes, wenn die Lichtabsorption in den Nicols und den Linsen unberücksichtigt bleibt, bedingt durch die Intensität I_0 des in das Mikroskop eintretenden Lichtes, durch den Winkel φ, den die Schwingungsrichtung der Platte mit der Richtung des Polarisators bildet, durch die Dicke d der Platte, durch die Wellenlänge λ des Lichtes und durch die in der Platte wirkenden Brechungsindices γ' und α' nach folgender Formel:

$$I = I_0 \sin^2 2\,\varphi \cdot \sin^2 \left[\, 180^\circ \cdot \frac{d}{\lambda}\,(\gamma' - \alpha')\,\right].$$

Die Formel enthält 2 Sinusglieder. Das erste von ihnen wird durch die Stellung bestimmt. Die Amplitude des durchdringenden Lichtes ist proportional dem Sinus des Stellungswinkels (Abb. 222), die Intensität also dem Quadrat des Sinus. Dieses Glied wird gleich Null, wenn $\varphi = 0^\circ$ oder 90° (Auslöschungsstellung) ist, und nimmt seinen größtmöglichen Wert an, wenn φ 45° oder ein Vielfaches dieses Betrages ausmacht. Das zweite Sinusglied wird durch den Phasenunterschied $\frac{\Gamma}{\lambda}$ der in zwei Teile zerfallenen Wellenkomponenten bestimmt, und der Winkel, der hier gemeint ist, ist der Phasenwinkel der Sinuskurve (S. 92). Dieses Glied wird gleich 0, wenn $\Gamma = d\,(\gamma' - \alpha')$ gleich λ oder $n\lambda$ ist, wobei n eine ganze Zahl darstellt, und es nimmt seinen größtmöglichen Wert an, wenn $d\,(\gamma' - \alpha') = \frac{\lambda}{2}$ oder $n_1\,\frac{\lambda}{2}$ ist, wobei n_1 eine ungerade ganze Zahl bedeutet.

Wie wir gesehen haben, stehen die Interferenzfarben in einem exakt zu bestimmenden Verhältnis zum Gangunterschied. Man hat besondere Farbtafeln ausgearbeitet, aus denen ersehen werden kann, welcher Gangunterschied einer bestimmten Farbe entspricht. Zu den ersten Aufgaben bei der Untersuchung von Kristallen mit gekreuzten Nicols gehört somit das Bestimmen der Höhe der Interferenzfarben. Soweit die Farben mit dem Auge unterschieden werden können, ist diese Bestimmung meist ohne weiteres ausführbar. Das Weiß der ersten Ordnung unterscheidet man von dem der hohen Ordnungen; die Farben der zweiten, dritten und vierten Ordnung lassen sich oft auf Grund dessen bestimmen, daß im Schliff bei dessen Herstellung aus den Rändern von Kristallindividuen die Ränder dünner abgenutzt oder infolge ihrer Stellung keilartig zugespitzt worden sind. An den Rändern solcher dünnen Prismen beginnt die Farbe tiefer und kann durch die Farbenskala einer oder zweier Ordnungen in normaler Reihenfolge aufsteigen; daran läßt sich die Ordnung direkt ablesen.

Das einfachste der zur Bestimmung von Höhe und Gangunterschied der Interferenzfarbe benutzten Instrumente ist der bereits erwähnte Quarzkeil. Seine Benutzung für diesen Zweck gründet sich auf die *Kompensation* der Doppelbrechung.

Liegt eine doppelbrechende Kristallplatte zwischen gekreuzten Nicols auf dem Tisch in Diagonalstellung (d. h. in einem Winkel von 45° zu den Nicols) und legt man auf sie eine andere Kristallplatte derart, daß die Schwingungsrichtungen beider parallel verlaufen, so steigert letztere den Gangunterschied, wenn außerdem die γ'-Richtungen beider einander gleichgerichtet sind. Dann, sagt man, befinden sich die Kristalle in *Additionsstellung*. Ist wiederum γ' der einen parallel, α' der anderen und umgekehrt, so läßt sich der Gangunterschied herausstellen, welcher gleich der Differenz der beiden einzelnen Gangunterschiede ist. Dann liegen die Platten in *Subtraktionsstellung*. Der Gangunterschied wird auf 0 kompensiert, wenn zwei Platten, deren Einzelgangunterschiede gleich groß sind, Subtraktionslage zueinander einnehmen.

Mit der zu untersuchenden Kristallplatte kann nun der Quarzkeil in Subtraktionsstellung gebracht werden. Deshalb findet sich in den Mikroskopen über dem Objektiv im Tubus ein Loch, in das der Quarzkeil geschoben werden kann. Er wird in Subtraktionsstellung so weit hineingesteckt, daß die Interferenzfarbe der untersuchten Kristallplatte auf Schwarz kompensiert wird. Danach kann diese entfernt und die Interferenzfarbe des Quarzkeils betrachtet sowie dann, wenn dieser herausgezogen wird, abgelesen werden, zur wievielten Ordnung sie gehört. Wird bei einem Gesteinsschliff, in dem der zu untersuchende Stoff in Form zahlreicher kleiner Kristalle auftritt, die höchste im Dünnschliff erkennbare Interferenzfarbe bestimmt, so gewinnt man eine Auffassung von der wirklichen Doppelbrechung $\gamma - \alpha$ des Stoffes. Am Quarzkeil kann die Bestimmung genauer angestellt werden, wenn er versehen ist mit einer Skala, in welcher der Gangunterschied der verschiedenen Stellen angegeben ist. Ein derartiges Gerät wird als WRIGHTscher *Kombinationskeil* bezeichnet.

Für genauere Bestimmungen hat man verschiedene Kompensatoren konstruiert. Ein solcher ist der BABINETsche *Kompensator*. Er enthält zwei Quarzkeile, die aus Quarzkristallen derart geschliffen worden sind, daß sie, parallel gegeneinandergesetzt, Subtraktionsstellung zueinander einnehmen. Der eine Keil kann mittels einer mit einer Skala versehenen Schraube an dem anderen vorbeigeschoben werden. Das Gerät wird an die Stelle des Mikroskopokulars gesetzt, darauf ein freies Nicol kreuzweise zum Polarisator gelegt und der eigentliche Analysator beiseite geschoben. Bei der Betrachtung ist im Instrument jetzt eine zweifache NEWTONsche Farbenskala zu erkennen, in der die Farben von der Stelle an, wo der Gangunterschied beider Quarzkeile gleich ist, in entgegengesetzter Richtung steigen. An dieser Stelle ist im Instrument ein schwarzer Streifen zu sehen. Mittels einer Schraube wird er in das Haarkreuz gebracht und dann die zu untersuchende Kristallplatte auf den Tisch gelegt. Der schwarze Streifen verschiebt sich in einer der beiden Richtungen; durch die Schraube wird er wieder in den Mittelpunkt verlegt; der Betrag der Verschiebung läßt sich im Maß der Skala bestimmen, und aus ihm ergibt sich unter Benutzung der Apparatkonstante der Gangunterschied der Platte.

Eine neuere Erfindung ist der BEREKsche Kompensator, ein so kleines Instrument, daß es in eine für Hilfsplatten im Tubus vorgesehene Öffnung geschoben werden kann. Er besteht aus einer senkrecht zur c-Achse geschliffenen Calcitplatte, die sich um eine ebenfalls zur c-Achse senkrechte, mit einer Skala versehene Achse dreht. Da die Platte dem Tisch parallel verläuft, pflanzt sich in ihr das Licht in der Richtung der c-Achse fort, ohne daß sich der Gangunterschied vermehrt. Wenn aber die Platte so gedreht wird, daß sie in eine schräge Lage gerät, entsteht in ihr ein dem Neigungswinkel entsprechender Gangunterschied, der sich dadurch vergrößert, daß die wirkende Dicke zunimmt. Beim Wenden verändert sich die Farbe in der Reihenfolge der NEWTONschen Skala. Die zu prüfende Platte wird zu dem Calcitschliff in Subtraktionsstellung gebracht und dieser gedreht, bis die Farbe kompensiert wird. Die Konstante der Skala ist ein für allemal bestimmt.

So kann der Gangunterschied bestimmt werden. Um von ihm aus zur Bestimmung der Doppelbrechung $\gamma - \alpha$ zu gelangen, ist noch die Dicke der Platte zu messen. Sie kann auf verschiedene Weise festgestellt werden: 1. Direkt durch die Mikrometerschraube des Mikroskops. Bei stärkster Vergrößerung wird die Fläche des Objektträgers in den Brennpunkt gebracht, so daß irgendeine Schramme oder ein Staubkörnchen an ihr scharf zu sehen ist. Danach legt man die Platte auf das Glas und hebt mittels der Mikrometerschraube den Tubus, bis die Oberseite der Platte in den Brennpunkt gerät. 2. Der Schliff wird durchgesägt, auf die Seite gestellt und seine Dicke mittels eines am Tisch des Mikroskops zu befestigenden Schubmikrometers gemessen. 3. Die Dicke wird mit einem besonderen Schraubenmikrometer unmittelbar gemessen. 4. Die Dicke eines Schliffes, der Quarz oder irgendeine andere Kristallart enthält, deren Doppelbrechung bekannt ist, kann umgekehrt aus der Interferenzfarbe erschlossen und zur Schätzung der Doppelbrechung anderer Kristallarten benutzt werden. Die Normaldicke gewöhnlicher Gesteinsschliffe macht 0,03 mm aus. Bei dieser Dicke beträgt im Quarz der höchste, dem Wert $(\varepsilon - \omega) = 0{,}009$ entsprechende Gangunterschied $2750 \cdot 10^{-8}$ und es erscheint als Interferenzfarbe das gelbliche Weiß der ersten Ordnung. Der Schleifer macht sich gerade diesen Umstand zunutze, da er weiß, daß, solange der Quarz zwischen den gekreuzten Nicols farbig, auch nur gelb, erscheint, der Schliff noch zu dick ist. In allen Fällen ist ein genaues Bestimmen der Dicke der Kristallplatte eine schwierigere

Aufgabe als das Bestimmen des Gangunterschiedes. Daher ist die Benutzung genauer Kompensatoren oft gar nicht notwendig.

In Platten von der Dicke der üblichen Schliffe ist die höchste Interferenzfarbe z. B. im Apatit ($\gamma - \alpha = 0{,}004$) Grau, im Hypersthen (0,013) Gelb, im

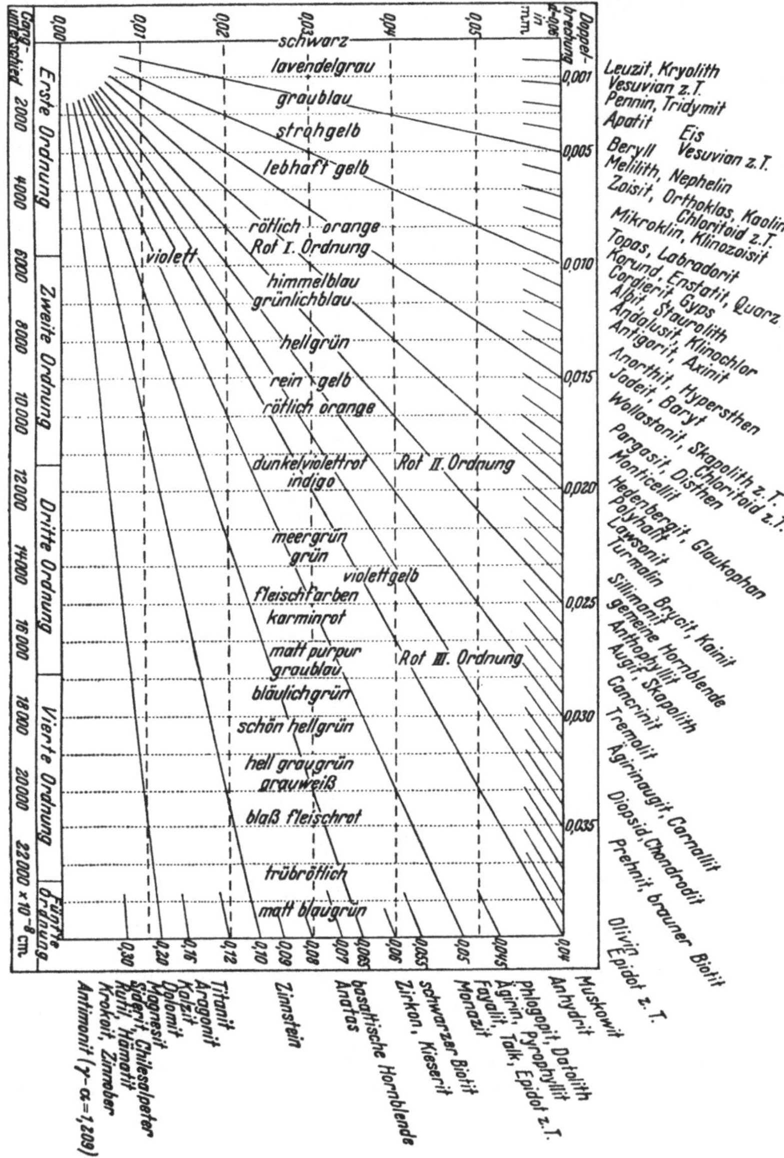

Abb. 224. Interferenzfarbentafel.

Disthen (0,016) Rot, im Turmalin (0,020) Blau 2, im Tremolit (0,027) Grün 2, im Olivin (0,036) Rot 2, im Muskovit (0,042) Blau 3, im Zirkon (0,062) Blau 4, im Titanit (0,121) hohes Weiß, desgleichen im Calcit (0,172) und Rutil (0,287). In den letzteren Stoffen sind hohe Interferenzfarben auch dann zu sehen, wenn sie als äußerst kleine Körner oder Nadeln auftreten.

Bei der mikroskopischen Untersuchungsarbeit benutzt man die von A. Michel Lévy entworfenen Farbentafeln, in denen die Newtonsche Farbenskala von links nach rechts ganz wie die Farben eines Quarzkeils steigen. Zugleich ist hier der Gangunterschied in bestimmtem Maßstab auf der Abszisse abgetragen. Auf der Ordinate ist die Dicke vermerkt. Die von Origo schräg nach rechts oben gezogenen Geraden bedeuten dann jede eine bestimmte Doppelbrechung ($\gamma - \alpha$), und am oberen wie auch am rechten Rand sind am Ende dieser „Doppelbrechungsgeraden" die Namen derjenigen häufigsten Kristallarten angegeben, welche dieselbe Doppelbrechung ($\gamma - \alpha$) aufweisen (Abb. 224).

Dispersion der Doppelbrechung. Bei der regelrechten Dispersion der Lichtbrechung bleibt die Doppelbrechung ($\gamma - \alpha$) nahezu unverändert für die Wellenlängen des sichtbaren Spektrums. Bei einigen Kristallarten ändern sich jedoch die Brechungsindices so ungleichmäßig mit der Wellenlänge, daß eine beträchtliche Doppelbrechungsdispersion zustande kommt. Sie äußert sich darin, daß die Interferenzfarben nicht die normalen Newtonschen Farben sind, sondern unrein, „anomal" erscheinen. Die Ursache dazu ist leicht verständlich: Der Gangunterschied wird für eine bestimmte Farbe (Wellenlänge) den Betrag einer halben Wellenlänge erreichen, und diese Farbe wird ausgelöscht, während die übriggebliebenen Farben am entgegengesetzten Ende des Spektrums noch mit großer Intensität durch das Mikroskop gehen.

Ist die Doppelbrechung größer für Violett als für Rot oder $(\gamma - \alpha)_v > (\gamma - \alpha)_\varrho$, so nennt man die Interferenzfarben *übernormal.* Bei niedriger Doppelbrechung, wie beim Chlorit, kann ($\gamma - \alpha$) für Rot fast 0 sein, während Violett noch kräftig durchkommt. So entsteht statt Grau erster Ordnung die anomale lavendelblaue Interferenzfarbe, wie beim Klinozoisit und manchen Chloritvarietäten (Pennin). Farben höherer Ordnungen, wie beim Epidot, erscheinen eigentümlich grell.

Unternormale Interferenzfarben entstehen, wenn $(\gamma - \alpha)_\varrho > (\gamma - \alpha)_v$. Statt Grau 1. Ordnung erscheint dann Braunrot, wie bei einigen Chloriten (Prochlorit).

Auch die Lagendispersion der Hauptschwingungsrichtungen ruft anomale Interferenzfarben hervor, indem die verschiedenen Farben in verschiedenen Stellungen auslöschen. Die Erscheinung ist auffällig z. B. beim Titanit, der im Schnitt $\parallel$ (010) $= \alpha\gamma$ deswegen bei weißem Licht gar nicht auslöscht. Auch die Achsendispersion bewirkt anomale Interferenzfarben in Stellungen, die nahe der Normalen einer optischen Achse liegen.

Das Bestimmen der optischen Orientierung eines Kristalls. Eine der wichtigsten Aufgaben der optischen Kristallforschung ist das Bestimmen der optischen Orientierung eines Kristalls. Darunter ist das Bestimmen der verschiedenen Hauptschwingungsrichtungen oder also der *Hauptbrechungsindexrichtungen* in bezug auf das Achsenkreuz zu verstehen. Als erste Stufe dazu dient das oben beschriebene Bestimmen der Auslöschungsrichtungen. Jede Auslöschungsrichtung liegt nämlich in der Ebene eines optischen Hauptschnittes, und die Hauptbrechungsindexrichtung ist die Schnittrichtung zweier Hauptschnitte. Danach ist zu ermitteln, welche der Hauptbrechungsindexrichtungen die Richtung von α, welche die von β und welche die von γ ist.

Zu diesem Zweck ist bei den verschiedenen Hauptschnitten zu bestimmen, welche der zwei zueinander senkrechten Auslöschungsrichtungen die Richtung des größeren und welche die des kleineren Brechungsindexes ist. Nur zwei Schwingungsrichtungen sind nämlich in jedem Schnitt zu sehen; um alle drei Hauptbrechungsindexrichtungen herauszustellen, sind Kristalle, die in die Richtung der drei zueinander senkrechten Hauptschnitte entfallen sind, aufzufinden und bei jedem von ihnen die Richtung des größeren Brechungsindexes zu bestimmen. Die Richtung, die in zwei verschiedenen Hauptschnitten als γ'-Richtung des größeren Brechungsindexes auftritt, ist γ. Desgleichen ist diejenige, die in zwei senkrechten Ebenen als α'-Richtung des kleineren Brechungsindexes auftritt, die Richtung α. Die Richtung wiederum, die in einem Hauptschnitt als die von γ' des größeren Brechungsindexes und in einem anderen als die von α' des kleineren Brechungsindexes erscheint, ist die Richtung β.

Geeignete erste Übungsbeispiele beim Bestimmen der Hauptbrechungsindexrichtungen bieten die pleochroitischen Kristalle, wie Hypersthen und Hornblende, bei denen die charakteristische Sonderfarbe jeder Hauptbrechungsindexrichtung ein gutes absolutes Kennzeichen für diese ist.

Die Richtung des größeren Brechungsindexes einer doppelbrechenden Kristallplatte wird von der des kleineren mittels einer sog. Hilfsplatte unterschieden, die in eine über dem Objektiv liegende Öffnung gesteckt wird. Als eine solche Hilfsplatte kann immer ein Quarzkeil, an dem zu diesem Zweck eine mit einem Diamant gezeichnete Linie die Richtung γ angibt, benutzt werden. Der zu untersuchende Kristall wird in Diagonalstellung gebracht. Diejenige Auslöschungsrichtung der Kristallplatte, die sich, verläuft sie parallel der Richtung γ des Quarzkeils, in Additionsstellung befindet bzw. eine Aufstiegfarbe verleiht, ist γ' und die senkrecht auf ihr stehende α'.

Oft werden als Hilfsplatten ebene Platten benutzt, entweder eine Gipsplatte purpurviolett erster Ordnung oder eine sog. Viertelundulations-Glimmerplatte. Erstere ist eine aus Gips gespaltene Lamelle, gerade so dick hergestellt, daß ihre Interferenzfarbe das Purpurviolett der ersten Ordnung ist. Eine solche Platte ist dann besonders zweckdienlich, wenn die Doppelbrechung der zu untersuchenden Kristallplatte so niedrig ist, daß ihre Interferenzfarbe Grau oder höchstens das Weiß der ersten Ordnung ist. Fällt γ des Gipses in die Richtung γ' des Kristalls, so steigt die Farbe, d. h. sie wird blauer; gerät γ in die Richtung α', so fällt die Farbe oder wird orange oder gelb. Infolge der Empfindlichkeit des Purpurvioletten kann auf diese Weise selbst eine so schwache Doppelbrechung, die ohne Hilfsplatte schwarz, isotrop erscheint, erkannt und dem Charakter nach bestimmt werden.

Die Viertelundulations-Glimmerplatte ist eine aus Muskovit hergestellte, so dünne Spaltlamelle, daß ihre eigene Interferenzfarbe Grau ist und der Gangunterschied ein Viertel vom Gangunterschied des Purpurvioletten der ersten Ordnung, oder ca. $1500 \cdot 10^{-8}$ ausmacht. Mittels einer derartigen Platte lassen sich besonders bei Interferenzfarben, die zwischen dem Weiß der ersten Ordnung und den Farben der vierten liegen, leicht Auf- und Abstiegfarbe voneinander unterscheiden. Steigt die Interferenzfarbe auf hohes Weiß, so dient als Hilfsplatte am besten ein Quarzkeil.

An Längsschnitten und an sonstigen länglichen Kristallschnitten prismenförmiger Kristalle wie auch an länglichen Querschnitten plattenförmiger Kristalle wird mittels Hilfsplatten der sog. *optische Charakter der Längsrichtung* bestimmt. Er wird als positiv bezeichnet, wenn die Längsrichtung die Richtung des größeren Brechungsindexes ist, und man nennt ihn negativ, wenn der Brechungsindex des in der Längsrichtung schwingenden Lichtes der kleinere von beiden ist. Die Bezeichnungen sind unter Vergleich der Längsrichtung mit der Richtung der optischen Achse gewählt worden. Ist die Längsrichtung die Prismenzone eines einachsigen Kristalls, so ist der optische Charakter der Längsrichtung derselbe wie der des Kristalls. Dieser kann also bestimmt werden, wenn die Kristallform bestimmbar ist. So sieht man in Gesteinsschliffen an Apatitprismen sechskantige Querschnitte und stäbchenförmige Längsschnitte und man kann schließen, daß das Mineral hexagonal ist. Der Charakter der Längsrichtung (= der optische Charakter) ist negativ. Desgleichen sind die Querschnitte der

Zirkonprismen Vierecke, der Stoff ist tetragonal; an den stabförmigen Längsschnitten ist mittels einer Glimmerplatte zu bestimmen, daß der Charakter der Längsrichtung positiv ist, und das ist auch der optische Charakter des Minerals. Dagegen ist der optische Charakter der Längsrichtung des Querschnittes platten- und lamellenförmiger Kristalle meistens umgekehrt wie ihr optischer Charakter, denn in derartigen Stoffen steht, wenn sie einachsig sind, die optische Achse stets senkrecht zur Plattenrichtung, desgleichen in zweiachsigen Stoffen oft die erste Mittellinie.

Kristalluntersuchung in konvergentem Licht. Unter den Objekttisch des Mikroskops wird eine konvexe Linse eingeschoben, der sog. *Kondensor*, der die Lichtstrahlen so wendet, daß sie konvergieren. Ein so eingerichtetes Mikroskop wird als *Konoskop* bezeichnet. Nun ist überhaupt nicht das Bild des Gegenstandes, sondern statt dessen das von seiner optischen Beschaffenheit und Orientierung abhängige *Interferenzbild* zu sehen. Die optische Anordnung ist eine derartige, daß alle diejenigen Lichtstrahlen, die parallel durch den Kristall verlaufen, sich in der Brennebene in *einem* Punkt vereinigen (Abb. 225). Die durch die Mitte des Kondensors verlaufenden Strahlen gehen senkrecht durch die Kristallplatte und vereinigen sich im Mittelpunkt des Interferenzbildes. Je weiter vom Zentrum entfernt die Strahlen durch den Kondensor verlaufen, um so schräger durchdringen sie die Kristallplatte und um so weiter von der Mitte des Interferenzbildes entfernt vereinigen sie sich in der Brennebene.

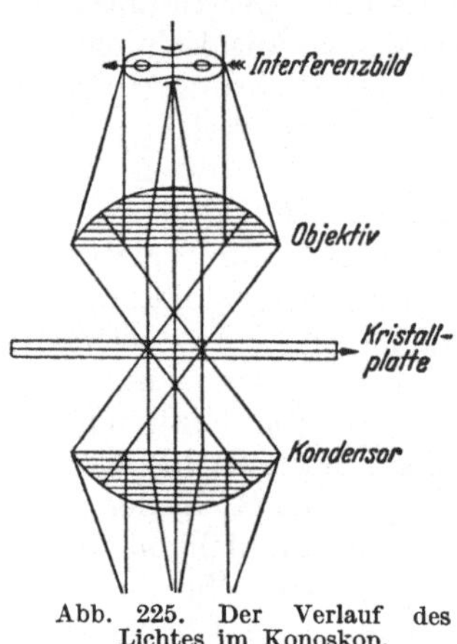

Abb. 225. Der Verlauf des Lichtes im Konoskop.

Das Interferenzbild ist unmittelbar ohne Okular zu sehen, und bei Benutzung eines Mikroskops als Konoskop kann das Okular entfernt werden. Die meisten Mikroskope enthalten jedoch eine oberhalb der Brennebene des Konoskops einzuschiebende sog. BERTRANDsche Linse, die zusammen mit dem Okular ein schwach vergrößerndes Mikroskop bildet, so daß mit diesem die Interferenzbilder vergrößert betrachtet werden können. Bei diesen Mikroskopen läßt man das Okular an seinem Platz stecken und schiebt nur die BERTRANDsche Linse in den Tubus. Dann kann im Handumdrehen ein Orthoskop in ein Konoskop verwandelt werden. Es ist zu bemerken, daß das Interferenzbild, mit der BERTRANDschen Linse und dem Okular betrachtet, in einer um 180° gedrehten Stellung erscheint.

Jeder Punkt der Brennebene zeigt die Interferenzerscheinungen des in bestimmter Richtung durch die Kristallplatte gefallenen Lichtes, Erscheinungen, die in ganz gleicher Weise wie im Orthoskop dadurch entstehen, daß von den senkrecht zueinander schwingenden Lichtstrahlen nur diejenigen durchgelassen werden, die in der Ebene des Analysators schwingen.

Was im Interferenzbild an jeder Stelle zu sehen ist, beruht, wie auch im Orthoskop, auf zwei Umständen: auf den Schwingungsrichtungen der interferierenden Wellen und auf dem Gangunterschied der Strahlen. Die Intensität des an jeder Stelle erscheinenden Lichtes kann durch die auf S. 126 angeführte Gleichung abgeleitet werden:

$$I = I_0 \cdot \sin^2 2\varphi \cdot \sin^2 \left[180^\circ \frac{d}{\lambda} (\gamma' - \alpha') \right].$$

Der Unterschied besteht darin, daß sowohl der Winkel φ als auch die Dicke d und die Doppelbrechung $\gamma' - \alpha'$ in den verschiedenen Teilen des Bildes mit dem Neigungswinkel und der Neigungsrichtung wechseln.

Durch Verbindung derjenigen Punkte, in denen die Schwingungsrichtung gleich ist, ergeben sich die als *Isogyren* bezeichneten Kurven. Diejenigen Isogyren, deren Schwingungsrichtungen den Nicolrichtungen gleich sind, nennt man *Hauptisogyren.* Die Stellen, an denen die Hauptisogyren in das Interferenzbild fallen, erscheinen schwarz.

Die im konoskopischen Interferenzbild auftretenden Auslöschungsrichtungen können auch durch die schon früher erklärten *Skiodromenfiguren* (S. 120) dargestellt werden, und zwar unter Berücksichtigung dessen, daß von der Skiodromenhalbkugel jedesmal nur der Kugelsektor, welcher dem Kegelwinkel der Strahlen des Kondensors und des Objektivs oder der *Apertur* des Mikroskops entspricht, in die Brennebene projiziert zu sehen ist.

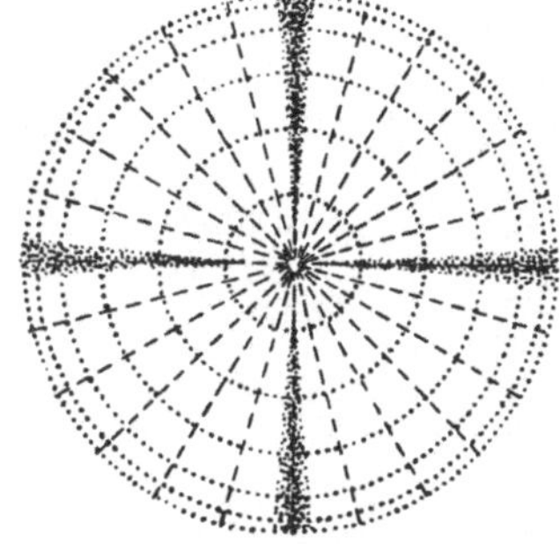
Abb. 226. Die Skiodromen und Hauptisogyren einer einachsigen, senkrecht zur Achse geschliffenen Kristallplatte.

Diejenigen Kurven, die durch solche Punkte verlaufen, in denen der Gangunterschied gleich ist, werden als *Kurven gleichen Gangunterschiedes* bezeichnet. Sie erscheinen im Interferenzbild bei homogenem Licht derart, daß auf jeder Kurve in allen Punkten die Intensität des Lichtes gleich ist. Die Kurven, in denen der Gangunterschied gleich der Wellenlänge des benutzten Lichtes oder ein Vielfaches derselben ist, erscheinen im Interferenzbild schwarz. Bei weißem Licht wiederum sieht man die Kurven gleichen Gangunterschiedes als Streifen; in jedem von diesen ist die Interferenzfarbe auf der ganzen Strecke dieselbe. Daher werden sie auch als *isochromatische Kurven* bezeichnet.

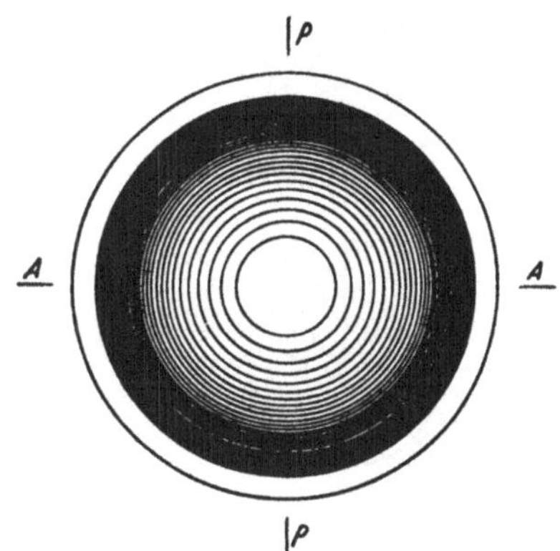

Abb. 227. Die in Na-Licht gesehenen Kurven gleichen Gangunterschiedes einer ½ mm dicken, ⊥ zu *c* geschliffenen Calcit-Kristallplatte.

Zunächst seien diejenigen Interferenzbilder betrachtet, die bei einachsigen Kristallen in zur optischen Achse senkrechten Kristallplatten zu sehen sind. Die außerordentliche Welle schwingt im Hauptschnitt, die Skiodromen verlaufen in den Richtungen von Durchmessern, die ordentliche Welle liegt senkrecht zu jenen in den Tangentenrichtungen konzentrischer Kreise (Abb. 226). Die Hauptisogyren bilden ein schwarzes Kreuz, dessen „Arme" sich nach außen zu verbreitern. Die Kurven gleichen Gangunterschiedes oder die isochromatischen Kurven sind ebenfalls konzentrische Kreise (Abb. 227), denn sie bedeuten jede einen Lichtkegel, dessen Fläche gegen die optische Achse einen bestimmten Winkel bildet. Je dicker die Platte oder je größer ihre Doppelbrechung ist, desto näher dem Zentrum und zueinander liegen die Kurven, deren Gangunterschied ein ganzes Vielfaches der Wellenlänge ausmacht und die somit bei homogenem Licht als schwarze Streifen erscheinen. Außerdem liegen die Streifen um so dichter, je kurzwelliger das benutzte Licht ist. So kommt das *Achsenbild* eines einachsigen Kristalls zustande (Abb. 228). In weißem Licht schließen sich die Interferenzfarben in der Reihenfolge der NEWTONschen Skala aneinander. Dreht man den Tisch des Mikroskops und die Kristallplatte, so bleibt das Achsenbild unverändert. Die Interferenzfarben des Achsenbildes können niemals so hoch steigen wie die Farbe der parallel zur Achse geschliffenen Kristallplatten im Orthoskop. In gewöhnlichen Gesteinsschliffen erscheint im Achsenbild von Stoffen mit niedriger Doppelbrechung, wie Apatit und Quarz, das Isogyrenkreuz dick und unbestimmt und zwischen seinen Armen nur graue Interferenzfarbe. Im Turmalin ($\gamma - \alpha = 0{,}020$) sieht man höchstens das Gelb der ersten Ordnung, im Biotit (etwa 0,050) schon Farben bis zur dritten und im Calcit ($\omega - \varepsilon = 0{,}172$) zahlreiche Farbenserien. Insbesondere für die Untersuchung der Interferenzbilder und die Bestimmung der Achsenwinkel werden dickere Kristallplättchen benutzt.

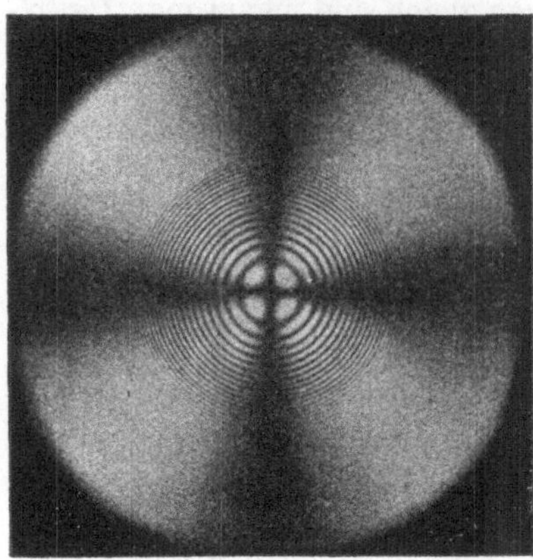

Abb. 228. Das in Na-Licht aufgenommene Achsenbild einer etwa 1 mm dicken, ⊥ zu c geschliffenen Calcitplatte.

Aus dem Achsenbild kann der optische Charakter der Kristallart am sichersten bestimmt werden. Das geschieht folgendermaßen: Bei sichtbarem Achsenbild schiebt man ein Hilfsblättchen in Diagonalstellung ein. Wenn bei Benutzung einer Gipsplatte die Farbe in nächster Nähe des Achsenkreuzes in den zwei einander gegenüberliegenden Quadranten (Abb. 229, links im Nordosten und Südwesten), in denen γ der Gipsplatte liegt, blau (Anstiegfarbe, Addition) und in den übrigen Quadranten wiederum gelb (Abstiegfarbe, Subtraktion) wird, ist der Kristall positiv. Ist die Veränderung der Farben umgekehrt, wie die rechtsstehende Abbildung zeigt, so ist der Kristall negativ. Bei Einschiebung eines viertelwelligen Glimmerblättchens sieht man (Abb. 229 unten) bei positiven Kristallen in den zu γ der Platte parallelen Quadranten Weiß (Addition) und ein Vorrücken der isochromatischen Ringe auf das Zentrum zu, während in den mit α der Platte gleichgerichteten Quadranten ein schwarzer Fleck (Subtraktion) und ein Abrücken der isochromatischen Ringe vom Zentrum zu sehen ist. In negativen Kristallen ist der Vorgang umgekehrt. Wenn der Quarzkeil in den Schlitz geschoben wird (Abb. 229 Mitte), sieht man, wie bei den positiven Kristallen in den zu γ des Keils parallelen Quadranten die isochromatischen Ringe gleichsam fortgesetzt auf das Zentrum zu wandern (Anstiegfarben), in den mit α des Keils gleichgerichteten Quadranten wiederum sich vom Mittelpunkt fortbewegen (Abstiegfarben).

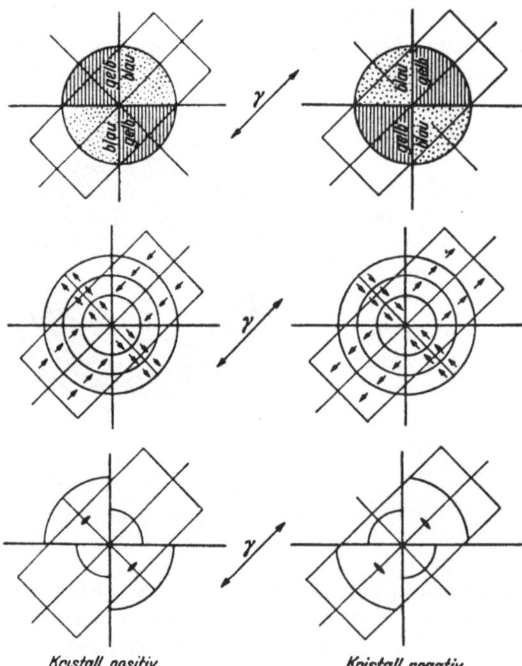

Abb. 229. Die Bestimmung des optischen Charakters aus dem Achsenbild eines einachsigen Kristalls. Die Richtung γ der rechteckigen Hilfsplatten im Bild NO—SW. Zuoberst als Hilfsplatte ein Gipsplättchen, in der Mitte ein Quarzkeil, zuunterst ein $\frac{1}{4}\,\lambda$-Glimmerplättchen.

Zum Verständnis der oben angeführten Regeln ist nur zu bemerken, daß in den optisch positiven Kristallen die zur Hauptachse senkrechte Richtung des Ordinärstrahls die Richtung des kleinsten Brechungsindexes des Kristalls ist und in allen von ihr abweichenden Richtungen der größere Brechungsindex ε' wirkt, der um so größer ausfällt, je größer der Winkel ist, den die Schwingungsrichtung mit der Querrichtung bildet oder je weiter man sich im Achsenbild von der Mitte entfernt. Daher nehmen alle Interferenzfarben des Achsenbildes der positiven Kristalle stets eine Additionsstellung mit der Richtung γ der Hilfsplatte ein.

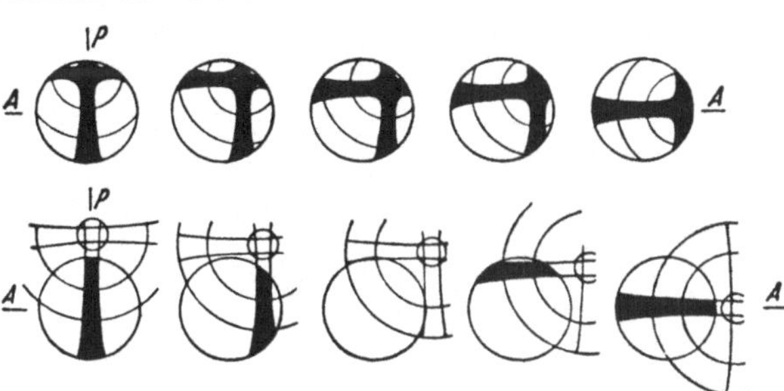

Abb. 230. Achsenbilder einachsiger, schräg zur Achse geschliffener Kristallplatten.

Ist die Platte schräg zur optischen Achse geschliffen, so bewegt sich das Achsenbild bei Drehung der Platte um die Mitte des Gesichtsfeldes. Je nachdem in wie schräger Lage sich die Achse befindet, sind entweder beide Hauptisogyrenarme oder nur jeweils einer zu sehen. Beim Drehen bleiben die Arme in unveränderten Stellungen, der eine in senkrechter, der andere in waagerechter (Abb. 230). Befindet sich die Hauptisogyre in der Mitte des Gesichtsfeldes, so teilt sie es symmetrisch.

Ist die Platte parallel der optischen Achse geschliffen, so sieht man im Interferenzbild dann, wenn der Kristall sich in Auslöschungsstellung befindet, in den

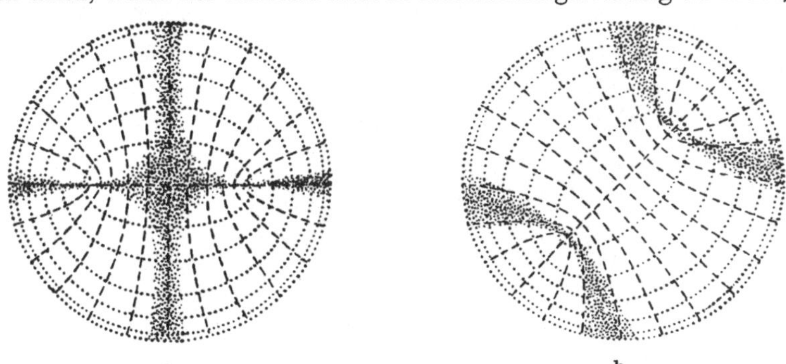

Abb. 231 a und b. Skiodromen und Hauptisogyren einer zweiachsigen, senkrecht zur ersten Mittellinie geschliffenen Kristallplatte; links in Normalstellung, rechts in Diagonalstellung.

Richtungen der Nicols ein unscharf begrenztes dunkles Kreuz, das sich, dreht man die Platte aus der Auslöschungsstellung heraus, in zwei Hyperbeln auflöst, die sich rasch fortbewegen und aus dem Gesichtsfeld verschwinden. Die Erscheinung ist ganz dieselbe wie das Interferenzbild optisch zweiachsiger Kristalle, die senkrecht zur optischen Normale liegen.

Von den Interferenzbildern optisch zweiachsiger Kristalle betrachten wir zunächst diejenigen, die in den zur ersten Mittellinie senkrechten Platten zu sehen sind. Wenn die Platte sich in Auslöschungsstellung befindet, sagt man, das Interferenzbild nehme *Normalstellung* ein. Die Hauptisogyren bilden auch jetzt ein schwarzes Kreuz (Abb. 231), wie im Achsenbild der einachsigen Kristalle.

Dieses Kreuz unterscheidet sich von dem Achsenkreuz eines einachsigen Kristalls darin, daß die Arme verschieden sind. Der in der Achsenebene liegende

Arm ist an den Ausstichpunkten der Achsen ganz schmal, verbreitert sich aber von diesen aus fächerartig beiderseits nach außen (Abb. 233). Der zur Achsenebene senkrechte Arm wiederum ist sehr breit und unscharf begrenzt. Die Ursache dazu leuchtet ein, wenn wir das Skiodromenbild betrachten: An der Achse führt selbst eine geringe Richtungsabweichung der Lichtwelle von der Auslöschungsstellung weg, anderswo ist eine unbedeutende Abweichung nicht sehr wirksam, da die Schwingungsrichtungen auf breiter Fläche fast parallel den Nicolrichtungen verlaufen. Mit anderen Worten, die Flügel sind am schmalsten in den Teilen des Interferenzbildes, in denen die Skiodromen die schärfsten Kurven aufweisen.

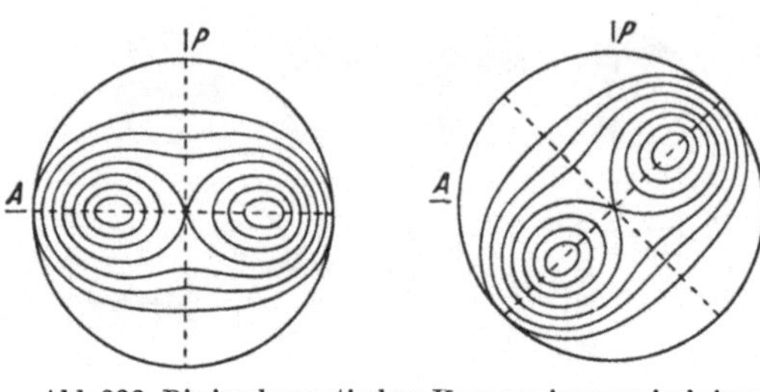

Abb. 232. Die isochromatischen Kurven eines zweiachsigen Kristalls.

Die beiden Austrittsstellen der Achsen („Achsenpunkte") erscheinen innerhalb des Gesichtsfeldes im Interferenzbild einer zur ersten Mittellinie senkrechten Platte, wenn der Achsenwinkel klein genug ist, nicht über etwa 60°. Die Kurven gleichen Gangunterschiedes oder die isochromatischen Kurven umgeben dir Achsenenden zunächst als geschlossene Kurven, dann als 8-förmige Lemniskaten und schließlich als „CASSINIsche Kurven" (Abb. 232). An einem stak doppelbrechenden Kristall mit kleinem

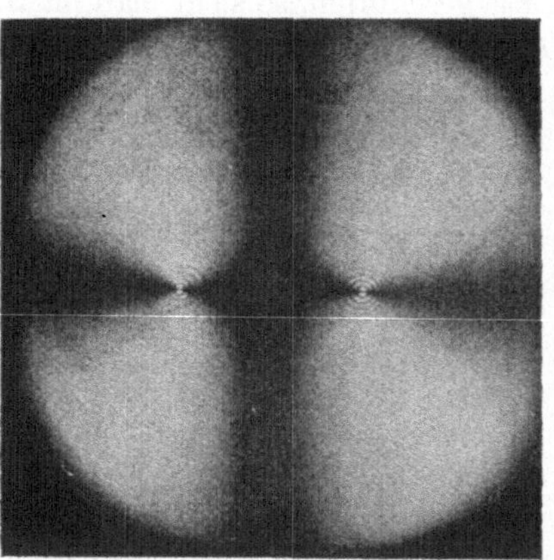

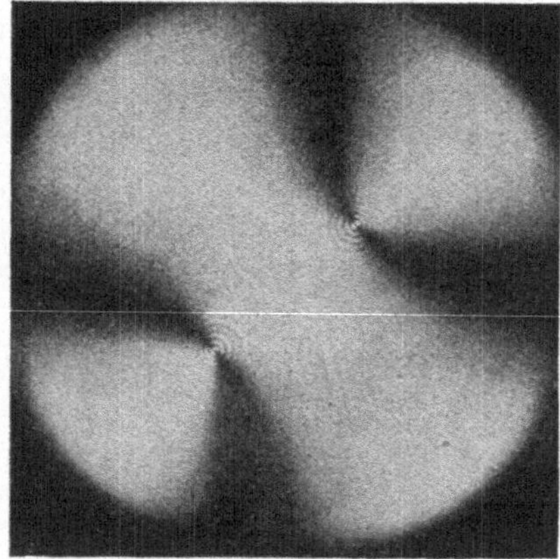

a b

Abb. 233 a und b. Das Achsenbild eines etwa 1 mm dicken, $\perp$ α (1. Mittellinie, da der Kristall negativ) geschliffenen Aragonitkristalls; links in Normal-, rechts in Diagonalstellung.

Achsenwinkel erhält man ein Achsenbild, wie es in der nach einer Photographie hergestellten Abb. 233 zu sehen ist.

Wenn die Kristallplatte gedreht wird, verändern die Schwingungsrichtungen ihre Stellung zu den Nicols. Das Hauptisogyrenkreuz öffnet sich, und die Hauptisogyren bilden sich in Diagonalstellung um zu Hyperbeln, sog. Achsenbalken, deren Gipfel in den Ausstichpunkten der Achsen liegen. Die Verbindungslinie dieser Punkte gibt stets die Ebene der optischen Achsen an, und senkrecht zu dieser steht die optische Normale. Ist der Achsenwinkel klein (unter 60°), so bleiben die Achsenbalken während der ganzen Zeit im Gesichtsfeld; wenn er aber größer ist, löst sich das Kreuz rasch in Hyperbeln auf, die aus dem Gesichtsfeld hinauswandern.

Demgemäß kann man nach dem Achsenbild die Größe des Achsenwinkels schätzen, ja sogar bestimmen, soweit er so klein ist, daß die Balken im Gesichtsfelde bleiben. Dann mißt man mittels des Mikrometerokulars in den Einheiten der Skala den Abstand der Achsenpunkte und berechnet nach diesem mittels der beim Mikroskop bestimmten Konstanten zuerst den scheinbaren Achsenwinkel $2E$.

Es besteht nämlich ein bedeutender Unterschied zwischen dem wirklichen Achsenwinkel $2V$ und dem scheinbaren Achsenwinkel $2E$. Unter ersterem ist der wirkliche Winkel zwischen den Normalen der Kreisschnitte der Indicatrix zu verstehen, letzterer wiederum ist der Winkel, den die in dieser Richtung durch den Kristall verlaufenden Strahlen bei ihrem Übertritt in die Luft miteinander bilden (Abb. 234). Natürlich erhält man, wenn man in der Luft bestimmt, stets den scheinbaren Achsenwinkel, aus dem der wirkliche nach dem Brechungsgesetz berechnet werden kann, wenn man den mittleren Brechungsindex β der Kristallart kennt, der in den der optischen Achse parallelen Wellen stets wirkt. Dann ist nämlich:

$$\sin V = \frac{1}{\beta} \cdot \sin E.$$

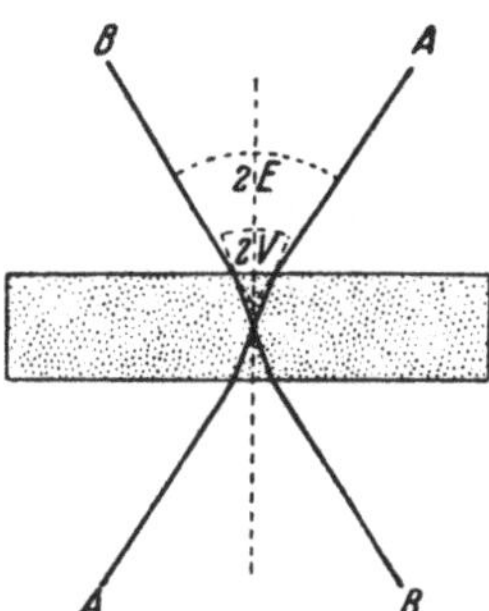

Abb. 234. Der scheinbare Achsenwinkel $2E$ und der wirkliche Achsenwinkel $2V$.

Wenn sowohl β als auch der Achsenwinkel groß sind, so daß man die Achsenpunkte nicht sehen kann, so bringt man auf die Kristallplatte eine Flüssigkeit, deren Brechungsindex N größer ist als β des Kristalls; die Flüssigkeit hat auch das Objektiv zu berühren. Dann ist der scheinbare Achsenwinkel in der Flüssigkeit $= 2H$ kleiner als $2V$, welcher Winkel sich jetzt nach folgender Formel ergibt:

$$\sin V = \frac{N}{\beta} \cdot \sin H.$$

Stellt man aus dem Stoff zwei Kristallplatten in der Weise her, daß die eine zur ersten und die andere zur zweiten Mittellinie senkrecht verläuft, und mißt man in der einen den spitzen und in der anderen den stumpfen Achsenwinkel, so erhält man den wirklichen Achsenwinkel ohne weiteres nach der Formel:

$$\operatorname{tg} V = \frac{\sin H_{spitz}}{\sin H_{stumpf}}.$$

Wenn der Achsenwinkel mit möglichst großer Genauigkeit zu messen ist, so führt man die Bestimmung mit einem besonderen *Achsenwinkelapparat* aus. Dies ist ein Konoskop, das statt des Objekttisches eine senkrecht zur Lichtrichtung angebrachte, um eine mit Bogengraden versehene Achse kreisende Zange aufweist, an der die Achsenwinkelplatte (dicker als gewöhnliche Gesteinsschliffe) befestigt wird. Die Achsenebene der Kristallplatte wird in eine zur Drehungsachse senkrechte Ebene verlegt, die Nicols werden von dieser Richtung an kreuzweise in Diagonalstellung gebracht, und der Kristall wird gedreht, bis die Haarlinie des Instruments den Achsenbalken an seiner gewölbten Seite streift. Die Gradzahl wird abgelesen und dann der Kristall gedreht, bis der andere Achsenbalken desgleichen die Haarlinie streift, und der Winkel $2E$ wird abgelesen. Den Kristall kann man in eine stark lichtbrechende Flüssigkeit, die sich in einem schmalen Gefäß mit ebenen Wänden befindet, tauchen.

Ferner kann der Achsenwinkel mittels des Universaldrehtisches, der sich im Mikroskop um die waagerechte Achse dreht, gemessen werden. Da man dabei konvergentes Licht nicht benutzen kann, weil sich zu beiden Seiten der

Kristallplatte eine dicke gläserne Halbkugel befindet, werden die Achsenrichtungen in parallelem Licht bestimmt. Als Kennzeichen dieser Richtung dienen dabei das Fehlen von Aufhellen und eine niedrige graue Interferenzfarbe.

Von der Dispersion der optischen Achsen ist bereits zuvor (S. 112) die Rede gewesen. Im Achsenbild ist sie in weißem Licht stets zu sehen, wenn sie stark genug ist, um eine merkliche Verteilung der Farben nach der Symmetrie zu verursachen. Am deutlichsten ist sie in Diagonalstellung. Dann nehmen die schwarzen Hyperbeln zu den äußersten Farben des sichtbaren Spektrums, Rot und Violett, verschiedene Stellungen ein. An der Stelle, wo sich die Lage des schwarzen Achsenbalkens des violetten Lichtes befindet, erscheint der Balken rot, da die roten Strahlen des Spektrums jetzt nicht erlöschen. Umgekehrt ist dort, wo die Stelle des Balkens des roten Lichtes liegt, Violett zu sehen, da jetzt nur das kurzwellige Ende des Spektrums wirksam ist. Ist somit die Achsendispersion $\varrho > v$, so sind die dunklen Hyperbeln innen rot, außen violett. Wenn wiederum $v > \varrho$ ausfällt, sind die Farben umgekehrt.

Auch die Dispersion der Mittellinien in stark dispergierenden monoklinen und triklinen Kristallen ist aus der Anordnung der Farben im Interferenzbild zu ersehen (s. S. 112).

Geneigte Dispersion setzt voraus, daß die Achsenebene des monoklinen Kristalls in der Symmetrieebene liegt; dann ist die Lage der Farben beiderseits der Achsenebene symmetrisch. Die *gekreuzte Dispersion* hat zur Bedingung, daß die zur Platte eines monoklinen Kristalls senkrechte Mittellinie eine Digyre ist; so muß die Lage der Farbe centrosymmetrisch sein, d. h. in der besonderen Achsenebene jeder Wellenlänge ist die Mittellinie die Symmetrieebene, und bei einer Drehung von 180° um die Mittellinie fällt jeder Punkt des Interferenzbildes an eine gleichfarbige Stelle. Die Platte selbst liegt der Symmetrieebene parallel. *Horizontale Dispersion* wiederum bedeutet, daß die optische Normale die Symmetrieebene im monoklinen Kristall ist. Links und rechts von ihr müssen sich die Lagen der Farben zueinander verhalten wie der Gegenstand zu seinem Spiegelbild. Dagegen ist jetzt die Lage der Farben beiderseits der Achsenebene ganz unsymmetrisch. Die *asymmetrische Dispersion* der triklinen Kristalle wiederum kümmert sich nicht um die Symmetrie. Demgegenüber gehört es zur *symmetrischen Dispersion* der rhombischen Kristalle, daß das Achsenbild auch in bezug auf die Lage der Farben zwei Symmetrieebenen enthält, die eine ist die Achsenebene und die andere die Ebene der optischen Normale und der Mittellinie.

Das Interferenzbild an den zur spitzen und stumpfen Bisectrix senkrechten Schnitten ist ähnlicher Art, mit Ausnahme des Unterschiedes, den der größere Achsenwinkel letzterer bewirkt. Dreht man die Hyperbeln dann aus der Normalstellung heraus, so verschwinden sie rascher aus dem Gesichtsfeld. Durch eine Immersion vermag man bisweilen auch die Achsenbalken einer stumpfen Bisectrix im Gesichtsfeld zurückzubehalten.

Unter den in sonstigen Lagen sichtbaren Interferenzbildern beachtenswert ist das *Interferenzbild der optischen Normale.* Es ist ein ähnliches wie das einer zur optischen Achse eines einachsigen Kristalls parallelen Platte: ein verwaschenes Kreuz erscheint in Normalstellung, öffnet sich schnell bei Drehung der Platte, und die Balken entweichen plötzlich symmetrisch aus dem Gesichtsfeld. Dieses Bild läßt sich am besten begreifen, wenn man es sich als Interferenzbild eines Achsenwinkels von 180° vorstellt.

Noch wichtiger ist das Interferenzbild einer zur optischen Achse senkrechten Platte. Oben haben wir gesehen, daß eine solche Platte im Orthoskop bei einer vollen Drehung grau ist (S. 111). Auf Grund dieses Umstandes sind so gerichtete

Schnitte leicht zu finden, wenn man sie orthoskopisch mit geringer Vergrößerung sucht. Im Interferenzbild ist die Hauptisogyre *einer* Achse zu sehen. In Normalstellung zerlegt sie das Gesichtsfeld in zwei symmetrische Teile, in Diagonalstellung wiederum ist sie ein hyperbelförmiger Balken (Abb. 235). Es ist zu bemerken, daß die konvexe Seite des Balkens dieser Kurve stets der ersten Mittellinie zugewandt ist.

Der Achsenbalken ist um so krummer, je kleiner der scheinbare Achsenwinkel $2E$ ausfällt, der durch den wirklichen Achsenwinkel und den mittleren

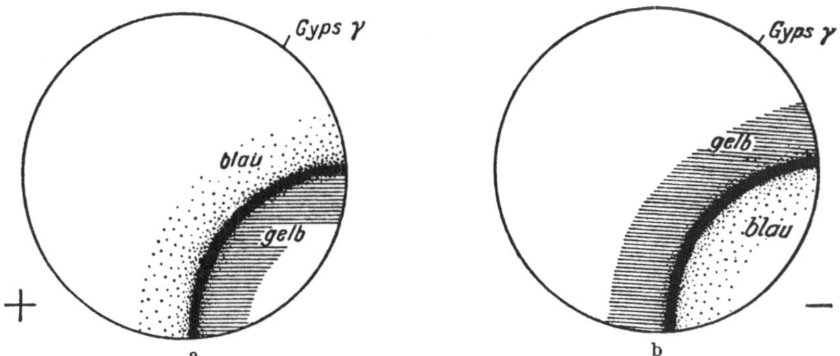

Abb. 235a und b. Das Bestimmen des optischen Charakters an einem fast senkrecht zur Achse geschliffenen zweiachsigen Kristall.

Brechungsindex β bedingt ist. Die „Flügel“ des Achsenbildes im einachsigen Kristall liegen zueinander in einem Winkel von 90°, und wenn der Achsenwinkel klein ist, sieht das Bild anfangs fast wie ein einachsiges aus, wenngleich die „Flügel“ sich in zwei „Balken“ geteilt haben. Bei zunehmendem Achsenwinkel scheinen die Balken sich zu strecken, und wenn der Achsenwinkel 90° beträgt bzw. die Grenze zwischen positivem und negativem Charakter erreicht hat, ist der Achsenbalken gerade.

Aus der Krümmung des Achsenbalkens kann unter Berücksichtigung des Wertes β der Achsenwinkel $2V$ bestimmt werden, und aus ihr kann man seine annähernde Größe schon nach dem Augenmaß durch Vergleich mit den Achsenbildern solcher Kristalle schätzen, deren Winkel gemessen ist (Abb. 236).

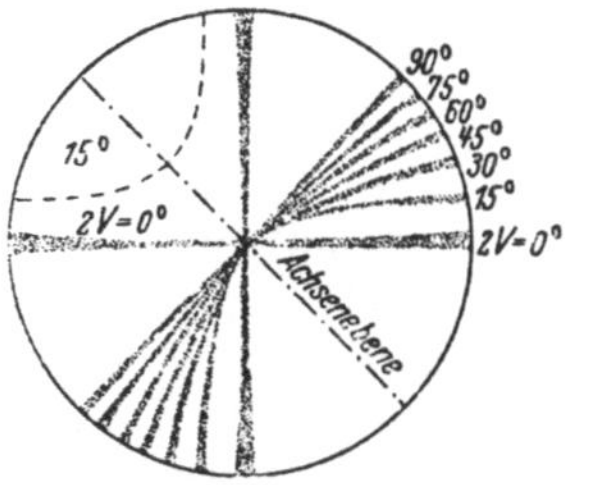

Abb. 236. Die Abhängigkeit der Krümmung des Achsenbalkens vom Achsenwinkel.

Nimmt die Achsenrichtung eine schräge Lage in der Kristallplatte ein, so sieht man, wie der Achsenbalken bei Drehung des Kristalls über das Gesichtsfeld wandert, aber nicht in den Hauptrichtungen der Nicols, weder horizontal noch vertikal, wie die Achsenarme in den einachsigen Kristallen, sondern schräg sich krümmend und schräge auch dann, wenn er sich in der Mitte des Gesichtsfeldes befindet.

Der *optische Charakter zweiachsiger Kristalle* läßt sich aus den Achsenbildern auf manche Weise bestimmen.

In den zu einer der beiden Mittellinien senkrechten Kristallplatten schwingen die Lichtwellen in der Achsenebene und in der Normalrichtung oder der Richtung β. In der Achsenebene ist entweder γ oder α Schwingungsrichtung, und durch Hilfsplatten lassen sich beide leicht bestimmen. Ergibt sich, wenn die Richtung γ der Hilfsplatte parallel der Achsenebene verläuft, eine Abstiegfarbe, so ist es α; dann wird auch die betreffende Mittellinie als positiv bezeichnet, und wenn man weiß, wenn z. B. die Achsenbalken im Gesichtsfeld liegen, daß zu beiden Seiten derselben Mittellinie ein spitzer Achsenwinkel liegt, ist auch der optische Charakter des Minerals positiv. Erhält man aber mit γ der Hilfsplatte in der Achsenebene eine Anstiegfarbe, dann ist die Mittellinie negativ, und wenn sie außerdem die erste Mittellinie ist, so ist auch der Kristall negativ. Dies wird in Diagonalstellung bestimmt.

In Normalstellung befinden sich im Interferenzbild der Mittellinie diejenigen Quadranten in Additionsstellung, in deren Diagonalrichtung γ der Hilfsplatte fällt, wenn die Mittellinie γ (positiv) ist, während sich an einer gegen α (die negative Mittellinie) senkrechten Platte in diesem Fall Subtraktionsstellung ergibt. Dies verhält sich also in ganz gleicher Weise wie im Achsenbild der einachsigen Kristalle. Die Additionsstellung tritt hier derart hervor, daß um die Ausstichpunkte der Achsen bei Benutzung einer Gipsplatte ein blauer, bei einem Glimmerblättchen ein weißer Fleck zu sehen ist; die Subtraktionsstellung dagegen ist durch einen gelben oder einen schwarzen Fleck bezeichnet. Außerdem nähern sich in den Quadranten der Additionsstellung die isochromatischen Kurven der Achsenebene, wogegen sie sich in denen der Subtraktionsstellung von ihr entfernen (Abb. 237).

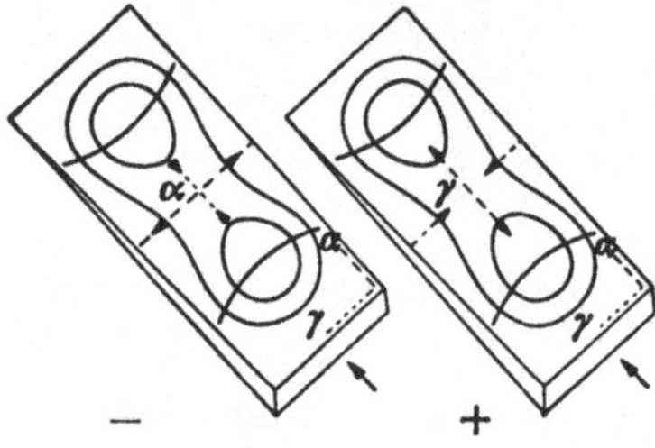

Abb. 237. Die Bestimmung des optischen Charakters nach dem Achsenbild ⊥ zur 1. Mittellinie. Links negativ, rechts positiv.

Bei den gegen *eine* Achse senkrechten Platten erhält man, ebenso wie zwischen den Armen des Achsenkreuzes eines einachsigen Stoffes, an der konkaven Seite der Balkenkurve mit γ der Hilfsplatte an positiven Kristallen Blau oder Weiß, an negativen Gelb oder Schwarz (Abb. 235), mit α der Hilfsplatte erscheinen diese Farben umgekehrt. Das ist die sicherste Bestimmungsweise des optischen Charakters zweiachsiger Stoffe. Besonders wenn der Achsenwinkel groß ist, bleibt eine andersartige Bestimmung oft unsicher. Ebenso ist es, gedenkt man einen zweiachsigen Stoff von einem einachsigen zu unterscheiden, stets am sichersten, einen zur Achse senkrechten Schnitt zu suchen.

Die optische Aktivität oder das Drehvermögen der Polarisationsebene. Betrachtet man eine dickere, zur *c*-Achse senkrechte Quarzplatte zwischen gekreuzten Nicols, so bemerkt man zu seiner Verwunderung, daß in ihr eine hübsche Interferenzfarbe zu sehen ist. Wird das obere Nicol gedreht, so geht die Farbe in andere über, erlischt aber nicht. Stellt man dieselben Beobachtungen in homogenem Licht an, so ist zu erkennen, daß bei gekreuzten Nicols die Platte hell erscheint, aber bei ausreichender Rechts- oder Linksdrehung des oberen Nicols eine Auslöschungsstellung aufgefunden werden kann.

Letzterer Umstand hilft auf die Spur bei der Erklärung jener seltsamen Erscheinung: die Polarisationsebene des aus dem Polarisator kommenden Lichtes hat sich gedreht. Diese Drehung ist der Dicke der Platte proportional. Eine 1 mm starke Quarzplatte dreht in Natriumlicht um 22°, eine 2 mm dicke um 44° usw. Für verschiedene Wellenlängen ist das Drehvermögen verschieden, bei zunehmender Wellenlänge vermindert es sich, beim Quarz beträgt es für violettes Licht ($\lambda = 3970 \cdot 10^{-8}$ cm) 51° je mm. Einige Quarzkristalle sind rechts-, andere linksdrehend.

Im Konoskop gibt eine dicke Quarzplatte ein Achsenbild, das von den normalen einachsigen Bildern insofern abweicht, als seine Mitte hell, bei sehr dicken Platten (> 4 mm) auch farbig erscheint, bei verschiedener Dicke eine verschiedene Farbe zeigt und sich bei Drehung des oberen Nicols verändert.

Legt man eine Links- und eine Rechtsquarzplatte aufeinander, so ist im Achsenbild eine farbige Spirale, die sog. Airysche Spirale, zu sehen.

Bei den Ausführungen über die Symmetrie der Kristallformen ist bereits gesagt worden, daß an Quarzkristallen entweder Rechts- oder Linkstrapezoederflächen oder sonstige enantiomorphe Formen auftreten (S. 44). Bei der Behandlung der Kristallstrukturen ist ebenfalls zur Darstellung gelangt, daß das Drehvermögen der Polarisationsebene oder die optische Aktivität mit dem spiralförmigen Bau im Zusammenhang steht.

Das zeigt u. a. der von Reusch angestellte Versuch, aktive Kristallkombinationen „künstlich“ herzustellen. Er legte sehr dünne zweiachsige Kristallamellen wendeltreppenartig so aufeinander, daß die Auslöschungsrichtung der folgenden Lamelle mit der der vorhergehenden stets einen Winkel von 120° bildete, und erhielt an derartig angeordneten Haufen von Glimmerblättern Erscheinungen, die stark an die eines optisch aktiven Kristalls erinnerten.

Optisch aktiv sind im allgemeinen die Kristalle derjenigen Symmetrieklassen, in denen enantiomorphe Formen auftreten können. Doch sind nicht alle zu diesen Klassen gehörigen Stoffe aktiv. Daraus kann geschlossen werden, daß das Drehvermögen noch einen besonderen, in der Kristallstruktur verborgenen Grad der aus der Symmetrie zu erschließenden Spiraligkeit voraussetzt. Hierher gehörige Symmetrieklassen sind in allen Kristallsystemen enthalten, auch im kubischen.

Bei den zweiachsigen Kristallen zeigt sich das Drehvermögen in den zu den Achsen senkrechten Platten, und es ist im allgemeinen kleiner als in der Achsenrichtung der einachsigen Kristalle. Wenn die optischen Achsen ungleichwertig sind, wie es sich bei den triklinen und denjenigen monoklinen Kristallen verhält, in denen die Achsenebene in der Symmetrieebene liegt, ist auch das Drehvermögen in den Richtungen der verschiedenen Achsen verschieden, ja es kann sogar ein verschiedenes Vorzeichen aufweisen. Z. B. beim Rohrzucker beläuft sich das spezifische Drehvermögen oder dasjenige einer 1 mm dicken, zur optischen Achse senkrechten Platte in der einen Achse auf 5,1° nach rechts und in der anderen auf 2° nach links.

Die organischen optisch aktiven Stoffe sind in manchen Fällen auch in Lösung aktiv. In gewissen Fällen läßt sich das spezifische Drehvermögen einer Lösung aus dem Drehvermögen eines Kristalls berechnen auf Grund der Annahme, daß die Lösung winzig kleine Kristalle in allen möglichen Stellungen in statistisch gleich großen Mengen enthalte. Dann ist vorauszusetzen, daß der Kristall aus Molekülen gleichartiger Symmetrie aufgebaut sei. Van't Hoff und Le Bel machten 1874 gleichzeitig die Entdeckung, daß optisch aktive organische Stoffe sogenannte asymmetrische Kohlenstoffatome enthalten, d. h. solche, bei denen jede der vier Wertigkeiten durch ein verschiedenes Atom oder Radikal gesättigt ist. Da jedoch gewisse Stoffe nur als Kristalle, aber nicht als Lösungen aktiv sind und da ferner bei anderen die Aktivität der Kristalle größer ist, als aus der Aktivität der Lösung geschlossen werden könnte, muß angenommen werden, daß die Erscheinung in derartigen Fällen auf einer andersartigen Kristallstruktur beruhe.

Die optischen Eigenschaften stark absorbierender Kristallarten. In der Behandlung der optischen Eigenschaften wurden die mit der *Reflexion* sowie der *Absorption* des Lichtes verknüpften Erscheinungen nur kurz erwähnt. Beide Erscheinungen lassen jedoch für die Symmetrie und Struktur der Kristalle charakteristische vektorielle Eigenschaften zutage treten. Besonders die Absorption wirkt dazu noch auf die übrigen optischen Erscheinungen ein. Die in diesem Abschnitt dargestellten Gesetze der Kristalloptik sind tatsächlich streng gültig nur für vollkommen durchsichtige Kristallarten. Während die durch die Absorption hervorgerufenen Abweichungen bei den nichtmetallischen Kristallarten unbeträchtlich und praktisch zu vernachlässigen sind, ist die Sachlage anders bei den sog. *opaken* Stoffen, die stark Licht absorbieren und metallische Reflexion (*Metallglanz*) aufweisen. Bei diesen Stoffen versagen überdies die gewöhnlichen Untersuchungsmethoden in durchgehendem Licht schon wegen ihrer Undurchsichtigkeit, nur Reflexion und Absorption sind der Beobachtung zugänglich; das wichtigste Gerät des heutigen *Erzmikroskops*, mit dem absorbierende Körper untersucht werden, ist der *Opakilluminator* (S. 91). Zu diesen Stoffen gehören die metallischen Elemente, die meisten ihrer Sulfide, Selenide, Telluride, Arsenide, Antimonide, Bismutide sowie ein Teil der Oxyde.

Wegen der Absorption ist die Wellenfront des gebrochenen Lichtes (Abb. 182, S. 97) bei schiefem Einfall inhomogen, indem die Amplituden um so mehr abnehmen, je tiefer die Strahlen in den Kristall eindringen. Dieser Sachverhalt ruft Komplikationen hervor, in der Ableitung der optischen Bezugsflächen müssen deshalb nicht nur das Brechungsvermögen, sondern auch Absorptionsvermögen berücksichtigt werden, was u. a. zu schwer vorstellbaren komplexen Indikatrices führt, die nicht immer ellipsoidisch sind. Die Stärke der Lichtbrechung sowie der Absorption sind dabei vom Einfallswinkel abhängig.

Im Gegensatz zu der klassischen Kristalloptik ist die Optik der absorbierenden Stoffe erst spät entwickelt worden. Einige grundlegende theoretische Arbeiten stammen von E. KETTELER, H. A. LORENTZ und P. DRUDE aus dem vorigen Jahrhundert. Die ersten Versuche zur messenden Auswertung der optischen Eigenschaften opaker Körper gehen auf J. KOENIGSBERGER zurück (von 1908 ab). Später haben vor allen H. SCHNEIDERHÖHN und P. RAMDOHR diesen Zweig der kristallographischen Forschung, die Erzmikroskopie, auf einen hohen Stand gebracht, während insbesondere M. BEREK die Untersuchung von der theoretischen und methodischen Seite gefördert hat. Im folgenden sollen nur einige grundsätzliche Züge dieser Verhältnisse angedeutet werden, für nähere Auskunft wird auf das SCHNEIDERHÖHN-RAMDOHRsche „Lehrbuch der Erzmikroskopie" sowie die Arbeiten von BEREK hingewiesen.

Fällt das Licht senkrecht auf die glatt polierte ebene Fläche eines Kristalls, so ist das Verhältnis der reflektierten Lichtmenge zur auffallenden oder das Reflexionsvermögen R bestimmt durch den Brechungsindex n und den Absorptionsindex $\varkappa$ nach der Gleichung

$$R = \frac{(n-1)^2 + n^2\varkappa^2}{(n+1)^2 + n^2\varkappa^2} = \frac{n^2(1+\varkappa^2) - 2n + 1}{n^2(1+\varkappa^2) + 2n + 1}.$$

Bei konstantem $\varkappa$ wächst R mit n, da n^2 gegen $2\,n$ immer größer wird. Bei nichtmetallischen durchsichtigen Kristallarten ist $\varkappa$ nahezu 0. Dann hängt R praktisch nur von n ab und beträgt z. B. für Diamant 17%, für Quarz 4% und für Fluorit 3%. Bei absorbierenden Kristallarten erreicht $\varkappa$ Werte über 0,1. Einige Beispiele sind unten in der Tabelle angeführt.

Optische Konstanten einiger absorbierender Kristallarten.

		n	$\varkappa$	R
Antimonglanz (nach A. CISSARZ)	$\alpha \parallel a$	3,41	0,212	26,4%
	$\beta \parallel b$	4,37	0,187	34,2%
	$\gamma \parallel c$	5,12	0,124	37,8%
Bleiglanz	isotrop	4,3	0,40	44,6%
Platin	„	2,06	4,28	80,5%
Kupfer	„	0,641	4,09	73 %
Gold	„	0.366	7,71	85,1%
Silber	„	0,181	20,3	97,5%

Beim extrem stark lichtbrechenden rhombischen Antimonglanz bestimmt die Lichtbrechung noch hauptsächlich das Reflexionsvermögen. Bei noch höheren

Werten von $\varkappa$ wird dieser bald der Hauptfaktor, insbesondere bei den gediegenen Metallen, welche die höchsten Werte für $\varkappa$ ergeben und gleichzeitig teils abnorm niedriges Lichtbrechungsvermögen aufweisen, was nicht bedeutet, daß die reale Lichtgeschwindigkeit entsprechend größer als im Vacuum wäre.

Durch die Änderung des Absorptionsindex mit der Wellenlänge werden die Eigenfarben der Kristallarten bedingt; meistens sind sie komplizierte, aber für die metallglänzenden Kristallarten sehr charakteristische Mischfarben.

Bei anisotropen Kristallarten wird das senkrecht einfallende und reflektierte Licht teilweise (elliptisch) polarisiert. Ist das einfallende Licht schon linear polarisiert, so ist auch das reflektierte Licht linear polarisiert, obwohl mit gedrehter Polarisationsebene. Von zwei senkrecht aufeinander schwingenden reflektierten Wellen ergibt die eine den höchsten, die andere den niedrigsten Wert für R, oft haben sie auch noch ihre Absorptionsmaxima bei verschiedenen Wellenlängen und weisen mithin verschiedene Farben auf. Alle diese Erscheinungen werden unter dem Begriff *Reflexionspleochroismus* oder (nach M. BEREK) *Bireflexion* zusammengefaßt. Starke Bireflexion haben besonders die Schichtgitter-Kristallarten, wie Graphit, Molybdänglanz, Covellin (Kupferindig). Beim letzteren, der in feinsten Splittern noch durchscheinend ist und in dem Lichtbrechung der Hauptfaktor der Reflexion (mit $R \sim 19$) ist, beruht die außerordentlich auffallende Bireflexion auf der enormen Dispersion der Lichtbrechung ($n_{\mathrm{Li}} = 1{,}0$, $n_{\mathrm{blau}} = 1{,}9$). Wird Covellin in verschiedene Flüssigkeiten eingebettet, so erhält er verschiedene Farben je nach der Lichtbrechung des Einbettungsmediums, weil die Farbe, für die der Brechungsindex im Mineral mit dem des Mediums übereinstimmt, nicht reflektiert wird. So erscheint Covellin in Luft tiefblau, in Wasser violettblau, in Zedernholzöl ($n = 1{,}51$) rotviolett, in Monobromnaphthalin ($n = 1{,}658$) scharlachrot, in Jodmethylen ($n = 1{,}743$) orangerot und in noch höher brechenden Medien sogar gelb. — Aus demselben Grunde wechseln Farbe und Reflexion im allgemeinen stark, wenn verschiedene Immersionsflüssigkeiten angewendet werden.

In stark metallglänzenden opaken Kristallarten, wie Molybdänglanz, bei denen die Absorptionsindexe das Reflexionsvermögen bestimmen, erscheint die Bireflexion meistens weniger in der Farbe als im Reflexionsvermögen.

Mit zwei Nicols in Kreuzstellung werden im Erzmikroskop bei Drehung des Objektes Aufhellung und Verdunkelung bzw. Farbeffekte wahrgenommen, die leicht erkennen lassen, ob die Kristallart isotrop oder anisotrop ist, die aber zu kompliziert sind, um über ihre besondere Optik Auskunft geben zu können. Im allgemeinen arbeitet man erzmikroskopisch größtenteils mit einem Nicol, das vor dem totalreflektierenden Prisma in den Opakilluminator gesteckt wird.

D. Kristalloptik der Röntgenstrahlen.

LAUE-Diagramme. Röntgenstrahlung entsteht in einer stark evakuierten Glasröhre, wenn durch diese ein hochgespannter elektrischer Strom geleitet wird und sich in ihrem Innern der Kathode gegenüber eine Metallplatte, die sog. Antikathode, befindet. Von der Kathode strahlen nach der Antikathode unsichtbare Kathodenstrahlen, die man für Elektronenströmungen hält. Wenn diese auf die gegenüberliegende Glaswandung stoßen, verursachen sie im Glas Fluorescenz und Erwärmung. Vom Glase und in noch höherem Maße von der metallischen Antikathode gehen dann Röntgenstrahlen aus, zu deren Eigenschaften es gehört, daß sie die meisten, andersartige Strahlen absorbierenden Stoffe durchdringen. Dabei werden sie so gut wie gar nicht gebrochen oder reflektiert. Doch können sie in gewissem Maße polarisiert werden. Die Metalle absorbieren um so mehr Röntgenstrahlen, je größer ihr Atomgewicht ist. Eine 3,5 mm dicke Aluminiumplatte ist für Röntgenstrahlen ungefähr gleich durchsichtig wie eine 0,018 mm dicke Platinplatte.

W. C. RÖNTGEN entdeckte seine Strahlen im Jahre 1895. Lange Zeit war man im unklaren darüber, ob sie, ebenso wie die Kathodenstrahlen, „stoffliche" Strahlung oder elektromagnetische Wellenbewegung, wie das gewöhnliche Licht, seien. Ihre Geschwindigkeit konnte man als der des Lichtes gleich ermitteln. Durch Beugungsversuche an Gittern mit sehr schmalen Spalten war es außerdem wahrscheinlich gemacht, daß die Anzahl der Schwingungen der Röntgenstrahlen die der Lichtstrahlen um ein beträchtliches Vielfaches übertrifft, aber alle Gitter schienen bei weitem zu grob zu sein.

Der damals im SOMMERFELDschen Institut in München tätige junge Physiker MAX VON LAUE kam auf den Gedanken, daß in den Kristallen passende Gitter zu Gebote ständen, deren Massenzentrenabstände vielleicht kommensurabel mit den Wellenlängen der Röntgenstrahlen seien, so daß in ihnen Beugungs- oder Diffraktionserscheinungen entstehen könnten. Den Versuch stellte er, von seinen zwei Schülern FRIEDRICH und KNIPPING unterstützt, im Jahre 1912 an. Das Experiment gelang vollständig, die Arbeitshypothese LAUES erhielt ihre Bestätigung. Damit war zugleich zweierlei erwiesen: die Röntgenstrahlen sind kurze Wellenschwingungen, und die Kristalltheorie, die schon zuvor durch SCHÖNFLIES und FEDOROV zu großer Vollständigkeit entwickelt worden war, entspricht der Wirklichkeit. Es war ein Mittel gefunden worden, durch das die Atomstruktur der Kristalle nun experimentell erforscht werden kann. Man erkannte, daß die Wellenlängen des Röntgenlichtes größenordnungsmäßig 10^{-8} cm oder etwa Tausendstel der Länge gewöhnlicher Lichtwellen betragen. Die Punktabstände in den Kristallgittern sind von ähnlicher Größe.

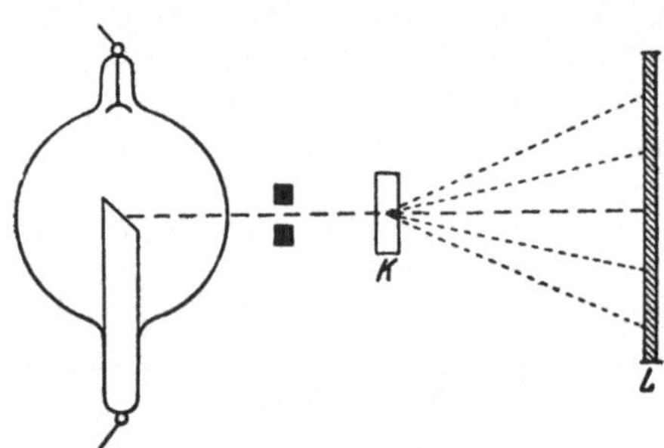

Abb. 238. LAUEscher Versuch.

Der von LAUE angestellte Versuch war folgender Art: Die Röntgenröhre (Abb. 238) befindet sich in einer starken Bleikammer, von ihrer Antikathode gehen Strahlen aus, von denen ein schmales Bündel durch viele Bleiblenden horizontal durch eine parallelepipedförmige Kristallplatte fällt. In bestimmtem Abstand von dieser befindet sich in ihrer Kassette die photographische Platte *L*. Auf dieser entstehen an der Auffangstelle der Röntgenstrahlen ein schwarzer Fleck, der sog. Primärfleck, und um ihn herum eine große Menge von stetig kleiner und schwächer werdenden Flecken, in deren Anordnung sogleich dieselbe Symmetrie zu erkennen ist, die für den Kristall in der Richtung senkrecht zu der Einfallsrichtung des Lichtes bezeichnend ist.

Abb. 239 zeigt ein Röntgenbild oder LAUE-Diagramm, das von einer Zinkblendeplatte parallel zu einer Oktaederfläche aufgenommen worden ist. Senkrecht zur Oktaederfläche liegt in der Zinkblende eine Trigyre. Dies läßt sich deutlich daran erkennen, daß sich die Flecken zu Figuren von der Form gleichseitiger Dreiecke angeordnet haben.

Wie LAUE angenommen hatte, ist das Auftreten der Flecken eine Folge der Diffraktion der Röntgenstrahlen in den Gittern der Kristalle. LAUE gab dafür eine befriedigende Erklärung, die sich auf dieselbe Theorie gründet wie die Beugungserscheinungen gewöhnlichen Lichtes bei seinem Durchgang durch schmale Spalten oder kleine Löcher. Die Theorie und ihre mathematische Behandlung erwiesen sich jedoch auf diesem Wege als kompliziert. Die Richtungen, in denen die Röntgenstrahlen, durch die Räume zwischen den Netzebenen des Kristalls gebeugt, diesen verlassen, sind stets Schnittrichtungen der in drei Ebenen liegenden Netzebenen. Um ihr Verhältnis von der Form der Elementarzelle abzuleiten, bedarf es dreier Gleichungen (der sog. LAUEschen Gleichungen), und die Lösung bleibt dennoch unsicher.

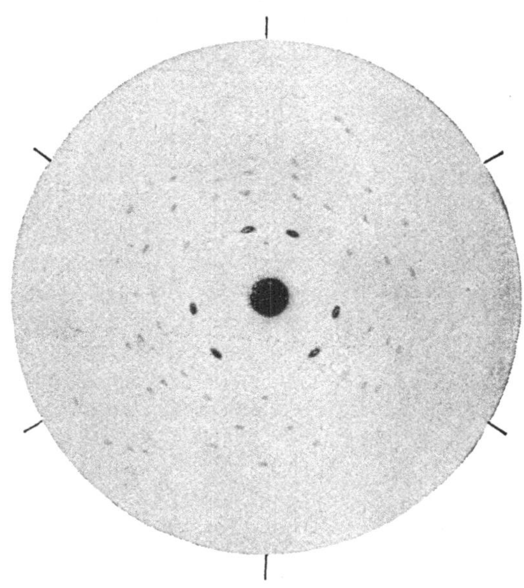
Abb. 239. Eine von Zinkblende ⊥ (111) aufgenommene LAUE-Photographie.

Doch erschien das Problem unerwartet einfach, nachdem die Engländer W. H. und W. L. BRAGG (Vater und Sohn) nachgewiesen hatten, daß die Diffraktion der Röntgenstrahlen in Raumgittern durchaus derart vor sich geht, wie wenn sie einfach gewöhnliche Lichtreflexion an Flächengittern oder Netzflächen wäre.

Die Erläuterung des LAUE-Diagramms gestaltet sich jetzt ganz einfach (Abb. 240). Angenommen seien im Kristall die zwei Netzebenen t und t'. Das Röntgenstrahlenbündel wird von ihnen reflektiert und bildet beim Ein- sowie Austritt die gleichen Winkel r sowie r'. Von der Netzebene t aus entsteht ein Reflexionsfleck auf der Platte in Punkt T, von der Netzfläche t' aus in Punkt T'. Die Winkel, welche die reflektierten Strahlen mit der Richtung des Primärstrahls bilden, betragen dann $2\ r$ und $2\ r'$. Nachdem auf der photographischen Platte der Abstand MT zwischen dem Primärfleck M und dem Diffraktionsfleck gemessen worden ist, ergibt sich der Richtungswinkel r der Netzfläche nach der Formel tang $2\ r = MT : MR$. Trägt man auf der einen Seite von MR den Winkel $MRS = 90° - r$ auf, so erhält man den Punkt S, der ohne weiteres erkennen läßt, daß er der in die Bildebene eingetragene gnomonische Projektionspunkt für die Netzfläche T ist. So kann aus dem LAUE-Diagramm leicht eine gnomonische Projektion konstruiert werden, in der alle diejenigen Netzebenen angegeben werden, deren Reflexionsflecken im LAUE-Diagramm zu sehen sind. Alle sind sie mögliche Kristallflächen. So können also durch das LAUE-Diagramm zahlreiche mögliche Kristallflächen, die zwischen ihnen gelegenen Winkel, die Achsenverhältnisse des Kristalls, seine Grundformen usw. mit großer Sicherheit bestimmt werden.

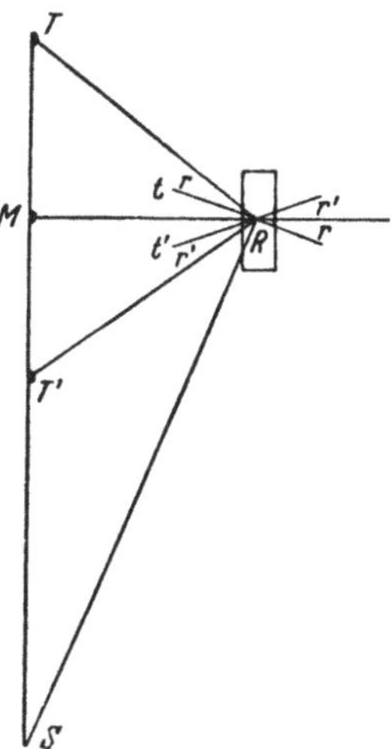

Abb. 240. Erläuterung zum LAUE-Diagramm.

Reflexion und Interferenz der Röntgenstrahlen. Die Röntgenstrahlung, die LAUE bei seinen Experimenten benutzte, war eine solche, die man als weißes

Röntgenlicht bezeichnen kann, denn sie umfaßte gleichzeitig viele verschiedene Wellenlängen. Es war ein glücklicher Zufall, daß er keine der Wellenlänge nach homogene oder einfarbige Röntgenstrahlung gebrauchte, denn in diesem Falle tritt nur dann Reflexion ein, wenn der Einfallswinkel der Strahlen auf der Netzfläche von bestimmter Größe ist. Dieser Umstand wurde durch Bragg aufgeklärt und darauf gründet sich das erste Mittel zur Messung der Punktabstände der Kristalle.

Die Wellenlänge der „weißen" Röntgenstrahlung ist in gewissem Maße abhängig von der Stärke des elektrischen Stromes, durch den diese Strahlen hervorgerufen werden, und außerdem von dem Gasdruck der Röntgenröhre. Durch Regelung dieser beiden Bedingungen lassen sich die Wellenlängen der Röntgenstrahlen ziemlich genau auf ein bestimmtes Variationsgebiet beschränken. Vor allem aber vermag man eine oder zwei bestimmte Wellenlängen zu erzeugen, indem man ein bestimmtes Element als Antikathode benutzt. Die Kathode „schießt" Elektronen, als „Ziel" die Antikathode. Durch dieses Bombardement werden die Atome der Antikathode zur Emission der Röntgenstrahlen von bestimmten, von der Art des Antikathodenmaterials abhängigen Wellenlängen („charakteristische" Strahlung), angeregt, die somit von der Antikathode ausstrahlen.

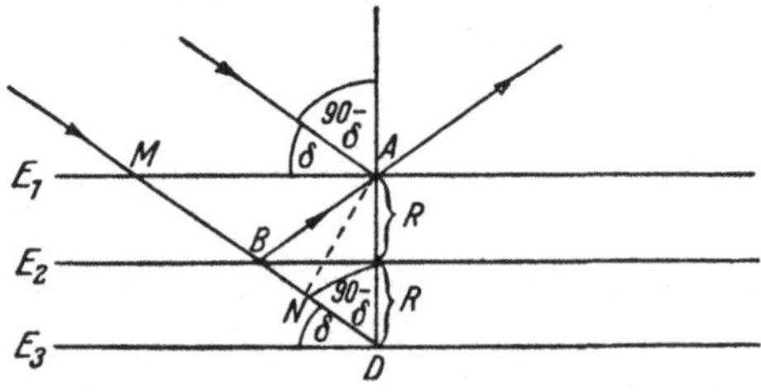

Abb. 241. Interferenz von Röntgenstrahlen an den Netzflächen eines Kristalls.

Wenn ein Röntgenstrahl in einen Kristall eintritt, mit den parallelen und gleich dichten Netzebenen E_1, E_2, $E_3 \ldots$ den Winkel δ bildend (Abb. 241), so wird sogleich an der ersten Netzebene E_1 ein Teil reflektiert. Aber mit dem an dieser Fläche in Punkt A reflektierten Strahl interferiert der von der zweiten Netzebene E_2 in Punkt B reflektierte. Wenn dieser auf Punkt A trifft, erreicht er einen bestimmten Gangunterschied, der ausschließlich auf der von letzterem Strahl zurückgelegten längeren Strecke beruht, da die Röntgenstrahlen sich in den Kristallen zum mindesten nicht erheblich verlangsamen. Dieser Gangunterschied macht $BA - BN$ aus, wenn $AN \perp BD$ verläuft. Da die Abstände der Netzebenen gleich lang sind, ist $BA = BD$ und also der Gangunterschied:

$$\Gamma = ND = 2\ R \cdot \sin \delta,$$

wobei R der senkrechte Abstand zweier Netzebenen ist. Ist nun

$$2\ R \cdot \sin \delta = n \lambda,$$

wobei n eine ganze Zahl bedeutet, so interferieren die Strahlen, einander verstärkend. Der stärkste Reflex entsteht in der Richtung, deren Einfallswinkel δ die angeführte Bedingung erfüllt.

Wenn also ein Bündel paralleler Röntgenstrahlen gleicher bestimmter Wellenlänge in verschieden großen Winkeln auf eine Schicht dichtbesetzter Netzebenen fällt, kann der senkrechte Abstand der Netzebenen R oder die absolute Länge einer sog. Röntgenperiode ermittelt werden. So läßt sich ein wichtiges Maß der Kristallstruktur mit Sicherheit festlegen, wenn die Wellenlänge der benutzten Röntgenstrahlung bekannt ist.

Natürlich werden die Röntgenstrahlen nicht allein von der ersten und zweiten, sondern auch von Tausenden und Millionen von Netzebenen reflektiert, denn diese Strahlen dringen tief in die Kristalle ein.

Der Ausdruck $2\ R \cdot \sin\ \delta$ ist um so kleiner, je kleiner der Einfallswinkel δ ist. Geht man von einer Stellung aus, in der die Strahlen parallel der zu untersuchenden Flächenrichtung verlaufen, und läßt man den Winkel allmählich größer werden, so ist der erste „Glanzwinkel", bei dem das Reflexionsmaximum zum erstenmal zu erkennen ist, derjenige Winkel, für den $2\ R \cdot \sin\ \delta = \lambda$ ist. Das zweite Reflexionsmaximum erhält man, wenn $2\ R \cdot \sin\ \delta = 2\ \lambda$ ist, und das dritte, wenn es $3\ \lambda$ beträgt usw. Der erste Reflex ist auch der stärkste.

Nach diesem Prinzip konstruierten beide BRAGG ihr *Röntgenstrahlenspektrometer* (Abb. 242). Dazu gehört ein Reflexionsgoniometer, an dessen Achse der zu untersuchende Kristall so befestigt wird, daß er um eine bestimmte Zonenachse gedreht werden kann. Ein ebenfalls um die Goniometerachse sich drehender Arm trägt eine Ionisationskammer, ein zylinderförmiges Metallgefäß. Dessen dem Kristall zugewandte Seite ist bedeckt mit einer Bleiplatte, die einen nur schmalen, mit einer dünnen Aluminiummembran verdeckten Schlitz aufweist. Wenn der reflektierte Röntgenstrahl in diese Kammer fällt, macht er die Luft in ihr elektrisch leitend oder ionisiert sie, was an einem mit der Ionisationskammer verbundenen Elektrometer zu erkennen ist. Abb. 243 zeigt ein Röntgenstrahlenspektrum, mit einer Platinantikathode an der Würfelfläche eines Steinsalzkristalls erhalten.

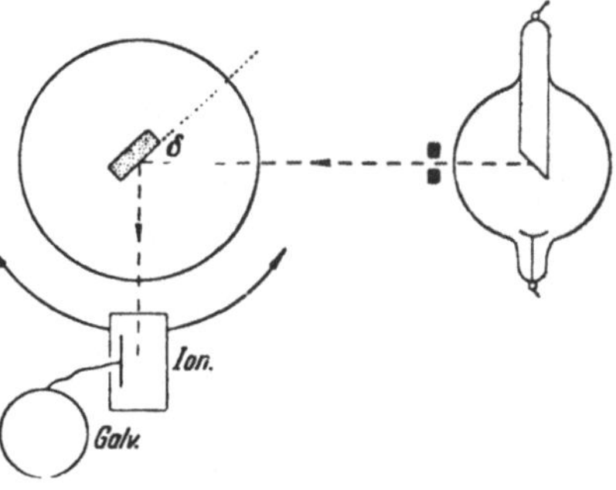

Abb. 242. Schematische Darstellung des BRAGGschen Röntgenspektrometers.

Im Diagramm sind auf der Abszisse die Reflexionswinkel δ und auf der Ordinate die unmittelbar am Elektrometer abgelesenen Abweichungen vermerkt, die der Ionisation proportional sind; diese wiederum ist der Intensität der Strahlung proportional. Die „Glanzwinkel" erscheinen in der Kurve als Gipfel. Im Diagramm erscheinen links 3 Gipfel. Sie entsprechen der 1. Ordnung ($n = 1$ der Gleichung auf S. 146) der Würfelflächenreflexion und werden durch drei charakteristische Wellenlängen der Platinstrahlung hervorgerufen ($L\alpha_1$ ca. 1,31 Å, $L\beta_1$, ca. 1,14 Å und $L\gamma$, ca. 0,95 Å); dann folgen nach der Mitte drei weitere Gipfel; sie stellen die 2. Ordnung des Würfelebenenreflexes ($n = 2$ der Gleichung S. 146) für dieselben Wellenlängen dar usw.

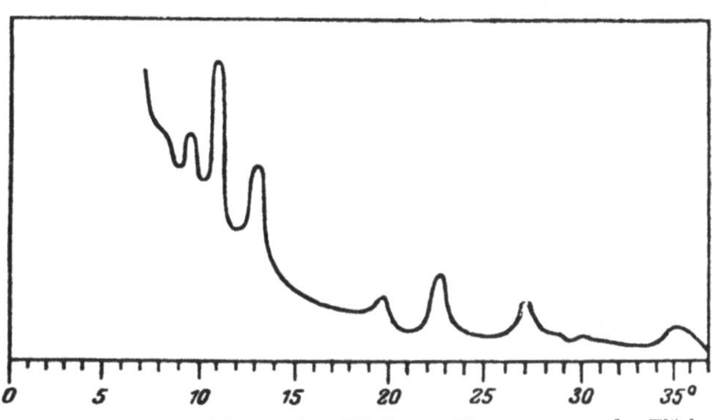

Abb. 243. Intensitätskurve eines Röntgenspektrogramms an der Fläche (100) von Steinsalz.

Die Kristallstruktur nach röntgenspektrometrischen Messungen zu bestimmen, gelang den beiden BRAGG erstmalig am Natriumchlorid NaCl und am Sylvin KCl, bei welchen Stoffen die kleinste Bauzelle ein einfach primitiver Kubus ist, abgesehen davon, daß die einander nächststehenden Massenpunkte Ionen verschiedener Art und entgegengesetzter Ladung darstellen. Die Röntgenperiode wird an Flächen parallel zu einer Fläche des Würfels (100), des Oktaeders (111) und des Rhombendodekaeders (110) geschliffen bestimmt. Wie aus dem Modell zu

10*

entnehmen (Abb. 244) ist, wenn der Abstand der 100-Netzflächen R beträgt, der Abstand der 110 parallelen Netzflächen $\frac{\sqrt{2}\cdot R}{2} = \frac{R}{\sqrt{2}}$ und der der 111 parallelen Netzflächen $\frac{\sqrt{3}\cdot R}{3} = \frac{R}{\sqrt{3}}$, oder das Verhältnis $R_{100}:R_{110}:R_{111} = 1:\frac{1}{\sqrt{2}}:\frac{1}{\sqrt{3}}$. Die am Sylvin gemessenen Glanzwinkel waren an der Fläche 100 5,22°, an der Fläche 110 7,3° und an 111 9,05°. Die reziproken Verhältnisse der Sinus dieser Winkel belaufen sich auf $\frac{1}{0{,}0910}:\frac{1}{0{,}1272}:\frac{1}{0{,}1570} = \frac{1}{1}:\frac{1}{1{,}40}:\frac{1}{1{,}74} = \frac{1}{1}:\frac{1}{\sqrt{2}}:\frac{1}{\sqrt{3}}$.

Aus der Übereinstimmung der Werte ist zu ersehen, daß der einfache Kubustypus hier am wahrscheinlichsten ist. KCl und NaCl gaben in den Richtungen 100 und 110 dasselbe Röntgenspektrum, abgesehen davon, daß die Glanzwinkel bei letzterem etwas größer waren, entsprechend einer geringeren Seitenlänge der Elementarzelle; aber in der Richtung 111 waren die Spektren insofern von verschiedenem Typus, als die Reflexion der zweiten Periode stärker als die der ersten war. Das hat man darauf zurückgeführt, daß bei dem Strukturtypus des Steinsalzes (Abb. 244) die beiden Richtungen 100 und 110 sowohl Metall- als auch Chlorionen umfassen, wogegen in der Richtung 111 jede zweite Netzfläche nur Metallionen, wie die Ebene MIL, und jede der dazwischen gelegenen, nur Chlorionen enthält, wie die Ebene OXY.

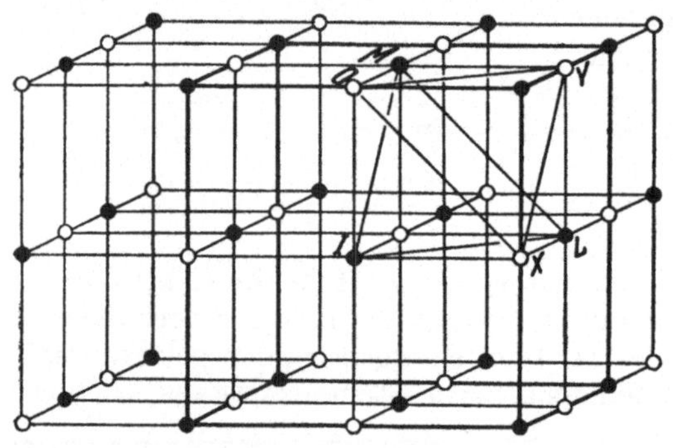

Abb. 244. Die Struktur des Steinsalzes. Die kleinsten, einfach kubischen Bauzellen bestehen aus 4 Na- (schwarz) und 4 Cl-Ionen (Ringe). OXY und MIL (111)-Flächen; $MIXY$, $MOXL$ und $OILY$ (110)-Flächen.

Wenn nun im Gitter die Metallionen ganz abwesend und nur noch die Chlorionen vorhanden wären, so verhielten sich die Glanzwinkel der ersten Periode der Flächen 100, 110 und 111 zueinander wie $1:\sqrt{2}:\frac{\sqrt{3}}{3}$. Wenn dann die Metallionen an ihre Stellen zurückgesetzt würden, blieben die Flächenabstände in den Richtungen 100 und 110 unverändert, aber in der Richtung 111 wären die Abstände jetzt halb so groß. Die Strahlen, die im Glanzwinkel der ersten Periode von den Netzflächen der Metallionen reflektiert worden sind, wären jetzt um einen Gangunterschied von einer halben Wellenlänge hinter den Strahlen zurück, die von den Chlorflächen reflektiert werden, und wenn das Reflexionsvermögen beider Ionenflächen gleich ist, so erlischt der Strahl. Ist wiederum das Reflexionsvermögen der einen Ebene größer als das der anderen, so wird die Reflexion schwächer, erlischt aber nicht völlig. Die Reflexion der ersten Periode nimmt also ab, desgleichen die der dritten, fünften usw., während der zweite, vierte und sechste Glanzwinkel erstarken. Das Reflexionsvermögen der Netzfläche ist vermutlich proportional der Masse der in ihr enthaltenen Ionen, d. h. der Anzahl der Ionen multipliziert mit dem Atomgewicht. Da nun beim Sylvin Cl = 35,5 und K = 39,1 fast gleich sind, ist bei ihnen kein Unterschied im Reflexionsvermögen zu erwarten, die erste und die dritte Reflexion erlöschen beinahe, es ergibt sich das Verhältnis $1:\sqrt{2}:\sqrt{3}$, wie die Erfahrung bestätigt. Beim Natriumchlorid dagegen ist Na = 23,0, und das Reflexionsvermögen des Kationengitters ist geringer als das der Cl-Flächen. So ist, ausgehend von dieser Annahme, zu erwarten, daß die Glanzwinkel für (111) mit ungeraden Ordnungszahlen (1, 3, 5 usw.) weniger reflektieren, aber nicht erlöschen, wie es sich auch verhält.

Da nun einmal die Kristallstruktur des „Steinsalztyps“ erläutert worden war, vermochte man den absoluten Abstand zwischen den Atomen und daraus die Wellenlänge der Röntgenstrahlen zu bestimmen. Ist R die gegenseitige Entfernung zweier Kubusebenen, so ist die Masse der Elementarzelle gleich $d \cdot R^3$, wenn d die Dichte des Stoffes ist. Jeder kleine Kubus enthält ein halbes Molekül NaCl, d. h. den achten Teil von jedem der vier Natriumatome, die sich an seinen Ecken befinden, und eine gleiche Menge Chlor. Wenn M das Molekulargewicht und m die Masse eines Wasserstoffatoms bedeutet, beträgt die Masse des kleinen Kubus $\frac{M}{2} \cdot m$. Daraus ergibt sich:

$$d \cdot R^3 = \frac{M}{2} \cdot m$$

und

$$\mathrm{R} = \sqrt[3]{\frac{M \cdot m}{2\,d}}.$$

Beim Steinsalz ist $M = 58{,}5$, $d = 2{,}17$, und da $m = 1{,}662 \cdot 10^{-22}$ Gramm ist, so ist

$$R = 2{,}81 \cdot 10^{-8}\ \mathrm{cm}.$$

Da so R unabhängig von der Wellenlänge bestimmt worden war, ergibt sich die Wellenlänge des benutzten Röntgenlichtes nach der häufig angeführten Formel $2 \sin \delta \cdot R = \lambda$.

Die oben dargestellte Erläuterung der allereinfachsten Kristallstruktur vermittelt schon eine Auffassung von der Beschaffenheit dieser Arbeit. Stets wird auch bei den Reflexionen der Röntgenstrahlen die Intensität berücksichtigt, über die in bezug auf die Dichte der Netzebenen und die Masse ihrer Atome Schlüsse gezogen werden. Schon bei dem innenzentrierten und dem flächenzentrierten Würfeltypus kommt man zu verwickelteren Beziehungen, und in noch höherem Maße ist das bei den weniger symmetrischen Kristallen der Fall. Anderseits werden die Schwierigkeiten auch durch eine kompliziertere Zusammensetzung vermehrt, da dann immer viele miteinander verwobene Raumgitter anzunehmen sind. Schon in den erläuterten Fällen ergibt sich schließlich eine Struktur, worin flächenzentrierte Würfel von Metallionen mit ebensolchen von Chlorionen verwoben sind (Abb. 244).

Das ursprüngliche BRAGGsche Röntgenspektrometer, bei dem die Ionisationskammer als „Auge“ des Instruments benutzt wird, wurde von dem Franzosen M. DE BROGLIE dadurch verbessert, daß er um das Goniometer in einer bogenförmigen Kassette einen Film anbrachte, auf den die Reflexionen der verschiedenen Glanzwinkel zu gleicher Zeit einwirken und auf dem an dem Dunkelwerden des Streifens die Intensität der Reflexionen zu erkennen ist.

Die Pulvermethode. Bei Benutzung von „einfarbiger“ Röntgenstrahlung können auch Spektrogramme von feinen Kristallpulvern aufgenommen werden, wie DEBYE und SCHERRER vorgeschlagen haben. Aus einem derartigen Pulver wird eine kleine Pastille hergestellt, oder man füllt es in eine zugeschmolzene Glasröhre und die Reflexionen werden auf einem kreisrund gebogenen Film in der DEBYE-SCHERRER-Kamera (Abb. 245) aufgefangen. Das Pulver enthält mancherlei Netzebenen in allerlei Stellungen, so erzeugen alle dichtbesetzten wichtigen Netzebenen oder also alle möglichen Kristallflächen, bei denen die Summe der Indexquadrate eine bestimmte Grenze nicht überschreitet, Strahlenkegel, deren Spitze in der Pastille gelegen ist. Weil nämlich jede Parallelschar von Netzebenen einen bestimmten Abstand zwischen den einzelnen Ebenen hat, so kommt jeder Netzebene ein bestimmter Glanzwinkel zu, und nur die richtig gelegenen Ebenen erzeugen stärkere Reflexion. Die Strahlenkegel schneiden den konzentrisch um die Pastille gelegten photographischen Film längs bogenförmigen Streifen. Nur wenig gebeugte Strahlenkegel ergeben fast kreisförmige Interferenzen um den Zentralfleck. Bei 90° bilden die Kegel eine ebene Scheibe, die entsprechende Spur auf dem Film wird eine gerade Linie. Bei noch größerer Beugung wird die Krümmung entgegengesetzt, und in der Nähe von I und I_1 werden die Kurven wieder fast kreisförmig um die Eintrittsstelle der Strahlung.

Aus der Pulveraufnahme können zunächst die Glanzwinkel und die Netzebenenabstände ausgerechnet werden, und schließlich lassen sich daraus mittels vergleichender und graphischer Methoden auch Kristallstrukturelemente bestimmen. Doch ist die Anwendbarkeit der Pulvermethode für vollständige Strukturbestimmung im allgemeinen auf das kubische und die wirteligen Systeme

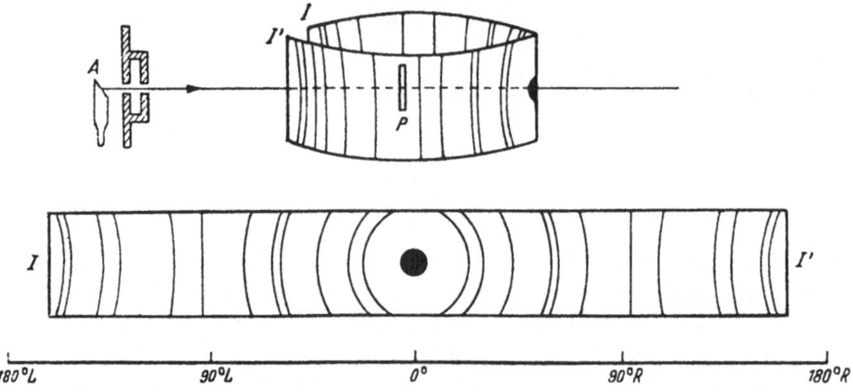

Abb. 245. Schematische Darstellung der DEBYE-SCHERRER-Kamera und -Aufnahme.

begrenzt, da bei den weniger symmetrischen Kristallen mit mehreren Gitterkonstanten die Deutung der Linien allzu verwickelt wird. Bei solchen Stoffen hat die DEBYE-SCHERRER-Methode jedoch wichtige Anwendung als ein Mittel zum Identifizieren der Kristallarten gefunden.

Die Pulvermethode ist auch geeignet zu sehr genauen Messungen der Gitterkonstanten. Unter Beachtung besonderer Vorsichtsmaßregeln konnten STRAUMANIS und IEVIŅŠ u. a. sie zu einer Präzisionsmethode entwickeln, nach der die Konstanten mit einem möglichen Fehler von nur 0,00005 Å bestimmt werden konnten; doch ist die Genauigkeit hier nur relativ. Absolute Bestimmungen gründen sich auf die Masse des Wasserstoffatoms und die Dichte der Kristallart (vgl. S. 149), die nicht mit entsprechender Genauigkeit bestimmt werden können. Sehr genaue absolute Bestimmungen (mit vier Dezimalen in Å-Einheiten) wurden von M. SIEGBAHN ausgeführt.

Bei der ursprünglichen LAUEschen Methode wurde „weiße" Röntgenstrahlung benutzt. Da sie innerhalb bestimmter Grenzen alle Wellenlängen umfaßt, sind auch solche vertreten, deren Glanzwinkel dem Einfallswinkel des auf jede Netzebene treffenden Strahls gleich ist. Somit wird von den Netzebenen in diesem Fall unter allen Winkeln Licht reflektiert, ebenso wie das gewöhnliche Licht von den Kristallflächen. Bei Bestimmungen mit dem BRAGGschen Röntgenspektrometer, wie mit der DEBYE-SCHERRER-Kamera, kommt dagegen monochromatische Röntgenstrahlung in Anwendung, und die Strahlen werden nur von solchen Netzebenen reflektiert, welche sie im Glanzwinkel treffen.

Die Drehkristallmethode. Eine dritte wichtige, von POLANYI, SEEMANN, SCHIEBOLD (1919) vorgeschlagene Methode bedient sich eines Einkristalls, der während der Aufnahme gedreht oder geschwenkt wird. Die Drehachse steht senkrecht zur einfallenden Strahlung, der Film ist zylindrisch um dieselbe Achse gelegt. Es entstehen Interferenzen sowohl aus den in der gedrehten Zone des Kristalls gelegenen wie auch zur Drehachse schräg liegenden Netzebenen. Sie ordnen sich in *Schichtlinien*, und jede solche Linie entspricht Netzebenen, die einen bestimmten Index besitzen. Wenn z. B. der Kristall um seine c-Achse gedreht wird, so ordnen sich die Flecken der (hk0)-Zone auf dem Äquator, auf die erste Schichtlinie fallen die Netzebenen (hkl), auf die zweite (hk2) usw. (Abb. 246).

Die Indizierung der Reflexe der Schichtliniendiagramme ist nicht einfach, doch ist sie für die Bestimmung der Gitterkonstanten und der Raumgruppe, besonders in gewissen Abänderungen, sehr gut brauchbar. Recht kleine Einkristalle genügen und geben eine sehr große Zahl von Reflexen.

So stellt die viel angewandte WEISSENBERGsche Methode eine Abänderung der Drehkristallmethode dar. Monochromatisches Licht fällt auf einen kleinen Einkristall, der unter synchroner, koaxialer Verschiebung des Films gedreht wird. Nur eine Schichtlinie wird jedesmal aufgenommen.

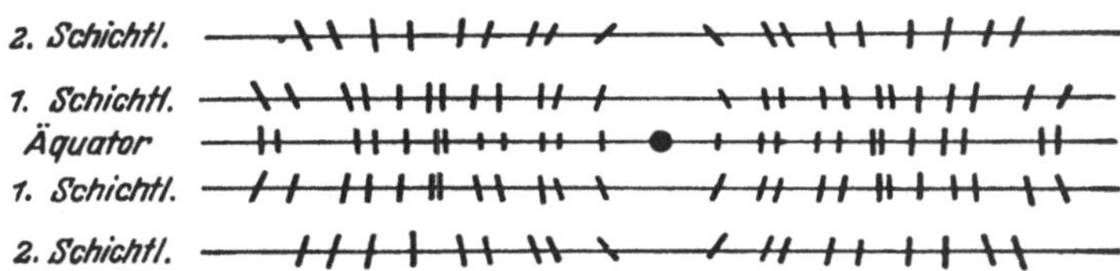

Abb. 246. Schichtliniendiagramm von Quarz parallel zur c-Achse (schematisch).

Die FOURIER-Analyse. W. H. BRAGG wies zuerst nach (1915), daß die Reflexion der an Netzebenen der Kristallgitter gebeugten Röntgenstrahlen FOURIER-Serien darstellen. Die Reflexion ist bestimmt durch die *Elektronendichte* im Kristallgitter, und diese kann mittels Bildung von FOURIER-Reihen aus den Bestimmungen ausgerechnet sowie graphisch derart dargestellt werden, daß daraus die örtliche Verteilung der Elektronendichte sowie der Atomzentren hervorgeht. Die Anwendung der FOURIER-Analyse ist später durch viele Forscher zu einem wichtigen Hilfsmittel sowohl bei der Gitterstrukturbestimmung wie auch bei der Erforschung der chemischen Bindekräfte in den Kristallen entwickelt worden. Indem wir für die theoretischen Grundlagen sowie Ausführung der Methode auf die Originalarbeiten hinweisen, seien hier kurz als Beispiele nach W. L. BRAGG ein paar von den frühesten Anwendungen der Methode (1927) angeführt.

Die FOURIER-Serien in Raumgittern sind natürlich dreidimensionale, sie können aber auch als eindimensional an Punktreihen sowie zweidimensional an Netzebenen gebildet werden. Eindimensionale Serien werden veranschaulicht mittels Kurven, in denen die Elektronendichte auf der Ordinate und eine Gitterdimension auf der Abszisse eingetragen wird. Abb. 247 stellt die an den (111)-Ebenen verschiedener Alaune ausgeführte FOURIER-Analyse dar.

Die Alaune haben die allgemeine Formel $R^{1+}R^{3+}(SO_4)_2 \cdot 12\,H_2O$, wo R^{1+} (NH_4), K, Rb, Cs oder Tl, und R^{3+} Al, Fe^{3+} oder Cr ist. R^{1+} und R^{3+} sind im kubischen Gitter angeordnet wie Na und Cl im Steinsalz. Folglich liegen die (111)-Ebenen der R^{1+}- und R^{3+}-Ionen abwechselnd aufeinander. Am Origo sind die R^{1+}-Ionen, die weit verschiedene Intensitäten aufweisen, das Cäsium die stärksten, das Ammonium die schwächsten. Rechts, im Wirkungsfelde der R^{3+}-Ionen, laufen die Al-Kurven der verschiedenen Alaune nahe aneinander, nur die Cr-Kurve des K-Cr-Alauns geht höher. Zwischen R^{1+} und R^{3+} liegen die SO_4- und H_2O-Gruppen, und die mittleren Kurventeile fallen zusammen. Aus dieser Verteilung der Ionen leuchtet schon die Struktur der Alaune ein.

Vollständigere Darstellung erfolgt durch doppelte oder zweidimensionale FOURIER-Serien, die aus den um eine Kristallzone gemessenen Reflexionen ausgerechnet werden können. Eine Projektion auf die Ebene senkrecht zur Zonenachse zeigt denn direkt die Kristallstruktur wie eine Reliefkarte mit hypsometrischen Kurven, welche die Elektronendichte angeben. Die Atomkerne sind an den Gipfeln gelegen. Abb. 248 zeigt die FOURIER-Projektion auf (010) des Diopsids und zum Vergleich die gewöhnliche Darstellung der Diopsidstruktur.

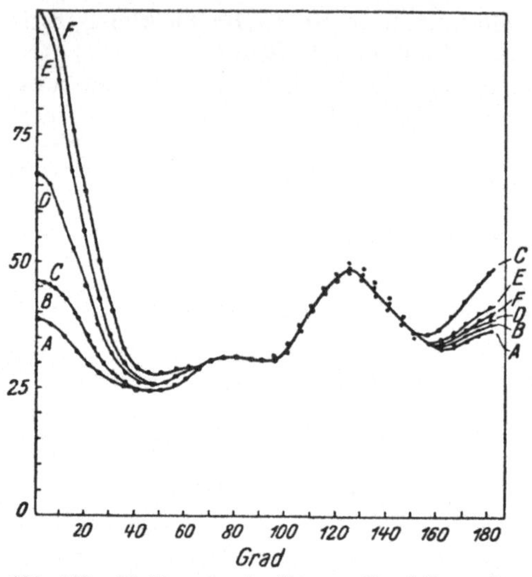

Abb. 247. Eindimensionale FOURIER-Darstellung der (111)-Ebenen in den Alaunen. $A = NH_4Al$, $B = KAl$, $C = KCr$, $D = RbAl$, $E = CsAl$, $F = TlAl$.

Schon frühzeitig wurde die FOURIER-Analyse zur Bestimmung der Kristallstrukturen verwendet, z. B. durch ZACHARIASEN am Kaliumchlorat und Natriumchlorat. Besonders brauchbar hat sich die Methode bei organischen Verbindungen erwiesen. BRILL, GRIMM, HERMANN und PETERS haben sie in sehr eingehenden und aufschlußreichen Untersuchungen zur Erforschung der chemischen Bindungsweise an NaCl, Diamant, Magnesium und Hexamethylentetramin sowie am Quarz angewandt.

Untersuchung von Kristallstrukturen mittels Elektronenstrahlung. Nur kurz erwähnt sei hier die theoretisch interessante und auch schon praktisch wichtige Anwendung der Beugung von Elektronenstrahlen zur Kristallstrukturbestimmung. In Übereinstimmung mit der quantentheoretischen Vorstellung der Elektronenstrahlung als Materiewellen wird diese durch das Kristallgitter gebeugt wie äußerst kurzwellige Röntgenstrahlung. Die zu untersuchende Substanz wird in Form möglichst dünner Filme angewandt; die Methode eignet sich vorzüglich zur Untersuchung von Metallen sowie äußerst feinkristallinen, kolloidalen Substanzen.

Die Elektronenstrahlung wird bekanntlich in elektrischen und magnetischen Feldern abgelenkt. Es ist gelungen, diese so anzuordnen, daß sie die Strahlung wie gewöhnliche Linsensysteme fokussieren, und Elektronenmikroskope (Übermikroskope) zu bauen, deren lineare Vergrößerung bis 30000fach gemacht werden kann. Obwohl die Kristallstrukturen hiermit noch nicht direkt sichtbar werden, so eignet sich das Elektronenmikroskop schon vorzüglich zur Verfolgung der Entstehung und Veränderungen der kleinsten Kristallite unter den Verwitterungsprodukten, im Cement u. a. Auf diesem Gebiet hat besonders W. EITEL gearbeitet.

Bei der Bestimmung der Kristallstruktur bedient man sich oft mehrerer oben angeführter Verfahren, die einander vervollständigen. Dennoch ist die Bestimmung der Kristallstruktur meistens eine schwierige Aufgabe, und noch nicht bei allen Stoffen hat man mit Sicherheit feststellen können, zu welcher der 230 Raumgruppen sie gehören. Aber die Ergebnisse vermehren sich von Tag zu Tag. Aus der Kristallstrukturforschung hat sich ein neuer umfassender Wissenschaftszweig entwickelt, der einerseits von der Atomphysik ausgegangen und befruchtend auf sie eingewirkt, anderseits Anlaß zu einem großartigen Aufblühen

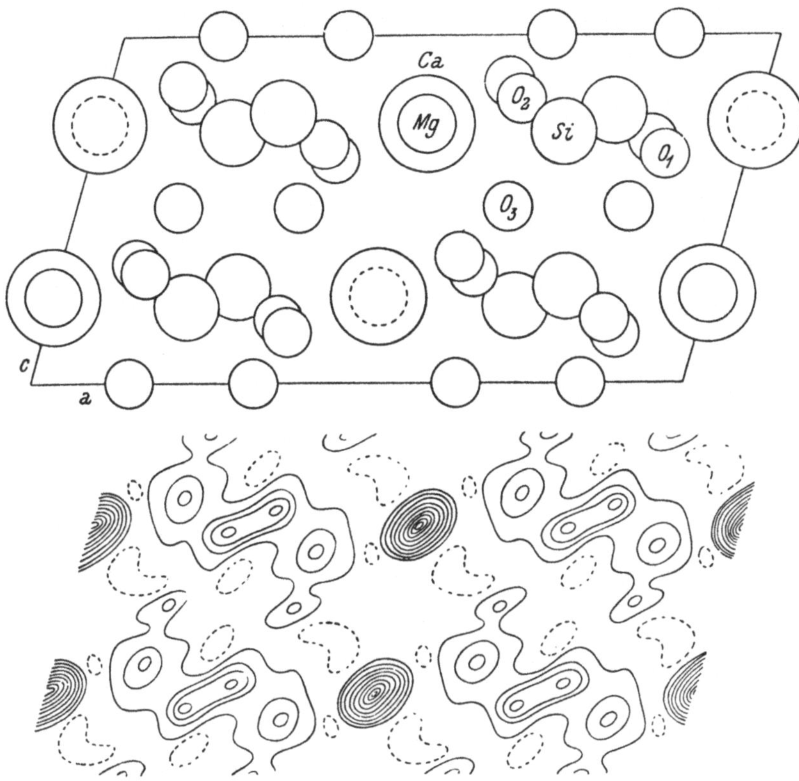

Abb. 248. FOURIER-Projektion (unten) und gewöhnliche Projektion (oben) der Diopsidstruktur auf (010).

eines wichtigen Zweiges der Chemie und Mineralogie, der Kristallchemie, gegeben hat.

E. Radioaktivität.

Die radioaktiven Erscheinungen gehören eher in die Chemie und Atomphysik als in die Kristallographie oder Mineralogie. Diese Vorgänge erfolgen nämlich im Innern der Atome und erscheinen dort, wo es radioaktive Elemente gibt, unabhängig von der Kristallstruktur der Stoffe. Anderseits vollziehen sich in den radioaktiven Stoffen interessante Zerfallserscheinungen an Kristallen, wenngleich sie nicht unbedingt mit dem Zerfall der Elemente selbst in unmittelbarem Zusammenhang stehen. Ferner verdienen die radioaktiven Erscheinungen im Rahmen dieses Buches insofern Berücksichtigung, als ihnen als Bestandteilen der Gesteine nach vielen in jüngster Zeit angestellten Untersuchungen in der gesamten Wärmewirtschaft der Erde eine zuvor ungeahnt große Bedeutung zukommt.

Die radioaktiven Stoffe sind Elemente, die unter gleichzeitiger Aussendung unsichtbarer Strahlen allmählich zerfallen. Es gibt deren drei verschiedene Arten, α-, β- und γ-Strahlen. Die α-Strahlen sind mit positiver Elektrizität geladene Heliumatome. Die β-Strahlen sind Elektronen. Die γ-Strahlen wiederum sind sehr „harte“ (kurzwellige) Röntgenstrahlen.

Es gibt drei radioaktive Elementreihen, von denen zwei, die Uran- und die Thoriumreihe, am besten bekannt sind. Die dritte ist die Aktiniumreihe. Jede Reihe umfaßt eine Menge Zwischenstufen, d. h. Elemente, die nacheinander als Zerfallsprodukte der Grundelemente, Uran, Thorium und Aktinium, und ferner weiter aus diesen Zerfallsprodukten entstehen. Sie sind entweder langlebig (l, Halbwertszeit oder diejenige Zeit, während welcher die Hälfte der Stoffmenge zerfallen ist, in Jahren anzugeben), mittellebig (m, Halbwertszeit in Tagen oder Stunden zu berechnen) oder kurzlebig (k, Halbwertszeit in Minuten oder Sekunden zu ermitteln).

Die Uranreihe ist folgende (der Buchstabe nach dem Namen oder dem Symbol bedeutet die Lebensdauer, $\alpha\beta\gamma$ bezeichnen die Strahlungen):

Uran I $l \xrightarrow{\alpha}$ UX$_1$ $m \xrightarrow{\beta\gamma}$ UX$_2$ $m \xrightarrow{\beta\gamma}$ UII $l \xrightarrow{\alpha}$ Ionium $l \longrightarrow$ Radium $l \xrightarrow{\alpha\beta}$ Radiumemanation $m \xrightarrow{\alpha}$ RaA $k \xrightarrow{\alpha}$ RaB $k \xrightarrow{\beta\gamma}$ RaC $k \xrightarrow{\alpha\beta\gamma}$ RaC′ k und RaC″ $k \xrightarrow{\alpha\beta}$ RaD $l \xrightarrow{\beta\gamma}$ RaE $m \xrightarrow{\beta\gamma}$ RaF (Polonium) $m \xrightarrow{\alpha}$ Radiumblei l (RaG).

Die Thoriumreihe ist: Thorium $l \xrightarrow{\alpha}$ Mesothorium I $l \xrightarrow{\beta}$ MsTh II $m \xrightarrow{\beta\gamma}$ Radio-Th $l \xrightarrow{\alpha\beta}$ ThX $m \xrightarrow{\alpha}$ Th-Emanation $k \xrightarrow{\alpha}$ ThA $k \xrightarrow{\alpha}$ ThB $m \xrightarrow{\beta\gamma}$ ThC $k \xrightarrow{\alpha\beta}$ ThC′ k und ThC″ $k \xrightarrow{\beta\gamma}$ Thoriumblei l.

Die Anzahl der in einer Zeiteinheit zerfallenden Atome der radioaktiven Elemente ist der Anzahl der noch unzerfallenen Atome proportional. Jedem der Glieder einer Zerfallsreihe kommt eine ganz bestimmte Lebensdauer zu. Der Zerfall geht nach folgender Formel vor sich:

$$n_t = n_0 e^{-\lambda t},$$

in der n_t die Anzahl der unzerfallenen Atome während der Zeit t, n_0 die ursprüngliche Atomanzahl, λ die Zersetzungskonstante des Elements und e die Basis der natürlichen Logarithmen ist. Auf der Anzahl der in einer Zeiteinheit zerfallenden Atome beruht die Intensität der Aktivität. Die Zeit, zu welcher nur noch die Hälfte der ursprünglichen Stoffmenge unzersetzt ist, oder die Halbwertszeit ist

$$t = \frac{0{,}69315}{\lambda},$$

wobei $\frac{1}{\lambda}$ die mittlere Lebensdauer ist. Die beständigen Endprodukte des Zerfalls sind Helium samt Radiumblei, Thoriumblei und Aktiniumblei, die alle Isotope von Blei sind, d. h. sich in ihrem Atomgewicht etwas von gewöhnlichem Blei unterscheiden. Deren Menge nimmt mit der Zeit zu, und wenn die Geschwindigkeit des Zerfalls bekannt ist, kann aus dem Verhältnis des übriggebliebenen Grundelements und des Bleis das Alter des radioaktiven Minerals berechnet werden. Die Formel lautet nach Holmes:

$$t = \frac{P_{Pb}}{P_U - 0{,}38\ P_{Th}}\ 74000 \cdot 10^6 \text{ Jahre},$$

wobei P_{Pb}, P_U und P_{Th} die prozentualen Anteile von Blei, Uran und Thorium bedeuten.

Radioaktiv sind die Minerale, welche Uran oder Thorium enthalten, wie Uranpechblende, viele Zirkonvarietäten, Orthit und Thorianit. Unter den bisher in Finnland bekannten ist das radioaktivste Mineral der an der nördlichen Ladogaküste in Pegmatiten anzutreffende Wiikit.

Wenn die radioaktiven Mineralien, wie Zirkon, Orthit, Monazit, als mikroskopische Einschlüsse in Biotit, Cordierit oder Hornblende auftreten, so ist in diesen um die Einschlüsse eine andersfarbige Zone, der sog. *pleochroitische Hof*, zu sehen. Im Biotit und in der Hornblende ist der Hof gegenüber dem übrigen Mineral dunkler, braun, im Cordierit ist er in der Richtung $c = \alpha$ zartgelb, aber in den Richtungen β und γ farblos. Die Entstehung des pleochroitischen Hofes ist durch die α-Strahlung bewirkt worden, und die Höfe sind um so umfangreicher (Radius höchstens 0,04 mm), in je älterem Gestein man die Erscheinung beobachtet, so daß auf Grund dessen das Alter qualitativ geschätzt werden kann. Künstlich lassen sich pleochroitische Höfe in diesen Mineralien leicht durch Radiumstrahlung herstellen.

Sehr viele radioaktive Mineralien haben ihre Kristallstruktur eingebüßt. Die Form kann vollständig erhalten sein, aber der Stoff ist amorph, glas- oder harzartig. Gleichzeitig enthalten die veränderten Abarten in reichlichem Maße Wasser, während die unveränderten wasserfrei sind. Tetragonaler Zirkon ist auf diese Weise oft amorph geworden, in sog. Malakon übergegangen. Desgleichen ist der Orthit nunmehr amorph. Auch der Wiikit ist völlig amorph, oder er enthält als Einschlüsse kleine Kristalle, die im Zusammenhang mit dem Zerfall entstanden zu sein scheinen.

Diese Erscheinung bezeichnet man als *metamiktischen Zerfall*. Auf mancheWeise hat man ihn zu erklären versucht. Eine der Theorien besagt, daß der Zerfall der Kristallstruktur durch das Bombardement der α-Strahlen von Radium in das Kristallgitter bewirkt würde. V. M. Goldschmidt hat jedoch darauf hingewiesen, daß es auch stark radioaktive Mineralien gibt, die nicht amorph geworden sind, z. B. Uranpechblende, Monazit, und daß das Phänomen auch bei Mineralien, die überhaupt nicht radioaktiv sind, zu beobachten ist. Dagegen ist es allen metamiktisch zerfallenden Stoffen gemeinsam, daß sie Spurenelemente enthalten, wie seltene Erdmetalle (Y, Ce, Th usw.), auch Metallsäuren (Ta, Nb-Verbindungen), die alle sehr schwache Basen oder Säuren sind. Doch scheint es sicher, daß die radioaktiven Strahlungen den Zerfall dieser Kristalle fördern, ebenso wie sie in sogar sehr stabilen Kristallgittern, wie in denen von Biotit oder Cordierit, „Verfall" verursachen.

Literatur über Kristallphysik.

Berek, M.: Elementare Einführung in die Optik absorbierender Kristalle und in die Methodik ihrer Bestimmungen im reflektierten Licht. Zbl. Min. A **1931**, 198—209. — Mikroskopische Mineralbestimmung mit Hilfe der Universaldrehtischmethoden. Berlin 1924. — Bijvoet, Kolkmeijer u. MacGillavry: Röntgenanalyse von Kristallen. Berlin 1940. — Bragg, W. H., u. W. L. Bragg: X-rays and Crystal Structure. London 1924. — The Crystalline State, Vol. I. London: General Survey 1933. — Brill, R., Grimm, H. G., Hermann, C., und Peters, Cl.: Anwendung der röntgenographischen Fourier-Analyse auf Fragen der chemischen Bindung. Ann. Physik (5) **34** (1939). — Buchwald, E.: Einführung in die Kristalloptik. Leipzig 1937. — Ewald, P. P.: Kristalle und Röntgenstrahlen. Berlin 1923. — Die Erforschung des Aufbaues der Materie mit Röntgenstrahlen. Handb. d. Physik **XXIII/2**. 2. Aufl. Berlin 1933. — Groth, P. von: Physikalische Kristallographie, 4. Aufl. Leipzig 1905. — Hahn, O.: Was lehrt uns die Radioaktivität über die Geschichte der Erde? Berlin 1926. — Laue, Max von: Die Interferenz der Röntgenstrahlen. Mitarb. W. Friedrich, P. Knipping, F. Tank, Hrsg. von F. Rinne und E. Schiebold. Ostwalds Klassiker der exakten Wissenschaften Nr. 204, Leipzig 1923. — Röntgenstrahleninterferenzen. Leipzig 1941. — Materiewellen und ihre Interferenzen. Leipzig 1944. — Liebisch, Th.: Physikalische Kristallographie. Leipzig 1891. — Ott, H.: Strukturbestimmung mit Röntgeninterferenzen. Handb. d. Experimentalphysik **VII/2**. Leipzig 1926. — Pockels, F.: Lehrbuch der Kristalloptik. Leipzig u. Berlin 1906. — Raatz, F., u. H. Tertsch: Geometrische Kristallographie und Kristalloptik. Wien 1939. — Ramsauer, C.: Elektronenmikroskopie. Bericht über Arbeiten des AEG.-Forschungs-Instituts 1930—1942. Berlin 1943. — Reinhard, M.: Universal-Drehtischmethoden. Einführung in die kristallographischen Grundbegriffe und die Plagioklasbestimmung. Basel 1931. — Rinne, F., u. M. Berek: Anleitung zu optischen Untersuchungen mit dem Polarisationsmikroskop. Leipzig 1934. — ROSENBUSCH, H., u. A. WÜLFING: Mikroskopische Physiographie der petrographisch wichtigen Mineralien. 1. Hälfte: Allgemeiner Teil. Stuttgart 1904. — SCHLEEDE, ARTHUR, u. ERICH SCHNEIDER: Röntgenspektrographie und Kristallstrukturanalyse. Berlin u. Leipzig 1929. — SCHNEIDERHÖHN, H., u. P. RAMDOHR: Lehrbuch der Erzmikroskopie. Bd. 1 u. 2. Berlin 1934 u. 1931. — SIEGBAHN, M.: Spektroskopie der Röntgenstrahlen. Berlin 1924. — STRAUMANIS, M., u. A. IEVIŅŠ: Die Präzisionsbestimmungen von Gitterkonstanten nach der asymmetrischen Methode. Berlin 1940. — Außerdem besonders die allgemeinen Lehrbücher von DANA-FORD, KLOCKMANN-RAMDOHR, NIGGLI und WINCHELL. — Das Übermikroskop als Forschungsmittel. Vorträge, gehalten anläßlich der Eröffnung des Laboratoriums für Übermikroskopie der Siemens & Halske AG., Berlin. Berlin 1941. — Insbesondere die Aufsätze: H. v. SIEMENS: Einführung, und W. EITEL: Das Übermikroskop als Instrument für quantitative Messungen in der Silicatforschung.

III. Kristallchemie.

A. Entstehung und Aufgaben der Kristallchemie.

Frühere Untersuchungen. Es ist die erste Aufgabe der Kristallchemie, die gesetzmäßige Abhängigkeit der Kristallstruktur kristalliner Stoffe von der chemischen Zusammensetzung zu untersuchen. Schon seitdem die Kristallographie einerseits und die Chemie anderseits sich zu Zweigen induktiver Naturwissenschaft entwickelt hatten, oder etwa seit Beginn des 19. Jahrhunderts, hat jene Aufgabe den Forschern vorgeschwebt, und nach gewissen Richtungen hin ist man denn auch schon früh zu bedeutenden Ergebnissen gelangt. Eins der bemerkenswertesten unter ihnen war die Entdeckung der *Isomorphie* durch MITSCHERLICH 1818—19. Im Verlaufe einer Untersuchung von gewissen Kalium- und Ammoniumsalzen der Phosphor- und der Arsensäure, wie KH_2PO_4, KH_2AsO_4, $(NH_4)H_2PO_4$ usw., bemerkte er, daß allen diesen Salzen anscheinend dieselbe tetragonale Kristallform zukam, und er schloß, daß chemisch analoge Stoffe im allgemeinen gleichgestaltete oder isomorphe Kristalle bilden könnten. Außerdem wurde festgestellt, daß die isomorphen Stoffe häufig Mischkristalle bilden. Die Frage wurde Gegenstand lebhafter Beachtung, und der Isomorphieerscheinung kam große Bedeutung für die Entwicklung der chemischen Valenzlehre zu. Wirkliche Isomorphie, meinte man, schließe ein, die Stoffe seien in dem Sinne ähnlich oder analog, daß der eine mittels Substituierung eines oder mehrerer seiner Elemente oder Radikale durch je ein Element oder Radikal gleicher Valenz aus dem anderen abgeleitet werden könne. Damit verfügte man denn auch über eine durchaus brauchbare Arbeitshypothese, die in vielen Fällen bei der Bestimmung der Valenz der Elemente und anderseits bei der Festlegung von deren tatsächlichem Atomgewicht auf die richtige Spur verhalf. Doch erkannte man auch bald Ausnahmen von der Regel, daß nur analog zusammengesetzte Stoffe isomorph seien. — MITSCERLICH entdeckte auch die gegenteilige Erscheinung der Isomorphie, die *Polymorphie*, bei der ein und derselbe Stoff in verschiedenen Formen und mit verschiedenen Eigenschaften zu kristallisieren vermag.

Die Isomorphie hat seitdem in der Mineralogie und überhaupt bei der Erforschung der kristallinen Stoffe eine zentrale Stellung eingenommen. Lange aber war das Aufkommen der eigentlichen Kristallchemie dadurch behindert, daß man die Kristallstruktur als solche nicht zu erforschen imstande war. Man suchte auf sie den von der organischen Chemie geschaffenen Molekülbegriff anzuwenden und die Konstitution der Moleküle der kristallinen Stoffe auf Grund ihrer Entstehungsreaktionen zu bestimmen. Nur in wenigen Fällen vermochte man auf diesem Wege zu Ergebnissen zu gelangen. Die bedeutendsten Resultate erzielte man gerade in den Kristallen der organischen Stoffe, wie etwa die von L. PASTEUR (1848) gemachte Entdeckung, daß gewisse Weinsäuresalze enantiomorph als

Links- und Rechtsformen kristallisieren und zugleich die Polarisationsebene des Lichtes nach rechts oder links drehen, welche Erscheinung VAN'T HOFF und LE BEL (1874) darauf zurückführten, daß die Moleküle derartiger Stoffe ein „asymmetrisches" Kohlenstoffatom enthalten. Diese Theorie läßt sich jedoch nicht auf die zahlreichen, auch an anorganischen Stoffen zu erkennenden Aktivitätsfälle anwenden, in denen die Erscheinung nur bei Kristallen, aber nicht bei den Lösungen desselben Stoffes auftritt, und in denen also dieselbe Molekülstruktur nicht bei beiden vorkommen kann.

An einigen organischen Stoffen machte zunächst T. H. HIORTDAHL die Beobachtung, daß bisweilen bei der Substituierung gewisser Radikale die Kristallwinkel in bestimmten Zonen sich veränderten, aber in anderen unverändert blieben (partielle Isomorphie). P. v. GROTH sammelte und beschaffte eine sehr große Menge kristallographischer Messungen an organischen wie auch anorganischen Stoffen. Sie finden sich zusammengestellt in seinem umfassenden Werk „Chemische Kristallographie" (1906—1919). Bei der Behandlung des Materials erwies sich der Begriff des „topischen Parameters" von BECKE und MUTHMANN (siehe S. 78) als sehr aufschlußreich, und es stellte sich heraus, daß ein fast gleiches Molekülvolumen als Voraussetzung der Isomorphie wichtiger als analoge chemische Zusammensetzung ist. Man begann einzusehen, daß als Voraussetzung der Isomorphie der übereinstimmende Raumbedarf bei den kleinsten Bausteinen der Stoffe zu gelten hat.

Röntgenographische Kristallchemie. Erst nachdem M. v. LAUE es 1912 durch seine Entdeckung ermöglicht hatte, die Lage der einzelnen Atome in den Kristallstrukturen durch Röntgenstrahlen festzulegen, konnte die eigentliche Kristallchemie entstehen. Erste bahnbrechende Arbeit leisteten W. H. und W. L. BRAGG, und während der letzten fünfundzwanzig Jahre hat sich die röntgenographische Kristallstrukturforschung zu einem selbständigen Wissenschaftszweig ausgebildet, der schon so weit gekommen ist, daß nach den Eigenschaften der Atome oft vorausgesagt werden kann, was für eine Kristallstruktur einer bestimmten chemischen Verbindung zukommt. Die Theorien der organischen Strukturchemie haben in vielen Fällen eine experimentelle Bestätigung gefunden; so erwies sich in der Struktur des Diamanten jedes Kohlenstoffatom als von vier Nachbaratomen tetraedrisch umgeben, ganz wie es die von der organischen Chemie geschaffene Auffassung von den vier Kohlenstoffvalenzen voraussetzt, und in gewissen Fällen ist die von organisch-chemischen Theorien abgeleitete Gruppierung der Atome in den Molekülen auch für die Kristalle direkt nachgewiesen worden. Anderseits sind die früheren Bemühungen um die Aufstellung gleichartiger Molekülstrukturformeln für anorganische Stoffe meistenteils völlig verfehlt, und zwar aus dem einfachen Grunde, weil sie als kleinste Bausteine nicht die Moleküle umfassen; vielmehr sind die Kristalle Atomsysteme, in denen jedes Atom von vielen, in einander nebengeordneten Stellungen befindlichen Atomen und diese ferner von anderen Atomen umgeben sind, was sich bis ins Unendliche fortsetzt, so daß der Kristall in seiner Ganzheit dem Molekül vergleichbar ist. So ist z. B. im Natriumchlorid NaCl jedes Na-Atom von 6 in gleicher Stellung befindlichen Cl-Atomen und jedes Cl-Atom desgleichen von 6 Na-Atomen umgeben. Derartige Kristallgitter werden als *Koordinationsgitter* bezeichnet. In anderen Stoffen wiederum treten wirkliche *Molekülgitter* auf, in deren Kristallen die Atome fester miteinander zu Molekülen verbunden sind als die Moleküle miteinander. Zu diesen gehören nicht die salzartigen Stoffe, die in der Welt der Kristalle die wichtigsten Vertreter sind.

In den salzartigen Stoffen befinden sich die Atome in einem elektrisch geladenen Zustand, als *Ionen*, ganz wie in den dissoziierten Lösungen. Die Kristallchemie hat experimentell nachweisen können, daß die Ionen in ihrem Raumbedarf und in vielen anderen Eigenschaften erheblich von den ungeladenen Atomen abweichen. So sind die Natriumchloridkristalle wirklich aus Natrium- und Chlorionen gebaut. Auch Komplexionen, wie CO_3^{2-} oder SO_4^{2-}, kommen als selbständige Gruppen in den Kristallen vor.

Die experimentelle Kristallchemie hat das kristallgeometrische Grundgesetz, daß die Kristalle homogene Raumgitter sind, zu bestätigen vermocht. Da die Symmetrielehre der Kristallgeometrie und ihre Theorie von den 230 Raumgruppen unmittelbar durch dieses Grundgesetz bedingt ist, liegt die Kristallgeometrie anderseits der experimentellen Kristallchemie zugrunde, deren erste Aufgabe es ist, für jedes Kristallgitter die Dimensionen der Elementarzelle oder die *Gitterkonstanten*, ferner für jedes die Atomlagen im Gitter und schließlich die Symmetrieklasse sowie die Raumgruppe zu bestimmen.

Nachdem die erste Aufgabe der Kristallchemie, die Erforschung der Kristallstrukturen, weitgehend gelöst wurde, sind zahllose neue Probleme dazugekommen, die teils zum Gebiet der anorganischen und organischen Chemie, teils zu dem der Atomphysik gehören. Wir nennen hier nur die Erforschung der Reaktionen in den Kristallgittern, die *kinetische Kristallchemie*, die sich zur Zeit in starkem Aufblühen befindet und große Entwicklungsmöglichkeiten hat.

B. Bindungsweisen und Raumbedarf der Atome in den Kristallgittern.

Das periodische System und die Elektronenkonfiguration der Elemente. Bevor wir in die Behandlung der Kristallstrukturen eingehen, schicken wir voraus einen möglichst kurzen Überblick der Elektronenstruktur der Elemente des periodischen Systems nach dem anschaulichen Bohrschen Atommodelle, ohne die wellenmechanischen Grundlagen zu berühren. Das periodische System ist dargestellt in der Tabelle S. 168—169, wir betrachten zuerst die *Perioden* sowie die *Ordnungszahlen* (Z), welche zugleich die *positiven Kernladungen* angeben.

Das Atom vom Wasserstoff ($Z = 1$) hat in seinem Kerne, dem Proton, nur eine *Ladungseinheit* $+ e$ und ein einziges *Elektron* in der inneren Elektronenschale K von der *Hauptquantenzahl* 1 und *Einheitsladung* $- e$. Helium ($Z = 2$) hat einen Kern mit der Ladung $+ 2e$ und zwei Elektronen. Diese zwei Elemente bilden die I. Periode. Die II. Periode beginnt mit Lithium; das dritte Elektron kommt hier schon in die L-Schale von der Hauptquantenzahl 2 hinein. Bei den nachfolgenden Elementen Be, B, C, N, O, F, Ne werden weitere Elektronen in die L-Schale hinzugefügt, bis beim Edelgas Neon ($Z = 10$) deren Zahl 8 ist.

Die Hinzufügung eines weiteren Elektrons in das Neonatom führt zur Periode III über und veranlaßt die Bildung einer neuen Elektronenschale M mit der Hauptquantenzahl 3. Die III. Periode beginnt mit Natrium ($Z = 11$) und schreitet fort über Mg, Al, Si, P, S, Cl zum Edelgas Argon ($Z = 18$.) Nur die Elektronen der äußersten Schale sind so lose gebunden, daß sie bei den chemischen Reaktionen entfernt werden können, darum bestimmen hier die Elektronen der M-Schale das chemische Verhalten der Elemente. Sie heißen *Valenzelektronen.* Die Entfernung des einen Elektrons vom Natriumatom verwandelt das Atom in das einwertig positive Natriumion (Na^{1+}) mit der Ladung $+ e$. Die Elektronenkonfiguration des Natriumions außerhalb des Atomkernes (extranuclear) ist folglich gleich der des Edelgases Neon. Ebenso entstehen die „edelgasähnlichen" zwei-, drei- und vierwertig positiven Mg^{2+}-, Al^{3+}- und Si^{4+}-Ionen durch Entfernung von 2, 3 bzw. 4 Elektronen der äußersten Schale. Das neutrale Atom des Chlors ($Z = 17$) enthält in der äußersten Schale 7 Elektronen, dazu kann sich aber ein achtes anschließen, wodurch das Atom in das Ion Cl^{1-} verwandelt wird und eine negative Ladungseinheit $- e$ bekommt. Auch beim Chlorion ist also die Elektronenkonfiguration außerhalb des Kernes edelgasähnlich, nämlich gleich der des Argons. Entsprechend entstehen das zweiwertig negative S^{2-}-Ion und das dreiwertig negative P^{3-}-Ion durch Zunahme von Elektronen und somit eine edelgasähnliche Elektronenkonfiguration. Auch das vierwertige Si^{4-}-Ion mit vier überschüssigen Elektronen ist möglich, aber andererseits auch das vierwertig positive Si^{4+}-Ion, bei dem 4 Elektronen weggefallen sind. Beim Argon ($Z = 18$) ist die M-Schale mit 8 Elektronen vollbesetzt; diese sind nun im neutralen Atom fest gebunden, d. h. das Element ist ein Edelgas. Der III. Periode ist die II. Periode im wesentlichen analog.

Die IV. Periode beginnt mit dem Kalium ($Z = 19$), bei dem eine hier zuerst auftretende N-Schale in neutralem Zustand ein Elektron enthält, dessen Wegfall das edelgasähnliche K^{1+}-Ion zustande bringt. Ebenso hat das Calciumatom ($Z = 20$) zwei Elektronen in der N-Schale und wird beim Wegfall dieser Ca^{2+}, aber in den nachfolgenden acht sog. Übergangsmetallen Sc, Ti, V, Cr, Mn, Fe, Co, Ni werden sukzessiv neue Elektronen wieder in die nächst innere M-Schale eingebaut. Bei Kupfer (Cu, $Z = 29$) setzen sich 18 Elektronen in die M-Schale, die nun definitiv vollbesetzt ist, und ein einziges Elektron befindet sich in der N-Schale. Nach dem Kupfer werden bei Zn, Ga, Ge, As, Se, Br nach und nach neue Elektronen in die N-Schale eingeführt, die Reihe Cu—Br erinnert an die III. Periode; das Edelgas Krypton ($Z = 36$) schließt diese erste lange Periode ab.

Die V. Periode ist der IV. analog: Zuerst kommen bei Rb ($Z = 37$) und Sr ein bzw. zwei Elektronen in die neue O-Schale hinein, danach werden sie bei Y, Zr, Nb, Mo, dem unbekannten Element $Z = 43$, Ru, Rh, Pd wieder in die nächstinnere N-Schale eingebaut. Beim Silber ($Z = 47$) ist die N-Schale mit 18 Elektronen vorläufig vollbesetzt, und bei Cd, In, Sn, Sb, Te, J kommen neue Elektronen in die O-Schale, bis beim Xenon ($Z = 54$) die äußerste Schale mit 8 Elektronen wieder die Edelgaskonfiguration aufweist.

Die VI. Periode zeigt anfangs wieder den beginnenden Aufbau einer neuen Schale P bei Cs ($Z = 55$) und Ba analog der IV. und V. Periode, und bei La kommt ein weiteres Elektron in die O-Schale hinein, aber bei den danach folgenden Lanthaniden oder den seltenen Erden ($Z = 58$ bis 71) findet die Vermehrung der Elektronen wieder in der N-Schale statt. Die große Ähnlichkeit dieser Elemente findet ihre Erklärung in dem Umstand, daß in allen die zwei äußeren Schalen dieselbe Zahl von Elektronen enthalten. Nach Cp ($Z = 71$) wird der beim Lanthan unterbrochene Einbau der P-Schale fortgesetzt, und diese dritte Übergangsreihe umfaßt die Elemente Hf, Ta, W, Re, Os, Ir, Pt. Beim Gold ($Z = 79$) wird der Einbau der P-Schale wieder aufgenommen, und die Periode setzt fort mit Hg, Tl, Pb, Bi, Po, dem noch nicht entdeckten Element $Z = 85$, bis zum Edelgas Niton ($Z = 86$, auch Radium-Emanation, Rd, oder Emanation, Em, genannt).

In der VII. Periode ist der Platz des Alkalimetalls $Z = 87$ noch unbesetzt; dieses und das Erdalkalimetall Radium nehmen ein bzw. zwei Elektronen in die neue äußere Q-Schale, danach folgt die letzte unvollständige Serie von Übergangsmetallen, bei der die P-Schale wieder fortwächst, mit Ac, Th, Pa, U. Beim Uran ($Z = 92$) endet die Reihe der gut bekannten Grundstoffe; die Existenz des Elements 93 ist schon festgestellt worden, und es wird angenommen, daß es noch eine Reihe von Elementen mit noch höheren Ordnungszahlen gibt, die wahrscheinlich dem Thorium bzw. dem Uran weitgehend ähneln und zu letzterem in einem vergleichbaren Verhältnis stehen wie die Lanthaniden zum Lanthan.

Die Elektronenstrukturen der Elemente werden in der nachfolgenden Tabelle zusammengefaßt.

Periode	Elemente	K	L	M	N	O	P	Q
I	H → He	1 → 2						
II	Li → Ne	2	1 → 8					
III	Na → A	2	8	1 → 8				
IV	K → Ca Sc → Ni Cu → Kr	2 2 2	8 8 8	8 8 + (1 → 8) 18	1 → 2 2 1 → 8			
V	Rb → Sr Y → Pd Ag → Xe	2 2 2	8 8 8	18 18 18	8 8 + (1 → 8) 18	1 → 2 2 1 → 8		
VI	Cs → Ba La Ce → Cp Hf → Pt Au → Nt	2 2 2 2 2	8 8 8 8 8	18 18 18 18 18	18 18 18 + (1 → 14) 32 32	8 8 + 1 8 + 1 8 + (2 → 8) 18	1 → 2 2 2 2 1 → 8	
VII	87 → Ra Ac → U	2 2	8 8	18 18	32 32	18 18	8 8 + (1 → 4)	1 → 2 2

Verschiedene Bindungsweisen kristalliner Stoffe. Die verschiedenen kristallinen Stoffe können im Hinblick auf die Natur des Zusammenhaltens der einzelnen kleinsten Teilchen stark voneinander abweichen. Man unterscheidet vier prinzipiell verschiedene Bindungsweisen. Obgleich zwischen ihnen Übergänge bestehen und es sich in einzelnen Fällen bisweilen schwer sagen läßt, welcher Art irgendein Stoff zuzuzählen ist, scheint sich die auf die Bindungsweise gestützte Einteilung der kristallinen Stoffe doch auf so wesentliche Zusammenhänge zu gründen, daß es voll berechtigt erscheint, sie bei der Darstellung der Kristallchemie zu befolgen.

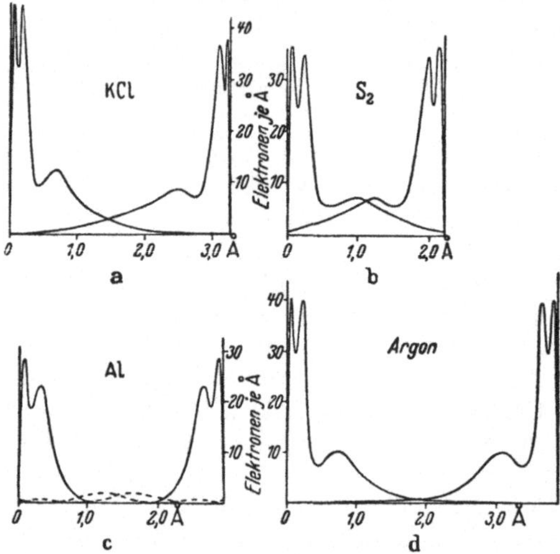

Abb. 249a bis d. Elektronendichte je Å um die Atomkerne bei verschiedenen Bindungsweisen. Nach W. L. BRAGG.

Die verschiedenen Bindungsweisen werden beleuchtet durch Abb. 249, in der die Kurven die Änderung der Elektronendichte mit den Radien so darstellen, daß die Atomzentren auf der Abszisse als Endpunkte (Maßstab in Å) auftreten und auf der Ordinate die Zahlen der Elektronen in den nächstgelegenen Schalen je Å angegeben sind. Als Beispiele gewählt sind Stoffe, bei denen die Elektronenzahlen einander nahegelegen sind: KCl ($Z = 19$ und 17), Schwefel ($Z = 16$), Aluminium ($Z = 13$) und Argon ($Z = 18$).

1. *Heteropolare Ionenbindung.* In einer Kaliumchloridlösung befinden sich bekanntlich die K- und die Cl-Atome großenteils als freie mit Elektrizität geladene Ionen. Wenn sich der Stoff zu kubischen Kristallen umbildet, behalten die Atome ihren Ionenzustand bei, werden aber durch die elektrostatische Kraft der Ionen miteinander verbunden (Abb. 249a). Die Ladungssumme der positiven und nega-

tiven Ionen ist dieselbe, und die in allen Richtungen gleicherweise wirkenden elektrostatischen Bindungskräfte halten in den Kristallen die Ionen zusammen im Abstand der Summe der *Ionenradien*, wobei Anziehung und Abstoßung im Gleichgewicht stehen. Der Ionenradius ist für jede Ionenart eine Konstante, soweit ihr außerdem dieselbe *Koordinationszahl*, d. h. die gleiche Menge nächstumgebender Ionen, zukommt. Derartige Kristalle sind typische Koordinationsgitter. Unter ihnen finden wir Vertreter recht verschiedenartiger Verbindungen, wie Halogenide, Oxyde, Sulfide, ferner Carbonate, Nitrate, Sulfate usw.

Die Kristallstrukturen der Ionenverbindungen sind im allgemeinen regelmäßig und, wie unten erörtert, durch die geometrischen Verhältnisse der Bausteine bedingt. In den KCl-Kristallen gibt es keine KCl-Moleküle, d. h. die Anziehungskräfte der K- und Cl-Ionen sind keineswegs räumlich gerichtet, sondern verteilen sich gleichmäßig zwischen allen nächstgelegenen Nachbarionen mit entgegengesetzter Ladung; deren Zahl wird als Koordinationszahl bezeichnet. Sie beträgt bei KCl 6, bei anderen Verbindungen kann sie einen anderen Wert haben. Die stöchiometrische Zusammensetzung kommt allein zustande dank der Ladungsgleichheit sämtlicher positiven und negativen Ionen.

Die physikalischen Eigenschaften der Ionenkristalle variieren stark gemäß dem Atomgewicht sowie der Elektronenstruktur und dem gegenseitigen Abstand der Ionen. So ist die Härte offenbar weitgehend von dem Ionenabstand $A - X$ abhängig (A = Kation, X = Anion). Z. B. bei BeO ist $A - X = 1{,}65$ Å und Härte 9, bei BaO dagegen $A - X = 2{,}77$, Härte 3,3. Ferner steigt die Härte mit Zunahme der Ladung oder der elektrostatischen Valenz, wie in der Serie NaF ($H = 3{,}2$), MgO ($H = 6{,}5$), ScN ($H = 7$ bis 8), TiC ($H = 8$ bis 9), wobei der Abstand $A - X$ fast konstant ist (2,1 bis 2,3 Å). Die Schmelzpunkte zeigen eine ähnliche Abhängigkeit vom Abstand $A - X$ und der Ladung. Alle Ionenkristalle sind elektrische Nichtleiter, aber im geschmolzenen Zustand sind dieselben Stoffe Leiter auf Grund des Ionentransports. Ihre optischen Eigenschaften sind additiv bestimmt durch die der Ionen. Die edelgasähnlichen Ionen sind farblos und durchsichtig, die Ionen der Übergangselemente wiederum gefärbt dank ihrer besonderen Elektronenkonfiguration.

2. *Homöopolare Bindung* oder *Valenzbindung*. Während die Ionen in den heteropolaren Kristallen wie in der Lösung eine edelgasähnliche extranucleare Elektronenkonfiguration durch Wegfall oder Zutritt von Elektronen erhalten, können anderseits, wie zuerst Lewis und Kossel 1916 fast gleichzeitig annahmen, die Atome ebensolche stabile Edelgaskonfiguration durch Neuverteilung der Elektronen erhalten, z. B. wenn zwei Chloratome sich zu einem Chlormolekül Cl_2 binden:

$$:\ddot{\underset{..}{Cl}}\cdot + \cdot\ddot{\underset{..}{Cl}}: \;=\; :\ddot{\underset{..}{Cl}}:\ddot{\underset{..}{Cl}}:$$

Das ist die im Gegensatz zu der Ionenbindung räumlich gerichtete Valenzbindung. Sie kommt in gleicher Weise zustande, wenn zwei verschiedenartige Atome eine chemische Verbindung bilden, z. B.

$$4\mathrm{H}\cdot + \cdot\dot{\underset{\cdot}{\mathrm{C}}}\cdot = \mathrm{H}:\overset{\mathrm{H}}{\overset{..}{\underset{\underset{\mathrm{H}}{..}}{\mathrm{C}}}}:\mathrm{H}$$

Die vier Valenzen des Kohlenstoffs sind tetraedrisch gerichtet, weshalb z. B. die vier Wasserstoffatome im Methan an den Ecken des Tetraeders rings um das zentrale Kohlenstoffatom gelegen sind.

Beim Diamanten ist ein jedes Kohlenstoffatom ebenso mittels je zwei Elektronen mit vier anderen Kohlenstoffatomen gebunden. Die Strukturformel des Diamanten wäre:

$$\begin{array}{c} :\underset{\cdot\cdot}{\ddot{C}}:\underset{\cdot\cdot}{\ddot{C}}:\underset{\cdot\cdot}{\ddot{C}}:\underset{\cdot\cdot}{\ddot{C}}: \\ :\underset{\cdot\cdot}{\ddot{C}}:\underset{\cdot\cdot}{\ddot{C}}:\underset{\cdot\cdot}{\ddot{C}}:\underset{\cdot\cdot}{\ddot{C}}: \\ :\underset{\cdot\cdot}{\ddot{C}}:\underset{\cdot\cdot}{\ddot{C}}:\underset{\cdot\cdot}{\ddot{C}}:\underset{\cdot\cdot}{\ddot{C}}: \\ :\underset{\cdot\cdot}{\ddot{C}}:\underset{\cdot\cdot}{\ddot{C}}:\underset{\cdot\cdot}{\ddot{C}}:\underset{\cdot\cdot}{\ddot{C}}:\,, \end{array}$$

sie würde eine räumliche Tetraederanordnung (Abb. 299, S. 208) mit der Koordinationszahl 4 ausmachen. Der ganze Kristall ist folglich ein einziges unendliches Molekül, genau so wie der Steinsalzkristall. Offenbar können nur die vierwertigen Grundstoffe in dieser Weise mittels der Valenzbindung allein unendliche gerüstartige Koordinationsgitter bilden. Wenn ein Kohlenstoffatom nur mit 3 Nachbaratomen gebunden ist, so ist dies durch Doppelbindung bedingt wie beim Graphit (vgl. S. 209). Einwertige Elemente, wie Chlor, sind nur imstande, zweiatomige Moleküle zu bilden; diese wieder können miteinander nur die weiter unten zu besprechende VAN DER WAALSsche Bindung eingehen. Zweiwertige Atome, wie Sauerstoff oder Schwefel, vermögen sich schon auf mehrere Arten zu binden, darunter auch in tetraedrischer Koordination wie *C* im Diamanten, z. B. in der Zinkblende (Abb. 258, S. 173). Beim ersten Blick könnte man es für unmöglich halten, daß eine solche Struktur homöopolar sei, da hier von den zwei bindenden Elektronen nicht je eines aus jedem zu bindenden Atom entnommen sein kann. Aber das braucht auch nicht der Fall zu sein, es ist nur nötig, daß die Summe der Valenzelektronen, hier $2 + 6 = 8$, gerade viermal die Gesamtsumme der Atome ausmacht. Ähnliche Strukturen bilden daher auch AgJ $(1 + 7)$ und AlP $(3 + 5)$. Mittels Doppelbindung entstehen aus zweiwertigen Atomen zweiatomige Moleküle, wie O⋮O. Es kann sich aber auch ein Atom mittels einfacher Bindung an zwei andere Atome binden, welche ihrerseits ebenso wieder mit anderen gleichen oder verschiedenen Atomen gebunden sein können. So entstehen entweder geschlossene Ringe oder offene unendliche zickzacklinige Ketten.

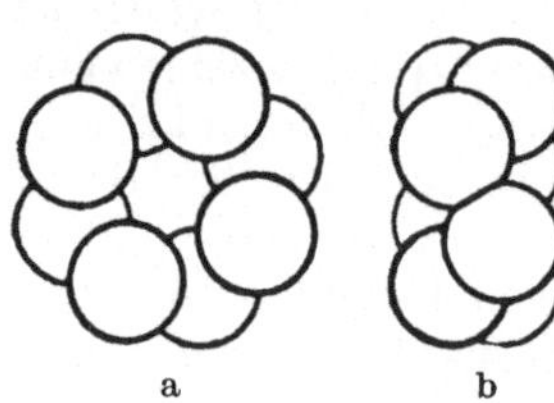

Abb. 250 a und b. Das achtatomige Schwefelmolekül, *a* von vorn und *b* von der Seite gesehen.

In den rhombischen Schwefelkristallen z. B. existieren ringförmige Moleküle S_8 (Abb. 250). Der Abstand $S - S$ in einem Molekül beträgt 2,1 Å, der kürzeste Abstand zweier benachbarter Moleküle 3,3 Å. Im gasförmigen Schwefel wieder sind zweiatomige Moleküle S_2 mit etwa demselben Atomabstand vorhanden. Die homöopolare Bindung ist so fest, weil die Elektronenhüllen miteinander verflochten sind (Abb. 249 b).

Die Koordinationszahl bei den homöopolaren Gittern ist immer niedrig, höchstens vier. Die Kristallstrukturen sind „offen" wegen der gerichteten Valenzkräfte. Darum haben die homöopolaren Kristalle relativ niedrige Dichten.

In ihren sonstigen physikalischen Eigenschaften, wie Härte, Wärmeausdehnung, Schmelzpunkt, sind die homöopolaren Kristalle öfters den Ionenkristallen ähnlich, aber untereinander sehr wechselnd. In ihrem elektrischen Verhalten weichen sie von den Ionenkristallen darin ab, daß sie auch im geschmolzenen Zustand Nichtleiter sind.

Für die meisten organischen Substanzen ist homöopolare Bindung von Kohlenstoff mit Kohlenstoff besonders charakteristisch; Diamant und Graphit sind die strukturellen Urtypen der organischen Stoffe.

3. *Metallische Bindung.* Die Bindungsweise des kristallinen Aluminium-

metalls ist durch Abb. 249c wiedergegeben. Die ausgezogene Linie bezeichnet die Elektronenkonzentration der positiven dreiwertigen Al-Ionen in Schalen, die voneinander getrennt liegen. Die gestrichelten Linien zeigen, wo die Konzentration der Valenzionen in den freien Ionen liegen würde; in den metallischen sind sie in der gemeinsamen Struktur frei beweglich und vermitteln in ihr u. a. die Leitung der Elektrizität. Darum sagt man oft, die Metalle bestehen aus positiven Ionen, die in einem „Gas" von freien Elektronen herumschwimmen. Die Attraktion zwischen den Metallionen und dem Elektronengas bringt die Festigkeit der Metalle zustande, stellt aber keine Forderungen an eine bestimmte räumliche Konfiguration. Die Bindungskraft wirkt in einer kugelförmigen Sphäre rings um die Atome, welche somit das Bestreben haben, sich so nahe wie möglich aneinander zu packen. Dichte, öfters dichtest mögliche Atompackungen sind tatsächlich die Regel unter den Metallen, und die Koordinationszahl ist oft die höchst mögliche, 12, also noch höher als bei den Ionenkristallen.

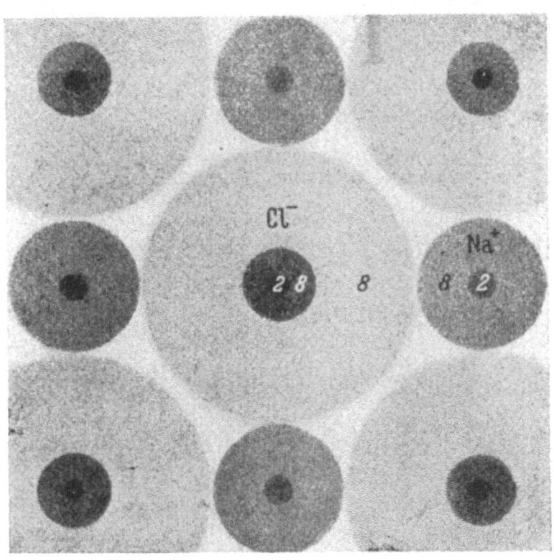

Abb. 251. Verteilung der Elektronendichte im Steinsalz. Schnitt durch (100). Schematisch.

In heteropolaren Kristallgittern stehen Kationen und Anionen zueinander in einem festen, durch den Ladungsausgleich bestimmten Verhältnis; sie sind in ihrer Ganzheit neutral sowie ihrer Zusammensetzung nach stöchiometrisch bestimmt, wenngleich die elektrostatische Bindung in ihrer Richtung gar nicht festgelegt ist. In den homöopolaren Verbindungen wiederum sichern die gerichteten Valenzbindungen den Strukturverband, in ihnen ist die Zusammensetzung der Verbindung ebenfalls stöchiometrisch genau bestimmt. In der metallischen Struktur halten die positiven Metallionen und die freibeweglichen Elektronen einander im Gleichgewicht, die sog. intermetallischen Verbindungen befolgen nicht immer das Gesetz bestimmter Gewichtsverhältnisse, weil geometrische Beziehungen allein die Struktur sowie die Zusammensetzung der Kristalle bestimmen.

Ihre ausgezeichnete Wärme- und elektrische Leitfähigkeit sowie ihr hohes Reflexionsvermögen und ihre Undurchsichtigkeit verdanken die Metalle den freien Elektronen, die innerhalb des Metallkörpers sich frei bewegen können, aber durch die Potentialfelder an ihrer Oberfläche innerhalb des einheitlichen Großbereichs zurückgehalten werden. Diese Eigenschaften sind nicht strukturbedingt, und sie bleiben auch beim Schmelzen unverändert. Dagegen sind die mechanischen Eigenschaften der Metalle eigens durch die Kristallstruktur bedingt. Der Stärke der metallischen Bindung gemäß wechseln der Schmelzpunkt sowie die Härte der Metalle außerordentlich; wir brauchen als extreme Gegensätze nur die weichen Alkalimetalle und das harte und feste Wolfram zu nennen, oder das Quecksilber mit dem Schmelzpunkt — 39° und das Wolfram, das oberhalb 3300° schmilzt.

Ganz besonders charakteristisch für viele Metalle ist die auf ihrer Gleitfähigkeit beruhende plastische Verformbarkeit, eine ausgesprochen strukturelle Eigenschaft, bedingt durch die ungerichtete Natur der metallischen Bindung und die

Einfachheit der Kristallstruktur. Besonders bei Einkristallen der Metalle kommt Gleitung in bestimmten Gitterrichtungen durch die geringste Beanspruchung zustande. Heteropolare und homöopolare Kristalle können nicht so leicht gleiten und sind daher spröde.

4. VAN DER WAALS*sche Bindung.* Die neutralen, in Gasform frei sich bewegenden kleinsten Stoffteilchen (Atome der Edelgase und Moleküle) ziehen einander an mit einer Kraft, die der sechsten Potenz des Abstandes umgekehrt proportional ist (VAN DER WAALSsche Kraft). Infolgedessen kristallisieren die Gase und Flüssigkeiten bei niedrigen Temperaturen und bei starkem Druck. Die durch die VAN DER WAALSsche Bindung zusammengehaltenen Kristalle sind weich und haben hohen Dampfdruck. Die Atomabstände sind größer als in andersartigen Bindungen, in den Argonkristallen (Abb. 249d) z. B. 3,82 Å betragend. Die Elektronenschalen sind nur sehr wenig gekreuzt.

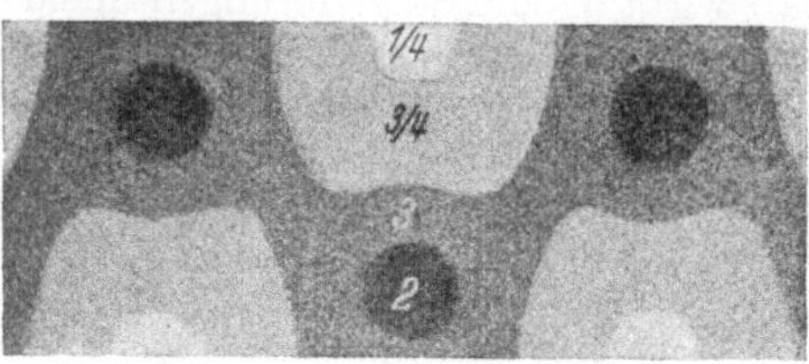

Abb. 252. Projektion der Elektronendichte des Diamanten auf (110). Schematisch.

Strukturell ähneln die durch VAN DER WAALSsche Kräfte zusammengehaltenen Kristalle am meisten den metallischen Kristallarten, sie haben ebenfalls hohe Koordinationszahlen sowie symmetriereiche Strukturen.

Die VAN DER WAALSsche Kraft wirkt natürlich auch neben den übrigen Bindungsarten bei den vorherbeschriebenen Kristallarten, aber im Vergleich mit diesen ist jene Kraft meistens unbeträchtlich.

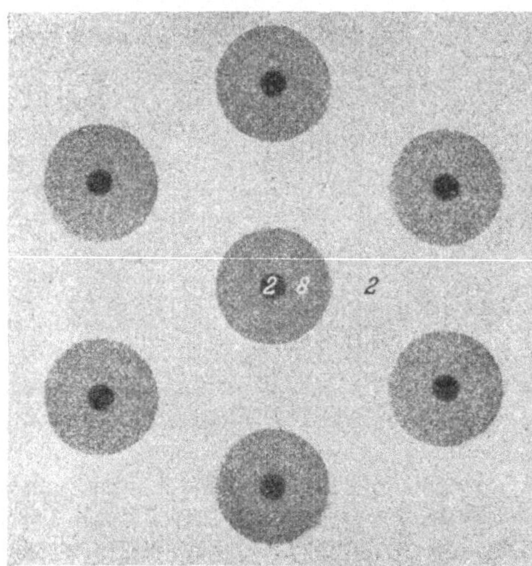

Abb. 253. Verteilung der Elektronendichte im Magnesium, schematisch. Schnitt durch (0001).

Die neuere FOURIER-analytische Untersuchung von BRILL, GRIMM, HERMANN und PETERS hat das Bild der vier Bindungsweisen im wesentlichen bestätigt sowie in manchen Zügen ergänzt, wie aus den schematischen Projektionen der Elektronendichten (nach GRIMM) im Natriumchlorid (Abb. 251), Diamanten (Abb. 252), Magnesium (Abb. 253) und Hexamethylentetramin (Abb. 254) ersichtlich. Bei der homöopolaren Valenzbindung treten diese in den FOURIER-Diagrammen als *Elektronenbrücken* auf. Beim Hexamethylentetramin werden die $C_6H_{12}N_4$-Moleküle im wesentlichen durch die VAN DER WAALSschen Kräfte zusammengehalten, zugleich sind aber auch schwache Valenzbindungen in Form von Elektronenbrücken ersichtlich. Diese FOURIER-Projektion ist noch deshalb besonders interessant, als darin sogar die Lagen der Wasserstoffatome in Form von Ausbuchtungen der Elektronendichte-Kurven klar hervortreten, während sie sonst durch röntgenographische Untersuchung nicht festgestellt werden konnten. Die Nummern geben die Zahl der Elektronen in den verschiedenen Schalen an.

Die natürliche Einteilung der Chemie in anorganische und organische Chemie sowie Metallurgie gründet sich gerade auf die Vorherrschaft der heteropolaren Ionenbindung, der homöopolaren Valenzbindung oder der metallischen Bindung. Der VAN DER WAALSschen Bindung kommt nicht eine gleich große Bedeutung als kennzeichnende Bindungsweise für eine gesonderte Stoffgruppe zu, da sie die Atomarten nicht zu Verbindungen zusammenfügt. Meist ist ein solcher Stoff auch seiner Bindungsweise nach ein Mischtypus. Z. B. in den CO_2-Kristallen sind C und O_2 homöopolar und die verschiedenen CO_2-Moleküle durch die VAN DER WAALSsche Kraft gebunden. Zu dieser Art gehören die meisten bei den Kristallen vorkommenden Molekülstrukturen. Sonstige verschiedene Misch- und Übergangstypen kommen weiter unten zur Sprache.

Die Stellung des Wasserstoffkations in den Gittern ist insofern eigenartig, als es keines Raumes zu bedürfen scheint. Das neutrale Wasserstoffatom hat sich aus dem Zentralproton und einem an dieses schwach gebundenen Elektron gebildet. In den Kristallstrukturen ist das Proton ein Kraftzentrum ohne Ausdehnung, das auf die Elektronenstruktur der nächstgelegenen Atome einwirkt. Das OH-Ion erinnert stark an das F-Ion, es ist wie dieses einwertig negativ und scheinbar kugelsymmetrisch, sein Radius = 1,33 Å ist gleich dem des Sauerstoffions. Der Abstand zwischen den Zentren von O und H beträgt 0,98 Å, so daß die Mitte von H innerhalb der Elektronenschale von O liegt. Das Ammoniumion NH_4^{1+} ist ebenfalls kugelsymmetrisch, $r = 1{,}43$ Å, wie das Rubidiumion.

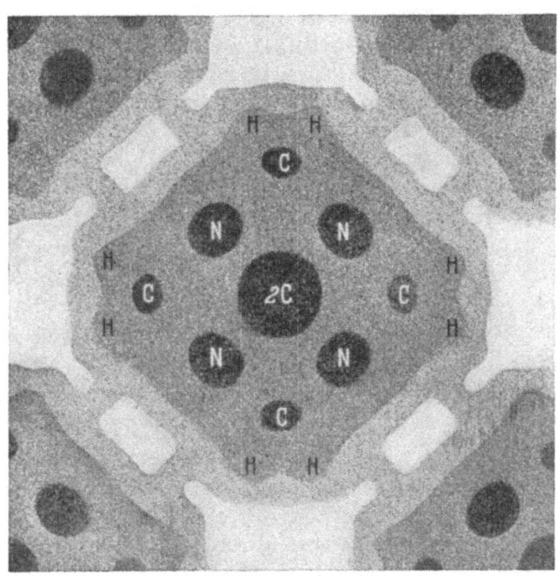

Abb. 254. Projektion der Elektronendichte des Hexamethylentetramin (Urotropin) auf (100).

Ionen- und Atomradien. W. H. und W. L. BRAGG bestimmten zuerst die Kristallstrukturen der Alkalihalogenide. Dabei stellte sich insofern eine auffallende Gesetzmäßigkeit im Wechsel der Atomabstände heraus, als die Differenz im Atomabstand zweier verschiedener Salze desselben Kations stets gleich ist, wenn die Anionen dieselben sind, und umgekehrt bei den verschiedenen Salzen desselben Anions der Unterschied der Atomabstände ebenfalls gleich ist, einerlei, welches Halogen als gemeinsames Anion dient. Daraus konnte man schließen, daß jedem Atom im Kristall sein eigener Raumbedarf oder konstanter „Wirkungsradius" zukäme, deren Summe gleich dem Atomabstand ist. W. L. BRAGG suchte auf diese Weise schon 1920 die Atomradien abzuleiten, ausgehend von den reinen Metallen, in denen, wie er annahm, der Atomradius einen halben Atomabstand ausmachte, aber die so erhaltenen Radienmaße führten, auf die Salze angewandt, zu Widersprüchen, und bald stellte es sich heraus, daß die Atomradien auch bei einem und demselben Atom je nach dessen elektrischer Ladung recht verschieden groß sind, ja sogar nach der Kristallstruktur und der Koordinationszahl schwanken. Auf strukturell gleichartige Alkalihalogenide dagegen ließ sich der Begriff des konstanten Ionenradius offenbar anwenden, aber nach den Messungen kannte man anfangs nur die Summe der Radien des Kations und des Anions, wie aus folgender Tabelle ersichtlich.

Die Ionenabstände und ihre Differenz bei den Alkalihalogeniden.

	Li	Δ	Na	Δ	K	Δ	Rb	Δ	Cs
F	2,01	0,30	2,31	0,35	2,66	0,16	2,82	0,18	3,00
Δ	0,56		0,50		0,58		0,45		(0,57)
Cl	2,57	0,24	2,81	0,33	3,14	0,13	3,27	(0,30)	(3,57)
Δ	0,18		0,17		0,15		0,16		(0,14)
Br	2,75	0,23	2,98	0,31	3,29	0,14	3,43	(0,28)	(3,71)
Δ	0,25		0,25		0,24		0,23		(0,24)
J	3,00	0,23	3,23	0,30	3,53	0,13	3,66	(0,29)	(3,95)

A. Landé suchte 1920 den absoluten Wert gewisser Ionen zu bestimmen, indem er von solchen Verbindungen ausging, in denen die als kugelförmig angenommenen Anionen einander unmittelbar zu berühren scheinen, da die Kationen so klein sind, daß sie zwischen den Anionen Raum finden. In derartigen Verbindungen kann man somit den Wirkungsradius des Anions als halb so groß wie den Abstand zwischen zwei Anionen annehmen. Die Möglichkeit des Grundgedankens geht aus folgenden Kationen-Anionenabstandsbestimmungen hervor, die an den zum Natriumchloridtyp gehörenden Oxyden, Sulfiden und Seleniden von Mn und Mg ausgeführt worden sind:

MgO	2,10 Å	MnO	2,24 Å
MgS	2,60 Å	MnS	2,59 Å
MgSe	2,73 Å	MnSe	2,73 Å

Wie zu ersehen, kommen MgO und MnO verschiedene Gitterkonstanten zu, dagegen weisen MgS und MnS sowie MgSe und MnSe paarweise gleiche Gitterkonstanten auf. In diesen, kann man also annehmen, berühren die Anionen einander, als Radius des zweiwertigen negativen Schwefelions ergibt sich z. B. $2{,}60 \cdot \sqrt{2} \cdot 10^{-8} = 1{,}83$ Å, als das des Selenions 1,93 Å. Das Verfahren hat sich als brauchbar erwiesen, doch konnte es nicht als völlig zuverlässig gelten, solange es nicht gelungen war, eine direkte, von den Atomabständen unabhängige Messung des Ionenradius auszuführen.

Eine derartige unabhängige Messung stellte J. A. Wasastjerna 1923 an. Durch refraktometrische Untersuchungen ermittelte er nämlich als Radius des F^{1-}-Ions 1,33 Å und als Radius des O^{2-}-Ions 1,32 Å. Diese Werte haben seitdem als Grundlage gedient, auf die sich die Bestimmungen anderer Ionenradien gründen. V. M. Goldschmidt bestimmte an zum Natriumchloridtyp gehörenden Verbindungen zahlreicher Elemente die Ionenradien sowie an reinen Metallen die Atomradien derselben und anderer Elemente. Er kam zu dem allgemeinen Ergebnis, daß die Ionenradien von der Atomnummer und dem besonderen Zustand des Atoms abhängig sind. Für die elektrische Ladung der Ionen gilt folgende Regel: *der Ionenradius wächst mit zunehmender negativer Ladung, vermindert sich aber mit zunehmender positiver.* Z. B. $R_{Fe}^{2+} = 0{,}83$ Å, $R_{Fe}^{3+} = 0{,}67$, dagegen $R_S^{2-} = 1{,}74$ Å, $R_S = 1{,}04$, $R_S^{6+} = 0{,}34$. Diese Regel läßt sich als eine Folge des Wegfalls von Elektronen bei den positiven Ionen sowie des Zutritts von neuen Elektronen bei den negativen Ionen deuten.

Außer auf der elektrischen Ladung der Ionen beruht der Ionenradius auf der Kristallstruktur. Goldschmidt unterschied zunächst einige wichtige Gittertypen, deren Stoffe miteinander vergleichbar sind. So lassen sich alle Kristallarten vom NaCl-Typ nebeneinander stellen, desgleichen alle vom CsCl-Typ, auch alle, die dem CaF_2-Typ zugehören. Auch zwischen diesen drei Typen sind die

Differenzen der Ionenradien gleicher Atome nicht sehr groß, innerhalb gewisser Grenzen sind also auch die zu diesen verschiedenen Typen gehörenden Stoffe miteinander vergleichbar, und die bestehenden Unterschiede können übereinstimmend auf die verschiedenen Koordinationszahlen zurückgeführt werden, da die Zunahme der Koordinationszahl ganz allgemein eine Vergrößerung des Atomradius bewirkt. Einen anderen unter sich vergleichbaren Haupttyp bilden der Zinkblendetyp, der Wurtzittyp und der Cuprittyp, denen sich noch der Diamanttyp anschließt. Für sie ergeben sich miteinander vergleichbare Atomabstände, die sich aber überhaupt nicht neben die für die erstgenannten reinen Ionengitter stellen lassen, ein Sachverhalt, aus dem GOLDSCHMIDT schloß, daß die züm Haupttyp der Zinkblende gehörenden Strukturen überhaupt nicht Ionenstrukturen, sondern homöopolare Strukturen seien. Viele vierwertige Elemente, wie Kohlenstoff als Diamant, Silicium und Germanium, kristallisieren nach gleichem Typ wie Zinkblende, und in anderen nichtmetallischen Elementen sind sonstige für homöopolare Stoffe kennzeichnende Strukturtypen anzutreffen. Ihre Atomradien sind denjenigen vergleichbar, die sich für den Diamant-Zinkblendetyp ergeben haben.

Die Radienmaße der metallischen Elemente sind viel größer als die Ionenradien derselben Elemente.

In der Tabelle auf S. 168—169 sind die größtenteils von GOLDSCHMIDT für die NaCl-Strukturen bestimmten Ionenradien und Atomradien neben den Ordnungszahlen und Atomgewichten der Elemente des periodischen Systems dargestellt. Wie aus den obigen Ausführungen hervorgeht, sind die Atomradien der verschiedenen Gruppen von Elementen nicht miteinander vergleichbar, weil ihre Bindungsarten im kristallinen Zustand so grundverschieden sind wie die metallische Bindung der metallischen Elemente, die VAN DER WAALSsche Bindung der Edelgase und die homöopolare Bindung der nichtmetallischen Elemente. Die letztere unterscheidet sich ja in keiner Hinsicht von der Bindungsart der untereinander verschiedenen Elemente in homöopolaren chemischen Verbindungen, einerlei ob es sich um Molekülgitter wie beim Schwefel S_8 und Senarmontit Sb_4O_6, oder um Koordinationsgitter wie bei dem Diamanten und der Zinkblende handelt. Immerhin sind aus der Tabelle die im periodischen System der Elemente hervortretenden regelmäßigen Schwankungen der Atomradien sowie der Ionenradien zu ersehen.

Der Wechsel der Atom- und der Ionenradien im periodischen System. Die Größe der Atom- und der Ionenradien beruht einerseits auf der elektrischen Ladung der Ionen oder auf der Zahl ihrer Valenzelektronen, die im System der Elemente periodisch schwankt, anderseits auf der periodisch sich wiederholenden Zunahme der neuen Elektronenschalen bei wachsender Hauptquantenzahl.

In jeder Periode oder in jeder waagerechten Reihe sieht man, wie die Radien der positiven Ionen von links nach rechts oder mit zunehmender Ordnungszahl abnehmen, während die elektrostatische Valenz wächst und immer mehrere Elektronen der äußersten Schale wegfallen. Kalium, Calcium, Scandium und Titan z. B. enthalten jedes in seinen Ionen dieselbe Elektronenmenge wie das Edelgas Argon, nämlich 18. Der Überschuß der positiven Kernladung über die Ladungen der Elektronenschale wächst vom Argon zum Titan von Null auf vier, und gleichzeitig nimmt unter dem Einfluß der wachsenden Kernladung der Radius der Elektronenschale ab, wie aus unserer Tabelle zu ersehen. Dasselbe läßt die Kationenreihe Rb, Sr, Y, Zr, Nb, Mo usw. erkennen.

Jede der vertikalen Reihen des periodischen Systems enthält elektrostatisch gleichwertige Grundstoffe, aber die Hauptquantenzahl nimmt in den Reihen nach unten hin zu. Unter diesen sehen wir z. T. in der Reihe der positiv ein-

Periodisches System

Die Ordnungszahlen, Symbole,

Z. B. bei **Li**: *3* **Li**

Nummer der Periode und Zahl der Grundstoffe	I	II	III	IV	V
	a b	a b	a b	a b	a b
I $2 = 2 \times 1^2$	*1* **H** 0,46 1,008				
II $8 = 2 \times 2^2$	*3* **Li** 1,52 6,94 0,78	*4* **Be** 1,12 9,02 0,34	*5* **B** 0,2 10,82	0,77 *6* **C** < 0,2 12,01	0,5 *7* **N** 0,1—0,2 14,008
III $8 = 2 \times 2^2$	*11* **Na** 1,86 23,00 0,98	*12* **Mg** 1,60 24,32 0,78	1,43 *13* **Al** 0,57 26,97	1,17 *14* **Si** 0,39 28,06	1,08 *15* **P** 0,3—0,4 30,98
IV $18 = 2 \times 3^2$	*19* **K** 2,31 39,10 1,33	*20* **Ca** 1,96 40,08 1,06	*21* **Sc** 1,51 45,10 0,83	*22* **Ti** 1,46 47,90 0,64	*23* **V** 1,30 50,95 0,65
	1,28 *29* **Cu** 0,96 63,57	1,33 *30* **Zn** 0,83 65.38	1,34 *31* **Ga** 0,62 69,72	1,22 *32* **Ge** 0,44 72,60	1,25 *33* **As** 0,69 74,91
V $18 = 2 \times 3^2$	*37* **Rb** 2,43 85,48 1.49	*38* **Sr** 2,15 87,63 1,27	*39* **Y** 1,81 88,92 1,06	*40* **Zr** 1,56 91,22 0,87	*41* **Nb** 1,43 92.91 0,69
	1,44 *47* **Ag** 1,13 107,88	1,49 *48* **Cd** 1,03 112,41	1,62 *49* **In** 0,92 114,76	1,40 *50* **Sn** 0,74 118,7	1,45 *51* **Sb** 0,90 121,76
VI $32 = 2 \times 4^2$	*55* **Cs** 2,6 132,91 1.65	*56* **Ba** 2,17 137,36 1,43	*57* **La** 1,86 138,92 1,22		
			58—71 Die Lanthaniden *	*72* **Hf** 1,58 178,6 0,84	*73* **Ta** 1,43 180,88 0,68
	1,44 *79* **Au** 1,37 197,2	1,50 *80* **Hg** 1,12 200,61	1,70 *81* **Tl** 1,49 204,39	1,75 *82* **Pb** 1,32 207,21	1,55 *83* **Bi** 0·84 209,00
VII	*87* —	*88* **Ra** 226,05	*89* **Ac** (226)	*90* **Th** 1,80 232,12 1,10	*91* **Pa** (231)

* *58* **Ce** 1,82 / 140,13 1,18 — *59* **Pr** 1,81 / 140,92 1,16 — *60* **Nd** 1,80 / 144,27 1,15 — *61*— — *62* **Sm** / 150,43 1,13 — *63* **Eu** / 152,00 1,13 — *64* **Gd** / 156,9 1,11

wertigen Alkalimetalle den Ionenradius wachsen in der Serie Li, Na, K, Rb, Cs. Ähnliche Serien finden sich in den Reihen der edelgasartigen zwei-, drei- und vierwertigen positiven Ionen.

In den Nebenreihen des periodischen Systems vermindern sich die Ionenradien ebenfalls einerseits mit der Valenz in den waagerechten Reihen bzw. in den Perioden nach rechts, anderseits wachsen sie mit der Hauptquantenzahl in den senkrechten Reihen nach unten zu, aber die Radien sind denen der Vertreter der Hauptreihen nicht unmittelbar vergleichbar. Z. B. ist der Ionenradius von Zink (0,83 Å) kleiner als der des gleichwertigen Calciums (1,06 Å), dagegen aber fast derselbe wie der des Magnesiums (0,78 Å), das seiner Hauptquantenzahl nach eine Reihe höher steht. Im allgemeinen sind in den Nebenreihen die Ionenradien

der Elemente.

Atomgewichte, Atomradien, Ionenradien.

6,94 1,5 (Å) **0,78** (Å), bei **F** $\mathbf{\overset{\prime}{1{,}33}}$ (Å).

VI		VII		VIII			0	
a	b	a	b					
							1,22	*2* **He** 4,00
0,60 $\mathbf{\overset{\prime\prime}{1{,}32}}$	*8* **O** 16,00	 $\mathbf{\overset{\prime}{1{,}33}}$	*9* **F** 19,00				1,60	*10* **Ne** 20,18
1,04 $\mathbf{\overset{\prime\prime}{1{,}74}}$	*16* **S** 32,06	1,07 $\mathbf{\overset{\prime}{1{,}81}}$	*17* **Cl** 35,46				1,91	*18* **Ar** 39,94
24 **Cr** 52,01	1,25 $\mathbf{\overset{...}{0{,}64}}$	*25* **Mn** 54,93	1,18 $\mathbf{\overset{..}{0{,}91}}$	*26* **Fe** 1,24 55,85 $\mathbf{\overset{..}{0{,}83}}$ $\mathbf{\overset{...}{0{,}67}}$	*27* **Co** 1,25 58,94 $\mathbf{\overset{..}{0{,}82}}$	*28* **Ni** 1,2 58,69 $\mathbf{\overset{..}{0{,}78}}$		
1,16 $\mathbf{\overset{\prime}{1{,}91}}$	*34* **Se** 78,96	1,19 $\mathbf{\overset{\prime}{1{,}96}}$	*35* **Br** 79,92				2,01	*36* **Kr** 83,7
42 **Mo** 95,95	1,36 $\mathbf{\overset{....}{0{,}68}}$	*43* —		*44* **Ru** 1,33 101,7 $\mathbf{\overset{....}{0.65}}$	*45* **Rh** 1,34 102,91 $\mathbf{\overset{...}{0{,}68}}$	*46* **Pd** 1,37 106,7		
1,43 $\mathbf{\overset{\prime\prime}{2{,}11}}$	*52* **Te** 127,61	1,36 $\mathbf{\overset{\prime}{2{,}20}}$	*53* **J** 126,92				2,20	*54* **X** 131,3
74 **W** 183,92	1,36 $\mathbf{\overset{....}{0{,}68}}$	*75* **Re** 186 31	1,37	*76* **Os** 1,35 190,2 $\mathbf{\overset{....}{0{,}67}}$	*77* **Ir** 1,35 193,1 $\mathbf{\overset{....}{0.66}}$	*78* **Pt** 1,38 195,23		
	84 **Po** (210,0)		*85* —					*86* **Nt** (222,0)
92 **U** 238,07	1,38 $\mathbf{\overset{....}{1{,}05}}$	*93* —						

65 **Tb**	*66* **Dy**	*67* **Ho**	*68* **Er** 1,87	*69* **Tu**	*70* **Yb**	*71* **Cp**
159,2 $\mathbf{\overset{...}{1{,}09}}$	162,46 $\mathbf{\overset{...}{1{,}07}}$	164,94 $\mathbf{\overset{...}{1{,}05}}$	167,24 $\mathbf{\overset{...}{1{,}04}}$	169,4 $\mathbf{\overset{...}{1{,}04}}$	173,04 $\mathbf{\overset{...}{1{,}00}}$	175,0 $\mathbf{\overset{...}{0{,}99}}$

kleiner als in den Hauptreihen. Das beruht auf der verschiedenen Elektronenstruktur dieser Elementserien.

Hier sei insbesondere hingewiesen auf die im periodischen System als Ausnahme auftretende Erscheinung, die GOLDSCHMIDT als *Lanthanidenkontraktion* bezeichnet hat. Bei gleicher Ladung wachsen die Ionenradien im allgemeinen mit der Atomnummer, aber in der Gruppe der seltenen Erden oder der Lanthaniden vermindern sie sich von Z 57 Lanthan ($R^{3+}_{\mathrm{La}} = 1{,}22$ Å), bis Z 71 Cassiopeium ($R^{3+}_{\mathrm{Cp}} = 0{,}99$ Å). Da beim Yttrium ($Z = 39$) der entsprechende Ionenradius $R^{3+}_{\mathrm{Y}} = 1{,}06$ liegt, müssen also die Lanthaniden ein Element umfassen, bei dem der Ionenradius fast derselbe wie beim Yttrium ist. Nach den Bestimmungen von GOLDSCHMIDT muß dieser Stoff entweder Dysprosium (1,07) oder Holmium

(1,05) sein. Den Betrag, auf den der Ionenradius vom Yttrium zum Lanthan angewachsen ist, bringt die Lanthanidenkontraktion beim Holmium wieder auf denselben Wert zurück. Sie wirkt nicht allein in der periodischen Gruppe der Lanthaniden, sondern ist noch in den auf das Cassiopeium folgenden Elementen zu spüren. Betrachten wir zunächst die vertikale Reihe Cu, Ag, Au! Bei den einwertigen Ionen wächst der Radius in dieser Reihe regelmäßig. Vom Kupfer zum Silber wächst ebenso der Atomradius von 1,28 auf 1,44, aber vom Silber auf das Gold bleibt er gleich. Bei der den Lanthaniden näher gelegenen Vertikalreihe der zweiwertigen Elemente sind die Atom- sowie auch die Ionenradien von Cadmium und Quecksilber fast gleich, desgleichen die von Niobium und Tantal sowie von Zirkonium und Hafnium. Auf der Gleichheit der Atom- und der Ionenradien beruht nun die kristallchemische Gleichheit oder die Diadochie, d. h. die Fähigkeit, isomorphe Mischungen und Verbindungen gleichen Typs zu bilden, so daß den Lanthanidenkontraktionen eine tiefe Bedeutung auch für das Auftreten schweratomiger Elemente in der Natur oder für ihren geochemischen Charakter zukommt.

Dieselben gesetzmäßigen Schwankungen lassen meist auch die an den Elementen gemessenen Atomradien erkennen. Die Atomradien der in den Hauptreihen aufgeführten Metalle vermindern sich in den waagerechten Perioden mit zunehmender Valenz und wachsen mit steigender Hauptquantenzahl. Auch die Atomradien der zu den Nebenreihen gehörigen Metalle steigen mit zunehmender Hauptquantenzahl bzw. in den Vertikalreihen nach unten zu, aber sie nehmen nicht ab in den waagerechten Reihen mit steigender Valenz, sondern sind fast konstant oder schwanken scheinbar unregelmäßig, wie die Gruppe Ag (1,44), Cd (1,49), In (1,62), Sn (1,40), Sb (1,45), Te (1,43), J (1,36) zeigt.

Außerdem zeigen sich in der wachsenden Größe der Atom- wie auch der Ionenradien durch die Lanthanidenkontraktion bewirkte Abweichungen von den allgemeinen Regeln, wie schon oben angedeutet.

Polarisation der Ionen und ihr Einfluß auf die Kristallstruktur. In der theoretischen Kristallographie behandelt man die Atomzentren als Punkte ohne Ausdehnung, und in den Kristallstrukturforschungen sucht man auszukommen mit der Annahme, daß alle Atome und Ionen kugelförmig seien, worauf auch die Bezeichnung Atomradius hinweist. Aber schon früh erklärten die Atomphysiker (K. Fajans, M. Born und W. Heisenberg), daß die Ionen auf die ihnen nächstgelegenen entgegengesetzten Ionen deformierend einwirken, d. h. in ihnen Polarisation hervorrufen. Die polarisierende Wirkung des Ions wächst nach Fajans mit zunehmender positiver elektrischer Ladung und sich verkürzendem Radius. Am stärksten polarisierbar sind wiederum im allgemeinen die größeren Anionen, um so stärker, je größer der Radius ist; z. B. unter den Halogenen Cl ($R = 1{,}81$ Å), Br ($R = 1{,}96$ Å) und J ($R = 2{,}20$ Å) ist J am meisten polarisierbar, während F ($R = 1{,}33$ Å) unpolarisierbar ist.

Im allgemeinen entstehen aus den unpolarisierbaren Ionen die symmetriereichsten Kristallstrukturen. Anfangs bewirkt die Polarisation in ihnen eine Verkleinerung der Atomabstände, was daran erkannt werden kann, daß diese kleiner werden als die Summe der im Ionenzustand derselben Atome gemessenen Radien. Z. B. ist das bei den Silberhalogeniden AgCl, AgBr und AgJ der Fall, und zwar um so mehr, je stärker polarisierbar das Anion ist, wie aus vorstehender Zusammenstellung ersichtlich ist.

Atomabstand Ag—X		Summe der Ionenradien
AgF	2,46 Å	2,46 Å
AgCl	2,77 Å	2,94 Å
AgBr	2,88 Å	3,09 Å
AgJ	2,99 Å	3,33 Å

Gerade auf der Polarisation beruht offenbar die Schwerlöslichkeit des Silberchlorids, -bromids und -jodids, wie auch die der entsprechenden Thalliumhalogenide.

Eine spürbare Polarisation bewirkt in den Atomen eine einseitige Deformation und in den Verbindungen weniger symmetrische Kristallstrukturen. Besonders kennzeichnend sind in dieser Hinsicht die *Schichtgitter*, denen in verschiedenen Fällen ihre gleiche charakteristische Strukturformel zukommt.

In diesem Strukturtyp des Schichtgitters ist jede Schicht aus drei übereinandergelegenen Netzflächen entstanden. Die mittlere von diesen ist das Kationennetz; die Kationen sind stark polarisierend. Beiderseits dieses Netzes liegen die Netzebenen der stark polarisierbaren Anionen. Jede aus drei Netzebenen bestehende Schicht bildet gewissermaßen ein zweidimensionales unendliches Molekül, in dessen Innern die Kräfte zwischen den zu den verschiedenen Netzen gehörenden Atomen wahrscheinlich ihrem Charakter nach heteropolare Ionenkräfte sind. Bei zwei übereinandergelegenen, drei Netzflächen starken Schichten liegen die Anionen einander gegenüber, und wie stets die Abstände von mit gleicher Elektrizität geladenen Teilchen größer sind als bei ungleich geladenen, sind auch hier die Schichtabstände viel größer als die Ionenabstände in den Schichten. Dadurch wird verständlich, daß die Kohäsion senkrecht gegen die Schichtflächen sehr klein ist, d. h. in den Stoffen besteht eine sehr vollkommene Spaltbarkeit nach den Schichtflächen bzw. in den Kristallen nach den Basisflächen. Die zwischen den verschiedenen Schichten wirkenden Zugkräfte ähneln wesentlich den VAN DER WAALSschen Kräften zwischen den Molekülen; so kann ein derartiger Kristall als eine Kombination von Molekül- und Atomgitter aufgefaßt werden.

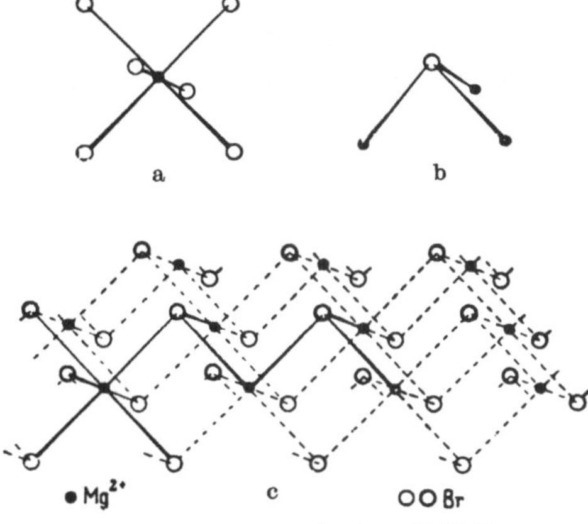

Abb. 255a bis c. Magnesiumbromid $MgBr_2$.

Als Beispiel eines strukturell einfachen Schichtgitterkristalls diene zunächst das Magnesiumbromid $MgBr_2$ (Abb. 255), in dem die Mg-Kationen ein zwischengelagertes Kationennetz und die Br-Anionen die beiden Anionennetze bilden. Wir werden später sehen, daß alle sog. glimmerartigen Stoffe nach demselben Prinzip aufgebaut sind.

Auch schon eine schwächere Polarisation bewirkt in den Gittern eine Verringerung der Koordinationszahl. Z. B. Silberjodid kristallisiert nicht allein nach dem NaCl-Typ (K.-Z. = 6), sondern auch nach dem Wurtzittyp (K.-Z. = 4).

Eine noch stärkere Polarisation als die in den Schichtgittern wirkende kann zu der Entstehung freier Moleküle führen. Das Kation und das Anion verlieren dann ihren Ionencharakter, und die Atome gehen miteinander eine Valenzbindung ein. In dem aus den zwei Ionen A und X entstandenen Molekül AX hat die Koordinationszahl einen möglichst geringen Wert angenommen, nämlich 1, und der Atomabstand wird kleiner als in den Koordinationsgittern. In anderen Fällen führt die Anionenpolarisation dazu, daß die freien Elektronen sich von den Anionen trennen und das Gitter metallische Eigenschaften annimmt, wie es sich bei dem Pyrit (Abb. 256) und anderen Kiesen verhält, u. a. bei den AX-Verbindungen des sog. Nickelarsenidtyps.

Koordination. Oben ist bereits der aus WERNERS Theorie der Molekülkoordination entlehnte Koordinationsbegriff angeführt worden. Die Koordinationszahl eines bestimmten Ions gibt an, von wie vielen nächstgelegenen, in heteropolaren Gittern stets mit entgegengesetzter Elektrizität geladenen Nachbarionen es in gleichem Abstande umgeben ist. In den Kristallstrukturen treten folgende Möglichkeiten auf:

K.-Z. = 1, z. B. CO, Molekülgitter.

K.-Z. = 2, z. B. CO_2, Molekülgitter.

K.-Z. = 3, z. B. das Radikal CO_3^{2-}, die Atome C und O in gleicher Ebene, desgleichen im Bornitrid B und N (Abb. 257); ClO_3^{1-}, die Atome Cl und O in verschiedenen Ebenen.

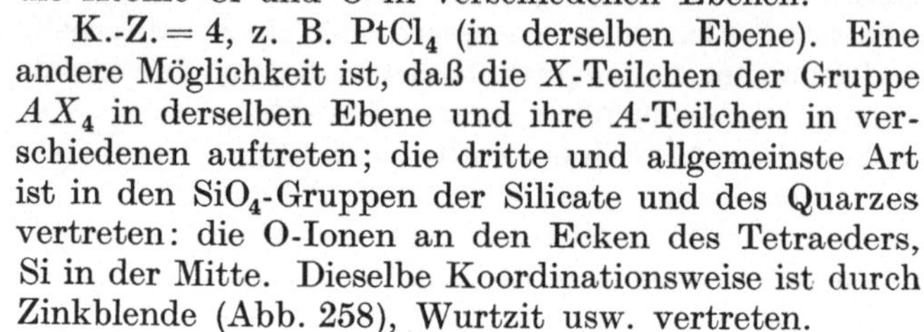

Abb. 256. Pyrit FeS_2. Strukturmodelle im Maßstab, mit zweiatomigen Schwefelmolekülen.

K.-Z. = 4, z. B. $PtCl_4$ (in derselben Ebene). Eine andere Möglichkeit ist, daß die X-Teilchen der Gruppe AX_4 in derselben Ebene und ihre A-Teilchen in verschiedenen auftreten; die dritte und allgemeinste Art ist in den SiO_4-Gruppen der Silicate und des Quarzes vertreten: die O-Ionen an den Ecken des Tetraeders, Si in der Mitte. Dieselbe Koordinationsweise ist durch Zinkblende (Abb. 258), Wurtzit usw. vertreten.

K.-Z. = 5, die X-Atome der Gruppe AX_5 finden sich an den Ecken einer trigonalen Bipyramide, das Atom A in der Mitte;

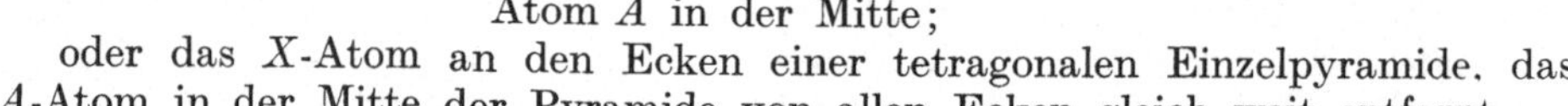

oder das X-Atom an den Ecken einer tetragonalen Einzelpyramide, das A-Atom in der Mitte der Pyramide von allen Ecken gleich weit entfernt.

K.-Z. = 6, NaCl-Struktur (Abb. 259) und die $PtCl_6$-Gruppe in K_2PtCl_6. In diesen treten die sechs umgebenden Teilchen an den Oktaederecken auf: das Oktaeder kann zu einer Kombination von Rhomboeder und Basisflächen deformiert sein, wie in der NiAs-Struktur sechs Arsenatome ein Nickelatom umgeben. Die dritte Weise besteht darin, daß ein Atom im Mittelpunkt eines dreiseitigen Prismas liegt und die sechs übrigen es an den Prismaecken umgeben, wie die Nickelatome das Arsenatom in der NiAs-Struktur.

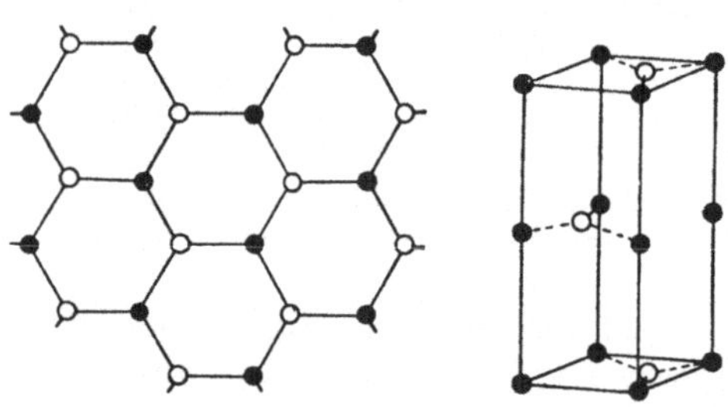

Abb. 257. Bornitrid BN.

K.-Z. = 8, CsCl-Struktur (Abb. 260).

K.-Z. = 12, in den metallischen Elementen treten die dichtesten Atompackungen auf: das allseitig flächenzentrierte Würfelgitter oder die kubische Dichtestpackung, und das innenzentrierte hexagonale Gitter, in dem $c : a = 1{,}632$, oder die hexagonale dichteste Packung (siehe S. 210 und Abb. 261 unten).

Die Koordinationszahlen 7, 9, 10 und 11 sind selten.

Die Koordinationszahl und -art sind in den Kristallstrukturen noch wichtiger als die Struktursymmetrie, denn sie bestimmen den Kristallstrukturtyp. Die Koordinationsart ist abhängig von der Koordinationssymmetrie, für deren mögliche Verschiedenheit bei gleicher Koordinationszahl oben Beispiele angeführt worden sind. Die Koordinationssymmetrie ist nicht immer dieselbe wie die Struktursymmetrie, und so können zu einem und demselben Typ im weiteren Sinne Vertreter verschiedener Symmetrieklassen gehören.

Über den Einfluß der Koordinationszahl auf die Ionen- und Atomradien ist oben bereits angeführt worden, daß, je höher die K.-Z., um so größer der Radius ist. Dieser Einfluß ist von so gut wie konstanter Größe, und er kann, wie V. M.

GOLDSCHMIDT dargelegt hat, beim Vergleich von Strukturen, die zu verschiedenen Typen, aber gleichen Haupttypen gehören, als Berichtigungskoeffizient in Be-

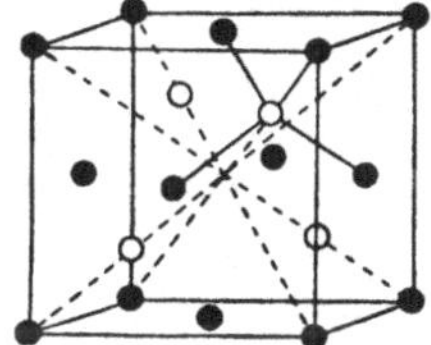

Abb. 258. Zinkblende ZnS.

Abb. 259. Steinsalz NaCl.

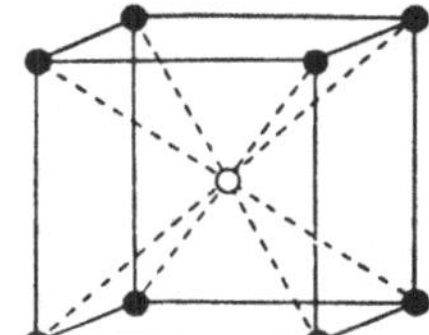

Abb. 260. Cäsiumchlorid CsCl.

tracht gezogen werden. In folgender Zusammenstellung finden sich die Verhältniszahlen, bei denen für die Ionengitter als Einheit die 6-Koordination der NaCl-Struktur und für die Atomgitter die 12-Koordination der dichtesten Packungen berücksichtigt worden sind.

K.-Z.	Ionenradius	Atomradius
12	1,12	1,00
8	1,03	0,97
6	1,00	—
4	0,94	0,88
3	—	0,81
1	—	0,72

Die Atomradien bei niedrigen Koordinationszahlen (1 bis 4) gehören immer zu Atomen in homöopolarer Bindung (vgl. S. 162).

Die Regel von MAGNUS. Zu den überraschendsten Ergebnissen der Kristallchemie gehört die Erkenntnis, daß die Kristallstrukturen in weitgehendem Maße durch die geometrischen Verhältnisse und namentlich durch den Raumbedarf oder die Radienlängen der kleinsten Teilchen bedingt werden. Die Bindungsart wirkt dabei an sich eigentlich nur insofern ein, als sich die Atomabstände je nach der Bindungsart verändern und als die homöopolare Bindung hohe Koordinationszahlen nicht zuläßt. Weil aber unter den metallischen Kristallarten meistens nur Elemente oder Legierungen in Betracht kommen, bei denen nur Teilchen (Atome, Moleküle) von gleicher Größenordnung auftreten, so wird das Problem hier höchst einfach: die Teilchen packen sich zusammen wie starre gleich große Kugeln. Bei den homöopolaren Verbindungen kommen die geometrischen Verhältnisse in Geltung, wenn die Anziehung der durch die Valenzkräfte aneinander gebundenen Teilchen nicht, wie meistens der Fall, eine beträchtliche Polarisation der gebundenen Atome hervorruft. Am auffallendsten wird die Kristallstruktur durch die Ionenradien bestimmt bei den heteropolaren Verbindungen.

Wäre das die einzige Bedingung, d. h. wären die Ionen starre Kugeln, so ließen sich die Kristallstrukturen mit Sicherheit nach der Regel von A. MAGNUS voraussagen.

MAGNUS stellte ursprünglich (1922) seine Theorie über die Gruppierung der einzelnen Teilchen der Komplexionen auf der Grundlage von WERNERS Koordinationstheorie auf. Wenn negative Ionen sich um ein positives Zentralion zu einem Komplexion so gruppieren, daß das Kation alle Anionen und diese einander berühren, so wird deren Koordinationszahl durch die Ladung des Zentralions sowie durch das Verhältnis der Radien von Kation und Anion bestimmt. In einer aus einem Kation und drei Anionen entstandenen Gruppe ist die Berührung nur dann möglich, wenn $R_K : R_A = 2 - \sqrt{3} : \sqrt{3} = 0{,}155$ (Abb. 261). Wenn die Anionen größer sind, können die Kationen die Anionen nicht berühren, und die Ionenbindung ist nicht stabil. Wenn vier Anionen ein Kation tetraedrisch umgeben, ist $R_K : R_A = \sqrt{\frac{3}{2}} - 1 = 0{,}225$; liegen wiederum die Anionen in derselben Ebene, also an den Ecken eines Quadrats, so ist $R_K : R_A = \sqrt{2} - 1 = 0{,}414$. Dann passen in den Komplex außerdem zwei andere Anionen, die Koordinationszahl ist 6, die Anionen liegen an den Ecken eines regelmäßigen Oktaeders, in dessen Mittelpunkt das Kation liegt. Auch können acht Anionenkugeln an den Ecken eines Würfels liegen. Eine gegenseitige Berührung ist dann möglich, wenn $R_K : R_A = \sqrt{3} - 1 = 0{,}732$ ist.

Die bisher erwähnten Koordinationszahlen bis zu acht sind möglich bei heteropolaren Ionenverbindungen, sogar von der allgemeinen Formel *AX*. Denkt man sich das Cäsiumchloridgitter (Abb. 260), in dem der innenzentrierte Würfel die Elementarzelle darstellt, ins unendliche fortgesetzt, so wird jedes von den an den Ecken des Würfels gelegenen acht Anionen seinerseits in derselben Weise von acht Kationen umgeben sein.

Besteht das Gitter nur aus gleich großen Kugeln in gegenseitiger Berührung, so ist jede Kugel von zwölf gleichen Kugeln umgeben. Diese Kugelpackung ist die dichtest mögliche. Eine solche Zwölferkoordination ist im Kristallgitter nur bei neutralen kleinsten Teilchen möglich, wie bei den gediegenen Metallen oder den Edelgasen.

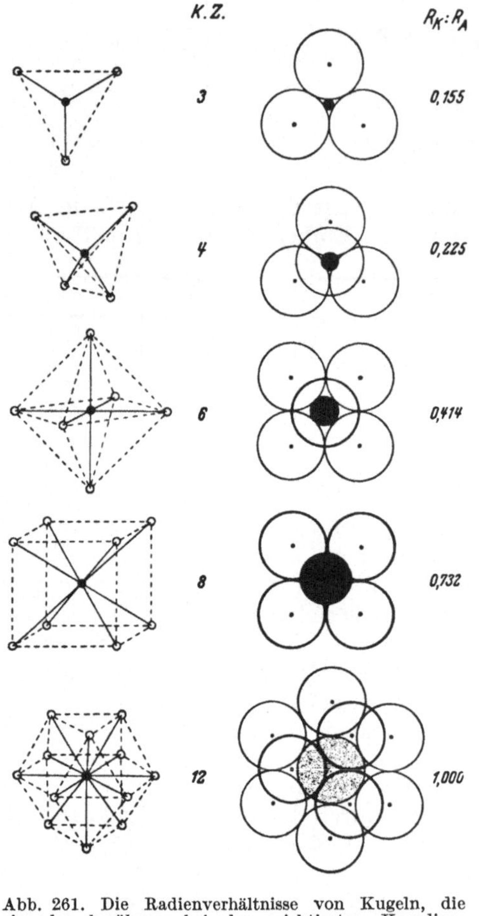

K.Z. | $R_K : R_A$
3 | 0,155
4 | 0,225
6 | 0,414
8 | 0,732
12 | 1,000

Abb. 261. Die Radienverhältnisse von Kugeln, die einander berühren, bei den wichtigsten Koordinationstypen.

C. Heteropolare Verbindungen.

Einteilung der heteropolaren Verbindungen. Im Natriumchlorid ist jedes Ion von 6 Ionen entgegengesetzter Ladung umgeben. Die Stärke jeder Bindung, die von einem Natriumion oder einem Chlorion ausgeht, ist somit $^1/_6$. Da im Gitter keine stärkeren Bindungen existieren, enthält das Gitter auch keine Gruppen, Radikale oder Moleküle, innerhalb welcher die Bindung stärker wäre als zwischen beliebigen Nachbarionen. Solche Kristallverbindungen nennt man *isodesmische*; sie umfassen die einfachsten Koordinationsgitter, in denen alle Kationen und alle Anionen gleichwertige Lagen im Gitter haben.

Auch wenn die Verbindung zwei oder mehrere Kationen verschiedener Valenz enthält, kann die Verbindung isodesmisch sein, wenn nämlich keine einzelne Bindung stärker als $^1/_2$ ist; dann enthält das Gitter auch keine selbständigen Gruppen oder Radikale. In diesem Sinne ist z. B. der Spinell $MgAl_2O_4$ isodesmisch.

Anders verhält sich z. B. das Natriumnitrat $NaNO_3$. Hier bildet NO_3^{1-} eine gesonderte Gruppe, in der jedes N^{5+}-Ion von drei O^{2-}-Ionen umgeben ist. Jede Bindung innerhalb dieser Gruppe ist folglich von der Stärke 5/3; weil diese größer als die Hälfte der Ladung eines Sauerstoffions ist, kann letzteres nicht an mehrere Stickstoffkationen gebunden sein, und die Bindung zwischen N und O ist fester als alle anderen Bindungen im Gitter. Das Radikal NO_3^{1-} hält sogar dann noch zusammen, wenn das Gitter abgebaut wird und die Substanz in Lösung geht. — Es gibt auch komplexe Kationen, wie das Ammoniumion NH_4^{1+}. — Ionenverbindungen, die derartige Komplexionen enthalten, heißen *anisodesmische*.

Komplexe Anionen mit Sauerstoff werden gebildet von vielen kleinen Kationen hoher Ladung, wie C^{4+}, P^{5+}, As^{5+}, S^{6+}, Cr^{6+}, Mo^{6+}, Mn^{7+}, Cl^{5+}, Cl^{7+}. Je nach der ungesättigt bleibenden negativen Ladung der O-Anionen ist das Komplexanion entweder einwertig, wie NO_3^{1-}, MnO_4^{1-}, zweiwertig wie CO_3^{2-}, SO_4^{2-} oder dreiwertig wie PO_4^{3-}. Statt Sauerstoff können auch Fluor oder Chlor in Komplexionen eingehen, z. B. SiF_6^{2-}, $PtCl_6^{2-}$.

Zu beachten ist, daß die hohe Ladung eines Kations nicht die einzige Bedingung für die Bildung eines komplexen Anions ist, sondern das Kation muß dazu noch genügend klein sein. Verbindungen wie $FeTa_2O_6$ (Tapiolith) oder KJO_3 (Kaliumjodat) sind nicht anisodesmisch, sondern isodesmisch und könnten somit auch als Doppeloxyde betrachtet werden: $FeO \cdot Ta_2O_5$ und $K_2O \cdot J_2O_5$. Weil aber keine Oxydmoleküle im Gitter existieren, ist die erste Schreibweise vorzuziehen; die Stoffe haben Koordinationsgitter, die aus einfachen Ionen bestehen, genau wie das Steinsalzgitter oder das Spinellgitter.

In den Silicaten ist das Siliciumion tetraedrisch umgeben von vier Sauerstoffionen. Die Silicate bestehen also aus SiO_4-Gruppen, die jedoch im Vergleich zu den obenerwähnten Komplexionen der anisodesmischen Kristalle nicht sehr fest gebunden sind; vor allem sind die Ionenabstände innerhalb der Gruppe nicht immer geringer als die Abstände der sonstigen Nachbarionen im Silicatgitter. Die Stärke der Bindung Si—O ist $4/4 = 1$ oder genau die Hälfte der sämtlichen Bindungen, die aus einem Sauerstoffion ausgehen. Derartige Kristalle werden deshalb *mesodesmische* genannt. Die Eigenart der mesodesmischen Bindung ermöglicht bei den Silicaten, Germanaten, Boraten u. a. mesodesmischen Kristallarten eine Mannigfaltigkeit von Atomgruppierungen, Ketten, Ringen und Gerüsten, die bei den übrigen Ionenkristallen nicht vorkommen.

In der nachfolgenden Tabelle werden einige wichtigere einfache und komplexe Anionen zusammengestellt.

Isodesmisch	Anisodesmisch				Mesodesmisch
	Einwertig	Zweiwertig		Dreiwertig	
F^{1-}	O_2^{1-}	O_2^{2-}	$Ni(CN)_4^{2-}$	PO_3^{3-}	Silicate
Cl	CN	C_2	$PtCl_4$	AsO_3	Germanate
Br	CNO	CO_3	$PtCl_6$	SbO_3	Borate
J	NO_2	SO_3	SiF_6	PO_4	AlF_6^{3-}
OH	NO_3	SeO_3	$SnCl_6$		$Cr(CN)_6^{3-}$
O^{2-}	ClO_3	SO_4	$S \cdot SO_3$		
S	BrO_3	SeO_4	S_2O_6		
Se	JO_3	CrO_4	S_3O_6		
Te	ClO_4	MoO_4	S_2O_8		
N^{3-}	JO_4	WO_4	S_2O_5		
P	MnO_4				
C^{4-}	ReO_4				
	BF_4				

Die Wasserstoffverbindungen finden keinen Platz in diesem System, sie müssen als eine besondere Gruppe behandelt werden. Das Wasserstoffatom kann in den Kristallgittern enthalten sein 1. als Kation, wie in den Säuren und sauren

Salzen, 2. gebunden an Sauerstoff in der Hydroxylgruppe (OH); 3. gebunden am Sauerstoff im Wassermolekül (H_2O) entweder als sog. Kristallwasser, das ohne Zerfall des ganzen Gitters nicht entfernt werden kann, oder als loser gebundenes „zeolithisches" Wasser, das aus dem Gitter entfernt und wieder aufgenommen werden kann; 4. als Anion in den Hydriden. In allen diesen Erscheinungsformen bringt der Wasserstoff ganz besondere kristallchemische Probleme mit.

a) Isodesmische Strukturen.

Verbindungen AX. Die Kristallstrukturen der aus einem Kation und einem Anion bestehenden Verbindungen sind, wie zuerst V. M. GOLDSCHMIDT erkannte, in erster Linie von den gegenseitigen Verhältnissen der Ionenradien nach der MAGNUSschen Regel abhängig.

Der allgemeinste Strukturtyp ist der NaCl-Typ, bei dem die Koordinationszahl 6 ist. Das Ionenradienverhältnis beim Natriumchlorid liegt wirklich innerhalb der von der MAGNUSschen Theorie angewiesenen Grenzen: $0,73 > R_{Na} : R_{Cl} = 0,54 > 0,41$. Desgleichen passen die Ionenverhältnisse der übrigen Alkalihalogenide in diese Grenzen, außer CsCl, CsBr und CsJ, in denen das Verhältnis der Radien größer als 0,73 ist. Gerade in diesen erscheint auch wirklich ein anderer wichtiger, bei den AX-Verbindungen allgemeiner Bautyp, der CsCl-Typ, bei dem die Koordination der Theorie entsprechend hexaedrisch ist (Abb. 260). Anderseits kommen vom NaCl-Typ abweichende Strukturen auch in den Verbindungen vor, in denen $R_K : R_A < 0,41$ ist, und auch in diesen stimmt die K.-Z. im allgemeinen mit der MAGNUSschen Theorie überein.

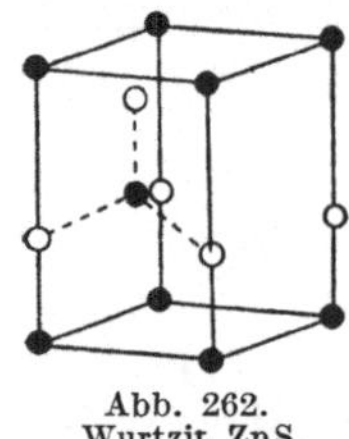
Abb. 262. Wurtzit ZnS.

Wir können jetzt alle Normaltypen sowohl der homöopolaren wie heteropolaren AX-Verbindungen darstellen. Es sind folgende:

1. $R_K : R_A < 0,15$. K.-Z. = 1. *Molekülgitter.* Beispiel CO, in dem $R_C : R_O = 0,11$. Die Moleküle sind durch die VAN DER WAALSschen Kräfte zusammengehalten.

2. $0,15 < R_K : R_A < 0,22$. K.-Z. = 3. *Bornitridtyp* (Abb. 257). Das Gitter von Bornitrid BN ist ein Schichtgitter, in dem die Atome ein einfaches trigonales Netz bilden. Die Netze werden durch die VAN DER WAALSschen Kräfte zusammengehalten.

3. $0,22 < R_K : R_A < 0,41$. K.-Z. = 4. *Wurtzittyp* (Abb. 262). Eine Form des Zinksulfids ZnS, der Wurtzit, kristallisiert dihexagonal-pyramidal; in der Struktur umgeben vier S-Ionen das Zn-Ion tedraedrisch. Gleicherweise kristallisiert das Zinkoxyd ZnO mit dem Mineralnamen Zinkit. Diesem Typ sehr nahestehend ist der *Zinkblendetyp* (Abb. 258), in dem die K.-Z. ebenfalls 4 ist. Der Umstand, daß diese Verbindungen tatsächlich homöopolar sind, wird unten noch diskutiert.

4. $0,41 < R_K : R_A < 0,73$. K.-Z. = 6. *Natriumchloridtyp* (Abb. 259). Diese Struktur findet sich am häufigsten bei den Alkalihalogeniden und auch bei zahlreichen Oxyden zweiwertiger Metalle, desgleichen bei den Nitriden dreiwertiger Metalle wie auch bei den Carbiden vierwertiger. K.-Z. = 6. In der folgenden Zusammenstellung sind einige Strukturen vom NaCl-Typ dargestellt (+ bedeutet, daß der Stoff zu dem Typ gehört, — heißt, daß er diesem nicht zuzuzählen ist).

5. $0,73 < R_K : R_A < 1,37$. K.-Z. = 8. *Cäsiumchloridtyp* (Abb. 260). Die Struktur erscheint, wie auch die vorhergehende, in vielen verschiedenen, aus einander gleichwertigen Ionen bestehenden Gittern unabhängig von der Valenz. Da außerdem das Verhältnis der Radien auch 1 sein kann, kristallisieren nach diesem Typ auch viele metallische Elemente sowie intermetallische Verbindungen,

	F	Cl	Br	J		O	S	Se	Te
Li	+	+	+	+	Mg	+	+	+	+
Na	+	+	+	+	Ca	+	+	+	+
K	+	+	+	+	Sr	+	+	+	+
Rb	+	+	+	+	Ba	+	+	+	+
Cs	+	—	—	—	Mn	+	+	+	—
NH_4*	—	> 184°	> 138°	> —18°	Pb	—	+	+	+
Ag	+	+	+	—	(Fe, Ni, Cd)	+	—	—	—

* Die Ammoniumhalogenide sind dimorph, ihre NaCl-Strukturen sind oberhalb der angeführten Temperaturgrenzen, die CsCl-Strukturen unterhalb beständig.

wie z. B. Fe, CuZn, AgCd, LiTl. — Eine größere K.-Z. als 8 ist in einer AX-Verbindung nicht möglich.

Es gibt zahlreiche Beispiele für den bestimmenden Einfluß des Ionenradienverhältnisses auf die Kristallstruktur in chemisch sonst gleichartigen Verbindungsreihen. Das Bornitrid steht in seinem Typ allein da. Wird das B-Ion durch das größere Al-Ion ersetzt, so gehört die Struktur des derart erhaltenen Aluminiumnitrids (AlN) zum Wurtzittyp. Das Nitrid des noch größeren Scandiumions, ScN, kristallisiert nach dem NaCl-Typ. Desgleichen gehören BeO und ZnO zum Wurtzittyp, aber MgO und CdO zum NaCl-Typ. Ähnliche Serien ergeben sich, wenn das Kation dasselbe bleibt, aber das Anion durch ein stets kleineres Anion ersetzt wird. So sind CdSe und CdS (Mineral Greenockit) dem Wurtzittyp, CdO aber dem NaCl-Typ zuzuzählen. Doch wirken auf die Struktur offenbar außer dem Radienverhältnis auch noch andere Faktoren ein. CaS ist z. B. dem NaCl-Typ und nicht dem Wurtzittyp zuzurechnen, obgleich der Radius des Ca-Ions annähernd derselbe ist wie der des Cd-Ions. Diese Besonderheiten werden den Polarisationserscheinungen zur Last gelegt. Daß das Radienverhältnis innerhalb der genannten Grenzen bleibt, ist eine notwendige, wenn auch keine allein ausreichende Voraussetzung für die CsCl-Struktur. Beide Ionen müssen außerdem in gleichem Maße polarisierbar sein. Nebenstehend seien einige Strukturen vom CsCl-Typ angeführt.

	Cl	Br	J
Cs	+	+	+
NH_4	< 184°	< 138°	< —18°
Tl	+	+	+

Dagegen kristallisieren die Oxyde der Erdalkalimetalle, z. B. SrO und BaO, nach der NaCl- und nicht nach der CsCl-Struktur, obgleich $R_K : R_A > 0{,}73$. Das beruhe, hat man erklärt, auf dem Ausbleiben der Polarisation.

Wird durch Einfügung eines stets stärker polarisierenden Kations oder auch leichter polarisierbaren Anions die Polarisation gesteigert, so gelangt man schließlich zu neuen Bindungsarten. Das Anion verliert bleibend seine negative Ladung, und man kommt entweder zu einer homöopolaren oder zu einer metallischen Bindung. In ersterem Fall ergibt sich aus der NaCl-Struktur die *Zinkblendestruktur.* Diese in der häufigsten Form der ZnS-Verbindung auftretende Struktur ist tetraedrisch (Abb. 258) und der Wurtzit-Zinkitstruktur recht nahestehend. In den metallischen AX-Verbindungen wiederum kommt sehr allgemein die *Nickelarsenidstruktur* vor (Abb. 263 und 264). Diese entsteht, wenn *A* metallisch, schwer und den in der Übergangsreihe vertretenen Elementen Cr, Cu, Mo, Pd, W zugehörig ist. Das Ion *A* hat dann eine unvollständige äußere Elektronenschale.

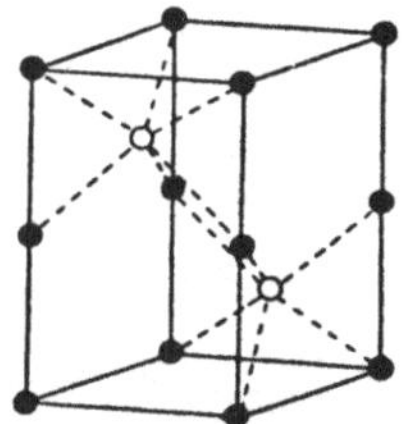

Abb. 263. Nickelarsenid NiAs. Elementarzelle des hexagonalen Gitters.

In den von denselben Elementen gebildeten Verbindungsreihen mit verschiedenen Elementen ist unabhängig vom Ionenradius eine sog. morphotrope Wandlung von Typ zu Typ zu erkennen. GOLDSCHMIDT stellt die Wandlung des NaCl-Typs in den NiAs-Typ folgendermaßen dar:

	Ca	Mn	Fe	Co	Ni
R_K	1,06	0,91	0,83	0,82	0,78
O	NaCl	NaCl	NaCl	NaCl	NaCl
S	NaCl	NaCl	NiAs	NiAs	NiAs
Se	NaCl	NaCl	NiAs	NiAs	NiAs
Te	NaCl	NiAs	NiAs	NiAs	NiAs

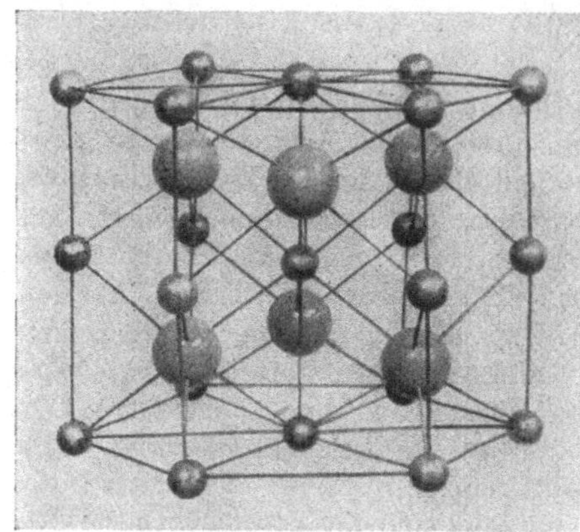

Abb. 264. Strukturmodell von Nickelarsenid.

In den **Verbindungen** AX_2 ist die Koordinationszahl des A-Ions natürlich zweimal so groß wie die der X-Ionen. Das Ionenradienverhältnis wirkt auch bei diesen Stoffen bestimmend auf die Struktur ein; gerade bei den Dioxyden

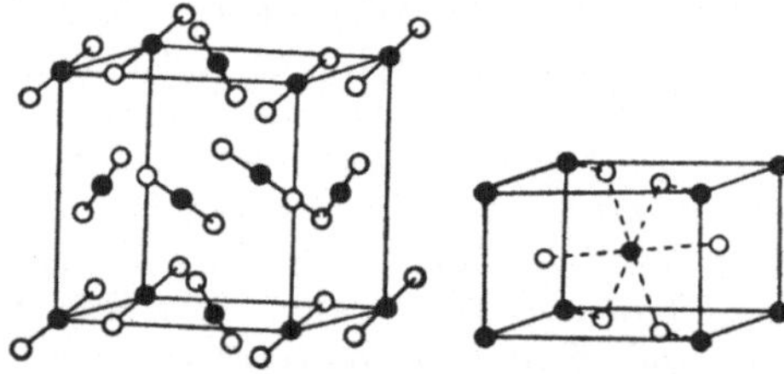

Abb. 265. Kohlendioxyd CO_2. Abb. 266. Rutil TiO_2.

und den Difluoriden fand man denn auch zuerst diesen wichtigen Sachverhalt. Wir stellen sogleich die Typenstrukturen und ihre theoretischen Radienverhältnisgrenzen dar:

Koordinationszahlen	Typen	Radienverhältnisgrenzen
2 und 1	CO_2 Molekülgitter (Abb. 265)	$< 0{,}15$
4 und 2	SiO_2 *Quarztyp*	0,22 bis 0,41
6 und 3	TiO_2 *Rutiltyp* (Abb. 266)	0,41 bis 0,73
8 und 4	CaF_2 *Fluorittyp* (Abb. 267)	0,73 bis 1,37

Größer als 8 kann die K.-Z. nicht sein.

Einige der wichtigsten Dioxyde finden sich in folgender Zusammenstellung.

	CO_2	SiO_2	TiO_2	ZrO_2	$Ce^{4+}O_2$	ThO_2
$R_K{}^{4+}$ Å	$< 0{,}2$	0,39	0,64	0,87	1,02	1,10
$R_K : R_A$	$< 0{,}15$	0,30	0,49	0,66	0,78	0,83
K.-Z.	2 : 1	4 : 2	6 : 3	an d. Grenze	8 : 4	8 : 4
Typ	Mol.-Gitter	Quarz	Rutil	Baddeleyit	Fluorit	

In den Quarztyp einzureihen sind auch die übrigen Formen von SiO_2, Tridymit und Cristobalit. Von diesen wird noch im Zusammenhang mit den Silicaten die Rede sein. Zum Rutiltyp gehören außerdem VO_2, RuO_2, IrO_2, OsO_2, MoO_2, WO_2, NbO_2, SnO_2, PbO_2, TeO_2. Auch der Anatas, eine andere Form von TiO_2, ist diesem Typ nahestehend.

Bei ZrO_2 liegt das Radienverhältnis an der Grenze der für den Rutil- und der für den Fluorittyp passenden Zahl, der Stoff nimmt eine niedrigere Symmetrie an, indem er als monokliner Baddeleyit kristallisiert. Zu dem Fluorittyp gehören außer CeO_2 und ThO_2 die Dioxyde PrO_2 und UO_2.

Die Difluoride bilden eine ähnliche Reihe wie die Dioxyde. Berylliumfluorid BeF_2, bei dem das Radienverhältnis $< 0{,}4$ ist, steht strukturell dem Quarztyp nahe. Die Difluoride, bei denen das Radienverhältnis $R_K : R_F$ zwischen 0,4 und 0,7 liegt, kristallisieren tetragonal nach dem Rutiltyp, z. B. MgF_2, NiF_2, CoF_2, FeF_2, ZnF_2 und MnF_2. Ist das Radienverhältnis größer, so ergibt sich der Fluorittyp, zu dem z. B. CaF_2 (Abb. 267), HgF_2, SrF_2 und PbF_2 gehören.

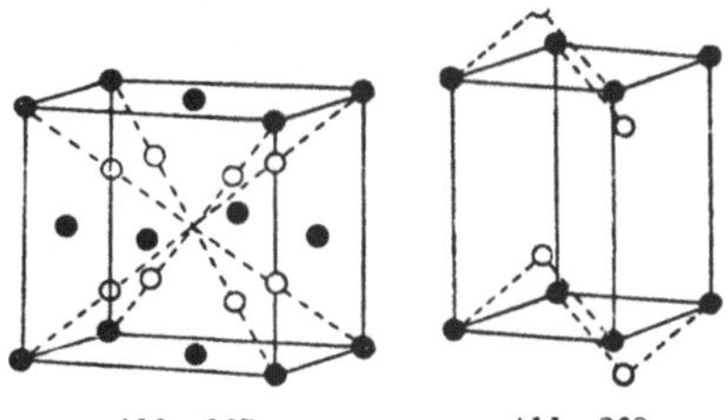

Abb. 267. Abb. 268.

Abb. 267. Fluorit CaF_2.
Abb. 268. Cadmiumjodid CdJ_2. Elementarzelle des hexagonalen Gitters.

Bei den angeführten AX_2-Strukturen scheinen die Anionen O und F fast völlig unpolarisiert zu sein. Anders verhält es sich in den übrigen Dihalogeniden, bei denen die Schichtgitter allgemein sind. Für die Dichloride kennzeichnend ist der rhomboedrische *Cadmiumchloridtyp* und für die noch leichter polarisierbaren Jodverbindungen der *Cadmiumjodidtyp* (Abb. 268 und 269), zu dem auch viele Hydroxyde gehören, wie $Cd(OH)_2$ und $Mg(OH)_2$ (Brucit), dessen Struktur dieselbe ist wie die des Magnesiumbromids (Abb. 255). Diese sind typische Schichtgitter, ihre Kristalle weisen eine sehr vollkommene Spaltbarkeit nach der Basis auf. In Komplexgittern treten solche Dihydroxylgruppen in vielen Silicaten auf. Zu ähnlichen Strukturen kommt man ebenfalls, wenn man, ausgehend von den Oxyden, das Sauerstoffion durch ein Schwefel-, Selen- oder Tellurion ersetzt, z. B. $TiSe_2$ und $TiTe_2$, desgleichen PtS_2, $PtSe_2$ und $PtTe_2$.

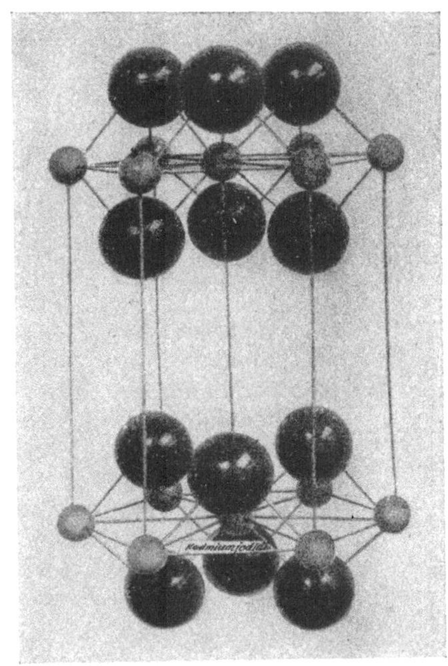

Abb. 269. Cadmiumjodid. Strukturmodell.

Schichtgitter entstehen insbesondere bei den Metallsulfiden, -seleniden und -telluriden, deren Metallatome verhältnismäßig groß sind; sie geben ihre Elektronen dem S_2-Molekül und zerlegen es in zwei S-Ionen. Dagegen nehmen die aus kleineren Atomen bestehenden Metalle das Schwefelmolekül in das metallische Gitter als solches auf. So entsteht die Stoffgruppe der Kiese, die viele metallische Eigenschaften aufweisen, wie starken Glanz und elektrische Leitfähigkeit. Der *Pyrittyp* (Abb. 256 und 270) ist von diesen der allerwichtigste. Formal kann er aufgefaßt werden als Doppelgitter, in dem eine allseitig flächenzentrierte Elementarzelle von Eisenatomen und eine innenzentrierte von Schwefelmolekülen S_2 ineinander liegen.

Der *Molybdänglanztyp* (Abb. 271 und 272) ist strukturell ein Schichtgitter, wie auch seine Spaltbarkeit beweist, aber die S-Atome in ihm sind einander näher gelegen, so daß das Gitter als eine Zwischenform zwischen Pyrittyp und Cadmiumjodidtyp gelten kann. Im gewöhnlichen Ionengitter beträgt der Abstand zweier S-Zentren 3,48 Å, im TiS_2 vom CdJ_2-Typ 3,40 Å, im MoS_2 2,98 Å, im Pyrit 2,08 Å und im gasförmigen S_2-Molekül 1,81 Å.

Folgende Tabelle gibt ein Gesamtbild von den Typenverhältnissen der Metalldisulfide, Diselenide und Ditelluride. Die Atomradien der Metalle beziehen sich auf die Koordinationszahl 12.

Metall	Radius [12]	Verbindungen			Struktur
Zr	1,56	ZrS_2	$ZrSe_2$		CdJ_2-Typ
Sn	1,40	SnS_2			CdJ_2-Typ
Ti	1,46	TiS_2	$TiSe_2$	$TiTe_2$	CdJ_2-Typ
W	1,36	WS_2	WSe_2	WTe_2	MoS_2-Typ
Mo	1,36	MoS_2	$MoSe_2$	$MoTe_2$	MoS_2-Typ
Pt	1,38	PtS_2	$PtSe_2$	$PtTe_2$	CdJ_2-Typ
Pd	1,37			$PdTe_2$	CdJ_2-Typ
Os	1,35	OsS_2	$OsSe_2$	$OsTe_2$	Pyrittyp
Ru	1,33	RuS_2	$RuSe_2$	$RuTe_2$	Pyrittyp
Mn	1,18	MnS_2		$MnTe_2$	Pyrittyp
Fe	1,24	FeS_2			Pyrittyp
Co	1,25	CoS_2	$CoSe_2$		Pyrittyp
Ni	1,24	NiS_2	$NiSe_2$		Pyrittyp

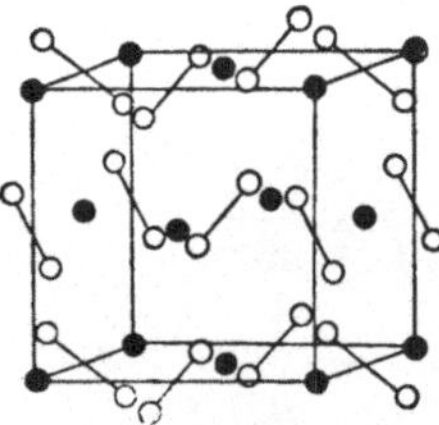

Abb. 270. Pyrit FeS_2. Elementarzelle des kubischen Gitters; vgl. Abb. 256.

Außerdem ist anzuführen, daß Platin, dessen S-, Se- und Te-Verbindungen Schichtgitter vom CdJ_2-Typ sind, dagegen dem Pyrittyp angehörende und mit dem Pyrit isomorphe, disdodekaedrisch kristallisierende Verbindungen mit den Elementen der 5. Vertikalreihe bildet, nämlich das Phosphid (PtP_2), Arsenid ($PtAs_2$, Mineral Sperrylith), Antimonid ($PtSb_2$).

In diesem Zusammenhang sei hingewiesen auf die Verbindungen A_2X, von denen viele Oxyde, Sulfide usw. einwertiger Metalle untersucht worden sind. Bei vielen von ihnen, z. B. bei den Alkalimetalloxyden, ist die sog. *Antifluoritstruktur* (K.-Z. = 8) angetroffen worden, d. h. eine Fluoritstruktur, bei der O und S dieselbe Lage einnehmen wie das Ca-Ion des Fluorits. Dagegen zeigen Cu_2O und Ag_2O die an das Quarzgitter erinnernde sog. *Cupritstruktur* (K.-Z. = 4). Sie verhalten sich also umgekehrt, wie man auf Grund der Ionenradien erwarten könnte, was also dafür zeugt, daß die Stoffe vom Cuprittyp überhaupt keine Ionenverbindungen sind.

Abb. 271. Molybdänglanz MoS_2. Elementarzelle des hexagonalen Gitters.

Abb. 272. Molybdänglanz. Strukturmodell.

Die Verbindungen A_2X_3. Auch bei dieser Gruppe tritt der maßgebende Einfluß des Ionenradienverhältnisses hervor. Wir erwähnen nach V. M. GOLDSCHMIDT gewisse erforschte Gruppen, zu denen die als Minerale wichtigen Stoffe Hämatit und Korund gehören:

$R_K : R_A$	Verbindungen	Typ
0,15	B_2O_3	Amorph
0,43 bis 0,52	Al_2O_3, Ga_2O_3, Cr_2O_3, V_2O_3, Fe_2O_3, Ti_2O_3, Rh_2O_3	Korundtyp
0,53 bis 0,86	Mn_2O_3, Sc_2O_3, In_2O_3, Cp_2O_3, Yb_2O_3, Sm_2O_3	Kubischer Lanthansesquioxydtyp C
0,81 bis 0,89	Dy_2O_3, Tb_2O_3, Gd_2O_3, Eu_2O_3, Sm_2O_3, Nd_2O_3, Pr_2O_3, Ce_2O_3	Kubischer Lanthansesquioxydtyp B
0,86 bis 0,92	Sm_2O_3, Nd_2O_3, Pr_2O_3, Ce_2O_3, La_2O_3	Trigonaler Lanthansesquioxydtyp A

Das Schema der *Korundstruktur* ist aus Abb. 273 ersichtlich. Die Sauerstoffionen nehmen ungefähr die Anordnung der dichtesten hexagonalen Kugelpackung ein. Jedes Kation berührt sechs Sauerstoffionen in oktaedrischer Koordination. Wären alle Hohlräume zwischen den Sauerstoffionen mit Kationen ausgefüllt, so entstände eine Verbindung AX, wie dies z. B. beim MgO in der Anordnung der

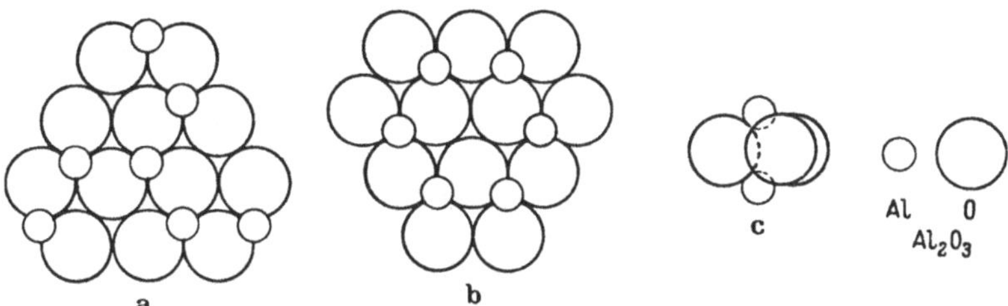

Abb. 273a bis c. Das Schema der Korundstruktur.

kubischen dichtesten Packung tatsächlich der Fall ist. Beim Korund sind nur zwei Drittel der möglichen Lagen ausgefüllt.

Verbindungen ABX_3. Einige Doppeloxyde, wie Ilmenit $FeTiO_3$ und Pyrophanit $MnTiO_3$, stehen dem Korundtyp nahe. Der *Ilmenit* weicht von dem zum Korundtyp gehörigen Hämatit nur insofern ab, als in jeder Fe_2O_3-Gruppe das eine Fe^{3+}-Ion durch Fe^{2+} und das andere durch Ti^{4+} ersetzt ist, und zwar abwechselnd oben und unten. Diese Substitution zerstört die Spiegelebenen parallel der c-Achse und erzeugt rhomboedrische Symmetrie statt der ditrigonal skalenoedrischen. Die Strukturanalyse hat zur Genüge gezeigt, daß der Ilmenit ein Doppeloxyd und kein „Ferrotitanat" ist, denn er enthält kein Komplexanion. In derselben Weise sind auch die unten zu besprechenden ABX_3-Verbindungen als Doppeloxyde und nicht als Salze von hypothetischen Sauerstoffsäuren zu deuten.

Beim Ilmenit ist sowohl Fe^{2+} wie Ti^{4+} vom Sauerstoff oktaedrisch in Sechserkoordination umgeben. Manchmal zeigen aber verschiedene Kationenarten zugleich verschiedene Koordinationen in bezug auf das Anion. Das ist der Fall im *Perowskittyp* (Abb. 274), dazu gehören außer dem Perowskit $CaTiO_3$ noch viele formell analoge, aber chemisch höchst verschiedenartige Verbindungen ABX_3, wie $BaTiO_3$, $CaZrO_3$, $CaSnO_3$, $YAlO_3$, $LaGaO_3$, KJO_3, $RbJO_3$, $CsJO_3$, das Mineral Dysanalyt (Ca,Ce,Na) (Ti,Fe,Nb)O_3 usw. Zum Perowskittyp gehören sogar noch Doppelhalogenide wie $KMgF_3$, $KZnF_3$, $KNiF_3$, $CsCdCl_3$ und $CsHgCl_3$. Wie ersichtlich, ist die Struktur gar nicht von der Valenz der beteiligten

Ionen abhängig, nur die Summe der Kationenvalenzen ist konstant: 1 + 5, 2 + 4 oder 3 + 3. Die Kristallstruktur ist kubisch oder schwach monoklin deformiert. Jedes A-Ion (z. B. Ca^{2+}) ist umgeben von 12 Sauerstoffionen, die an den Mittelpunkten der Würfelseiten (kuboktaedrisch) gelegen sind, und jedes B-Ion (z. B. Ti^{4+}) von 6 Sauerstoffionen oktaedrisch.

Wie schon im Lichte der vorigen Beispiele zu erwarten, ist auch dieser weitverbreitete Strukturtyp nur durch die Ionenradienverhältnisse bedingt. A ist das größere, B das kleinere Kation. Ideal für die Perowskitstruktur wäre das Verhältnis

$$R_A + R_B = \sqrt{2}\,(R_B + R_O),$$

aber eine gewisse Abweichung ist gestattet, und zwar ist, wie V. M. GOLDSCHMIDT darlegte, der Toleranzfaktor in diesem Falle etwa 0,8. Ist die Abweichung größer, so erscheinen andere Strukturen. So ist die Zugehörigkeit der Jodate von K bis Cs zum Perowskittyp durch die Größe des J^{5+}-Ions erklärlich. Die entsprechenden Chlorate bilden völlig andersartige, anisodesmische Strukturen. $LiJO_3$ wieder gehört nicht hierher wegen des gar zu geringen Raumbedarfs des Lithiumions, ist aber noch immer isodesmisch.

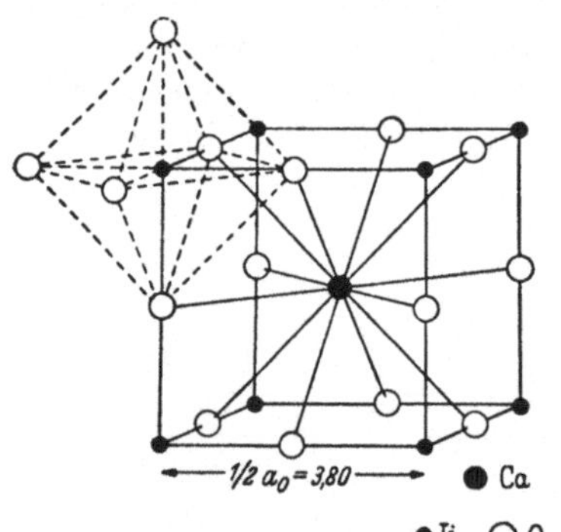

Abb. 274. Perowskit $CaTiO_3$. Links oben ist die oktaedrische Gruppe von 6 O um Ti angedeutet.

Verbindungen AB_2X_4. Der wichtigste Vertreter dieser Gruppe ist der *Spinelltyp,* zu dem zahlreiche Doppeloxyde gehören, wie der gewöhnliche Spinell $MgAl_2O_4$ und der Magnetit $Fe^{2+}Fe_2^{3+}O_4$, sowie einige Sulfide, wie der Linneit Co_3S_4 und das Meteoritmineral Daubréelith $FeCr_2S_4$. Das Grundschema der Spinellstruktur ist einfach und wurde schon 1915 durch W. L. BRAGG und S. NISHIKAWA ausgearbeitet. Die Elementarzelle umfaßt 32 X-Anionen, also acht Moleküle von AB_2X_4. Die acht A-Ionen sind tetraedrisch umgeben von vier X, und die 16 B-Ionen oktaedrisch von sechs X. Wie beim Perowskittyp ist auch hier nur die Ladungssumme der Kationen von entscheidender Bedeutung und kann sich in verschiedener Weise verteilen. So besitzen z. B. solche Verbindungen wie $Ti^{4+}Mg_2^{2+}O_4$ und $Mo^{6+}Ag_2^{1-}O_4$ auch die Spinellstruktur, obwohl bei den gewöhnlichen Spinellen A zwei- und B dreiwertig ist. Die Sauerstoffionen nehmen approximativ die Lagen der kubischen Dichtestpackung ein, und jedes X-Ion ist an ein A und drei B gebunden.

T. BARTH und E. POSNJAK fanden später, daß bei manchen Spinellen 8 B-Ionen die tetraedrischen Lagen einnehmen und die übrigen 8 B-Ionen mit den 8 A-Ionen sich statistisch homogen in die 16 oktaedrischen Positionen verteilen. Wir werden auf das besondere Problem der Spinellstruktur nicht näher eingehen, aber es sei betont, daß sich hier wieder ein Beispiel dafür zeigt, wie Grundstoffe verschiedener Valenz in den Gittern eine gleichartige Stellung einnehmen können. Bei den Ionengittern muß dabei nur elektrische Neutralität vorhanden sein.

Eine dem Spinell identische Sauerstoffpackung besitzt das γ-Fe_2O_3, dessen Struktur also von der Hämatitstruktur völlig abweicht. Bei dieser Kristallart nehmen die Fe^{3+}-Ionen die Positionen der zweiwertigen A-Ionen sowie die der dreiwertigen B-Ionen ein, es gibt überhaupt keine zweiwertigen Ionen, um die elektrische Neutralität gegenüber den O^{2-}-Ionen wiederherzustellen. Die Strukturanalyse hat nun zu dem merkwürdigen Ergebnis geführt, daß die elektrische Neutralität im spinellartigen Gitter hier ganz einfach durch Leerbleiben eines

Teiles der Kationenlagen ganz erreicht wird. Statt der normalen 24 Kationen pro Elementarzelle hat man hier nur $21^1/_3$ Fe^{3-}-Ionen, das Gitter enthält $2^2/_3$ statistisch gleichmäßig verteilte Leerplätze. Nach diesem Ergebnis kann man auch die längst bekannte Tatsache verstehen, daß der Spinell einen Überschuß von Al_2O_3 enthalten kann: Es handelt sich tatsächlich um einen Ersatz von Mg^{2+} durch Al^{3+} mit einer entsprechenden Anzahl von vakanten Positionen.

Das Auftreten von Fehlern in den Kristallstrukturen ist eine allgemeine und wichtige Erscheinung. Beim Spinelltyp haben wir also schon zweierlei Fehler kennengelernt: Erstens können Ionen an unrichtigen Lagen auftreten, und zweitens können Ionen an gewissen Lagen gänzlich fehlen, indem ihre Positionen unbesetzt bleiben. Wir werden auf solche Erscheinungen noch mehrmals zurückzukommen haben. Hier sei nur noch als ein weiteres Beispiel der Magnetkies FeS erwähnt. Die Analysen dieses Minerals ergeben häufig mehr Schwefel als der Formel entspricht, und man hatte sie früher oft Fe_6S_7 oder Fe_7S_8 geschrieben. Auch hier ist tatsächlich nicht zu viel Schwefel vorhanden, sondern zu wenig Eisen. Die großen S-Ionen bilden das starre Gitter vom Nickelarsenidtyp, und einige Kationenpositionen sind vakant.

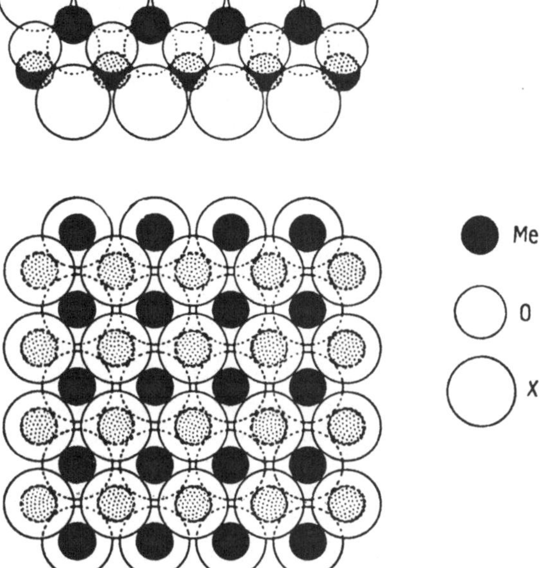

Abb. 275. Kristallstruktur der Oxyhalogenide, oben ∥ a, unten ∥ c gesehen. Metall-Sauerstoffschicht mit zwei benachbarten Halogenschichten. Der Deutlichkeit halber sind die Sauerstoffionen im unteren Teil, der den Schnitt ∥ (001) darstellt, fortgelassen worden.

Als ein weiteres Beispiel von Strukturen der Verbindungen AB_2X_4 nennen wir nur noch den *Chrysoberyll* $BeAl_2O_4$. Trotz der mit dem Spinell analogen Zusammensetzung ist die Kristallstruktur eine ganz andere. Wie schon BRÖGGER längst wahrgenommen hat, sind die rhombischen Chrysoberyllkristalle der Form und den Winkeln nach den Olivinkristallen ähnlich, und es hat sich gezeigt, daß es sich um eine wirkliche Isotypie handelt. Be^{2+} tritt in tetraedrischer Viererkoordination auf in bezug auf den Sauerstoff ganz wie Si^{4+} im Olivin, und Al^{3+} nimmt die Lage des Mg^{2+} in der Olivinstruktur ein. Nur Sauerstoff hat in den beiden Strukturen die gleiche Stellung, und beide kommen der hexagonalen Dichtestpackung der O-Ionen nahe. Diese eigentümliche Isotypie ist bedingt durch die geringe Radiuslänge des Be^{2+}-Ions. Trotz der formellen Ähnlichkeit der BeO_4-Gruppe mit der SiO_4-Gruppe gehört der Chrysoberyll jedoch nicht zu den mesodesmischen Kristallarten wie die Silicate, denn die Bindung Be—O beträgt nur ¼ der sämtlichen Bindungen an den O-Ionen.

Verbindungen AB_2X_6. Unter isodesmischen Verbindungen von dieser allgemeinen Formel nennen wir hier nur kurz die Tantalate und Niobate von Eisen und Mangan $(Fe,Mn\,Ta,Nb)_2O_6$, die zum Rutiltyp gehören. Sie sind also gleichfalls als Doppeloxyde zu bezeichnen, und sie sind isotyp mit den einfachen Titandioxydformen, in tetragonaler Ausbildung als Tapiolith und Mossit mit dem Rutil, in rhombischer Form als Tantalit und Columbit mit dem Brookit,

Rutil und Tapiolith bilden sogar Mischkristalle, den Ilmenorutil, und schon A. E. NORDENSKIÖLD wies die Existenz der Mischkristalle vom Tapiolith mit dem Kassiterit in dem Ainalith aus Tammela, Finnland, nach.

Oxyhalogenide. A. E. ARPPE, Chemieprofessor in Helsinki, hat 1844 in einer Dissertation beschrieben, wie beim Erhitzen von Wismutoxychlorid BiOCl Dämpfe von $BiCl_3$ entweichen und eine ganz andere Verbindung zurückbleibt. Diese Entdeckung wurde von mehreren Forschern bezweifelt. L. G. SILLÉN hat den alten Befund bestätigt und dieser ARPPE-Verbindung in guter Übereinstimmung mit der fast einen Jahrhundert alten Analyse von ARPPE die Formel $Bi_{24}O_{31}Cl_{10}$ zugeschrieben. Es ist dies ein etwas komplizierteres Glied einer Reihe von Wismutoxyhalogeniden, die mannigfache empirische Formeln haben, trotzdem aber sehr einfache Strukturen mit meistens tetragonaler Symmetrie und Schichtenbau nach der Basis aufweisen (Abb. 275). Öfters erhalten sie neben Wismut auch noch andere Kationen, wie Cd, Li, Na, Pb, Sr, und auch andere Metalle scheinen ähnliche Reihen zu bilden, z. B. La oder Pb mit Sb, wie der als Mineral vorkommende Nadorit $PbSbO_2Cl$. Die Oxyde PbO und SnO besitzen ebenfalls ähnliche tetragonale Strukturen wie die Metallsauerstoffschichten der Oxyhalogenide.

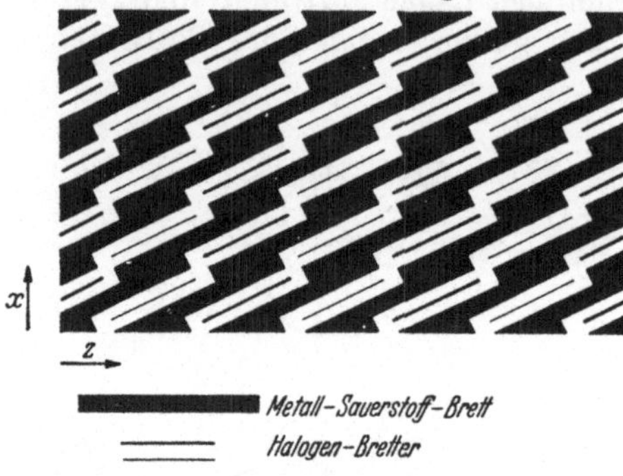

Abb. 276. Bretterbau der ARPPE-Verbindung $Bi_{24}O_{31}Cl_{10}$. Höhe der Figur = 5a ≈ 50 Å, Breite = 3c ≈ 90 Å.

Alle diese Oxyhalogenide bestehen aus Metall-Sauerstoffschichten, in welchen Sauerstoffionen beiderseits von Metallionen umgeben sind, abwechselnd mit 1, 2 oder 3 Halogenschichten. Im letzten Fall sind in die dreifache Halogenschicht jedoch noch unvollständige Metallschichten eingelagert. Diese drei Typen, von SILLÉN X_1, X_2 und X_3 genannt, können miteinander kombiniert werden, daher die Fülle der Abwechslung, wovon die folgende Zusammenstellung eine Vorstellung ermöglicht. Die ARPPE-Verbindungen sind aus bretterähnlichen Lagen von X_1-Schichten gebaut, die gegeneinander verschoben sind (Abb. 276).

Verbindungstypen	Beispiele
Metall-Sauerstoffschicht („X_0“)	PbO
Einfache Halogenschichten (X_1)	$LiBi_3O_4Cl_2$, $LiBiO_2J$
Doppelte Halogenschichten (X_2)	BiOCl, LaOCl
Dreifache Halogenschichten (X_3) [mit unvollst. Cd(Ca)-Schichten]	$Cd_{2-3x}\ Bi_{1+2x}\ O_2Cl_3$
Schichtenfolge X_1X_2	$SrBi_3O_4Cl_3$
Schichtenfolge $X_1X_1X_2$	$SrBi_2O_3Br_2$
Schichtenfolge X_2X_3	$Cd_{2-3x}\ Bi_{3+2x}\ O_4Cl_5$
Schichtenfolge $X_2X_2X_3$	$Cd_{2-3x}\ Bi_{5+2x}\ O_6Cl_7$

Die X_3-Verbindungen haben also keine bestimmten Formeln, die eingelagerten Metallionen können in wechselnden Verhältnissen auftreten. In dieser Hinsicht erinnern diese Oxyhalogenide an Legierungen. Wenn in den Metall-Sauerstoffschichten zwei verschiedenartige Metallionen vorkommen, sind sie völlig regellos vermischt. Dabei verträgt die Struktur nach SILLÉN merkwürdigerweise sehr große Unterschiede in den Ionenradien, anderseits weisen die Metallionen auch kleinere Ionenradien auf als normalerweise in Ionengittern. Trotzdem bilden die verschiedenen Verbindungen nicht isomorphe Mischungen, wohl aber parallele Verwachsungen.

Die Oxyhalogenide sind ohne Zweifel echte isodemische Ionenverbindungen, zeigen aber manche abweichende und eigenartige Züge.

b) Anisodesmische Strukturen.

Die Struktur der komplexen Anionen. Unter den anisodesmischen Kristallarten sind solche mit komplexen Anionen weitaus die häufigsten. Bei ihnen bilden kleine Kationen hoher Ladung zusammen mit Sauerstoff, Fluor oder anderen großen Anionen sehr beständige Radikale, die wegen des Überschusses der negativen Ladungen in ihrer Gesamtheit als negative Ionen wirken, in Verbindung mit anderen Kationen heteropolare Kristallarten bilden und beim Auflösen oder bei chemischen Reaktionen ohne Zerfall in andere Verbindungen übergehen. Zufolge der großen Polarisationskraft der vielwertigen Centralionen und sehr häufig besonders zufolge einer Rotation des ganzen Komplexes verhalten sich diese öfters als kugelsymmetrisch, und ihre Verbindungen mit weiteren Kationen können den heteropolaren Verbindungen einfacher Ionen strukturell ähnlich sein. Überhaupt sind deshalb die Strukturen der anisodesmischen Kristallarten in ihrer Ganzheit relativ einfach, und das Hauptinteresse wendet sich zuerst dem Bau und der Form des Komplexions zu.

Es gibt vielerlei *zweiatomige Komplexionen*, die alle linear gebaut sein müssen. Das Cyanidion $(C \equiv N)^{1-}$ befindet sich in ständiger Rotation, und manche Cyanide haben einfache Strukturen. So besitzt Kaliumcyanid Steinsalzstruktur, während das Silbercyanid wegen der größeren Polarisationskraft des Silberions eine kompliziertere Struktur zeigt. Das Carbidion $(C \equiv C)^{2-}$ rotiert nicht, und die Gruppe wirkt, als besitze sie eine wirtelige Symmetrie. Die Struktur des Calciumcarbids CaC_2 z. B. ist zufolge der Parallelorientierung der länglichen C_2-Gruppen tetragonal und kann als tetragonal deformierte Steinsalzstruktur charakterisiert werden. Dieselbe Struktur haben manche Peroxyde, wie SrO_2 und BaO_2, in denen das Peroxydion O_2^{2-} aus zwei einfach homöopolar gebundenen Sauerstoffatomen $(O - O)^{2-}$ besteht. Die chemische Verschiedenheit der Peroxyde und der Dioxyde mit vierwertigen Kationen, wie TiO_2, MnO_2, PbO_2, ist somit strukturanalytisch erklärlich.

Auch einige *dreiatomige Komplexionen*, wie CNO^{1-}, CNS^{1-}, sind linear gebaut, andere wieder geknickt, z. B. NO_2^{1-}.

In Abb. 277 sind einige mehratomige Komplexionen nach W. L. Bragg so dargestellt, daß ihre Größe in Vergleich mit einigen wichtigen einfachen Ionen sowie der Polarisationsgrad der beteiligten Atome veranschaulicht wird. Wie ersichtlich, sind die Ionen vom *Typus* BX_3 teils planar, teils pyramidal.

Zu den *planaren Komplexionen* gehören CO_3^{2-} und NO_3^{1-}. In beiden ist die innere Polarisation der Atome sehr stark und die Abstände C—O sowie N—O sind entsprechend gering, nämlich nur 1,25 resp. 1,22 Å. In den Kristallen sind die ebenen dreieckigen Gruppen alle parallel angeordnet. Als ein Beispiel betrachten wir zunächst die *Calcitstruktur* (Abb. 278), die den ditrigonal skalenoedrischen Carbonaten, aber dazu auch noch einigen Nitraten und Boraten, wie $NaNO_3$ und $ScBO_3$, eigen ist.

Die Calcitstruktur kann als eine rhomboedrisch verformte Steinsalzstruktur aufgefaßt werden. Ersetzt man die Natrium- und Chlorionen durch Calcium- und Carbonationen und plattet die kubische Elementarzelle längs einer Trigyre des Würfels etwas ab, so ergibt sich die Calcitstruktur. Diese Struktur ist durch die Ionenradienverhältnisse bedingt und entsteht bei der konstanten Größe der BX_3-Gruppe immer, wenn $R_A < 1{,}1$ Å ist. Das Calciumion steht gerade an der Grenze, dies ist der Grund, weshalb $CaCO_3$ dimorph ist. Die andere Form ist der pseudohexagonal rhombische Aragonit. Zum *Aragonittyp* gehören viele ABX_3-Verbindungen mit $R_A > 1{,}1$, wie $SrCO_3$, $BaCO_3$, $PbCO_3$. Zu diesen Verhältnissen werden wir noch später bei der ausführlichen Behandlung der Isomorphie und Morphotropie zurückkommen. Die Aragonitstruktur steht zur Nickelarsenidstruktur in einem ähnlichen Verhältnis wie die Calcitstruktur zur Steinsalzstruktur.

Gemeinsam für die anisodesmischen Strukturen mit parallelen BX_3-Gruppen ist die äußerst starke negative Doppelbrechung mit den größeren Brechungsindices immer in der Ebene des Dreiecks, wie beim Calcit und Aragonit. Sind dagegen planare Atomgruppierungen alle parallel zu einer Linie, aber nicht zueinander, so ergibt sich sehr starke positive Doppelbrechung, wie beim kristallinen Benzol und Harnstoff. — Bei manchen dieser Kristallarten findet bei höheren Temperaturen Rotation um die Normale der Ebene statt, besonders bei den Nitraten.

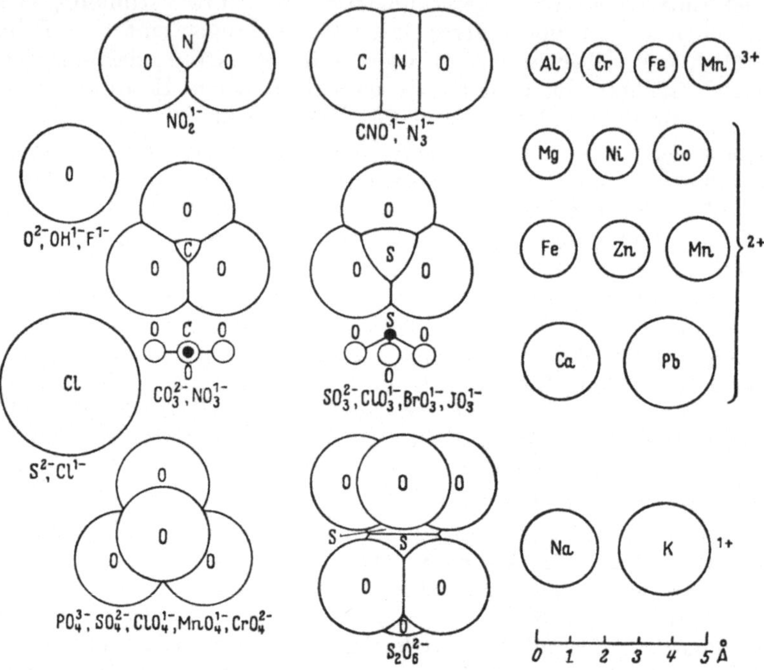

Abb. 277. Komplexanionen sowie einfache Anionen und Kationen in wahrem Maßstab gezeichnet.

Pyramidal gebaut sind die Komplexanionen SO_3^{2-}, ClO_3^{1-}, BrO_3^{1-}, JO_3^{1-}, auch noch PO_3^{3-}, SeO_3^{2-}, SbO_3^{3-} u. a. Die Strukturen der Salze dieser Anionen sind in Einzelheiten sehr verschieden je nach der Größe, Ladung und Polarisationskraft der beteiligten Kationen. Auch derartige komplexe Anionen liegen in den Strukturen parallel. Wir nennen die Struktur des *Kaliumchlorats*, die nach ZACHARIASEN der Calcitstruktur vollkommen ähnelt, aber zufolge des pyramidalen Baus des ClO_3-Ions monoklin und nicht rhomboedrisch ist. Die physikalischen Eigenschaften des Kaliumchlorats sind denen des Calcits sehr ähnlich. Wie schon oben erwähnt, besitzt das Kaliumjodat eine ganz andere Struktur und gehört wegen des größeren Raumbedarfs des Halogenkations zu den isodesmischen Kristallarten (Perowskitstruktur).

Die *Ionen vom Typ BX_4* sind meistens *tetraedrisch* gebaut, wie die in der Abb. 277 dargestellten; außer dem Sauerstoff geht auch noch Fluor in solche Komplexionen ein, wie in BF_4^{1-}. Mehr oder weniger verformte Tetraeder sind ferner die Radikale MoO_4^{2-}, WO_4^{2-}, ReO_4^{1-} und JO_4^{1-}. Die Bindungsart innerhalb des Komplexes ist homöopolar.

Die zuerst von J. A. WASASTJERNA erläuterte *Anhydritstruktur* (Abb. 279) kann für die ABX_4-Verbindungen mit tetraedrischen BX_4-Gruppen als ein einfach gebauter Vertreter gelten. Die SO_4-Gruppen treten klar hervor, und jedes Ca-Ion ist von acht O-Ionen umgeben. Wie bei den Carbonaten und Nitraten des Calciums und Natriums Isotypie vorkommt, so ist Natriumperchlorat isotyp mit dem Anhydrit. $SrSO_4$, $BaSO_4$ und $PbSO_4$ besitzen infolge der größeren Kationenradien eine andere Struktur und gehören einer von der des Anhydrits verschiedenen rhombischen Raumgruppe an.

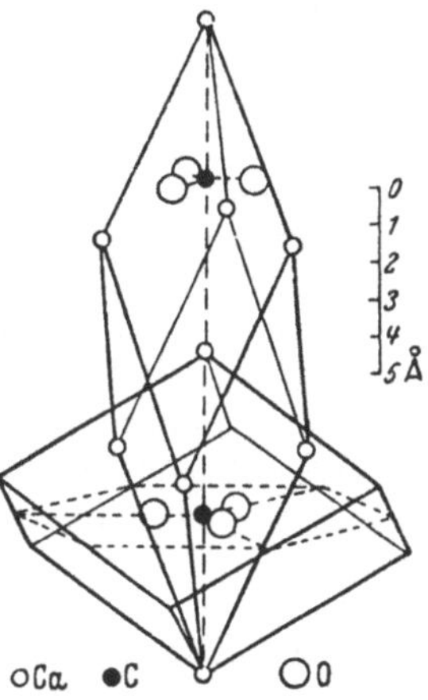

Abb. 278. Calcitstruktur. Die wahre Elementarzelle ist länglich, das von Spaltflächen begrenzte Grundrhomboeder ist im unteren Teil der Figur angedeutet.

Unter den anisodesmischen *A_2BX_4-Verbindungen* treffen wir wieder zwei verschiedene Strukturtypen an, deren Verschiedenheit durch die Radienverhältnisse bedingt ist, nämlich die Na_2SO_4- und K_2SO_4-Strukturen. Mit dem Natriumsulfat (Thenardit) isotyp sind Ag_2SO_4 und Ag_2SeO_4, weil der Radius von Ag^{1+} am nächsten mit dem des Na^{1+} übereinstimmt, mit dem Kaliumsulfat (Arcanit) isomorph oder isotyp wieder sind viele Sulfate und Chromate von großen einwertigen Kationen, wie $(NH_4)_2SO_4$ und K_2CrO_4. Beide Typen sind rhombisch, gehören aber zu verschiedenen Raumgruppen.

Diese morphotropischen Übergänge zu verschiedenen Typen beruhen also in erster Linie auf den Radien der Kationen A. Ferner ist bei den A_2BX_4-Verbindungen, wie zuerst V. M. GOLDSCHMIDT darlegte, sehr interessant zu verfolgen, wie die Vergrößerung des B-Kations von den anisodesmischen zu mesodesmischen und schließlich zu isodesmischen Kristallarten führt. Von den Strukturen von Na_2SO_4 und K_2SO_4 kommt man zuerst zu den Olivin- und Phenakitstrukturen und schließlich zur Spinellstruktur. Hierbei wirken freilich auch noch die abnehmende Polarisationskraft des B-Ions und die Entstehungstemperatur der Kristallart mit, indem Temperaturerhöhung die Stärke der Bindung innerhalb der BX_4-Gruppe herabsetzt. — Die mesodesmische Stufe kann natürlich nur verwirklicht werden, wenn B vierwertig ist (vgl. S. 175).

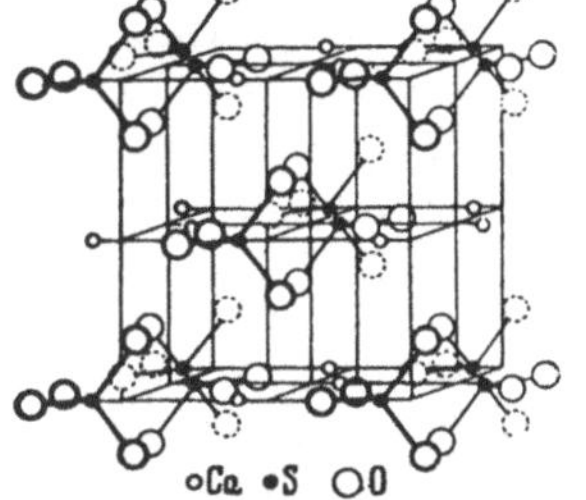

Abb. 279. Anhydrit $CaSO_4$.

Es gibt schließlich auch noch A_2BX_4-Verbindungen mit *planaren quadratischen BX_4-Gruppen*, die in den Kristallen alle parallel angeordnet sind: K_2PtCl_4. In dieser tetragonalen Kristallart liegen die ebenen Gruppen normal zur Hauptachse.

Kristallstrukturen mit BX_6^{2-}-Gruppen vom *Formeltyp A_2BX_6* sind vertreten durch komplexe Halogenverbindungen, wie K_2PtCl_6, K_2SnCl_6, Cs_2GeF_6. Sie haben alle eine oktaedrische Sechserkoordination des Halogens in der Gruppe, die sich wie ein kugelsymmetrisches einfaches Ion verhält. Diese untereinander isotypen Kristallarten besitzen Antifluoritstruktur.

Komplexe Kationen. Das bekannteste Beispiel von komplexen Kationen ist das Ammoniumion NH_4^{1+}. Es verhält sich in den Kristallstrukturen wie ein kugelsymmetrisches einfaches Ion vom Radius 1,46 Å. Bei Temperaturen oberhalb 230° befindet es sich in Rotation.

Außer dem Ammonium und dessen organischen Substitutionsderivaten gibt es kaum komplexe Kationen, die ebenso beständig wären wie die vielen komplexen Anionen. Hier zu erwähnen sind die Ammoniakverbindungen zweiwertiger Metalle, von denen besonders die des Kobalts in der Chemie bekannt sind, die aber von den hier bisher behandelten Komplexverbindungen darin wesentlich abweichen, daß sie Koordinationsstrukturen ohne elektrische Bindekräfte darstellen. Die Kationen sind von mehreren NH_3-Molekülen so umgeben, daß hochsymmetrische große Komplexkationen entstehen. So existiert in der Verbindung $Co(NH_3)_6Cl_2$ eine oktaedrische Gruppe $Co(NH_3)_6^{2+}$, und zum selben Typ gehören viele Verbindungen von der allgemeinen Formel $A(NH_3)_6X_2$, wo A ein zweiwertiges Metall Mg, Ca, Zn, Cd, Mn, Fe, Co, Ni und X ein großes einwertiges, einfaches oder komplexes Anion wie Cl^{1-}, Br^{1-}, J^{1-}, ClO_4^{1-} darstellt. Die Strukturen können einfach als Fluorittyp mit den großen komplexen Kationen charakterisiert werden. Die Funktion des Ammoniaks, das nur als eine neutrale „Platzfüllung" vorhanden zu sein scheint, liegt wohl hauptsächlich darin, die effektive Größe des an sich allein relativ kleinen Kations zu vermehren. Dadurch wird ermöglicht, daß hochsymmetrische Kristallstrukturen enstehen statt der viel weniger symmetrischen der einfachen Kationverbindungen. Die Metallammoniakionen sind auch in der Lösung beständig, und eben ihrer Entstehung verdankt man die in der analytischen Chemie wohlbekannte Löslichkeit der Salze von Mg, Zn, Cu u. a. bei Anwesenheit von Ammoniumionen in alkalischer Lösung, wo sie sonst als Hydroxyde ausfallen würden.

Die Kristallchemie hat ferner zu dem merkwürdigen Ergebnis geführt, daß auch dem sog. Kristallwasser mancher salzartigen Stoffe eine ähnliche, die effektive Kationengröße vermehrende Funktion zuzuschreiben ist. Auch solche „Hydrate" haben also gewissermaßen Komplexkationen, die aus einfachen zentralen Metallionen und sie umhüllenden Wassermolekülen in oktaedrischer, tetraedrischer oder sonst regelmäßiger Koordination bestehen. Wir werden zu diesen Strukturen in anderem Zusammenhang zurückkommen.

C. Mesodesmische Strukturen.

Die Eigenart der mesodesmischen Strukturen. Nach der Definition ist eine Kristallverbindung mesodesmisch, wenn die stärkste Bindung zwischen einem Kation und einem Anion genau die Hälfte der elektrostatischen Valenzeinheiten des Anions beträgt. Als Anion werden wir hier nur den Sauerstoff in Betracht ziehen; bei diesem zweiwertigen Ion ist folglich die Stärke der Bindung gleich der Einheitsladung. Ferner sehen wir, daß mesodesmische Verbindungen immer entstehen müssen, wenn die Koordinationsnummer eines Kations in bezug auf Sauerstoff gleich der Valenz des Kations ist. So muß das dreiwertige Bor umgeben sein von drei O, das vierwertige Silicium von vier O und das sechswertige Wolfram oder Tellur von sechs O. Mesodesmische Verbindungen kommen hauptsächlich vor unter den Boraten, Silicaten und Germanaten, während die sechswertigen Elemente größere Neigung zur Bildung anisodesmischer Verbindungen aufweisen, weil bei ihnen die tetraedrische Viererkoordination in bezug auf den Sauerstoff die Regel ist.

Weil eine Valenz bei jedem an ein Centralatom gebundenen Sauerstoffatom ungesättigt bleibt, kann sich letzteres mit dieser Valenz entweder an ein anderes Kation oder an ein anderes Centralion binden. So entstehen entweder isolierte Gruppen, wie BO_3, SiO_4, oder aber diese Gruppen binden sich gegenseitig entweder paarweise, wie $\begin{matrix}O\\O\end{matrix}\!>\!B{-}O{-}B\!<\!\begin{matrix}O\\O\end{matrix} = B_2O_5$, $\begin{matrix}O\diagdown & & \diagup O\\ O{-}Si{-}O{-}Si{-}O\\ O\diagup & & \diagdown O\end{matrix} = Si_2O_7$, zu

Ringen von drei oder mehreren Gruppen, wie

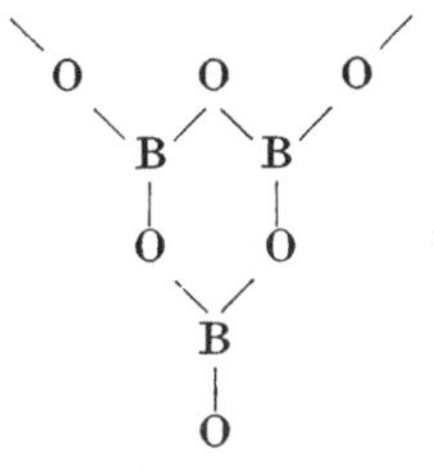

$= (B_3O_6)^{3-}$ oder 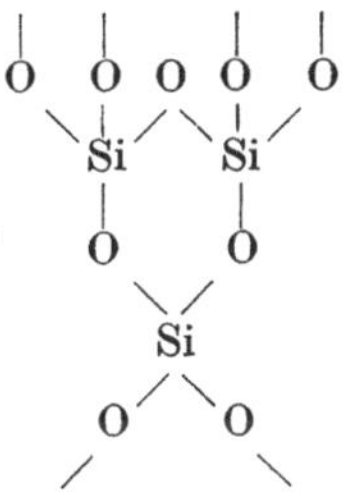 $= (Si_3O_9)^{6-}$

usw., und schließlich zu unendlichen Ketten, wie

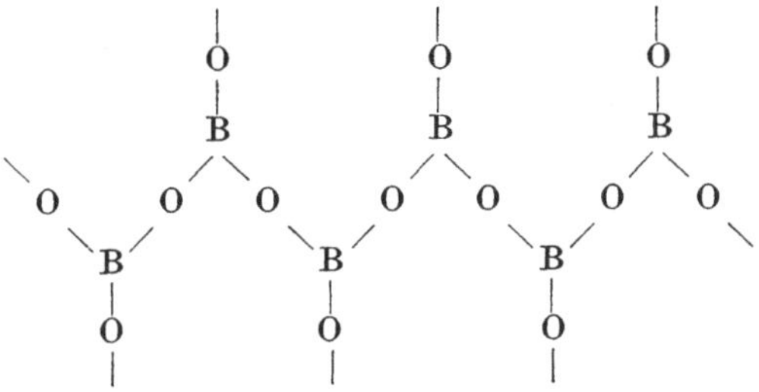

$= \infty\,(BO_2)^{1-}$

oder $= \infty\,(SiO_3)^{2-}$

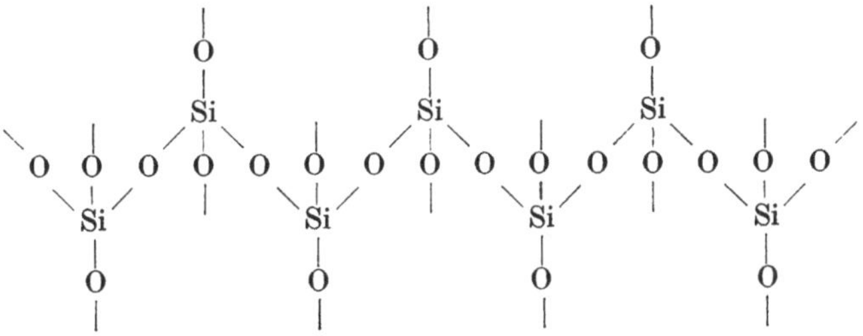

Ferner können sich die Ketten zu unendlichen zweidimensionalen Netzen binden und, bei den vierwertigen Elementen, diese noch ferner zu dreidimensionalen Gerüsten. Diese Fähigkeit zur Bildung von verschiedenen, endlichen sowie unendlichen Komplexen ist nur vorhanden bei den mesodesmischen Verbindungen und verleiht diesen einen besonderen Reichtum an verschiedenen Strukturen. Sie beruht also nur auf dem Umstand, daß genau die eine Sauerstoffvalenz durch die Bindung an das Centralatom abgesättigt wird, während die andere ein anderes Centralatom binden kann.

Bei den Orthoboraten finden sich gesonderte *isolierte BO_3-Gruppen,* die nur mittels fremder Kationen aneinander gebunden sind. Die Besonderheiten der mesodesmischen Struktur kommen deshalb nicht zur Geltung, und Orthoborate können mit Carbonaten isotyp sein, wie der rhomboedrische Nordenskiöldin $CaSn(BO_3)_2$ mit dem Dolomit; die planare Baugruppe BO_3 ist dem Carbonation CO_3 ähnlich. Dreierringe $(B_3O_6)^{3-}$ sind enthalten im Kaliummetaborat $K_3B_3O_6$ (ZACHARIASEN). Viele andere Gruppierungsmöglichkeiten sind verwirklicht in den verschiedenartigen Boraten, die meisten sind jedoch noch sehr unvollständig erforscht. Die *Kettenborate* mit einer unendlichen B—O-Kette von der Summenformel BO_2 sind recht häufig. Zu ihnen gehört das von ZACHARIASEN untersuchte Calciummetaborat CaB_2O_4. Wären alle drei Sauerstoffionen der BO_3-Gruppen zwischen verschiedenen Gruppen verteilt, so entstände ein *unendliches Netz* von der Zusammensetzung $\infty\,(B_2O_3)^0$, das Bortrioxyd. Man könnte erwarten, daß diese Verbindung ein Schichtgitter hätte, wie etwa der Graphit. Anscheinend ist aber eine solche Struktur nicht stabil, man kennt das Bortrioxyd überhaupt nicht als kristallin, sondern nur als glasig-amorph. Es ist anzunehmen, daß die Neigung zum Erstarren als Glas, die ja auch für Siliciumdioxyd charakteristisch ist, auch eine Folge der mesodesmischen Bindungsart ist, d. h. der Möglichkeit der BO_3-Gruppen sowie der SiO_4-Gruppen, sich aneinander mittels des Sauerstoffs zu binden. Diese starken Bindungen sind zum großen Teil schon in der viscosen Flüssigkeit fertig vorgebildet, und die so entstandenen unregelmäßigen Gruppierungen „frieren" bei der Abkühlung ein, ohne sich zu einem kristallinen Gitter anzuordnen.

Wir wollen nicht näher in die jetzt noch nur wenig erforschte Kristallchemie der Borate eingehen, sondern wenden uns den noch mannigfaltigeren, zur Zeit besser erforschten und mineralogisch so wichtigen Silicaten zu.

Kristallchemie der Silicate. Eine der bisherig größten Leistungen der Kristallchemie ist die Erforschung der Struktur der Silicate gewesen. Bis etwa 1928 hatte die Klärung der verwickelten, meist aus vielen Atomarten aufgebauten Strukturen als eine auf röntgenographischem Wege nicht zu bewältigende Aufgabe gegolten. Durch die Röntgenforschung wird die Lage der Atome im Gitter bestimmt. Bei einfachen Ionenverbindungen läßt sich auf Grund einmal festgestellter Ionenradienverhältnisse und der Polarisierbarkeit voraussagen, welche Strukturen zu erwarten sind, und auf Grund von Intensitätsbestimmungen von wenigen Möglichkeiten die richtige auswählen. Die Gitterkonstanten konnten mit großer Genauigkeit ($\pm$ 0,001 Å, oder $\pm$ 0,01 bis 0,1 %) bestimmt werden[1], desgleichen die Atomstellungen mit konstanten Parametern im Gitter. Dagegen war die Genauigkeit weit geringer, wenn eine Atomart veränderliche Parameter hat, und besonders dann, wenn mehrere zu bestimmende Parameter in Frage kommen. Dann ist eine Genauigkeit mit möglichen Fehlern von zwei Prozent schon gut. Da nun die Silicatstrukturen oft sehr viele zu bestimmende Parameter enthalten, deren genaue Bemessung zur Feststellung der Struktur notwendig ist, erscheint die Schwierigkeit der Aufgabe verständlich.

Die Bestimmung der Silicatstrukturen wurde überhaupt erst ermöglicht einerseits dadurch, daß es W. L. Bragg gelang, die Meßverfahren der absoluten Intensität der Röntgeninterferenzen weiter zu entwickeln, anderseits dadurch, daß vor allen anderen V. M. Goldschmidt, Linus Pauling und F. Machatschki zunächst für die einfacheren Strukturen allgemeine Grundsätze auffanden, die sich auch bei den verwickelten Silicaten bewährt haben. Von diesen Sätzen sind erstens die Ionenradientheorie von Goldschmidt anzuführen, zweitens die sog. Strukturregeln von Pauling, von denen die Regel der elektrostatischen Valenz die wichtigste ist; nach letzterer ist die negative Ladung jedes Anions abgesättigt durch die elektrostatischen Bindungen, die von den nächstgelegenen Kationen kommen. Diese Regel ist im allgemeinen auch in den komplizierten Silicatstrukturen zutreffend. Drittens war es schon zuvor klar geworden, daß die Koordination des Siliciums in bezug auf Sauerstoff tetraedrisch ist, d. h. daß das Si-Atom im Mittelpunkt des Tetraeders und an jeder Ecke desselben ein Sauerstoffatom liegt. Außerdem erklärte Machatschki 1928, auf welche Weise diese SiO_4-Gruppen in den Silicaten auftreten können, nämlich entweder getrennt oder miteinander verbunden. Soweit die SiO_4-Gruppen gesondert vorkommen, bleibt bei jedem ihrer Sauerstoffatome eine negative Valenz übrig, um durch ein Kation abgesättigt zu werden, so daß echte Orthosilicate entstehen, wie z. B. Olivin Mg_2SiO_4. Die Vereinigung der SiO_4-Gruppen in den Silicaten geschieht stets durch Vermittlung von Sauerstoff. In den organischen Verbindungen

[1] Später sind die Präzisionsbestimmungen noch vielfach verfeinert worden (vgl. S. 150).

vereinigt sich der Kohlenstoff mit Kohlenstoff unter Ketten- oder Ringbildung. Das Siliciumatom dagegen verbindet sich niemals mit einem anderen Siliciumatom, bildet aber, wie auch das Bor, durch Vermittlung des Sauerstoffs 1. eindimensionale Ketten oder Ringe, wobei jedes Siliciumatom an zwei Sauerstoffatome gebunden ist, oder 2. zweidimensionale Netze, wobei jedes Silicium- sich mit drei Sauerstoffatomen vereinigt hat, wodurch netzartige Gitter entstehen, oder 3. dreidimensionale Gerüste, in denen jedes der vier Sauerstoffatome mit zwei Si-Atomen zusammenhängt; in den Strukturen bleiben verhältnismäßig große leere Zwischenräume, der Stoff ist „porös". Derartig ist die Struktur von Quarz und den übrigen SiO_2-Formen. Die Klärung dieser Hauptzüge hat die Bestimmung der Silicatstrukturen sehr erleichtert, und daraus ergibt sich gleichzeitig die kristallchemische Einteilung der Silicate, der man sich gegenwärtig bedient und die auch der folgenden Übersicht sowie dem Beispielverzeichnis der Kristallarten zugrunde liegt.

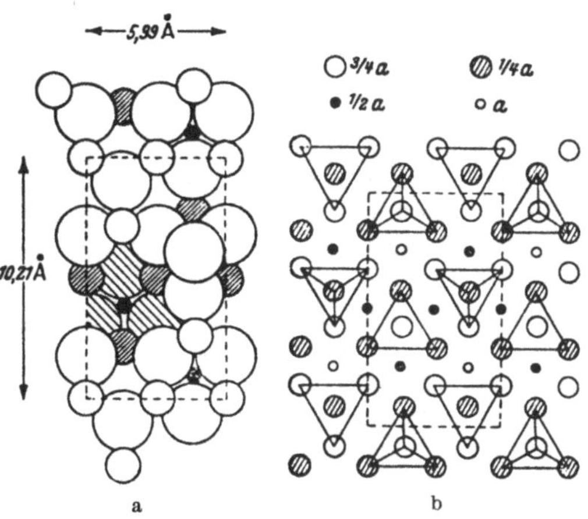

Abb. 280a und b. Olivin $(Mg,Fe)_2SiO_4$.

Die Struktur der Silicate wird oft dadurch verwickelt gestaltet, daß auch gewisse andere Elemente, wie Aluminium und ebenfalls Bor, mit Sauerstoff in Viererkoordination auftreten und die Gruppen AlO_4 und BO_4 bilden können. Al kann in den Strukturen unmittelbar das Silicium ersetzen; da es aber nur dreiwertig ist, so erfordert es außerdem ein einwertiges Kation, damit das Valenzgleichgewicht beibehalten bleibe.

V. M. GOLDSCHMIDT ist bei seiner Untersuchung von Strukturen der Germanate zu dem Ergebnis gekommen, daß das Germanium in seiner Bindungsweise dem Silicium sehr ähnlich ist und daß in den Germanaten Strukturen gleichen Typs wie in den Silicaten auftreten.

Strukturell einfachste Silicate sind somit diejenigen, die *getrennte SiO_4-Gruppen* enthalten, oder die eigentlichen *Orthosilicate.* Unter diesen wurde zuerst die Struktur des *Olivins* festgestellt. In ihm verbinden also nur die (Mg,Fe)-Ionen die SiO_4-Tetraeder miteinander, und jedes Mg-Ion ist von 6 O-Ionen oktaedrisch umgeben. Nach der elektrostatischen Regel von PAULING ist zu erwarten, daß jedes Sauerstoffion nicht allein an *ein* Si^{4+}-Ion, sondern auch an drei zweiwertige Kationen gebunden ist, da jede Si^{4+}-Bindung die Valenzstärke $^4/_4 = 1$ und jede an ein Mg^{2+}-Ion angeschlossene Bindung $^2/_6 = {}^1/_3$ Valenzeinheiten beansprucht. Damit die Valenzsumme des O-Ions 2 sei, muß also jedes Sauerstoffion mit einem Si- und drei Mg-Ionen verbunden sein. Nach dieser Auffassung wäre die Struktur des Olivins eine solche, wie Abb. 280b darstellt. Die Sauerstoffionen sind durch große Ringe, die Mg-Ionen durch kleine wiedergegeben. Die Struktur ist auf die *bc*-Ebene des rhombischen Achsenkreuzes des Olivins projiziert, so daß die *a*-Achse senkrecht zur Bildebene steht. Die mit kleinen offenen Ringen vermerkten Mg-Ionen liegen in der Höhe *a*, in der Oberseite der Elementarzelle, die mit großen offenen Ringen eingetragenen Sauerstoffionen finden sich in einer Höhe von $^3/_4\ a$, und die mit kleinen schwarzen Kreisen angegebenen Mg-Ionen in einer Höhe von $^1/_2\ a$. Die mit schraffierten großen Kreisen dargestellten Sauerstoffionen wiederum sind in einer Höhe von $1/4\ a$ gelegen. Auf diese Art bilden die Sauerstoffionen Tetraeder, deren Spitzen abwechselnd nach oben und unten gerichtet und in deren Mittelpunkten die Siliciumionen verborgen sind. Die Umrisse der Elementarzelle sind durch gestrichelte Linien eingetragen. In Abb. 280a ist dieselbe Struktur im Maßstab der Ionenradien gezeichnet zu sehen. Aus ihr ist zu entnehmen, daß die Sauerstoffionen im Olivinkristall in fast dichtester Packung liegen. Ihrer Symmetrie nach nähert sich die hier auftretende Packungsweise der hexagonalen dichtesten Packung, von der weiter unten die Rede sein wird.

Dem Olivin nahe verwandte Strukturen besitzt die sonderbare Gruppe der Chondroditmineralien. Der *Chondrodit* selbst ist monoklin, seiner Zusammensetzung nach $Mg(F,OH)_2 \cdot Mg_2SiO_4$. Schon früh kannte man als Minerale außerdem den rhombischen *Humit* und den monoklinen *Klinohumit*, von denen ersterer drei und letzterer vier Mg_2SO_4-Gruppen je $Mg(F,OH)_2$ enthält. An dieser Reihe hatte man schon früh die kristallographische Regelmäßigkeit erkannt, daß das Kristallachsenverhältnis $a:b$ fast dasselbe ist, $c:b$ aber im rationalen Verhältnis 5:7:9 (Tabelle auf der nächsten Seite) wächst.

Daher sagten Penfield und Hove (1892) voraus, daß ein weiteres Glied dieser Reihe zu erwarten wäre, bei dem $c:b$ zu den vorhergehenden in dem Verhältnis 3 stände und dessen Zusammensetzung $Mg(F,OH)_2 \cdot Mg_2SO_4$ wäre. Bald danach vermeinte Sjögren einen derartigen Stoff gefunden zu haben und nannte das neue Mineral Prolektit (d. h. Vorausgesagtes). Geijer fand später (1926) ein anderes Mineral, das diese „vorausgesagte" Zusammensetzung und die entsprechenden Eigenschaften besaß, und er bezeichnete es als Norbergit. Sjögrens „Prolektit" erwies sich statt dessen bei erneuter Untersuchung als gewöhnlicher Chondrodit. Norbergit hat man später an vielen Stellen angetroffen, u. a. in Pargas, Finnland. Auf Grund der Lichtbrechung läßt er sich leicht vom Chondrodit unterscheiden, obgleich er sonst an diesen erinnert.

Der erst 1926 entdeckte Norbergit beendet die teilweise isomorphe Reihe der Chondroditmineralien.

Mineral	Zusammensetzung	Kristall-symmetrie u. Raumgruppe	$a:b:c$	Verhältniszahl von c
Forsterit	Mg_2SiO_4	Rhomb. D_{2h}^{16}	1,0735 : 1 : 0,6296	1
Norbergit ...	$Mg(F,OH)_2 \cdot 1\ Mg_2SiO_4$	Rhomb. D_{2h}^{16}	1,0803 : 1 : 1,8861	3
Chondrodit ..	$Mg(F,OH)_2 \cdot 2\ Mg_2SiO_4$	Monokl. C_{2h}^{5}	1,0863 : 1 : 3,1447	5
Humit	$Mg(F,OH)_2 \cdot 3\ Mg_2SiO_4$	Rhomb. D_{2h}^{16}	1,0802 : 1 : 4,4033	7
Klinohumit .	$Mg(F,OH)_2 \cdot 4\ Mg_2SiO_4$	Monokl. C_{2h}^{5}	1,0803 : 1 : 5,6588	9

Die Kristallstrukturforschung hat nunmehr eine entsprechende Verwandtschaft in den Atomstrukturen der Chondroditminerale enthüllt. In den Maßen der Elementarzellen bestehen bei der c-Achse dieselben Verhältnisse wie bei den Kristallachsen: sie sind ganze Vielfache von ca. 1,45 Å. Alle Strukturen sind fast hexagonale dichteste Packungen von O- und F-Ionen. In den Strukturen finden sich mit dem Olivinbau übereinstimmende Gebiete, aber sie sind durch hydroxyl- oder fluorhaltige Schichten voneinander getrennt, und Si ist nirgends unmittelbar mit dem Fluor oder Hydroxyl verbunden. Schon aus dem Gesagten geht hervor, daß es von der Anzahl der Mg_2SiO_4-Schichten abhängig ist, ob die Struktur rhombisch oder monoklin wird: Sind diese in gerader Zahl (2 oder 4) vorhanden, so ist bc keine Symmetrieebene (monoklin), ist ihre Zahl ungerade (1 oder 3), so ist bc Symmetrieebene (rhombisch).

Sonstige aus getrennten SiO_4-Gruppen bestehende Silicate sind die in der rhomboedrischen Symmetrieklasse kristallisierenden, einander isomorphen Mineralien *Phenakit* Be_2SiO_4 und *Willemit* Zn_2SiO_4; in diesen liegen sowohl die Metall- als auch die Si-Ionen innerhalb Sauerstofftetraedern, und jedes Sauerstoffion gehört gleichzeitig zu drei Tetraedern, von denen zwei ein Be-Ion und eins ein Si-Ion einschließt. Ferner umfaßt derselbe Silicattyp den monoklinen *Titanit* $CaTiSiO_5$, den rhombischen *Topas* Al_2 (OH,F_2) SiO_4, und das Aluminiumsilicat Al_2SiO_5 in den Formen des *Sillimanits* (rhombisch), *Andalusits* (rhombisch) und *Disthens* (triklin). Letztere sind durch die Bindungsweise des Aluminiums voneinander unterschieden. Auch in den Granatmineralien, R_3^{2+} R_2^{3+} Si_3O_{12}, sind die SiO_4-Gruppen gesondert; die kubische Elementarzelle des Granats umfaßt 96 gleichwertige O-Atome. Als ein weiteres Beispiel erwähnen wir den tetragonalen *Zirkon* (Abb. 281), der ganz andersartige Struktur hat als der Rutil, dem er nach der tetragonalen Form und dem Achsenverhältnis ähnelt.

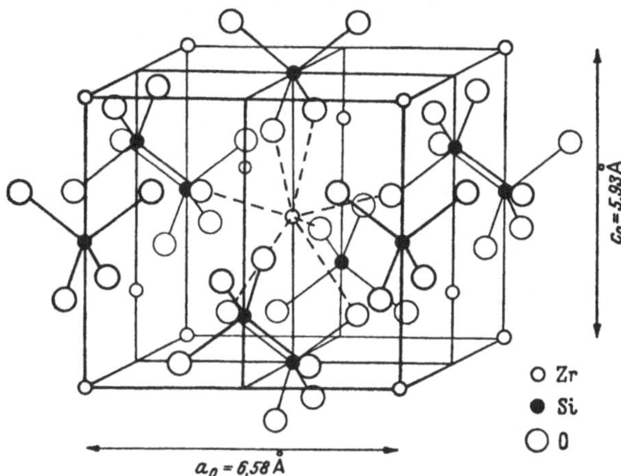

Abb. 281. Struktur des Zirkons.

Zwei miteinander verbundene SiO_4-Gruppen enthält die Struktur des monoklinen *Thortveitits* $Sc_2Si_2O_7$, in der also die Doppelgruppe $Si_2O_7^{6-}$ (Abb. 282b) auftritt. Drei Sauerstoffatome sind zu einem Dreierring, $Si_3O_9^{6-}$ (Abb. 282c) vereinigt im *Benitoit* $BaTiSi_3O_9$, welches seltene Mineral wir als einzigen bekannten Vertreter der ditrigonal bipyramidalen Symmetrieklasse kennengelernt haben. Ein Viererring kommt wahrscheinlich in den Mineralien der *Neptunitgruppe* vor; ein Fünferring ist unbekannt, aber der Sechserring $Si_6O_{18}^{12-}$ ist durch den *Beryll* $Be_3Al_2Si_6O_{18}$ (Abb. 282e) gut vertreten. Hierher gehört auch der *Cordierit* $Mg_2Al_4Si_5O_{18}$, wo ein Al ein Si ersetzt: $Mg_2Al_3(AlSi_5O_{18})$.

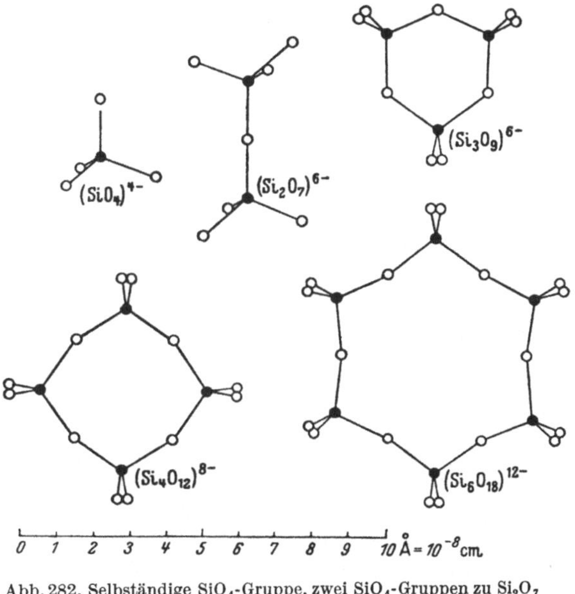

Abb. 282. Selbständige SiO_4-Gruppe, zwei SiO_4-Gruppen zu Si_2O_7 zusammengebunden (Thortveitit), Dreierring (Benitoit), Viererring (Apophyllit) und Sechserring (Beryll).

Kennzeichnend für die oben beschriebenen, aus getrennten SiO_4-Gruppen oder aus Zusammenschlüssen von einigen solchen Gruppen entstandenen Silicate sind große Härte, Lichtbrechung und Formenenergie sowie in Magmagesteinen bei manchem die frühe Kristallisation. Die meisten der silicatischen wertvollen Edelsteinminerale gehören zu dieser Gruppe (Beryll, Olivin, Zirkon, Granat, Phenakit; auch der Benitoit wäre als Edelstein brauchbar). Daher können die Silicate dieser Gruppe als *Edelsilicate* bezeichnet werden.

H. Strunz nennt die Silicate mit gesonderten SiO_4-Gruppen *Nesosilicate* (griech. νῆσος = Insel), während die Silicate, welche aus einer begrenzten Anzahl von Atomen bestehende Gruppen enthalten, nach ihm *Sorosilicate* (griech. σωρός = Gruppe) heißen.

Da bei den Nesosilicaten, die nur gesonderte SiO_4-Gruppen enthalten, die für die Silicate eigene Fähigkeit zur Bildung größerer Atomkomplexe mittels des Sauerstoffs nicht zur Anwendung kommt, tritt ihre mesodesmische Natur in keinerlei Weise in Erscheinung. Folglich können Nesosilicate isotyp sein mit chemisch ganz andersartigen Verbindungen der isodesmischen und anisodesmischen Strukturklassen, die Elemente verschiedener Valenzen enthalten. F. Machatschki, H. Strunz u. a. haben dafür in der letzten Zeit immer mehr

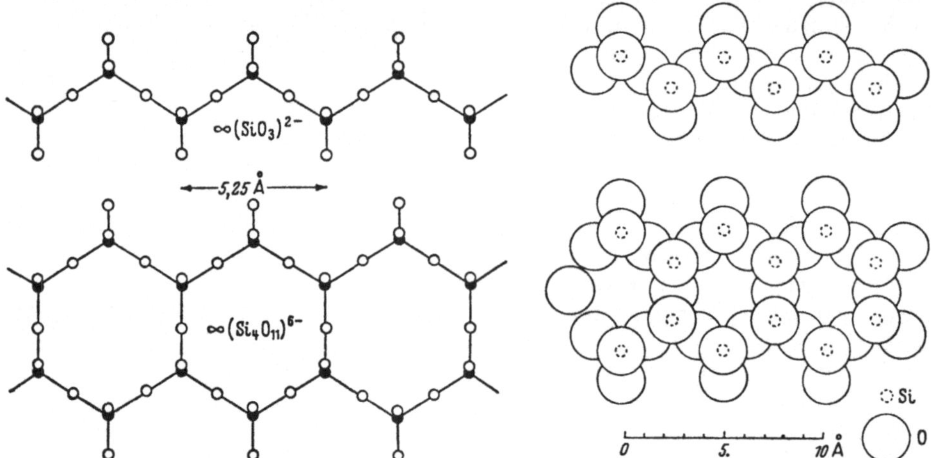

Abb. 283. (SiO_3)-Kette, Pyroxen, und (Si_4O_{11})-Band, Amphibol.

Abb. 284. Pyroxenkette und Amphibolband im Maßstab gezeichnet.

Beispiele anführen können. Wir nennen nur einige: Mit Olivin isotyp sind Chrysoberyll Al_2BeO_4, Triphylin $Li(Fe,Mn)PO_4$ und Na_2BeF_4; mit Andalusit Libethenit $Cu_2(OH)PO_4$ und Olivenit $Cu_2(OH)AsO_4$; mit Granat Kryolithionit $Na_3Al_2(LiF_4)_3$, Berzeliit $NaCa_2(Mg,Mn)_2(AsO_4)_3$ und die Verbindung $Na_3Al_2(PO_4)_3$; mit Zirkon Xenotim YPO_4; mit Titanit Tilasit $CaMgFAsO_4$ und Durangit $NaAlFAsO_4$.

Die Nesosilicate sind ferner physikalisch charakterisiert durch ihre relativ große Dichte, was in Übereinstimmung mit der dichten Gitterpackung steht. Wie zu erwarten, gilt dies gar nicht für die Ringsilicate, wie Beryll oder Cordierit. Diese beiden schließen in ihrer Struktur Sechsringe ein, deren Ebenen parallel der Basis gelegen sind und in der Richtung der c-Achsen derart übereinander liegen, daß offene Kanäle zustande kommen. Die ganzen Strukturen sind porös, leicht, an die der Gerüstsilicate erinnernd. Fremde neutrale Atome, wie Helium, können in den Kanälen eingebaut sein; in letzter Zeit wurde sogar behauptet, daß Kaliumionen im Cordierit so enthalten sein könnten, wobei jedoch zunächst ungeklärt bleibt, wie der so entstandene Überschuß an positiven Ladungen neutralisiert wird.

Kettensilicate, Pyroxentyp (*Metasilicate*). Sowohl in den *rhombischen* als auch in den *monoklinen Pyroxenen* sind die SiO_4-Gruppen durch Vermittlung des Sauerstoffs zu unendlichen Ketten verknüpft (Abb. 283 und 284 oben). Zwei benachbarte Tetraeder haben stets ein gemeinsames Sauerstoffatom, so daß von zweien der vier O-Atome *eines* Tetraeders die freie Valenz an die Kettenbindung abgegeben ist und nur bei zweien eine negative Ladung frei ist, um durch Kationen gebunden werden zu können; als Zusammensetzung der Kette ergibt sich $\infty\ (SiO_3)^{2-}$, und der Stoff in seiner Gesamtheit nimmt die Zusammensetzung eines Metasilicats an, wie z. B. Enstatit $\infty\ (MgSiO_3)$, Diopsid $\infty[CaMg(SiO_3)_2]$, Jadeit $\infty\ [NaAl(SiO_3)_2]$ und Ägirin $\infty\ [NaFe^{3+}(SiO_3)_2]$.

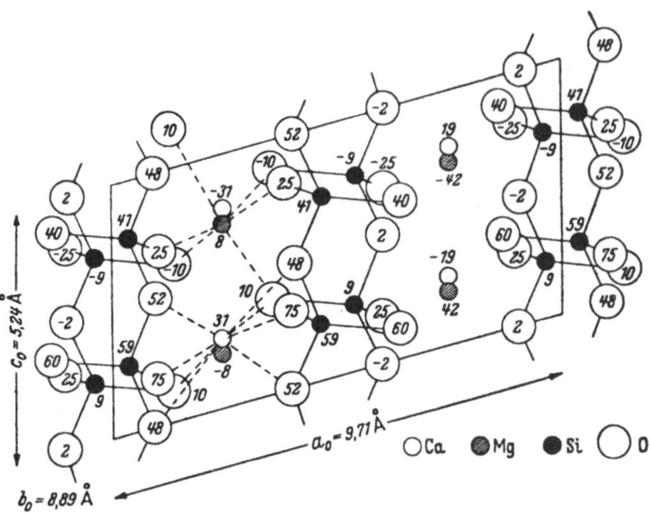

Abb. 285. Diopsid $\infty\ [Ca(Mg,Fe)(SiO_3)_2]$. Projektion auf (010). Die $\infty\ (SiO_3)$-Ketten verlaufen parallel c_0. Links oben ist die oktaedrische Sechserkoordination des O um Mg, links unten 8 O um Ca angedeutet.

Bandsilicate, Amphiboltyp. Für die *Amphibole* ist es kennzeichnend, daß die Silicium-Sauerstoff-Ketten paarweise zu Bändern vereinigt sind, und zwar derart, daß außer den aus jeder zweiten SiO_4-Gruppe zu der Kettenbindung benutzten Sauerstoffatomen ein drittes mit dem Silicium der benachbarten Kette gebunden ist (Abb. 283 und 284 unten). Als Zusammensetzung des Bandes ergibt sich somit $\infty\ (Si_4O_{11})^{-6}$. Früher hielt man die Amphibole im allgemeinen für Metasilicate, als Formel des Anthophyllits wurde z. B. $MgSiO_3$ geschrieben. Die röntgenographische Kristallstrukturforschung (Warren 1928) hat jedoch die Zusammensetzung als andersartig erwiesen, und die neue Formel stimmt, wie Kunitz erwies, auch besser überein mit den Analysen. Die (Si_4O_{11})-Ketten werden durch die Kationen zusammengehalten, und mit diesen sind außerdem (OH,F)-Ionen verbunden. Anthophyllit ist demgemäß

Abb. 286. Diopsid. Strukturmodell im Maßstab. Die großen weißen Kugeln sind O-Ionen, die kleineren dunklen Ca- und die grauen Mg-Ionen. Die kleinen (schwarzen) Si-Ionen in der Mitte der Tetraeder-Gruppen sind kaum sichtbar.

$\infty\ [(OH,F)_2(Mg,Fe)_7(Si_4O_{11})_2]$,

Tremolit $\infty\ [(OH,F)_2Ca_2Mg_5(Si_4O_{11})_2]$. Schon in den Pyroxenen (im Augit) und in noch höherem Maße in den Amphibolen kann Si teilweise durch Al ersetzt werden. Die Formel der Hornblende gibt MACHATSCHKI mit ∞ $[(OH,F)_2(Ca,Na)_2(Al, Fe^{2+},Mg)_5\{(Si,Al)_4O_{11}\}_2]$ wieder.

Die Verwandtschaft der Pyroxen- und Amphibolgruppen ist seit lange bekannt. Die Kristallstrukturforschung hat diese Verwandtschaft erklärt und weitere ähnliche Züge herausgestellt. Bei beiden verlaufen die Ketten und Bänder parallel der c-Achse, und bei beiden ist die Höhe (c_0) der Elementarzelle dieselbe, nämlich 5,25 Å, welcher Betrag fast das Vierfache des Sauerstoffionenradius, 1,32 Å, ausmacht.

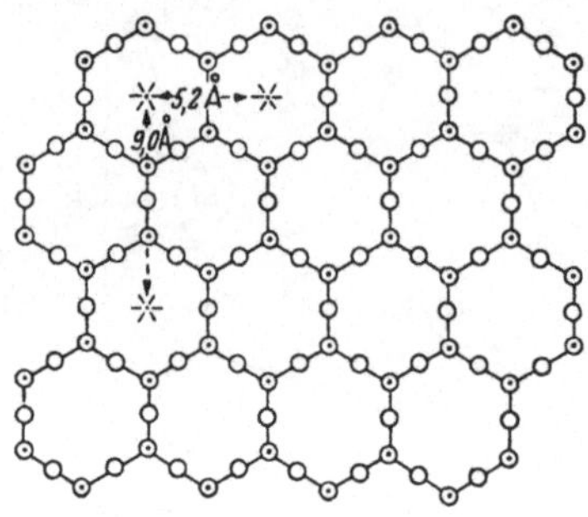

Abb. 287. Netzstruktur glimmerartiger Stoffe.

Die Bindung von Sauerstoff mit Silicium ist viel fester als die von Sauerstoff mit irgendeinem Kation; daher ist bei den Pyroxenen wie auch bei den Amphibolen die Kohäsion in der Richtung der c-Achse am stärksten und sind die Spaltrichtungen prismatisch. Aus den Strukturmodellen geht schon des weiteren hervor, warum bei den Pyroxenen der Winkel zwischen den Spaltrichtungen 94° und bei den Amphibolen 124° beträgt, da nämlich nur so die Gitter zerbrochen werden können, ohne die Si—O-Bindungen zu zerreißen. Auch die vollkommenere Spaltbarkeit der Amphibole wird verständlich, ebenso ihre Fähigkeit, eine faserige oder asbestartige Gestalt anzunehmen, welche technisch wichtige Eigenschaft gerade die Bandbindung vorauszusetzen scheint. Auch der *Serpentinasbest* oder *Chrysotil* enthält nach BRAGG und WARREN Si_4O_{11}-Bänder.

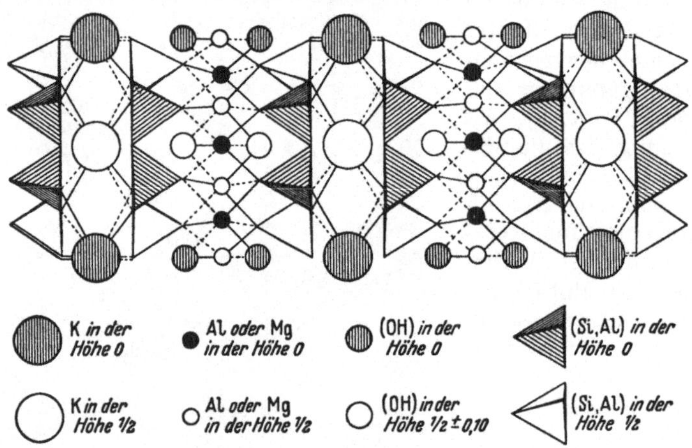

Abb. 288. Struktur des Muskovits.

Die Ketten- und Bandsilicate sind beide weicher als die durch eine oder einige SiO_4-Gruppen gekennzeichneten Edelsilicate, dagegen aber weniger spröde, d. h. zäh.

STRUNZ nennt die Ketten- und Bandsilicate zusammen *Inosilicate* (griech. ἰς, gen. ἰνός = Faser).

Netzsilicate, Glimmertyp. Von den Bändern her kann die Verknüpfung der Ketten des weiteren derart fortgesetzt werden, daß drei der Sauerstoffionen jeder SiO_4-Gruppe eine Brücke zu den Gruppen der Nachbarketten bilden und nur eines durch Kationen abzusättigen ist. So ergibt sich das kennzeichnende

$\infty (Si_2O_5)^{-2}$-Netz (Abb. 287), dessen Struktur die pseudohexagonale Kristallform der glimmerartigen Minerale ohne weiteres verständlich macht.

Das in der Zusammensetzung einfachste glimmerartige Silicat ist der *Talk* $\infty (OH)_2Mg_3(Si_4O_{10})$. In den meisten übrigen wird Si zum Teil durch Al ersetzt, wobei zugleich, da die elektrostatische Valenz des Al-Ions nur 3 und nicht 4 ist, je Al-Atom eine negative Valenz frei bleibt, zu ihrer Bindung ist ein einwertiges Kation erforderlich. In den eigentlichen *Glimmern* übernimmt K diese Funktion, im *Chlorit* Mg, im *Margarit* Ca, im *Paragonit* Na. Im Muskovit ist $^1/_4$ der Si-Ionen durch Al ersetzt; die Strukturformel heißt demgemäß: $\infty (OH)_2Al_2(Si_3AlO_{10})\cdot K$. Im Margarit sind die Si-Ionen zur Hälfte durch Al ersetzt, und die Formel lautet: $\infty (OH)_2Al_2(Si_2Al_2O_{10})\cdot Ca$. *Kaolin* enthält außerhalb der Tetraedernetze als Anionen mehr (OH)-Ionen; seine Formel ist $\infty (OH)_4Al_2(Si_2O_5)$.

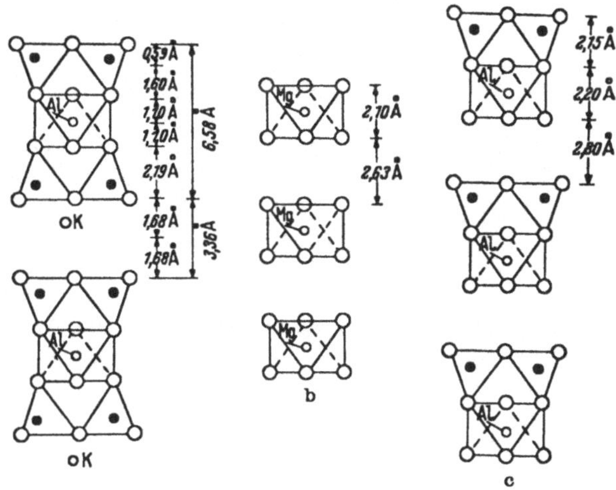

Abb. 289. Strukturschema von Glimmer, Brucit und Kaolin.

Charakteristisch für alle Netzsilicate sind deren geringe Härte und die Biegbarkeit der Spaltschuppen. Darauf, daß Si—O-Bindungen nur in der Ebene des Netzes liegen und die verschiedenen Netze nur durch die schwächeren Sauerstoff-Kationenbindungen zusammengehalten werden, boruht die außerordentlich vollkommene Spaltbarkeit der Netzsilicate nach der Basis. Abb. 288 zeigt die Struktur des Muskovits normal zu den Schichtflächen projiziert; die SiO_4-Gruppen sind als Tetraeder gezeichnet. Denkt man sich die Tetraeder als dreiseitige Pyramiden, so sind die Basen der Pyramiden gegeneinander gerichtet, und zwischen diesen liegen schichtenweise die K-Ionen, jedes von zwölf Sauerstoffionen der vier Tetraederbasen umgeben, aber nur mit einer Valenzeinheit an diese gebunden. Die an den Apices der Tetraeder gelegenen O-Ionen wieder sind mit je einer Valenz an die Al-Ionen [im Biotit an (Mg,Fe)-Ionen] fest gebunden. Außer den genannten netzförmigen Schichten enthalten die glimmerartigen Stoffe ähnliche hydroxylhaltige Schichten (Oktaedernetze), die auch in den reinen Hydroxyden zwei- und dreiwertiger Metalle, z. B. im Brucit $Mg(OH)_2$ und im Hydrargillit $Al(OH)_3$, wie auch in vielen Salzen der polarisierbaren Halogenide, z. B. in $MgBr_2$ (Abb. 255), anzutreffen sind. Sie alle sind Schichtgitter. Abb. 289 zeigt nach PAULING das Strukturschema vom Glimmer verglichen mit dem des Brucits und Kaolins. Beim Chlorit treten Brucitschichten statt der K-Schichten zwischen die aus Si, Al und O talkähnlich gebauten Schichten, wobei die einzelnen Schichten durch schwache entgegengesetzte Aufladungen aneinander gebunden werden.

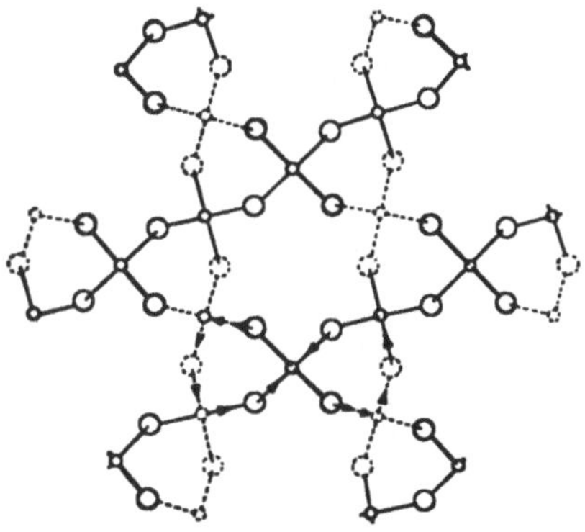

Abb. 290. α-Cristobalit SiO_2.

Nach STRUNZ heißt die Gruppe der Netzsilicate *Phyllosilicate* (griech. φύλλον = Blatt).

Gerüstsilicate, Feldspattyp. Die Kristallstrukturforschung hat zu dem überraschenden Ergebnis geführt, daß Quarz und Feldspate zu demselben Haupttyp gehören; man sagt, der Quarz sei ein aluminium- und alkalifreier Feldspat. Der Sachverhalt leuchtet ein, wenn wir die Si—O-Bindung noch weiter als beim Glimmertyp fortgesetzt denken. Wenn auch das vierte O-Ion mit einer anderen SiO_4-Gruppe verbunden ist, so ist jedes Sauerstoffatom zwei Si-Atomen gemeinsam, und die Struktur ist elektrostatisch abgesättigtes ∞SiO_2. Seine verschiedenen Formen, Quarz, Tridymit und Cristobalit, von denen jede außerdem α-, β- usw. Formen bildet, sind in der Anordnung der Gruppen voneinander unterschieden, wenn auch alle einander darin gleich, daß die Sauerstoffatome die Si-Atome tetraedrisch umgeben und daß die zwei Valenzen jedes Sauerstoffions mit je $^1/_4$ Valenz des Siliciums in verschiedenen Tetraedern abgesättigt sind. Strukturell am symmetrischsten ist der kubische α-Cristobalit (Abb. 290). Bei beiden Quarzformen, dem Hochquarz und Tiefquarz (Abb. 291), ist die Anordnung der SiO_4-Gruppen schraubenartig. Bei allen bleiben im Gitter verhältnismäßig große leere Räume, die Struktur ist porös, die Dichte gering und außerdem bei den verschiedenen Formen sehr verschieden groß: beim Quarz 2,65, beim Tridymit 2,27, beim Cristobalit 2,35. Die Härte ist beträchtlich. Deutliche Spaltrichtungen treten nicht auf.

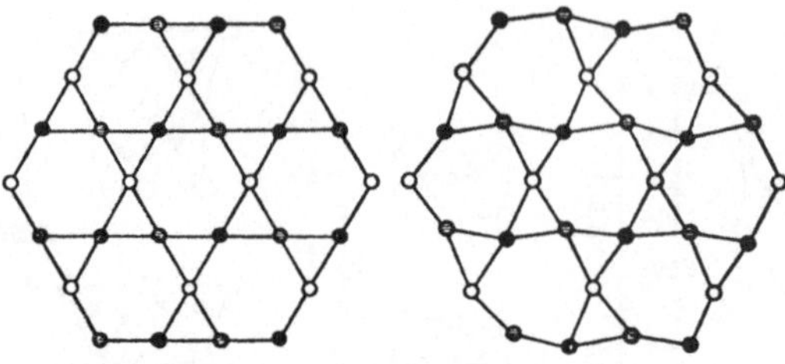

Abb. 291. Hochquarz- (*a*), Tiefquarzstruktur (*b*). Nur die Si-Ionen sind gezeichnet, projiziert auf (0001).

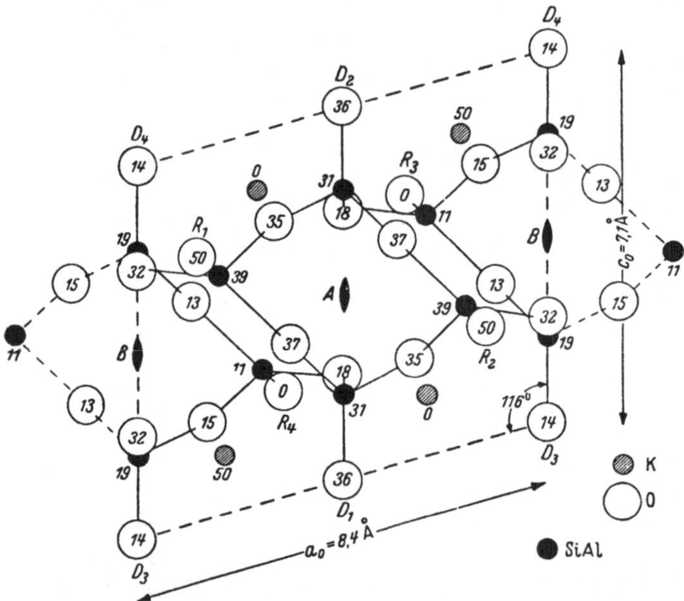

Abb. 292. Orthoklas. Projektion auf (010). Nur die Atome im unteren Teil der Elementarzelle sind gezeichnet. Parallel a_0 verlaufen Ketten, die aus Viererringen von Si und O gebildet sind.

In der SiO_2-Struktur kann ein großer Teil, bis zur Hälfte der Si-Atome, durch Aluminium ersetzt werden. Es bilden sich AlO_4-Gruppen, wobei stets je Al-Atom eine negative Ladungseinheit frei wird und zur Absättigung gleich viele positive Kationenladungseinheiten erforderlich sind. Wird jedes vierte Si durch Al ersetzt und der Valenzausfall durch Alkalimetallionen ausgeglichen, so ergibt sich Kalifeldspat $\infty K(AlSi_3O_8)$ oder Albit $\infty Na(AlSi_3O_8)$. Wenn jedes dritte Si gleicherweise ersetzt wird, erhält man Leucit $\infty K(AlSi_2O_6)$. Es kann auch jedes zweite Si vertreten werden; der Ausfall läßt sich dann auch durch ein zweiwertiges oder zwei einwertige Kationen ausgleichen. Man kommt zum Nephelin ∞ $Na(AlSiO_4)$, Anorthit ∞ $Ca(AlSiO_4)_2$ und Celsian ∞ $Ba(AlSiO_4)_2$.

Die Struktur der Feldspate ist in den Hauptzügen bekannt (Abb. 292 und 293). Die zueinander fast oder völlig senkrechten Spaltrichtungen sind die einzigen Richtungen, in die die Struktur zerlegt werden kann, ohne daß die Si-O-Bindungen zerbrechen. Die Gerüstartigkeit der Struktur tritt wiederum in der geringen Dichte hervor. In einem Fall ist Gelegenheit gegeben zu sehen, wieviel lockerer die Feldspatpackung z. B. gegenüber der Kettenpackung des Pyroxens ist, wenn nämlich derselbe Stoff einerseits als Gerüstsilicate, Albit und Nephelin, andererseits als Kettensilicat, Jadeit, kristallisieren kann:

$$Na(AlSi_3O_8) + Na(AlSiO_4) = 2\,NaAl(SiO_3)_2$$

	Albit +	Nephelin	Jadeit
Dichte . . .	2,605	2,60	3,30

Der Feldspatgruppe anzuschließen sind die schon angeführten „Feldspatvertreter" Leucit, Nephelin und gewisse andere Minerale, in denen das Gitter außerdem andere Anionen aufnimmt, z. B. Sodalith ∞ $Na_4(AlSiO_4)_3Cl$, Cancrinit ∞ $CaNa_3(AlSiO_4)_3CO_3$, Skapolith ∞ $(Na, Ca)_4[(Si, Al)O_2]_{12}$ (Cl, SO_4, CO_3, OH).

Ferner hat die Kristallstrukturforschung erwiesen, daß auch die Zeolithe hinsichtlich ihres Gerüstwerkes dem Feldspattyp zuzuzählen sind, aber ihre Struktur ist noch poröser, gleichsam aufgebläht, und die Hohlräume des Gittergerüstes sind von Wassermolekülen eingenommen. Der Analcim z. B. erhält die Formel ∞ $Na\,(Al\,Si_2\,O_6) \cdot H_2O$, der Natrolith $\infty Na_2(Al_2Si_3O_{10}) \cdot 2H_2O$. Das Wasser kann durch Erhitzen leicht entfernt werden, ohne daß das Gitter zerbricht, und der Stoff kann es wieder absorbieren oder auch andere Flüssigkeiten aufnehmen. Auch können in diesen höchst lockeren Silicatgittern die Kationen leicht durch andere, auch größere Kationen ersetzt werden.

Abb. 293. Sanidin. Strukturmodell. Die weißen großen Kugeln sind O-Ionen, die dunklen (K,Na)-Ionen. Die Si-Ionen stecken in der Mitte der O-Tetraeder.

Nach der Nomenklatur von H. Strunz heißen diese Silicate *Tektosilicate* (griech. τεκτωνεῖα = Fachwerk).

Oben sind für die bisher untersuchten Silicate neue Strukturformeln verwendet worden. Im folgenden werden wir der Bequemlichkeit halber auch weiterhin empirische, sog. Molekülformeln benutzen, doch sei bemerkt, daß die Moleküle in diesen nicht selbständig vorhanden sind.

d) Wasserstoffverbindungen.

Eis und Wasser. Wie schon wiederholt erwähnt, verhält sich das Wasserstoffkation H^{1+} in den Kristallstrukturen wie ein Kraftzentrum ohne Ausdehnung. Da es jedoch die Einheitsladung $+e$ besitzt, ist seine polarisierende Wirkung auf die Anionen, mit denen es in Verbindung eingeht, recht stark und in mancher Hinsicht einzigartig. Vor allem macht sich manchmal ein starkes Dipolmoment geltend. Gruppen oder Moleküle, wie das Ammoniumion NH_4^{1+}, das Hydroxylion $(OH)^{1-}$ und das Wassermolekül H_2O können sich in Kristallstrukturen zwar wie kugelsymmetrisch verhalten, und das Wassermolekül sowie das Hydroxylion haben fast denselben Radius wie das Sauerstoffion allein, aber meistens entstehen dank der Anwesenheit des Wasserstoffs andersartige Strukturen als sonst. Die Wirkung besonderer Art zeigt sich recht typisch schon beim Eis und Wasser.

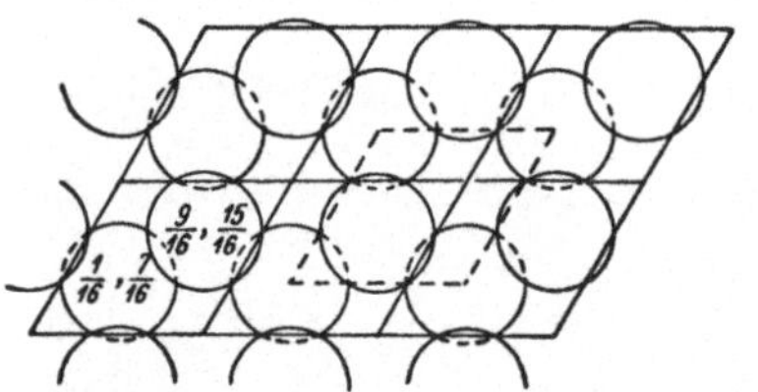

Abb. 294. Struktur des Eises H_2O.

Die hexagonale Struktur des *Eises* (Abb. 294) kommt zustande durch die Anordnung der einfachen Wassermoleküle mit dem Radius 1,38 Å, deren Positionen im Gitter im wesentlichen ähnlich wie die der Siliciumionen im β-Tridymit sind. Im Molekül selbst sind die elektrischen Ladungen tetraedrisch verteilt, so daß zwei Regionen positiver und zwei negativer Ladung von je $^1/_2$ Einheit an den entgegengesetzten Eckenpaaren des Tetraeders vorhanden sind. Diese Verteilung wirkt wieder so, daß eine tetraedrische Anordnung der Moleküle selbst im Eiskristall zustande kommt, und zwar so, daß jeweils in zwei benachbarten Molekülen die entgegengesetzten Ladungen gegeneinander gelegen sind. Die Struktur ist recht porös, wie aus dem Umstande gut ersichtlich ist, daß, wenn die Wassermoleküle in der Dichtestpackung vorliegen würden, D des Eises fast 2,0 wäre.

Wasser als Flüssigkeit gehört ja eigentlich nicht zum Gebiet der Kristallchemie, aber diese wichtigste von allen Flüssigkeiten besitzt manche Eigenschaften, die auf eine gerichtete Anordnung der kleinsten Teilchen hindeuten, wie bei äußerst feinkörnigen kristallinen Stoffen. Dadurch werden auch manche merkwürdige Züge beim Verhalten des Wassers sowie seiner Bestandteile verständlich. Die idealen Flüssigkeiten sind strukturell gekennzeichnet durch eine annähernd dichte Packung kugelförmiger Moleküle, etwa wie sich lose starre Kugeln in einem Sack anordnen würden. Die Metallschmelzen sind derartige Flüssigkeiten, u. a. auch die Schmelzen der zu den vertikalen b-Reihen des periodischen Systems gehörigen Metalle, die im kristallinen Zustande gar nicht dicht gepackt sind, weshalb z. B. Wismut im flüssigen Zustande eine größere Dichte hat als im kristallinen. Dagegen zeigen Flüssigkeiten mit stark polaren Molekülen eine Tendenz zu gerichteter Molekülanordnung, wie z. B. Methylalkohol zu Gruppierung mittels Hydroxylverbindungen, die unablässig entstehen und wieder zerfallen, ohne zu einer beständigen Verbindung oder Polymerisation zu führen, ebenso manche Benzolderivate usw. Dies ist auch der Fall mit dem Wasser, wie schon aus seiner niedrigen Dichte hervorgeht. Die Röntgenforschung hat dargelegt, daß im Wasser eine Tendenz zur tetraedrischen Anordnung der

Moleküle vorhanden ist, und zwar ähnelt diese Anordnung nach BERNAL und FOWLER der Anordnung der Siliciumatome im Quarz, im Gegensatz zum Eis, das, wie oben erwähnt, eine „tridymitähnliche“ Anordnung zeigt. So wird auch die größere Dichte des Wassers im Vergleich mit dem Eis erklärt. Die tridymitähnliche Anordnung wird beim Schmelzen des Eises nicht ein für allemal umgeändert, sondern die Umlagerung geht allmählich vor sich und wird erst bei + 4° beendet, wodurch die anomale Kompression des Wassers zwischen 0° und + 4° erklärlich wird. Bei Temperaturen oberhalb + 150° bis zum kritischen Punkt besitzt das Wasser wieder eine an die idealen Flüssigkeiten erinnernde dichtgepackte Molekülanordnung.

Hier sei nur noch kurz darauf hingewiesen, daß die *flüssigen Kristalle* weitere Stadien der Orientierung anisotroper Regionen im flüssigen Zustand vertreten. Die *Gläser* dagegen bestehen aus unregelmäßigen Netzwerken von Atomgruppen, im Falle des Kieselsäureglases von SiO_4-Tetraedern, beim Bortrioxydglas von BO_3-Dreiecken.

Das Kristallwasser. Manche Ionenkristallarten enthalten Wasser, das als ein integrierender Bestandteil zum Gitter gehört und bei dessen Entfernung das Gitter zerfällt bzw. sich zu ganz anderen Gittern umlagert. Die Moleküle des Kristallwassers besitzen also bestimmte Positionen im Gitter und gehören der Kristallverbindung an, obwohl Wassermoleküle als neutrale Teilchen keineswegs mittels gewöhnlicher Valenzkräfte gebunden sein können.

In manchen kristallwasserhaltigen Kristallarten scheint die Funktion der Wassermoleküle nur die zu sein, die Kationen mit einer neutralen Schale zu umgeben, ihre elektrische Ladung auf ein größeres Volumen auszubreiten und zwischen einer größeren Zahl von Anionen zu verteilen. Bei vielen Ionenkristallarten, besonders solchen mit großen Komplexanionen und kleinen Kationen, ist die Disproportion zwischen den Radien der Kationen und Anionen so groß, daß regelmäßige Strukturen nicht zustande kommen können, zumal die Polarisationskraft der Kationen sowie die Polarisierbarkeit der Anionen gleichzeitig beträchtlich ist. Deshalb kommen Schichtgitter und sogar homöopolare Bindungen bei solchen Kristallarten häufig vor. Die Koordination des Kations mittels des Wassers macht es in bezug auf den Raumbedarf dem Anion ebenbürtig und vermindert seine Polarisationskraft. So wird das Aluminiumion mittels der umgebenden H_2O-Moleküle in den Komplex $[Al(H_2O)_6]^{3-}$ mit einem Radius von etwa 3,3 Å verwandelt, und hochsymmetrische stabile Strukturen können entstehen.

Die Moleküle werden im Gitter so verlagert, daß Regionen entgegengesetzter Ladung gegeneinander gerichtet sind, wie oben beschrieben. Die tetraedrische Anordnung der Ladungen im Wassermolekül setzt andererseits gewisse Forderungen an die Strukturen und verhindert manchmal die Entstehung einfacher regulärer Strukturanordnungen, die sonst möglich sein könnten. Ferner kann die tetraedrische Struktur der Wassermoleküle ihre Bindung aneinander ermöglichen, denn Anziehung erfolgt immer, wenn zwei Wassermoleküle so aneinander grenzen, daß ihre entgegengesetzten Ladungen gegeneinander gerichtet werden.

Wie schon aus dem oben Angeführten hervorgeht, ist die Rolle des Kristallwassers im Kristallbau wesentlich wichtiger als die des zeolithischen Wassers, dessen Moleküle in den Hohlräumen der lockeren Struktur des Zeolithgitters stecken und ohne Zerfall des ganzen Gitters daraus entfernt werden können. Es gibt auch wasserhaltige Kristallarten, die Übergänge vom zeolithischen zum wirklichen Kristallwasser darstellen, z. B. Gips, der sein Kristallwasser zwar beim Erwärmen abgibt und teilweise wieder aufnimmt, aber dabei zugleich einem wesentlichen Umbau des Gitters unterliegt.

Kristallwasser führende Kristallarten sind besonders häufig unter den anisodesmischen Verbindungen sowie den Halogenverbindungen von Natrium, Calcium, Magnesium u. a., im allgemeinen unter Stoffen mit großen Anionen und kleinen Kationen. Das Streben zu einfachen, symmetriereichen Strukturen macht sich meistens nicht bemerkbar in den Symmetrieklassen, im Gegenteil gehören die kristallwasserhaltigen Kristallarten sehr häufig zum monoklinen oder triklinen System, wie Eisen- und Kupfervitriol, oder zu den meroedrischen Klassen höher symmetrischer Systeme, wie Epsomit (rhombisch bisphenoidisch), die Alaune (kubisch disdodekaedrisch). Das angestrebte Ideal, sechs Wassermoleküle um das Kation in oktaedrischer Koordination und kubisch holoedrische Symmetrie, wird selten erreicht, eben weil auch die Forderungen der Wassermoleküle betreffend die Berührung der entgegengesetzten Ladungen erfüllt werden müssen; deshalb sind vielfach deformierte hochsymmetrische Strukturen anzutreffen.

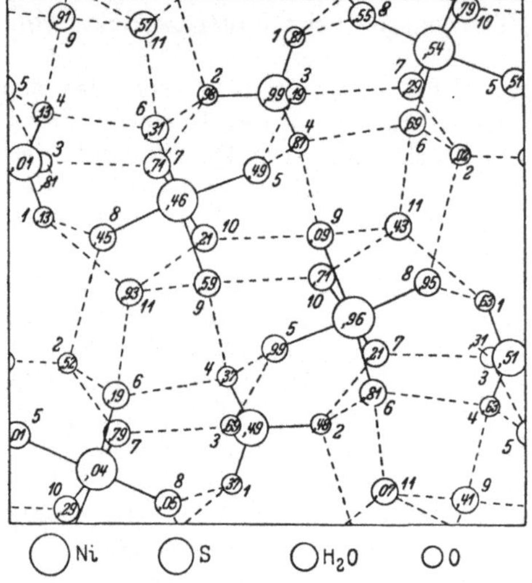

Abb. 295. Nickelvitriol $NiSO_4 \cdot 7\,H_2O$ projiziert auf (001).

Unter den strukturanalytisch bestimmten Kristallarten sei erwähnt der *Morenosit* oder *Nickelvitriol* $NiSO_4 \cdot 7H_2O$ (Abb. 295). Diese rhombisch bisphenoidische, mit dem Epsomit isomorphe Kristallart enthält sechs Wassermoleküle in der Form eines fast regulären Oktaeders um die Nickelatome, während sich das siebente Wassermolekül in isolierter Lage und nur gebunden an ein Sauerstoffion der SO_4-Gruppe sowie einen Teil der übrigen Wassermoleküle befindet. Auch die sechs oktaedrisch gelegenen Wassermoleküle nehmen noch ungleichwertige Lagen im Gitter ein. Im allgemeinen sind somit die Strukturen der kristallwasserhaltigen Kristallarten als Ergebnisse eines Kompromisses zwischen dem Streben zur Symmetrie und den Richtungsforderungen der tetraedrisch gebauten Wassermoleküle zu betrachten.

Die Hydroxyde und die Hydroxylbindung. Mit Kationen von nur geringer Polarisationskraft bildet das Hydroxylion heteropolare Verbindungen mit hohen Koordinationszahlen, wie das tetragonale Lithiumhydroxyd Li(OH). Viele zweiwertige Kationen dagegen bilden Schichtgitterhydroxyde vom Cadmiumjodidtyp und sind isotyp mit entsprechenden Bromiden und Jodiden. So ist der Brucit $Mg(OH)_2$ (Abb. 296) isotyp mit dem Magnesiumbromid $MgBr_2$ (Abb. 255). Die Kationen solcher Hydroxyde sind von sechs Hydroxylgruppen oktaedrisch umgeben, und die letzteren nehmen die Anordnung der hexagonalen Dichtestpackung ein. Jede Schicht besteht aus zwei Netzen von (OH)-Gruppen, und zwischen diesen liegen die Mg-Netze. Jedes (OH) liegt in der Höhlung zwischen drei (OH) der nächsten Schicht und berührt alle drei, wie immer bei der dichtesten Packung.

Anders verhält sich das Aluminiumhydroxyd $Al(OH)_3$, bekannt unter dem Mineralnamen *Hydrargillit* oder *Gibbsit* (Abb. 297). Auch diese Verbindung besitzt ein Schichtgitter, die einzelnen Schichten unterscheiden sich nur dadurch vom Cadmiumjodidtyp, daß von drei benachbarten Hohlräumen zwischen je drei Hydroxylgruppen nur zwei mit Al besetzt sind. Jede (OH)-Gruppe ist also in seiner eigenen Schicht koordiniert mit zwei Al^{3-}-Ionen und einer „Leerstelle“. Ferner ist die gegenseitige Lage zweier aneinander grenzender Schichten ganz verschieden als in den bisher erörterten Schichtgittern, indem sie so aufeinander liegen, daß die (OH)-Gruppen statt der alternierenden Anordnung der dichtesten Kugelpackung direkt aufeinander liegen. Schließlich ist die Bindung zwischen den einzelnen Schichten außerordentlich stark, wie aus dem Umstand hervorgeht, daß die (OH)—(OH)-Abstände normal zu den Schichten viel kürzer sind als in den gewöhnlichen Schichtgittern. Beginnend von dem Hydroxyd des nur wenig polarisierenden Lithiums haben wir die folgende sukzessive Serie der Hydroxylionenabstände:

Li(OH) 3,61 Å; $Ca(OH)_2$ 3,36 Å; $Mg(OH)_2$ 3,22 Å;

$Zn(OH)_2$ 2,83 Å; $Al(OH)_3$ 2,79 Å; $B(OH)_3$ 2,65 Å.

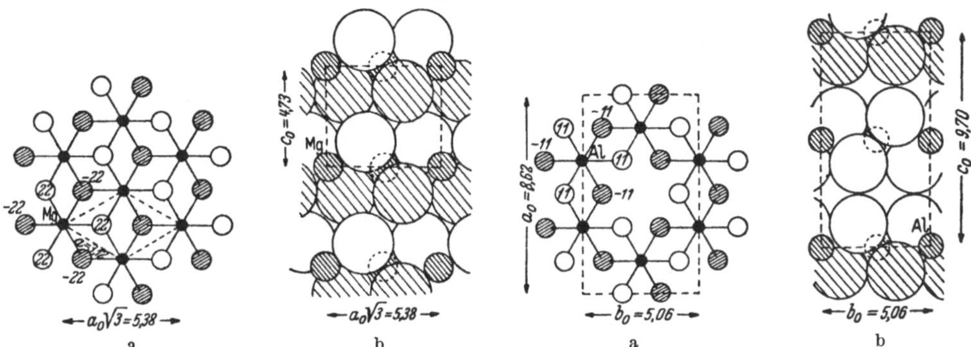

Abb. 296a und b. Brucit $Mg(OH)_2$. a) Zwei (OH)-Schichten und zwischen ihnen eine Mg-Schicht projiziert auf (0001) des hexagonalen Gitters. b) Drei $Mg(OH)_2$-Schichten von der Seite aus gesehen.

Abb. 297a und b. Hydrargillit $Al(OH)_3$. a) Zwei hexagonale (OH)-Schichten und zwischen ihnen eine Al-Schicht projiziert auf (001) des monoklinen Gitters. b) Drei aufeinanderliegende $Al(OH)_3$-Schichten in der Richtung der a-Achse gesehen.

Noch kürzer, 2,55 Å, ist der O—H—O-Abstand in den Säuren, die eine unten zu besprechende sog. Wasserstoffbindung aufweisen.

Das Aluminiumhydroxyd steht chemisch in der Mitte zwischen den Basen und den Säuren; es nimmt auch in bezug auf den Abstand der Hydroxylgruppen eine intermediäre Stellung ein. Bernal und Megaw, die diese Verhältnisse klargelegt haben, nennen die beim Aluminiumhydroxyd bestehende Bindungsweise die *Hydroxylbindung*. Charakteristisch für diese ist, daß die Hydroxylgruppen gleich wie die Wassermoleküle statt der beim Brucit bestehenden polar zylindrischen Anordnung eine tetraedrische Anordnung annehmen und an drei Ecken negative Ladungen je $^1/_2$ Einheit besitzen, während die vierte vom Wasserstoffion besetzte Ecke der Sitz ebenso großer positiver Ladung ist. Zwei solche Gruppen ziehen einander an, wenn nur die entgegengesetzten Ladungen gegeneinander gerichtet sind. Eine Hydroxylbindung kann entstehen, wenn jedes Hydroxylion an zwei andere Hydroxylgruppen gebunden ist und außerdem entweder an zwei Kationen mit einer Bindung von der Stärke $^1/_2$ oder an einem Kation mit der Bindung der Einheitsstärke. Die Hauptbedingung ist ein genügend stark polarisiertes Kation. Ist die elektrostatische Bindung zwischen dem Kation und dem Hydroxyl geringer als $^1/_2$, so ist die Polarisation der Hydroxylgruppe noch nicht genügend zur Bildung der tetraedrischen Struktur und der Hydroxylbindung. So ist bei allen Hydroxyden der zweiwertigen Metalle vom Cadmiumjodidtyp und Sechserkoordination der Hydroxyle um das Kation $^2/_6 = {}^1/_3$, die Hydroxylbindung ist nicht möglich. Das Zinkhydroxyd weist ebenfalls Cadmiumjodidstruktur auf, kommt aber außerdem noch in einer anderen Formart vor, die rhombisch ist und in der nur vier Hydroxylgruppen das Zinkion umgeben. Im $Al(OH)_3$ ermöglicht die höhere Ladung des Kations die Hydroxylbindung auch bei oktaedrischer Koordination. Bei der Borsäure $B(OH)_3$ (Abb. 298) ist dagegen jedes B^{3-}-Ion von drei Hydroxylionen umgeben, und die planaren Gruppen sind nur mittels Hydroxylbindungen zusammengehalten. Der Abstand der Hydroxylgruppen von verschiedenen Netzebenen beträgt 3,18 Å und ist also beträchtlich größer als der Abstand zwischen verschiedenen $B(OH)_3$-Gruppen in jeder Schicht (2,65 Å).

Hydroxylbindung wurde noch in mehreren anderen hydroxydischen Kristallarten nachgewiesen, u. a. im Lepidokrokit FeO(OH). Im flüssigen Zustand ist die Hydroxylbindung vermutlich manchmal die Ursache der Polymerisation, z. B. beim Methylalkohol CH_3OH.

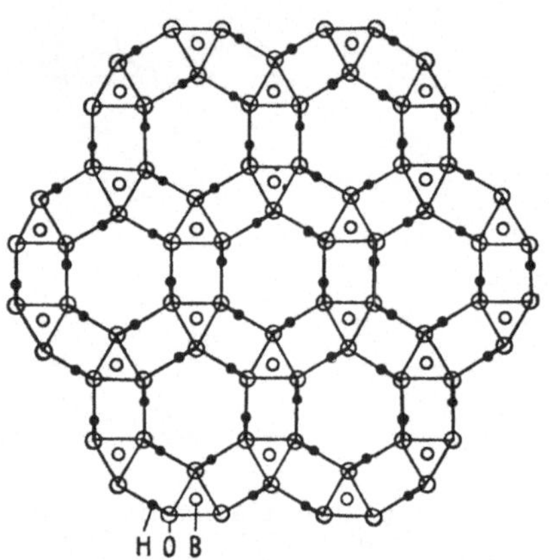

Abb. 298. Borsäure oder Sassolin $B(OH)_3$ Eine einzige Netzebene || (001).

Die Wasserstoffbindung. Ein noch weiteres Stadium der Polarisation verursacht das Losreißen des Wasserstoffions von der Hydroxylgruppe in solchen Verbindungen, in denen auch noch Sauerstoffionen vorhanden sind. Das Wasserstoffion verbindet sich dann mit den beiden Sauerstoffionen, es bildet sich die Gruppe $(O^{2-}H^{1+}O^{2-})^{3-}$, in welcher die kräftige Polarisation des O^{2-}-Ions einen sehr geringen Abstand O—O von nur 2,55 Å ermöglicht. Obgleich die Wasserstoffbindung scheinbar nicht durch normale elektrostatische Kräfte erklärlich ist, so ist sie doch eine reine Ionenbindung und kommt zustande zufolge der äußerst geringen Größe des Wasserstoffions, das in die Elektronenhülle der größeren Anionen drängt und nur in Zweierkoordination mit diesen auftreten kann. Die Stärke der Bindung an den beiden O^{2-}-Ionen beträgt je $^1/_2$ Einheit, und die drei übrigen negativen Valenzen der Gruppe müssen mittels Kationen abgesättigt werden.

Außer dem Sauerstoff können die Wasserstoffatome auch Stickstoff und Fluoratome aneinander binden. In der modernen organischen Chemie hat die erst 1919 entdeckte Wasserstoffbindung viele früher unverständliche Erscheinungen erklären können, besonders wurde sie als die allgemeinste Erklärung der Polymerisation von Aminen, Alkoholen, Carboxylsäuren u. a. angenommen.

Bei der Kristallstrukturanalyse ist die Wasserstoffbindung bei manchen sauren Salzen, wie bei KH_2PO_4, $NaHCO_3$ u. a., angenommen worden. Der Abstand der so gebundenen Sauerstoffionen beträgt charakteristischerweise immer etwa 2,54 Å, was viel weniger ist als die gewöhnlichen O—O-Abstände ohne Wasserstoffbindung.

D. Homöopolare Verbindungen.

Welche Elemente bilden homöopolare Verbindungen? Im obigen sind neben typischen Ionenverbindungen mehrere Stoffe, die Zwischenformen zwischen diesen und homöopolaren Verbindungen vertreten oder die nur formal den Ionenkristallen ähnlich sind, z. B. BN, und auch ganz typische homöopolare Strukturen, wie die vom Diamant-Zinkblende-Wurtzittyp, angeführt worden. In der Tabelle auf S. 168—169 sind bereits auch Maße der Atom- und Ionenradien nebeneinander dargestellt worden. Es folgen noch einige Beispiele dafür, welchen Radius einige Elemente in homöopolarer Bindung im Vergleich zu den Ionenradien desselben Stoffes einerseits bei positiver, andererseits bei negativer Ladung annehmen:

Si^{4-} 1,98 Å		Sn^{4-} 2,15 Å	S^{2-} 1,74 Å	Se^{2-} 1,96 Å	Te^{2-} 2,03 Å	Cl^{1-} 1,81 Å
Si 1,17 Å	Ti 1,45 Å	Sn 1,40 Å	S 1,06 Å	Se 1,15 Å	Te 1,42 Å	Cl 0,99 Å
Si^{4+} 0,39 Å	Ti^{4+} 0,64 Å	Sn^{4+} 0,74 Å	S^{6+} 0,34 Å	Se^{6+} 0,3 Å	Te^{6+} 0,89 Å	

Aus allen diesen Beispielen ist zu ersehen, daß bei einem und demselben *ungeladenen* Atom der Radius kleiner ist als bei negativer Ladung, aber größer als bei positiver. Die Radien der nichtmetallischen, neutralen Atome sind an den Elementen gemessen worden; in diesen sind die Atome paarweise oder in größeren Gruppen zu Molekülen vereinigt, und die Bindung zwischen ihnen ist homöopolar. Die an nichtmetallischen Elementen bestimmten Radien gleichen wirklich denen, die an den Verbindungen vom Zinkblende-Wurtzittyp für dieselben Elemente festgestellt worden sind. Es leuchtet ein, daß die Atome sich in genau gleichartiger Verbindung befinden, einerlei ob sie sich an gleiche Atome gebunden in „elementarem", „gediegenem" Zustand befinden oder mit andersartigen Atomen chemische Verbindungen bilden. Bei diesen Elementen bedeutet folglich der Atomradius den Radius des Atoms in homöopolarer Bindung.

Bei einer Durchsicht des periodischen Systems der Elemente ersehen wir, daß die meisten nichtmetallischen Elemente sowohl als Ionen in heteropolaren Verbindungen wie als zu Molekülen gebundene Atome in homöopolaren Verbindungen auftreten. In solchen Fällen ist der Begriff der molekularen Verbindung identisch mit dem der homöopolaren Bindung, aber bei den Elementen mit starker elektronegativer Affinität ist eigentümlicherweise manchmal das Auftreten als homöopolar gebundene Atome fast nur auf den elementaren Zustand begrenzt. So ist der gediegene Schwefel, oder das Chlor, tatsächlich eine Molekülverbindung, während dieselben Elemente mit anderen Elementen meistens nur heteropolare Ionenverbindungen bilden. Bei stark elektropositiven, metallischen Elementen, wie den Alkalimetallen, die im gediegenen Zustande die metallische Bindungsweise vertreten, sind homöopolare Verbindungen überhaupt kaum bekannt, sondern neben den metallischen nur heteropolare Ionenverbindungen. Bei diesen Elementen sind folglich die im metallischen Zustand gemessenen Atomradien nicht direkt vergleichbar mit den im homöopolaren Zustand gemessenen Atomradien.

Obgleich also die molekularen Verbindungen zugleich immer homöopolar sind, so sind umgekehrt gar nicht alle homöopolaren Verbindungen zugleich molekular, denn sie können auch Koordinationsgitter aufbauen. Gewisse homöopolare Kristallarten kristallisieren nach dem Natriumchloridtyp oder dem Cäsiumchloridtyp, und gerade den homöopolaren Verbindungen ist der Zinkblende-Wurtzittyp eigen, wozu auch der Diamant sowie mehrere andere elementare Kristallarten gehören. Hierher gehörige Strukturtypen bezeichnen wir gemeinsam als *adamantine Strukturen.*

Eigenartig ist das Auftreten der adamantinen Strukturen außer bei den Elementen der vierten Vertikalreihe auch in Verbindungen, bei denen die Summe der Atomnummern dieselbe ist wie bei dem Elementkristall dieses Typs, z. B.:

Atomnummern	Verbindung	Atomabstand
32 u. 32	GeGe	2,445 Å
31 u. 33	GaAs	2,435 „
30 u. 34	ZnSe	2,452 „
29 u. 35	CuBr	2,460 „

Als ähnliche Verbindungsreihen tritt die Zinkblende- oder Wurtzitstruktur auch in folgenden Fällen auf: SnSn, InSb, CdTe, AgJ; SiSi, AlP. Wir ersehen leicht, daß der

Grund zu dieser Erscheinung in dem Umstand liegen muß, daß die Summe der Elektronen der äußersten Hülle bei allen Elementpaaren die gleiche ist.

Die Elemente der vertikalen Reihen 4 bis 7 des periodischen Systems, die vorwiegend nichtmetallisch sind, zeigen das stärkste Bestreben nach homöopolarer Bindungsart, am allerdeutlichsten der Kohlenstoff. In den Strukturen der Elementkristalle herrscht allgemein die BRADLEYsche Regel, nach welcher K.-Z. $= 8 - n$, wo n = Nummer der senkrechten Reihe. So ist bei den adamantinen Elementen der 4. Reihe, bei C, Si, Ge, Sn (grau), K.-Z. = 4; bei den Elementen der 5. Reihe, bei As, Sb, Bi, K.-Z. = 3 (Gitterbau ditrigonal skalenoedrisch); bei den Elementen der 6. Reihe sind die Atome zu Ringen (beim Schwefel) oder Ketten (Selen, Tellur) vereinigt, K.-Z. = 2; bei den Elementen der 7. Reihe besteht in den Kristallen wie auch in der Gasform Molekülstruktur, wobei sich die Moleküle paarweise homöopolar vereinigt haben, und K.-Z. = 1. Die ketten- und ringförmigen sowie die zweiatomigen Moleküle ihrerseits können entweder nur durch die VAN DER WAALSschen Kräfte miteinander gebunden sein, oder sie können sogar metallische Bindung eingehen, wie beim Tellur oder Jod.

Molekülstrukturen. Da die Koordinationsgitter ihrer Struktur nach ähnlich sind, einerlei ob sie durch homöopolare oder heteropolare Kräfte zusammengehalten werden, wurden auch homöopolare Koordinationsgitter oben im Zusammenhang mit den Ionengittern angeführt. Hier ist nun einiges über die Molekularstrukturen hinzuzufügen.

Durch VAN DER WAALSsche Kräfte zusammengehalten sind die Molekülgitter mehrerer bei Zimmertemperatur gasförmiger, bei niedrigen Temperaturen kristallisierender Stoffe, einerlei ob sie Elemente oder Verbindungen sind. CO_2 ist ein typisches Beispiel; seine Elementarzelle ist ein flächenzentrierter Würfel (Abb. 265). Die Moleküle in diesen und in anderen ihm vergleichbaren Gittern sind schon bei sehr niedriger Temperatur in rotierender Bewegung. Die Moleküle der Wasserstoffverbindungen können als Pseudoatome bezeichnet werden, da in ihnen das Wasserstoffatom keinen eigenen Raum zu beanspruchen scheint. In Kristallen erscheinen derartige Stoffe, z. B. HCl, H_2S, PH_3, als dichte Packungen. Die N_2-Struktur des kristallinen Stickstoffes ist ein ähnliches Würfelgitter wie das des Kohlenmonoxyds, CO, ebenso wie nach unseren vorherigen Ausführungen Bornitrid BN und Graphit C gleichartig kristallisieren. Den Tetrahalogeniden kommt schon in Gasform eine tetraedrische Struktur zu, z. B. CCl_4, CBr_4, CJ_4, die Kristalle sind aus Tetraedergruppen oder also Molekülen aufgebaute innenzentrierte Würfelgitter, desgleichen SiJ_4, $TiBr_4$, GeJ_4, SnJ_4. Die CH_4-Kristalle unter 18° sind gleichartig, und die H-Atome nehmen bestimmte, wenn auch schwingende Stellungen ein, über 22,8° aber befinden sich die Wasserstoffatome in fortgesetzter Drehbewegung. 18° bis 12,8° ist in dieser Hinsicht Übergangsgebiet. Wie schon oben angeführt, ist eine Drehbewegung auch bei den Radikalen der anorganischen Ionenverbindungen recht allgemein (die NH_4-Ionen wie auch die H_2O-Atome als Kristallwasser). Genau untersucht worden ist z. B. auch an den NO_3-Ionen des Natriumnitrats die Rotation, bei der das Übergangsgebiet zwischen 150° und 275° liegt.

Einige Elemente haben recht komplexe Moleküle. So besteht das Molekül vom rhombischen Schwefel aus acht S-Atomen, die gebuckelt ringförmig gebunden sind (Abb. 250). Selen und Tellur dagegen kristallisieren hexagonal, und die Kristalle bestehen aus unendlichen Ketten parallel der c-Achse. Innerhalb der Ketten sind die Atome in spiralförmiger Anordnung an je zwei Nachbaratome homöopolar gebunden, und jede Kette stellt gleichsam ein unendliches Molekül dar. Arsen, Antimon und Wismut wieder vertreten eine interatomare Bindungsweise, die einerseits metallische Züge aufweist, anderseits aber homöopolaren

Charakter besitzt, indem jedes Atom von drei Nachbaratomen begrenzt ist, die etwas seitwärts von der Ebene des ersteren liegen, so daß flache dreiseitige Pyramiden entstehen, deren Spitzen alternierend nach oben und unten gerichtet sind. Die so entstehenden buckligen Platten liegen entfernter voneinander und sind weniger fest aneinander gebunden als die Nachbaratome innerhalb jeder Platte (siehe Abb. 307, S. 213). Hier könnte man also von unendlichen plattenförmigen Molekülen sprechen. Germanium und Zinn schließlich bilden adamantine Koordinationsgitter; wenn man auch bei diesen noch von Molekülen sprechen wollte, so wäre der ganze Kristall als ein Molekül zu betrachten. In den Elementen der drei ersten Vertikalreihen ist die metallische Bindungsart allein vorherrschend.

Der Schwefel zeigt häufig Neigung zur homöopolaren Molekülbindung auch dann, wenn er als Sulfidschwefel mit Metallen vorhanden ist. So sind zweiatomige Schwefelmoleküle vorhanden im Pyrit (Abb. 256). Aber ausgeprägte Molekularstrukturen mit Sulfidmolekülen sind kaum bekannt. Auch Oxydmoleküle in Kristallgittern sind selten. Ein Beispiel von solchen bieten jedoch die isomorphen Minerale Senarmontit Sb_2O_3 und Arsenolith As_2O_3 dar. Sie sind kubisch holoedrisch und bestehen aus den Molekülen Sb_4O_6 und As_4O_6, die tetraedrisch gebaut sind und in der Elementarzelle dieselbe Anordnung aufweisen wie die Kohlenstoffatome im Diamantgitter.

Molekularstrukturen von außerordentlich mannigfaltigen Typen sind vorhanden in den organischen Verbindungen.

Organische Stoffe. Wie bereits oben erwähnt, ist die homöopolare Bindung insbesondere für die sog. organischen Kohlenstoffverbindungen kennzeichnend. An diesen vermochte die Kristallstrukturforschung zuerst nicht viele neue Züge zu erkennen, und ihre Bedeutung beschränkte sich zunächst darauf, daß gewisse Theorien der organischen Chemie eine experimentelle Bestätigung fanden. Das beruhte zum Teil darauf, daß die organischen Verbindungen im allgemeinen verwickelt sind; ihre Strukturen enthalten viele Parameter, und das Diffraktionsvermögen der in ihnen auftretenden Atomarten, Kohlenstoff, Stickstoff und Sauerstoff, ist fast dasselbe, was die Deutung der Strukturen erschwert. Anderseits ist die Chemie der organischen Verbindungen leicht: Die Bestimmung der Molekülstruktur ist möglich mit den gewöhnlichen chemischen Mitteln, von denen die Substitution das Wichtigste ist. Die Kristalle sind vorwiegend Molekülgitter. Die Moleküle bestehen auch im flüssigen Zustande, ja sogar im gasförmigen, gleichartig in ihrem inneren Bau, während dagegen bei den anorganischen heteropolaren Verbindungen die Struktur der Kristalle eine ganz andere ist als die der Schmelzen. Früher hatte man bei den anorganischen Stoffen Analogien mit den organischen angenommen und war fehlgegangen. Daher warf bei den Ionenverbindungen die Kristallstrukturforschung von Anfang an ungeahntes Licht auf die Chemie derselben. Desgleichen stellte sich bei der Untersuchung der Metallstrukturen sogleich wesentlich Neues heraus.

Erst in ihren höheren Entwicklungsstadien der allerletzten Zeit konnte die Kristallchemie bei den gewöhnlichen organischen Molekülverbindungen neue Züge ermitteln, die mittels der gewöhnlichen chemischen Methoden unerreichbar waren, wie die Dimensionen und Formen der Moleküle, die Art der Bindung innerhalb derselben und die gegenseitige Anordnung der Moleküle sowie die Art der Bindung zwischen denselben. Besonders bei Anwendung der Pulvermethoden konnte das Molekül, sogar in flüssiger Substanz, gleich wie ein Einkristall erforscht werden. Ein bedeutungsvolles Hilfsmittel für den organischen Chemiker wurde indessen die Kristallchemie erst, als sie an der aktuellen Front Anwendung fand, wo gerade Neuland für die Wissenschaft erobert wird und wo bisher die chemischen Methoden gänzlich versagt hatten, besonders in der Chemie der hochmolekularen Verbindungen, zu denen manche unter die biochemisch wichtigen Stoffe gehören, wie Cellulose, die Proteine, Vitamine und Hormone, ferner manche heutzutage technisch wichtige Stoffe, vor allem die Kunststoffe. So hat die Kristallchemie hier wie auch in der Metallurgie dem Chemiker in wissenschaftlich sowie praktisch wichtigen Fragen wertvolle Dienste geleistet.

Die C—C-Bindung der aliphatischen Verbindungen ist tetraedrisch, die Kohlenstoffketten sind geknickt, die Bindungsrichtungen nach zwei benachbarten Atomen bilden Winkel von 109° 28′, wie die vom Mittelpunkt des Tetraeders nach seinen Ecken gezogenen Geraden. In den kristallinen Paraffinen liegen die Kettenrichtungen senkrecht zur Basis der Kristalle, in den Fettsäuren wiederum in schrägen Richtungen.

Schon in den Molekülen erscheint dieselbe Symmetrie wie in den Kristallen. Die Theorie von VAN'T HOFF und LE BEL von den asymmetrischen Kohlenstoffatomen hat ihre Bestätigung gefunden. Desgleichen die andersartigen meroedrischen Kristallsymmetrien. Die Bindungsweise aller aliphatischen Stoffe erinnert an die Diamantstruktur (Abb. 299), und der C—C-Abstand sowie also der Radius des Kohlenstoffatoms sind fast gleicher Größe wie beim Diamant (C—C = 1,54 Å). Bei Doppelbindung ist der Abstand z. B. beim Äthylen nur 1,34 Å, bei dreifacher Bindung, wie beim Acetylen, 1,20 Å.

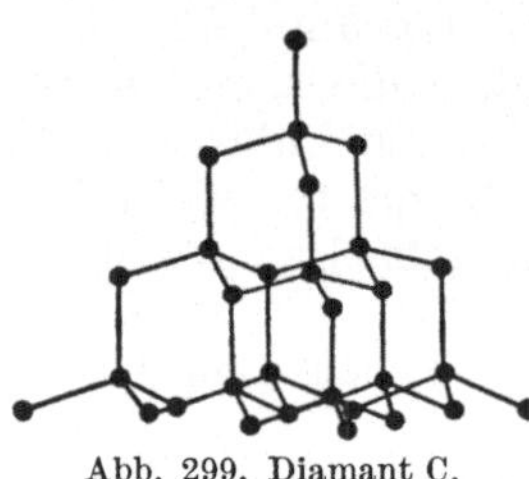

Abb. 299. Diamant C.

In den aromatischen Kohlenwasserstoffen wiederum scheinen dieselben Abstände zwischen den Kohlenstoffatomen (C—C = 1,42 Å) und dieselbe Ringstruktur wie im Graphit zu bestehen (Abb. 300). Das beweist, daß diese Kohlenstoffbindung keine gewöhnliche einfache, sondern eine abwechselnd doppelte und einfache ist in der Weise, wie sie auch schon die alte Strukturformel von KEKULÉ voraussetzt. Eine vollständige Bestimmung der Kristallstruktur des Benzols erwies sich als schwer; dagegen wurde das triklin kristallisierende Hexamethylbenzol $C_6(CH_3)_6$ viel früher eingehend aufgeklärt, und schließlich auch das Benzol selbst. Alle Kohlenstoffatome liegen in derselben Ebene, und das ganze Molekül ist seiner Symmetrie nach hexagonal. Der Abstand zwischen den zu einer Kette gehörenden Kohlenstoffatomen ist bei allen Benzolderivaten annähernd ebenso groß wie im Graphit; dagegen sind z. B. beim Hexamethylbenzol die Abstände zwischen diesen und den Kohlenstoffatomen der Methylgruppen den Kohlenstoffabständen der aliphatischen Verbindungen gleich. In den Naphthalin- und Anthracenmolekülen liegen nach der Untersuchung von W. L. BRAGG die Kohlenstoffatome ebenfalls in einer Ebene. Das Cyclohexan C_6H_{12} dagegen scheint erwartungsgemäß nach Struktur und Atomabständen den aliphatischen Verbindungen ähnlich zu sein, und die Molekülsymmetrie ist hexagonal holoedrisch. Ebenso verhält es sich in den Cyclohexanhexaderivaten, die röntgenographisch untersucht worden sind, z. B. in den Verbindungen $C_6H_6Cl_6$ und $C_6H_6Br_6$.

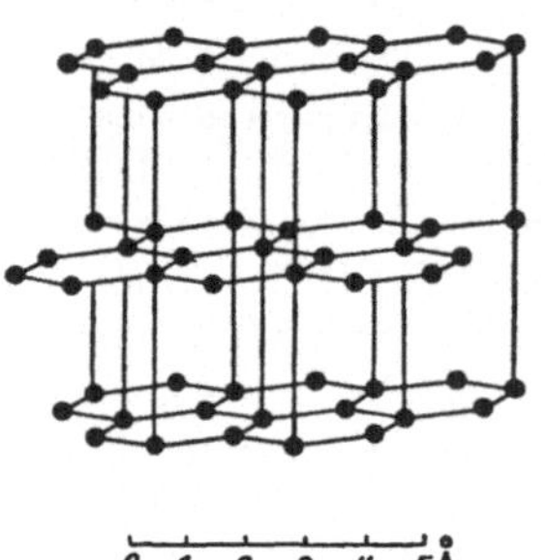

Abb. 300. Graphit C.

Die röntgenographisch festgestellte hexagonal holoedrische Struktur des Benzolringes erscheint zunächst der KEKULÉschen Formel zu widersprechen, denn diese würde auf eine trigonale oder rhomboedrische Symmetrie hindeuten. Der Doppelbindung scheint aber im Ring keine bestimmte Stelle zuzukommen, oder aber die Stelle der Doppelbindung wechselt sehr schnell, so daß phänomenologisch eine hexagonale Symmetrie zustande kommt. Eine derartige Erscheinung ist ganz allgemein bei den Molekülverbindungen und wird als *Resonanz* bezeichnet. Im Falle des Benzols sagt man, die Struktur sei eine Resonanz von allen verschiedenen Möglichkeiten, wie man drei einfache und drei Doppelbindungen in einen Sechserring legen kann.

Ebenso liegt auch beim Graphit eine Resonanzstruktur vor. Von der Vierwertigkeit des Kohlenstoffs ausgehend, muß man die Strukturformel des Graphits in der aus Abb. 301 hervorgehenden Weise darstellen. Im Mittel ist darin jede Bindung $1^1/_3$mal die einfache Bindung, und der C—C-Abstand wird geringer. Die relativ lose VAN DER WAALSsche Bindung zwischen den verschiedenen Netzebenen verursacht dagegen einen C—C-Abstand von 3,40 A.

Zu interessanten Ergebnissen haben, wie schon oben erwähnt, die Röntgenuntersuchungen von hochmolekularen organischen Stoffen geführt. Unter ihnen sind biochemisch und technisch wichtige Stoffe, wie Cellulose, Kautschuk, Fibroin usw. Obgleich diese Stoffe keine bestimmbaren Kristallformen oder -strukturen erkennen lassen, so sind sie doch insofern kristallin, als sie für homogene Raumgitter kennzeichnende Röntgeninterferenzen geben. Da sie minimalen Dampfdruck und geringe Löslichkeit usw. aufweisen, nahm man zuvor an, daß sie aus sehr großen Molekülen beständen. Doch beweisen die aus den Röntgenphotographien ersichtlichen, verhältnismäßig kleinen Identitätsperioden, daß die Elementarzellen nicht so groß sein können, daß in ihnen besonders große Moleküle Raum fänden. Daher hat man früher angenommen, die Cellulose enthielte kleinere Baueinheiten, wie Anhydride einfacher 6- und 12atomiger Zuckerarten. Dann müßte man allerdings vervollständigende weitere Annahmen über die Bindungsweise dieser Gruppen machen. Ein anderer Erklärungsversuch ging von dem schon in der Kristallchemie der Silicate festgestellten Umstand aus, daß die Moleküle in den Kristallstrukturen in einer oder zwei Richtungen unendlich groß, entweder Ketten oder Netze sein können. Die unendlich langen kettenförmigen „Moleküle" enthalten selbstverständlich zugleich eine unendliche Anzahl Identitätsperioden und Elementarzellen. Denkt man sich diese Auffassung von den heteropolar gebundenen Strukturen der Silicate nach der homöopolaren Valenzbindungsweise und wendet man sie auf die obengenannten faserartigen organischen Stoffe an, so bietet sich für deren Eigenschaften eine Erklärung, die in jeder Hinsicht befriedigend erscheint. Auf dieser Grundlage hat H. STAUDINGER ein einfaches Schema der Cellulosestruktur aufgestellt. Er hat die Polymerisationsprodukte des Formaldehyds, die sog. Polyoxymethylene, untersucht, die, wie man nach chemischen Zusammenhängen annimmt, abwechselnd aus Sauerstoffatomen und Methylengruppen gebildete Ketten enthalten:

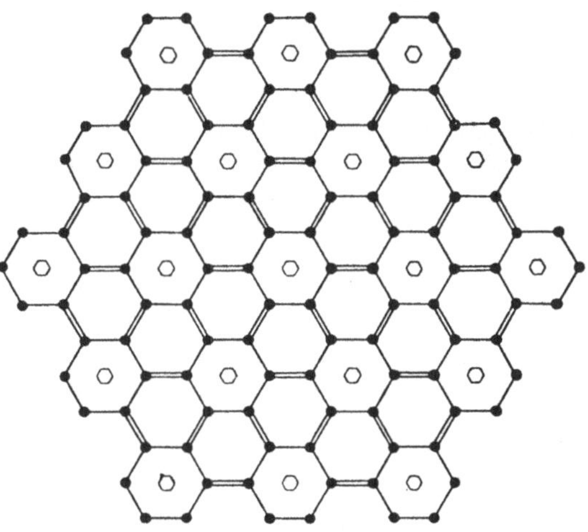

Abb. 301. Die theoretische Bindungsweise des Kohlenstoffs im Graphitnetz. Tatsächlich herrscht im Graphit Resonanzstruktur zwischen einfachen und Doppelbindungen.

$$—CH_2—O—CH_2—O—CH_2—$$

STAUDINGER hielt das Polyoxymethylen für eine Strukturform der Cellulose, und diese Hypothese ist seither in der Hauptsache bekräftigt worden. Selbstverständlich aber sind die Ketten oder die aus mehreren Ketten geflochtenen Bänder strukturell verwickeltere, öfters aus Glucoseresten aufgebaute Ringbänder. Durch die Arbeiten von H. Mark, K. H. Meyer, K. Freudenberg. E. Sauter und vielen anderen ist die gittermäßige Struktur der Cellulosen in den letzten Jahren weitgehend aufgeklärt worden.

Seide, Wolle, Haar, Horn, Muskel usw. bestehen aus sog. fibrillären Proteinen. Diese enthalten ebenfalls unendliche Ketten, aber die Zusammensetzung der Ketten ist andersartig (Polypeptide) und sehr wechselnd; sie enthalten sowohl CO- wie auch NH-Gruppen in ihren Ketten. Der Kautschuk scheint seinem Gitterbau nach ebenfalls bandförmig zu sein, als Grundbestandteile dienen hier die Isoprenreste, und die Ketten enthalten Doppelbindungen.

Die oben angedeutete Theorie, nach der viele biochemisch und auch technisch wichtige Stoffe durch Valenzbindungen zusammengehaltene, unendlich lange Atomketten statt der Moleküle enthalten, ist sehr fruchtbar geworden, ganz besonders für die Erforschung und Herstellung der Kunststoffe. Sie ist das erste außerordentlich wichtige Geschenk, das die Kristallchemie der organischen Chemie dargebracht hat.

Nur andeutungsweise sei noch hinzugefügt, daß andere hochmolekulare organische Verbindungen flache und dünne Moleküle haben, u. a. manche Hormone und Vitamine, wieder andere dagegen fast kugelförmige, wie die globularen Proteine.

E. Metalle und Legierungen.

Dichtpackungen. Nimm eine beträchtliche Menge gleich großer Kugeln (z. B. Lagerkugeln von einem Fahrrad oder Auto), und schüttle sie in einer Schachtel mit ebenem Boden, so daß sie alle einander berühren! Du wirst bemerken, daß die Kugeln meistens eine der zwei regelmäßigen Anordnungen einnehmen werden, die in Abb. 302a und b wiedergegeben sind. Wird dann darauf eine andere Schicht von Kugeln gelegt, so lassen diese sich im Falle a zwischen vier, im Falle b zwischen drei Kugeln der unteren Schicht nieder. Wenn man die Aufschichtung fortsetzt, so ist bald zu erkennen, daß in Fall a ein innenzentriertes doppelt primitives kubisches Gitter (Abb. 303) entsteht. Dieses entspricht der CsCl-Struktur, und auch darin ist die Koordinationszahl 8. Im Fall b bestehen in der Unterbringung der dritten Kugelschicht zwei Alternativen; entweder ordnen sie sich nach b_1 bzw. in diejenigen Vertiefungen zwischen den Kugeln der zweiten Schicht ein, die über den Mittelpunkten der von den Zentren der Kugeln der ersten Schicht gebildeten gleichseitigen Dreiecke liegen, oder nach b_2 bzw. in diejenigen, die über den Mittelpunkten der Kugeln der ersten Schicht liegen. In ersterem Fall (b_1) erhält man ein allseitig flächenzentriertes doppelt primitives kubisches Gitter (Abb. 304 und 305), in der Richtung der trigonalen Kubusdiagonale betrachtet, in letzterem (b_2) ein doppelt primitives innenzentriertes hexagonales Gitter (Abb. 306), in dem das Achsenverhältnis $a:c$ dem Zahlenwert nach bestimmt $= 1{,}632:1$ ist. In beiden ist die K.-Z. = 12. Als vierte Möglichkeit anzuführen ist noch Fall c, der sich zwar niemals in unserem Versuch, gewiß aber in Kristallstrukturen verwirklicht. Dabei haben sich schon die Kugeln der zweiten Schicht sowie auch die aller folgenden über denen der ersten Schicht angeordnet. Dann ist das Gitter hexagonal einfach primitiv und $a:c = 1$, K.-Z. = 8.

Alle angeführten Packungsweisen der Kugeln sind Dichtpackungen in dem Sinne, daß jede Kugel die Nachbarkugeln berührt, aber nur b_1 und b_2 sind möglichst dichte Packungen. Die erste ist die *kubische Dichtestpackung*, die letzte die *hexagonale Dichtestpackung*. Ist der Radius der Kugel r, so ist ihr Volumen

$4\pi r^3:3$ oder $4{,}18\ r^3$, und das Volumen jeder der beiden obengenannten Gitter je Kugel ist dasselbe, nämlich $5{,}66\ r^3$. Dagegen beträgt das Volumen des Gitters *a* je Kugel $6{,}13^3$. Jede Kugel ist in beiden Fällen b von 12 und im Fall a von 8 benachbarten Kugeln umgeben, welche Zahlen die Koordinationszahlen bei diesen Strukturen darstellen. Bei gleichachsiger hexagonaler Packung endlich macht das Gittervolumen je Kugel $6{,}93\ r^3$ aus.

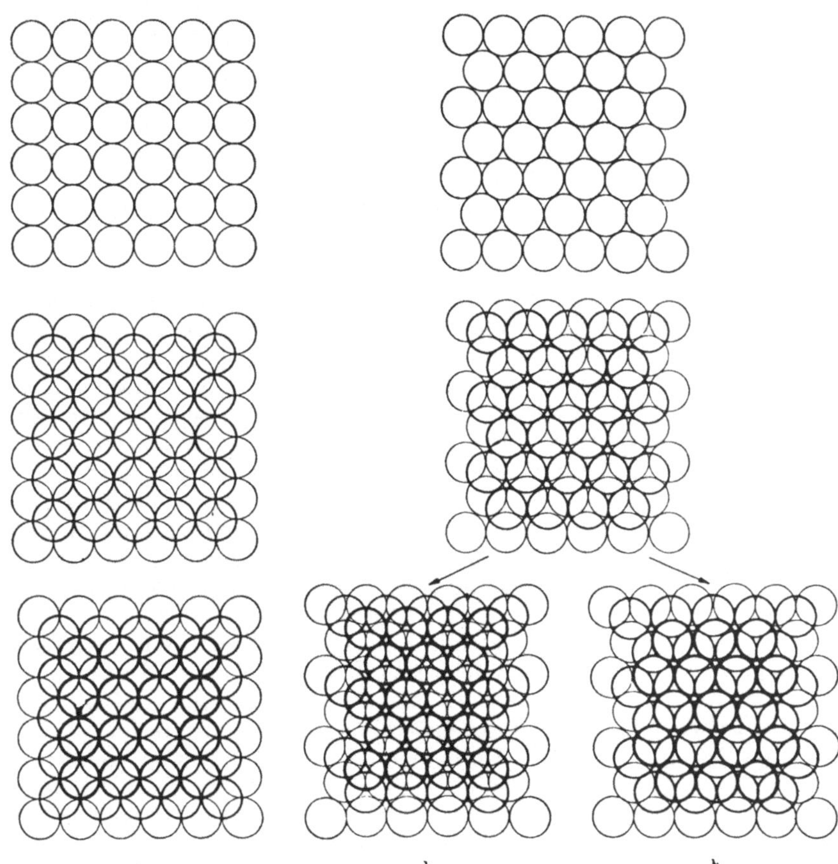

Abb. 302a bis b_2. Dichtpackungen. a Innenzentriertes Kubusgitter; b_1 kubische und b_2 hexagonale Dichtestpackung.

Wie bereits oben angeführt, sind den Dichtestpackungen am nächsten kommende Gitter in reinen Metallen anzutreffen. Im folgenden seien einige der wichtigsten Metallstrukturen genannt.

Typ a. Innenzentriertes Würfelgitter:
Li, Na, K, Rb, Cs, Ba, V, Nb, Ta, α-Cr, Mo, W, α-Fe, β-Fe, β-Rh.

Typ b_1. Flächenzentriertes Würfelgitter, die kubische Dichtestpackung:
Cu, Ag, Au, Ca, Sr, Al, La, Ce, Th, Pb, γ-Fe, α-Co, Ni, Pd, Rh, Pt, α-Tl.

Typ b_2. Die hexagonale Dichtestpackung:
Be, Mg, Tl, Ti, Zr, Hf, β-Cr, Re, Ru, Os, β-Tl.

Außerdem gibt es metallische und halbmetallische Elemente, die zu keiner von diesen Gruppen gehören, wie Arsen, Antimon (Abb. 307) und Wismut (rhomboedrisch), Zinn (tetragonal), Cadmium und Zink (hexagonal, von der

Dichtestpackung nur ein wenig abweichend), Quecksilber (rhomboedrisch). In diesen kommt teilweise eine homöopolare Bindungsart zur Geltung.

Die oben angeführte Einteilung der Metalle paßt zugleich als eine Einteilung nach den physikalischen Eigenschaften, wie Härte und Schmiedbarkeit. Letztere Eigenschaft ist ja bedingt durch Translationsflächen, und als solche treten insbesondere dichtest besetzte Netzebenen auf. Bei der kubischen Dichtestpackung sind alle vier auf die Würfeldiagonale senkrechten Ebenen derartige Netzebenen (Abb. 305), die hierhergehörigen Metalle sind deshalb die schmiedbarsten von allen Metallen, während die hexagonalen dichtestgepackten Kristallarten nur eine dichtestbesetzte Netzebene haben und demzufolge spröder und härter sind.

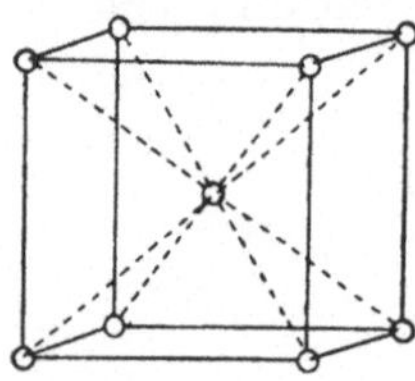

Abb. 303. Innenzentriertes kubisches Gitter. Z. B. Na, α-Fe.

Legierungen und intermetallische Verbindungen. Die Legierungen sind ganz besondere kristalline Stoffe. In den organischen Stoffen ist das Molekül selbständig vorhanden, die Anzahl der sie zusammensetzenden Atome ist eine Konstante, und diese sind durch die vektoriellen homöopolaren Bindungen zusammengehalten. Die anorganischen heteropolaren Kristalle enthalten +- und —-Ionen, die Moleküle sind nicht selbständig. Das Ion kann isomorph durch ein gleich großes Ion ersetzt werden, aber die Summen der elektrischen Ladungen der +- und —-Ionen sind konstant, und die Zusammensetzung des Kristalls entspricht auch bei diesen einer bestimmten Formel. Anders verhält es sich bei den Legierungen. Nicht immer sind sie isomorphe Mischungen im gewöhnlichen Sinne. In ihnen sind nicht nur die gegenseitigen Beziehungen der Metallatome, sondern auch alle ihre Beziehungen zu dem gemeinsamen System der freien Elektronen bestimmend. Einige Legierungen hat man als „feste Lösungen", andere als „intermetallische Verbindungen" bezeichnet, aber beide sind anderer Art als die isomorphen Mischungen einerseits und die gewöhnlichen organischen oder anorganischen Verbindungen andererseits.

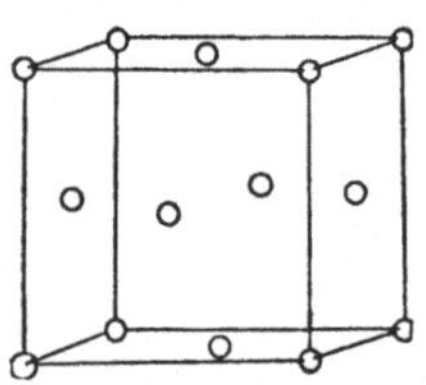

Abb. 304. Allseitig flächenzentriertes kubisches Gitter. Atomanordnung bei der kubischen Dichtestpackung. Z. B. Au, γ-Fe.

Unter den Legierungen gibt es recht verschiedene je nach dem Grad der Ähnlichkeit in Radienlängen und in der Elektronenkonfiguration der beteiligten Atomarten. Nehmen wir als erstes Beispiel *Kupfer* und *Gold*, zwei typische Metalle der ersten Vertikalreihe, sehr ähnliche Atomarten, die zugleich noch ihren Radien nach nahe übereinstimmen ($R_{Cu} = 1{,}28$ Å, $R_{Au} = 1{,}44$ Å). Wenn zusammengeschmolzen und schnell abgekühlt („abgeschreckt"), bilden die zwei Elemente eine lückenlose Reihe von homogenen Mischkristallen, die sich von den reinen Elementen nur in bezug auf die Größe der Elementarzelle unterscheiden, indem diese sich proportional dem Mischungsverhältnis verändern. Bei langsamer Abkühlung aber bilden sich je nach der Zusammensetzung der Mischung zwei verschiedene *geordnete Phasen* von den Zusammensetzungen CuAu und Cu_3Au. In ersterem (Abb. 308) liegen abwechselnd Cu- und Au-Schichten parallel einer Würfelseite der Elementarzellen. Die Kristallstruktur wird zugleich tetragonal deformiert, mit der *c*-Achse normal zur Schichtebene. In letzterem (Abb. 309) wieder liegen die Kupferatome in den

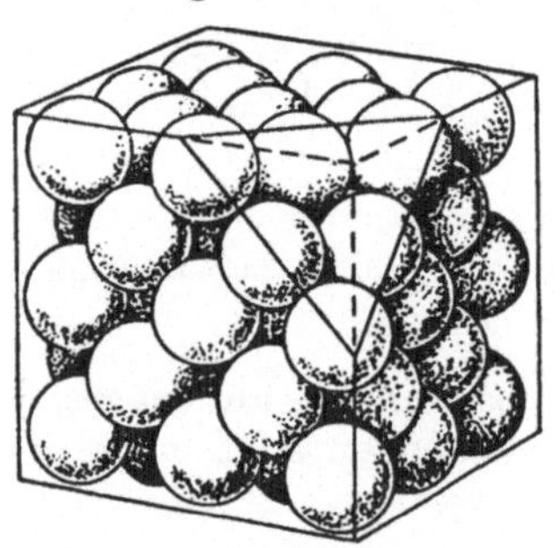

Abb. 305. Kubische Dichtestpackung von Kugeln. Die Anordnung der Abb. $302b_1$ ist an einer Ecke ersichtlich.

Flächenzentren der Elementarzelle, dessen Ecken mit Goldatomen besetzt sind. Die Struktur verbleibt kubisch. Es ist dies ein auffallendes Beispiel dafür, wie eine Verbindung mit bestimmten stöchiometrischen Verhältnissen nur zufolge des Strebens der Atome nach geometrischer Ordnung entstehen kann.

Ein weiterer Typus von geordneten Phasen mit engem Homogenitätsbereich (d. h. nahezu konstanter Zusammensetzung) sind die als Laves-*Phasen* bezeichneten intermetallischen Verbindungen AB_2, wie $MgCu_2$, ZrW_2, $TiCo_2$, $PbAu_2$, $BiAu_2$, $AgBe_2$, KBi_2, $NaAu_2$, $CaAl_2$, MgNiZn (kubisch); $MgNi_2$, $TiCo_2$, MgCuAl (hexagonal); $MgZn_2$, WFe_2, $TiFe_2$, $FeBe_2$, VBe_2, $ReBe_2$, $CaMg_2$ (hexagonal). Ihre Zusammensetzung ist nach geometrischen Grundsätzen durch die Atomradien bestimmt, aber zugleich wirken hier offenbar auch noch die Elektronenverhältnisse ein.

Abb. 306. Hexagonale Dichtestpackung von Kugeln. Drei Schichten wie Abb. $302b_2$.

Das kubische AB_2-Gitter können wir uns vorstellen als Komplexgitter von A-Atomen in der Anordnung der Diamantstruktur und von B-Atomen, deren 16 sich im Innern der Elementarzelle von A-Atomen zu vier kleineren Tetraedern gruppieren, die ihrerseits ein mit dem inneren A-Tetraeder konformes und dazu in Kreuzzwillingsstellung gelegenes Tetraeder bilden (Abb. 310). Die hexagonalen Laves-Strukturen stehen dazu in demselben Verhältnis wie die hexagonale zur kubischen Dichtestpackung. Die A-Atome haben eine sehr hohe physikalische wirksame Koordinationszahl, nämlich 16 (jedes A-Atom ist von 12 B + 4 A umgeben), was auf ausgeprägt metallischen Charakter der von den A-Atomen ausgehenden Bindungskräfte hindeutet. Die B-Atome haben dagegen nur die Koordinationszahl 6.

Abb. 307. Antimon Sb. Flächenzentrierte rhomboedrische Elementarzelle. Das Gitter besteht aus Doppelschichten || (0001), und jedes Atom liegt zu dreien von sechs Nachbaratomen näher. Der Winkel $\alpha = 92° 53'$.

Ein Vergleich der Atomabstände in den Laves-Phasen mit den Abständen in den reinen Komponenten zeigt, daß bei ersteren Abstandsverkürzungen vorliegen, aber die A-Atome berühren nicht direkt die B-Atome. Das Atomradienverhältnis $R_A:R_B$ variiert von 1,13 bis 1,38, und die mögliche Existenz der Laves-Phasen ist offenbar an diese Grenzen gebunden.

Einerseits sind also die Laves-Phasen durch das Atomradienverhältnis bedingt, andererseits scheinen auch noch andere Bedingungen erfüllt sein müssen. Die A-Atome vertreten immer Elemente mit ausgesprochen metallischem Charakter, die B-Atome sind öfters, wenn auch nicht immer, Elemente der Nebenreihen.

Nach Schulze tritt eine Laves-Phase auf, wenn ein A-Atom mit starker Neigung zur metallischen Bindung mit einem B-Atom zusammentrifft, dessen zweitäußerste Elektronenschale nicht abgeschlossen ist und das einen etwa 20% kleineren Radius hat. Hierbei wird in Anschluß an DEHLINGER angenommen, daß auch solche zweiwertige Metalle, wie Beryllium, Magnesium, Zink, und dreiwertige, wie Aluminium, die nach den spektroskopischen, im Gaszustand gemachten Untersuchungen abgeschlossene zweitäußerste Elektronenschalen haben, in den Kristallgittern jedoch nicht völlig abgeschlossene zweitäußerste Elektronenschalen besitzen.

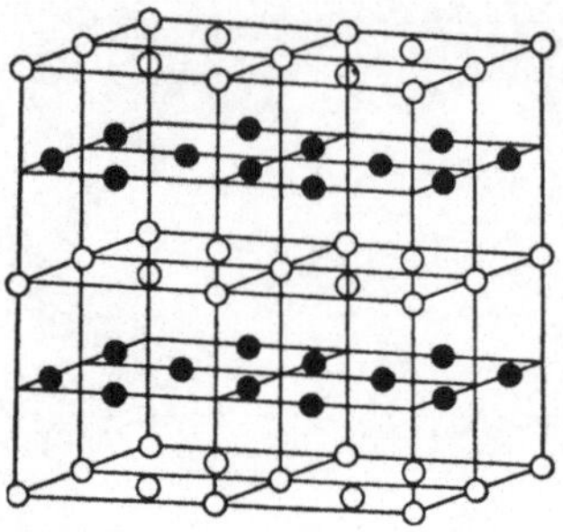

Abb. 308. Die geordnete Phase CuAu.

Wieder anders als die LAVES-Phasen verhalten sich solche Legierungen von eigentlichen Metallen mit Metallen der B-Gruppe der 2., 3. und 4. Vertikalreihen, wie Zink, Cadmium, Quecksilber, Aluminium, Zinn, die häufig als HUME-ROTHERY-*Phasen* bezeichnet werden.

Als Beispiel erwähnen wir nur die *Legierungsreihe* von *Silber* und *Cadmium* nach WESTGREN und betrachten ihre in Zimmertemperatur beständigen Legierungen (Abb. 311). Im Silber liegen die Atome in kubisch-flächenzentrierter Dichtestpackung (K.-Z. = 12, Atomradius 1,44 Å). Wenn in der Legierung Cadmium hinzutritt, verändert sich die Struktur nicht, nur die Gitterperiode vergrößert sich proportional zu der Menge der Cadmiumatome, deren Radius 1,52 Å beträgt. Erst wenn der Atomprozentsatz des Cadmiums 40 überschreitet, erscheinen in den Röntgenspektrogrammen neue Linien, die das Auftreten eines anderen Strukturtyps erkennen lassen. Zwischen 0 bis 42% Cd sind die Legierungen homogen; sie heißen α-Legierungen. Zwischen 42 bis 50% Cd wiederum sind sie unhomogen; sie enthalten Kristalle von α-Legierungen und β-Verbindung. β enthält 50% beider Metalle, also der Formel AgCd entsprechend, und sie besitzt CsCl-Struktur; ihr Homogenitätsbereich beiderseits der formelmäßigen Zusammensetzung ist schmal. Wird ihr auch nur etwas mehr Cadmium zugesetzt, so wird die Legierung wieder unhomogen, was an dem Erscheinen neuer Linien in den Röntgenspektrogrammen festgestellt werden kann. Sie werden stärker, sind bei 57proz. Legierung allein sichtbar und bleiben so, bis das Cadmium mehr als 65% ausmacht. Diese γ-Struktur hat also einen recht umfangreichen ,,Homogenitätsbereich''. WESTGREN und PHRAGMÉN haben die Zusammensetzung dieses Stoffes röntgenographisch erforscht. Seine Formel lautet Ag_5Cd_8; die Elementarzelle enthält 52 Atome, von denen 20 Ag und 32 Cd sind. Im Gegensatz zu den weichen Phasen α und β ist dieser Stoff hart und spröde. Auf den schmalen Unhomogenitätsbereich folgt von 70% an wieder eine homogene Phase, ε, der die Formel $AgCd_3$ zukommt und die einen hexagonalen dichtesten Gitterbau aufweist, sich aber strukturell und in ihren Eigenschaften anders als reines Cadmium verhält. Bei 95proz. Legierung erscheint in der η-Phase diejenige hexagonale, nahezu dichteste Packung, die auch für das Cadmium kennzeichnend ist. Die η-Phase verhält sich also zum Cadmium wie die α-Phase zum Silber.

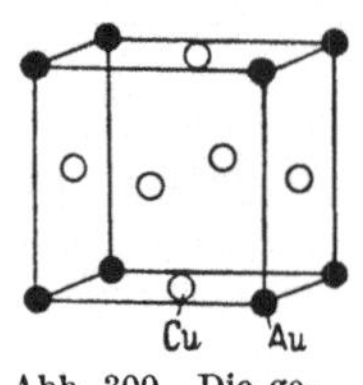

Abb. 309. Die geordnete Phase Cu_3Au.

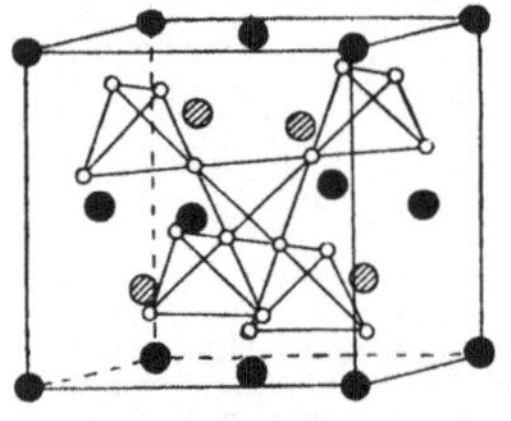
Abb. 310. AB_2-Gitter als LAVES-Phase.

Zum Teil entsprechende Legierungsphasen enthalten auch andere Legierungsreihen zweier Metalle, z. B. Ag und Zn, Au und Zn, Ag und Mg sowie Cu und Zn. Das letztgenannte Paar bildet die vielbenutzten Metallmischungen, die allgemein als *Messing* bezeichnet werden. Das β-Messing ist nach der Röntgenforschung wahrscheinlich ebenfalls vom CsCl-Typ, aber sein Homogenitätsgebiet liegt in gewöhnlicher Temperatur ganz außerhalb der CuZn-Zusammensetzung. Das γ-Messing Cu_5Zn_8 ist dem Ag_5Cd_8 völlig analog. In der Legierungsreihe von Aluminium und Kupfer, den *Aluminiumbronzen,* tritt ebenfalls eine γ-Phase auf, in der die Elementarzelle 52 Atome enthält, aber sie hat eine andere Formel: Cu_9Al_4. In den Legierungen von Kupfer und Zinn, den *Bronzen,* erscheint wiederum eine strukturell noch verwickeltere Verbindung, $Cu_{31}Sn_8$, und demselben γ-Typ können außerdem die in den Legierungsreihen der Metalle der Eisen-Ruthenium-Osmium-Gruppe und des Zinks auftretenden Verbindungen Fe_5Zn_{21}, Rh_5Zn_{21} usw. zugezählt werden.

Im allgemeinen kann man von diesen Legierungen sagen, daß sie strukturell besondere, von gediegenen Metallen abweichende Verbindungen enthalten, die ihre bestimmte Formel haben, aber in denen innerhalb der Grenzen eines engeren oder weiteren Homogenitätsbereiches die Atome einander ersetzen können, ohne daß nachgewiesen werden kann, daß diese Ersetzbarkeit unmittelbar auf gleicher Größe der Atomradien beruhte. Auf die Frage, in welchen Atomverhältnissen diese intermetallischen Verbindungen entstehen, haben Hume-Rothery sowie Westgren und Phragmén die interessante Antwort gefunden, daß solche zwischen Metallen entstehen, deren Atome eine verschiedene Anzahl von Valenzelektronen enthalten, wenn außerdem das Verhältnis dieser Anzahl zu derjenigen der Atome beträchtlich von einer ganzen Zahl abweicht und ganz bestimmte Werte hat. Bei den Metallen der Eisen- und Platingruppe beläuft sich die Zahl der Valenzelektronen im metallischen Zustand auf 0. Cu, Ag und Au besitzen ein Valenzelektron je Atom, Mg, Zn, Cd, Hg zwei, Al drei, Si, Sn, Ge vier. In allen β-Phasen, z. B. AgCd, Cu_3Al, Cu_5Sn usw., ist das Verhältnis der Zahl der Valenzelektronen zu der der Atome $= 3:2$. In den γ-Phasen ist es $21:13$, z. B. Cu_5Zn_8, Cu_9Al_4, $Cu_{31}Sn_8$, Fe_5Zn_{21}, Pd_5Zn_{21}. Bei den ε-Phasen ist die entsprechende Verhältniszahl $7:4$, z. B. $AgCd_3$, Cu_3Ge, Au_5Al_3, in denen allen die Struktur hexagonale Dichtestpackung ist. Die Legierungen der Alkali- und Erdalkalimetalle richten sich jedoch nicht nach der genannten Regel; diese Ausnahme beruht vermutlich auf dem „unedlen" Charakter dieser Stoffe, was in diesem Fall, wenn metallische Bindung besteht, bedeutet, daß das Valenzelektron sich von solchen Metallen leicht trennt. Darauf kann ebenfalls zurückgeführt werden, daß in deren Metallegierungen Na, Li usw. einen kleineren Atomradius als sonst aufgewiesen haben.

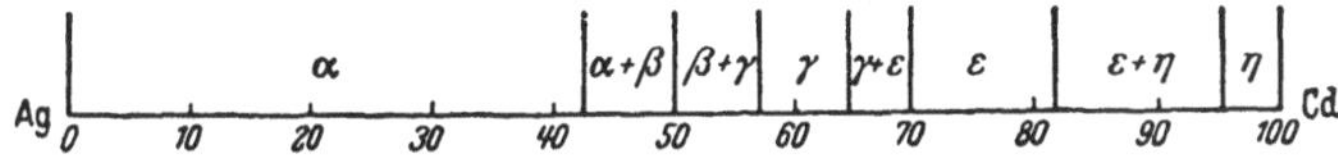

Abb. 311. Die Silber- und Cadmiumlegierungen.

Die nach dieser Hume-Rotheryschen Regel zusammengesetzten Legierungen werden auch als *Elektronenverbindungen* bezeichnet, weil ihre Stabilität durch die Zahl der Elektronen im Verhältnis zur Gesamtzahl der Atome bestimmt wird. Die energetischen Prinzipien dieser Verhältnisse sind in ihren Hauptzügen schon erklärt worden, aber auf diese können wir hier nicht näher eingehen. Es werden also auch bei diesen Elektronenverbindungen weder Valenzkräfte noch elektrostatische Anziehungskräfte betätigt. In der Tat ist die Absättigung der chemischen Valenz eine Negation des metallischen Zustands, denn sie setzt voraus, daß die Elektronen in den stabilen ionischen oder homöopolaren Bindungen gefesselt werden, wogegen sie im metallischen Zustand frei beweglich sind. Die Elektronenverbindungen sowie die „geordneten Phasen“ und anderen intermetallischen Verbindungen weichen ab von den gewöhnlichen Verbindungen darin, daß ihre Zusammensetzung nicht so streng bestimmt ist, daß sie beim Zusammenbringen der Metalle ohne weiteres entstehen und daß sie in ihren Eigenschaften von ihren Komponenten nicht scharf abweichen.

Doch gibt es keine scharfe Grenze zwischen Legierungen einschließlich den intermetallischen Verbindungen und den eigentlichen Verbindungen. Wenden wir uns von den Systemen, die eigentliche Metalle mit Elementen der B-Gruppen der vier ersten Vertikalreihen enthalten, zu jenen mit Elementen der 5. oder 6. Vertikalreihe, so begegnen wir Stoffen, die teils zwar noch metallische Eigenschaften besitzen, die aber mehr oder weniger deutliche Züge der homöopolaren oder heteropolaren Bindungsart aufweisen und in diesem Buch schon im Zusammenhang mit diesen behandelt worden sind. Wir nennen die Nickelarsenid- und Pyritstrukturen als Beispiele von Übergangstypen, in denen die metallischen Züge noch deutlich zu erkennen sind, und ferner die Zinkblende- und Wurtzitstrukturen als Vertreter von rein homöopolarer Bindungsart. Die Verbindungen PbS, BaS, SrS, CaS, MgS gehören strukturell zum Natriumchloridtyp, die vier letzten von diesen sind schon durchaus typische Ionengitter.

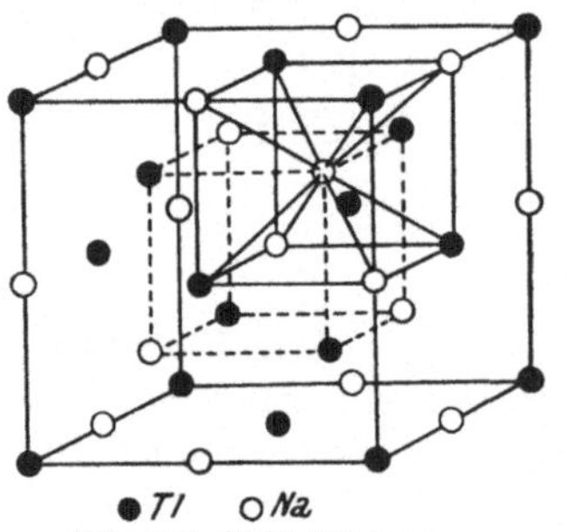

Abb. 312. NaTl-Struktur.

Schon die Elemente der 4. Vertikalreihe sowie die der 5., 6. und 7. vermögen Anionen zu bilden. Zwischen den Elementen Ge, Sn, Pb einerseits und Ga, In, Tl anderseits liegt im periodischen System eine wichtige Grenze, die besonders in den legierungsbildenden Eigenschaften erscheint, indem die Elemente rechts dieser Grenze zu valenzmäßig zusammengesetzten Verbindungen mit stark unedlen Elementen befähigt sind, die Elemente links der Grenze hingegen nicht. Nach dem Vorschlag von F. LAVES werden diese Verbindungen als ZINTL-*Phasen* bezeichnet, nach E. ZINTL, der besonders die Strukturen der Legierungen stark unedler Metalle, insbesondere des Lithiums und Natriums eingehend erforscht hat. Die ZINTL-Phasen kristallisieren in nichtmetallischen, typisch salzartigen Strukturen, oft in sog. „Antistrukturen“ wie Antifluoritstruktur, z. B. $SiLi_2$, $SiMg_2$ oder Anti-Tysonitstruktur (Tysonit = LaF_3), z. B. $AsNa_3$. Die ZINTL-Phasen sind jeweils diejenigen Phasen des betreffenden Legierungssystems, welche die größte Menge an unedlen Komponenten enthalten.

Auch noch mit den Elementen der dritten Vertikalreihe bilden die Alkalimetalle Verbindungen, die von den metallischen wesentlich abweichen. Unter diesen bildet insbesondere die von ZINTL untersuchte Verbindung NaTl einen interessanten und wichtigen Typ, die NaTl-Struktur, in dem auch noch folgende Verbindungen kristallisieren, z. B. LiAl, LiGa, LiIn, NaIn (Abb. 312). Das NaTl-Gitter kann kurz charakterisiert werden als ein Komplexgitter von Na-Atomen und Tl-Atomen, die beide für sich eine Anordnung wie die C-Atome im Diamantgitter bilden. Die Atome Al, Ga, In, Tl haben ein Elektron zu wenig, um ein Diamantgitter bilden zu können. Dieses Defizit kann aber durch Einbau von je 1 Atom Li oder Na pro Atom Al, Ga, In oder Tl ausgeglichen werden; es entsteht dann ein adamantines Gitter aus den letztgenannten Atomen, in dessen Lücken die Rümpfe der Elektronen liefernden Alkaliatome eingelagert sind. Unter solchen Umständen ist die Raumbeanspruchung der Alkaliatome erheblich geringer als im freien Metall.

Einlagerungsstrukturen. Die halbmetallischen Elemente bilden mit Wasserstoff, Bor, Kohlenstoff und Stickstoff Verbindungen, die metallische Eigenschaften aufweisen und ganz andersartig wie die entsprechenden Verbindungen der stark elektropositiven Elemente, wie z. B. Calciumcarbid, sind. Letzteres ist eine nichtmetallisch glänzende, durchsichtige, an Ionenkristalle erinnernde Kristallart. Die metallischen Hydride, Boride, Carbide und Nitride wiederum ähneln äußerlich den Metallegierungen, aber ihnen kommen verschiedene Strukturgesetze zu. Die Kristallchemie dieser interessanten Stoffgruppe ist von GUNNAR HÄGG erforscht worden. Die Voraussetzung für ihre Entstehung liegt darin, daß H, B, C und N im Vergleich zu den metallischen sehr kleine Teilchen sind. Die Metallatome in derartigen Stoffen bilden nach den vier obengenannten Typen Dichtpackungen, in denen die Atomabstände nur sehr wenig größer als in reinen Metallen sind und die Struktur sonst meist dieselbe ist; hat man doch die Metallstruktur und die Atomradien der Metalle an diesen Verbindungen auch in solchen Fällen, in denen reine Metalle überhaupt nicht bekannt waren oder sonstwie nicht untersucht werden konnten, zu erforschen vermocht. Soweit die Dichtpackung meßbar deformiert wird, geht es oft in der Weise vor sich, daß der kubische Gitterbau in einen tetragonalen übergeht, in dem das Achsenverhältnis $a : c$ nur sehr wenig von 1 abweicht, oder daß bei den hexagonalen Dichtpackungen die bestimmten Achsenverhältnisse $a : c = 1{,}63$ und $a : c = 1$ sehr wenig von diesen Werten unterschieden sind. HÄGG hat daher angenommen, daß die nichtmetallischen Atome in den Räumen zwischen den großen Metallatomen verborgen liegen, und diese Strukturen daher als Einlagerungsstrukturen bezeichnet. Das Radienverhältnis $R_M : R_X$ hat größer als 1,7 zu sein. So verhält es sich mit allen Hydriden, Nitriden, vielen Boriden und einigen Carbiden. Ist die Verhältniszahl kleiner als 1,7, so entstehen verwickeltere Strukturen. Die Boride der Erdmetalle und des Thoriums z. B. zeigen Einlagerungsstrukturen, aber weder die Carbide von Eisen oder Nickel mit kleinerem Radius noch die Cr-, Mn-, Co-Carbide.

Die Einlagerungsstruktur wird somit einerseits durch das Metallatomgitter und andererseits durch die Koordinationszahl der nichtmetallischen Atome bestimmt, die wiederum von den Verhältnissen der Atomradien nach einfachen geometrischen Prinzipien abhängig ist. Im allgemeinen suchen sich so viele nichtmetallische Atome einzulagern, wie Raum vorhanden ist, und dadurch vorwiegend wird die Formel der Verbindung bestimmt. Am häufigsten sind die Verbindungstypen M_4X, M_2X, MX und MX_2, die jedoch oft ihre weiten Homogenitätsbereiche besitzen, wie es nach unserer mechanischen Auffassung auch natürlich ist. Am allgemeinsten sind die Typen MX und M_2X, von denen folgende angeführt seien:

M_2X. Hexagonale Dichtestpackung: Zn_2H, Ta_2H, Ti_2H, Ta_2C, Mn_2N, W_2C, Fe_2N. Kubische Dichtestpackung: Pd_2H, W_2N, Mo_2N.

MX. Kubische Dichtestpackung: ZrH, TiH, ZrN, ScN, ZrC, TiN, VN, TiC. Hexagonale Dichtpackung mit dem Achsenverhältnis $a : c = 1$: MoN, WC.

F. Die gegenseitigen Verhältnisse der Kristallarten.

Polymorphie bedeutet das Auftreten eines bestimmten Stoffes in verschiedenen Kristallstrukturen. Diese verschiedenen Formen wiederum, sagt man, sind untereinander *heteromorph*. Die physikalischen Eigenschaften, wie Dichte, Härte, Spaltbarkeit usw., sind bei den heteromorphen Formen eines polymorphen Stoffes im allgemeinen verschieden, aber in den verschiedenen Fällen in sehr verschiedenem Grade. Die Kristallstrukturforschung hat in vielen Fällen vollständig herausgefunden, wie diese Unterschiede von der Art der Atompackung in den Kristallgittern abhängig sind.

In höchstem Grade verschieden sind die kristallinen Formen des Kohlenstoffes Graphit und Diamant. Die Dichte des Graphits ist 2,1, seine Härte 1, die Dichte des Diamanten 3,5, seine Härte 10. Der Graphit ist metallglänzend, elektrisch leitend, undurchsichtig, schuppig und biegsam, der Diamant nichtmetallisch, elektrisch isolierend, durchsichtig, körnig, spröde. In diesem Fall liegt eine Verschiedenheit an der völlig verschiedenen Anordnung und Bindung der Kohlenstoffatome.

Sehr verschieden sind auch die Formen des Titandioxyds TiO_2, Rutil (tetrag,. $c = 0{,}6442$, Dichte 4,25), Anatas (tetrag., $c = 1{,}778$, Dichte 3,9) und Brookit (rhomb., Dichte 4,15). Ebenso verhält es sich mit den Formen des Siliciumdioxyds, dem Quarz (trigonal trapezoedrisch, Dichte 2,65), dem Tridymit (rhomb., Dichte 2,28) und dem Cristobalit (kubisch, Dichte 2,27).

Geringer ist der Unterschied zwischen den Formen des Eisensulfids FeS_2, dem Pyrit (kubisch' disdodekaedrisch, Dichte 5,0) und dem Markasit (rhomb., Dichte 4,9). Obgleich die Struktursymmetrie ziemlich abweichend ist, sind immerhin die Kristallstrukturen von fast gleichem Typ. Zwischen den Formen des Calciumcarbonats $CaCO_3$, dem Calcit (ditrigonal skalenoedrisch, Dichte 2,7) und dem Aragonit (rhomb., Dichte 2,95) ist der Unterschied etwas größer, was am auffälligsten durch die ganz verschiedene Spaltbarkeit bezeugt wird.

Sehr gering ist der Unterschied zwischen dem Hochquarz und Tiefquarz. Der Kristallbau beider Formarten ist im wesentlichen gleich, die Unterschiede liegen nur in der innerstrukturellen Anordnung und Symmetrie (S. 198). Auch in der Dichte besteht ein geringer Unterschied. Charakteristisch für diese Art von Polymorphie ist vor allem die schnelle reversible Umwandlung bei einer bestimmten Temperatur, dem *Umwandlungspunkt.* Zwar haben manche heteromorphe Stoffpaare, die mehr voneinander abweichen, einen reversiblen Umwandlungspunkt, aber meistens nicht so spontan vor sich gehende Umwandlungen in beiden Richtungen wie diese α—β-Umwandlungen, wie man sie allgemein genannt hat. Sie sind bekannt z. B. bei Salmiak, Kupferglanz, Leucit, Boracit u. a.

Dann kommen wir zu solchen Fällen, in denen die verschiedenen Formen eines und desselben Stoffes physikalisch so gleichartig sind, daß im allgemeinen nur in den von der Struktursymmetrie abhängigen Kristallformen und in den optischen Eigenschaften ein Unterschied zu erkennen ist. Die wichtigsten unter solchen polymorphen Stoffen sind der Kalifeldspat $KAlSi_3O_8$, die Pyroxene $MgSiO_3$ und $FeSiO_3$ sowie die diesen nahestehenden Magnesiumferrosilicat-Amphibole.

Der Kalifeldspat kristallisiert als trikliner Mikroklin und monokliner Orthoklas. Beide haben die Dichte 2,55, die Kristallformen sind fast gleich, da der Winkel zwischen den Achsen $b \wedge c$ bei der triklinen Form fast 90° beträgt. Auch in den Lichtbrechungsindices zeigen die Messungen keinen Unterschied, obgleich eine kleine Abweichung vorhanden sein muß, da die optische Orientierung verschieden ist. Gerade in bezug auf letztere sind auch die Stoffe am meisten voneinander unterschieden, wie im Beispielverzeichnis der Kristallarten erklärt wird. Alle Eigenschaften des Orthoklases lassen sich jedoch von denen des Mikroklins ableiten ausgehend von der Annahme, daß ersterer aus submikroskopisch kleinen nach dem Albitgesetz (010 als Zwillingsebene) verzwillingten Mikroklinlamellen aufgebaut sei.

Von den (Mg,Fe)-Pyroxenen sind einige rhombisch (Enstatit-Hypersthenreihe), andere monoklin (Klinoenstatit-Klinohypersthenreihe). Desgleichen ist von den (Mg,Fe)-Amphibolen die eine Reihe rhombisch (Anthophyllit), die andere monoklin (Cummingtonit). Auch zwischen diesen besteht kein Unterschied außer dem auf der Symmetrie beruhenden, und die Eigenschaften der symmetrischen Formen können gleicherweise auf Grund der Zwillingsannahme von denen der weniger symmetrischen Formen abgeleitet werden. Bei den Amphibolen scheint allerdings der wesentlichere Unterschied darin zu bestehen, daß das rhombische Gitter mehr Aluminium (Gedrit) als das monokline (Cummingtonit) enthalten kann.

Die Annahme submikroskopischer Zwillingsnatur vermag in den genannten Fällen noch nicht befriedigend zu erklären, daß besonders bei den Pyroxenen und Amphibolen die mehr oder weniger symmetrischen Formen als zwei deutlich verschiedene Phasen nebeneinander auftreten können. Eine befriedigendere Erklärung erhält man auf Grund der Gitterstruktur durch die Annahme, daß in den monoklinen Formen die Ketten und Bänder gleichgerichtet sind, so daß die an die Kationen gebundenen O-Atome in allen auf derselben Seite liegen, während dagegen in den rhombischen Formen jede zweite Kette oder jedes zweite Band einem anderen zugewendet ist, ebenso wie man sich vorstellen kann, eine Truppe Soldaten stehe entweder so, daß alle in dieselbe Richtung sehen (monokline Symmetrie), oder so, daß jede zweite Reihe von Männern sich den übrigen Reihen zugewendet haben (rhombische Symmetrie). Desgleichen kann eine derartige Polymorphie, die P. v. Groth als *Polysymmetrie* bezeichnet hat, allgemein durch die Annahme einer in der symmetrischeren Form bestehenden Verzwillingung der Elementarzellen erklärt werden. Die Ungleichheit der Struktur würde dann z. B. nicht auf die Dichte einwirken, und die Differenz im Gehalt an freier Energie wäre minimal, wenn auch nicht ganz verschwunden.

Nun haben Warren bei der Erklärung der Pyroxen- und Amphibolstrukturen und ebenfalls Taylor bei den Feldspaten eine derartige Verzwillingung nicht gefunden, sondern die Strukturen der weniger symmetrischen Formen zeigen eine Verzerrung im Vergleich mit den symmetrischeren. Dennoch ist, wie Tom Barth betreffend die Feldspate angeführt hat, die Hypothese der Bauzellenverzwillingungs-Polymorphie noch offen zu halten, sie gibt jedenfalls ein zutreffendes Bild von derartiger Polymorphie.

Die Umwandlungen der heteromorphen Formarten nennt man *enantiotrop*, wenn sie wechselseitig ineinander überführbar sind. Gelingt die Umwandlung dagegen nur in einer Richtung, so ist die Umwandlung *monotrop*. Im ersten Falle ist die Umwandlung also reversibel, und eine jede der Formarten ist *beständig* dies- oder jenseits einer bestimmten Temperatur, des *Umwandlungspunktes*, der sich mit dem Druck ändert, wie im Abschnitt über die physikalische Chemie der Kristalle noch näher erörtert wird. Bei der Monotropie erscheint dagegen nur die eine Formart beständig zu sein, und die Umwandlung geht vor sich, wenngleich mit verschiedener Schnelligkeit, bei verschiedenen Temperaturen. Physikalisch-chemisch werden diese Verhältnisse in der folgenden Weise erklärt.

Die verschiedenen kristallinen Formarten haben im allgemeinen verschiedenen, mit der Temperatur steigenden Dampfdruck. Am Umwandlungspunkt aber haben beide Formen gleichen Dampfdruck und befinden sich daher im Gleichgewicht miteinander. Umwandlung erfolgt, wenn der Dampfdruck der einen Form größer wird, denn diese sublimiert dann allmählich in die jetzt beständige Form über. Monotrope Formen besitzen keinen Umwandlungspunkt, weil der Dampfdruck der einen Form bei allen Temperaturen unter der Schmelztemperatur größer ist als der der anderen. Bei Kristallisation eines monotrop polymorphen Stoffes entsteht meistens zunächst die unbeständige Form; ebenso kann aber im Falle der Enantiotropie bei Kristallisation unterhalb des Umwandlungspunktes die oberhalb desselben beständige Form zunächst entstehen. Überhaupt entstehen zunächst eine oder mehrere unbeständige, energiereichere Formen nach der OSTWALDschen *Stufenregel*, um sich mit der Zeit in immer beständigere Formen umzuwandeln.

Da die Dampfdrucke der kristallinen Stoffe meistens sehr gering sind, so ist schon aus diesem Grunde verständlich, daß die Umwandlungen oft äußerst langsam vor sich gehen. Die tatsächlich unbeständigen Formen halten sich anscheinend unbegrenzt lange. In solchen Fällen nennt man sie *metastabil*. Andererseits erfolgt die Umwandlung oftmals so schnell, daß von der Vermittlung der Dampfphase oder Sublimation nicht die Rede sein kann, und die Umwandlungsgeschwindigkeit oder umgekehrt die *Haltbarkeit* der unbeständigen Form steht in keinem nachweisbaren Verhältnis zu den absoluten oder relativen Dampfdrucken der Formarten. Der Umbau des Gitters erfolgt vielmehr wohl meistens im kristallinen Zustand. Der beständigen Formart kommt die kleinste Menge freier Energie zu, sie hat das geringste *thermodynamische Potential*, und dieser Form strebt die Umwandlung zu. Die Haltbarkeit der unbeständigen Form steht aber auch in keinem Verhältnis zum Potentialgefälle. Bei der α—β-Umwandlung, wie vom Tiefquarz zum Hochquarz, geht die Umwandlung momentan vor sich; hier ist das Potentialgefälle minimal, ebenso wie der Dampfdruck der beiden Formen. Unter den Formarten des Kohlenstoffs ist Graphit die beständige Form, und der Diamant steht anscheinend bei allen zugänglichen Drucken und Temperaturen dazu im Verhältnis der Monotropie; das Potentialgefälle muß sehr beträchtlich sein. Dennoch erhält sich der Diamant, und es ist unnütz zu sagen, seine Umwandlungsgeschwindigkeit sei äußerst gering, denn nach aller Erfahrung ist sie gleich Null, obwohl auch der Dampfdruck des Kohlenstoffs bei etwa 3000° nicht unbeträchtlich ist. Bei der Polysymmetrie besteht offenbar fast gar kein Unterschied im Energieinhalt, und auch solche Stoffe, wie Orthoklas und Mikroklin, Enstatit und Klinoenstatit, Anthophyllit und Cummingtonit, sind anscheinend unbegrenzt haltbar nebeneinander — doch muß man hier zufügen: bei gewöhnlicher Temperatur, denn bei erhöhter Temperatur erfolgt z. B. die Umwandlung von Mikroklin in Orthoklas.

Ein aus der Mechanik kommender Vergleich mag eine annähernde Auffassung von diesem Sachverhalt vermitteln: Eine auf geneigter Fläche liegende Kugel befindet sich nicht im Gleichgewicht, sie sucht auf den untersten Teil der Fläche zu rollen; ihre freie (kinetische) Energie wird Null, wenn die Kugel Gleichgewichtsstellung gefunden hat. Das Ungleichgewicht einer metastabilen Kristallart kann nicht mit den auf geneigter Fläche befindlichen Kugeln verglichen werden, gewiß aber mit solchen, die auf geneigter Fläche in Vertiefungen liegen und nicht rollen, obgleich ihre potentielle Energie größer ist als die der in niedrigst gelegener Vertiefung zurückgehaltenen Kugel. Ebenso wie eine bestimmte Menge Arbeit erforderlich ist, um die Kugel auf den Rand der Vertiefung zu heben, ebenso bedarf es im allgemeinen der Arbeit, um die Atome aus ihren Lagen zu rücken, selbst wenn die Atomanordnung des Gitters gar nicht diejenige wäre, bei der die Menge ihrer freien Energie den absolut kleinsten Betrag darstellte.

Gittertheoretisch kann angenommen werden, daß die Veränderungen der freien Energie bzw. die Umwandlungen entweder auf der Veränderung der Atomradien oder der Polarisationseigenschaften beruhen. Erinnert sei z. B. an die Ammoniumhalogenide (S. 177), die in höheren Temperaturen nach dem NaCl-Typ, in niedrigeren nach dem CsCl-Typ kristallisieren; die Umwandlung geschieht hier unmittelbar und ist reversibel.

Isomorphie und Morphotropie. Wie bereits oben S. 156 angeführt, hat die Isomorphie stets im Mittelpunkt der Kristallchemie gestanden und ist durch die Ergebnisse der modernen Kristallstrukturforschung in ganz neuartige Beleuchtung gerückt worden. Sind doch im allgemeinen diejenigen Stoffe isomorph, die gleiche Kristallform, aber verschiedene Zusammensetzung aufweisen. MITSCHERLICH nahm ursprünglich an, daß den Stoffen, um isomorph zu sein, eine analoge Zusammensetzung zukommen müsse und daß von zwei isomorphen Stoffen stets die Formel des einen dadurch von der des anderen abzuleiten sei, daß ein oder mehrere Elemente oder Radikale durch ein oder mehrere andere, der Valenz nach gleichwertige Elemente oder Radikale ersetzt werden. Eine derartige Isomorphie kann als *Valenzisomorphie* bezeichnet werden. Alle Stoffgruppen bieten unzählige Beispiele dafür. Nachfolgend nennen wir einige isomorphe Reihen und Paare unter Stoffgruppen, die nicht als Gesteinsbestandteile besonders wichtig sind: Die von MITSCHERLICH zuerst erforschten Phosphate und Arsenate (S. 156) (tetrag.); Apatitreihe (hexag. bipyramidal); Alaune (kubisch disdodekaedrisch); die Fahlerze (kubisch hexakistetr.); Hämatit-Korund (ditrigonal-skalenoedrisch); die Spinelle (hexakisoktaedrisch).

Unter den Silicaten wie auch Carbonaten u. a. sind sehr allgemeine isomorphe Stoffpaare diejenigen, in denen Mg^{2+} und Fe^{2+} sowie Mn^{2+} einander vertreten, z. B. die Olivine Forsterit Mg_2SiO_4, Fayalit Fe_2SiO_4 und Tephroit Mn_2SiO_4. In vielen Stoffgruppen sind mit diesen außerdem Zink-, Nickel- und Kobaltverbindungen verknüpft. Eine andere Gruppe von einander ersetzenden Atomen bilden Al^{3+}, Fe^{3+} und Cr^{3+}, z. B. in den Spinellen $Fe^{2+}Fe_2^{3+}O_4$ (Magnetit), $Fe^{2+}Al_2O_4$ (Hercynit) und $Fe^{2+}Cr_2O_4$ (Chromit).

Die einander ersetzenden Atomarten bezeichnet man als einander *diadoch*. Die Ersetzbarkeit nennt man *Diadochie*.

Schon früh erkannte man jedoch auch isomorphe Stoffpaare, auf die sich der Begriff der Valenzisomorphie nicht anwenden läßt. Zum Teil sind bei ihnen die Formeln äußerlich analog, wie bei den rhomboedrischen Natriumnitrat $NaNO_3$ und Calcit $CaCO_3$, bei den monoklinen Monazit $CePO_4$ und Krokoit $PbCrO_4$ oder bei den tetragonalen Xenotim YPO_4, Calciumchromat $CaCrO_4$ und Zirkon $ZrSiO_4$, ferner bei den monoklinen Diopsid $CaMg(SiO_3)_2$ und Jadeit $NaAl(SiO_3)_2$, obgleich die einander ersetzenden Elemente verschiedener Valenz sind. In anderen Fällen ist nicht einmal formale Analogie unmittelbar aus denFormeln zu ersehen, wie z. B. bei Albit $NaAlSi_3O_8$ und Anorthit $CaAl_2Si_2O_8$. Dabei erkannte man zuerst die Übereinstimmung der Molekülvolumina, und als dann die Kristallchemie den Begriff des Atomradius erklärte, war zugleich einzusehen, daß die Übereinstimmung der einander ersetzenden Atomradien die wichtigste Voraussetzung von Diadochie und Isomorphie sind, eine wichtigere als die Valenzgleichheit. Der Kristall läßt sich vergleichen mit einem aus einzelnen Stücken bestimmter Größe und Form aufgeführten regelmäßigen Bau, z. B. einer Ziegelmauer. Statt des einzelnen Ziegels kann in diese, ohne die Form und den Bauplan zu ändern, ein aus anderem Stoff hergestellter gleich großer Stein eingefügt werden.

Schon früh nahm man ebenfalls wahr, daß die Isomorphie sehr verschiedenen Grades ist. Am nächsten liegt die Isomorphie offenbar in solchen Fällen, in denen die Stoffe miteinander *isomorphe Mischkristalle* in allen Mischverhältnissen bilden können, wie Albit und Anorthit im Plagioklas, Forsterit und Fayalit im Olivin, Enstatit und Hypersthen in den rhombischen Pyroxenen, Mg- und Fe-Amphibol im Anthophyllit, Magnesit und Siderit in den rhomboedrischen Carbonaten, Pleonast und Hercynit in den Spinellen usw. Dieses Verhältnis gelangt in den Formeln dadurch zum Ausdruck, daß die diadochen Atomarten eingeklammert und durch ein Komma voneinander getrennt werden, wie z. B. die Olivinmischungen $(Mg,Fe)_2SiO_4$, die rhombischen Pyroxene $(Mg,Fe)SiO_3$, die Spinelle $(Mg,Fe)Al_2O_4$ usw.

Ist die Isomorphie weniger ausgeprägt, so liegen in den isomorphen Mischungsreihen Lücken vor, d. h. nur ein geringer, bei den verschiedenen Stoffpaaren und auch bei ein und denselben Stoffpaaren unter verschiedenen Temperatur- und Druckverhältnissen verschieden großer Teil einer Atomart kann durch einen anderen ersetzt werden. Als gute Beispiele dafür dienen die Granatmineralien Grossular $Ca_3Al_2(SiO_4)_3$, und Almandin $Fe_3Al_2(SiO_4)_3$. Hinsichtlich dieser Mineralgruppe ist insbesondere zu bemerken, daß einerseits die Mg-, Fe^{2+}- und Mn^{2+}-Verbindungen und anderseits die Al- und Fe^{3+}-Verbindungen unbegrenzt mischbar bzw. die genannten Ionen diadoch sind. Die Granatgruppe zerfällt somit in zwei Untergruppen:

	Beschränkt mischbar			
Unbeschränkt mischbar	Grossular	$Ca_3Al_2(SiO_4)_3$	Pyrop	$Mg_3Al_2(SiO_4)_3$
	Andradit	$Ca_3Fe_2(SiO_4)_3$	Almandin	$Fe_3Al_2(SiO_4)_3$
	Uwarowit	$Ca_3Cr_2(SiO_4)_3$	Spessartin	$Mn_3Al_2(SiO_4)_3$

Eine noch entferntere Isomorphie gestattet anscheinend auch nicht die geringste isomorphe Vermischung. Z. B. NaCl und KCl kristallisieren kubisch holoedrisch und sind auch kubisch spaltbar, aber als Kristalle bei Zimmertemperatur mischen sie sich überhaupt nicht. Auch dann kann bisweilen isomorphe *Schichtung* entstehen; um einen Calcitkristall z. B. kann aus gesättigter Natriumnitratlösung letzerer Stoff gleicherweise orientiert kristallisieren.

Als man nach den die isomorphe Mischbarkeit bedingenden Zusammenhängen suchte, wandte sich die Aufmerksamkeit zunächst darauf, daß die Flächenwinkel und Achsenverhältnisse bei den Kristallen aller Systeme, mit Ausnahme des kubischen, nicht genau gleich groß sind und daß die Differenzen um so größer ausfallen, je entfernter die Isomorphie ist. Z. B. bei den rhomboedrischen Carbonaten:

			c
Beschränkt mischbar	Calcit	$CaCO_3$	0,8543
	Magnesit	$MgCO_3$	0,8112
Unbeschränkt mischbar	Siderit	$FeCO_3$	0,8184
	Rhodochosit	$MnCO_3$	0,8184
	Smithsonit	$ZnCO_3$	0,8036

Bei den kubischen Kristallarten, in denen die Winkel konstant sind, wird die Isomorphie nicht in dieser Weise sichtbar. In allen Fällen wird sie letzten Endes durch die Gleichheit der Atomradien bestimmt. Isomorphe Mischbarkeit setzt in den einander vertretenden Elementen sehr ähnliche Ionenradien (und außerdem gleichartige Polarisationseigenschaften) voraus, wie es bei den Ionenradien von Magnesium ($R = 0{,}78$ Å) und zweiwertigem Eisen ($R = 0{,}83$ Å), oder bei denen von Calcium ($R = 1{,}04$ Å) und Natrium ($R = 0{,}98$ Å), aber nicht z. B. bei Magnesium und Calcium der Fall ist. Der Ionenradius des Mangans liegt zwischen diesen ($R = 0{,}91$ Å), und wirklich können die Manganverbindungen, die mit den isomorphen Reihen der Ferromagnesiumverbindungen näher zusammenhängen, auch mit den Calciumverbindungen Mischkristalle in weiteren Verhältnissen als die Magnesiumverbindungen bilden.

Im Lichte der Ergebnisse der Kristallstrukturforschung kann die Isomorphie im allgemeinen folgendermaßen definiert werden: Einander isomorph sind solche Stoffe, deren Bruttoformeln in der Gesamtzahl der Atome wie auch in der Anzahl der positiven und der negativen Bauteile analog sind. Die Elementarzellen müssen gleichartig sein und die positiven sowie negativen Bauteile in ihnen gleiche Stellungen einnehmen. Die Gleichartigkeit der Bauteile umfaßt die Übereinstimmung ihrer Radiusbeträge wie auch ihrer Polarisationseigenschaften innerhalb bestimmter Grenzen. Darauf beruht die Diadochie.

Als im weitesten Sinne isomorph könnten die zu genau demselben Strukturtypus gehörenden Stoffe gelten, da sie auch zu derselben Raumgruppe gehören und ebenfalls physikalisch gleichartig sind, z. B. hinsichtlich der Spaltbarkeit. Isomorph würden dann z. B. mit dem Steinsalz alle die unzähligen zum NaCl-Typ gehörenden Verbindungen, solche wie Bleiglanz PbS und Periklas MgO, oder mit dem Olivin der Chrysoberyll (die Formeln Mg_2SiO_4 und $BeAlO_4$), oder mit dem Quarz das Berylliumfluorid BeF_2 sein. Doch ist es besser, den Begriff der *Isotypie* von dem der Isomorphie zu scheiden, da jener in erster Linie durch das Verhältnis der Kationen- und Anionenradien bestimmt wird, da ferner die Ionenmasse in isotypen Stoffen sogar sehr verschieden sein können und die Ionen einander nicht diadoch sind. Paarweise isotyp, aber nicht isomorph, sind z. B. Calcit und Natriumnitrat, Monazit und Krokoit, Xenotim und Zirkon, Steinsalz und Bleiglanz. Zur isotypen Gruppe der letzteren gehören auch noch z. B. CaO, MgO (Periklas), MnS (siehe S. 177).

Wie gleichartig die Bauteile der Größe nach zu sein haben, ist von vielen verschiedenen Umständen abhängig, u. a. von der Größe und Kompliziertheit der Elementarzellen. Bei den einfachen Strukturen sind die Forderungen in dieser Hinsicht größer als bei den verwickelteren. Bei den Chloriden können Na und K einander nicht ersetzen, ebensowenig bei den Nitraten, wohl aber in gewissem Maße bei den Feldspaten $NaAlSi_3O_8$ und $KAlSi_3O_8$. Ca und Fe sind nicht einmal in den Silicaten diadoch.

Temperatur und Druck wirken auf die Größe der Ionenradien und die Polarisationseigenschaften ein — die Temperatur vorwiegend auf letztere. Im allgemeinen wächst der Isomorphiegrad mit steigender Temperatur. Es gibt viele Beispiele von Stoffpaaren, die bei hohen Temperaturen mischbarer als bei niedrigeren sind. So bilden NaCl und KCl Mischkristalle nahe ihren Schmelzpunkten, aber anscheinend überhaupt nicht bei Zimmertemperatur. So bilden Diopsid $CaMg(SiO_3)_2$ und Klinoenstatit $MgSiO_3$ keine Mischungen in Gesteinen, die bei verhältnismäßig niedrigen Temperaturen kristallisiert sind, doch sind sie unbeschränkt mischbar, wenn sie aus trockenen Schmelzen kristallisieren, ebenso auch in Meteoriten, offenbar weil in den letzteren Fällen die Entstehungstemperatur viel höher war. Bei den Mischbarkeitsverhältnissen der Alkalifeldspate ist dieselbe Erscheinung zu beobachten. Die Stoffe bilden bei hohen Temperaturen Mischkristalle, bei niedrigen nicht. In diesem wie in manchem anderen Fall trennen sich die bei hoher Temperatur entstandenen Mischkristalle bei niedrigeren Wärmegraden voneinander in festem Zustand, d. h. sie *entmischen* sich.

Völlige Isomorphie setzt voraus, wie aus der oben dargestellten Definition hervorgeht, daß die Kristalle zu derselben Symmetrieklasse, ja sogar zu derselben Raumgruppe gehören. Aber wie wir schon bei Betrachtung der Strukturtypen gesehen haben, können die den verschiedenen Symmetrieklassen zuzuzählenden Stoffe dem Typ nach nahe verwandt sein, wie z. B. der ditrigonal skalenoedrische Calcit und der trigonal rhomboedrische Dolomit, desgleichen Korund und Ilmenit. Auch die in verschiedenen Systemen kristallisierenden Stoffe können — in den verschiedenen Fällen in verschiedener Weise — strukturell sehr ähnlich sein, z. B. Chondrodit und Humit oder Orthoklas und Albit. In derartigen Fällen spricht man von *Homöomorphie.*

Die einander homöomorphen Stoffe können natürlich an sich keine Mischkristalle bilden, da auch die Mischkristalle jeweils nur eine bestimmte Struktursymmetrie aufweisen können. Trotzdem aber zeigt sich bei diesen Mischkristallen oft beschränkte Mischbarkeit in der Weise, daß von zwei verschiedenen Stoffen A und B, die verschiedene Symmetrie besitzen, A in sein Gitter eine bestimmte Menge des Stoffes B aufnehmen kann, seine eigene Symmetrie beibehaltend, und umgekehrt kann *B* in seiner eigenen Kristallart eine gewisse Menge des Stoffes *A* enthalten. Ein sehr aufschlußreiches Beispiel dafür bieten wiederum die Alkalifeldspate Orthoklas und Albit, deren Verhältnisse im Zusammenhang mit der Aufstellung ihrer Schmelzkurven vollständiger erklärt werden können. Diese Erscheinung zählt man gewöhnlich der *Isodimorphie* zu, aber sie ist anderer Natur wie die gleich unten im Zusammenhang mit der Morphotropie zu besprechende Isodimorphie, bei der der Stoff auch rein in zwei verschiedenen Formen auftritt.

Wie oben angeführt, gestattet die selbst im engsten Sinne gefaßte Isomorphie eine Veränderung der Ionenradien innerhalb bestimmter Grenzen. Verfolgt man eine nach dem zu- oder abnehmenden Ionenradius angeordnete Reihe, so kommt man endlich an die Grenze, an der der erlaubte Wechsel des Radius überschritten wird. Dann verändert sich die Kristallstruktur, erscheint ein anderer Strukturtyp, zu dem wieder eine Reihe von Stoffen gehören kann. Diesem Wandel von Form und Typ nennt man *Morphotropie*. Es ist ohne weiteres einleuchtend, daß wir es hier mit denselben Dingen zu tun haben, um die es sich von einem anderen Standpunkt aus gehandelt hat, als die Abhängigkeit des Strukturtyps von den Radienverhältnissen der Ionen oder Atome erklärt worden ist. An der morphotropen Wandlungsgrenze erscheint gewöhnlich irgendein polymorpher Stoff, d. h. ein solcher, dessen Ionenradienmaß für beide isomorphe Reihen auf der Grenze der gestatteten Veränderlichkeit oder an der *Toleranzgrenze* liegt. Die allgemeinste Art der Polymorphie (Dimorphie) beruht gerade auf diesem Umstand, und diese Erscheinung in ihrer Gesamtheit wird als *Isodimorphie* bezeichnet. Die aufschlußreichsten Beispiele für morphotropen Wechsel und die im Zusammenhang mit ihm auftretende Isodimorphie bieten die Verbindungen AXO_3, zu denen zwei Reihen einander isomorphe Carbonate, Nitrate und Borate gehören.

Kationenradius (Å):	0,78	0,78	0,82	0,83	0,83	0,83	0,91	0,98
Ditrig. skalenoedrische:	$LiNO_3$	$MgCO_3$	$CoCO_3$	$ZnCO_3$	$FeCO_3$	$ScBO_3$	$MnCO_3$	$NaNO_3$

Kationenradius (Å):	1,03	1,06	1,22	1,27	1,32	1,33	1,43
Ditrig. skalenoedrische:	$CdCO_3$	$CaCO_3$ (Calcit)	—	—	—	—	—
Rhombische:	—	$CaCO_3$ (Aragonit)	$LaBO_3$	$SrCO_3$	$PbCO_3$	KNO_3	$BaCO_3$

Wir sehen hier einwertige Ionen (Na^{1+}, Li^{1+}, K^{1+}, NO_3^{1-}), zweiwertige (Mg, Co, Zn, Fe, Mn, Cd, Ca, Sr, Pb, Ba^{2+}, CO_3^{2-}) und dreiwertige (Sc^{3+}, La^{3+}, BO_3^{3-}), die Valenz an sich wirkt also nicht auf den Sachverhalt ein. Nur $CaCO_3$ ist dimorph.

Als anderes Beispiel erwähnen wir die Orthosilicate, die gesonderte SiO_4-Gruppen enthalten:

Kationenradius (Å):	0,78	0,83	0,91	0,91—0,83	0,83	0,34
Rhombisch:	Mg_2SiO_4 Forsterit	Fe_2SiO_4 Fayalit	Mn_2SiO_4 Tephroit	$(Mn, Zn)_2SiO_4$ Roepperit	—	—
Trigonal rhomboedrisch:	—	—	—	$(Mn, Zn)_2SiO_4$ Troostit	Zn_2SiO_4 Willemit	Be_2SiO_4 Phenakit

Der Fall weicht von dem Vorhergehenden darin ab, daß auf der morphotropen Grenze nicht unmittelbar Dimorphie, sondern Isomorphie in Mischkristallen auftritt, von denen im Roepperit der Hauptteil aus Mn- und im Troostit der Hauptteil aus Zn-Silicat besteht. In diesem Fall ist offenbar der Einfluß des Ionenradius nicht allein maßgebend.

Sehr interessant ist die Isomorphie der Epidotmineralien, da in ihnen die Elemente verschiedener Valenz einander vertreten. Zu der Reihe gehören:

Klinozoisit	$Ca_2Al_3(SiO_4)_3(OH,F)$
Pistacit	$Ca_2(Al,Fe)_3(SiO_4)_3(OH,F)$
Piemontit	$(Ca, Mn^{2+})_2(Al, Fe^{3+},Mn^{3+})_3(SiO_4)_3(OH,F)$
Orthit	$(Ca,Ce)_2(Al,Fe^{3+},Fe^{2+})_3(SiO_4)_3(OH,F)$
Hancockit	$(Ca, Pb, Sr, Mn)_2(Al, Fe, Mn)_3(SiO_4)_3(OH,F)$
Tawmawit	$Ca_2(Al,Fe,Cr)_3(SiO_4)_3(OH)$
Nagatelit	$(Ca, Ce)_2(Al,Fe,Mg,Mn)_3[(Si,P)O_4]_3$

Einige Glieder der Epidotgruppe, z. B. der Orthit, enthalten seltene Erdmetalle, Cerium usw. Da Ce dreiwertig ist, nahm man zuvor an, daß es das Aluminium ersetze, aber mittels der Kristallstrukturforschung ist festgestellt worden, daß es Calcium ersetzt, wie auf Grund der Übereinstimmung der Ionenradien vorausgesetzt werden kann.

G. Geochemie.

Die Zusammensetzung der kristallinen Erdkruste. Unter den Elementen des periodischen Systems finden wir, wie aus der nachfolgenden Zusammenstellung hervorgeht, acht *Hauptelemente*, die etwa 99% der uns zugänglichen Erdkruste ausmachen (siehe Tabelle gleich unten). Sie sind also Sauerstoff, Silicium, Aluminium, Eisen, Calcium, Magnesium, Natrium, Kalium. Die übrigen nennen

Elementare Zusammensetzung			Oxydische Zusammensetzung		
	Clarke und Washington	Sederholm		Clarke und Washington	Sederholm
O	46,6 %	47,81%	SiO_2	59,12%	67,70%
Si	27,72%	31,67%	Al_2O_3	15,34%	14,69%
Al	8,13%	7,77%	Fe_2O_3	3,08%	1,27%
Fe	5,01%	3,32%	FeO	3,80%	3,14%
Ca	3,63%	2,42%	CaO	5,08%	3,40%
Mg	2,09%	1,02%	MgO	3,49%	1,69%
Na	2,83%	2,27%	Na_2O	3,84%	3,07%
K	2,59%	2,95%	K_2O	3,13%	3,56%

Mengenverhältnisse der Spurenelemente in den Eruptivgesteinen (teils in Sedimentgesteinen, mit s vermerkt) nach V. M. Goldschmidt.

	je Tonne		je Tonne		je Tonne
Ti	4400 g	Nb	20 g	Sb	(1) g
Mn	1000 g	La (s)	18,3 g	Tb (s)	0,91 g
P	800 g	Pb	16 g	Cp (s)	0,75 g
S	520 g	Ga (s)	15 g	Cd	0,5 g
Cl	480 g	Mo	15 g	Hg	0,5 g
C	320 g	Ta	(15)? g	J	0,3 g
Rb	310 g	Th (s)	11,5 g	Tl	0,3 g
F	300 g	Cs	7 g	Bi	0,2 g
Ba	250 g	Ge (s)	7 g	Tu (s)	0,20 g
Zr	220 g	Sm (s)	6,47 g	Ag	0,1 g
Cr	200 g	Gd (s)	6,36 g	In	0,1 g
V	150 g	Be (s)	6 g	Se	0,09 g
Sr	150 g	Pr (s)	5,53 g	Pd	0,010 g
Ni	100 g	Sc (s)	5 g	Pt	0,005 g
Cu	100 g	As	5 g	Au	0,005 g
W	69 g	Hf	4,5 g	Te	(0,0018)? g
Li	65 g	Dy (s)	4,47 g	Rh	0,001 g
Ce (s)	46,1 g	U	4 g	Re	0,001 g
Co	40 g	B	3 g	Ir	0,001 g
Zn	40 g	Yb	2,66 g		
Sn	40 g	Er (s)	2,47 g	Nicht ber. H, He, Ne, A, Kr,	
Y (s)	28,1 g	Ho	1,15 g	X, Em, N, Ru, Os, Br.	
Nd (s)	23,9 g	Eu (s)	1,06 g		

Bekannt, aber noch viel kleiner sind die Mengen der radioaktiven Elemente: Ra $13 \cdot 10^{-5}$ g je Tonne, Pa $8 \cdot 10^{-6}$ g je Tonne, Po und Ac je $3 \cdot 10^{-9}$ g je Tonne.

wir *Spurenelemente*. Unter diesen ist das Titan weitaus am reichlichsten vertreten. Für die lebende Natur viel wichtiger sind aber Wasserstoff, Kohlenstoff, Stickstoff, Schwefel und Phosphor. Von diesen ist der Wasserstoff als Bestandteil des Wassers überall anwesend, auch in allen Gesteinen, obwohl zum Teil sekundär, weshalb die exakte Menge des primären Wasserstoffs schwer zu ermitteln ist; nach CLARKE und WASHINGTON wäre der Mittelgehalt der Eruptivgesteine 0,13% H_2 oder 1,15% H_2O. Der Kohlenstoff ist in den Carbonaten und als Graphit sehr verbreitet in der Gesteinswelt. Stickstoff dagegen ist nur sporadisch in den Gesteinen vorhanden. Schwefel und Phosphor wieder sind zwar für die lebende Natur notwendige Elemente, aber weichen sonst in ihrer Vorkommensweise von den übrigen Spurenelementen nicht besonders ab; beide bilden eigene Verbindungen, Sulfide, Sulfate, Phosphate, die in den Gesteinen überall als Nebengemengteile anzutreffen sind.

Die Laven der Vulkane und desgleichen die tief in die Erdkruste eingedrungenen und dort langsam abkühlenden Magmen sind hauptsächlich Silicatschmelzen. Aus solchen Schmelzlösungen sind die vulkanischen und plutonischen Magmagesteine durch Erstarrung gebildet. Sie machen den Hauptteil der Erdkruste aus, ihre durchschnittliche Zusammensetzung entspricht somit nahe der Zusammensetzung der gesamten äußeren Erdkruste bis zu einer näher unbekannten Tiefe, die ganz willkürlich meistens als 16 km angenommen wird. Man hat diese einfach als das Mittel aller ausgeführten Magmagesteinsanalysen angenommen; die Mitberücksichtigung der sedimentären und metamorphen Gesteine verändert die Zahlen nur wenig.

Gegen diese Berechnungsweise kann man erstens einwenden, daß das arithmetische Mittel aller Analysen die Pauschalzusammensetzung der Magmagesteine nicht richtig wiedergeben kann, weil das zugängliche Analysenmaterial sich nicht nach dem Mengenverhältnis der Gesteine verteilt, sondern viel mehr manche seltenen, „interessanten" und ihrer Zusammensetzung nach ungewöhnlichen Gesteinstypen die Aufmerksamkeit der Petrographen verhältnismäßig viel mehr angezogen haben als die einförmigen, aber unter allen Gesteinen die weitaus verbreitetsten granitischen Gesteine. Zweitens hat man während der letzten Jahre eingesehen, daß viele Granite und andere sog. Magmagesteine gar nicht durch reine Erstarrung aus Magmen entstanden sind, sondern durch Umsetzungsvorgänge seitens magmatischer oder hydrothermaler Lösungen aus älteren Gesteinen, zum großen Teil sedimentärer Herkunft. Solche Umwandlung wird als *Metasomatose* bezeichnet. Das Problem der wahren Zusammensetzung der flüssigen Magmen ist folglich noch komplizierter geworden als man früher annahm. Es wäre wichtiger, die wahre mittlere Zusammensetzung der kristallinen Erdkruste aus den Analysen sowohl der Magmagesteine sowie der sedimentogenen metamorphen Gesteine unter Berücksichtigung der von ihnen eingenommenen Areale zu ermitteln. SEDERHOLM hat als erster eine solche Berechnung auszuführen versucht, und zwar für das präcambrische Gebiet Finnlands. In dem Ergebnis kommt das quantitative Vorherrschen granitischer Gesteine (52,5% von allen Gesteinen) zur Geltung sowie das Miteinbeziehen von Schiefern, Quarziten und Sandsteinen (zusammen 13,4% vom Areal). Unten sind die Ergebnisse von CLARKE und WASHINGTON sowie von SEDERHOLM wiedergegeben.

Ferner sind die von V. M. GOLDSCHMIDT berechneten mittleren Gehalte an Spurenelementen in Eruptivgesteinen angeführt. Die Berechnungen gründen sich größtenteils auf die von ihm und seinen Mitarbeitern ausgeführten spektralanalytischen Bestimmungen.

Die Tarnung der Spurenelemente und ihr Auftreten als selbständige Verbindungen. Der Titel von V. M. GOLDSCHMIDTS wichtigster kristallchemischer Untersuchungsreihe lautet „Geochemische Verteilungsgesetze der Elemente". Das zeigt, daß er von Anfang an die Absicht hatte, die Gesetze zu erforschen, nach denen sich die chemischen Elemente über die Erde und auf der Erdrinde verteilt haben. Im Verlaufe dieser Untersuchung sah er bald ein, daß jene Verteilung in allererster Linie auf kristallchemischen Bedingungen, vor allem auf Isomorphieverhältnissen beruht, und so kam er dazu, zwei neue Wissenschaftszweige, die *Geochemie* und die *Kristallchemie*, zu entwickeln und großenteils neu zu schaffen.

Betrachtet man die Spurenelemente unter Berücksichtigung ihrer Erscheinungsweise in der Erdrinde, so erkennt man unter ihnen zweierlei Arten, die in ihren extremen Formen sehr schroff voneinander unterschieden sind. Die einen von den in ihrer Gesamtheit sehr spärlich vertretenen Spurenelemente bilden selbständige, als große Kristalle auftretende Verbindungen. Das Bor ist ein in sehr geringen Mengen existierendes Element, aber die Borverbindung Turmalin ist oft als große Kristalle anzutreffen, und dies gerade ist die wichtigste Vorkommensform des Bors. Desgleichen findet sich Schwefel in den Sulfiden und Sulfaten, Phosphor in den Phosphaten, Beryllium im Beryll, dessen Kristalle in den Pegmatiten oft große Maße annehmen. Ebenso erscheint Lithium in Spodumen u. a., Zirkonium in Zirkon, Tantal im Tapiolit, Uran im Uranpecherz und Wiikit usw. Diese Elemente treten keineswegs getarnt auf, sie kommen in sonstigen Mineralien nicht nennenswert vor. Dagegen sind viele andere Spurenelemente niemals oder nur sehr selten als reine Verbindungen anzutreffen, aber sie sind in kleinen Mengen in Verbindungen anderer Stoffe sehr weit verbreitet, oft in so winzigen Mengen, daß das Auffinden des Elements außerordentlich schwierig gewesen und es oft erst in letzter Zeit nach planmäßigem Suchen gelungen ist, wie die Entdeckung des Hafniums (v. HEVESY 1923). Sonstige getarnte Elemente sind z. B. Rubidium, Cäsium, Strontium, Scandium, Gallium, Germanium.

Einige Elemente bilden große Kristalle, wenn sie als Gangmineralien aus hydrothermalen Wasserlösungen kristallisieren, treten aber spurenweise in Mineralien der Magmagesteine mit anderen magmatischen Grundstoffen getarnt auf. So verhält sich das Barium, das in Gängen als Baryt $BaSO_4$ gefunden wird, in Magmagesteinen, aber in Kalifeldspat und anderen K-Mineralien getarnt anzutreffen ist.

Fragt man, warum das Barium sich so verhält, so ist die Antwort leicht zu finden, und dieses Beispiel erklärt zugleich allgemein die Ursache zu der Tarnung der einen Elemente und zu dem Separatismus der anderen. Aus der Wasserlösung werden die Bariumionen als unlösliches Bariumsulfat ausgefällt, wenn sie Sulfationen begegnen; im Silicatmagma dagegen findet sich kein derartiges Fällungsmittel, das Bariumion lagert sich als Bariumfeldspat $BaAl_2Si_2O_8$ in das Gitter des Kalifeldspates als isomorphe Mischung ein, da der Radius (1,43 Å) des Bariumions dem (1,33 Å) des Kaliumions nahe genug gelegen ist. An Barium enthält daher der Kalifeldspat 0,04 bis 0,10%. Auch Strontium ($R = 1{,}27$ Å) findet sich gleicherweise getarnt, doch kann es sich auch in Kalkfeldspat verbergen.

Ähnlich getarnt wie das Barium tritt auch das Mangan auf, das in kleinen Mengen (0,05 bis 0,02%) in den meisten Ferromagnesium-Mineralien enthalten ist, aber z. B. in den Verwitterungsprodukten oft reine Oxyde, z. B. MnO_2, oder Hydroxyde bildet.

Das Verborgensein gleichsam hinter dem Rücken reichlicherer Elemente beruht also auf der Ähnlichkeit des Ionenradius. Die Erscheinung wird nach V. M. GOLDSCHMIDT im Deutschen „Tarnung", im Französischen „camouflage" genannt. Das deutsche Wort bedeutet dasselbe wie im Nibelungenlied Siegfrieds Tarnkappe, die ihren Träger unsichtbar machte. Die Tarnung ist durch die Diadochie der Ionen bedingt.

Von der Menge vieler derartiger Spurenelemente hat man auch nicht annähernd genaue Kenntnis gehabt, gerade aus dem Grunde, weil sie dieselben

Ionenradien wie irgendein anderes reichlicheres Element und dadurch bei Ausfällungsreaktionen, in denen kristalline Verbindungen entstehen, einen so ähnlichen chemischen Charakter aufweisen, daß sie bei den Analysen nicht von ihren Tarnern haben getrennt werden können. V. M. GOLDSCHMIDT nebst Schülern hat ein riesiges Maß von Arbeit aufgewandt, um Analysenmethoden ausfindig zu machen, und hat durch eine vorwiegend quantitativ entwickelte Spektralanalyse in gewöhnlichen Mineralien viele Spurenelemente bestimmen können. Hier seien nur einige Ergebnisse dargestellt.

Rubidium und Cäsium sind ganz allgemein in Kalifeldspaten, insbesondere in solchen Kalifeldspaten von Pegmatiten enthalten, die sich aus den letzten magmatischen Restlösungen kristallisiert haben. Rubidium findet sich in ihnen reichlicher, durchschnittlich 0,25%, Cäsium wiederum durchschnittlich 0,002%.

Der Ionenradius des Scandiums, 0,83 Å, ist annähernd derselbe wie der des Magnesiums und Ferroeisens. Es findet sich daher getarnt vorwiegend in den Ferromagnesiummineralien. Der Olivin enthält 0,0005 bis 0,001% Sc_2O_3. Im $FeWO_4$ sind oft ganze 0,1% Sc verborgen, in Form von $ScNbO_4$ getarnt. $FeCO_3$ schließt es wiederum als Borat $ScBO_3$ ein.

Der Ionenradius des Galliums (0,62 Å) ist annähernd derselbe wie der des Aluminiums (0,57 Å), es ist durch dieses getarnt. Das Verhältnis der Prozentmenge des Galliums zu der des Aluminiums schwankt von 1 : 120000 (Bytownit) bis 1 : 13 (Kieselsinter). Infolge der Gleichheit des Ionenradius bilden auch die Cerium- und Thoriumverbindungen isomorphe Mischungen, z. B. im Orthit, Monazit usw., obgleich Ce drei- und Th vierwertig ist.

Germanium ist, wenn auch in sehr geringen Mengen, in den meisten Silicaten und auch im Quarz getarnt anzutreffen, wie infolge der Gleichheit des Ionenradius zu erwarten ist ($R^{4+}_{Si} = 0{,}39$ Å; $R^{4+}_{Ge} = 0{,}44$ Å). Auch das erst vor kurzem entdeckte Hafnium ist ein sehr weit verbreitetes Element. Es ist Begleiter von Zirkonium ($R_{Zr} = 0{,}87$ Å, $R_{Hf} = 0{,}86$ Å). Die Eigenschaften dieser zwei Elemente sind sehr gleichartig. In den Zirkoniummineralien schwankt das Verhältnis der Prozentmengen $P_{Hf} : P_{Zr}$ zwischen 1 : 1 und 1 : 400.

Nickel ist in den meisten Ferromagnesiummineralien in kleinen Mengen (0,1 bis 0,2%) enthalten, was in Anbetracht dessen, daß der Ionenradius des Nickels dem des Magnesiums (0,78 Å) gleich ist, erwartet werden kann.

Wir haben Beispiele dafür gesehen, wie die Ionenradien auf das Auftreten der Elemente in den verschiedenen Mineralparagenesen einwirken. Doch ist der Sachverhalt nicht so aufzufassen, wie wenn die Ionenradienverhältnisse allein ausschlaggebend wären. Physikalisch-chemische Umstände, wie die Schmelzbarkeit der Elemente und ihrer Verbindungen sowie ihre Löslichkeit im Magma und im Wasser sind andere wichtige Faktoren, und die verschiedenen rein chemischen Eigenschaften sind ebenfalls wirksam. Als Pegmatitmineralien sind, von den übrigen gesondert kristallisiert, Verbindungen vieler Elemente, die in wasserreichem Pegmatitmagma leichtlöslich gewesen sind, anzutreffen, auch wenn die Ionenradien der Elemente denen irgendeines Hauptelementes sogar sehr gleich gewesen sind. So finden sich in den Pegmatiten Lithium-, Niob-, Tantal- und Uranmineralien. Ferner ist wahrscheinlich in vielen Fällen die Struktur der Atome selbst von tarnungsförderndem oder -hemmendem Einfluß, aber diese Beziehungen sind noch nicht hinreichend erforscht.

Die Verteilung und die Wanderungen der Hauptelemente in der Erdkruste bilden sinngemäß einen Hauptgegenstand der eigentlichen Geochemie. Weil aber diese Fragen heutzutage gewöhnlich, zufolge der geschichtlichen Entwicklung der Wissenschaft, in Zusammenhang einerseits mit der allgemeinen Geologie und anderseits mit der Petrologie behandelt werden, wollen wir uns hier mit einigen streifenden Andeutungen begnügen, mit dem Bemerken, daß wir im nächstfolgenden Kapitel in Zusammenhang mit dem Werdegang der Gesteine auf einige Seiten derselben Erscheinungen noch zurückkommen werden.

Im großen kann man sagen, die Verteilung der Hauptelemente auf der Erdkruste ist das Ergebnis der *endogenen* oder innenbürtigen und *exogenen* oder außenbürtigen geologischen Vorgänge. Die ersteren, deren Energiequellen hauptsächlich im Inneren der Erde zu suchen sind, umfassen den Vulkanismus und Plutonismus, die Gebirgsbildung oder Orogenese, die Metamorphose und Palingenese oder das teilweise Wiederaufschmelzen und Wiederkristallisieren der Gesteine. Der primäre und bei weitem wichtigste Weg zur Verteilung der Elemente auf die Gesteine und die Gesteinsmineralien ist die *Kristallisations-Differentiation* der flüssigen Magmen, wobei die maßgebende Wirkung der kristallchemischen Eigenschaften der Atomarten zur Geltung kommt. Ferner rufen noch mancherlei *metamorphe Differentiationen* Stoffwanderungen und Stoffwechsel oder Metasomatose hervor.

Unabhängig von diesen endogenen Differentiationen und großenteils in entgegengesetztem Sinne wie sie wirken die exogenen Vorgänge, die sich auf der Erdoberfläche abspielen und deren Energiequellen außerhalb der Erde, größtenteils in der Strahlungsenergie der Sonne zu suchen sind. Beim exogenen Abbau werden die Gesteine durch Verwitterung mechanisch und chemisch zerstört, die Zerfallsprodukte werden durch die geologischen Agentien sortiert und transportiert und an verschiedenen Orten wieder abgelagert. So erfolgt eine *exogene Differentiation* des Gesteinmaterials wie eine teils unvollständige und schlecht ausgeführte, teils aber höchst vollkommene und verfeinerte chemische Analyse. Als Ergebnisse dieser Differentiation entstehen solche Produkte wie Quarzsand (SiO_2), Bauxit (Al-Hydroxyde) und Ton (Al-Silicate), Limonit (Fe-Hydroxyde), Kalkstein ($CaCO_3$) und Gips-Anhydrit ($CaSO_4$), Steinsalz (NaCl) und Kali-Magnesiumsalze usw. Sie bilden sedimentäre Gesteine.

Das Wechselspiel der endogenen und exogenen Kräfte ruft großartige Kreisläufe der Elemente in der Erdkruste hervor. Die sedimentären Gesteine geraten in tiefe Zonen der Gebirgsketten und werden durch Metamorphose und Palingenese aufs neue in kristalline Gesteine umgeprägt. Hierbei erfolgen sowohl Mischung und Zusammenschmelzen der exogen differenzierten Materialien wie auch erneute endogene Differentiationen.

Nach diesen Andeutungen seien hier noch nur einige wenige Bemerkungen über das geochemische Verhalten der einzelnen Hauptelemente, vorzüglich bei den endogenen Differentiationen, angeführt.

Natrium und Calcium sind einander diadoche Begleiter infolge ihrer gleichen Ionenradien, aber in den Kristallisationsreihen überwiegt das Calcium, dessen Verbindungen bei höherer Temperatur schmelzen, in den zuerst kristallisierten Fraktionen und das Natrium erst in den etwas später erstarrten. Die Verbindungen des Kaliums kristallisieren noch später als die des Natriums und sind in den zuletzt kristallisierten Gesteinen, in den Graniten, am reichlichsten.

Magnesium und Eisen — zwei grundverschiedene Elemente an sich — sind infolge der Gleichheit ihrer Ionenradien getreue Kameraden in den Gesteinen. Die Mg-Verbindungen kristallisieren bei höheren Temperaturen und größtenteils früher als die Fe-Verbindungen. Daher ist in dem früh kristallisierten Peridotit das Prozentverhältnis [Mg] : [Fe] viel größer als in den später kristallisierten Graniten. Das Nickel folgt mehr dem Magnesium, das Kobalt mehr dem Eisen; daher ist Nickel in basischen, Kobalt in sauren Gesteinen verhältnismäßig reichlicher anzutreffen.

Aluminium ersetzt Silicium in den SiO_4-Gruppen, wobei für jedes Al-Atom eine Valenzeinheit von Kationen, entweder K, Na oder $^1/_2$ Ca, in das Gitter hinzukommt (S. 198). Solche Alumosilicate sind die Feldspate, die Feldspatvertreter, die Zeolithe. Ähnliche Bindungsweise in Viererkoordination dem Sauerstoff gegenüber hat das Aluminium zum Teil noch im Cordierit, in den aluminiumhaltigen Netzsilicaten, wie Glimmer und Chlorit, in einigen Bandsilicaten, wie Hornblende; alle diese enthalten aber einen Teil des Aluminiums in der Form von gewöhnlichen Kationen, wie ausschließlich in den Al-Granaten, Beryll, Turmalin, im Kaolin, Andalusit, Sillimanit, Disthen, Topas, Staurolith u. a. eigentlichen Aluminiumsilicaten. Von Gesteinen, die nach der Atomzahl mehr [Al] als [K + Na + $^1/_2$ Ca] enthalten und folglich Silicatminerale letzterer Art führen, sagt man, daß sie Aluminium in Überschuß enthalten. Sie sind nur untergeordnet unter den normalen Produkten der Kristallisations-Differentiation, den Magmagesteinen, vertreten, weshalb ihnen eine besondere geochemische Bedeutung zukommt.

Die meisten Al-überschüssigen Gesteine sind metamorphosierte oder unmetamorphosierte tonige Sedimente. Sie sind entstanden als Produkte der chemischen Verwitterung, indem aluminiumreiche Silicate nach der Auflösung gewöhnlicher gesteinsbildender Silicatmineralien ausgefällt wurden. Später während der Metamorphose konnten solche Verwitterungsmineralien (Kaolin, Montmorillonit u. a.) in verschiedene obenerwähnte Aluminiumsilicatminerale umkristallisieren und sogar nach teilweisem Wiederaufschmelzen in Bestandteile palingener Magmagesteine umgewandelt werden. — Andere Al-überschüssige Gesteine sind direkt als Produkte der magmatischen Kristallisations-Differentiation, und zwar während der späten Stadien der Magmenerstarrung entstanden oder auch durch metasomatische Umwandlungen mittels Stoffwechsels zustande gekommen.

Die Verteilung der Elemente auf konzentrische Schalen der Erde. Von kristallchemischen Umständen fast unabhängig mag die großlinige Verteilung der Elemente auf die verschiedenen Schalen der Erdkugel sein. Man nimmt an, die Erde sei einst in ihrer Gesamtheit glühendflüssig oder sogar gasförmig gewesen und die Elemente hätten sich teils nach der Dichte, teils nach der chemischen Affinität und Verbindungsneigung verteilt. G. Tammann hat die Erdkugel verglichen mit einem Hochofen, der Metall zusammen mit Silicaten (Schlacke) enthält und in dem sich schon in flüssiger Zustandsform das reine Metall zuunterst, darauf die Sulfidoxydschicht, zuoberst die Silicatschalen absetzen. Nur in letzteren, soweit eben in ihnen Kristallisation eingetreten ist, bestimmen hauptsächlich die kristallchemischen Umstände die Verteilung der Elemente.

Diejenigen Elemente, die sich vorwiegend mit dem Eisen zusammengefunden haben, bezeichnet V. M. Goldschmidt als *siderophil.* Zu ihnen gehören außer Eisen und Nickel auch Kobalt und Platinmetalle, außerdem Gold und Silber. Nach den spektrographischen Analysen umfassen die Nickeleisenmeteorite in viel reichlicherer Menge Platinmetalle und Gold als die Erdkruste im Durchschnitt und danach zu schließen vermutlich auch der Eisenkern der Erdkugel. Größtenteils mit Schwefel sich verbindende oder *chalkophile* Elemente sind z. B. Kupfer, Zink und Blei, die ihre Lage somit vermutlich in der Sulfidoxydschale der Erde haben. Ferner erscheinen als hauptsächlich chalkophil Cd, Sn, Ge, Hg, As, Sb Bi, Mn, desgleichen Au, Ag, Fe, Ni, Co. In der Erdkruste finden sie sich in geringen Mengen, nur so viel, wie das Silicatmagma bei hoher Temperatur an Sulfiden zu lösen vermocht hat. Bei sich abkühlendem Magma, aber schon vor dem Kristallisieren, hat sich die Sulfidschmelze von der Silicatschmelze getrennt, ein Teil wiederum erst nach dem Kristallisieren der Silicate. So sind die magmatischen und die postmagmatischen Sulfiderze entstanden. *Lithophil* sind dagegen in erster Linie die acht Hauptelemente der Erdkruste sowie die durch sie getarnten Spurenelemente und auch die meisten Elemente der seltenen Mineralien der Pegmatite. *Atmophil* sind endlich die Elemente der Atmosphäre, Stickstoff, Sauerstoff, Wasserstoff und Kohlenstoff sowie die Edelgase.

Man nimmt also an, daß der innere Erdkern aus siderophilen Elementen, und zwar vorwiegend aus metallischem Eisen mit etwa 8,5% Nickel und etwa 0,5% Cobalt u. a. metallischen Elementen sowie etwas C, S und P bestände, wie die Eisenmeteorite. Diese Annahme wird gestützt auf die geophysikalischen Befunde betreffend die Dichteverteilung im Erdinneren, über welche insbesondere die Ergebnisse der Erdbebenforschung Auskunft geben, und sie steht in Übereinstimmung mit alldem, was man schon daraus schließen kann, daß die Erde im ganzen eine Dichte von 5,52 aufweist, während die Dichte der Gesteine im Mittel nur etwa 2,7 beträgt. Es muß somit für das Erdinnere eine Dichte von etwas über 10 angenommen werden. Nach den Bestimmungen der Kompressibilität und ihrer Abnahme mit steigendem Druck durch L. H. Adams und E. D. Williamson lassen sich die Stoffe von der Zusammensetzung der gewöhnlichen Gesteine unter dem im Erdmittelpunkt herrschenden Druck, etwa 3×10^6 at, nicht bis zu dieser Dichte komprimieren.

Der Gedanke wird deshalb zu den Meteoriten geleitet. Diese „Späne des Weltalls" stammen aus kleinen Gestirnen, die durch Explosionen zersplittert worden sind. Außer den Eisenmeteoriten gibt es noch mehr Steinmeteorite, die hauptsächlich aus Magnesium-Ferrosilicatmineralien, wie Olivin und Enstatit, etwas Diopsid u. a., bestehen. Diese ähneln in ihrer Zusammensetzung den metallreichsten irdischen Gesteinen, den Peridotiten, während unter den Grundstoffen der allgemeinsten Gesteine der Erdkruste insbesondere das Aluminium und die Alkalimetalle nur spärlich in den Meteoriten vertreten sind. Man könnte somit annehmen, daß die mittlere Zusammensetzung der Meteorite der Pauschalzusammensetzung des Erdballs entspräche, wie auch die Spektralanalyse der Fixsterne und der Planeten auf eine ähnliche Zusammensetzung für alle Gestirne hindeutet.

Die Geschwindigkeiten der Erdbebenwellen nehmen mit der Tiefe im allgemeinen stetig zu, weisen aber in gewissen Tiefen eine plötzliche Änderung dieser Zunahme oder sogar eine rückläufige Verminderung auf; man muß daraus schließen, daß an diesen Unstetigkeitsflächen auch Grenzen zwischen verschieden zusammengesetzten Erdsphären vorhanden seien. Hauptsächlich nach V. M. Goldschmidt und B. Gutenberg bezeichnen wir die hypothetischen konzentrischen Erdsphären in der folgenden Weise:

Eisennickel-Kern	Mittelpunkt — 2900 km,	Dichte	9—11,5
Oxydsulfid-Sphäre	2900 km — 1200 „	„	5—7
Eklogitsphäre	1200 „ — 70 „	„	3,5—4
Sialmasphäre	70 „ — 25 „	„	2,9—3,3
Sialsphäre	25 „ — Erdoberfläche		

Die angenommenen Zusammensetzungen der Tabelle sind nicht vollkommen gleich denen der verschiedenen Meteorite. So wird als Übergangszone zwischen Erdkern und Silicatschale eine Oxydsulfid-Schale angenommen, obgleich der entsprechende Übergang unter den Meteoriten durch Gemenge von Nickeleisen und Olivin $(Mg,Fe)_2SiO_4$, die sog. Pallasite, vertreten ist. Goldschmidt hat angenommen, daß die Gesamtzusammensetzung der Erde der mittleren Zusammensetzung der Meteorite nicht vollkommen gleich sei. Die Meteorite enthalten nur wenig Schwefel und oxydischen Sauerstoff. Das entspricht den zu erwartenden Verhältnissen in sehr kleinen Gestirnen, wie vermutlich in den Muttergestirnen der Meteorite. Bei den Meteoriten hat man keine Andeutungen von einer Anordnung der Stoffe nach ihrer Dichte vorgefunden, wohl aber zeigen sie alle Merkmale der Kristallisation aus Schmelzen bei hohen Temperaturen. Kleine Himmelskörper fast ohne Schwerefeld müssen in glutflüssigem Zustand ihre gasförmigen, atmophilen Bestandteile in den Weltraum verloren haben. Deshalb hat z. B. der Mond keine Atmosphäre. Auch solch leichtflüchtige Stoffe wie Schwefel würden noch entweichen. Dagegen enthalten große Gestirne wie die Sonne sehr reichlich Wasserstoff, Stickstoff, Sauerstoff und andere atmophile Grundstoffe.

Die Erde nimmt eine Mittelstellung zwischen der Sonne und den kleinen Planeten ein. Die aus dem Erdinnern herausströmenden Vulkangase enthalten noch immer Stickstoff, Schwefeldioxyd, Kohlendioxyd und andere leichtflüchtige Stoffe, woraus hervorgeht, daß solche in großen Mengen im Erdinneren zurückgehalten sein dürften; unter den hohen Drucken der tieferen Sphären der Erde sind ihre Verbindungen, wie die Oxyde und Sulfide, noch beständig.

Außerhalb der Oxydsulfid-Sphäre wird eine sog. Eklogitsphäre angenommen. Sie dürfte aus dichtgepackten Silicaten, wie Olivin und anderen für die Eklogitfacies (vgl. S. 303) charakteristischen Silicatmineralien, bestehen. Darunter können sich auch besondere, uns gänzlich unbekannte, weil nur unter kolossal großen Drucken beständige, dichtgepackte Kristallarten befinden. Zwar wären die Schmelztemperaturen der bekannten Silicate unter Annahme einer Temperatursteigerung nach dem aus Tiefbohrungen bekannten Temperaturgradienten schon bei 70 km Tiefe überschritten, aber es ist erstens höchst wahrscheinlich, daß die Temperatursteigerung dort schon vermindert ist, da die in der Nähe der Erdoberfläche wirksame radioaktive Erwärmung sich wohl hauptsächlich nur in der granitischen Kruste der Erde geltend macht, und zweitens werden die Schmelztemperaturen der Mineralien nach dem Clausius-Clapeyronschen Gesetz (S. 237) durch den Druck erhöht. — Die Existenz der granitischen Kruste, ein Produkt der Kristallisations-Differentiation in riesenhaftem Maß, bezeugt jedenfalls unwiderleglich, daß in der unterlagernden Zone entsprechende Kristallisations-Differentiation unter Bildung von basischen Silicatgesteinen stattgefunden hat, wenn auch die tieferen Zonen der Eklogitsphäre noch flüssig sein können.

Für die Sialmasphäre wird die Zusammensetzung der Plateaubasalte angenommen, die Sialkruste ist die uns bekannte Erdkruste.

Es muß betont werden, daß unsere Kenntnisse über den Zustand und die stoffliche Zusammensetzung des Erdinneren noch sehr mangelhaft sind. Die vielen theoretischen Berechnungen gründen sich alle auf unsichere Voraussetzungen, sie sind Extrapolationen ins Unbekannte.

Als unser Gestirn so weit abgekühlt war, daß die Erdkruste sich unter Kristallisation der lithophilen Stoffe gebildet hatte, gelangte die Kristallisationsdifferentiation, bei der Scheidung der äußersten Schalen des Erdganzen einst und jetzt noch der intensivste Vorgang, zur Wirkung. Maßgebend dabei ist die Kristallisationsreihenfolge der Mineralien in den Schmelzen, den Magmen. Das zuletzt in flüssigem Zustand bleibende granitische Magma ist nach der Erdoberfläche zu gewandert — und tut es auch heute noch —, da seine Kristallisationstemperatur am niedrigsten ist und da es zugleich der spezifisch leichteste unter den Gesteinsschmelzen ist. So haben sich auch die äußersten Schalen des Erdganzen nach der Dichte angeordnet.

Die Häufigkeit der Elemente. Bei den Analysen der natürlichen Lanthanidenverbindungen fällt die Tatsache auf, daß die Elemente mit geraden Ordnungszahlen viel reichlicher vorhanden sind als diejenigen mit ungeraden. Wie ferner, z. B. aus den von Th. G. Sahama ausgeführten Bestimmungen an finnischen Spurenelement-Mineralien, hervorgeht (Abb. 313), gilt diese Regel nur für Elemente, die im periodischen System nahe aneinander stehen. So enthält z. B. der Monazit zwar viel mehr Cerium ($Z = 58$) als Praseodym ($Z = 59$), aber jedoch viel mehr Praseodym als Dysprosium, Erbium, Ytterbium (Z = 66, 68, 70). Der Wiikit enthält umgekehrt mehr Ytterbium als andere Lanthaniden.

Dieser Sachverhalt regt die Frage an, ob die größere Häufigkeit der Elemente mit geraden Ordnungszahlen eine allgemeine, für alle und insbesondere auch für die Hauptelemente gültige Regel sei. Eine Durchmusterung des periodischen Systems unter Berücksichtigung der bekannten geochemischen Tatsachen, betreffend die Mengen der Elemente, zeigt alsbald, daß dies der Fall ist. Nur der Wasserstoff macht eine leicht verständliche Ausnahme. Unter den Elementen mit ungeraden Ordnungszahlen befinden sich zwar drei, Natrium, Aluminium und Kalium, die zu den Hauptelementen der Erdkruste gehören und in der Erdkruste reichlicher vorhanden sind als das zwischen Na (Z = 11) und Al (Z = 13) gelegene Mg (Z = 12). Kalium (Z = 19) steht nur unbedeutend nach dem Calcium (Z = 20). Aber das sind nur scheinbare Ausnahmen, denn in der Erde im ganzen sowie in den Meteoriten sind Magnesium und auch Calcium ohne Zweifel vielmals reichlicher vertreten als Natrium, Aluminium oder Kalium. Die scheinbare Ausnahme beruht nur auf der Kristallisations-Differentiation, wodurch diese drei Elemente mit ungeraden Ordnungszahlen in der äußersten Erdschale angereichert worden sind. Die größere Häufigkeit der Atomarten mit geraden Ordnungszahlen muß durch die größere Beständigkeit der Atomkerne dieser Art bedingt sein.

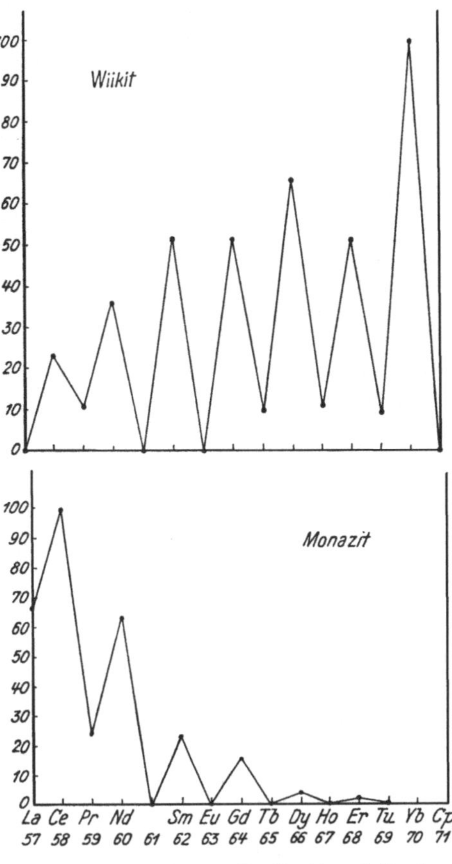

Abb. 313. Die relativen Lanthanidengehalte des Wiikits und Monazits aus Impilahti, Finnland.

Die atmophilen Elemente sind ursprünglich als homogene Lösung im flüssigen Magma enthalten gewesen und erst als Entgasungsprodukte im Zusammenhang mit der Kristallisation des Magmas ausgeschieden worden. Sie dringen ebenfalls immer noch in die Atmosphäre vor, besonders aus den Vulkanen. Die Vulkanausbrüche sind hauptsächlich eben dadurch bedingt, daß die atmophilen Stoffe sich aus komplexen magmatischen Lösungen bei ihrer Kristallisation ausscheiden, weil die Gase zwar in den Flüssigkeiten, aber nicht in den Kristallen löslich sind. Das kristallisierende Magma gerät dadurch ins Sieden. Es handelt sich hierbei um sog. *zweites Sieden* oder *retrogrades Sieden* beim Temperaturfall. Durch das Ausscheiden der Kristalle aus dem Magma wird die Konzentration der gelösten Gase im Restmagma vergrößert, bis es übersättigt wird und zu sieden anfängt. Das Gas bildet Blasen, die durch die Volumzunahme die Schmelze als Lava zum Emporsteigen, zum Ausbruch drängen. Es hat sich gezeigt, daß die Vulkangase hauptsächlich aus Wasserdampf bestehen, wobei sie jedoch immer auch andere flüchtige Stoffe, wie Kohlendioxyd, Schwefeldioxyd, Stickstoff und

Chlor enthalten. Das Wasser kann großenteils aus der Erdoberfläche stammen und eingesickertes Grundwasser, sog. *vadoses Wasser* sein, und nicht allein aus dem Erdinnern herstammendes *juveniles Wasser*.

Eine einzigartige Gelegenheit zur Untersuchung der Vulkangase in einer Umgebung, wo vadoses Wasser sich nicht nennenswert in die Lava einmischen kann, bietet sich an den großen basaltischen Schildvulkanen der Hawaiischen Inseln. Die Vulkangase des Lavasees Halemaumau haben nach Analysen von E. SHEPHERD durchschnittlich etwa folgende Zusammensetzung:

Wasser H_2O	67,5%	Schwefeldioxyd SO_2	6,6%
Kohlendioxyd CO_2	15,7%	Schwefeltrioxyd SO_3	1,7%
Kohlenmonoxyd CO	0,4%	Stickstoff N_2	7,4%
Wasserstoff H_2	0,2%	Argon A	0,2%
Chlor Cl_2	0,2%	Sauerstoff O_2	0,0%
Schwefel S_2	0,1%		

An anderen Vulkanen haben die ausströmenden Gase recht ähnliche Zusammensetzungen gezeigt; nur für das Wasser sind die Prozentzahlen meistens höher, was jedoch darauf zurückzuführen sein dürfte, daß es dann vadoses Wasser ist.

Der obenerwähnte Stoffbestand, also etwa zwei drittel Wasser, ein sechstel Kohlendioxyd, ein zwölftel Schwefeldioxyd und ebensoviel freier Stickstoff neben kleinen Mengen von Chlorverbindungen, Argon, dazu noch spurenweise Bor, Brom, Arsen u. a. ist wahrscheinlich die typische Zusammensetzung der juvenilen Gase, die aus dem Erdinneren zur Erdoberfläche strömen. Wir betonen zunächst, daß man offenbar keinen dringenden Grund finden kann zu der Annahme, daß diese Zusammensetzung in früheren geologischen Zeiten wesentlich anders gewesen wäre als heute. Die nächste Schlußfolgerung ist, daß die ganze Atmosphäre in dieser Weise, im Zusammenhang mit der Kristallisation der Magmagesteine, entstanden ist aus den Gasen, die aus dem Erdinneren herausgeströmt sind. Ihre Differenzierung stellt den letzten Akt der Kristallisations-Differentiation der Erdkruste dar.

Die Entstehung des freien Sauerstoffs der Atmosphäre. Die oben angegebene Zusammensetzung der Vulkangase unterscheidet sich wesentlich von der Zusammensetzung der Lufthülle, die kein Schwefeldioxyd und nur 0,003 % Kohlendioxyd, dagegen aber 23 % freien Sauerstoff enthält. Das Fehlen von SO_2 und CO_2 in der Luft ist leicht erklärlich durch die große Aktivität und Wasserlöslichkeit dieser Stoffe, die auffällige Abwesenheit oder das nur spurenweise Auftreten des freien Sauerstoffs in den Vulkangasen und seine Anwesenheit in der atmosphärischen Luft aber erfordert eine besondere Erklärung, wenn man dennoch annehmen will, daß die letztere aus den ersteren entstanden sei. Diese Frage bietet eines der interessantesten geochemischen Probleme dar, das schon durchaus befriedigend gelöst werden konnte.

Die Bildung des freien Sauerstoffs in der Atmosphäre ist die Folge der durch die Energie der Sonnenstrahlung erzeugten Kohlenstoffassimilation der grünen Pflanzen gewesen. Jedes Pflanzenindividuum assimiliert Kohlenstoff in der Form von Cellulose, Stärke, Zuckerarten, Eiweißstoffen u. a. organischen Verbindungen aus dem in der Luft enthaltenen Kohlendioxyd, wobei die äquivalente Menge von freiem Sauerstoff in der Luft bleibt. Ein Teil dieser Stoffe wird wieder oxydiert bei der Atmung der Pflanzen, die übriggebliebenen aufgespeicherten Stoffe werden nach dem Tode der Pflanze in der Regel durch Verwesung wieder oxydiert. Eine ebenso große Menge von Sauerstoff wie die bei der Assimilation befreite wird wieder als Kohlendioxyd gebunden. Es erfolgt ein Kreislauf von Kohlenstoff; die Menge des freien Sauerstoffs in der Luft wird dadurch weder vermindert noch vergrößert.

Ein Teil der Pflanzensubstanzen wird jedoch aus dem Kreislauf entzogen, nämlich die unter Wasser als Torf abgelagerten Pflanzenreste, die in Abwesenheit von Sauerstoff nicht verwesen, sondern allmählich verkohlt werden und sich schließlich in Braunkohle und Steinkohle umwandeln. Nicht nur reine Steinkohle bleibt so durch Jahrmillionen in den Erdlagern erhalten, sondern auch die feinverteilte Kohlensubstanz, die sich ursprünglich im Faulschlamm am Wasserboden absetzte. Daraus entstehen bei Verkohlung bituminöse Tonschiefer und schließlich durch Metamorphose Graphitschiefer. Im Lebensprozeß aller dieser Pflanzen, deren fossile Reste jetzt die ungeheuer mächtigen kohlenführenden Lager bilden, ist Sauerstoff aus dem Kohlendioxyd der Luft befreit worden, und eine dem aufgespeicherten Kohlenstoff äquivalente Menge freien Sauerstoffs ist der Lufthülle zugeführt worden. Wir kennen keine andere Quelle, aus der der Luftsauerstoff entstanden sein könnte, und wir sind berechtigt zur Annahme, daß die ganze Sauerstoffmenge der Atmosphäre durch die von Sonnenstrahlung erzeugte Kohlenstoffassimilation der grünen Pflanzen entstanden ist. V. M. GOLDSCHMIDT hat die totale Menge des in Erdlagern enthaltenen Kohlenstoffs abzuschätzen versucht, um diese mit der bekannten Menge des atmosphärischen Sauerstoffs zu vergleichen. Nach dieser Abschätzung wäre die Gesamtmenge des Kohlenstoffs in den bituminösen Sedimentgesteinen 45000 bis $90000 \cdot 10^{16}$ g und in den produktiven Steinkohlen $510 \cdot 10^{16}$ g, während die Gesamtmenge des Sauerstoffs in der jetzigen Atmosphäre $117300 \cdot 10^{16}$ g und des im Meerwasser gelöst enthaltenen freien Sauerstoffs $1000 \cdot 10^{16}$ g beträgt. Dazu ist noch hinzuzufügen die Menge des „fossilen Sauerstoffs", d. h. des Sauerstoffs, der einmal schon in der Luft gewesen ist, aber bei der Verwitterung der Mineralien wieder in die Erdkruste gelangt ist; die Totalmenge dieses Sauerstoffs wurde zu 1250 bis $2750 \cdot 10^{16}$ g geschätzt. Es ist ersichtlich, daß die Sauerstoffmengen sich zu den aufgespeicherten Kohlenstoffmengen der Größenordnung nach etwa so verhalten wie C zu O_2 nach der Formel CO_2.

Die KUHN-RITTMANNsche Hypothese vom Aufbau der Erde aus Sonnenmaterie. Im Jahre 1941 haben W. KUHN und A. RITTMANN die Eisenkernhypothese kritisiert und eine neue Hypothese über den Zustand des Erdinneren und seine Entstehung aus einem homogenen Urzustand aufgestellt. Nach ihnen würde die Zeit von etwa $3 \cdot 10^9$ Jahren, welche für das Alter der Erde und des Sonnensystems im Maximum in Frage kommt, nicht ausreichen, um aus einer ursprünglich homogenen Erde eine in 3 Phasen (Eisenkern, Oxydschicht, Silicatmantel) geteilte Erde entstehen zu lassen. Unterhalb der äußeren silicatischen Sphären stelle sich ein Überschuß an metallischem Eisen ein, das vermutlich in der oxydreichen Silicatschmelze liquid entmischt sei. Gleichzeitig nehme aber auch der ursprüngliche Gasgehalt (vor allem Wasserstoff) zu, und in etwa 2200 km Tiefe beginne er rapid anzusteigen. Die tiefer gelegenen Teile des Erdinneren bestehen nach KUHN und RITTMANN aus homogener Solarmaterie, die ebenso wie das Innere der Sonne viel Magnesium und Eisen, etwas weniger Kieselsäure und bis 30%, vielleicht noch mehr, Wasserstoff enthalte.

Als ein Korellarium dieser Hypothese wäre auch die oben angedeutete Theorie von der Entstehung des atmosphärischen freien Sauerstoffs aufzugeben; KUHN und RITTMANN haben tatsächlich angenommen, der Sauerstoff sei entstanden infolge der Dissoziation des Wassers und Entfernung des Wasserstoffs aus dem Schwerefelde der Erde.

Gegen diese Hypothese wurden von mehreren Seiten Einwände erhoben. In einer eingehenden Untersuchung kommt vor allem A. EUCKEN zunächst zur Ablehnung der KUHN-RITTMANNschen Forderung nach kontinuierlicher Änderung der stofflichen Eigenschaften mit zunehmender Tiefe und damit zur Auffassung, daß keinerlei Anlaß besteht, die von der Erdbebenforschung festgestellte ausgeprägte stoffliche Diskontinuität in der Tiefe von 2900 km (s. S. 231) zu bezweifeln. Die weitere Betrachtung der Dichte- und Druckverteilung sowie der Temperaturverteilung und Wärmebilanz im Erdinnern führt EUCKEN zu einer Ablehnung der KUHN-RITTMANNschen Hypothese zugunsten der alten Eisenkern-Hypothese. Die Diskussion dieser wichtigen Fragen zwischen den Schweizer Forschern und EUCKEN ist noch nicht abgeschlossen. Die Auffassungen von der Kristallisation und damit verbundener Differentiation der äußeren Erdsphären wird jedoch von diesen Hypothesen nicht beeinflußt.

Literatur über Kristallchemie (und Geochemie).

BIJVOET, J. M., KOLKMEIJER, N. H. u. C. H. MACGILLAVRY: Röntgenanalyse von Kristallen. Berlin 1940. — BRAGG, W. H., u. W. L. BRAGG: The Crystalline State, Bd. I. London 1933. — BRAGG, W. L.: The Structure of Silicates. Z. Kristallogr., Mineral. Petrogr. **74** (1930). — Atomic Structure of Minerals. New York—London: Ithaca 1937. — CLARKE, F. W., u. H. S. WASHINGTON: The Composition of the Earth Crust. U. S., Geol. Survey, Prof. Paper **127** (1924). — CLARKE, F. W.: Data of Geochemistry. Bull. 695 U. S. Geol. Survey 1920. — DEHLINGER, U.: Chemische Physik der Metalle und Legierungen. Leipzig 1939. — Intermetallische Phasen mit teilweise heteropolarer Bindung. Naturwiss. **28**, 1940. — EUCKEN, A.: Über den Zustand des Erdinnern. Naturwiss. **32**, 112 (1944). — EVANS, R. C.: An Introduction to Crystal Chemistry. Cambridge 1939. — FERSMANN, A.: Geochemische Migration der Elemente. Teil 1. Halle 1929. — GOLDSCHMIDT, V. M.: Verteilungsgesetze der Elemente I bis IX. Det norske Videnskap-Akademie i Oslo 1. Mat.-Naturw. Kl. 1923 bis 1938. — Kristallchemie. Handwörterbuch der Naturwissenschaften, Bd. V. Jena 1934. — Drei Vorträge über Geochemie. Geol. Fören. i Stockholm Förhandlingar 1934. — HASSEL, O.: Kristallchemie. Dresden u. Leipzig 1934. — HUME-ROTHERY, W.: The Metallic State. Oxford 1931. — The Structure of Metals and Alloys. London 1936. — KUHN, W., u. A. RITTMANN: Über den Zustand des Erdinnern und seine Entstehung aus einem homogenen Urzustand. Geol. Rundschau **32**, 1941. — KUHN, W.: Stoffliche Homogenität des Erdinnern. Naturwiss. **30**, 689 (1942). — LAVES, F.: Kristallographie der Legierungen. Naturwiss. **27**, 65 (1939). — EDUARD ZINTLS Arbeiten über die Chemie und Struktur von Legierungen. Naturwiss. **29**, 244 (1941). — MACHATSCHKI, F. Struktur der Silicate. Geol. Fören. i Stockholm Förhandlingar 1932. — Kristallchemie nichtmetallischer anorganischer Stoffe. I. Naturwiss. 1938; II. Ibid. 1939. — MARK, H.: Über die Entstehung und Eigenschaften hochpolymerer Festkörper. Der feste Körper. Vorträge an der Tagung der Physikalischen Gesellschaft Zürich anläßlich der Feier ihres 50jährigen Bestehens. Leipzig 1938. — MEYER, K. H., u. H. MARK: Der Aufbau der hochpolymeren organischen Naturstoffe. Leipzig 1930. — SCHIEBOLD, E.: Kristallstruktur der Silicate. Ergebnisse der exakten Naturwissenschaften. Berlin 1932 u. 1933. — SCHULZE, G. E. R.: Zur Kristallchemie der intermetallischen AB_2-Verbindungen (LAVES-Phasen). Z. Elektrochem. **45** (1939). — SEDERHOLM, J. J.: The Average Composition of the Earth's Crust in Finland. Bull. Commiss. géol. Finlande **1925**, Nr. 70. — SILLÉN, L. G.: X-ray Studies on Oxydes and Oxyhalides of Trivalent Bismuths. Stockholm 1940. — Über eine Familie von Oxyhalogeniden. Naturwiss. **30**, 318 (1942). — STAUDINGER, H.: Über die Entwicklung der makromolekularen Chemie. Der feste Körper. Leipzig 1938. — STILLWELL, C. W.: Crystal Chemistry. London 1938. — STRUNZ, H.: Mineralogische Tabellen. Leipzig 1941. — Isotypie und Isomorphie. Naturwiss. **30**, 1942. — WYCKOFF, R. W. G.: The Structure of Crystals. 1912 bis 1930. New York: Chemical Catalog Co. 1931. Supplement for 1930 bis 1934. New York: Reinhold Publishing Corporation 1935. — Vgl. ferner die jährlich in Ann. Rep. Progr. Chem. erscheinenden Fortschrittsberichte von J. D. BERNAL, W. T. ASTBURY, D. M. CROWFOOT, E. G. COX u. a. — Vergleiche auch die kristallchemischen Arbeiten von A. WESTGREN sowie von E. ZINTL †, die in den letzten 15 bis 20 Jahren in den Fachzeitschriften erschienen sind. Die wichtigste Quelle für Auskunft über die bis jetzt untersuchten Kristallstrukturen sind die in der Zeitschrift für Kristallographie veröffentlichten Strukturberichte: EWALD, P. P., u. C. HERMANN: Strukturbericht I. 1913 bis 1928. HERMANN, C., LOHRMANN, O., u. H. PHILIPP: Strukturbericht II. 1928 bis 1932. GOTTFRIED, C., u. F. SCHOSSBERGER: Strukturbericht III. 1933/35. GOTTFRIED, C.: Strukturbericht IV. 1936; Strukturbericht V. 1937. HERRMANN, K.: Strukturbericht VI. 1938; Strukturbericht VII. 1939.

IV. Physikalische Chemie der Kristalle. Gesteine.

A. Kristallisieren und Schmelzen.

Schmelzpunkte. Die kristallinen Stoffe sind von den amorphen starren dadurch unterschieden, daß sie bei bestimmtem Druck eine ganz bestimmte

Schmelztemperatur aufweisen. Erhitzt man einen amorphen Stoff, wie Glas oder Pech, so wird er allmählich weich und schließlich ohne scharfe Grenze ganz flüssig. Bei der Erhitzung eines kristallinen Stoffes dagegen ist eine deutliche Grenztemperatur zu beobachten, bei der zuerst mit den Kristallen zusammen eine flüssige Phase auftritt.

Das Schmelzen der kristallinen Stoffe geht jedoch in recht verschiedener Weise vor sich, je nachdem ob sie chemisch rein, entweder ein reines Element oder eine reine Verbindung, oder eine mechanische Mischung verschiedener Stoffe sind. Die reinen Stoffe besitzen meistens einen bestimmten Schmelzpunkt. Solange kristalline Phase neben der Schmelze übrig ist, steigt die Temperatur nicht, obgleich fortgesetzt Wärme zugeführt wird. Durch das Schmelzen eines kristallinen Stoffes wird also Energie verbraucht. Bei Abkühlung kristallisiert der geschmolzene Stoff bei konstanter Temperatur, und diese fängt erst dann an zu fallen, wenn die ganze Stoffmenge kristallisiert ist. Bei der Kristallisation wird also Wärme frei. Der Schmelzpunkt des Eises z. B. ist 0°, zugleich der Erstarrungspunkt des Wassers. — Der Schmelzpunkt ist vom Druck abhängig und verändert sich mit ihm nach der Formel von CLAUSIUS-CLAPEYRON:

$$\frac{dt}{dp} = \frac{(V_s - V_k) \cdot T}{K \cdot S},$$

$\frac{dt}{dp}$ bedeutet die Veränderung des Schmelzpunktes mit dem Druck, V_s ist das spezifische Volumen der Schmelze und V_k das der kristallinen Phase, T der Schmelzpunkt in der absoluten Temperaturskala, S die Schmelzwärme und K eine Konstante. Diese Formel ist im allgemeinen für alle Umwandlungsprodukte zutreffend, also auch für die verschiedenen kristallinen Formen der polymorphen Stoffe, ja sogar auch für die Umwandlungspunkte der Reaktionsrichtung bei Mischungen, und bringt ein wichtiges Grundgesetz der physikalischen Chemie, das sog. *Volumgesetz,* quantitativ zum Ausdruck.

Es sei schon hier bemerkt, daß es Verbindungen gibt, die sich beim Schmelzen zersetzen, so daß ein anderer kristalliner Stoff von ihnen ausgeschieden wird. Sie besitzen keinen *kongruenten* Schmelzpunkt der oben umschriebenen Art, sondern einen *inkongruenten,* der weiter unten seine Erklärung finden wird. Im folgenden seien die Schmelzpunkte einiger Stoffe bei einem Druck von einer Atmosphäre angeführt:

	°C		°C
Wasserstoff	—259	Albit	1100
Sauerstoff	—218	Fayalit	1205
Schwefeldioxyd	— 76	Diopsid	1391
Kohlendioxyd	— 57	Wollastonit	1540
Eis	0	Anorthit	1550
Schwefel	119	Eisen	1500
Zinn	232	Quarz (eig. Cristobalit)	1710
Blei	335	Forsterit	1890
Zink	419	Korund	2050
Kupfer	780	Periklas	2800
Natriumchlorid	800	Wolfram	3400
Gold	1063	Graphit (sublimiert)	> 4200

Zustandsdiagramme der Einstoffsysteme. Es gibt folgende Arten von Umwandlungspunkten: 1. Zwischen Flüssigkeit und Dampf: Siedepunkt; 2. zwischen Kristallen und Flüssigkeit: Schmelzpunkt; 3. zwischen Kristallen und Dampf; Sublimationspunkt; 4. zwischen zwei kristallinen Formarten: Umwandlungspunkt in engerem Sinne. Mit dem Druck ändern sich alle diese Punkte nach der CLAUSIUS-CLAPEYRONschen Gleichung. Wird im Koordinatensystem Druck auf der Abszisse und Temperatur auf der Ordinate vermerkt, so entspricht jedem

Umwandlungspunkt eines homogenen Stoffes ein bestimmter Punkt, und es ergeben sich *Umwandlungskurven* oder sog. *monovariante Kurven*, deren Gesamtheit alle Zweiphasengleichgewichte oder die vorhandenen Umwandlungsprodukte umfaßt und das *Zustandsdiagramm* des Stoffes darstellt.

Näher sei die Sache an einem konkreten Beispiel, dem Schwefel, erläutert (Abb. 314). Der bei niedrigen Temperaturen beständige rhombische Schwefel wandelt sich unter 1 atm Druck bei 95° enantiotrop in monoklinen Schwefel um. Dieser schmilzt bei 119°. *ABE* ist nun die Dampfdruckkurve (statt deren man die Kurve des thermodynamischen Potentials setzen kann) des rhombischen, *BC* die des monoklinen Schwefels und *ECK* die des geschmolzenen Schwefels, dessen Siedepunkt bei 1 atm bei 445° liegt. Die Siedepunktkurve endet beim kritischen Punkt *K*, bei dem der Unterschied zwischen Schmelze und Dampf aufhört.

Bei schnellem Arbeiten kann man den rhombischen Schwefel bei etwa 112° zum Schmelzen bringen; Stoffe haben also Umwandlungsprodukte auch im unbeständigen Gebiete. *BCF* ist das Beständigkeitsgebiet des monoklinen Schwefels. Die Schnittpunkte zweier monovarianter Kurven sind *invariante Punkte* oder *Tripelpunkte*, bei denen drei Phasen nebeneinander beständig sind. Ein solcher Punkt *F* liegt hier bei 1320 atm und 151°, wo rhombischer und monokliner Schwefel sowie Schwefelschmelze alle drei nebeneinander beständig sind; bei noch höheren Drucken würde der rhombische Schwefel unmittelbar schmelzen, und wenn monokliner Schwefel sich noch als unbeständig bilden würde, so wäre er monotrop.

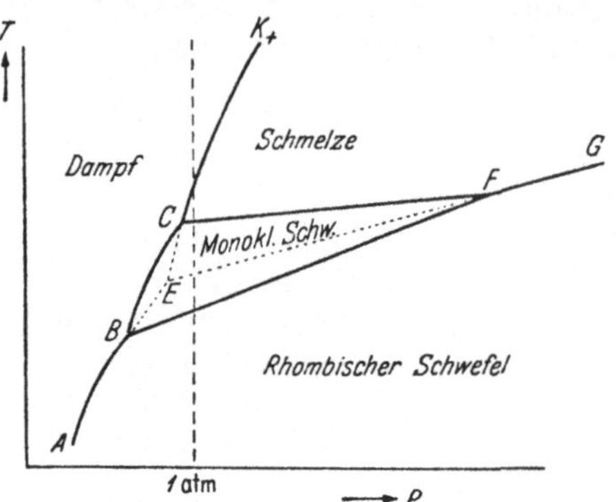

Abb. 314. Zustandsdiagramm des Schwefels.

Für die meisten mineralischen Stoffe sind die das Zustandsdiagramm bestimmenden Faktoren, die in der Clausius-Clapeyronschen Gleichung auftreten, nicht genügend bekannt, um die wahren Beständigkeitsgebiete der heteromorphen Kristallarten bestimmen zu können. Manchmal ist noch unbekannt, ob Enantiotropie oder Monotropie vorliegt, z. B. im Falle der Al_2SiO_5-Minerale Disthen, Andalusit und Sillimanit, noch öfter ist der Faktor *S*, der allgemein die Wärmetönung der Umwandlung bedeutet, nicht bekannt. Dagegen kann man auf Grund der Volumänderung bei der Umwandlung immer sagen, in welcher Richtung das Gleichgewicht durch steigenden Druck verschoben wird, da der Druck immer das Beständigkeitsgebiet der dichteren Form verbreitert. Etwas Näheres wird darüber im Abschnitt „Beispiele für Kristallarten" bei den verschiedenen Kristallarten angeführt.

Die Phasenregel. Ganz kurz sei hier angedeutet, wie die Betrachtung des Zustandsdiagramms zum Begriff der Phasenregel von Willard Gibbs leitet. Bei Einstoffsystemen ist die höchst mögliche Zahl der Phasen drei. Das trifft zu am invarianten Punkt, wo Druck und Temperatur festgelegt sind und es keine Freiheit zur Wahl dieser Variablen mehr gibt. Läßt man Druck *oder* Temperatur variieren, so können zwei Phasen nebeneinander stabil existieren, d. h. an den Umwandlungskurven. Wenn diese beiden Faktoren variieren, kann nur eine Phase bestehen, und das wird der gewöhnlichste Fall in der Natur sein. Bei Zweistoffsystemen kann immer eine Phase mehr, bei Dreistoffsystemen können zwei Phasen mehr als bei Einstoffsystemen existieren. *Im allgemeinen ist die Zahl der Phasen + Freiheiten = Stoffe + 2.* Unter wechselnden Verhältnissen, wie *bei den natürlichen Gesteinen, ist also die Zahl der Phasen gleich der der Stoffe* (die mineralogische Phasenregel von V. M. GOLDSCHMIDT).

Schmelzen und Kristallisieren der Mischungen zweier isomorph unmischbarer Stoffe. Wird mit dem reinen kristallinen Stoff A eine andere Kristallart B, die mit jenem weder isomorphe Mischungen noch Verbindungen bildet, vermengt, so beginnt, soweit beide Stoffe einen kongruenten Schmelzpunkt haben, das Schmelzen schon bei niedrigerer Temperatur als der Schmelzpunkt des reinen Stoffes A. Ungeschmolzen bleiben anfangs Kristalle von A, deren Menge bei steigender Temperatur abnimmt. Der Anfangspunkt des Schmelzens bei Erwärmung ist unabhängig von der relativen Menge des Stoffes B; geht man aber von dem reinen Stoff A aus und setzt man immer mehr B hinzu, so sinkt beim Schmelzen der Mischung der *Endpunkt*, an dem die ganze Mischung schmilzt, immer mehr, und der Abfall geht immer rascher vor sich. Es sei bemerkt, daß es sich so verhält, auch wenn B in reinem Zustande einen höheren Schmelzpunkt als A hätte, bis die für jedes Stoffpaar besondere sog. *eutektische Mischung* erreicht wird, die in ihrer Gesamtheit bei derselben Temperatur schmilzt, bei der das Schmelzen der übrigen Mischungen erst beginnt. Diese Temperatur wird als *eutektischer Punkt* bezeichnet. Wird jetzt noch mehr B zugegeben, so beginnt das Schmelzen weiterhin beim eutektischen Punkt, während dagegen sein Endpunkt fortgesetzt steigt, bis reines B erreicht wird, das ein für allemal bei seinem Schmelzpunkt schmilzt. Die eutektische Mischung ist also unter allen Mischungen zweier Stoffe insofern eigenartig, als sie, ebenso wie die reinen Stoffe, einen bestimmten Schmelzpunkt aufweist, und dieser ist die allerniedrigste Temperatur, bei der überhaupt eine Mischung dieser Stoffe flüssig sein kann. Daher die Bezeichnung eutektisch (= gut schmelzend). Ferner ist festgestellt worden, daß alle Schmelzen, die unabhängig von dem Mischungsverhältnis bei Erwärmung entstehen, auch dieselbe Zusammensetzung der eutektischen Mischung aufweisen, sobald der eutektische Punkt erreicht ist.

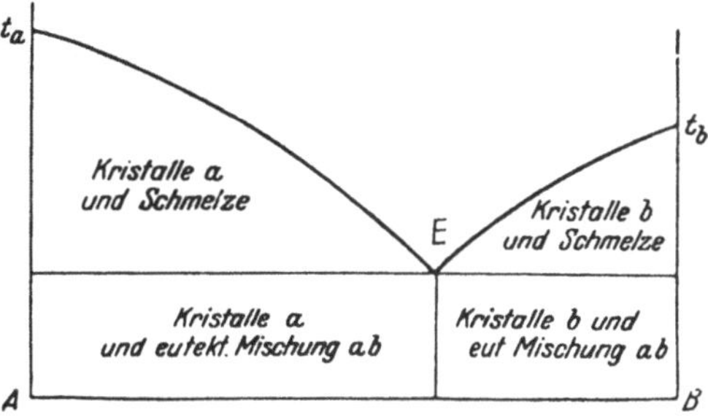

Abb. 315. Temperatur-Konzentrationsdiagramm eines eutektischen Zweistoffsystems.

Die Schmelzverhältnisse der Mischungen zweier Stoffe oder sog. *binärer Systeme* können durch Temperatur-Konzentrationsdiagramme (Abb. 315) veranschaulicht werden. Die Gemengteile der Stoffe in Gewichts- oder Molekülprozenten werden auf der Abszisse in der Weise vermerkt, daß die Endpunkte der reinen Stoffe A und B und die dazwischen gelegenen Punkte die in verschiedenen Verhältnissen zusammengesetzten Mischungen bedeuten. Auf der Ordinate werden die Temperaturen vermerkt. Die Punkte t_a und t_b bedeuten die Schmelzpunkte der reinen Stoffe und E den eutektischen Punkt sowie zugleich die Zusammensetzung der eutektischen Mischung. Die Kurven t_aE und t_bE, die auf Grund von Messungen gezogen werden, heißen *Liquiduskurven*, und die durch E gezogene Horizontale ist die *Solidusgerade*. Das Diagramm zerfällt dadurch in verschiedene Felder, und die Beschaffenheit und Menge der bei jeder Temperatur beständigen Phasen jeder beliebigen Mischung sind quantitativ ersichtlich. Fällt ein Punkt nach Zusammensetzung und Temperatur der Mischung z. B. in das Feld „Kristalle a und Schmelze“, so zeigt der Schnittpunkt der von diesem Punkt aus gezogenen Horizontalen auf der Liquiduskurve die Zusammensetzung der Schmelze an, mit welcher die Kristalle gerade im Gleichgewicht stehen bzw. zusammen beständig sind. Bei Abkühlung des Systems wandert also der Temperatur-Zusammensetzungspunkt längs der Liquiduskurve, die daher auch als *Kristallisationsbahn* bezeichnet wird.

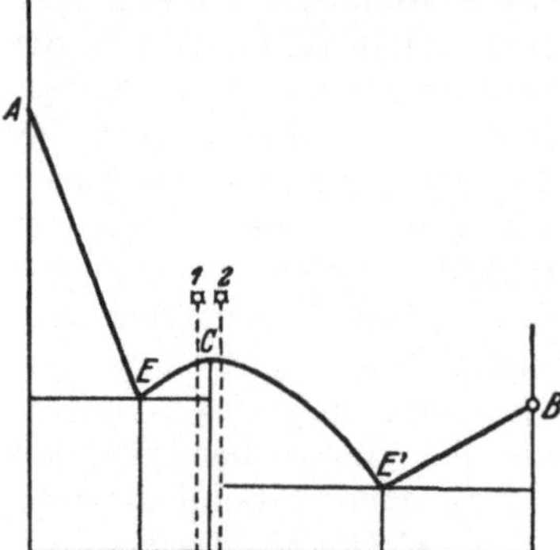

Abb. 316. Die Stoffe *A* und *B* bilden die Verbindung *C*, die mit beiden einfachen Stoffen ein eutektisches System bildet. Beachte die verschiedene Kristallisationsbahn der in der Zusammensetzung einander nahestehenden Mischungen 1 und 2! Aus beiden kristallisieren zunächst C-Kristalle, aber die Mischung 1 beendet ihre Kristallisation im Punkt *E* bei gleichzeitiger Ausscheidung von *A*- und *C*-Kristallen, die Mischung 2 dagegen in Punkt *E'* bei Ausscheidung von *C*- und *B*-Kristallen.

Gleicherweise aus demselben Konzentrations-Temperaturdiagramm ersichtlich ist auch die bei Abkühlung vor sich gehende Kristallisation jeder beliebigen über die Liquiduskurven erhitzten Mischung. Das Sinken der Temperatur ist durch die Abwärtsverschiebung auf der Vertikalen veranschaulicht. Wird die Liquiduskurve erreicht, so erscheinen die ersten Kristalle, entweder *A* oder *B*, je nachdem welchen der beiden Stoffe die Mischung im Vergleich zur eutektischen im Überschuß enthält. Demgemäß gestaltet sich die Struktur der kristallisierten Mischung verschieden: die in bezug auf die eutektische Mischung überschüssigen *A*- oder *B*-Kristalle wachsen im Temperaturbereich zwischen der Liquiduskurve und der Solidusgeraden zu größeren *Einsprenglingen* aus, und die übrigbleibende eutektische Mischung kristallisiert im eutektischen Punkt zu einer feinkörnigen Kristallmischung, deren Gefüge an die sog. Schriftgranitstruktur von Quarz und Feldspat erinnert.

Es seien zwei Beispiele für die Schmelz- und Kristallisationsverhältnisse einfacher binärer Systeme angeführt:

System, Pb—Sb. $t_{Pb} = 326°$, $t_{Sb} = 631°$, eutektische Mischung 13% Sb, 87% Pb, $t_E = 247°$. (Zeichne das Diagramm!)

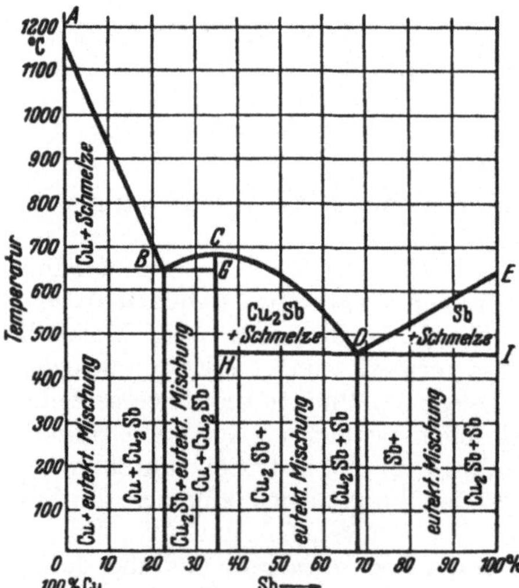

Abb. 317. Das Zweistoffsystem Cu—Sb.

System $CaMg(SiO_3)_2$ (Diopsid, Di) — $CaAl_2Si_2O_8$ (Anorthit, An). $t_{Di} = 1391°$, $t_{An} = 1550°$, eutektische Mischung 59% Di, 41% An, eutektischer Punkt 1260°.

Wenn zwei kongruent schmelzende, aber isomorph nicht mischbare Stoffe eine Verbindung bilden können, so kann auch diese einen kongruenten Schmelzpunkt besitzen. Dann bildet sie eine eutektische Mischungsreihe mit jedem der beiden Stoffe, und das Temperatur-Konzentrationsdiagramm enthält zwei einfache binäre Systeme (Abb. 316). Als Beispiel eines derartigen Falles zeigt Abb. 317 das vollständige Cu—Sb-System, in dem die Verbindung Cu_2Sb auftritt.

Nehmen wir jetzt den Fall, in dem eine Verbindung zweier Stoffe einen *inkongruenten Schmelzpunkt* hat (Abb. 318). Es wird angenommen, die Stoffe *A* und *B* bilden die Verbindung AB_2, deren Schmelzpunkt (*C*) in dem System *A*—*B* jedoch unter der Liquiduskurve der Kristalle *B* und *A* bleibt und als solcher ebensowenig wie der eutektische Punkt der Kristalle *A* und *B* verwirklicht ist. Die Liquiduskurve ist dann dreiteilig: Der Abstand *bD* ist ein Teil der *B*—*A*-Liquiduskurve, der Abstand DE ein Teil der AB_2—A-Liquiduskuve, aE ist der A—AB_2-Liquidus in seiner Gesamtheit und E der eutektische Punkt von A und AB_2. Wird die Verbindung AB_2 erhitzt, so schmilzt sie bei der Punkt D entsprechenden Temperatur bzw. bei dem inkongruenten Schmelzpunkt zum Teil, gleichzeitig aber werden B-Kristalle ausgeschieden. Das setzt sich fort, bis alle AB_2-Kristalle geschmolzen sind. Jetzt erst kann die Temperatur steigen, und gleichzeitig beginnen auch die B-Kristalle zu schmelzen; die letzten von ihnen verschwinden bei der Temperatur, die dem Schnittpunkt der Fortsetzung der Geraden AB_2—C mit der Kurve bD entspricht. In derselben Reihenfolge erscheinen die verschiedenen Phasen in allen den Mischungen, deren Zusammensetzungen zwischen die Abszissenprojektionspunkte von AB_2 und D fallen. Die Kristallisation dieser Mischungen aus dem flüssigen Zustand geht wiederum in der Weise vor sich, daß auf der Liquiduskurve zuerst B-Kristalle erscheinen und dann zunehmen, während die Temperatur sinkt und die Zusammensetzung der Restschmelze A-reicher wird, bis der Punkt D erreicht ist. Bei diesem Punkt beginnen sich AB_2-Kristalle auszuscheiden. Es tritt also zwischen den B-Kristallen und der Restschmelze eine Reaktion ein, die sich fortsetzt, bis alle B-Kristalle verschwunden und nur entweder AB_2-Kristalle oder diese nebst eutektischer Kristallmischung $A + AB_2$ übrig sind.

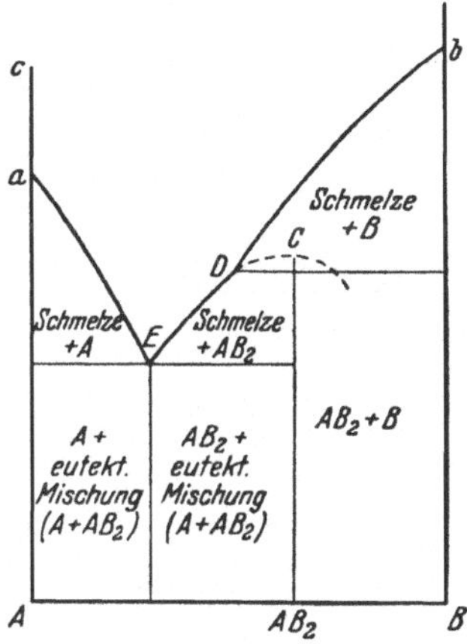

Abb. 318. Inkongruentes Schmelzen und Kristallisieren (s. Text!).

Einen inkongruenten Schmelzpunkt besitzen zwei als Gesteinsbestandteile wichtige Kristallarten, der Klinoenstatit $MgSiO_3$ und der Orthoklas $KAlSi_3O_8$. Ersterer (Abb. 319) kann als eine Verbindung von Magnesiumorthosilicat und Siliciumdioxyd aufgefaßt werden:

$$Mg_2SiO_4 + SiO_2 = 2\,MgSiO_3.$$

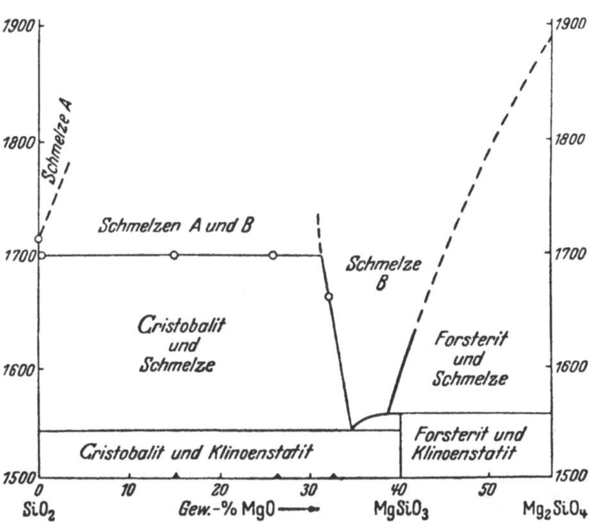

Abb. 319. Schmelzen und Kristallisieren der Mischungen von Forsterit und Siliciumdioxyd. Aus den SiO_2-reichen Mischungen entstehen zwei ineinander unlösliche Schmelzen.

Das Siliciumdioxyd kristallisiert über 1470° als Cristobalit und darunter als Tridymit. Der im Gestein stets auftretende Quarz ist im binären System bei 1 atm Druck niemals zu erhalten, denn die Temperatur der Umwandlung von Tridymit in Hochquarz, 870°, liegt unter allen Liquidusgeraden. Bei den Bedingungen der natürlichen Gesteinsbildung entsteht dagegen immer Quarz. Es ist also zu bemerken, daß in den Mg-Silicatmischungen zuerst Olivin entsteht, auch wenn die SiO_2-Menge so groß ist, daß Metasilicat und auch etwas Quarz entstehen könnten. Das völlige Verschwinden des Olivins setzt voraus, daß vollständiges chemisches Gleichgewicht erreicht wird. Es kann aus verschiedenen Gründen ausbleiben, entweder dadurch, daß die aus der Schmelze (dem Magma) ursprünglich ausgeschiedenen Olivinkristalle infolge ihrer größeren Dichte auf den Grund des Magmaherdes sinken und sich aus dem Einflußbereich der Restschmelze entfernen, oder dadurch, daß die Schmelze rasch erstarrt und die Restschmelze zäh und reaktionsunfähig wird, bevor die Reaktion eintritt. In letzterer Weise hat sich der Olivin der basaltischen Laven und der in Gängen erstarrten Diabase oft erhalten, obgleich das Gestein in seiner Gesamtheit so kieselsäurereich ist, daß daraus Metasilicat oder gar Quarz hätte auskristallisieren können. Wirklich sind in derartigen Diabasen bisweilen Olivin und Quarz zusammen, gegen die allgemeine Regel, anzutreffen. Die inkongruente Kristallisation der (Mg,Fe)-Metasilicate ist somit bei der Entstehung der Magmagesteine von außerordentlich großer Bedeutung.

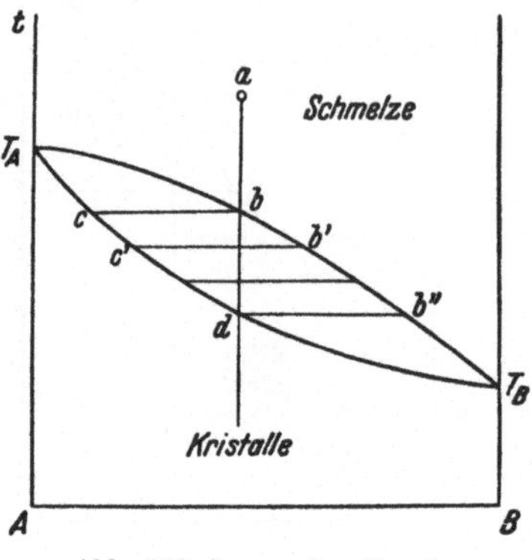

Abb. 320. Isomorpher Typ 1.

Beim Schmelzen des Orthoklases wird zunächst Leucit ausgeschieden. In den kalireichen Lavagesteinen ist der Leucit häufig das erste Kristallisationsergebnis und verwandelt sich inkongruent in Orthoklas, indem er mit SiO_2 der Restschmelze reagiert:

$$KAlSi_2O_6 + SiO_2 = KAlSi_3O_8.$$

Das Schmelzen und Kristallisieren isomorpher Mischungen ist von dem Kristallisieren nicht mischbarer Stoffpaare darin unterschieden, daß auch die Anfangstemperatur des Schmelzens mit der Zusammensetzung schwankt, d. h. daß auch der Solidus eine Kurve ist. Im übrigen können die Kurvenformen fünf verschiedenen Typen angehören, von denen drei eine unbeschränkte und zwei eine beschränkte Mischbarkeit als Kristalle vertreten, wie zuerst der holländische physikalische Chemiker H. BAKHUIS-ROOZEBOOM auf thermodynamischen Grundlagen fußend theoretisch als möglich nachgewiesen hat. Die BAKHUIS-ROOZEBOOMschen Typen seien an Hand von Abbildungen kurz erläutert.

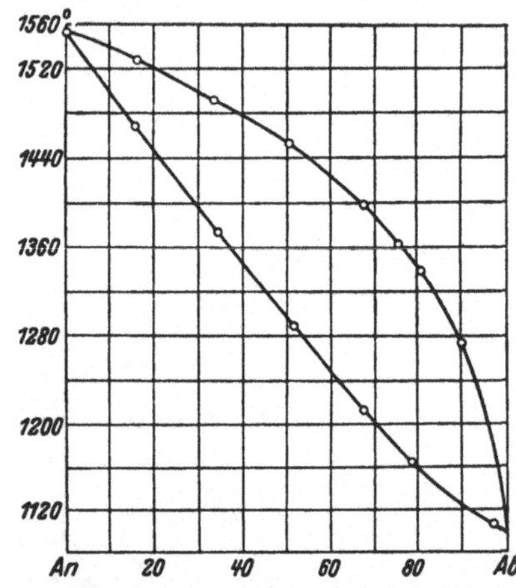

Abb. 321. Schmelz- und Kristallisationsdiagramm der Plagioklasreihe, des Anorthits und Albits. Der isomorphe Typ 1. Die Kreise bedeuten experimentell bestimmte Punkte.

Typ 1 (Abb. 320). Sowohl die Liquidus- als auch die Soliduskurve sinken stetig von dem Schmelzpunkt des höher schmelzenden Stoffes, von T_A, auf den des niedriger schmelzenden, auf T_B. Dazwischen bleibt ein linsenförmiges Feld, das zugleich Kristalle und Schmelze umfassen kann. Das ist der allgemeinste isomorphe Schmelztyp. Zu ihm gehören unter den Gesteinsmineralien vor allem die Anorthit-Albitmischungen (Plagioklas) (Abb. 321), die Forsterit-Fayalitmischungen (Olivin) und die Diopsid-Hedenbergitmischungen (Klinopyroxen).

Es empfiehlt sich, das Schmelzen und Kristallisieren von Typ 1 genauer kennenzulernen, da diese Mischungsreihen als Bestandteile der Gesteine von so großer Bedeutung sind und da ferner das Verstehen desselben ermöglicht, die Schmelz- und Kristallisationsweisen auch der übrigen isomorphen Typen ohne weiteres zu verstehen. Punkt *a* in Abbildung 320 bedeutet eine Mischung von *A* und *B* in bestimmtem Verhältnis bei einer Temperatur, in der sie völlig flüssig ist. Bei Abkühlung verschiebt sich der Punkt vertikal abwärts und trifft die Liquiduskurve in Punkt *b*. Hier beginnen sich Kristalle auszuscheiden, deren Zusammensetzung durch Konstruktion der Waagerechten erhellt und hier Punkt *c* entspricht. Die Restschmelze wird dadurch etwas *B*-reicher. Wenn die Temperatur sinkt, reagieren die bereits ausgeschiedenen Kristalle mit der *B*-reicheren Restschmelze und werden ebenfalls *B*-reicher. Wenn die Temperatur des Systems und die Zusammensetzung der Schmelze dem Punkt *b'* entsprechen, haben die Kristalle die Zusammensetzung *c'* usw., bis endlich die Kristalle in Punkt *d* die Gesamtzusammensetzung der Mischung erreicht haben. Die letzte Restschmelze, der endlich die Zusammensetzung *b''* zukommt, verschwindet jetzt, und der Stoff ist in seiner Gesamtheit erstarrt zu Kristallen, die die ursprüngliche Zusammensetzung der Mischung aufweisen.

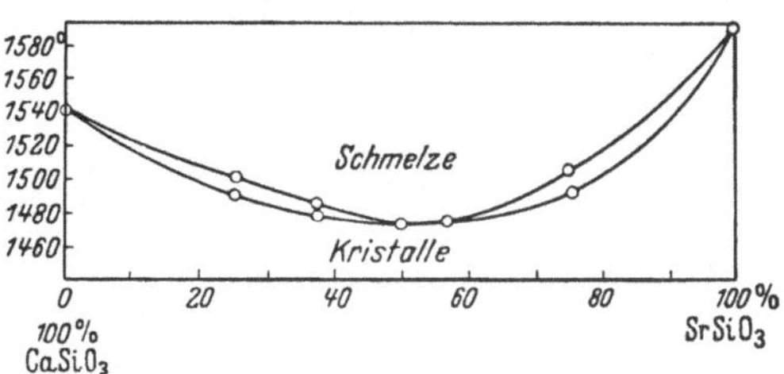

Abb. 322. Isomorpher Typ 2. $CaSiO_3$—$SrSiO_3$. In den Schmelzkurven ein Minimum, die Mischungsreihe lückenlos.

Diese ideale Kristallisation setzt eine so langsame Erstarrung voraus, daß im System das einer jeden Temperatur entsprechende Gleichgewicht entstehen kann. Die Kristallisation der Tiefenmagmen vollzieht sich oft annähernd in dieser Weise, aber häufiger lassen auch sie und noch mehr die Oberflächengesteine Anzeichen dafür erkennen, daß die Kristallisation keine im Gleichgewicht vor sich gegangene gewesen ist. Dafür zeugt die *Zonarstruktur* des Plagioklases, Augits u. a. Mineralien. Der Kern ist dann immer reicher an dem höher kristallisierenden Stoff, die Randzonen dagegen reicher an den niedriger kristallisierenden Mischungskomponenten.

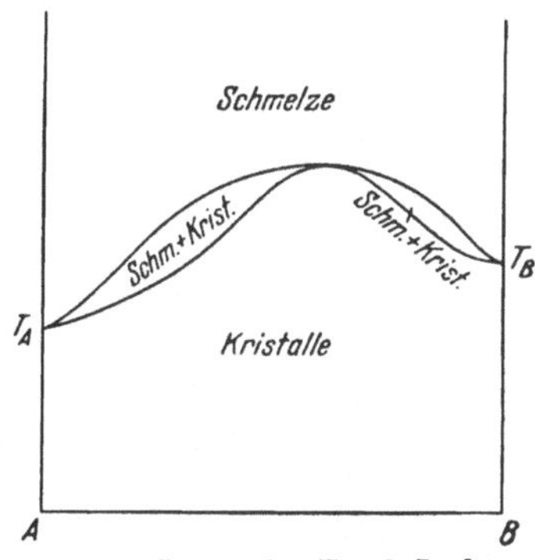

Abb. 323. Isomorpher Typ 3. In den Schmelzkurven ein Maximum, die Mischungsreihe lückenlos.

Typ 2 (Abb. 322). Beide Kurven enthalten ein Minimum, in dem Liquidus und Solidus einander berühren. Zu diesem Typ gehören die Paare $CaSiO_3$—$SrSiO_3$ und KCl—NaCl bei der Schmelztemperatur, obgleich die letzteren sich bei niedrigerer Temperatur überhaupt nicht mehr miteinander mischen.

Typ 3 (Abb. 323). Beide Kurven zeigen ein Maximum, zugleich eine Berührungsstelle. Zu ihm gehören nur wenige Stoffpaare, u. a. $BaSO_4$—$SrSO_4$.

Typ 4 (Abb. 324). Diese bei beschränkt mischbaren Stoffpaaren häufigste Schmelz- und Kristallisierungsweise ähnelt dem Verhalten der gewöhnlichen eutektischen Zweistoffsysteme (Abb. 315) mit dem Unterschied, daß in den Schmelzpunkten der reinen Stoffe die sich abwärts ausbreitenden Felder α und α' beginnen, in denen an jeder Stelle die nach ihrer Zusammensetzung bestimmten Mischkristalle sich im Gleichgewicht befinden. In den Feldern $S + \alpha$ und $S + \alpha'$ stehen die Mischkristalle mit der Schmelze im Gleichgewicht; die Zusammensetzung sowohl der Schmelze als auch der Mischkristalle in irgendeinem Punkt innerhalb dieser Felder gibt der Schnittpunkt der durch diesen Punkt gezogenen Horizontalen mit den Kurven an. Unterhalb des eutektischen Punktes *E* setzen sich die Felder der in jedem Punkt homogenen, aber in der Zusammensetzung innerhalb des Gebietes wechselnden Mischkristalle nach unten schmäler werdend fort, wogegen das die zwei Kristallarten α und α' vertretende Feld oder die *Lücke der Mischungsreihe* nach unten zu breiter wird. So sind z. B. die Mischkristalle a und b, die im eutektischen Punkt beständig sind, weiter abwärts nicht mehr beständig, sondern aus ihnen müssen sich in kristalliner Form α'-Kristalle ausscheiden. Es tritt eine *Entmischung* ein, und die so entstehende Kristallmischung, in der die entmischten Kristalle als kleine fadenförmige Streifen liegen, nennt man eine *perthitische Mischung.*

Typ 5 (Abb. 325). In der Liquiduskurve liegt der Übergangspunkt U, in dem die Schmelze gleichzeitig mit den zwei Mischkristallarten a und b im Gleichgewicht steht. In diesen Punkten beginnt eine nach unten sich verbreiternde Lücke in der Mischkristallreihe. Der Fall ist selten.

Außer den fünf Isomorphietypen gibt es noch die zwei Isodimorphietypen 1 (Abb. 326) und 2 (Abb. 327). Die kristallinen Stoffe A und B sind also ver-

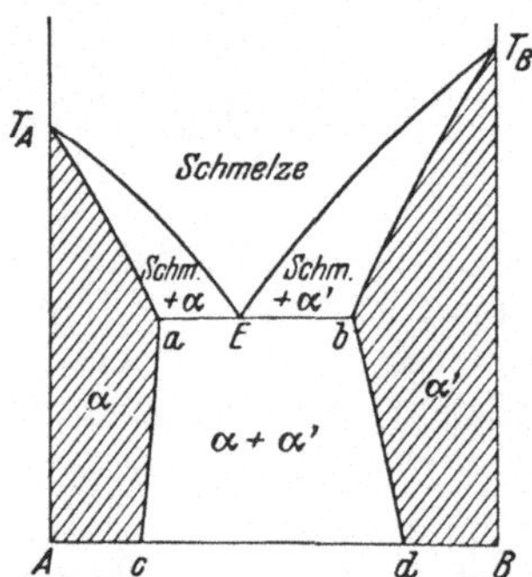

Abb. 324. Isomorpher Typ 4. Eutektischer Punkt; Mischbarkeit beschränkt, d. h. die Mischungsreihe enthält die Lücke a b, die bei niedrigerer Temperatur erweitert ist, c d. Entmischung möglich.

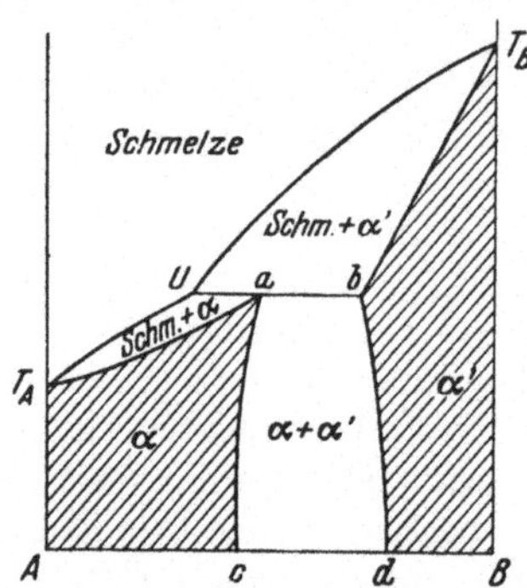

Abb. 325. Isomorpher Typ 5. In der Liquiduskurve liegt der Übergangspunkt U und in der Mischungsreihe die Lücke a b d c.

schiedene Kristallarten, entweder homöomorph oder ganz verschieden. Beide können eine beschränkte Menge des anderen Stoffes in ihr Gitter aufnehmen. Beide Kurvenformen können, wie aus den Abbildungen ersichtlich, als Kreuzstellungen zweier Kurven des isomorphen Typs 1 aufgefaßt werden. In ihrer Gesamtheit und Erscheinungsweise erinnert die Kurvenform von Abb. 326 an den vierten Typ oder den isomorphen Typ mit einem Eutektikum, die Kurvenform von Abb. 327 wiederum an den fünften isomorphen Typ, den Übergangstyp.

Der durch Abb. 326 wiedergegebene isodimorphe Schmelztyp ist in der Gesteinskunde darum sehr wichtig, weil zu ihm das Paar Orthoklas—Albit gehört, wie E. MÄKINEN dargelegt hat. Das System wird dadurch verwickelt, daß der Kalifeldspat in zwei Formarten vorkommt, als Orthoklas und Mikroklin. MÄKINEN hat auf Grund unserer Kenntnisse über die Kristallisationstemperaturen der Kalifeldspate enthaltenden Gesteine angenommen, daß der Orthoklas bei sinkender Temperatur in Mikroklin übergeht. Die Erweiterung der Lücke in der Mischungsreihe nach unten bewirkt Entmischung der Feldspate und Entstehung der Perthitstruktur. Im Kalifeldspat ist sie *Perthit*, im Plagioklas *Antiperthit.*

Schmelzen und Kristallisieren der Mischungen dreier Stoffe. Wird der eutektischen Mischung zweier Stoffe ein dritter zugesetzt, der mit keinem der beiden isomorphe Mischkristalle bildet, so wird die Schmelztemperatur immer niedriger. In der Mischung dreier Stoffe oder im *ternären System,* dessen Stoffe untereinander weder Verbindungen noch Mischungen bilden, besteht auch eine bestimmte *ternäre eutektische Mischung*, die im untersten eutektischen Punkt ein für allemal schmilzt.

Die Schmelz- und Kristallisationsverhältnisse der Mischungen dreier Stoffe lassen sich veranschaulichen durch eine Raumfigur, deren Grundfläche ein gleichseitiges Dreieck ist. Die Summe der Strecken, die von einem in dem gleichseitigen

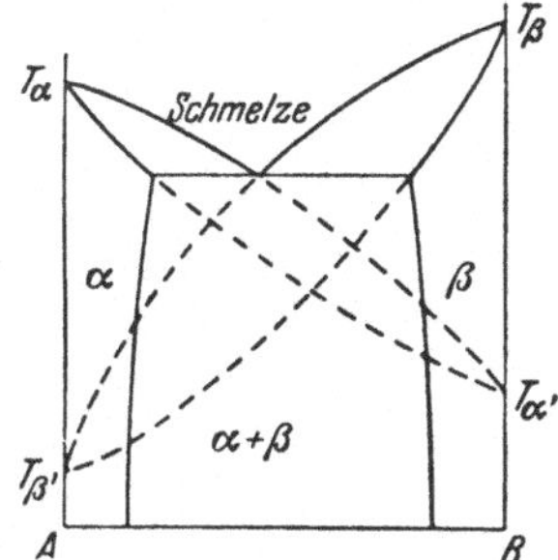

Abb. 326. Isodimorphietyp 1. Zwischen den zwei verschieden geformten Mischungsreihen α und β liegen der eutektische Punkt und die Lücke α + β.

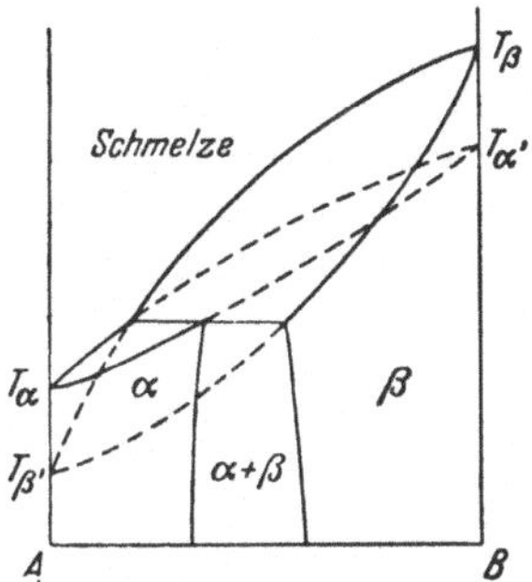

Abb. 327. Isodimorphietyp 2. Zwischen den zwei verschieden geformten Mischungsreihen α und β liegen der Übergangspunkt und die Lücke α + β.

Dreieck gelegenen Punkt parallel zu jeder Seite nach der benachbarten Seite gezogen werden, macht eine Dreieckseite aus. Demgemäß kann in einem gleichseitigen Dreieck durch die Lage eines Punktes die Zusammensetzung aller Dreistoffmischungen angegeben werden. Die Eckpunkte bedeuten reine Stoffe, die Seiten Mischungen zweier Stoffe. Die Temperatur wird senkrecht zur Dreieckfläche projiziert. Die Raumfigur eines ternären eutektischen Systems ist in Abbildung 328 dargestellt. Die binären eutektischen Punkte sind E, E_1 und E_2, der *ternäre Punkt* E_3. Er ist die gemeinsame Ecke und der niedrigste Punkt der drei *Liquidusflächen* a EE_3E_2, b EE_3E_1 und c $E_1E_3E_2$. Aus der Schmelzmischung beginnt zuerst A, B oder C zu kristallisieren, je nachdem im Gebiet welcher Liquidusfläche seine Zusammensetzung liegt. Z. B. aus der Mischung α beginnt in Punkt β der Stoff A zu kristallisieren. Der Zusammensetzungspunkt der Restschmelze wandert dann geradlinig von Punkt A weg, da A ausgeschieden wird, und stößt in Punkt γ auf die eutektische Grenzlinie EE_3. In ihm vereinigt sich der Stoff B zur gemeinsamen Kristallisation mit A, und der Zusammensetzungspunkt der Restschmelze wandert jetzt längs der Grenzlinie nach Punkt E_3, in dem auch der dritte Stoff auszukristallisieren anfängt. Die Kristallisation setzt sich dann bei konstanter Temperatur fort, bis die ganze Stoffmenge kristallisiert ist. $\beta\gamma E_3$ ist die *Kristallisationsbahn* der Mischung α. Die Kristallisationsbahn jeder beliebigen ternären Mischung läßt sich in gleich einfacher Weise ermitteln.

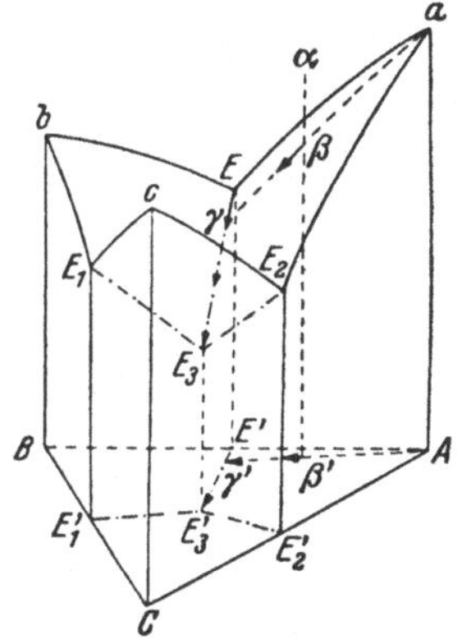

Abb. 328. Eutektisches Schmelzen und Kristallisieren der Mischungen dreier Stoffe.

Auf die Grundfläche projiziert ist $\beta'\gamma'E_3'$ die Kristallisationsbahn der Mischung α. Da die Raumfiguren in ebenen Abbildungen nicht genügend deutlich dargestellt werden können, bedient man sich im Schrifttum der Dreieckprojektion, in der die Temperaturen durch *Isothermen*, ebenso wie die Isohypsen auf

Höhenkarten, wiedergegeben werden. In den Abbildungen 329 und 330 sehen wir Beispiele.

Die theoretische Erklärung des ternären eutektischen Systems ist notwendig zum Verständnis der Entstehung der Magmagesteine und der übrigen aus der Schmelze kristallisierten Mischungen, aber bei der Kristallisation der Magmagesteine kommt ihr keine große Bedeutung zu, weil die isomorphen Mischungen in den Gesteinsmineralien so allgemein sind. Die zwischen zwei Stoffen eintretende isomorphe Mischungskristallisation verändert den Charakter des ganzen ternären Systems. Als Beispiele folgen zwei in den Magmagesteinen außerordentlich wichtige Dreistoffsysteme.

Das System Albit—Anorthit—Diopsid (Abb. 329) ist das vereinfachte Urbild der Zusammensetzung der Basalte und Gabbros, von dem sich die natürlichen Gesteine nur darin unterscheiden, daß in ihnen etwas Eisen, das mit dem Diopsid isomorphen Hedenbergit bildet, sowie etwas Kalium, Titan, Phosphor usw. hinzukommen, die das Auftreten gewisser Nebenbestandteile bewirken. Bowen, der Erforscher dieses Systems, hat jedoch nachgewiesen, daß durch die Erklärung dieses *haplobasaltischen* (einfachbasaltischen) Systems auch die Mineralzusammensetzung und Kristallisationsreihenfolge der natürlichen Basalte, Diabase und Gabbros verständlich wird.

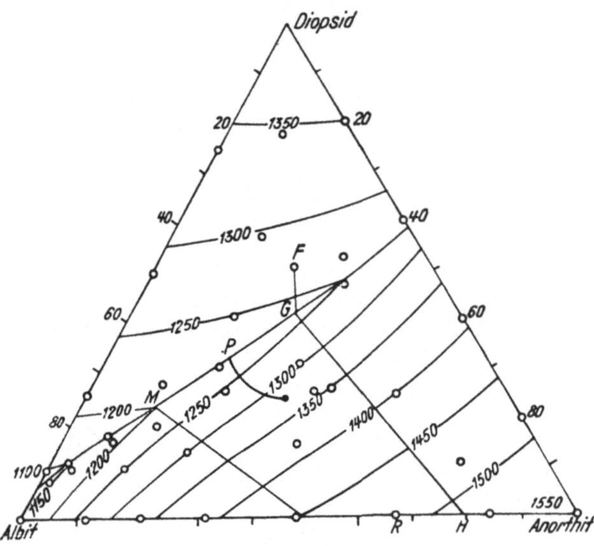

Abb. 329. Das ternäre System Albit—Anorthit—Diopsid oder das haplobasaltische System.

Unter den auf den Seiten der Dreieckprojektion gelegenen Zweistoffsystemen liegt im Diopsid—Anorthit-System ein eutektischer Punkt (S. 240). Auch zwischen Diopsid und Albit liegt ein eutektischer Punkt, obgleich er dem Albit sehr nahe liegt (93% Ab), und seine Lage ist sehr schwer genau zu bestimmen gewesen, weil der Albit und die albitreichen Mischungen als Schmelzen sehr viscos sind und auch bei langsamer Abkühlung als Glas erstarren. Albit—Anorthit dagegen ist eine zum Typ 1 von Bakhuis-Roozeboom gehörende lückenlose isomorphe Mischkristallreihe, bei der Schmelzen und Kristallisieren in ganz derselben Weise vor sich gehen, wie es auf Grund von Abb. 320 erklärt worden ist und aus Abb. 321 quantitativ hervorgeht.

Vom eutektischen Punkt des Diopsid—Anorthit nach dem des Diopsid—Albit verläuft durch das Dreistoffsystem am Grunde einer V-talförmigen Rinne die *eutektische Grenzlinie*, welche die Figur in zwei Felder teilt, das Diopsid- und das Plagioklasfeld. Aus der Mischung beginnt zuerst *der* Stoff zu kristallisieren, in dessen Feld der Zusammensetzungspunkt der Mischung liegt. Aus einer Mischung F, die 50% Diopsid und 50% solchen Plagioklas umfaßt, der gleiche Mengen Albit und Anorthit enthält, beginnt zuerst bei 1280° Diopsid zu kristallisieren, und die Kristallisationsbahn entfernt sich geradlinig vom Diopsidpunkt, sich in *G* mit der eutektischen Grenzlinie vereinigend. Jetzt tritt der Plagioklas mit in die Kristallisation ein. Die Zusammensetzung des in der Mischung enthaltenen Plagioklases ist $An_{50}Ab_{50}$; die Zusammensetzung der zuerst ausgeschiedenen Kristalle ergibt sich durch Horizontalstrichkonstruktion aus Abb. 321. In Abb. 329 entspricht sie Punkt *H*. Jetzt setzt sich die Kristallisationsbahn längs der eutektischen Linie fort, Diopsid und Plagioklas kristallisieren zusammen, und zugleich reagieren die zuerst entstandenen Kristalle ständig mit der Restschmelze, wodurch ihre Zusammensetzung Ab-reicher wird, bis sie An_{50} oder dieselbe wie in der ganzen Mischung ist; dann endet gleichzeitig die gemeinsame Kristallisation von Diopsid und Plagioklas in Punkt *M* bei 1200°. Die Mischung ist kristallisiert.

Aus einer anderen Mischung mit der Zusammensetzung von 24% Diopsid und 76% Plagioklas $Ab_{50}An_{50}$ beginnt bei 1320° Plagioklas der Zusammensetzung *R* zu kristallisieren. Die Kristallisationsbahn entfernt sich von dem jeweils kristallisierenden Plagioklas, und da dessen Zusammensetzung sich ständig ändert, ist die Bahn jetzt gebogen. Sie vereinigt sich mit der eutektischen Linie in Punkt *P*. Die Kristallisation endet auch diesmal in Punkt *M*.

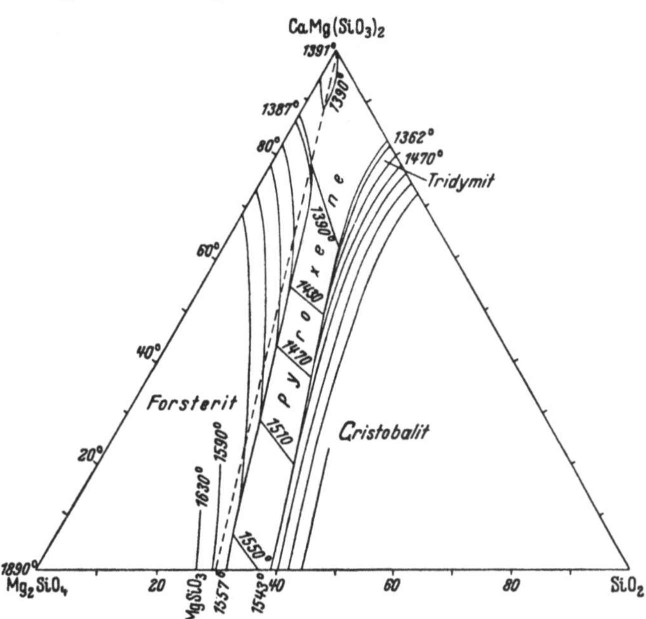

Abb. 330. Das ternäre System Forsterit—Siliciumdioxyd—Diopsid.

Oben ist ständige Gleichgewichtseinstellung vorausgesetzt worden (vgl. S. 243). Gerade bei der Kristallisation des Plagioklases ist jedoch die Zonarstruktur in den Gesteinen sehr allgemein, ein Zeugnis dafür, daß die Reaktion nicht vollständig gewesen ist. Der Unterschied in der Zusammensetzung der Kern- und der Randzonen ist ungefähr derselbe, wie er nach diesem auf experimentelle Forschung gegründeten Diagramm vorausgesetzt werden kann; der letzte Randplagioklas kann sogar sehr albitreich sein.

Die Gesteine der Gabbroklasse enthalten oft neben Pyroxen auch Olivin und die peridotitischen Gesteine häufig ausschließlich nur diese zwei Mineralien. Bowen hat daher auch das System Diopsid—Forsterit—Kieselsäure (Abb.330) experimentell erforscht. Es umfaßt ebenfalls zwei binäre eutektische Systeme, Diopsid—Forsterit und Diopsid—Kieselsäure. Das dritte binäre System Forsterit—Kieselsäure enthält die inkongruent schmelzende Verbindung Klinoenstatit, $MgSiO_3$, der nahe dem Schmelzpunkt mit Diopsid eine vollständige Mischkristallreihe bildet. Das Dreieck zerfällt in das Forsterit-, Pyroxen-, Tridymit- und Cristobalitfeld. Die Pyroxenmischkristallreihe $MgSiO_3$-—$CaMg(SiO_3)_2$ gehört zu Typ 1 von Bakhuis-Roozeboom, aber die Kristallisationsverhältnisse werden durch die fast bis an den Diopsid sich erstreckende inkongruente Schmelzweise dieser Mischungen verwickelt. Bei der Kristallisation wird zuerst Olivin ausgeschieden, der aus dem im Gleichgewicht befindlichen System durch Reagieren mit der Restschmelze schließlich verschwindet, wenn die Zusammensetzung der Mischungen im Forsteritfeld auf der Linie $MgSiO_3$—$CaMg(SiO_3)_2$ oder rechts von dieser liegt. Wie bereits oben angeführt, bleibt in den Gesteinen jedoch wegen der raschen Abkühlung die Reaktion unvollständig.

Übersicht der Magmagesteine. In den physikalisch-chemischen Systemen der Magmen können als Stoffe oder Komponenten die Oxyde der sieben übrigen Hauptelemente gelten. Da das Eisen in Form von zwei verschiedenen Oxyden auftritt, als Ferri- und Ferrooxyd, so enthalten die Magmen insgesamt acht Hauptkomponenten: SiO_2, Al_2O_3, Fe_2O_3, FeO, MgO, CaO, Na_2O und K_2O. Außer diesen kommen im Magma sehr viele andere Oxyde in kleineren Mengen vor. Das Wichtigste und der Bedeutung nach Wesentlichste, wenn auch nicht immer der Menge nach Reichlichste unter ihnen, ist das Wasser: die Magmen sind wasserhaltige Silicatschmelzen. In reichlichsten Mengen unter diesen Verbindungen von Spurenelementen ist vorhanden das Titandioxyd TiO_2. Außerdem kommen die Oxyde der Spurenelemente P_2O_5, CO_2, MnO, BaO, NiO, SrO, Cr_2O_3, ZrO_2, V_2O_5 usw. vor, ferner als nicht mit Sauerstoff verbunden S, Cl, F usw. Aus den Tabellen S. 225 sind die Mengen der Elemente sowie der oxydischen Hauptkomponenten ersichtlich. — Die Magmagesteine sind Gemische von vorwiegend silicatischen Mineralien, die aus den eben genannten Stoffen bestehen.

In der Tabelle S. 249 geben wir einen Überblick der wichtigsten Magmagesteine. Ohne auf die Systematik und Petrographie dieser Gesteine näher einzugehen, fügen wir nur einige Anmerkungen hinzu.

Den bei beträchtlichen Rindentiefen kristallisierten *Tiefengesteinen* oder *Plutoniten* entsprechen die an der Erdoberfläche erstarrten *Ergußgesteine* oder *Vulkanite*, die jeweilige Entstehungsweise geht hervor aus dem Gefüge und der Mineralausbildung. Die Parallelität der beiden Hauptgruppen ist keine vollständige.

Die Tiefengesteine sind durchgehend vollkristallin, in der relativen Korngröße entweder gleichkörnig oder *porphyrisch.* Unter letzterer Bezeichnung, die ursprünglich auf die purpurrote Farbe einiger als Bau- und Ornamentsteine benutzten Gesteine hindeutet, wird in der Petrographie ein Gesteinsgefüge gemeint, das durch das Auftreten von größeren Kristallen, sog. Einsprenglingen, in einer feinkörnigeren Grundmasse charakterisiert ist. In den porphyrischen Tiefengesteinen ist manchmal auch die Grundmasse grobkörnig; solche Granite u. a. werden wohl auch *porphyrartig* genannt. — Die Ergußgesteine wieder besitzen meistens eine feinkörnige bis glasige oder hyaline Grundmasse. Ist die Gesteinsmasse zwar kristallin, aber so feinkörnig, daß man die Einkristalle mit bloßem Auge nicht unterscheiden kann, so heißt sie *aphanitisch.* Manche Laven sind durchgehend aphanitisch (ohne Einsprenglinge), sie können dann, wie auch die Grundmasse aphanitischer Laven, teilweise oder gänzlich glasig erstarrt sein.

Die Einteilung der Ergußsteine in *paläo-* und *neovulkanische* zieht unlogischerweise das geologische Alter als Einteilungsgrund in Betracht; sie ist dadurch berechtigt, daß die älteren Vulkanite gewöhnlich verschiedene Umwandlungen in festem Zustand, wie Entmischung und teils Umkristallisation, durchgemacht haben.

Zwischen den beiden Hauptgruppen steht als intermediär die Gruppe der *hypabyssischen* (d. h. „halbtiefen") und *Ganggesteine.* Das ist eine sehr heterogene Gruppe. Teils gehören dazu die *aschisten Ganggesteine* (*a*), meistens als Porphyre der entsprechenden Tiefengesteine (Granitporphyre, Syenitporphyre usw.) bezeichnet; sie sind echt hypabyssische Gesteine, mineralogisch ihren Mutter-

Übersicht der wichtigeren Magmagesteine.

	Tiefengesteine (Plutonite)	Hypabyssische und Ganggesteine	Ergußgesteine (Vulkanite)		Hauptbestandteile
			paläovulkanische	neovulkanische	
Kalkalkaligesteine	Dunit Peridotit Pyroxenit	— — —	— Pikrit —	— — —	Olivin Olivin, Pyroxen, Hornblende Pyroxene
	→ Anorthosit	—	—	—	Plagioklas (An_{50} bis An_{80})
	Gabbro und Norit Hornblendegabbro	Gabbroporphyr (a) Diabas (a) Odinit, Camptonit (d)	Melaphyr	Basalt	Plagioklas (An_{50} bis An_{80}) Diopsidaugit, Hypersthen Hornblende (+ Olivin)
	Diorit → Monzonit Quarzdiorit	Dioritporphyr (a) Malchit, Spessartit, Kersantit (d)	Porphyrit Quarzporphyrit	Andesit Dacit	Plagioklas (An_{50} bis An_{30}) Hornblende, Diopsidaugit, Hypersthen, Biotit, Quarz
	→ Trondhjemit Granodiorit	Vogesit (d)			Quarz, Plagioklas (An_{30} bis An_{15}), Biotit, Kalifeldspat, Hornblende
	Granit	Granitporphyr (a) Minette (d)	Quarzporphyr	Liparit, Rhyolit	Quarz, Kalifeldspat, Oligoklas, Biotit
	Alkaligranit	Alkaligranitporphyr (a)		Comendit und Pantellerit	Quarz, Alkalifeldspat, Alkaliamphibol u. -pyroxen, Biotit
	Syenit	Syenitporphyr (a)	Orthophyr	Trachyt	Kalifeldspat, Plagioklas, Hornblende, Augit
	Alkalisyenit	Rhombenporphyr (a)		Alkalitrachyt	Alkalifeldspat, Alkaliamphibol und -pyroxen, Biotit
Alkaligesteine	Nephelinsyenit	Nephelinporphyr (a)	Phonolith Leucitphonolith		Alkalifeldspat, Nephelin (Leucit), Alkaliamphibol und -pyroxen
	Theralith	Theralithdiabas (a)	Tephrit und Leucittephrit		Plagioklas, Nephelin (Leucit), Augit
	Essexit		Trachydolerit		Plagioklas, Kalifeldspat (Nephelin), Augit
	Shonkinit		Nephelinit und Nephelinbasalt		Kalifeldspat, Nephelin, Augit
	Ijolit	Alnöit, Monchiquit (d)	Nephelinbasalt		Nephelin, Ägirinaugit
	Missourit		Leucitbasalt und Leucitit		Augit, Leucit, Olivin, Biotit
	Turjait		Melilithbasalt		Alkalipyroxen, Melilith

gesteinen gleich und auch strukturell Übergänge zwischen den Tiefengesteinen und Ergußsteinen. Dazu rechnen wir auch den Diabas. Eine besondere Art der Ganggesteine machen die *diaschisten Ganggesteine* (*d*) aus; sie umfassen *leukokrate* oder *aplitisch-pegmatitische* und *melanokrate* oder *lamprophyrische* Ganggesteine. Erstere bestehen hauptsächlich aus den hellen Mineralien der entsprechenden Tiefengesteine und sind in die Tabelle nicht aufgenommen, da den meisten Tiefengesteinen ihre Aplite und Pegmatite zugehören. Letztere wieder sind reicher an dunklen Bestandteilen als die entsprechenden Tiefengesteine und folglich auch nicht in ihrer Zusammensetzung mit diesen gleich. Die Lamprophyre spielen eine wichtige Rolle in der Petrologie, werden aber in diesem Buche nicht näher behandelt. Die Benennung diaschist erinnert an die heutzutage überholte Auffassung, daß die aplitischen und lamprophyrischen Ganggesteine durch Spaltung der Tiefenmagmen in flüssigem Zustand entstanden seien.

Die Magmagesteine umfassen zwei Hauptserien, die Kalk-Alkaligesteine und die Alkaligesteine. Sie unterscheiden sich voneinander vor allem in ihrer chemischen Zusammensetzung, indem erstere mehr kalkbetont, letztere alkalibetont sind. Mineralogisch charakteristisch ist folglich ein Gehalt an alkalischen Mineralien, wie die Feldspatvertreter Nephelin, Leucit u. a. sowie Alkalipyroxene und -amphibole. Um zu betonen, daß die beiden Serien nicht streng einander parallel sind, wurden sie in der Tabelle verschieden geordnet. Die Kalk-Alkaliserie stellt eine ausgeprägte Kristallisations-Differentiationsserie dar, die sich von basischen zu immer saureren Gesteinen entwickelt, wie durch die Pfeile angedeutet. Bei den Alkaligesteinen ist ähnliches nicht offenbar, und wir fangen hier an mit den Alkaligraniten, die sich mittels Übergängen den kalk-alkalischen Graniten anschließen. Die Essexite entsprechen genau den Gabbros, aber sonst ist bei den basischen Gliedern nahe Übereinstimmung nicht vorhanden. — Auch quantitativ sind die Alkaligesteine den Kalk-Alkaligesteinen keineswegs ebenbürtig, denn sie umfassen kaum mehr als 1% von allen Magmagesteinen.

Kristallisationsfolge und Idiomorphiefolge. Bei der Kristallisation eines Gemenges von zwei Stoffen, die ein eutektisches System bilden, scheidet sich zuerst die Kristallart aus, die im Überschuß über das eutektische Verhältnis vorhanden ist. Die Kristalle dieser „primären Phase“ sind beim experimentellen Arbeiten gewöhnlich in ihren eigenen Formen oder *idiomorph* ausgebildet, und das zuletzt erstarrte Gemisch kristallisiert an eutektischen Grenzlinien als eine feinförmige, öfters schriftgranitartig (vgl. unten S. 261) ausgebildete *Grundmasse*. Es resultiert ein Gefüge, das auch in den Gesteinen verbreitet als *porphyrisches Gefüge* (S. 248) bekannt ist. Es wurde daher schon von den ersten Vertretern der physikalisch-chemischen Petrologie angenommen, daß auch in den porphyrischen Gesteinen die mehr oder weniger idiomorphen *Einsprenglingskristalle* den Überschuß und die Grundmasse das Eutektikum darstellten.

Wenn wir aber Gesteine mit porphyrischem Gefüge näher beobachten, so finden wir meistens, daß zugleich mehrere Mineralien als Einsprenglinge auftreten. So bestehen in einem prachtvoll porphyrischen Granitporphyr (Abb. 331) die idiomorphen Einsprenglinge aus Orthoklas, Plagioklas und Quarz, und die Grundmasse besteht im wesentlichen aus denselben Kristallarten.

Ein Basalt enthält vollkommen idiomorphe Einsprenglinge von Augit, Olivin und Labrador in aphanitischer Grundmasse (Abb. 332). Offenbar sind sie hier ebenso wie die Einsprenglinge im Granitporphyr einst alle in der flüssigen Restschmelze schwimmend nebeneinander vorhanden gewesen. Beim Verfolgen der glasig erstarrten Laven kann man zwar herausfinden, welche Kristallart sich zuerst als winzige Kriställchen zu bilden angefangen hat, bald danach sind dann die zweite und dritte Art hinzugekommen. Ähnlich verhalten sich die porphyrischen Ergußgesteine sowie Tiefengesteine ganz allgemein.

Die als große Gänge auftretenden Diabase sind offenbar tiefer erstarrte basaltische Laven, und mittels Vergleichs und Studiums der strukturellen Übergänge zwischen den Basalten und Diabasen können wir den Kristallisationsakt der Diabase durch die verschiedenen Stadien verfolgen, bis zum fertigen Diabas mit dem charakteristischen *ophitischen Gefüge* (Abb. 333).

Hier ist eine ganz deutliche Idiomorphiefolge zu sehen: Am meisten idiomorph ist der Plagioklas als scharfe Leisten, oft vom Olivin oder Augit umgeben;

Abb. 331. Granitporphyr aus Jaala, Finnland. Die größten Einsprenglinge sind Orthoklas, die kleineren grauer Plagioklas, die dunklen kleineren sind hexagonale Doppelpyramiden von Quarz. Das Gestein gehört zum Rapakivi. Natürliche Größe.

danach folgt der Olivin, und zuletzt kommt der Augit, der die Füllmasse zwischen den Plagioklasleisten sowie den rundlichen Olivinkörnern bildet. Daraus hat man geschlossen, daß die Minerale in dieser Reihenfolge ausgeschieden seien, aber auf Grund des Vergleichs mit dem Basalt und den Übergängen können wir uns nun überzeugen, daß die Idiomorphiefolge zwar den Schlußakt der Kristallisation, aber keineswegs den Anfang der Ausscheidung registriert. Die Minerale des Diabases sind sicher ebenfalls nebeneinander fortgewachsen wie die des Basalts, bis die Restlösung erschöpft war. Das Basaltgefüge stellt ein Zwischenstadium im Werdegang des Diabases dar.

Die angeführten Erscheinungen beweisen nicht, daß die physikalisch-chemischen Gesetze der Kristallisation, wie sie oben dargestellt wurden, ungültig wären, sondern nur, daß bei der Kristallisation der Silicatmagmen Bedingungen vorherrschen, die die Kristallisationsfolge nicht im einzelnen aus dem Gefüge erkennen lassen. Als Endprodukt ergibt sich jedenfalls ein sog. *hypidiomorphes* Gefüge (Abb. 334), aus dem die Folge der zuletzt kristallisierten Bestandteile ersichtlich ist. Jedenfalls spiegelt die Idiomorphiefolge in den typischen Erstarrungsgefügen die zeitliche Folge der Endkristallisation wider: was früher ausgeschieden ist, hat mehr eigene Form und ist von den später ausgeschiedenen Kristallarten umgeben. Ganz besondere Beweiskraft haben hierbei die Kristalle mit zonarem Bau, wie er besonders beim Plagioklas auftritt.

Bei den Graniten ist ebenfalls hypidiomorphes Gefüge erkennbar, aber meistens in verwischter Ausbildung, und sehr oft wirken verschiedene störende Umstände derart mit, daß man auf Grund der Idiomorphiefolge allein praktisch nichts über die Kristallisationsfolge aussagen kann. Manche Kristallarten mit großer Formenergie, wie der Granat oder Epidot, wachsen durch die früher vorhandenen Kristalle und machen ihre eigene Kristallform geltend. Metasomatische Umwandlungen verursachen Umkristallisationen usw. Folglich ist es gar

Abb. 332. Basalt aus Puy-de-Dôme, Frankreich. Einsprenglinge von Augit (mit Spaltrissen), Olivin und Labrador in einer dichten Grundmasse. Alle Einsprenglinge sind vollkommen idiomorph. Vergrößerung 20×. 1 Nicol.

Abb. 333. Ophitisches Gefüge im Olivindiabas von Satakunta, Finnland. Ilmenit-Magnetit (schwarz), Olivin (rundliche Körner), Augit (geradlinige Kristallumrisse) und Labrador (helle Leisten). Vergr. 20×. Gewöhnl. Licht.

nicht einfach oder leicht, aus dem Gefüge die Kristallisationsfolge herauszufinden, aber durch sorgfältiges Studium und Vergleich ist es immerhin meistens möglich.

Die Kristallisationsfolge der Minerale in den Magmagesteinen ist deshalb besonders wichtig, weil sich darauf schließlich auch die Differentiationsfolge der verschiedenen Magmagesteine gründet.

Die Kristallisation der Silicatmagmen und die Differentiation der Magmagesteine. Das Magma ist also ein Gemenge sehr vieler Stoffe oder ein polynäres System. Kommt zu den oben behandelten ternären Systemen ein vierter, fünfter usw. Stoff hinzu, so wird dadurch im allgemeinen die Schmelz- und Kristallisationstemperatur erniedrigt, wenn auch in um so geringerem Maße, je mehr Stoffe die Mischung enthält. Eine Ausnahme bildet das Wasser, das, auch in geringen Mengen in Silicatschmelze aufgelöst, deren Kristallisationstemperatur sehr beträchtlich herabsetzt. In Tiefenmagmen unter hohem Druck kann das Wasser, ohne zu verdunsten, bei stetiger Anreicherung in der Restschmelze aufgelöst bleiben, so daß die zuletzt kristallisierenden pegmatitischen Magmareste am allerwasserreichsten sind, und auch die Laven der Vulkane enthalten reichliche Wassermengen.

Obgleich also das Magma stets eine Mischung sehr vieler Stoffe darstellt und seine Kristallisation aus diesem Grunde eine verwickelte Reihe von Vorgängen bedeutet, haben jedoch die vorwiegend an einfachen Systemen ausgeführten Untersuchungen, von denen einige oben beschrieben worden sind, von wichtigen Seiten auf die Kristallisation des Magmas Licht geworfen und die physikalisch-chemischen Gesetze der Kristallisation der Gesteinsmineralien sowie gleichzeitig auch die Differentiation der Magmagesteine aus dem gemeinsamen Stammagma im hauptsächlichen aufgeklärt. Diese experimentellen Untersuchungen sind vorwiegend im Geophysikalischen Laboratorium der Carnegie-Institution in Washington D. C. ausgeführt worden. Der hervorragendste Forscher dieses Instituts war der zur Zeit als Universitätsprofessor in Chicago tätige N. L. Bowen, dessen Name bereits oben genannt worden ist. In Europa haben vor allem V. M. Goldschmidt und P. Niggli an der theoretischen Entwicklung des Gebietes teilgenommen.

Abb. 334. Hypidiomorphes Gefüge am Granodiorit aus Nevada, USA. Am meisten idiomorph ist der zonar gebaute Plagioklas. Vergr. 20×. Gekreuzte Nicols.

Nach Bowen haben die verschiedenen Magmagesteine vom Peridotit bis zum Granit und Nephelinsyenit aus hypothetischem basaltischem oder ihm nahestehenden Stammmagma durch *Kristallisationsdifferentiation* in der Hauptsache nach den Gesetzen entstehen können, die man durch die Untersuchung des Schmelzens und Kristallisierens der Mischungen der acht obengenannten Hauptoxyde an Zwei-, Drei- und Vierstoffsystemen aufzuklären vermocht hat. Das Vorhandensein des Wassers in den Magmen hat erniedrigend auf die Kristallisationstemperaturen und recht beträchtlich auch auf den Charakter der kristallisierenden Mineralien dadurch eingewirkt, daß unter ihnen sehr viele wasserhaltige Kristallarten, wie die Amphibole und Glimmer, vorkommen. Da der Umstand, daß das Wasser im Magma gelöst bleibt, einen sehr hohen Druck und zugleich recht hohe Temperaturen voraussetzt, ist es noch nicht gelungen, die Entstehungsverhältnisse der Tiefengesteine in jeder Hinsicht experimentell zu untersuchen. Daher besteht im einzelnen noch viel Unsicherheit, und unter den Forschern herrschen verschiedene Auffassungen, aber in der Hauptsache ist die von Bowen entwickelte Kristallisations-Differentiationstheorie von den meisten Vertretern der Gesteinskunde anerkannt worden. Im folgenden seien einige ihrer Grundzüge dargestellt, wobei hinsichtlich der pauschalen chemischen Zusammensetzung der wichtigsten Gesteinsarten auf die tabellarische Zusammenstellung der Analysenmittelwerte S. 257 hingewiesen wird.

Oben haben wir gesehen, wie in den Zwei- und Dreistoffmischungen die Kristallisationsreihenfolge 1. von den Schmelzpunkten der entstehenden Kristallarten, 2. von der Zusammensetzung der Mischung und 3. von dem Auftreten isomorpher Mischungsreihen sowie 4. von dem Vorkommen inkongruent kristallisierender Verbindungen abhängig ist.

Früher nahm man an (H. Rosenbusch, F. Zirkel usw.), daß die Mineralien gerade in der durch die Schmelzpunkte angeführten Reihenfolge aus dem Magma kristallisierten, und zwar die am höchsten schmelzenden zuerst. Das trifft allerdings recht wenig zu, was durchaus verständlich wird nach dem, was wir oben über die Erniedrigung der Schmelztemperaturen der Mischungen gesehen haben. Im Magma sind die Mineralien nicht als solche geschmolzen, dieselben Verbindungen wie in den Kristallen der Gesteinsmineralien sind in den flüssigen Magmen im allgemeinen nicht enthalten. Die Magmen sind gegenseitige Schmelzlösungen. Das Wasser nimmt als einer der Lösungsbestandteile dabei keineswegs eine Sonderstellung ein. Seine Bedeutung besitzt der Schmelzpunkt jedoch insofern, als, je höher der Schmelzpunkt einer Kristallart liegt, um so weiter sein primäres Kristallisationsgebiet ist oder das Variationsgebiet der Zusammensetzung, innerhalb dessen Grenzen die Kristallart als erste Phase aus der Schmelze ausgeschieden wird.

Die Bedeutung der eutektischen Mischungsverhältnisse für die Kristallisation der Magmen geht aus dem Obigen hervor. Die bahnbrechenden Forscher, die als erste die physikalische Chemie auf die Gesteinskunde anwandten (J. J. H. Teall, J. H. L. Vogt usw.), überschätzten die Bedeutung der eutektischen Verhältnisse dadurch, daß sie deren Einfluß als ausschließlich erachteten. Die experimentellen Forschungen haben danach die große Bedeutung des 1. isomorphen Schmelztyps von Bakhuis-Roozeboom nachgewiesen. Die Wirkung desselben im polynären System ist insofern recht wesentlich, als bei der Endkristallisation nicht immer viele Stoffe gleichzeitig erstarren wie bei den eutektischen Mischungen, sondern sie sich auf eine oder zwei Kristallarten beschränken kann, wie in dem auf Abb. 329 wiedergegebenen Fall auf Albit und Diopsid. Der Einfluß des Wassers kann auch dahin führen, daß sich zuletzt nur eine Kristallart ausscheidet, und diese ist gewöhnlich Quarz. SiO_2 löst sich bei hohem Druck beträchtlich in Wasser auf, und eine Kieselsäurewasserlösung, aus der schließlich die Quarzgänge kristallisieren, bleibt noch nach Kristallisierung des pegmatitischen Magmas übrig; dieser Vorgang findet seinen Abschluß bei einer Temperatur von etwa 550°.

Das Kristallisieren der isomorphen Mischungen bewirkt außerdem den wichtigen Vorgang, daß in der ständig fallenden Temperatur normal entstandene Kristallarten wieder verschwinden. Sahen wir doch, wie aus den Plagioklasmischungen zuerst anorthitreicherer Plagioklas kristallisiert, der dann mit der Restschmelze reagiert und albitreicher wird. Die isomorphen Mischkristallreihen sind somit gleichzeitig *kontinuierliche Reaktionsreihen*. Aus einem anderen Grunde vollzieht sich ebenfalls ein Verschwinden einmal kristallisierter Kristallarten und an ihrer Stelle ein Erscheinen anderer, nämlich wenn inkongruent kristallisierende Verbindungen auftreten. Der Olivin kann mit dem Restmagma derart reagieren, daß Pyroxene seine Stelle einnehmen. Die Gesteinsforschung zeigt nun, daß es auch andere Paare gibt, die während des normalen Kristallisationsverlaufes gegenseitig ersetzt werden, z. B. die Pyroxene durch die Amphibole, die Amphibole durch die Glimmer. Diese Vorgänge konnten aber noch nicht experimentell aufgeklärt werden. Jedes derartige Mineralpaar ist ein *Reaktionspaar*, die vielen aufeinanderfolgenden Paare bilden eine *diskontinuierliche Reaktionsreihe*.

Der Mechanismus der Kristallisationsdifferentiation besteht, allgemein gesagt, darin, daß die entstandenen Kristalle vom Restmagma getrennt werden und bestimmte Magmagesteine bilden. Im Restmagma kann der Prozeß sich weiter fortsetzen, und seine Zusammensetzung verändert sich also in dem Maße, in dem man endlich zu dem letzten großen Rest des Silicatmagmas kommt, zu dem granitischen Magma, das undifferenziert kristallisiert, da seine Zusammensetzung insofern einer eutektischen Mischung ähnlich ist, als die Mineralien aus ihm ungefähr gleichzeitig ausgeschieden werden.

Die Trennung der Frühkristalle vom Restmagma vollzieht sich entweder *gravitativ* oder durch *Ausquetschung* (squeezing). Die in ersterem Fall entstandenen Kristalle steigen in den oberen Teil des Magmaherdes oder sinken an dessen Boden, je nachdem ihre Dichte geringer oder größer als die des Restmagmas ist. Für die gravitative Differentiation kennt man viele Beispiele in den Lakkolithen und den Lagergängen, deren Zusammensetzung in den unteren Teilen basischer als in den oberen ist. Sind doch auch in Basaltdecken am Grunde oft Anhäufungen früh ausgeschiedener (Mg,Fe)-Mineralien zu erkennen. Dagegen kann nicht festgestellt werden, daß in den von unten nach oben vorgedrungenen Tiefengesteinsmassen des Grundgebirges Differentiation nach der Dichte in dieser Weise eingetreten wäre.

Ausquetschung ist offenbar die häufigste Differentiationsweise der Magmagesteine des Grundgebirges. Es ist daran zu erinnern, daß das Magma schon an sich eine zähe Flüssigkeit sein kann, in der die Kristalle von selbst weder sinken noch steigen. Die Magmamassen werden hauptsächlich durch Gebirgsketten- oder sonstige Krustenbewegungen rege. Während sie sich bewegen und steigen, beginnt schon die Kristallisation; das Magma ist ein Kristallbrei. Aus diesem wird bei Bewegungen der Erdkruste Restmagma besonders dann abgepreßt und abfiltriert, wenn das Magma durch enge Spalten dringt. Doch können die Unterschiede im spezifischen Gewicht auch auf das Abfiltrieren dadurch sogar sehr merklich einwirken, daß von dem Kristallbrei das leichtere und immer granitähnlichere Restmagma aufwärts strebt. In den Granitmassen des Grundgebirges sind allgemein stockartige Formen zu sehen, die an aufgewölbte Salzdome erinnern. Sie können wirklich in gleicher Weise und aus derselben Ursache aufgewölbt sein. Man kann von Granitdiapiren in einem ähnlichen Sinne sprechen wie von Salzdiapiren (C. E. Wegmann).

Bowen stellt nun den Verlauf der Kristallisationsdifferentiation folgendermaßen dar: Aus dem der Zusammensetzung nach basaltähnlichen Stamm-Magma werden Kristalle ausgeschieden. Je nachdem auf welcher Seite der eutektischen Grenzlinie die Zusammensetzung des Magmas liegt, treten entweder (Mg,Fe)-Mineralien, Olivin und (Mg,Fe)-Pyroxene oder anorthitreicher Plagioklas aus. Gravitativ oder durch Ausquetschung ausgeschieden, bilden die (Mg,Fe)-Mineralien *Peridotite*, der Plagioklas wiederum *Anorthosite*. Beide Arten magmatischer Frühausscheidungen sind auch in großen Massen anzutreffen. Beide sind fast *monomineralische* Gesteine, d. h. das Gestein enthält als Hauptbestandteil jedesmal nur ein Mineral. Das zu den Peridotiten gehörende reinste monomineralische Gestein ist Olivinfels oder *Dunit*. Es gibt auch reine *Pyroxenite*. In beiden Zweigen, in dem der (Mg,Fe)-Mineralien und in dem des Feldspats, setzt sich jetzt die Entwicklung der Mineralien nach dem *Reaktionsprinzip* in der gemäß folgendem Schema dargestellten Weise fort:

```
Olivin
  \
(Mg,Fe)-Pyroxen                        Anorthitischer Plagioklas
       \                                 /
    (Mg,Fe)Ca-Pyroxen              Kalknatronfeldspat
            \                        /
          Amphibol           Natronkalkfeldspat
              \                  /
             Biotit      Kalifeldspat
                 \          /
                  Muscovit
                     |
                   Quarz
```

Wenn das basaltische Magma als solches erstarrt, ohne zur Differentiation zu gelangen, würden aus ihm in der Tiefe *Gabbros* und an der Erdoberfläche als

Laven *Basalte* entstehen. Wie weiter unten dargelegt, sind die Gabbros in der Regel jedoch nicht so entstanden, aber die Basalte, ganz besonders die riesenhaften *Plateaubasaltdecken*, scheinen wirklich der Sialkruste unterlagerter undifferenzierter Sialmastoff an sich zu sein, obgleich es gewiß möglich und wahrscheinlich ist, daß auch sie auf Kristallisationswegen aus tiefer gelegenen, noch basischeren Schalen der Erdkruste ausgeschieden worden sind.

Jedenfalls erfolgt auch in der Tiefe nach der Ausscheidung der monomineralischen Gesteine die Kristallisation der Gabbros. Wenn das Magma schon auf dieser Stufe verhältnismäßig reichlich Wasser enthält, sinkt seine Kristallisationstemperatur, und die Kristallisationsreihe geht einen Schritt weiter: der (Mg,Fe)Ca-Pyroxen geht in Amphibol über, d. h. es tritt Uralitisierung ein. Im Grundgebirge sind deswegen Hornblendegabbros sehr verbreitet.

Das Basalt- oder Gabbromagma, aus dem Frühkristalle ausgetreten sind, hat selbst gleichzeitig eine dioritische Zusammensetzung angenommen; es entstehen in der Tiefe *Diorit* und *Quarzdiorit*, an der Oberfläche *Andesit* und *Dacit*. Im Feldspat ist der Natronkalkfeldspat (Andesin) vorherrschend, und als femischer Bestandteil bildet sich auf dieser Stufe meistens Hornblende durch Reaktion auf Kosten des Pyroxens, was sehr oft mikroskopisch daran zu erkennen ist, daß in den Hornblendekristallen zerfetzte Augitkristalle übrig sind.

Diese Erscheinung ist eine Art der Uralitisierung. Sie setzt Anreicherung des Wassers im Magma voraus. Die Mineralzusammensetzung kann im Dioritgestein gerade nach dem Wassergehalt des Magmas stark wechseln: es gibt Pyroxen-, Hornblende- (Normalreihe) und Biotitdiorite. Die folgende Entwicklung der Reihe ist von der Mineralbildung der Dioritstufe abhängig: Der Pyroxendiorit verbraucht bei seiner Kristallisation nicht den Kalivorrat des Magmas, und das Restmagma gelangt verhältnismäßig schnell auf die Stufe des kalireichen *Granits*, der noch Pyroxen enthalten kann. Seine Hauptmineralien sind dann Quarz, Kalifeldspat und Natronkalkfeldspat (Oligoklas). Der Hornblendediorit bewirkt in der folgenden Reihe *Quarzdiorite*, *Granodiorite* und gewöhnliche *Granite*, wie sie allgemein im Grundgebirge der alten Gebirgsketten vorkommen. Die Kristallisation des Biotitdiorits wiederum verbraucht den Kalivorrat des Magmas schon in einer frühen Stufe und kann ihn völlig erschöpfen, so daß auf keiner Stufe Kalifeldspat in die Reihe gelangen kann. Das Restmagma ist dann *quarzdioritisch*, und als letzter Rest bleibt sehr saures Magma, aus dem albitreicher Plagioklas und Quarz sowie etwas Glimmer kristallisieren. Dieses in der skandinavischen Gebirgskette und auch im Felsgrund von Finnland (z. B. in der Gegend von Uusikaupunki an der Westküste des Landes) allgemein auftretende Gestein heißt *Trondhjemit*.

Die verschiedenen Glieder der normalen Differentiationsreihe, Peridotit, Gabbro, Diorit, Quarzdiorit, Granodiorit und Granit, treten meistens zusammen auf als differenzierte Massive, in denen die verschiedenen Typen allmählich ineinander übergehen. Der im Grundgebirge allgemeine Fall ist derjenige, in dem basische Gesteine, gewöhnlich Gabbros oder sogar Peridotite, an den Rändern des Massivs auftreten, welche nach innen zu in immer saurere bis zu den Graniten übergehen. Eine derartige Reihenfolge erklärt man meist nach der Hypothese des Amerikaners Daly damit, daß die basischen, gabbroiden Randzonen den am frühesten und undifferenziert kristallisierten Teil und die inneren stets weiter differenziertes Material vertreten.

Die Petrologie der basaltischen Laven hat nun zu Ergebnissen geführt, die darauf hinzudeuten scheinen, daß die granitischen Magmen nicht immer durch Kristallisations-Differentiation aus einem basaltischen Urmagma entstanden sein könnten.

Mittlere chemische Zusammensetzung der wichtigeren Magmagesteine, die Tiefengesteine und die entsprechenden Ergußgesteine paarweise geordnet. Nach R. A. DALY.

(Die Zahlen nach den Namen bedeuten die Anzahl der Analysen.)

	Granit 546	Rhyolith 126	Quarz-diorit 55	Dacit 90	Diorit 70	Andesit 87
SiO_2	70,18	72,80	61,59	65,68	56,77	59,59
TiO_2	0,39	0,33	0,66	0,57	0,84	0,77
Al_2O_3	14,47	13,49	16,21	16,25	16,67	17,31
Fe_2O_3	1,57	1,45	2,54	2,38	3,16	3,33
FeO	1,78	0,88	3,77	1,90	4,40	3,13
MnO	0,12	0,08	0,10	0,06	0,13	0,18
MgO	0,88	0,38	2,80	1,41	4,17	2,75
CaO	1,99	1,20	5,38	3,46	6,74	5,80
Na_2O	3,48	3,38	3,37	3,97	3,39	3,58
K_2O *	4,11	4,46	2,10	2,67	2,12	2,04
H_2O	0,84	1,47	1,22	1,50	1,36	1,26
P_2O_5	0,19	0,08	0,26	0,15	0,25	0,26

	Gabbro 41	Basalt 198	Olivin-gabbro 17	Plateau-basalt 43	Dunit 10	Pikrit 14
SiO_2	48,24	49,06	46,49	48,80	40,49	41,30
TiO_2	0,97	1,36	1,17	2,19	0,02	0,81
Al_2O_3	17,88	15,70	17,73	13,98	0,86	9,43
Fe_2O_3	3,16	5,38	3,66	3,59	2,84	5,30
FeO	5,95	6,37	6,17	9,78	5,54	8,86
MnO	0,13	0,31	0,17	0,17	0,16	0,29
MgO	7,51	6,17	8,86	6,70	46.32	19,94
CaO	10,99	8,95	11,48	9,38	0,70	8,01
Na_2O	2,55	3,11	2,16	2,59	0,10	1,20
K_2O	0,89	1,52	0,78	0,69	0,04	0,39
H_2O	1,45	1,62	1,04	1,80	2,88	4,27
P_2O_5	0,28	0,45	0,29	0,33	0,05	0,20

	Syenit 50	Trachyt 48	Nephelin-syenit 43	Phonolith 25	Essexit 20	Trachy-dolerit 34
SiO_2	60,19	60,68	54.63	57,45	48,64	49,20
TiO_2	0,67	0,38	0,86	0,41	1,86	1,68
Al_2O_3	16,28	17,74	19,89	20,60	17,96	16,65
Fe_2O_3	2,74	2,64	3,37	2,35	4,31	4,76
FeO	3,28	2,62	2,20	1,03	5,58	5,36
MnO	0,14	0,06	0,35	0,13	0,19	0,55
MgO	2,49	1,12	0,87	0,30	4,00	4,43
CaO	4,30	3,09	2,51	1,50	8,89	7,74
Na_2O	3,98	4,43	8,26	8,84	4,30	4,54
K_2O	4,49	5,74	5,46	5,23	2,28	3,19
H_2O	1,16	1,26	1,35	2,04	1,34	1,30
P_2O_5	0,28	0,24	0,25	0,12	0,65	0,60

Wie ersichtlich, sind die Ergußgesteine etwas saurer als die entsprechenden Tiefengesteine. Das beruht natürlich darauf, daß die Ergußgesteine porphyrisch sind, eine aphanitische Grundmasse enthalten und nur nach den Einsprenglingen megaskopisch bestimmt werden können. Die unbestimmbare Grundmasse aber stellt die Restschmelze bei einem gewissen Stadium der Kristallisation dar und ist immer saurer als die schon auskristallisierten Einsprenglinge.

Die ozeanischen Inseln bestehen hauptsächlich aus vulkanischer Lava von olivinbasaltischer Zusammensetzung, die den Eindruck macht, das primäre Material einer Sialmaschicht der Erde zu vertreten. Die allerdings spärlichen Differentiationsprodukte, die mit diesen ozeanischen Basalten verknüpft sind, umfassen Trachyte und Phonolithe, also Alkaligesteine, und niemals Ergußgesteine der kalk-alkalischen Reihe, also Andesite, Rhyolithe, Liparite. Auch die als *Plateaubasalte* bekannten gewaltigen Spaltenausgüsse von Deccan in Vorderindien, Oregon in Nordamerika, den arktischen Gebieten u. a. zeigen teilweise ähnliche Zusammensetzung und Vergesellschaftung, ebenso die an tieferen Niveaus erstarrten Diabasgänge und Lagergänge, wie der Olivindiabas von Satakunta in Finnland.

Anderseits treten olivinfreie, oft etwas Quarz führende Basalte oder *Tholeite* auf, teils als Plateaubasalte oder als große Diabasgänge und -lagergänge wie die Onegadiabase an der Westküste des Onegasees, aber ganz besonders in den Vulkanen der Faltengebirge, wie in der weltumfassenden Gebirgskette der circumpacifischen Zone. Sie gehören ausschließlich kalk-alkalischen kalkbetonten Gesteinsstämmen an, unter den saureren Gliedern herrschen Andesite und Rhyolithe vor.

Nur unter letzteren Gesteinsstämmen erzeugt also die Differentiation Gesteine granitischer Zusammensetzung. Eine Verallgemeinerung dieser Tatsache könnte zu der Auffassung führen, daß auch Granite aus einem olivinbasaltischen Urmagma nicht entstehen könnten, und es entsteht zunächst die Frage, wie denn die tholeitischen Laven oder Magmen entstanden sind. Zwei verschiedene Antworten auf diese Frage wurden vorgelegt. Entweder die beiden Basaltstämme wären primäre Urmagmen oder auch das tholeitische Magma wäre aus dem olivinbasaltischen durch Assimilation von sauren, quarzreichen sedimentogenen Gesteinen entstanden. Bei der letzteren Annahme bleibt allerdings unerklärt, wie die ersten quarzreichen Sedimente entstehen konnten, da, soweit man weiß, von der Kieselsinterbildung an Vulkanen abgesehen, solche nur entstehen durch mechanische Anreicherung aus quarzführenden früheren Gesteinen, unter welchen die Magmagesteine das Primärmaterial für alle anderen Gesteine geliefert haben. Deshalb halten wir es für wahrscheinlichst, daß die heutigen olivinbasaltischen Laven das Primärmaterial etwas tieferer Schichten, die tholeitischen aber das der oberen Sialmaschicht vertreten. Letztere sind wahrscheinlich in früheren geologischen Zeiten über die ganze Erde verbreitet gewesen, und durch die Differentiation dieser Magmen sind die meisten übrigen plutonischen sowie vulkanischen Gesteine entstanden. Nachdem die saure, granitische Erdkruste entstanden war, ist Assimilation und Wiederaufschmelzen ein wirksamer Faktor geworden, und auch tholeitische Basaltlaven konnten aus olivinbasaltischen Laven so entstehen. Ganz besonders muß das der Fall gewesen sein in den jungen Faltengebirgen.

Die obige Darstellung gilt zunächst nur für die Ergußgesteine. Zwar sind auch die magmatischen Tiefengesteine durch fraktionierte Kristallisation differenziert, aber ihre Differentiation ist noch viel weiter gegangen. Überhaupt sind die plutonischen und vulkanischen Gesteine gleicher Zusammensetzung meistens genetisch nicht vergleichbar, wie schon aus ihrer relativen Verbreitung hervorgeht: Das weitaus häufigste plutonische Gestein ist Granit, der allein mindestens 95% aller Intrusivgesteine ausmacht, während die Gabbros weniger als 5% einnehmen. Bei den Ergußgesteinen ist das Verhältnis gerade umgekehrt: Rhyolite weniger als 2%, Basalte einschließlich Hypersthen-andesite etwa 98%. Die geologische Erfahrung lehrt ferner, daß die Menge der granitischen Gesteine um so größer wird, je tiefere Schichten der Erdkruste durch die Erosion bloßgelegt werden. Diese und noch andere Tatsachen können nur so verstanden werden, daß die basaltischen Ergußgesteine aus größeren Tiefen herstammen und durch die starre Erdkruste undifferenziert erumpiert sind, wogegen die Tiefengesteine unterhalb der Erdoberfläche, aber jedoch in den oberen Schichten der Erde weit vollständigere Differentiationsvorgänge durchgemacht haben. Wahrscheinlich ist auch, wie schon oben angedeutet, ihr gemeinsames Urmagma saurer (tholeitisch bis dacitisch) gewesen als das jetzige olivinbasaltische, so daß Granite durch primäre Kristallisationsdifferentiation entstehen konnten. Ferner haben *partielles Wiederaufschmelzen* oder *Anatexis* und die *Metasomatose* von älteren Gesteinen bei der Genesis der Tiefengesteine eine viel bedeutendere Rolle gespielt als bei den Ergußgesteinen, und besonders in den postarchäischen Gebirgsbildungsvorgängen sind Granite in den Geosynklinaltrogen in großem Maßstab durch die partielle Anatexis von quarzreichen Sedimenten entstanden. Zu den ersten Differentiationen kieselsäurereicher Oberflächengesteine kann die Bildung von Kieselsinter an Vulkanen beigetragen haben.

Während die Basalte undifferenzierte Laven vertreten, sind die entsprechenden Tiefengesteine, die Gabbros, gar nicht so zu deuten, oder sie sind es nur in Ausnahmefällen. Die Feldassoziationen der Tiefengesteine deuten vielmehr darauf hin, daß von den Stammagmen zuerst femische [d. h. (Fe,Mg)-Silicate, wie Olivin, Hypersthen] oder mafische (d. h. Mg, Al und Fe führende Silicate, wie Hornblende) als ultrabasische Gesteine (Dunite, Peridotite, Hornblendite) oder aber salische Plagioklase als Anorthosite ausgeschieden sind und erst danach sowohl salische wie femische Minerale als Gabbros im Verlauf der weiteren fraktionierten Kristallisation. Daß die Gabbros wirklich Differentiationsprodukte darstellen, erhellt auch aus ihrer chemischen Zusammensetzung (siehe Tabelle S. 257), vor allem aus dem Verhältnis [Fe]: [Mg], das in den Basalten regelmäßig höher ist, wie zu erwarten, da ja die Mg-Verbindungen höhere Kristallisationstemperaturen haben und bei fraktionierter Kristallisation deswegen sich in den frühen Ausscheidungen anreichern. Auf diesem Umstand beruht offenbar der weitere, sehr auffallende Unterschied zwischen den Tiefengesteinen und den Ergußgesteinen, daß die monomineralischen Gesteine, wie Dunite, Peridotite, Anorthosite, nur als Tiefengesteine auftreten, während die der Zusammensetzung nach ähnlichen Ergußgesteine fehlen, was ja recht selbstverständlich ist, da Olivin sowie anorthitreiche Plagioklase hoch oberhalb 1400° erstarren und als trockene Laven nicht erumpieren können, da die Temperaturen in den Vulkankratern viel niedriger sind. (Die Pikrite stehen chemisch den Gabbros näher als den Duniten.) Wohl aber treten solche monomineralische Gesteine auch in Gangform auf, und ihre Entstehung bietet dem Petrologen mehrere, teils noch ungelöste Probleme.

Die Kristallisations-Differentiationstheorie vermag noch nicht alle mit der Entstehung der Magmagesteine verbundenen Fragen klar und unwiderleglich zu lösen. Sehr oft nimmt man in schwierigen Fällen den Einfluß des im Magma aufgelösten Wassers und anderer Stoffe zu Hilfe. Ein vollständiger Hauptzweig der Gesteine, die Alkaligesteine, ist noch umstritten, was seine physikalisch-chemischen Entstehungsbedingungen angeht. Bowen hat auch auf sie seine Kristallisations-Differentiationstheorie anzuwenden versucht; der Kernpunkt seiner Erklärung besteht darin, daß die Alkaligesteine von den Alkaligraniten bis zu den Nephelinsyeniten und Ijolithen in den Kristallisationsreihen zu den sehr späten Phasen gehören, denen die besonderen Verhältnisse und die im Magma aufgelösten flüchtigen Stoffe eine besondere Richtung und ein besonderes Gepräge verliehen haben. Man hat auch völlig von dieser abweichende Erklärungen gegeben, von denen wir hier absehen. Oben wurde schon angedeutet, wie unter den Ergußgesteinen die normale Kristallisations-Differentiation aus olivinbasaltischer

Lava zu Bildungen trachytischer und phonolitischer Restschmelzen führen kann. Im folgenden werden einige der wesentlichsten geochemischen Züge der Alkaligesteine angeführt, die ihrerseits den Charakter derselben beleuchten.

Pegmatite. Im Zusammenhang mit den meisten Tiefengesteinen treten sehr grobkörnige oder pegmatitische Gesteinsvarietäten auf, die sich von den Muttergesteinen außer durch ihre Grobkörnigkeit auch dadurch unterscheiden, daß sie sowohl in ihrer Struktur als auch in ihrer Mineralzusammensetzung weniger gleichmäßig beschaffen sind als die Gesteine im allgemeinen. Sie sind die letzten magmatischen Auskristallisierungen. Das zeigt sich bereits darin, daß sie regelmäßig als spaltenfüllende Gänge im Muttergestein oder seiner nächsten Umgebung vorkommen. Sie haben also erst dann kristallisieren können, als das Muttergestein bereits erstarrt war und rissig werden konnte. Daß ihr Magma wasserreich gewesen ist, geht daraus hervor, daß die Pegmatite reichlicher wasserhaltige Mineralien enthalten als die übrigen Gesteine. Die Reaktionsreihe ist am weitesten gegangen. Besonders der Muskovit ist ein für die Pegmatite kennzeichnender Bestandteil.

Neben und im Zusammenhang mit dem Pegmatit ist oft der fein- und mittelkörnige, an dunklen Bestandteilen arme *Aplit* anzutreffen. Seine Mineralien sind offenbar fast gleichzeitig auskristallisiert.

In dem Abschnitt über die Kristallchemie ist bereits dargestellt worden, wie sich in den Pegmatiten oft verschiedene Spurenelemente angesammelt haben, und zwar teils solche, deren Ionenradien entweder kleiner oder größer als die der Hauptelemente sind und die daher keine isomorphen Mischungen mit deren Verbindungen bilden können, teils solche, deren Verbindungen in der wasserreichen Silicatschmelze am leichtesten löslich sind. Doch gibt es auch viele Pegmatite, die überhaupt keine Verbindungen von Spurenelementen enthalten. Kenneth Landes hat sie als *einfache Pegmatite* und solche, in denen sich Spurenelemente angereichert haben, als *Komplexpegmatite* bezeichnet. Der Unterschied ist zweifellos wesentlich. Einfache Pegmatite gibt es vorwiegend in Adergneisen und sonstigen Mischgesteinen oder Migmatiten als Adern, die in einem umgeschmolzenen Gesteinsmaterial ihren Anfang genommen haben mögen, wogegen die Komplexpegmatite solche Stoffe enthalten, die aus ursprünglichen oder *juvenilen* Magmen ausgeschieden worden sind. Man findet in ihnen oft Beweise für graduelle Verdrängungen von älteren Mineralien, die den einfachen Pegmatiten eigen sind, durch teils neue Generationen von denselben gewöhnlichen Gesteinsmineralien, wie Kalifeldspat, Albit, Quarz, Muskovit, teils aber durch „seltene“ Mineralien, die für die verschiedenen Magmen charakteristische und areal wechselnde Spurenelemente enthalten, wie unten erläutert wird.

An den Komplexpegmatiten ist ferner oft eine periodische Kristallisation verschiedener Stoffe in den verschiedenen Teilen des Ganges zu erkennen. Die Ränder sind aplitisches Gestein, dann folgen zonenweise einwärts verschiedene Mineralien, und der Kern ist oft Quarz. Diese letzte Auskristallisierung vertritt bereits den Übergang von der magmatischen zu der hydrothermalen Stufe (Abb. 339, S. 264).

Symplektitische Mineralverwachsungen in Pegmatiten. Die Pegmatitminerale zeigen häufig regelmäßige Verwachsungen, deren genetische Deutung oftmals Schwierigkeiten geboten hat. Recht häufig ist die sog. *schriftgranitische Verwachsung* von Quarz und Feldspat (Abb. 335). Letzterer bildet große Einkristalle, in denen sehr viele, bis zu Tausenden und Millionen, voneinander isolierte, aber gleich gitterorientierte Quarzstengel eingeschlossen sind. A. Fersmann hat nachgewiesen, daß die so miteinander durchflochtenen Minerale gewisse gemeinsame kristallographische Gitterrichtungen besitzen; meistens fällt die *c*-Achse des Feldspats mit der Rhomboederkantenrichtung des Quarzes zusammen (Abb. 336). Der Feldspat hat dabei die Quarzstengel zur regelmäßigen Verwachsung indu-

Abb. 335. Schriftgranit aus Tammela, Finnland. Natürliche Größe.

ziert. Der Quarz bildet ausgestreckte, von ebenen Flächen begrenzte „Fische", sog. *Ichtyolithe* (Abb. 337), deren Querschnitte an hebräische Buchstaben erinnern, worauf die Benennung hindeutet. Diese Querschnittebene ist eine Kristallfläche des Feldspats, und die Wachstumsrichtung der großen Kristalle fällt zusammen mit der Längsrichtung der „Fische", die also keine kristallographische Richtung des Quarzes ist, aber jedoch, ebenso wie die ebenen Flächen derselben, in regelmäßiger Beziehung zum Gitterbau der beiden Minerale stehen. Weil ähnliche Gefüge bei manchen eutektisch kristallisierten Gemischen vorkommen, glaubte man früher, daß auch der Schriftgranit sowie der ähnliche feinkörnige sog. Mikropegmatit der Granitporphyre eutektische Gemische darstellten, was jedoch nicht der Fall zu sein braucht. Dagegen deutet eine derartige Verwachsung sicher auf ein gleichzeitiges Kristallisieren der beiden Minerale hin.

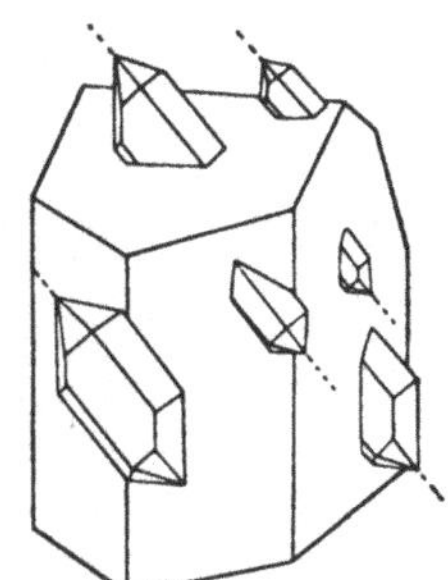

Abb. 336. In einem miarolithischen Hohlraum in Schriftgranit haben an den Quarzstengeln freie Kristallflächen wachsen können. Es zeigt sich dann, daß die Quarzkristalle schräg wie Fahnenstangen aus den (010)- oder (110)-Flächen des Feldspats herauswachsen mit der Rhomboederkante parallel der *c*-Achse des Feldspats. Nach A. FERSMANN.

Andere vorwiegend amerikanische Forscher haben die Ergebnisse FERSMANNS als zweifelhaft bezeichnet und die Schriftgranitbildung als ein Resultat von Materialzufuhr und metasomatischer Umwandlung angesehen. KENNETH LANDES, SCHALLER u. a. haben in vielerlei Strukturzügen der Pegmatite gewichtige Gründe zu der Annahme gefunden, daß bei der Pegmatitbildung wie bei aller Magmagesteinbildung Umsetzungen von schon ausgeschiedenen Kristallarten allgemein stattfinden, und daß bei solchen Verdrängungen häufig Implikationsgefüge, Symplektite (SEDERHOLM) zweier oder mehrerer Kristallarten entstehen. Da die Beweise für die Theorie FERSMANNS in einigen Fällen und für die letztgenannte Anschauung in anderen Fällen bindend zu sein scheinen, muß man annehmen, daß auch schriftgranitische Verwachsungen auf verschiedene Weisen entstehen können.

Perthit ist eine Verwachsung von albitreichem Plagioklas mit Kalifeldspat. Ersterer bildet meistens ziemlich feine Streifen oder Schnüre, die in größeren Kalifeldspatkristallen eingewachsen und mit letzterem homoaxial orientiert sind, d. h. so, daß beide Feldspate die c-Achse und die Fläche (010) gemeinsam haben (Abb. 338). Wie schon früher (S. 244) erwähnt, wird die Perthitbildung als eine Entmischung bei der Abkühlung erklärt. Aber in anderen Fällen, besonders in großen Komplexpegmatitgängen, erscheint es wahrscheinlicher, daß Albitsubstanz nachher dem Kalifeldspat zugeführt worden ist und diesen verdrängt hat.

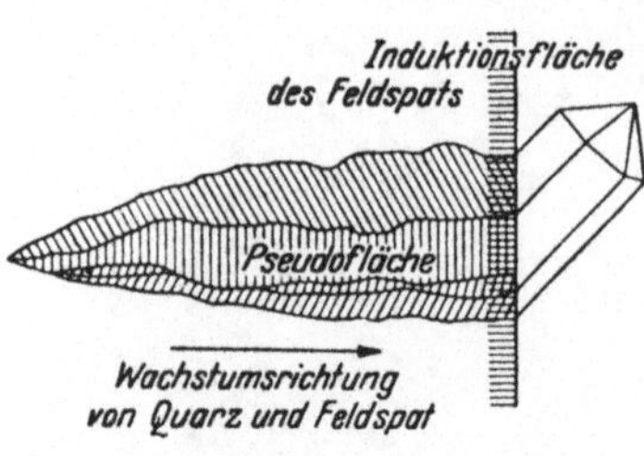

Abb. 337. Quarzstengel, sog. Ichtyolithe im Schriftgranit senkrecht zur Wachstumsfläche des Gebildes.

Umgekehrt ist die Verdrängung von Plagioklas durch Kalifeldspat eine ganz allgemeine Erscheinung im Grundgebirge, wo zuerst granitisch-pegmatitische Adern und Gänge entstanden und allmählich das ganze Gestein in Granit umgewandelt wurde.

Abb. 338. Perthit aus Perth, Canada. In natürlicher Größe. Die rote, dunklere Grundmasse ist Mikroklin, die helleren Streifen sind Albit.

Pegmatite von verschiedenen Magmen. Da die Granite in der Kristallisations-Differentiationsreihe die letzte Stufe ausmachen, entspricht es der Natur der Sache, daß gerade im Zusammenhang mit ihnen am meisten Pegmatite anzutreffen sind. Aber auch in Verbindung mit anderen Magmagesteinen finden sich pegmatitische Komponenten, besonders in den Alkaligesteinen, die ebenfalls Produkte einer späten Differentiationsstufe sind. Besonders in den Nephelinsyeniten sind die Pegmatite sogar sehr allgemein, und gerade die Nephelinsyenitpegmatite sind reiche Fundstätten von Verbindungen seltener Elemente. Die

Pegmatite der verschiedenen Gesteine sind in ihrer Mineralzusammensetzung wesentlich voneinander unterschieden.

Die *Granitpegmatite* enthalten dieselben Mineralien wie der Granit selbst und außerdem oft Muskovit, Turmalin (B), Beryll (Be), Kolumbit (Nb), Tapiolit (Ta), Kassiterit (Sn), Lepidolith, Spodumen, Petalit, Amblygonit (Li), bisweilen Ce-, La-, Th- und U-Mineralien, wie Gadolinit, Orthit, Wiikit, Monazit, noch seltener Rb- und Cs-Minerale, wie Rubidiummikroklin, Pollucit usw. Ein gewisses Element oder eine Elementengruppe hat sich in den Pegmatiten bestimmter Gebiete angereichert. So ist in Finnland die Nordküste des Ladoga bekannt für die Vorkommen von Wiikit und Monazit. In Tammela und desgleichen auf der Insel Kimito gibt es zahlreiche tapiolit- und beryllreiche Pegmatite, in Kimito außerdem fluor- (Topas usw.) und manganmineralreiche Granitpegmatite. In Eräjärvi in Zentralfinnland enthalten die Pegmatite außer Mn-, F- und B-Mineralien viele Li- und As-Mineralien. In der Gegend von Orijärvi finden sich in den Pegmatiten Beryllium- und Niobmineralien. In den Granitpegmatiten der Gegend von Stockholm in Schweden sind zahlreiche Verbindungen der seltenen Erden enthalten (die Elemente Yttrium, Ytterbium und Holmium haben ihren Namen nach Ortsnamen der Stockholmer Gegend erhalten). In seltsamem Reichtum finden sich Li-, Rb-, Cs-, auch noch As- und Sb-Minerale in dem Granitpegmatit von Varuträsk in Nordschweden.

Für die Mineralien der *Nephelinsyenitpegmatite* kennzeichnende Elemente sind vorwiegend Titan und Zirkonium (Eudialyt, Astrophyllit, Lamprophyllit) und die seltenen Erden. Die Gegend von Oslo und die Massive von Umptek sowie Lujavr-Urt auf der Halbinsel Kola, zwei der größten Alkaligesteinsgebiete der Welt, sind auch berühmt wegen ihrer seltenen Mineralien, unter denen viele ausschließlich in einem der beiden angeführten Gebiete auftreten. Die bekannten Apatitvorkommen von Umptek finden sich ebenfalls in Gesteinsbildungen pegmatit- oder aplitähnlichen Charakters. Sehr oft enthalten sie auch Calcit und andere Carbonate.

Gabbropegmatit und *Diabaspegmatit*, wie auch der Pegmatit der übrigen Gesteine am Anfang der Differentiationsreihe, ist im allgemeinen saurer und alkalireicher als die Gabbrogesteine selbst, d. h. in ihnen ist eine Differentiation in die salische Richtung eingetreten. So enthält der stark basische Olivindiabas von Satakunta, Finnland, pegmatitische Ausscheidungen, die viel Kali- und Natronfeldspat, bisweilen auch Quarz enthalten und sich in ihrer Zusammensetzung dem Syenit nähern. Oft ist in den Gabbropegmatiten auch reichlich Apatit (Chlorapatit) enthalten, wie in Südnorwegen in der Provinz Bamble. Oft findet sich in den pegmatitartigen Letztausscheidungen der Diabasgesteine Natronfeldspat zusammen mit Calcit, außerdem Sulfid- oder Oxyderze, z. B. Kupferkies, Zinkblende, Bleiglanz, Hämatit usw. Sie nähern sich dann den Erzgängen, die typisch im Zusammenhang mit den feldspathaltigen Gängen, z. B. in Karelien, anzutreffen sind. Es ist anzunehmen, daß dieser Gangtyp nicht mehr zu den magmatischen Bildungen, sondern eher zu den hydrothermalen gehört.

Die pneumatolytischen und hydrothermalen Restkristallisationen und Reaktionen. Das pegmatitische Magma ist eine wasserhaltige Silicatlösung. Anderseits lösen sich in dem in überkritischer Temperatur befindlichen Wasser bei den Kristallisationstemperaturen des Magmas in gewissem Maße, im allgemeinen sehr wenig, Silicate, die zum Teil wieder auskristallisieren können; letzterer Vorgang wird als pneumatolytische Kristallisation bezeichnet. Obgleich physikalisch-chemisch zwischen einer magmatischen Silicatlösung und einer Wasserlösung kein prinzipieller Unterschied besteht, bedingt die beschränkte gegenseitige Löslichkeit in der Wirklichkeit eine ziemlich scharfe Grenze zwischen magmatischer und pneumatolytischer Kristallisation. Anderseits bildet der kritische Punkt die Grenze zwischen letzterer und der hydrothermalen Kristallisation; experimentell ist nachgewiesen worden, daß die Löslichkeit der Silicate in der kritischen Temperatur am geringsten ist und von da aus sowohl bei fallender als auch bei steigender Temperatur zunimmt, wenn auch nur wenig, und daß der kritische Punkt in der Kristallisationsweise keineswegs als scharfe Grenze auftritt.

Wenn das granitische Magma in seinem silicatischen Teil zu Pegmatit auskristallisiert ist, bleiben von ihm Kieselsäure und eine verschiedene Silicate enthaltende Wasserlösung übrig, aus der dann Quarz usw. kristallisiert. S. HITCHEN ist es gelungen, die Löslichkeit des Siliciumdioxyds in Wasser in Druckbomben bis ca. 300° experimentell zu bestimmen. Bei dieser Temperatur löst sich im Wasser ca. 0,2% SiO_2 auf. Von hier an abwärts nimmt die Löslichkeit ab. Die überall höchst allgemeinen *Quarzgänge* entstammen einer Wasserlösung, die als letzte vom Magma übriggeblieben ist. Sie sind mit den Pegmatiten entweder derart

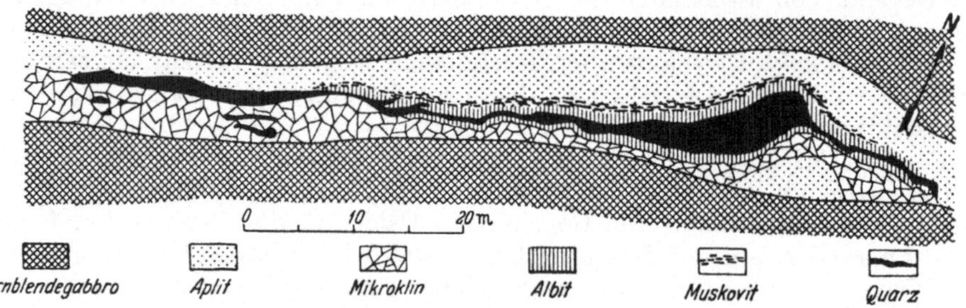

Abb. 339. Kartenskizze des Pegmatitganges mit innerem Quarzgang bei Rosendal in Kimito, Südfinnland. Der Pegmatit führt Kristalle von Beryll und Tapiolith.

verbunden, daß der Kern des Pegmatitganges ein Quarzgang ist (Abb. 339), oder regional derart, daß an die Stelle der Pegmatitgänge bei zunehmender Entfernung von der Grenze des größeren Granitgebietes Quarzgänge treten. ROY W. GORANSON hat im Geophysikalischen Laboratorium mit einem Druckinstrument die Grenztemperatur zwischen der Endstufe der Kristallisation des Granitpegmatits und der pneumatolytischen oder hydrothermalen Stufe experimentell bestimmt. Sie betrug je nach dem Druck 550 bis 600°.

Die kritische Temperatur reinen Wassers beläuft sich auf 374°. Bei den Lösungen schwerflüchtiger Stoffe ist sie im allgemeinen höher, vermutlich auch bei den Silicatlösungen, doch sind über sie keine experimentellen Bestimmungen gemacht worden. Die genannte Grenztemperatur liegt jedenfalls über der kritischen Temperatur des Wassers und der Wasserlösungen, über welcher kein Unterschied zwischen gasförmigem und kristallinem Zustand mehr besteht. Man hat angenommen (NIGGLI), daß auch die Pegmatite teilweise aus überkritischer Silicatlösung kristallisiert seien, wodurch die offensichtliche große Fluidität jener Lösungen und die Grobkörnigkeit des Pegmatits erklärt würden, wenngleich diese Eigenschaften dank der Anwesenheit des gelösten Wassers auch dem flüssigen Magma zukommen können.

Der Unterschied zwischen der pneumatolytischen und hydrothermalen Kristallisation ist in vielen Fällen nur theoretisch, da es in der Praxis sehr schwer ist, an den Mineralbildungen zu bestimmen, zu welcher Art sie gehören. Wahrscheinlich ist bei den reinen Wasserlösungen der Silicate die hydrothermale Mineralentstehung allgemeiner, während in solchen Fällen, in denen die neuentstehenden Mineralien durch leichtflüchtige Stoffe verursachte metasomatische

Verdrängungsprodukte sind, der pneumatolytischen Entstehungsweise umfassendere Möglichkeiten zustehen. Letzteren Gesteinen sind viele Erzbildungen und Skarngesteine zuzuzählen.

Hydrothermale Mineralbildung vollzieht sich sehr allgemein in Magmagesteinen aller Art als Reaktion nach der eigentlichen magmatischen Kristallisation. Wenn diese beendet ist, enthalten die Poren des Gesteins noch Wasser, und dieses ist unter den bestehenden Verhältnissen gesättigte Silicatlösung. Sogar viele magmatische Mineralien sind bei Anwesenheit dieser Lösung unbeständig, zwischen ihnen treten Reaktionen ein, bei denen als Umwandlungsergebnisse neue, meist wasserhaltige Mineralien entstehen. Das Reaktionsprinzip, nach dem die Mineralien schon während der normalen magmatischen Kristallisation stufenweise in andere übergehen, besteht auf der hydrothermalen weiter.

Von den Plagioklasen wird der Anorthit bei abnehmender Temperatur bei etwa 350° stets unbeständig und geht in irgendein anderes Mineral über. Bei Anwesenheit von Natriumcarbonat erfolgt eine sog. *Spilitreaktion*, die ESKOLA, VUORISTO und RANKAMA auch experimentell durchführten, indem sie Sodalösung in einer geschlossenen Stahlbombe auf Anorthit und Kieselsäure einwirken ließen. Die Spilitreaktion vollzieht sich nach folgender Gleichung:

$$Na_2CO_3 + CaAl_2Si_2O_8 + 4\ SiO_2 \rightarrow CaCO_3 + 2\ NaAlSi_3O_8.$$

Als Spilit bezeichnet man ein strukturell diabasähnliches (ophitisches) Gestein, in dem der Plagioklas völlig Albit ist und das ferner wie der Diabas Pyroxen, außerdem aber auch Calcit enthält. BAILEY und GRABHAM erklärten 1909, der Spilit sei auf die oben angeführte Weise aus Basalt oder Diabas entstanden. „Der Spilit ist in Sodalösung geschmorter Basalt.“ Das erforderliche Natriumcarbonat entstamme der basaltischen Lava nach der Erstarrung der Silicate. Scheidet doch auch heute noch in vulkanischen Gegenden die Lava Kohlendioxyd aus, und die Wässer der heißen Quellen oder Thermen (die natürlichen Mineralwässer) enthalten in der Hauptsache Natriumcarbonat. Bei der Spilitisierung bleiben Gitter und Strukturform des Plagioklases unverändert leistenförmig, aber der Anorthitteil, der im Plagioklas des unveränderten Basalts etwa 50% ausmacht, wird metasomatisch durch Albit ersetzt. Die Konzentrierung der Sodalösung beschränkt sich in den Basaltmassen auf bestimmte Teile, in denen somit die Spilitisierung die Zusammensetzung des Gesteins verändert, seinen Natriumgehalt steigernd. Im Zusammenhang mit alten Melaphyren und Diabasen sind die Spilite sehr allgemeine Gesteine, z. B. unter den carbonischen und permischen Diabasen und Melaphyren des deutschen Mittelgebirges. Die melaphyrischen Spilite sind zugleich oftmals als Mandelsteine ausgebildet. In Finnland kommen sie im Gebiet der karelischen Schieferzone vor.

In gewissen Fällen ist in alten Basalten aus Anorthit das noch kalkreichere Mineral *Prehnit* entstanden.

In kalksteindurchgreifenden Pegmatiten erkennt man allgemein Umwandlung von Plagioklas in *Skapolith*, der voraussetzt, daß das aus dem Magma ausgeschiedene überkritische Gas Chlor enthalten hat. Dieselbe Umwandlung hat in gewissen sogar ausgedehnten Gebieten, z. B. in Schwedisch-Lappland, den Plagioklas basischer Gesteine betroffen. Dabei haben an der Reaktion sowohl der Anorthit als auch der Albit des Plagioklases teilgenommen, weil eben der Skapolith eine dem Plagioklas entsprechende Mischungsreihe enthält.

Noch viel allgemeiner als die vorhergehenden Umbildungen ist jedoch die Umwandlung des Anorthits in Epidot oder den ihm heteromorphen Zoisit. Auch dann bleibt der Albit unverändert, und die ursprüngliche Struktur kann sich teilweise erhalten. Epidotisierung ist sehr allgemein in Tiefengesteinen, wie in

Gabbros, Dioriten, Graniten, und auch in alten Lavagesteinen sowie besonders in metamorphen Gesteinen. Wenn die Umwandlung in den Magmagesteinen nach der Erstarrung eingetreten ist, sind die neuentstandenen Epidotkristalle Einschlüsse in Plagioklasen und trüben sie. Eine derartige Mischung von Albit und Epidotmineralien bezeichnet man als *Saussurit*.

Glimmer, Hornblende und Pyroxen u. a. femische Magmagesteinsmineralien sind sowohl in den Tiefen- als auch in alten Oberflächengesteinen sehr allgemein teilweise in *Chlorit* übergegangen. Noch häufiger ist die Wandlung von Olivin in *Serpentin*. Dieser kann sich weiter in *Talk* umbilden.

Aus Kalifeldspat entsteht hydrothermal *Muskovit*, der als feinschuppiges Umwandlungsprodukt *Sericit* genannt wird. Dieser gehört zu den allerhäufigsten Umwandlungsprodukten der Magmagesteinsmineralien, und bei mikroskopischer Untersuchung sind in Tiefenmagmagesteinen ganz regelmäßig Sericitschuppen anzutreffen. Sonderbarerweise finden sie sich noch allgemeiner im Plagioklasfeldspat als im Kalifeldspat selbst. Das kann dadurch bedingt sein, daß der in kleinen Mengen mit dem Plagioklas isomorph vermischte Kalifeldspat, der bei niederen Temperaturen als Mischung unbeständig ist, sich sericitisiert hat. Als metasomatische Umwandlung gewinnt die Bildung von Glimmer auf Kosten von Feldspat eine große Bedeutung bei verschiedenen Erzbildungen, wie in Zinnerzgängen und Sericitquarzkies-Imprägnationen.

Auch können alle Feldspate unter gewissen Verhältnissen hydrothermal übergehen in *Kaolin*, vorwiegend unter dem Einfluß von Thermalwässern heißer Quellen. Die Kaolinisierung nähert sich schon der Oberflächenverwitterung, und sie kann auch in Verbindung mit dieser vorkommen.

Schließlich sei auch die Bildung von *Zeolithen* angeführt. Diese Mineralien finden sich als typische postvulkanische hydrothermale Auskristallisierungen in Blasen von Basalten, aber auch als Spaltfüllung sowie in Erzgängen. Meistens sind sie aus wahrscheinlich alkalischen Wasserlösungen unmittelbar kristallisiert, aber auch sie können Umwandlungsprodukte eigentlicher magmatischer Mineralien, z. B. von Nephelin oder Sodalith, ja sogar von Feldspaten sein.

Metasomatose. Bei der Kristallisation von Magmagesteinen werden von ihnen leichtlösliche und leichtflüchtige Stoffe ausgeschieden, die in das starre Nebengestein der Magmamasse eindringen und auf verschiedene Weise mit seinen Mineralien reagieren. Wenn bei einer derartigen Reaktion irgendein Stoff ein früheres Mineral des Gesteins verdrängt, so daß eine andere, teils frühere, teils neue Stoffe enthaltende Kristallart entsteht, wird die Umwandlung als Metasomatose bezeichnet.

Die obengenannte Spilitreaktion ist eine typische Metasomatose: Na des Natriumcarbonats ersetzt Ca des Anorthits. Desgleichen können die meisten der oben angeführten Umwandlungsreaktionen als Metasomatosen gelten. Aber die bei ihnen reagierenden Stoffe entstammen derselben erstarrten Magmamasse. Daher nennt man eine derartige Metasomatose eine *Autometasomatose*. Als Bailey und Grabham ihre Spilittheorie darstellten, charakterisierten sie sie, indem sie sagten, die Spilitreaktion sei ein innenpolitischer Vorgang.

Hier geben wir einige Beispiele von Metasomatosen im engeren Sinne oder von Verdrängungsreaktionen, die durch in das Gestein von außen her eingedrungene Stoffe verursacht worden sind. Zu den einfachsten Reaktionen gehört die Bildung von Wollastonit an den Kalksteinkontakten. Wir haben oben gesehen, daß die Kieselsäurelösungen aus den erstarrten Magmagesteinen längs den Spalten des Felsgrundes wandern und dort zu Quarzgängen kristallisieren. Wenn derartige Gänge in den Kalkstein eingedrungen sind, können um sie herum Wollastonitsäume von einigen Zentimetern Dicke entstanden sein, wie z. B. im Kalkbruch von Ihalainen unweit Lappeenranta in Finnland zu erkennen ist. Zwischen Kieselsäure und Calciumcarbonat ist dann folgende Verdrängungsreaktion eingetreten:

$$SiO_2 + CaCO_3 \rightarrow CaSiO_3 + CO_2.$$

Noch häufiger in den von Magmagesteinen durchsetzten Kalksteinen sind die *Skarnbildungen*. Die hauptsächlichsten Skarnmineralien sind Andradit, Hedenbergit-Diopsid, Hornblende und Aktinolith-Tremolit. In Verbindung mit dem Skarn finden sich oft Oxyd- oder Sulfiderze, oft auch Flußspat, z. B. in Pitkäranta am Ladogasee. Dessen allgemeines, wenn auch nicht ausnahmsloses Auftreten im Skarngestein hat Anlaß gegeben zu der Erklärung, daß dieser sich unter dem Zusammenwirken von Metallhalogeniden und Kieselsäure im Kalkstein gebildet habe. Die Entstehung von Andradit z. B. kann nach folgender Gleichung vor sich gehen.

$$3\,SiF_4 + 2\,FeF_3 + 12\,CaCO_3 \rightarrow Ca_3Fe_2Si_3O_{12} + 9\,CaF_2 + 12\,CO_2$$

oder auch ohne SiF_4:

$$2\,FeF_3 + 3\,SiO_2 + 6\,CaCO_3 \rightarrow Ca_3Fe_2(SiO_4)_3 + 3\,CaF_2 + 6\,CO_2.$$

Wahrscheinlich wirken nicht nur Metallfluoride auf diese Weise, sondern auch Chloride, in welchem Falle das entstandene $CaCl_2$ in der Lösung weiter wandert. In solchen Fällen wäre das Auftreten des Skapoliths in der Nähe der Skarnlagerstätten zu erwarten, was auch oft zutrifft. So kommt z. B. bei Pitkäranta Skapolith massenhaft als Skapolithgänge vor. Immerhin fehlen bei sehr vielen Skarnlagerstätten die Halogenidminerale fast vollständig, und man ist zu der Annahme gezwungen, daß auch noch andere leichtlösliche oder leichtflüchtige Metallverbindungen zur Skarnbildung Anlaß geben können, sogar die Metallhydroxyde.

Sehr häufig ist das Vorkommen von Oxyderzen in den Skarnbildungen, die vielerorts als technisch verwertbare *Skarnerze* ausgebildet sind. Oxydische Erze werden im allgemeinen entstehen können, wenn die Zufuhr von SiO_2 ausblieb, bzw. im Verhältnis zu der Zufuhr von den Metallverbindungen gering war, z. B.

$$2\,FeF_3 + 3\,CaCO_3 \rightarrow Fe_2O_3 + 3\,CaF_2 + 3\,CO_2.$$

Auf diese Weise sind z. B. die Hämatitvorkommen von Elba an der Granitgrenze in Kalkstein entstanden.

Auch in Silicatgesteinen treten metasomatische Umwandlungen häufig auf. Sie sind sehr verschiedener Art; von einigen Reaktionen wird im Zusammenhang mit den Erzen nochmals die Rede sein. Hier sei nur die allgemeinste Silicatmetasomatose im Felsgrund von Südwestfinnland und Mittelschweden, die *Magnesiametasomatose*, angeführt. Aus dem kristallisierenden Magma sind in das silicatische Nebengestein in irgendeiner (vorläufig unbekannten Form) (Mg,Fe)-Silicatlösungen eingedrungen, welche die Feldspate usw. verdrängen, aus ihnen die Alkalien und den Kalk weiter fortführend. Das veränderte Nebengestein enthält nun Cordierit und Anthophyllit sowie gewöhnlich Quarz nebst Sulfidmineralien. Die Erzlagerstätten von Orijärvi (P. Eskola 1914) und Falun (P. Geijer 1917) sind klassische Beispiele für die magnesiametasomatischen Bildungen.

Erze. Die schweren Metalle, die aus den Erzen gewonnen werden, entstammen den Magmen. In gewissen Beziehungen können sie verglichen werden mit den Pegmatiten, in denen sich oft auch Spurenelemente angesammelt haben. Als Spurenelemente können mit vollem Recht unsere nutzbaren Metalle bezeichnet werden. Die Sonderung der schweren Metalle von den Gesteinsmineralien beruht im Grunde auf denselben Ursachen wie die der pegmatitischen Spurenelemente, nämlich entweder darauf, daß die Atome von anderer Größe als die der Hauptelemente sind, oder darauf, daß sie chemisch verschieden sind und in der „Restflüssigkeit" des Magmas lösliche Verbindungen bilden. Kristallisation von Erzmineralien vollzieht sich auf allen Kristallisationsstufen des Magmas und der ihm entstammenden pneumatolytischen sowie hydrothermalen Lösungen, und dementsprechend lassen sich die Erze auf natürliche Weise klassifizieren.

Es gibt *frühmagmatische* Erze, die mit den frühen Phasen der Kristallisations-Differentiationsreihen der Magmen zusammenhängen, *spätmagmatische* Erze, die zusammen mit der Kristallisation der Mineralien der Granite und verwandter Gesteine kristallisieren, und *postmagmatische*, nach der Kristallisation der eigentlichen Magmalösungen aus den Lösungen ausgeschiedene Erze, die sich weiter auf frühere und spätere verteilen. Man könnte pneumatolytische und hydrothermale Erze unterscheiden, da sich aber dieser Einteilungsgrund, wie oben bemerkt, in der Praxis schwer anwenden läßt, ist es bei der Einteilung der postmagmatischen Erze allgemeiner gebräuchlich geworden, diese darauf zu gründen, wie nahe dem „Erzbringer", dem Magmagestein, die Erzmineralien sich abgesetzt haben, wodurch die Erzmassen allgemein verschiedene Formen annehmen: Die an den Grenzen des Erzbringers ausgeschiedenen Kontakterze sind ihren Formen nach unregelmäßige Massen, die weiter gewanderten und bei niedrigeren Temperaturen ausgeschiedenen öfters gangförmige. Man spricht von *Kontakterzen* und *Gangerzen*. Erstere sind meistens ihrer Entstehungsweise nach metasomatisch, letztere wiederum öfters unmittelbar aus hydrothermalen Lösungen kristallisiert, aber wie zu erwarten, überschneiden sich diese zwei verschiedenen Züge teilweise.

Zu jeder dieser Hauptgruppe der Erze gehören verschiedene *Erztypen*, die in regelmäßiger Beziehung zu bestimmten Gesteinsbildungen auftreten. Die Erzmineralien selbst und also auch der Metallgehalt der Erze kann für einen bestimmten Erztyp kennzeichnend sein, wohl aber auch wechseln, ja sogar so sehr, daß Erze von gleichem Typ ganz verschiedene Wertmetalle enthalten.

Die frühmagmatischen Erze sind mit den basischen Magmagesteinen, den Peridotiten oder Gabbros, verbunden. In den Olivingesteinen und den aus ihnen entstandenen Serpentingesteinen finden sich vorwiegend *Chromerze*, die als Erzmineral Chromit $FeCr_2O_4$ enthalten. Auch *Platin* kommt in derartigen ultrabasischen Gesteinen gediegen vor, z. B. im Ural und in Südafrika.

Mit den Gabbrogesteinen zusammenhängend sind als ausgeprägter Erztyp frühmagmatische *Titaneisenerze*. Das Erzmineral ist eine Verwachsung von Magnetit und Ilmenit und hat sich auch in den Erzen gewöhnlich mit früh kristallisierten Gesteinsmineralien, wie Spinell, Olivin oder Pyroxenen, Magnetitspinellit, Magnetitolivinit usw., vermischt. In Finnland vertreten diesen Typ Välimäki am Nordufer des Ladoga, eine Eisengrube, die in Finnland am meisten Erz gefördert hat, und das 1938 entdeckte Otanmäki in Vuolijoki, Nordfinnland. In Südnorwegen gibt es große Titaneisenerzvorkommen in den Gegenden von Egersund und Soggendal.

In den Gabbrogesteinen, vorwiegend in den Noriten, finden sich auch *Nickelerze*, deren Erzmineral Pentlandit (Fe,Ni)S ist, regelmäßig mit Magnetkies verwachsen. Dieser Erztyp ist insofern eigenartig, als das Sulfidmaterial schon im flüssigen Zustand aus dem Silicatmagma ausgeschieden gewesen zu sein scheint. Seine Kristallisation jedoch ist erst später eingetreten als die seines Muttergesteins, und das Sulfidmagma hat sich auch selbständig bewegen und in das Nebengestein eindringen können. Die größten sulfidischen Nickelerzmengen kennt man in der Gegend von Sudbury in Canada, in Südafrika, in Norwegen und in Finnland in Petsamo. Hier stehen sie, wie gewöhnlich, am Unterrande deckenförmiger Gabbrogesteinsmassen im Zusammenhang mit jetzt serpentinisierten Olivinfelsausscheidungen. Beträchtliche Vorkommen gibt es in Finnland auch in Nivala in Mittel-Pohjanmaa, wo sie mit serpentinisierten Peridotiten, teilweise auch mit Gabbros, verbunden sind. Auch viele wichtige Kupfererze, wie die von Outokumpu in Finnland und Sulitjelma in Norwegen, sind wahrscheinlich in dieser Weise in flüssiger Form von basischen Magmen ausgeschieden.

Besondere Aufmerksamkeit ist dem Umstand zuzuwenden, daß die magmatischen Sulfiderze in *flüssigem Zustand* aus dem Silicatmagma ausgetreten sind. Diese Erscheinung ist z. B. beim Schmelzen von Kupfererz im Schmelzofen zu beobachten: Die Silicatstoffe trennen sich als Schlacke, die an die Oberfläche steigt. In dieser bleibt auch das Eisen des Kupferkieses, sich mit der zugesetzten Kieselsäure als Fayalit (Fe_2SiO_4) verbindend. Das Kupfersulfid wiederum sinkt zu Boden als „Kupferstein" oder „Matte" und läuft in flüssigem Zustande durch eine am Grunde des Ofens angebrachte Öffnung ab. Ebenso wird das Nickelsulfid von der Silicatschlacke getrennt. Nickel bleibt dann — mehr als Kupfer — auch in der Schlacke als Silicat, aber nur in geringer Menge. Bei der Kristallisation findet sich diese Nickelmenge getarnt in den Kristallgittern des Olivins und anderen (Fe,Mg)-Silicaten (S. 228). Die Verteilung des Metalls auf Silicat- und auf Sulfidschmelze geschieht nach dem HENRYschen Verteilungssatz. Da nun z. B. die karelischen Serpentingesteine, die ursprünglich als Olivinfels kristallisiert sind, regelmäßig 0,1 bis 0,2% NiO enthalten, ebenso wie z. B. das Serpentingestein von Petsamo, von dessen Magma sich Nickelerze getrennt haben, so ist dadurch sehr wahrscheinlich gemacht, daß auch im Zusammenhang mit den karelischen Serpentingesteinen nickelreiche Sulfiderze entstanden sind.

Den spätmagmatischen Erzen zugezählt wird z. B. das große Eisenerzvorkommen von *Kiirunavaara* in Schwedisch-Lappland. Das Erzmineral ist Magnetit, und der Erzbringer sowie zugleich auch das Nebengestein sind Syenitporphyr und Quarzporphyr. Das Erz enthält reichlich Apatit.

Wenn von den postmagmatischen Erzen die die frühere Stufe vertretenden Kontakterze als besondere Gruppe getrennt werden, ist es natürlich, daß zu dieser Gruppe sehr abwechslungsreiche Erztypen gehören. Nur einige der wichtigsten seien genannt. Der magmatischen Stufe sehr nahestehend, wenn auch zweifellos nach der Hauptkristallisation der Silicate entstanden, sind die *Zinnerzgänge* im Erzgebirge, auf Cornwall, in Ostindien (auf den Inseln Banka und Billiton und auf der Halbinsel Malakka usw.), in Nigeria, Bolivien usw. Das Erzmineral ist Kassiterit, als Gangart dient hauptsächlich Quarz, oft aber auch Topas $Al_2F_2SiO_4$, Turmalin usw. Das Nebengestein des Ganges, das entweder der Erzbringer, Granit, oder jedes beliebige ältere fremde Gestein sein kann, ist um den Gang herum in *Greisen*, Quarzglimmerfels, übergegangen. Die Feldspate sind darin völlig sericitisiert (Silicatmetasomatose). Den Zinnerzen ähnlich sind die *Wolframerze* (als Erzmineral Wolframit) und die *Molybdänerze* (als Erzmineral Molybdänglanz). Diese beiden sind seltene und wertvolle Erze.

Die *Skarnerze* sind bereits im Zusammenhang mit der Skarnmetasomatose erwähnt worden. Das Erzmineral und das Metall sind sehr wechselnd: bald Eisen-, Kupfer-, Zink- oder Bleisulfide, bald Eisenoxyde, bisweilen auch Zinnoxyd. Meistens sind mehrere Stoffe in demselben Erz enthalten; in den Erzen von Pitkäranta sind wirklich alle angeführten Sulfide und Oxyde vertreten. Das Erzbringergestein kann wechselnd sein, aber meistens ist es Granit oder ein diesem nahe verwandtes Gestein. Die Skarnerze sind sehr allgemein. In Finnland gehören zu dieser Art Pitkäranta und teilweise auch Orijärvi sowie zahlreiche geringere Eisenerzlagerstätten: Ojamo in Lohja, Sillböle bei Helsinki, Juvakaisenmaa in Kolari seien als Beispiele angeführt. Letztere Skarnerze liegen alle im Grundgebirge, desgleichen die vielen und reichen Skarneisenerze Schwedens. Pitkäranta wiederum hängt mit Rapakivi zusammen. In der Gegend von Oslo in Norwegen gibt es Skarnerze an den Kontakten der kaledonischen Magmagesteine, in Berggießhübel in Sachsen in denen der variscischen und im Banat in Ungarn in denen der alpinen, um nur ein Beispiel für die Magmagesteine jeder orogenen Periode zu nennen. Magnesiametasomatische Erze oder den Erztyp Orijärvi-Falun dagegen kennt man vorwiegend aus den archäischen Grundgebirgsgebieten.

Sericitquarz-Kieserze. Das größte bekannte Pyritvorkommen der Erde, auch Kupferkies usw. enthaltend, ist das Huelva- oder Rio-Tinto-Gebiet in Spanien. Pyritmassen finden sich im Quarzporphyr, der um das Erz herum in Sericitquarzfels übergegangen ist. Auch beim Schwefelkiesvorkommen von Otravaara in Nordkarelien sind die Nebengesteine nächst dem Erz „gebleichte" Sericitquarzfelsen, obgleich sie ursprünglich anscheinend der Zusammensetzung und Struktur nach wechselnd gewesen sind. Derselbe Erztyp fand sich dann auch an manchen anderen karelischen Schwefelerzlagerstätten. Im Metallgehalt von diesen Pyriterzen abweichend, wenn auch dem Typ nach im übrigen gleichartig, sind die reichen, stellenweise auch Gold und Arsenkies enthaltenden Kieserze des Skelleftegebiets in Nordschweden. Dieser weitverbreitete metasomatische Erztyp, in den das Erz offenbar im Zusammenhang mit der Sericitisierung des Gesteins gelangt ist, hat gewiß ebenfalls in kristallisierenden Magmen seinen Anfang genommen. Diesen Erzen ähnlich ist das turmalinhaltige Kupferkieserz von Ylöjärvi in Westfinnland, eine Bildung, die auch Arsenkies enthält.

Die *Erzgänge* sind weiterhin verschiedenen Typs, sich vorwiegend im Metall- und Mineralgehalt voneinander unterscheidend. Jeder Typ tritt gewöhnlich in Gangzügen auf bestimmten Gebieten auf. In der Mineralzusammensetzung spiegelt sich in gewissem Maße die Entstehungstemperatur wider. Nahe den Kontakterzen stehen z. B. die karelischen Kupferkiesquarzgänge, in denen als Gangmineralien vorwiegend Quarz und Calcit vorkommen. Diese zahlreichen, aber ökonomisch kaum wertvollen Kupfererzgänge liegen im Erzbringergestein selbst, in Metadiabas. Desgleichen gibt es im finnischen Rapakivi mancherorts schmale Bleiglanzgänge. Dagegen sind die Bleiglanz-Zinkblendegänge im allgemeinen entfernter vom Erzbringer gelegen; sie enthalten für zahlreiche Erzgänge kennzeichnende Gangmineralien, solche wie Baryt, Axinit, Flußspat, Dolomit, Siderit. Ähnlich sind die Bleisilbererzgänge in vielen mitteleuropäischen Gegenden, wie im Erzgebirge und im Harz. Ihre Mineralzusammensetzung ist sehr abwechslungsreich. In den früher für den deutschen Grubenbau bedeutungsvollen Freiberger silberreichen Erzgängen z. B. sind Fahlerze, Gültigerze und viele andere Sulfiderze sowie Silberglanz usw. häufige Gangerzmineralien. In anderen Gebieten kommen dem Metallgehalt nach andersartige „Erzformationen" vor: gediegenes Silber enthaltende Calcitgänge, Silber-Kobaltgänge, Kobalt-Wismutgänge, Kobalt-Urangänge, Eisenspatgänge (Eisenspat ist auch metasomatisch in Kalkstein anzutreffen), Gold-Quarzgänge, Gold-Telluridgänge, Quecksilbergänge usw. Die drei letztgenannten gehören zu den bei den niedrigsten Temperaturen entstandenen Erzen. Lindgren hat ihre Entstehungstemperatur auf 100° bis 300° geschätzt. Das Gold im Flußkies des Ivalojokigebietes entstammt Quarz-Eisenspatgängen.

Aufschmelzen und Neuentstehen oder Palingenese der Gesteine. Die der Kristallisation der Schmelze entgegengesetzte Erscheinung ist das Wiederaufschmelzen. Kristallisierte bei seiner Abkühlung das Magma an sich, ohne Stoffe zu verlieren, so müßte das Schmelzen bei steigender Temperatur stufenweise innerhalb derselben Temperaturgrenzen vor sich gehen, wie die Kristallisation bei fallender Temperatur. Zuerst müßten die zuletzt kristallisierten Stoffe schmelzen. Wir haben oben gesehen, daß die Magmen bei ihrer Kristallisation an flüchtigen Stoffen, vorwiegend an Wasser, angereichert werden und daß der letzte Rest von diesen sich auf der letzten Stufe der Kristallisation in überkritischer oder auch in flüssiger Form ausscheidet. Der Pegmatit als Gestein ist somit seiner Zusammensetzung nach nicht mehr dasselbe wie das Pegmatitmagma. Der Quarz, dessen Material in verdünnten Wasserlösungen auch bei verhältnismäßig niedrigen Temperaturen gelöst sein kann, ist trocken ein außerordentlich schwer schmelzbarer Stoff. Man kann daher nicht annehmen, daß die einmal kristallisierten Pegmatit- und Quarzgänge leicht wieder schmelzen, auch sprechen die Beobachtungen nicht dafür, daß so etwas in der Natur eingetreten wäre. Dagegen gibt es in der Natur viele Mischgesteine, die aus offenbar wieder aufgeschmolzenen Bestandteilen älterer Gesteine kristallisierte pegmatitische, aplitische oder granitische Teile enthalten. J. J. SEDERHOLM hat für die Untersuchung von Mischgesteinen umfassende Arbeit aufgewandt und sie als *Migmatite* bezeichnet.

Im allgemeinen sind die Migmatite durch das Eindringen granitischer Magmen in den älteren Felsgrund entstanden. Von diesem sind Stücke abgebröckelt, die in das Magma geraten und nun als Schollen oder Bruchstücke zu sehen sind. Derartigen Migmatit bezeichnet man gewöhnlich als *Eruptivbreccie*. In anderen Fällen hat das Granitmagma die der Schieferung des älteren Felsgrundes parallelen Spalten ausgefüllt. So hat sich *Adergneis* gebildet. SEDERHOLM nennt den Adergneis *Arterit*, damit besagend, daß das Granitmagma aktiv in die Adern eingedrungen ist, wie das Arterienblut in die Capillargefäße (arterion = Pulsader, Arterie). Außerdem nahm er an, daß der ältere Felsgrund durch die Hitze des in ihn eindringenden Magmas und die aus ihm sich ausscheidenden „Säfte" habe schmelzen können, und nennt dieses Umschmelzen *Anatexis*. Wenn aus diesem neuen Magma dann wieder Granit kristallisiert, ist eine Umkristallisation oder *Palingenese* eingetreten. Die überzeugendsten Beweise SEDERHOLMS dafür, daß Palingenese wirklich stattgefunden hat, sind solche Stellen, an denen älterer Granit von einem dunklen basischen Gang durchsetzt und dann stellenweise geschmolzen, aufs neue eruptiv geworden und in die Spalten jenes in ihn vorgestoßenen dunklen Ganges eingedrungen ist.

Im Lichte der experimentellen Forschungen BOWENS u. a. über die Kristallisation der Magmen lassen sich die Anatexiserscheinungen vom physikalisch-chemischen Standpunkt besser verstehen. BOWEN hat auch selbst die Wandlung der Einschlüsse im Magma behandelt. Bei der der Liquidusgrenze entsprechenden Temperatur kann das Magma Mineralvergesellschaftungen, die in der Reaktionsfolge unter ihr liegen, zum Schmelzen bringen, aber meistens nicht die in der Reihe über ihr gelegenen. Auf diese wirkt es nur reagierend, so daß die Mineralien des Gesteins sich in derselben Richtung verändern wie in der Reaktionsserie. Das Granitmagma könnte Granit nur in dem Fall, daß es merklich überhitzt wäre, d. h. die Temperatur über der Liquidusgrenze läge, zum Schmelzen bringen. Das ist bei den in den Felsgrund eingedrungenen Magmen im allgemeinen nicht der Fall gewesen, was daraus hervorgeht, daß das Magma schon während seiner Bewegung in den meisten Fällen Kristalle enthalten hat, wie z. B. die Anordnung der Kristalle in den Gesteinen bzw. deren Fließstrukturen erkennen lassen. Aber auch das granitische Magma kann partielles Schmelzen in jedem beliebigen Gestein bewirken, wenn dieses eben die zur Bildung der Quarz-Feldspatmischung erforderlichen Stoffe enthält und außerdem Wasser zur Verfügung steht. Dieses wiederum enthalten die meisten Gesteine teils in den Poren, teils in den Mineralien derart gebunden, daß es bei steigender Temperatur leicht frei werden kann. Wasser wird auch aus kristallisierendem Granitmagma von selbst ausgeschieden. Das so entstehende Magma ist gerade pegmatitisches, und wenn es kristallisiert, entsteht pegmatitisches Gestein. So ist es natürlich, daß die pegmatitischen

Adern der Adergneise nicht immer dem von außen eingedrungenen Granitmagma zu entstammen brauchen, sondern durch teilweise Umschmelzung von Nebengestein entstandenes Material enthalten können. Mit anderen Worten, die Adergneise brauchen nicht immer noch völlig arteritisch zu sein, sondern unter ihnen können auch viele *Venite* vorkommen, wie HOLMQUIST entgegen der Auffassung SEDERHOLMS die Adergneise erklärte, indem er meinte, daß das Material ihrer Adern aus dem Nebengestein durchgesickert sei wie das Venenblut aus den Capillargefäßen (vena = Vene). Wirklich gibt es z. B. in den ausgedehnten Migmatitgebieten Südfinnlands sogar sehr viele Adergneise, deren Adern geschlossene linsenförmige oder längliche Herde sind und keinen Zufuhrkanal aufweisen. Das Nebengestein oder das ältere Material des Migmatits ist in ihnen meistens der Zusammensetzung nach tonartiger Glimmerschiefer, der „überschüssiges" Aluminium enthält, d. h. mehr als das Atomzahlenverhältnis der Feldspate 1 : 1 voraussetzt. Dadurch ist meist die Entstehung aluminiumreicher Mineralien, solcher wie Almandin, Cordierit oder Sillimanit, die allgemein in den Adergneisen vorkommen, bedingt worden (vgl. S. 230).

Aus verschiedenen Gesteinsarten, aus ursprünglichen Magmagesteinen ebensogut wie aus ursprünglichen Sedimenten (Arkosen, Tonschiefern usw.), die die Elemente des Granits enthalten, kann ein Teil und gerade der granitische Teil herausschmelzen, wenn die Gesteinsmassen sich in den Gebirgskettenbewegungen bei ihrer Faltung tief in die Wurzelgegenden der Gebirgskette einpressen und auf genügend hohe Temperatur sowie in die Nähe geschmolzener Magmamassen gelangen. Das neuentstandene Magma sickert aus dem der Pressung unterstehenden Gestein heraus, sucht sich seine Auswege dort, wo der Widerstand am geringsten ist, und sammelt sich zunächst zu Adern an. Das ist ein echter Venit. Das neue Magma kann sich sogar lange Strecken fortbewegen. Schließlich kann es auch große Ausmaße annehmen und wieder zu Granitmassen kristallisieren.

In den Gebirgsketten aber bewegt sich ständig auch aus größerer Tiefe kommendes juveniles Magma, das vielleicht niemals kristallisiert gewesen ist. Auch dieses erhält durch unvollständige (fraktionierte) Kristallisation schließlich eine granitische Zusammensetzung; es sucht ständig zu steigen, da es durchschnittlich leichter als die Erdrinde ist, und es vermischt sich mit dem anatektischen Magma. Gewisse strukturelle und geochemische Züge lassen erkennen, ob das juvenile oder das anatektische Material in irgendeinem Granit überwiegt.

Strukturell zeigt sich der anatektische Ursprung des Granits gewöhnlich darin, daß das Gestein auch unschmelzbare Bestandteile, meist Biotit, in gewundenen und gedrehten Schlieren angesammelt, enthält. In den die Migmatite von Südfinnland bildenden Graniten, z. B. in denen von Helsinki, Turku und Hanko, sieht man derartige biotitreiche Schlieren in allen Assimilationsstufen von gut erhaltenen Schiefergestein- oder Leptittrümmern bis zu unbestimmten „spukhaften Resten", wie SEDERHOLM sie nennt. An vielen aus Hanko-Granit gearbeiteten Sockeln von Denkmälern sind derartige spukhafte Reste gut zu erkennen. Nach diesen und auch anderen Erscheinungen zu schließen, sind also die am weitesten verbreiteten Granite Südfinnlands ihrem Hauptteil nach neu entstanden, wenngleich sie gewiß auch juveniles Material enthalten.

Geochemisch erscheint der anatektische Charakter darin, daß das Granitmaterial völlig von Verbindungen der nicht getarnten Spurenelemente „gereinigt" ist. Schon oben wurde angeführt, daß der pegmatitische Anteil der Adergneise sog. einfacher bzw. von Spurenelementen freier Pegmatit ist. Dasselbe betrifft auch die großen neuentstandenen Granitmassen. Solche Granite sind z. B. gewöhnlich keine Erzbringer gewesen. So hat man an den Grenzen der die süd-

und mittelfinnischen Migmatite ausmachenden Granite noch niemals Erze derart angetroffen, daß sie dem Magma dieser Granite zu entstammen schienen.

Auch in seiner Gesamtzusammensetzung ist der neuentstandene Granit von den juvenilen darin unterschieden, daß er durchweg die letzten Stufen der Reaktionsfolge vertritt. In Granitmassen, an deren Grenzen viel Migmatit vorkommt, sind Differentiationsreihen, in denen Diorite, Gabbros und Peridotite vertreten wären, selten anzutreffen. Das betrifft die gerade besprochenen süd- und mittelfinnischen Granite, desgleichen die durch die karelische Gebirgskettenwurzelzone Ost- und Nordfinnlands gedrungenen Granite, die ebenfalls alle obengenannten Kennzeichen des anatektischen Granits aufweisen.

Wenn verschiedene Gesteine, wie Glimmerschiefer, Quarzite usw., palingenetisch durch die Zufuhr von Kalium- oder Kaliumaluminiumsilicate führende Lösungen granitisiert werden, so handelt es sich zweifellos um Erscheinungen der Metasomatose. Meistens waren solche Lösungen aber schon selbst magmatische Silicatschmelzlösungen. Einige Forscher haben in den letzten Jahren die Beteiligung des Magmas an der Granitisation mehr oder weniger vollständig und aus mehr oder weniger schwerwiegenden Gründen in Abrede gestellt, wie F. K. Drescher-Kaden, E. C. Wegmann, H. G. Backlund u. a. Diese Richtung hat beachtenswerte und fruchtbare Gesichtspunkte in die Diskussion der schwierigen Probleme des Werdegangs der Gesteine eingebracht, wenn auch die Theorien manchmal als zuweitgehend anzusehen sind.

B. Das Auflösen der Kristalle und das Kristallisieren der Lösungen.

Auflösen und Kristallisieren der Salze. Alle Bauteile der Erdkruste, auch die Sedimente, entstammen letzten Endes dem Magma. Aber die Bestandteile der Sedimente haben an der Erdoberfläche einen mechanischen und chemischen Verwitterungs- und Sortierungsprozeß durchgemacht, bei dem sich ihre Stoffe in ganz besonderer Weise differenziert haben. In diesem Buch wird abgesehen von den mechanischen Sedimenten, deren Behandlung in den Bereich der dynamischen Geologie gehört und in ihrer Gesamtheit mit den Erscheinungen des kristallinen Zustandes nicht in nahem Zusammenhang steht. Dagegen ist für uns die Entstehung der chemischen Sedimente von ganz besonderem Interesse, und ihre Behandlung schließt sich ungezwungen an die der Entstehung der Magmagesteine. Diese sind aus Silicatschmelzlösungen kristallisiert, ihre hydrothermalen Nachprodukte aus heißen Wasserlösungen im Felsgrund, seinen Spalten und Hohlräumen. Jetzt begeben wir uns auf die Erdoberfläche und betrachten, wie die in Wasser gelösten Salze und sonstigen Stoffe bei den dort herrschenden Temperaturen kristallisieren.

Hier haben wir die klassischen physikalisch-chemischen Untersuchungen kennenzulernen, durch die J. H. van't Hoff zu Beginn dieses Jahrhunderts als erster die Kristallisationsfolge der marinen Salze und überhaupt die in gesättigten Lösungen bestehenden Gleichgewichte erforscht hat und die dann bei der Aufklärung der Kristallisation der Magmagesteine vorbildlich gewesen sind. Bei dieser Forschungsarbeit ging van't Hoff zunächst von möglichst einfachen Lösungssystemen aus, von solchen, die Wasser und einen wasserlöslichen Stoff enthalten; danach ging er zu gemeinsamen Wasserlösungen zweier Stoffe und sodann zu solchen mehrerer Stoffe über, und zwar in Annäherung an die natürliche Lösung des Meerwassers. Später haben mehrere Forscher, wie E. Jänecke, J. d'Ans u. a., die Erforschung der Salzbildung weitergeführt.

Ein Stoff, z. B. Natriumchlorid, löst sich bei konstanter Temperatur in Wasser in einer bestimmten Höchstmenge auf, in welchem Falle die Natriumchloridlösung gesättigt ist. Dann sind die Natriumchloridkristalle im Gleichgewicht oder zusammen mit der Lösung beständig. Enthält die Lösung weniger Stoff, dann befinden sich die Kristalle im Ungleichgewicht und lösen sich auf, die Lösung ist ungesättigt. Die gesättigte Lösung hat also bei konstanter Temperatur eine bestimmte Zusammensetzung. Läßt man aus einer ungesättigten Lösung bei konstanter Temperatur Wasser verdunsten, so wird sie stärker, bis sie gesättigt ist; dann beginnt sie zu kristallisieren, aber ihre Zusammensetzung verändert sich nicht. Bei steigender Temperatur nimmt die Löslichkeit der meisten Stoffe zu. Die Veränderung der Löslichkeit mit der Temperatur kann durch ganz ebensolche Konzentrations-Temperaturdiagramme wie die Schmelztemperaturen zweier Stoffe (S. 239) veranschaulicht werden. Wird ein derartiges Diagramm unter 0° abwärts fortgesetzt, d. h. läßt man die Temperatur der gesättigten Lösung und der Kristallmischung unter 0° sinken, so kommt man auf den sog. *kryohydratischen Punkt*, in dem die gesättigte Lösung gleichzeitig mit dem Eis und den Salzkristallen im Gleichgewicht steht. Zu demselben Punkt gelangt man anderseits, wenn man die Temperatur einer sehr schwachen Lösung unter 0° sinken läßt, so daß diese Eiskristalle ausscheidet und die Lösung allmählich stärker wird. Wir verstehen ohne weiteres, daß der kryohydratische Punkt nichts anderes ist als der eutektische Punkt von Eis und Salz, und die gewöhnliche bei Zimmertemperatur beginnende Lösungskurve ist der obere Teil der Liquiduskurve der Salzlösung. Die eutektische Kurve von Natriumchlorid und Eis ist auf der Seite des Natriumchlorids unterbrochen, weil auch die gesättigte Lösung kocht, d. h. das Wasser wird als Gasphase ausgeschieden. Bei hohem Druck (in geschlossenem Gefäß) ließe sich auch eine ununterbrochene Reihe gewinnen. Es gibt andere solche Salze, z. B. $AgNO_3$, bei denen der Anfangspunkt der Kristallisation der Wasserlösung sich auch bei gewöhnlichem Druck ununterbrochen fortsetzt und beim Schmelzpunkt des reinen Salzes endet.

Ebenso wie die abkühlende Schmelze unter den wirklichen Schmelzpunkt unterkühlt werden kann, so kann auch die Lösung flüssig *übersättigt* bleiben, wenn keine Kristalle anwesend sind. Das läßt sich z. B. durch Abkühlung einer bei höherer Temperatur gesättigten Lösung erreichen. Legt man in eine übersättigte Lösung einen Kristall, so wirkt er impfend, und das überschüssige Salz kristallisiert alles auf einmal. Ebenso kann die Ausfällungsreaktion infolge von Übersättigung anfangs ausbleiben.

Enthält die Lösung gleichzeitig zwei Salze und wählt man ein solches Paar von Salzen, die weder Verbindungen noch isomorphe Mischkristalle bilden, z. B. NaCl und KCl, so wird die Lösung bei konstanter Temperatur bzw. bei isothermer Verdunstung im allgemeinen zuerst mit dem einen Salz gesättigt. Dieses sagt man, sei in der Lösung im Überschuß vorhanden. Wenn das überschüssige Salz unter Verdunstung von Wasser ausgeschieden wird, steigt die Konzentration des anderen Stoffes in der Lösung; bei bestimmter Konzentration beginnt auch der andere Stoff aus der Lösung auszukristallisieren. Die Lösung ist jetzt mit beiden Stoffen zugleich gesättigt, und ihre Zusammensetzung bleibt auch weiterhin bei isothermer Verdunstung konstant. Die gleichzeitige Löslichkeit von NaCl und KCl wird durch ein Konzentrationsdiagramm veranschaulicht (Abb. 340). Die gesättigten Lösungen enthalten bei 25° an Salzmolekülen je 1000 Wassermoleküle:

NaCl allein	111 NaCl
KCl allein	88 KCl
NaCl und KCl zusammen	89 NaCl und 39 KCl

In Abb. 340 entsprechen die Punkte A, R, E diesen Verhältnissen. Die Linie AE bedeutet die Kristallisation von NaCl und RE die von KCl. Eine ungesättigte Lösung, z. B. diejenige, deren Zusammensetzung durch Punkt C wiedergegeben ist, bleibt unter Verdunstung von Wasser anfangs flüssig, und das Verhältnis der Salze $= a : b$ bleibt unverändert, ihr Zusammensetzungspunkt wandert vom Origo weg längs der Konzentrationsbahn *OCD*.

In Punkt *D* beginnt Kaliumchlorid auszukristallisieren, und die Zusammensetzung der Restlösung entfernt sich bei fortgesetzter Verdunstung geradlinig von Punkt *R* längs der von KCl beschriebenen *Kristallisationsbahn RDE*. In Punkt *E* trocknet die Mutterlösung in konstanter Zusammensetzung aus, wobei beide Salze nebeneinander kristallisieren. Umgekehrt beginnt aus einer anderen Lösung zuerst Natriumchlorid in *G* auszuscheiden, und die Mutterlösung nimmt auch jetzt schließlich eine dem Punkt *E* entsprechende Zusammensetzung an.

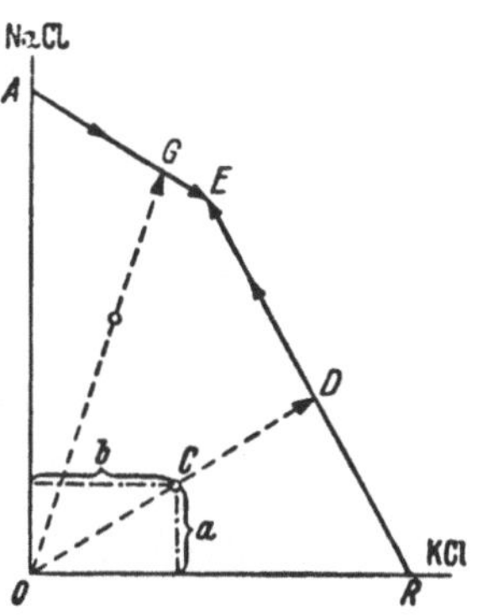

Abb. 340. Kristallisation von Natriumchlorid und Kaliumchlorid aus gemeinsamen Lösungen.

Betrachten wir jetzt das gemeinsame Konzentrationsdiagramm von Kaliumchlorid und Magnesiumchlorid (Abb. 341). $MgCl_2$ kristallisiert als Hexahydrat, Bischofit $MgCl_2 \cdot 6\ H_2O$ und KCl als anhydrischer Sylvin. KCl und $MgCl_2$ können das Doppelsalz Carnallit $KCl \cdot MgCl_2 \cdot 6\ H_2O$ bilden. Die Konzentrationsbahn *1* führt zunächst zu der Kristallisation des Bischofits und in Punkt *x* zu der Kristallisation von diesem zusammen mit Carnallit. Bahn *2*, einem bestimmten Verhältnis der Salze entsprechend, führt sogleich zu der Kristallisation dieser zwei Stoffe, Bahn *3* zum Carnallit, dann nach Punkt *x* wie oben. Die Bahnen *4*, *5*, *6* führen alle zuerst zu der Kristallisation des Sylvins und dann in Punkt *C* zu der des Carnallits. Aber *C* ist nicht der Endpunkt der Kristallisation, d. h. in ihm setzt sich die Kristallisation des Sylvins nicht mehr fort, sondern umgekehrt beginnen die schon entstandenen Sylvinkristalle zu verschwinden, und in den Lösungen *4* und *5* werden sie schließlich ganz aufgezehrt. In Lösung *4* setzt sich auch danach noch die Kristallisation von Carnallit fort, und schließlich scheiden sich dieser und Bischofit zusammen in Punkt *x* aus. Aus Lösung *5*, deren Salzverhältnis gerade dem Carnallit entspricht (ein Mol. KCl und ein $MgCl_2$), scheidet sich nach ihrer völligen Verdunstung schließlich nur Carnallit aus, und die Zusammensetzung der Mutterlösung bleibt bis zum Schluß in Punkt *C*. Dagegen bleibt von Lösung *6* KCl übrig, ohne in Punkt *C* zu verschwinden.

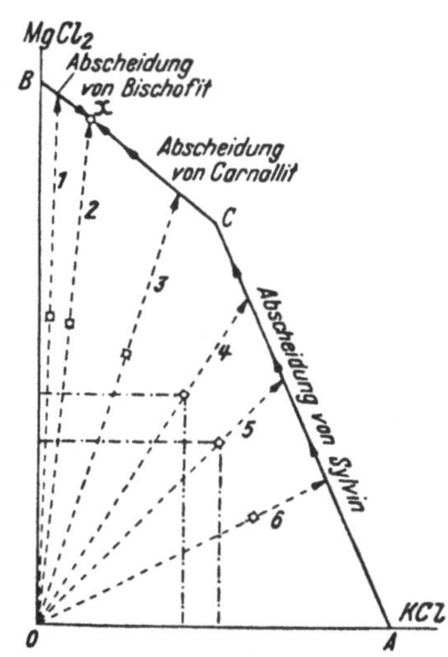

Abb. 341. Kristallisation von Kaliumchlorid und Magnesiumchlorid aus gemeinsamen Lösungen.

Wir haben gesehen, daß aus der Carnallitlösung zuerst nicht Carnallit, sondern Sylvin entsteht. Mit anderen Worten, seine gesättigte Lösung steht mit dem Sylvin und nicht mit dem Carnallit im Gleichgewicht. Wird dieser dagegen mit Wasser behandelt, so scheidet sich, bevor er sich auflöst, Sylvin aus. Das Auflösen des Carnallits und die Kristallisation seiner Lösung erinnern stark an das Schmelzen und Kristallisieren eines inkongruent schmelzenden Stoffes, z. B. des Magnesiummetasilicats. Viele aus dem Meerwasser kristallisierende Doppelsalze sind in dieser Beziehung dem Carnallit ähnlich. Ebenso wie sich das aus der Magnesiummetasilicatschmelze zuerst austretende Orthosilicat, Olivin, erhalten kann, wenn seine Kristalle sich z. B. durch Sinken aus dem Einflußbereich der Restschmelze entfernen, ebenso bleibt auch der zuerst aus der Carnallitlösung kristallisierende Sylvin dadurch bestehen, daß er im Wasser untergeht und auf dem Boden abgelagert wird.

Entstehung der Salzablagerungen. Das Meerwasser wie auch meist das Salzseewasser enthalten hauptsächlich die Kationen Na^{1+}, Ca^{2+}, K^{1+}, Mg^{2+} sowie die Anionen Cl^{1-}, SO_4^{2-} und CO_3^{2-}. Aus ihnen können große Mengen von einfachen und Doppelsalzen zu Salzlagern kristallisieren, was auch geschehen ist.

Obgleich im Meerwasser die Menge des gelösten Calciumcarbonats sehr gering (nur um etwa 0,005% CO_2) ist, so wird doch beim Eindunsten immer beinahe diese ganze Menge als Calciumcarbonat ausgeschieden, bevor die anderen gelösten Salze zu kristallisieren anfangen. Auch das Calciumsulfat ist schwerlöslich (1 Teil $CaSO_4$ auf 500 Teile H_2O) und tritt auf der nächstfolgenden Kristallisationsstufe als Anhydrit, Gips und gewisse Doppelsalze aus. Diese kristallisieren lange Zeit allein; die unteren Teile der Salzablagerungen umfassen daher meistens starke Gips- und Anhydritschichten. Mit ihnen zusammen kristallisiert danach leichter lösliches, aber um so reichlicher vertretenes Steinsalz, das, oft Hunderte, ja sogar Tausende von Metern stark, die mächtigsten Teile der Salzablagerungen ausmacht. Endlich schließen sich der Kristallisation aus der Lösung die Kaliummagnesiumsalze an, zuletzt gewöhnlich der Kieserit $MgSO_4 \cdot H_2O$ zusammen mit dem Carnallit.

VAN'T HOFF erforschte die Kristallisationsfolge und Konzentrationen der Meerwassersalze unter Verdunstung des Wassers bei vielen verschiedenen Temperaturen. Diese Zusammenhänge können unter gewisser Vereinfachung durch Dreieckprojektion dargestellt werden, worauf wir hier jedoch nicht eingehen wollen; es sei nur angeführt, daß bei 25° die normale Lagefolge die nachstehende wäre: 1. auf den Kalksedimenten zuunterst Gips, 2. Gips und Steinsalz, 3. Steinsalz und Anhydrit, 4. Steinsalz und Polyhalit ($2\ CaSO_4 \cdot MgSO_4 \cdot K_2SO_4 \cdot 2\ H_2O$), 5. kalifreie Natrium-Magnesium- und Magnesiumsulfate (Kieserit $MgSO_4 \cdot H_2O$) sowie Steinsalz, 5. Magnesiumsulfate und Kainit sowie Steinsalz, 7. Kainit und Steinsalz, 8. Carnallit und Steinsalz, 9. Carnallit, Bischofit ($MgCl_2 \cdot 6\ H_2O$) und Steinsalz. Der Endpunkt der Kristallisation, in dem die 9. Schicht entstand, entspricht dem Punkt x in Abb. 341.

Die wirkliche Lagerfolge der Salze weicht beträchtlich von dieser ab. Zuunterst liegt kein Gips, sondern Anhydrit; Kainit fehlt als selbständiges Lager, desgleichen Bischofit. Diese Ausnahmen lassen sich teilweise darauf zurückführen, daß die Salze mit der Restlösung reagiert haben und nach ihrer Kristallisation nicht ganz ohne Wirkung geblieben sind, wie es bei der obigen Darstellung angenommen wurde. Ferner ist zu bemerken, daß die wirklichen Salzlagerfolgen mit den bei höheren Temperaturen erhaltenen Ergebnissen besser übereinstimmen, vorwiegend über 72°. Zwar kann nicht angenommen werden, daß die Temperatur bei der Kristallisation der Salze so hoch gewesen wäre, doch erscheint es glaubhaft, daß, wie von ARRHENIUS und LACHMANN nachgewiesen, die Salzlager nach ihrer Entstehung unter so starken Schichten eingebettet gelegen haben, daß die geothermische Wärme in ihnen eine Metamorphose hat verursachen können, bei der höheren Temperaturen entsprechende Vergesellschaftungen von Kristallarten entstanden sind. Diese neu entstandenen Salzmineralparagenesen sind, allerdings bei sinkender Temperatur, als die Erosion die überlagernden Schichten abtrug, teilweise in die den niedrigeren Temperaturen entsprechenden Bildungen zurückverwandelt worden.

Ausfällungssedimente. Man pflegt die Ausfällung von der Kristallisation zu trennen. Unter Ausfällung versteht man die Ausscheidung schwerlöslicher Stoffe in feinverteilter Form. Die Ausfällung kann ein kolloides Gallert oder Gel, wie die Eisenhydroxydfällung aus Lösungen von Eisensalzen bei Ausfällung durch Basen, oder auch ein feinkristalliner Stoff sein. In letzterem Fall gehört die Ausfällung zu den gewöhnlichen Kristallisationserscheinungen.

Kolloid ausgefällt werden z. B. Kieselsäure aus heißen Quellwässern unter Bildung von Kieselsinter und ferner Eisenhydroxyd als Rasen- oder See-Erz aus gewöhnlichem Grundwasser, auch in temperiertem Klima. Des weiteren werden auch viele andere Schwermetalloxyde anfangs zu Gelen, wenn Sulfiderze zum sog. eisernen Hut verwittern. Gelartige Stoffe entstehen auch bei der Verwitterung von Silicaten, sie finden sich im Ton. Die Sondereigenschaften dieser sog. kolloiden Zustandsform beruhen auf der feinen Stoffverteilung, durch welche die Oberflächenspannung und die Adhäsionserscheinungen in den betreffenden Substanzen eine große Bedeutung gewinnen, aber ihre feinsten Teilchen weisen bereits eine kristalline Struktur auf. Mit der Zeit *altern* die Gele, was bedeutet, daß sie umkristallisieren und die Einkristalle größer werden. Das in seiner Zusammensetzung unbestimmte, adsorbierte Stoffe enthaltende Eisenhydroxyd wird z. B. dann zu faserigem Limonit, als welcher es z. B. in dem sog. *braunen Glaskopf* der eisernen Hüte auftritt.

Der größte Teil der Niederschlagssedimente ist jedoch schon gleich bei der Ausfällung feinkristallin, z. B. Kreide und sonstiger Kalkschlamm oder Phosphorit. Ihr feinkristalliner Charakter liegt dann darin begründet, daß die auf die Ausfällung hinwirkenden Reaktionen den Stoff verhältnismäßig schnell in die schwerlösliche Form bringen, in der er sich niederschlägt. In größtem Maßstabe geht in der Natur auf diese Weise Ausfällung von Calciumcarbonat vor sich.

Die Löslichkeit des Calciumcarbonats in reinem neutralem Wasser beträgt bei 25° nur etwa 0,00005%, aber mit Kohlensäure gesättigtes Wasser kann etwa 0,02% Calciumcarbonat enthalten. Dann ist es gelöst als Bicarbonat, d. h. die Lösung enthält HCO_3^{1-}-Ionen. Verdunstet aus ihr das Kohlendioxyd, so wird $CaCO_3$ ausgefällt. Bei der Ausfällung aus kühlem Wasser nimmt es die Form von Calcit an und bei einer solchen aus heißem Wasser die Form von Aragonit, aber aus Sulfate enthaltenden Lösungen entsteht Aragonit bei niedrigen Temperaturen, und ebenso findet sich in den organischen $CaCO_3$-Ausscheidungen anfangs Aragonit, der sich in alten Kalksteinen stets monotrop in Calcit verwandelt hat.

Ausfällungen von Calciumcarbonat zeigen sich in Kalksteingegenden bei hervortretendem Grundwasser in Höhlen als Stalagmiten und Stalaktiten sowie in Quellen als Kalktuff. Dieser setzt sich vielfach auf die Blätter der Pflanzen, die sich dadurch mit einer Kruste überziehen. Das aus heißen carbonathaltigen Quellen und Geysiren ausscheidende Calciumcarbonat wird als Kalksinter bezeichnet. Aus dem sprudelnden Wasser austretend, bleiben die $CaCO_3$-Teilchen in kreisender Bewegung obenauf, bis sie so groß werden, daß sie untergehen. Auch im Meerwasser bilden sich bisweilen ähnliche Kügelchen, die durch den Einfluß faulenden Planktons ausgefällt werden. So entsteht *oolithischer Kalkstein*. Feiner Kalkschlamm wird in den Seen von Kalksteingegenden als *Kalkgyttja* und im Meer als verschiedenartiger Kalkschlamm ausgefällt.

Die Ausfällung von Calciumcarbonat im Meerwasser geschieht großenteils durch Vermittlung von Organismen, teils durch Pflanzen, mehr noch durch Tiere. Ihr chemischer Mechanismus hat bisher noch nicht völlig aufgeklärt werden können. In süßem Wasser wirken gewisse Pflanzen, wie Moose und Algen, auf die Ausfällung von Calciumcarbonat unmittelbar dadurch hin, daß sie dem Wasser Kohlendioxyd entziehen. J. WALTHER hat bemerkt, daß es wenigstens in gewissen Fällen durch das in Organismen entstehende Ammoniumcarbonat geschehen kann, und in sogar allen Fällen mag als nächste Ursache der Ausfällung an die Entstehung basischer stickstoffhaltiger Stoffe in Organismen zu denken sein. So bauen mancherlei Organismenformen, unter den Pflanzen die Kalkalgen, unter den Tieren die Korallen, Foraminiferen, Kopffüßer, Armfüßer, Weichtiere usw., Kalkskelett und -schale auf, die sich nach dem Tode der Organismen am Grunde zu Kalkstein auflagern.

Im Ozean aber wird auch unmittelbar anorganisch in großen Mengen Kalk ausgefällt.

Meistens ist das ausgefällte Calciumcarbonat magnesiumfrei. Doch enthalten die Kalkalgen 10% und die Korallenskelette bisweilen bis 20% $MgCO_3$, wobei das kristallisierende Sediment unmittelbar Dolomit ist. In anderen Fällen ist entweder durch den Einfluß des Meerwassers oder in der Erdkruste unter der Wirkung postmagmatischer Lösungen metasomatisch Dolomit entstanden.

Organische Ausfällungen sind ebenfalls die verschiedenen *Kieselgurbildungen.* Zu den wichtigsten Ausfällern von Kieselsäure gehören die Kieselalgen (*Diatomaceae*), von denen es sowohl Süß- als auch Salzwasserformen gibt. Kieselgur scheint ganz besonders den hohen Breitengraden eigen zu sein. Am Grunde der Seen und Weiher Lapplands kommt Kieselgur regelmäßig als Bodenablagerung vor. Im Ozean, im Eismeer sowohl der nördlichen als auch der südlichen Halbkugel, ist ebenfalls die Diatomeenwelt als einheitliche Zone im Bodenschlamm vorherrschend. Am Grunde der tiefen Ozeangebiete warmer Zonen hat sich das Sediment in weiter Erstreckung großenteils aus den Schalen der Radiolarien gebildet.

Konkretionen sind in Sedimenten vorkommende, aufs mannigfachste geformte Knollen aus Calcit, Flint, Phosphorit, Limonit, Markasit (auch Pyrit) usw.

Unter den *Calcitkonkretionen* sind ein bekanntes Beispiel die *Imatrasteine.* Sie sind abgeplattet rundlich, „gedreht“ aussehend, worauf der Volksglaube beruhen mag, daß sie durch die Stromschnelle korrodierte Steine seien. Sie sind im Bänderton anzutreffen, und die Warvigkeit ist gewöhnlich an ihnen selbst deutlich zu erkennen. Der Calcit erfüllt mit ziemlich groben Kristallen die Räume zwischen den Mineralkörnern des Sediments. Kalkreiche Konkretionen finden sich in den Tonsedimenten aller Zeiten, auch im archäischen Grundgebirge Finnlands in den Glimmerschiefern, die metamorphosierte Tonsedimente sind.

Kalkkonkretionen sind auch die sog. *Lößkindl* der Lößablagerungen. *Flintkonkretionen* sind enthalten in Kalksteinen, vorwiegend in der Kreide. Sie sind rundlich, oft unregelmäßig geformt. Da sie aus außerordentlich festem Stoff bestehen, sind sie aus abradierten Kreidefelsen herausgearbeitet und im Geröll auf der Strandfläche liegengeblieben. *Phosphoritknollen* sind ebenfalls im Kalkstein enthalten, aber auch in Tonschiefern, u. a. im cambrischen Ton des Baltikums. Desgleichen treten im Ton und Tonschiefer *Markasit-* und *Pyritkonkretionen* auf. Oft sind sie ganz kugel- oder auch linsenförmig, und ihre kristalline Struktur ist regelmäßig radial. *Limonitkonkretionen* sieht man oft in sandigem Boden, z. B. um Pflanzenwurzeln, desgleichen *Manganoxydkonkretionen.*

Sucht man die Entstehung der Konkretionen zu erklären, so hat man davon auszugehen, daß sie Ausfällungskristallisationen sind. Aus der Porenlösung eines porösen Sediments hat sich Stoff angesammelt, der um irgendeinen Kern kristallisiert. So sind bisweilen wirklich im Kern einer Konkretion Tier- oder Pflanzenteile oder fremde Gesteinstrümmer zu sehen. An zweierlei Möglichkeiten wäre zu denken: entweder ist die umgebende Porenlösung mit dem Stoff übersättigt gewesen und hat der Kristallisationskeim impfend gewirkt, oder der Kristallisationskeim hat einen ausfällenden Stoff enthalten, mit dem zusammen aus der Porenlösung eine schwerer lösliche Verbindung hat entstehen können.

Verhärtung der Sedimente. Im Verlaufe der geologischen Zeitalter haben sich die losen Sedimente meistens zu festem Fels verhärtet, Grus zu Konglomerat, Sand zu Sandstein, Ton zu Tonschiefer und Kalkschlamm zu Kalkstein. Diese Verhärtung oder *Diagenese* kann auf prinzipiell zweierlei Weise vor sich gehen, nämlich entweder durch *Sintern* an sich ohne Hinzutreten eines fremden Stoffes oder durch *Verkittung*, d. h. dadurch, daß zwischen den losen Teilchen ein Cement kristallisiert oder ausfällt.

Bei starkem Druck verfestigen sich auch die kristallinen Körner und Partikel. W. Spring hat als erster Experimente in dieser Richtung angestellt, und es gelang ihm, Feilspäne von Metallen bei mehreren tausend Atmosphären Druck bei Zimmertemperatur so vollständig zu verfestigen, daß die entstehenden Körper ebenso fest wie gegossene waren. Desgleichen verfestigte sich Kreidepulver bei langjährigem Druck so sehr, daß es ebenso hart war wie lithographischer Kalkstein. Hohe Temperatur fördert die Verfestigung und ermöglicht sie auch bei niedrigem Druck, auch wenn sie den Schmelzpunkt des Stoffes oder den eutektischen Punkt der Mischung lange nicht überschreitet. Darauf gründet sich das in der Technik wichtige Schweißen der Metalle.

Cementierung kann durch alle diejenigen Stoffe bewirkt werden, die als Grundwasser zwischen den Poren der Sedimentkörnchen zirkulieren, doch kann sie auch echte metamorphe Umkristallisation aus eigenen Bestandteilen des Gesteins sein. Insbesondere ist die Kieselsäureverkittung allgemein in Sandsteinen, in denen auch als Körnchen der Quarz ein vorherrschender oder wenigstens reichlicher Bestandteil ist. Die Kieselsäure kristallisiert im Cement zu Quarz, wobei die Einzelkristalle der früheren Quarzkörner wachsen, aber die an den Kornflächen haftenden Staub- oder Rostteilchen als Einschlüsse zurückbleiben können, um die ursprünglichen Begrenzungsflächen der Quarzkörner weiter zu bezeichnen. In anderen Fällen ist die Cementkieselsäure ein unvollständig kristallisierter opal- oder chalcedonähnlicher Stoff.

Kalk- und Toncement können verfestigter Kalk- oder Tonschlamm sein. Die Umkristallisationserscheinungen sind jedoch zu erkennen, sobald die Verhärtung einsetzt. Besonders Kalkspat ist leicht umkristallisierend. Das liegt daran, daß er beim Kohlensäureüberschuß als Calciumcarbonat leichtlöslich ist und in den Porenlösungen des Gesteins zirkuliert. Schon in losem Sand können auf diese Weise sogar große und vielflächige Calcitkristalle entstehen, die bei ihrem Wachsen die ihnen in den Weg gekommenen unzähligen Sandkörner eingeschlossen haben. Die Tonverkittung läßt Umkristallisation von Quarz und daneben auch von Sericit erkennen. Der Limonitcement „altert", kristallinen Charakter annehmend, und kann leicht in Hämatit übergehen.

Bei der Entnahme von Sandsteinen als Baumaterial ist oft beobachtet worden, daß sie bei dem Herausbrechen aus dem Fels noch recht weich sind, aber beim Trocknen an der Luft verhärten. Dann kristallisiert der letzte Porenlösungsrest, wodurch die Verkittung vollendet wird.

Als Verkittungsergebnis gewinnen die mechanischen Sedimente eine *klastische Struktur*, für deren Charakter künstlicher Cementbeton ein bekanntes und anschauliches Beispiel bietet.

In den mechanischen Sedimenten des Meeresgrundes bewirkt der Salzgehalt des Meerwassers kennzeichnende metasomatische Veränderungen. Auf diese Weise erklärt man die Entstehung des im marinen Sandstein allgemeinen Kaliumferrihydrosilicats, des grünen *Glaukonits*. Er ist ein glimmerartiges Netzsilicat, tritt aber auch als sehr feinkristalline Knollen auf und verdrängt andere Mineralien, besonders die Glimmerminerale, auch den Calcit fossiler Überreste.

C. Metamorphose der Gesteine.

Allgemeiner Charakter der Gesteinsmetamorphose. Zu der Metamorphose rechnet man alle in kristallinem Gestein sich vollziehenden Veränderungen, bei denen die Struktur des Gesteins sich von Grund auf wandelt. Die Veränderung kann entweder nur eine *mechanische* Verformung der Kristalle oder zugleich auch eine *chemische* Umkristallisation sein. Die neuentstandenen Kristalle sind entweder dieselben Kristallarten wie vor der Metamorphose oder auch ganz andere. Wortgetreu bedeutet Metamorphose Form- oder also Strukturwandlung; bei dieser bleibt die Zusammensetzung des Gesteins unverändert. Die bei der Umkristallisation eintretenden Veränderungen sind dann Reaktionen zwischen den eigenen Bestandteilen des Gesteins. Eine derartige Umwandlung bezeichnet man als *normale Metamorphose.*

Doch kann in den Gesteinen auch mancherlei Stoffwanderung eintreten. Neue Bestandteile können in die Gesteine oder in die Kristallgitter aufgenommen werden, oder frühere können abwandern. Das ist die bereits oben besprochene *Metasomatose,* Stoffwandlung. Mit ihr im Zusammenhang wechselt natürlich auch die Struktur des Gesteins, und die Metasomatose gehört ebenfalls zu der Metamorphose.

Umkristallisation des Gesteins ohne Veränderung des stofflichen Bestands vollzieht sich, wenn es in andere Temperatur- und Druckverhältnisse gerät als diejenigen, in denen die Mineralien ursprünglich entstanden waren. Dann wird ihr chemisches Gleichgewicht gestört, und die Umkristallisation sucht in ihnen ein neues, den veränderten Verhältnissen angepaßtes Gleichgewicht herzustellen.

Die Umwandlung kann bedingt sein durch 1. Steigen der Temperatur: *Thermometamorphose*; ihre häufigste Art ist die *Kontaktmetamorphose,* bei der die Erwärmung durch die in die Gesteinsmasse eindringenden feurigflüssigen Magmamassen verursacht wird; 2. gleichzeitige Wärme- und Druckzunahme in den Gebirgskettenzonen, bei der die an der Erdoberfläche entstandenen Ablagerungen sowie die kristallisierten und schon abgekühlten Magmagesteine in tiefe Schichten der Erdkruste eindringen und zugleich umkristallisieren, während die Gebirgskettenbewegungen die Struktur der Gesteine verändern: *Regionalmetamorphose*; dringen zugleich neue Magmen in die der Metamorphose unterliegenden Gesteine ein, so spricht man von *Injektionsmetamorphose* oder *Plutonometamorphose*; 3. Verminderung der Temperatur in den Magmagesteinen nach deren Kristallisation, wobei die letzten Restlösungen und ihre flüchtigen Stoffe mit den bereits auskristallisierten Substanzen reagieren: *Autometamorphose*; 4. Verminderung der Temperatur und gleichzeitig sich vollziehende Gebirgskettenbewegungen in Gesteinen, die (metamorph oder durch Kristallisation aus dem Magma) ihre Mineralzusammensetzung tiefer in der Erdkruste und in höheren Temperaturen erhalten haben und durch Bewegungen oder Abtragung der Erdoberfläche näher gerückt werden: *Diaphtorese.*

Die Thermometamorphose (Kontaktmetamorphose) und zugleich die Autometamorphose sind im allgemeinen reinste Umkristallisation; bei der Regionalmetamorphose und Diaphtorese wirken meist die mechanischen und umkristallisierenden Faktoren nebeneinander. Eine durch die inneren Gesteinsbewegungen verursachte Verformung, bei der die mechanischen Wandlungen die Hauptsache ausmachen, wird als *Dynamometamorphose* oder *Dislokationsmetamorphose* bezeichnet. Sie ist meistens örtlich, an die Bewegungszonen oder Harnischflächen gebunden. Werden dabei die Kristalle des Gesteins größtenteils zertrümmert, so heißt das Ergebnis *Mylonit.*

Kristalloblastische Struktur. Der Grundcharakter der metamorphen Umkristallisation besteht darin, daß sie eintritt in einem Gestein, das hauptsächlich kristallinen Zustand aufweist und beibehält. Dabei erhalten die Kristalle ihre eigene Form nur in dem Fall, daß die Formenergie der Kristallart größer als die der umgebenden Kristalle ist. Die der Formenergie so gut wie gleichwertigen Kristalle nehmen alle eine unregelmäßige Form an und weisen bald ebene Flächen auf, bald erscheinen sie gezahnt. Eine derartige für die metamorphen Gesteine kennzeichnende Struktur nennt man eine *kristalloblastische* (gr. blastein = sprossen). Nach dem Habitus der Kristalle ist sie entweder *granoblastisch* (Abb. 342), *lepidoblastisch* (schuppig), *nematoblastisch* (stenglig) oder *fibroblastisch* (faserig).

Von dem kristalloblastischen Gefüge der metamorphen Gesteine unterscheidet sich die *hypidiomorphe* Struktur der Magmagesteine darin, daß in letzteren die zuerst und in einem noch flüssigen Stoff entstandenen Kristalle ihre eigene Form und die zuletzt kristallisierten, die den Raum zwischen jenen ausfüllen, eine fremde Gestalt aufweisen (Abb. 334). Im Gestein kann die *Idiomorphiefolge*, welche in den primär erhaltenen Magmagesteinen im allgemeinen dieselbe ist wie die Kristallisationsfolge, mikroskopisch festgestellt werden.

Abb. 342. Granoblastisches Gefüge, Gneis, Kalanti, Finnland. Vergr. ca. 20×. Gekreuzte Nicols.

In den kristalloblastischen Gesteinen sind die Kristalle im allgemeinen nebeneinander entstanden, aber auch in ihnen können sie eigene Formen annehmen, nämlich die der Formenergie nach starken Kristallarten, die bei ihrer Umkristallisation die umgebenden schwächeren beiseite drängen, vermögen Raum zu gewinnen und ihre Form durchzusetzen, ja sogar oft in ganz idealer Gestaltung. Diese eigenförmigen und meist größeren Kristalle nennt man *Porphyroblasten* (Abb. 343). Sie sind genau zu unterscheiden von den in den Magmagesteinen vorkommenden porphyrischen Einsprenglingen, die eine eigene Form darum besitzen, weil sie vor den übrigen Mineralen kristallisiert und bei ihrer Entstehung von Schmelze umgeben gewesen sind. Als Porphyroblasten kommen vorwiegend die Edelsilicate vor, wie Granat, Staurolith, Andalusit, Disthen, Titanit.

Einige Mineralien entwickeln nur in bestimmten Richtungen oder Zonen wohlgeformte Kristallflächen, z. B. die Band- oder Kettensilicate wie die Amphibole und Pyroxene ihre Prismenflächen, und die Netzsilicate wie die Glimmer, Chlorit, Sprödglimmer und Talk ihre Basisflächen, während die übrigen Kristallflächen unausgebildet bleiben. Die Gerüstsilicate besitzen im allgemeinen geringe Formenergie, und sie sowie der Quarz bilden in metamorphen Gesteinen gewöhnlich eine granoblastische Masse.

Reliktstrukturen. Die Metamorphose der Gesteine kann weder unmittelbar in ihrem Ablauf beobachtet noch im allgemeinen experimentell nachgeahmt werden. Ihr wirkliches Bestehen ist am besten dadurch bezeugt, daß Übergangsfolgen von ursprünglichen Magma- und Sedimentgesteinen bis zu metamorphen Gesteinen beobachtet werden. An derartigen Reihen kann der Verlauf der Metamorphose ebenso wie an zeitlichen Vorgangsreihen verfolgt werden. Von den Strukturen der ursprünglichen Gesteine haben sich in den Übergangsformen Züge erhalten, Reliktstrukturen. In den sie charakterisierenden Benennungen wird die Silbe blasto- dem die ursprüngliche Struktur wiedergebenden Wort vorangestellt, um auszudrücken, daß die Veränderung zu der kristalloblastischen Struktur führt.

Die Umkristallisation des klastischen mechanischen Sediments beginnt in der Verkittung, und die Körner bleiben anfangs unverändert. Die Struktur ist dann *blastoklastisch*. Diese Struktur erhält sich um so länger und um so deutlicher, je gröber das Sediment ist. In den Konglomeraten bleibt der blastoklastische Charakter deutlich bestehen, auch wenn die metamorphe Umkristal-

Abb. 343. Porphyroblasten von Staurolith im Staurolithschiefer aus Suistamo, Finnland. Natürl. Größe.

lisation sogar sehr vollständig und der Cement gneisartig wäre, wie z. B. in manchen Konglomeraten des Grundgebirges.

Die geschichtete und besonders die warvige Sedimentstruktur erhalten sich als deutliche *Blastoschichtung* selbst durch eine vollständige Umkristallisation, soweit nicht innere Bewegungen sie zerstören. Die schichtweise geordneten Quarz-, Apatit-, Eisenerz- oder Graphitkörner bleiben in porphyroblastischem Gestein in ihrer Anordnung bestehen und erhalten sich als Einschlüsse in den wachsenden Porphyroblasten. Das ist die sog. *helicitische Struktur* (Abb. 344).

Die hypidiomorphe Struktur der magmatischen Tiefengesteine erhält sich in unvollständig metamorphosierten Gesteinen als *blastohypidiomorphe* und die ophitische Struktur der Diabase als *blastophitische*. Desgleichen kann das porphyrische Gefüge der magmatischen Tiefen- wie auch Oberflächengesteine als *blastoporphyrisches* Gefüge fortbestehen. In allen diesen Blastostrukturen liegt zwischen den erhaltenen Körnern granoblastische Masse. Größere Körner können dabei zertrümmerte oder granulierte Ränder aufweisen, wobei feinkörnigere Masse zwischen den größeren Kristallen liegt: *Mörtelstruktur*; umgekehrt ist die glasige oder dichte Grundmasse von Oberflächengesteinen durch Umkristallisation oft körnig oder gröber als die ursprüngliche geworden. Die umkristallisierten, ihrer Formenergie nach verhältnismäßig starken Kristallarten, wie Hornblende, sind oft als Nadeln auch in die Restkörner, die blastoporphyrischen Einschlüsse usw. hineingewachsen: *Unkrautstruktur*. Die Restkörner sind dann zackig begrenzt, und wenn sich das weiter durchsetzt, verschwindet die Reliktstruktur schließlich völlig.

Gefügeregelung und Schieferung. Tektonite. Die Metamorphose der Gesteine steht zu einem überwiegenden Teil in unmittelbarem Zusammenhang mit den Gebirgskettenbewegungen, und infolgedessen treten in den Gesteinen auch innere *Durchbewegungen* ein, bei denen die Kristallarten der Gesteine in dieser oder jener Weise angeordnet oder geregelt werden. Wenn die Regelung dazu führt, daß die platten-, schuppen-, stengel- oder faserförmigen Kristalle parallel verlaufen, wird die Struktur als *schieferig* bezeichnet. Soweit derartige Kristalle anisotroper Form sich parallel einer bestimmten Linie angeordnet haben, ist die Schieferung *linear*, soweit die Kristalle nach einer Ebene geregelt sind, ist sie *flächenhaft*. Solche Gesteine, in denen die Schieferung ein kennzeichnender Strukturzug ist, werden als *kristalline Schiefer* bezeichnet. Sie machen den Hauptteil der regionalmetamorphen Gesteine aus.

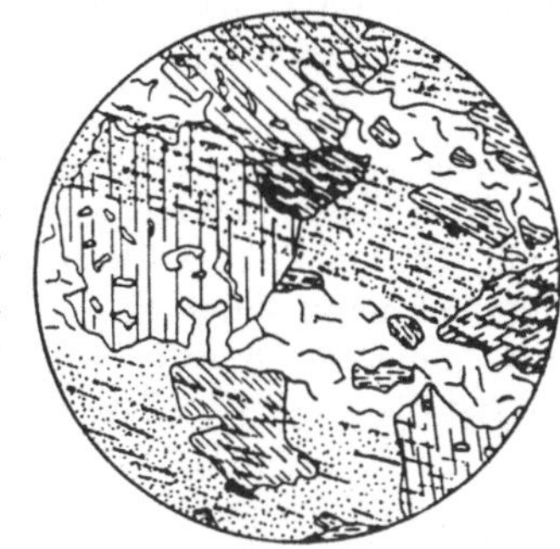

Abb. 344. Helicitische Struktur in sedimentogenem Glimmergneis. Die schichtweise angeordneten Erzkörner sind Einschüsse in Biotitporphyroblasten.

Die Regelung ist entweder *Formregelung* oder *Gitterregelung*. In letzterem Fall sind die Kristallgitter im Gestein in bestimmten Lagen angeordnet, aber das ist nicht notwendigerweise als Parallelanordnung der Formen, als Schieferung zu erkennen. Gesteine, die überhaupt irgendeine Regelung aufweisen, nennt B. SANDER *Tektonite*. Nicht alle Tektonite sind somit unbedingt schieferig.

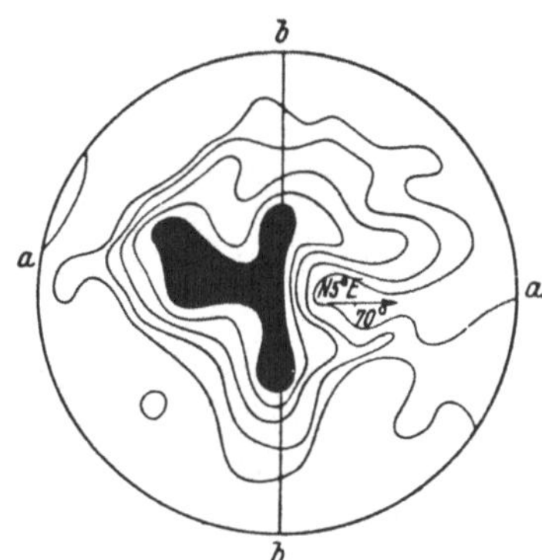

Abb. 345. Regelungsdiagramm zum Quarzit aus Simsiö, Finnland. Projektionsebene || Schieferungsebene *ab*. Die *c*-Achsen der Quarzkristalle kommen vorwiegend der zur Schieferungsebene senkrechten Richtung *c* nahe. (TRENERsche α-Regel). 202 Quarzkörner. Innerhalb der Grenzlinien liegen von den *c*-Achsen des Quarzes 0,5, 1,6, 3,5% je Flächeninhaltseinheit und im schwarzen Gebiet über 4%.

B. SANDER und W. SCHMIDT vorwiegend haben die Regelungsforschung der Tektonite weit ausgebildet. Die Untersuchung der Gitterregelung geschieht mittels des FEDOROVschen Universaltisches, indem man irgendeine auffallende Gitterrichtung, z. B. die Richtung der Hauptachse bei den einachsigen Kristallarten und im allgemeinen die des Achsenkreuzes bei den übrigen, bestimmt. Die gemessenen Richtungen werden als Pole oder Zonenbögen in eine geeignete Projektion eingetragen. In diesem Fall benutzt man statt der stereographischen Projektion die flächentreue LAMBERTsche Projektion. Durch Messung von 200 bis 300 Kristallen an geographisch orientiertem Gesteinsdünnschliff gewinnt man ein statistisches Regelungsdiagramm (Abb. 345). Aus ihm ist unmittelbar die etwa vorhandene Regelung der Kristallgitter zu ersehen, und durch vergleichende Untersuchung der nach zahlreichen Gefügeanalysen gewonnenen Ergebnisse und gleichzeitig in der Natur angestellte Beobachtungen lassen sich Schlüsse darüber ziehen, was für Regelungsordnungen gewisse tektonische Bewegungen in den Gesteinen verursachen und wie die Regelung der verschiedenen Tektonite entstanden ist.

Umkristallisation ohne Durchbewegungen bewirkt keine Regelung. Metamorphen Gesteinen, die vor ihrer Metamorphose strukturell ungeregelt gewesen sind, kommt dieselbe Eigenschaft auch dann noch zu, wenn sie in einer Thermometamorphose eine völlige Umkristallisation erlitten haben, wie z. B. die aus Tongesteinen entstandenen kontaktmetamorphen Hornfelsen und die meisten Skarngesteine. Tektonite wiederum sind im allgemeinen die im Zusammenhang mit Gebirgskettenbewegungen metamorphosierten Gesteine.

Reine Haupttypen der die Regelung bewirkenden Durchbewegung sind 1. die *laminare Gleitung* (als Beispiel dient ein Buch, dessen Blätter sich in der Ebene zueinander verschieben, Abb. 346) und 2. die *Plättung* (als Beispiel das Backen von Brot aus einer Teigkugel). In beiden Fällen verformen sich die in den Stoff gezeichneten Kugeln zu Ellipsoiden und nehmen die starren Stäbchen wie auch die mechanisch unwirksamen Vorzeichnungen, also in den Gesteinen auch die Kristalle, eine parallele Lage ein. Bei der laminaren Gleitung suchen sie sich in eine Gleitebene, *Scherfläche*, zu ordnen, die bei den Überschiebungs- und sonstigen Scherbewegungen der Gebirgskettendecken mit der Wirkungskomponente der schiebenden Kraft parallel verläuft. Bei der Plättung dagegen ordnen sich die stab- und plattenförmigen Bestandteile senkrecht zu der Wirkungsrichtung der Kraft. Die laminare Gleitung ist die vorherrschende Form der Durchbewegung bei den von den Gebirgskettendecken erlittenen Überschiebungen, die in einer ungefähr waagerechten Richtung verlaufen, so daß die Schieferung der Tektonite eine flach geneigte Lage einnimmt. Die Plättung wiederum spielt vermutlich eine wichtigere Rolle bei einer Verformung, deren Schieferung senkrecht oder steil geneigt ist, wie es sich meistens im Grundgebirge verhält. Im allgemeinen tritt keine der beiden Bewegungsweisen rein, sondern in mancherlei Kombinationen in der Natur auf.

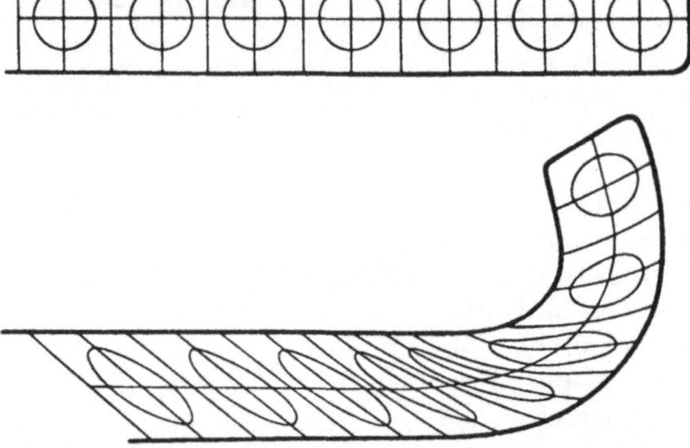

Abb. 346. Laminare Gleitung. Ein Buch, an dessen einem Ende auf den Schnitt Figuren gezeichnet sind, wird nahe dem Rücken gebogen, wobei die Blätter sich gegeneinander verschieben und die Figuren sich verformen.

In beiden Fällen bewirkt schon allein die *mechanische Durchbewegung* in den Gesteinen sowohl eine Form- als auch eine Gitterregelung. Erstere ist ohne weiteres zu verstehen, z. B. im Lichte der oben angeführten veranschaulichenden Beispiele. Die Regelung der Gitter bei solchen Kristallarten, deren Gefüge in bestimmter Beziehung zu der Gitterstruktur steht, wie bei den Glimmern und Amphibolen, folgt bereits aus der Formregelung. Schwerer ist es zu erklären, wie solche Kristallarten, die nicht als Bestandteile von Gesteinen in der Form Richtungsunterschiede, sondern einen isometrischen (nach allen Richtungen gleicherweise ausgebildeten) Kornhabitus aufweisen, doch eine Gitterregelung erleiden, wie die Erfahrung lehrt. Als Ursache gilt die innere *Verschiebung* oder *Translation* der Kristalle in bestimmten Gleitrichtungen (S. 83). Bei der laminaren Gleitung drehen sich die Kristalle, bis sie in eine solche Lage kommen, daß die Gleitrichtung der Kristallart in die Großgleitrichtung des Gesteins fällt. Derartige Minerale sind vorwiegend Kalkspat und Quarz.

Der Kalkspat wird meistens so geregelt, daß das stumpfe Rhomboeder $(01\bar{1}2)$ in die Gleit- und Schieferungsrichtung des Gesteins fällt, während zugleich im

Gitter Kippzwillinge nach demselben Rhomboeder entstehen (S. 82). Der Quarz wiederum wird auf verschiedene Weise geregelt, bald derart, daß die Basisflächen (0001) in die Schieferungsrichtung fallen (sog. TRENERsche α-Regel), bald wiederum so, daß die c-Achsen in die Gleitrichtung bzw. Scherrichtung zu liegen kommen (γ-Regel); können doch die Quarzkristalle bisweilen auch nach ihren Rhomboederflächen angeordnet werden. Experimentell hat im Quarz keine Translation festgestellt werden können, und der Sachverhalt ist noch unklar, wenngleich das sog. unbedingte Auslöschen im Quarz mit Sicherheit zu beweisen scheint, daß in diesem das Gleiten in der Richtung der Basisfläche möglich ist. In dem wellig auslöschenden Quarz sind nämlich die Basisflächenrichtungen der Kristalle gefältelt, und das setzt eine Gleitmöglichkeit in dieser Richtung voraus, ebenso wie ein Papierblock gebogen und gefaltet werden kann,

Abb. 347. Kristallisationsschiefriger Amphibolit aus Kalanti, Finnland. Die Gemengteile sind Hornblende, Plagioklas, Eisenerz. Gewöhnliches Licht, Vergr. 15×.

wenn seine Blätter sich gegeneinander bewegen können, aber nicht dann, wenn sie zusammengeleimt sind. — Das Gleiten ist jedoch oft äußerst gering gewesen, U. a. haben ANNA HIETANENS Untersuchungen über die finnischen Quarzite nachgewiesen, daß das Quarzgitter ohne sichtbare Scherbewegung die „Frontzu wenden“ vermocht hat.

In den mechanisch geschieferten Gesteinen sind die einzelnen Kristallindividuen deformiert, und eine derartige Regelung nennt man daher *Bruchschieferung*. Aber auch die ganz unversehrten Kristalle sind in den kristallinen Schiefern allgemein geregelt. Dann ist das Gestein *kristallisationsschieferig* (Abb. 347). Eine derartige Struktur ist in sehr vielen Fällen darauf zurückzuführen, daß das Gestein schon vor seiner Umkristallisation geregelt gewesen ist, entweder als mechanisch bruchschieferiges Gestein, als Magmagestein mit Fließstruktur, oder auch als mechanisches Sediment, in dem z. B. die Glimmerschuppen platt auf den Grund des Wassers gesunken sind (*Anlagerungsregelung*). In allen diesen Fällen ist die Schieferung ein Rest früherer Regelung und setzt keine Durchbewegungen voraus.

Zum mindesten ebenso häufig ist jedoch festzustellen, wie Regelung dadurch eingetreten ist, daß die Durchbewegung gleichzeitig mit der Umkristallisation des Gesteins vor sich gegangen ist. Die Ursache kann dabei dieselbe wie bei der mechanischen Regelung gewesen sein, aber offenbar wachsen auch die neuentstandenen Kristalle lieber in bestimmten Bewegungsrichtungen als sonstigen Richtungen. Nach SANDER ist die Gleichrichtung oder Scherfläche im Gestein zugleich die Richtung der größten *Wegsamkeit* in dem Sinne, daß die Stoffe in ihr am leichtesten in das Gestein diffundieren und sich bewegen können. So wachsen z. B. die Glimmerschuppen und die Hornblendestengel in der Scherfläche.

Die Granate und andere Kristallarten, die sich infolge ihrer Symmetrie zu isometrischen Körnern gestalten, haben gewöhnlich auch in den kristallisationsschieferigen Gesteinen keine platten Formen angenommen. Dagegen scheinen sie in vielen Fällen im Verlaufe ihrer metamorphen Kristallisation zwischen durch Gleiten verschobenen Flächen sich gedreht zu haben, wie die Kugeln in einem Lager zwischen der runden Achse und dem Außenring der Kappe. Das geht daraus her-

Abb. 348. Einschlußwirbel oder gedrehte helicitische Einschlußreihen in Granat. Val Piora, Tessin, Schweiz. Vergr. ca. 8×.

vor, daß die schichtweise angeordneten helicitischen Einschlußreihen S-förmige *Einschlußwirbel* bilden (Abb.348). F. BECKE hat an Einschlußwirbeln des Granats im Glimmerschiefer nach dem Drehungswinkel und nach dem Durchmesser des Granatkristalls den Mindestbetrag der Verschiebung berechnet. In einem Fall, als der Durchmesser des Granatkristalls 0,3 cm betrug, maß er den Drehungswinkel mit 320° und berechnete daraus, daß die am Kristall vorbeiführenden Schieferflächen um mindestens 1,68 cm aneinander vorbeigeglitten waren. Wenn eine gleichmäßig durchbewegte Schieferdecke 100 m dick wäre, beliefe sich der Betrag der Verschiebung schon auf 560 m, nach SCHMIDT auf einen doppelt so großen Wert. Derartige Einschlußwirbel sind interessante Zeugnisse für die Größe der tektonischen Scherbewegung, und außerdem liefern sie den sicheren Beweis, daß die Umkristallisation und die Durchbewegung des Gesteins gleichzeitig eingetreten sind. Sie sind u. a. in den Schiefern des archäischen Grundgebirges angetroffen worden.

Die Gleichzeitigkeit der Umkristallisation und der Durchbewegung pflegt man wiederzugeben durch die Ausdrucksweise, daß die Bewegung *parakristallin* gewesen ist. In anderen Fällen ist die Bewegung später gewesen, und ihre Spuren haben sich als nicht geheilte Bruchschieferung erhalten: *postkristalline Durchbewegung*. In noch anderen Gesteinen ist die Umkristallisation nach der Durchbewegung eingetreten, sie hat die durch die frühere Bewegung verursachten Bruchwunden geheilt und im Gestein eine die Bruchschieferung nachahmende Kristallisationsschieferung hinterlassen: *präkristalline Durchbewegung.*

Schon bevor SANDER seine oben wiedergegebene Theorie über die Entstehung der Kristallisationsschieferung nach dem Wegsamkeitsprinzip darstellte, hatte F. BECKE diese als Folge des zur Schieferung senkrechten Druckes ohne Durchbewegungen erklärt. Er bediente sich des sog. RIECKEschen Prinzips, nach dem in Kristallen unter einseitigem Druck die Löslichkeit in dessen Wirkungsrichtung zunimmt, aber in der zu dieser senkrechten Richtung sich vermindert. Die Kristallarten erhalten infolgedessen senkrecht zur Druckrichtung gewachsene Schuppen- oder Stengelformen. In letzter Zeit hat dieser Gedanke vor dem SANDERschen Wegsamkeitsprinzip beinahe weichen müssen, aber er hat nicht widerlegt werden können und läßt sich besser als letzteres auf die plättungsähnliche Verformung anwenden, bei der in der Richtung der Schieferung im allgemeinen keine Scherbewegungen eintreten. Bei den Überschiebungen und Faltungen in den Kettengebirgen dagegen spielt wohl laminare Gleitung die Hauptrolle.

Umkristallisation durch Porenlösung. Die Gründer der Metamorphosenlehre (BECKE, VAN HISE, GRUBENMANN) nahmen an, die Umkristallisation der Gesteinsmineralien geschehe durch die in den Gesteinsporen zirkulierende Wasserlösung in der Weise, daß in dieser sich alle Bestandteile des Gesteins in kleinen Mengen auflösen, um dann wieder zu kristallisieren. Temperatur- und Druckveränderung wirken auf die Löslichkeit der Minerale ein. Daß unter veränderten Verhältnissen eine neue Phase (Kristallart) beständig werden kann, bedeutet nach dieser Anschauungsweise, die Löslichkeit dieser Phase nehme so sehr ab, daß die Lösung in bezug auf sie übersättigt wird, wobei sie zu kristallisieren beginnt und die früheren Phasen sich aufzulösen anfangen. Auch eine äußerst geringe Flüssigkeitsmenge kann auf diese Weise eine Umkristallisation des ganzen Gesteins vermitteln.

Eine derartige Metamorphose läßt sich mit wasserlöslichen Salzen leicht experimentell nachahmen. Von reziproken Salzpaaren, die zwei Kationen und zwei Anionen enthalten, die ausgetauscht werden können, ist bei Anwesenheit einer gesättigten Lösung dasjenige Paar beständig, das ein geringeres Löslichkeitsprodukt aufweist. Z. B. bei dem Paar (K^{1+}, Na^{1+})—(Cl^{1-}, NO_3^{1-}) ist bei allen Temperaturen zwischen Schmelz- und Siedepunkt $L_{KCl} \times L_{NaNO_3} > L_{NaCl} \times L_{KNO_3}$, weswegen die Reaktion stets die Richtung

$$KCl + NaNO_3 \rightarrow NaCl + KNO_3$$

einschlägt.

Wird eine kleine Menge Kaliumchlorid und Natriumnitrat vermengt und die Mischung angefeuchtet, so entsteht eine gesättigte Salzlösung, aus der sogleich Natriumchlorid und Kaliumnitrat zu kristallisieren beginnen. Die „Metamorphose" kann auf dem Objektträger unter dem Deckglas im Mikroskop verfolgt werden.

Wenn sich die Löslichkeit mit der Temperatur verändert, kann sich zum mindesten in gewissen Fällen das Löslichkeitsprodukt der Salze wandeln, so daß die Reaktion bei einer bestimmten Temperatur umgekehrt wird. Dann kann durch Veränderung der Temperatur die Reaktion beliebig in diese oder jene Richtung gewendet werden. TH. G. SAHAMA hat die Metamorphose des Salzpaares (Na^{1+}, K^{1+})—(JO_3^{1-}, Cl^{1-}) untersucht. Über 38° bis 39° ist das Löslichkeitsprodukt von Kaliumjodat und Natriumchlorid, unter dieser Temperatur das von Natriumjodat und Kaliumchlorid geringer. Wirklich gelang es SAHAMA, in diesem „Umwandlungspunkt" die Metamorphose nach Belieben in diese oder jene Richtung zu lenken. In den Salzgesteinen haben sich derartige Metamorphosen tatsächlich in der Natur vollzogen (vgl. S. 276), und auch diese können experimentell wiederholt werden.

Auch in den Silicatgesteinen finden sich zahlreiche derartige Kristallartenkombinationen, die bei Veränderung der Temperatur und auch des Druckes miteinander reagieren, so daß eine andere Kombination entsteht. In bei hoher Temperatur oder unmittelbar aus der flüssigen Lava kristallisiertem calciumreichem Silicatgestein entsteht z. B. die Kombination Wollastonit—Anorthit, aber in einem bei niedrigerer Temperatur umkristallisierten, seiner Zusammensetzung nach gleichen metamorphen Gestein die Zusammenstellung Grossular—Quarz. Sinkt also die Temperatur unter den Umwandlungspunkt, so verläuft die Reaktion in der Richtung

$$2\,CaSiO_3 + CaAl_2Si_2O_8 \rightarrow Ca_3Al_2Si_3O_{12} + SiO_2.$$

Wollastonit + Anorthit → Grossular + Quarz.

Das läßt sich gerade darauf zurückführen, daß das Löslichkeitsprodukt oberhalb des Umwandlungspunktes bei der rechtsseitigen und unterhalb desselben bei der linksseitigen Kristallkombination größer ist.

Umkristallisation und Reaktionen in kristallinem Zustand. Die Stoffe können auch unmittelbar in kristalliner Form, ohne Vermittlung einer flüssigen Phase, ineinander diffundieren und miteinander reagieren. Früher war man allerdings der Meinung, daß es sich anders verhalte: „Corpora non agunt nisi fluida“ (die Stoffe wirken nur in flüssigem Zustand) hat schon seit den Zeiten der Alchimisten als Dogma gegolten. Als erster bewies W. Spring (S. 279) in den 80er Jahren des vorigen Jahrhunderts, daß dies nicht zutreffend ist. Seitdem hat man die Reaktionen des kristallinen Zustandes viel erforscht, und gegenwärtig ist es eine allgemein angewandte Verfahrensweise, zahlreiche Verbindungen dadurch herzustellen, daß man ihre Bestandteile weit unter ihrem Schmelzpunkt trocken erhitzt. So kann Wollastonit aus Calciumoxyd und Quarz schon bei etwa 700° und Forsterit aus Magnesiumoxyd und Quarz bei 620° hergestellt werden, obgleich der Schmelzpunkt des Wollastonits bei 1540° und der des Forsterits bei 1890° liegt.

Von den zahlreichen Untersuchungen über die Reaktionen des kristallinen Zustandes seien insbesondere die von J. A. Hedvall erforschten sog. *Platzwechselreaktionen* angeführt. Zu ihnen gehört z. B. die Reaktion

$$BaO + CaCO_3 \leftarrow CaO + BaCO_3.$$

Das geschieht, wenn das linksseitige Gemenge trocken auf etwa 345° erwärmt wird, wobei sich der Stoff plötzlich für einen Augenblick erhitzt. Daran ist zu erkennen, daß die Reaktion exotherm ist, und so verhält es sich mit allen Platzwechselreaktionen. BaO reagiert gleicherweise mit den Sr-, Ca-, Mg-, Zn-, Cu-, Mn- und Al-Carbonaten, -Sulfaten, -Phosphaten und -Silicaten, und zwar bei fast gleicher Temperatur. SrO wiederum reagiert bei etwa 460°, aber weder mit Ba- noch mit Sr-Salzen usw. zusammen. Bei dieser ganzen Reihe ist die Reaktionstemperatur des Oxyds, die niemals einen genau bestimmten Punkt bedeutet, unabhängig von dem Charakter des Anions, abgesehen von dem Fall, daß der Umwandlungspunkt eines etwaigen Reaktionsproduktes unterhalb dieser Temperatur liegt, wobei auch die Reaktionstemperatur niedriger liegt. Im allgemeinen ist nämlich das Reaktionsvermögen eines kristallinen Stoffes am größten, wenn in ihm gerade eine Umwandlung von der kristallinen Zustandsform in eine andere stattfindet.

Da die Platzwechselreaktionen exotherm sind und in gleicher Richtung auch oberhalb der „Reaktionstemperatur“, richtiger der für die Reaktion erforderlichen Anfangstemperatur, eintreten, ist jene Temperatur kein Umwandlungspunkt, sondern die Reaktion vollzieht sich stets so, daß Energie frei wird; das bedeutet also Streben nach chemischem Gleichgewicht. Eine bestimmte Temperatur ist nur notwendig, damit die Atombewegungen in den Kristallgittern genügend stark werden und die Gitter zerbrechen können.

Als eines der Ergebnisse allgemeiner Bedeutung in der Kristallreaktionsforschung ist zu erwähnen, daß die Geschwindigkeit der zahlreichen Platzwechselreaktionen, ja sogar auch ihre Möglichkeit, in ganz fehlerfreien Kristallgittern äußerst gering ist. Die wirklichen Kristalle sind keine Idealkristalle, wie sie in der Kristallographie nach der Theorie vom homogenen Raumgitter aufgefaßt werden, sondern in ihnen kommen Strukturfehler vor.

Dabei ist in erster Linie zu denken an die Verhältnisse, wie sie auf den Flächen des Kristalls und im kristallinen Stoff an den Grenzen der Individuen, den Korngrenzen, bestehen. Im Innern des Kristalls stehen die im Gitter wirkenden Kräfte im Gleichgewicht, wogegen in der Fläche die allseitige Wirkung der benachbarten Atome aufhört. Die Atome unterliegen einseitiger Anziehungskraft. Sie sind daher ungesättigt und chemisch sowie physikalisch aktiv. Ebenso verhält es sich natürlich mit den Flächen der inneren Poren und der Spalten. Die Flächenteile des Kristalls nehmen somit Eigenschaften an, welche an die des flüssigen und des gasförmigen Zustands erinnern und sind besonders reaktionsfähig.

Aber auch im Innern der wahrnehmbar fehlerfreien Kristalle können Strukturfehler vorkommen (vgl. S. 183). Ein Atom kann an einer ihm gebührenden Stelle fehlen, ein anderes Atom kann dort auftreten, wo eine andere Atomart vorzukommen hätte, oder ein Atom kann überzählig zwischen den Netzflächen vorhanden sein. Diffusion in den Kristallen bedeutet nun die Wanderung von Fehlerstellen im Gitter. Da also Diffusion und Reaktion in den Kristallgittern von deren Strukturfehlern abhängig sind, ist zu verstehen, daß das Auftreten von Fehlern keineswegs ein Ausnahmezustand, sondern nach der von C. Wagner und Schottky entwickelten *Fehlertheorie* für die Kristallgitter ungefähr ebenso charakteristisch ist wie die elektrolytische Dissoziation für die Lösungen. Die Fehlermenge ist vom Druck und von der Temperatur abhängig und kann schon in einigen Fällen annähernd berechnet werden. Daher nimmt die Reaktionsfähigkeit der kristallinen Stoffe bei steigender Temperatur zu und ist im allgemeinen nur oberhalb einer bestimmten Temperaturgrenze beträchtlich.

Bei konstanter Temperatur ist die Reaktionsfähigkeit außerdem von dem Feinheitsgrad der Kristalle abhängig, da der Inhalt der Grenzflächen oder die *Intergranulare* um so größer ausfällt, je feinkörniger der Stoff ist. Der die Reaktionen fördernde Einfluß der Veränderung der Kristallstruktur wiederum beruht darauf, daß die Gitter dann eine Weile wie zerbrochen sind und die Atome *in statu nascendi* zur Wirkung gelangen. In den Mischkristallen ist die Reaktionsgeschwindigkeit im allgemeinen größer als in den reinen Kristallen, da ihre Gitter lockerer sind. Ferner hat man durch Experimente gezeigt, daß die Durchbewegung die Reaktionsfähigkeit der Kristalle stark fördert und die Reaktionstemperatur erniedrigt, worauf wir im folgenden zurückkommen werden.

Gewisse heteropolare Ionengitter vermögen in geringen Mengen ganz fremde Stoffe aufzunehmen und gleichsam in sich selber aufzulösen. So geht in Quarz bei Erhitzen Eisenoxyd ein; es entsteht eine dem Rosenquarz ähnliche rote „feste Lösung“. Ferrisilicatbildung hat dabei nicht festgestellt werden können. Das steht in Einklang mit der Tatsache, daß der durch Fe_2O_3 rotgefärbte Wüstensandstein auch noch nach Metamorphose zu Quarzit rot bleibt, wie z. B. der archäische Quarzit von Tiirismaa in Finnland.

Umkristallisation von Silicatgesteinen. Nach obigem ist eine metamorphe Umgestaltung in trockenen kristallinen Gesteinen durchaus möglich, und in letzter Zeit haben denn auch viele Forscher angenommen, daß sich diese Umgestaltung trocken, ohne Vermittlung von Porenlösung, in erster Linie an den Grenzflächen der Kristalle oder den *Intergranularfilmen* vollzogen hat. Die Möglichkeit dieser Annahme ist zuzugeben, doch zu beantworten bleibt die Frage, was bewirkt denn das Wasser, das doch in den Poren aller Gesteine vorkommt und das bei der metamorphen Umkristallisation dadurch so offenbar wird, daß unter den neuentstehenden Kristallarten viele wasserhaltige sind, wie Amphibole, Glimmer, Epidot, Chlorit usw. Bei den Versuchen von SPRING wurde es ebenfalls klar, daß die salzartigen Stoffe, ja sogar die Oxyde, etwas feucht viel leichter als ganz trocken reagieren und ineinander diffundieren. Deswegen besteht vorläufig kein Anlaß, den großen Einfluß der Porenlösungen bei der Gesteinsmetamorphose zu bezweifeln, wenngleich auch die trockenen Reaktionen dabei mitwirken können, vorwiegend bei den besonders „trockenen" oder nur wasserfreie Kristallarten enthaltenden Gesteinen, wie den Granuliten und Eklogiten.

Die mikroskopische Untersuchung enthüllt bei den verschiedenen Kristallarten eine interessante Abhängigkeit von der Gitterstruktur insofern, als die Edelsilicate, deren Atompackung verhältnismäßig dicht ist, ausgehend von den Grenzflächen und Spalten, also von der Intergranulare, sich umzuwandeln beginnen, während dagegen die Veränderung der Gerüstsilicate meistens im Innern des Kristalls einsetzt, wo Umwandlungsprodukte als Einschlüsse entstehen. So beginnt die Serpentinisierung des Olivins an den Grenzen und Rissen, ebenso wie die Kelyphitbildung um den Granat, während diese Stoffe im Innern ganz klar bleiben. Die Feldspate, besonders die Plagioklasmischkristalle, sind dagegen oft voller Zersetzungseinschlüsse, wie Epidot und Sericit, bisweilen auch die „unkrautförmige Hornblende", die in der Hauptsache andere Elemente als der Feldspat enthält und somit auf dem Diffusionswege durch das Gitter an ihre Stellen gewandert sein muß.

Der Einfluß von Pressung und Durchbewegung auf die Umkristallisation. Sobald einseitiger Druck sich zu einer Durchbewegung entladet, wirkt er zugleich reaktionsfördernd, als Katalysator. Doch wirkt er auch auf andere Weise. Wenn das Gestein Porenmagma oder -lösung enthält, so verwandelt sich die Pressung in diesen in hydrostatischen Druck, aber auf die kristallinen Phasen wirkt sie in bestimmter Richtung mehr als in den übrigen. Wie oben im Zusammenhang mit dem RIECKEschen Prinzip angeführt, nimmt in dieser Richtung die Löslichkeit zu und vermindert sich die Schmelztemperatur. Bei derartigen Verhältnissen kann überhaupt kein wirkliches chemisches Gleichgewicht entstehen, sondern nur eine Art statischer Strömungszustand, in dem fortgesetzt eine chemische Veränderung vor sich geht. Und da die Kristallgitter starre Raumanordnungen sind, ist zu erwarten, daß die Deformationen die empfindlichen Gitter zerbrechen und in den Kristallverbindungen Zersetzung verursachen.

Wirklich finden sich gewisse Kristallarten gern, ja sogar ausschließlich in den von Durchbewegungen bearbeiteten Tektoniten, andere wiederum meiden diese Gesteine. Der englische Petrologe HARKER hat erstere als Stress-, letztere als Antistressminerale bezeichnet.

Der amerikanische Chemiker M. CAREY LEA stellte schon um 1890 einfache Versuche zu dieser Erscheinung an. Er zerrieb mit Handkraft im Mörser Halogenide, Oxyde, Sulfide und viele andere Verbindungen von Silber, Quecksilber, Gold, Platin usw. Sie zersetzten sich teilweise, die Menge der gediegenen Metalle in dem zerriebenen Pulver wurde in gewissen Fällen auch quantitativ bestimmt. So wurde aus 0,5 g Natriumchloraurat 9,2 mg, ein anderes Mal 10,5 mg gediegenes Gold gewonnen. LEA betonte, daß diese Reaktionen endotherm sind, d. h. die mechanische Arbeit wandelt sich bei ihnen in chemische Energie um. Heutzutage könnten wir sagen, daß LEA die Elementarzellen seiner Goldsalze zerrieb.

Unter den Gesteinsmineralien finden sich solche, die überhaupt keine tektonische Reibung, laminare Gleitung oder Plättung zu ertragen scheinen, vorwiegend der Leucit, auch Nephelin, Sodalith, Cancrinit, Skapolith, Cordierit, Andalusit. Diese Kristallarten scheinen Antistressminerale nach der HARKERschen Definition zu sein. Aus den meisten von ihnen entstehen bei den Durchbewegungen (diaphtoretisch) stets hydroxylhaltige Kristallarten, aber der Andalusit hat sich oft in wasserfreien Disthen verwandelt.

Der Disthen ist denn auch eines der HARKERschen Stressminerale, andere sind Chloritoid, Paragonit, Staurolith. Letzterer ist jedoch auch sogar in Pegmatiten und nicht nur in durchbewegten Gesteinen angetroffen worden; desgleichen hat man Disthen auch in Gesteinen gefunden, die keine Spuren von Pressung erkennen lassen.

Viele Gesteinsminerale, wie die Glimmer, Chlorit, Talk, Amphibol, Epidot, finden sich meist in Tektoniten, aber auch in den von der Wirkung der Bewegungen verschont gebliebenen Gesteinen. Einige können offenbar ebensogut in Tektoniten wie auch in unbewegten Gesteinen vorkommen und entstehen, wie Quarz, Alkalifeldspate, Olivin und gewisse Pyroxene. Andere Pyroxene, vorwiegend die rhombischen, sind wiederum den Antistressmineralien ähnlich und scheinen Durchbewegungen schlecht zu vertragen.

Am ehesten wäre daran zu denken, daß die Beständigkeit oder Unbeständigkeit der Minerale bei Durchbewegungen von ihren Kristallstrukturen abhängig wäre. Wir sehen auch sogleich, daß die ∞ (Si_2O_5)- und (OH)-Schichtgitter tektonische Reibung sehr gut vertragen, desgleichen die ∞ (Si_4O_{11})-Bänder der Amphibole, während die ∞ (SiO_3)-Ketten der Pyroxene schon schwächer sind. Aber unter diesen gibt es auch viele Edelsilicate und Gerüstsilicate, die beide teilweise Antistressminerale sind, so daß dadurch der Sachverhalt nicht klar beleuchtet werden kann.

Dagegen ist eine deutliche Abhängigkeit von der Dichte der Atompackung insofern zu erkennen, als die Mineralien, die Durchbewegungen ertragen, besonders dicht gepackte oder verhältnismäßig schwere Mineralien sind, wobei als Maßstab das Verhältnis zwischen dem Molvolum des Stoffes (mv, S. 78) und der Summe der Molvolumina der in diesem auftretenden Oxyde geeignet ist. Diejenigen, deren mv größer als die mv-Summe der Oxyde ist, heißen Plusmineralien, die anderen wiederum Minusmineralien. Unter jenen finden sich die höchst typischen Antistressmineralien Leucit, Nephelin und Cordierit, während dagegen alle Mineralien, die tektonische Reibung begünstigen, Minusmineralien sind, wie Olivin, Disthen, Granate, Staurolith, Epidot, Chloritoid. Dichte Atompackung scheint eine Voraussetzung, wenn auch nicht die einzige, für die Reibungswiderstandsfähigkeit zu sein, denn unter den Minusmineralien gibt es auch solche, die Durchbewegungen nicht gut ertragen, wie der Enstatit.

Durch unsere Betrachtung kommen wir zu dem Ergebnis, daß gewisse Mineralien wirklich Antistressmineralien sind, also solche, deren Gitter keine Durchbewegungen leiden. Andere Mineralien wiederum ertragen diese, aber es ist nicht nachweisbar, daß sie nicht beständig wären und nicht auch ohne Bewegungen entstehen könnten. Daß gewisse derartige Mineralien, wie Chloritoid, niemals in anderen Gesteinen als Tektoniten angetroffen worden sind, beruht wahrscheinlich nur darauf, daß das Gebiet ihrer Beständigkeitstemperatur sehr niedrig liegt und daß Mineralbildung daher nicht ohne die katalytische Hilfe einer Durchbewegung vor sich geht.

Das Mineralfaciesprinzip. Bei chemischem Gleichgewicht bildet sich aus einer bestimmten Stoffmischung bei gleicher Temperatur und gleichem Druck stets dieselbe bestimmte Phasenkombination. Auf die Gesteine angewandt, bedeutet dieses Gesetz der chemischen Gleichgewichtslehre, daß unter konstanten Bedingungen derselben chemischen Gesamtzusammensetzung dieselbe Mineralzusammensetzung entspricht.

Die Anzahl der kristallinen Phasen oder also der Mineralien ist in den zu chemischem Gleichgewicht gelangten Gesteinen höchstens dieselbe wie die der chemischen Stoffkomponenten des Gesteins. Das ist die sog. *mineralogische Phasenregel* (S. 239). Die Komponenten können auf verschiedene Weise gewählt werden, doch ist es am besten geeignet, als solche die Oxyde zu nehmen, wie sie gewöhnlich in chemischen Analysen vorkommen.

Zu einer Mineralfacies werden diejenigen Gesteine gezählt, die bei gleicher chemischer Gesamtzusammensetzung eine gleiche bestimmte Mineralzusammensetzung aufweisen, aber bei wechselnder Gesamtzusammensetzung die Mineralzusammensetzung nach bestimmten Regeln verändern. (P. Eskola).

Diese Definition des Begriffes Mineralfacies gründet sich auf die erfahrungsgemäße Tatsache, daß die Mineralzusammensetzung der Gesteine im allgemeinen der chemischen Gleichgewichtslehre gemäß ist, aber das schließt nicht die Annahme ein, daß in ihnen wirklich chemisches Gleichgewicht besteht.

In erster Linie sind das Mineralfaciesprinzip und die auf es gegründete Klassifizierung mit Rücksicht auf metamorphe Gesteine aufgestellt worden. Doch läßt es sich auch auf zahlreiche Magmagesteine anwenden. Granit hat oft dieselbe Mineralzusammensetzung wie Gneis, und Hornblendegabbro dieselbe wie Amphibolit. Die Klassifizierung der Mineralfacies ist somit unabhängig von der Entstehungsweise der Mineralzusammensetzung, einerlei ob diese aus dem Magma kristallisiert, metamorph umkristallisiert oder metasomatisch kristallisiert sein mag, soweit sie eben dann dieselbe ist, wenn es sich um die gleiche chemische Gesamtzusammensetzung handelt.

Daß die Mineralvergesellschaftungen der Magmagesteine oft fast völliges chemisches Gleichgewicht erlangt haben, das den unverändert gebliebenen Verhältnissen entspricht, ist eigentlich unerwartet in Anbetracht dessen, daß ihre Kristallisation bei sinkender Temperatur erfolgt ist, aber es ist doch eine Tatsache, und es beweist, daß auch ihre Kristallisation unter konstanten Bedingungen zum Gleichgewicht hat führen können, wobei die früheren Glieder der Reaktionsreihen (S. 254) verschwunden sind und die übriggebliebenen nur die auf gleicher Stufe stehenden Glieder der Folge darstellen

Diejenigen Kristallarten, die zu den im Gleichgewicht befindlichen Mineralvergesellschaftungen irgendeiner Facies zu gehören scheinen, werden als für die Facies *typomorphe* Bestandteile bezeichnet. Unter diesen sind einige Kristallarten und Kristallartenvergesellschaftungen für die Facies *kritisch*, worunter zu verstehen ist, daß sie nur in der betreffenden, aber keiner anderen Facies auftreten, so daß ihr Vorkommen entscheidend beweist, daß das Gestein zu derselben Facies gehört.

Die Mineralgemeinschaften sind unter andersartigen Verhältnissen — im allgemeinen bei höherer Temperatur und bei höherem Druck — als denjenigen, die an der Erdoberfläche bestehen, wo wir sie beobachten, entstanden und zu mehr oder weniger vollständigem chemischem Gleichgewicht gelangt. Nach der Entstehung sind die Gesteine gewöhnlich durch langsame geologische Abtragungsprozesse bloßgelegt worden, nachdem sie Verhältnissen ausgesetzt gewesen waren, in denen sie nach anderen Gleichgewichten hingestrebt hatten. Vom Standpunkt des Mineralfaciesprinzips ist es ein glücklicher Umstand, daß die Silicatmineralien sich langsam neuen Verhältnissen anpassen. Somit gelangen die in hohen Temperaturen und unter starken Drucken entstandenen Mineralvergesellschaftungen so gut wie unverändert an die Erdoberfläche. Beginnende Veränderung ist an ihnen zwar meistens zu erkennen, aber jene zur fraglichen Facies nicht gehörenden *Umwandlungsprodukte* oder *hysterogenen Bestandteile* können gewöhnlich von den während der Hauptphase der Mineralbildung entstandenen, für die Facies typomorphen Bestandteilen unterschieden werden. Als Umwandlungsprodukte erscheinen somit in erster Linie die bei niedrigen Temperaturen entstandenen hydroxylhaltigen Kristallarten, solche wie Epidot, Sericit, Chlorit, Serpentin, Zeolithe, Kaolin.

Die Gesteine, die in einer bestimmten Facies ihre Hauptgemengteile erhalten haben, umfassen oft außer hysterogenen Umwandlungsprodukten auch Reste einer früheren Mineralbildungsphase, bei der eine andere Facies maßgebend gewesen war. Derartige Kristallarten sind dann im Gestein *Relikte*. Sie können *gleichgewichtige Relikte* sein, wenn das Beständigkeitsgebiet der Kristallart in bezug auf Temperatur und Druck weit ist, wie das des Quarzes und des Calcits, so daß es typomorph zu vielen verschiedenen Facien gehört. Andere wiederum sind *ungleichgewichtige Relikte*, die sich infolge der Langsamkeit der Umwandlung erhalten haben, obgleich ihr Gleichgewichtsgebiet überschritten ist. Als Beispiel für ungleichgewichtige Relikte erblickten wir schon in den Magmagesteinen den Olivin, soweit er zusammen mit Quarz auftritt. Er hätte sich durch Reaktion mit der Restlösung in (Mg,Fe)-Pyroxen verwandelt, wenn das Gleichgewicht erreicht worden wäre.

In den von Durchbewegungen betroffenen Tektoniten ist das Erreichen chemischen Gleichgewichtes unvollständiger als in den unbewegt umkristallisierten Gesteinen (vgl. oben S. 290). Doch läßt sich auch auf diese das Faciesprinzip mit Erfolg anwenden, denn die Abweichungen vom Gleichgewicht sind im allgemeinen nicht groß, und wenn die Mineralvergesellschaftungen der wirklichen Gleichgewichte einmal festgestellt sind, können die Ausnahmen von ihnen herausgestellt werden. Durch mikroskopische Untersuchung der Struktur ist meistens feststellbar, in welcher Reihenfolge die verschiedenen Kristallarten entstanden sind. Durch Anwendung des Faciesprinzips wird dann die Entwicklungsgeschichte des Gesteins beleuchtet.

Zu jeder Facies gehören ihrer Zusammensetzung wie auch anfänglichen Entstehung nach wechselnde Gesteine, aber nicht in allen Facien kommt das Abwechslungsgebiet der Zusammensetzung der gesamten Gesteinswelt vor. In gewissen Facien kann die Metamorphosentemperatur so hoch sein, daß einige Mineralgesellschaften schon geschmolzen sind. Wahrscheinlich aus diesem Grunde ist die Stoffzusammensetzung von Granit nicht in Eklogitfacies anzutreffen. Anderseits verläuft bei niedrigen Temperaturen, bei denen nur durch Vermittlung reichlicher Porenlösungen metamorphe Umkristallisation vor sich gehen kann, der Stoffaustausch in bestimmten Richtungen, so daß einige Bestandteile abwandern, andere hinzukommen und sich in den Gittern niederlassen, wie besonders Wasser und Kohlendioxyd.

Mineralfaciesklassifizierung. In folgender Tabelle finden sich die wichtigsten untersuchten Mineralfacien, nach einem die charakteristischen Kristallartenvergesellschaftungen oder Mineralparagenesen enthaltenden, meistens der Zusammensetzung nach der Gabbroklasse entsprechenden Gestein bezeichnet:

Steigender Druck ↓	Sinkende Temperatur →			
Sanidinitfacies	(metamorph)			
Diabasfacies	(magmatisch)	Zeolithbildung		
Pyroxenhornfelsfacies	Amphibolitfacies	Epidot-Amphibolitfacies	Grünschieferfacies	(metamorph)
Gabbrofacies	Hornblendegabbrofacies			(magmatisch)
Granulitfacies				
Eklogitfacies	Glaukophanschieferfacies			

Beispiele für den Wechsel der Kristallartenbildung in den verschiedenen Facien sind dargestellt in den Tabellen auf dieser und der folgenden Seite, in welchen die chemische Analyse und Mineralzusammensetzung des in seiner Zusammensetzung gabbroähnlichen Gesteins jeder Facies aufgenommen worden sind.

Analysen von Gesteinen gabbroider Zusammensetzung aus den verschiedenen Mineralfacien.

	Diabasfacies Diabas Shtsheliki, Aunus, Ostkarelien	Pyroxenhornfelsfacies Essexithornfels Aarvold, Oslo	Amphibolitfacies Amphibolit Kisko, Finnland	Epidotamphibolitfacies Epidot-amphibolit Charlotta, Gr. Sulitelma, Norwegen	Grünschieferfacies Grünschiefer Furulund, Sulitelma, Norwegen
SiO_2	49,15	49,19	49,73	52,45	49,22
Al_2O_3	11,48	14,32	16,05	17,23	18,56
Fe_2O_3	3,97	6,00	2,44	4,36	2,22
FeO	13,22 NiO 0,07	8,28	7,96	4,96	5,35
MnO	0,44	0,09	0,20	0,08	0,12
MgO	5,39	5,70	7,84	6,71	8,15
CaO	8,63 BaO 0,04	8,55	10,22	8,55	7,17
Na_2O	2,64	3,48	2,99	4,94	4,65
K_2O	1,36	0,79	0,61	0,39	0,10
TiO_2	2,41	2,98	0,56	0,38	0,18
	FeS_2 0,22			S 0,04	S 0,02
P_2O_5	0,32	n. b.	0,12	Sp.	
CO_2	—	—	—	—	0,43
H_2O	0,57	0,51	1,03	0,69	3,15
Summe	99,91	99,89	99,75	100,78	99,93
Sp. G.	3,09	3,02	2,99	N. b.	N. b.
Modus	Plagioklas 48,4 Hypersthen-Augit 37,4 Hornblende, Glimmer, Eisenerz u. a. 14,2	Plagioklas 48 Hypersthen 17 Diopsid 18 Biotit, Eisenerz u. a. 17	Plagioklas 26,5 Hornblende 71,5 Quarz 2,0	Oligoklas-Albit (An_9) 42,8 Hornblende 42,2 Klinozoisit 12,3 Chlorit 2,9 Rutil u. a. 0,5	Quarz 1,1 Albit 39,9 Chlorit 29,4 Epidot 23,0 Aktinolitische Hornblende 3,5 Calcit u. a. 2,6

Graphische Darstellung der Mineralvergesellschaftungen. Beschaffenheit und Menge der Kristallarten der zu einer bestimmten Facies gehörenden Gesteine wird durch ihre chemische Zusammensetzung eindeutig bestimmt. Für jede Facies kann ein Diagramm konstruiert werden, in das gewisse nach Gesteinsanalysen berechnete Zahlenwerte eingetragen werden, aus denen die möglichen Mineralzusammensetzungen sowohl nach der Beschaffenheit als auch mengenmäßig hervorgehen. Eine derartige graphische Darstellung setzt nur voraus,

Analysen von Gesteinen gabbroider Zusammensetzung aus den verschiedenen Mineralfacien.

	Granulitfacies Noritgranulit Härkäselkä, Lappland	Eklogitfacies Eklogit Burgstein, Tirol	Glaukophanschiefer-facies Glaukophanschiefer Scalea, Nordkalabrien
SiO_2	52,03	46,26	47,54
Al_2O_3	16,30	14,45	19,22
	Cr_2O_3 0,10		
Fe_2O_3	0,82	4,41	4,58
FeO	9,13	5,82	2,98
MnO	0,17	n. b.	0,06
MgO	7,04	11,99	5,36
CaO	8,78	11,66	7,90
	BaO 0,03		
Na_2O	2,14	2,45	3,63
K_2O	1,21	1,51	1,89
TiO_2	2,27	0,28	1,24
P_2O_5	0,06	n. b.	0,05
S	0,04	—	—
H_2O	0,35	1,10	6,00
Summe	100,51	99,93	100,45
Sp. G.	3,02	3,45	3,07
Modus	Quarz 2,5 Kalifeldspat 7,1 Plagioklas 49,5 Hypersthen 25,3 Diopsid 9,6 Eisenerz u. a. 4,9	Omphacit 48,5 Granat 50,5 Eisenerz, Rutil u. a. 1,0	Glaukophan 54,3 Lawsonit 26,8 Sericit 15,6 Titanit 2,8 Erz u. a. 0,3

daß die Anzahl der chemischen Komponenten nicht größer ist, als graphisch dargestellt werden kann, d. h. höchstens vier.

Die Zusammensetzung der wichtigsten Gesteinsmineralien kann unter angemessenen Einschränkungen ausgedrückt werden durch drei Komponenten, deren Mengenverhältnisse in ihren Schwankungen durch ein gleichseitiges Dreieck, wie oben (S. 245) dargestellt, veranschaulicht werden können. Dabei werden nur diejenigen Gesteinsarten berücksichtigt, die einen Überschuß an Siliciumdioxyd (in der Form von Quarz) enthalten, was in der graphischen Darstellung nicht zum Ausdruck gelangt. Auf die Mengen der übrigen Gemengteile wirkt der Betrag dieser Komponente nicht ein. An einer Ecke des Dreiecks wird CaO $= C$, an der zweiten (Mg,Fe)O $= F$ und an der dritten der Teil des Aluminiumoxydes untergebracht, der nicht an Natrium oder Kalium gebunden ist; er wird mit A wiedergegeben. Die Nebengemengteile werden außer acht gelassen und die in ihnen enthaltenen $(Al,Fe)_2O_3$-, CaO- und (Mg,Fe)O-Mengen von den Analysenzahlen abgezogen. So lassen sich die wichtigsten Silicatmineralien ausdrücken, abgesehen von den Kalium- und Natriumaluminiumsilicaten sowie den basischen Silicaten, wie Olivin. Die aus den Analysen erhaltenen A-, C- und F-Zahlen werden in Hundertzahlen von ihrer Gesamtmenge berechnet.

Im folgenden werden in den Abb. 349 bis 355 und 357 für die wichtigsten Facien die ACF-Diagramme dargestellt. Werden die Zusammensetzungspunkte oder -gebiete der in den Gesteinen auftretenden Mineralien durch Gerade verbunden, so zerfallen die Dreiecke in Teildreiecke. In gleichgewichtigem Gestein gleichzeitig möglich sind nur diejenigen Kombinationen dreier Kristallarten, deren Zusammensetzungspunkte in die Spitzen desselben Teildreieckes fallen. Die in verschiedenen Teildreiecken auftretenden Kristallarten können nicht gleichgewichtig in einem Gestein vorkommen, da zwischen ihnen immer Reaktionen eintreten können, wobei Kristallarten entständen, die in die Endpunkte der Grenzlinien verlegt werden müßten. Z. B. aus Wollastonit und Hypersthen (Abb. 350) entstände Diopsid: $CaSiO_3 + MgSiO_3 \rightarrow CaMg(SiO_3)_2$. — Anderseits fällt der *ACF*-Punkt jeder Mischung der an den Spitzen desselben Teildreieckes gelegenen drei Stoffe in dasselbe Teildreieck.

Sanidinit- und Diabasfacies. Bei höchsten Temperaturen und niedrigstem Druck eintretende Mineralbildung ist in der Natur in vulkanischen Gesteinen und den in diese hineingelangten Einschlüssen anzutreffen. Wirkliche Gleichgewichte entstehen in diesen Bildungen nur selten, ungleichgewichtige Relikte gibt es allgemein, und die pneumatolytischen sowie hydrothermalen Einflüsse sind merklich. Echte homogene metamorphe Gesteine sind selten anzutreffen. Auch in den Lavagesteinen selbst sind die Gleichgewichte selten, denn die Kristallisation in derartigen Gesteinen hat meistens schon unter der Erdoberfläche begonnen und hört bei der Abkühlung so schnell auf, daß das Gleichgewicht nicht vollständig wird. Im Gestein bleibt oft vulkanisches Glas, ein für diese Facies bezeichnender ungleichgewichtiger Relikt. Dagegen entstehen sogar sehr vollständige Gleichgewichtsvergesellschaftungen oft in halboberflächlichen oder hypabyssischen Ganggesteinen, wie den Diabasen. Wir reihen sie in die der Sadinitfacies entsprechenden magmatischen Diabasfacies ein. Ihr verhältnismäßig vollständiges Gleichgewicht beruht darauf, daß die Kristallisation in unterkühltem Zustand, bei ungefähr konstanter Temperatur, vor sich gegangen ist.

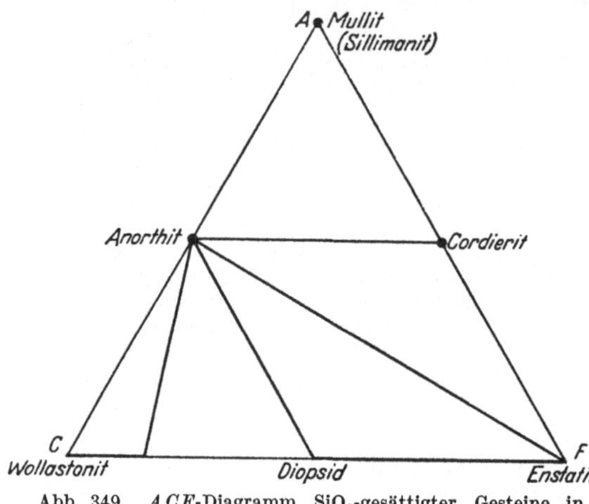

Abb. 349. *ACF*-Diagramm SiO_2-gesättigter Gesteine in Sanidinitfacies.

Kaum wäre es möglich, an den hierher gehörenden natürlichen Gesteinen die Gleichgewichtsregeln der Kristallarten festzustellen, doch lassen die Gesteine erkennen, daß ihre Kristallarten dieselben sind wie diejenigen, die man bei Laboratoriumsversuchen bei dem Druck einer Atmosphäre aus trockenen Schmelzen erhält. Vorwiegend auf Grund der im Geophysikalischen Laboratorium von Washington ausgeführten Untersuchungen ist für die Sanidinitfacies ein *ACF*-Diagramm aufgestellt worden (Abb. 349).

Die kritischen Mineralien der Facies sind Sanidin und Klinoenstatit-Klinohypersthen sowie deren Mischkristalle mit Diopsid-Hedenbergit. Die isomorphen (K,Na)-Feldspatmischungen des Sanidins sind beständig nur bei hohen Temperaturen, als Ausscheidungen aus Lava, aus der sich die flüchtigen Stoffe schnell entfernen. Rasche Abkühlung verhindert die Entmischung. (Mg,Fe)-Pyroxene entstehen in trockenen Synthesen nur als monokliner Klinoenstatit und Klinohypersthen, und diese vermischen sich unbegrenzt mit Diopsid. Dieselben monoklinen Mischkristalle sind auch in manchen Diabasen und Basalten sowie besonders in Meteoriten anzutreffen. Auch mit Wollastonit mischt sich unter diesen Verhältnissen etwas (Mg,Fe)-Silicat. Nimmt doch im allgemeinen die Diadochie der Stoffe in den Kristallgittern bei steigender Temperatur zu.

Bei Laboratoriumsversuchen erscheinen als beständige Formen von SiO_2 an den Schmelzgrenzen nur Cristobalit und Tridymit, obgleich in natürlichen Gesteinen nur Quarz auftritt. In kieselsäurearmen Gesteinen findet sich als Al-Silicat oft Mullit $Al_6Si_2O_{13}$; an sonstigen kieselsäurearmen oder -freien Kristallarten kommen viele vor, wie Olivin, Spinell, Korund, seltener Periklas, Melilith, Monticellit und Larnit (oder Kalkolivin Ca_2SiO_4).

Bei niedrigeren Temperaturen als bei der Kristallisation der Laven selbst bilden sich unter dem Einfluß der aus ihnen ausgeschiedenen hydrothermalen Wasserlösungen *Zeolithe* in den Hohlräumen der Lavagesteine und um die heißen Quellen. Die Zeolithbildung erlangt jedoch im allgemeinen kein chemisches Gleichgewicht, so daß von einer Zeolithfacies nicht die Rede sein kann.

Pyroxenhornfelsfacies und Gabbrofacies. Kritische Mineralkombination (gemeinsam mit der Granulitfacies) ist das Paar Hypersthen—Diopsid, die keine isomorphen Mischungen bilden. Darin besteht der Unterschied gegenüber der Sanidinitfacies. Ein anderer Unterschied liegt darin, daß $(Mg,Fe)SiO_3$ in dieser Facies stets rhombisch ist. Sanidin tritt nicht auf.

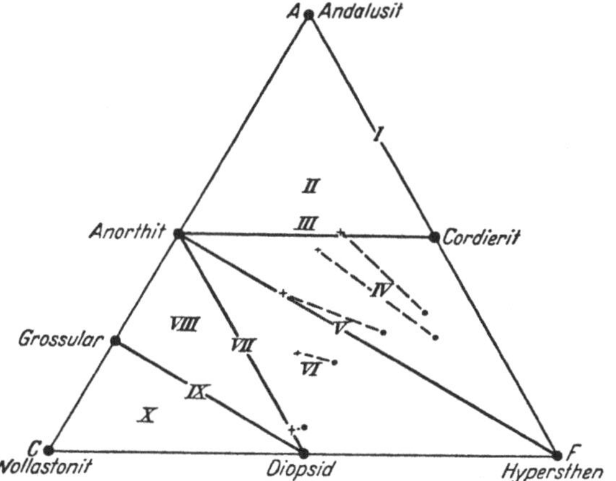

Abb. 350. *ACF*-Diagramm SiO_2-gesättigter Gesteine in Pyroxenhornfelsfacies.

Die Paragenesenregeln der hierher gehörigen Mineralvergesellschaftungen hat als erster V. M. GOLDSCHMIDT im Oslogebiet an den Hornfelsen um die Magmagesteinsmassen erforscht. Sie sind Metamorphosenprodukte von Ton- und Mergelsedimenten. Aus reinem Ton entsteht bei der Thermometamorphose Andalusithornfels; wenn der Ton außerdem ursprünglich Calciumcarbonat enthalten hat, entstehen beim Austreten von CO_2 verschiedenartige Silicate. Für kieselsäuregesättigtes Material sind die möglichen Paragenesen aus dem Diagramm (Abb. 350) zu ersehen. Gleichzeitig im Gestein gleichgewichtig sind die in den Teildreiecken oder ihren Grenzgeraden untergebrachten 10 Mineralkombinationen, die in der Abbildung zu sehen sind. Es sind die GOLDSCHMIDTschen Hornfelsklassen, die alle außerdem noch Albit (im Plagioklas), Kalifeldspat und Quarz, in den Klassen 1 bis 6 auch Biotit enthalten können. Sericit ist ein allgemeines Umwandlungsprodukt und nicht typomorph.

Da Biotit (Mg,Fe)-Silicat enthält, das auf die Lage des Projektionspunktes der Gesteinsanalyse wirkt, obgleich sein Vorhandensein vom Kaliumoxyd abhängig ist, das im Diagramm nicht auftritt, sind die Hornfelsanalysen auch so berechnet worden, daß die im Biotit enthaltenen Oxyde vor der Berechnung der *ACF*-Werte abgezogen worden sind. Die Lage der so erhaltenen Projektionspunkte weicht von dem direkt berechneten ab in der Richtung vom Biotitfeld abwärts; sie sind in der Figur mit Kreuzen bezeichnet, die gerade in die den erwarteten Klassen entsprechenden Teildreiecke oder auf die Grenzlinien entfallen.

Natürlich können auch allerlei andere Gesteine als nur die Tone in dieser Facies kristallisieren. Man kennt Sandstein und Kalkstein, verschiedene Gesteine magmatischer Herkunft und auch metasomatische Skarngesteine. Die Struktur wird bei der Thermometamorphose feinkörnig granoblastisch (Hornfelsstruktur).

Im Marmor findet sich bisweilen Periklas MgO, der aus Dolomit bei der Thermometamorphose dadurch entstanden ist, daß sich von diesem nur der $MgCO_3$-Teil dissoziiert hat:

$$CaMg(CO_3)_2 = CaCO_3 + MgO + CO_2.$$

Der Periklas wird leicht hydratisiert, in Brucit $Mg(OH)_2$ übergehend, wobei die Kubusform des Periklases pseudomorph erhalten bleibt. Sonstige SiO_2-arme Mineralien sind Olivin, Melilith, Spinell.

Die entsprechende magmatische Gabbrofacies ist für die Gabbros und auch andere Tiefengesteine in vielen Gebieten normal.

Amphibolitfacies und Hornblendegabbrofacies. Amphibole treten in dieser Facies auf, soweit nur die Zusammensetzung es gestattet. Die Kombination Hornblende—Plagioklas ist kritisch.

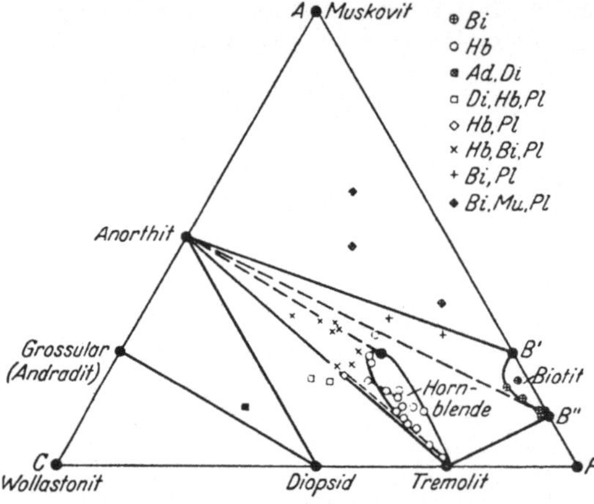

Abb. 351. *ACF*-Diagramm der SiO_2- und K_2O-gesättigten Gesteine in der Amphibolitfacies. Die Zeichen bedeuten die Analysenpunkte der Gesteine und Mineralien in der Orijärvigegend.

Die Amphibolitfacies ist die im Grundgebirge verbreitetste Mineralfacies und auch in den jüngeren Gebirgskettenzonen allgemein, auch in den äußersten Teilen der kontaktmetamorphen Zonen, wenn die inneren Teile in der Pyroxenhornfelsfacies metamorphosiert sind. Auf der Häufigkeit dieser Facies beruht es, daß in ihr der Wechsel in der Zusammensetzung außerordentlich groß ist. Man kennt mancherlei in der Gesteinswelt allgemein auftretende Zusammensetzungen und Entstehungsweisen: normalmetamorphe magmatogene und sedimentogene Produkte und metasomatische Gesteine. Ja, sogar von den Magmagesteinen des Grundgebirges hat der größte Teil in der mit der Amphibolitfacies den Kristallarten nach identischen Hornblendegabbrofacies annähernd chemisches Gleichgewicht erlangt. Der größte Teil der im Grundgebirge Finnlands vorkommenden Peridotite, Gabbros, Diorite und Granite gehört hierher. Sie sind ihrer anfänglichen Entstehung nach *infracrustale* oder unter der Erdrinde entstandene Gesteine.

Die metamorphen Gesteine des südwestfinnischen Felsgerüstes sind größtenteils an der Erdoberfläche entstandene oder *supracrustale*, entweder vulkanogene, d. h. ursprüngliche vulkanische oder sedimentogene Gesteine. Die vulkanogenen Leptite sind, nach ihrer erhaltenen Reliktstruktur zu urteilen, ursprünglich entweder liparitische oder dacitische Laven oder ihnen entsprechende Tuffe, die Amphibolite Feldspatbasalte oder Diabase gewesen. Die sedimentogenen metamorphen Gesteine waren ihrer ursprünglichen Entstehung nach Quarzsandsteine, jetzt Quarzite, Tonsedimente, jetzt Cordierit- und Almandingneise oder Glimmerschiefer, Mergelschiefer, jetzt Diopsidamphibolite und Kalkgneise, oder Kalksteine, jetzt Marmore. Ferner gibt es verschiedene metasomatische Gesteine, wie Greisen und Erzquarzite, Cordierit-Anthophyllitfelse, Andalusitglimmerfelse und Cummingtonitamphibolite sowie Skarngesteine, in denen als Bestandteile Andradit, Hedenbergit-Diopsid, Hornblende, Tremolit-Aktinolith, Vesuvian, Flußspat und verschiedene Erzmineralien auftreten. Die Marmore enthalten teilweise ihrem Ursprung nach pneumatolytische Bestandteile, wie Chondrodit, Skapolith, Phlogopit.

Über die Kongruenzerscheinungen sei angeführt, daß die metasomatischen Erzquarzite und Greisen oft den sedimentären Quarziten ähneln, die metasomatischen Cordieritgneise den aus Tongesteinen entstandenen Gneisen, ja sogar bisweilen die Skarngesteine den vulkanogenen Amphiboliten.

Bei typischem Auftreten entsprechen die Gesteine der Amphibolitfacies verhältnismäßig genau den für chemisches Gleichgewicht kennzeichnenden Paragenesenregeln, so daß die Mineralzusammensetzung im allgemeinen nach den chemischen Analysen zu berechnen ist. Beträchtlich vereinfacht wird der Sachverhalt dadurch, daß die Gesteine während der Metamorphose so reichlich Wasser enthalten haben, daß hydroxylhaltige typomorphe Mineralien stets haben entstehen können, soweit die Mengenverhältnisse der Kationen es gestattet haben. So ist die Biotitmenge nur von den Mengenverhältnissen der Kationen K, (Mg,Fe^{2+}) und (Al,Fe^{3+}) abhängig. Wenn Kalium so reichlich anwesend ist, daß es zusammen mit den vorhandenen (Mg,Fe^{2+})- und (Al,Fe^{3+})-Mengen zur Biotitbildung ausreicht, so geht (Mg,Fe^{2}) in den Biotit und das überschüssige Kalium in den Kalifeldspat ein. Für solche Gesteine zeigt das *ACF*-Diagramm quantitativ die Verhältnisse der Hauptbestandteile, abgesehen von Albit, Kalifeldspat und Quarz (Abb. 351).

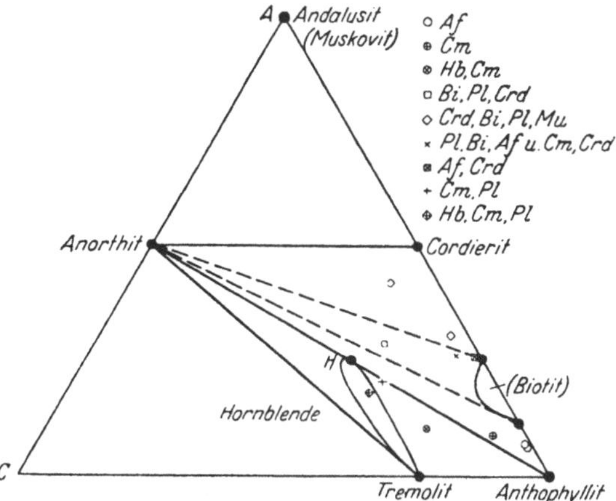

Abb. 352. *ACF*-Diagramm SiO_2-gesättigter K_2O-armer Gesteine in Amphibolitfacies.

Bei Gesteinen wiederum, die zu wenig Kalium enthalten, um mit der ganzen vorhandenen Al-Menge Glimmer bilden zu können, entstehen eins oder zwei der Mineralien Andalusit (Sillimanit), Cordierit, Antophyllit. Der Betrag dieser Mineralien im Verhältnis zu der Glimmermenge ist durch die Kaliummenge bedingt und geht somit quantitativ nicht aus dem *ACF*-Diagramm hervor (Abb. 352).

Aus obigem ist ersichtlich, daß in typischer Amphibolitfacies Kalifeldspat weder zusammen mit Andalusit, Cordierit noch Anthophyllit auftritt. Doch sind sie bisweilen zusammen anzutreffen, wobei es sich um eine vom Haupttyp abweichende Subfacies handelt, in der Kalifeldspat in Gesellschaft von Andalusit, Cordierit und Antophyllit beständig ist. Er vertritt dann eine höhere Temperatur. Das geht auch daraus hervor, daß in kalifeldspathaltigen Graniten und Gneisen vielfach Cordieritpseudomorphosen (Pinit) als Relikte einer früheren Mineralbildung höherer Temperatur anzutreffen sind.

Zum Bereich der Amphibolitfacies gehörende Gesteine enthalten in Sonderfällen Almandin und Staurolith, die Beachtung verdienen. Obgleich Fe^{2+} und Mg im allgemeinen völlig diadoch sind, ist in den Gesteinen Südwestfinnlands der (Fe,Mg)-Granat ausnahmslos überwiegend Fe-Granat oder Almandin, wogegen im Cordierit der Mg-Gemengteil überwiegt. Der Cordierit ist häufiger, und eine chemische Betrachtung zeigt, daß statt seiner teilweise oder ausschließlich Almandin dann entsteht, wenn Eisen so reichlich vorhanden ist, daß nicht alles im Cordierit untergebracht werden kann. Mit anderen Worten, Fe^{2+} und Mg treten in diesem Fall als zwei getrennte Komponenten auf, jede ihre eigene Phase verursachend. Das wäre nicht notwendig, wenn die Diadochie auch in diesem Fall vollständig wäre, denn der Cordierit und der mit ihm zusammen auftretende

Anthophyllit entsprechen ihrer Zusammensetzung nach dem Granat nebst Quarz:

$$(Fe,Mg)_2Al_4Si_5O_{18} + 4\,(Fe,Mg)SiO_3 = 2\,(Fe,Mg)_3Al_2Si_3O_{12} + 3\,SiO_2.$$

Somit ist die Diadochie der Mg- und Fe^{2+}-Ionen in den Verhältnissen der Amphibolitfacies nicht vollständig, und das Auftreten von Granat und Cordierit beruht nur auf der chemischen Gesamtzusammensetzung des Gesteins.

Anders verhält es sich mit dem Staurolith. Auch er ist stets eisenreich und scheint nur eine geringe Menge Magnesium in sein Gitter aufnehmen zu können, statt dessen aber könnte Almandin nebst Andalusit nach folgender Gleichung entstehen:

$$5\,Al_2SiO_5 + Fe_3Al_2Si_3O_{12} + 3\,H_2O \rightleftarrows 3\,[2\,Al_2SiO_5 \cdot Fe(OH)_2] + 2\,SiO_2.$$

In der Gegend des Sees Jänisjärvi in Ladoga-Karelien kommt in Glimmerschiefer stellenweise Andalusit und Almandin, stellenweise Staurolith vor. Dies läßt sich nicht anders erklären als durch die Annahme, daß sie zwei verschiedene Subfacien vertreten und verschiedene Entstehungsbedingungen voraussetzen, der Staurolith niedrigere Temperatur; außerdem verträgt dieser Durchbewegungen anders als der Andalusit (S. 291).

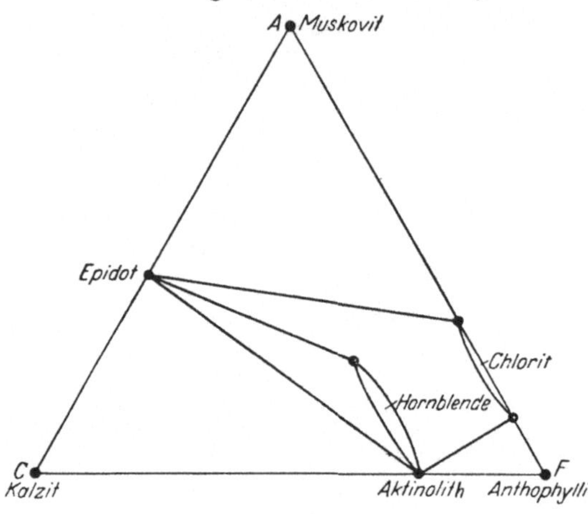

Abb. 353. *ACF*-Diagramm SiO_2-gesättigter Gesteine in Epidotamphibolitfacies.

In südwestfinnischem Kalkstein gibt es ebenfalls zwei verschiedene Subfacien, die in Silicatgesteinen nicht unterschieden werden können. Die einen enthalten Wollastonit, die anderen Quarz in unverkennbarem Gleichgewicht mit Calcit. Erstere Subfacies vertritt eine höhere, letztere eine niedrigere Entstehungstemperatur. Auch mit dem Quarz zusammen ist im Kalkstein oft Diopsid anzutreffen, was daran liegt, daß die Diopsidreaktion zwischen Dolomit und Quarz, $CaMg(CO_3)_2 + 2\,SiO_2 = CaMg(SiO_3)_2 + 2\,CO_2$, bei niedrigerer Temperatur als die Wollastonitreaktion zwischen Calcit und Quarz eintritt. Da der Carbonatteil der südwestfinnischen Kalksteine wie überhaupt in den Kalksteinen des tiefen Grundgebirges gewöhnlich ganz reiner Calcit ist, scheint gerade die Diopsidreaktion ihm auch den letzten Dolomit entzogen zu haben (Dedolomitisation).

In kieselsäurearmem Material entstehen in der Amphibolitfacies Olivin, Spinell und Korund sowie im allgemeinen dieselben Kristallarten wie in der Pyroxenhornfelsfacies. Doch hat sich keine Spur von Periklas gefunden.

Epidotamphibolitfacies. Bei abnehmender Temperatur wird der Anorthit des Plagioklases zuerst unbeständig und geht in den Reaktionen zwischen den Bestandteilen des Gesteins und bei Einlagerung von Wasser in das Kristallgitter in Epidot über. Der Albit bleibt ziemlich rein zurück, und die Hornblende bleibt anfangs beständig. Die Kombination Hornblende—Epidot—Albit ist für die Facies kritisch. Das *ACF*-Diagramm der kieselsäuregesättigten Gesteine ist durch Abb. 353 wiedergegeben. Dieselben Mineralkombinationen finden sich sowohl in den bei sinkender Temperatur entstandenen autometamorphen Gesteinen magmatischer Herkunft als auch in den bei gestiegener Temperatur zustande gekommenen sedimentogenen Gesteinen, was für das chemische Gleichgewicht der Paragenesen spricht. In den magmatogenen Gesteinen haben sich oft blastophitische, blastohypidiomorphe oder blastoporphyrische Reliktstrukturen erhalten; auch die klastischen Sedimente enthalten Reliktstrukturen.

Als Aluminiumsilicat tritt Disthen auf, in den kaliumreichen Gesteinen sind dagegen Muskovit und Biotit enthalten. Die calciumreichen Gesteine enthalten Hornblende, Tremolit-Aktinolith und Epidot, aber keinen Diopsid. Der Dolomit reagiert mit SiO_2, Tremolit bildend:

$$8\,SiO_2 + 5\,CaMg(CO_3)_2 + H_2O \rightleftarrows H_2Ca_2Mg_5Si_8O_{24} + 3\,CaCO_3 + 7\,CO_2.$$

Durch Reaktion entstandener Calcit ist neben Dolomit in tremolithaltigen Dolomitgesteinen tatsächlich oft anzutreffen.

Mit der Epidotamphibolitfacies verbunden sind zahlreiche Subfacien, gleitendes, stufenweises Schwanken zeigt sich in der Zusammensetzung und den Eigenschaften der Amphibole. An die Stelle der für die Amphibolitfacies eigenartigen gewöhnlichen grünen Hornblende treten helle Varietäten, die stufenweise zu den Tremolit-Aktinolithen führen, während Chlorit und immer mehr Epidot entstehen; im Chlorit und Epidot läßt sich das Aluminium der Hornblende nieder. — Auch der Anthophyllit ist beständig. In kieselsäurearmen Gesteinen tritt jetzt Serpentin an die Stelle von Olivin.

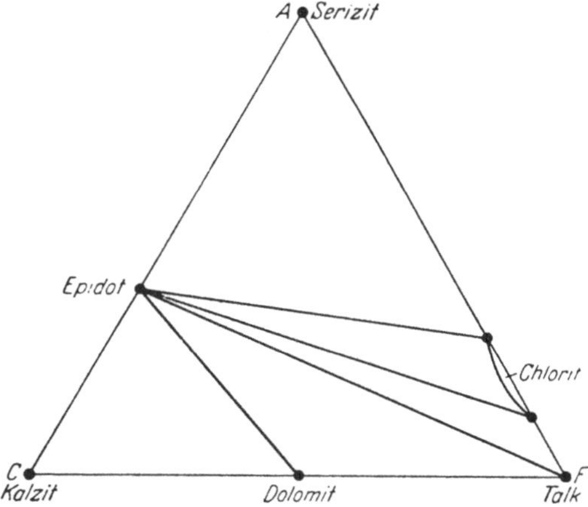

Abb. 354. *ACF*-Diagramm SiO_2-gesättigter Gesteine in Grünschieferfacies.

Die Gesteine der Epidotamphibolitfacies sind weitverbreitet in allen jüngeren Gebirgskettenzonen, im deutschen Variscicum sowie in den Alpen, so auch im kaledonischen Gebirge Skandinaviens. In Finnland sind sie allgemein in der karelischen Schieferzone.

Grünschieferfacies. Bei noch niedrigerer Temperatur werden alle Amphibole unbeständig, und an ihre Stelle kommen einerseits mehr Chlorit und Epidot, anderseits wiederum Dolomit oder Magnesit. Das Kohlendioxyd kann das Siliciumdioxyd aus den Amphibolen verdrängen, und die oben dargestellte Tremolitreaktion verläuft in der entgegengesetzten Richtung, nach links. Auch aus anderen Silicaten, wie Serpentin, entstehen Carbonate, soweit eben die CO_2-Konzentration genügend stark ist, und das freigewordene SiO_2 verbindet sich in den Talk. Dieses Kieselsäure im Überschuß enthaltende hydroxylhaltige Magnesiumsilicat ist kritisch für die Facies, ebenso wie die Paragenese Quarz—Dolomit. Von den Glimmern ist nur noch der Sericit beständig. Das *ACF*-Diagramm der kieselsäuregesättigten Gesteine ist durch Abb. 354 wiedergegeben.

Gesteine der Grünschieferfacies bilden sich unter zweierlei Entstehungsbedingungen. Teilweise sind sie Metamorphosenprodukte niedrigster Temperaturen. Die unlöslichen Reste der chemischen Verwitterung (die Tone) erlangen hier ihre ersten umkristallisierten Mineralgemeinschaften. Sie sind gewöhnlich sehr feinkristallin. Pressung und Durchbewegung sind dabei wirksame Faktoren, und das chemische Gleichgewicht bleibt oft unvollständig. Daher sind die Entstehungsbedingungen gewisser in hierher gehörigen Gesteinen auftretender Mineralien noch unklar. Solche sind vorwiegend Natronglimmer *Paragonit* und Sprödglimmer *Chloritoid,* die beide in besonderen Schiefern der alpinen Gebirgsketten vorkommen.

Andersartige Entstehungsverhältnisse vertreten *die* Gesteine, die in hydrothermaler Metasomatose niedriger Temperatur, oft im Zusammenhang mit Erzgängen, z. B. um die Quarzkiesgänge der karelischen Metadiabase, kristallisiert sind. Aus den Epidotamphiboliten sind dabei oft Chloritalbitgesteine entstanden, die vielfach außerdem Calcit enthalten. Das bedeutet eine metasomatische Umwandlung.

Die Pyroxenhornfels-, Amphibolit-, Epidotamphibolit- und Grünschieferfacies bilden die sog. *normale Faciesfolge der Sialkruste*, eine Folge, bei der die Mineralparagenesen unter den Druckverhältnissen der Tiefengesteine entstanden sind. Ihre Verschiedenheiten beruhen in erster Linie nur auf Temperaturabweichungen.

Die **Granulitfacies** schließt sich ihrer Mineralbildung nach am ehesten der Pyroxenhornfelsfacies an. Der wichtigste kritische Gemengteil ist Almandin—Pyrop, der im granitischen Gestein die Stelle von Biotit einnimmt. Das *ACF*-Diagramm ist durch Abb. 355 dargestellt.

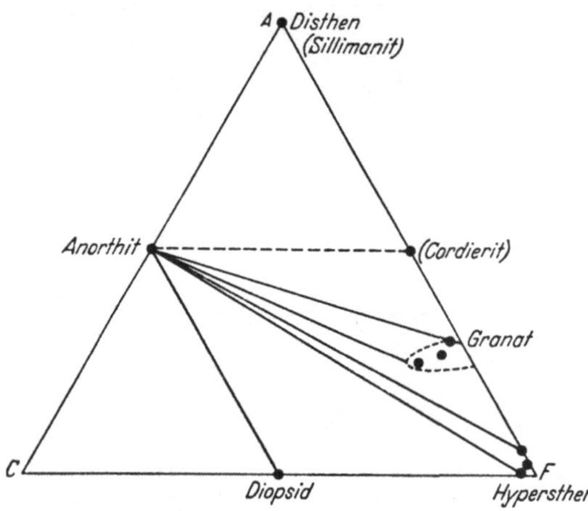

Abb. 355. *ACF*-Diagramm SiO_2-gesättigter Gesteine in Granulitfacies.

Als Granulite sind zuerst in Sachsen auftretende granathaltige Quarzfeldspatgesteine bezeichnet worden. Sie zeigen eine ganz eigenartige Struktur und tektonische Vorkommensweise. Charakteristisch ist besonders der in dünnen Platten auftretende Quarz, sog. Lagenquarz; im übrigen ist die Form der Massen der Granulite wie auch der in ihrer Gesellschaft als Linsen und Bänder vorkommenden basischen Noritgranulite deckenförmig und die Struktur des Gesteins granoblastisch. Ähnlich sind die Gesteine der typischen Granulitgebiete in Böhmen, im niederösterreichischen Waldviertel und auf Ceylon. Die Gesteine des ausgedehnten Granulitgebietes in Finnisch-Lappland erinnern ebenfalls in jeder Hinsicht an jene, sind aber im allgemeinen grobkörniger.

Der Granat des Granulits ist von den in Amphibolitfacies vorkommenden Granaten dadurch unterschieden, daß er reichlicher Pyrop als isomorphe Mischung mit Almandin enthält. Der Granat der lappländischen Granulite schließt 47 bis 55 Mol.-% Pyrop ein. In ihnen findet sich oft Cordierit, aber nicht in den typischen Lagenquarzgranuliten, auch scheint er kein für die Facies typomorpher Gemengteil zu sein. Ebenso verhält es sich mit dem Biotit, der oft ein unverkennbares Umwandlungsprodukt des Granats darstellt. Sillimanit wie auch Disthen sind beide anzutreffen.

Von den Titanmineralien ist der Rutil für die Granulite besonders charakteristisch, während er typomorph in keinem der allgemeinen Gesteine der normalen Faciesreihe anzutreffen ist. In den Noritgranuliten tritt an seine Stelle der Ilmenit.

Im Kalifeldspat lassen die Granulite aller Gebiete charakteristischen, äußerst feinschnürigen Perthit erkennen (Abb. 356). Der Hypersthen der Noritgranulite erscheint mit seinen blauen, roten und gelben Schwingungsrichtungsfarben prächtig pleochroitisch.

Die kieselsäurearmen Gesteine enthalten Olivin, Spinell und Korund. Spinell kommt auch in quarzhaltigen Gesteinen vor, wie Magnetit in denen der Amphibolitfacies.

Die Aufklärung der ursprünglichen Entstehung der Granulitgesteine hat den Forschern große Schwierigkeiten bereitet, doch scheint es heute, daß die Gesteine dieser Facies wie auch der übrigen ganz verschiedenartige, entweder magmatische oder sedimentäre, haben sein können. Bei den lappländischen Granuliten sieht die magmatische Entstehungsweise wahrscheinlicher aus.

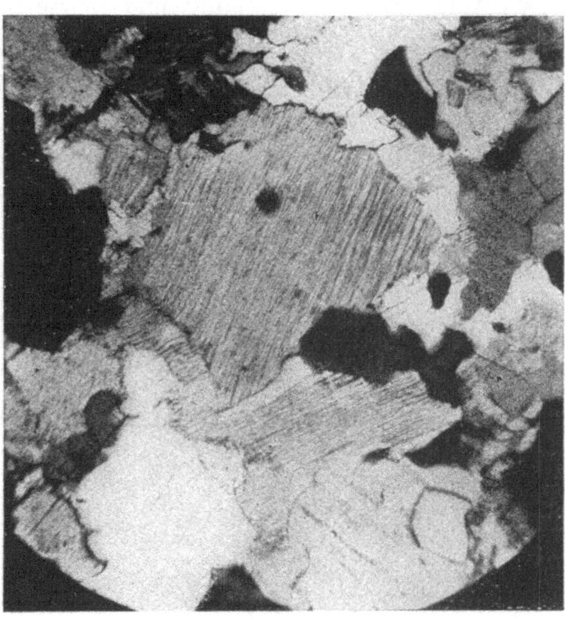

Abb. 356. Granulit mit feinschnürigem Perthit, Lappland. Nicols gekreuzt. Vergr. 25fach.

Die **Eklogitfacies** ist in ihrer Mineralzusammensetzung von allen Facien der normalen Reihe am schärfsten unterschieden, weil sie überhaupt keinen Feldspat enthält. Das kritische Mineral ist Omphacit und außerdem der mit der Glaukophanschieferfacies gemeinsame Eklogitgranat. Typomorph sind außerdem Diopsid, Enstatit—Hypersthen, Olivin, Disthen, Rutil sowie der in der Natur im allgemeinen seltene und nur in Eklogiten als Gesteinsmineral auftretende Diamant, der also auch für die Facies kritisch zu sein scheint. Abb. 357.

Als Omphacit bezeichnet man die isomorphen Mischungen von Diopsid, $Ca(Mg,Fe)Si_2O_6$, und Jadeit, $NaAlSi_2O_6$ (S. 362). Der Eklogitgranat wiederum ist insofern eigenartig, als er erstens mit Almandin zusammen Pyrop in wechselnden Mengen, manchmal bis 70 Mol.-%, oder mehr als in den Granaten der Gesteine der normalen Faciesreihe, und zweitens auch Grossular enthält. Zwischen den Hauptgemengteilen eines Gabbros und eines Eklogits von gleicher Pauschalzusammensetzung kann folgende Gleichung aufgestellt werden:

$$\underset{\text{Anorthit}}{3\,CaAl_2Si_2O_8} + \underset{\text{Albit}}{3\,NaAlSi_3O_8} + \underset{\text{Hypersthen}}{6\,(Mg,Fe)SiO_3} =$$

$$\underset{\text{Pyrop—Almandin}}{2\,(Mg,Fe)_3Al_2(SiO_4)_3} + \underset{\text{Grossular}}{Ca_3Al_2(SiO_4)_3} + \underset{\text{Jadeit}}{3\,NaAlSi_2O_6} + \underset{\text{Quarz.}}{6\,SiO_2}.$$

Erstere ist die Mineralzusammensetzung des Gabbros, letztere die des Eklogits. Unerwähnt geblieben ist der Diopsid, der in beiden vorkommt, im Gabbro als diopsidischer Augit, im Eklogit als Mischung im Omphacit. Der Umstand, daß der Granat der Eklogite Grossular als isomorphe Mischungen mit Pyrop—Almandin-Mischungen enthält, ist das Gegenteil von dem, was oben über die isomorphe Mischbarkeit der Granate gesagt worden ist (S. 222), aber gerade der Eklogitgranat ist denn auch die einzige sonderbare Ausnahme von der Regel, daß Grossular und Pyrop-Almandin sich nicht unbeschränkt mischen. Die Diadochie der Ca-Ionen mit den Mg- und Fe^{2+}-Ionen ist in den Eklogitgranaten größer als in allen anderen Granaten.

Die Dichte eines gewöhnlichen Gabbros ist etwa 3,0, die des gleich zusammengesetzten Eklogits etwa 3,5. Sein Volumen ist also um etwa 15% kleiner als das des Gabbros.

Das Volumen des Jadeits ist um 22% kleiner als das der gleich zusammengesetzten Albit—Nephelin-Mischung, und ebenso ist das Volumen des Eklogitgranats viel kleiner als das der in anderen Facien statt seiner auftretenden Pyroxen—Plagioklas- oder Hornblende—Plagioklas-Mischung. Auch die Nebengemengteile des Eklogits, Rutil, Disthen und der seltene Diamant sind sehr dichte Mineralien.

Wenn sich die Eklogitfacies in Amphibolitfacies umwandelt, entsteht an Stelle von Rutil Titanit nach folgender Gleichung:

$$3\,MgCaSi_2O_6 + 2\,TiO_2 \rightleftarrows 2\,CaSiTiO_5 + Mg_3CaSi_4O_{12}$$

	Diopsid	Rutil	Titanit	Tremolit[1]
Dichte	3,263	4,24	3,5	3,0
Molvolumen	236,0		250,5	

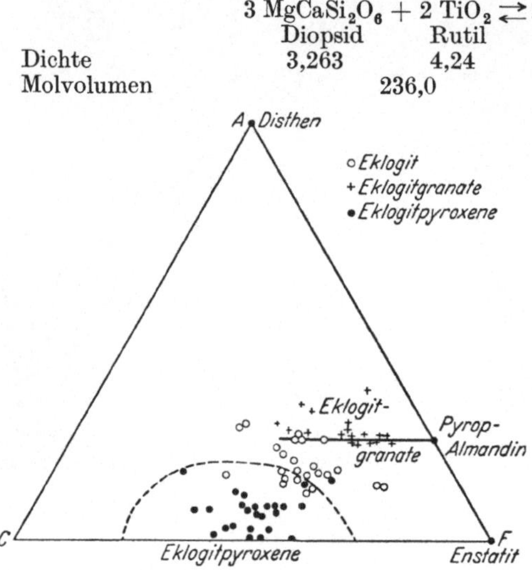

Abb. 357. *ACF*-Diagramm der Eklogite.

Das Volumen der Diopsid—Rutil-Kombination ist um 5,7% kleiner als das der Titanit—Tremolit-Paragenese, die wirklich oft in teilweise amphibolisierten Eklogiten um Rutilkörner zu sehen ist.

Das Volumen des Disthens ist 10,2% geringer als das des Sillimanits und 13,9% geringer als das des Andalusits. Da in den Eklogiten keine Feldspate auftreten, setzt das Vorkommen von Disthen in ihnen keinen Aluminiumüberschuß in demselben Sinne wie in den Gesteinen der übrigen Facies voraus. Die Eklogite enthalten oft das Hauptmineral Disthen neben Pyroxen und Granat, was in der Amphibolitfacies nicht vorkommt und wirklich eine ungleichgewichtige Paragenese wäre.

Endlich ist in den Eklogiten der in Südafrika, Nordamerika, Australien und Böhmen angetroffene Diamant (Dichte 3,5) ein schweres Mineral im Vergleich mit dem Graphit (Dichte 2,2).

In den Eklogiten hat man keinerlei Relikte früherer Mineralien anderer Facien gefunden, dagegen enthalten sie allgemein hysterogene Umwandlungsprodukte in andere Facien, vorwiegend Amphibolitisierung. Der Granat geht von den Rändern aus in Pyroxene oder Amphibole über. Eine solche Reaktionsnaht wird ohne Rücksicht auf ihre Mineralzusammensetzung als *Kelyphit* bezeichnet. Der Omphacit verändert sich auf zweierlei Weise. Zunächst trennt sich vom Albit Plagioklas als symplektitische (verflochtene) Mischung mit dem übriggebliebenen Diopsid. Dann wird der Pyroxen von den Rändern aus uralitisiert; es entsteht ein filzartiger Hornblende—Plagioklas-Symplektit. In anderen Fällen wird der Omphacit zu Glaukophan. Sehr allgemein werden die ins Innere geratenen Eklogitlinsen der Gneise und Migmatite ganz amphibolitisiert, während die Gesamtzusammensetzung unverändert bleibt. Es gibt auch solche Amphiboleklogite, deren Amphibol nicht hysterogen erscheint, sondern wahrscheinlich eine Übergangsfacies bedeutet.

[1]) Für den besonderen Zweck gegenüber der auf S. 364 angegebenen vereinfachten Formel!

Die große Dichte der Eklogitmineralien hat schon früh zu der Annahme geführt, daß sie unter besonders hohen Drucken entstanden wären, so daß der Druck nach der Gleichung von CLAUSIUS-CLAPEYRON (S. 237) auf das Gleichgewicht hat einwirken können.

Die Eklogite sind seltene Gesteine und treten nur in verhältnismäßig geringen Massen in folgenden Gesteinsvergesellschaftungen auf:

1. Als Einschlüsse im Muttergestein des Diamanten in Kimberlit und Basalten. Sie sind wahrscheinlich ursprüngliche magmatische Ausscheidungen, zum mindesten haben sie als Kristalle mit dem umgebenden flüssigen Magma im Gleichgewicht gestanden. In den Basalten hat man sie in Gesellschaft mit den häufigeren Olivineinschlüssen angetroffen, sie sind wahrscheinlich mit diesen zusammen aus den unter der Sialmakruste lagernden Olivingesteinsmassen fortgerissen worden.

2. Als Gänge oder Bänder in Olivingesteinen oder den aus ihnen entstandenen Serpentinen. Der Eklogitgranat ist in diesem Fall pyropreich, wie auch der Granat der Olivinfelsen, und der Klinopyroxen ist chromhaltig, grün, aber meistens jadeitfrei. Diese Eklogite sind zusammen mit Olivinfels entstanden und wahrscheinlich magmatischen Ursprungs.

3. Als linsenartige Einschlüsse in migmatitischen Gneisen und Graniten. Diese Einschlüsse haben gegolten als Trümmer, die von tiefer entstandenen und mit Granit aufwärts fortgerissenen Massen abgebröckelt sind, aber in letzter Zeit hat man erklärt, sie seien gleichzeitig mit den sie umgebenden Gesteinen im Zusammenhang mit Gebirgskettenbewegungen oder Granitisierung metamorph entstanden, jedenfalls unter starkem Druck, der nach H. BACKLUND einseitige Pressung gewesen sei, so daß sie in der gegenwärtigen Umgebung nicht haben entstehen können.

4. Als schicht- oder bandartige Massen, von sedimentogenen Glimmerschiefern und Amphiboliten umgeben. Sie sind höchstwahrscheinlich im Zusammenhang mit tektonischen Bewegungen nicht sehr tief unter der Erdkruste entstanden. Wie H. BACKLUND u. a. bemerkt haben, können Pressung und Durchbewegungen sogar sehr intensiv in gleicher Richtung wie der hydrostatische Druck wirken.

FERMOR, ESKOLA und V. M. GOLDSCHMIDT haben angenommen, daß unter der Sialkruste des Erdganzen eine kontinuierliche Eklogitschale bestehe, die undifferenziertes Basaltmaterial in Form von Eklogit enthalte. Diese Theorie stützt sich auf die große Dichte des Eklogits und sein Auftreten als Einschlüsse in Kimberlit und Basalt. Ferner erscheint es annehmbar, daß bei tiefen Drucken auch andere besonders dichte Kristallarten hohen Druckes bestehen könnten, die sich bei dessen Nachlassen stets verändern und niemals bis an die Erdoberfläche gelangen. Es wäre z. B. denkbar, daß eine dem Anorthit entsprechende Pyroxenform in gleicher Weise wie der dem Albit + Nephelin entsprechende Pyroxen Jadeit entstehen könnte. In dieser Form hätten z. B. die in Verbindung mit den Eklogiten auftretenden Anorthositmassen ursprünglich zustande kommen können. Heutzutage erscheint eine derartig gerichtete Annahme begründet im Lichte alles dessen, was man über die Atompackungen der Kristallstrukturen und die Möglichkeit dichtester Packungen gelernt hat. Außerdem hat P. W. BRIDGMAN experimentell nachgewiesen, daß gewisse kristalline Stoffe bei sehr hohen Drucken in dichtere Kristallarten übergehen. Vgl. S. 232.

Die **Glaukophanschieferfacies** verhält sich zu der Eklogitfacies ungefähr gleicherweise wie die Amphibolitfacies zu der Pyroxenhornfelsfacies. An die Stelle der Pyroxene treten auch hier Amphibole, vorwiegend der eigenartig schön blaue, für diese Facies kritische Glaukophan, der dem Omphacit entspricht und seiner Zusammensetzung nach jadeitähnliches NaAl-Silicat enthält. Der Granat ist

Eklogitgranat, oft reichlich CaAl-Silicat enthaltend. Der Rutil ist ebenfalls gemeinsam mit der Eklogitfacies. Anderseits erinnern der Glimmer, manchmal sogar Paragonit sowie Chlorit und Epidot an die Epidotamphibolit-Facies. Aber außer Glaukophan treten auch andere für die Facies kritische Mineralien auf, wie Lawsonit $CaAl_2Si_2O_8 \cdot 2H_2O$, der in seinem wasserfreien Teil dasselbe wie Anorthit, aber viel schwerer ist (Dichte 3,09), und Pumpellyit, ein (Mg,Fe)-haltiges CaAl(OH)-Silicat (Dichte 3,18).

Die ursprüngliche Entstehung der Gesteine der Glaukophanschieferfacies hat oft, umgekehrt wie bei den Eklogiten, bestimmt werden können. Unbeständige Relikte sind allgemein in ihnen enthalten, und die Gleichgewichte lassen sich schwer erklären. Daher ist für diese Facies kein *ACF*-Diagramm aufgestellt worden. Doch besteht ein offensichtliches Streben nach Gleichgewicht, denn dieselbe Mineralzusammensetzung hat auf verschiedenen Wegen entstehen können. Glaukophan ist in sedimentogenen Gesteinen, in Japan u. a. in Quarziten, in magmatogenen autometamorphen und auch in metamorphen vulkanischen Gesteinen und metasomatischen Erzbildungen anzutreffen.

Glaukophanschiefer hat man nur in den Gebieten junger Gebirgskettenzonen gefunden, vorwiegend in den alpinen Gebirgsketten, wie in den Schweizer Alpen, Apenninen, Griechenland, Kalifornien, Japan. Oft kommen sie in Verbindung mit Eklogitgesteinen derart vor, daß sie in einer durch Sinken der Temperatur bewirkten Metamorphose aus Eklogiten entstanden zu sein scheinen. Die Glaukophanschiefer könnten denn auch als „Hochdruckamphibolite" aufgefaßt werden. Viele Mineralien auch dieser Facies sind spezifisch schwer (Granat, Lawsonit, Pumpellyit, Rutil), anders als der Glaukophan selber. Aus den Beschreibungen geht jedoch hervor, daß die Glaukophanschiefer ziemlich nahe der Erdoberfläche, also bei nicht sehr starken Drucken, entstanden sind. Die Entstehungstemperatur scheint verhältnismäßig niedrig gewesen zu sein, was im allgemeinen in gleicher Richtung wie starker Druck wirkt.

Literatur über physikalische Chemie der Kristalle und die Gesteine.

Backlund, H. G.: Der „Magmaaufstieg" in Faltengebirgen. Bull. Commiss. géol. Finlande **1936**, Nr 115. — Bakhuis Roozeboom, H. W.: Heterogene Gleichgewichte. Braunschweig 1901 bis 1918. — Barth, T., Correns, C. W. u. P. Eskola: Die Entstehung der Gesteine. Berlin 1939. — Boeke, H. E., u. W. Eitel: Grundlagen der physikalisch-chemischen Petrographie, 2. Aufl. Berlin 1923. — Bowen, N. L.: The Evolution of the Igneous Rocks. Princeton 1928. — Daly, R. A.: Igneous rocks an the Depths of the Earth. New York 1933. — Daubrée, A.: Études synthetiques de géologie expérimentale. Paris 1879. Deutsch: Braunschweig 1880. — Drescher-Kaden, F. K.: Beiträge zur Kenntnis der Migmatit- und Assimilationsbildungen sowie der synanthetischen Reaktionsformen, I und II. Chemie der Erde, Bd. 12 u. 14. 1939/40 u. 1942. — Eitel, W.: Physikalische Chemie der Silicate. Berlin 1941. — Eskola, P.: The Mineral Facies of Rocks. Norsk geol. Tidsskr. **6** (1921). — Fersmann, A.: Schriftstruktur der Granitpegmatite und ihre Entstehung. Zs. Krist 1928. — Goldschmidt, V. M.: Die Kontaktmetamorphose im Kristianiagebiet. Vidensk. selsk. Skr., math.-naturv. Kl. **1911**, Nr 11. — Die Injektionsmetamorphose im Stavangergebiet. Vidensk. selsk. Skr. I math.-naturv. Kl. **1920**, Nr 10. — Stammestypen der Eruptivgesteine. Vidensk. Akad. Skr. Oslo 1922. — Grubenmann, U., u. P. Niggli: Die Gesteinsmetamorphose, 3. Aufl. Berlin 1924. — Harker, A.: Metamorphism, a Study of the Transformation of Rock-masses. London 1932. — Hedvall, J. A.: Die Reaktionsfähigkeit fester Stoffe. Leipzig 1937. — Hietanen, Anna: On the Petrology of Finnish Quartzites. Bull. Commiss. géol. Finlande **1938**, Nr 122. — van't Hoff, J. H.: Zur Bildung der ozeanischen Salzablagerungen. Bd. 1 und 2. Braunschweig 1905 u. 1909. — Jänecke, E.: Die Enstehung der deutschen Kalisalzlager. Die Wissenschaft in Einzeldarstellungen Bd. 59. Braunschweig 1923. — Jost, Wilhelm: Diffusion und chemische Reaktion in festen Stoffen. Dresden-Leipzig 1937. — Lindgren: Mineral Deposits, 4. Aufl. New York 1933. — Morey, G. W., u. E. Ingerson: The Pneumatolytic and Hydrothermal Alteration and Synthesis of Silicates. Econ. Geol. **32** (1937). — Niggli, P.: Lehrbuch der Mineralogie, 1. Aufl. Berlin 1920. — Gesteins- und Mineralprovinzen Bd. 1. Berlin 1923. — Versuch einer natürlichen Klassifikation der im weiteren Sinne magmatischen

Lagerstätten. Abh. prakt. Geol. Halle 1925. Das Magma und seine Produkte. Leipzig 1937. — Das Problem der Granitbildung. Schweiz. min. petrogr. Mitt. **22** (1942). — — NOLL, W.: Über die Bildungsbedingungen von Kaolin, Montmorillonit, Sericit, Pyrophyllit und Analcim. Min. petr. Mitt. **48** (1936). — ROSENBUSCH, H., u. A. OSANN: Elemente der Gesteinslehre. Stuttgart 1923. — SANDER, B.: Gefügekunde der Gesteine. Wien 1930. — SCHMIDT, W.: Tektonik und Verformungslehre. Berlin 1932. — SCHNEIDERHÖHN, H.: Lehrbuch der Erzlagerstättenkunde. Bd. 1. 1941. — SEDERHOLM, J. J.: Über die Entstehung der migmatischen Gesteine. Geol. Rundsch. **4** (1913). — On Migmatites and associated Precambrian rocks of Southern Finland. Bull. Commiss. géol. Finlande **1923**, Nr 58; **1926**, Nr 77; **1934**, Nr 107. — SPRING, W.: Über die chemische Einwirkung der Körper im festen Zustande. Z. physik. Chem. **2** (1888). — WEGMANN, C. E.: Zur Deutung der Migmatite. Geol. Rdsch. **1935**.

V. Beispiele für die Kristallarten.

Im folgenden werden die kristallphysikalischen Konstanten und sonstigen Eigenschaften sowie die wichtigsten kristallstrukturellen Charaktere, Vorkommen und praktische Bedeutung der wichtigsten Mineralien und auch gewisser künstlicher Kristallarten in Kürze wiedergegeben.

Da dieses Buch als Lehrbuch für Chemiker und Physiker wie auch als elementares Lehrbuch für die Studierenden der Mineralogie und Petrologie gedacht ist und nur für eine sehr beschränkte Menge von Stoffen Raum zur Verfügung steht, so ist bei der Auswahl der berücksichtigten Kristallarten in hohem Maße der Gesichtspunkt beachtet worden, daß die kristallstrukturell und optisch verschiedenen wichtigsten Typen vertreten sind. Doch wurde versucht, von den Gesteins- und Erzmineralien alle wichtigeren in Betracht zu ziehen.

Das Material ist, wie es in den Lehrbüchern der Mineralogie üblich ist, nach chemischen Gruppen geordnet. Ausgehend von den Elementen, wird auf die einfachen und dann auf stets verwickeltere Verbindungsgruppen übergegangen. Die einzelnen Gruppen werden nach Kristallstrukturtypen eingeteilt. Am weitesten durchgeführt ist das in der Gruppe der Silicate, bei denen die Klassifizierung nach der Kristallstruktur den Überblick sehr erleichtert. Die Anordnung der Hauptgruppen ist dieselbe wie bei H. STRUNZ, „Mineralogische Tabellen".

Die Lichtbrechungsindices sind für Na-Licht angeführt. Der Auslöschungswinkel der monoklinen Kristallarten in den Schnitten nach der Symmetrieebene wird bezeichnet mit +, wenn er im stumpfen, dagegen mit —, wenn er im spitzen Winkel β liegt.

Die Abbildungen der Kristallformen sind für die meisten Kristallarten schon im kristallgeometrischen Teil dargestellt. Auf sie wird daher im folgenden im allgemeinen nur hingewiesen.

Die Dichte der Mineralien wechselt häufig mehr oder weniger. Das liegt teils an den isomorphen Mischungen, teils am Vorhandensein einer wechselnden Menge von Fehlern im Kristallgitter. Im folgenden werden im allgemeinen nur die durchschnittlichen Dichtewerte angeführt.

A. Elemente.

a) Metalloide.

Die metalloiden Elemente sind von wechselnder Kristallstruktur. Die metalloiden wie auch die metallischen Elemente der senkrechten Reihen des periodischen Systems gehören oft einander gleichen oder nahe verwandten Kristallstrukturtypen an. Bei den Kristallen der bei niedrigen Temperaturen erstarrenden Edelgase besteht eine flächenzentrierte kubische Dichtestpackung, wie bei denen vieler Metalle. Dieselbe Struktur zeigen auch die Molekülgitter der bei gewöhnlicher Temperatur gasförmigen Elemente, wie Sauerstoff O_2 und Stickstoff N_2, die zweiatomige Moleküle bilden. Die kleinsten freien Teilchen aller dieser Stoffe, die Atome oder die Moleküle, werden durch die VAN DER WAALSschen Kräfte zusammengehalten. Auch die anders kristallisierenden Jod- und Schwefelkristalle sind Molekülgitter. Als Übergangstypen zwischen diesen und den Koordinationsgittern der Metalle haben z. B. das trigonale Kettengitter von Selen und Tellur und das rhomboedrische Schichtgitter von Arsen, Antimon und Wismut zu gelten.

Graphit und Diamant, C. Die Dimorphie des Kohlenstoffes ist bereits mehrmals erwähnt worden. Das flächenzentrierte Würfelgitter des Diamanten O_h^7—Fd3m ist doppelt in der Weise, daß jedes Kohlenstoffatom von vier gleichwertigen Kohlenstoffatomen in einer Entfernung von 1,54 Å tetraedrisch umgeben ist (Abb. 57, 299). Der dihexagonal bipyramidale Graphit D_{6h}^4—C6/mmc wiederum hat ein Schichtgitter, die Koordinationszahl ist 3, und der geringste Atomabstand beträgt 1,42 Å, wogegen in der Richtung der c-Achse der Abstand der Netzflächen 3,4 Å ausmacht (Abb. 300).

Abb. 358. Diamant.

Die Diamantstruktur tritt auch bei den übrigen vierwertigen Elementen auf (Si, Ge, Sn). Die Symmetrie des Diamanten ist holoedrisch, wenngleich die Oktaederflächen manchmal in ihren Formen tetraedrisch entwickelt sind (Abb. 359) und auch an den Zwillingen Tetraederform auftritt (Abb. 158). Die häufigste der Flächenformen ist (111), die auch eine vollkommene Spaltrichtung ist, sonstige Formen sind (110), (100), (210), (321) (Abb. 358). Oft sind an den Diamantkristallen die Flächen krumm (Abb. 359 und 360). Dichte 3,52, $n = 2{,}4195$, durchsichtig, elektrisch isolierend. — Das wichtigste Fundgebiet des Diamanten ist Südafrika, woher etwa 95% der gesamten Weltproduktion bezogen werden. Das Mineral findet sich hier in basischem olivinhaltigem Gestein, dem Kimberlit, der als Füllung von Vulkanschloten oder „pipes“ auftritt. Er ist vermutlich sehr tief und unter sehr hohen Drucken entstanden. Andere Diamantgebiete liegen in Indien, Brasilien und Australien. Außer als Edelstein dient der Diamant auch als Schleifstoff sowie als Bohrdiamant, zu welchem Zweck nur der undurchsichtige körnige Diamant, der sog. Carbon (Carbonado) oder Bort verwendet wird.

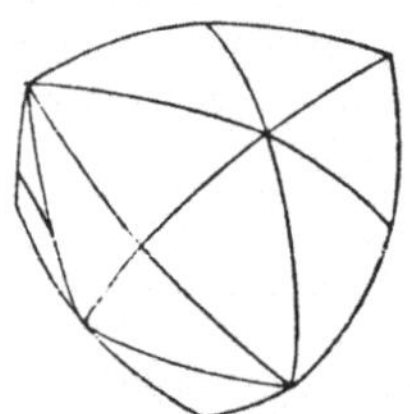

Abb. 359. Krummflächiger Diamant, Hexakistetraederform.

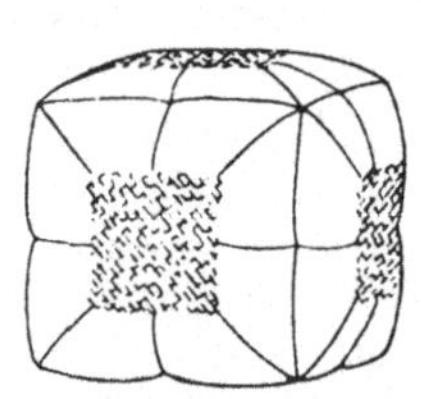

Abb. 360. Krummflächiger Diamant, Hexakisoktaederform mit Würfelflächen.

Der Graphit ist die bei niedrigen, aber auch bei recht hohen Drucken beständige (d. h. energieärmste) Zustandsform des Kohlenstoffes. Er ist nur selten zu Kristallen mit guten Flächen, meistens schuppig ausgebildet. Härte 1 bis 2, Dichte 2,1, Metallglanz, undurchsichtig, besitzt gutes elektrisches Leitvermögen. Oxydiert schwerer als der Diamant. — Der Graphit ist ein allgemeiner Bestandteil metamorpher Gesteine. Meistens ist er in Phylliten, Glimmerschiefern und Gneisen ursprünglich organogen, und die reinen Graphitmassen, wie sie in den Alibertgruben am Unterlauf des Jenissei gebrochen werden, sind in Steinkohlenschichten unter dem Einfluß von Magmen entstanden. Auch als ursprünglicher Gemengteil von Magmagesteinen und ebenfalls als metasomatische Bildung ist Graphit sogar in Meteoriten anzutreffen. Der Hauptteil der Produktion wird zu Schmelztiegeln sowie zu Schmiermitteln verwandt; gering ist die Menge des zur Herstellung von Bleistiften verbrauchten Graphits, doch muß er dazu rein und verhältnismäßig grobschuppig sein. Die zahlreichen Graphitvorkommen des präcambrischen Grundgebirges liegen in den Gneisen, Glimmerschiefern und Phylliten.

Wohl die größten Vorkommen Deutschlands liegen unweit Passau; auch in Böhmen, Mähren, Steiermark sind Lagerstätten.

Schwefel kristallisiert in rhombischer und monokliner Form: Der monokline Schwefel, C_{2h}^5—$P2_1/a$, entsteht unter atmosphärischem Druck oberhalb $+95°$, auch in Vulkanen, und wandelt sich an diesem Punkt enantiotrop in rhombischen Schwefel um. Der rhombische Schwefel ist die allein beständige Form bei niedrigen Temperaturen. Seine Kristallstruktur ist erstaunlich verwickelt für ein Element, die Elementarzelle enthält 128 Atome in 16 ringförmigen Gruppen, die in allen Hinsichten wirkliche Moleküle darstellen (Abb. 250). Die Formen weisen oft gute Flächen auf, (111) ist vorherrschend (auf Abb. 55). Häufig erscheint in der Flächenausbildung Hemiedrie, weshalb früher bisphenoidische Symmetrie vermutet wurde, aber nach der Strukturanalyse ist die Kristallart rhombisch bipyramidal und gehört zu der Raumgruppe D_{2h}^{24}—Fddd. Keine deutliche Spaltrichtung, Bruch muschelig. Härte 1,5 bis 2, Dichte 2,05. Optische Achsenebene (010), $c \| \gamma$, opt. $+$, $\alpha = 1{,}958$, $\beta = 2{,}038$, $\gamma = 2{,}245$, $2V = 68{,}5°$, Dispersion $\varrho > v$. Als Fumarolprodukt in manchen Vulkanen. Sogar ziemlich große Massen davon wurden in einigen Vulkanen Japans, Südost-Indiens und Chiles angetroffen. In wirtschaftlich bedeutsameren Mengen findet sich Schwefel in Gipsablagerungen, in denen er unter dem reduzierenden Einfluß organischer Stoffe entstanden ist. Derartige Vorkommen gibt es in Texas und Louisiana sowie in Girgenti auf Sizilien, wo der Schwefel von Cölestin begleitet wird.

Der rhombische Schwefel vermag bis 10% Selen in sein Gitter aufzunehmen. Reines *Selen* sowie *Tellur* dagegen kristallisieren als trigonal trapezoedrische metallische Kristallarten.

b) Metalle.

Die eigenartige Struktur der metallischen Elemente ist bereits in dem Abschnitt über die Kristallchemie dargelegt worden. Kennzeichnend für sie sind die dichten Atompackungen und die hohe Koordinationszahl (12 oder 8) sowie die „metallische", durch die freien Elektronen gekennzeichnete Bindungsweise. In den physikalischen Eigenschaften äußert sich ihre Besonderheit in ihrer Schmiedbarkeit, die auf der Gleitfähigkeit der Gitter beruht sowie in guter Elektrizitäts- und Wärmeleitfähigkeit, wie auch in starkem metallischem Glanz.

Arsen, Antimon und Wismut. Diese Sprödmetalle sind Übergangsformen zwischen den metalloiden und den metallischen Elementen. Ihre ditrigonal skalenoedrische Kristallstruktur D_{3d}^5—$R\bar{3}m$ erinnert an die kubische Dichtestpackung, das Grundrhomboeder ist ein nur etwas abgeplatteter Würfel (der Polkantenwinkel beim Wismut 92° 20′, beim Antimon 92° 53′ und beim Arsen 94° 20′), aber die Atome haben sich in der Richtung der Basisfläche so angeordnet, daß stets zwei Netzflächen einander nähergelegen sind (Abb. 307), so daß das Gitter einem Schichtgitter ähnelt, und die Spaltbarkeit nach der Basis vollkommen ist. Außerdem lassen die Stoffe rhomboedrische Spaltrichtungen erkennen. Alle drei treten als seltene Mineralien auf, am häufigsten Wismut. Dieses ist von rötlich silberweißer Farbe, Antimon und Arsen sind zinnweiß. Von diesen ist Arsen am sprödesten und härtesten ($H = 3{,}5$), das Wismut am meisten „metallisch" und am weichsten. Die Dichte ist beim Arsen 5,7, beim Antimon 6,7, beim Wismut 9,7.

Gediegenes Arsen wurde als Mineral in Erzgängen mit Silber-Kobaltnickelerzen in St. Andreasberg, vielerorts im Erzgebirge, in Přibram gefunden. Antimon findet sich außer an den obengenannten noch an mehreren anderen Fundorten, z. B. Sala in Schweden. Ein Gemenge von As und Sb ist der *Allemontit* aus Allemont, der sogar im Pegmatit von Varuträsk in Schweden angetroffen wird. Das Wismut besitzt offenbar einen viel weiteren Bildungsbereich, innerhalb dessen es in Zinnerzgängen von Altenberg und Zinnwald im Erzgebirge u. a., in Kobaltnickel-Silbererzgängen vom Erzgebirge u. a. sowie in den bolivianischen Zinnsilbererzgängen angetroffen wurde. Aus den letztgenannten wird ein beträchtlicher Teil des technisch verwerteten Wismuts gewonnen. Noch mehr Wismut liefern die wismutreichen Kupfererze von Peru (Cerro de Pasco) und von Australien.

Gold, Silber und Kupfer, kubisch hexakisoktaedrisch, O_h^5 Fm3m. Diesen typischen Metallen gemeinsam ist die kubische Dichtestpackung (K.-Z. 12) und also die holoedrische Kristallstruktur. Als Kristallformen erscheinen (111), (100), bisweilen (110), (210) und (311) usw. Härte gering, 2,5 bis 3. Spaltbarkeit fehlend. Zwillingsbildung nach (111) tritt sowohl bei den gewachsenen Formen als auch bei Verformung (Schmieden) auf. Das Reflexionsvermögen ist groß, beim Silber am größten unter allen bekannten Stoffen. Merkwürdig ist das geringe Lichtbrechungsvermögen, insbesondere beim Silber (vgl. S. 142).

Gold findet sich in der Natur meist gediegen, am häufigsten in Gesellschaft von Pyrit, auch von Arsenkies, in Goldquarzgängen. Manganspat und Eisenspat sind andere Begleiter. Das natürliche Gold enthält mehr oder weniger Silber als isomorphe Mischung. Die Dichte des gediegenen Goldes ist 19,4. Man pflegt die Goldgangvorkommen in zwei Hauptgruppen einzuteilen, nämlich in ,,junge Gold-Silbergänge" in vulkanischen Gesteinen und in ,,alte Goldquarzgänge" in Tiefengesteinen. Erstere sind oft tellurhaltig, wie die Golderze von Colorado und Nevada, Siebenbürgen und vom Kalgoorlie-Gebiet in Westaustralien. Von alten Goldquarzgängen seien beispielsweise die Golderze von Kalifornien, Alaska, vom Porcupine-Gebiet in Canada, Ural und von Ostsibirien genannt. Im finnischen Lappland kommen goldführende Carbonat-Quarzgänge im Gebiete des Ivaloflusses vor.

Aus Gängen stammt das durch Strömungstransport in Seifen angereicherte Gold auf losen Böden, das durch Auswaschen aus dem groben Flußsand gewonnen wird. Eine riesige alte Seife ist das Goldkonglomerat von Witwatersrand in Transvaal, heutzutage das bei weitem größte Goldgewinnungsgebiet der Welt. — Die gesamte Golderzeugung der Welt belief sich 1938 auf 1200000 kg, davon lieferte Südafrika 370000 kg = 30% der Weltproduktion.

Silber findet sich seltener gediegen als ursprüngliches Mineral, wie z. B. in den kobalt-, nickel- und wismuthaltigen Gängen des Coboltgebietes von Canada. Dagegen kommt es allgemein in der Cementationszone der Sulfiderze vor. Der größte Teil der Silberproduktion der Welt stammt aus silberhaltigem Bleiglanz, komplexen Bleiglanz-Zinkblenden und Kupfererzen. Die Anden beider Amerika sind das Hauptproduktionsgebiet mit (1938) 77% der Weltproduktion. Davon liefert allein Mexiko fast die Hälfte, nämlich 31%. Die Dichte des gediegenen Silbers ist 10,5.

Gediegenes Kupfer ist ein ziemlich seltenes Mineral. Die Gegend des größten Vorkommens liegt an der Küste des Lake Superior, wo es als hydrothermale Gangbildung in Basaltmandelstein, oft als Cement in Konglomerat, zusammen mit Silber und Zeolithmineralien auftritt. Es bildet die Grundlage für eine bedeutende metallurgische Industrie (Lake-Kupfer).

Blei Pb, das selten auch als Mineral auftritt, ist isotyp mit Gold, Silber und Kupfer. *Quecksilber* Hg gehört kristallin zur ditrigonal skalenoedrischen Raumgruppe D_{3d}^5—R$\bar{3}$m.

Platin-Eisengruppe. Die Strukturverhältnisse der als Minerale vorkommenden Kristallarten dieser Gruppe ergeben sich aus der Übersichtstabelle S.311.

Eisen, Nickel und Platinmetalle. Eisen gehört zu den Hauptelementen der Erdkruste. Es findet sich wahrscheinlich gediegen im Innern der Erde. Als Gemengteil von Gesteinen ist gediegenes Eisen jedoch selten. Aus Oxyd-Silicat-

Kubische Dichtestpackung Kubisch hexakisoktaedrisch O_h^5—Fm3m	Kubisch innenzentriert Hexakisoktaedrisch O_h^9—Im3m	Hexagonale Dichtestpackung Dihexagonal bipyramidal D_{6h}^4—C6/mmc
Platin Pt *Iridium* Ir *Palladium* Pd *Nickel* Ni *Awaruit* (Ni,Fe) *γ-Eisen* Fe	*Nickeleisen* (Ni,Fe) *α-Eisen* Fe *Tantal* Ta	*Osmium* Os *Osmiridium* (Os,Ir) *Zink* Zn

schmelzen ist es mittels Kohlenstoff leicht zu reduzieren, so daß der Mensch schon in vorgeschichtlicher Zeit die Kunst der Eisengewinnung erfunden hat. Auch in der Natur ist Reduktion von Eisen eingetreten, als eisenreiche Basaltlava durch Steinkohlenflöze gedrungen ist. Auf diese Weise scheint das Eisen, das A. E. NORDENSKIÖLD auf der westgrönländischen Insel Disko bei Ovifak im Basalt gefunden hat, entstanden zu sein; desgleichen tritt in Deutschland unweit Kassel im Basalt Eisen auf.

Bei Zimmertemperatur ist die Kristallstruktur des Eisens kubisch innenzentriert (Abb. 303). Nur dieses α-Eisen ist ferromagnetisch. Bei 768° wandelt es sich in β-Eisen um, das nicht ferromagnetisch ist, aber strukturell dem α-Eisen völlig gleicht. Bei 906° nimmt das Eisen eine flächenzentrierte kubische Dichtestpakkung an (γ-Eisen), um dann bei 1401° in eine andere innenzentrierte Form überzugehen (δ-Eisen). Das γ-Eisen kann eine beschränkte Menge von Kohlenstoffatomen als „feste Lösung“ in sein Gitter aufnehmen, was die bei niedrigeren Temperaturen beständigen kristallinen Formen des Eisens α und β nicht vermögen. Dagegen bildet das Eisen ein Carbid Fe_3C (*Cementit*), das identisch ist mit dem Mineral *Cohenit*. Das Temperatur-Konzentrationsdiagramm von Eisen und Cementit (Abb. 361) gehört hinsichtlich α-β- und γ-Eisen zum BAKHUIS-ROOZEBOOMschen Typ 4. In der Mischungsreihe findet sich eine nach unten erweiterte Lücke. Die γ-Eisen—Carbid-Mischung trennt sich beim Übergang in α-β-Eisen in reines α-β-Eisen, *Ferrit*, und in Cementit. Beide bilden ein Eutektoid, *Perlit*. Äußerlich zeigt sich die Entmischung darin, daß harter Stahl weich wird. Das Härten wird dadurch erreicht, daß die Entmischungstemperatur so schnell unterschritten wird, daß die neuen Gleichgewichte sich nicht einstellen können, oder, wie man physikalisch-chemisch zu sagen pflegt, daß der γ-Eisenmischkristall „abgeschreckt“ wird. Obgleich auch hier bei der Grenztemperatur, die vom jeweiligen Mischungsverhältnis, also Kohlenstoffgehalt abhängt, γ-Eisen

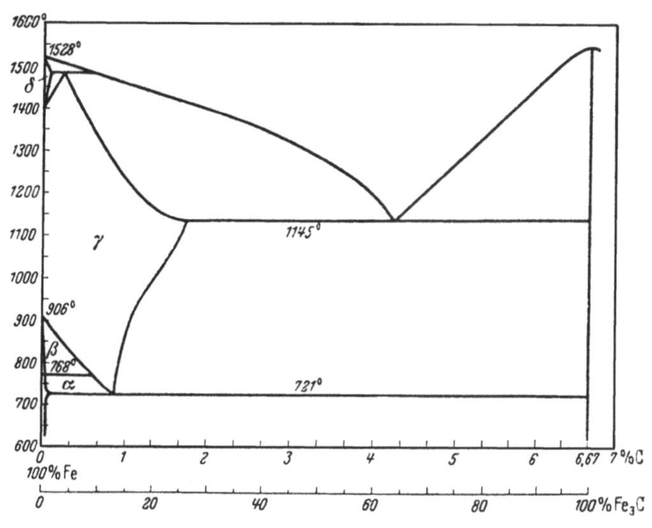

Abb. 361 Temperatur-Konzentrationsdiagramm des binären Systems Eisen—Cementit (Fe_3C).

in α-Eisen übergeht, so können die Atome nicht frei abwandern, und das innenzentrierte Gitter des α-Eisens gerät infolge der Einengung der Kohlenstoffatome in dessen Zwischenräumen derart in Spannungszustand, daß es tetragonale Eigenschaften annimmt. Diese „abgeschreckte“ Mischung, *Martensit*, ist gehärteter Stahl. Eine geringe Erwärmung genügt, um die Atome so beweglich zu machen, daß die feste Lösung sich (über verschiedene Zwischenstufen) in α-Eisen + Perlit bzw. Cementit + Perlit entmischt.

Gediegenes Nickel ist in der Natur nicht rein, sondern in Form von Mischungen mit Eisen anzutreffen, aber bei niedrigen Temperaturen ist ihre Mischbarkeit beschränkt, im Gegensatz zu den technischen Eisen—Nickel-Legierungen, die vollkommene Mischbarkeit aufweisen. Bei der Abkühlung trennt sich die nickelreichere Mischung von der nickelärmeren (Kristallseigerung). Darauf beruhen die an den geschliffenen und geätzten Flächen der Nickeleisenmeteorite sichtbaren *Widmannstättenschen Figuren.* Die nickelarme Mischung, *Kamazit,* bildet darin Platten nach den Oktaederflächen. Die Masse zwischen den Platten, *Plessit,* ist eine feinverteilte Mischung von Kamazit und nickelreicher Legierung, *Tänit.* Dieser kommt rein als dünne Bänder zwischen den Kamazitkämmen und der Plessitmasse vor. Auch große Nickeleisenmeteorite sind oft ein einziger Kristall.

Die Platinmetalle gehören chemisch zu der Gruppe des Eisens. *Platin, Iridium* und *Palladium* ähneln strukturell dem γ-Eisen und haben kubisch flächenzentrierte Gitter, das Osmium dagegen zeigt hexagonale Dichtestpackung. Die Platinmetalle gehören zusammen mit Nickel und Kobalt zu den siderophilen Elementen. Das Platin kommt als Ausscheidung aus ultrabasischen Magmagesteinen, vorwiegend aus Dunit vor, und findet sich ebenfalls in den aus diesen entstandenen Serpentingesteinen und in aus solchen Gesteinen stammenden Seifen; das Hauptgebiet ist von jeher der Ural gewesen; aber in den letzten Jahren sind in Südafrika große Funde gemacht worden. Hier sind Platinmetalle auch als Schwefel- und Arsenverbindungen (wie Sperrylith $PtAs_2$) in Noritgestein anzutreffen. Desgleichen treten sie in den Nickelerzen des Sudburygebietes auf, sie werden aus diesen als Nebenprodukt gewonnen. Auch in Columbia wird gediegenes Platin angetroffen. Die Weltproduktion an Platin belief sich 1939 auf 15000 kg, sein Preis ist höher als der des Goldes.

Zu den eigentlichen Metallen kristallchemisch zu rechnen sind noch die Metallcarbide, -nitride und -phosphide, die dichtgepackte Einlagerungsstrukturen (S. 216) aufweisen. Hier nennen wir nur folgende, auch als Minerale bekannte.

Cohenit Fe_3C, rhombisch bipyramidal, D_{2h}^{16}—Pbnm. In Meteoriten und im tellurischen Eisen (= Cementit).

Schreibersit $(Fe,Ni,Co)_3P$, tetragonal skalenoedrisch. In Meteoriten.

Silvestrit, Mischkristalle von Fe_2N und Fe_3N, hexagonal, D_{3d}^{1}—H3m.

B. Sulfide.

Zu den Sulfiden gehören strukturell recht verschiedenartige Stoffe. Einige sind metallisch auch in ihrer Bindungsweise, andere weisen Molekülstruktur auf, und noch andere sind als Verbindungen heteropolar, wie Calciumsulfid, oder homöopolar, wie Zinkblende; diese haben keine metallischen Eigenschaften. Den Sulfiden ähnlich und isomorph sind in vielen Fällen die entsprechenden Arsenide und Antimonide, auch die Selenide und Telluride. Doppelverbindungen von Sulfiden und Arseniden oder Antimoniden sind die sog. Sulfosalze. Die sulfidbildenden Elemente werden nach V. M. Goldschmidt als chalkophil bezeichnet (S. 230).

a) Kiese.

Die Kiese sind verhältnismäßig harte, stark metallglänzende, in unebenen Flächen brechende Stoffe. Die chemische Zusammensetzung ist einfach; die Verbindungen befolgen nicht immer die gewöhnlichen Valenzregeln.

Die *pyritähnlichen Minerale* umfassen das isodimorphe Reihenpaar der Pyrit- und Markasitgruppen, bei dem die Verbindung FeS_2 dimorph auftritt. Zu beiden Reihen gehören außerdem weniger symmetrische, zwei Kationenarten enthaltende Kristallarten. Im folgenden werden die wichtigsten Mineralvertreter angeführt.

Pyritgruppe	*Markasitgruppe*
Kubisch disdodekaedrisch	Rhombisch bipyramidal
T_h^6—Pa3	D_{2h}^{12}—Pnnm
Pyrit FeS_2	*Markasit* FeS_2
Bravoit $(Fe,Ni)S_2$	*Löllingit* $FeAs_2$
Hauerit MnS_2	*Safflorit*, *Rammelsbergit* } $(Co,Ni)As_2$
Sperrylith $PtAs_2$	
Laurit RuS_2	
Blockit $(Ni,Cu,Co)Se_2$	

Kobaltingruppe	*Arsenopyritgruppe*
Kubisch tetraedrisch-pentagondodekaedrisch	Monoklin prismatisch
T^4—$P2_13$	C_{2h}^5—$P2_1/d$
Kobaltin CoAsS	*Arsenopyrit* FeAsS
Gersdorffit NiAsS	*Glaukodot* (Co,Fe)AsS
Ullmannit NiSbS	*Gudmundit* FeSbS

Pyritgruppe. Die Struktur des *Pyrits* oder *Schwefelkieses* (Abb. 256) ist dieselbe wie die des Steinsalzes, wenn an die Stelle des Cl-Ions ein zweiatomiges Schwefelmolekül gesetzt wird. Auf dessen schräger Lage beruht das Meroedrische der Struktur. Tritt an die Stelle des zweiseitig-symmetrischen Schwefelmoleküls die polare Gruppe AsS oder SbS, so nimmt die Symmetrie weiter ab. Die häufigsten Flächenformen sind (100), (120), (111) (Abb. 123), seltener sind die Disdodekaeder (321) und (421). Als Zwillingsebene erscheint ($1\bar{1}0$): ,,Eisernes Kreuz", Abb. 157. Die messinggelbe Farbe des Pyrits ist sehr bezeichnend für den Stoff. Härte 6 bis 6,5, Dichte 5,2. Pyrit enthält oft etwas Nickel, Kobalt, Kupfer, Zinn, Arsen, auch Gold und Silber. Er kommt sowohl in früh- als auch in spätmagmatischen und metasomatischen Erzen, auch in Magmagesteinen und metamorphen Gesteinen als Bestandteil vor. Im Vergleich zum Magnetkies setzt er eine niedrigere Entstehungstemperatur oder auch einen größeren Schwefeldampfdruck voraus. Besonders allgemein ist er in den aus bituminösen Tonsedimenten entstandenen Phylliten, gewöhnlich in Würfelform. Der erzlagerstättenbildende Pyrit ist das wichtigste Schwefelerzmineral für die Celluloseindustrie. Wichtige Grubengebiete sind Rio Tinto in Spanien, Sulitjelma und Lökken in Norwegen, Outokumpu in Finnland. In den meisten gewinnt man zugleich Kupfer aus Kupferkies.

Bravoit $(Fe,Ni)S_2$ ist rötlich hellgelb, findet sich als Imprägnation im Vanadinerz von Minasragra bei Cerro de Pasco in Peru, mit Bleiglanz als Imprägnation in Sandstein bei Mechernich in der Eifel und recht häufig als Umwandlungsprodukt in pentlanditführenden Magnetkieserzen.

Hauerit MnS_2, grau, weniger metallisch als die übrigen Glieder der Pyritgruppe, ist als Mineral sedimentärer Herkunft und kommt vor zusammen mit Gips und Schwefel. Kalinka und Neusohl in Böhmen, Schemnitz in Ungarn.

Sperrylith $PtAs_2$, zinnweiß, Härte 6 bis 7, Dichte 10,6. Zuerst entdeckt in Goldquarz der Vermilion-Mine bei Sudbury, später als große Kristalle in Potgietersrust im Waterberg-Distrikt in Transvaal. Jetzt weiß man, daß der Sperrylith das wichtigste Platinerzmineral der Nickelmagnetkieserze ist und einen wesentlichen Teil (ca. $^1/_3$) der Weltplatinproduktion liefert. Er ist außerordentlich widerstandsfähig gegen Verwitterung und findet sich sogar in Seifen noch unverwittert als klare Kristalle.

Laurit RuS_2, Härte 7,5, Dichte 7,0. Bekannt als eisenschwarze Kristalle aus Platinseifen von Borneo und Südafrika.

Blockit $(Ni,Cu,Co)Se_2$, Härte 4, grauweiß, in Pacaake, Bolivia.

Kobaltingruppe. An die Reihe des Pyrits schließen sich noch als homöomorph die Minerale der Kobaltingruppe an. Die Symmetrieverminderung dieser Kristallarten ist derjenigen vergleichbar, die der Dolomit dem Calcit gegenüber und der Ilmenit im Vergleich zu Hämatit aufweist. Sie geht aus den Strukturmodellen hervor. Interessanterweise zeigen nun die Minerale der Arsenkiesgruppe, die bisher für rhombisch und mit dem Markasit isomorph gehalten wurden, nach neueren Kristallstrukturbestimmungen eine vergleichbare Symmetrieverminderung gegenüber dem nur eine Anionenart enthaltenden Markasit oder Löllingit.

Kobaltin oder *Kobaltglanz* CoAsS. Kristallformen wie beim Pyrit, Härte 5,5, Dichte 6,0 bis 6,4, Farbe rötlich-silberweiß. Fahlbandmineral in Gneisen in Tunaberg, Riddarhyttan in Schweden, in Kobaltsilbergängen in Annaberg, Schneeberg, massenhaft im Coboltgebiet in Ontario.

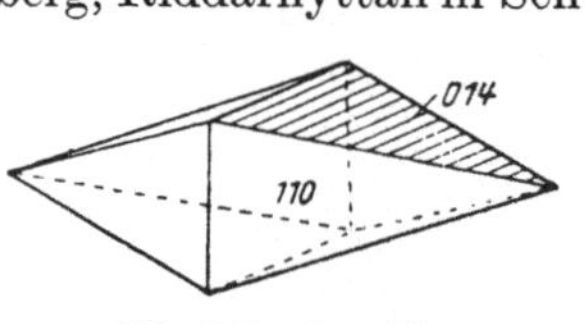

Gersdorffit NiAsS mit Fe-Gehalt, spaltbar nach 100, silberweiß, Härte 5, Dichte 5,6 bis 6,2. In den Sideritgängen im Siegerland, bei Tanne, Harzgerode und Goslar am Harz, Lobenstein im Vogtland, Schladming in Steiermark.

Abb. 362. Arsenkies.

Ullmannit NiSbS, Eigenschaften wie beim vorigen, etwas schwerer (Dichte 6,7). Kommt oft mit dem Gersdorffit zusammen vor, ist aber etwas häufiger. Die tetraedrisch-pentagondodekaedrische Symmetrie zeigt sich in der tetraedrischen Ausbildung der Kristalle (Abb. 119).

Markasitgruppe. Markasit FeS_2. Farbe und Härte sind dieselben wie die des Pyrits. Dichte etwas niedriger, 4,65 bis 4,88. Seine rhombische Kristallstruktur ähnelt dem Typ nach dem des Pyrits. Er entsteht bei niedrigeren Temperaturen und geht bei 450° monotrop in Pyrit über. An den Kristallen erscheint oft die Kombination (011) (110), daneben kommt häufig das Pinakoid (100) vor, nach dem die Kristalle dann tafelförmig sind (Abb. 150). Zwillinge nach (011) sind häufig. Die Markasitkonkretionen im Ton mögen ursprünglich aus dem Gelzustand kristallisiert sein. Gleichartig ist der „Wasserkies" oder *Melnikowit*, der jedoch von kubischer Kristallstruktur und pyritähnlich ist. Die Dichte des Markasits ist 4,8.

Löllingit $FeAs_2$, grauweiß wie der häufigere Arsenkies, Härte 5, Dichte 7,1 bis 7,4. Im Sideritlager von Lölling in Kärnten, im Serpentin von Reichenstein, auf Erzgängen in St. Andreasberg u. a., auch in Granitpegmatiten von Eräjärvi, Varuträsk u. a.

Safflorit $CoAs_2$ und *Rammelsbergit* $NiAs_2$ bilden Mischkristalle untereinander sowie mit dem Löllingit, dem sie in den physikalischen Eigenschaften ähneln. Häufig in Kobaltnickelsilbergängen in Schneeberg, Joachimsthal usw.

Arsenopyritgruppe. Die Vertreter dieser Gruppe sind alle pseudorhombisch, $\beta = 90°$ (Abb. 362). Am häufigsten ist der *Arsenopyrit* oder *Arsenkies* FeAsS, zinnweiß, Härte 5,5 bis 6, Dichte 6,0. Er enthält oft etwas Kobalt; wenn dieses überwiegt, heißt das Mineral *Glaukodot.* Der Arsenopyrit ist ein häufiges Mineral auf hydrothermalen Gängen und in Imprägnationslagerstätten. Oft enthält er in sehr geringen, aber doch wirtschaftlich bedeutsamen Mengen Gold, durch welches das große Erzvorkommen von Boliden in Schweden vorwiegend seinen Wert erhält.

Hierher gehört auch noch der seltene *Gudmundit* FeSbS.

Die Speiskobaltgruppe. Eine besondere Gruppe bilden die wirtschaftlich wichtigen Erzgangminerale *Speiskobalt* oder *Smaltin* $CoAs_{3-2}$ und *Chloanthit* oder *Weißnickelkies* $NiAs_{3-2}$. Obwohl kubisch-disdodekaedrisch, sind sie nicht isotyp mit den pyritähnlichen Mineralen. Die Kristalle sehen holoedrisch aus (Abb. 363). Keine Spaltbarkeit, hell-stahlgrau, Härte 5, Dichte 6,4 bis 6,6. In allen Kobaltnickelsilbergängen, so in Schneeberg, Johanngeorgenstadt, Annaberg, Joachimsthal, in Nieder-Ramstadt bei Darmstadt, Wittichen im Schwarzwald, in Uranerzen am Great Bear Lake.

Zur selben Gruppe gehört noch der seltene *Skutterudit* $CoAs_3$ aus Skutterud in Norwegen. In dieser Kristallart ist das Gitter voll besetzt mit As-Atomen, während in den vorigen ein Teil der As-Atome ausgefallen ist.

Rotnickelkiesgruppe, der *Nickelarsenidtyp* der Kristallchemie, dihexagonal bipyramidal, D_{6h}^4—C6/mmc. Über die Kristallstruktur s. S. 177 und die Abb. 263 und 264.

Der weitaus häufigste Vertreter der Gruppe ist der *Magnetkies* oder *Pyrrhotin* FeS. Dasselbe Mineral in den Meteoriten heißt *Troilit*, der sich jedoch vom gewöhnlichen Magnetkies chemisch dadurch unterscheidet, daß seine Zusammensetzung genau der Formel FeS entspricht, während im Magnetkies ein Überschuß an Schwefel vorhanden ist, so daß die Formel zwischen FeS und Fe_5S_6 schwankt. Dies beruht darauf, daß im Gitter ein Teil der Fe-Stellen unbesetzt ist. Die tafelförmigen hexagonalen Kristalle sind selten; sie sind z. B. in Outokumpu angetroffen worden. Die S-Ionen liegen in hexagonaler Dichtestpackung, und die Fe-Ionen sind so angeordnet, daß die Koordination [3 + 3] ist. Härte 4, Dichte 4,6, Farbe bronzegelb, an der Luft bald trübe anlaufend.

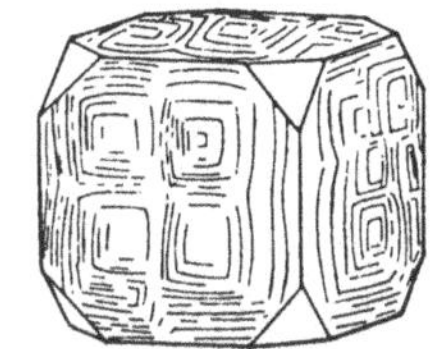

Abb. 363. Smaltin.

Der Magnetkies gehört zu den häufigsten Mineralen vieler in weiterem Sinne magmatischen Erzformationen und tritt auch als Nebenbestandteil vieler Gesteine auf, am liebsten magmatogener, ganz besonders basischer, wie der Gabbros. Entsteht bei höheren Temperaturen als der Pyrit. Wird aber auch in sedimentogenen metamorphen Gesteinen angetroffen, wie in den graphithaltigen schwarzen Schiefern des finnischen Grundgebirges. Die magmatischen Magnetkiesvorkommen sind darum wertvoll, weil sie oft viel Nickel enthalten, das ursprünglich als ein mit dem Eisensulfid isomorphes Sulfid in der Mischung vorgekommen ist, sich aber zu Fäden und Streifen als kubischer *Pentlandit* (Ni,Fe)S entmischt hat. Die 2 bis 5% Nickel enthaltende Magnetkies—Pentlandit-Mischung ist ein wertvolles Nickelerz. Es wird am meisten im Gebiet Sudbury in Canada gefördert, wo das Erz aus Noritmagma ausgeschieden ist. Ein anderes großes Vorkommen liegt in den Petsamontunturit in Finnland, daneben gibt es Nickelerz in Finnland in Nivala. Weitere Nickelerzlagerstätten (Nittis u. a.) liegen in der Montschetundra auf der Halbinsel Kola. Im Jahre 1938 betrug die Weltnickelerzeugung 111000 t. Davon wurden im Sudburygebiet 93000 t, 1940 sogar 120000 t gewonnen. — Die metasomatischen Magnetkiese enthalten kein Nickel und sind nicht sehr wertvoll als Erze. Allgemein mit Kupferkies, wie in Bodenmais, Orijärvi, Falun.

Nickelin oder *Rotnickelkies* NiAs, von kupferroter Farbe, ebenso wie der rosenrote *Breithauptit* NiSb sind Minerale der Kobaltsilbererzgänge.

Linneit $(Ni,Co,Fe)_3S_4$, kubisch hexakisoktaedrisch, O_h^7—Fd3m, verdient deshalb erwähnt zu werden, weil er kristallchemisch zu dem Spinelltyp gehört, auch dem Aussehen nach oktaedrisch ist und sich nach dem Spinellgesetz verzwillingt. Die Farbe ist hellrötlich stahlgrau, Härte 5,5, Dichte 4,9. Dieses Mineral wurde zuerst in Schweden in der kleinen Grube Bastnäs gefunden und ist im allgemeinen selten, tritt aber als primäres Hauptmineral in den reichen Kobalterzen von Katanga und Nord-Rhodesia auf.

Kupferkies oder *Chalkopyrit* $CuFeS_2$, das wichtigste Kupfererz, gehört zu der ditetragonal skalenoedrischen Symmetrieklasse, Raumgruppe D_{2d}^{12}—$I\bar{4}2d$. Die Kristallstruktur nähert sich der kubischen, die Schwefelatome umgeben tetraedrisch die Cu- und Fe-Atome, die ihrerseits 2 + 2 Cu- und Fe-Atomen benachbart sind (Abb. 364). Die tetraederähnliche Bisphenoidform (111) erscheint regelmäßig an den Kristallen, oft auch das Skalenoeder (423) (Abb. 110). Härte 3,5 bis 4, Dichte 4,2. Als akzessorischer Gemengteil ist der Kupferkies recht oft in basischen Magmagesteinen enthalten. Die größten Kupferkiesvorkommen sind magmatisch oder kontaktmetasomatisch; als Beispiele großer Kupfergrubengebiete seien genannt Sonora in Mexiko, Butte in Montana (Grube von Anaconda), Morenci, Bisbee und Miami in Arizona, Bingham in Utah, Ashio in Japan und Katanga in Belgisch-Kongo sowie Nord-Rhodesia, wo jedoch hauptsächlich carbonatische Verwitterungserze (Malachit) gewonnen werden. Die Weltproduktion an Kupfer betrug 1938 2 Millionen t, davon USA. 500000 t, Canada 260000 t, Chile 350000 t und ganz Amerika 1,2 Mill. t = 60% der Weltproduktion. In den letzten Jahren hat Amerika an Kongo und Rhodesia ernsthafte Konkurrenten erhalten, die 1938 360000 t = 18% der Weltproduktion lieferten. In Finnland ist Outokumpu ein nennenswertes Vorkommen mit einer Jahresproduktion von 18000 t Kupfer.

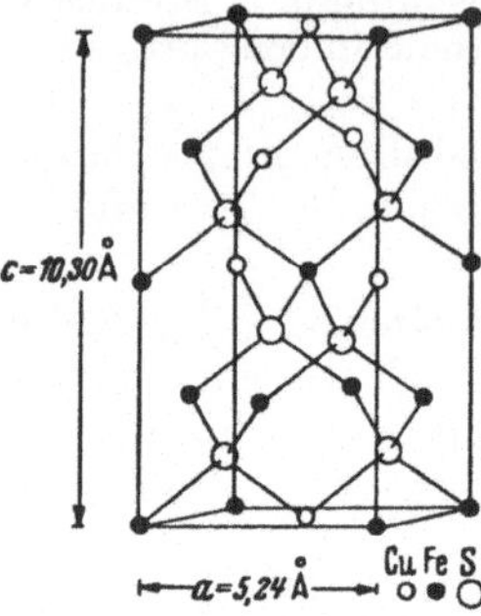

Abb. 364. Struktur des Kupferkieses.

Zinnkies $CuFeS_2 \cdot CuSnS_2$ ist mit dem Kupferkies isotyp und gehört zu derselben Symmetrieklasse, aber einer anderen Raumgruppe, D_{2d}^{11}—$I\bar{4}2m$, von grünlichgrauer Farbe. Dieses seltene Mineral ist seiner Entstehungsweise nach mit Zinnerzgängen verbunden (Bolivia, Tasmania).

Cubanit $CuFe_2S_3$ ist rhombisch, ebenso wie der Magnetkies gefärbt und von derselben Härte. Durch chalkographische Untersuchungen hat es sich herausgestellt, daß dieses rhombische Kiesmineral ein verhältnismäßig häufiger Begleiter des Kupferkieses ist. Er tritt auf als Streifen infolge der Entmischung. Es scheint, daß der Kupferkies bei höherer Temperatur FeS-Moleküle in sich aufzulösen vermag. Über 235° erhitzt, zersetzt sich der Cubanit. Er kann somit bei der Untersuchung von Erzen als ein geologisches Thermometer benutzt werden.

Bornit oder *Buntkupfererz* ist eine Mischungsreihe aus den Verbindungen $CuFeS_2 \cdot Cu_2S$ und $CuFeS_2 \cdot 4Cu_2S$. Kubisch hexakisoktaedrisch, O_h^7—Fd3m. Härte 3, Dichte 4,5 bis 5,3. Die Farbe wechselt nach dem Cu_2S-Gehalt von Hellbronzegelb bis rotbraun und läuft an der Luft schnell an. Kommt als Haupterz in dem sedimentogenen Mansfelder Kupferschiefer in Deutschland vor und ist auch in metasomatischen Kupfererzlagerstätten verbreitet.

Pentlandit (Fe,Ni)S, das wichtigste Nickelerzmineral, ist dem Bornit nahe verwandt, kubisch hexakisoktaedrisch, O_h^5—Fm3m. Mit dem Magnetkies, dem er äußerlich sehr ähnelt, in magmatischen Vorkommen.

Maucherit Ni_4As_3, tetragonal trapezoedrisch, D_4^4—P 4_12_1, Dichte 7,83, Härte 5, rötlich silberweiß, in Kobaltrücken des Mansfelder Kupferschiefers. Charakteristische Verwachsung mit Rotnickelkies.

b) Glanze.

Stark metallglänzende, weiche, meist graugefärbte Erze. Spaltbarkeit vollkommen, Zusammensetzung und Kristallstruktur einfach; viele zeigen Schichtgitterstruktur.

Bleiglanzgruppe, umfaßt viele einfache Sulfide RS, die mit dem Steinsalz isotyp sind und der kubisch-holoedrischen Raumgruppe O_h^5—Fm3m angehören.

Galenit oder *Bleiglanz* PbS. Härte 2,5, Dichte 7,6, kubische Spaltbarkeit sehr vollkommen. Als Flächenformen sind (100), (111) die häufigsten (Abb. 365), auch (110), (211), (221) und (331) kommen vor, ja sogar so hoch indizierte Flächen wie (441) und (771) sind angetroffen worden (Abb. 366). Diese und die übrigen (hhl)-Formen sind ebenfalls Gleitrichtungen, desgleichen die Flächenrichtungen des Würfels. Die Entstehungsbedingungen des Galenits sind recht weit und gehören hauptsächlich dem pneumatolytischen und hydrothermalen Gebiet an. Der Galenit ist ein sehr wichtiges Gangerz. Aus ihm wird der Hauptteil des Bleis sowie auch des Silbers gewonnen, das im Galenit bis 0,1 % als isomorphe Mischung vorkommen kann, während größere Mengen als feine Einschlüsse vorhanden sind, die aus anderen Silbermineralien, besonders Fahlerz und Silberglanz, bestehen. Bei Verwitterung des Galenits entsteht zuerst Cerussit. Die Weltproduktion an Blei betrug 1938 1,7 Mill. t. Zusammen mit dem Blei erhält man aus denselben Grubengebieten meistens auch Zinkerze. Missouri, ferner Mexiko und Canada sind heute die wichtigsten Bleierzeuger. Ganz Amerika lieferte 1938 820000 t = 48 %, Australien 240000 t = 14 % der Weltproduktion.

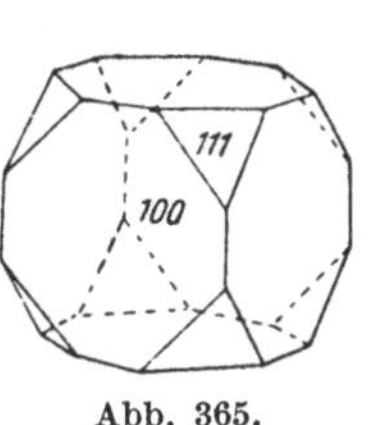

Abb. 365. Bleiglanz, gewöhnliche Form.

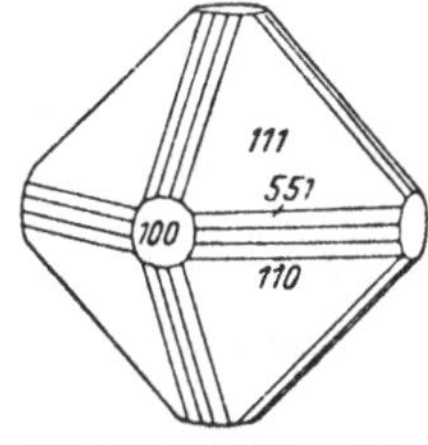

Abb. 366. Bleiglanz, oktaedrische Ausbildung mit Triakisoktaeder.

Claustalit PbSe, dem Bleiglanz ähnlich, bei Clausthal und in anderen Orten im Harz, und *Altait* PbTe, gelblich zinnweiß, Altai, Colorado.

Alabandin oder *Manganblende* MnS, ähnelt mehr der Zinkblende, Glanz halbmetallisch, Strich grün. An mehreren Orten in Ungarn, wie in Nagyak, Varespatak, Kapnik. Genannt nach dem Fundort Alabanda in Kleinasien.

Noch andere nichtmetallische Sulfide gehören zum Steinsalztyp, wie CaS, SrS, BaS. Ersteres kommt vor in Meteoriten und heißt als Mineral *Oldhamit.*

Antimonglanz Sb_2S_3, rhombisch bipyramidal, D_{2h}^{16}—Pcmn. Das goniometrisch bestimmte Achsenverhältnis ist pseudokubisch: $a : b : c = 0{,}993 : 1 : 1{,}018$, aber röntgenographisch ermittelt erwiesen sich $a_0 = 11{,}20$, $b_0 = 3{,}83$, $c_0 = 11{,}28$, oder $a_0 : b_0 : c_0 = 2{,}924 : 1 : 2{,}945$, d. h. die a- und c-Achsen erscheinen dreifach. Das Aussehen ist ausgesprochen deutlich rhombisch, langprismatisch nach der c-Achse (Abb. 367 und 368), die (010)-Spaltbarkeit ist sehr vollkommen; außerdem sind die Kristalle in den Richtungen (100), (110) und (001) spaltbar; (010) ist eine vollkommene Gleitebene und [001] ist dabei Gleitrichtung. Die Prismen sind daher oft gebogen. Härte 2, Dichte 4,5 bis 4,6. In rotem und infrarotem Licht durchsichtig. Lichtbrechung und Doppelbrechung außerordentlich stark: $\alpha = 3{,}41$, $\beta = 4{,}37$, $\gamma = 5{,}12$, $\alpha \| a$, $\gamma \| c$ (vgl. S. 142). Dieses wichtigste Antimonerz wird größtenteils im Gebiet Hunan in China und in Mexiko gefördert. Die Weltproduktion des Antimons belief sich 1937 auf 34500 t, davon 12500 t = 38 % aus China und 10300 t = 30 % aus Mexiko. In Europa sind der Balkan und die Slowakei die Fundstellen.

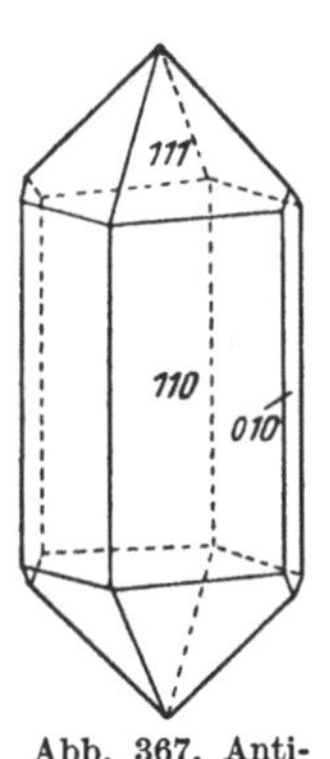

Abb. 367. Antimonglanz, gewöhnliche Tracht.

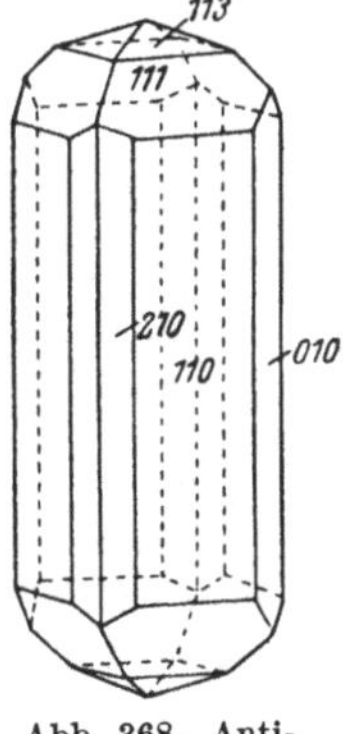

Abb. 368. Antimonglanz, flächenreichere Tracht.

Wismutglanz Bi_2S_3, das wichtigste Wismuterz, ist mit dem vorhergehenden isomorph und ihm ähnlich, aber schwerer (Dichte 6,5). Die Weltproduktion betrug 1925 550 t, welche Menge fast ausschließlich von Silberzinnerzgängen aus Bolivien kam.

PbS, HgS, Ag_2S, Th_2S, Cu_2S bilden zahlreiche Verbindungen mit Sb_2S_3, As_2S_3 und Bi_2S_3, von denen der *Jamesonit* 2 PbS·Sb_2S_3 angeführt sei. Sie werden gemeinsam „Spießglanze" genannt. Hierher gehören auch der trigonal pyramidale *Gratonit* 9 PbS·2 As_2S_3 (schöne Kristalle stammen aus der Neuen Bleischarley-Grube bei Beuthen) sowie die mancherorts wichtigen Erzminerale *Bournonit* 2 PbS·Cu_2S·Sb_2S_3 (rhombisch bipyramidal, D_{2h}^{13}—Pmmn), *Stephanit* 5 Ag_2S·Sb_2S_3 (rhombisch pyramidal, C_{2v}^{12}—Ccm2) und *Boulangerit* 5 PbS·2 Sb_2S_3 (rhombisch bipyramidal).

Kupferglanz oder *Chalkosin* Cu_2S ist bei hohen Temperaturen kubisch, wird aber bei 91° rhombisch, $a_0:b_0:c_0 = 0,438:1:0,498$, nimmt eine lamellare Struktur an. Die unterhalb des Umwandlungspunktes entstandenen Kristalle sind individuell, auch in ihren Formen rhombisch, von leistenförmigem Aussehen, pseudohexagonal. Drillinge nach dem Aragonitgesetz sind allgemein. Die Spaltbarkeit nach 110 ist undeutlich. Die kubische Hochform dagegen weist oktaedrische Spaltbarkeit auf. Härte 2,5 bis 3, Dichte 5,7, Farbe hellgrau, schwarz anlaufend. Ein vorwiegend in der Cementationszone auftretendes wichtiges Kupfererz, z. B. in Rammelsberg am Harz, Rio Tinto in Spanien. Primär u. a. im Mansfelder Gebiet sowie in hydrothermalen Lagerstätten. Geologisches Thermometer!

Silberglanz Ag_2S kommt ebenfalls in rhombischer sowie kubischer Form vor. Letztere ist wahrscheinlich isotyp mit dem Hochchalkosin, dem Antifluorittyp angehörend, während die rhombischen Formen verschiedene Achsenverhältnisse haben. Beim Silberglanz ist $a_0:b_0:c_0 = 0,690:1:0,994$. Der Umwandlungspunkt zwischen der kubischen und rhombischen Form liegt bei 179°. Schmiedbar. dunkel-bleigrau. Die Leistenstruktur der aus der hohen Form entstandenen rhombischen Form ist im Erzmikroskop schwach sichtbar. Härte 2 bis 2,5, Dichte 7,3. Wichtiges Silbererz: Freiberg, Schneeberg, Annaberg; Schemnitz, Kongsberg. Comstock Lode in Nevada. Als entmischte Schüppchen im Bleiglanz.

Hier zu nennen ist noch der stahlgraue rhombische *Argyrodit* Ag_8GeS_6, aus der Grube Himmelfürst bei Freiberg, in dem das Element Germanium entdeckt wurde. Neuerdings auch in den bolivianischen Silberzinnerzgängen gefunden.

Sylvanit (Au,Ag)Te_2, monoklin, ist als Vertreter der Gruppe der zahlreichen Telluriderze zu nennen. Er und die ihm verwandten Minerale *Hessit* Ag_2Te, *Calaverit* $AuTe_2$ usw. sind Goldmineralien junger Gold-Silbergänge.

Molybdänglanz MoS_2, hexagonales Schichtgitter (S. 179), D_{6h}^4—C6/mmc. Nahe den Mo-Netzen liegen beiderseits die S-Netze. Der Habitus ist daher schuppig, und die Spaltbarkeit nach der Basis ist glimmerartig vollkommen, wie beim Graphit, an den der Molybdänglanz auch sonst erinnert. Die Farbe ist rötlichbleigrau. Die Basisebene ist auch eine vollkommene Gleitfläche nach allen in ihr vorkommenden Richtungen. Härte 1, Dichte 4,8. Der Molybdänglanz ist das einzig wichtige Molybdänerz. Er gehört zu den Auskristallisierungen der Restlösungen der sauren Magmen und liegt Vergesellschaftungen von Zinnerzgängen nahe. Meistens als Imprägnation in verschiedenen verquarzten Gesteinen. Das Molybdän wird als Legierungselement im Stahl verwendet; es ist ein sehr begehrtes Metall. Die Weltproduktion betrug im Jahre 1926 810 Tonnen, von denen der größte Teil in Climax in Colorado gefördert wurde. In Norwegen hat die Grube von Knaben nahe Stavanger die zweitgrößte Molybdänproduktion. In Finnland hat das Molybdänglanzvorkommen in Mätäsvaara bei der Station Viekki zu Versuchsarbeiten Anlaß gegeben. Ferner ist zu erwähnen, daß der Kupferschiefer von Mansfeld eine geringe Menge Molybdän enthält, die sich beim Schmelzen in einem Nebenprodukt, „Eisensauen" genannt, anreichert, die dann 4 bis 8% Mo enthalten und auf Molybdän verarbeitet werden. Der Molybdänglanz enthält auch das seltene Element Rhenium, das sich ebenfalls in den

Mansfelder Eisensauen so stark anreichert, daß es gewonnen werden kann. Lomnitz im Riesengebirge ist ein Fundort für Molybdänglanz in Deutschland.

Fahlerzgruppe, kubisch hexakistetraedrisch, T_d^3—I$\bar{4}$3m, kristallstrukturell am ehesten der Zinkblende ähnlich.

Tetraedrit Cu_3SbS_{3-4}.
Tennantit Cu_3AsS_{3-4}.
Germanit $Cu_3(Fe,Ge)S_4$.

Cu ist oft teilweise durch Ag, Hg, Zn oder Fe, Sb wieder teilweise oder ganz durch As, in kleinem Maß durch Bi ersetzt. Pb-haltige Fahlerze gibt es nicht. Die Kristalle sind oft flächenreich und schön ausgebildet (Abb. 369 und 126). Keine merkliche Spaltbarkeit, Härte 3 bis 4, Dichte 4,4 bis 5,4. Farbe stahlgrau.

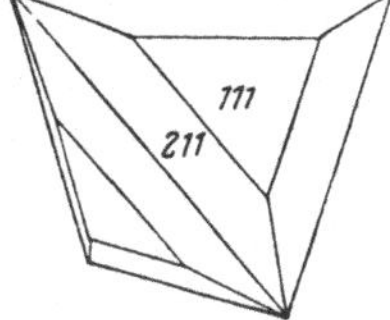

Abb. 369. Fahlerz.

Tetraedrit oder *Fahlerz* in engerem Sinne ist immer silberhaltig und ist ein weit verbreitetes Gangerz. Dazu gehören der Ag-reiche *Freibergit*, der Hg-reiche *Schwazit* (Zips in Ungarn, Schwaz in Tirol). Ungemein verbreitet in Gangerzen.

Tennantit oder *Arsenfahlerz*, etwas heller als das vorige, ist ebenfalls sehr verbreitet, auch in Erzlagerstätten des archäischen Grundgebirges, wie Boliden in Schweden.

Germanit, bemerkenswert als eine der seltenen Germaniumverbindungen, wurde in der Grube Tsumeb in Südwestafrika angetroffen.

Zu den Sulfidarseniden und -antimoniden gehören noch viele Gruppen von häufigen Erzmineralien. Von diesen angeführt seien die isodimorphen *Enargit-* und *Luzonitgruppen*, erstere rhombisch pyramidal, C_{2v}^7—Pmn, letztere wahrscheinlich monoklin. *Enargit* und *Luzonit* sind beide Cu_3AsS_4, außerdem sind die entsprechenden Antimonverbindungen vorhanden. Ihr Verhältnis scheint Polysymmetrie zu sein. Wichtige Kupfererzminerale in Nord- und Südamerika.

Rotgültigerzgruppe	*Xanthokongruppe*
Ditrigonal pyramidal	Monoklin prismatisch
C_{3v}^6—R3c	
Proustit Ag_3AsS_3	*Xanthokon* Ag_3AsS_3
Pyrargyrit Ag_3SbS_3	*Pyrostilpnit* Ag_3SbS_3

Einander isomorph, wenn auch kaum mischbar, sind *Pyrargyrit* Ag_3SbS_3 und *Proustit* Ag_3AsS_3. Diamantartiger Glanz, Härte 2,5 bis 3, Dichte beim Proustit 5,57, beim Pyrargyrit 5,83. Auf deutsch heißt jener „dunkles Rotgültigerz", dieser „helles Rotgültigerz", eine dunklere und eine hellere rote Farbe aufweisend. Sie gehören zu der ditrigonal pyramidalen Symmetrieklasse, wie der Turmalin, und die Kristalle sind oft sehr flächenreich (vertreten in Abb. 55). Andreasberg im Harz und das Freiberger Gebiet in Sachsen gehören zu den altbekannten Fundgegenden der Gültigerze, so auch die böhmischen Gangerzgebiete, wie Joachimsthal und Johanngeorgenstadt. Die monoklinen Formen kommen seltener in denselben Erzgebieten vor.

c) Blenden.

Metalloide, ja sogar durchsichtige, oft farbige, diamantglänzende, chemisch einfache Sulfide. Die meisten zeigen eine gute Spaltbarkeit.

Zinkblende- und *Wurtzitgruppen*. Wie in so manchen anderen Sulfidmineralgruppen, herrscht auch hier Isodimorphie, wir haben zwei isomorphe Reihen.

Zinkblendegruppe	*Wurtzitgruppe*
Kubisch hexakistetraedrisch	Dihexagonal pyramidal
T_d^2—F$\bar{4}$3m	C_{6v}^4—C6mc
Zinkblende ZnS	*Wurtzit* ZnS
Metacinnabarit HgS	*Greenockit* CdS
Tiemannit HgSe	*Erythrozinkit* (Zn,Mn)S
Coloradoit HgTe	

Zinkblende oder *Sphalerit* ZnS, oft eisenhaltig, bis 20% Eisen, außerdem etwas Mangan enthaltend. Geochemisch und auch wirtschaftlich bedeutsamer ist, daß in Zinkblende Cadmium, Gallium, Thallium und Indium getarnt vorkommen können. An Cadmium wurden 1938 3800 t gewonnen, davon 1700 t in Amerika und 450 t in Deutschland. Kubisch hexakistetraedrische Symmetrie und adamantiner Kristallstrukturtyp (Abb. 59, 258), bei dem sowohl die Zn- als auch die S-Atome ein innenzentriertes Würfelgitter bilden; diese liegen in einem gegenseitigen Abstand von ¼ der Eckendiagonale, $a_0 = 5{,}42$. In der Elementarzelle findet sich im Kubus der einen Atomart ein von der anderen Art gebildetes Tetraeder, jedes Atom ist am nächsten von vier Atomen der anderen Art tetraedrisch umgeben. Die vielflächigen Kristalle sind nach manchem Gesetz, auch polysynthetisch, verzwillingt und daher ihren Flächenformen nach schwer zu bestimmen. Am häufigsten ist die Verzwillingung nach (111). Als Flächenformen (vertreten in Abb. 55) am häufigsten sind (111), (110) und das Triakistetraeder (311). Eine sehr vollkommene Spaltbarkeit besteht nach (110). Härte 3,5 bis 4, Dichte 3,9 bis 4,2 mit zunehmendem Eisengehalt abnehmend. Das reine ZnS ist farblos; der Eisengehalt färbt den Stoff braun, und bei den Fe-reichsten wird der Diamantglanz halbmetallisch. Die Lichtbrechung $n = 2{,}368$ ist fast dieselbe wie die des Diamanten und wächst mit dem Eisengehalt. Bei 28,2% FeS enthaltender Zinkblende macht sie 2,47 aus. Mit Hilfe des Erzmikroskops sind oft Kupferkieseinschlüsse zu sehen, die durch die Entmischung des anfangs als Mischung vorhanden gewesenen Kupfersulfids bedingt sein können. Auch Magnetkies, Zinnkies und Kubanit treten in gleicher Weise auf. Die Bildungsbedingungen der Zinkblende sind so weit, daß sie in mancherlei Erzbildungen anzutreffen ist, wenngleich sie in den frühmagmatischen Erzen nur selten vorkommt. Zu den Produkten von Kontaktmetasomatose gehören u. a. das zinkblendereiche Erz von Orijärvi in Finnland und einige der größten Zinkerzlagerstätten der Welt, z. B. Broken Hill in Australien, Tetiuhe in Ostsibirien, Åmmeberg in Schweden und Trepça in Jugoslawien. Als hydrothermal-metasomatische Bildung und als Gangerz kommt die Zinkblende noch häufiger vor, gewöhnlich in Gesellschaft von Bleiglanz. Kalkverdrängend findet sie sich in der Gegend von Aachen in Deutschland sowie in großen Mengen im Joplin-Gebiet in den Staaten Missouri und Kansas. Die Weltproduktion an Zink im Jahre 1938 belief sich auf 1,6 Mill. t, davon 620000 t in Amerika und 840000 t in Europa.

Der *Wurtzit* ist eine andere, zur dihexagonal pyramidalen Symmetrieklasse gehörende Form des Zinksulfids. Spaltbar nach der Basisfläche. Kristallstruktur ähnelt dem Zinkblendetyp. In der Zinkblende liegen die Atome in der Anordnung der dichtesten kubischen Packung, im *Wurtzit* wiederum nahezu in der der dichtesten hexagonalen. Der Wurtzit ist bei hohen Temperaturen beständig und in der Natur metastabil durch eine bei niedrigen Temperaturen eingetretene Metasomatose entstanden, kommt aber selten vor. Äußerlich ähnelt er der Zinkblende. Härte 3,5 bis 4, Dichte 3,98, $\omega = 2{,}356$, $\varepsilon = 2{,}378$. Schöne Kristalle in hemimorpher Ausbildung wurden gefunden in der Kirka-Grube unweit Dedeagatsch, Thrazien.

Der mit dem Wurtzit isomorphe *Greenockit* CdS (Abb. 370) tritt im Eisernen Hut der Zinkblendeerze auf.

Zinnober HgS ist trigonal trapezoedrisch wie der Tiefquarz. Raumgruppen D_3^4—$C3_12$ und D_3^6—$C3_22$. Die schraubenartige Kristallstruktur ist in Abb. 371 wiedergegeben. Ihrer Gestalt nach sind die Kristalle meistens rhomboedrisch; das Grundrhomboeder $(10\bar{1}1)$ ist fast würfelähnlich (Polkantenwinkel 87° 23′). Auch Trapezoederflächen, wie $(42\bar{6}3)$ und $(21\bar{3}7)$, sind anzutreffen. (Die Kristallform ist vertreten in Abb. 55). Oft findet sich dieses wichtigste Quecksilbererz als Imprägnation im Sandstein. Es gehört zu den bei den niedrigsten Temperaturen und in weitester Entfernung vom Muttermagmagestein entstandenen Erzmineralien. Rot, diamantglänzend und weich (H 2 bis 2,5), Dichte 8,1 Lichtbrechung stark: $\omega = 2{,}854$, $\varepsilon = 3{,}201$. Optisch aktiv. Das größte Vorkommen ist Almaden in Spanien, andere wichtige Grubenorte liegen in Italien (Idria) und Kalifornien. — Die maximale Weltproduktion an Quecksilber im Jahre 1929 betrug 5600 t, davon 2500 t aus Spanien, 2000 t aus Italien und 900 t aus Amerika. In den letzten Jahren hat die Weltproduktion etwa 3500 t betragen. HgS gibt es auch als mit der Zinkblende isomorphen *Metacinnabarit.*

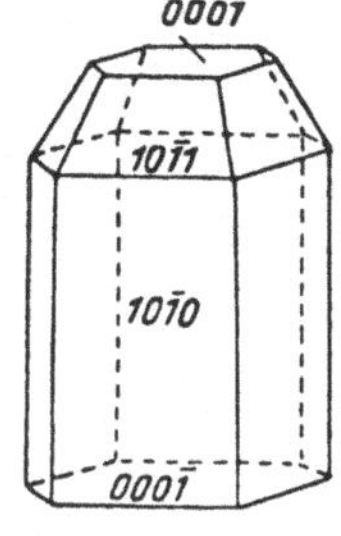

Abb. 370. Greenockit.

Der *Patronit* V_2S_5 ist ein dunkelgrüner erdartiger Stoff. Er ist im Asphalt in Minasragra in Peru anzutreffen. Im übrigen reichert sich Vanadium im Meere durch Vermittlung von Organismen in bituminösen Bodensedimenten an. Man gewinnt es als Nebenprodukt unter anderem aus der Schlacke der Minetteerze und dem Mansfelder Kupferschiefer. Das ist ein zu beachtender geochemischer Zug, ebenso wie das spärliche Auftreten von Vanadium in magmatogenen Gesteinen, in denen dieses Element meistens in Titaneisenerzen u. a. eisenhaltigen Mineralien getarnt vorkommt.

Kupferindig oder *Covellin* CuS ist dihexagonal bipyramidal D_{6h}^4—C6/mmc. Über das merkwürdige optische Verhalten vgl. S. 143. Dunkelblau, Härte 1,5 bis 2, Dichte 4,68. Ein wichtiges Kupfererz aus Bor in Serbien; meistens Umwandlungsprodukt.

Der *Realgar* AsS, monoklin prismatisch, C_{2h}^5—P 2_1/n. Rot, weich (Härte 1,5 bis 2), Dichte 3,56, $\alpha = 2{,}54$, $\beta = 2{,}68$, $\gamma = 2{,}70$. Entsteht bei niedrigen Temperaturen und ist oft weiter übergegangen in gelbes *Auripigment* As_2S_3, das ebenfalls monoklin prismatisch und in der Richtung (010) mit prächtigen perlmutterglänzenden Flächen spaltbar ist. Die beiden Arsensulfide sind besonders in den an vulkanische Gesteine geknüpften Erzgängen anzutreffen, wie in Siebenbürgen.

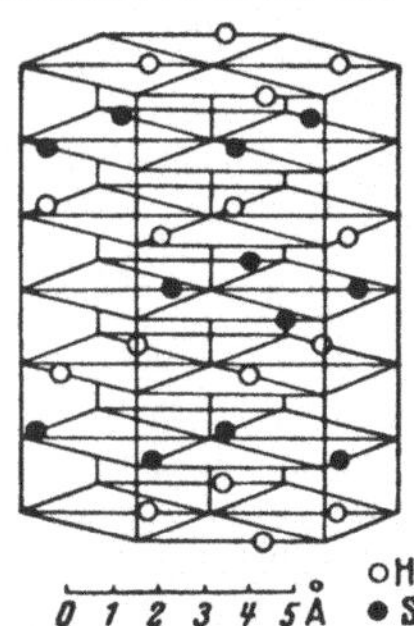

Abb. 371. Die Struktur des Zinnobers.

C. Halogenide.

Von den Halogensalzen ist in dem Kapitel über Kristallchemie viel die Rede gewesen. Normaltypen sind die Steinsalz- und Fluorittypen; Ausnahmen davon werden einerseits durch das ungewöhnliche Ionenradienverhältnis, andererseits durch die Polarisation des Halogenions bewirkt. Von der Wasserlöslichkeit der Verbindungen ist es abhängig, ob sie in der Natur als Bestandteile von Salzgesteinen oder hydrothermalen oder magmatischen Gesteinen oder als Hutmineralien auftreten (Ag-, Hg-, Pb-Halogenide).

Villiaumit NaF, schwach tetragonal deformierter Steinsalztypus. $n = 1{,}328$. Im Nephelinsyenit vom Los-Archipel, Westafrika.

Steinsalz NaCl, kubisch holoedrisch, O_h^5—Fm3m, und kubisch spaltbar, das Urbild des wichtigsten heteropolaren Kristallstrukturtyps (Abb. 244 und 259), Gleitebene (110) und in ihr Gleitrichtung [110], Härte 2,5, Dichte 2,17; $n = 1{,}5443$. Außer in Salzlagern wird Steinsalz auch als Fumarolprodukt angetroffen.

Sylvin KCl, mit dem vorhergehenden isotyp, nur nicht bei niedrigen Temperaturen isomorph mischbar. Härte 2, Dichte 1,99, $n = 1{,}4904$. Daß dieses

Salzmineral wie das vorhergehende auch in Fumarolen von Vulkanen auftritt, beleuchtet den Ursprung des Chlors. Wichtiges Kalisalzmineral.

Salmiak NH_4Cl, oberhalb 184,3° kubisch pentagonikositetraedrisch, T_d, aber strukturell vom Steinsalztyp (S. 177 und 220; Abb. 132 und 133), unterhalb 184,3° kubisch hexakisoktaedrisch O_h^1—Pm3m, Cäsiumchloridtyp. Die Spaltbarkeit ist jedoch eine andere, nämlich undeutlich (111). Härte 1,5, Dichte 1,53, $n = 1{,}639$. In Vulkanen, als Sublimationsprodukt von verbrannten Steinkohlenflözen, im Guano und als Fabrikerzeugnis.

Ebenfalls dimorph sind Ammoniumbromid NH_4Br und Ammoniumjodid NH_4J.

Hornsilber. Hierher zählt man alle Silberhalogenide, von denen *Kerargyrit* AgCl und *Bromyrit* AgBr nach dem Steinsalztyp, aber *Jodyrit* AgJ hexagonal nach dem Wurtzittyp kristallisieren (auf Abb. 55). Diesen schließt sich das tetragonale *Kalomel* HgCl an. Sie alle kommen im Hut von Silbererzen vor, besonders in Mexiko, Chile und Peru. Eigenschaften:

	Härte	Dichte	n	ω	ε	Spaltbarkeit
AgCl	1—1,5	5,55	2,061	—	—	Keine
AgBr	2	5,9	2,253	—	—	(110)(undeutlich)
AgJ	1—1,5	5,6	—	2,21	2,22	(0001) (gut)
HgCl	1—2	6,48	—	1,973	2,656	(100), (111)

Fluorit oder *Flußspat* CaF_2, Hauptvertreter seines kubisch holoedrischen Kristallstrukturtyps (Abb. 267), O_h^5—Fm3m. Spaltbarkeit (111). Als Flächenformen meistens (100), auch (111) (Abb. 372, vgl. Abb. 136), selten (331), (310), (211), (431) usw. Härte 4, Dichte 3,18, $n = 1{,}4338$. In Gängen, Skarngesteinen und spätmagmatisch, wie im Rapakivi. Meistens ist der Fluorit farbig: violett, grün, gelb, blau. Die Farbe verschwindet beim Erhitzen und mag auf den in das Gitter ausgeschiedenen freien metallischen Ca-Atomen beruhen, wie im Steinsalz bisweilen Färbungen durch Na-Atome auftreten. Die Färbung wäre demgemäß durch Strukturfehler des Gitters bedingt. Fluorit benutzt man als Schmelzofenzusatz, zur Herstellung von künstlichem Kryolith und Fluorwasserstoffsäure.

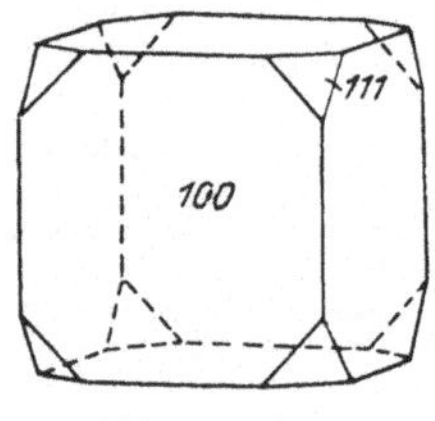

Abb. 372. Fluorit.

Im Fluoritgitter können sich Yttrium- und Lanthanidfluoride niederlassen: *Yttrofluorit* $CaF_2 \cdot nYF_3$ und *Yttrocerit* $CaF_2 \cdot n\,(Y,Ce,Er)(F,OH)_3$. Die Eigenschaften sind, abgesehen von der Dichte, fast dieselben wie beim Fluorit. Selten in Pegmatiten anzutreffen.

Sellait MgF_2, ditetragonal bipyramidal. Kristallstruktur und Koordination vom Rutiltyp, D_{4h}^{14}—P4/mnm. Spaltrichtungen (100) und (110). Härte 5, Dichte 3,17. Opt. +, $\omega = 1{,}378$, $\varepsilon = 1{,}390$. Löst sich in Schwefelsäure auf. Selten, zusammen mit Anhydrit und Schwefel, auch Fluorit.

Hieratit K_2SiF_6, kubisch hexakisoktaedrisch, O_h^5—Fm3m. Spaltbarkeit (111), Dichte 2,75, $n = 1{,}339$. In heißem Wasser löslich. In Vulkanen. Isomorph ist *Kryptohalit* $(NH_4)_2SiF_6$. Der Strukturtyp ist der von K_2PtCl_6.

Kryolith Na_3AlF_6, monoklin prismatisch, C_{2h}^5—P $2_1/n$, pseudokubisch, (001) und (110) vorherrschende Flächen, Winkel $\beta = 89°\ 49'$ und (110) $\wedge$ (110) = 88°3′. Farblos, wie Eis aussehend (daher der Name). Spaltbarkeit (001) und (110), also ebenfalls pseudokubisch. Härte 2,5, Dichte 3,0, Schmelzpunkt 920°, oberhalb 570° isotrop. $\alpha = 1{,}3385$, $\beta = 1{,}3389$, $\gamma = 1{,}3396$; 2 $V\gamma = 43°$, $\alpha \parallel b$, $\gamma \wedge c = -44°$. Nur in Ivigtut auf Grönland angetroffen, aber dort in großen Mengen als pneumatolytisches Produkt, das auch Siderit, Bleiglanz und Zinkblende als Kristalle enthält. Der Kryolith wird bei der Elektrolyse des Aluminiums als Schmelzofenzusatz benutzt. Ivigtut produziert jährlich ca. 20000 Tonnen Kryolith. Er wird auch als Fabrikerzeugnis hergestellt.

Carnallit $KCl \cdot MgCl_2 \cdot 6\ H_2O$, rhombisch bipyramidal, D_{2h}^6—Pbnn, durch Verdrillingung mimetisch hexagonal (S. 71). Spaltrichtungen fehlen. Härte 1 bis 2, Dichte 1,60. $\alpha = 1{,}467$, $\beta = 1{,}474$, $\gamma = 1{,}496$; $\gamma \parallel a$, $\alpha \parallel c$, 2 $V\gamma = 70°$. Salzmineral (S. 275) und wichtigstes Kalisalz. Früher wurden nur im Staßfurter

Gebiet Kalisalze gefunden, gegenwärtig werden auch im Elsaß, in Kalifornien und im Bezirk Perm in Rußland (Solikamsk) Kalisalze abgebaut.

Bischofit $MgCl_2 \cdot 6\ H_2O$, monoklin prismatisch, $\alpha = 1{,}495$, $\beta = 1{,}507$, $\gamma = 1{,}528$. Salzmineral.

Atacamit $CuCl_2 \cdot 3\ Cu(OH)_2$, rhombisch bipyramidal, Kristalle oft riesig groß, prismatisch nach (110). Härte 3 bis 3,5, Dichte 3,76, Farbe grün, oft schwärzlich. $\alpha = 1{,}831$, $\beta = 1{,}861$, $\gamma = 1{,}880$ (für grün). Wichtiges Kupfererz der Oxydationszone in den Wüstengebieten, wie Chile, Bolivia und Peru, Niederkalifornien, Südaustralien, Tsumeb in Südwestafrika.

D. Oxyde.

In der Natur gibt es verhältnismäßig wenige einfache Oxyde. Sie sind, abgesehen von Wasser und Quarz, größtenteils Sauerstoffverbindungen stark metallischer Elemente, aber ihre metallischen Eigenschaften sind viel schwächer als die der entsprechenden Sulfide. Häufiger sind die Doppeloxyde, die sich

Abb. 373. Eissterne.

teilweise den durch das Anion des Komplexes gekennzeichneten Sauerstoffsalzen nähern, wie den Sulfaten und den Chromaten, z. B. die Spinellgruppe, in anderen wiederum haben sich die Oxyde zweier ausgesprochener Metalle in demselben Gitter vereinigt. Eine besondere Gruppe bilden diejenigen Doppeloxyde, in denen das Wasser bzw. das Hydroxylion den einen der Teilhaber ausmacht, die Hydroxyde; diese gehören meist zu den Verwitterungsprodukten.

a) Einfache Oxyde.

Eis H_2O. Das gewöhnliche Eis ist dihexagonal pyramidal C_{6v}^3—C6cm (?) und ähnelt in seiner Kristallstruktur (Abb. 294) dem hexagonalen Tridymit, nur ist der Sauerstoff umgekehrt am Gitter beteiligt: jedes O-Atom ist tetraedrisch von vier Wasserstoffatomen umgeben. $a_0 = 4{,}46$, $c_0 = 7{,}32$ Å. Der Schnee hat sich zu sternförmigen sechsstrahligen Skelettkristallen gestaltet (Abb. 373), beim Bodenfrost sind prismenförmige Kristalle zu sehen, das Eis auf den Gewässern wiederum ist gewöhnlich nach seiner Basisfläche gemäß dem Wasserspiegel geregelt, und die Individuen können außerordentlich groß, ja sogar so umfangreich sein, daß die Eisdecke eines ganzen Sees einen einzigen Kristall ausmacht. Die Basisfläche ist die Gleitebene (S. 83), $\omega = 1{,}309$, $\varepsilon = 1{,}313$, Dichte 0,9176 (0°), Härte 1,5. — Bei hohen Drucken entstehen viele andere kristalline Formen des Eises. Ihre Dichte ist größer als die des gewöhnlichen Eises. Wenigstens eine von ihnen ist kubisch.

In jüngster Zeit gelang es W. Rau im Laboratorium von E. Regener bei Ausschaltung von Gefrierkernen Wasser auch bei Atmosphärendruck auf —72° C abzukühlen, ohne daß es erstarrte. Bei dieser Temperatur setzt homogene Keimbildung ein, das Eis kristallisiert dabei im regulären System. Beim Erwärmen auf —70° schmilzt es wieder ab. Unterhalb —72° entstehen reguläre Eiskeime auch durch primäre Sublimation direkt aus dem Wasserdampf. Diese reguläre Modifikation dürfte identisch sein mit der Hochdruckform VI des Eises von P. W. BRIDGMAN.

Cuprit Cu_2O, kubisch, der Form nach manchmal pentagonikositetraedrisch (vertreten in Abb. 55), jedoch ist keine Meroedrie mittels der Strukturbestimmung zu erkennen, und die Raumgruppe wäre demnach nicht O, sondern O_h^4—Pn3m. In seinem Gitterbau erinnert er stark an den Cristobalit, aber die Teile sind entgegengesetzt, das Gitter besteht aus OCu_4-Gruppen. (111), (110) und (100) sind die häufigsten Flächenformen. Härte 3,5 bis 4, Dichte 5,9, $n = 2{,}849$ (in Li-Licht). Halbmetallischer Glanz, Farbe schwarz, aber Strich dunkelrot, woran schon zu erkennen ist, daß der Stoff nicht ganz undurchsichtig ist. Tritt im oxydierten Hut der Sulfiderze des Kupfers auf.

Zinkit ZnO ist dihexagonal pyramidal, C_{6v}^4—C6mc, und gehört zum Wurtzittyp. $\omega = 2{,}013$ $\varepsilon = 2{,}029$. Die fast einzige Fundstelle ist Franklin Furnace in New Jersey. Rot; die Farbe beruht auf der Mn-Beimischung. Isotyp ist der *Bromellit* BeO.

Periklas MgO kubisch, Steinsalztyp, O_h^5—Fm3m. Härte 5,5 bis 6. Dichte 3,65, $n = 1{,}736$. Kommt in den pyrometamorphen Dolomiten als Mineral vor.

Zu demselben Typ gehören MnO (*Manganosit*), CdO und NiO (*Bunsenit*) sowie die nur künstlich bekannten Verbindungen CaO, SrO, BaO und CoO.

Tenorit CuO, monoklin prismatisch, C_{2h}^6—C 2/c, schwarz, in feinen Täfelchen als pneumatolytisches Sublimationsprodukt auf Vesuvlaven, meistens als erdiges Verwitterungsprodukt von Kupferglanz und anderen Kupfererzen. Reichlich in den Erzen von Katanga in Kongo, Ducktown in Tennessee, Pfaffenreuth in Bayern.

Die *Hämatit-* und *Ilmenitgruppen*. Zwei miteinander homöomorphe isomorphe Reihen, von denen die Reihe der Doppeloxyde Symmetrieverminderung wegen ungleichwertiger Kationen zeigt.

Hämatitgruppe (Korundtyp)	*Ilmenitgruppe*
Ditrigonal skalenoedrisch	Rhomboedrisch
D_{3d}^6—R$\bar{3}$c	C_{3i}^2—R$\bar{3}$
Hämatit Fe_2O_3	*Ilmenit* $FeTiO_3$
Korund Al_2O_3	*Geikielith* $MgTiO_3$
synth. Ti_2O_3 und Cr_2O_3	*Pyrophanit* $MnTiO_3$

Korund Al_2O_3. Ditrigonal skalenoedrische Kristallstruktur, besonderer Typ, zu dem auch zahlreiche andere Sesquioxyde gehören. Die O-Ionen sind in hexagonaler Dichtestpackung angeordnet, den Kationen kommt in bezug auf jene die K.-Z. 6 zu. $(10\bar{1}1)$ und (0001) sind allgemeine Flächenformen, und ihre Flächenrichtungen erscheinen auch als Spaltrichtungen, obgleich wirklich (0001) nur Gleitrichtung und $(10\bar{1}1)$ die Verwachsungsebene feinplättiger Zwillingsindividuen ist, worauf die Streifung der Kristallflächen beruht (Abb. 374). Das Prisma $(11\bar{2}0)$ und die in seiner Zone gelegenen spitzen Pyramiden $(22\bar{4}3)$, $(22\bar{4}1)$ und $(44\bar{8}3)$ sind ebenfalls allgemein und lassen die Kristallform „tonnenförmig" erscheinen (Abb. 375). Das reine Al_2O_3 ist farblos und durchsichtig, oft aber sind die Kristalle gefärbt. Die klaren Abarten sind Edelsteine, wie der blaue *Saphir* (Ceylon) und der rote *Rubin* (Birma und Siam). Diese werden auch synthetisch hergestellt aus Aluminiumoxyd, dem als Farbstoffe Chrom-, Eisen- und Titanverbindungen zugesetzt werden. Künstlicher Korund wird zu Schleifstoffen statt Schmirgel und als feuerfester Stoff (Alundum) verwendet. Härte 9, Dichte 3,9, $\omega = 1{,}7693$, $\varepsilon = 1{,}7610$. In der Natur findet sich der Korund meistens als trüber, grauer Bestandteil Al-reicher metamorpher und magmatischer Gesteine, vorwiegend in den Pegmatiten der Nephelinsyenite (Bancroft in Canada, Miask im Ilmengebirge), auch in Peridotiten zusammen mit Chlorit (Nordcarolina und Georgia) und zusammen mit Magnetit als ein körniges Gestein, Schmirgel, wie auf der Insel Naxos. Die edlen Rubine gewinnt man aus metamorphem Kalkstein in Siam, Birma, Ceylon. In ihrer Vorkommensweise außergewöhnlich sind die Korundkristalle des Granitpegmatits in Helsinki in Finnland.

Der *Hämatit* Fe_2O_3 ist vom Korundtyp, aber nicht mit diesem mischbar. Auch der Kristallhabitus ist andersartig, wenngleich ($10\bar{1}1$) gleicher Natur ist (Abb. 376), auch als Gleit- und Zwillingsebene, und ($22\bar{4}3$) allgemein ist. Die Verschiedenheit beruht auf der Vorherrschaft der Basisebenen, die Kristalle sind oft tafelig (Abb. 377). Die Hämatitkristalle des Kontakterzes auf Elba sind sehr flächenreich, u. a. das stumpfe Rhomboeder ($10\bar{1}4$) und das Skalenoeder ($42\bar{6}5$). Das Mineral ist nur in feinsten Splittern und mit blutroter Farbe durchsichtig, die auch die Farbe der erdigen Abarten ist. Die großen Kristalle sind stahlgrau und metallglänzend. Härte 6, Dichte 5,2, $\omega = 3{,}22$, $\varepsilon = 2{,}94$. — Der Hämatit ist eines der wichtigsten Eisenerze. Er kommt sogar magmatisch vor, wenngleich

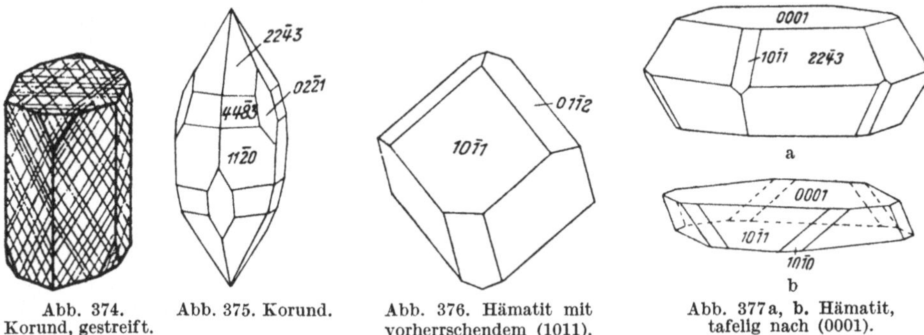

Abb. 374. Korund, gestreift. Abb. 375. Korund. Abb. 376. Hämatit mit vorherrschendem (1011). Abb. 377a, b. Hämatit, tafelig nach (0001).

vorwiegend kontaktmetasomatisch, wie auf der Insel Elba, wo auch sehr schöne und flächenreiche Kristalle auftreten, und in geringerem Maße in Gängen, gewöhnlich tafelig („Eisenglanz"). Noch größer sind die ursprünglich sedimentären Hämatiterze, in denen das Mineral meistens metamorph aus Limonit entstanden ist. In ihnen ist der Hämatit oft schuppig („Eisenglimmer"), und als Bestandteil des Gesteins kommt ihm bei der Regelung der Struktur zur Schiefrigkeit dieselbe Bedeutung zu wie sonst dem Glimmer. In Quarzgesteinen wechsellagernd bildet er quarzstreifige Hämatiterze, z. B. in Krivoi Rog in der Ukraine und Striberg in Schweden. Der Itabirit der Minas Geraes in Brasilien ist ein deutlich geschiefertes großschuppiges Hämatitgestein. Bei den Hämatiterzen vieler Eisenerzgebiete dagegen hat sich die ursprüngliche sedimentäre oder oolithische Struktur erhalten, die Erze sind erdig, matt, ohne Metallglanz, und rotgefärbt (Roteisenerz). Zu dieser Gruppe gehören die größten Eisenerzvorräte der Welt, wie die Erze des Wabanagebietes auf Neufundland u. a. in Nordamerika und ferner die Erze von Bilbao in Spanien und des Riffgebietes in Nordafrika. Die bedeutendsten Hämatiterze Deutschlands sind die vom Lahn-Dill-Gebiet, Elbingerode am Harz. — Der glatt erscheinende *rote Glaskopf* ist ein Umwandlungsprodukt des Limonitgels des Eisernen Hutes. — Auf das Aussehen der Landschaften und Felsen wirkt der Hämatit dadurch entscheidend ein, daß er als überaus feines Pigment und selbst in außerordentlich geringen Mengen den Gesteinen eine rote Farbe verleiht.

Theoretisch interessant, obwohl wirtschaftlich unbedeutend, ist das Vorkommen vom Hämatit in den vulkanischen Fumarolen, wo das Mineral offenbar pneumatolytischen Ursprungs ist. Eisen strömt aus dem Vulkan in Gasform als

Ferrichlorid, welches durch Wasser in Fe_2O_3 und HCl gespaltet wird. Diese Bildungsweise kann am Vesuv und anderen Vulkanen direkt beobachtet werden.

Der *Martit* ist Hämatit, der in Oktaeder- oder in Rhombendodekaederform auftritt. Er ist ein Umwandlungsprodukt (Pseudomorphose) nach Magnetit.

Ilmenit $FeTiO_3$ ist vom Korundtyp, aber mit diesem und dem Hämatit nur homöomorph, denn er gehört zu einer niedrigeren, rhomboedrischen Symmetrieklasse infolge des Ersatzes zweier nach Lage und Art gleichwertiger Atome durch zwei verschiedene Atomarten. Der Kristallhabitus ist dem des Hämatits sehr ähnlich (Abb. 378). Härte 5 bis 6, Dichte 4,7, Farbe schwarz, Strich schwarzbraun. Der Ilmenit findet sich allgemein als Nebenbestandteil sowohl in metamorphen als auch magmatischen Gesteinen, besonders in gabbroartigen. Als große Erzmassen ist er frühmagmatisch und dann meistens mit Magnetit verwachsen (*Titanomagnetit*), entmischt aus der ursprünglichen homogenen Mischung. Bei hohen Temperaturen ist der Ilmenit auch mit Hämatit unbeschränkt mischbar; in dessen Einkristallen sieht man mit dem Erzmikroskop oft Ilmenitstreifen, die in ihrem Aussehen stark an den Perthit des Feldspats erinnern. — Der Ilmenit ist ein Rohstoff für Titanfabrikate. Große Vorkommen liegen z. B. in Südwestnorwegen im Gebiet Egersund-Soggendal und in Finnland in Välimäki in Impilahti sowie in Otanmäki in Vuolijoki in Gabbrogesteinen. Titan verwendet man für Titanstahl und sonstige Legierungen sowie zur Herstellung von Titanweiß, aber seine Verwendung ist mengenmäßig noch gering. Es ist zu erwarten, daß eine vielseitigere Benutzung dieses Elements, das in der Erdkruste nach den Hauptelementen am reichlichsten vertreten ist, gefunden wird. Als Eisenerze sind die Titaneisenerze nicht erwünscht, da das Titan die Schlacken zähe macht. Bei grober Verwachsung kann der Magnetit elektromagnetisch vom Ilmenit getrennt werden.

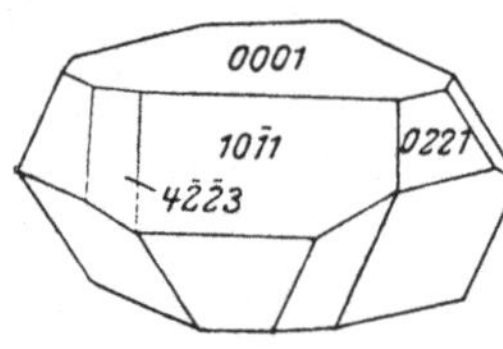

Abb. 378. Ilmenit.

Mit dem Ilmenit isomorph sind *Pyrophanit* $MnTiO_3$ und *Geikielith* $MgTiO_3$.

Braunit Mn_2O_3 ist nicht vom Korundtyp, sondern gehört zu einem besonderen tetragonalen, aber pseudokubischen Typ, der an die kubisch disdodekaedrische Kristallstruktur der R_2O_3-Oxyde vieler seltenen Elemente wie auch des $(Mn,Fe)_2O_3$ als *Bixbyit* erinnert. Grau metallglänzend, schwarzer Strich. In Gängen und Manganerzen.

Arsenolith As_2O_3 und *Senarmontit* Sb_2S_3 sind beide kubisch hexakisoktaedrisch, O_h^7—Fd3m. Molekülstruktur. Farblose Verwitterungsprodukte der As- und Sb-haltigen Erze. Außerdem gibt es mit beiden heteromorphe Kristallarten: *Claudetit* As_2S_3, monoklin prismatisch, und *Valentinit* Sb_2S_3, rhombisch bipyramidal. Kristallstruktur noch unbekannt.

Ocker ist die Gesamtbezeichnung für viele erdige Oxydmineralien. (Oft wird ihnen auch „Eisenocker" = Limonit zugezählt.) Im eisernen Hut verschiedener Sulfiderze finden sich außer den As_2O_3- und Sb_2O_3-Formen noch Bi_2O_3, Ta_2O_5, TeO_2, MoO_2 (gelb), WO_3 (grün).

Quarz und die übrigen Siliciumdioxydformen. SiO_2 kennt man in folgenden Formen, deren Beständigkeitsverhältnisse angegeben werden:

	Symmetrieklasse	Raumgruppe	Beständigkeitsgebiet
α-Cristobalit	kubisch holoedrisch	O_h^7—Fd3m (?)	1470° bis 1710° (Schmelzpunkt)
β-Cristobalit	tetragonal trapezoedrisch	D_4^4—P 4_12_1, D_4^8—P 4_32_1	metastabil unter 175°
α-Tridymit	hexagonal holoedrisch	D_{6h}^4—C 6/mmc (?)	870 bis 1470°
β-Tridymit	rhombisch holoedrisch		metastabil unter 130°
α-Quarz, Hochquarz	hexagonal trapezoedrisch	D_6^4—C 6_22, D_6^5—C 6_42	574° bis 870°
β-Quarz[1], *Tiefquarz*	trigonal trapezoedrisch	D_3^4—C 3_12, D_3^6—C 3_22	unter 574°

[1] Hier sind die Bezeichnungen α und β nach dem Vorschlag von BOEKE so benutzt worden, daß die bei den höchsten Temperaturen beständige Form die α-Form ist. Da jedoch diese

Von diesen Formen ist nur der Quarz ein in Gesteinen allgemeiner Bestandteil. Er ist bei Zimmertemperatur stets Tiefquarz, nimmt aber bei Erwärmung über 574° sogleich die hexagonale Hochtemperaturform an; diese geht wieder in demselben Punkt bei Abkühlung enantiotrop in Tiefquarz über. Darauf gründet sich die Anwendung des Quarzes als ein geologisches Thermometer. Die Form bleibt in beiden Fällen dieselbe, und schon daraus kann geschlossen werden, ob der Quarz ursprünglich ober- oder unterhalb des Umwandlungspunktes entstanden ist, denn die Gestalt des trigonalen Tiefquarzes ist schlankprismatisch (Abb. 379), oft verzwillingt (Abb. 380), die des hexagonalen Hochquarzes die Doppelpyramide (1011) (Abb. 381) oder ihre Kombination mit kurzem Prisma (10$\bar{1}$0) (Abb. 382). Außerdem enthält der Tiefquarz oft Trapezoederflächen, an denen die Links- und Rechtsformen voneinander unterschieden werden können, ohne daß man das Drehvermögen der Polarisationsebene des Lichtes zu prüfen braucht (vgl. Abb. 90). Im ursprünglichen Tiefquarz sind die Kristalle entweder Rechts- oder Linksformen, oder diese haben sich auch nach dem Brasilianer Gesetz (Abb. 142) zusammen verzwillingt. Im ursprünglichen Hochquarz dagegen bildet sich im

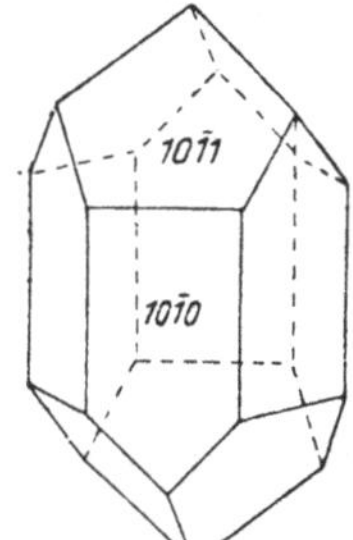

Abb. 379. Tiefquarz, Prisma mit dem Grundrhomboeder.

Abb. 380. Dauphinéerzwilling (zwei Rechtskristalle) (10$\bar{1}$1), (10$\bar{1}$0), (51$\bar{6}$1).

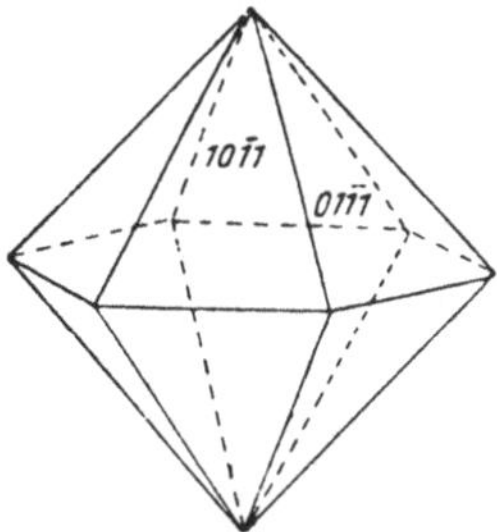

Abb. 381. Hochquarz in Bipyramidform. Typische Ausbildung des Hochquarzes.

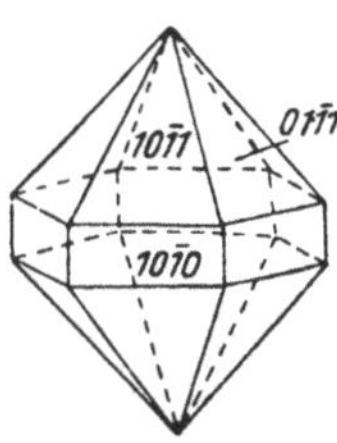

Abb. 382. Hochquarz mit kurzen Prismaflächen.

Zusammenhang mit der Umwandlung eine innere Zwillingsstruktur, bei der die Zwillingsgrenzen unregelmäßig gewunden sind. Daraus kann die Kristallisationstemperatur auch beim Gesteinsquarz, in dem keine Kristallformen vorkommen, bestimmt werden. Es hat sich herausgestellt, daß der Gangquarz und ein Teil des Quarzes im Pegmatit unterhalb des Umwandlungspunktes kristallisiert sind, ebenso wie die an den Wänden von Spalten aus Wasserlösungen kristallisierten aufsitzenden Quarzkristalle. Dagegen sind ein Teil des Quarzes im Pegmatit sowie der Quarz des Granits und anderer Magmagesteine von Anfang an Hochquarz gewesen.

Die ebenfalls enantiotrope Umwandlung des Hochquarzes in Tridymit ist so langsam, daß sie experimentell nicht zustande gebracht werden kann. Bringt man aber bei Anwesenheit von „Mineralisatoren“, die die Schmelzbarkeit fördern, z. B. Natriumwolframat, Kieselsäure über 870° zum Kristallisieren, so entsteht Tridymit, unterhalb derselben Temperatur Quarz; ebenso entsteht oberhalb 1470° Cristobalit, welche Umwandlung nahe dem Schmelzpunkt auch aus Tridymit vor sich geht. In der Natur gibt es Tridymit und Cristobalit nur metastabil bei niedrigen Temperaturen pneumatolytisch entstanden in Hohlräumen von Lavagesteinen. Zwar tritt in Tiefengesteinen gewiß auch oberhalb 870° Kristallisation ein, aber der Umwandlungspunkt liegt bei hohen Drucken eben

Weise weder allgemein noch für alle Stoffe benutzt wird, sind in diesem Buch meistens selbstverständliche Formen wie „Hochquarz“ (also oberhalb 574° beständig) und „Tiefquarz“ (unterhalb 574°) benutzt worden.

auch höher, weil die Dichte des Quarzes viel größer ist als die des Tridymits. Das geht aus der CLAUSIUS-CLAPEYRONschen Gleichung (S. 237) hervor. Unterhalb ihrer wirklichen Beständigkeitsgebiete, also im metastabilen Gebiet, haben sowohl der Tridymit als auch der Cristobalit noch ihre reversible α—β-Umwandlung bei 130° und 175°; man kann die Umwandlungen an dem Erscheinen oder Schwinden von Zwillingsstreifen optisch verfolgen.

Kristallstrukturell sind alle Formen des Siliciumdioxyds aus SiO_4-Tetraedern gebildete Gerüststrukturen, in denen jedes Sauerstoffatom mit zwei verschiedenen Siliciumatomen verbunden ist (Abb. 290). Im übrigen sind Hoch- und Tiefquarz strukturell fast gleich, ebenso die verschiedenen Tridymitformen untereinander und die Cristobalitformen untereinander. Zwischen den drei Hauptformen aber besteht in der Atomanordnung ein großer Unterschied, der sowohl in der Symmetrie als auch vorwiegend in der Dichte hervortritt. Die Dichte des Quarzes ist 2,653, die des Tridymits 2,282 bis 2,326, die des Cristobalits 2,27. Der Unterschied besteht also in der Anordnung der Atome wie auch in der Dichte ihrer Packung. Auch die Optik ist grundverschieden: beim Quarz $\omega = 1{,}5442$, $\varepsilon = 1{,}5533$; beim Tridymit $\alpha = 1{,}469$, $\beta = 1{,}47$, $\gamma = 1{,}473$; beim Cristobalit $\gamma = 1{,}487$, $\alpha = 1{,}484$.

Der Quarz ist der Hauptbestandteil von sauren Silicatgesteinen. Durch seine große Härte und Schwerlöslichkeit ist seine Anreicherung aus Verwitterungsprodukten im Quarzsand bedingt. Diese Schwerlöslichkeit bei den Temperaturen der Erdoberfläche steht in sonderbarem Gegensatz zu seiner Leichtlöslichkeit bei Temperaturen von einigen hundert Grad, auf der seine Anreicherung in hydrothermalen Restlösungen und seine Kristallisation zu Quarzgängen beruht.

Trotz seiner Härte (7) und Sprödigkeit verformt sich der Quarz bei den Bewegungen der Erdkruste sehr leicht. Darauf beruht die Regelung seines Gitters bei Bewegungen (S. 285), die im Grunde durch Gleitungen im Innern des Gitters bedingt sein mögen. Die beginnende Verformung tritt als undulierende Auslöschung hervor. Deutliche Spaltbarkeit fehlt, wenngleich eine undeutliche in der Richtung $(10\bar{1}1)$ besteht.

Nur wenige Mineralien werden so vielseitig verwendet wie der Quarz. Wir nennen nur die mannigfache Benutzung von Quarzglas — einmal geschmolzen, bleibt bei abkühlendem reinem Siliciumdioxyd die Kristallisation aus —, reinem Bergkristall für optische Instrumente, die Verwendung von Gangquarz oder reinem Quarzsand oder Quarzit in der keramischen Industrie und als feuerfeste Silicasteine, ferner in Metall- und Erzschmelzöfen als Flußmittel. An den letztgenannten Verwendungen können wir wieder den widersprechend erscheinenden Charakter des Quarzes erkennen: beim Schmelzen von Erzen wird er zur Erleichterung des Schmelzvorganges zugegeben, da er sich mit Metalloxyden vereinigt, wobei sich niedrig schmelzende Silicate bzw. Eutektika bilden; allein wiederum ist er ein sehr feuerfester Stoff.

An Abarten des Quarzes seien nur der violette *Amethyst*, der graue *Rauchtopas* und der dichte *Flint* genannt. *Chalcedon, Achat* und *Jaspis* sind aus kolloider Kieselsäure kristallisierte dichte Quarzvarietäten. Der *Opal* hingegen ist ein noch überwiegend amorphes, aber schon verhärtetes Kieselsäuregel. Sein Wassergehalt wechselt, desgleichen seine Eigenschaften: Dichte etwa 2,2, Härte etwa 6, Lichtbrechung etwa 1,44.

Rutil-Tapiolitgruppe. Der ditetragonal bipyramidale Rutiltyp der Kristallchemie, D_{4h}^{14}—$P4/mnm$, ist vertreten durch die Dioxyde RO_2 mit passendem Ionenradienverhältnis. Außerdem sind auch noch die tetragonalen Tantalate und Niobate isotyp mit dem Rutil, indem sie im Achsenverhältnis damit nahe übereinstimmen und keine Komplexanionen (etwa Ta_2O_6) besitzen, sondern die

Ta-Ionen haben im Gitter ähnliche Lagen wie die Fe-Ionen. Ihre Kristallstruktur ist jedoch noch nicht im einzelnen bestimmt. Sie werden nachstehend unter den Tantalaten und Niobaten behandelt.

Rutil TiO_2. Die Ti-Ionen allein bilden eine innenzentrierte tetragonale Elementarzelle, abwechselnd in Richtung ihrer beiden Basisdiagonalen liegt beiderseits eines Ti-Atoms ein O-Atom in ca. 2 Å Entfernung von Ti (Abb. 266). Jedes Ti-Atom ist so in fast gleichem Abstand von 6 O-Atomen umgeben. Der Kristallhabitus des Rutils ist langprismatisch, die Prismenflächen sind längsgestreift. (111) und (101) sind die allgemeinsten Endflächen. Kniezwillinge nach (101) (Abb. 141) sind kennzeichnend. Derart sind auch die als Einschlüsse in umgewandeltem Biotit mit starker Vergrößerung im Mikroskop sichtbaren *Sagenit*nadeln verzwillingt (Abb. 383). Das Prisma (110) ist Spaltrichtung, die Farbe ist braun, der Glanz sehr stark, Härte 6 bis 6,5, Dichte ca. 4,2. Optisch positiv, $\omega = 2{,}6158$, $\varepsilon = 2{,}9029$. Aus dem starken Licht- und Doppelbrechungsvermögen des Rutils folgerte V. M. GOLDSCHMIDT, daß dieser Stoff feinverteilt eine ausgezeichnete Ölfarbe abgebe. Denn die Deckfähigkeit der Farbe beruht gerade darauf, daß sich die Lichtbrechung des Pigmentstoffes möglichst stark von der des Firnisses unterscheidet, und auch eine starke Doppelbrechung ist günstig, Dabei tritt viel Totalreflexion auf den Innenflächen der Pigmentkörper ein, und das Licht vermag nicht durch die Anstrichschicht zu dringen. Kreidepulver, eine gute Wasserfarbe, ist als Ölfarbe überhaupt nicht zu gebrauchen, da seine Lichtbrechung annähernd dieselbe wie die des Firnisses ist. Auf Vorschlag von GOLDSCHMIDT begann man denn auch aus Ilmeniterz künstlichen Rutil herzustellen, der dann als Titanweiß eine umfangreiche Verwendung gefunden hat. Er muß ziemlich fein verteilt — nicht allzu fein — und natürlich sehr rein von Eisen sein, um farblos zu erscheinen. Das natürliche Rutilmineral ist durch Eisenoxyd gefärbt. — Rutil findet sich als Bestandteil in Eklogiten und Granuliten sowie oft kristallin in Quarzgängen wie auch hydrothermalen Mineralbildungen.

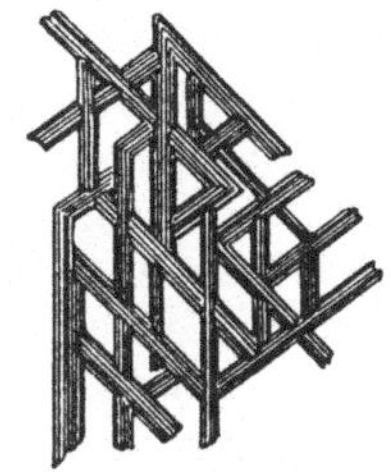

Abb. 383. Gruppe von Rutilzwillingen, sog. Sagenit. Stark vergrößert.

Außer als Rutil tritt TiO_2 in zwei metastabilen Formen auf, nämlich als ditetragonal bipyramidaler *Anatas*, D_{4h}^{19}—I4/amd, und rhombisch bipyramidaler *Brookit*, D_{2h}^{15}—Pbca (Kristallform Abb. 384 a und b). Mit dem Brookit isotyp sind noch *Columbit* $(Fe,Mn)(Nb,Ta)_2O_6$ und *Tantalit* $(Fe,Mn)(Ta,Nb)_2O_6$.

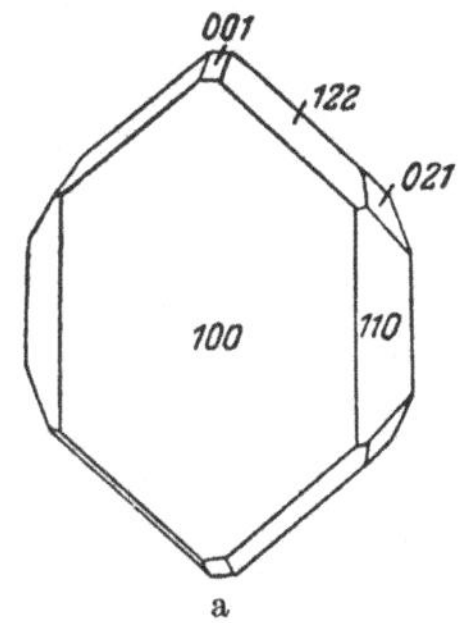

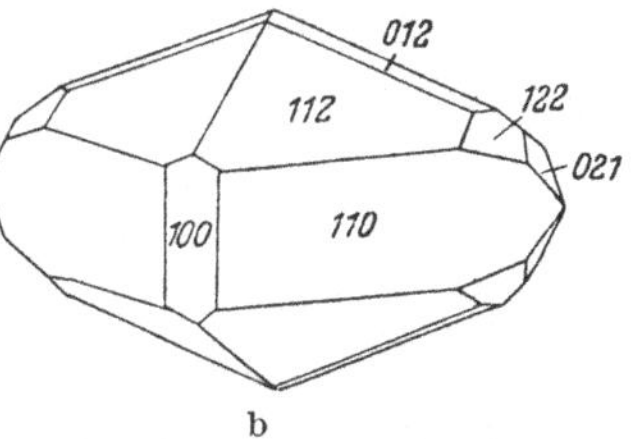

Abb. 384a und b. Brookit.

Der *Kassiterit* SnO_2 gehört ebenfalls zum Rutiltyp und ist mit diesem isomorph, aber nicht mit ihm mischbar. Dieselben Kristallformen und dasselbe Zwillingsgesetz treten auch beim Kassiterit auf (Abb. 38). Härte 6 bis 7, Dichte 7,0, $\omega = 1{,}997$, $\varepsilon = 2{,}093$. Der Kassiterit ist das wichtigste Zinnerz. Die Zinnerzgänge sind ausschließlich mit sauren granitischen Magmen verbunden und sind von ihnen pneumatolytisch ausgeschieden, wobei das Zinn in Gasform, teilweise als Fluorid, gewandert ist. Topas, fluor- und lithiumhaltiger Glimmer, Flußspat, Apatit und Turmalin sind Begleitmineralien. Die wichtigsten Zinnproduzenten sind die Sundainseln und Malakka in Ostindien, an nächster Stelle stehen Bolivien und Nigeria. Cornwall und das Erzgebirge, alte Zinngebiete, vermögen keine großen Mengen mehr zu liefern. Die Weltproduktion belief sich 1938 auf

148000 t; davon lieferte Niederländisch-Indien mit Siam und Malaya 78000 t, Bolivia 25000 t, China 11000 t, Nigeria 7000 t, Belgisch-Kongo 8000 t.

Polianit und *Pyrolusit* MnO_2 erinnern in ihren Kristallformen an Rutil, aber die Röntgenuntersuchungen haben keine gleiche Kristallstruktur feststellen können; MnO_2 ist denn auch meistens pseudomorph aus anderen Stoffen entstanden oder aus Manganhydroxydgelen kristallisiert. Die Eigenschaften sind sehr wechselnd; die Härte z. B. erscheint infolge der Porosität geringer, als sie in Wirklichkeit ist (6). Schwarz und schmutzend. In Manganerzen.

Uraninit oder *Uranpecherz* (*Pechblende*), kubisch hexakisoktaedrisch, O_h^5—Fm3m. Die Zusammensetzung des kristallinen Minerals ist wahrscheinlich UO_2; die Kristallstruktur ist vom Fluorittyp, die Kristallform oktaedrisch. Meistens jedoch weist er Gelstruktur auf. Dieses wichtige Radiumerz ist mit sauren Magmagesteinen verbunden, es ist in Pegmatiten anzutreffen, aber die als Radiumerz benutzten Vorkommen sind hydrothermale Wismutnickelsilbergänge. Das Radium wurde 1898 durch Frau Curie in Joachimstaler Pecherz entdeckt; dieses hatte bereits zuvor als Rohstoff für Uranfarben Verwendung gefunden. Das Radium macht regelmäßig etwa 3,3 Milliontel der Uranmenge aus. Heute wird in Luiwishi-Kasola in Kongo und in der Gegend des Großen Bärensees in Canada am meisten Radium gewonnen. Neben Fluorit und Baryt angetroffen in Wölsendorf, Bayern, und Schmiedeberg, Schlesien.

Thorianit $(Th,U)O_2$, isomorph mit dem Uraninit, wird aus Seifen von Ceylon gewonnen. *Bröggerit* $(U,Th)O_2$, ein thoriumhaltiger Uraninit, kommt vor im Granitpegmatit von Moss in Südnorwegen u. a.

Baddeleyit ZrO_2, monoklin prismatisch, C_{2h}^5—$P2_1/c$, besitzt ein deformiertes Gitter vom Fluorittypus. Aus Gängen in Nephelinsyeniten.

b) Tantalate und Niobate.

Die Verbindungen $FeTa_2O_6$ und $FeNb_2O_6$ bilden ein isomorphes Reihenpaar, die schon oben erwähnten Tapiolit-Mossit- und Tantalit-Columbitreihen. In beiden Formen ist die Mischungsserie lückenlos infolge der Ähnlichkeit in den Ionenradien des Tantals und Niobs, die nicht nur analytisch schwer voneinander trennbar, sondern auch kristallchemisch äußerst ähnlich sind. Das äußert sich auch in allen anderen als Minerale auftretenden Tantalaten und Niobaten.

Tapiolit $Fe(Ta,Nb)_2O_6$, tetragonal wie Rutil. Kommt als Pegmatitmineral sogar in Form sehr großer Kristalle vor. Keine Spaltrichtungen, Härte 6, Dichte 7,2. Farbe schwarz, Strich braun, Glanz halbmetallisch. $\omega_{Li} = 2{,}27$, $\varepsilon_{Li} = 2{,}42$; stark pleochroitisch, $\varepsilon > \omega$. In den Pegmatiten von Tammela und Kimito, Finnland. Von A. E. Nordenskiöld nach dem finnischen Waldgott Tapio genannt.

Mossit $Fe(Nb,Ta)_2O_6$, isomorph mit dem vorigen. Im Pegmatit bei Moss in Südnorwegen.

Tantalit, chemisch wie Tapiolith, dem er auch in seinen Eigenschaften ähnelt, aber rhombisch, isomorph mit Brookit. $\beta \parallel a$, $\gamma \parallel c$. $\alpha = 2{,}19$, $\beta = 2{,}25$, $\gamma = 2{,}34$. Starker Pleochroismus: α hellstes rötlich $< \beta$ blutrot $< \gamma$ dunkelrot. In Australien u. a.

Columbit, chemisch wie Mossit, isomorph mit Tantalit. Die rhombischen Kristallformen meist tafelig (Abb. 385). Dichte 5,6 bis 6,4, Strich schwarzbraun, sonst wie Tantalit. β_{Li} = etwa 2,45. In Granitpegmatiten bei Zwiesel und Bodenmais in Bayern, im Orijärvidistrikt in Finnland, Etta mine in Dacotah, im Kryolith bei Ivigtut in Grönland. — Nahe verwandt ist der zinnhaltige *Ixionolith* von den Kimitopegmatiten.

Fergusonit $(Y,Er,Ce)(Nb,Ta)O_4$, tetragonal bipyramidal, aber nicht isotyp mit Tapiolith. Härte 6, Dichte 5,8. Metamikt isotrop, wird aber beim Glühen einachsig anisotrop und erwärmt sich stark infolge der Kristallisationswärme. Diese Erscheinung, *Verglimmen* genannt, ist für die Verbindungen der seltenen Erden, die auch metamikte Isotropisierung aufweisen, allgemein charakteristisch (Gadolinit, Samarskit, Äschynit). In den Pegmatiten des Schärenhofs von Stockholm.

Samarskit $(Y,Er)_4[(Nb,Ta)_2O_7]_3$, rhombisch, in den Pegmatiten des Urals.

Es gibt als Pegmatitminerale noch mehrere andere Niobat-Tantalate, teils des Antimons und Wismuts, wie die rhombischen *Stibiotantalit* $Sb(Ta,Nb)O_4$ und *Bismutotantalit* $Bi(Ta,Nb)O_4$, teils aber der Lanthaniden, wie *Euxenit*, *Blomstrandin*, *Äschynit* (alle rhombisch) und viele andere, nur wenig voneinander abweichende. Gewöhnlich haben die verschiedenen Pegmatitvorkommen ihre eigenen Mineralspezien. Interessant sind die Lanthaniden-Tantalatniobate besonders weil sie auch Uran und Thorium enthalten und radioaktiv sind. In Finnland, in den Pegmatiten der Nordküste vom Ladoga wurde der *Wiikit* angetroffen, nach der Zusammensetzung wechselndes Tantalatniobat von Titan, Yttrium u. a., Thorium, Uran. Das Mineral ist metamikt isotropisiert, Kristallsystem wahrscheinlich rhombisch. Die Dichte wechselt von 4,82 bis 3,75 und die Farbe von Pechschwarz in wachsartig Gelb.

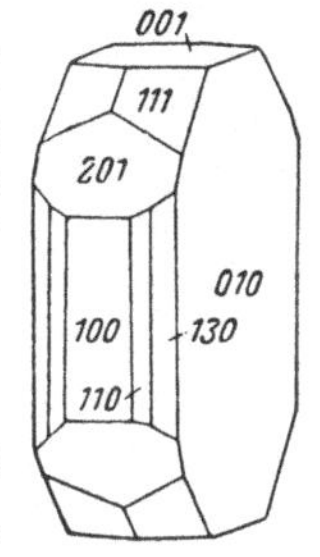

Abb. 385. Columbit.

c) Doppeloxyde.

Spinellgruppe. Kubisch hexakisoktaedrisch, O_h^7—Fd3m. In der allgemeinen Formel $M^{2+}M_2^{3+}O_4$ oder $M^{2+}O \cdot M_2^{3+}O_3$ ist M^{2+} = Fe, Mg, Mn, Zn und ferner M^{3+} = Al, Fe, Cr, Mn. Die Kristallstruktur nach dem Spinelltyp ist sowohl an Mineralien als auch an künstlichen Stoffen sehr weit verbreitet; statt Sauerstoff können diese Fluor, auch Schwefel (Linneit) enthalten. Die Struktur wurde auf S. 182 erläutert. Das Oktaeder ist die vorherrschende Flächenform und Spaltrichtung, auch Zwillingsebene (Spinellgesetz) (Abb. 386).

Zu dem gewöhnlichen *Spinell* gehört die isomorphe Mischungsreihe $MgAl_2O_4$—$FeAl_2O_4$. Jene Verbindung heißt *Pleonast*, diese *Hercynit*. Härte 8, Dichte zwischen 3,6 und 3,9 wechselnd. Die Verbindung $MgAl_2O_4$ ist farblos; selbst eine geringe Eisenmenge verleiht dem Stoff die grüne Farbe des Hercynits. Die hellen farbigen, besonders roten Abarten benutzt man als Edelsteine. Die Lichtbrechung wächst mit dem Fe-Gehalt von 1,718 bis auf 1,80. Spinelle finden sich als wohlgeformte Oktaeder in metamorphen Kalksteinen, Granuliten, Eisenerzen (Magnetit-Spinellit) und Peridotiten.

Picotit $(Fe,Mg)(Al,Cr,Fe)_2O_4$, Chromspinell, ist schwarzbraun, in Dünnschliffen schwach, wenn überhaupt durchsichtig. $n = 2{,}05$, Dichte 4,1. Er ist in Peridotiten und Serpentingesteinen anzutreffen.

Gahnit $(Zn,Mg,Fe)Al_2O_4$, Zinkspinell, schwarz, im Dünnschliff grün. $n = 1{,}80$, Dichte = 4,55. In Zinkerzen (Orijärvi, Falun). Der Zinkferrispinell, der als besonderes Mischungsglied $ZnFe_2O_4$ enthält, heißt *Franklinit* und ist bei Franklin Furnace in New Jersey wichtiges Zinkerz, wird meist auf Zinkweiß ZnO verarbeitet. $n = 2{,}36$.

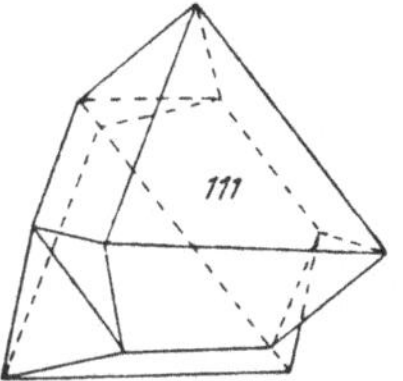

Abb. 386. Spinellzwilling nach (111).

Chromit $FeCr_2O_4$ ist magnetitähnlich, aber der Strich ist braun. $n_{Li} = 2{,}16$. Nebengemengteil in Peridotiten und Serpentingesteinen sowie als größere Erzmassen, die aus diesen frühmagmatisch ausgeschieden sind, wichtigstes Chromerz. In Südafrika (Selukwe in Südrhodesia) liegt das größte Produktionsgebiet; andere Vorkommen gibt es in Canada, Neukaledonien, Kleinasien, Südosteuropa. Das Chrom ist heutzutage ein wichtiges Stahllegierungsmetall. Auch wird Chromit zur Herstellung feuerfester Steine und Massen benutzt, Chromverbindungen in der chemischen Industrie, bei der Lederfabrikation, Chrom als Metall auch für galvanische Überzüge.

Magnetit Fe_3O_4 oder $Fe^{2+}Fe_2^{3+}O_4$, Ferroferrispinell, ist das häufigste aller Spinellmineralien und zugleich ein wichtiges Eisenerz. Seine Härte ist geringer als die der Al-Spinelle (6). Dichte 5,17. Außer Oktaederkristallen ist auch die Form (110) anzutreffen. Keine deutliche Spaltrichtung, aber oft auf Verzwillingung beruhende deutliche Absonderung nach (111). Bei hoher Temperatur vermischen sich mit dem Magnetit andere Spinelle, ja sogar auch Ferrotitanat $FeTiO_3$, das sich im Titanomagnetit als Ilmenit entmischt hat. Desgleichen sind im Erzmikroskop oft Spinellentmischungen, häufig zugleich mit Ilmenitentmischungen, zu sehen. Magnetit kommt als Nebengemengteil in vielen Magmagesteinen vor. Aus basischen Magmen haben sich Titaneisenerze, aus sauren titanfreie, oft apatithaltige Erze (Kiirunavaara, Luossavaara, Gellivaara usw.) entmischt. Die drei angeführten Gruben allein produzierten 1924 über 4,5 Mill. Tonnen 66%iges Eisenerz. Noch weiter verbreitet, obwohl wirtschaftlich weniger bedeutend, sind die magnetitischen Skarnerze, zu denen größtenteils die mittelschwedischen und südfinnischen Eisenerzlagerstätten gehören. Viele Magnetiterze sind ihrer ursprünglichen Entstehung nach sedimentogen, während erst bei der Metamorphose Limonit oder Hämatit in Magnetit übergegangen sind. Auch als kristalloblastisch entstandene ideale Oktaeder kommt Magnetit in vielen metamorphen Gesteinen vor, z. B. in Chloritschiefern. Ferner entsteht er in metallurgischen Halbfabrikaten und in Schlacken.

Hausmannit Mn_3O_4, tetragonal, nähert sich aber den Formen nach der kubischen Symmetrie und strukturell dem Spinelltyp. Die Grundpyramide (111) sieht wie ein Oktaeder
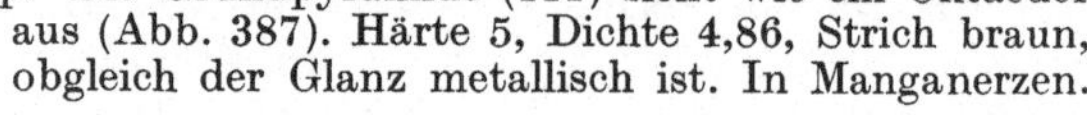
aus (Abb. 387). Härte 5, Dichte 4,86, Strich braun, obgleich der Glanz metallisch ist. In Manganerzen.

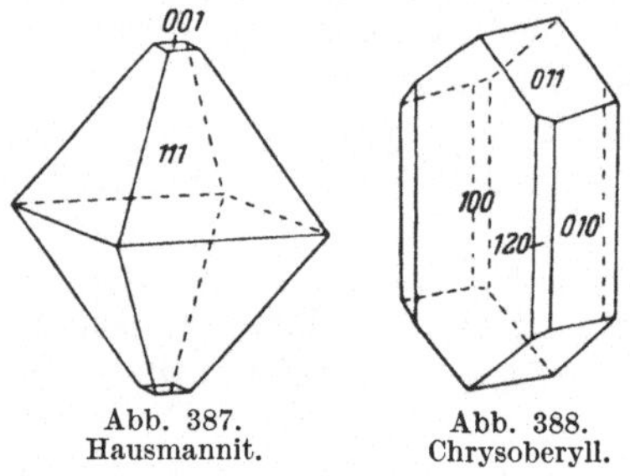

Abb. 387. Hausmannit. Abb. 388. Chrysoberyll.

Chrysoberyll $BeAl_2O_4$, rhombisch bipyramidal, D_{2h}^{16}—Pmcn, seiner Formel nach spinellähnlich, der kleine Ionenradius von Be verhindert aber die Isomorphie. Dagegen ist dieser Stoff kristallstrukturell olivinartig, da er aus BeO_4-Gruppen aufgebaut ist. Auch die Formen sind wie beim Olivin (Abb. 388). Charakteristisch sind die „herzförmigen" Zwillinge sowie die Sechslinge nach (031) (Abb. 151 und 163). $\alpha = 1{,}747$, $\beta = 1{,}748$, $\gamma = 1{,}757$. In Pegmatiten und Apliten, u. a. in Helsinki. Die klaren und farbigen, im Tageslicht oft grün, im Lampenlicht aber rot erscheinenden Kristalle (*Alexandrit*) sind Edelsteine (Ural, Brasilien, Ceylon).

Perowskit $CaTiO_3$ oder $CaO \cdot TiO_2$, monoklin pseudokubisch, unterscheidet sich strukturell von dem hinsichtlich der Formel analogen Ilmenit wie auch von den Carbonaten des Calcittyps und bildet seinen eigenen Perowskittyp (S. 181, Abb. 274). Härte 5,5, Dichte 4,0, Farbe braun, Lichtbrechung groß ($n = 2{,}38$). — Perowskit ist als Bestandteil in sehr kieselsäurearmen Alkaligesteinen enthalten, vorwiegend in solchen, deren Hauptgemengteil Melilith ist. Er ist der Form nach kubisch, aber optisch anisotrop, da er bei der Abkühlung seine Zustandsform verändert hat. Obgleich die Veränderung der Struktursymmetrie an der Optik des Stoffes deutlich zu bemerken ist, läßt die Kristallstruktur keine Symmetrieverminderung erkennen.

Eine Perowskitvarietät mit einigen Prozent Lanthanidoxyden ist der *Knopit*. Er ist als reichliche Ausscheidung in alkalischem Pyroxenit in Afrikanda südlich vom Imandra-See in Kola anzutreffen. Dieses Mineralvorkommen dachte man als Cerium- und Titanerz auszubeuten.

d) Hydroxyde.

Goethit $FeO \cdot OH$ (oder $Fe_2O_3 \cdot H_2O$), rhombisch bipyramidal, D_{2h}^{16}—Pbnm, als lange, dünne Kristalle (Abb. 389a und b), faserig oder nadelförmig („*Nadeleisenerz*"). Halbmetallischer Glanz, im Dünnschliff mit rotbrauner Farbe durchsichtig, Strich braun. In Verwitterungsprodukten als Kristallnadeln und erdig, in Kristalldrusen an den Flächen von Quarzkristallen. Härte 5, Dichte 3,8, $\alpha = 2{,}17$,

$\beta = 2{,}29$, $\gamma = 2{,}31$. Heteromorph mit dem Goethit ist der *Lepidokrokit* („*Rubinglimmer*"), ebenfalls rhombisch bipyramidal, gehört aber zur Raumgruppe D_{2h}^{17}—Amam. Isomorph mit dem Goethit sind *Manganit* MnO·OH und *Diaspor* AlO·OH. Ersterer ist nadelförmig, oft als Begleiter von Baryt auftretend (Ilfeld im Harz, Kintsinniemi in Soanlahti, Karelien). Härte 4, Dichte 4,3, fast undurchsichtig, schwarz. Der Diaspor wiederum ist in Form von plattenförmigen Kristallen bekannt. Spaltrichtung (010), $\alpha = 1{,}702$, $\beta = 1{,}722$, $\gamma = 1{,}750$. Härte 6,5, Dichte 3,4. In Bauxit und als Produkt der Metamorphose bei niedrigen Temperaturen entstanden. Isomorph mit dem Lepidokrokit wieder ist der *Böhmit* AlO·OH.

Hydrargillit oder *Gibbsit* $Al(OH)_3$, monoklin prismatisch, C_{2h}^5—$P2_1/n$, pseudohexagonal, nach der Basisebene glimmerartig spaltbar. Schichtgitter mit Hydroxylbindung (Abb. 297). Schiefe Auslöschung in den Spaltschuppen $\alpha = 1{,}566$; β 1,566; $\gamma = 1{,}587$. Härte 3.

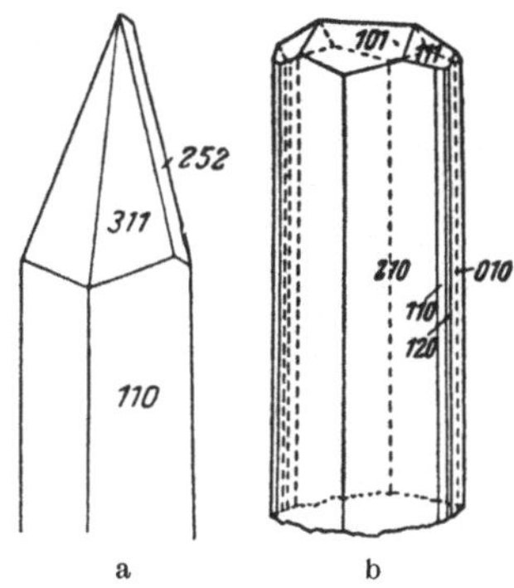

Abb. 389a, b. Goethit.

Brucit $Mg(OH)_2$, ditrigonal skalenoedrisch, D_{3d}^3—$C\bar{3}m$ (Abb. 390), in der Basisrichtung sich spaltendes Schichtgittermineral (Struktur Abb. 296). Härte 2, Dichte 2,3, elastisch, talkartig, Optisch +, $\omega = 1{,}559$; $\varepsilon = 1{,}580$. Als Hydratisierungsprodukt von Periklas oft in kontaktmetamorphen Dolomiten (Predazzo) und Kalkstein sowie Serpentin (Lupikko und Hopunvaara bei Pitkäranta am Ladoga).

Mit dem Brucit isomorph ist der *Pyrochroit* $Mn(OH)_2$, farblos, aber durch Oxydation an der Luft dunkel anlaufend, $\omega = 1{,}723$, $\varepsilon = 1{,}681$. Auch der *Portlandit* $Ca(OH)_2$ gehört hierher.

Sassolin oder *Borsäure* $B(OH)_3$, triklin pinakoidal, C_i^1—$P\bar{1}$, ein ebenfalls schuppiger, glimmerartig spaltbarer, weicher Stoff. Das eigenartige Schichtgitter besteht aus einfachen $B(OH)_3$-Netzen (Abb. 298). α fast $\perp$ (001), $\alpha = 1{,}340$, $\beta = 1{,}456$, $\gamma = 1{,}459$. In gewissen vulkanischen Fumarolen und heißen Quellen (Sasso in Toskana).

Limonit ist nach unseren heutigen Kenntnissen kein besonderes Mineral, sondern ein gelartiger oder dichter Stoff, in dem das Eisenhydroxyd den Hauptteil ausmacht und an kristallinen Stoffen vor allem der Goethit FeO·OH vorkommt. Als eiserner Hut ist er im Oberflächenteil verschiedener Erze, vorwiegend eisenhaltiger Sulfid- und Carbonaterze, anzutreffen. Das Gel ist ursprünglich erdig gewesen; beim „Altern" hat es sich verhärtet, oft weisen die Limonitknollen mit glatter und gewölbter Oberfläche oder der „braune Glaskopf" eine radialfaserige Struktur auf. Die See- und Rasenerze sind aus kolloiden Lösungen ausgeschieden, ihr Eisengehalt stammt größtenteils aus den Silicaten der Gesteine. Sie sind also ein chemisches Sediment. Derartige Eisenerze sind stets weder hochprozentig noch rein, denn fremde Beimischungen sind gerade für die Gele bezeichnend. In gewissen alten Sedimenten aber sind sie überaus stark, und infolge der Übermächtigkeit ihrer Mengen sind die Limoniterze eines der wichtigsten Eisenerze. In den Erzen von Mesabi und Marquette in Nordamerika macht der Limonit neben dem Hämatit das Haupterz aus. In der Jurazeit entstandene marine Limonitsedimente mit oolithischer Struktur werden als *Minetteerze* bezeichnet. Sie sind die wichtigsten Eisenerze Deutschlands und Frankreichs. Die Weltproduktion an Eisenerzen belief sich 1936 auf ca. 173 Mill. t, aus denen 91 Mill. t Roheisen hergestellt wurden.

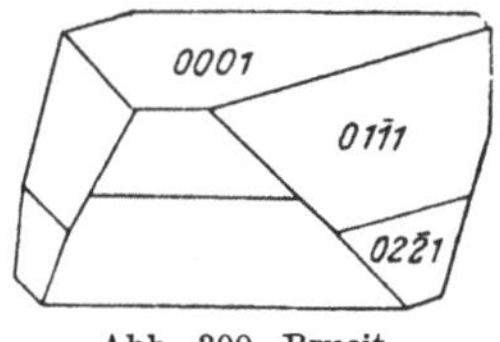

Abb. 390. Brucit.

Bauxit (der Name ist von dem französischen Ortsnamen Beaux abgeleitet).

Das Appellativum der als Bodenart auftretenden Aluminiumhydroxyde. Zu ihm gehören gelartige, strukturell oft körnige oder oolithische Ausbildungen, unter seinen kristallinen, entweder unmittelbar oder nur röntgenographisch erkennbaren Bestandteilen finden sich Hydrargillit und Diaspor. Die eisenreichen roten Bauxite tropischer Gegenden sind als *Laterit* bezeichnet worden. Der Bauxit ist ein Aluminiumerz. Viele reiche Vorkommen sind Lösungsreste unreiner Kalksteine (Beaux in Frankreich, Georgia-Alabama usw.). In anderen Gegenden hat die Bauxitverwitterung von Silicatgesteinen große Erzvorräte verursacht (Arkansas, Hochland von Dekkan usw.). Die Weltproduktion an Bauxit betrug 1934 etwa 1,27 Mill. t, davon wurden etwa 54% zur Aluminiumfabrikation verbraucht. Die Aluminiumerzeugung betrug i. J. 1934 etwa 170000 t, 1938 600000 t.

Manganerze. In den gelartigen Manganausscheidungen überwiegt das Manganperoxyd über die Hydroxyde, aber diese schwarzen Stoffe enthalten mancherlei Material, und zwar gewöhnlich außer den verschiedenen Manganmineralien auch Baryt und Limonit. Auch die Mangangele sind Verwitterungsprodukte. Das Mangan wird in verschiedenen chemischen Industriezweigen und als Legierungsmetall im Stahl verwendet. Die Erzlagerstätten von Tschiatur in Kaukasien und Nikopol in der Ukraine umfassen die größten Vorräte. Beide enthalten erbsenerzartige sedimentäre Manganerze. In Indien und Brasilien werden Manganerze gefördert, die als Verwitterungsprodukte manganreicher Magmagesteine entstanden sind. In Kongo werden in reichen Mengen kobalthaltige Manganhuterze gebrochen. Die Weltproduktion der Manganerze belief sich 1926 auf über 2,5 Mill. t, ihr mittlerer Mn-Gehalt betrug etwa 42%.

E. Carbonate, Nitrate, Borate.

a) Carbonate.

Von dem isodimorphen Reihenpaar Calcit und Aragonit ist bereits früher die Rede gewesen (S. 185 und 224). Die hierher gehörigen rhomboedrischen und rhombischen wie auch im allgemeinen die übrigen Carbonate zeigen den allgemeinen Strukturzug, daß die Gruppe CO_3 als innerlich fester Gitterteil auftritt. Die O-Atome in ihr umgeben das C-Atom in einer Ebene, die Gruppe befindet sich in starker Schwingungsbewegung, so daß sie in ihrer Wirkungsweise wirtelig ist. Im chemischen Sinne ist sie ein wirkliches „Radikal". Offenbar beruht darauf die starke Doppelbrechung der Carbonate, während dagegen die Lichtbrechung von den jeweils im Gitter vorhandenen Kationen abhängig ist.

Die *rhomboedrischen Carbonate*, ditrigonal skalenoedrisch, D_{3d}^6—$R\bar{3}c$, wenn sie nur eine Kationenart besitzen, aber rhomboedrisch, C_{3i}^3—$R\bar{3}$, wenn sie Doppelsalze von zweierlei Kationen sind. Alle weisen die fast gleiche rhomboedrische Grundform $(10\bar{1}1)$ auf, die eine sehr vollkommene Spaltrichtung ist.

Calcit oder *Kalkspat* $CaCO_3$. Die Gitterstruktur kann als ein rhomboedrisch deformierter Steinsalztyp aufgefaßt werden, dem die wirteligen CO_3-Gruppen das Sondergepräge verleihen. In der Mannigfaltigkeit seiner Formen übertrifft der Calcit alle übrigen Kristallarten. Das Grundrhomboeder $(10\bar{1}1)$ ist ein etwas abgeplatteter Würfel (Abb. 391), der Polkantenwinkel beträgt 74° 55′. Dieser ist als Kristallform selten, tritt aber an allen Kristallen beim Zerbrechen als sehr vollkommene Spaltrichtung hervor und erleichtert das Bestimmen der Formen. Insgesamt kennt man etwa 180 einfache Flächenformen, von denen einige in Abb. 392 vertreten sind. Natürlich finden sich darunter auch Formen mit sehr hohen Indices, sind doch solche sogar recht allgemein, z. B. das zugespitzte Rhomboeder $(16\ 0\ \overline{16}\ 1)$, das in Kombinationen fast wie ein Prisma erscheint.

Die Rhomboeder und Skalenoeder, die spitzer als das Grundrhomboeder sind, kommen am häufigsten vor, aber es gibt auch viele stumpfere. Unter den einfachen Formen allgemeiner Art, den Skalenoedern, sind $(21\bar{3}1)$ und $(32\bar{5}1)$ am allerhäufigsten. Von den stumpfen Skalenoedern sei $(31\bar{4}5)$ genannt. Die Basisebenen (0001) sowie die Prismen $(10\bar{1}0)$ und $(11\bar{2}0)$ sind ebenfalls allgemein. Häufige Verzwillingung nach (0001) und auch $(10\bar{1}1)$. Die Druckzwillingsbildung nach $(01\bar{1}2)$ ist vorwiegend in kristallinen Kalksteinen reichlich vorhanden, als Zwillingsstreifung hervortretend. Die ditrigonal skalenoedrische Symmetrie erscheint auch in den Ätzfiguren (Abb. 393).

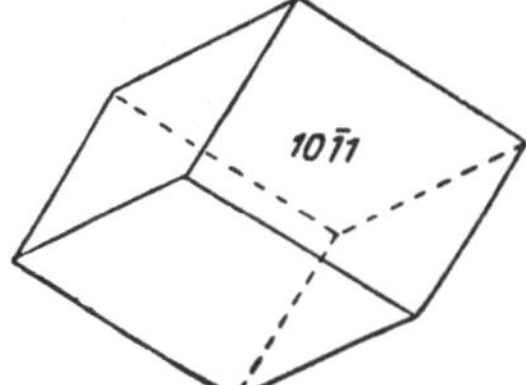

Abb. 391. Calcit, Grundrhomboeder.

Unter dem Druck einer Atmosphäre dissoziiert der Calcit bei 900°, und unter dem Druck von 170 Atmosphären nimmt er bei 970° eine andere Form an, die vermutlich rhomboedrisch ist wie Dolomit, und schmilzt bei 1290°. Der Calcit ist ein chemisches

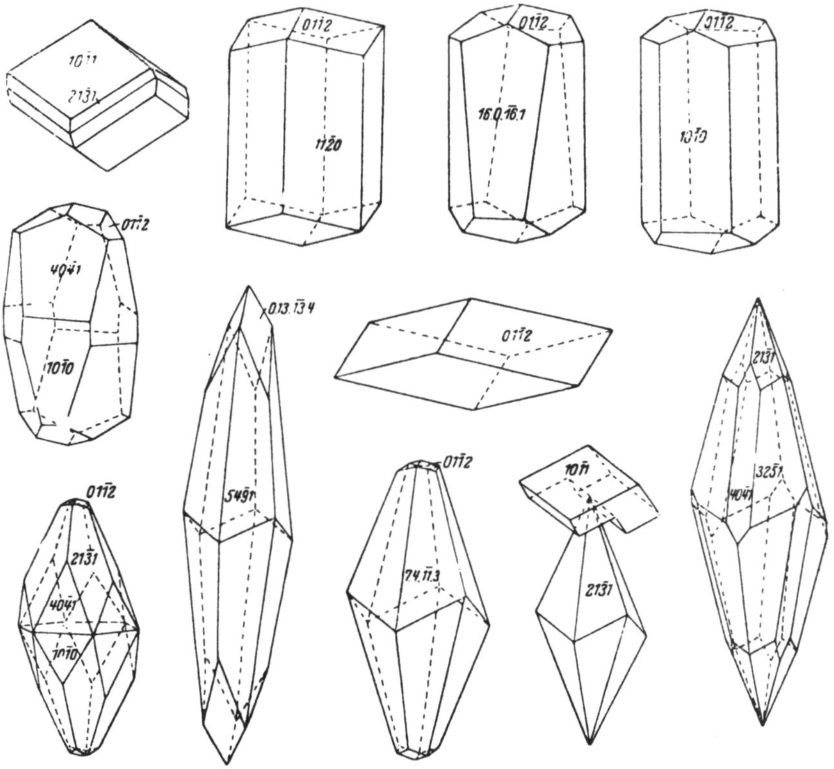

Abb. 392. Calcit, häufige Formen.

und organogenes Sediment, auch kommt er als Gangmineral und als Bestandteil von in niedrigen Temperaturen entstandenen spätmagmatischen Gesteinen überall vor.

Das Calcium des Calcits diadoch ersetzend treten vorwiegend Mangan und Blei, auch Strontium auf: *Manganocalcit, Plumbocalcit, Strontianocalcit.* Dagegen ersetzen Eisen und Magnesium das Calcium nur in sehr geringen Mengen. Der rote Calcit enthält als färbenden Stoff Eisenoxyd und der braune Eisenhydroxyd als Pigment. Die Eigenschaften sind aus der Tabelle S. 337 zu ersehen. Die Verwendung des als Kalkstein auftretenden Calcits als Bodenverbesserungsstoff, als Rohstoff für die Kalk- und Zementindustrie, für Calciumsulfit usw. sowie als Zusatz in Metallschmelzöfen ist weit und bedeutsam. Reinen Calcit als große durchsichtige Kristalle, sog. Islandspat, hat man als Mandelfüllung auf Island, nahe dem Eskifjord in Helgustadir, gefunden, aber das Vorkommen ist erschöpft, und gegenwärtig herrscht großer Mangel an Calcit für Nicols und andere optische Instrumente. Als Ersatzstoff für reinen Calcit kommt das ihm isomorphe und optisch gleiche Natriumnitrat in Frage; ihn als durchsichtige Großindividuen zu kristallisieren, ist jedoch noch mit Schwierigkeiten verbunden.

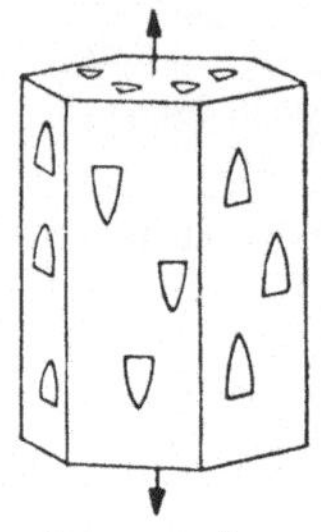
Abb. 393. Ätzfiguren am Calcit.

Dolomit $CaMg(CO_3)_2$ und *Ankerit* $CaFe(CO_3)_2$ bilden eine rhomboedrische, unbegrenzt mischbare isomorphe Mischungsreihe. Die häufigsten als Ankerit bezeichneten Abarten enthalten beide Stoffe ganz wie der Hedenbergit Diopsidsilicat. Auch der *Mangandolomit* $CaMn(CO_3)_2$ kann sich anscheinend in unbegrenzten Mengen mit Dolomit vermischen. Der ziemlich reine, farblose oder schwach bräunliche Dolomit ist jedoch in sedimentären und metasomatischen Dolomitgesteinen am häufigsten, während dagegen in Erzgängen oft Ankerit und seine Mischungen anzutreffen sind (sog. *Breunnerit, Braunspat, Mesitin* usw.). Die Kristallgestalt von Dolomit und Ankerit ist einfacher und formenärmer als die des Calcits, die Rhomboeder allgemeinster Art (hkil) sind selten. Gewöhnlich ist nur das Grundrhomboeder vertreten, oft als sattelförmige, krummflächige Kristalle (Abb. 394). Die beim Calcit so allgemeine Verzwillingung nach dem Rhomboeder $(01\bar{1}2)$ kommt selten vor, jene Ebene ist hier offenbar weder Kipp- noch Gleitrichtung.

Der Dolomit wird teilweise zu denselben Zwecken benutzt wie der Calcit, aber seine Verwendung ist begrenzter.

Abb. 394. Dolomit, sattelförmig gedrehtes Grundrhomboeder.

Magnesit $MgCO_3$ ist wieder ditrigonal skalenoedrisch wie der Calcit, erinnert aber in seinem Habitus mehr an den Dolomit. In Talk- und Chloritschiefern und anderen magnesiumsilicatreichen Gesteinen sind allgemein Magnesitrhomboeder als Porphyroblasten anzutreffen. Auch der Magnesit ist in reinem Zustand farblos, nimmt aber durch eine geringe Eisencarbonatbeimischung oder Pigment vielfach einen bräunlichen Farbton an.

Der Magnesit ist im allgemeinen entweder aus Kalkstein oder aus Magnesiumsilicatgesteinen metasomatisch entstanden. Zu ersterem gehört der grobkristalline Spatmagnesit von Steiermark und anderen Gegenden, zu letzteren der feinkörnige oder dichte Magnesit sowie der mittelkörnige Magnesit im Topfstein und in den Talkschiefern.

Der Magnesit ist ein wertvolles Mineral. Er wird zur Herstellung von feuerfesten Stoffen, wie Magnesiumoxyd (Magnesia), desgleichen von Magnesiacement und Kohlensäure sowie als Zusatzstoff in Schmelzöfen verwendet.

Siderit oder *Eisenspat* $FeCO_3$ ist in frischem Zustande stark glänzend, hellbraun, nimmt aber infolge von teilweiser Oxydation durch Eisenoxyd oder Hydroxydpigment leicht dunklere, trübe Farben an und wandelt sich in der Luft bald ganz in Oxyderz, wobei sich die Struktur pseudomorph erhalten kann. Auch er ist meistens metasomatisch aus Calciumcarbonat entstanden oder auch in Gängen neben Sulfiderzen sowie in Bodenschichten aus eisenbicarbonathaltigem Grundwasser kristallisiert.

Als Eisenerze benutzte bedeutende Vorkommen gibt es z. B. im Siegerland und in den Alpen, wie am Erzberg in Steiermark in einem 60 bis 155 m mächtigen Lager. Der Siderit ist gewöhnlich manganhaltig, wodurch sein Wert wie auch der des aus ihm entstandenen Oxyderzes gesteigert wird. Dieses kommt u. a. im Zusammenhang mit Steinkohlengängen in England und Westfalen vor. In Finnland ist in Mittel-Ostbothnien in vielen Kirchspielen Siderit in der Oberflächenschicht von Mooren angetroffen worden.

Rhodochrosit $MnCO_3$ ist von rosenroter Farbe, die Kristalle sind allgemein krummflächig. Er tritt vorwiegend in hydrothermalen Erzgängen auf, wie in Silbererzen, sowie in Manganoxyderzen. Rosenrot ist auch der *Sphärokobaltit* der Kobalterzgänge.

Der *Smithsonit* $ZnCO_3$ enthält bisweilen Cadmiumcarbonat sowie die obengenannten Carbonate. Als „edler Galmei" ist er ein wichtiges Zinkerz, meistens neben Sulfiderzen.

Die Eigenschaften der rhomboedrischen Carbonate sind aus folgender Tabelle zu sehen:

Rhomboedrische Carbonate.

Name	Zusammensetzung	Dichte	Härte	ω	ε	$\varepsilon'(10\bar{1}1)$
Calcit	$CaCO_3$	2,715	3	1,658	1,486	1,566
Dolomit	$CaMgC_2O_6$	2,87	3,5—4	1,681	1,500	1,588
Ankerit	$CaFeC_2O_6$	3,36	3,5—4	1,776	1,565	1,67±
Mangandolomit	$CaMnC_2O_6$	3,34	3,5—4	1,743	1,546	1,64±
Magnesit	$MgCO_3$	2,96	3,5—4	1,700	1,509	1,592
Mesitin	50% $MgCO_3$, 50% $FeCO_3$	3,43	3,5—4	1,788	1,570	—
Siderit	$FeCO_3$	3,89	3,5—4	1,875	1,633	1,747
Rhodochrosit .	$MnCO_3$	3.70	3,5—4,5	1,817	1,597	1,70
Smithsonit	97% $ZnCO_3$, 3% $(Ca,Fe)CO_3$	4,40	4,5	1,849	1,621	—
Sphärokobaltit	$CoCO_3$	4,1	3—4	1,855	1,60	—

Rhombische Carbonate.

Name	Zusammensetzung	Dichte	Härte	α	β	γ
Aragonit	$CaCO_3$	2,94	3,5—4	1,530	1,680	1,685
Alstonit.......	17,6% CaO, 48,5% BaO, 4,25% SrO, 29,4% CO_2	3,71	3,5—4	1,526	1,671	1,672
Strontianit ...	$SrCO_3$	3,7	3,5—4	1,520	1,667	1,667
Witherit	$BaCO_3$	4,3	3,5	1,529	1,676	1,677
Cerussit	$PbCO_3$	6,5	3—3,5	1,804	2,076	2,078

Die *rhombischen Carbonate*, rhombisch bipyramidal, D_{2h}^{16}—Pmcn. Sie unterscheiden sich von den rhomboedrischen am sichtbarsten darin, daß sie keine gleich vollkommenen Spaltrichtungen aufweisen. Ihre Kristallstruktur ist pseudo-hexagonal, und eine Verdrillingung nach dem Aragonitgesetz ist bei allen häufig vorkommend. Ferner kommt ihnen allen eine starke negative Doppelbrechung (wie auch den rhomboedrischen!) sowie ein kleiner Achsenwinkel zu; 1. Mittellinie $\alpha || c$. Die hierher gehörigen Kristallarten sind natürlich nicht miteinander isomorph mischbar, und wenigstens $CaCO_3$ und $BaCO_3$ bilden ein Doppelsalz, den *Alstonit* $CaBa(CO_3)_2$, der mit Bleierz in England gefunden worden ist.

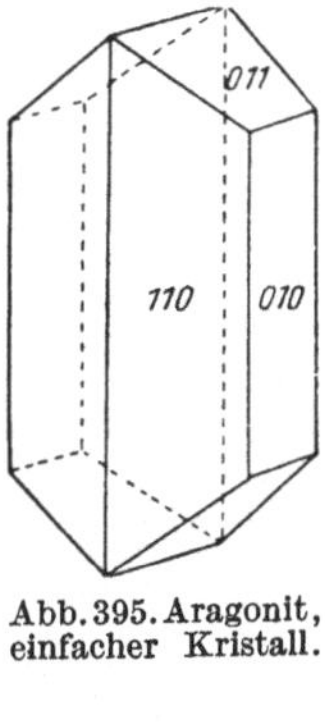

Abb. 395. Aragonit, einfacher Kristall.

Aragonit $CaCO_3$ ist eine unbeständige Form des Calciumcarbonats. Er entsteht in heißen Quellen und in Erzgängen, auch in Schalen von Wassertieren, und geht mit der Zeit in Calcit über. Die Unbeständigkeit zeigt sich deutlich darin, daß der Aragonit in Wasser leichter löslich ist als der Calcit. Die Spaltrichtungen (010) und (110) sind undeutlich. Neben Zwillingen und Drillingen (Abb. 396,

149 und 160) sind auch einfache Kristalle anzutreffen, in denen (110) und (010) vorherrschen (Abb. 395 und 83). $2\,V\alpha = 18°\,11'$. $\alpha \| c$, $\beta \| a$ (Abb. 396 und 211a bis c). Die übrigen Eigenschaften sind in der vorstehenden Tabelle angeführt.

Strontianit $SrCO_3$, gewöhnlich als nadelförmige Kristalle auf Gängen und als kristalline Konkretionen im Kalkstein. In Säuren leicht löslich, wie der Aragonit. Wird bei 929° reversibel hexagonal, welche Form bei 1497° schmilzt. $2\,V\alpha = 10{,}5°$, $\beta \| b$ (anders wie beim Aragonit!). Aus größeren Vorkommen in Westfalen usw. gewinnt man Strontiumsalze, die zur Zuckerreinigung und zur Herstellung von Feuerwerkstoffen verwendet werden. In Erzgängen als jüngere Bildung z. B. in Claustal und Grund am Harz.

Witherit $BaCO_3$ erinnert in seinem Aussehen eher an den Aragonit als an den Strontianit. $2\,V\alpha = 16°$, $\beta \| b$. Nimmt bei 811° eine hexagonale Form und ferner bei 982° eine kubische an, die bei 1740° schmilzt. Kommt vor in Erzgängen und ist viel seltener als das Ba-Sulfat Baryt.

Cerussit $PbCO_3$ ist umgekehrt wie die Ba- und Sr-Carbonate viel allgemeiner als das entsprechende Sulfat, der Anglesit; tritt in Erzhüten auf. Die oft vor-

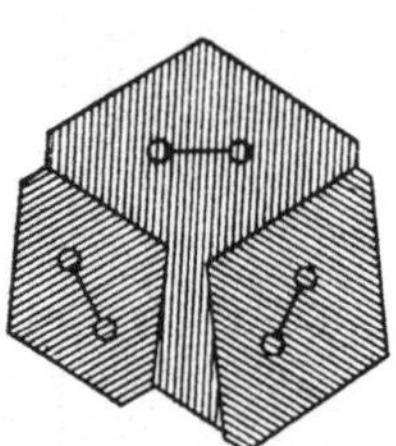

Abb. 396. Aragonit. Die Stellung der Achsenebenen im Drilling, Schnitt $\perp c$ = 1. Mittellinie.

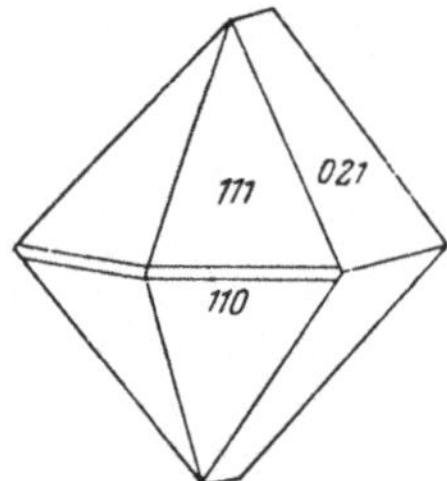

Abb. 397. Cerussit, doppelpyramidale Tracht.

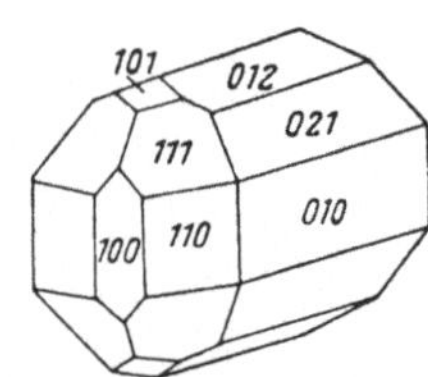

Abb. 398. Cerussit, gewöhnliche Tracht in Drusen, gestreckt nach der a-Achse.

kommende Kombination (111) (021) erinnert an die hexagonale Doppelpyramide (Abb. 397), aber öfters sind die Kristalle parallel a-Achse ausgezogen (Abb. 398). Zwillinge und Viellinge sind häufig (Abb. 162). $2\,V\alpha = 8{,}5°$, $\beta \| b$, aber $2\,V$ vermindert sich mit sinkender Temperatur und beträgt bei $-119°$ 0°; unterhalb dieser Temperatur öffnet sich der Achsenwinkel nach der Ebene (100), so daß $\beta \| a$. Vorkommen besonders auf Bleiglanzgängen in Kalkstein, z. B. Alston Moor in Cumberland u. a. in Nordwestengland.

Wasserhaltige Carbonate sind entweder in Hutbildungen oder in Salzablagerungen enthalten. Genannt sei nur die *Soda*, $Na_2CO_3 \cdot 10\,H_2O$, die als Werkerzeugnis monoklin kristallisiert, ebenfalls in Salzseen in Ägypten, Ungarn und Kalifornien. An der Luft „verwittert" sie bald unter Wasserverlust, und die Natursoda ist in rhombischen *Thermonatrit* $Na_2CO_3 \cdot H_2O$ und monokline *Trona* $NaHCO_3 \cdot Na_2CO_3\,2\,H_2O$ übergegangen. Eigenschaften der Soda: Härte 1, Dichte 1,46, Spaltrichtung (100) $\alpha = 1{,}405$, $\beta = 1{,}425$, $\gamma = 1{,}440$, $\alpha \| b$, $\beta \wedge c = -100°$.

Basische Carbonate. *Azurit* $Cu(OH)_2 \cdot 2\,CuCO_3$, monoklin prismatisch, C^5_{2h}—$P2_1/c$, dunkelblau, als flächenreiche Kristalle von wechselnden Formen. Härte 3,5 bis 4, Dichte 3,80, $\alpha \| b$, $\gamma \wedge c = -13°$; $\alpha = 1{,}730$, $\beta = 1{,}758$, $\gamma = 1{,}838$. Opt. +, $2\,V\gamma = 68°$.

Malachit $Cu(OH)_2 \cdot CuCO_3$, monoklin prismatisch C^5_{2h}—$P\,2_1/a$, nadelförmig oder faserig, Spaltbarkeit am deutlichsten in der Richtung (001). Härte 4, Dichte 4,0. $\beta \| b$, $\alpha \wedge c = 23°$, α fast $\perp$ (001). $\alpha = 1{,}655$, $\beta = 1{,}875$, $\gamma = 1{,}909$. Opt. —, $2\,V\alpha = 43°$. Auftreten erdig oder auch als niedrige, glaskopfartige, dichte Knollen, an denen die faserige Struktur sichtbar ist. Oft ein Umwandlungsprodukt des Azurits. Zum Teil aus Malachit besteht auch die grüne Patina auf Bronze an alten Denkmälern.

Sowohl Azurit als auch Malachit sind Hutmineralien von Kupfererzen, ihre Farbe dient oft Erzsuchern als Hinweis. In tropischen Ländern, wo die Verwitterung tief eindringt, gibt es Hutbildungen in sogar großen Mengen. So sind in Katanga im Kongogebiet Malachit und Azurit Hauptmineralien bedeutender Erzlagerstätten.

b) Nitrate.

Die Nitrate und Borate sind in der Struktur ihres Anions XO_3 den Carbonaten ähnlich; darauf beruht die kristallchemische Isotypie von $NaNO_3$ und $ScBO_3$ mit Calcit sowie von $LaBO_3$ und KNO_3 mit Aragonit. Die meisten Nitrate und besonders die Borate sind jedoch strukturell andersartig und untereinander sehr verschieden. In der Natur sind die Nitrate infolge ihrer Wasserlöslichkeit wenig verbreitet und nur durch wenige Mineralien vertreten.

Der *Chilesalpeter* $NaNO_3$, Natriumnitrat, ist calcittypisch ditrigonal skalenoedrisch, nach $(10\bar{1}1)$ spaltend. Härte 2, Dichte 2,27; $\omega = 1{,}587$, $\varepsilon = 1{,}336$. Die Doppelbrechung $\omega - \varepsilon = 0{,}251$ ist also noch größer als beim Calcit. Der Stoff läßt sich aus Wasser leicht in großen Rhomboedern kristallisieren. In den Anden von Südamerika bildet er in den hochgelegenen Wüstengegenden ausgedehnte Schichten (*caliche*), wo er als Düngemittel abgebaut wird. Die aus dem Stickstoff der Luft hergestellten Nitrate haben in den letzten Jahrzehnten den Salpeterabsatz vermindert; noch 1924 belief sich die Salpeterausfuhr auf 2,5 Mill. Tonnen. Das Salpetergestein enthält Chromate, Perchlorate und Jodate. Letztere sind eine wichtige Jodquelle, und aus ihnen lassen sich jährlich ca. 300 Tonnen Jod gewinnen.

Der *Kalisalpeter* KNO_3, Kaliumnitrat, gehört wiederum dem Aragonittyp an, ist rhombisch. Härte 2, Dichte 2,1. $\alpha \parallel c$, $\gamma \parallel b$. Spaltrichtungen (011). $\alpha = 1{,}332$, $\beta = 1{,}504$, $\gamma = 1{,}504$; $2\,V\alpha = 7°$. Wichtig nur als Fabrikerzeugnis.

c) Borate.

In ihrem anisodesmischen Charakter und in der Beständigkeit des Komplexanions BO_3 sind die Borate den Nitraten und Carbonaten gleichgestellt, aber die mesodesmische Bindungsweise ermöglicht die Bindung von Gruppen, Ringen und Ketten, was die Borate den Silicaten vergleichbar macht. In der Natur sind sie weitverbreitet in zweierlei Paragenesen, die einen als Salz- und Fumarolminerale, die anderen als pegmatitische und andersartige spätmagmatische Bildungen, obgleich dann meistens das Bor sich zu sehr beständigen Borosilicaten verbindet.

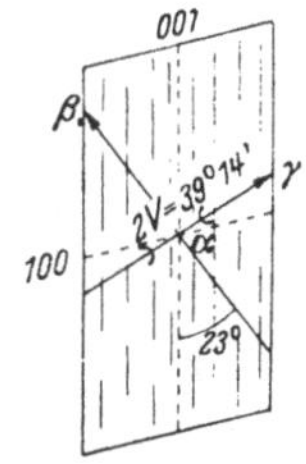

Abb. 399. Borax. Optische Orientierung.

Borax $Na_2B_4O_7 \cdot 10\ H_2O$, monoklin prismatisch, C_{2h}^6—C 2/c, erinnert in seinem Aussehen an Pyroxene, verzwillingt sich nach (100). Härte 2, Dichte 1,70. $\alpha = 1{,}447$, $\beta = 1{,}470$, $\gamma = 1{,}472$. Orientierung (Abb. 399): $\alpha \parallel b$, Kreuzdispersion stark $\varrho > v$ (Abb. 212 d). In Wasser löslich. Als mächtige Ablagerungen in einigen Salzseen von Tibet und Kalifornien sowie Nevada. Sie enthalten zahlreiche andere Boratmineralien, von denen der kalifornische trikline *Ulexit* $NaCaB_5O_9 \cdot 8\ H_2O$ in reichlichen Mengen auftritt, desgleichen der monokline *Colemanit* $Ca_2B_6O_{11} \cdot 5\ H_2O$.

Boracit $Mg_7Cl_2B_{16}O_{30}$ ist zuvor als Vertreter der hexakistetraedrischen Symmetrieklasse angeführt worden, T_d^5—F $\bar{4}3$m. Diese Form (Abb. 127) ist jedoch nur eine Pseudomorphose der oberhalb 265° beständigen Form, der Stoff ist bei gewöhnlicher Temperatur rhombisch, aus Doppellamellen bestehend. Härte 7,

Dichte 2,95, $\alpha = 1,662$, $\beta = 1,667$, $\gamma = 1,673$. In Säuren löslich. In Salzlagern von Staßfurt, vorwiegend mit Gips und Anhydrit.

Hambergit $Be_2(OH)BO_3$, rhombisch bipyramidal, D_{2h}^{15}—Pbca, wird als Beispiel für die in Pegmatitgängen auftretenden Borate erwähnt. Zuerst als nur ein einziger kleiner Kristall in Südnorwegen aufgefunden, fast der ganze Fund war für die Untersuchung des Stoffes verbraucht worden, danach aber hat man große edelsteinartige Kristalle auf Madagaskar gefunden. Härte 7,5, Dichte 2,35, Farbe weiß. $\alpha = 1,560$, $\beta = 1,591$, $\gamma = 1,631$; $\alpha \parallel a$, $\gamma \parallel c$.

Ludwigit Mg_2FeBO_5, rhombisch, faserig. Härte 5, Dichte 4,0, Farbe dunkelgrün, prächtig pleochroitisch: α und β grün, γ dunkelbraun, $\alpha = 1,85$, $\beta = 1,85$, $\gamma = 2,02$; $\gamma \parallel c$. In kristallinem Kalkstein und in metasomatischen Carbonatgesteinen, unter anderem in Vuorijärvi in Salla, Finnland, in metasomatischen Erzlagerstätten bei Varhö im Banat, Norberg in Schweden.

F. Sulfate.

a) Wasserfreie Sulfate.

Von den Sulfaten kristallstrukturell am besten untersucht ist die Gruppe der Erdalkalisulfate, zu der auch das Bleisulfat gehört. Unter den Formen gewöhnlicher Temperatur ist das Calciumsulfat Anhydrit von den übrigen strukturell abweichend, während $BaSO_4$, $SrSO_4$ und $PbSO_4$ isomorph und die zwei letztgenannten miteinander mischbar

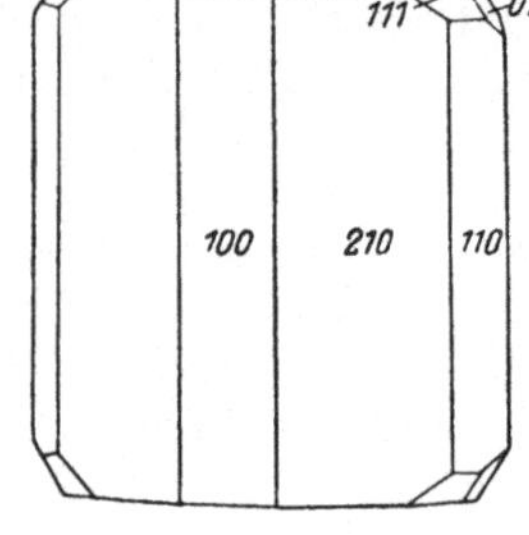

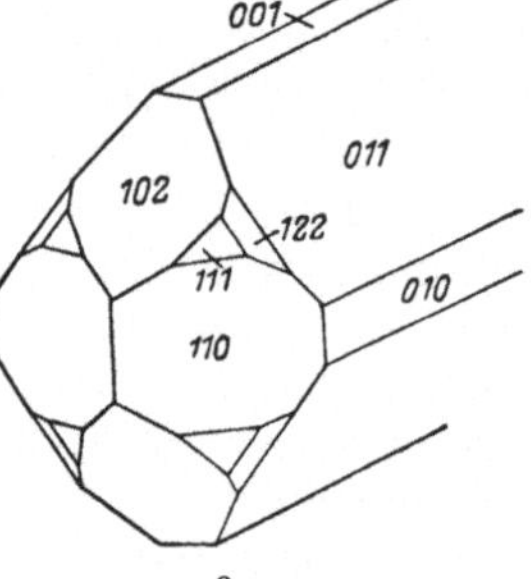

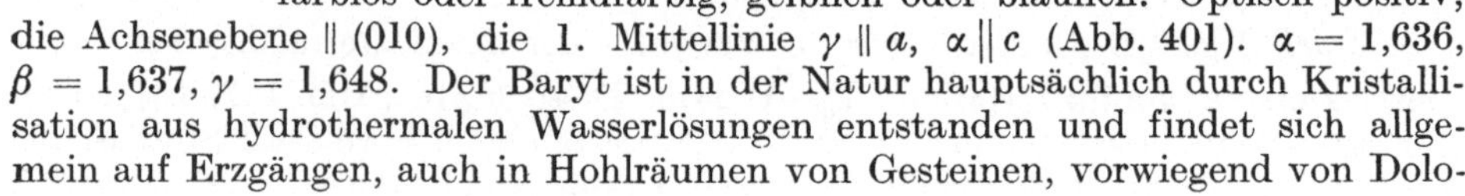

a b c

Abb. 400a bis c. Baryt, verschiedene Trachten.

sind. Bei diesen dreien und auch beim Anhydrit liegt ein Umwandlungspunkt um 1000°, und als Hochformen scheinen alle vier strukturell gleich zu sein, denn die Barium- und die Calciumsulfate bilden bei hohen Temperaturen eine lückenlose Mischungsreihe. Andere Reihen sind die der Alkalisulfate K_2SO_4 und Na_2SO_4.

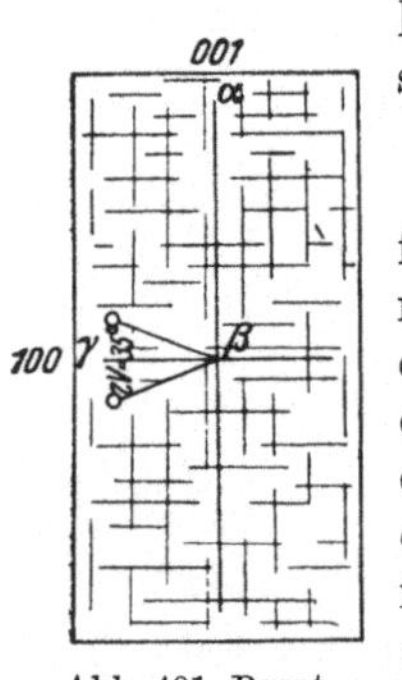

Abb. 401. Baryt, optische Orientierung.

Barytgruppe, rhombisch bipyramidal D_{3h}^{16}—Pnma.

Baryt $BaSO_4$. Die Kristallgestalt ist wechselnd, meistens tafelig nach (001) (Abb. 400a). Dies ist auch die vollkommenste Spaltrichtung. Die zweithäufigste Form ist das Prisma (110), ebenfalls eine deutliche Spaltrichtung. Der Prismenwinkel beträgt 78° 20′; die Spaltstücke und oft auch die Kristalle besitzen eine sowohl durch (110) als auch durch die Basisebenen begrenzte Form. An dritter Stelle stehen als Kristallflächen (011) und (101), die ebenfalls zuweilen als Spaltflächen auftreten, ferner (102), (010) usw., aber die Pyramidenflächen kommen selten vor. Die Kristalle sind bisweilen in der Richtung einer der drei rhombischen Achsen gestreckt (Abb. 400). Härte 3,5, Dichte 4,5. Der Stoff ist farblos oder fremdfarbig, gelblich oder bläulich. Optisch positiv, die Achsenebene $\parallel$ (010), die 1. Mittellinie $\gamma \parallel a$, $\alpha \parallel c$ (Abb. 401). $\alpha = 1,636$, $\beta = 1,637$, $\gamma = 1,648$. Der Baryt ist in der Natur hauptsächlich durch Kristallisation aus hydrothermalen Wasserlösungen entstanden und findet sich allgemein auf Erzgängen, auch in Hohlräumen von Gesteinen, vorwiegend von Dolomit. Große Vorkommen werden abgebaut und zu Anstrichfarben sowie in der chemischen Industrie benutzt. Die Weltproduktion belief sich 1926 auf 600000 t.

Der *Cölestin* $SrSO_4$ ist nach Formen (Abb. 402) und Orientierung dem Baryt völlig gleich. Die Farbe ist oft himmelblau (daher der Name). $\alpha = 1{,}622$, $\beta = 1{,}623$, $\gamma = 1{,}631$. Entsteht bei niedrigerer Temperatur als der Baryt und kommt meistens in Sedimentgesteinen vor. Härte 3 bis 3,5, Dichte 3,96. Ein sehr bekannter Fundort ist Girgenti auf Sizilien, wo zwischen den Schwefelkristallen wohlgeformte Cölestinkristalle vorkommen. Aus dem Mineral werden Strontiumsalze hergestellt, die als Feuerwerkstoffe (zur Rotfärbung der Flamme) und bei der Reinigung des Zuckers benutzt werden.

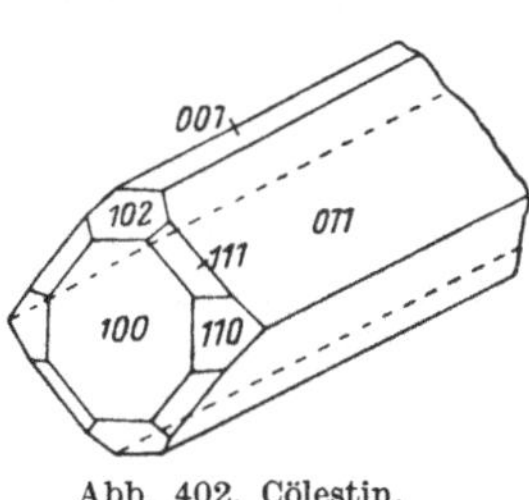

Abb. 402. Cölestin.

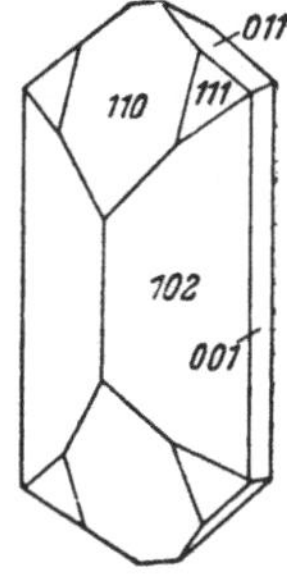

Abb. 403. Anglesit. (Merke die Stellung!)

Anglesit $PbSO_4$, oft schön kristallisiert (Abb. 403). Härte 3, Dichte 6,4; $\alpha = 1{,}878$, $\beta = 1{,}883$, $\gamma = 1{,}895$. Hutmineral.

Anhydrit $CaSO_4$, rhombisch bipyramidal, D_{2h}^{17}—Ccmm, dem strukturell deformierten Steinsalzgitter dadurch ähnlich, daß Ca den Na- und SO_4 den Cl-Ionen entspricht (Abb. 279). Wohlgeformte Kristalle sind oft im Innern des Steinsalzes zu sehen. Die an ihnen herrschenden drei Pinakoide (001), (100) und (010), die auch Spaltrichtungen darstellen, sind deutlich ungleichwertig, die Richtung (001) ist am vollkommensten, danach folgt (010). Härte 3 bis 3,5, Dichte 2,93. Optisch +, Achsenebene ∥ (010) (Abb. 404). $\alpha = 1{,}570$, $\beta = 1{,}576$, $\gamma = 1{,}614$; $2\,V = 42°$. Leichter löslich als Ba- und Sr-Sulfat, kristallisiert Ca-Sulfat aus Wasserlösungen in Salzseen und liegt als Salzmineral am Grunde von Salzschichten. Durch Feuchtigkeit nimmt Anhydrit Wasser auf und geht dadurch in Gips über; die darauf beruhende Volumausdehnung bewirkt örtliche Bewegungen der Erdkruste.

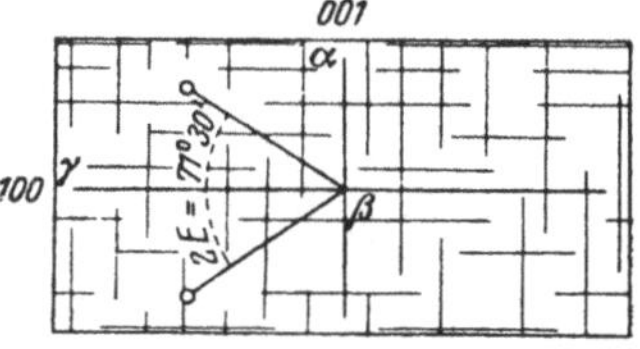

Abb. 404. Anhydrit. Optische Orientierung.

b) Wasserhaltige und basische Sulfate.

Verschiedenartige Salz- und Hutbildungen. *Gips* $CaSO_4 \cdot 2\,H_2O$, monoklin prismatisch, C_{2h}^{6}—C 2/c. An den Kristallen ist stets (010) ausgebildet, zugleich eine vollkommene, Schuppigkeit verursachende Spaltrichtung darstellend. An sonstigen Formen ($\bar{1}11$), die als zwei andere Spaltrichtungen auftritt; (100) ist eine undeutliche Spaltrichtung, tritt aber nicht als Flächenform auf, ganz allgemein sind dagegen (110) und (111) (Abb. 405). Translationsrichtung (010), t ∥ (001), die zugleich die Faserrichtung des faserigen Gipses ist. Verzwillingung nach (100) und (101) allgemein (Abb. 406). Härte 2, Dichte 2,32. Optische Achsenebene (010) (Abb. 173), $\alpha = 1{,}5205$, $\beta = 1{,}5226$, $\gamma = 1{,}5296$; $2\,V\gamma = 58°$, also optisch +. Salzmineral. Der Gips wird zu vielen verschiedenen Zwecken verwendet, wie zur Herstellung von Düngemitteln, z. B. von Ammoniumsulfat, in anderen Zweigen der chemischen Industrie, im Baugewerbe usw.

Im folgenden seien einige lösliche Sulfate genannt, die wasserhaltig („Kristallwasser") kristallisieren. Viele von ihnen entstehen in der Natur bei Oxydation von Sulfiderzen, sie bleiben „Minerale", bis sie vom Regenwasser aufgelöst werden. Die meisten sind jedoch als künstliche Erzeugnisse besser bekannt, andere ausschließlich als solche.

Kupfervitriol oder *Chalkanthit* $CuSO_4 \cdot 5\,H_2O$, triklin pinakoidal, C_i^1—P $\bar{1}$. Flächenformen (100), (110), (1$\bar{1}$0), (010), ($\bar{1}\bar{1}$1), (1$\bar{3}$0) (Abb. 66). Undeutliche Spaltbarkeit in den Richtungen (110) und (1$\bar{1}$0). Farbe blau. Optisch —, die 1. Mittellinie bildet in dem hinteren oberen Oktanten rechts mit der Fläche (100) einen Winkel von 81° 31'. $\alpha = 1{,}516$, $\beta = 1{,}539$, $\gamma = 1{,}546$, $2\,V = 56°\,2'$. Dispersion $\varrho < v$ deutlich. — Mit dem Kupfervitriol isomorph sind $CoSO_4 \cdot 5\,H_2O$ ($\beta = 1{,}548$) und $FeSO_4 \cdot 5\,H_2O$ (*Siderotil*) ($\beta = 1{,}537$).

Eisenvitriol oder *Melanterit* $FeSO_4 \cdot 7\,H_2O$, monoklin prismatisch, C_{2h}^5—$P2_1/c$. (001) und (110) vorherrschend und zugleich Spaltrichtungen, oft außerdem (010), (111), (101), (10$\bar{1}$), (011) u. a. (Abb. 407). Härte 2, Dichte 1,891. Farbe grün. Achsenebene (010). $c \wedge \gamma = -61°$. $\alpha = 1{,}471$, $\beta = 1{,}478$, $\gamma = 1{,}486$. Mit dem Eisenvitriol isomorph ist *Kobaltvitriol* $CoSO_4 \cdot 7\,H_2O$, während *Nickelvitriol* und *Zinkvitriol* mit dem Bittersalz isomorph sind (vgl. unten).

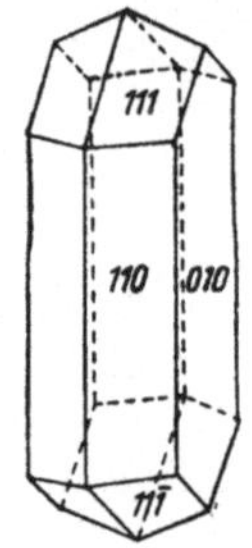

Abb. 405. Gips, gewöhnliche Tracht.

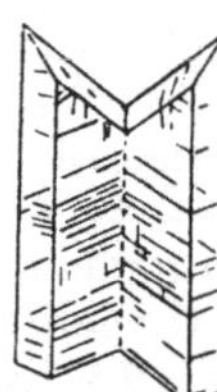

Abb. 406. Gips, Zwilling nach (100).

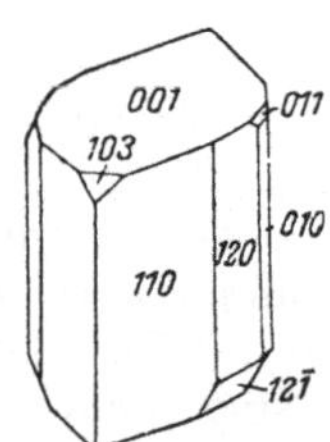

Abb. 407. Eisenvitriol.

Alunit $K_2SO_4 \cdot 3\,Al_2SO_6 \cdot 6\,H_2O$, ditrigonal skalenoedrisch, D_{3d}^5—R $\bar{3}$m. Spaltbar nach (0001), Härte 4, Dichte 2, farblos. $\omega = 1{,}572$, $\varepsilon = 1{,}592$. Zersetzungsprodukt trachytischer und anderer Ergußgesteine unter Einwirkung von Alkalisulfidlösungen, sog. Alunitisierung.

Jarosit $K_2SO_4 \cdot 3\,Fe_2SO_6 \cdot 6\,H_2O$, isomorph mit Alunit. Ockergelb, $\omega = 1{,}820$, $\varepsilon = 1{,}715$. Mit Limonit im Eisernen Hut in Mittel- und Südeuropa, auch in Finnland (Otravaara u. a.). Es gibt auch einen *Natrojarosit* $Na_2SO_4 \cdot 3\,Fe_2SO_6 \cdot 6\,H_2O$.

Brochantit $CuSO_4 \cdot 3\,Cu(OH)_2$, monoklin prismatisch, C_{2h}^5—P 2_1/a. Spaltbar nach (010), smaragdgrüne kurze Prismen. $\alpha = 1{,}728$, $\beta = 1{,}771$, $\gamma = 1{,}800$. In der Oxydationszone von Kupfererzen im trockenen Klima, wie in Algier, Südwestafrika u. a.

Linarit $PbSO_4 \cdot Cu(OH)_2$, monoklin prismatisch, spaltbar nach (100). Kristalle gestreckt nach der *b*-Achse. Härte 2,5, Dichte 5,4, lazurblau, $\alpha = 1{,}809$, $\beta = 1{,}838$, $\gamma = 1{,}859$. Oxydationsmaterial von Blei-Kupfererzen, z. B. Linares in Spanien, Tsumeb in Südwestafrika.

Bittersalz oder *Epsomit* $MgSO_4 \cdot 7\,H_2O$, rhombisch bisphenoidisch, D_2^4—$P2_12_12_1$. Als Flächenformen sind meistens (110), (111), (1$\bar{1}$1) zu sehen (Abb. 76). (010) ist eine vollkommene, (101) eine deutliche Spaltrichtung. Optisch aktiv, das Drehvermögen der Polarisationsebene 2,6° je mm. Achsenebene ∥ (001), 1. Mittellinie ∥ *b*, $2\,V\alpha = 51°$; $\alpha = 1{,}433$, $\beta = 1{,}455$, $\gamma = 1{,}461$. — Mit dem Bittersalz isomorph sind *Zinkvitriol* oder *Goslarit* $ZnSO_4 \cdot 7\,H_2O$ und *Nickelvitriol* oder *Morenosit*, dessen Kristallstruktur (Abb. 295, S. 202) als typisch für kristallwasserhaltige Stoffe angeführt wurde. In Mischkristallen läßt sich das Magnesiumsulfat auch in Form des Eisenvitriols zur Kristallisation bringen, so daß es sich hier um ein interessantes isodimorphes Reihenpaar handelt.

Kieserit $MgSO_4 \cdot H_2O$, monoklin prismatisch, C_{2h}^6—C 2/m. Die Kristalle sind pyramidal, da (111) und ($\bar{1}$11) vorherrschen. Härte 3 (für ein Salzmineral hart!).

Dichte 2,571. Optische Achsenebene (010), $c \wedge \gamma = +76°$; $\alpha = 1{,}523$, $\beta = 1{,}535$, $\gamma = 1{,}586$; $2\,V\gamma = 56°\,54'$, $\varrho > v$. Salzmineral, kommt in großen Mengen in den Staßfurter Salzlagern vor. In feuchter Luft in Bittersalz übergehend.

Glaubersalz $Na_2SO_4 \cdot 10\,H_2O$, monoklin prismatisch, gewöhnlich körnig, aber auch in Kristallform im Innern von Steinsalz anzutreffen. Der Prismenwinkel $(110) \wedge (1\bar{1}0) = 93°\,29'$. Härte 1,5 bis 2, Dichte 1,45. Fast isotrop, $n = 1{,}395$. Verliert an der Luft sein Kristallwasser und geht über in wasserfreies Natriumsulfat, das rhombisch ist und als Mineral *Thenardit* heißt. Außer als Salzmineral ist das Glaubersalz als Fabrikat bekannt; man benutzt es bei der Herstellung von Sulfatcellulose. Als Mineral in heißen Quellen usw. kennt man es unter dem Namen *Mirabilit.*

Die Sulfate bilden untereinander und auch mit den Halogensalzen gern Doppelsalze. Von diesen nennen wir zwei als Salzmineralien bekannte und die Alaune.

Polyhalit $K_2SO_4 \cdot MgSO_4 \cdot 2\,CaSO_4 \cdot 2\,H_2O$, triklin pinakoidal. Flächenreiche Kristallformen, die Kristalle meistens verzwillingt nach (010) oder (001). Härte 3, Dichte 2,78. Spaltbarkeit (100). Die Auslöschungswinkel der an den Spaltlamellen sichtbaren Zwillingsleisten 20° und 29°. $\alpha = 1{,}548$, $\beta = 1{,}562$, $\gamma = 1{,}567$; $2\,V\alpha = 60°$, $\varrho > v$. Oft als Einschluß in Steinsalz. In Salzlagern in großen Mengen.

Kainit $KCl \cdot MgSO_4 \cdot 3\,H_2O$, monoklin prismatisch. Flächenreiche Kristalle. (100) ist deutliche und (110) undeutliche Spaltrichtung. Härte 1,5 bis 3, Dichte 2,13. Opt. —, Achsenebene (010); $c \wedge \alpha = 8°$. $\alpha = 1{,}494$, $\beta = 1{,}505$, $\gamma = 1{,}516$; $2\,V\alpha = 85°$.

Alaungruppe. Die allgemeine Formel von Alaun lautet $X_2SO_4 \cdot Y_2S_3O_{12}$ $24\,H_2O$, in der $X = K$ oder NH_4 und $Y = Al$, Fe^{3+} oder Cr sein kann. Kubisch disdodekaedrisch, T_h^3—Pa3. Die meistens vorherrschende Form ist das Oktaeder, außerdem häufig (110); deutliche Spaltbarkeit fehlt. Mit den Alaunen lassen sich leicht und interessant Kristallisationsversuche ausführen, indem man einen Kristallsplitter an einem Haar in eine gesättigte Lösung hängen läßt. Man kann Mischkristalle und isomorphe Schichtung hervorrufen, indem man z. B. einen Chromalaunkristall in Kalialaunlösung legt, wobei um den roten Mittelpunkt eine farblose Schicht entsteht. Kristallstruktur siehe S. 151.

Kalialaun $K_2SO_4 \cdot Al_2S_3O_{12} \cdot 24\,H_2O$. Härte 2, Dichte 1,76, $n = 1{,}453$ bis 1,456. In Vulkanen, Höhlen usw. sowie als künstliches Produkt. Auch *Ammoniumalaun* gibt es in der Natur, er läßt sich auch in großen Mengen in Gaswerken gewinnen.

Von den zahlreichen Mineralien der Salzablagerungen seien ferner angeführt die Sulfate *Langbeinit* $2\,MgSO_4 \cdot K_2SO_4$, *Astrakanit* $MgSO_4 \cdot Na_2SO_4 \cdot 4\,H_2O$, *Schoenit* $MgSO_4 \cdot K_2SO_4 \cdot 6\,H_2O$, *Vanthoffit* $MgSO_4 \cdot 3\,Na_2SO_4$, *Thenardit* Na_2SO_4, *Glaserit* $Na_2SO_4 \cdot 3\,K_2SO_4$, *Glauberit* $Na_2SO_4 \cdot CaSO_4$, *Hexahydrit* $MgSO_4 \cdot 6\,H_2O$.

G. Wolframate, Molybdate und Chromate.

Scheelit $CaWO_4$, tetragonal bipyramidal, C_{4h}^6—I 4_1/a. Unter den Formen sind die Pyramiden vorherrschend, die Kristalle sehen oft wie Oktaeder aus, besonders wenn die allgemeine Form (101) vorwaltet. Die (hkl)-Pyramiden sind hemiedrisch (vertreten in Abb. 55). Spaltrichtungen fehlen, der Glanz ist stark fettig, der Stoff farblos. Härte 4,5 bis 5, Dichte 5,9 bis 6,2. Opt. +, $\omega = 1{,}918$, $\varepsilon = 1{,}934$. Scheelit findet sich in kontaktmetasomatischen Skarnerzen, z. B. in Pitkäranta und im Grubengebiet Riddarhyttan in Schweden, in Natas-Mine in Südwestafrika sowie in Zinnerzgang-Vergesellschaftungen im Erzgebirge, Cornwall u. a. Wolfram und Zinn begleiten einander nicht selten. Stellenweise hat man den Scheelit als Wolframerz benutzt.

Mit dem Scheelit isomorph ist der seltenere *Powellit* $CaMoO_4$. Seine Lichtbrechung ist größer: $\omega = 1{,}974$, $\varepsilon = 1{,}984$. Ferner gehört hierher *Stolzit* $PbWO_4$· $\omega = 2{,}269$, $\varepsilon = 2{,}182$.

Wulfenit $PbMoO_4$, tetragonal pyramidal (in Abb. 55), aber in den Winkeln mit dem Scheelit völlig übereinstimmend und auch in seinem Aussehen gleich, also nahe homöomorph. Von rotgelber Farbe, diamantglänzend. Härte 3, Dichte 6,3 bis 6,9. Opt. —, $\omega = 2{,}402$, $\varepsilon = 2{,}304$. In den Oberflächenteilen von Bleierzlagerstätten als Umwandlungsprodukt. Bleiberg in Kärnten, Höllental bei Garmisch.

Wolframit (Fe,Mn)WO_4, monoklin prismatisch, C_{2h}^4—P 2/c. Die Gestalt der Kristalle ist kurz prismatisch oder stengelförmig, Spaltrichtung (010). Härte 5, Dichte 7,1 bis 7,5. Die Farbe braunschwarz, der Strich dunkelrotbraun, der Glanz fettig-halbmetallisch. Opt. +, Achsenebene ⊥ (010), $\gamma \wedge c = +17°$. Brechungsindices in Li-Licht: $\alpha = 2{,}26$, $\beta = 2{,}32$, $\gamma = 2{,}42$, mit dem Verhältnis Mn : Fe wechselnd. $FeWO_4$, *Ferberit*, ist weniger durchsichtig und stärker lichtbrechend ($\beta = 2{,}40$) als $MnWO_4$, *Huebnerit*. Der Wolframit zersetzt sich in heißer Salzsäure, wobei gelbes Wolframoxyd ausgeschieden wird. Dadurch kann er von dem unlöslichen Tapiolith, dem er sonst ähnelt, unterschieden werden. Wolframit wie auch Scheelit sind mit den sauren Magmen verbunden und aus ihnen pneumatolytisch wie Zinnerzgänge, ja sogar mit diesen im Zusammenhang, ausgeschieden. Kommt auch in Seifen vor. Er ist das wichtigste Wolframerz. Wolfram benutzt man zu Edelstählen, zu Fäden in Glühlampen, in fast diamanthartem Wolframcarbid als Schleif- und Bohrschneidenmaterial. China ist der größte Wolframproduzent, an zweiter Stelle stehen Birma und die Malaiischen Staaten sowie Bolivien. Weitere, früher bedeutende Vorkommen sind Zinnwald im Erzgebirge und Tirpersdorf im Vogtland. Die Weltproduktion belief sich 1925 auf 13750 Tonnen.

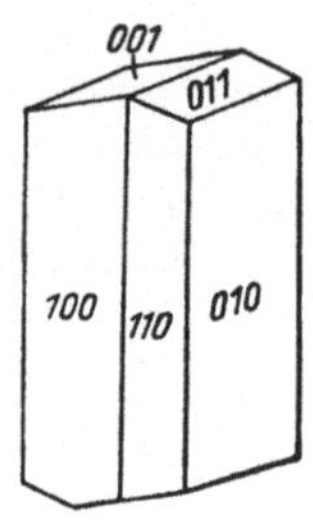

Abb. 408. Kaliumbichromat.

Krokoit $PbCrO_4$, monoklin prismatisch, C_{2h}^5—P 2_1/n. Eine gelbrote, fettglänzende, langprismatische, seltene Kristallart, als gemeinsame Hutbildung von Blei- und Chromerzen entstanden. Es ist dies eine geochemisch seltene Vergesellschaftung, da die Blei- und die Chromerze ihrer Entstehungsweise nach so verschieden sind. Härte 3, Dichte 6,0, Opt. +, Achsenebene (010), $\gamma \wedge c = -5{,}5°$; Brechungsindices in Li-Licht: $\alpha = 2{,}31$, $\beta = 2{,}37$, $\gamma = 2{,}66$. Ungewöhnlich starke Doppelbrechung, $\gamma - \alpha = 0{,}35$ (selbst beim Calcit nur halb soviel, 0,17!).

Kaliumbichromat $K_2Cr_2O_7$, rotgelb, als Vertreter der triklin pedialen Klasse angeführt (Abb. 408). Opt. +, Achsenebene fast ⊥ (001), zwischen den Flächen (100) und ($0\bar{1}0$). Enantiomorphie und Pyroelektrizität vorhanden. Nur künstlich bekannt. Das hellere gelbe *Kaliumchromat* oder *Tarapacait* K_2CrO_4, ist rhombisch-bipyramidal.

H. Phosphate, Arsenate und Vanadate.

Apatitgruppe, hexagonal bipyramidal, C_{6h}^2—C 6_3/m.

Apatit $Ca_2 \cdot 3\,CaPO_4 \cdot$(F,Cl,OH). Aus der in vorstehender Weise geschriebenen Formel geht der durch die Kristallstrukturforschung ermittelte Sachverhalt hervor, daß die Ca-Atome zweierlei Stellung einnehmen. Die Phosphoratome dienen als Zentren der PO_4-Tetraeder. An den eigenförmigen akzessorischen Kristallen der Magmagesteine lassen sich als Oberflächenformen oft nur ($10\bar{1}0$) und (0001) oder auch außerdem ($10\bar{1}1$) erkennen (Abb. 409). In Drusenhohlräumen kristallisierend dagegen wird der Apatit oft flächenreich und nimmt u. a. die hemiedrischen Pyramiden ($12\bar{3}1$) und ($13\bar{4}1$) an (Abb. 98). Die Hemiedrie ist ebenfalls mittels Ätzfiguren nachweisbar (Abb. 410). Die Spaltbarkeit in den Prismen- und Basisrichtungen ist sehr undeutlich. Härte 5, Dichte 3,16 bis 3,22. Optisch negativ, Doppelbrechung schwach. Im gewöhnlichen überwiegend fluorhaltigen Apatit ist $\omega = 1{,}633$ bis $1{,}648$, $\varepsilon = 1{,}630$ bis $1{,}643$. In dem selteneren Chlorapatit ist ω bis $1{,}655$, $\varepsilon = 1{,}651$. — Der Apatit ist ein allgemeiner Nebengemengteil in den meisten magmatischen und metamorphen Gesteinen, auch in den typischen magmatischen Eisenerzen von Kiiruna. In den Magmagesteinen ist er auf früher Stufe kristallisiert, aber sein Material kann sich auch bis auf die Pegmatitstufe in der Lösung erhalten, denn in den Pegmatiten findet er sich oft in Form großer Kristalle. Desgleichen kristallisiert er in der Zinnerzpneumatolyse. Der Nephelinsyenit von Umptek enthält gewaltige Apatitausscheidungen, die hier späte Kristallisationen zu sein scheinen. Dieses ist das einzige magmatische Apatitvorkommen, das gegenwärtig zur Herstellung von Phosphatdüngemitteln benutzt wird. — Aller von der Pflanzen- und Tierwelt benötigte Phosphor entstammt letzten Endes dem Apatit der Magmagesteine. Aus organischen Resten und vorwiegend Knochen von Tieren haben sich in reichem Maße Phosphate als feinkristalline und erdige Massen neugebildet. Dieser sog. *Phosphorit* ist ebenfalls kristallstrukturell apatitähnlich, vorwiegend Hydroxylapatit. Zur Herstellung von Phosphatdüngemitteln wird er aus Tennessee, Florida und Carolina in Nordamerika, aus Tunis und Algerien in Afrika eingeführt. Die Weltproduktion der Phosphate betrug 1926 9 Mill. Tonnen. Im Jahre 1936 wurden im Gebiet von Umptek über 2 Mill. Tonnen Apatit gewonnen. Phosphatdüngemittel in Form von *Thomasschlacke* werden aus apatithaltigen Eisenerzen hergestellt.

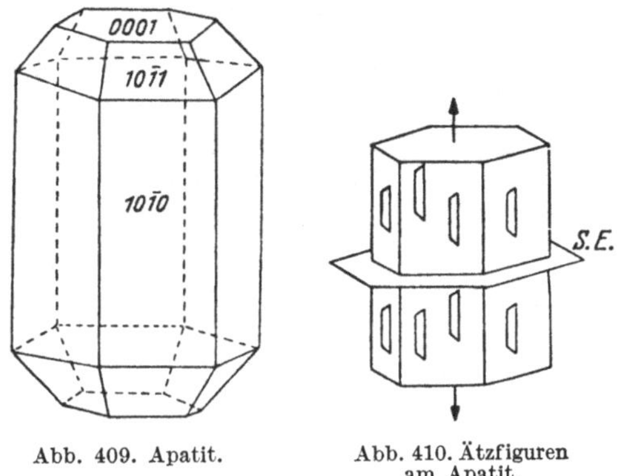

Abb. 409. Apatit. Abb. 410. Ätzfiguren am Apatit.

In einigen Apatitvarietäten wird die (PO_4)-Gruppe teilweise durch (SiO_4) ersetzt, wie im Umptek-Apatit, in dem sich auch etwas Na und Ce statt Ca findet. Außerdem gibt es noch Sulfatapatit und Carbonatapatit.

Pyromorphit $Pb_2 \cdot 3\,PbPO_4 \cdot Cl$ ist ein mit dem Apatit isomorphes grünes Hutmineral der Bleierze. Mischungen mit ihm bildet das gleicherweise aufgebaute Bleiarsenat, der braungelbe *Mimetesit*.

Der *Vanadinit* $Pb_2 \cdot 3\,PbVO_4 \cdot Cl$ gehört zu derselben isomorphen Reihe. Seine hexagonalen Kleinkristalle sind von braunroter Farbe. Er ist ein ziemlich seltenes Hutmineral von Bleierzen, wie bei Obir in Kärnten, Tsumeb in Südwestafrika. Als Vanadinerze wichtiger als jener sind einige andere Hutvanadate, wie der rhombische *Descloizit* $Pb(Zn,Cu)(OH)VO_4$ in Otavi, Südwestafrika. Außerdem hat sich das Element Vanadium durch Vermittlung von Organismen stellenweise angereichert.

Triplit $(Mn,Fe)_2F(PO_4)$, monoklin prismatisch, C_{2h}^5—$P\,2_1/c$, dunkelbrauner, harzglänzendes Pegmatitmineral. Härte 4, Dichte 3,6 bis 3,8. $\beta \parallel b$, $\gamma \wedge a = 42°$, $\alpha = 1{,}650$ bis $1{,}675$, $\beta = 1{,}660$ bis $1{,}683$, $\gamma = 1{,}672$ bis $1{,}692$, mit der Fe-Menge zunehmend. Als große Kristalle in Mattkärr und Skinnarvik in Kimito, auch in Eräjärvi, Finnland, Zwiesel bei Bodenmais, Hagendorf in Bayern.

Isomorph mit Triplit ist der seltene *Wagnerit* $Mg_2F(PO_4)$. Werfen in Salzburg, Kragerö in Norwegen.

Monazit (Ce,La,Di,Th)PO_4, monoklin prismatisch, C_{2h}^5—$P\,2_1/c$, die Kristalle tafelig nach (100) und gestreift in der Richtung b. Formen (100), (010), (110), (101), (10$\bar{1}$) usw. Verzwillingung nach (100) allgemein. Undeutliche Spaltrichtungen (001) und (100). Dichte 4,9 bis 5,3. Optische Orientierung $b \parallel \alpha$,

$c \wedge \gamma = 2°$ bis 5,5° im stumpfen Winkel β. Optischer Charakter +, Achsenwinkel klein. Am Monazit von Lokansaari sind $\alpha = 1{,}786$, $\beta = 1{,}788$, $\gamma = 1{,}837$; 2 E = 22° 25′ gemessen worden. Achsendispersion schwach $\varrho < v$. Die megaskopische Farbe oft braun, in Dünnschliffen grünlichgelb. Absorption $\beta > \gamma = \alpha$. Radioaktiv. Als Nebengemengteil von Graniten und Gneisen regional allgemein, in Finnland in den Granuliten Lapplands. Außerdem in den Pegmatiten selten, als große Kristalle, z. B. in Schreiberhau in Schlesien, Antsirabé auf Madagaskar, auf Lokansaari in Impilahti am Ladoga. Monazit wird in Brasilien, Vorderindien, auf Ceylon usw. aus dem Sande gewaschen und zur Cerium- und Thoriumgewinnung verwendet. Der erstere Stoff wird in Zündapparaten wie auch für leichte Metallmischungen benutzt, letzterer u. a. für Glühstrümpfe in Auerlampen als Thoriumoxyd.

Xenotim $Y(PO_4)$, ditetragonal bipyramidal, D_{4h}^{19}—I4/amd, mit Zirkon isotyp bis isomorph, kann über 5% SiO_2 aufnehmen, wobei Si im Gitter die Stelle von P einnimmt und der Ladungsausgleich durch das Eintreten von Th und Zr hergestellt wird. Ein seltenes braunes oder rotes Pegmatitmineral. Härte 4 bis 5, Dichte 4,59. $\omega = 1{,}721$, $\varepsilon = 1{,}816$. Die starke Doppelbrechung (vgl. Apatit!) ist kennzeichnend für den Strukturtyp. Hitterö, Ytterby, Schreiberhau und Königshayn.

Berlinit $AlPO_4$, trigonal trapezoedrisch, interessant wegen seiner Isotypie mit dem Quarz, dem er auch äußerlich ähnelt. Härte 7, Dichte 2,64, $\omega = 1{,}523$, $\varepsilon = 1{,}529$. Westanå Eisengrube in Schweden.

Berzeliit $NaCa_2(Mg,Mn)_2(AsO_4)_3$, kubisch hexakisoktaedrisch, isotyp mit dem Granat. Härte 5, Dichte 4,07 bis 4,09, Fettglanz, Farbe honig- bis schwefelgelb oder gelbrot. Långban Eisengrube in Schweden.

Triphylin $LiFePO_4$ und *Lithiophilit* $LiMnPO_4$, rhombisch bipyramidal, D_{2h}^{16}—Pmcn, isotyp mit Olivin. Mischungsreihe, unter anderem im Pegmatit von Zwiesel, Tammela und Eräjärvi, Blackhills in Dakotah. Mit der Fe-Menge wächst die Lichtbrechung, $\gamma - \alpha$ nimmt zuerst ab, geht über 0 hinaus, der positive Charakter wandelt sich in einen negativen. Im Lithiophilit (2,94% FeO) $\alpha \parallel c$, $\gamma \parallel b$; $\alpha = 1{,}663$, $\beta = 1{,}666$, γ 1,673; im Triphylin $\alpha \parallel c$, $\gamma \parallel b$; $\alpha = 1{,}691$, $\beta = 1{,}695$, $\gamma = 1{,}696$. Härte 5, Dichte 3,5.

Uranglimmergruppe, umfaßt zahlreiche Uranylphosphate, -arsenate und -vanadate von Mg, Ca, Ba, Cu mit 8 H_2O. Der Wassergehalt kann jedoch wechseln, beim Erhitzen gibt das Gitter alles Wasser ab, ohne zu zerfallen. Der Autunit ist ditetragonal bipyramidal, D_{4h}^{17}—I4/mmm, andere Glieder sind rhombisch pseudotetragonal (Isodimorphie ?).

Autunit oder *Uranglimmer* $Ca(UO_2)(PO_4)_2 \cdot 8\,H_2O$, ditetragonal bipyramidal D_{4h}^{17}—I4/mmm, spaltet sich glimmerartig nach (001). Härte 2, Dichte 3,1. Auf den Spaltflächen ein eigentümlicher schwefelgelber Glanz. Erscheint optisch rhombisch, zweiachsig negativ, Achsenebene (010), $\alpha \parallel c$, $\alpha = 1{,}553$, $\beta = 1{,}575$, $\gamma = 1{,}577$: $2\,V = 33°$, $\varrho > v$. Der mit ihm isomorphe *Torbernit* ist das entsprechende grüne Kupfer-Uranphosphat. Beide dienen als Radiumerze. Johanngeorgenstadt, Schneeberg in Sachsen, Wölsendorf in Bayern, Schlaggenwald.

Als Radiumerze bekannt sind noch *Tujamunit* $Ca(UO_2)(VO_4)_2 \cdot 4\,H_2O$ und *Carnotit* $K(UO_2)(VO_4) \cdot 1\frac{1}{2}\,H_2O$.

Vivianitgruppe, zahlreiche einander isotype oder isomorphe Phosphate und Arsenate von analoger Formel; als Kationen treten auf Fe^{2+}, Mg, Co, Ni, Zn. Monoklin prismatisch, C_{2h}^{3}—C 2/m.

Vivianit $Fe_3(PO_4)_2 \cdot 8\,H_2O$, monoklin, stengelförmig $\parallel c$, nach (010) spaltend. Härte 2, Dichte 2,5. Opt. +, Achsenebene $\alpha\gamma \perp (010)$, $\gamma \wedge c = 28{,}5°$. $\alpha = 1{,}579$, $\beta = 1{,}603$, $\gamma = 1{,}633$ (frisch). Frischer Vivianit ist bei der Entnahme aus dem Boden farblos, aber an der Luft oxydiert sein Fe^{2+} zu Fe^{3+}, wobei er eine schöne blaue Farbe annimmt; dann werden γ und also die Doppelbrechung etwas größer. Verwitterungsmineral, oft aus eingegrabenen Knochen entstanden.

Hierher gehören die Hutminerale *Erythrin* oder *Kobaltblüte* $Co_3(AsO_4)_2 \cdot 8\,H_2O$ und *Annabergit* oder *Nickelblüte* $Ni_3(AsO_4)_2 \cdot 8\,H_2O$.

Struvit oder *Guanit* $Mg(NH_4)(PO_4) \cdot 6\,H_2O$, rhombisch pyramidal. Seine hemimorphe Kristallform ist durch Abb. 78 wiedergegeben. Nach oben gewandt im Bilde der antiloge Pol, Pyroelektrizität stark. Spaltrichtungen (001) und (010). Härte 2, Dichte 1,72. Opt. +, Achsenebene (001), $\gamma \parallel b$. $\alpha = 1{,}495$, $\beta = 1{,}496$, $\gamma = 1{,}504$; $2\,V = 37°$. Als Mineral bekannt aus Hamburg, auch im Guano anzutreffen. Als derselbe Stoff werden in der Analyse Mg und PO_4 ausgefällt; in diesem Niederschlag ist gerade die auf Abb. 78 dargestellte Kristallform zu sehen.

Lazulith $(Mg,Fe)Al_2(PO_4)_2(OH)_2$, monoklin prismatisch. Nicht spaltbar. Härte 5, Dichte 3,1. Farbe schön blau, tritt in metamorphen Gesteinen auf, wie in Quarzit, in Dünnschliffen pleochroitisch: α farblos, $\beta = \gamma$ blau, $\alpha = 1{,}603$, $\beta = 1{,}632$, $\gamma = 1{,}639$. Rädelgraben bei Werfen in Salzburg, Krieglach in Steiermark. Ihm verwandt ist der grüne *Türkis* $CuAl_6(PO_4)_4(OH)_8 \cdot 4\,H_2O$, ein in Knollen auftretendes dichtes Gelmineral, das als Schmuckstein verwandt wird. Jordansmühl in Schlesien, Ölnitz und Reichenbach in Schlesien, Persien, Turkestan, Sinaihalbinsel u. a.

Amblygonit $LiAl(F,OH)PO_4$ ist triklin, farblos. Eräjärvi in Finnland, Varuträsk in Schweden, Etta-Mine in Süddakotah. Cáceres in Estremadura, auch bei Penig in Sachsen. Dient zur Gewinnung von Lithiumsalzen.

Die Zahl der als Minerale auftretenden Phosphate ist außerordentlich groß; die meisten sind seltene Pegmatit- oder Hutminerale.

J. Silicate.

Von der Kristallchemie der Silicate ist schon allgemein die Rede gewesen. Nach dem, was dort gesagt worden ist, wird auch die nachstehend zu befolgende Einteilung der Silicate ohne weiteres verständlich.

a) Edelsilicate.

Hierher zählen wir *die* Silicate, die eine selbständige und gesonderte SiO_4-Gruppe oder eine beschränkte Menge (2 bis 6) solcher Gruppen, durch Vermittlung von Sauerstoffatomen zu Paaren oder Ringen vereinigt, besitzen. Die Bezeichnung Edelsilicat haben wir gewählt, weil diese Silicate im allgemeinen sehr hart sind und geschliffen einen guten Glanz annehmen. So gehören fast alle silicatischen Edelsteinmineralien zu ihnen.

Die hier als Edelsilicate bezeichneten Silicatminerale werden von H. STRUNZ in *Nesosilicate* (mit selbständigen inselartigen SiO_4-Tetraedern) und *Sorosilicate* (mit endlichen Gruppen, wie Paaren oder Ringen von SiO_4-Tetraedern) eingeteilt.

1. Nesosilicate.

Olivin, $(Mg,Fe)_2SiO_4$, rhombisch bipyramidal, D_{2h}^{16}—Pmcn, pseudohexagonal. Die Kristallstruktur ist S. 191 besprochen worden. In der Kristallform (Abb. 81) ist das Pinakoid (010) eine undeutliche Spaltrichtung. Über den Wechsel der Eigenschaften in der lückenlosen Mischungsreihe (S. 242) von *Forsterit* oder Mg-Olivin und *Fayalit* oder Fe-Olivin sei folgende Zusammenstellung gegeben:

	Dichte	α	β	γ	$2\,V\gamma$
Forsterit Fo_{100}	3,24	1,635	1,651	1,670	85°
$Fo_{93}Fa_7$ (Olivin)	—	1,650	1,667	1,685	87°
$Fo_{78}Fa_{22}$ (Olivin)	3,51	1,678	1,697	1,716	95°
$Fo_{66}Fa_{34}$ (Hyalosiderit)	—	1,702	1,728	1,743	99°
Fayalit $Fo_{1\cdot6}Fa_{98\cdot4}$	4,1	1,824	1,864	1,874	130°

Die optische Orientierung im gewöhnlichen Olivin (ca. Fa_{10}) ist aus Abb. 411 ersichtlich. Er ist optisch positiv. Die über 13 Mol.-% Fa enthaltenden Olivine sind negativ.

Die von den krummen Bruchrissen und Grenzflächen der Olivingesteine ausgehende Serpentinisierung oder (in Basalten) Iddingsitisierung ist in Dünnschliffen meistens zu sehen. Megaskopisch sind der starke Fettglanz und der unebene Bruch, die olivgrüne Farbe sowie die spröde erscheinende Körnung kennzeichnend. Das Auftreten des Olivins hat sich in den Gesteinen der Erdkruste auf die Peridotite sowie auf die basischen Gabbros und Basalte beschränkt, aber da er außerdem den Hauptbestandteil der Pallasitmeteorite und vermutlich auch der unter der Sialkruste lagernden Simaschicht ausmacht, so kommt er sehr wahrscheinlich reichlicher als jedes andere Silicat in der Welt vor. Seine Atompackung steht in bezug auf den Sauerstoff der hexagonalen Dichtestpackung sehr nahe, wodurch verständlich wird, daß der Olivin ganz besonders ein Mineral hohen Druckes und also tiefer Schichten ist. Die in den Basalten oft anzutreffenden olivgrünen *Olivinknollen* mögen Trümmer von in der Tiefe verborgenen großen Olivingesteins- oder Dunitmassen sein, können aber auch einfach Frühausscheidungen aus der Basaltlava vertreten. Der Olivin der Dunite wie auch der eisenreichen Pallasitmeteorite ist seiner Zusammensetzung nach auffallend forsteritreich, etwa Fo_{90} in Mol.-%. Das wird dadurch verständlich, daß die Olivinmischungsreihe zu dem 1. Schmelztyp (S. 242) gehört, bei den höchsten Temperaturen kristallisieren die Mg-reichen Mischungen, ebenso wie aus der Plagioklasreihe die anorthitreichen. Daher enthalten die Peridotite und die aus ihnen entstandenen Magnesiumsilicatschiefer im Verhältnis zum Magnesium so wenig Eisen.

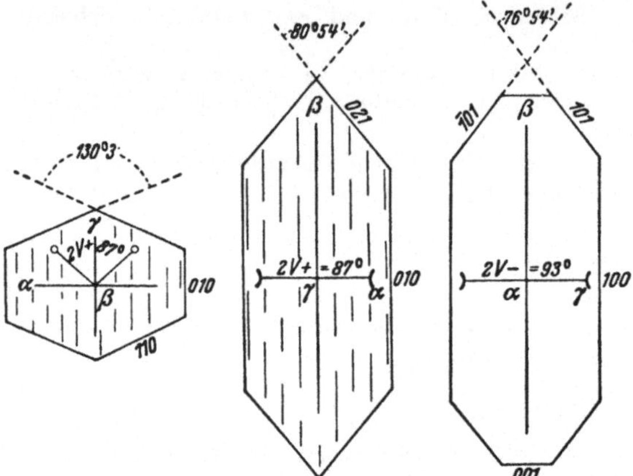

Abb. 411. Olivin. Die optische Orientierung und die Konturen der Kristallform in den verschiedenen Achsenebenen.

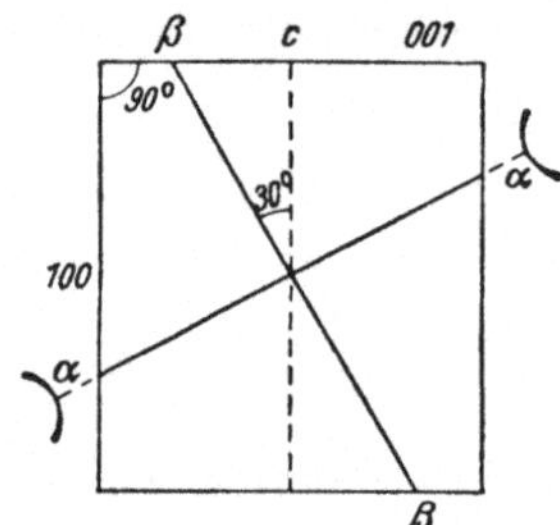

Abb. 412. Chondrodit. Die optische Orientierung.

Wegen seiner hohen Schmelztemperatur wird der forsteritreiche Olivin der Dunite nach dem Vorschlag von V. M. GOLDSCHMIDT zur Herstellung von sehr feuerfestem Material für Schmelzöfen u. a. verwendet. Der klare, edle Olivin (Brasilien, Ägypten) hat den Namen *Chrysolith* erhalten.

Tephroit Mn_2SiO_4, Manganolivin. Dichte 4,1. $\alpha = 1{,}777$, $\beta = 1{,}807$, $\gamma = 1{,}825$. Als Mischungen mit Fayalit: *Knebelit*. Von brauner Farbe. In Finnland ist Vittinki Fundstätte.

Der *Monticellit* $MgCaSiO_4$ ist ebenfalls rhombisch und ein Isomorphiepartner des Olivins. Dichte 3,2. $\alpha = 1{,}65$, $\beta = 1{,}66$, $\gamma = 1{,}67$. Z. B. in den in die Lava geratenen Kalksteintrümmern im Vesuv anzutreffen. Auch $MnCaSiO_4$ ist vorhanden und heißt *Glaukochroit*.

Larnit Ca_2SiO_4 ist leicht zerfallend. $\alpha = 1{,}707$, $\beta = 1{,}715$, $\gamma = 1{,}730$. Kommt in kalkreichen Hornfelsen vor. Durch die Umwandlung bei 675° aus der β- in die γ-Form von Ca_2SiO_4 zerfällt das Mineral zu Pulver.

Humitgruppe. Im Olivingitter zwischen SiO_4-Gruppenreihen abwechselnd $Mg(F,OH)_2$-Schichten (S. 192). Die Reihe ist folgende:

Norbergit $Mg(F,OH)_2 \cdot Mg_2SiO_4$, rhomb., D_{2h}^{16}—Pmcn.
Chondrodit $Mg(F,OH)_2 \cdot 2\,Mg_2SiO_4$, monokl., C_{2h}^{5}—P 2_1/c.
Humit $Mg(F,OH)_2 \cdot 3\,Mg_2SiO_4$, rhomb., D_{2h}^{16}—Pmcn.
Klinohumit $Mg(F,OH)_2 \cdot 4\,Mg_2SiO_4$, monokl., C_{2h}^{5}—P 2_1/c.

Alle diese sind als Bestandteile metamorphen Kalksteins anzutreffen. Besonders der Chondrodit ist in Finnland allgemein. Die verschiedenen Arten sind gleich aussehend, hell- oder dunkel-gelblichbraun. Farbe und Lichtbrechung sind weniger von dem Fluoridverhältnis als davon abhängig, ein wie großer Teil des Magnesiums durch Eisen ersetzt ist, so daß auch mit dem Mikroskop die Unterscheidung der Arten schwer ist. Bei den monoklinen Arten ist die Verzwillingung nach (001) allgemein und die Achsenebene $\perp$ (010); $b \parallel \gamma$, $\alpha \wedge a = 22°$ bis 30°. Im allgemeinen ist der Norbergit am Fe-ärmsten und hellsten, seine Lichtbrechung ist auch sonst am niedrigsten, der Klinohumit wiederum ist am Fe-reichsten und dunkelsten. Pleochroismus: α gelb $> \beta = \gamma$ farblos. Die optische Orientierung des Chondrodits ist durch Abb. 412 dargestellt. Beim Klinohumit ist $\alpha > a = 8°$, beim Norbergit und Humit $\beta \parallel c$; $\alpha \parallel a$. Beim Norbergit wurde gemessen $\alpha = 1{,}563$, $\beta = 1{,}567$, $\gamma = 1{,}590$; beim Chondrodit (am niedrigsten) $\alpha = 1{,}592$, $\beta = 1{,}606$, $\gamma = 1{,}617$; beim Humit $\alpha = 1{,}622$, $\beta = 1{,}632$, $\gamma = 1{,}652$; beim Klinohumit $\alpha = 1{,}632$, $\beta = 1{,}644$, $\gamma = 1{,}664$.

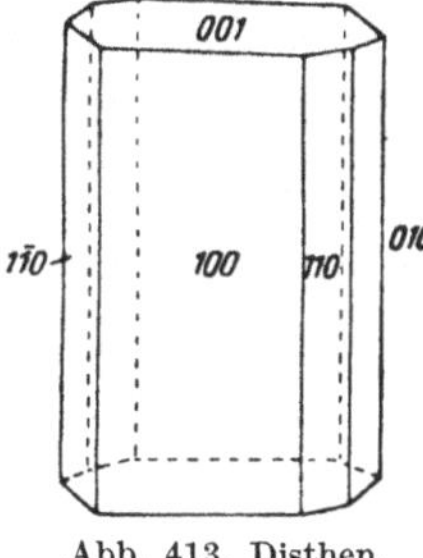

Abb. 413. Disthen.

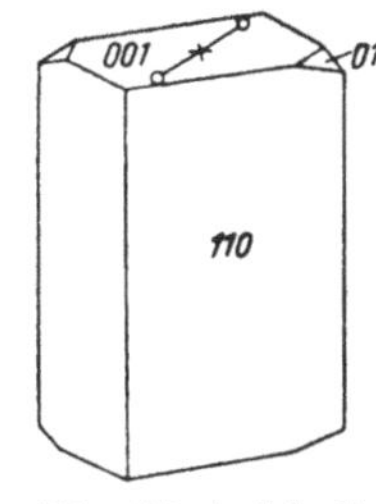

Abb. 414. Andalusit.

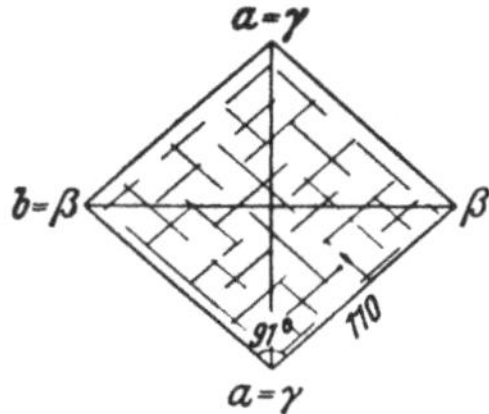

Abb. 415. Andalusit. Optische Orientierung.

Phenakit Be_2SiO_4 ist rhomboedrisch, C_{3i}^2—R $\bar{3}$. Diese Struktur, der Phenakittyp, weicht von der Olivinstruktur darin ab, daß auch dem Kation die K.-Z. 4 zukommt und die Packung nicht gleich dicht ist. Das Be-Ion ist viel kleiner als das Mg-Ion! Der Phenakit ist ein feiner Edelstein; Kristalle flächenreich, Härte 8, Dichte 2,9, $\omega = 1{,}654$. $\varepsilon = 1{,}670$. In Pegmatiten.

Willemit Zn_2SiO_4 gehört zu dem Phenakittyp, dessen Isodimorphieverhältnis zum Olivintyp in den Mischkristallen $(Zn,Mn)SiO_4$ (Troostit) erscheint. Altenberg bei Aachen. Gelblicher Willemit kommt als Erz im oxydischen Erz von Franklin Furnace vor. Dichte 3,9. $\omega = 1{,}691$, $\varepsilon = 1{,}719$.

Dioptas CuH_2SiO_4 ist wenigstens in seiner rhomboedrischen Form dem Phenakittyp ähnlich (Abb. 93) und gehört zur selben Raumgruppe. Nach Machatschki enthält der Dioptas jedoch einen Dreierring Si_3O_9, und seine Formel wäre $Cu_3Si_3O_9 \cdot 3\,H_2O$, analog der des Benitoits. An den smaragdgrünen wohlgeformten Kristallen sind oft einseitige Rhomboederflächen (hkil) zu erkennen. Dichte 3,05. $\omega = 1{,}655$; $\varepsilon = 1{,}708$. Im Hut der Kupfererze.

Disthen und *Andalusit* Al_2SiO_5 oder $Al_2O \cdot SiO_4$. Die letztere Form der Formel drückt aus, daß die SiO_4-Tetraeder gesondert sind. Die beiden Kristallarten unterscheiden sich durch verschiedene Lage der Al-Ionen im Gitter. *Sillimanit*, die dritte Form von Al_2SiO_5, unterscheidet sich von den letzteren dadurch, daß die Hälfte der Al-Ionen gleichwie die Si-Ionen von 4 O umgeben sind; übrigens nähert sich ihre Kristallstruktur der der Kettensilicate.

Der Disthen oder *Cyanit* ist triklin pinakoidal, C_i^1—P 1. Die Kristalle sind in der Richtung der c-Achse ziemlich lang (Abb. 413) und in den Richtungen dreier Pinakoide vollkommen spaltbar, besonders in der Richtung (100), die als Fläche am breitesten ist. Auch oft verzwillingt nach dieser Fläche, die außerdem eine Gleitrichtung ist, und zwar mit der Gleitachse [001]. Die Kristalle sind daher in den Schiefern oft gebogen oder verrenkt. Die Härte sehr verschieden in verschiedenen Richtungen: auf der Fläche (100) in der Richtung [001] 4 bis 5,5, aber in der Richtung [010] 6 bis 7, auf der Fläche (010) 7. Dichte 3,56 bis 3,67. Pleochroismus schwach: γ dunkler blau $> \beta$. Die optische Achsenebene fast $\perp$ (100), der Auslöschungswinkel in der Ebene (001) fast ein rechter, in der Ebene (010) aus den (010)-Rissen gemessen 30°, Dispersion schwach $v > \varrho$. $\alpha = 1{,}712$, $\beta = 1{,}720$, $\gamma = 1{,}728$, $2\,V\alpha = 82°\,10'$. Der Disthen ist ein Mineral aluminiumreicher kristalliner Schiefer und Quarzite sowie der Eklogite. Da er der dichteste unter den Al_2SiO_5-Mineralien ist, stellt er offenbar ein Mineral hohen Druckes dar und kommt zugleich in stark bewegten Schiefern vor. Im Eklogit des Fichtelgebirges, in den Granuliten Sachsens und des niederösterreichischen Waldviertels. In Finnland, in karelischen und lappländischen Schiefern und Quarziten, u. a. im Quarzit des Koli, auch als Gänge. Besonders schöne blaue Kristalle kommen vor im Paragonitschiefer von Tessin (Airolo u. a.).

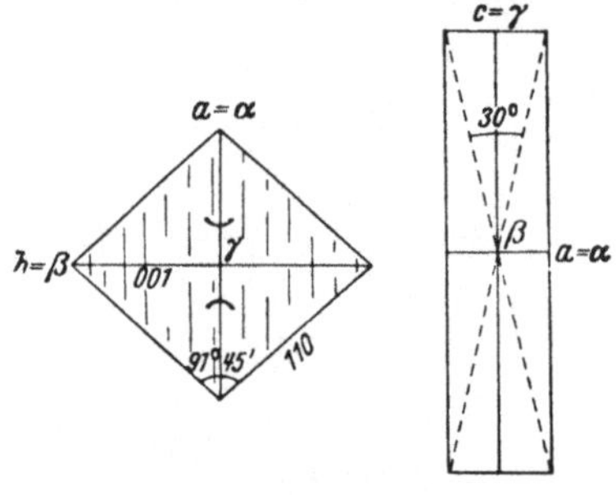

Abb. 416. Sillimanit. Optische Orientierung.

Der Andalusit ist rhombisch bipyramidal, D_{2h}^{12}—Pnnm (Abb. 414). Der Prismenwinkel fast ein rechter, 91°, undeutliche Spaltrichtung (110). In den Phylliten als lange Prismen, in denen Kohlenpigmenteinschlüsse geordnet, meist sanduhrähnlich, vorkommen (*Chiastolith*). Härte 7, Dichte 3,16. Grau oder rötlich, und bei Farbigkeit pleochroitisch, dann α am dunkelsten. Orientierung: $a \parallel \gamma$, $b \parallel \beta$, $c \parallel \alpha$ (Abb. 415). Am Andalusit des Pegmatits von Tammela gemessen $\alpha = 1{,}629$, $\beta = 1{,}633$; $\gamma = 1{,}639$; $2\,V = 83°\,6'$; $\varrho > v$. Opt. —. Ein Mineral mancher tonerdereichen Glimmerschiefer des Grundgebirges sowie der kontaktmetamorphen Hornfelsen. Auch in metasomatischen Nebengesteinen von Erzen (Iilijärvi, Falun), Pegmatiten usw.

Der Sillimanit ist auch rhombisch bipyramidal, D_{2h}^{16}—Pbnm. Prismenwinkel 91° 45', Spaltrichtung (010). Härte 6 bis 7. Dichte 3,23. Optische Orientierung $a \parallel \alpha; b \parallel \beta; c \parallel \gamma$ (Abb. 416). Opt. +, $\alpha = 1{,}657; \beta = 1{,}658; \gamma = 1{,}677; 2\,V = 30°$. Oft faserig (*Fibrolith*). In Gneisen und Migmatiten, Granuliten, Quarziten, auch Pegmatiten. Wenigstens bei hohen Temperaturen und niedrigen Drucken ist der Sillimanit die einzige beständige Form des Aluminiumsilicats. Ein an der Kristallstruktur bemerkenswerter Zug besteht darin, daß die SiO_4-Gruppen eine Kette in Richtung der c-Achse bilden, so daß die Struktur an das Kettengitter der Pyroxene erinnert.

Mullit $Al_6Si_2O_{13}$ oder $3\,Al_2O_3 \cdot 2\,SiO_2$, rhombisch, sillimanitähnlich. Andalusit und Disthen gehen bei 1300° in Sillimanit über; dieser schmilzt bei etwas höherer Temperatur inkongruent, während zugleich Mullit ausscheidet. Dieser Stoff ist auch als Mineral anzutreffen, überwiegend findet es sich als Hauptbestandteil in Porzellan. Prismenwinkel 89° 13', Spaltrichtung (010). $\alpha \parallel b$, $\gamma \parallel c$, Opt. +; $\alpha = 1{,}638$, $\beta = 1{,}642$, $\gamma = 1{,}653$.

Topas, $Al_2(F,OH)_2 \cdot SiO_4$ oder $(SiO_4) \cdot 2\,[Al(F,OH)]$, rhombisch bipyramidal, D_{2h}^{16}—Pbnm. Die Kristallstruktur ist durch eine dichteste Anionenpackung gegeben, in welche die Al-Ionen mit 6-, die Si-Ionen mit 4-Koordination eingelagert sind. Oft flächenreiche Kristalle, an ihnen verschiedene Prismen und Pyramiden im Vordergrunde, Pinakoide unbedeutend (Abb. 417). Die aufsitzenden Kristalle klar durchsichtige Edelsteine, von blauer, weißer, gelber, grüner Farbe. Die Spaltrichtung (001) deutlich. Härte 8, Dichte 3,4 bis 3,6.

Optische Orientierung $a \parallel \alpha$; $b \parallel \beta$; $c \parallel \gamma$. Opt. +. Lichtbrechung und Achsenwinkel abnehmend, aber Doppelbrechung zunehmend bei wachsendem Fluorgehalt:

α	β	γ	2 E	% F	% H_2O
1,6072	1,6104	1,6176	126° 24′	20,37	0,19
1,6294	1,6308	1,6375	84° 28′	15,48	2,45

Der Topas findet sich zusammen mit Turmalin auf Zinnerzgängen, im Greisen und Pegmatit. Er ist ein typisch pneumatolytisches Mineral; oft sind der Feldspat und andere Al-reiche silicatische Primärminerale der Granite, Quarzporphyre usw. vollständig topasiert, wie im Quarzporphyr von Schneckenstein bei Auerbach in Sachsen, woher auch die bekannten schön gelblichen Kristalle in porös drusigem turmalinführendem Gestein herstammen. Andere bekannte Fundorte von edlem Topas sind Mursinka (blau) und Miask (farblos) im Ural, Aduntschilon in Transbaikalien, Spitzkopje in Südwestafrika, Villarica in Brasilien, auf Ceylon

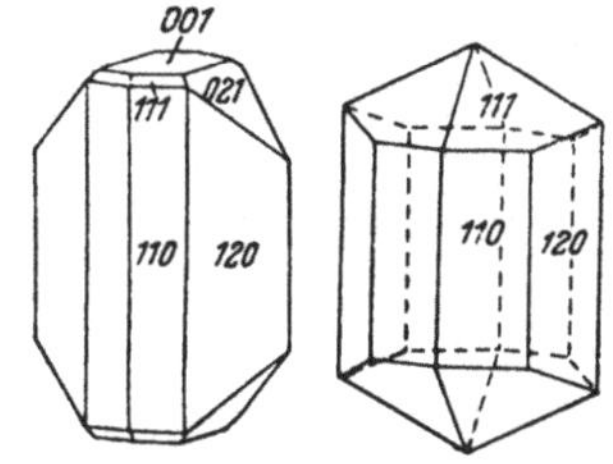

Abb. 417a und b. Topas. Siehe auch Abb. 51.

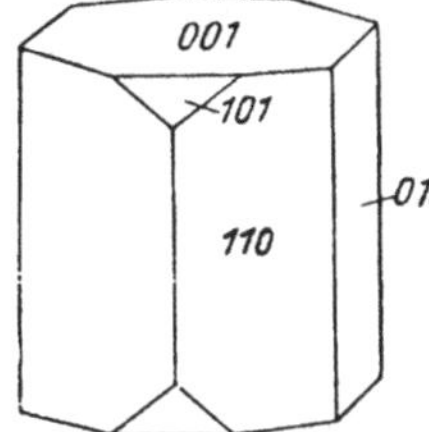

Abb. 418. Staurolith.

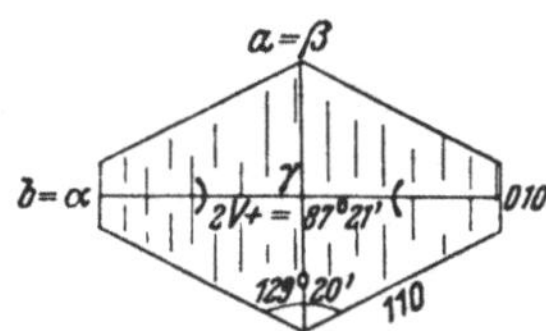

Abb. 419. Staurolith. Optische Orientierung.

(Seifen). In einigen Rapakivivarietäten Finnlands tritt der Topas gesteinbildend auf, und sogar „edle" Kristalle sind in miarolithischen Hohlräumen angetroffen worden. Im archäischen Pegmatit von Finnbo bei Falun, Schweden, und von Mattkärr in Kimito, Finnland, gibt es trüben Topas, sog. Pyrophysalit.

Staurolith, 2 $SiO_4Al_2O \cdot Fe(OH)_2$, rhombisch bipyramidal, D_{2h}^{17}—Ccmm; läßt sich vom Disthengitter dadurch ableiten, daß abwechselnd zwischengelagerte $Fe(OH)_2$-Schichten hinzukommen, wie die $Mg(F,OH)_2$-Schichten in den Humitmineralien. Die Kristalle sind gewöhnlich Kombinationen von (110), (010), (001) (Abb. 418) und oft verzwillingt nach (032), bisweilen ($\bar{2}$32) (S. 69). (010) ist eine undeutliche Spaltrichtung. Härte 7 bis 7,5, Dichte 3,753. Die Farbe ist braun, megaskopisch schwarz, Pleochroismus deutlich: γ (dunkler) $> \beta = \alpha$ (hell). Opt. +, Orientierung $a \parallel \beta$; $b \parallel \alpha$; $c \parallel \gamma$ (Abb. 419). $\alpha = 1{,}740$; $\beta = 1{,}745$; $\gamma = 1{,}751$. $\varrho > v$; auch die Dispersion der Doppelbrechung ist stark, die Interferenzfarben sind übernormal. — Der Staurolith ist ein Mineral der Glimmerschiefer und gewisser Gneise. Mit Disthen im Paragonitschiefer vom St. Gotthard, im Glimmerschiefer in Greiner, Zillertal. Große Kristalle und Kreuzzwillinge kommen vielerorts in Ostfinnland vor.

Die *Granatgruppe* $R_3^{2+}R_2^{3+}Si_3O_{12}$, wobei R^{2+} = Mg, Fe, Mn, Ca, und R^{3+} = Al, Fe, Cr. Kubisch hexakisoktaedrisch, O_h^{10}—Ia3d. Die SiO_4-Oktaeder werden durch die R^{3+}-Ionen (K.-Z. 6) und durch die R^{2+}-Ionen gebunden. Als Flächenformen meistens (110), (211) und (321) (s. Abb. 55). *Eine* Mischungsreihe bilden die Granate, in denen R^{2+}Ca ist, während alle Mg-, Fe^{2+}- und Mn-Granate miteinander mischbar sind. WINCHELL hat die Ca-Granate nach den Anfangsbuchstaben der Benennungen der einzelnen Glieder mit dem Gesamtnamen

Ugrandit belegt, während die Mg-, Fe^{2+}- und Mn-Al-Granate den gemeinsamen Namen *Pyralspit* tragen. Alle Granate besitzen dieselben schönen Kristallformen (110), (211), (321) und die Härte ca. 7. Spaltrichtungen sind nicht vorhanden; der Glanz ist sehr fettig. Starkes Relief im Mikroskop. Die Pyralspite sind optisch isotrop, aber die Ugrandite lassen oft eine anomale Doppelbrechung erkennen.

Ugrandite: *Grossular* $Ca_3Al_2Si_3O_{12}$. Bei dem reinen Hauptglied ist die Dichte 3,5, $n = 1{,}734$. Farblos, gelb, braun, grün. In Kontakten von Kalkgestein gegen Silicatgestein. Die Kristallflächen sind idioblastisch gegen Calcit gewachsen.

Andradit $Ca_3Fe_2Si_3O_{12}$. Beim reinen Mineral die Dichte 3,75, $n = 1{,}895$. Die Farbe charakteristisch rotbraun, bisweilen schwarz. Diese Farbe liegt an dem Titangehalt, aber der Andradit von Pitkäranta ist oft schwarz, ohne titanhaltig zu sein. Der Andradit, rein oder mit etwas Grossular vermengt, ist ein Skarnmineral besonders zusammen mit Hedenbergit-Pyroxen. Der titanhaltige schwarze Andradit oder *Melanit* tritt dagegen in ganz anderer Gesellschaft auf, nämlich in basischen Alkaligesteinen zusammen mit Nephelin, wie am Kaiserstuhl in Baden. Sehr titanreich ist der *Iivaarit* des Ijoliths im Iivaara, Kuusamo, Finnland.

Uwarowit $Ca_3Cr_2Si_3O_{12}$. Dichte des reinen Minerals 3,7, $n = 1{,}870$. Farbe smaragdgrün. In Chromiterzen; in Outokumpu, Finnland, in Quarzit und Diopsidskarn.

Pyralspite: *Almandin* $Fe_3Al_2Si_3O_{12}$. Beim reinen Stoff beträgt die Dichte 4,3, $n = 1{,}830$. Farbe kirschrot oder braunrot. Der Almandin, dem gewöhnlich geringe Mengen der folgenden Granate als Mischung beigemengt sind, ist der häufigste Granat und ein wirklich sehr verbreitetes Mineral. Infolge seines entgegengesetzten Chemismus findet er sich niemals zusammen mit den Granaten der Ugranditreihe, sondern stets in verhältnismäßig kalkarmen und aluminium- wie auch eisenreichen Silicatgesteinen. Solche sind oft die Tonsedimente, und der Almandin ist ein allgemeiner Bestandteil ihrer Metamorphosenprodukte, der Phyllite und der Glimmerschiefer, sowie ihrer Palingenesenprodukte, der Migmatite und Granite. Er kommt bisweilen auch in solchen Pegmatiten und Graniten vor, bei denen nicht zu bezweifeln ist, daß das Gestein seinen Aluminiumüberschuß auf anatektischem Wege aus ursprünglichen Tonsedimenten gewonnen hat. Solche Gesteine haben ihre jetzige Zusammensetzung durch Metasomatose erhalten können, wie es sich sicher mit dem in den Produkten der Magnesiametasomatose auftretenden Almandin verhalten hat. Die durchsichtigen, schön roten Abarten lassen sich als Edelsteine verwenden (Ceylon, Brasilien).

Pyrop $Mg_3Al_2Si_3O_{12}$. Dieser Granat ist nie rein, sondern nur in isomorphen Mischungen mit Almandin angetroffen worden. Höchstens enthalten die Mischungen 75% mol. Pyrop. Die Dichte eines solchen Granats ist 3,65, $n = 1{,}730$. Die Mischungsreihe von Almandin und Pyrop ist lückenlos, aber reichlich Pyrop enthaltenden Granat gibt es nur in Duniten und Eklogiten sowie in Granuliten, dagegen z. B. nicht in den Gesteinen des südfinnischen Grundgebirges, selbst wenn sie sogar sehr Mg-reich sind. In diesen ist statt Pyrop Cordierit entstanden. Der Pyrop scheint ein Hochdruckmineral zu sein. Um seine Kristalle liegt oft ein Reaktionssaum, sog. *Kelyphit*. Dieser besteht aus einem faserigen Mineral, entweder Amphibol (Anthophyllit) oder Pyroxen (Enstatit). Sein Auftreten bedeutet eine beginnende Facieswandlung. Durchsichtige Varietäten werden als Edelsteine benutzt (böhmischer Granat). Sie werden u. a. aus böhmischen Serpentingesteinen gewonnen.

Spessartin $Mn_3Al_2Si_3O_{12}$, Dichte 4,18, $n = 1{,}800$, Farbe braunrot oder gelbbraun. In Pegmatiten und Manganerzen; zusammen mit anderen Mn-Silicaten im Quarzit in Simsiövuori in Lapua, Finnland.

Vesuvian $Ca_{10}(Mg,Fe)_2Al_4(OH)_4(SiO_4)_5(Si_2O_7)_2$, außerdem Na, Mn, Ti, B, F usw., ditetragonal bipyramidal, D_{4h}^4—P 4/nnc, kristallstrukturell wie auch in seiner

Vorkommensweise sehr ähnlich mit dem Grossular, vertritt aber einen Mischtyp insofern, als außer den SiO_4-Gruppen auch noch Si_2O_7-Gruppen vorhanden sind. Die *c*-Achse der Elementarzelle ist fast dieselbe wie die des Granats ($c_0 = 11{,}83$ Å), aber die *a*-Achse ist länger ($a_0 = 15{,}63$ Å). Härte 6 bis 6,5, Dichte 3,4, $n = 1{,}72 \pm$. Doppelbrechung sehr gering, meistens positiv. An Flächenformen (110), (100), (111), (101) usw. (Abb. 420 und 108). Oft ist isomorphe Schichtung zu sehen, auch der optische Charakter kann schichtweise wechseln, wobei häufig auch für irgendeine Farbe isotrope Abarten auftreten. Die Farbe des Minerals ist meistens bierbraun, wechselt aber sehr: grün, gelb, blau, rot. Ziemlich häufig an Kalksteinkontakten, z. B. bei Auerbach an der Bergstraße, am Monzoni bei Predazzo, im Banat in Ungarn, bei Eger in Böhmen, Gopfersgrün im Fichtelgebirge, Arendal in Norwegen, Mansjö in Schweden. In Urgebirgskalksteinen Südwestfinnlands ist brauner Vesuvian recht allgemein. Verschiedenfarbige Kristalle findet man im Skarn von Lupikko bei Pitkäranta in Ostfinnland, auch in Erzröhren. Diese Abarten enthalten etwas Zinn und Beryll; auch der Vesuvian von Franklin Furnace in New Jersey ist berylliumhaltig. Borhaltige schöne Kristalle, sog. *Wiluit*, kommen von der Gegend des Wiluiflusses in Ostsibirien.

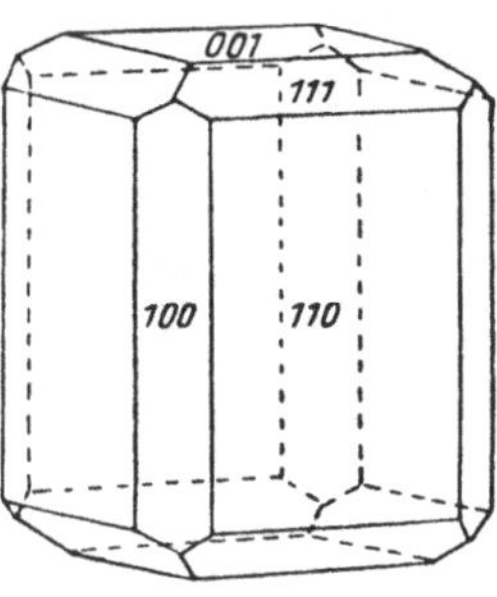

Abb. 420. Vesuvian.

Epidotgruppe. Monoklin prismatisch, C_2^{2h}—P 2_1/m. Die häufigsten hierher gehörigen Mineralien sind *Pistacit* $H_2Ca_4(Al,Fe)_6Si_6O_{26}$ und *Klinozoisit* $H_2Ca_4Al_6Si_6O_{26}$, die eine isomorphe Mischungsreihe bilden. Die pistacitreichen Glieder (über 40% Pi) sind jedoch nicht angetroffen worden. Etwas seltener sind *Piemontit* $H_2(Ca,Mn)_4(Al,Fe)_6Si_6O_{26}$, *Orthit* $H_2(Ca,Ce)_4(Al,Fe)_6Si_6O_{26}$, oft U- und Th-haltig, und *Tawmawit* $H_2Ca_4(Cr,Al,Fe)_6Si_6O_{26}$.

Eigentlicher Epidot oder *Pistacit-Klinozoisitreihe.* Formen (001), (100), (010), (10$\bar{1}$), (101), (011). Die Kristalle ziemlich lang in der Richtung der *b*-Achse (Abb. 421a). Die Spaltrichtung (001) recht vollkommen, (100) undeutlich. Zwillinge nach (100) allgemein. Optische Achsenebene (010), Mittellinie γ fast $\perp$ (100). Härte 7, Dichte wechselt in der Reihe zwischen 3,2 und 3,5. Lichtbrechung stark, die Doppelbrechung in der Reihe nach den Mengen des Pistacits und Klinozoisits wechselnd: die Pi-reichsten Glieder sind stark doppelbrechend ($\gamma - \alpha = 0{,}050$), die Pi-ärmsten sehr schwach ($\gamma - \alpha = 0{,}005$). Bei ersteren ist der optische Charakter negativ, $2\,V\alpha = 69°$, aber bei abnehmendem Pi-Gehalt wächst der Achsenwinkel, und wenn er 8% ausmacht, wird der Charakter positiv, und beim Klinozoisit ist $2\,V\gamma = 66°$. Gleichzeitig ändert sich auch die Orientierung, in den Pi-reichsten ist $c \wedge \alpha = 5°$ im spitzen Winkel β (Abb. 422), in den Pi-ärmsten 12° im stumpfen Winkel β. Die Abhängigkeit der Eigenschaften von der Zusammensetzung läßt sich durch eine Kurve nicht gut darstellen, da auf sie auch andere als die Hauptglieder einwirken, z. B. die kleinen Mengen an Mn, Fe^{2+} usw. Im folgenden sind die Brechungsindices und Achsenwinkel der extremen bekannten Mischungen angeführt:

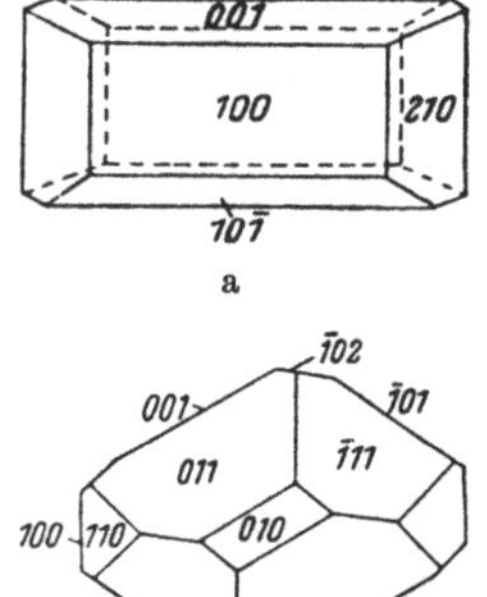

Abb. 421a und b. Epidot. Vgl. auch Abb. 73.

	%Pi	α	β	γ	$\gamma - \alpha$	2 Vα'
Klinozoisit, Zillertal	0	1,7136	1,7172	1,7188	0,0052	113° 47′
Epidot, Raubeerstein	37	1,7291	1,7634	1,7796	0,0505	68° 53′

Die Dispersion der Doppelbrechung ist groß, in den klinozoisitreichen $\varrho < v$ oder die Interferenzfarben übernormal, „lavendelblau“ statt grau, in pistacitreichen $\varrho > v$ oder die Farben unternormal. Die Achsendispersion ist in den Pi-reichen in der der Richtung a nächstgelegenen Achse $\varrho < v$, in den Pi-armen $\varrho > v$; in der anderen Achse bei allen $\varrho > v$. Der Pleochroismus in den Pi-reichen stark, aber sehr wechselnd. Die Farben des typisch „pistaciengrünen“ Epidots: γ grün, β braun, α gelb. Die Absorptionsachsen weichen von den Hauptschwingungsrichtungen ab (s. S. 115).

Der Epidot ist ein hydrothermales Mineral und im allgemeinen das Ergebnis einer bei niedriger Temperatur eingetretenen Metamorphose der Epidotamphibolit-, Grünschiefer- und Glaukophanschieferfacien. Besonders in Magmagesteinen bei abnehmender Temperatur aus Anorthit entstanden. Charakteristische Begleiter des Epidots sind Albit und Chlorit. Granitische und syenitische Magmagesteine, die Epidot neben Albit enthalten, heißen *Helsinkite*. Der Epidot sowie der Albit sind auch hier auf dem hydrothermalen Stadium entstanden.

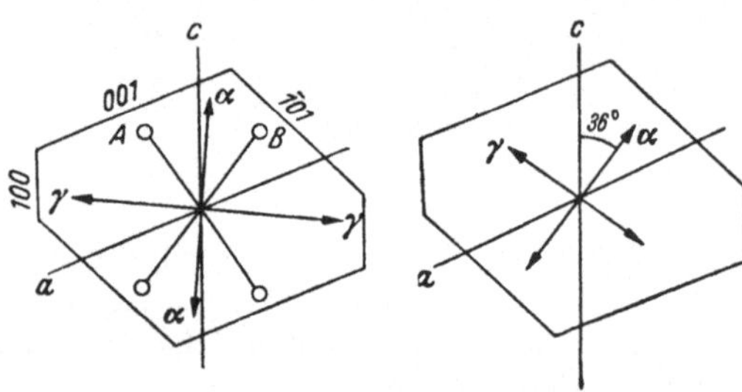

Abb. 422. Pistacitreicher Epidot. Optische Orientierung.

Abb. 423. Orthit. Optische Orientierung.

Der *Piemontit* oder Manganepidot ist in seinen Formen den vorhergehenden ähnlich, sein Lichtbrechungsvermögen sogar größer, desgleichen $\gamma - \alpha$ (bis 0,061). Die Farbe gewöhnlich rot; typischer Pleochroismus im Piemontit von Jakobsberg: α rotgelb, β violett, γ karminrot. Selten, in gewissen Manganerzen.

Der *Orthit* oder *Allanit* ist epidotähnlich und oft als Kernkristall vorkommend, um den gewöhnlicher Epidot gewachsen ist. Härte 5,5 bis 6, Dichte im frischen Mineral 4,2, im metamiktisch veränderten amorphen 2,50. Optische Orientierung: $b \parallel \beta$, $\alpha \wedge c = 36°$ im spitzen Winkel β (Abb. 423). Die Brechungsindices stark wechselnd, ihre Beziehungen zu der Zusammensetzung sind noch nicht erforscht; auf sie wirkt offenbar auch beginnender oder schon fortgeschrittener metamiktischer Zerfall ein (S. 155). Am frischen braunen Orthit (Albany, Wy.) gemessen $\alpha = 1{,}727$, $\beta = 1{,}739$, $\gamma = 1{,}751$. Der Pleochroismus meistens γ dunkelbraun $> \beta$ braun $> \alpha$ gelbbraun. Der Orthit ist das häufigste Mineral mit einem Gehalt an seltenen Erden, die zweiwertiges Ca ersetzen. Er findet sich als Nebengemengteil der kristallinen Schiefer, der Magmagesteine und auch in Kontaktbildungen. Auerbach an der Bergstraße, Plauen bei Dresden, Miask.

Im *Hancockit* von Franklin Furnace in New Jersey wird das Ca teilweise durch Pb ersetzt.

Der *Tawmawit* oder *Chromepidot* ist von schmutzig-dunkelgrüner Farbe und zusammen mit anderen Chromsilicaten vorkommend, z. B. in Outokumpu.

Zoisit, rhombisch bipyramidal, D_{2h}^{16}—Pnma, ist mit dem Klinozoisit heteromorph und zu ihm im Polysymmetrieverhältnis stehend (S. 219). Die Zusammensetzung und die übrigen Eigenschaften außer der optischen und der geometrischen Symmetrie sind also dieselben wie beim Klinozoisit. Opt. +, $\alpha \parallel c$, $\beta \parallel b$; $\alpha = 1{,}701$, $\beta = 1{,}702$, $\gamma = 1{,}707$. Vorwiegend feinkristallin als Umwandlungsprodukt des Anorthits in Albit eingewachsen anzutreffen. Diese Mischung heißt *Saussurit*.

Ilvait oder *Lievrit* $CaFe_2^{2+}Fe^{3+}(OH)(SiO_4)_2$, rhombisch bipyramidal, D_{2h}^{10}—Pcmn, zeigt ebenso wie der Lawsonit in den Gitterkonstanten Beziehungen zur Epidotgruppe. Langsäulige Prismen (110), (010) mit (111), (101). Spaltbar nach (010) und (001). Härte 5,5 bis 6, Dichte 3,99 bis 4,05. Schwarz oder bräunlich, starker

Pleochroismus: $\alpha = \beta$ = dunkelgrün (fast undurchsichtig), γ = blaßgelblichbraun, $\beta = \gamma$ = 1,91, starke Doppelbrechung. Als schöne Kristalle an Kalksteinkontakten auf Elba und auf Seriphos im griechischen Archipel, in Kupferberg in Schlesien und Herbornseelbach in Nassau.

Lawsonit $H_4CaAl_2Si_2O_{10}$, rhombisch bipyramidal, D_{2h}^{17}—Ccmm, strukturell dem Ilvait ähnlich, in Gesteinen oft nach (001) tafelig, spaltbar nach (010) und (001). Härte 6, Dichte 3,1. Farblos, Opt. +, α = 1,665, β = 1,674, γ = 1,684, 2 V = 84°. Dispersion stark $\varrho > v$. $\alpha \parallel a$, $\gamma \parallel c$. Als Bestandteil der Glaukophanschiefer in Kalifornien, den südlichen Apenninen und in Piemont.

Pumpellyit $Ca_2(Al,Mg,Fe^{2+})_3(SiO_4)_3 \cdot H_2O$ monoklin, Nadeln $\parallel b$ und Tafeln, spaltbar nach (001), Härte 5,5 Dichte 3,2. α = 1,700, β = 1,707, γ = 1,718 (wechselnd). 2 V groß. Wohl auch mit den Epidotmineralien verwandt, obwohl früher als Zeolith beschrieben, und ebenfalls als Bestandteil der Glaukophangesteine auftretend, außerdem in den kupferführenden Mandeln der Diabase auf der Keweenaw-Halbinsel am Lake Superior.

Prehnit $H_2Ca_2Al_2Si_3O_{12}$, rhombisch pyramidal, C_{2v}^4—Pmc (?), wird hier als Anhang angeführt, obgleich seine Kristallstruktur noch unaufgeklärt ist. Die Kristalle lamellenförmig, deutliche pinakoidale Spaltrichtung, oft in radialen Gruppen. Härte 6, Dichte 2,9. Opt. +, α = 1,615, β = 1,625, γ = 1,645. Ziemlich allgemeines hydrothermales Mineral auf Gängen, in Drusen und als Mandelausfüllung, auch ein Umwandlungsprodukt des Anorthits; in Quarzgängen z. B. in Helsinki. Oft bei Thermalquellen und in Blasenräumen basaltischer Gesteine zusammen mit Zeolithen. In Lettland und Ostpreußen sind basaltische Prehnitmandelsteine verbreitet als Geschiebe, die aus dem Boden der Ostsee herstammen.

Titanit $CaOTiSiO_4$, monoklin prismatisch, C_{2h}^6—C 2/c, ist sehr verbreitet als Nebengemengteil kristalliner Silicatgesteine und als Kontaktmineral vom Kalkstein. In Magmagesteinen sind die Kristalle scharfkantig keilförmig, als vorherrschende Formen (110), (011), (001), $(10\bar{2})$, $(12\bar{3})$. In metamorphen Gesteinen sind die mikroskopischen Kristalle oft rundlich („Insekteneiertitanit"). Spaltbarkeit (011) undeutlich. Achsenebene (010), 1. Mittellinie γ fast $\perp$ $(10\bar{2})$. Starke Dispersion der Lichtbrechung, geneigte Achsendispersion ($\varrho > v$) und auch Dispersion der Doppelbrechung, die Farben übernormal. Lichtbrechung und Dispersion sind aus folgendem ersichtlich:

	α	β	γ	2 V
C-Linie	1,8721	1,8813	1,9933	33° 24′
D-Linie	1,8802	1,8886	2,0069	31° 30′
F-Linie	1,9034	1,9089	2,0446	24° 13′

Oft findet sich Titanit in Magmagesteinen als Umwandlungsprodukt von Ilmenit, als sog. *Leukoxen*, um Ilmenitkristalle oder in Titanomagnetit als Leisten, wobei dessen Entmischungsstruktur im Mikroskop auch bei durchfallendem Licht sichtbar geworden ist. Die Alkaligesteine von Kola enthalten in sehr reichlichen Mengen Titanit, besonders findet er sich im Apatitgestein. Im Zusammenhang mit dem Apatiterz von Yksporr in Kola kommt ziemlich reines Titanitgestein vor, das als Titanerz gefördert wurde.

Ramsayit $Na_2Ti_2O(SiO_4)_2$, rhombisch bipyramidal, D_{2h}^4—Pban, steht dem Titanit nahe. In Nephelinsyenitpegmatiten auf der Kolahalbinsel.

Zirkon $ZrSiO_4$, ditetragonal bipyramidal, D_{4h}^{19}—I 4/amd. Meist enthält er isomorph getarntes Hafnium (S. 228) und auch Thorium. Die Kristalle (Abb. 107) ähneln den Winkeln nach dem Rutil, aber Isotypie ist nicht vorhanden; vielmehr ähnelt der Zirkon strukturell (Abb. 281) dem Xenotim YPO_4 und dem Kaliumchromat K_2CrO_4. Braun oder gelbbraun, bisweilen rötlich, auch grün usw. Dichte 4,7, Härte 7,5. Optisch positiv, ω = 1,936, ε = 1,991. Der Zirkon läßt manchmal eine metamiktische Umwandlung der Kristallstruktur erkennen, eine Veränderung, die auf ihrer Anfangsstufe als geringere Doppelbrechung, schließlich als Isotropie und zugleich geringere Dichte (bis 4,0) erscheint. Der Zirkon ist eines der am weitesten verbreiteten mikroskopischen Nebengemengteile in granitischen und alkalinischen Magmagesteinen. Er ist radioaktiv. Die in Biotit, Cordierit und auch Hornblende um die Zirkonkristalle allgemein auftretenden pleochroitischen Höfe werden auf radioaktiven Zerfall zurückgeführt. Die hellen und farbigen großen Kristalle benutzt man als Edelsteine, wie den roten *Hyacinth*. Auch werden sie synthetisch hergestellt.

Thorit $ThSiO_4$, isomorph mit Zirkon. In Nephelinsyenitpegmatiten von Langesund in Norwegen u. a.

Zu den Nesosilicaten gehören viele kompliziert zusammengesetzte, meistens lanthanid- und immer fluorhaltige Na-Ca-Zirkoniumsilicate (*Wöhlerit Låvenit, Quarinit, Rosenbuschit*) sowie Titansilicate (*Rinkit, Johnstrupit, Mosandrit* u. a.), die in den Nephelinsyeniten von Südnorwegen und der Kolahalbinsel u. a. verbreitet sind.

Borosilicate. Die Strukturen der borhaltigen Silicate ließen sich bis jetzt noch nicht mit Sicherheit bestimmen. Die meisten schließen sich jedoch am nächsten den Edelsilicaten an und werden daher hier als gesonderte Gruppe angeführt. Ihre Zusammensetzung ist meistens sehr verwickelt, und die Bestimmung ihrer chemischen Formeln hat Schwierigkeiten bereitet. Die Kristallstrukturforschung der letzten Jahre hat erwiesen, daß in diesen Silicaten die gleich großen, wenn auch ungleichwertigen Kationen oft einander isomorph ersetzen. Der Ausfall an positiver Ladung, der dadurch bedingt ist, daß ein Ion größerer Valenz durch ein solches geringerer ersetzt wird, erhält in den Borosilicaten wie auch einigen anderen Silicaten seinen Ausgleich durch Wasserstoffionen, die im Gitter untergebracht werden können, ohne nennenswerten Raum zu benötigen. Die Wasserstoffionen verbergen sich nämlich in der Elektronenschale großer Anionen. Für einen derartigen isomorphen Ersatz scheint besonders der Turmalin ein gutes Beispiel zu sein.

Turmalin. MACHATSCHKI schreibt die Formel $XY_6Si_6B_3H_xO_{31}$, in der X = Ca, Na, K; Y = Al, Mg, Fe, woneben das Gitter Mn, Li und OH enthalten kann. Al kann teilweise Si ersetzen. An Wasserstoffionen sind jeweils so viele vorhanden, wie zur Deckung des Valenzausfalls an X- und Y-Ionen erforderlich sind. Die Symmetrieklasse ist ditrigonal pyramidal, C_{3v}^5—R 3m. Die Kristalle sind stabförmig, und die trigonalen sowie ditrigonalen Prismen $(01\bar{1}0)$ und $(13\bar{4}0)$ sind allgemein; dazu kommt das hexagonale Prisma $(11\bar{2}0)$. Als Endflächen dienen einseitige Pyramiden, wie $(01\bar{1}1)$, $(01\bar{1}2)$, $(02\bar{2}1)$ und $(21\bar{3}1)$; die analogen und antilogen Enden (S. 89) weisen häufig verschiedene Formen auf (Abb. 88). Die Prismenflächen sind oft in der Richtung der *c*-Achse gestreift. Keine deutliche Spaltrichtungen. Die Dichte wechselt nach der Zusammensetzung von 3,0 bis 3,24. Die farbigen Abarten sind stets deutlich pleochroitisch. Absorption $\omega > \varepsilon$. Die Farbe ist stark wechselnd: der gewöhnliche Fe-Turmalin, der sog. *Schörl*, ist pechschwarz, in Dünnschliffen ω = bläulichgrau, ε = hellgelbgrau; der Mg-Turmalin (in Kalksteinen auftretend) ist braun; die Alkaliturmaline sind bald farblos durchsichtig, bald blau (*Indigolith*), rot (*Rubellit*), gelb oder grün. Optisch negativ. Die Brechungsindices wechseln nach der Zusammensetzung, vorwiegend dem Fe-Gehalt. Im Fe-Turmalin ω = 1,65 bis 1,69, ε = 1,63 bis 1,66; im Mg-Turmalin ω = 1,63 bis 1,655, ε = 1,61 bis 1,63; in den Alkaliturmalinen ω = 1,635 bis 1,65, ε = 1,615 bis 1,63. Die klaren Abarten sind Edelsteine. Diese hellen, oft Li-haltigen Turmaline sind in den Pegmatiten und in den Greisen der Zinnerze anzutreffen, desgleichen der Eisenturmalin, der außerdem Bestandteil sogar weitverbreiteter Granite und Aplite sowohl in Migmatiten und Glimmerschiefern ist.

Im allgemeinen ist der Turmalin ein ausgesprochen pneumatolytisches Produkt; nachdem aber in letzter Zeit die geochemische Forschung erwiesen hat, daß viele Meersedimente in bedeutenden Mengen Bor enthalten, ist auch die Möglichkeit offen, daß das Turmalinmaterial der sedimentogenen Schiefer aus dem Sediment selber stammen kann.

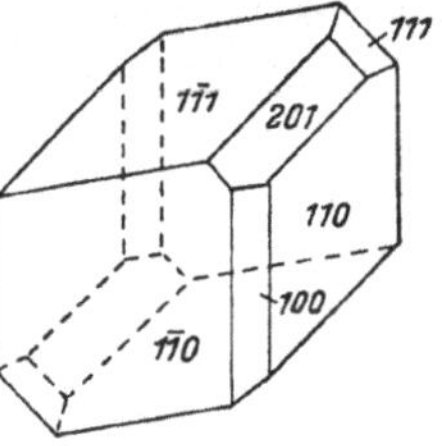

Abb. 424. Axinit.

Axinit $HCa_2(Fe,Mg,Mn)Al_2B(SiO_4)_4$, triklin pinakoidal. Die flächenreichen Kristalle weisen scharfkantige Formen auf, am häufigsten die auf Abb. 424 zu sehenden. Spaltbarkeit ziemlich deutlich (010). Härte 6 bis 7, Dichte 3,27 bis 3,36. Die Farbe ist hellbraun, aber in dicken Platten zeigt sich ein schöner Pleochroismus: α olivgrün, β veilchenblau, γ kaneelbraun. Die optische Achsenebene bildet mit der Kantenrichtung 111 $\wedge$ 1$\bar{1}$1 einen Winkel von 24° 40′ und mit der Kantenrichtung 111 $\wedge$ 1$\bar{1}$0 einen Winkel von 40°. Die 1. Mittellinie fast $\perp$ (111). Dispersion $\varrho < v$ deutlich, asymmetrisch, Dispersion der Hauptschwingungsrichtungen sehr bedeutend, so daß keine völlige Auslöschung eintritt; die große Lichtbrechungsdispersion ist aus den Brechungsindices zu erkennen:

	α	β	γ	2 V
Für Rot	1,672	1,678	1,681	71° 38′
Für Blau	1,685	1,692	1,695	71° 49′

Der Axinit findet sich in kontaktpneumatolytischen Bildungen und Mineralgängen, vorwiegend in kalkreichen Gesteinen. U. a. in den Bleierzgängen von Petsamo und in den Kupfererzgängen von Aunus anzutreffen.

2. Sorosilicate.

Mit den Edelsilicaten verwandt sind solche Silicate, in denen die SiO_4-Gruppen paarweise miteinander verknüpft oder auch als Dreier-, Vierer- oder Sechserringe vorkommen (S. 193).

Thortveitit $ScSi_2O_7$, monoklin prismatisch, C_{2h}^3—C2/m, seltenes Pegmatitmineral von schmutziggrüner Farbe, erst in Norwegen, dann auf Madagaskar aufgefunden. Härte 6 bis 7, Dichte 3,57; $\beta \parallel b$, $\alpha \wedge c$ 5°; $\alpha = 1{,}756$, $\beta = 1{,}793$, $\gamma = 1{,}809$. Mit ihm isomorph, und desgleichen Si_2O_7-Gruppen enthaltend ist der *Thalenit* YSi_2O_7.

Kalamin oder *Kieselzinkerz* $Zn_4Si_2O_7\cdot(OH)_2\cdot H_2O$, rhombisch pyramidal, C_{2v}^{20}—Imm, enthält ebenfalls Si_2O_7-Gruppen. Die typische hemimorphe Kristallform ist auf Abb. 55 wiedergegeben. Bisweilen nach (001) verzwillingt. (110) ist Spaltrichtung. Härte 5, Dichte 3,3 bis 3,5, farblos, grünlich, bräunlich. Opt. Achsenebene (100). Opt. +, $\gamma \parallel c$. Dispersion stark $\varrho < v$. $\alpha = 1{,}614$, $\beta = 1{,}617$, $\gamma = 1{,}636$; $2\,V = 46°$. Zinkerz (Galmei), zusammen mit Zinkblende oder edlem Galmei. Altenberg bei Aachen, Tarnowitz, Raibl und Bleiberg in Kärnten sind Fundorte.

Auch der seltene, monoklin-domatisch kristallisierende *Klinoedrit* $H_2CaZnSiO_5$ enthält wahrscheinlich Si_2O_7-Gruppen.

Benitoid $BaTi(Si_3O_9)$, ditrigonal bipyramidal, D_{3h}^2—C $\bar{6}$c2, einziger bekannter Vertreter dieser Symmetrieklasse (Abb. 91) und zugleich das zuerst bekannte Silicat mit dem Dreierring Si_3O_9 (S. 193). In Benito County in Kalifornien angetroffenes glashelles Edelsteinmineral von schöner blauer Farbe. Härte 6, Dichte 3,65, $\omega = 1{,}757$, $\varepsilon = 1{,}804$.

Zur Benitoitgruppe gehören noch der rot gefärbte *Eudialyt* $(Na,Ca,Fe)_6Zr(OH,F)(Si_3O_9)_2$ ditrigonal skalenoedrisch, D_{3d}^5—R$\bar{3}$m, und der meistens rotbraune *Katapleit* $Na_2Zr(Si_3O_9)\cdot H_2O$ dihexagonal bipyramidal, D_{4h}^6—C 6/mmc, unterhalb 139° monoklin deformiert. Beide treten als Gemengteile der Nephelinsyenite auf Kola, Südnorwegen, Grönland u. a. auf.

Wollastonit $CaSiO_3$ ist seinen Formen und seiner Optik nach scheinbar monoklin, aber die Kristallstrukturforschung hat ihn als triklin nachgewiesen, wobei das Vorhandensein eines Dreierringes wahrscheinlich gemacht wurde. Seine Strukturformel soll demnach $Ca_3[Si_3O_9]$ geschrieben werden. Stengelförmig oder faserig, Längsrichtung der Individuen *b*-Achse. Verzwillingung oft nach (100), die eine vollkommene Spaltrichtung ist. Andere deutliche Spaltrichtungen sind (001), (101) und $(\bar{1}02)$. Optische Achsenebene (010), $\alpha \wedge c = 32°$ im spitzen Winkel β (Abb. 425). Optisch negativ. $\alpha = 1{,}621$, $\beta = 1{,}633$, $\gamma = 1{,}635$; $2\,V = 40°$. Geneigte Achsendispersion deutlich in der *A*-Achse $\varrho > v$, in der *B*-Achse keine Dispersion. Kontaktmineral in Kalkstein und Reaktionsprodukt in metamorphen Abkömmlingen von Kalksandstein.

Rhodonit $MnSiO_3$, triklin pinakoidal, enthält als isomorphe Mischung $FeSiO_3$. Ähnelt äußerlich den Pyroxenen, aber auch dem Wollastonit, mit dem er in den Gitterkonstanten eine gewisse Ähnlichkeit zeigt. Nur aus diesem Grunde wurde der Rhodonit provisorisch zur Gruppe der (Si_3O_9)-Silicate gezählt. Deutliche Spaltrichtungen (110) und $(1\bar{1}0)$. Dichte 3,4 bis 3,6. Die Auslöschungswinkel von den Prismenspaltflächen aus auf der Fläche (100) 32° 26′, auf (010) 10° 48′, auf (001) 54° 26′. Gewöhnlich eine rosenrote körnige Masse. Pleochroismus und Absorption: β rosenrot $> \alpha$ rotgelb $> \gamma$ gelbrot. Die optische Achsenebene bildet mit der Richtung (110) einen Winkel von 63° und die negative spitze Bisectrix mit der Ebene $(1\bar{1}0)$ einen Winkel von 38° 13′. An dem eisenarmen Rhodonit von Vittinki sind $\alpha = 1{,}726$, $\beta = 1{,}730$, $\gamma = 1{,}737$ gemessen worden. Optisch —, $2\,V = 76°$. Achsendispersion asymmetrisch $\varrho < v$. Auch die Dispersion der Auslöschungsrichtungen merkbar und die Interferenzfarben anomal. Tritt in Manganerzen auf, wie in Pajsberg und Långban in Schweden, S. Marcel in Piemont. In Finnland in Vittinki (Ylistaro) und im Simsiönvuori (Lapua).

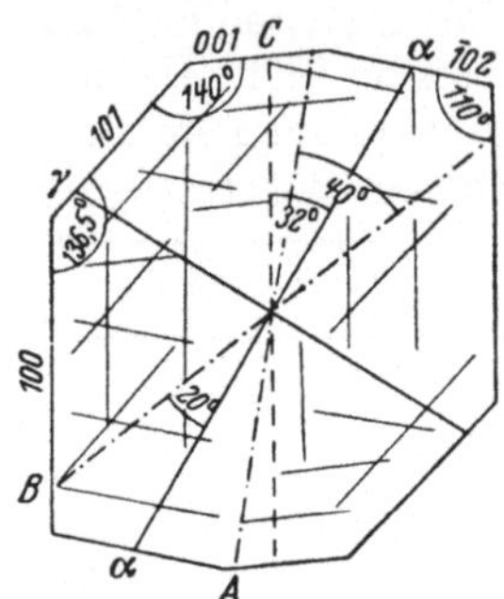

Abb. 425. Wollastonit. Optische Orientierung.

Die Verbindung $(Mn,Fe)SiO_3$ scheint auch als andere trikline Form, *Pyroxmangit*, aufzutreten.

Silicatmineralien mit Viererringen Si_4O_{12} sind selten. Aus dem tetragonalen Kristallbau und sonstigen Eigenschaften könnte man erwarten, daß die Mineralien der Melilithgruppe hierher gehörten, so auch wohl der Apophyllit. Die Kristallstrukturforschung hat aber zu dem Ergebnis geführt, daß sie zu den Netzsilicaten gehören. Dieses Ergebnis war unerwartet insbesondere betreffend die Melilithmineralien, da diese keine ausgeprägte basische Spaltbarkeit besitzen. Sowohl Melilith wie Apophyllit besitzen allenfalls Viererringe, nur sind sie nicht gesondert, sondern bilden ein tetragonales Netz. Selbständige Si_4O_{12}-Gruppen sind bis jetzt nur in einem Mineral, dem Zunyit, bestimmt worden, aber wahrscheinlich wird sich die Zahl der Vertreter dieser Strukturklasse mit der Zeit vermehren.

Zunyit $Al_{12}[AlO_4(OH,F)_{18}ClSi_5O_{16}]$, hexakistetraedrisch, T_d^2—F $\bar{4}$3m, Härte 7, Dichte 2,9, glasglänzend durchsichtig, $n = 1{,}600$. Bekannt aus Zuñi-Mine, Colorado, und Kimberley in Südafrika.

Wahrscheinlich gehört hierher u. a. noch der *Neptunit* $Na_2FeTi(Si_4O_{12})$. Er ist monoklin, schwarz, mit blutroter Farbe durchscheinend, $\beta = 1{,}70$. Angetroffen in Alkaligesteinen von Igaliko in Grönland und von Kola.

Beryll $Be_3Al_2(Si_6O_{18})$ enthält ebenfalls Alkalimetalle, vorwiegend Lithium, auch Natrium, Cäsium. Die Alkalimetallionen finden ihren Platz im Inneren der

Sechserringe, die sonst leer sind, weshalb die Struktur porös ist und die Dichte, 2,7, niedriger als sonst in den Edelsilicaten. In den grünen Smaragden ist das Aluminium teilweise durch Chrom ersetzt. Dihexagonal bipyramidal, D_{6h}^2—C 6/mcc. Der Sechserring (Si_6O_{18}) liegt in der Richtung der Basisebene, diese ist auch Spaltrichtung, wenn auch keine vollkommene. Schön geformte und vielflächige Kristalle allgemein (Abb. 426, siehe auch Abb. 102). Härte 8, Opt. —, Lichtbrechung etwas wechselnd, am häufigsten $\omega = 1{,}576$, $\varepsilon = 1{,}568$. Pegmatitmineral. Die hellen und schönfarbigen Abarten, wie der grüne *Smaragd* und der hellgrüne *Aquamarin*, sind Edelsteine. Berühmte Fundorte sind bekannt aus dem Ural, der Gegend von Aduntschilon in Transbaikalien, aus Habachtal in Salzburg, Namib in Südwestafrika, Minas Geraes in Brasilien, Madagaskar. Auch die trüben Varietäten sind wertvoll, soweit sie in Pegmatiten als größere Massen vorkommen, denn der Beryll ist der Rohstoff des Berylliums. Dieses außerordentlich leichte Metall benutzt man zu besonderen Legierungen, der Preis ist ziemlich hoch. In Finnland gehören die Pegmatite von Tammela, Kisko und Kimito zu den besten Beryllfundstätten.

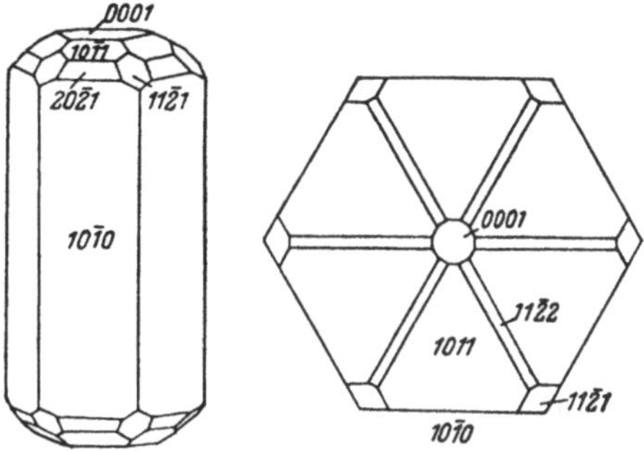

Abb. 426a und b. Beryll, gewöhnliche Trachten.

Cordierit $(Mg,Fe)_2Al_3(Si_5Al)O_{18}$, rhombisch bipyramidal, D_{2h}^{17}—Cmcm, pseudohexagonal, Prismenwinkel 60° 50′. Kristallstrukturell ein beryllähnlicher Sechserring, aber ein Sechstel der SiO_4-Gruppen enthält als Zentrum Al statt Si. Wie der Beryll, enthält auch der Cordierit oft Alkalimetalle, deren Ionen in den Kanälen der Ringe enthalten sind. Als Kristallflächen sind oft das Prisma (110) und das Pinakoid (010) gleichmäßig entwickelt, so daß die Form ein hexagonales Prisma nachahmt, desgleichen die Endflächen (021) und (111) eine hexagonale Pyramide (Abb. 427). Wie manche andere pseudohexagonale Kristallart verdrillingt sich der Cordierit gern nach (110) (Abb. 428). Der Cordierit heißt auch *Dichroit*, weil er, in dicken Platten, bei durchfallendem Licht zwei verschiedene Farben aufweist: die Platten (010) sind gelb, die nach (100) und (001) blau.

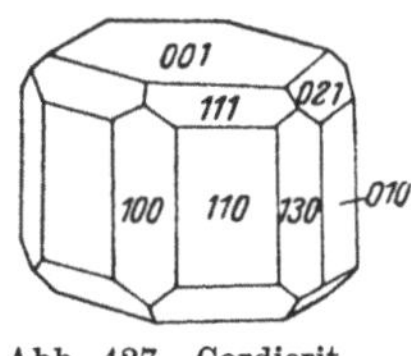

Abb. 427. Cordierit, relativ flächenreich.

Durch Nicols analysiert, erscheinen Pleochroismus und optische Orientierung folgendermaßen: $a \parallel \beta$ = graublau, $b \parallel \gamma$ = dunkelblau, $c \parallel \alpha$ = gelb. In Dünnschliffen sind die Farben zu schwach, um sichtbar zu sein. Optisch negativ, Achsenebene $\parallel$ (100). Die Lichtbrechung wechselt nach dem Fe-Gehalt und noch mehr nach dem Alkaligehalt. Da beide aber gewöhnlich gering (höchstens 5% FeO) sind, so sind die Brechungsindices meistens folgenden, für den Cordierit von Orijärvi erhaltenen Werten nahestehend ($\pm$ 0,004): $\alpha = 1{,}540$; $\beta = 1{,}545$, $\gamma = 1{,}550$, also ziemlich annähernd dieselben wie beim Quarz. Meistens optisch negativ, aber es gibt auch optisch positive Cordierite, und zwar unter den relativ Fe-reichen wie auch unter den relativ alkalireichen Varietäten. Härte 7 bis 7,5, Dichte 2,60 bis 2,66. Mikroskopische Kennzeichen im Vergleich zum Quarz sind das Fehlen undulierender Auslöschung, die von den Spalten aus beginnende Umwandlung in einen chloritähnlichen Stoff (*Pinit*), dessen Schüppchen senkrecht aus der Spalte aufwachsen, sehr häufig reichliche Einschlüsse von Sillimanit sowie die zartgelben pleochroitischen Höfe um Zirkoneinschlüsse; die Höfe schwinden, wenn das Licht in den Richtungen β und γ schwingt. Außerdem zeigt der Cordierit bisweilen polysynthetische Verzwillingung und Verdrillingung, bei der er an Plagioklas erinnern kann.

Eingehende Durchforschung des Grundgebirges und der kontaktmetamorphen Gesteinsformationen hat dargetan, daß der Cordierit eines der häufigsten Minerale der kristallinen Erdkruste ist. Er tritt auf als ein Hauptgemengteil der tonerdeüberschüssigen Hornfelse, Glimmerschiefer und Paragneise (Kinzigite) sowie der aus diesen hervorgegangenen Migmatite und palingenetischen Granite, wie der Granit von Turku in Südwestfinnland. Er ist auch ein häufiges Mineral der Granitpegmatite, besonders, wo diese tonerdereiche Gesteine durchsetzen. Außerdem kommt er vor in den magnesiametamorphen Sulfiderzen, besonders Kupferkies und Magnetkies, wie in Bodenmais bei Silberberg in Bayern, Falun in Mittelschweden und Orijärvi in Finnland. In den Pegmatiten, auch in pegmatitischen Adern der Migmatite, ist der Cordierit oft in idiomorphen und euhedralen Kristallen ausgebildet, ebenso in den Sulfiderzen. In den berühmten Cordieritkristallen von Orijärvi haben sich die Formen gegen Kupferkies entwickelt. In metamorphen Gesteinen findet sich der Cordierit regelmäßig als Xenoblasten, die große Klumpen darstellen, im Gebiete von Orijärvi, z. B. bis 30 cm lang sein können. Die schönen, klaren Abarten sind Edelsteine, sog. *Wassersaphir*; sie kommen in Seifen auf Ceylon vor.

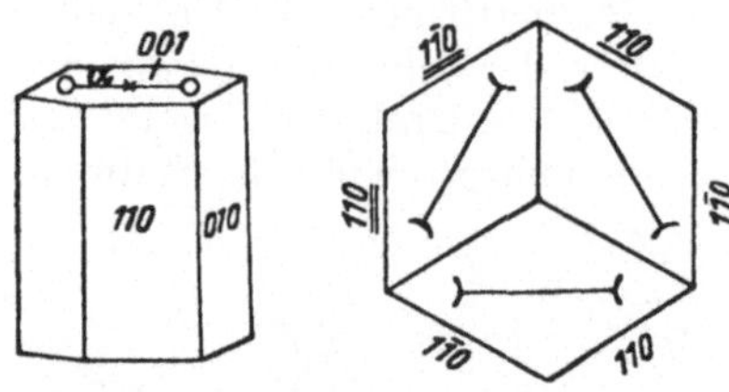

Abb. 428. Cordierit. Links Kristallform, rechts die Lagen der Achsenebene der zu einem pseudohexagonalen Drilling gehörenden Individuen in einem Schnitt ⊥ c (= negat. 1. Mittellinie).

Der Beryll und der Cordierit erinnern in ihren Eigenschaften, besonders in ihrer niedrigen Dichte, an den Feldspat u. a. Gerüstsilicaten. Die Kristallstrukturen machen diese Ähnlichkeit durchaus verständlich, denn wegen der weiten Kanäle in der Struktur sind sie porös, sie besitzen auch Tetraedergerüste, in denen zwei Tetraeder nur ein einziges Sauerstoffion gemeinsam haben.

b) Inosilicate.

Die Silicate mit SiO_4-Kettenstrukturen werden von STRUNZ als Inosilicate bezeichnet. Sie verteilen sich auf zwei parallelen Reihen, je nachdem sie aus einfachen Ketten oder Doppelketten, Bändern, aufgebaut sind. Sie können deswegen zweckmäßig als Kettensilicate und Bandsilicate unterschieden werden.

1. Kettensilicate.

Wenn die SiO_4-Gruppen durch je zwei ihrer Sauerstoffatome zu einer unendlichen Kette verbunden werden, entsteht die Metasilicatzusammensetzung: $\infty(SiO_3)$ (S. 195). Zu dieser Gruppe gehören die *Pyroxene*; ihnen allen gemeinsam sind die prismenförmige Gestalt, mittelmäßige Härte (ca. 5,5) und zwei gute Prismaspaltrichtungen mit einem gegenseitigen Winkel von 87° (Abb. 429). Das Kristallsystem ist entweder rhombisch bipyramidal, D_{2h}^{15}—Pbca, oder monoklin prismatisch, C_{2h}^{3}—C2/m.

Enstatit-Hypersthenreihe (Mg,Fe)SiO_3, rhombisch (Abb. 82). Außer den Spaltrichtungen (110) Absonderung nach (100) (Gleitebene, als Gleitachse *c*). Die Mischungsreihe von dem Mg-Glied Enstatit bis zum reinen $FeSiO_3$ ist lückenlos, aber die über 50% Fe-Glied enthaltenden Mischungen sind selten und treten überhaupt nicht als Gemengteile von Gesteinen auf. Die Eigenschaften wechseln nach der Zusammensetzung. Der Enstatit ist farblos oder braungrau, Dichte 3,1. Die etwas eisenreicheren Mischungen, sog. *Bronzit*, sind eigenartig metallähnlich schimmernd, was auf den nach (100) orientierten Einschlüssen beruht. Als Hypersthen werden schon die über 14% $FeSiO_3$ enthaltenden Mischungen bezeichnet. Der Hypersthen ist oft farbig und im Mikroskop prächtig pleochroitisch : α = rot, β = gelb und γ = graugrün. Es ist zu bemerken, daß die Stärke der Farbe nicht unmittelbar von der Fe^{2+}-Menge abhängig ist, denn mancher Fe-reiche Hyper-

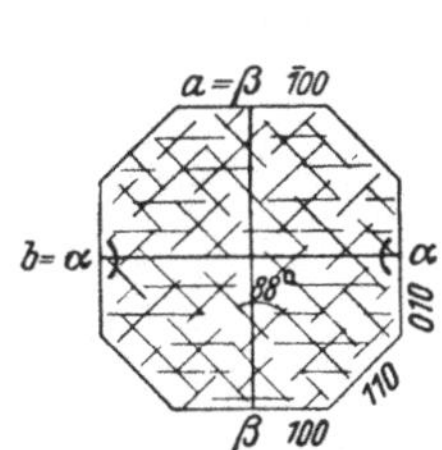

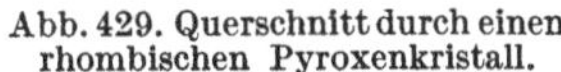
Abb. 429. Querschnitt durch einen rhombischen Pyroxenkristall.

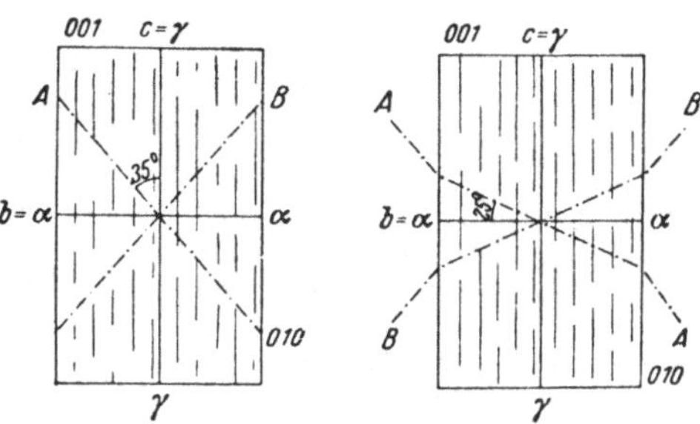

Abb. 430. Links Enstatit, rechts Hypersthen (ca. 60% $FeSiO_3$): ihre optische Orientierung.

sthen ist farblos; vermutlich ist Fe^{3+} wirksamer. Die Orientierung ist $a \parallel \beta$, $b \parallel \alpha$, $c \parallel \gamma$. Hier ist gegen die Regel die kürzere waagerechte Achse als b-Achse gewählt, da sie der Orthoachse der monoklinen Pyroxene entspricht (der Prismenwinkel vorn spitz, Abb. 429). Der Enstatit ist opt. +, $2V$ wächst mit der $FeSiO_3$-Menge, beträgt bei einer ca. 10 Mol.-% $FeSiO_3$ enthaltenden Mischung 90°. Hypersthen ist opt. — (Abb. 430). Der Wechsel der Optik und Orientierung in der Reihe geht aus folgendem hervor:

	Künstl.	Mähren	Norwegen	Labrador	
% FeO + MnO....	0	2,76	5,20	14,8	25
α................	1,650	1,656	1,661	1,692	1,715
β................	1,653	1,659	1,666	1,702	1,728
γ................	1,658	1,665	1,672	1,705	1,731
$2V\gamma$	31°	69° 42′	76° 54′	105°	117°
Dichte............	3,18	3,2	3,27	3,40	3,49

Die rhombischen Pyroxene sind insbesondere als Bestandteile der Gabbros und Norite allgemein. Auch kommen sie im Peridotit vor, vorwiegend in den Pyroxeniten.

Klinoenstatit-Klinohypersthen ist dieselbe Mischungsreihe in monokliner Gestalt. Das Verhältnis ist Polysymmetrie. Aus trockenen Schmelzen erhält man stets diese Form. Die optischen Konstanten des reinen synthetischen Klinoenstatits ($MgSiO_3$) sind: Die optische Achsenebene (010), $c \wedge \gamma = 22°$; $\alpha = 1{,}647$, $\beta = 1{,}652$, $\gamma = 1{,}658$. Bildet auch mit Diopsid eine Mischungsreihe (*Pigeonit*). In dieser Reihe wächst $c \wedge \gamma$ auf 38,5°, β auf 1,676, $\gamma - \alpha$ auf 0,030 und dreht sich die Achsenebene von einer normalsymmetrischen zu einer symmetrischen. Diese Mischungen finden sich als Bestandteile in Basalten und Diabasen und kommen in Meteoriten vor.

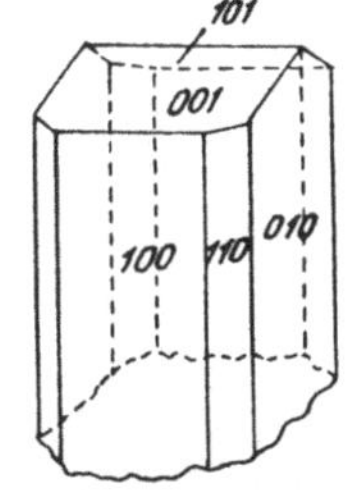

Abb. 431. Diopsid.

Diopsid-Hedenbergit $(Mg,Fe)CaSi_2O_6$. Das Aussehen oft säulenförmig, (100) und (010) vorherrschend; sonstige Flächenformen (110), (111), (001) (Abb. 431). Auf Translation beruhende Absonderung in drei Pinakoidrichtungen. Verzwillingung nach (100) allgemein. Die optische Achsenebene $\parallel$ (010), der Winkel $c \wedge \gamma$ wächst nach dem Hed-Gehalt von 37° auf 47°. Der Wechsel der Brechungsindices in der Serie Di-Hed geht aus Abb. 432 hervor. Achsendispersion $\varrho > v$. Der Diopsid ist farblos. Mit dem Hed-Gehalt wird die grüne Farbe dunkler. Der Pleochroismus ist auch in Hed-reichen Mischungen schwach: γ dunkelgrün > β gelbgrün > α hellgrün.

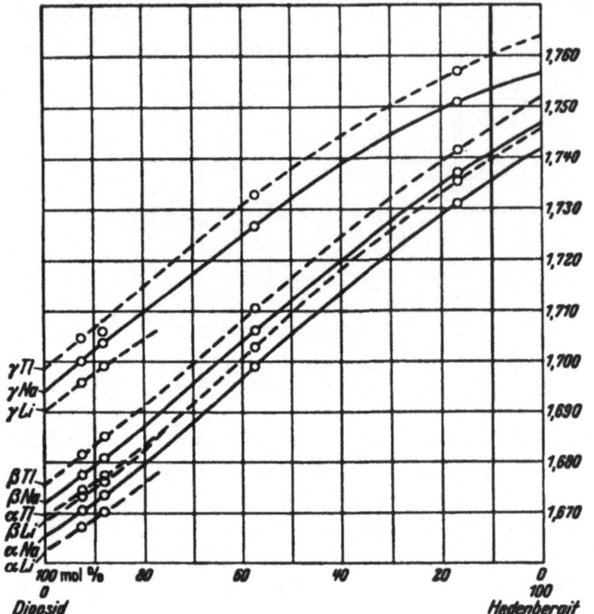

Abb. 432. Die Abhängigkeit der Brechungsindices von den Mischungsverhältnissen in den Pyroxenen der Diopsid-Hedenbergitreihe.

Der Diopsid und die Di-reichen Mischungen sind Bestandteile manchen Tiefengesteins, aber insbesondere Kontaktmineralien des Kalksteins und Gemengteile kalkreicher Schiefer. Hed-reiche Mischungen dagegen kommen vorwiegend in Skarngesteinen vor.

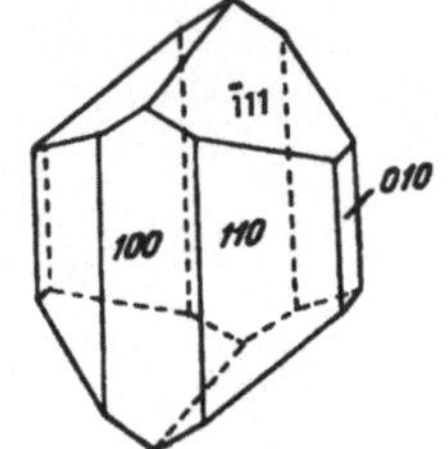

Abb. 433. Augit. (Der Kristall ist von rückwärts gezeichnet!)

Im älteren Schrifttum hat man für die Farb- und Formabarten verschiedene unnötige Bezeichnungen benutzt, wie *Malakolith*, *Salit*, *Kokkolith*.

Der *Chromdiopsid* ist zart-chromgrün. Im Skarngestein von Outokumpu.

Jadeit $NaAlSi_2O_6$, mit dem vorhergehenden isomorph. Sonderbarerweise sind Mischungen in Magmagesteinen nicht bekannt, wohl aber in Eklogiten (*Chloromelanit*). Dichte 3,33. Optische Achsenebene (010), $c \wedge \gamma = 34{,}5°$, Achsendispersion $\varrho < v$; $\alpha = 1{,}655$; $\beta = 1{,}659$, $\gamma = 1{,}667$; $2V = 70°$. Selten, als feinkörniges Jadeitgestein vorkommend. Die Mischungen von Jadeit und Diopsid, *Omphacit*, sind Eklogitbestandteile.

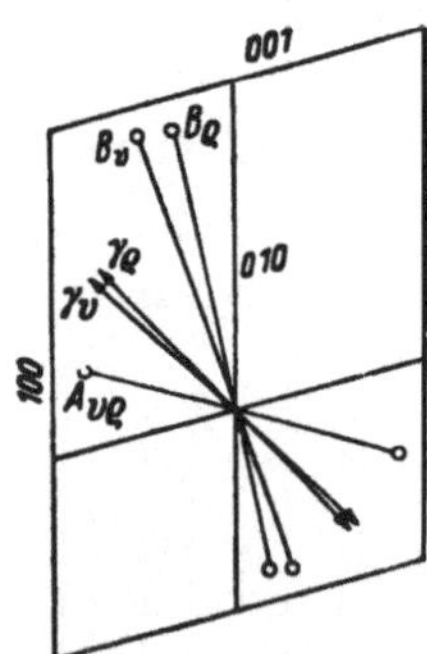

Abb. 434. Optische Orientierung des basaltischen Augits. Bemerke die große Dispersion der B-Achse und der 1. Mittellinie, wogegen in der A-Achse für die verschiedenen Farben keine Lagendispersion besteht!

Spodumen $LiAlSi_2O_6$, monoklin, grau, Dichte 3,1, ist ein Pegmatitmineral. Optische Achsenebene (010): $\gamma \wedge c = 26°$ im stumpfen Winkel β. $\alpha = 1{,}651$, $\beta = 1{,}669$, $\gamma = 1{,}677$; $2V = 54°$ bis 60°. $\varrho < v$.

Augit enthält außer den Diopsidbestandteilen auch noch Al-Atome, die teils Si in den Zentren der Tetraeder, teils Mg außerhalb derselben ersetzen; so wird das Ladungsgleichgewicht wiederhergestellt. Allgemeine Formkombination ist (100) (110) (010) ($\bar{1}11$) (Abb. 433). Der oft als Augit oder auch als *Diallag* bezeichnete grünliche Klinopyroxen der Tiefengesteine ist dem Diopsid sehr nahestehend (diopsidischer Augit). Andersartig ist der *basaltische Augit*, ein Bestandteil der Basalte und Diabase. Seine Besonderheit in Dünnschliffen ist eine grauviolette

Farbe, die durch Titangehalt bedingt ist. Die Optik ist fast dieselbe wie die der Diopsid-Hedenbergitreihe; eigenartig ist die den Mittellinien und Achsen zukommende starke Dispersion $\varrho > v$ (Abb. 434). Oft läßt der Augit Zonarstruktur erkennen, vielfach auch Sanduhrstruktur.

Ägirin $NaFe^{3+}Si_2O_6$, monoklin, gewöhnliche Ausbildung Abb. 435. Hier tritt Fe^{3+} nicht im Innern des Tetraeders auf, sondern ersetzt Mg des Diopsids; das Ladungsgleichgewicht wird dadurch wiederhergestellt, daß an die Stelle des zweiwertigen Ca einwertiges Na tritt. Aussehen langprismatisch, Dichte 3,6. Optische Achsenebene (010). Negative 1. Mittellinie $\alpha > c = 5°$ im spitzen Winkel β. Brechungsindices im Ägirin von Langesund: $\alpha = 1{,}763$, $\beta = 1{,}799$, $\gamma = 1{,}813$; $2V = 62° 13'$. Achsendispersion $\varrho > v$. Der Winkel $c \wedge \gamma$ bei violettem Licht größer als bei rotem. Pleochroismus: α grün $> \beta$ braungrün $> \gamma$ gelbbraun. Der Ägirin ist ein Mineral der Nephelitsyenite und anderer Alkaligesteine.

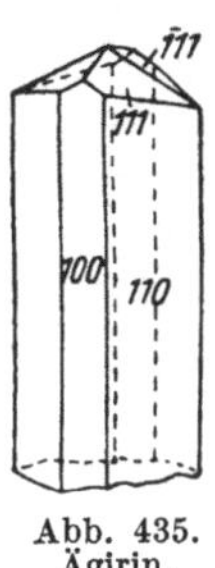

Abb. 435. Ägirin.

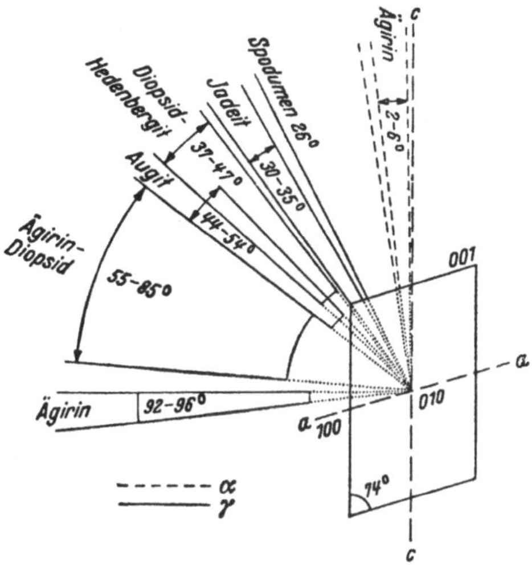

Abb. 436. Die Auslöschungswinkel $\gamma \wedge c$ und $\alpha \wedge c$ in den Klinopyroxenen.

Die isomorphe Mischungsreihe des Ägirins und Diopsids ist lückenlos. Die Mischungen werden als *Ägirinaugit* bezeichnet. Deutlich ist an der Reihe der mit der Zusammensetzung erfolgende Wechsel der optischen Orientierung; nach ihm läßt sich die Zusammensetzung optisch bestimmen (Abb. 436). Beim Diopsid liegt γ der c-Achse am nächsten, beim Ägirin beträgt der Winkel $c \wedge \gamma$ fast 90°. Bei zunehmendem Ägiringehalt wird die Farbe grüner. Zonarstruktur wird dadurch vorherrschend, daß der Ägiringehalt nach den Rändern zu wächst. Der Ägirin schmilzt nämlich bei niedrigerer Temperatur als der Diopsid, die Mischungsreihe gehört zu dem 1. Roozeboomschen Typ. Als Bestandteil in Alkaligesteinen wie auch Ijolithen.

2. Bandsilicate.

Vereinigen sich zwei Pyroxenketten zu einer Doppelkette oder einem Band, so entsteht die für die *Amphibole* kennzeichnende Struktur. Wie auch aus den Kristallbaumodellen ersichtlich, bewirkt diese Bandstruktur eine andersartige Prismenspaltbarkeit, bei der der Winkel zwischen den Spaltrichtungen 124° beträgt. Die Gitterperiode in der Richtung der c-Achse ist dieselbe wie bei den Pyroxenen, ebenso auch die Härte. Die Bandbindung macht die Spaltrichtungen vollkommener und die Zugfestigkeit in der Richtung der c-Achse stärker als die Kettenbindung; alle Asbeste sind Bandsilicate. Die Zusammensetzung des Silicatbandes der Amphibole ist $\infty (Si_4O_{11})$. Sie kommt der Metasilicatzusammensetzung nahe; früher wurden denn auch die Amphibole als Metasilicate geschrieben, was geeignet war, die Analogie der Amphibol- und Pyroxengruppen zu betonen. Für die meisten Zwecke entsprechen die Metasilicatformeln auch hinreichend genau der Zusammensetzung. Zwischen die Silicatbänder haben sich bei allen Arten $(Mg,Fe)(OH)_2$-Gruppen eingelagert. Auch die Amphibole sind teils rhombisch bipyramidal, teils monoklin prismatisch, aber die Raumgruppen sind nicht dieselben wie bei den Pyroxenen: Die rhombischen Amphibole D_{2h}^{16}—Pnma, die monoklinen C_{2h}^{3}—C2/m.

Anthophyllit $(Mg,Fe)_6Si_8O_{22}\cdot(Mg,Fe)(OH)_2$, rhombisch. Die Dichte wechselt nach der Menge der Mg- und Fe-Glieder von 3,01 bis 3,22, desgleichen die Lichtbrechung: $\alpha = 1{,}598$ bis 1,650, $\beta = 1{,}610$ bis 1,662, $\gamma = 1{,}623$ bis 1,676; $2V_\gamma = 100°$ bis 80°. Optisch +, (Fe-reich—), $a \parallel \alpha$, $b \parallel \beta$, $c \parallel \gamma$, Achsenebene (010) (Abb. 437). Farbe nelkenbraun, Absorption $\gamma > \beta > \alpha$. Im Dünnschliff fast oder ganz farblos. Tritt als Bestandteil metamorpher kalkarmer Gesteine stengelförmig oder faserig auf; besonders in magnesiametasomatischen Bildungen, wie in Orijärvi, Falun, Bodenmais. Die Al-reichen Abarten heißen *Gedrit.* Der *Anthophyllitasbest* kommt mit Serpentin im Zusammenhang und als dessen Metasomatosenprodukt vor (SiO_2-Zufuhr!). In Finnland wird er in Paakkila in Tuusniemi gewonnen.

Cummingtonit, monoklin, derselbe Stoff wie Anthophyllit und zu ihm im Polysymmetrieverhältnis stehend; doch enthält dieser oft ein wenig Calcium, wogegen Aluminium im Gitter keinen Platz findet. Der Wechsel der Eigen-

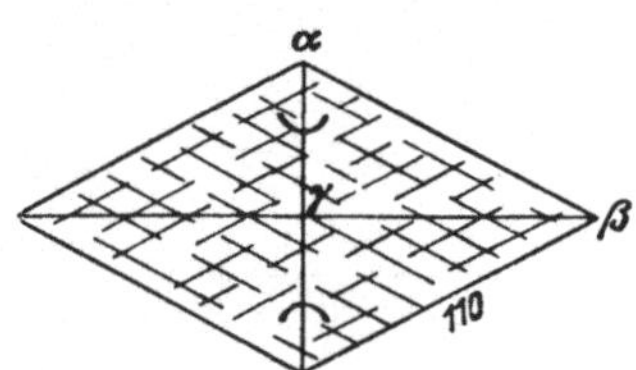

Abb. 437. Anthophyllit, Querschnitt mit Spaltrissen und optische Orientierung.

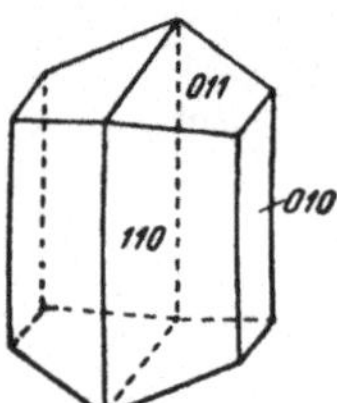

Abb. 438. Hornblende. Gewöhnliche Tracht in Magmagesteinen.

schaften ist wie oben. Auslöschungswinkel $c \wedge \gamma = 10°$ bis 20°. Bestandteil mancher Amphibolite.

Der *Grünerit* ist ein Eisencummingtonit. Dichte 3,52. Opt. —. $\alpha = 1{,}672$, $\beta = 1{,}697$, $\gamma = 1{,}717$; $2V_\alpha =$ ca. 82°. $\beta \parallel b$; $\gamma \wedge c = 10$ bis 14°. Farbe schwach bräunlich. U. a. als Bestandteil in Quarziten von Ostbothnien, Finnland, und in quarzführenden Eisenerzen des Lake-Superior-Gebietes. Der Grünerit ist wohl größtenteils durch Reaktion zwischen Eisenspat und Quarz entstanden.

Tremolit-Aktinolith (Strahlstein), $(Mg,Fe)_4Ca_2(Si_8O_{22})\cdot Mg(OH)_2$, monoklin. Das Prisma (110) ist meistens die einzige entwickelte Kristallform. Nach der Eisenmenge wechselt die Farbe von Farblos bis Dunkelgrün. Im allgemeinen sind die grünen Varietäten charakteristisch, im Gegensatz zu dem Nelkenbraun der (Mg,Fe)-Amphibole. Dichte 2,9 bis 3,1. Optische Achsenebene (010), $c \wedge \gamma =$ = 15 bis 20°. Die Brechungsindices schwanken nach der Menge des Fe-Anteiles, aber dieser ist selten über 20 Mol.-%: $\alpha = 1{,}600$ bis 1,668, $\beta = 1{,}613$ bis 1,676, $\gamma = 1{,}625$ bis 1,685; $\gamma - \alpha = 0{,}017$ bis 0,027. Optisch negativ (Unterschied vom Cummingtonit!), $2V = 77$ bis 88°. Dispersion schwach $\varrho < v$. Die eisenreichsten Mischungen sind in Dünnschliffen pleochroitisch: γ grün > β gelbgrün > α hellgrüngelb. Der *Chromtremolit* ist andersartig grün („chromgrün"), z. B. in Outokumpu.

Die Strahlsteine sind Mineralien von kristallinen Kalksteinen und Dolomiten sowie kalkreichen Schiefern. Der *Strahlsteinasbest* ist für eine Benutzung zu grobfaserig. Der *Nephrit* ist faseriger Strahlstein, der durch die in verschiedenen Richtungen miteinander verflochtenen Fasern stark gefestigt ist. In der Steinzeit als Rohstoff für Waffen benutzt.

Hornblende, zu der Zusammensetzung des Strahlsteins kommt mehr Aluminium und dreiwertiges Eisen. Hierher gehört der *Pargasit*, der außerdem fluorhaltig ist. Es gibt zwei Arten von Hornblende, *gewöhnliche grüne Hornblende* und *basaltische Hornblende.* Erstere gehört zu den häufigsten Gesteinsmineralien. Sie tritt in kurzen Prismen auf (Abb. 438). Dichte 3 bis 3,47. Opt. Achsenebene ‖ (010), $c \wedge \gamma = 0°$ bis 31°. Die Brechungsindices wechseln mit der Zusammensetzung: $\alpha = 1{,}619$ bis 1,680, $\beta = 1{,}626$ bis 1,698, $\gamma = 1{,}641$ bis 1,700; $\gamma - \alpha = 0{,}018$ bis 0,022. Optischer Charakter negativ. $2\,V\alpha = 52$ bis 85°; kann auf 90° steigen. Pleochroismus stark: γ grün > β braungrün > α grüngelb.

Die basaltische Hornblende ist braun, Pleochroismus gewöhnlich: γ und β dunkelbraun und α hellbraun. Enthält in verschiedenen Mengen Eisen, teilweise auch dreiwertiges. In den eisenreichsten Abarten sind Licht- und Doppelbrechung viel größer als in der gewöhnlichen Hornblende, bis zu folgenden Werten:

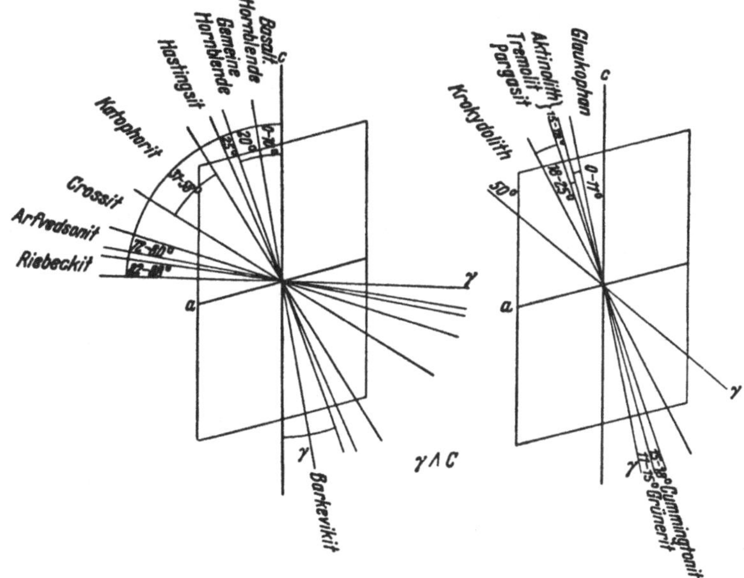

Abb. 439. Die Auslöschungswinkel $\gamma \wedge c$ in verschiedenen Amphibolen.

$\alpha = 1{,}680$, $\beta = 1{,}725$, $\gamma = 1{,}752$; $\gamma - \alpha = 0{,}072$. Der *Barkevikit* ist ein der basaltischen Hornblende ähnlicher, aber noch dunkler brauner Amphibol. Er enthält auch Alkalien und tritt in Alkaligesteinen auf. Der *Katophorit* ist noch alkalireicher, sich dem Riebeckit nähernd.

Riebeckit und *Arfvedsonit,* oft als Mischungen miteinander und mit den Silicaten der gewöhnlichen Hornblende (*Hastingsit, Crossit* usw.), sind Alkaliamphibole. Der Riebeckit enthält reichlich Fe^{3+} und nähert sich in seiner Zusammensetzung dem Ägirin, der Arfvedsonit wiederum steht dem Tremolit am nächsten, aber an Stelle von Ca findet sich Na. Von ihren Eigenschaften erwähnt seien nur die in Dünnschliffen vorwiegend bei in den Richtungen α und β schwingendem Licht bläuliche Farbe und manchmal die Achsenebene ⊥ (010), die sog. normalsymmetrische Stellung der Achsenebene. In den arfvedsonitreichen Mischungen ist die Lichtbrechung sehr stark, α bis 1,690. *Krokydolith* ist Riebeckitasbest.

Glaukophan $(Mg,Fe)_3Al_2(Si_8O_{22})\cdot 2NaOH$, gewöhnlich als isomorphe Mischungen mit Riebeckit- nnd Aktinolithsilicaten. Opt. Achsenebene ‖ (010), $c \wedge \gamma$ 4 bis 6° im stumpfen Winkel β. Die Achsendispersion stark $\varrho > v$. $\alpha = 1{,}621$ bis 1,655, $\beta = 1{,}638$ bis 1,644, $\gamma = 1{,}639$ bis 1,668; $\gamma - \alpha = 0{,}013$ bis 0,018, optisch negativ. Die Farbe ist schön blau: γ ultramarinblau > β rotviolett > ϱ fast farblos. Der Glaukophan entspricht dem Jadeit und kommt wie dieser in den mit dem

Eklogit verwandten Gesteinen, den Glaukophanschiefern und den Glaukophaneklogiten vor.

Die Auslöschungsrichtung $\gamma \wedge c$ auf (010) in verschiedenen Amphibolen ist aus Abb. 439 ersichtlich.

Den Amphibolen, wenigstens den Bandsilicaten, ist noch der *Serpentinasbest* oder *Chrysotil* zuzuzählen. Er ist zwar der Zusammensetzung nach dasselbe wie der Blattserpentin oder Antigorit, Doppelbrechung und Vorkommensweise sind ebenfalls gleich. Strukturell aber sind diese Stoffe ganz verschieden. Von den Amphibolen ist der Chrysotil darin unterschieden, daß zwischen seinen Bändern viel mehr $Mg(OH)_2$-Gruppen vorkommen. Die Formel kann $Mg_6(Si_8O_{22}) \cdot 6Mg(OH)_2 \cdot 2H_2O$ geschrieben werden. Das Umwandlungsprodukt des Olivins, der gewöhnliche Serpentin, ist Chrysotil. Der *Chrysotilasbest* findet sich im Serpentingestein als Gänge, in denen die Fasern quer liegen. Er ist feinster Asbest und am besten zu verweben, chemisch aber ist er weniger widerstandsfähig als Anthophyllitasbest. Rhombisch, Härte 4, Dichte 2,5. Opt. +, $c \parallel \gamma$; $\alpha = 1{,}493$ bis 1,546, $\beta = 1{,}504$ bis 1,550, $\gamma = 1{,}517$ bis 1,557.

c) Netzsilicate oder Phyllosilicate.

Verbinden sich die SiO_4-Tetraeder miteinander durch je drei Sauerstoffatome, so entsteht ein unendliches Netz aus sechszackigen bzw. vierzackigen Maschen, in dem von den mit dem Si-Atom verknüpften Sauerstoffatomen nur eins frei ist, die Kationen zu binden (S. 196). Das SiO-Netz erhält dann die Zusammensetzung $\infty\,(Si_2O_5)$. Ein Teil der Si-Zentren der Tetraeder kann durch Al ersetzt werden, wobei der positive Ladungsausfall dadurch ersetzt wird, daß dem Netz einwertige Kationen zwischengelagert werden. Außerdem kommen Hydroxylgruppen schichtweise zwischen die Netze. Die Netzebene ist stets die Richtung der vollkommenen Spaltbarkeit nach der Basis, das Kristallsystem ist meistens monoklin, aber pseudohexagonal, wie die Struktur des Netzes voraussetzt. Die Netzsilicate sind alle glimmerartige Stoffe, die Zusammensetzung und die Sondereigenschaften sind von den Zwischenraumfüllungen der Netze abhängig. Das einfachste Netzsilicat ist der Talk.

Talk $Mg_6(OH)_4(Si_8O_{20})$, monoklin C^6_{2h}—C2/c oder C^4_s—Cc. Stets schuppig ohne Kristallflächen, die Optik ist mit dem monoklinen System übereinstimmend, die Auslöschung aber in bezug auf die Basis gerade, wie bei den Glimmern. Härte 1, Dichte 2,7. Die unelastische Biegsamkeit der Schuppen weist darauf hin, daß (001) nicht allein Spaltrichtung, sondern auch Gleitrichtung ist. $2E = 6$ bis 30°, die 1. Mittellinie $\alpha \perp (001)$; $\alpha = 1{,}538$ bis 1,545, $\beta = \gamma = 1{,}575$ bis 1,590; die Doppelbrechung ist also sehr stark, wie beim Muskovit, von dem der Talk nicht immer optisch unterschieden werden kann. Die übrigen Mg-Mineralien als Begleiter weisen darauf hin, daß es sich um Talk handelt. Als große Schuppen in den Spalten von Serpentingestein und als hydrothermaler Gesteinsgemengteil in Talkschiefern und Topfstein. Dichter Talk oder *Steatit* ist rein; er und andere reine oder gereinigte Talkarten dienen als Schmierstoff, als Füllmasse in Papier, als Isoliermasse, Hautpuder usw.

Der *Pyrophyllit* $Al_4(OH)_4(Si_8O_{20})$ ist eine dem Talk entsprechende Al-Verbindung, in seinen Eigenschaften und seiner Struktur diesem ähnlich. $\alpha = 1{,}552$, $\beta = 1{,}588$, $\gamma = 1{,}600$; $\alpha \parallel c$. Hydrothermales Produkt. Ein teilweise dem dichten Steatit ähnlicher Pyrophyllit ist der chinesische Bildhauerstoff *Agalmatolith* oder Speckstein.

Glimmergruppe. Grundtypen der Struktur der Glimmer sind Pyrophyllit und Talk. Wird jede vierte der (SiO_4)-Gruppen des Pyrophyllits durch AlO_4 ersetzt und der Ladungsausfall durch K^{1+} ausgefüllt, so ergibt sich Muskovit.

Die einzelnen Tetraedernetze werden also einerseits durch die $Al_4(OH)_4$-Ebenen, anderseits durch die K-Ionen miteinander verbunden (Abb. 288). Gleicherweise wird der Biotit vom Talk abgeleitet.

Nach HENDRICKS und JEFFERSON gibt es unter allen Glimmern mehrere Strukturvarianten, die sich dadurch voneinander unterscheiden, daß die Silicium-Anionen-Schichten um $^1/_3$ oder $^2/_3$ der pseudohexagonalen Achse a_0, oder auch gar nicht, verschoben sein können. Dies bedingt einen Unterschied in den c_0-Perioden und der Gesamtsymmetrie. Die Glimmer verteilen sich somit auf verschiedene Symmetrieklassen und Raumgruppen: Einschichtige Glimmer (Phlogopit, Biotit usw.) sind monoklin domatisch C_s^3—Cm, zweischichtige monoklin prismatisch C_{2h}^6—C2/c, dreischichtige trigonal trapezoedrisch D_3^3—$C3_112$ und D_3^5—$C3_212$ (enantiomorph), sechsschichtige triklin pinakoidal C_i^1—$P\bar{1}$.

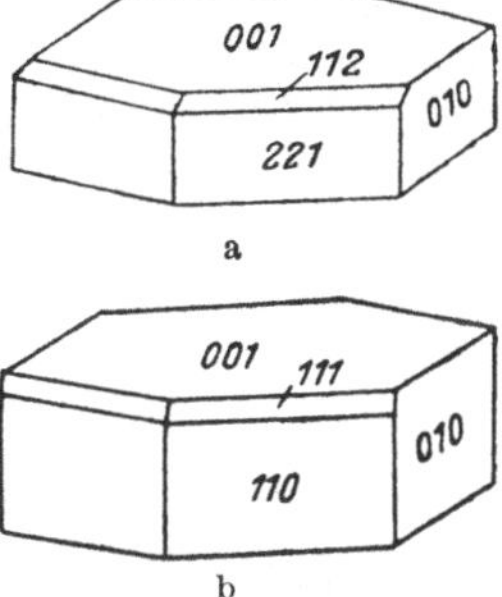

Abb. 440a und b. Glimmer. Gewöhnliche Formen.

Muskovit $K_2Al_4(OH)_4(Si_6Al_2O_{20})$, monoklin. Gewöhnliche Trachtbilder der Glimmerkristalle sind in Abb. 440 wiedergegeben. Ein Teil des Aluminiums kann durch Ferrieisen ersetzt werden. An den Kristallen sind die Flächen (001), (010), (221), (111), (112) (Abb. 440) anzutreffen. Die Spaltschuppen nach der Basis sind elastisch biegsam, wonach zu schließen (001) wenigstens keine gute Gleitfläche ist. Die optische Achsenebene $\perp$ (010), die 1. Mittellinie α weicht um höchstens 1° von der Normale der Spaltrichtung ab. $2V = 48°$. Achsendispersion schwach $\varrho > v$. Für den Muskovit normale Brechungsindices sind:

Fundstätte	α	β	γ	2 E	Fe_2O_3%
Utö	1,557	1,589	1,595	73° 28′	1,37
Pennsburg	1,569	1,607	1,611	60° 18′	5,72

In dem hellen, feinschuppigen Glimmer der kristallinen Schiefer oder *Sericit* ist vielfach der Achsenwinkel kleiner, bis 0°. In derartigem Glimmer ist oft der Wassergehalt (in OH-Form) größer als in den Glimmern der Magmagesteine. Der Sericit ist in einer Metamorphose niedriger Temperatur im Zusammenhang mit Durchbewegungen entstanden. Als Ausgangsstoff haben entweder Kalifeldspat oder auch die unlöslichen Al-silicatreichen Reststoffe der Verwitterung gedient. Bei den Bewegungen regeln sich die Glimmerschuppen recht vollständig in der Bewegungsrichtung; daher die Schieferung der Phyllite und Glimmerschiefer. Doch ist nach unseren gegenwärtigen Kenntnissen das innere Gleitvermögen des Glimmergitters gar nicht so groß wie das des Quarzes; die Anordnung ist nach W. SCHMIDT vorwiegend eine auf der Schuppigkeit der Kristallindividuen beruhende Formregelung. Der gewöhnliche grobschuppige Muskovit ist ein Mineral der granitischen Magmagesteine und der Pegmatite. Seine Entstehung setzt, z. B. im Vergleich zum Biotit, niedrige Temperatur und reichlichen Wassergehalt voraus.

Bei den Glimmern läßt sich durch die Schlag- und Druckfiguren (S. 85) sowie die Achsenbilderbeobachtungen herausstellen, ob die Achsenebene $\perp$ (010), wie beim Muskovit (Glimmer 1. Art), oder $\parallel$ (010) (Glimmer 2. Art), wie beim Biotit verläuft. Die Schlagfigur enthält nämlich stets *eine* Radiusrichtung $\parallel$ (010) (Abb. 441).

Fuchsit oder *Chromglimmer* ist ein Muskovit, in dem Al teilweise durch Cr ersetzt ist. Dadurch wird eine grüne Farbe bewirkt: α = blaugrün, β = gelbgrün, γ = blaßgrün. Im übrigen sind die Eigenschaften wie beim Muskovit. In Quarziten, vorwiegend in der Nähe chromhaltiger Serpentine, z. B. in Outokumpu. Auch in ausgedehnten Gebieten ist er in vielen Gegenden in Quarziten anzutreffen, wie in Lappland. Auch im kristallinen Kalkstein.

Paragonit oder *Natronglimmer* ist Natriummuskovit. Die Eigenschaften weichen nicht sehr von denen des Muskovits ab. Tritt sehr feinschuppig in gewissen Glimmerschiefern der Alpengegenden auf. Seine Entstehung setzt anscheinend ganz besondere Bedingungen, vielleicht Durchbewegungen, voraus, da er in den Gesteinsbildungen der meisten Gegenden völlig fehlt und an seiner Stelle Albit vorkommt, auch in den Bildungen niedriger Temperatur. Begleiter ist oft Disthen, wie in Airolo und Monte Campione, Tessin.

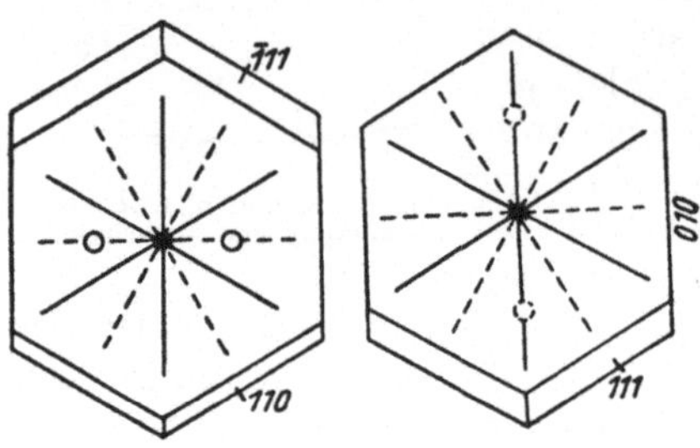

Abb. 441. Schlagfiguren und Druckfiguren bei den Glimmern, links Glimmer 1. Art, wie Muskovit, rechts Glimmer 2. Art, wie Biotit.

Biotit $K_2(Mg,Fe,Al)_6(OH)_4(Si_6Al_2O_{20})$, wo Fe^{3+} teilweise Al ersetzt. Der häufigste aller Glimmer. Biotit ist der Gesamtname für die Mischungsreihe. Als *Lepidomelane* bezeichnet werden Fe-reichste Mischungen. Der Lepidomelan des Rapakivi ist besonders reich an sowohl Fe^{2+} als Fe^{3+}. Die Formen wie beim Muskovit. Härte 2,5 bis 3, Dichte 2,8 bis 3,2. Optische Achsenebene (010). Auslöschung in den Querschnitten der Spaltschuppen meistens ganz gerade. Der Achsenwinkel sehr klein, oft 0°, Dispersion $\varrho < v$. Die Brechungsindices wechseln nach dem Gehalt an zweiwertigem sowie dreiwertigem Eisen: $\alpha = 1{,}535$ bis $1{,}630$, $\beta = 1{,}564$ bis $1{,}690$, $\gamma = 1{,}565$ bis $1{,}690$. Der Pleochroismus ist äußerst stark: $\gamma = \beta$ dunkelbraun oder seltener dunkelgrün $> \alpha$ hellgelb oder hellgrün. Pleochroitische Höfe (S. 155).

Der Biotit ist ein Mineral der Magmagesteine und der kristallinen Schiefer. Der Lepidomelan ist besonders für Granite kennzeichnend, eisenarme Biotite sind in basischen Gesteinen anzutreffen. Er kann auch ganz farblos sein und ist dann schwer vom Muskovit zu unterscheiden, außer im Achsenbild. Ein sehr eisenarmer Biotit ist auch der *Phlogopit* metamorpher Kalksteine, der außerdem auch fluorhaltig ist; von hellbrauner Farbe. Oft in schönen, großen Kristallen.

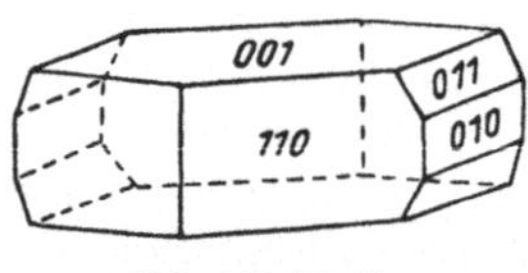

Abb. 442. Biotit.

Der *Lepidolith* ist lithiumhaltiger Muskovit, von rosenroter Farbe. Die Lichtbrechung ist schwächer als bei den übrigen Glimmern, α bis 1,531. Pegmatitmineral. Der *Zinnwaldit* wiederum ist Lithiumbiotit, von brauner Farbe. Gemengteil von Zinnerzgängen und Greisenbildungen, oft Begleiter von Topas. Der rotbraune *Manganophyll* ist ein manganreicher Biotit und gekennzeichnet dadurch, daß sein Pleochroismus umgekehrt wie der des Biotits ist: für senkrecht zur Spaltrichtung schwingendes Licht ist die Absorption am größten und die Farbe rotbraun. Kommt vor z. B. in Vuorijärvi (Salla), Nordfinnland, in Alkaligesteinen.

Roscoelit ist ein braungrüner Muskovit, bei dem Al_2O_3 weitgehend durch V_2O_3 ersetzt ist. Bestandteil eines Sandsteins in San Miguel County, Colorado, der 3,5 bis 5,7% V_2O_3 enthält und früher als Vanadinerz gewonnen wurde.

Die Minerale der *Sprödglimmergruppe* sind in ihren Eigenschaften von den eigentlichen Glimmern darin unterschieden, daß ihre Spaltbarkeit nach der Basisfläche weniger vollkommen ist und die Spaltschuppen spröde, unelastisch sind. Der kristallchemische Unterschied besteht darin, daß in den Gittern der Sprödglimmer als Zentrum der Tetraedergruppen bei etwa zweien von den vieren ein Al-Atom dient, während in den Glimmern nur eins der vier Si-Atome durch Al ersetzt ist. Optisch sind die Sprödglimmer durch ihre stärkere Lichtbrechung und geringere Doppelbrechung von den Glimmern unterschieden. Zu der Sprödglimmergruppe gehören drei der Zusammensetzung nach recht verschiedene Untergruppen, nämlich das (Fe,Mg)Al-Silicat *Chloritoid* oder der eigentliche Sprödglimmer, die sehr Al-reiche, Mg- und Ca-haltige und Si-arme *Clintonit*-Mischungsreihe (heller Clintonit ist u. a. im Kalkstein von Pargas und von Stansvik bei Helsinki angetroffen worden) und der *Margarit* oder *Kalkglimmer*.

Chloritoid $Fe_4(OH)_8Al_4(Si_4Al_4O_{20})$, in dem Fe teilweise durch Mg und Mn ersetzt wird. Die Form ist die des Biotits, Härte 6,5. In den die Spaltrichtung schneidenden Schliffen eine recht schiefe Auslöschung: $\gamma \wedge c = 12$ bis 21°, in welcher Hinsicht sich der Chloritoid vom Biotit unterscheidet. Daran liegt es, daß die nach der Basisebene eintretende polysynthetische Verzwillingung, die auch in den Glimmern besteht, in diesem Sprödglimmer mit dem Mikroskop zu sehen ist. Starke Mittelliniendispersion: $\gamma \wedge c$ ist bei rotem Licht um 2 bis 4° größer als bei violettem. Der Achsenwinkel ist wechselnd. $\varrho > v$. $\beta =$ ca. 1,72; $\gamma - \alpha$ 0,007 bis 0,016, optischer Charakter +. Pleochroismus: $\gamma =$ gelbgrün, $\beta =$ blau $\alpha =$ olivgrün. Dunkle Farbe, Verzwillingung und schwarze Pigmenteinschlüsse erschweren die optische Untersuchung. Das Pigment oft sanduhrartig angeordnet, was an der Anisotropie der Wuchsenergie liegt: der in der Richtung seiner Basisebene wachsende Kristall schiebt die Einschlüsse beiseite, sie seitwärts einschließend. Der Chloritoid ist ein Mineral der Phyllite in oberflächlichsten, stark durchbewegten Überschiebungsdecken der Gebirgsketten. Pregratten in Tirol, Kaisersberg in Steiermark. In Finnland hat man ihn in den karelischen Schiefern selten angetroffen. Der *Ottrelith* von Ottrez in den Ardennen ist manganreicher Chloritoid.

Margarit $Ca_2(OH)_4Al_4(Si_4Al_4O_{20})$, heller perlmutterglänzender Sprödglimmer. Härte 4, Dichte 3,0. Etwas schiefe Auslöschung: $a \wedge \beta = 6$ bis 7°, b $\parallel \gamma$. Optischer Charakter —. $\alpha = 1{,}632$, $\beta = 1{,}645$, $\gamma = 1{,}647$; 2 Vα wechselnd, höchstens 70°. Als Bestandteil in kalkreichen Gesteinen, wie in Anorthositen; auch im Schmirgel.

Chloritgruppe. Die hierher gehörigen Mineralien sind glimmerartig spaltbar, die Spaltschuppen unelastisch biegsam, von alkalifreier Zusammensetzung wie die Sprödglimmer. Die Kristallstruktur ist glimmerartig, aber die Abstände zwischen den SiO_4-Netzen sind bedeutend größer; diese Zwischenräume enthalten Hydroxydschichten wie die Schichtgitter des Brucits und des Hydrargillits. Zu der Gruppe gehören viele isomorphe Mischungsreihen, unter denen die von G. TSCHERMAK entdeckte *Serpentin-Amesitreihe* am wichtigsten ist. Die Zusammensetzung der Hauptglieder entspricht folgenden Formeln:

Serpentin (Sp): $Mg_4(Si_8O_{20}) \cdot 8\,Mg(OH)_2$

Amesit (At): $Mg_4(Al_4Si_4O_{20}) \cdot 8\,Mg(OH)_2$

In beiden kann Mg durch Fe ersetzt werden. Der Serpentin ist rein anzutreffen, während dagegen Amesit in Mischungen mit Serpentinsilicat die eigentlichen Chloritmineralien bildet.

Der *Chlorit* ist von glimmerartigem Kristallhabitus, pseudorhomboedrisch (Abb. 443). Bisweilen finden sich hornartig gedrehte Bildungen (Abb. 444). Härte 1,5 bis 2,5, Dichte 2,65 bis 2,95. Farbe grün; die sehr eisenarmen Abarten können in Dünnschliffen farblos sein. Die Absorption für die in der Spaltrichtung (001) schwingenden Strahlen ist stets größer als $\perp$ (001), für welche die Farbe gelbgrün ist. Im übrigen wechselt die Optik nach den Mischungsverhältnissen. Als Bestandteile von Gesteinen wichtig sind folgende Abarten:

Pennin, Sp_3At_2 — SpAt. Farbe hellgrün, Interferenzfarbe himmelblau, übernormal infolge der Dispersion der Doppelbrechung. Optischer Charakter bald +, bald —, $\gamma - \alpha$ sehr klein, für irgendeine Mittelfarbe oft 0. $\alpha = 1{,}575$ bis 1,582, $\gamma = 1{,}576$ bis 1,583. Gerade Auslöschung, fast einachsig.

Klinochlor, SpAt — Sp_2At_3, von dunklerer Farbe als der vorhergehende, Doppelbrechung größer, aber wechselnd, optischer Charakter +. Achsenwinkel 10 bis 20°. Die Auslöschung in Querschnitten oft sehr schief. $\alpha = 1{,}579$ bis 1,586, $\gamma = 1{,}584$ bis 1,596. — Pennin und Klinochlor sind beide in Chloritschiefern und Grünsteinen sowie als Umwandlungsprodukt in Magmagesteinen allgemein verbreitet.

Prochlorit, Sp_2At_3 — Sp_3At_7. Dunkelgrün, stärker doppelbrechend, positiv. $\alpha = 1{,}58$ bis 1,61; $\gamma - \alpha = 0{,}010$ bis 0,020. Opt. +. 2 V meistens klein. Tritt vorwiegend als Spaltfüllung auf. In den eisenreichsten Chloriten kann β sogar 1,68 betragen. Als erdige Massen können sie in schwach metamorphen sedimentären Eisenerzen vorkommen, z. B. im Gebiet des Lake Superior, sie haben verschiedene Namen erhalten, wie *Chamosit, Thuringit* und *Greenalit.*

Glaukonit, etwa $K_2(Mg,Fe^{2+})(Fe^{3+},Al)_4(OH)_6Si_8O_{20}$, ein chloritähnliches Mineral, insofern eigenartig, als er unter dem Einfluß des Meeres in dem sich absetzenden Bodenschlamm entsteht. Als rundliche Knollen in marinen Sandsteinen und Kalksteinen vorkommend und ihnen ihre grüne Farbe verleihend. Wenn einzelne Kristallindividuen im Mikroskop sichtbar sind, weisen sie, wie bei den dunklen Chloriten, glimmerartige Spaltbarkeit und starken Pleochroismus auf. Doppelbrechung ziemlich groß. Seiner Zusammensetzung nach ist der Glaukonit in der Hauptsache Kaliumferrisilicat.

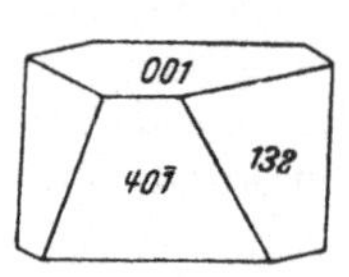

Abb. 443. Chlorit. Pseudorhomboedrische Tracht.

Abb. 444. Chlorit. Hornartig gedrehte Kristallbildung.

Kämmererit, chromhaltiger Chlorit, von dunkler Farbe, sonst klinochlorähnlich. In Gesteinen von Outokumpu angetroffen.

Antigorit oder *Blattserpentin*, von den zwei verschiedenen Formen des Serpentinsilicats diejenige, die kristallstrukturell mit dem Chlorit verwandt ist, während wiederum der Faserserpentin oder Chrysotil den Amphibolen nahesteht. Der Antigorit ist stets ein Umwandlungsprodukt, seine Eigenschaften sind je nach dem Eisengehalt stark wechselnd, und ihm ist gewöhnlich Faserserpentin beigemischt, dessen Eigenschaften trotz der Verschiedenheit der Gestalt denen des Antigorits so ähnlich sind, daß diese beiden in dichten Serpentingesteinen unmöglich immer auseinandergehalten werden können. In seinem typischen Habitus ist allerdings die Glimmerartigkeit des Antigorits offenbar. Die 1. Mittellinie α ist $\perp$ gegen die Spaltrichtung, die Lichtbrechung beträgt 1,54 bis 1,57, die Doppelbrechung ist minimal: $\gamma - \alpha = 0{,}004$ und weniger. Im Dünnschliff farblos. — Der Serpentin kann aus Pyroxenen und Amphibolen entstanden sein, meistens aber serpentinisiert Olivin. Die Umwandlung läßt sich Schritt für Schritt verfolgen. Z. B. in den allgemeinen Serpentingesteinen der karelischen Zone ist der Stoff ausschließlich Blatt- und Faserserpentin, und doch ist an ihm öfters noch als Pseudomorphose die Struktur des ursprünglichen Dunits derart zu erkennen, daß die Erzkörner, einst bei beginnender Umwandlung an den Grenzen und in den Spalten der Olivinkörner ausgeschieden, gleicherweise wie im Dunit angeordnet sind.

Garnierit, nickelhaltiger Serpentin, von apfelgrüner Farbe, so dicht, daß die Kristalleigenschaften gewöhnlich nicht bestimmt werden können. Wichtiges Nickelerz in Neukaledonien.

Kaolin, 8 $Al(OH)_2 \cdot (Si_8O_{20})$, ist monoklin domatisch, C_s^4—Cc, pseudo-hexagonal, wie die Glimmer, und nach derselben Grundformel aufgebaut, wie die Röntgenforschung festgestellt hat. Manchmal ist er auch in Form glimmerförmiger Kristalle anzutreffen. Härte 2,5 bis 3, Dichte 2,6, $\gamma - \alpha = 0{,}006$, optischer Charakter +, $\beta = 1{,}565$, $2\,V = 38°$. Kaolin ist ein Verwitterungsprodukt von Feldspat und anderen aluminiumhaltigen Silicaten, kann aber auch hydrothermal aus denselben Mineralien entstehen. Die Verwendung des Kaolins als feuerfester Ton und als Rohstoff für feine keramische Erzeugnisse ist bekannt.

Der Kaolin umfaßt eigentlich drei verschiedene nahe verwandte Kristallarten: *Kaolinit*, *Dickit* und *Nakrit*.

Nontronit, dem Kaolin entsprechende Eisenverbindung, von gelbbrauner Farbe. Doppelbrechung etwa 0,020, $\beta = 1{,}61$.

Montmorillonit ist ein dem Kaolin verwandtes, aber Mg-, Ca- und Fe-haltiges Verwitterungsmineral.

Nach den neuesten Ergebnissen der Strukturforschung sind noch die Melilithgruppe sowie der Apophyllit zu den Phyllosilicaten zu zählen. In ihren Eigenschaften zeigen die Melilithminerale gewiß mehr Ähnlichkeit mit etwa dem Cordierit und der Apophyllit mit den Zeolithen. Dies ist auf Grund der Strukturen leicht verständlich.

Melilith $(Ca,Na)_2(Mg,Al)(Si,Al)_2O_7$, ditetragonal skalenoedrisch, enthält (Si_2O_7)- oder $(SiAlO_7)$-Gruppen. Das Al-freie Hauptglied $Ca_2Mg(Si_2O_7)$ ist *Åkermanit*. Das Mg-freie $Ca_2Al(SiAlO_7)$ ist *Gehlenit*. Die Formen sind nach (001) tafelig. Härte 5, Dichte ca. 2,9. Doppelbrechung gering, Lichtbrechung etwa 1,63, Opt. + oder —. Die Interferenzfarbe oft übernormal blau. Hauptbestandteil kieselsäurearmer Alkaligesteine; als Begleiter oft Perowskit. Gehlenit findet sich in Kalkstein als Kontaktmineral, u. a. in Lavaeinschlüssen des Vesuvs.

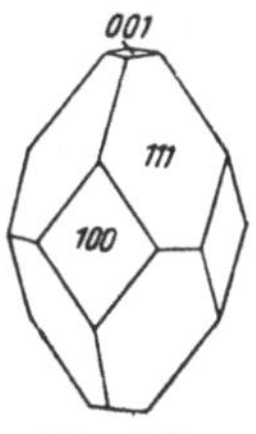

Abb. 445. Apophyllit.

Apophyllit $K(F,OH)Ca_4(Si_8O_{20})\cdot 8\,H_2O$, ditetragonal bipyramidal, D_{4h}^6—P4/mnc, ist in seiner Wasserbindungsweise den Zeolithen ähnlich, gehört aber kristallstrukturell nicht zu dieser Gruppe, von der er auch sonst abweicht, da er aluminiumfrei ist. Er besitzt nämlich ein Schichtgitter, d. h. die SiO_4-Tetraeder haben sich in einer und derselben Ebene zu einem Netz verbunden, indem drei O-Ionen aus jeder Gruppe an den Si-Ionen von verschiedenen Nachbargruppen gebunden sind und nur ein O an Kationen gebunden ist. Die Form der Si—O-Netze ist folglich auch hier $\infty\,(Si_2O_5)$, wie beim Glimmer, das Netz ist hier jedoch quadratisch. Die glimmerartige Struktur erscheint als vollkommene (001)-Spaltbarkeit der säulenförmigen, überwiegend prismatischen oder bipyramidalen Kristalle (Abb. 445) mit perlmutterglänzenden Basisflächen. Optisch interessant ist der Apophyllit durch die starke Dispersion seiner schwachen Doppelbrechung: der Stoff ist für die einen Wellen positiv, für die anderen negativ. $\omega = 1{,}535$ bis 1,543. $\varepsilon = 1{,}537$ bis 1,543. Dichte 2,3 bis 2,4, Härte 4,5 bis 5. In Hohlräumen von Laven auf Island usw.

d) Gerüstsilicate oder Tektosilicate.

Hierher zählen wir alle diejenigen Silicate, in denen die einzelnen SiO_4-Tetraeder durch alle vier Sauerstoffatome miteinander zu einem Raumgerüst verbunden sind. Dient als Zentrum des Tetraeders Si, so werden alle seine Valenzen befriedigt, und es ergibt sich $\infty\,(SiO_2)$ in Form von Quarz, Tridymit oder Cristobalit. Tritt dagegen bei einem Teil der Tetraeder Al als Zentrum auf, so bleibt eine Valenz frei und bindet verschiedene Kationen; es entstehen verschiedene Alumosilicate, je nachdem erstens wieviel Si durch Al ersetzt ist, zweitens was das Kation ist, und drittens nach welchem Prinzip die Tetraeder im Raume angeordnet sind. Im Cristobalitgitter ist die Anordnung der Si-Atome dieselbe wie in dichtester kubischer Packung und im Tridymit dieselbe wie in dichtester hexagonaler Packung, wenngleich zwischen den Tetraedern noch große leere Räume bleiben: das Gitter ist sehr porös. Im Quarz haben sich die Tetraeder zu einer Spirale mit sechszähliger Schraubenachse geordnet, das Mineral hat keine sechseckigen Netzflächen nach der Basisebene. Darauf beruht die Enantiomorphie der Quarzformen. Ein derartiges Spiralgitter wird dichter als ein regelmäßiges kubisches oder hexagonales, aus Tetraedern aufgebautes Gitter, und scheint keine Kationen mehr aufnehmen zu können, da keine in der Symmetrie quarzähnlichen Gerüstsilicate bekannt sind. Dagegen gibt es cristobalitähnliche kubische Gerüstsilicate, z. B. Leucit, Sodalith, desgleichen tridymitähnliche hexagonale, z. B. Nephelin, Cancrinit.

Außerdem ist es möglich, die Tetraeder so anzuordnen, daß 4 oder 8 Tetraeder eine Ringfigur bilden; dann entsteht ein tetragonales oder pseudotetragonales Gitter. Diesen Strukturtyp vertreten die Feldspate und Skapolithe.

Bei einigen von diesen, nämlich dem Sodalith, Cancrinit und Skapolith, haben sich in den Hohlräumen des Gerüstes nicht allein einfache Kationen, sondern auch einen verhältnismäßig großen Raum beanspruchende Anionen niedergelassen, wie Cl, SO_4 und CO_3, von denen natürlich obendrein jedes sein eigenes Kation erfordert. Endlich gehören hierher noch eine ganze Menge besonders typischer Gerüstsilicate, die Zeolithe, in denen sich Wassermoleküle in die Hohlräume des Gerüstgitters eingelagert haben.

Feldspatgruppe. Obgleich die Feldspate zwei verschiedenen Kristallsystemen angehören, dem monoklinen und dem triklinen, sind sie den Kristallformen und der Struktur nach sehr gleichartig und nähern sich dem tetragonalen, nicht so sehr in der Formentwicklung wie in der Atomstruktur. Die Formeln der Feldspate sind auf Grund der Kristallstrukturforschung folgendermaßen zu schreiben:

Kalifeldspat (Or)	$K(SiO_2 \cdot SiO_2 \cdot SiO_2 \cdot AlO_2)$	{ *Mikroklin*, triklin, C_i^1—$C\,\bar{1}$ { *Orthoklas*, monoklin prismatisch, C_{2h}^3—$C\,2/m$
Albit (Ab)	$Na(SiO_2 \cdot SiO_2 \cdot SiO_2 \cdot AlO_2)$	Triklin pinakoidal C_i^1—$C\,\bar{1}$
Anorthit (An)	$Ca(SiO_2 \cdot SiO_2 \cdot AlO_2 \cdot AlO_2)$	Triklin pinakoidal C_i^1—$C\,\bar{1}$

Wie aus diesen Formeln zu ersehen, sind beim Kali- und beim Natronfeldspat eines der vier Si-Atome, beim Kalkfeldspat aber zwei derselben durch Al ersetzt. Härte 6. Alle Feldspate weisen zwei zueinander ganz oder fast senkrechte Pinakoidspaltrichtungen auf, (001) und (010), von denen erstere vollkommener ist. Dieselben Richtungen kommen auch als Kristallflächen vor; neben ihnen sind (110) und $(1\bar{1}0)$, $(\bar{1}01)$ und $(\bar{2}01)$ häufigste Flächenformen. Das Pseudotetragonale der Kristalle tritt bei solchen Formen hervor, in denen die Flächenformen (001) und (010) vorherrschen; die a-Achse der Feldspate entspricht der tetragonalen c-Achse.

Der Kalifeldspat ist dimorph, er tritt als trikliner Mikroklin und als monokliner Orthoklas auf. Ihr Verhältnis ist ein engster Polysymmetriefall, und immer noch gehen die Meinungen darüber auseinander, ob der Orthoklas überhaupt eine verschiedene Kristallart oder nur ein submikroskopisch verzwillingter Mikroklin ist. Jedenfalls scheinen die während oder nach der Kristallisation eingetretenen Durchbewegungen im Gestein die Entstehung der für den Mikroklin eigenartigen Zwillingsstruktur zu begünstigen. Der von E. Mäkinen dargestellten Auffassung uns anschließend, rechnen wir hier die Kalifeldspate als verschiedene Arten und den Mikroklin als die Form niedriger Temperatur. Der Kali- und der Natronfeldspat stehen somit zueinander im Isodimorphieverhältnis. Wenn sie aus trockenen Schmelzen entstehen, sind sie nahe ihrer Schmelztemperatur fast lückenlos mischbar, bei tieferen Temperaturen aber wird die Lücke der Mischungsreihe größer. Folglich kann aus dem Feldspat Albit als *Perthit* ausgeschieden werden, wenn die Abkühlung langsam vor sich geht. Desgleichen kann sich aus dem Albit *Antiperthit* ausscheiden. In den rasch erstarrten Lavagesteinen ist der homogene Alkalifeldspat „abgeschreckt" worden und so geblieben. Das ist der glasklare *Sanidin*. Der in Felsspalten aus Wasserlösung kristallisierte Kalifeldspat ist von Anfang an bei so niedriger Temperatur entstanden, daß er kaum überhaupt Natronfeldspat als isomorphe Mischung hat aufnehmen können. So ist oft der wohlgeformte und klare *Adular*, die reinste der natürlichen Kalifeldspat-Abarten, entstanden.

Albit und Anorthit bilden eine lückenlose, zu dem 1. Typ ROOZEBOOMS gehörige Mischungsreihe, deren Temperatur-Konzentrationsdiagramm wir in

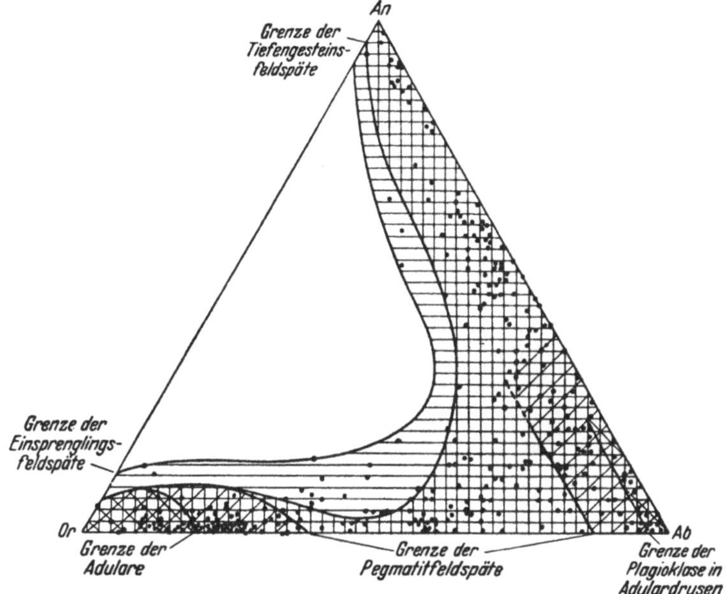

Abb. 446. Die Mischungsverhältnisse der Feldspate nach E. MÄKINEN. Die Punkte bedeuten Analysen. Horizontalschraffur: nur Einsprengling-Feldspat. Vertikalwürfelung: Einsprengling- und Tiefengestein-Feldspat usw

Abb. 321 sehen. Anorthit und Kalkfeldspat sind in allen Verhältnissen nur sehr wenig mischbar. Abb. 446 zeigt als Dreiecksprojektion die Mischungsverhältnisse dreier Feldspate in verschiedenartigen und bei ungleicher Temperatur kristallisierten Gesteinen.

Plagioklas oder die Mischungsreihe von *Albit* und *Anorthit*, triklin. Die Kristalle sind meistens in der Richtung (010) plattenförmig, aber sehr wechselnd im Habitus (Abb. 447 und 448). Die Anorthitkristalle sind oft dicker, sogar tafelig nach (001) (Abb. 208). In den Gesteinen polysynthetisch nach dem *Albitgesetz*, mit (010) als Zwillings- und Verwachsungsebene, verzwillingt (Abb. 449). Dazu kommt die gemeinsame Verzwillingung polysynthetischer Kristalle nach dem *Karlsbader Gesetz*, wie bei den Kalifeldspaten. Farblos oder fremdfarbig, grau oder rötlich.

Die meßbaren Eigenschaften wechseln in der Reihe mit den Albit- und den Anorthit-Mengen. Diese Verhältnisse gehen hervor aus den Diagrammen, in denen die Mischungsverhältnisse auf der Abszisse und die Eigenschaften auf der Ordinate abgetragen sind. Die Mischungsverhältnisse werden in Mol.-Prozenten

Albit und Anorthit angegeben. Abb. 450 enthält die Variationskurven der optischen Eigenschaften und zugleich die Benennungen der Mischungen verschiedenen Verhältnisses. Auf Abb. 451 wiederum ist in stereographischer Projektion der Wechsel der optischen Orientierung mit der Zusammensetzung dargestellt. Als bei der praktischen Bestimmung beachtenswerter Umstände sei folgendes dargestellt:

Erstes mikroskopisches Kennzeichen des Plagioklases ist die albitgesetzmäßige polysynthetische Verzwillingung, die zwischen gekreuzten Nicols deshalb zu sehen ist, weil die nebeneinander liegenden Zwillingsleisten verschiedene Auslöschungsrichtungen zeigen. Die Zwillingsindividuen, die im Gesteinsschliff ⊥ (010) getroffen worden sind, löschen symmetrisch aus (Abb. 452), d. h. in den Leisten 1, 3, 5, 7... ebensoviel in *einer* Richtung schräg wie in den Leisten 2, 4, 6, 8... in entgegengesetzter Richtung. Wenn die Schwingungsebene beider Nicols parallel mit der Zwillingsgrenze verläuft, können die Streifen überhaupt nicht voneinander getrennt werden, da sie dann dieselbe und gleich starke Interferenzfarbe besitzen, die entsprechend der niedrigen Doppelbrechung des Plagioklases grau oder weiß ist. Der Wechsel im maximalen Auslöschungswinkel

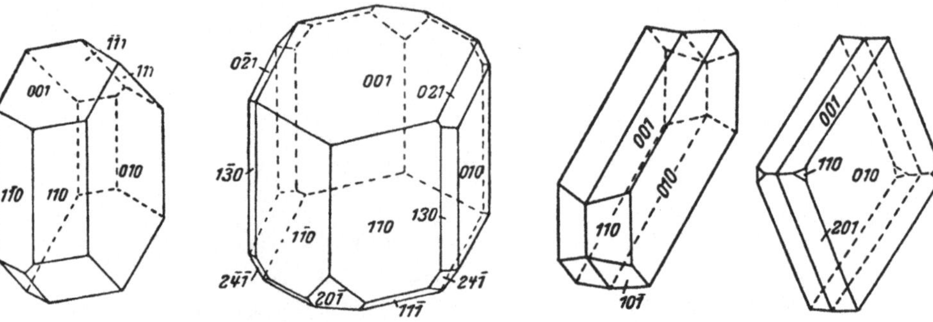

Abb. 447. Albit. Leicht verzerrter Kristall.

Abb. 448. Anorthit.

Abb. 449. Plagioklaszwillinge.

der sog. *symmetrischen Zone* oder der ⊥ (010)-Zone ist in einer Kurve von Abb.450 dargestellt. Es sind also möglichst viele symmetrische Schliffe aufzusuchen und die Auslöschungswinkel zu messen. Gemäß dem größten beobachteten Wert sucht man die entsprechende Zusammensetzung. Beim Oligoklas, wenn die Zusammensetzung etwa $Ab_{80}An_{20}$ ist, schneidet diese Kurve in 0° die Ordinate, d. h. die Auslöschung ist dann stets gerade, und Zwillingsstreifung ist bei gekreuzten Nicols nicht zu sehen. Beiderseits dieser Zusammensetzung weisen paarweise zwei verschiedene Plagioklase in symmetrischen Schnitten gleiche maximale Auslöschungswinkel auf. Um entscheiden zu können, ob die Zusammensetzung der Mischung vom Schnittpunkt aus nach dem Albit oder Anorthit zu gerichtet ist, hat man sich eines anderen Bestimmungsmittels zu bedienen.

Ein bequemes und sicheres Verfahren besteht darin, den Auslöschungswinkel zu messen in einem Schnitt, der gleichzeitig ⊥ (010) und (001) ist und daran zu erkennen, daß nahezu senkrecht zu den symmetrisch auslöschenden albitgesetzmäßigen Zwillingsleisten Spalten bestehen. Die Kurve dieses Auslöschungswinkels fällt großenteils mit der des maximalen Auslöschungswinkels zusammen.

Das einfachste stets mögliche Verfahren ist ein Vergleich der Lichtbrechung mit der des Canadabalsams oder des Quarzes. In albitreichen Plagioklasen, bis etwa $Ab_{80}An_{20}$, ist $\alpha < n_{CB}$, in anorthitreicheren $\alpha > n_{CB}$.

Vergleicht man die Brechungsindices von Plagioklas und Quarz in verschiedenen Lagen miteinander, so kommt man in der Bestimmung der Zusammensetzung des Plagioklases noch viel weiter. Von den scharf sichtbaren Grenzen zwischen Quarz und Plagioklas werden solche ausgesucht, bei denen die Auslöschungsrichtung beiderseits dieselbe ist, man betrachtet die Becke-Linie oder die Licht-Schatten-Streifen in schräger Beleuchtung. Mittels einer empfindlich-violetten Gipsplatte wird dann bestimmt, ob die Körner optisch gleichgerichtet sind, wobei die größeren Brechungsindices γ' und ε' untereinander und die kleineren α' und ω untereinander verglichen werden, oder ob sie optisch entgegengesetzt sind, welchenfalls der größere Brechungsindex des Quarzes, ε', mit dem kleineren des Feldspates und umgekehrt der kleinere Brechungsindex des Quarzes mit dem größeren des Feldspates verglichen werden muß. So läßt sich die Zusammensetzung des zu untersuchenden Plagioklases zwischen bestimmten Grenzen auf eines der folgenden Gebiete festlegen:

$\gamma' < \omega$	Ab_{100}—Ab_{84}
$\gamma' > \omega$; $\alpha' < \omega$	Ab_{84}—Ab_{70}
$\gamma' < \varepsilon'$; $\alpha' > \omega$	Ab_{70}—Ab_{67}
$\gamma' > \varepsilon'$; $\alpha' > \omega < \varepsilon'$	Ab_{67}—Ab_{51}
$\alpha' > \varepsilon'$	Ab_{51}—Ab_0.

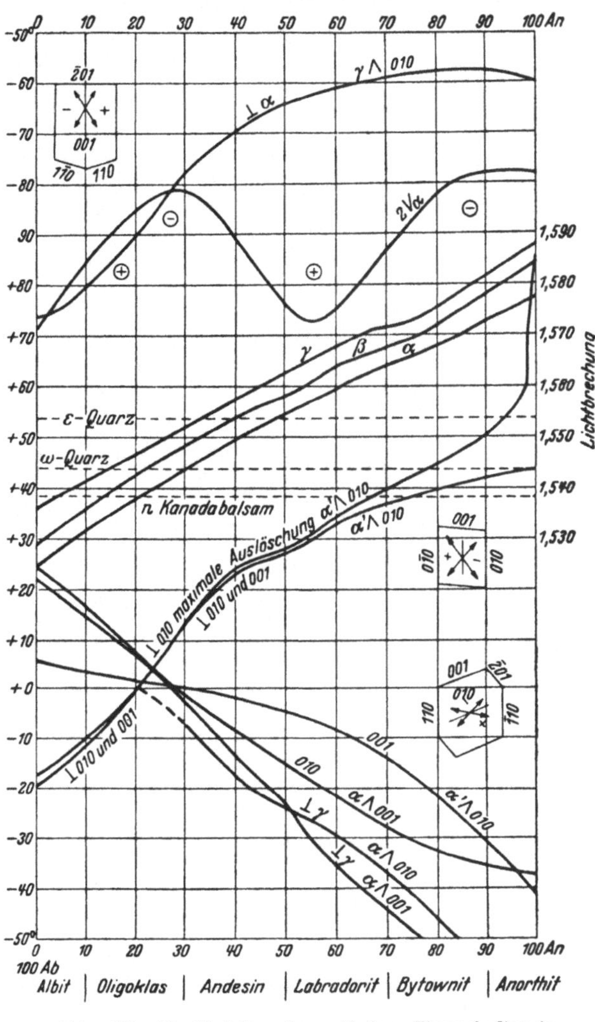

Abb. 450. Die Variation der optischen Eigenschaften in der Plagioklasreihe nach der Zusammensetzung.

Ermittelt man nach der Immersionsmethode an Pulver α' und γ' des Plagioklases, so ergibt sich mittels derselben Brechungsindexkurve die Zusammensetzung mit ziemlicher Genauigkeit. Es ist zu berücksichtigen, daß das erhaltene α' etwas größer als α und γ' etwas kleiner als γ ist, so daß sich auch auf diese Weise die Grenzwerte feststellen lassen.

Für Plagioklas gibt es zahlreiche andere Bestimmungsarten; ein Teil von ihnen ist auf Abb. 450 wiedergegeben. Man pflegt den Auslöschungswinkel an Spaltsplittern nach (001) und (010) in der Kantenrichtung der einen Spaltbarkeit insbesondere dann zu bestimmen, wenn grobkristalliner Feldspat zur Untersuchung vorliegt. Die Splitter werden mit dem Hammer gespalten und voneinander getrennt auf das Objektglas gelegt. In den nach (001) gerichteten Splittern ist gewöhnlich Albitverzwillingung zu sehen.

Die Bestimmung des Auslöschungswinkels an Schnitten, die zugleich senkrecht gegen (001) und (010) stehen, ist besonders bei der Untersuchung der in den kristallinen Schiefern enthaltenen Plagioklase ein geeignetes Mittel. Diese sind oft nur einfache Individuen ohne Zwillingsstreifung, so daß die Auslöschungswinkel nicht von ihr ausgehend bestimmt werden können. Dagegen sind die den beiden Spaltrichtungen parallelen Risse zu sehen, und wenn sie senkrecht zur Schliffrichtung liegen, sind sie daran zu erkennen, daß sie, auch mit starkem Objektiv betrachtet, an der Stelle zu verharren scheinen, wenn der Tubus gehoben oder gesenkt wird. Die Spalten bilden dann miteinander einen Winkel von etwa 86°, so daß zu sehen ist, ob die Auslöschungsrichtung in der Richtung des einen Spaltes nach dem spitzen (+) oder dem stumpfen (—) Winkel abweicht, d. h. ob die Zusammensetzung des Plagioklases rechts oder links vom 0°-Punkt liegt.

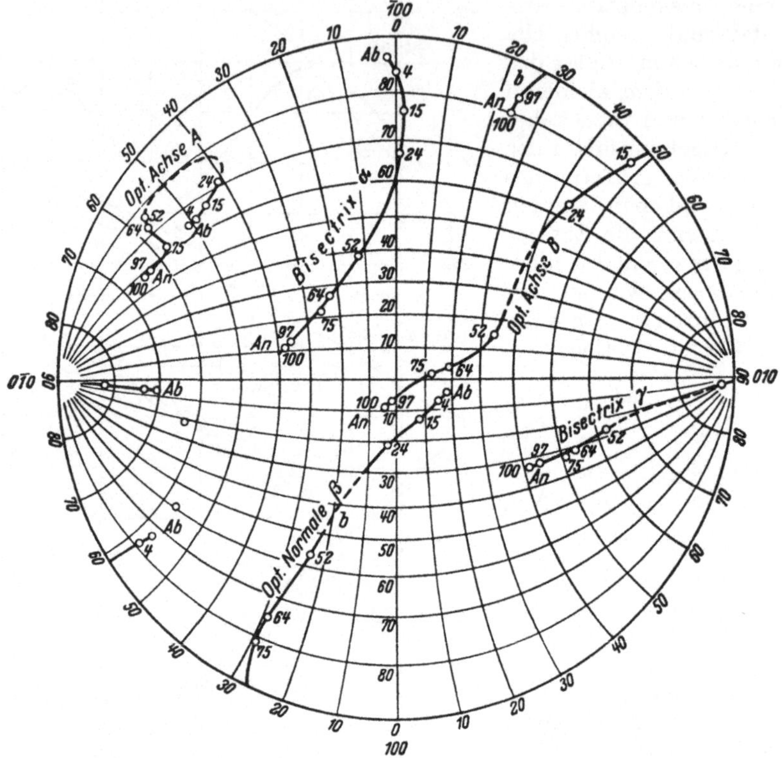

Abb. 451. Die Orientierung der Plagioklase in stereographischer Projektion.

Auch durch Bestimmung der Dichte kann die Zusammensetzung des Plagioklases herausgestellt werden. Die Dichte des Albits ist 2,62, die des Anorthits 2,76.

Der Schmelzpunkt des Anorthits ist 1550°, der des Albits 1100°. Die doppelte Schmelzkurve der Mischungen ist in Abb. 321 auf S. 242 dargestellt. Soweit bei der Kristallisation kein vollzähliges chemisches Gleichgewicht erreicht worden ist, läßt der Plagioklas Zonarstruktur erkennen. Bei der für die Magmagesteine kennzeichnenden normalen Zonarstruktur bilden die Mittelpunkte die anorthitreichste, die Ränder die albitreichste Mischung. Die Grenzen sind oft ganz scharf; bisweilen sieht man auch hin und her gerichtete Abwechslung oder rekurrente Zonarstruktur. In metamorphen Gesteinen ist bisweilen *inverse Zonarstruktur* anzutreffen, bei welcher die Mitte des Plagioklaskörnchens albitreichster Stoff, seine Ränder anorthitreichster sind.

Die Löslichkeit der Plagioklasmischungen nimmt mit dem Anorthitgehalt zu. In Salzsäure ist der Albit z. B. so gut wie unlöslich, während sich der Anorthit völlig auflöst und zugleich Kieselsäuregel ausscheidet.

Kalifeldspat $KAlSi_3O_8$, in trikliner Form *Mikroklin* und in monokliner *Orthoklas*. Die Mikroklinzwillingskristalle sind in ihren Formen völlig monoklin aussehend und wirklich meistens Pseudomorphosen nach dem Orthoklas. Die skalaren Eigenschaften beider sind ganz gleich. Die Dichte ist 2,56, der Schmelzpunkt 1170°, aber die Schmelze ist in seiner Nähe sehr viscos, und trocken erstarrt sie stets zu Glas. Bei beiden ist neben der vollkommenen Spaltbarkeit nach den Pinakoiden (001) und (010) sowie der undeutlichen nach dem Prisma (110) oft eine schwache Spaltbarkeit nach dem Pinakoid ($\bar{8}01$) zu beobachten. Diese sog. *Murchisonit*spaltbarkeit ist zugleich oft die Richtung von Perthitstreifen nahe (100) und der Richtung der *c*-Achse (Abweichung 7° bis 10°). Noch häufiger liegen die Perthitstreifen in der Richtung (100), mit den Spaltflächen (001) einen Winkel von zirka 64° bildend und gegen die Flächen (010) senkrecht liegend. Nur in den grobkristallinen Kalifeldspaten der Pegmatite sind sie mit bloßem Auge sichtbar (Abb. 338), in den übrigen mikroskopisch, oft außerordentlich fein (Abb. 356) (Mikroperthit). Die Regelmäßigkeit der perthitischen homoaxialen Verwachsung erscheint stets darin, daß die *c*-Achse des Kalifeldspates und die des Albites sowie die (010)-Ebene gemeinsam sind. Die übrigen Richtungen weichen nach der verschiedenen Orientierung voneinander ab. Dasselbe betrifft die Orientierung des Antiperthits, aber der Kalifeldspat in ihm tritt nicht als Streifen, sondern entweder als unregelmäßige Körner oder auch als kristallförmige Teilchen auf.

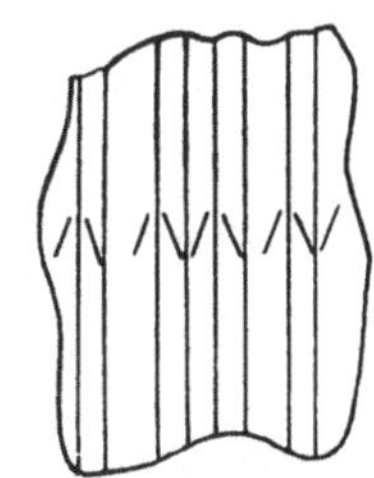

Abb. 452. Symmetrische Auslöschung in Zwillingsleisten von Plagioklas, Schnitt ⊥ (010).

Auch die Kristallformen der Kalifeldspate der Magmagesteine sind ganz gleichartig, unabhängig davon, ob sie Orthoklas oder Mikroklin sind. Allgemeine Formtypen stellt Abb. 453 dar. Die Karlsbader Zwillinge (Abb. 145) sind allgemein, die Bavenoer weniger häufig (Abb. 167). In Pegmatitdrusen kommen oft dickere und flächenreichere Kristalle vor (Abb. 454). Die an den Kluftwänden sitzenden Adularkristalle sind von anderem Typ, die Flächen (110), ($10\bar{1}$) und (001) vorherrschend (Abb. 455). Sie gehören zum Orthoklas. In den seltenen Manebacher Zwillingen findet sich als Zwillingsebene und als Verwachsungsfläche (001).

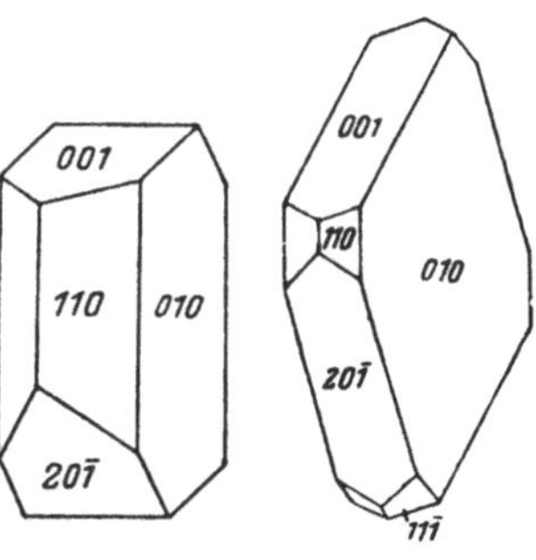

Abb. 453a und b. Kalifeldspat. Gewöhnliche Trachten bei Einsprenglingsfeldspaten.

Verschiedenheit zeigt sich in der optischen Orientierung. Im Orthoklas liegt die Achsenebene ⊥ (010), bildet die 1. Mittellinie α mit der *c*-Achse einen Winkel von 110° in dem stumpfen Winkel β. Optischer Charakter negativ, 2 V groß, ca. 85°. Im natriumhaltigen Sanidin ist die Lichtbrechung etwas größer und der Achsenwinkel klein. Die Auslöschung ist in den Schnitten ⊥ (010) natürlich gerade, wie immer in den monoklinen Kristallen; in den Schnitten ∥ (010) beträgt der Auslöschungswinkel von den (001)-Spalten an gerechnet ca. 5°.

Im Mikroklin beträgt in (001)-gerichteten Schnitten der Auslöschungswinkel, d. h. der Winkel des optischen Hauptschnittes $\alpha\beta$, von den (010)-Spalten an gerechnet ca. 18°, welcher zugleich der größte Auslöschungswinkel in der Zone ⊥ (010) ist. Der Winkel des optischen Hauptschnittes $\alpha\gamma$ ist von den (001)-Spalten an wiederum derselbe wie im Orthoklas oder ca. 5° groß. Der einfache

Mikroklin, der keine gewöhnliche Gitterverzwillingung erkennen läßt, kann vom Orthoklas am sichersten dadurch unterschieden werden, daß er in Schnitten ⊥ (010) eine schiefe Auslöschung aufweist. Bei einer derartigen Untersuchung der im finnischen Felsgrund enthaltenen Granite und Migmatite ist man, abgesehen von wenigen Ausnahmen, zu dem Ergebnis gekommen, daß ihr Kalifeldspat Mikroklin ist, obgleich er bisweilen in einfacher Form vorkommt.

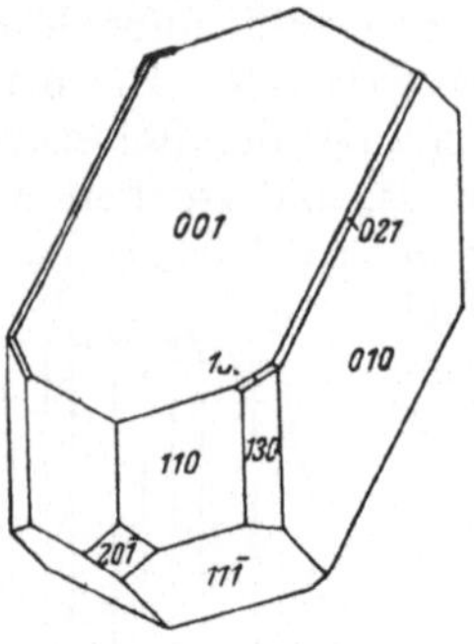

Abb. 454. Kalifeldspat. Gewöhnliche Tracht bei Drusenfeldspat aus Pegmatitdruse.

Am allermeisten ist der Mikroklin zugleich nach dem Albit- und dem Periklingesetz verzwillingt. Dann zeigt er *Gitterstruktur*, am besten in (001)-gerichteten Schnitten, da sowohl die Albit- als auch hier zufällig die in der Richtung des „rhombischen Schnittes" (S. 70) verlaufenden Periklinzwillingsleisten gegen diese Richtung senkrecht liegen (Abb. 165). In den (010)-gerichteten Schnitten wiederum sind nur die Periklinleisten als unbestimmte Streifen zu sehen. Im allgemeinen unterscheidet sich die Gitterung des Mikroklins von der des nach denselben Gesetzen verzwillingten Plagioklases darin, daß die Leisten nicht ebenso geradlinig sind, was daran liegt, daß die Verzwillingung des Mikroklins in den Kristallen nachträglich entstanden ist. Die Lichtbrechung des Mikroklins ist innerhalb der Meßfehler- sowie der von Vermischung abhängigen Schwankungsgrenzen dieselbe wie die des Orthoklases. Im folgenden werden die Brechungsindices gewisser Kalifeldspate dargestellt:

	α	β	γ
Mikroklin, Tammela, Finnland	1,519	1,522	1,525
Orthoklas, Mittelwert	1,518	1,524	1,526
Adular, St. Gotthard	1,519	1,523	1,525
Sanidin, Wehr	1,520	1,524	1,524
Sanidin, Dorkweiler	1,520	1,525	1,525

Die Feldspate sind Hauptbestandteile der meisten Magmagesteine, mit Ausnahme der Peridotite. Wenn Bestandteile beider Feldspate, der Kalifeldspate und des Plagioklases im Magma enthalten und für die Bildung von Glimmer aus der gesamten KAl-Silicatmenge wegen des Fehlens der genügenden Wasser- oder Al-Menge keine Voraussetzungen bestehen und wenn außerdem die Zusammensetzung des etwaigen Feldspates in eine Lücke der Mischungsreihen fällt, entstehen schon bei der Kristallisation zwei verschiedene Arten von Feldspat. So verhält es sich in den kalkalkalischen Gesteinen von den Graniten bis zu den Granodioriten. Die Diorite und Gabbros enthalten gewöhnlich nicht in genügenden Mengen Kalium, um Kalifeldspat bilden zu können; es entsteht nur Plagioklas. In den alkalinen Gesteinen wiederum fällt die Feldspatzusammensetzung oft in *den* Teil der Mischungsreihe der Na- und K-Feldspate, der in der Nähe der Schmelztemperatur, aber nicht bei niedrigeren Temperaturen Mischungen bildet. Ihr ursprünglich homogener KNa-Feldspat hat sich daher allgemein entmischt zu Pertit, der in reichlichem Maße, bis über die Hälfte der Feldspatmenge, Albitstreifen aufweist. In anderen Gesteinen allerdings finden sich Kalifeldspat und Albit als verschiedene Körner. Das ist darauf zurückzuführen, daß die im

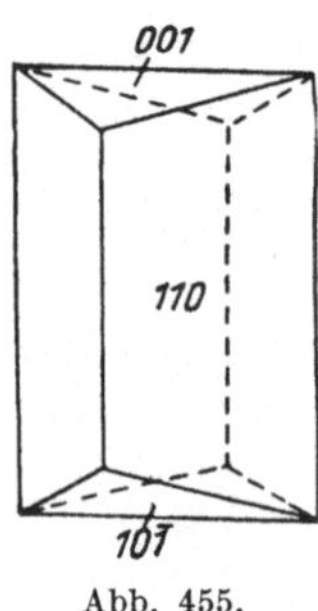

Abb. 455. Adular.

Magma enthaltenen flüchtigen Stoffe seine Kristallisationstemperatur so sehr erniedrigt haben, daß eine isomorphe Vermischung überhaupt nicht möglich gewesen ist. In dem ebenfalls niedrig kristallisierten Kalifeldspat der granitischen Gesteine ist ursprünglich eine geringe Menge Natronfeldspat geblieben, der sich dann als geringzählige Perthitstreifen entmischt hat. — Überhaupt beleuchten Beschaffenheit und Struktur des Perthits auf mancherlei Weise die Entstehungsverhältnisse des Gesteins. Angeführt sei ferner der im Kalifeldspat der Migmatite allgemeine, in seinen Formen an Fackeln erinnernde, sich schlängelnd einkeilende *Flammenperthit*.

Der *Anorthoklas* ist eine trikline Mischung von Kali- und Natronfeldspat, in der gewöhnlich beginnende Entmischung zu erkennen ist (Kryptoperthit). In der Kristallform oft nur (110), $(1\bar{1}0)$ und $20\bar{1}$) (Abb. 456). Wegen des allgemeinen rhombenförmigen Querschnittes wird dieser Feldspat als Rhombenfeldspat und der Syenitporphyr, in dem er als Einsprenglinge vorkommt, als Rhombenporphyr bezeichnet.

Nephelin $Na(SiO_2 \cdot AlO_2)$, hexagonal pyramidal, C_6^6—$C6_3$, fettglänzend, grau oder bräunlich, in Laven oft glasig durchsichtig. Die Formen, soweit sie entwickelt sind, wie beim Einsprenglingnephelin, sind gewöhnlich „ebenso lange wie breite“ Kombinationen des Grundprismas mit der Basis. Der Querschnitt dieser klotzförmigen Kristalle ist ein regelmäßiges Sechseck, der Längsschnitt ein Quadrat. Meroedrie ist aus den Ätzfiguren erschlossen. Optisch negativ, Doppelbrechung schwach $\omega = 1{,}542$, $\varepsilon = 1{,}538$, die Lichtbrechung also fast wie die des Canadabalsams. In Säuren löslich, wobei die Kieselsäure als Gel ausgeschieden wird. In der Natur leicht verwittert und an der Oberfläche getrübt, aber die unveränderten Teile der Kristalle sind klarer als meistens die Feldspate. Bestandteil der alkalinen Magmagesteine.

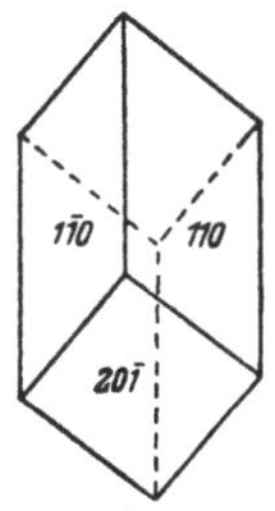

Abb. 456. Anorthoklas, sog. Rhombenfeldspat.

Der *Kaliophilit* ist Kaliumnephelin. In kleinen Mengen findet er sich als Mischung im Nephelin.

Cancrinit, $3\,Na(SiO_2 \cdot AlO_2) \cdot CaCO_3$, hexagonal pyramidal, C_6^6—$C\,6_3$. In Gesteinen meistens in Fremdform, da er spät kristallisiert ist, oft als Reaktionsprodukt aus Nephelin. Gelb, in Dünnschliffen farblos, optisch negativ, $\omega = 1{,}524$, $\varepsilon = 1{,}496$. Schwache Lichtbrechung und starke Doppelbrechung, also gutes Kennzeichen. In Alkaligesteinen, in Auswürflingen vom Laacher See. Im Fengebiet in Südnorwegen und Alnögebiet in Schweden sowie in Vuorijärvi Salla, Habosero u. a. m. kleineren Alkaligesteingebieten in der Umgebung der großen Alkaligesteinmassive in Kola treten Cancrinitsyenite auf in Verbindung mit Calcitmassen, die allem Anschein nach magmatischen Ursprungs sind. So ist auch der Cancrinit magmatisch unter hohem Druck entstanden.

Sodalithgruppe. Kubisch hexakistetraedrisch, T_d^4—$P\bar{4}3n$, in der Form (110) kristallisierende Mineralien, in denen sich mit der Nephelinsubstanz verschiedene Salze verbunden haben, wie aus folgenden Formeln ersichtlich:

Sodalith	$3\,Na(SiO_2 \cdot AlO_2) \cdot NaCl$
Hauyn	$3\,Na(SiO_2 \cdot AlO_2) \cdot CaSO_4$
Nosean	$3\,Na(SiO_2 \cdot AlO_2) \cdot Na_2SO_4$
Lasurit	$3\,Na(SiO_2 \cdot AlO_2) \cdot Na_2S$

Bei diesen isotropen Stoffen dient als Kennzeichen eine sehr schwache Lichtbrechung, $n = 1{,}48$, und ein oft regelmäßig zonar geordnetes Eisenerzpigment. Härte 6, Dichte ca. 2,3. Sodalith findet sich als Bestandteil in Nephelinsyeniten, bisweilen schön blau. Ditro in Siebenbürgen, Haliburton in Canada, Serra de Monchique in Portugal. Andere Mineralien dieser Gruppe kommen als Einsprenglinge in alkalinen Lavagesteinen vor, z. B. im Laacher-See-Gebiet. Der dunkelblaue Lasurit oder *Lapislazuli* ist ein Kontaktmineral des Kalksteins.

Die obengenannten eigentlichen Sodalithminerale zeigen regelmäßig die Rhombendodekaederform, Meroedrie tritt äußerlich nicht zutage. Kristallstrukturell schließt sich dieser Gruppe an die *Helvingruppe*, deren Kristalle ausgeprägt tetraedrisch ausgebildet sind, sich chemisch von den Sodalithen durch das Fehlen des Aluminiums unterscheiden und in ganz andersartigen, kontaktmetasomatischen Paragenesen auftreten.

Helvin 3 (Mn,Fe,Zn)($SiO_2 \cdot BeO_2$)·(Mn,Fe,Zn)S, kubisch hexakistetraedrisch, T_d^4—P $\bar{4}$3 n, oft als schöne Tetraeder. Härte 6, Dichte 3,2, $n = 1,739$. Im Vesuvianskarn von Lupikko. Mit Granat in Sulfiderzlagern von Schwarzeberg und Breitenbrunn in Sachsen. Mit Helvin isomorph ist der *Eulytin* $Bi_4(SiO_4)_3$; in Wismuterzgängen bei Schneeberg und Johanngeorgenstadt in Böhmen.

Leucit K($SiO_2 \cdot SiO_2 \cdot AlO_2$), über 650° kubisch, darunter vermutlich rhombisch; die ikositetraederförmigen (211) Kristalle nehmen bei Abkühlung am Umwandlungspunkte eine Zwillingsstruktur von mehreren einander kreuzenden Leistensystemen an, die bei Erhitzung wieder verschwinden. Die Doppelbrechung ist sehr schwach, oft ist die Leistenstruktur nur mit Hilfe einer empfindlich-violetten Gipsplatte sichtbar. Keine Spaltrichtungen. Härte 6. Dichte 2,5, Lichtbrechung niedrig: $n = 1,509$. Der Leucit ist ein bezeichnendes Einsprenglingsmineral in kalireichen Laven, wie beim Vesuv, Roccamonfina, den Vulkanen der Albanoberge in der Gegend von Rom, bei Rieden am Laacher See, Kaiserstuhl. Leichtlöslich und -zersetzbar, daher stellenweise als Kalidüngemittel benutzt (enthält 21,5% K_2O). Tritt überhaupt nicht in Tiefengesteinen auf.

Pollucit $Cs(AlSi_2O_6) \cdot H_2O$, kubisch hexakisoktaedrisch, O_h^{10}—Ia3d, strukturell mit dem Leucit und Analcim verwandt. Die seltenen Kristallformen zeigen (100) und (211), gewöhnlich grobkörnig, mit muscheligem Bruch, Härte 6,5, Dichte 2,9, wasserartiger Glasglanz. $n=1,525$. Seltenes Pegmatitmineral, aber bisweilen in großen Mengen angetroffen, wie bei Varuträsk im Skelleftegebiet, Schweden.

Nephelin, Leucit, die Sodalithminerale und Cancrinit werden allgemein als „*Feldspatvertreter*“ bezeichnet. Sie alle enthalten weniger Siliciumdioxyd als die entsprechenden Feldspate, und sie treten statt der Feldspate in kieselsäurearmen Alkaligesteinen auf.

Skapolith, tetragonal bipyramidal C_{4h}^5—I4/m, eine Gruppe von mehreren isomorph mischbaren Stoffen, in denen allen ein Teil entweder aus Albit- oder Anorthitsilicat, der andere aus Carbonat, Chlorid oder Sulfat besteht. Die wichtigsten Hauptglieder der Mischungsreihen sind *Marialith* (Ma) = 3 Albit + NaCl, als zweites *Mejonit* (Me) = 3 Anorthit + $CaCO_3$. Flächen wohlgeformter Kristalle sind (110), (100), (111), (101), (311), (210). Die zwei letztgenannten treten oft hemiedrisch auf (Abb. 455). (100) ist eine ziemlich gute Spaltrichtung. Der Glanz ist etwas fettig, die Farbe grau, weiß oder rötlich, sehr klar. Optisch negativ. Licht- und Doppelbrechung wechseln nach den Mischungsverhältnissen derart, daß beide im Mejonit am größten und im Marialith am kleinsten sind. Die Benutzung der optischen Konstanten zur Bestimmung der Zusammensetzung wird dadurch erschwert, daß die Skapolithe in verschiedenen Mengen noch andere Mischungskomponenten, wie Sulfatmejonit und Sulfatmarialith u. a., enthalten. Für reinen Carbonatmejonit extrapoliert sind $\omega = 1,616$, $\varepsilon = 1,572$, Dichte 2,86 für reinen Chloridmarialith wiederum $\omega = 1,527$, $\varepsilon = 1,533$, Dichte 2,50. Die Skapolithe sind Kontaktmineralien der Kalksteine.

Ebenso wie beim Plagioklas werden auch für Skapolithmischungen verschiedene Namen gegeben. Sie sind, nach steigendem Mejonitgehalt angeordnet: *Dipyr, Mizzonit, Wernerit*. In Auswürflingen des Laacher-See-Gebietes und des Vesuvs. Unter altbekannten Fundstätten von schönen Kristallen nennen wir Pargas und Laurinkari bei Turku in Finnland. Bei Pitkäranta kommt Skapolith als eine bis 10 *m* mächtige Gangbildung vor.

Der *Datolith* $CaHBSiO_5$, monoklin prismatisch, C_{2h}^5—P 2_1/a (Abb. 457), ist ein selteneres Borsilicat und tritt auch in Hohlräumen von Lavagesteinen auf.

Der pechschwarze *Gadolinit* $Be_2Fe(Y,Ce,Th)_2Si_2O_{10}$, der Lanthanide enthält, ist seiner Kristallform nach datolithähnlich. Härte 6,5 bis 7, Dichte 4,2 bis 4,52, metamiktisch sich zersetzend und beim Erwärmen „verglimmend" (s. S. 330). An frischem Material sind $\alpha = 1{,}801$, $\beta = 1{,}812$, $\gamma = 1{,}824$ gemessen worden. Im Granitpegmatit von Ytterby bei Stockholm, Hitterö in Norwegen, Kimito in Finnland u. a.

In den Mineralien der *Zeolithgruppe* sind an die Gerüstsilicatgitter Wassermoleküle in ganz besonderer Weise gebunden. Ihr Wassergehalt ist von der Temperatur abhängig und schwindet allmählich mit steigender Temperatur, ohne daß die Kristallstruktur zerbricht, und bei sinkender Temperatur vermögen sie wieder Wasser aufzunehmen, ja sogar statt des Wassers auch andere flüchtige Stoffe, wie Ammoniak, reines Jod oder Kohlenwasserstoffe. In den übrigen „Kristallwasser" enthaltenden Kristallen dagegen gehört das Wasser im allgemeinen als wesentlicher Bestandteil zur Kristallstruktur und schwindet bei Erwärmung in einer bestimmten Temperatur ein für allemal, während zugleich der ganze Gitterbau zusammenfällt. Daraus kann geschlossen werden, daß bei den Zeolithen als Gerippe der Kristallstruktur die SiO_4-Gerüste selber dienen, in deren offenen Hohlräumen sich die Wassermoleküle niederlassen, ohne am Zusammenhalt des Baues selber teilzunehmen. Doch steht bei ihnen in wassergesättigtem Zustand das Wasser in ganzen Molekülverhältnissen zur Atomzahl der übrigen Elemente, woraus zu ersehen ist, daß es sich molekülweise an bestimmten Stellen im Gitter niedergelassen hat, so daß, wenn diese Stellen ausgefüllt sind, auch der Wassergehalt des Stoffes einer bestimmten Formel entspricht.

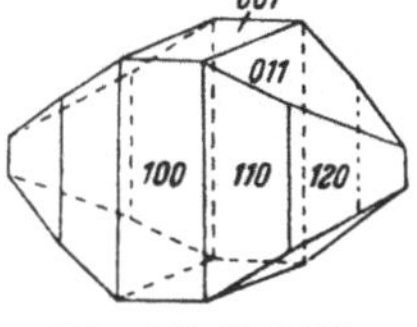

Abb. 457. Datolith.

Chemisch sind die Zeolithe Na- und Ca-Silicate, selten Ba-Silicate, und schließen sich den Feldspaten und Feldspatvertretern an. Auch in ihnen ist das Verhältnis des Siliciumdioxyds zu den übrigen Atomarten wechselnd. Der Entstehung nach sind sie durchwegs hydrothermale Bildungen, meist in Hohlräumen von Lavagesteinen unter der Wirkung der aus den Laven selbst ausgeschiedenen Dämpfe entwickelt. Bei anderen Vorkommen sind die Zeolithe in Brüchen oder Spalten des Felsgrundes entstanden, wenn die längs diesen eingedrungenen heißen Wässer auf die Mineralien des alten Felsgrundes eingewirkt haben. Dabei scheinen sich insbesondere die Feldspate leicht zeolithisieren zu können, aber auch die Silicate, ja sogar der Quarz. Am allerleichtesten zeolithisierbar sind jedoch die Feldspatvertreter der Alkaligesteine, wie Nephelin und Sodalith. Aus diesen haben sich besondere Na-Zeolithe gebildet, vorwiegend Natrolith. Nach Syntheseversuchen zu schließen, scheint die Bildungstemperatur der Zeolithe um 180° bis 300° zu liegen. Alle Zeolithe zersetzen sich unter dem Einfluß von Säuren, während die Kieselsäure als Gel ausgeschieden wird. Der Name Zeolith (=kochender Stein) beruht darauf, daß er beim Erhitzen schmilzt, wobei das Wasser unter Aufbrausen verschwindet. Härte 4 bis 4,5, Dichte gering, 1,9 bis 2,5, Lichtbrechung desgleichen niedrig, ebenfalls bei den meisten die Doppelbrechung. Im folgenden seien als Beispiele nur einige Vertreter dieser artenreichen Gruppe dargestellt.

Natrolith $Na_2(Al_2Si_3O_{10})\cdot 2H_2O$, rhombisch pyramidal, C_{2v}^{19}—Fdd, pseudotetragonal, kristallisiert in Stengeln und Fasern (daher auch der Name *Faserzeolith*). Das Prisma (110), dessen Kantenwinkel 89° beträgt, und die Pyramide (111) allgemeine Flächenformen. Dichte 2,25. Opt. +, $\alpha \parallel a$, Achsenebene (010); $\alpha = 1{,}473$ bis $1{,}480$, $\beta = 1{,}476$ bis $1{,}482$, $\gamma = 1{,}485$ bis $1{,}493$; $2V\gamma = 60°$ bis $63°$. In den miarolithischen Hohlräumen Na-reicher Magmagesteine und als Umwandlungsprodukt von Nephelin allgemein.

Skolezit, $Ca(Al_2Si_3O_{10})\cdot 3H_2O$, monoklin domatisch (?), C_s^4—Cc(?), pseudotetragonal und in der Kristallgestalt dem Natrolith ähnlich. Dichte 2,28. Opt. —,

Achsenebene $\perp$ (010), $c \wedge \alpha = 17°$. $\alpha = 1{,}512$, $\beta = 1{,}519$, $\gamma = 1{,}519$, $2\,V\alpha = 36°$. In Basalthohlräumen. — Es gibt auch ihm ähnliche Ba-Zeolithe.

Laumontit $Ca(Al_2Si_4O_{12})\cdot 4\,H_2O$, Na-haltig, monoklin, Prismenwinkel 93° 44′ verliert in trockener Luft in Zimmertemperatur etwa ein Viertel des Wassergehalts und zerbröckelt dann. Vollkommene Spaltrichtungen (010) und (110). Dichte 2,23 bis 2,41. Opt. —, Achsenebene (010), $c \wedge \gamma = 20°$ bis 40°. $\alpha = 1{,}513$, $\beta = 1{,}524$, $\gamma = 1{,}525$; $2\,V = 25°$. Laumontit ist meistens als thermales Produkt in Spalten und Brüchen des Felsgrundes anzutreffen. In Zentralfinnland gibt es ein großes Laumontitvorkommen in Kuhmoinen westlich von Päijänne in einer langen Bruchzone, die in den Oberflächenformen als geradliniges, über 70 km langes Tal hervortritt. Der Zeolith hat hier Feldspate und Quarz des Migmatits verdrängt, aber nicht den Biotit, der nur gebleicht worden ist.

Chabasit $(Ca, Na_2)(Al_2Si_4O_{12})\cdot 6\,H_2O$, ditrigonal skalenoedrisch D^5_{3d}—$R\bar{3}m$. Das Grundrhomboeder ist den Winkeln nach dem Würfel nahestehend (Polkantenwinkel 85°). $\alpha = 1{,}478$ bis 1,485, $\gamma = 1{,}480$ bis 1,490; $\gamma - \alpha = 0{,}002$ bis 0,010; $\pm 2\,V = 0°$ bis 32°. In Basalthohlräumen, Erzgängen und heißen Quellen.

Analcim $Na(AlSi_2O_6)\cdot H_2O$, kubisch, kristallisiert als Ikositetraeder (211), wie der Leucit, dem er auch kristallstrukturell recht nahe steht; als zweite allgemeine Kristallform (100). Anomal doppelbrechend, $n = 1{,}487$. Leicht synthetisch herzustellen in einer geschlossenen Bombe bei ca. 200°. In der Natur ist er manchmal bei höheren Temperaturen als die übrigen Zeolithe entstanden und tritt auch als ursprünglicher Bestandteil von Lavagesteinen auf.

Schön kristallisierte und oft mannigfach verzwillingte verschiedene Zeolithe finden sich in den Basalten von Island, den Faröer und Schottland, auch in vielen Basalten Deutschlands.

Von den Arten angeführt seien nur dem Namen nach die Kalkzeolithe *Desmin* und *Heulandit*, die Bariumzeolithe *Harmotom* und *Edingtonit*, der Strontiumzeolith *Brewsterit*, die NaCa-Zeolithe *Stilbit* und *Thompsonit* und die KCa-Zeolithe *Gismondin* und *Phillipsit*. Bei letzterem, wie übrigens bei manchen anderen Zeolithen, kommen mannigfache Zwillingsbildungen und Zwillingsstöcke vor (Abb. 168).

K. Organische Stoffe.

Von der weiten Welt der organischen Stoffe seien hier einige wenige als Mineralien auftretende und einige andere als zufällige Beispiele genannt. Weit mehr sind bereits als Vertreter der Kristallsymmetrieklassen angeführt worden. Im allgemeinen sind unter den organischen Kristallverbindungen die drei niedrigst symmetrischen Systeme am häufigsten vertreten und das trigonale, hexagonale und tetragonale System häufiger als das kubische. Meroedrische Symmetrieklassen haben unter den organischen Stoffen relativ zahlreichere Vertreter als unter den anorganischen, insbesondere die enantiomorphen Klassen, immer verbunden an das Auftreten von „asymmetrischen" Kohlenstoffatomen. Die beste Quelle für Auskunft, betreffend die Kristallformen sowie die optischen Konstanten der organischen Stoffe, ist noch immer P. GROTH, „Chemische Kristallographie", Bd. 3 bis 5. In der letzten Zeit sind die Strukturen vieler organischen Verbindungen röntgenographisch bestimmt worden; für nähere Auskunft wird auf die „Strukturberichte" hingewiesen (siehe S. 236).

Oxalsäure $(COOH)_2$ ist rhombisch bipyramidal mit vorwaltendem (111), Spaltbarkeit nach (100) vollkommen. Die gewöhnliche, aus wässeriger Lösung sich ausscheidende Säure mit 2 Kristallwassermolekülen $(COOH)_2\cdot 2\,H_2O$ ist monoklin prismatisch (Abb. 458). Spaltrichtungen 110, Opt. —, starke Doppelbrechung, $\alpha \parallel b$.

Für beide Verbindungen ist die Kristallstruktur bestimmt worden. In beiden sind die Moleküle ähnlich, planar, und liegen in der Symmetrieebene des Kristalls, die beiden Carboxylgruppen entgegengesetzt gerichtet. Dieselbe Form haben die Moleküle auch in den bis jetzt untersuchten Oxalaten von Kalium und Rubidium, aber im *Ammoniumoxalat* $(NH_4)_2C_2O_4 \cdot H_2O$ scheint das Oxalatradikal ganz anders gebaut zu sein, mit beträchtlich längerem Abstand zwischen den C-Atomen der beiden Carboxyle, welche hier nicht in derselben Ebene liegen. Wohl deshalb ist auch dieses Salz enantiomorph, rhombisch bisphenoidisch. $\alpha = 1{,}438$, $\beta = 1{,}548$, $\gamma = 1{,}595$; $2V = 61° 44'$. Der natürliche *Oxammit* $(NH_4)_2C_2O_4 \cdot 2H_2O$ ist rhombisch (?).

Whewellit, Calciumoxalat $CaC_2O_4 \cdot H_2O$, monoklin prismatisch. Opt. + Axenebene $\perp$ (010), $\gamma \wedge c = +29°$, $\alpha = 1{,}491$, $\beta = 1{,}555$, $\gamma = 1{,}650$. Kommt vor in Calcitadern in Braunkohle, auch in Pflanzengeweben.

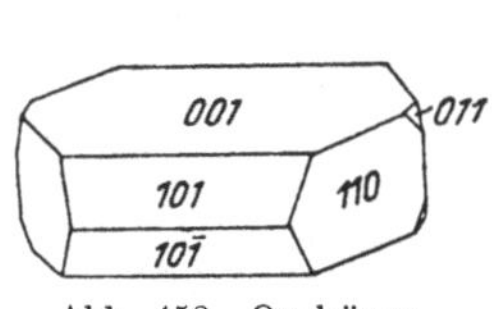

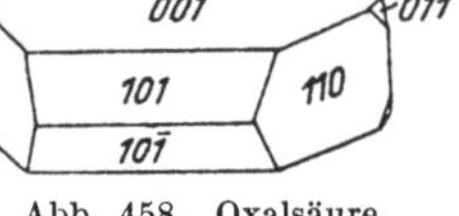
Abb. 458. Oxalsäure.

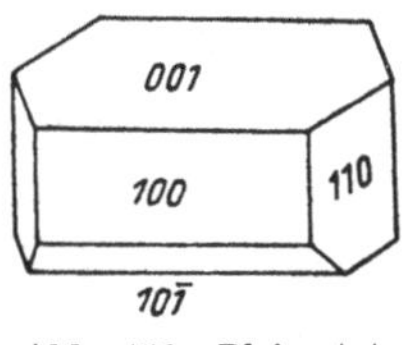

Abb. 459. Bleiacetat.

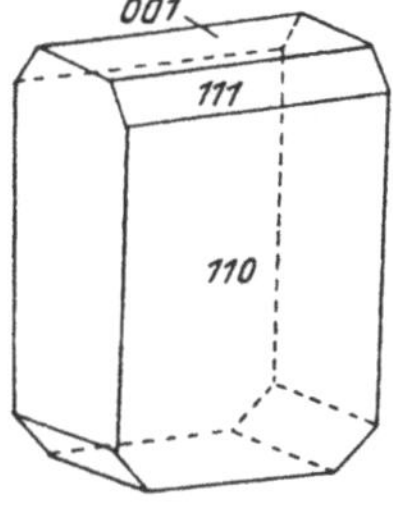

Abb. 460. Harnstoff.

Mellit $Al_2C_{12}O_{12} \cdot 18H_2O$, Al-Salz der Mellitsäure oder Benzolhexacarbonsäure $C_6(COOH)_6$, tetragonal trapezoedrisch. D_4^3 — $P\,4_12$ und D_4^7 — $P\,4_32$, honiggelb, wachsglänzend. Härte 2,5, Dichte 1,6, $\omega = 1{,}539$, $\varepsilon = 1{,}511$. In Braunkohle.

Oxalit, Ferrooxalat $FeC_2O_4 \cdot 2H_2O$, rhombisch. Spaltrichtung (110). Härte 2, Dichte 2,28. $\alpha = 1{,}494$, $\beta = 1{,}561$, $\gamma = 1{,}692$; $\alpha \parallel a$, $\gamma \parallel c$. In Braunkohle.

Bleiacetat $Pb(CH_3CO_2)_2 \cdot 2H_2O$, monoklin prismatisch (Abb. 459). Spaltrichtungen (100), (001), (010), Opt. +; $\beta = 1{,}57$, $\beta \parallel b$, $\gamma \wedge c = 55°$.

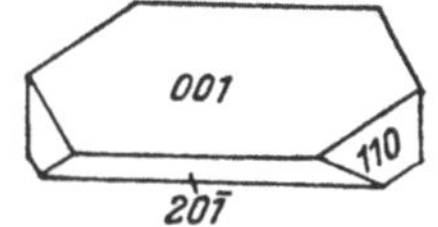

Abb. 461. Naphthalin.

Harnstoff oder *Carbamid* $CO(NH_2)_2$, tetragonal skalenoedrisch (Abb. 460). Spaltbarkeit (110) vollkommen, (001) gut. Die O-Atome sowie die (NH_2)-Gruppen im Moleküle liegen in derselben Ebene, die Moleküle aber stehen paarweise senkrecht zueinander, alle parallel der c-Achse. Der *Thioharnstoff* $CS(NH_2)_2$ hat ähnliche planare Moleküle, die Struktur ist aber rhombisch und die Anordnung der Moleküle weniger symmetrisch.

Benzol C_6H_6, rhombisch bipyramidal. Bei den sehr flüchtigen Kristallen ist die oktaederähnliche Bipyramide (111) die vorwaltende Form. Das Molekül ist planar und besitzt hexagonale Symmetrie (S. 208). Die Moleküle liegen alle fast parallel der b-Achse, aber sonst paarweise fast rechtwinklig zueinander.

Naphthalin $C_{10}H_8$; monoklin prismatisch (Abb. 461). Die Struktur ist „glimmerartig", die Spaltrichtung (001) vollkommen, die Doppelbrechung stark, die Achsenebene (010). Das Naphthalin sowie die anderen aromatischen Kohlenwasserstoffe mit kondensierten Benzolringen (Anthracen, Chrysen usw.) haben Einzelringe von denselben Dimensionen wie das Benzol selbst. Die Ebenen der planaren Moleküle weichen abwechselnd beiderseits von der (001)-Richtung etwas ab.

Als ein Beispiel für die optischen Eigenschaften der Benzolderivate führen wir an die drei Phendiole (Dihydroxylbenzole) $(C_6H_4)(OH)_2$:

Pyrokatechin (1,2-Ortho-Phendiol), monoklin prismatisch, pseudohexagonal mit (100), (110), (001) u. a. Spaltbarkeit (100) vollkommen. Achsenebene (010), $\gamma \wedge c =$ ca. 6°; $\alpha = 1{,}604$, $\beta = 1{,}614$, $\gamma = 1{,}734$.

Resorcin (1,3-Meta-Phendiol), rhombisch pyramidal (Abb. 79, S. 51). Spaltbarkeit (110) unvollkommen. Opt. —, Achsenebene (001), $\alpha \parallel a$, $\alpha = 1{,}578$, $\beta = 1{,}620$, $\gamma = 1{,}627$.

Hydrochinon (1,4-Para-Phendiol), trigonal, die Kristalle nadelförmig nach c. $\omega = 1{,}632$, $\varepsilon = 1{,}626$. Vom Hydrochinon existiert auch eine metastabile monoklin prismatische Formart.

Hexamethylentetramin oder *Urotropin* $C_6H_{12}N_4$, kubisch hexakistetraedrisch, $T_d^3 — I\bar{4}3m$. Als Kristallform wurde nur (110) beobachtet. Die Kristallstruktur wurde mehrfach eingehend studiert (vgl. S. 164). Im Molekül nehmen die N-Atome eine tetraedrische und die C-Atome eine oktaedrische Anordnung ein, so daß die Moleküle an sich schon hexakistetraedrische Symmetrie besitzen. Die Moleküle seinerseits nehmen im Gitter die kubisch innenzentrierte Anordnung ein.

Literatur über Beispiele von Kristallarten.

Chudoba, K.: Mikroskopische Charakteristik der gesteinsbildenden Mineralien. Freiburg i. Br. 1932. — Dana, E. S.: The System of Mineralogy, 6. Aufl. New York 1892. (Mit drei Ergänzungsbänden 1899, 1909 und 1915). — Doelter, C., u. H. Leitmeier: Handb. d. Mineralchemie I bis IV. Dresden 1911 bis 1931. — Groth, P.: Chemische Kristallographie. I bis V. Leipzig 1906 bis 1919. — Elemente der physikalischen und chemischen Kristallographie. München u. Berlin 1921. — Hintze, C., u. G. Linck: Handb. d. Mineralogie I bis IV mit einem Ergänzungsband (Neue Mineralien 1938), 1889 bis 1938. — Larsen, E., u. H. Berman: The Microscopic Determination of the Nonopaque Minerals. U. S. Geol. Surv. Bull. **848** (1934). — Ramdohr, P.: Klockmanns Lehrbuch der Mineralogie, 12. Aufl. Stuttgart 1942. — Rosenbusch, H., u. O. Mügge: Mikroskopische Physiographie der petrographisch wichtigen Mineralien **2**, Spezieller Teil. Stuttgart 1927. — Short, M. N.: Microscopic Determination of the Ore Minerals. U. S. Geol. Surv. Bull. **825** (1931). — Strunz, Hugo: Mineralogische Tabellen. Leipzig 1941.

Namen- und Sachverzeichnis.

Verzeichnis der angeführten Kristallarten.

Globus II, Wien VI.